동영상(PC&Mobile) 강의 j.duck-sung.co.kr

2024

조경 기사·산업기사

한/국/산/업/인/력/공/단/출/제/기/준

Engineer · Industrial Engineer
Landscape Architecture 필기

저자 **김여정 | 이선아 | 서울덕성기술학원**

조경기술(造景技術)이란 인간의 공적 생활환경을 아름답게 꾸미고 자연환경을 보호하기 위한 국토개발분야의 종합예술에 해당하는 기술로, 산업화와 도시화에 따른 환경파괴로 인한 환경문제에 대한 관심과 그 중요성이 부각됨으로 전문인력을 통해 생활공간을 아름답게 꾸미고 자연환경을 보호하고자 하는 것이다.

도서출판 엔플북스

PREFACE

　조경기술(造景技術)이란 인간의 공적 생활환경을 아름답게 꾸미고 자연환경을 보호하기 위한 국토개발분야의 종합예술에 해당하는 기술이며, 요즘은 급속한 산업화와 도시화에 따른 환경의 파괴로 인하여 환경문제에 대한 관심과 그 중요성이 그 어느 때보다도 부각되고 있는 시대이기에 현대인들에게 조경기술은 반드시 필요하다고 생각됩니다.

　조경자격증을 취득하게 되면 조경대상 지역의 도시계획과 토지이용 등을 고려한 설계도면, 시공에 관한 공사비, 적산, 공사 공정계획 수립, 공사업무 관리, 각종 조경시설의 관리계획 및 관리업무 등에 관한 기본 지식을 습득하게 되며, 조경자격증 취득을 통해 일반 건설회사, 조경 엔지니어링 회사, 조경식재 전문공사업체, 조경시설물 설치 전문공사업체, 한국토지주택공사, 한국도로공사 등의 정부산하 공공기관으로의 진출이 가능하게 됩니다.

　본 교재는 조경기사와 조경산업기사 필기 대비서입니다. 수년간 서울덕성기술학원에서의 강의를 토대로 시험을 준비하는 분들께 좀 더 쉽게, 좀 더 빠르게 이해시킬 수 있는 방법이 뭘까 고민하며 오랜 시간을 지내다 드디어 수험서를 출판하게 되었습니다. 책의 출간을 앞두고 참신한 내용을 담았는지, 내용을 쉽게 이해하실런지 등등의 걱정이 앞서지만, 그 동안의 강의를 바탕으로 전공에 관계없이 조경자격증을 준비하는 분들에게 조경사, 조경계획, 조경설계, 조경식재, 조경관리, 조경시공구조 과목의 이론을 핵심내용을 중심으로 차분히 공부할 수 있도록 구성하였고 또한 기출문제에 세세한 풀이를 수록하여 내용정리만 된다면 혼자서도 풀이가 가능하도록 구성하였습니다.

처음으로 출판하는 자격수험서이다 보니 모자란 점도 많겠지만, 조경자격증을 대비하는 분들께 좀 더 도움이 되고자 노력할 것이고, 이 기회를 하나의 출발점으로 생각하여 앞으로 독자 여러분들의 조언을 받아 모자란 부분을 충실히 보충해 나가며 개정판을 출간하도록 노력하겠습니다.

더불어, 매일 강의와 연구로 바쁘게 보내면서도 같이 집필해준 선생님과 이 책의 출간을 위해 애쓰신 서울덕성기술학원 직원분들께도 감사드립니다.

마지막으로 수년간 강의하면서 수험생들에게 늘 하는 말 중에 시험보기 마지막 1, 2주가 중요하다고 강조해 왔습니다. 그 기간 동안 자기진단(自己診斷)을 충실히 하여 마무리를 한다면 반드시 합격할 수 있기 때문입니다. 본 교재를 통해 공부하면서 시험 보기 1, 2주를 집중한다면 좋은 결과가 있을 것입니다.

아무쪼록, 모든 수험생들의 뜻한 바 목적을 이루기를 바라며, 이 책이 출간되기까지 힘써주신 도서출판 엔플북스 대표에게도 진심으로 감사드립니다.

저자 씀

조경기사 필기시험 출제기준

직무 분야	건설	중직무 분야	조경	자격종목	조경기사	적용기간	2021. 1. 1. ~ 2024. 12. 31.
○ 직무내용 : 자연환경과 인문환경에 대한 현장조사 및 현황조사 분석을 기초로 기본 구상 및 기본 계획을 수립, 실시설계를 작성하여 시공 및 감리업무를 통해 조경 결과물을 도출하고 이를 관리하는 행위를 수행하는 직무이다.							
필기검정방법	객관식		문제수	120		시험시간	3시간

필기과목명	문제수	주요항목	세부항목	세세항목
조경사	20	1. 조경사 일반	1. 기원과 조경양식의 발달	1. 조경의 기원 2. 조경양식의 변천
			2. 인간과 환경의 관계 변천사	1. 사회적 변천과 물리적 형태 2. 도시 및 건축의 변천과 관계
		2. 조경양식 변천사	1. 동서양 조경양식 변천	1. 서양조경의 특징 2. 한국조경의 특징 3. 중국조경의 특징 4. 일본조경의 특징
		3. 서양의 조경	1. 고대 조경	1. 이집트 정원 2. 서부아시아 정원 3. 그리스 정원 4. 고대 로마 정원
			2. 중세 조경	1. 중세서구 정원 2. 이란 정원 3. 스페인 정원 4. 무굴인도 정원
			3. 르네상스 조경	1. 이탈리아 르네상스 정원 2. 프랑스 정원 3. 튜터·스튜어트조의 영국정원
			4. 18세기 조경	1. 영국의 풍경식 정원 2. 프랑스의 풍경식 정원 3. 독일의 풍경식 정원
			5. 19세기 조경	1. 일반적인 경향 2. 영국의 공공공원 3. 미국의 19세기 정원
			6. 현대 조경	1. 1900~1차 세계대전 2. 1차 세계대전~1944년 3. 1945년 이후
		4. 동양의 조경	1. 중국 조경	1. 은주시대 2. 진한시대 3. 위, 진, 남북조시대 4. 수, 당시대 5. 송, 금, 원시대 6. 명, 청시대
			2. 일본 조경	1. 평안시대 2. 겸창, 남북시대 3. 실정시대 4. 도산시대 5. 강호시대 6. 명치시대

- v -

필기과목명	문제수	주요항목	세부항목	세세항목
			5. 한국 조경	
			1. 선사시대 조경	1. 선사시대 2. 고조선시대
			2. 고대시대 조경	1. 삼국시대 2. 발해시대 3. 통일신라시대
			3. 중세 및 근세조경	1. 고려시대 2. 조선시대
			4. 근대 및 현대조경	1. 일제강점기 2. 현대조경
조경계획	20	1. 조경일반	1. 조경의 정의 및 조경가의 역할	1. 조경의 개념 및 영역 2. 조경가의 역할
			2. 조경 대상 및 타 분야와의 관계	1. 도시계획과 조경 2. 환경과 조경 3. 건축, 토목, 설비의 관련사항
		2. 조경계획과정	1. 자연환경조사 분석	1. 지형 및 지질조사 2. 기후조사 3. 토양조사 4. 수문조사 5. 생태조사 6. 경관조사 7. 기타 조사
			2. 인문·사회환경조사분석	1. 토지이용조사 2. 인구 및 산업조사 3. 역사 및 문화유적조사 4. 교통 및 동선 조사 5. 시설물조사 6. 수요자 요구조사
			3. 행태·환경·심리기능의 조사 분석	1. 환경심리학 2. 환경지각, 인지, 태도 3. 미적 지각반응 4. 행태심리 5. 문화적, 사회적, 감각적 환경과 행태 6. 크기와 인간행태 7. 도시환경과 인간행태 8. 자연환경과 인간행태 9. 환경시설 연구방법 10. 색채, 조형
			4. 분석의 종합 및 평가	1. 기능분석 2. 규모분석 3. 구조분석 4. 형태분석 5. 상위계획의 수용 6. 타당성 검토

필기과목명	문제수	주요항목	세부항목	세세항목
			5. 기본구상	1. 계획의 접근방법(물리생태, 시각미학, 사회행태 등) 2. 기본개념의 확정 3. 프로그램 작성 4. 도입시설 선정 5. 수요추정 6. 대안의 작성 7. 대안평가
			6. 기본계획	1. 토지이용계획 2. 교통동선계획 3. 공간 및 시설배치계획 4. 식재계획 5. 기반조성계획 6. 관리계획 작성
		3. 대상지별 조경 계획	1. 주거공간	1. 단독주거공간 2. 집합주거공간 3. 복합지역공간
			2. 레크리에이션	1. 공원녹지계획 2. 도시 및 자연공원 3. 관광지 및 유원지 4. 골프장 및 체육시설 5. 산림휴양시설 6. 기타
			3. 교통시설	1. 보행 및 자전거도로 2. 차량도로 3. 주차장 4. 철도, 공항 및 항만 등
			4. 공장 및 산업단지	1. 공장주변 2. 산업단지주변
			5. 학교 및 캠퍼스	1. 유아 및 유치원 2. 초·중등학교 3. 대학교
			6. 업무빌딩 및 상업시설	1. 업무용빌딩 2. 상업시설 3. 몰(mall)공간
			7. 특수 환경	1. 옥상 및 벽면녹화 2. 인공지반녹화 3. 문화재 4. 비탈면녹화 5. 생태하천 및 인공습지 6. 임해매립지 7. 기타

필기과목명	문제수	주요항목	세부항목	세세항목
		4. 시설물의 조경계획	1. 급배수시설	1. 급수시설 2. 표면배수 3. 심토층배수 4. 기타시설
			2. 휴게시설	1. 파고라 2. 의자 3. 야외탁자 4. 정자 5. 평상 6. 기타시설
			3. 유희시설	1. 단위놀이시설 2. 복합놀이시설 3. 주제형 놀이시설 4. 기타시설
			4. 운동시설	1. 축구장 2. 테니스장 3. 배드민턴장 4. 농구장 5. 게이트볼장 6. 기타 시설
			5. 수경시설	1. 폭포 및 벽천 2. 실개천 3. (연)못 4. 분수
			6. 관리 및 편익시설	1. 관리 사무소 2. 공중화장실 3. 전망대 4. 울타리 5. 기타 시설
			7. 안내표지시설	1. 정보시설 2. 규제시설 3. 공원안내시설 4. 기타 시설
			8. 경관조명시설	1. 경관조명 2. 가로조명 3. 보행가로조명 4. 공원조명 5. 수중조명 6. 기타조명

필기과목명	문제수	주요항목	세부항목	세세항목
		5. 조경계획 관련 법규	1. 도시계획관련규정	1. 국토의 계획 및 이용에 관한 법률, 시행령, 시행규칙 2. 도시·군 계획시설의 결정·구조 및 설치기준에 관한 규칙 3. 기타 도시계획관련 규정
			2. 자연공원관련규정	1. 자연공원법, 시행령, 시행규칙
			3. 도시공원관련규정	1. 도시공원 및 녹지 등에 관한 법률, 시행령, 시행규칙
			4. 영향평가	1. 환경영향, 경관영향평가 등 2. 이용 후 평가(목적, 대상 등)
			5. 기타 조경관련 규정	1. 건설관련 규정 2. 환경관련 규정 3. 관광 및 체육시설관련 규정
조경설계	20	1. 제도의 기초	1. 선	1. 선의 종류 2. 선의 용도
			2. 치수선의 사용	1. 치수선의 표기방법 2. 치수선의 용도 3. 치수선의 종류
			3. 설계기호 및 표현기법	1. 설계기호 2. 설계의 표현기법
			4. 기타 제도사항	1. 제도에 사용되는 문자 2. 제도 용어 3. 제도 척도 4. 제도용 및 필기용 도구 5. 제도에 사용되는 투상법 6. 기타 사항
		2. 설계과정	1. 기본설계	1. 주택정원설계 2. 도시조경설계 3. 도로조경설계 4. 공장, 학교조경설계 5. 옥상 및 벽면조경설계 6. 인공지반조경설계 7. 실내조경설계 8. 골프장설계 9. 기타 설계
			2. 실시설계	1. 실시설계과정 2. 상세도 3. 단면도 4. 조감도
			3. 설계설명서	1. 시방서 2. 현장 설계설명서 3. 각종 도면작성에 관한 사항

필기과목명	문제수	주요항목	세부항목	세세항목
		3. 경관분석	1. 경관분석의 분류	1. 자연경관분석 2. 도시경관분석
			2. 경관의 표현	1. 경관 이미지 2. 경관 선호도
			3. 경관분석방법 및 유형	1. 분석방법의 선택 2. 분석방법의 일반적 조건 3. 분석방법의 분류
			4. 경관분석의 접근방식	1. 생태학적 2. 형식미학적 3. 정신물리학적 4. 심리학적 5. 기호학적 6. 현상학적 7. 경제학적
			5. 경관평가 수행기법	1. 경관의 물리적 속성 2. 시뮬레이션 기법 3. 평가자 선정 4. 미적반응측정
		4. 조경미학	1. 디자인 요소	1. 점 2. 선 3. 형태 4. 공간 5. 깊이 6. 질감 7. 기타
			2. 색채이론	1. 빛과 색 2. 색채지각 3. 색채의 지각적 특성 4. 색채 지각효과 및 감정효과 5. 색의 혼합 6. 색의 체계 및 조화
			3. 디자인원리 및 형태 구성	1. 조화 2. 통일과 변화 3. 균형 4. 율동 5. 강조 6. 기타
			4. 환경미학	1. 시야의 척도 2. 시지각의 특성 3. 연속경관 4. 부각, 앙각, 응시, 착시 5. 공간의 한정 형태 6. 공간과 거리감 7. 공간의 개방감과 폐쇄감

필기과목명	문제수	주요항목	세부항목	세세항목
		5. 조경시설물의 설계	1. 운동시설 설계	1. 재료 및 설계일반 2. 육상경기장 3. 축구장 4. 테니스장 5. 배구장 6. 농구장 7. 야구장 8. 핸드볼장 9. 배드민턴장 10. 게이트볼장 11. 씨름장 12. 수영장 13. 체력단련시설 14. 기타 시설
			2. 유희시설 설계	1. 재료 및 설계일반 2. 단위 놀이시설 3. 복합 놀이시설 4. 주제형 놀이시설 5. 동력 놀이시설 6. 기타 시설
			3. 휴게시설물 설계	1. 재료 및 설계일반 2. 파고라(그늘시렁) 3. 그늘막(쉘터) 4. 원두막 5. 의자 6. 앉음벽 7. 야외탁자 8. 평상 9. 정자 10. 기타 시설
			4. 경관조명시설물 설계	1. 재료 및 설계일반 2. 보행등 3. 정원등 4. 수목등 5. 잔디등 6. 공원등 7. 수중등 8. 투과등 9. 광섬유조명 10. 기타 조명
			5. 수경시설물 설계	1. 재료 및 설계일반 2. 폭포 및 벽천 3. 실개천 4. (연)못 5. 분수 6. 기타 시설
			6. 포장설계	1. 재료 및 설계일반 2. 포장재의 종류 3. 보도용 포장 4. 자전거도로의 포장 5. 차도 및 주차장의 포장 6. 기타 포장설계

필기과목명	문제수	주요항목	세부항목	세세항목
			7. 표지시설의 설계	1. 재료 및 설계일반 2. 설계요소 3. 주택단지의 표지시설 4. 공원의 표지시설 5. 기타 지역의 시설
			8. 기타 시설물의 설계	1. 급·관수시설 2. 배수 및 저류시설 3. 관리 및 편익시설 4. 조경구조물 5. 조경석 6. 환경조형시설 7. 비탈면, 인공지반, 생태복원관련 시설물설계 8. 빗물처리시설
조경식재	20	1. 식재일반	1. 식재의 효과	1. 시각적 조절 2. 물리적 조절 3. 기후조절 4. 소음조절 5. 공기정화 6. 완충조절
			2. 배식원리	1. 정형식재 2. 자연풍경식재 3. 자유식재 4. 독립수식재 5. 군락식재
			3. 식생과 토양	1. 식생의 특징 2. 식생의 구분 3. 토양의 정의 4. 토양의 물리적 성질 5. 토양수분 6. 토양공기 7. 토양의 화학적 성질 8. 토양유기물과 부식 9. 토양의 분류
		2. 식재계획 및 설계	1. 식재환경	1. 식재기반조성 2. 옥외공간 3. 실내공간 4. 특수공간
			2. 기능식재	1. 명암순응식재 2. 가로막기식재 3. 녹음식재 4. 방음식재 5. 방풍식재 6. 방화식재 7. 방설식재 8. 지표식재

필기과목명	문제수	주요항목	세부항목	세세항목
			3. 경관조성식재	1. 조경양식에 의한 식재형식 2. 건물과 관련된 식재형식 3. 미적 효과와 관련된 식재형식 4. 기타 식재형식
			4. 특수지역식재	1. 도로식재 2. 비탈면식재 3 벽면 및 수직구조물 식재 4. 임해매립지식재 5. 인공지반식재(옥상, 지붕) 6. 텃밭조성
			5. 실내식물환경조성 및 설계	1. 실내식물의 역사와 기원 2. 실내공간의 식물 기능과 역할 3. 실내식물의 환경조건 4. 실내식물의 도입 5. 실내공간의 구조물 6. 실내조경에 쓰이는 식물
		3. 조경식물재료	1. 조경식물의 학명 및 특성 분류	1. 조경식물의 분류 2. 학명 및 보통명 3. 식물명명법의 특징 4. 식물의 특징별 분류
			2. 조경식물의 이용상 분류	1. 미화장식용 식물 2. 생울타리 및 은폐용 식물 3. 녹음용 식물 4. 방풍용 식물 5. 방연용 식물 6. 방조용 식물 7. 방사 및 방진용 식물 8. 방화용 식물 9. 방설용 식물
			3. 조경식물의 형태 및 생리·생태적 특성	1. 성상별 특성 2. 관상 가치별 특성 3. 생리적 특성 4. 생태적 특성
			4. 조경식물의 기능적 특성	1. 명암순응식재의 특성 2. 가로막기식재의 특성 3. 녹음식재의 특성 4. 방음식재의 특성 5. 방풍식재의 특성 6. 방화식재의 특성 7. 방설식재의 특성 8. 지표식재의 특성
			5. 조경식물의 내환경성	1. 종자의 채집과 저장 2. 종자의 발아생리 3. 번식일반 4. 삽목 및 접목이론

필기과목명	문제수	주요항목	세부항목	세세항목
			6. 실내 조경식물재료의 특성	1. 광선 2. 수분 3. 온도 4. 토양 5. 양분 6. 공기 7. 순화 8. 관리
		4. 조경식물의 생태와 식재	1. 조경식물의 생태	1. 식물생태계의 특성 2. 군집 생태 3. 개체군 생태
			2. 조경식물의 식재	일반식재 2. 군락식재
		5. 식재공사	1. 이식계획	1. 이식시기 2. 이식수종의 특성 3. 이식과 식재방법
			2. 수목식재	1. 수목의 굴취와 운반 2. 식재방법 3. 식재 후의 관리
			3. 지피류 및 초화류식재	1. 적용범위 2. 지피류 및 초화류의 분류 3. 지피류 및 초화류의 식재 4. 잔디의 식재기반조성 및 붙이기 5. 종자뿜어붙이기
			4. 특수환경지의 식재	1. 비탈면 및 훼손지의 환경일반 2. 도입식물의 선정 3. 생육기반의 조성 4. 비탈면의 복원 5. 자연친화형 하천 조성 6. 생태연못, 습지 조성 7. 훼손지 생태복원 8. 생물서식지 공간조성 9. 생태계 이전식재
			5. 식재 후 조치	1. 줄기와 가지의 건조방지 2. 지주시설 설치 3. 관수와 시비
조경시공 구조학	20	1. 시공의 개요	1. 조경시공재료	1. 조경시공재료의 적용 2. 시공재료의 분류와 요구 성능 3. 시공재료의 규격화
			2. 시방서	1. 시방서의 개요 2. 시방서의 분류 3. 시방서의 작성
			3. 공사계약 및 시공방식	1. 공사계약 2. 입찰집행 3. 공사시공방식 4. 도급금액 결정방식 5. 공사의 입찰방법

필기과목명	문제수	주요항목	세부항목	세세항목
			4. 공정표	1. 공정표의 작성 2. 공정표의 구성요소 3. 공정표의 특징 4. 네트워크 공정표 작성 5. 일정계산
		2. 조경시공일반	1. 공사준비	1. 보호대상의 확인 및 관리 2. 지장물의 제거 3. 부지배수 및 침식방지 4. 재활용
			2. 토양 및 토질	1. 토양의 분류 및 조성 2. 토양의 조사 분석 3. 흙의 성질 4. 포장공간의 설계 5. 전단강도와 사면의 안정 6. 비탈면의 보호 7. 토압과 구조물 8. 토량변화율
			3. 지형 및 시공측량	1. 지형의 묘사 2. 등고선의 정의 및 특징 3. 지형도 일반 4. 측량일반 5. 좌표 및 측점
			4. 정지 및 표토복원	1. 일반사항 2. 정지작업의 고려사항 3. 정지작업의 준비 및 시행 4. 성토와 절토의 체적 5. 표토의 채취, 보관, 복원
			5. 가설공사	1. 가설울타리 2. 가설건물 3. 가설공급시설 4. 가식장 5. 공사용 도로
			6. 현장관리	1. 공정관리 2. 노무관리 3. 자재관리 4. 장비관리 5. 자금관리 6. 안전·환경관리 7. 품질관리
		3. 공종별 공사	1. 조경재료 일반	1. 재료와 제품 2. 재료의 표준과 다양성 3. 표준규격 4. 특허와 신기술

필기과목명	문제수	주요항목	세부항목	세세항목
			2. 조경재료의 일반적 성질	1. 조경재료의 분류 2. 재료의 역학적 성질 3. 재료의 물리적 성질 4. 재료의 화학적 성질 5. 재료의 미학적 성질 6. 재료의 친환경적 성질 7. 내구성
			3. 조경재료별 특성	1. 목재 2. 석재 3. 콘크리트재 4. 금속재 5. 벽돌·점토 및 타일 6. 합성수지 7. 미장 및 도장재 8. 옥외포장재 9. 생태복원재 10. 급배수·저류시설재 11. 기타
			4. 공종별 공사	1. 수경시설공사 2. 구조물기반조성공사 3. 경관구조물공사 4. 식생구조물공사 5. 조경석공사 6. 환경조형물공사 7. 관리 및 편익시설공사 8. 안내시설물공사 9. 유희시설물공사 10. 운동시설공사 11. 경관조명공사 12. 데크시설공사 13. 포장공사 14. 생태복원공사 15. 실내조경공사 16. 관배수시설공사
		4. 조경적산	1. 수량산출	1. 토공량 2. 기계장비의 양 3. 벽돌 및 콘크리트량 4. 철근 및 거푸집량 5. 수목 및 잔디(초화류)량 6. 기타 수량
			2. 표준품셈	1. 할증량 2. 조경관련 품셈 3. 건설기계관련 품셈

필기과목명	문제수	주요항목	세부항목	세세항목
			3. 일위대가표 작성	1. 단위공정별 일위대가표 작성
			4. 공사비 산출	1. 재료비 2. 노무비 3. 경비 4. 기타 공사비 5. 총공사비
		5. 기본구조역학	1. 구조설계의 개념과 과정	1. 구조설계의 개념 2. 구조설계의 과정
			2. 힘과 모멘트	1. 힘 2. 힘의 합성과 분해 3. 모멘트
			3. 구조물	1. 하중의 종류 2. 지점과 반력 3. 구조물의 정지조건 4. 구조물의 역학적 분류
			4. 부재의 선택과 크기결정	1. 장·단주의 설계 2. 담장 및 데크의 구조설계 3. 옹벽의 안전성 검토
조경관리론	20	1. 운영 관리	1. 운영관리개요	1. 운영관리의 체계 2. 운영관리의 원칙 3. 운영관리의 방식
			2. 운영관리 계획	1. 연간운영 관리계획 수립 2. 조직 관리 3. 재산 관리 4. 외주 관리 5. 민원 관리
		2. 조경식물관리	1. 조경식물의 유지관리	1. 정지 및 전정 2. 비배관리 3. 잔디관리 4. 지피 및 초화류관리 5. 수목보호관리 6. 기타 조경관리(관수, 지주목, 멀칭, 월동 청결유지 등)
			2. 병·충해관리	1. 전염성병관리 2. 비전염성관리 3. 해충관리 4. 농약 및 방제법
		3. 시설물관리	1. 시설물관리 개요	1. 시설물유지관리의 원칙 2. 관리의 개요
			2. 기반시설물관리	1. 급·배수시설물 2. 포장시설물 3. 옹벽 등 구조물 4. 수경시설물 5. 부속 건축물 6. 기타 기반시설물

필기과목명	문제수	주요항목	세부항목	세세항목
조경관리론	20		3. 조경시설물 관리	1. 유희시설물 2. 휴게 및 편의시설물 3. 운동시설물 4. 조명시설물 5. 안내시설물 6. 기타 시설물
		4. 이용관리계획	1. 이용관리개요	1. 이용관리의 개념 및 특성 2. 이용관리와 이용자관리 3. 주민참여
			2. 이용관리	1. 이용자 현황분석 2. 이용 방법 지도 3. 이용프로그램 기획·개발 4. 이용프로그램 운영 5. 문화 이벤트 행사 관리 6. 안전 관리 7. 홍보·마케팅 8. 자원봉사 운영·관리 9. 이용편의 개선
			3. 공원이용 및 레크리에이션 시설 이용관리	1. 도시공원 녹지관리 2. 자연공원지역의 관리 3. 레크리에이션 관리의 개념 4. 레크리에이션 관리의 목적 5. 부지의 관리 6. 레크리에이션 수용능력

조경산업기사 필기시험 출제기준

직무 분야	건설	중직무 분야	조경	자격종목	조경산업기사	적용기간	2022. 1. 1. ~ 2024. 12. 31.

○ 직무내용 : 조경 기본계획을 이해하고 실시설계를 작성하여 조경식재 및 시설물 시공업무를 통해 조경 결과물을 완성하고 이를 관리하는 직무이다.

필기검정방법	객관식	문제수	80	시험시간	2시간

필기과목명	문제수	주요항목	세부항목	세세항목
조경계획 및 설계	20	1. 조경사조의 이해	1. 조경일반	1. 조경의 목적 및 필요성 2. 조경의 환경요소 3. 조경의 범위 및 조경의 분류
			2. 서양조경 양식	1. 고대 국가 2. 영국 3. 프랑스 4. 이탈리아 5. 미국 6. 이슬람 국가 및 기타
			3. 동양조경 양식	1. 한국의 조경 2. 중국/일본의 조경 3. 기타 국가 조경
		2. 환경 조사·분석	1. 자연생태환경 조사·분석	1. 지형 및 지질조사 2. 기후조사 3. 토양조사 4. 수문조사 5. 식생/야생동물조사
			2. 인문사회환경 조사·분석	1. 토지이용조사 2. 인구 및 산업조사 3. 역사 및 문화유적조사 4. 교통조사 5. 지장물조사
			3. 행태 및 기능분석	1. 환경심리학 2. 환경지각, 인지, 태도 3. 미적 지각·반응 4. 문화적, 사회적 감각적 환경과 행태 5. 척도와 인간행태 6. 도시환경과 인간행태 7. 자연환경과 인간행태 8. 환경시설 연구방법
			4. 조경관련법	1. 도시공원 관련법 2. 자연공원 관련법 3. 도시계획 관련법 4. 기타 관련법
		3. 기본 구상	1. 기본개념의 확정	1. 환경조사·분석 검토 2. 계획방향 설정 3. 적합 개념도출 4. 지속가능한 계획 도입

필기과목명	문제수	주요항목	세부항목	세세항목
			2. 프로그램의 작성	1. 프로그램 착수 2. 프로그램 개발 3. 프로그램 결정 4. 의뢰인과의 검토 5. 프로그램 확정 6. 프로그램 개발을 위한 연구
			3. 도입시설의 선정	1. 프로그램 유형 2. 시설유형과 규모 산정 3. 이용행태 관계 4. 공간이용 행태
			4. 수요측정	1. 생태적 수용능력 2. 사회적 수요 3. 적정 이용객 수
			5. 대안 선정	1. 다양한 대안 작성 2. 대안 평가의 방법 3. 대안별 공간적 특징 4. 대안 평가하기 5. 최적안 선정
		4. 조경 기본계획	1. 토지이용계획 수립	1. 공간별 토지이용계획 2. 대상지 여건을 고려한 공간 구성 3. 기본구상에 따른 토지이용 계획 수립
			2. 동선 계획	1. 차량과 보행동선 계획 2. 동선의 위계와 종류 3. 범죄예방과 유니버설 디자인
			3. 기본계획도 작성	1. 프로그램과 시설 계획 2. 축척에 맞는 기본계획도 작성 3. 기본계획도 표현 방법 4. 지형과 경사를 고려한 작성
			4. 공간별 계획	1. 토지이용계획에 따른 공간 구분 2. 세부공간계획 수립 3. 공간별 조경시설 배치
			5. 부문별 계획	1. 조경기반시설 계획 2. 조경식재 계획 3. 조경시설물 계획 4. 조경포장 계획 5. 조명연출 계획
			6. 개략사업비 산정	1. 개략공사비 산출 2. 공종별 개략공사비 산정
			7. 관리계획 작성	1. 운영관리계획 2. 유지관리계획 3. 이용관리계획

필기과목명	문제수	주요항목	세부항목	세세항목
			8. 기본계획보고서 작성	1. 목차 구성 2. 단계별 계획내용 작성
		5. 조경기반설계	1. 조경 기초 설계	1. 레터링 기법 2. 도면기호 표기 3. 조경재료 표현 4. 조경 기초 도면 작성 5. 제도용구 종류와 사용법 6. 디자인 원리 7. 전산응용도면(CAD) 작성
			2. 부지 정지 설계	1. 등고선 설계 2. 측량 3. 단면작성 4. 절·성토 설계
			3. 도로 설계	1. 도로의 종류별 특성 2. 도로의 구조 3. 도로선형 4. 종·횡 단면도
			4. 주차장 설계	1. 주차장의 종류별 특성 2. 주차장 포장재료 3. 주차장 포장 공법 4. 주차장 상세설계
			5. 구조물 설계	1. 구조물 종류별 특성 2. 구조물 상세 설계
			6. 빗물처리시설 설계	1. 우수구역과 우수량 2. 빗물처리시설 종류별 특성 3. 저류시설물 상세설계
			7. 배수시설 설계	1. 배수체계 2. 배수시설 종류별 특성 3. 배수시설 상세설계
			8. 관수시설 설계	1. 관수체계 2. 관수시설 종류별 특성 3. 관수시설 상세설계
			9. 포장 설계	1. 포장 디자인 2. 포장 종류별 특성 3. 포장 상세설계
			10. 조경기반설계도면 작성	1. 조경기반 평면도 2. 조경기반 종·횡 단면도 3. 공사계획 평면도
		6. 조경식재설계	1. 식재개념 구상	1. 식재설계 개념 구상 2. 식재 개념 표현
			2. 기능식재 설계	1. 공간별 식재 기능 2. 기능식재 종류별 특성
			3. 식재기반 설계	1. 토양 구조 및 특성 2. 인공지반 구조적 특성

필기과목명	문제수	주요항목	세부항목	세세항목
				3. 식물 생육 조건 4. 식재기반 조성설계
			4. 수목식재 설계	1. 공간별 특성에 따른 식재 2. 기능별 식재에 따른 식재 3. 단위면적당 식재수량 산출 4. 식재 상세도면 작성
			5. 지피·초화류 식재 설계	1. 지피·초화류 종류별 특성 2. 지피·초화류 선정 3. 지피·초화류 상세설계
			6. 정원식재 설계	1. 정원식재 기반설계 2. 정원식물 선정과 설계 3. 정원식재 도면 작성
			7. 훼손지 녹화 설계	1. 훼손지 유형별 특성 2. 훼손지 복원방법 3. 훼손지 녹화용 재료 4. 훼손지 복원 상세 설계
			8. 생태복원 식재 설계	1. 생태복원 유형별 특성 2. 생태복원 방법 3. 생태복원 재료 4. 생태복원 상세설계 5. 생태복원 모니터링
			9. 조경식재 설계 도면 작성	1. 조경식재 평면도 2. 조경식재 입면도
2. 조경식재 시공	20	1. 조경식물	1. 조경식물 파악	1. 식물 생육 환경 2. 조경식물의 분류학적 특성 3. 조경식물의 외형적 특성 4. 조경식물의 생리생태적 특성 5. 조경식물의 기능적 특성 6. 조경식물의 규격 7. 식재의 효과
		2. 기초 식재공사	1. 굴취	1. 수목뿌리의 특성 2. 공정 특성 3. 뿌리 절단면 보호
			2. 수목 운반	1. 수목 상하차 작업 2. 수목 운반 작업 3. 수목 운반 장비와 인력 운용
			3. 교목 식재	1. 교목 식재 방법 2. 교목 식재 장비와 도구 활용 방법
			4. 관목 식재	1. 관목 식재 방법 2. 관목 식재 장비와 도구 활용 방법
			5. 지피 초화류 식재	1. 지피 초화류 식재 방법 2. 지피 초화류 식재 장비와 도구 활용 방법

필기과목명	문제수	주요항목	세부항목	세세항목
		3. 입체조경공사	1. 입체조경기반 조성	1. 녹화기반 조성 유형 2. 녹화기반 방수공법 3. 인공토양 종류별 특성
			2. 벽면녹화	1. 벽면녹화기반 환경 특성 2. 벽면녹화 공법 3. 벽면녹화 재료
			3. 인공지반녹화	1. 인공지반녹화 환경 특성 2. 인공지반녹화 공법 3. 인공지반녹화 재료
			4. 텃밭 조성	1. 텃밭 재배환경 2. 텃밭 작물의 종류 3. 텃밭 조성방법
			5. 인공지반 조경공간 조성	1. 인공지반 조경공간 환경 특성 2. 인공지반 조경공간 시설
		4. 잔디식재 공사	1. 잔디 시험시공	1. 잔디 시험시공의 목적 2. 잔디의 종류와 특성 3. 잔디 파종법과 장·단점 4. 잔디 파종 후 관리
			2. 잔디 기반 조성	1. 잔디 식재기반 조성 2. 잔디 식재지의 급·배수 시설 3. 잔디 기반조성 장비의 종류
			3. 잔디 식재	1. 잔디의 규격과 품질 2. 잔디 소요량 산출 3. 잔디 식재 공법 4. 잔디 식재 후 관리
		5. 실내조경 공사	1. 실내조경 기반 조성	1. 실내환경 조건 2. 실내 조경시설 구조 3. 실내식물의 특성 4. 실내조명과 조도 5. 방수·방근
			2. 실내 녹화 기반 조성	1. 실내 녹화 기반 역할과 기능 2. 인공토양 종류별 특성
			3. 실내조경시설·점경물 설치	1. 실내조경시설과 점경물 종류 2. 실내조경시설과 점경물 설치
			4. 실내식물 식재	1. 실내식물의 장소와 기능별 품질 2. 실내식물 식재시공 3. 실내식물의 생육과 유지관리
3. 조경시설물 시공	20	1. 조경시설물 공사	1. 조경인공재료의 선정	1. 조경인공재료의 종류 2. 조경인공재료의 종류별 특성 3. 조경인공재료의 종류별 활용 4. 조경인공재료의 규격
			2. 시설물 설치 전 작업	1. 시설물 수량과 위치 파악 2. 현장상황과 설계도서 확인

필기과목명	문제수	주요항목	세부항목	세세항목
			3. 안내시설물 설치	1. 안내시설물 종류 2. 안내시설물 설치 위치 선정 3. 안내시설물 시공방법
			4. 옥외시설물 설치	1. 옥외시설물 종류 2. 옥외시설물 설치 위치 선정 3. 옥외시설물 시공방법
			5. 놀이시설 설치	1. 놀이시설 종류 2. 놀이시설 설치 위치 선정 3. 놀이시설 시공방법
			6. 운동시설 설치	1. 운동시설 종류 2. 운동시설 설치 위치 선정 3. 운동시설 시공방법
			7. 경관조명시설 설치	1. 경관조명시설 종류 2. 경관조명시설 설치 위치 선정 3. 경관조명시설 시공방법
			8. 환경조형물 설치	1. 환경조형물 종류 2. 환경조형물 설치 위치 선정 3. 환경조형물 시공방법
			9. 데트시설 설치	1. 데크시설 종류 2. 데크시설 설치 위치 선정 3. 데크시설 시공방법
			10. 펜스 설치	1. 펜스 종류 2. 펜스 설치 위치 선정 3. 펜스 시공방법
		2. 조경 포장공사	1. 토공 및 도로 조성	1. 토양의 분류 및 특성 2. 지형의 묘사 3. 등고선의 정의 및 특징 4. 토량변화율 5. 측량일반 6. 정지 및 표토복원 7. 운반 및 기계화 시공 8. 도로 및 포장의 종류와 패턴 9. 도로와 포장의 설계 및 시공 시 고려사항
			2. 조경 포장기반 조성	1. 배수시설 및 배수체계 이해 2. 조경 포장기반공사 종류 3. 조경 포장기반공사 공정 순서 4. 조경 포장기반공사 장비와 도구
			3. 조경 포장경계 공사	1. 조경 포장경계공사 종류 2. 조경 포장경계공사 방법 3. 조경 포장경계공사 공정 순서 4. 조경 포장경계공사 장비와 도구

필기과목명	문제수	주요항목	세부항목	세세항목
			4. 친환경 흙포장 공사	1. 친환경 흙포장 공사 종류 2. 친환경 흙포장 공사 방법 3. 친환경 흙포장 공사 공정 순서 4. 친환경 흙포장 공사 장비와 도구
			5. 탄성포장 공사	1. 탄성포장 공사 종류 2. 탄성포장 공사 방법 3. 탄성포장 공사 공정 순서 4. 탄성포장 공사 장비와 도구
			6. 조립블록 포장 공사	1. 조립블록 포장 공사 종류 2. 조립블록 포장 공사 방법 3. 조립블록 포장 공사 공정 순서 4. 조립블록 포장 공사 장비와 도구
			7. 조경 투수포장 공사	1. 조경 투수포장 공사 종류 2. 조경 투수포장 공사 방법 3. 조경 투수포장 공사 공정 순서 4. 조경 투수포장 공사 장비와 도구
			8. 조경 콘크리트 포장 공사	1. 조경 콘크리트 포장 공사 종류 2. 조경 콘크리트 포장 공사 방법 3. 조경 콘크리트 포장 공사 공정 순서 4. 조경 콘크리트 포장 공사 장비와 도구
		3. 조경적산	1. 설계도면 검토	1. 식재설계도 검토 2. 시설물설계도 검토 3. 포장설계도 검토 4. 구조물설계도 검토 5. 조경공사시방서 검토
			2. 수량산출서 작성	1. 수량 총괄표 작성 2. 단위 시설물별 수량 산출 3. 자재 집계표 작성
			3. 단가 조사서 작성	1. 단가 조사표 작성 2. 견적 조사표 작성
			4. 일위대가표 작성	1. 자재단가 적용 2. 노임단가 적용 3. 중기사용료 산정 4. 표준품셈 적용
			5. 공종별 내역서 작성	1. 공정표 파악 2. 식재 공사비 산출 3. 시설물 공사비 산출 4. 포장 공사비 산출 5. 구조물 공사비 산출

필기과목명	문제수	주요항목	세부항목	세세항목
			6. 공사비 원가계산서 작성	1. 직접공사비 산출 2. 간접공사비 산출 3. 공사원가계산 제비율 적용 4. 총공사비 산출 5. 공사비 적산 프로그램 활용
4. 조경관리	20	1. 이용 및 운영관리	1. 이용관리	1. 이용관리의 체계 2. 이용관리의 원칙 3. 이용관리의 방식 4. 주민참여 운영 프로그램 5. 레크리에이션 유지 관리
			2. 운영관리	1. 연간 운영 관리계획 수립 2. 조직 관리 3. 재산 관리 4. 외주 관리 5. 민원 관리
		2. 조경공사 수목관리	1. 병해충 방제	1. 병해충 종류 2. 병해충 방제 방법 3. 농약 사용 및 취급 4. 병충해 방제 장비와 도구
			2. 관배수관리	1. 수목별 적정 관수 2. 식재지 적정 배수 3. 관배수 장비와 도구
			3. 제초관리	1. 잡초 발생시기와 방제 방법 2. 제초제 방제 시 주의사항 3. 제초 장비와 도구
			4. 전정관리	1. 수목별 정지전정 특성 2. 정지전정 도구 3. 정지전정 시기와 방법 4. 연간 정지전정 관리계획 수립 5. 굵은 가지치기 6. 가지 길이 줄이기 7. 가지 솎기 8. 생울타리 다듬기 9. 가로수 가지치기 10. 상록교목 수관 다듬기 11. 화목류 정지전정 12. 소나무류 순 자르기
			5. 수목보호조치	1. 수목피해 종류 2. 소목 손상과 보호조치
			6. 잔디관리	1. 잔디의 종류 2. 잔디의 보수작업 3. 잔디 유지관리
			7. 초화류 관리	1. 초화류의 종류 2. 초화류의 보수작업 3. 초화류 유지관리

필기과목명	문제수	주요항목	세부항목	세세항목
			8. 시설물 보수 관리	1. 시설물 보수작업 종류 2. 시설물 유지관리 점검리스트
			9. 기타 조경관리	1. 공정관리 2. 노무관리 3. 자재관리 4. 자금관리 5. 안전관리
		3. 수목보호관리	1. 기상, 환경 피해 진단	1. 기상에 의한 피해 진단 2. 공해에 의한 피해 진단 3. 오염물질에 의한 피해 진단
			2. 토양 관리	1. 토양상태에 따른 수목 뿌리의 발달 2. 물리적 관리 3. 화학적 관리 4. 생물적 관리
			3. 수목 외과 수술	1. 수목 구조와 생리 2. 수목 외과수술 종류별 특성 3. 수목 외과수술 사후 관리
			4. 수목 뿌리 수술	1. 수목 뿌리와 생리 2. 수목 뿌리수술 종류별 특성 3. 수목 뿌리수술 사후 관리
			5. 지주목 관리	1. 지주목의 역할 2. 지주목의 크기와 종류 3. 지주목 점검 4. 지주목의 보수와 해체
			6. 멀칭 관리	1. 멀칭재료의 종류와 특성 2. 멀칭의 효과 3. 멀칭 점검
			7. 월동 관리	1. 월동 관리재료의 특성 2. 월동 관리대상 식물 선정 3. 월동 관리방법 4. 월동 관리재료의 사후처리
			8. 장비 유지 관리	1. 장비 사용법과 수리법 2. 장비 유지와 보관 방법
			9. 청결 유지 관리	1. 관리대상지역 청결 유지관리 시기 2. 관리대상지역 청결 유지관리 방법 3. 청소 도구
		4. 비배관리	1. 연간 비배관리 계획 수립	1. 조경식물 현황 파악 2. 비배관리 물품정보 3. 비배관리 계획 수립
			2. 수목 생육상태 진단	1. 수관 생육상태 진단 2. 뿌리 생육상태 진단 3. 토양 양분상태 진단

필기과목명	문제수	주요항목	세부항목	세세항목
			3. 시비의 단계별 과정	1. 비료 종류 2. 비료 성분 및 효능 3. 시비 적정시기와 방법 4. 비료 사용 시 주의사항 5. 시비 장비와 도구
			4. 화학비료 주기	1. 식물과 화학비료 성분의 상관성 2. 화학비료 종류별 특성 3. 화학비료 사용방법 4. 사용효과 모니터링
			5. 유기질 비료 주기	1. 식물과 유기질 비료 성분의 상관성 2. 유기질 비료 종류별 특성 3. 유기질 비료 사용방법 4. 사용효과 모니터링
			6. 영양제 엽면 시비	1. 미량원소 결핍 증상 2. 엽면 시비방법 3. 사용효과 모니터링
			7. 영양제 수간 주사	1. 수목 상태 판단 2. 수간주사 주입방법 3. 사용효과 모니터링
		5. 조경시설물 관리	1. 조경시설물 연간관리 계획 수립	1. 시설물 유지관리 목표 설정 2. 시설물 유지관리 방법 3. 연간관리 투입 자재와 장비 4. 연간관리 투입 인력 산정 5. 연간관리 시기와 예산 수립
			2. 급·배수 및 포장시설 관리	1. 급·배수 및 포장시설 점검 시기 2. 급·배수 및 포장시설 유지관리 방법
			3. 놀이시설물 관리	1. 놀이시설물 점검 시기 2. 놀이시설물 유지관리 방법
			4. 편의시설물 관리	1. 편의시설물 점검 시기 2. 편의시설물 유지관리 방법
			5. 운동시설물 관리	1. 운동시설물 점검 시기 2. 운동시설물 유지관리 방법
			6. 경관조명시설물 관리	1. 경관조명시설물 점검 시기 2. 경관조명시설물 유지관리 방법
			7. 안내시설물 관리	1. 안내시설물 점검 시기 2. 안내시설물 유지관리 방법
			8. 수경시설물 관리	1. 수경시설물 점검 시기 2. 수경시설물 유지관리 방법

필기과목명	문제수	주요항목	세부항목	세세항목
			9. 목재시설물 관리	1. 목재시설물 점검 시기 2. 목재시설물 유지관리 방법
			10. 옹벽 등 구조물 관리	1. 옹벽 등 구조물 점검 시기 2. 옹벽 등 구조물 유지관리 방법
			11. 생태조경(빗물처리시설, 생태못, 인공습지, 비탈면, 훼손지, 생태숲) 관리	1. 생태조경 점검 시기 2. 생태조경 유지관리 방법

CONTENTS

제1편 조경사

part 01 서양의 조경 ·················· 3

1. 고대의 조경 ······································ 3
   - 1-1. 서부 아시아 ································ 6
   - 1-3. 그리스 ··· 8
   - 1-4. 고대 로마 ·································· 11

2. 중세의 조경 ···································· 16
   - 2-1. 중세 서구 ·································· 16
   - 2-2. 중세 이슬람 : 이란 ···················· 19
   - 2-3. 중세 이슬람 : 스페인 ················ 23
   - 2-4. 중세 이슬람 : 무굴 인도 ··········· 27

3. 르네상스의 조경 ······························ 33
   - 3-1-1. 15세기 이탈리아 르네상스 ···· 35
   - 3-1-2. 16세기 이탈리아 르네상스 ···· 37
   - 3-1-3. 17세기 이탈리아 르네상스 ···· 42
   - 3-1-4. 이탈리아 정원의 특징 ··········· 45
   - 3-2. 프랑스 정원(17세기) ················· 51
   - 3-3. 튜더·스튜어트 왕조의 영국 ······ 59

4. 근대의 조경(18세기) ······················· 63
   - 4-1. 영국의 풍경식 정원 ··················· 63
   - 4-2. 프랑스의 풍경식 정원 ··············· 68
   - 4-3. 독일의 풍경식 정원 ··················· 70

5. 근대의 조경(19세기) ······················· 71
   - 5-1. 영국의 공공정원 ························ 71
   - 5-2. 프랑스의 공공공원 ···················· 73
   - 5-3. 독일의 공공공원 ························ 74
   - 5-4. 근대 독일의 구성식 정원 ········· 75
   - 5-5. 미국의 실용적 정원 ··················· 76
   - 5-6. 프레드릭 로 옴스테드 ··············· 78

6. 현대의 조경 ···································· 81
   - 6-1. 1900년~1차 세계대전 ··············· 81
   - 6-2. 1차 세계대전~1944년 ··············· 82
   - 6-3. 주택정원 ···································· 84
   - 6-4. 중남미의 조경 ··························· 86

part 02 동양의 조경 ·················· 88

1. 중국의 조경 ···································· 88
   - 1-1. 주(周)시대(BC 11~250)의 조경 ····· 88
   - 1-2. 진(秦)·한(漢)시대의 조경 ········· 89
   - 1-3. 삼국시대(魏·蜀·吳), 진(晋),
         남북조(南北朝)시대 ················· 91
   - 1-4. 수(隋)시대(581~618) ················ 92
   - 1-5. 당(唐)시대(618~907) ················ 93
   - 1-6. 송(宋 ; 北宋·南宋)시대(960~1279) ····· 95
   - 1-7. 금(金)시대(1153~1215) ············· 97
   - 1-8. 원(元)시대(1206~1367) ············· 98
   - 1-9. 명(明)시대(1368~1622) ············· 99
   - 1-10. 청(淸)시대(1616~1911) ········· 102
   - 1-11. 중국의 명원(名園) ················· 107
   - 1-12. 중국 조경의 특징 ·················· 109

2. 일본의 조경 ·································· 110
   - 2-1. 대화(야마토, 大和)시대(~592) ····· 110
   - 2-2. 비조(아스카, 飛鳥)시대(593~709) ····· 111
   - 2-3. 내량(나라, 奈良)시대(710~792) ····· 112
   - 2-4. 평안(헤이안, 平安)시대(전기 793~966,
         후기 966~1191) ···················· 113
   - 2-5. 겸창(가마쿠라, 鎌倉)시대(1192~1333) ······ 117
   - 2-6. 실정(무로마치, 室町)시대(1334~1573) ····· 121
   - 2-7. 도산(모모야마, 桃山)시대(1576~1615) ····· 123
   - 2-8. 강호(에도, 江戶)시대(1603~1867) ····· 125
   - 2-9. 명치(메이지, 明治)시대(1868~1945) ····· 130
   - 2-10. 일본 정원의 양식 변천 및 특징 ·············· 132

part 03 한국의 조경 ·················· 134

1. 한국 조경의 특징 ························· 134
   - 1-1. 한국 정원의 사상적 배경 ······· 134
   - 1-2. 한국 조경의 특징 ···················· 136
   - 1-3. 궁궐 조경의 특징 ···················· 137
   - 1-4. 주택 정원의 특징 ···················· 140

- 1-5. 읍성 정주지의 특징 ································ 141
- 1-6. 별서 정원의 특징 ································ 142
- 1-7. 사찰 조경의 특징 ································ 144
- 1-8. 서원 조경의 특징 ································ 145

2. 고대의 조경 ··· 148
   - 2-1. 선사 및 고조선시대 ····························· 148
   - 2-2. 삼국시대 ·· 148

3. 중세의 조경(고려시대) ································ 153

4. 근세의 조경(조선시대) ································ 157
   - 4-1. 조선시대 조경의 특성 ·························· 157
   - 4-2. 궁궐 조경의 특성 ······························· 157
   - 4-3. 민가 조경의 특성 ······························· 162
   - 4-4. 조경식물 ·· 167

5. 최근세 및 현대 조경 ··································· 170

제2편 조경계획

part 01 조경일반 ··································· 175

1. 조경의 정의 및 조경가의 역할 ···················· 175
   - 1-1. 조경의 개념 및 영역 ··························· 175
   - 1-2. 조경가의 역할 ··································· 176

2. 조경 대상 및 타분야와의 관계 ···················· 177
   - 2-1. 조경의 대상 ····································· 177
   - 2-2. 도시계획과 조경 ································ 179
   - 2-3. 환경과 조경 ····································· 181

part 02 조경계획과정 ····························· 182

1. 조경계획 ··· 182
   - 1-1. 조경계획의 과정 ································ 182
   - 1-2. 조경계획 및 설계의 과정 ····················· 185
   - 1-3. 조경계획의 접근 방법 ························· 186

2. 자연환경 조사 분석 ·································· 187
   - 2-1. 지형 및 지질 조사 ······························ 187
   - 2-2. 기후조사 ·· 189

- 2-3. 토양조사 ·· 190
- 2-4. 수문 조사 ·· 193
- 2-5. 생태조사 ·· 193
- 2-6. 경관조사 ·· 195
- 2-7. 리모트 센싱(Remote sensing)에 의한 환경조사 ··· 199

3. 인문·사회환경 조사 분석 ·························· 201
   - 3-1. 토지이용 조사 ··································· 201
   - 3-2. 인구 및 산업 조사 ······························ 201
   - 3-3. 역사 및 문화유적 조사 ························ 202
   - 3-4. 교통 및 동선 조사 ······························ 202
   - 3-5. 시설물 조사 ····································· 202
   - 3-6. 수요자 요구 조사 ······························· 202

4. 행태·환경·심리기능의 조사 분석 ·············· 205
   - 4-1. 환경심리학 ······································· 205
   - 4-2. 환경지각, 인지, 태도 ························· 206
   - 4-3. 미적 지각·반응 ································ 206

5. 기본 구상 ··· 206
   - 5-1. 계획의 접근방법(물리·생태, 시각·미학, 사회·행태 등) ··································· 206
   - 5-2. 기본 구상과 대안의 작성 ····················· 215

6. 기본 계획 ··· 216
   - 6-1. 토지이용계획 ···································· 216
   - 6-2. 교통 동선계획 ··································· 216
   - 6-3. 공간 및 시설 배치 계획 ······················· 217
   - 6-4. ₩식재 계획 ····································· 217
   - 6-5. 기반 조성 계획 ································· 218
   - 6-6. ₩관리 계획 ····································· 218

part 03 대상지별 조경 계획 ················· 219

1. 주거공간 계획 ··· 219
   - 1-1. 단독 주거공간(주택) ··························· 219
   - 1-2. 집합 주거 공간 ································· 220

2. 레크리에이션 계획 ··································· 222
   - 2-1. 공원녹지계획 ···································· 222
   - 2-2. 도시 및 자연공원 ······························ 229
   - 2-3. 관광지 및 유원지 ······························ 235
   - 2-4. 골프장 및 체육시설 ···························· 242

3. 교통시설 계획 ··· 245

3-1. 보행 및 자전거도로 ········· 245
3-2. 차량도로 ················ 250
3-3. 주차장 ················· 251

4. 공장 및 산업단지 계획 ········· 254
4-1. 공장 주변 ················ 254

5. 특수 환경 계획 ··············· 256
5-1. 옥상정원 ················ 256
5-2. 전정광장 ················ 256

제3편 조경설계

part 01 제도의 기초 ········· 259

1. 선 ························· 259
   1-1. 선(線)의 종류 ············ 259
   1-2. 선의 용도 ··············· 260

2. 치수선의 사용 ··············· 261
   2-1. 치수선의 표기방법 ········· 261
   2-2. 치수선의 용도 및 종류 ····· 261

3. 설계기호 및 표현기법 ········· 262
   3-1. 설계기호 ················ 262
   3-2. 설계의 표현기법(재료표기) ·· 263

4. 기타 제도사항 ··············· 264
   4-1. 제도에 사용되는 문자 및 제도 용어 ········ 264
   4-2. 제도 척도 – 축척(Scale) ··· 264
   4-3. 제도용 및 필기용 도구 ····· 265
   4-4. 제도에 사용되는 투상법 ···· 266
   4-5. 기타 사항 ··············· 268

part 02 설계 과정 ········· 269

1. 기본 설계 ················· 269
   1-1. 기본 설계 ··············· 269
   1-2. 조경설계의 기본원칙 ······· 269

2. 실시 설계 ················· 270
   2-1. 설계도면 작성 목적 ········ 270

2-2. 평면도 ················· 270
2-3. 입면도와 단면도 ········· 271
2-4. 상세도 ················· 271
2-5. 설계서 작성 ············ 271

part 03 경관분석 ········· 272

1. 경관분석 방법 ··············· 272
   1-1. 분석방법의 일반적 조건 ···· 272
   1-2. 경관분석의 접근방식 ······· 272
   1-3. 경관평가 수행기법 ········ 275

part 04 조경미학 ········· 277

1. 디자인 요소 ··············· 277
   1-1. 점 ···················· 277
   1-2. 선 ···················· 277
   1-3. 면 ···················· 278
   1-4. 질감(texture) ············ 279

2. 색채이론 ··················· 279
   2-1. 빛과 색 ················ 279
   2-2. 색채 지각 ··············· 281
   2-3. 색채의 지각적 특성 ······· 282
   2-4. 색채 지각효과 및 감정효과 · 284
   2-5. 색의 혼합 ··············· 286
   2-6. 색의 체계 및 조화 ········ 287

3. 디자인 원리 및 형태 구성 ····· 289
   3-1. 조화 ··················· 289
   3-2. 통일과 변화 ············· 289
   3-3. 균형 ··················· 289
   3-4. 율동(운율, 리듬) ········· 290
   3-5. 강조(Accent) ············ 290
   3-6. 기타 ··················· 291

4. 환경미학 ··················· 292
   4-1. 시야의 척도, 시지각의 특징 · 292
   4-2. 부각, 앙각, 응시, 착시 ···· 293
   4-3. 공간의 한정 형태 ········· 294
   4-4. 공간과 거리감 ··········· 295
   4-5. 공간의 개방감과 폐쇄감 ···· 296

part 05 조경시설물의 설계 ················· 297

1. 운동시설 설계 ································ 297
   - 1-1. 재료 및 설계일반 ···················· 297
   - 1-2. 육상경기장 ···························· 298
   - 1-3. 축구장 ·································· 299
   - 1-4. 테니스장 ······························· 300
   - 1-5. 배구장 ·································· 300
   - 1-6. 농구장 ·································· 301
   - 1-7. 야구장 ·································· 302
   - 1-8. 핸드볼장 ······························· 302
   - 1-9. 배드민턴장 ···························· 303
   - 1-10. 게이트볼장 ·························· 304
   - 1-11. 씨름장 ································ 304
   - 1-12. 수영장 ································ 305
   - 1-13. 체력단련장 ·························· 305
   - 1-14. 족구장 ································ 306

2. 놀이시설(유희시설) 설계 ·············· 306
   - 2-1. 재료 및 설계일반 ···················· 306
   - 2-2. 단위 놀이시설 ························ 309
   - 2-3. 복합 놀이시설 ························ 314
   - 2-4. 주제형 놀이시설 ···················· 315
   - 2-5. 동력 놀이시설 ························ 316

3. 휴게시설물 설계 ··························· 317
   - 3-1. 재료 및 설계일반 ···················· 317
   - 3-2. 파고라(그늘시렁) ··················· 319
   - 3-3. 그늘막(쉘터) ·························· 320
   - 3-4. 원두막 ·································· 321
   - 3-5. 의자 ····································· 322
   - 3-6. 앉음벽 ·································· 323
   - 3-7. 야외탁자 ······························· 324
   - 3-8. 평상 ····································· 325
   - 3-9. 정자 ····································· 325

4. 경관조명시설물 설계 ···················· 326
   - 4-1. 재료 및 설계일반 ···················· 326
   - 4-2. 보행등 ·································· 326
   - 4-3. 정원등 ·································· 327
   - 4-4. 수목등 ·································· 328
   - 4-5. 잔디등 ·································· 329
   - 4-6. 공원등 ·································· 330
   - 4-7. 수중등 ·································· 331
   - 4-8. 투과등 ·································· 331
   - 4-9. 광섬유조명 ···························· 332
   - 4-10. 기타 조명 ···························· 333

5. 수경시설물 설계 ··························· 335
   - 5-1. 재료 및 설계일반 ···················· 335
   - 5-2. 폭포 및 벽천 ·························· 337
   - 5-3. 실개천(실개울) ······················ 338
   - 5-4. (연)못 ·································· 339
   - 5-5. 분수 ····································· 340

6. 포장 설계 ····································· 341
   - 6-1. 재료 ····································· 341
   - 6-2. 포장재의 종류 ························ 343
   - 6-3. 보도용 포장 ··························· 345
   - 6-4. 자전거도로의 포장 ·················· 346
   - 6-5. 차도 및 주차장의 포장 ············ 346

7. 표지시설의 설계 ··························· 347
   - 7-1. 재료 및 설계일반 ···················· 347
   - 7-2. 설계 요소 ······························ 349
   - 7-3. 주택단지의 표지시설 ·············· 351
   - 7-4. 공원의 표지시설 ···················· 351
   - 7-5. 기타 지역의 표지시설 ············· 351

8. 기타 시설물의 설계 ······················ 352
   - 8-1. 급·관수시설 ··························· 352
   - 8-2. 배수 및 저류시설 ···················· 353
   - 8-3. 관리 및 편익시설 ···················· 356
   - 8-4. 조경구조물 ···························· 363
   - 8-5. 조경석 ·································· 364
   - 8-6. 환경조형시설 ························· 367
   - 8-7. 비탈면, 인공지반, 생태복원 관련 시설물 설계 ······································ 370

제4편 조경식재

part 01 조경식재 ································ 375

1. 조경수목 ······································ 375
   - 1-1. 조경수목 및 식재 ···················· 375
   - 1-2. 조경수목의 분류 ···················· 376
   - 1-3. 수목의 분포 ··························· 380
   - 1-4. 식생 천이 ······························ 381
   - 1-5. 조경수목의 명명법 ·················· 383
   - 1-6. 식물군집 조사방법 ·················· 384

2. 조경식재 환경 ································· 389
   2-1. 토양 ······································· 389
   2-2. 공해 ······································· 395
   2-3. 염분 ······································· 397

part 02 식재계획 및 설계 ············ 399

1. 조경 식재의 기능 및 효과 ············ 399
   1-1. 녹지기능의 분류 ······················ 399
   1-2. 식재의 기능 ···························· 401
   1-3. 배식의 원리 ···························· 401

2. 경관조성식재 ··································· 406
   2-1. 정형식 식재 ···························· 406
   2-2. 자연풍경식 식재 ···················· 408
   2-3. 자유 식재 ······························· 409
   2-4. 군락 식재(생태 식재) ············ 410
   2-5. 미적 효과와 관련한 식재 ······ 411
   2-6. 건물 및 구조물과 관련된 식재 ··· 412

3. 식재설계 ··· 414
   3-1. 식재설계의 일반적 과정 ········ 414

4. 기능 식재 ······································· 418
   4-1. 차폐 식재 ································ 418
   4-2. 가로막기 식재 ························· 420
   4-3. 녹음 식재 ································ 421
   4-4. 방풍 식재 ································ 421
   4-5. 방음 식재 ································ 423
   4-6. 방설 식재 ································ 424
   4-7. 방화 식재 ································ 425
   4-8. 지피 식재 ································ 426
   4-9. 전통조경 식재 ························· 427
   4-10. 야생조류 유치 식재 ············· 428
   4-11. 완충녹지 ································ 428

part 03 도시조경과 식재 ············ 430

1. 학교조경 식재 ································· 430
   1-1. 학교조경 식재 ························· 430

2. 인공지반조경 식재 ························· 432
   2-1. 옥상조경 ································· 432
   2-2. 실내조경 ································· 436

3. 도로조경 식재 ································· 439

   3-1. 도로 식재 ································ 439
   3-2. 인터체인지(I. C) 식재 ·········· 442
   3-3. 가로수 식재 ···························· 443
   3-4. 비탈면 식재 ···························· 445
   3-5. 녹도 ······································· 448

4. 공장조경 식재 ································· 449
   4-1. 공장조경 식재 ························· 449
   4-2. 공장조경 식재 계획 ················ 449
   4-3. 임해 매립지 식재 ··················· 451
   4-4. 단지 식재 ································ 453

5. 화단 식재 ······································· 454
   5-1. 화단의 유형 ···························· 454
   5-2. 계절에 따른 화단 식물 ·········· 455
   5-3. 화단 식물 ································ 456

제5편 조경시공구조학

part 01 시공계획 및 공정관리 ········ 461

1. 시공계획 ··· 461
   1-1. 시공계획의 의의 및 목적 ······ 461
   1-2. 시공계획의 순서 ···················· 462

2. 시공관리 ··· 464
   2-1. 시공관리 ································· 464
   2-2. 시방서 ····································· 464

3. 품질관리 ··· 467
   3-1. 품질관리 개요 ························· 467
   3-2. 품질시험 ································· 467
   3-3. 품질관리 종류 ························· 468
   3-4. 시공관리 상관관계 ················ 469

4. 공정관리 ··· 469
   4-1. 공정계획 ································· 469
   4-2. 공정표 ····································· 472
   4-3. 네트워크 공정표 일정 계산 ··· 475
   4-4. 네트워크 공정표 ···················· 476

5. 원가관리 ··· 477
   5-1. 원가관리 ································· 477

6. 안전관리 ······································ 478
 6-1. 재해 ···································· 478
 6-2. 안전관리 ···························· 479

part 02 조경시공 일반 ············ 480

1. 지형 ·· 480
 1-1. 지형의 구분 ························ 480
 1-2. 지도의 분류 ························ 480
 1-3. 지형도 ································ 481
 1-4. 지형의 표시법 ···················· 481
 1-5. 등고선 ································ 483

2. 측량 ·· 487
 2-1. 측량 개요 ·························· 487
 2-2. 측량 종류 ·························· 488
 2-3. 측량 오차 ·························· 493

3. 정지(整地) 및 표토복원 ·········· 494
 3-1. 정지계획의 목적 ················ 494
 3-2. 정지계획 및 설계도 ·········· 495
 3-3. 등고선 조작 방법 ·············· 497
 3-4. 정지작업 ···························· 499

4. 토양 및 토질 ···························· 501
 4-1. 토양의 분류 ························ 501
 4-2. 토공사 ································ 503
 4-3. 흙의 성질 ·························· 505
 4-4. 토량계산(토적계산) ············ 508
 4-5. 면적계산 ···························· 511

5. 도로설계 ···································· 511
 5-1. 도로의 종류 ······················ 511
 5-2. 도로설계 ···························· 512

part 03 조경재료 ······················ 519

1. 조경재료의 특성 ······················ 519
 1-1. 재료의 특성 ······················ 519

2. 조경재료별 특성 ······················ 520
 2-1. 석재 ···································· 520
 2-2. 목재 ···································· 527
 2-3. 시멘트 ································ 533
 2-4. 골재 ···································· 537

 2-5. 콘크리트 ···························· 539
 2-6. 벽돌 ···································· 552
 2-7. 금속재 ································ 556
 2-8. 합성수지 ···························· 559
 2-9. 도장재료 ···························· 562
 2-10. 방수재료 ·························· 565

3. 공정별 공사 ······························ 567
 3-1. 살수관개시설 ······················ 567
 3-2. 배수시설 ···························· 571
 3-3. 전기 및 조명계획 ·············· 578

part 04 기본 구조 역학 ·········· 583

1. 구조설계의 과정 ······················ 583

2. 힘과 모멘트 ······························ 583
 2-1. 힘과 모멘트 ······················ 583
 2-2. 구조물 ································ 585

3. 옹벽(흙막이벽) ·························· 593
 3-1. 옹벽 설치 ·························· 593
 3-2. 옹벽의 안정성 ···················· 594
 3-3. 옹벽의 토압 ······················ 595

4. 담장 ·· 598

part 05 조경 적산 ······················ 599

1. 적산 ·· 599
 1-1. 적산 ···································· 599
 1-2. 조경 적산의 특징 ·············· 600

2. 표준품셈 ···································· 601
 2-1. 수량 ···································· 601
 2-2. 재료 및 금액 ······················ 602

3. 공사비 산출 ······························ 605
 3-1. 공사비 산출 ······················ 605
 3-2. 공사의 계약 ······················ 606
 3-3. 식재공사 ···························· 608
 3-4. 인력운반 ···························· 611
 3-5. 기계화 시공 ······················ 612

제6편 조경관리론

part 01 조경관리계획 619

1. 조경관리 619
   1-1. 조경관리의 특성 619
2. 조경관리의 구분 621
   2-1. 유지관리 621
   2-2. 운영관리 622
   2-3. 이용관리 625
3. 레크리에이션 관리 630
   3-1. 레크리에이션 관리의 개념 및 목표 630
   3-2. 레크리에이션 수용능력 632
   3-3. 자연공원지역 관리 635

part 02 조경식물의 유지관리 637

1. 조경수목의 식재 637
   1-1. 조경수목의 이식 시기 637
   1-2. 조경수목의 이식 639
2. 조경수목의 유지 관리 648
   2-1. 시비 계획 648
   2-2. 관수 656
   2-3. 수목의 정지 및 전정 658
   2-4. 단근 666
   2-5. 수목의 외과수술과 수간주입 666
   2-6. 조경수목의 생육장해관리 668
   2-7. 조경수목의 병해 670
   2-8. 조경수목의 충해 682
3. 잔디 관리 694
   3-1. 잔디식재 목적 및 잔디의 종류 694
   3-2. 잔디 식재 697
   3-3. 잔디깎기 및 제초작업 700
   3-4. 잔디 시비 705
   3-5. 배토(뗏밥주기, Topdressing) 706
   3-6. 통기작업(Aerification) 707
   3-7. 관수 708
   3-8. 병충해 방제 709

part 03 시설물의 특수관리 713

1. 조경시설물 재료별 특성 713
   1-1. 조경시설물 구분 713
   1-2. 조경재료의 장·단점 714
   1-3. 목재의 유지관리 715
   1-4. 석재의 유지관리 717
   1-5. 콘크리트재의 유지관리 717
   1-6. 금속재의 유지관리 719
   1-7. 합성수지재, 도기재의 유지관리 720
2. 편익 및 유희시설물 유지관리 721
   2-1. 휴지통의 유지관리 721
   2-2. 음수대의 유지관리 722
   2-3. 옥외조명등의 유지관리 723
   2-4. 표지판의 유지관리 726
   2-5. 유희시설물의 유지관리 727
3. 조경시설물 유지관리 729
   3-1. 시설물의 유지관리 원칙 729
   3-2. 건축물의 유지관리 731

part 04 기반시설물의 유지관리 733

1. 포장 관리 733
   1-1. 포장의 종류 733
   1-2. 토사 포장의 유지관리 734
   1-3. 아스팔트 콘크리트 포장의 유지관리 735
   1-4. 시멘트 콘크리트 포장의 유지관리 738
   1-5. 블록포장 관리 740
2. 배수 관리 741
   2-1. 배수 유형 741
   2-2. 배수시설 점검사항 743
   2-3. 보수 및 시공방법 743
3. 비탈면 관리 744
   3-1. 비탈면 관리 유형 744
   3-2. 비탈면 점검 및 파손형태 746
4. 옹벽의 유지관리 749
   4-1. 옹벽 749
   4-2. 옹벽의 보수 및 유지관리 750

부록 과년도 기출문제

조경기사
기출문제 및 해설 ·········· 753

조경산업기사
기출문제 및 해설 ·········· 1093

조경기사, 조경산업기사
CBT 복원문제 및 해설 ·········· 1271

조경기사·산업기사 필기

제 **1** 편

조경사

PART 01 서양의 조경

1. 고대의 조경

1-1. 이집트

1. 환경

① 사막기후

② 녹음 신성시 함

③ 나일강의 정기적 범람 : 이집트 정원의 발달에 큰 영향 미침

④ 태양력, 기하학, 건축술, 천문학 발달

⑤ 관개 기술 발달

2. 철학·표현

① 종교에 의해 정치·경제·문화·사회 등 영향 받음

② 신정 정치

③ 고대 이집트 종교의 특징 : 다신교(자연현상 숭배)

④ 고대 이집트 예술의 특징 : 정면성의 원리

⑤ 영혼불멸사상 : 미이라, 피라미드, 마스타바 → 사자(死者)의 정원

3. 건축

① 분묘건축
  ㉠ 사후 세계를 믿는 자연숭배 사상과 내세관
  ㉡ 피라미드, 마스타바, 스핑크스, 암굴분묘

② 신전건축
  ㉠ 나일강 서쪽 : 장제신전   ㉡ 나일강 동쪽 : 예배신전

③ 주택건축

④ 오벨리스크(Obelisk)
  ㉠ 기념비, 현대 조경에서도 상징적으로 많이 이용되고 있음

> **＊ 이집트 건축의 특징**
> - 에워싸고 있음 : 오아시스, 생명 상징   － 거대한 덩어리 : 영속성 의미
> - 나일강과 분묘의 직교 : 질서, 세계   － 통로 또는 축 : 삶 의미
> - 기둥 : 소망의 표현, 식물형태에서 유래 － 건축재료 : 석재(석회암, 사암)

4. 조경

① 주택정원
  ㉠ 현존하는 주택정원 없음, 분묘벽화(무덤벽화)로 유추
  ㉡ 아메노피스 3세 신하의 분묘벽화
    ⓐ 위치 : 테베(Thebe)
    ⓑ 이집트 조경 목적 : 미, 향락, 종교의식
  ㉢ 특징
    ⓐ 높은 울담
    ⓑ 주축선에 따른 좌우 대칭형 : 공간에 균제미 강조
    ⓒ 입구 : 탑문(Pylon) 설치 － 원로 : 관개수로, 덩굴시렁(포도), 정자 배치
    ⓓ 침상지(沈床池, Sunken pond) : 거형, 방형, 장방형, T자형
    ⓔ 화단, 울타리, 연못 : 장방형, 방형
    ⓕ 키오스크(kiosk) : 연못가에 위치한 원정(園亭)

ⓖ 수목식재 : 열식, 정형식의 바둑판 모양(관개가 편리하도록 배식)
ⓔ 상이집트의 상징식물 : 연꽃 / 하이집트의 상징식물 : 파피루스
　　ⓐ 의미 : 파피루스 – 즐거움·승리 상징
　　ⓑ 이집트 장식 기둥 앞머리(주두) 사용
ⓕ 사용 식물
　　ⓐ 수목 : 과실수, 녹음수
　　ⓑ 화훼류 : 파피루스, 연꽃, 장미, 아네모네, 양귀비, 자스민 등 → 화단 식재
　　ⓒ 관목, 화훼류 : 화분에 식재하여 원로에 배치
　　ⓓ 시커모어(sycamore) : 고대 이집트인들이 신성시하여 사자(死者)를 이 나무 그늘 아래 쉬게 하는 풍습 있었음

② 핫셉수트 여왕의 장제신전(BC 1400년경)
　㉠ 위치 : 데르 엘 바하리
　㉡ 현존하는 최고(最古)의 조경 유적
　㉢ 인공건축과 자연의 조화미를 동시에 나타내는 건축물
　㉣ 형태
　　ⓐ 중앙에 경사로가 있는 두 단의 테라스
　　ⓑ 각 테라스 전면에는 열주와 복도
　㉤ 조경적 특성
　　ⓐ 주랑 건축 전면에 파진 돌구멍
　　　– 수목 식재를 위한 구덩이
　　　– 구멍의 중앙에 물을 주입하도록 설계
　　　– 목적 : 관개의 효율성, 뿌리 가까이에 물을 대기 위해
　　ⓑ 'PUNT 보랑'의 릴리프
　　　– 핫셉수트 여왕의 공적이 새겨진 부조
　　　– 외국에서 수목을 옮겨오는 모습

③ 사자(死者)의 정원
　㉠ 사자(死者)를 위로하기 위하여 왕·귀족·승려들의 무덤 앞에 꾸민 작은 정원
　㉡ 「시누헤 이야기」 : 묘지정원의 기록, 「사자의 서(書)」 : 비문
　㉢ 레크마라(Rekhmara) 무덤 벽화

1-2. 서부 아시아

1. 환경

① 메소포타미아 지역의 티그리스-유프라테스강 유역
② 준사막지역
    ㉠ 기후차 극심
    ㉡ 적은 강수량
    ㉢ 불규칙적인 범람
③ 녹음에 대한 동경, 높이 솟은 수목은 숭배의 대상

2. 사회·경제

① 수메르인에 의해 역사상 최초의 도시 형성 : 우르(Ur)

3. 철학·표현

① 지구라트(Ziggurat)
    ㉠ 상층부로 갈수록 점점 뾰족해지는 계단식 형태
    ㉡ 사각의 테라스를 겹쳐 기단을 형성하여 신전 조성
    ㉢ 하늘에 있는 신을 지상으로 연결하기 위한 수메르인들의 신전
    ㉣ 최초의 피라밋보다 이전에 세워진 것
② 바벨탑 : 바빌론을 정비하여 지구라트 재건

4. 건축·도시

① 니푸르(Nippur)의 도시계획
    ㉠ 최초의 도시 계획
    ㉡ 도시시설 : 운하, 신전, 도시공원
② 함무라비 법전 : 도시계획, 건축에 관한 법규
③ 바빌론 : 고대 메소포타미아에서 계획적·의도적으로 건설된 도시

5. 조경

① 특징
- ㉠ 높은 담으로 둘러싼 뜰 안에 기하학적으로 배치
- ㉡ 정원시설 : 관개용 수로, 과수 식재
- ㉢ 수목 신성시 함

② 수렵원(Hunting park)
- ㉠ 앗시리아, 사르곤 2세 궁전
- ㉡ 위치 : 니네베(Nineveh)의 인공언덕 위 궁전 내
- ㉢ 귀족이나 왕의 사냥을 위해 만든 곳
- ㉣ 인공림(Kiru)과 자연림(Quitsu)으로 구분
- ㉤ 야영장, 훈련장, 제사장, 향연장 등 다용도로 사용
- ㉥ 형태
  - ⓐ 저지대 : 인공호수
  - ⓑ 인공언덕 : 소나무, 사이프러스, 포도, 종려, 방향성 수목 등 열식
- ㉦ 기록 : 「길가메시 서사시」
- ㉧ 수렵원의 어원 : 짐승을 기르기 위해 울타리를 두른 숲
  → 오늘날 공원(park)의 시초

③ 공중 정원(Hanging Garden)
- ㉠ 위치 : 바빌론(신 바빌로니아 수도)
- ㉡ 조성자 : 네부카드네자르 2세가 왕비 아미티스 위해 건설
- ㉢ 세계 7대 불가사의
- ㉣ 형태
  - ⓐ 실제로 정원이 공중에 떠 있는 것이 아니고, 위치가 높은 곳에 조성되어 높이 솟아있다는 의미
  - ⓑ 지구라트에 연속된 계단식 테라스
  - ⓑ 약 30~40층 높이의 계단식 건물 : 가로·세로 400m, 높이 105m
  - ⓓ 각 테라스마다 수목 식재
  - ⓔ 관수 : 유프라테스 강으로부터 물을 끌어 저수지에 담았다가 사용

④ 페르시아의 파라다이스 가든(Paradise garden)
  ㉠ 위치 : 메소포타미아 동쪽, 고원 지대
  ㉡ 특징
    ⓐ 방형의 공간
    ⓑ 수로를 이용한 사분원 형태
      – 십(十)자형 수로 : 천국의 4대강 의미하는 낙원(paradise) 의미
    ⓒ 지상의 낙원
  ㉢ 영향 : 이슬람 정원의 기본 양식으로 발달

> * 파라다이스 원칙 (페르시아인의 이상적인 정원)
> – 담으로 둘러싸인   – 맑은 시내(수로)
> – 신선한 녹음   – 풍성한 과수

1-3. 그리스

1. 환경

① 지중해성 기후, 강우량이 많고 연중 온화한 기후
② 여름에는 건조하고 고온이지만, 해풍으로 더위 완화

2. 철학·표현

① 신인동격론(神人同格論) : 신은 사람 형상을 하고, 사람과 같은 생활을 한다는 의미
② 자유로운 여가와 명상의 생활 즐김

3. 건축·도시계획

① 평면계획의 기능화나 구조기술의 합리화보다는 조망되는 형태미에 치중
② 건축 양식 : 도리아식, 이오니아식, 코린트식

 *** 파르테논 신전의 특징**
- 구성의 비례   - 균제법 응용   - 착각의 교정
- 채색의 묘미   - 유동의 곡선   - 명암의 강조
- 경관과의 조화

4. 조경

① 특징
  ㉠ 공공조경 발달 : 화려한 정원 가꾸기 활발하지 않음
  ㉡ 그리스 조경의 분야
    ⓐ 도시조경 : 아고라, 도시계획, 아크로폴리스
    ⓑ 공공조경 : 성림, 아카데미, 운동 경기장, 야외극장
    ⓒ 주택정원 : 아도니스원, 궁정 정원
  ㉢ 지형
    ⓐ 구릉지
    ⓑ 건축물의 배치나 틀어진 축, 사면을 활용한 극장
    ⓒ 고전기 : 외부공간에 강한 축선과 대칭적인 균형 찾기 어려움
    ⓓ 헬레니즘 시대(전성기) : 논리적, 정형적인 공간 구성방식

② 아고라(Agora)
  ㉠ 공공생활 우선시 하는 그리스의 생활의 터전
  ㉡ 최초의 도시 광장
  ㉢ 도시계획의 구심점, 도시 활동의 중심 : 인간 이용을 중심으로 한 공간
  ㉣ 형태 : ―자형, ㄱ자형, ㄷ자형, □자형, 부정형
  ㉤ 초기 : 시장, 집회소 기능 – 도시 중심부나 항구 근처 입지
      후기 : 공동회의 장소 – 공공장소 기능
  ㉥ 경계 : 상점, 관공서, 공공건물의 회랑(스토아, stoa)

③ 도시계획·도시조경
  ㉠ 부지의 선택 및 개개의 건물 주변의 자연경관과 조화
  ㉡ 오늘날 도시계획의 원조 : 옥외공간 설계 관심

ⓒ 히포다무스(Hippodamus)
  ⓐ 격자형 도시계획의 선구자, 계획가, 도시이론가
  ⓑ Hippodamian, Milesian : 장방형 격자형 도시의 격자형 가로망
     예) Priene
ⓔ 아크로폴리스(Acropolis)
  ⓐ 종교적·군사적 목적으로 언덕 위에 만든 중심 지역
  ⓑ 성벽으로 둘러싸인 바위 언덕
  ⓒ 도시의 수호신 아테나 여신을 위해 조성

* **아테네의 아크로폴리스에서 남아있는 건축물**
  - 프로필레아 : 성역으로 들어가는 입구
  - 파르테논 : 아테나 여신을 모신 신전, 델로스 동맹의 보물창고
  - 에렉테이온 : 농업의 신들(에릭토니오스)의 신전
  - 아테나 니케 신전 : 도리스족과 이오니아족이 화목하게 사는 것을 상징

④ 공공조경
  ㉠ 성림(聖林)
    ⓐ 신전 주위에 수목 식재
    ⓑ 신에 대한 숭배의 장소, 아카데미의 배경이 되는 명상의 장소
    ⓒ 최초 기록 : 호머의 「오디세이」
    ⓓ 대표적 성림 : 델포이 성림, 올림피아 성림
    ⓔ 수종 : 플라타너스, 사이프러스, 올리브, 월계수 등

* 페르시아의 **수렵원** : 왕과 귀족을 위해 조성
* 그리스의 **성림** : 초기부터 시민 이용

  ㉡ 아카데미(Academy)
    ⓐ 자연지역에서 심신의 수련을 위해 조성된 곳
    ⓑ 철인의 원로(철학자의 산책로) : 플라타너스 열식, 관목으로 가장자리를 장식한 오솔길로 작은 신전, 제단, 주랑, 정자, 벤치 배치
    ⓒ 구성 : 짐나지움과 전정(페리스타일)
    ⓓ 짐나지움, 김나지움(Gymnasium) : 체육활동 하는 곳, 팔레스트

ⓔ 공공공원의 성격
⑤ 주택정원
㉠ 주택
ⓐ 단순하며, 담으로 둘러싸고, 방 및 거실은 중정을 향해 열려있는 구조
ⓑ 가족 공용실을 통해 각 실로 통하는 내향식 주택
ⓒ 거리 소음으로부터 격리
㉡ Priene의 주택 : 주랑식 중정, 바닥은 돌 포장, 화분과 조각 및 분수로 정원 조성
㉢ 아도니스원(Adonis garden)
ⓐ 아도니스 경배 : 고대 바빌로니아, 앗시리아, 페니키아 인들에 의해 전해 오던 것이 BC 7C초 그리스로 이어짐 – 아도니스 애도하는 제사에서 유래
ⓑ 신(아프로디테)이 인간(아도니스)을 짝사랑하고 그의 죽음에 대한 애절한 전설
ⓒ 부인들의 손에 의해 가꾸어진 것
ⓓ 지붕이나 창가를 밀, 보리 등의 화분으로 장식
ⓔ 옥상 정원의 시초, 포트 가든의 시초
ⓕ 발전 : 테라스·창가를 화분으로 장식

1-4. 고대 로마

1. 환경

① 겨울에도 온화한 편, 평지의 경우 여름에 몹시 무더워 구릉지에서 빌라 발달
② 참나무류, 감탕나무류, 사이프러스, 스톤파인 등 상록활엽수 풍부

2. 사회·문화

① 절충적 문화
② 실용적·실제적 문화 발달 : 과학기술, 법학

3. 건축 · 토목

① 로마 건축의 특성
   ㉠ 견고한 구조, 대규모, 화려하고 장식적
   ㉡ 아치 발달, 극장 및 목욕탕 등 구조물은 자연경관보다 우월하게 표현
   ㉢ 토목기술 발달 : 상 · 하수도
   ㉣ 기하학적, 균제적
   ㉤ 건축 양식 : 열주 형태

② 대표적인 건물
   ㉠ 로마의 대표적 건물 : 원형극장, 투기장(arena), 포룸, 목욕탕
   ㉡ 대 도로와 고가수로 : '모든 길은 로마로 통한다.'

4. 조경

① 특징
   ㉠ 주택정원 발달 : 빌라 정원 → 15C, 16C 이탈리아 르네상스 정원 발달의 바탕
   ㉡ 귀족의 전원형 빌라(Villa rusticana) 발달
   ㉢ 정원 : 호르투스(Hortus)
   ㉣ 정원 요소 : 트렐리스, 정자, 산책로, 님페움(샘) 등

② 주택정원
   ㉠ 도시 : 공공건축가(街), 상점가(街), 주택가(街)의 3구(區) 장방형으로 구획
   ㉡ 판사(Pansa)家, 베티(Vetti)家, 티버르티누스(Tiburtinus)家
      ⓐ 2개 중정, 후원(지스터스)
      ⓑ 실내공간과 실외공간 구분 모호
   ㉢ 화훼류 사용 한정적
   ㉣ 정원의 색채가 화려하지 않을 것 같으나 모자이크 포장, 분수, 조각, 신전의 채색으로 보완
   ㉤ 뜰은 건축물에 의해 둘러싸여 있음
   ㉥ 초기 주택 : 아트리움-타블리니움- 호르투스가 일직선상 배치

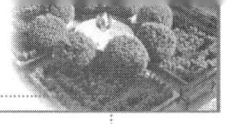

* 아트리움 (Atrium) - 제1중정
  - 손님맞이용 공적공간 기능, 사각형
  - 무열주(無列柱) 중정
  - 여러 개의 방들이 아트리움 향해 배치
  - 콤플루비움(Compluvium) : 천장 가운데 부분
  - 빗물받이 수반(임프루비움, Impruvium)
    : 콤플루비움 지붕 가운데 경사져서 빗물 모으기 쉽도록 디자인된 장방형 수반
  - 바닥 : 돌 포장, 화분 장식
  - 타블리니움 : 고대 로마 초기, 전통적인 주인의 침실·응접실, 아트리움과 마주하여 배치, 출입구와 마주보게 배치
  - 호르투스 : 고대 로마 초기, 주거공간 후면 위치, 타블리니움의 창문으로 보임

* 페리스틸리움, Peristylium - 제2중정
  - 가족들의 사적 공간, 제2의 거실공간, 주정 역할
  - 주랑식 중정
  - 바닥 : 포장하지 않음, 흙을 깔아 식재 가능
  - 실내와 연결된 주랑바닥 : 돌로 모자이크 형태로 포장
  - 주랑 벽면 : 정원의 모습을 투시도법으로 그린 벽화(트롬플로이)
  - 시설물 : 분수, 조각, 제단(탁자), 꽃, 돌 수반 정형적 배치

* 지스터스, Xystus - 후원
  - 담으로 둘러싸인 정원, 폭 넓은 수로 중심으로 원로와 화단 대칭 배치
  - 5점형 식재
  - 규모가 큰 집 : 화초, 관목 군식, 과수원, 채소원

* 5점형 식재
  - 로마 정원의 전통적 식재기법
  - 정방형 네 귀퉁이와 중심점에 한 그루씩 수목을 심는 정형식 식재방법

③ 빌라(Villa)의 발달

* 빌라(Villa)
  : 주택 건물과 정원을 단일의 유니트로 다룬 로마 황제·귀족·부호의 저택

㉠ 위치 : 구릉지, 산간, 해안
㉡ 빌라 부지의 선정
　ⓐ 미적 조건 : 탁 트인 조망
　ⓑ 실제적 조건 : 피서와 피한에 맞는 일광, 바람 등 기후 조건
　ⓒ 구릉에 남동향으로 배치
㉢ 빌라 구조별 분류
　ⓐ 전원형 별장(Villa rusticana)
　　- 농가 구조물 중심, 실용적 정원
　ⓑ 도시형 별장(Villa urbana)
　　- 장식적, 건축이 중심에 배치, 정원이 건물을 둘러싸고 있음
　　- 근교형 별장 : 지스터스 공간에 산책로와 건물로부터 주랑으로 이어짐, 정원으로 수로 연결
㉣ 고대 로마의 대표적인 빌라
　ⓐ 빌라 라우렌티아나(Villa Laurentine)
　　- 소유 : 소(小) 필리니　- 위치 : 로마 서남부의 해안가
　　- 역할 : 동기 및 춘기용 별장
　　- 구조 : 자연풍＋도시풍 별장의 혼합형
　　- 부유하고 호화로운 생활을 가능하게 하는 해안형 별장
　ⓑ 빌라 토스카나(Villa Toscana)
　　- 소유 : 소(小) 필리니　- 위치 : 터스카니 산록의 강
　　- 역할 : 피서형 별장　- 구조 : 도시형 별장
　　- 공간구성 : 주건물과 부속물, 구릉 건축물, 경기장(3부분)
　ⓒ 빌라 하드리아누스(Villa Hadrianus)
　　- 소유 : 하드리아누스 황제　- 위치 : 티볼리의 언덕 경사면
　　- 정원이나 궁전 : 초인간적 규모
　　- 정원의 각 공간 전체적으로 통일시키는 중요한 요인 : 물
　　- 전원도시 같은 형태 : 궁전, 도서관, 게스트 하우스, 대욕장, 노천극장, 호반극장, 조각공원, 인공호수, 열주, 황금광장, 신전 등이 지형을 따라 자연스럽게 배치

- 대별궁

* **빌라 하드리아누스 – 17세기 루이 14세의 베르사이유 정원과 비교**

	빌라 하드리아누스	베르사이유 정원
공통점	• 정원의 웅장함과 스케일 • 수도와 떨어진 곳의 궁전 • 왕이 설계과정에 관여 • 경관을 사치스러운 오락의 장이자 부와 문화의 깊이를 자랑하는 수단	
다른점	• 주된 축 없음 • 비스듬한 독립축	• 강력한 축 있음 • 방사축

④ 포룸(forum)
 ㉠ 그리스의 아고라와 같은 개념 : 대화의 광장

* **그리스의 '아고라'와 로마의 '포룸'의 다른 점**
  - 그리스 '아고라' : 시민을 위한 지역
  - 로마 '포룸' : 지배계급을 위한 상징적 지역

 ㉡ 공공건물과 주랑으로 둘러싸인 다목적 열린 공간
 ㉢ 바닥 : 포장
 ㉣ 둘러싼 건축군 종류에 따른 구분
  ⓐ 일반광장 : 공공건물(의사당, 법원 등)로 둘러싸여 있는 기념비적·초인간적인 척도로 구성된 광장, 예) 로마광장
  ⓑ 시장광장
  ⓒ 황제광장 : 중앙신전이 열주 회랑으로 둘러싸여 있는 광장,
   예) 카에사르 광장, 어거스투스 광장, 네르바 광장, 트라이아누스 광장

* **버질(베르길리우스)의 서사시 〈아이네이스(Aeneid, 에이니드)〉**
 : 고대 로마 빌라와 정원의 발달에 큰 영향

2. 중세의 조경

2-1. 중세 서구

1. 철학 및 종교

① 신학 : 가장 우월하고 지배적
② 종교 : 기독교 – 정신적 기반, 행정적 기반
③ 수도원
  ㉠ 6세기 성 베네딕트(St. Benedict)가 몬테 카지노에 수도원 세움
  ㉡ 문화의 지주로서의 역할, 경제적 발달에 기여
④ 신 이외의 모든 것이 무시되어 정원발달 미비

2. 사회

① 봉건제도
  ㉠ 군주와 신하의 계약에 의한 제도
  ㉡ 왕이 최고의 군주가 되는 계층적 신분사회 성립
② 장원제도
  ㉠ 봉건적 주종관계에 의해 영주가 관할하는 토지제도
  ㉡ 장원(莊園) : 영주는 장원을 생활의 터전으로 삼고 경제권 형성

3. 건축

① 기독교 건축
  ㉠ 초기(고대~8세기) : 비잔틴 양식, 바실리카 양식 – 열주로 둘러진 장방형 회랑
  ㉡ 중기(9세기~12세기) : 로마네스크 양식 – 장십자형 평면, 둥근 아치
  ㉢ 후기(13세기~15세기) : 고딕 양식 – 치솟는 첨탑

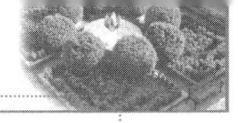

② 기독교 교회 : 회화와 조각 발달

4. 조경

① 조경 발달 미비 : 암흑의 시대 - 소규모, 폐쇄적
② 구분 : 수도원 정원, 성관 정원
③ 수도원 정원
　㉠ 중세 전기
　㉡ 기록 : 스위스의 성 갈(St. Gall) 수도원의 도서관에 소장된 평면도
　㉢ 구성 : 실용원, 장식원
　　ⓐ 실용원(실용적 정원)
　　　- 채소원, 약초원, 과수원
　　　- 자급자족을 위한 정원
　　　- 실용 위주의 식물 심어 화훼의 아름다움 무시
　　ⓑ 장식원(장식적 정원)
　　　- 클로이스터 가든(Cloister garden) : 주랑식 중정
　　　- 위치 : 교회 건물 남쪽, 네모난 공지
　　　- 수도원 내의 건물들에 의해 둘러싸인 공간
　　　- 수도자들의 명상, 대화 및 휴식의 장소로 사용
　　　- 사분원(四分園) : 초본류, 화훼류 집단 식재

> * **사분원(四分園)**
> 　- 2개의 직교하는 원로에 의해 같은 면적의 네 부분으로 구획
> 　- 이슬람 정원양식인 '차하르 바그(Chahar Bagh)'는 사분원의 일종

　　　- 원로 교차점
　　　　: 분수, 수반, 샘, 큰 나무 한 그루(파라디소(Paradiso)) 설치
　　　　　시각적 점경물 및 상징적 의미(속죄, 손과 마음을 씻는다는 의미)
　　　- 바닥 : 벽돌 포장
　　　- 가장자리 : 회양목 선형 식재

- 폐쇄적 느낌 : 원로의 출입구를 제외하고는 가슴높이의 흉벽 있음
- 회랑의 열주 : 아치 모양, 열주 아랫부분 흉벽 위치
- 전체 구성 : 고대 로마 폼페이의 Peristylium과 유사한 형태

> *** 중세 수도원 정원과 고대 로마 Peristylium의 차이점**
> - 수도원 정원(Cloister garden)
>   : 폐쇄식 중정, 아치 모양의 열주가 둘러진 회랑 아랫부분에 흉벽 배치, 원로 출입구를 제외하고는 가슴높이의 흉벽으로 둘러싸임
> - Peristylium
>   : 개방식 중정, 회랑의 사방이 트여 어느 지점으로도 중정 출입 가능

④ 성관 정원(城館庭園, Castle Garden)
  ㉠ 중세 후기
  ㉡ 기록 : 「장미 이야기」 - 프랑스 소설책
  ㉢ 영주의 거처인 성관에 조성된 정원
  ㉣ 폐쇄된 정원
  ㉤ 화려한 화훼류 식재
  ㉥ 격자 목책과 생울타리로 구획
  ㉦ 정원 : 성 안의 중정 → 해자 밖으로 확장

⑤ 정원식물
  ㉠ 초본원
    ⓐ 채소원+약초원
    ⓑ 중세 초기 : 화훼의 아름다움 경시 → 중세 말기 : 화훼류 관심 증가
    ⓒ 백합, 장미, 바이올렛, 수선화, 작약, 방향식물 등
  ㉡ 과수원, 유원(遊園)
    ⓐ 성곽 배후나 성곽 옆, 외호(外濠) 사이
    ⓑ 과수원 → 유원
    ⓒ 유원(遊園) : 16C, 수목과 잔디, 분수, 벤치, 원정 등 배치
    ⓓ 포도나무, 감탕나무, 무화과 등
  ㉢ 일반 수목

　　　　ⓐ 사이프러스, 회양목, 주목 등을 단식 식재
　　　　ⓑ 외국산 진귀한 식물은 분에 심어 식재
　　　　ⓒ 토피어리 : 주목, 회양목, 탑형
　　㉣ 노트(knot)
　　　　ⓐ 상록관목류 테두리의 매듭무늬 화단
　　　　ⓑ 한정된 공간을 화려하게 꾸미기 위한 방법
　　　　ⓒ 프랑스의 평면 기하학식 정원 수법에 영향
　　　　ⓓ 종류
　　　　　　- open knot : 회양목으로 만든 매듭 사이 안쪽의 공지를 그대로 두거나 다채로운 색채의 흙을 채워 치장하는 방법
　　　　　　- closed knot : 매듭 안의 공간을 한 종류의 키가 작은 화훼를 mass로 채워 넣는 방법
　　㉤ 터프 벤치(Turf bench), 터프 시트(Turf seat)
　　　　ⓐ 화단은 지표면보다 높게 만들어져 화단가는 걸터앉을 수 있음
　　　　ⓑ 잔디가 심어진 화단 가장자리
　　　　ⓒ 벤치 역할
　　㉥ 미로정원
　　　　ⓐ 수목으로 미로를 구성하는 정원
　　　　ⓑ 기하학적 장식 효과
　　　　ⓒ 위락시설 역할
⑥ 정원 시설물
　㉠ 퍼골라, 잔디의자, 분수 등

2-2. 중세 이슬람 : 이란

1. 문화

① 정복국의 문화를 흡수하여 자신들의 문화와 융합·조화시켜 독특한 사라센, 회

교식 문명 창조

② 동방의 취미가 가미된 양식이 미술과 조경분야에 나타남

2. 기후

① 사막 및 준사막 기후의 고원지대

② 기후 변화 매우 극심, 강한 모래바람, 적은 강수량

③ 그늘, 물을 중요하게 여김

3. 철학과 예술

① 이슬람교 : 우상숭배 금지, 생물의 조각을 만들지 못함

② 샘은 명상의 장소로 이용

③ 조각 및 회화 발달 미미

④ 아라베스크 양식 발달 : 중성적·무성적 문양

4. 조경

① 이슬람 정원 특징

㉠ 정원 위치 : 주 건물의 북향 또는 동향

* 이슬람 사원(모스크, Mosque) 주축
 : 기도하는 방향인 메카 쪽

㉡ 높은 울담 : 벽돌, 외적으로부터의 보호·프라이버시 보호

㉢ 기후적 조건으로 중정 발달

㉣ 물

ⓐ 모든 정원의 핵(核), 물이 필수 요소

ⓑ 저수지, 분천, 수로 등의 시설이 정원의 구조 지배

ⓒ 차가운 물과 맑은 샘 동경

ⓓ 카나드(canad)

- 연못, 호수, 분수, 캐스케이드 등에 물 공급(인공 관개)

　　　　　- 카나드 형태에 따라 기하학적 형태로 정원 조성
　　　　　- 인공저수지(와디, wadi)로부터 카나드 통해서 물 공급
　　　ⓔ 사분원(四分園) : 수로에 의해 네 부분으로 나뉘어짐, 낙원의 4대 강
　　ⓜ 식재 식물
　　　ⓐ 녹음수 : 플라타너스, 사이프러스, 대추야자 등
　　　ⓑ 과수 : 감귤류, 석류, 무화과, 살구나무, 복숭아나무 등
　　　ⓒ 방향식물 : 수선화, 백합, 튤립, 국화, 자스민 등
　　ⓗ 입지 조건에 따른 정원 구분
　　　ⓐ 산지정원
　　　　- 키오스크(kiosk) : 경사지·언덕 위 가장 높은 곳 설치
　　　　- 테라스 : 계단이나 캐스케이드로 연결
　　　　- 가장 아랫단 정원 : 공적 장소
　　　　- 가운데 단과 최상단 정원 : 주인 부부 전용
　　　ⓑ 평지정원
　　　　- 수로가 교차하는 사분원(四分園) 형식
　　　　- 차하르 바그(Chahar Bagh)
　　　　　: 높은 벽으로 둘러싸이고 4개의 수로로 분할된 사분원의 기원
　　　　- 이슬람교(회교)에 관련된 파라다이스 개념 : 정원 내 수로에 표현
　　ⓢ 세밀화, 코란, 소설 속 극락세계
　　　ⓐ 낙원의 정원 조성
　　　ⓑ 궁극의 이상향 표현
　　　ⓒ 코란에 정원 묘사 : 다마스커스의 실제 정원을 기본으로 함
　　ⓞ 아라베스크 문양 발달
　　ⓩ 이슬람 세력의 동진(東進)으로 인도 무갈제국 정원 발달에 기여
② 지상낙원으로서의 조경
　ⓞ 이슬람 정원의 원천지 : 페르시아
　ⓛ 높은 울담으로 둘러싼 장방형의 건축적·정형적 정원
　ⓒ 지상의 낙원 개념 : 시원한 그늘, 차가운 샘물, 신선한 과일, 아름다운 여인이 있는 곳

ㄹ 연못
  ⓐ 수심은 얕으나 깊게 보이도록 색자갈(푸른색, 회색) 사용
  ⓑ 형태 : 규칙적인 4각형, 8각형, 원형
③ 정원 속의 도시(정원 도시)
  ㉠ 소정원을 연속적으로 이어 도시 자체가 거대한 정원으로 조영된 형태
  ㉡ 대표적 도시 : 이스파한(Isfahan)
    ⓐ 압바스(Abbas) 1세(16세기)
    ⓑ 왕궁을 옮겨 시가형태 정비하고 계획 수립
    ⓒ 정원, 궁전 및 모스크의 광대한 복합체
  ㉢ 대표적 정원 : 하슈트 비히슈트(Hasht Bihisht, 팔낙원)
  ㉣ 사막지대에 위치한 오아시스 도시는 페르시아 정원을 발전시킨 4분원 형식
  ㉤ 차하르 바그(Chahar Bagh)
    ⓐ 도로 중앙에 약 7km의 수로와 화단을 포함한 광로(도로공원의 원형)
    ⓑ 사이프러스와 플라타너스 두 줄 열식
    ⓒ 궁원과 아이안덴강 건너 위치한 왕의 교외 정원 연결
  ㉥ 왕의 광장(마이단, Maidan)
    ⓐ 이스파한의 가장 거대한 옥외공간(오픈 스페이스)
    ⓑ 규모 : 380×140m, 장방형 광장
  ㉦ 40주궁(柱宮, Cheher Sutun)
    ⓐ 위치 : 왕의 광장(마이단)과 차하르 바그 사이
    ⓑ 방대한 네모진 궁전 구역 내 정원으로 둘러싸인 온갖 원정 중 가장 걸출한 곳
    ⓒ 압바스 2세의 연회 및 리셉션 장소로 사용한 전용 궁전
    ⓓ 연못에 비치는 모습 아름다움
    ⓔ 식재 식물 : 오렌지
  ㉧ 시라즈(Shiraz)
    ⓐ 이스파한 남쪽 도시
    ⓑ 황제도로(Shah Ra)
      - 이스파한과 시라즈 사이 관통

- 황제도로 가로수 동측 : 긴 캐널, 오렌지 나무가 늘어선 산책로로 구성된 안락의 정원(Bagh-i-Dilgusha)
ⓒ 왕좌(王座)의 정원(Bagh-i-Taktm)
ⓓ Bagh-i-Eram : 오렌지 숲과 긴 사이프러스 가로수 길

2-3. 중세 이슬람 : 스페인

1. 환경

① 안달루시아 지방
  ㉠ 온난한 기후
  ㉡ 해안을 따라 대상의 녹지를 형성하여 경치가 매우 아름다운 지방
  ㉢ 비옥한 대지, 무성한 삼림
② 코르도바, 세빌랴, 그라나다 지방
  ㉠ 두아달키비르강 주변
  ㉡ 고도의 관개기술 발달
  ㉢ 정원 속에 묻힌 도시
③ 무어인들은 정원에서 시에스타(sieasta)를 즐기고, 분수에서 떨어지는 물의 청량감을 즐기는 곳으로 여김

2. 철학, 표현

① 이슬람교 전파
② 안달루시아 지방
  ㉠ 섬세한 조각을 새기고, 시원한 그늘 주는 내향적 공간 추구
  ㉡ 고대 로마 유적 : 무어인들의 정원 발달에 기여
③ 이슬람 정원 발달 : 스페인-사라센 문명

3. 조경

① 안달루시아의 이슬람 최초 정원
  ㉠ 조성 : 아브드 알 라흐만 1세
  ㉡ 코르도바에 도읍을 정하고(755), 어린 시절을 보낸 다마스커스 조부의 정원과 흡사한 정원 조성
  ㉢ 진귀한 정원식물 수입·식재 : 대추야자, 석류, 자스민, 장미 등

② 코르도바의 대 모스크
  ㉠ 조성 : 아브드 알 라흐만 1세(786년 착공)
  ㉡ 이슬람 모스크 중 가장 큰 규모
  ㉢ 구성 : 2/3 원주(圓柱), 1/3 오렌지 중정
  ㉣ 초기 평면도가 가지는 융통성으로 인해 점진적이고도 대규모적인 확장 과정에서도 최초의 형태에서 벗어나지 않음
  ㉤ 환상적 내부에서 외부로 나가는 수학적 비례
  ㉥ 원주의 숲인 내부에서 오렌지숲으로 된 외부의 신비롭고도 연속적인 흐름

③ 세빌랴의 알카자르 궁전
  ㉠ 조성 : 아부 야쿱 주숩(Abu-Yakub Jusuf)왕(1181)
  ㉡ 거대한 요새형 궁전
  ㉢ 구성 : 3부분, 각 구획마다 가든 게이트나 창살 달린 창문 등으로 연결
  ㉣ 특징
    ⓐ 물의 처리, 타일이나 석재의 디테일이 포장된 원로나 파티오의 일부로 구성
    ⓑ 연못 : 침상지, 연못 중앙의 분수 – 단순한 형태, 소리가 시원한 느낌

④ 그라나다의 제네랄리페(헤네랄리페) 이궁
  ㉠ 조성 : 최초의 왕에 의해 축조 → 아불 왈리드(Abul Walid) 확장(1319)
  ㉡ 위치 : 알함브라 궁전으로 오르는 길의 높은 언덕(어원 : '높이 솟은 정원')
  ㉢ 왕들의 피서지
  ㉣ 특징
    ⓐ 그라나다를 내려다보는 낭만적인 조망에 기초를 둔 구성
    ⓑ 정원은 건축물의 연장, 전 대지가 그대로 정원인 곳
    ⓒ 중정식 정원, 노단식 구성

ⓓ 수로의 중정(수로의 파티오)
- 입구의 중정・주정
- 양끝 : 연꽃모양의 분천

ⓔ 사이프러스 중정(water garden, 후궁의 중정) : ㅂ자형(U자형) 캐널

ⓕ 노단 정상부, 2층으로 된 하얀 망루 위치 : 정원 내려다 볼 수 있을 뿐 아니라 알함브라 궁전과 멀리 그라나다시가 내려다 보임

ⓖ 역사적 의의 : 15~16세기 르네상스 이탈리아 별장 디자인의 전조

⑤ 그라나다의 알함브라 궁전

㉠ 알함브라 궁전

ⓐ 위치 : 그라나다 시를 조망할 수 있는 구릉지 위

ⓑ 홍궁(紅宮, red city) : 궁전의 주요 건물이나 성채를 붉은 벽돌로 지음

ⓒ 여러 개의 patio(중정)로 구성 : 지상낙원적 성격

㉡ 알함브라 영역 구성 : 3개의 구획

ⓐ 1구획 : 언덕 정상의 서쪽 대지, 군사적 성채

ⓑ 2구획 : 중앙부, 알함브라 궁전

ⓒ 3구획 : 동쪽, 왕실의 거리, 상점・공방・주거・목욕탕・신학교・대 모스크

㉢ 알함브라 궁전 구성

* **알함브라 궁전의 4개의 중정(파티오, Patio)**
  알베르카 중정, 사자의 중정, 다라하 중정, 창격자 중정

* **알베르카(Alberca) 중정=도금양(Myrtle)의 중정=천인화의 중정=연못의 중정**
  - 장방형 중정
  - 주정(主庭) 역할
  - 공적 공간
  - 중정 가운데 장방형 연못(알베르카='벽으로 둘러싸인 pool')
  - 연못 양쪽 : 도금양 열식
  - 연못 남북 양단 : 흰 대리석으로 만든 분수반
  - 중정 북쪽 끝 : Comares Tower, 가장 화려, 수면에 반사되어 투영미 표현
  - Comares Tower 내부 : '사신의 대청 배치, 공식회합 장소, 공적 기능
  - 엄격한 비례, 화려하면서도 단순하게 처리된 공간, 장엄미, 연못의 반영미

* **사자(Lion)의 중정**
  - 조성 : 마호멧 5세(1377)
  - 위치 : 알베르카 중정의 남동쪽
  - 사적 공간
  - 무어 양식(아랍식 중정)의 극치, 가장 화려한 공간
  - 주랑식 중정
  - 중정 가운데 : 검은 대리석으로 만든 12마리의 사자가 받치고 있는 수반과 분수
  - 4개의 수로에 의한 4분원 : 파라다이스 가든의 '낙원의 네 강'의 의미
  - 정원은 페르시안적인 성격
  - 이슬람 문화의 유일한 생물상을 가진 형태 (비잔틴 영향)

* **다라하(Daraxa) 중정=다라쿠사 중정**
  - 위치 : 사자의 중정 북쪽 끝 '두 자매의 방'에 부속
  - 부인실에 부속된 중정
  - 아기자기한 여성적인 분위기
  - 회양목으로 경계식재, 여러 가지 모양의 화단 조성
  - 화단 사이는 흙의 원로
  - 중정 가운데 : 이슬람 양식의 수반을 르네상스식 대좌 위에 올려놓은 분수

* **창격재(Reja) 중정=격자창 중정=사이프러스 중정=레하의 중정**
  - 조성 : 1654년
  - 위치 : 다라하 중정과 연결
  - 소규모
  - 주랑은 클로이스터 회랑과 같은 정원을 둘러싸고 있음
  - 중정 네 귀퉁이 : 사이프러스 4주 식재
  - 중정 바닥 : 둥근 색자갈, 모자이크
  - 중정 중앙 : 분수 위치
  - 매우 환상적이고 엄숙한 분위기 : 이슬람 양식(무어 양식)+기독교적 양식

* **알함브라 궁전의 테마**
  수학적 비례, 인간적인 규모, 다채롭고 미묘한 색채, 한적함, 소량의 물의 시적 (詩的) 이용

* 알함브라 궁전과 제네랄리페 이궁의 비교

구분	알함브라 궁전	제네랄리페(헤네랄리페) 이궁
이용	왕들이 상주하는 공간	왕들의 피서 공간
특성	건축 위주	정원 위주
구조	내부지향적	외부지향적

2-4. 중세 이슬람 : 무굴 인도

1. 환경

① 무굴왕국 : 아그라와 델리, 캐시미르 중심으로 번영

② 아그라, 델리 지방 : 열대성 기후, 대평원의 정글을 이룬 수림과 강

③ 캐시미르 고원 지방 : 온화한 기후, 비옥한 산간 지방, 수원(水原) 풍부

2. 사회

① 몽고족 : 다신교, 중국문화 영향

② 13세기 : 이슬람교 유입(이슬람교군 침입)

③ 바베르(바브르, Babur) : 무굴왕조 건립, 인도-이슬람 문화

3. 건축

① 이슬람 특성(페르시아 특성)+힌두적 특성

② 힘찬 느낌, 영원성, 기념성

③ 제왕의 능묘와 궁전을 중심으로 발달

④ 능묘

　㉠ 왕의 생존 시 미리 건설

　㉡ 아크바르 대제의 능묘, 타즈 마할

4. 조경

① 기록 : 인도 서사시 〈라마야나(Ramayana)〉, 〈마하브하라트(Mahabharat)〉

> *** 무굴 인도 정원의 주요 구성 요소**
> 물, 그늘, 꽃과 과실

② 정원의 특징
  ㉠ 정원의 주 요소 : 물(수경)
    ⓐ 장식·목욕 및 관개를 위한 연못
    ⓑ 종교적 행사용
  ㉡ 원정(園亭, Pavilion)
    ⓐ 연못가
    ⓑ 장식과 실용 목적
    ⓒ 더위를 씻는 최상의 장소
    ⓓ 쾌적한 정원 생활을 가능하게 하는 안식처
    ⓔ 주인이 죽으면 그 주인의 묘지나 기념관으로 사용
  ㉢ 녹음수 중시
    ⓐ 초화류 화단
    ⓑ 연못 : 연꽃 식재 - 극락정토 상징
    ⓒ 화려하게 발달
  ㉣ 높은 담 : 사생활 보호, 안식, 장엄미, 형식미
  ㉤ 한 정원 내 각각 다른 기능을 지닌 여러 부분 배치
  ㉥ 정원 양식 : 정형식 - 방형 또는 직각사변형

③ 무굴 인도 정원의 유형
  ㉠ 형태
    ⓐ 궁전이나 귀족의 별장 중심으로 발달 : 바그(Bagh)
    ⓑ 정원과 묘지를 결합한 형태 : 원정(Pavilion)
  ㉡ 위치
    ⓐ 산간지방 : 노단식

ⓑ 평지 : 평탄원

* 바그(Bagh)
건물과 정원을 하나의 유니트로 하는 환경계획
≒ 이탈리아의 빌라(Villa)와 같은 개념

④ 무굴 인도 정원의 장소별 정원 유형
  ㉠ 캐시미르 지방
    ⓐ 북부 고원지대
    ⓑ 경치가 수려하고 물이 풍부한 곳
    ⓒ 바그(bagh) 발달
    ⓓ 왕과 귀족의 피서지, 피서용 바그
    ⓔ 노단식 정원
    ⓕ 샬라마르 바그, 아샤발(아차발) 바그, 니샤트 바그, 베리나그 바그
  ㉡ 아그라, 델리 지방
    ⓐ 대평원 지대(평지)
    ⓑ 궁전이나 능묘의 평탄원 발달
    ⓒ 람 바그, 아크바르 대제의 능묘, 타즈 마할

5. 무굴왕조의 시대별 정원

① 바베르(바브르, Babur) 대제 시대(1483~1530)
  ㉠ 유락원(遊樂園)
    ⓐ 낙원 상징 : 흐르는 물과 함께 대칭성을 갖춘 것
    ⓑ 정원 부지 : 구릉의 사면(물은 사면을 따라 아래로 흐르도록 설계)
    ⓒ 정원 구성 : 일정한 패턴의 화단, 정형의 풀, 물이 흐르는 수로, 녹음의 원정
  ㉡ 바그-이-바파(Bagh-i-Waga) 정원(1508~1509)
    ⓐ 북서부 연못 호안 : 오렌지나무와 석류 식재, 주변에 야자가 우거짐
  ㉢ 람 바그(Ram Bagh)(1528)

            ⓐ 위치 : 아그라, 줌나강 좌안(동안)
            ⓑ 높은 울담(성벽)에 둘러싸인 대정원
            ⓒ 무굴 최고의 광대한 정원
            ⓓ 물이 주된 구성 요소 : 돌로 만든 수로를 따라 물 흐름
            ⓔ 람(Ram, 휴식)+바그(Bagh) : 이궁 정원
    ② 후마윤(Humayun) 시대(1508~1556)
        ㉠ 능묘(1556~1570)
            ⓐ 페르시아식과 인도식 혼합양식
            ⓑ 묘를 중심으로 운하와 천수(泉水)로 구성
            ⓒ 무굴정원의 원형
    ③ 아쿠바르(아크바르, Akubar) 시대(1542~1605)
        ㉠ 능묘(메모리얼, 1595~1602)
            ⓐ 위치 : 시칸드라(Sikandra)
            ⓑ 역할 : 궁전 겸 예배소
            ⓒ 4분원 : 수로로 4분된 정원
        ㉡ 나심 정원(Nasim Bagh)
            ⓐ 위치 : 스리나가르(Srinagar), 다르(Dal)호의 서안
            ⓑ 캐시미르 지방의 최초의 산장
            ⓒ 가장 경치가 빼어난 곳
    ④ 자한기르(Jajangir) 시대(1569~1627)
        ㉠ 샤리마르(샬라마르) 바그(Shalimar, Shalamar)(1619)
            ⓐ 위치 : 캐시미르
            ⓑ 여름용 피서용 별장
            ⓒ 완만한 경사지에 5단 테라스(노단) 조성한 산장
            ⓓ 공간 구성 : 공공정원+황제정원+왕비정원(귀부인 정원)
            ⓔ 수로
                - 정원의 중앙 축(주축)
                - 좌우에 플라타너스 그늘의 녹색 원로

　　　　　- 2단 테라스(황제정원)~최상단(왕비정원)
　　　　ⓕ 주축 상에는 크고 작은 파빌리온 배치
　　　　ⓖ 상단(4, 5단)에는 정자 주변 대규모 분수
　　　　ⓗ 각 단 화단 설치 또는 식재
　　　　ⓘ 흑대리석 원정 : 왕비정원, 샤 자한 왕 건설
　　ⓛ 니샤트 바그(Nishat Bagh)
　　　　ⓐ 위치 : 캐시미르
　　　　ⓑ 여름철 피서용 별장
　　　　ⓒ 12단 테라스(노단)=12궁 상징
　　　　ⓓ 중앙 : 분수가 줄 서 있는 캐스케이드 배치, 각 단 사이 캐스케이드로 연결
　　　　ⓔ 다양한 색깔의 화단과 식재로 장식
　　　　ⓕ 차경의 정원
　　　　ⓖ 무굴 정원 중 가장 화려한 정원
　　ⓒ 아차발 바그(Achabal Bagh)
　　　　ⓐ 위치 : 캐시미르
　　　　ⓑ 여름철 피서용 별장
　　　　ⓒ 물의 약동성 표현
　　　　ⓓ 히말라야 산록 조망하는 경승의 장소
　　　　ⓔ 많은 분수, 연못에서 넘친 물 : 캐스케이드
　　　　ⓕ 궁원 중앙 : 연못 사이에 7개의 아치로 구성된 회랑 건축물 배치
　　　　ⓖ 주축선 : vista 형성
　　　　ⓗ 단풍나무 : 여름철 녹음, 가을풍경 아름다움
　　ⓔ 이티맛드-우드-다우라묘(I'timad-ud-Daula)(1622~1631)
　　　　ⓐ 백대리석에 섬세한 상감을 처리한 아름다운 건축물
　　　　ⓑ 타지마할의 본보기
⑤ 샤 자한(Shah Jahan) 시대(1592~1660)
　　㉠ 차스마-샤히(Chasma Shahi)
　　　　ⓐ 위치 : 캐시미르

ⓑ '왕의 샘'이라는 뜻
　　　　: 샘에서 나온 물이 수로를 따라 정원 전체에 정교하게 배치
　　　ⓒ 물의 흐름 구조 : 테라스 → 파빌리온 내부 → 중앙, 차달(Chadal, 경사진 폭포) 흘러내림 → 아래 못 → 분수
　　　ⓓ 북쪽 상부 테라스에서 주건축의 중앙 축선 : 캐널
　　　ⓔ 비정형 식재·화단 배치
　　ⓒ 샤리마르 바그(샬리마르 바그, Shalimar Bagh)
　　　ⓐ 위치 : 델리
　　　ⓑ 이궁
　　　ⓒ 십자형 수로
　　ⓒ 샤리마르 바그(샬리마르 바그, Shalimar Bagh)
　　　ⓐ 위치 : 라호르
　　　ⓑ 이궁
　　　ⓒ 설계자 : 아리-말단-한(캐시미르 총독)
　　　ⓓ 3단 테라스 : 남쪽 테라스 높고, 중앙·북쪽 테라스 점차 낮음
　　　ⓔ 십자형 수로에 의한 4분원
　　ⓔ 타지 마할(타즈 마할, Taj Mahal)
　　　ⓐ 위치 : 아그라, 줌나강 서편
　　　ⓑ 샤 자한 왕의 왕비 뭄타즈 마할을 추념하여 세운 묘
　　　ⓒ 흰 대리석 능묘 : 이슬람 건축의 백미
　　　ⓓ 높은 울담, 아치모양으로 된 지붕의 문을 들어서면 중앙에 흰 대리석으로 만든 대분천지
　　　ⓔ 정원 : 정문과 왕비 묘와의 사이에 위치
　　　ⓕ 십자형 수로에 의한 4분원 : 파라다이스 가든의 4대강 의미
　　　ⓖ 중앙의 vista와 교차하는 부축 vista
　　　　: 캐널, 84개의 분수, 캐널 주변 사이프러스 열식
　　　ⓗ 물의 반사성 및 투영미를 이용하여 능묘를 더욱 장려하게 돋보이는 효과

3. 르네상스의 조경

* **클리포드(D. Clifford)**
"르네상스 시대에 이르러서 비로소 정원이 예술의 한 범주에 속하게 되었다"

1. 이탈리아 르네상스 정원의 발달 과정

① 15세기 중서부의 터스컨(토스카나, Tuscan) 지방
  ㉠ 르네상스의 요람지
  ㉡ 완만한 구릉과 계곡
  ㉢ 전원 경관
② 16세기 중부의 로마와 그 근교(티볼리, 바그나니아, 프라스카티 등)
  ㉠ 르네상스의 전성기
  ㉡ 농경에 부적당한 평야와 소택지 대부분
③ 17세기 북부의 제노바, 베니스 지방
  ㉠ 알프스 산맥 기슭의 호수가 있는 아름다운 경관
  ㉡ 매너리즘과 바로크 양식의 빌라

2. 이탈리아의 자연환경

① 북부 : 알프스 산맥으로 둘러싸인 평원, 지중해성 기후
② 중부 : 완만한 구릉지와 계곡, 지중해성 기후
③ 남부 : 열대성 기후

* **이탈리아 노단식(테라스식) 조경 발달**
  ① 환경요인 : 지형, 기후
  ② 노단처리 : 물

* **이탈리아 정원의 3대 원칙** : 총림, 테라스, 화단

3. 르네상스 시대 사회상과 예술양식

① 자연 존중
② 개인 존중
③ 예술 집중 향유
④ 시민 생활 안정
⑤ 국가의 안정
⑥ 종교 비판 태도

4. 르네상스 시대의 정원의 특징

① 엄격한 고전적 비례 준수(비례는 인간에게 평화로움 부여한다고 여김)
② 직관적이기보다 수학적 계산에 의해 구성
③ 주택은 정원과 자연 경관을 향해 외향적
④ 빌라 입지 : 아름답고 트인 조망과 미풍을 맞을 수 있는 구릉이나 산간의 경사지
⑤ 정원의 요소 : 직선 원로, 퍼골라, 화단, 잔디밭, 과수원, 조각, 분수, 시냇물, 각종 새와 동물들(중세와 고대 유럽 정원에서 다루어오던 것들)
⑥ 정원은 인간의 품위를 높이고, 인간의 고상한 취미생활을 위한 것으로 취급

5. 알베르티(Alberti)의 빌라의 부지 결정 및 계획 – 부지선정 이론

(고대 로마, 비트루비우스(Vitruvius)의 「De Architecture」에서 준용)

① 배수가 잘 되는 견고한 부지를 선택할 것
② 부지의 방향은 태양이 이루는 수평·수직 각도를 고려할 것
③ 여름에는 시원한 바람이 불어오고, 겨울에는 찬바람을 막을 수 있게 풍향과 부지와의 관계를 고려할 것
④ 수원(水原)의 적절성을 확인할 것
⑤ 환경에 어울릴 수 있게 구조물은 그 지방산 재료를 택할 것

6. 르네상스 이탈리아 빌라 및 정원의 입지

① 약간 높은 경사지에 위치 : 주변경관 조망, 자연을 즐기는 장소
② 고대 비트루비우스 원리 기초 : 기하학적 형태와 크기의 비례

3-1-1. 15세기 이탈리아 르네상스

1. 15세기 사회적 특징

① 르네상스의 요람기
② 피렌체 : 르네상스의 발상지, 구릉지
③ 매우 강대한 시민 자본세력 확보 : 메디치가(Medici 家)

2. 고대 빌라 및 정원에 대한 문헌

① 고대 빌라와 정원생활에 대해 언급
  ㉠ 호라티우스(Horatius)의 전원생활에 관한 시 : 거데
  ㉡ 알베르티(Alberti) : 「델라 파밀리아(Della Famiglia)」
② 고대 로마의 원예서, 소(小) 필리니(Pliny the Younger) 빌라 연구 성행
③ 단테, 페트라르카, 보카치오 : 아름다운 정원 즐겨 다룸

* **보카치오의 「데카메론」 : 빌라 팔리미에리(Villa Palimieri) 묘사**
" … 이 정원의 경치, 훌륭한 시설들과 아름다운 화초와 분수, 그리고 거기서 흘러 나오는 많은 물은 신사·숙녀를 만족시켰으며, 만일 이 지상에 낙원이 있다면 그 낙원은 바로 이 정원일 것이며…"

3. 조경

① 경사지가 많고 방어의 개념이 무너져 개방적
② 시민적 자본가의 등장 : 부유층 별장을 지어 전원생활을 즐김
③ 담을 넘어 주위경관까지도 정원화 : 공간의 광역화, 최초의 원근법 도입
④ 평면과 입면의 특징
  ㉠ 축선 설정, 축을 연못이나 분수 등으로 강조
  ㉡ 노단 건축식

⑤ 카지노(주 건물) : 최상단 및 중앙부에 설치, 원경 감상하는 목적
⑥ 설계자의 이름 정식으로 등장 : 인본주의의 발달로 개성 중시
⑦ 고대 로마의 별장 모방
⑧ 전원형 별장(Villa rusticana)
⑨ 식물의 종류 풍부 : 전원 취미와 원예에 대한 애호
⑩ 15세기 빌라 조경
   ㉠ 카레기장(Villa Medici di Careggi)
      ⓐ 위치 : 플로렌스(Florence)
      ⓑ 소유 : 메디치가
      ⓒ 건물 및 정원 설계 : 미켈로조 미켈로지(1417)
      ⓓ 르네상스 최초의 빌라
      ⓔ 플로렌스 시를 내려다보고 있는 언덕에 건물과 테라스를 이상적으로 균형되게 배치
      ⓕ 전체 가시경관이 결합된 일부가 되고 있는 작품
      ⓖ 르네상스적인 특징 : 로지아(기둥이 있는 통로, loggia)
   ㉡ 메디치장(Villa Medici at Fiesole)
      ⓐ 위치 : 플로렌스 동쪽 피에졸레 언덕 급사면
      ⓑ 소유 : 메디치가
      ⓒ 건물 및 정원 설계 : 미켈로조 미켈로지(1458~1461)
      ⓓ 15세기 터스카니 빌라의 대표격
      ⓔ 전원형 빌라
      ⓕ 알베르티의 부지 선정 원칙 적용
      ⓖ 급경사를 잘 이용하여 언덕과 건물 테라스를 균형있게 설계
      ⓗ 건물과 정원 : 아케이드와 로지아로 연결
      ⓘ 상·하단의 테라스는 직접적으로 연결되지 않음

* **15세기 플로렌스 지방의 빌라**
  빌라 팔리미에리(Villa Palimieri), 빌라 카스텔로(Villa Castello), 카레기장(Villa Careggi), 메디치장(Villa Medici)

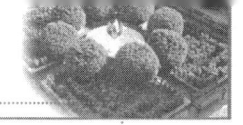

3-1-2. 16세기 이탈리아 르네상스

1. 16세기 사회적 특징

① 르네상스의 전성기

② 카스텔로(Castello, 성곽)와 포테레(Potere, 농장) 발달

* 15세기와 16세기 이탈리아 빌라 비교

구분	조영자	특징
15세기(초기 르네상스)	• 귀족, 지배계층	• 수직 비례 • 과학적 원근법의 법칙
16세기(전성기 르네상스)	• 교황, 추기경	• 시각적 효과

2. 벨베데레원(Belvedere Garden, 1479~1665)

① 16세기 최초의 빌라(16세기 정원조영에 기본적인 틀 제공)

② 설계 : 브라만테(브라망테, D. Bramante)

③ 바티칸 궁과 교황의 여름 거주지

④ 노단건축식, 기하학적 대칭, 축의 개념 최초 사용

⑤ 테라스(노단), 계단, 벽화가 그려진 정자, 청동이나 대리석으로 만들어진 분천, 고대의 조각상 정원에 도입

⑥ 3단의 테라스 - 카지노 : 최고 노단, 카지노에는 반월형의 벽감 도입

⑦ 이탈리아 정원을 수목원적인 것에서 건축적 구성으로 전환시키는 계기 마련
  : 테라스, 테라스를 연결하는 아름다운 계단, 벽화를 그린 엑세드라(exedra), 청동이나 대리석 분수, 아름다운 조상(彫像) 등의 장식 등

* 브라만테(D. Bramante)의 영향받은 작가와 빌라

작가	빌라
라파엘로(Raphaello)	Villa Madama
페루치(Peruzzi)	Villa Farnesiana
비뇰라(Vignola)	Villa Giula · Villa Farnese · Villa d'Este
리피(Giovanni Lippi)	Villa Medici

⑧ 브라만테의 영향

　㉠ Villa Madama

　　ⓐ 설계 : 라파엘로 최초 설계, 사후 조수 상갈로(Sangallo)와 로마노 등에 의해 완성
　　ⓑ 주건물과 옥외 공간을 하나의 유니트로 설계
　　ⓒ 내부와 외부 공간을 시각적으로 완전히 결합
　　ⓓ 조각과 수목이 함께 처음 사용 : 비알레(Viale, 가로수길)
　　ⓔ 토피어리, 오라 인 무라(담), 발라우스트라(난간), 라비린토(미로), 카스카테(벽천) 도입

* 브라만테의 벨베데레원과의 비교

	벨베데레원	Villa Madama
차이점	• 건축적	• 기하학적 축선 따라 광대한 식재원을 건물 주위에 배치 • 로마 교외의 농촌 풍경과 조화시킴
공통점	• 노단식 정원	

* 르네상스 시대의 이탈리아 3대 별장 : 에스테장, 란테장, 파르네제장

3. 에스테장(Villa d'Este)

① 위치 : 티볼리
② 설계 : 리고리오(건축, 조경), 올리비에리(환상적인 수경)(1549)
③ 성관 형태 : 매우 간소하고 평범한 전원형 별장(Villa rusticana)
④ 조경적 특징
　㉠ 명확한 중심 축선을 따른 테라스 : 브라만테 설계 개념
　㉡ 건물과 식재된 정원과의 조화미 추구 : 라파엘로 설계 개념
　㉢ 물을 풍부하고 다양하게 연출
　㉣ 수경이 축선과 직교하며 정원의 각 부분들이 전개
⑤ 에스테장(Villa d'Este)의 구성 : 4개의 노단

㉠ 제1노단(최저 노단)
　　ⓐ 중앙에 분수, 분수 둘러싼 원형 공지(로툰다, rotunda), 사이프러스 서클
　　ⓑ 로툰다 주위에 자수화단(파르테르, parterre), 건너편에 미원(maze) 배치
　　ⓒ 중앙의 비스타(vista) : 분수, 조상, 동굴(grotto) 등에 의해 강조
　　ⓓ 길 : 덩굴식물을 올린 트렐리스 터널
　　ⓔ 4개의 장방형 연못
　　ⓕ 연못 뒤쪽에 감탕나무 총림(bosque), 연못 서쪽에 물풍금(water organ) 위치

㉡ 제2노단
　　ⓐ 3갈래의 계단이 평행하며 감탕나무 총림 통과
　　ⓑ 제2노단과 제3노단 사이의 경사면 중심축선상
　　　 : 타원형의 '용의 분수(Dragon Fountain)' 위치
　　ⓒ 분수 좌우 총림 배치

㉢ 제3노단
　　ⓐ 사면을 따라 분수로 이루어진 산책로 위치
　　ⓑ 100개의 분수 테라스, 100개의 분수로
　　ⓒ 아수사(Arethusa) 분수
　　　- 산책로 동북쪽 끝에 위치
　　　- 타원형 연못의 분수
　　ⓓ 로메타(Rometta, Little Rome)
　　　- 산책로 서남쪽에 위치
　　　- 고대 로마의 축소된 모형
　　　- 조각물에서 갑자기 물이 뿜어 내리거나 방문객이 근처에 가면 분수가 쏟아져서 방문객들을 경악하게 하는 경악분천도 있음

㉣ 제4노단(최고 노단)
　　ⓐ 흰 대리석의 카지노(casino, 성관, 주 건물) 위치
　　ⓑ 카지노 앞의 포오치(porch) : 평탄한 포장에 돌 난간
　　　중앙의 아름다운 돌계단으로부터 양쪽에서 포오치에 오르게 되어 있음

4. 란테장(Villa Lante)

① 위치 : 바그나이아(교황들의 피서지로 수렵원 등으로 사용하던 곳)

② 설계 : 비뇰라(1560)

③ 별장은 담으로 둘러싸인 일종의 공원, 바그나이아시 압도

④ 조경적 특징

　㉠ 카지노와 정원 완벽하게 결합

　㉡ 이탈리아 정원의 3대 원칙(총림, 테라스, 화단)이 조화를 이룬 정원

　㉢ 환상적인 물의 이용, 절묘한 상세, 뛰어난 비례, 직선과 곡선의 사용, 수평선과 수직선의 대비, 빛의 음영 효과

⑤ 구성 : 4개의 테라스

　㉠ 제1테라스(최저의 테라스 가든)

　　ⓐ 정방형의 연못 : 주축선과 대칭

　　ⓑ 몬탈토(Montalto) 분수

　　　- 연못 가운데 둥근 섬, 섬은 네 개의 다리로 연결

　　　- 섬 속에는 네 사람의 무어인이 별과 벌집을 높이 받치고 있는 아름다운 군상 조각

　　ⓒ 자수화단

　　ⓓ 쌍둥이 카지노 : 제1테라스와 제2테라스 사이, 2채의 카지노 위치

　㉡ 제2테라스

　　ⓐ 2개의 잔디밭, 플라타너스 군식

　　ⓑ 빛의 분수(Fountain of Lights) : 원형 분수

　㉢ 제3테라스

　　ⓐ 수목을 대칭적으로 식재한 소규모 잔디밭

　　ⓑ 장방형 연못 : 잔디밭 사이 중심축선상

　　ⓒ 추기경의 테이블

　　　- 축선상에 위치

　　　- 돌로 만든 규칙적인 형태의 커다란 연회용 테이블

　　ⓓ 거인의 분수 : 축선상 위치

ⓛ 제4테라스(마지막 테라스)
  ⓐ 인공 폭포(Water chain)
  ⓑ 돌고래 분수 : 팔각형
  ⓒ 크기 : 다른 테라스 크기의 1/3
  ⓓ 길이 : 3부분으로 나뉘어져 있음
    - 캐스케이드(Catena)와 그 좌우에 키 높은 산울타리
    - 돌고래 인공분수
    - 정원 최종부분에 배치된 벽감과 2개의 원정

* 에스테장과 란테장의 비교

	Este장	Lante장
장소	• 티볼리	• 바그나이아
규모	• 약 15,000평 (250명 숙식 가능)	• 약 6,000평
설계자	• 리고리오(건축, 조경) • 올리비에리(수경)	• 비놀라
설계개념	• 수평적(즐거움과 놀람)	• 카지노와 정원의 완벽한 결합 • 수직적 축 강조
카지노	• 최상 노단(제4노단)	• 최저 노단(1~2단 사이)
물의 이용	• 직교하는 작은 축으로 구성	• 수경축이 정원의 중심적 설계 요소 • 정원의 축과 연못의 축이 일치하도록 • 중심축 선상에 통일적인 요소로 수경을 둠
공통점	• 평면 : 정형적 대칭형 기법　　• 4개의 노단 • 제1노단 : 분수, 화단정원(parterre) • 수경시설 : 캐스케이드, 장식분수	

5. 파르네제장(Villa Farnese)

① 위치 : 카프라로라
② 설계 : 비놀라(1547)
③ 2단의 테라스
④ 주변에 울타리를 만들지 않고 주변 경관과 일치하도록 유도

＊ 15세기와 16세기의 빌라 비교

	15세기 프로렌스 빌라	16세기 빌라
입지	• 도심 근교	• 도심 내, 근교
건축 설계	• 중세적인 특징을 벗어나지 못함 • 비정형적	• 저택의 옥외시설까지 건축설계를 적용 • 전체 계획에 의해 구획된 노단식 정원과 공간은 정형적 설계의 한 부분
물처리	• 단순하고 조용한 연못 • 잔잔한 수면 • 아름다운 조각이 두드러지는 분수	• 다양, 역동적 • 분수, 캐스케이드 • 정교하고 환상적
장식물	• 분수 주위에 조각 위치 • 대량의 수목 사용	• 분수, 벽감, 조각상 등의 장식물을 축선상이나 전망 좋은 곳에 놓아 건축미 최대한 살림

3-1-3. 17세기 이탈리아 르네상스

1. 사회적 특징

① 매너리즘
  ㉠ 르네상스의 고전주의에서 바로크 양식으로 이행하는 과정
  ㉡ 특징 : 주지주의적, 독선적, 비현실적, 차갑고 메마른 형식주의, 무절제성, 의식적으로 기교적이고 타성적인 스타일

② 바로크 양식
  ㉠ 초기에는 조경분야보다 건축, 조각 및 도시설계 등에서 발달
  ㉡ 특징 : 고전주의의 명쾌한 균제미로부터 벗어난 복잡한 곡선 장식, 번잡·화려한 세부기교의 치중, 곡선의 사용, 강렬한 명암 대비, 정열과 역동감에 찬 표현, 도금한 쇠붙이 장식, 다채로운 색의 대리석
  ㉢ 가장 역동적인 수경 취급, 토피어리 과다 사용(난용)
  ㉣ 미켈란젤로 : Piazza Campidoglio 광장 – 바로크 양식 시작
     베르니니 : 성베드로 광장 – 바로크 양식의 절정기

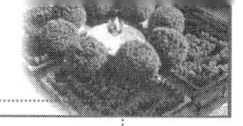

2. 조경

① 바로크 절정기(16세기 후반~17세기 말기)의 정원 설계 특징
- ㉠ 환상적인 연출
- ㉡ 정원 구조물을 눈으로 바라볼 무대 위의 경치로 취급하려는 경향
  : 기능성보다는 심미성 위주의 정원 구조물
- ㉢ 정원 부지 선택의 자유성 : 디자인의 독창성에 영감 부여
- ㉣ 대지 형태가 정원 구성의 첫째 요소가 되어 정원의 주축 결정
- ㉤ 정원의 크기와 식물을 특히 강조
  - 대량의 식물 사용 : 토피어리, 미원(迷園, maze), 식재로 만든 극장, 총림
- ㉥ 구조적 상세의 다양성
  - ⓐ 정원동굴 : 정원에서 최초의 바로크 형태
  - ⓑ 비밀분천, 경악분천, 물극장, 물풍금

② 매너리즘 양식의 빌라
- ㉠ 감베라이아장(Villa Gamberaia)(1610)
  - ⓐ 위치 : 플로렌스 근교
  - ⓑ 소유 : 추기경 감베라이아
  - ⓒ 주 건물 : 정원 중앙에 배치, 정원의 척추가 되는 긴 산책로
  - ⓓ grotto원, water garden, 레몬원, 사이프러스원과 두 곳의 감탕나무 총림, 난간이 달린 전망대
  - ⓔ water garden
    - 주정(主庭)
    - 키 높은 토피어리로 다듬은 수벽으로 둘러싸임
  - ⓕ 정원 구성 : 장방형, 반타원형
    - 분수있는 둥근 연못을 중심으로 네 개의 장방형 연못 배치
    - 연못가 : 깎아 다듬은 회양목 울타리
    - 원로 : 자갈로 모자이크
  - ⓖ 식재 : 토피어리와 잔디 과다 사용

③ 바로크 양식의 빌라

㉠ 알도브란디니장(Villa Aldobrandini)(1598~1603)
  ⓐ 위치 : 로마 근처 프라스카티
  ⓑ 소유 : 추기경 알도브란디니
  ⓒ 설계 : 자코모 델라 포르타(Giacomo della Porta)
  ⓓ Municipio 광장 앞의 정문에서 세 갈래로 난 가로수길
  ⓔ 세 갈래 가로수길 중앙의 길 : 카지노 및 정원의 중심 축선 구성
  ⓕ 축선 상 카지노, 캐스케이드, 반원형 벽감, 대 분수 등 배치
㉡ 이졸라 벨라(Isola Bella)(1630~1670)
  ⓐ 위치 : 코모의 호수 내 섬
  ⓑ 소유 : 카를로 보레메오 백작
  ⓒ 바로크 정원의 대표격
  ⓓ 섬 전체가 바위산, 본토로부터 거대한 양의 흙을 실어 날라 성토
  ⓔ 바빌론의 공중정원과 유사한 형태
  ⓕ 구성 : 10개의 노단
  ⓖ 화려한 장식 : 아름다운 대리석 난간, 많은 조각, 돌이나 청동으로 만든 화병, 오벨리스크, 분수, 꽃의 대량 사용
  ⓗ 최고 노단 : 바로크적 특징이 강한 물극장 배치
  ⓘ 주 건물(궁전)
    - 섬 끝에 배치
    - 세련된 로코코 양식의 여름 피서용 건물로 북향에 위치
  ⓙ 궁전과 정원의 축선이 시각적으로 일치된 느낌
㉢ 가르조니장(Villa Garzoni)(1652)
  ⓐ 위치 : 북부지방 Lucca 근교의 Collodi
  ⓑ 바로크 양식의 최고봉
  ⓒ 건물과 정원이 분리된 빌라
  ⓓ 2단의 테라스 : 상단 - 그늘진 총림과 탁 트인 무대의 강렬한 대비
              하단 - 밝고 화려한 자수화단(parterre), 원형 연못
㉣ 란셀롯티장

3-1-4. 이탈리아 정원의 특징

* 이탈리아 조경 : 노단 건축식
　　　(경사지를 몇 단의 테라스를 만들어 지형을 입체적으로 활용)
* 테라스와 테라스의 고저차 연결방법
　 – 캐스케이스, 벽천　　　　– 조각을 새긴 옹벽
　 – 사면상 관목식재
* 테라스와 테라스로 가는 동선 : 계단, 경사로

1. 구성상의 특징

① 평면적 특징

　㉠ 직렬형(16세기 란테장) : 지형의 고저에 따른 강한 주축선 설정, 큰 구획화단, 전정한 수목으로 둘러싸인 잔디밭, 계단 등을 대칭적으로 배치

　㉡ 병렬형(16세기 에스테장) : 등고선에 직각되는 방향으로 강한 축선 설정하거나 등고선에 평행하게 축을 설정, 주축선에 해당하는 것이 없고, 각 테라스는 독립된 형태로 구성

　㉢ 직교형(15세기 메디치장) : 등고선 평행축과 경사축이 동일 비중일 때 직교하는 경우, 건축 축선과 정원 축선 별개
　　 – 축선은 대부분 건축 중심선을 기준으로 설정
　　 – 주축선과 완전한 대칭적 배치 방법
　　 ⓐ 면적 요소(mass) : 화단(parterre), 테라스, 잔디밭, 연못, 총림
　　 ⓑ 선적 요소 : 원로, 계단, 캐스케이드
　　 ⓒ 점적 요소 : 분수, 조각상, 원정

② 입면적 특징 : 카지노의 위치에 따라 분류

카지노 위치	빌라	특징
테라스 최상단	에스테장	• 원경(遠景 : 먼 경치) 조망 가능 • 가장 일반적인 경우
정원 가운데	알도브란디니장	• 앙경(仰景 : 우러러보는 경치) • 부경(俯景 : 구부려보는 경치)
테라스 최하단	카스텔로장, 란테장	–

③ 시각 구성상의 특징
　㉠ 강한 대비 효과 : 빛과 그늘의 대비, 빌라와 주변 전원 경관과의 대비, 암흑색 총림과 밝은 화단이나 잔디밭의 대비
　㉡ 원근법을 정원 설계에 적용
　　ⓐ 조망은 트이게 함
　　ⓑ 그늘진 아케이드와 총림의 전경(前景)에 의한 효과 강조
　㉢ 색채 : 어두운 암녹색(감탕나무, 사이프러스 등), 흰색(대리석 석조물)
　　→ 강한 대비 효과(강한 콘트라스트)

2. 정원 구조물 및 시설물

① 카지노(Casino)
　㉠ 빌라나 정원 내 조영자 및 가족 또는 방문객을 위한 거주·휴식·오락 기능을 수행하는 장소
② 테라스(테라자, Terrazza, 노단)
　㉠ 경사면을 절·성토하여 만든 계단 모양의 평탄지를 옹벽으로 받친 부분
　㉡ 위에는 건물, 분수, 화단, 총림 등 배치
③ 계단(스칼리나타, Scalinata)
　㉠ 석재(대리석, 화강암)로 상하 테라스 연결
　㉡ 다양한 형태 : 직선형, 반월형, 타원형, 선형(扇形)
④ 템피에토(Temietto)와 카펠라(Cappella)
　㉠ 빌라 및 정원 내 조영자 및 가족들이 예배를 보았던 장소
　㉡ 템피에토와 카펠라 비교

	템피에토(Temietto)	카펠라(Cappella)
특징	• 대규모 • 정원 밖 위치 • 장식적	• 소규모 • 정원 내 위치 • 단순하고 소박
대표적인 예	• 빌라 마제르	• 건물 내부 조영 : 15세기 리모델링한 빌라 　(빌라 카레지, 빌라 카파졸로, 빌라 포조카이아노) • 정원 내 위치 : 16세기 로마에 조영한 빌라 　(빌라 줄리아, 빌라 토레)

⑤ 닌페오(Ninfeo)
  ㉠ 빌라 및 정원 내 조영자 및 가족들이 닌파신에게 제사를 지내는 장소
  ㉡ 개인적인 명상·사색할 수 있는 장소
  ㉢ 수경요소(벽천, 분수 등)와 함께 조영
  ㉣ 예) 빌라 카스텔로, 빌라 줄리아, 빌라 에스테

⑥ 구로타(구로토, 동굴, Grotta, Grotto)
  ㉠ 다양한 장식이 가미된 자연적·인공적 동굴
  ㉡ 신성한 종교적 장소
  ㉢ 내부 장식 : 종교적 색채를 띤 장식물, 조각상, 그리스 신화 내용의 삽화
  ㉣ 예) 빌라 카스텔로, 빌라 란테, 빌라 알도블란디니, 팔라초 테

⑦ 정원극장
  ㉠ 잔디밭을 무대로 하고 토피어리로 무대 배경 조성
  ㉡ 위치 : 정원의 축 종점, 두 건물 사이의 공지(空地), 원내의 한 귀퉁이

⑧ 코르틸레(Cortile)
  ㉠ 빌라 및 정원의 중정
  ㉡ 로지아(Loggia, 기둥)나 무라(Mura, 벽)로 둘러싸인 공간
  ㉢ 조영자 및 가족의 휴식·오락 장소
  ㉣ 야외 공연장으로 이용
  ㉤ 예) 빌라 마다마, 빌라 임페리알레, 빌라 줄리아, 팔라초 테

⑨ 그 외 구조물
  ㉠ 세라(온실, Serra), 갸차이아(저수고, Ghiacciaia), 파고다(탑, Pagoda), 폰테(다리, Ponte), 카사 자르디니에레(Casa giardiniere, 정원사의 집), 아크로테레(고대 그리스 신전기둥 유적, Acrotere), 로비라(붕괴흔적, Rovina), 콜롬바라(비둘기집, Colombara)

⑩ 라 폰타나 델라 무라(벽천, La Fontana della Mura)
  ㉠ 옹벽에 설치한 분수
  ㉡ 16세기 중반 이후 도입
  ㉢ 예) 빌라 파르네제, 빌라 에스테

⑪ 카스카타(벽천, Cascata)
　㉠ 물을 계단형식으로 낙하시켜 동적 아름다움을 관상하는 시설
　㉡ 예) 빌라 에스테, 빌라 파르네제, 빌라 란테, 빌라 알도블란디니
⑫ 페스키에라(Peschiera)
　㉠ 빌라 및 정원 내 물고기를 기르는 양어장
　㉡ 예) 빌라 에스테, 팔라초 테
⑬ 그 외 수경시설물
　㉠ 조코 다쿠아(조각 있는 분천, Gioco d'acqua), 폰타나(연못, Fontana), 데아트로 다쿠아(물극장, Teatro d'acqua), 칸날레(수로, Canale)
⑭ 니키아(벽감, Nicchia, Niche)
　㉠ 벽면의 일부를 오목하게 한 것
　㉡ 조각을 넣거나 신주 및 성체를 모셔두기 위해 설치
　㉢ 16세기 이탈리아 정원에 보편적으로 이용한 시설물
⑮ 포르탈레(정원 문, Potale)
　㉠ 벽이나 높은 생울타리, 폭넓은 철제 대문
　㉡ 문주에는 여러 형태의 조각품, 화병, 화분 등을 장식적으로 놓음
⑯ 발라우스타(난간, Balausta)
　㉠ 건물의 옥상, 발코니, 테라스나 계단의 가장자리를 돌리는 데 사용
　㉡ 효과
　　　ⓐ 강조 효과 : 화단의 가장자리, 분천 주위
　　　ⓑ 풍경 조망 효과, 노단에서 바라보는 경관의 액자 역할
　　　ⓒ 식별성 강조 효과
　㉢ 난간 위 : 조각품, 돌 화병, 화분 장식적으로 배치
⑰ 그 외 점경물
　㉠ 바조(화분, Vaso), 메리디아나(해시계, Meridiana), 세디레(의자, Sedile), 벨베데레(전망대, Belvedere)

3. 정원 식물

① 르네상스 초기 빌라 : 왕성한 원예열, 식물 수집에 관심, 수많은 식물 사용
② 16~17세기 : 수목 자체의 수형이나 개성적인 아름다움 이해
　㉠ 원추형의 사이프러스, 넓은 원개형 수관의 stone pine 지속적으로 사용
　㉡ 녹음수 : 월계수, 가시나무, 종려, 감탕나무 - 단식, 총림 조성

4. 각국에의 영향

① 17세기 유럽 : 르네상스 정원 영향+고전주의+매너리즘+바로크 양식 혼합
② 프랑스
　㉠ 이탈리아 정원의 영향 : 샤를르 8세의 나폴리 원정(1494)에서 시작
　㉡ 이탈리아 양식으로 개조되거나 새로 조성된 성관정원
　　ⓐ 16세기 초 : 프랑소와 1세 - 블로와 성, 샹보르, 퐁텐블로
　　ⓑ 16세기 말
　　　- 앙리 2·3세 : 아네 성, 샤를르발
　　　- 앙리 4세 : 튈러리, 상 제르맹 앙 레이
　　ⓒ 17세기 초 : 루이 13세 - 뤽상부르그, 베르사이유, 리셜리외 궁
　㉢ 3대 정원설계가 : 클로드 몰레, 브와소, 올리비에르 드 세르

> *** 프랑스 3대 정원가**
> - 클로드 몰레 : 브와소와 함께 튈러리 궁 설계
> 　　　　　　「식물과 원예의 무태」 저술
> 　　　　　　프랑스에 자수구획화단 최초 조성 : 생제르뱅앙레 정원
> - 브와소 : 르 노트르에게 다방면으로 영향을 주었음
> 　　　　「자연과 예술의 이론에 기초를 둔 원예론」 저술
> 　　　　디자인에 변화 부여
> - 올리비에르 드 세르 : 조경가로서보다 원예가로 유명
> 　　　　　　「농업의 무대」 저술
> 　　　　　　정원 용도별로 채소원, 화단, 초본원, 과수원으로 나누었음
> 　　　　　　프랑스 화단에 다량의 다채로운 꽃 도입의 계기 마련

③ 독일
  ㉠ 1590년대 중심으로 독일의 르네상스 정원 발생
  ㉡ 페셸(페셰엘, Johan Peschel)(1597)
    ⓐ 최초로 독일 정원서 저술
    ⓑ "정원은 반드시 신중하게 계획되어야 한다."
    ⓒ 정원의 형태는 장방형 적합하고, 원로는 포장되어야 함
  ㉢ 푸르텐바흐(Joseph Furttenbach)
    ⓐ 이탈리아 여행 후 이탈리아, 프랑스 정원을 독일인 취향에 맞게 수정
    ⓑ 어린이를 위한 학교원 최초 조성
    ⓒ 정원 설계 시 판석으로 포장한 원로를 따라 가늘고 긴 화단 설치
      : 포장정원(鋪狀庭園)의 효시
  ㉣ 하이델베르그 성관 주위 정원
    ⓐ 독일 르네상스 정원 중 규모 가장 장려
    ⓑ 설계 : 카우스(Sarlomon de Caus)
    ⓒ 대규모의 오렌지 과수원, 화단(parterre)
  ㉤ 독일 르네상스 정원의 특징
    ⓐ 새로운 식물의 재배
    ⓑ 식물학에 대한 활발한 연구
    ⓒ 16세기부터 등장한 식물원 건립

④ 네덜란드
  ㉠ 드 브리스(Jan Vrebeman de Vries) : 네덜란드에 최초로 이탈리아 정원 도입
  ㉡ 에라스무스의 「Colloquid」 : "이상적인 소정원은 우아하고 아름다워야 하며, 정신을 순화시키는 것이어야 한다."
  ㉢ 네덜란드 정원의 특징
    ⓐ 이탈리아의 영향을 받았으나 환경 및 정치적 요인 때문에 특수함
    ⓑ 국토는 평평하고, 지면이 해면보다 낮아 테라스 전개 불가능
    ⓒ 분수나 캐스케이드를 사용할 수 없었음
    ⓓ 석재가 부족해서 이탈리아의 건축적 정원은 비경제적
    ⓔ 국토는 좁고 조밀한 인구로 소규모 정원 조성

ⓕ 배수용 수로 : 농업과 정원형태에 가장 큰 영향을 미친 것

ⓖ 네덜란드의 모든 정원형태 : 수로와 평행

* **네덜란드 정원과 프랑스 정원의 수로 역할**
    - 16세기 네덜란드 정원 : 배수, 커뮤니케이션, 부지 경계
    - 17세기 프랑스 정원 : 비스타 구성, 주택과 정원의 주축 구성

ⓗ 한정된 공간에서 다양한 변화 추구
    - 조각품, 화분, 토피어리, 창살 울타리의 지나친 장식
    - 원정, 서머하우스(summer house)
    - 네덜란드의 토피어리 : 이탈리아, 프랑스를 거쳐 영국 정원에 영향

ⓘ 화훼류를 애호하는 국민성으로 초본식물 위주로 한 정원 발달

ⓙ 원로 : 수목 열식

ⓚ 화단 형태 : 단순한 사각형

3-2. 프랑스 정원(17세기)

1. 자연환경

① 지형 : 넓고 평탄

② 기후

　㉠ 서안 : 해양성 기후, 남부 : 지중해성 기후

　㉡ 기온과 강수량이 낙엽활엽수의 산림 형성에 적당

　㉢ 국토 전역 산림 풍부, 산림은 정원과도 밀접한 관련

　㉣ 매크로한 옥외공간(macro outdoor room) 형성

2. 사회·경제

① 백년전쟁 이후 중앙집권적 정치세력 안정, 궁정문화 발달 시작

② 루이 14세

　㉠ 절대주의 왕정 확립(절대왕정의 절정기) : 근대국가의 체계 마련

ⓒ 중상주의 정책 시행

ⓒ 태양왕 : "짐은 곧 국가다"

3. 철학·표현

① 17세기 절대주의 문화 : 르네상스 시대에 시작된 인문주의 계승 발전

② 고전주의 : 루이 14세와 베르사이유 궁전을 중심으로 발달

③ 바로크 양식 : 베르사이유 궁전

4. 조경

* 이탈리아와 프랑스 조경의 차이점

	이탈리아	프랑스
지형	• 구릉지, 산악	• 평탄, 저습지
위치	• 피서 위한 교외의 구릉지, 산간 전원생활 → 빌라 발달	• 성과 외호로 둘러싸인 성관생활
수경	• 다이내믹한 수경 (캐스케이드, 분수, 물풍금 등)	• 잔잔하고 넓은 수경 (수로, 해자 등)
화단	• 총림, 화단	• 화려한 색채의 자수화단(parterre)
공간 구성요소	• 테라스(노단) • 총림 : 정원 구성 단위 • 공간의 입체감 부여 : 경사지, 테라스의 옹벽	• 수로를 이용한 비스타 • 총림

① 프랑스의 정원 발달 경로

ⓐ 앙브와(Amboi) 성, 블로와(Blois) 성

ⓐ 설계 : Pasello 'da Mercogliano

ⓑ 16세기 프랑스의 대표적 정원, 현존하지는 않아 판화로 추측

ⓒ 퐁텐블로(Fontainbleau)

ⓐ 개조 : 르 노트르

ⓑ 이탈리아 별장 양식을 프랑스에 맞게 수정

ⓒ 중세 방어용 수로(moat)를 장식적 호수로 전환한 계기

    ⓓ 왕의 화단 : 4부분으로 구획, 가운데 방형 연못, 가운데 분수
    ⓕ 캐스케이드 : 대수로(보트놀이)
    ⓖ 가로수길
  ㉢ 리슐리외(Richelieu) 성
    ⓐ 설계 : 르메르시에(Lemercier)
    ⓑ 숲 속 공지에 정원 조성
    ⓒ 넓은 잔디, 잔잔한 수면
  ㉣ 생-클루(Saint-Cloud)
    ⓐ 최초 주인 : 곤디(이탈리아인, 피렌체 대주교)
    ⓑ 필리프 소유(1658) 후
      - 개축(성과 정원 확장) : 르 포트레(Le Pautre)
      - 정원 조성 : 르 노트르(Le Notre)
    ⓒ 이탈리아 양식
    ⓓ 경사지 : 계단과 경사로, 가로수길, 캐스케이드
  ㉤ 튈러리(Tuilereies)
    ⓐ 개조 : 르 노트르
    ⓑ 가로수, 대칭화단
    ⓒ 축 강조, 화려하고 다양한 화단과 연못 조성
    ⓓ 축을 따라 조성된 수로 종점 : 8각형 연못 조성
  ㉥ 샹틸리(샹티, Chantilly)
    ⓐ 개조 : 르 노트르
    ⓑ 형태 : 방어 목적의 해자로 둘러싸인 간단한 사각형
    ⓒ 입구 : 거위의 발이라는 독특한 형태
    ⓓ 콩네터블(Connetable)의 기마상, 동상으로부터 축을 따라 큰 계단, 물 화단, 십자형의 대수로
  ㉦ 소(Ceaux)
    ⓐ 소유 : 콜베르
    ⓑ 설계 : 르 노트르
    ⓒ 성을 기점으로 종·횡으로 2개의 축 도입

- 종축 : 가로수길
- 횡축 : 캐스케이드, 조각물, 8각형 연못

ⓓ 십자형 대수로 : 정원 전체 구조적 틀 구성, 아름다운 전망 제공

ⓔ 지나친 화려감 지양, 단순하고 간결한 아름다운 정원

② 보르 비 콩트(Vaux-le-Vicomte)

㉠ 소유 : 니콜라스 푸케(Nicolas Fouquet), 성관정원

㉡ 설계 : 앙드레 르 노트르(조경), 루이 르 보(건축), 샤를르 르 브렁(회화, 그림, 실내장식)

㉢ 성(북쪽) – 장식화단 – 물의 산책로 – 캐스케이드 – 수로 – grotto – 총림

㉣ 구성 : 축 설정, 자수화단, 난간, 캐스케이드와 수로, grotto, 연못, 총림, 다양한 형태의 소로(allee)

* 총림 채택 목적
- 비스타 구성
- 숨겨진 즐거움 : 작은 정원 둘러싸는 구실
- 분수 및 조각품의 배경
- 중앙무대를 둘러싸는 구실(배경)

㉤ 특징

ⓐ 건축이 조경에 종속(성관건물은 정원에 부속)

ⓑ 중심선에 대칭 구성 : 넓은 중앙의 원로를 따라 균형을 이룬 통일된 구성

ⓒ vista garden

ⓓ 대규모 단순한 수로

ⓔ 밝고 화려한 화단(parterre)

ⓕ 기하학, 원근법, 광학의 법칙 적용

ⓖ 중심축을 따라 시선은 정원으로부터 점차 멀리 수평선을 바라보게 처리

㉥ 의의 : 최초의 평면 기하학식 정원, 베르사이유 정원의 계기

③ 베르사이유(Versailles)

㉠ 소유 : 루이 14세

㉡ 설계 : 앙드레 르 노트르(조경), 루이 르 보(건축), 샤를르 르 브렁(회화, 그림, 실내장식)

㉢ 앙리 4세~루이 13세 : 수렵원으로 쓰이던 소택지

ⓔ 공사 기간 : 1661~1686년(25년간), 규모 : 300ha
ⓜ 중심축과 여러 개 횡축과 방사축 : 전체 부지에 대해 뚜렷한 질서와 틀 구성
ⓗ 궁전 건물 : 중요지점에 위치
ⓢ 건물을 기점으로 축선이 태양의 빛처럼 펼쳐지는 방사축 : 태양왕 권위 상징

대 트리아농	북화단(parterre)
⇕	⇕
대수로 – 아폴로 분수 – 왕자의 가로 – 라토나 분수 – 물화단 – 궁전	
⇕	⇕
야수원	남화단(parterre)

ⓞ 주축 : 궁전 중앙의 '거울의 방'에서 시작
ⓩ 시설물
   ⓐ 물화단 : 궁전 전면
   ⓑ 북화단, 남화단
      – 물화단 양쪽
      – 자수화단(parterre)
      – 북쪽 : 피라미드 분수, 물의 원로, 님프의 연못, 용의 연못, 넵튠의 연못
      – 남쪽 : 오렌지원, 스위스 호수
   ⓒ 라토나(Latona) 분수
      – 원형
      – 아폴로 어머니 라토나 묘사한 조각품, 개구리 조각
   ⓓ 왕자의 가로(Tapis Vert) : **녹색의 융단, 잔디밭**
   ⓔ 아폴로 분수
      – 그리스 신화 속 태양의 신 아폴로 상징
      – 아폴로가 물속으로부터 마차를 타고 나오는 형태
   ⓕ 대수로
      – 목적 : 배수(초기), 뱃놀이
      – 길이 : 1.6km
      – 십자형의 지류

⑧ 대 트리아농
- 루이 14세의 사적인 피정지·궁전
- 구성 : 파빌리온, 정원
- 중국식 건물 : 로코코 양식
- 도자기 진열 : 부인 몽테스팡을 위한 도기의 트리아농도 있음

㉣ 총림
ⓐ 주축선 강조해주는 수직적 요소
ⓑ 수목을 거대한 매스(mass) 요소로 활용
ⓒ 롱 프윙(ronds points) : 사냥터
- 숲을 가로지르는 직선의 가로수길과 길의 끝이나 교차하는 지점
ⓓ 소로(allee) : 롱 프윙 연결
ⓔ 군데군데 미원(미로원, maze), 연못, 야외극장

5. 앙드레 르 노트르(Andre Le Notre)

① 프랑스 조경 양식, 르 노트르 양식 확립
② 전 유럽에 18~19C 초까지 강력한 영향
③ 특징
  ㉠ 단순하고 장엄하면서 세련된 스타일
  ㉡ 정원 디자인을 엄청난 스케일로 확장 : 정원공간을 기하학적 요소로 파악
  ㉢ 데카르트의 수학적 개념 정원설계에 적용
  ㉣ 정원에 무한의 축 설정 : 정원의 경계 모두 제거
④ 르 노트르의 정원 구성 원칙
  ㉠ 정원은 주택의 연장이 아니라 광대한 면적의 대지 구성 요소의 하나
  ㉡ 대지의 기복에 조화시키되 축에 기초를 둔 2차원적 기하학식 구성
  ㉢ 단정하게 깎은 산울타리로 총림과 기타 공간을 명확하게 구분
  ㉣ 바로크적 특징의 하나인 유니티(unity)는 하늘이나 기타 정원 구성 요소들이 넓은 수면에 반영되게 함으로써 형성되게 하고, 소로(allee)는 끝없이 외부로 확산하게 함
  ㉤ 조각·분수 등 예술작품을 공간구성에 있어 리듬, 또는 강조 요소로 사용

ⓑ 장엄한 스케일의 도입으로 인간의 위엄과 권위 고양
ⓢ 비스타 형성
ⓞ 주축선을 중심으로 정원을 대칭적으로 배치하여 통일성 부여
⑤ 르 노트르 정원의 시설면에서의 특징
　㉠ 소로(allee)의 사용
　　ⓐ 사냥의 중심지가 되는 롱 프웡을 기점으로 팔방으로 뻗어난 수렵용 도로
　　ⓑ 중심축으로 설치된 분수에서 다른 분수로 지나며 계속적으로 다른 경치를 볼 수 있게 함
　　ⓒ 개개의 총림을 구분함으로써 각기 독특한 공간으로 처리
　㉡ 산림의 이용과 평면성의 전개
　　ⓐ 수목 : 낙엽활엽수, 녹색 mass로 사용, 숲과 정원을 밀접하게 관련
　　ⓑ 매크로한 옥외 공간(macro outdoor room)
　　　– 스페인의 파티오나 이탈리아의 테라스 가든을 확대 발전시킨 형태
　　　– 장엄양식(grand style)
　　　　: 평면기하학식에 총림과 소로로 구성된 비스타로 경관 전개

* 르 노트르가 공간의 벽체 또는 비스타를 구성하기 위해 채택한 4가지 총림 유형
　– 구획 총림　　　　– 성형(星形) 총림
　– 5점형 총림　　　– 볼링 그린

　㉢ 장식적인 정원
　　– 산림에 의해 둘러싸인 공간
　　– 자수화단 : 회양목이나 로즈마리 등으로 화단을 당초무늬 모양으로 조성하고 상록 무늬 속을 잔디와 꽃으로 채움
　　– 대칭화단 : 대칭적인 4부분에 의해 나선무늬, 매듭무늬를 이루는 화단
　　– 영국화단 : 잔디밭으로 이루어진 화단, 원로에 의해 둘러싸이고 원로 바깥쪽으로 꽃을 식재하는 화단
　　– 구획화단 : 회양목으로만 대칭형 무늬를 만드는 화단
　　– 감귤화단 : 영국화단과 유사한 형태로 잔디 대신 오렌지나무를 심는 화단
　　– 물화단 : 아름다운 분천지가 여러 개 조직되어 이루어진 화단

6. 르 노트르 양식의 영향

① 오스트리아
- ㉠ 프랑스풍 바로크 양식의 건축과 조경 : 비엔나 근교의 궁전·수도원
- ㉡ 벨베데레원(Belvedere Garden)(1700~1723)
  - ⓐ 노단건축식
  - ⓑ 2단의 테라스
    - 상단 : 대규모, 위락지, 중앙에 분수, 대규모 프랑스식 파르테르
    - 하단 : 왕의 여름 거주지, 단순한 파르테르
    - 상·하단 연결 : 거대하고 화려한 캐스케이드로 연결
  - ⓒ 총림, 넓은 잔디밭, 높게 깎은 산울타리
  - ⓓ 현재 고산식물원
- ㉢ 셴브룬 성(쉰브룬 성, Schonbrunn)
  - ⓐ 가장 대표적 프랑스 정원
  - ⓑ 장엄한 규모(130ha)
  - ⓒ 왕가의 여름철 별장

② 독일
- ㉠ 카알스루헤(Karsruhe) 성관 : 베르사이유와 같은 장엄한 규모
- ㉡ 슈베츠친켄(Schwetzingen) 성관
- ㉢ 헤렌하우젠(Herrenhausen) 궁전
  - ⓐ 왕가의 여름용 이궁
  - ⓑ 정원은 보리수나무의 아름다운 가로와 연결, 도시경관 형성
- ㉣ 님펜버어그(님펜부르크, Nymphenburg) 궁전

③ 네덜란드
- ㉠ 격자형 수로와 기하학적인 경작지와 정원
- ㉡ 교외의 소정원에 프랑스식 파르테르를 만들고, 튤립·히야신스 등 구근 식재

④ 중국(청 시대)
- ㉠ 원명원, 동양 최초의 프랑스식 정원

⑤ 도시계획
  ㉠ 러시아의 성 페테르부르크(St. Petersburg), 니메(Nimes)(1703)
  ㉡ 미국의 수도 워싱턴(Washington, DC)
    ⓐ 설계 : 피에르 랑팡(Pierre L'Enfant)(1795)
    ⓑ 주축과 부축, 방사상 도로망과 교차점, 타피베르처럼 처리된 산책로, 거울과 같은 연못 도입
      : 베르사이유와 비슷, 르 노트르 양식 계승
  ㉢ 프랑스 파리
⑤ 현대 조경가
  ㉠ 카일리(Dan Kiely), 워커(Peter Walker)
    ⓐ 기하학적 평면구성
    ⓑ 비례, 균형, 조화의 미 추구
    ⓒ 프랑스 정형식 정원과 유사
  ㉡ 슈왈츠(Martha Schwartz)
    ⓐ 자수화단, 토피어리 즐겨 사용
    ⓑ 리오 쇼핑센터(1988) : 베르사이유의 라토나 분수 개구리 조각 이미지 차용하여 기하학적으로 반복 설치
    ⓒ 시트로엥 공원(1985) : 프랑스 파리, 공원의 축·좌우대칭·넓게 펼쳐진 조망·운하 등의 모습이 프랑스의 오랜 전통 현대에 계승된 사례

3-3. 튜더·스튜어트 왕조의 영국

구분	튜더 왕조	스튜어트 왕조
시기	• 16세기	• 17세기
특징	• 절대 왕권의 시기 • 문예부흥기, 황금기	• 바로크 양식 • 호화로움, 웅장함, 장려함
조경	• 정형식 정원	• 정원은 부유층 소유

1. 자연 환경

① 온화하고 다습한 해양성 기후

② 비옥한 구릉, 다습한 흐린 날 많음

    : 잔디밭·볼링 그린 성행, 강렬한 색채의 꽃과 원예에 대한 관심 높아짐

2. 튜더 왕조

① 장원을 중심으로 한 소규모 정원에서 발달

② 소규모의 소박한 전원생활 지향형 장원 형태

    : 성 캐더린 수도원(St. Catherine's Court)

③ 전통적 양식 고수하며 이탈리아·프랑스·네덜란드에서 도입된 새로운 양식 결합

④ 방어용 해자 없어지고 정원 확대

⑤ 특징 : 오밀조밀함, 부드러운 색조, 가정 주택 같은 특징

⑥ 리치먼드 왕궁(Richmond Place)

    ㉠ 자수화단, 퍼골라, 운동 시설(game court)과 함께 여러 식물 식재

⑦ 몬타큐트(Montacute)(1580)

    ㉠ 건물 중심으로 상·하단으로 분리된 정원

    ㉡ 의도적으로 설정된 주축선

    ㉢ 매우 정연하고 단순한 형태

    ㉣ 통경선(vista), 벽으로 둘러싸인 전정, 돌로 포장된 원로, 분수가 있는 잔디밭, 전정 양측의 아름다운 원정

3. 스튜어트 왕조

① 장원 조경(country place) 퇴보

② 이탈리아, 프랑스, 네덜란드 및 중국의 영향

    ㉠ 네덜란드의 영향 : 정원의 조밀한 공간 구성, 토피어리, 대규모의 튤립화단

    ㉡ 프랑스의 영향 : 의도된 주축선, 방사형 소로(allee), 연못, 비스타, 전정한 산울타리 군식

③ 레벤스 홀(Levence Hall)
  ㉠ 네덜란드의 영향
  ㉡ 영국 르네상스 정원의 요소 : 볼링 그린, 채소원, 포장된 산책로
  ㉢ 토피어리 가든(Topiary Garden)이라고 불림

④ 햄프턴 코트 성궁(Hampton Court Place)
  ㉠ 울시(Wolsey) 추기경이 헨리 8세에게 기증
  ㉡ 방사형 소로, 중심축 강조
  ㉢ 바로크적인 새로운 지면 분할 방식으로 프랑스 왕궁과 경쟁 취함
  ㉣ 영국 정형식 정원 특징 : 튜더 왕조 상징하는 컬러와 문양 활용, 퍼골라, 인위적인 전망 언덕 배치, 소규모 knot 화단, 자갈을 깐 구획원로, 병목, 원정 및 연회당, 왕가의 문장을 새긴 야수상
  ㉤ 네덜란드 정원 영향 : 단정하고 기하학적 형태의 밝고 다채로운 색상의 pond garden(Dutch garden)
  ㉥ Vista garden(통경 정원), Country House

⑤ 멜버른 홀(Melbourne Hall), 채츠워스(Chatsworth)
  ㉠ 프랑스의 영향
  ㉡ 설계 : 조지 런던(Georgy London), 헨리 와이즈(Henry Wise)
  ㉢ 자수화단, 건물로의 축선, 경사면을 수놓은 듯한 모티브 활용, 계단의 반복 및 캐스케이드
  ㉣ 바로크 형태의 확장적 적용

* **17세기 말, 영국 최초의 상업적 조경가**
  – 조지 런던(Georgy London)과 헨리 와이즈(Henry Wise)
  – 햄프턴 코트, 멜버른 홀, 채츠워스

* **살몬(Salomon de Caus)**
  – 스튜어트 왕조
  – 이탈리아풍의 풍부한 모티브를 제공
  – 수차, 작은 동굴, 분수 도입
  – 서머싯 하우스, 리치먼드, 하필드 하우스

4. 영국 정형식 정원의 특징

① 테라스 설치
  ㉠ 이탈리아 양식을 연상케 하는 정방형의 테라스 설치
  ㉡ 석재 난간으로 둘러싸고, 병·화분·조각상 등으로 테라스와 주변을 소로로 장식
  ㉢ 몬타큐트 정원, 레벤스 홀

② 주축(포스라이트, forthright)
  ㉠ 곧은 길, 주 도로
  ㉡ 주택으로부터 곧거나 평행하게 설정
  ㉢ 자갈 포장, 잔디식재
  ㉣ 후에 프랑스의 영향으로 타일이나 판석으로 포장
  ㉤ 가장 전형적인 영국 르네상스 정원의 유형
  ㉥ 레벤스 홀, 핫필드 하우스

③ 축산(mound)
  ㉠ 기하학적 규칙성을 가진 인공 언덕
  ㉡ 기능 : 휴식, 조망, 연회장(단순한 시각 대상용)
  ㉢ 바빌론의 지구라트와 유사한 형태
  ㉣ 정상에 오르는 길 : 나선형 도로
  ㉤ 정상 : 원정, 연회당

④ 볼링 그린(bowling green)
  ㉠ 위치 : 대규모 주택 외곽, 성 내 수림 내부
  ㉡ 형태 : 장방형, 타원형 등 다양
  ㉢ 레벤스 홀

⑤ 노트(매듭무늬 화단, Knot)
  ㉠ 외주부에 낮게 깎은 회양목이나 초화류로 둘러 경계를 짓는 방식
  ㉡ 튜더조 정원의 주요한 장식적 기능
  ㉢ 디자인 특징
    ⓐ 초기 : 추상적, 기하학적, 의장상 우수, 단순
    ⓑ 후기 : 화려, 복잡

　　　ⓔ 영국 풍경식 정원 수법을 탄생시키는 촉매 역할

　　　ⓜ 햄프턴 코트

　⑥ 약초원(herb garden)

　　㉠ 형태 : 구형, 장방형

　　㉡ 주택 정원에 필수적인 부분

　　㉢ 르네상스 영국 정형식 정원에서 보편화된 소재

⑦ 석재난간, 해시계, 철재 장식물, 분수, 문주, 미원 등

 근대의 조경(18세기)

4-1. 영국의 풍경식 정원

1. 사회·철학

① 사회 : 공업화, 민주주의 발달

② 철학

　㉠ 계몽사상 : 근대적 휴머니즘

　㉡ 자연주의, 낭만주의

　㉢ 라이프니츠, 볼테르 : 동양의 정신세계와 문화를 접할 계기 마련

　㉣ 루소 : "인간의 진정한 행복은 자연으로 돌아갈 때만 되찾을 수 있다."

 * 18세기 조경사에 새로운 변화를 준 사상가 : 라이프니츠, 볼테르, 루소

2. 표현 : 18세기 표현상 세 가지 흐름

① 고전주의 계속　　　② 중국의 영향

③ 자연주의 운동

* **17세기 프랑스와 18세기 영국의 비교**

구분	18세기 영국	17세기 프랑스
철학	• 자연주의	• 절대주의
지형	• 완만한 구릉 그대로 처리	• 대지를 평탄하게 처리
특성	• 수목 전정 안함, 곡선 사용 • 사실주의 풍경식 정원 • 낭만주의 풍경식 정원	• 엄격한 기하학적 선 사용 • 정형식 정원

3. 영국의 풍경식 정원 특성 및 정원가

① 영국의 풍경식 정원 탄생에 영향을 준 요인

㉠ 지형 ㉡ 문학 ㉢ 풍경
㉣ 계몽주의 ㉤ 산업혁명 ㉥ 심리적 욕구
㉦ 18세기 영국 정원은 감상이나 대화 장소보다는 산책이나 운동을 하는 장소

* **자연미를 동경하고 찬미한 전원시인**
  - 에디슨(J. Addison), 포프(A. Pope), 셴스톤(Shenstone)
  - 정원 예술 관련 많은 문학 작품 발표
* **셴스톤(Shenstone)의 정원미**
  - 장미(壯美, sublime) : 웅장, 숭고미
  - 우미(優美, beautiful) : 뛰어난 아름다움
  - 음울 또는 한적(melancholy, pensive)
* **포프(Alexander Pope)**
  - 토피어리 공격하는 글(1712)   - 자연주의
  - 손수 정원 설계하면서 정원 설계에 새로운 철학을 도입한 정원 이론가
  - "모든 정원은 회화"

② 영국 풍경식 정원가

㉠ 조지 런던, 헨리 와이즈 : 최초의 상업적 조경가, 초기 궁정 정원가
㉡ 스테판 스위처(Stephen Switzer, 1682~1745)
  ⓐ 최초의 풍경식 조경가
  ⓑ 울타리를 없애고, 정원을 주변의 전원으로 확장

ⓒ 경작지는 정원 설계에 포함되지 않았음

ⓒ 찰스 브릿지맨(Charles Bridgeman, 1680~1738)

　ⓐ 부지를 작게 구획짓는 수법 배제

　ⓑ 리치먼드 궁원 설계 시 경작지를 정원 속에 포함

　ⓒ 하하(Ha-Ha) 기법 최초 도입 : 스토우원

　ⓓ 스토우 원(Stowe), 치즈윅 하우스(Chiswick House), 로스햄(Rousham, 로샴), 스투어헤드

 *** 하하(Ha-Ha) 기법**
- 중세 프랑스의 군사용 호(濠, trench)
- 정원에 물리적 경계없이 전원을 바라볼 수 있게 정원부지의 경계선에 깊은 도랑을 파서, 가축을 보호하고 목장이나 산림·농지 등을 정원 풍경 속에 끌어 들이자는 수법
- 동양정원의 차경기법과 유사한 효과

ⓔ 윌리엄 켄트(William Kent, 1684~1738)

　ⓐ 근대적 조경의 아버지

　ⓑ "자연은 직선을 싫어한다."

　ⓒ 영국의 전원풍경을 회화적으로 묘사

　ⓓ 정원의 모든 요소에서 종래의 형태를 없애려고 노력

　　- 직선적 원로, 가로수, 산울타리 없앰

　　- 구불구불한 물 요소(부드럽고 불규칙적인 연못·시냇물)와 숲, 곡선의 원로(휘어진 산책로) 조성

　ⓔ 자연을 그대로 묘사하는 것이 아니라 이상화시킴

　　- 캔싱턴 가든에 고사한 수목 식재

　ⓕ 캔싱턴 가든, 치즈윅 하우스, 스토우원 수정, 로스햄, 윌튼 하우스(Wilton House), 칼튼 하우스(Carlton House)

ⓜ 란셀로 브라운(Lancelot Brown, 1715~1783)

　ⓐ Capability Brown : 개조 대상의 잠재력을 강조한 능력가

　ⓑ 영국의 많은 정원을 수정한 풍경식 정원의 거장

　ⓒ 윌리엄 켄트와 다른 점

- 건축물은 수정하지 않았음
- 대규모 토목공사 : 지형의 3차원적 변화 즐겨 활용

ⓓ 설계관(설계양식)
- 부드러운 기복의 잔디밭
- 거울같이 잔잔한 수면
- 우거진 나무숲이나 덤불
- 빛과 그늘의 대조

ⓔ 햄프턴 코트의 궁정 조원가

ⓕ 웨이크필드 로지(Wakefield Lodge)의 연못, 스토우원 개조, 블렌하임궁 개조

ⓗ 윌리엄 챔버(William Chamber, 1726~1796)

ⓐ 「동양정원론(A Dissertation on Oriental Gardening)」
: 중국 정원 소개

ⓑ 큐 가든(Kew Garden) : 중국식 건물과 탑을 영국식 정원에 최초로 도입

ⓒ 영국의 풍경식 정원에 중국적 취향을 받아들일 것 제안

ⓢ 험프리 렙턴(Humphry Repton, 1752~1818)

ⓐ 풍경식 정원 완성

ⓑ Landscape Gardener 용어 처음 도입

ⓒ Red Book : 개조 전·후를 스케치하여 비교한 스케치북

ⓓ 란셀로 브라운에 비해 융통성 있는 개조 시도
- 난간을 두른 테라스와 자수화단 도입
- 암자, 동굴 등 정원에서 없애고자 노력
- 수목 특성을 고려한 자연형 배식(군식 배제)

ⓔ 자연묘사 비율 = 1 : 1

ⓕ 건축양식과 식물 형태의 관련성 최초 분석

ⓖ 절충식 : 정형식+자연풍경식 조화

ⓗ 험프리 렙턴의 「Sketches and Hints on Landscape Gardening(정원술에서의 스케치와 힌트)」
- 정원은 자연미를 발휘하는 한편 자연의 결함을 은폐할 수 있어야 함

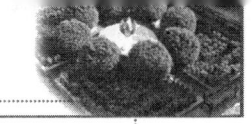

- 정원의 경계를 가장하거나 은폐함으로써 정원에 광활한 느낌과 자유로운 형태를 주어야 함
- 아무리 값비싼 것이라도 그것이 풍경을 개선하는 한편 전체적으로 자연적인 느낌을 주게 되는 것 이외에는 의식적으로 은폐해 놓아야 함
- 아무리 편리하고 쾌적한 것이라도 그것이 다소나마 장식이나 경관의 일부가 될 수 없는 것은 다른 곳으로 옮기거나 은폐하여야 함

 * 스테판 스위처 > 찰스 브릿지맨 > 윌리엄 켄트 > 란셀로 브라운 > 험프리 렙턴

4. 영국의 풍경식 정원

① 스토우 가든(Stowe Garden)
  ㉠ 템플(Richard Temple) 남작이 부와 명성을 획득한 후, 베르사이유와 같은 절대적 군주의 위엄을 나타내는 곳으로 조성하려 하였으나, 자유주의적인 위그(휘그, Whig)당의 사상을 표현하는 것으로 바뀜
  ㉡ 브릿지맨(정원설계)·반브로프(반브러프, 건축) 설계
     → 켄트·브라운 공동 수정 → 브라운 개조
  ㉢ Ha-Ha 기법 도입
  ㉣ 교차된 부축의 빗나간 각도
  ㉤ 윌리엄 켄트 수정 사항
    - 기하학적 선(원로, 자수화단, 8각형 호수, 산울타리) 없애 디자인의 견고성 완화, 정원을 부드럽게 개조
    - 기존 정원과의 차이점 : 다듬지 않은 나무를 풍경처럼 배치, 직선 사용하지 않음
    - '울타리 너머의 모든 자연은 정원'임을 강조

② 로스햄(로샴, Rousham)
  ㉠ 브릿지맨 설계 → 켄트 개조
  ㉡ 켄트의 작품 중 가장 매력적이고 특징적인 정원
  ㉢ 기존 주택건물 한눈에 조망하도록 설계
  ㉣ 낭만적 분위기 부여 : 폐허가 된 옛터에 방앗간

ⓜ 주택으로부터 파노라마 경관 전개
　　　ⓑ 주택의 한편에 정원 : 고전적 아케이드, 구불구불 굽이치는 시냇물, 동굴, 캐스케이드, 조상 등을 비스타와 산책로로 연결
　③ 스투어헤드(Stourhead)
　　　㉠ 18세기 영국 풍경식 정원 중 원형이 가장 잘 남아있는 곳
　　　㉡ 헨리 호어(Henry Hore) 설계 → 켄트, 브릿지맨 정원 설계
　　　㉢ 버질(버어질, Virgil)의 서사시 '에이니드(에이네이어스, Aeneid)' 의거하여 정원 구성
　　　　　- 자연을 배회하는 영웅의 인생 항로에 대한 전설적인 테마
　　　　　- 신화 속 사건을 연상시키도록 구성
　　　㉣ 정원 구성 : 풍경화의 법칙에 따라 구성, 로랭(Claude Lorraine)의 그림에 기초
　④ 블렌하임 궁원(Blenheim Palace)
　　　㉠ 헨리 와이즈·반브러프 조성 → 브라운 개조
　　　㉡ 고전적 정원에서 낭만적·목가적 정원으로 개조
　　　㉢ 다각형 정원을 자연형 잔디밭으로 개조
　　　㉣ 소로를 들어내고, 2개의 연못을 합하여 아름답고 환상적인 다리로 연결
　　　　: '브라운의 연못', '브라운의 다리'라고 불림

4-2. 프랑스의 풍경식 정원

1. 특징

① 18세기 말~19세기 초
② 영국의 풍경식 정원 양식이 프랑스로 건너가 영국풍 정원(le jardin anglais) 유행
③ 낭만주의적 정원, 감상주의적 정원

2. 프랑스의 풍경식 정원 특성

① 특성

　　㉠ 자연적인 특징 매우 강하게 표현
　　㉡ 전원적 풍경 적극 묘사 : 정원이 그대로 작은 촌락처럼 보임
　　㉢ 정원 구조물 : 자연적인 아름다움을 높이는 첨경물(장식적 요소)
　④ 프랑스 풍경식 정원과 영국의 풍경식 정원의 차이점
　　㉠ 파괴하지 않고 보존하면서 수정·개조
　　㉡ 옛 정원과 인접하여 조성 : 샹틸리, 프티 트리아농
　　㉢ 중국적 취향 매우 깊게 반영

3. 프랑스의 풍경식 정원

　① 에르메농빌르(에름논빌, Ermenonville)
　　㉠ 조성 : 앙리 4세의 성관
　　㉡ 정원 구성 : 대림원(大林苑), 소림원(小林苑), 벽지(僻地, 경작되지 않은 토지, 모래땅, 암석지, 호수, 구릉지 등)
　　㉢ 대림원(大林苑) : 마리 앙트와네트의 휴게소, 동굴, 폭포, 못, 강, 연못 중앙 포플러 섬
　　㉣ 루소의 묘소
　　㉤ 계몽주의 사상가의 기념비
　② 쁘띠 트리아농(프티 트리아농, Petit Trianon)
　　㉠ 조성 : 루이 14세(1753~1776)
　　㉡ 가브리엘 설계 → 미크(미끄, Mique) 개조
　　㉢ 프랑스 풍경식 정원의 대표적인 정원
　　㉣ 궁전 : 이탈리아식 건축, 정원 : 정형식+비정형식
　　㉤ 외국에서 진귀한 수종을 수입하여 이식, 온실을 세우고 화단 조성
　　㉥ 루이 16세의 왕비 마리 앙트와네트 : 영국식 정원으로 개조
　　㉦ 전원 취향 상징
　　　ⓐ 많은 첨경물
　　　ⓑ 정원의 중심 : 작은 촌락(hameau)
　　　ⓒ 왕비 마리 앙트와네트의 소박한 전원생활을 즐겼던 곳

③ 모르퐁테느(Morfontaine)
　㉠ 조성 : 르 팔르티에(Le Paletier)(1770)
　㉡ 야생적인 정원, 소박한 풍경
④ 바가텔르(Bagatelle) : 현존하지 않음
⑤ 몽소공원(Monceau Palk)
⑥ 말메종(말메이죤, Malmason)
　㉠ 설계 : 베르토(Berthaut)
　㉡ 나폴레옹 1세 황후 조세핀의 원예에 대한 취미 : 아름다운 수목과 화훼류 식재
　㉢ 현존하지 않음

4-3. 독일의 풍경식 정원

1. 특징

① 19세기
② 낭만주의의 중심지
③ 식물생태학과 식물지리학에 기초를 둔 자연경관을 재생하는 데 중점

2. 독일의 풍경식 정원에 영향을 끼친 사상가

① 히르시펠트(Christian Hirschifelt)의「정원예술론」(1775)
　㉠ 독자적으로 풍경식 정원의 원리 정립
　㉡ 풍경식 정원의 풍경 효과 : 전원적, 장엄, 명상적, 명랑, 음울 등으로 분류
② 임마누엘 칸트(Imanuel Kant)의「판단력 비판」
　㉠ "자연을 미적으로 묘사하는 것은 회화, 자연의 산물을 미적으로 배합하는 것은 정원술"
③ 괴테(J. W. Goethe)
　㉠ 풍경식 정원에 관심
　㉡ 바이마르 공원(Weimar Park) 설계

　　　ⓒ 「친화력」: 바이마르 공원의 임원(林苑)을 무대로 설정하여 공원 특징 묘사
　④ 쉴러(Schiller)
　　　㉠ 풍경식 정원의 비판자
　　　ⓒ 회화를 정원의 규범으로 삼는다는 것은 큰 잘못이라고 지적
　　　ⓒ 풍경식 정원에 대해 전반적으로 회의 나타냄

3. 독일의 풍경식 정원

　① 무스코(Muskau) 성의 대림원(大林苑)
　　　㉠ 조성 : 퓌클러 무스코(Puckler-Muskau)
　　　ⓒ 설계 : 아돌프 알팡(Adolphe Alphand)
　　　ⓒ 낭만주의 풍경식 정원을 대표하는 작품
　　　㉣ 옴스테드의 센트럴 파크에 낭만주의적 풍경식을 전하는 교량적 역할을 한 작품
　　　㉤ 회화적 원리를 적용하여 거성의 임원 개조
　　　㉥ 방어용 해자로 둘러싸인 장원지 개조
　　　㉦ 수경시설 조성에 가장 역점
　　　㉧ 부드럽게 커브지며 흐르는 도로·산책로, 시냇물과 목가적인 푸른 초원

5. 근대의 조경(19세기)

5-1. 영국의 공공정원

1. 19세기 영국의 사회적 특징

　① 급격한 산업화 → 대규모 공업도시 발달 → 도시의 슬럼화
　② 공업법 통과(1819) : 노동자의 건강·안전에 관심

③ 선거법 개정안(1832) 이후
    ㉠ 자유사상의 진보
    ㉡ 조경의 대사회적인 발전적 경향
        ⓐ 부호, 귀족 등 소수와의 친화 관계 → 대중에게 봉사
        ⓑ 빅토리아 공원(Victoria Park), 비큰히드 공원(Birkenhead Park)

2. 영국의 공공공원 특징

① 일반 대중을 위한 조경
② 왕가의 수렵장을 일반 대중에게 개방한 공원
    ㉠ 영국 : 성 제임스 공원(St. James Park), 그린 파크(Green Park), 하이드 파크(Hyde Park), 켄싱턴 가든(Kensington Garden), 리젠트 파크(Regent Park)
    ㉡ 프랑스 : 파리의 볼로뉴 숲(Boid de Boulogne)
    ㉢ 독일 : 티에르가르텐(Tiergarten)

> * 공원(Park)
>   - 어원 : Parc
>   - 수렵을 하기 위해 동물을 가두어 기를 수 있도록 울타리를 두른다는 의미
>   - 동양의 유(囿)의 개념과 유사

3. 영국의 공공정원

① 리젠트 파크(Regent Park)
    ㉠ 계획 : 존 나쉬(1820)
    ㉡ 일부는 공공공원으로 개방하고 일부는 주거용 택지로 조성
    ㉢ 굴곡이 심한 호수, 자연스러운 수목 군식
② 비큰하드 파크(버켄헤드 공원, Birkenhead Park)
    ㉠ 리젠트 파크의 개발 효과로 조성
    ㉡ 계획 : 조셉 팩스턴(Joseph Paxton)

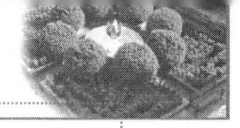

 * 조셉 팩스턴(Joseph Paxton)
- 정원사, 생물학자
- 설계 : 수정궁(水晶宮, Crystal Palace)(1851), 리버풀의 프린세스 공원(1842)

　ⓒ 구성 : 사적인 주택단지와 공적 위락용으로 기능 이분
　ⓔ 주택단지 분양에서 얻은 수입으로 공원 조성
　ⓜ 시민이 최초로 만든 공원, 영국에서 대중을 위한 최초의 공원설계
　ⓗ 부지 중앙부에 건물 없음 : 공원 주위는 주택단지에 의해 둘러싸임
　ⓢ 재정적·사회적 성공 : 도시공원으로의 설립을 자극하는 계기 마련
　ⓞ 설계 자체는 풍경식 정원의 전통적인 면 살아있음
　ⓩ 절충주의적 경향 : 이오니아식 아치 웨이, 고딕식·이탈리아풍·노르만·중국식 스타일의 구조물
　ⓧ 디자인상 특징
　　ⓐ 넓은 면적의 초지
　　ⓑ 완만한 곡선의 마찻길
　　ⓒ 호숫가
　　ⓓ 연못 또는 나무 그늘 아래의 조용한 산책로
　　ⓔ 2개의 큰 연못을 파면서 조성된 지형의 변화
　　ⓕ 공원 중앙을 횡단하는 차도
　　ⓖ 공원을 향해 배치된 주택단지
　㉠ 프레드릭 로 옴스테드의 공원 개념 형성에 영향

5-2. 프랑스의 공공공원

1. 볼로뉴 숲(Boid de Boulogne)

　① 조성 : 앙리 2세
　② 파리시 4개년 계획의 일환으로 조성
　③ 풍경식 공원으로 건설(1860년 초)

④ 가파른 절벽의 일부를 깎고 다듬어서 조성

⑤ 낭만적인 형태를 가진 구릉지로 조성

5-3. 독일의 공공공원

1. 공원 발달

① 마그데부르크(Magdeburg) : 최초로 공원 설치

② 프리드리히스하인 공원(Volkspark Friedrichshain)
  ㉠ 베를린, 도시의 수식과 위생적 처리가 왕실에서 시민에게 넘겨지는 계기

③ 티어가르텐(Tiergarten)
  ㉠ 과거 수렵장
  ㉡ 산림지대에 연못, 조각물, 미로, 원정 등을 가진 성형 가로수로를 설치
  ㉢ 후에 남부와 북부의 일부가 영국식으로 개조

2. 분구원(Kleingarten)

① 조성 : 슈레베르(시레베르, Schreber)

② 면적 : 200m^2

③ 목적 : 녹음을 접할 기회가 적은 도시민의 보건을 위해

④ 20세기 국민체력 향상, 1차 대전 중 시민의 식량난 완화에 공헌

3. 폴크스파르크(Volkpark)

① 시민공원

② 제창 : 루드비레서(L. Lesser)

③ 20세기 초

④ 면적 : 10ha 이상

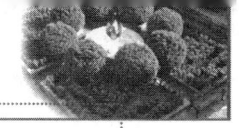

4. 도시림(Stadtwald)

① 후생복지

5-4. 근대 독일의 구성식 정원

1. 발생 배경

① 도시 소주택 정원에서 시작
② 건축가에 의해 주도됨

2. 건축가

① 브롬필드
② 니콜스
  ㉠ 영국의 즐거운 정원(The English Pleasure Garden) : 가장 우수한 영국의 정원에는 오래된 시대감이 담겨진 조각물과 르네상스의 분천, 프랑스의 투시선, 네덜란드의 토피어리 및 세계 각지로부터 도입된 화훼 등이 알맞게 배치
③ 무테시우스(Muthesius)
  ㉠ "건물과 정원은 서로 조화를 이루어야 한다."
  ㉡ 정원은 특수한 다양성과 함께 전체적인 면에서 규칙적이고 포위적인 생김새 가짐
  ㉢ 각 부분은 모두 수평으로 놓여지는 한편 그 경계선이 뚜렷이 인정되어야 함
  ㉣ 정원을 방으로 취급하고, 시설물은 가구를 배치한 것처럼 처리
  ㉤ 구성식 정원의 이론과 실제의 양면에서 우수한 업적 남김

5-5. 미국의 실용적 정원

1. 식민지 시대(1600년대~1700년대)

① 고국의 영국식 정원을 모방
  ㉠ 뉴 잉글랜드 지방 정원의 특징
    ⓐ 주택 축선상 세로로 통하는 짧고 곧은 길(forthright, 영국의 정형식 정원)
    ⓑ 방어를 겸한 흰 페인트칠한 나무 말뚝 울타리
    ⓒ 격자형 포도밭
    ⓓ 꿀벌통
    ⓔ 넓은 잔디밭 가장자리의 회양목을 둘러 만든 화단과 채소밭
    ⓕ 원정

② 윌리엄스버그(Williamsburg) 수도계획
  ㉠ 절충식 패턴 : 프랑스식＋영국식
  ㉡ 총독관저 : 정형적 정원
  ㉢ 비스타, 미로, 캐널, 볼링 그린

③ 마운트 버논(Mount Vernon)
  ㉠ 조지 워싱턴의 사유지
  ㉡ 18세기 남부, 사회적·경제적 생활의 중심지였던 대농원 중 가장 우수한 농원
  ㉢ 현존하는 정원

④ 몬티첼로(Monticello)
  ㉠ 토마스 제퍼슨의 사유지
  ㉡ 18세기 미국 르네상스 건축의 대표작

2. 1800~1850년대 미국

① 앙드레 파르망티에(Andre Parmentier)
  ㉠ 미국에 최초의 풍경식 정원 설계
  ㉡ 브루클린 양묘장

② 다우닝(Andrew Jackson Downing)
  ㉠ 자연풍경식을 미국에 맞게 개조
  ㉡ 허드슨 강변을 따라 옥외지역 개발
  ㉢ 「American Notes」, 「Cottage Residences」, 「Treatise on Landscape Gardening」
  ㉣ "장소는 미적이거나 회화적이어야 한다."

구분	미적 = 부드러움	회화적 경관
지형	대지는 부드럽고 물결치듯	울퉁불퉁하게 각지고 거친 지형
수형	부드럽고 둥그스름한 수형	수형의 강한 콘트라스트
시냇물	잔잔하고 조용히 흐르는 시냇물	거센 급류

  ㉤ 업적
    ⓐ 영국의 건축가 캘버트 보(Calvert Vaux)를 미국으로 오게 함
    ⓑ 뉴욕시 공공공원의 부족과 필요성에 대한 글을 잡지에 기고(1848)
      - 브리안트(William Cullen Bryant)와 함께 주장
      - 1851년 뉴욕의 최초 공원법 통과

3. 미국의 공원 발달 과정

① 공원법 제정(1851)
② 뉴욕 공원 위원회 설립(1857)

4. 공공공원이 세워지게 된 기본적 배경

① 공중위생에 대한 관심의 제고
② 도덕에 대한 관심
③ 낭만주의와 미적 관심의 증대
④ 경제적 성장

5. 공동묘지

① 마운트 오번(Mount Auburn Cemetery)
  ㉠ 위치 : 메사추세츠 주 케임브리지
  ㉡ 미국 최초의 공원묘지(1831)
  ㉢ 제이콥 비젤로(Dr. Jacob Bigelow) : 도시 외곽의 공원묘지의 필요성 역설
  ㉣ 도시의 소음을 피하여 휴식도 할 수 있는 공공의 장소로 부각되기 시작
② 로렐 힐(Laurel Hill)
  ㉠ 위치 : 필라델피아
③ 그린우드(Greenwood)
  ㉠ 위치 : 뉴욕 브루클린
  ㉡ 다우닝(1849) : "위대하고 엄숙한 공원 같은 곳"

5-6. 프레드릭 로 옴스테드

1. 프레드릭 로 옴스테드(Frederick Law Olmsted)

① 현대 조경가의 아버지
② Landscape Architecture 용어 처음 사용
③ 옴스테드와 캘버트 보우의 공동작품 : 센트럴 파크(Central Park)
④ 그린스워드 안(설계도와 설계 개요 보고서) 제출 → 당선 → 센트럴 파크 설계

> *** 그린스워드 계획**
> – 도시의 문제점들을 시간, 위치, 규모의 관점에서 잘 예측하고 인식하여 이루어진 근대 도시공원 계획

⑤ 근대 공원의 개념 확립
⑥ 국립공원에 많은 기여
⑦ 도시 내 오픈 스페이스 확보에 기여

2. 그린스워드 안(Greensward Plan)의 특징

① 입체적 동선체계
② 차음·차폐를 위한 외주부 식재(주변 식재)
③ 아름다운 자연경관의 view 및 vista 조성
④ 드라이브 코스 설정 : 건강, 위락, 운동
⑤ 전형적인 산책용 몰과 대로 : 산책, 대담, 만남
⑥ 넓고 쾌적한 마차 드라이브 코스
⑦ 산책로
⑧ 넓은 평탄한 평지의 잘 가꾸어진 잔디밭 : 퍼레이드 위한 장소
⑨ 동적 놀이를 위한 경기장(운동장)
⑩ 보트 타기와 스케이팅을 위한 넓은 호수
⑪ 교육적 효과를 위한 화단과 수목원

3. 센트럴 파크(Central Park)

① 위치 : 뉴욕시
② 설계 : 옴스테드, 캘버트 보우(1858)
③ 미국 도시공원의 효시, 근대 도시공원의 터전
④ 규모 : 344ha
⑤ 낭만주의적·회화적 공원
⑥ 국립공원 운동에 영향
　㉠ 옐로우스톤 국립공원 : 세계 최초의 국립공원(1872)
　㉡ 요세미티 국립공원 : 최초의 자연공원(1865) → 국립공원(1890)

* **옴스테드와 캘버트 보우의 3대 공원(옴스테드의 3대 작품)**
  - 센트럴 파크(Central Park)
  - 프로스펙트 파크(Prospect Park)
  - 프랭클린 파크(Flanklin Park)

4. 옴스테드의 리버사이드 단지(Riverside Estate) 계획(1869)

① 도시공원의 설계 개념을 주거지역에까지 적용하여 계획
② 격자형 가로망을 벗어나고자 한 최초의 시도
③ 18세기 영국의 낭만 이상주의 영향을 미국에 옮겨 낭만적 교외로 이룩됨

5. 찰스 엘리어트(Charles Eliot, 1859~1897)

① 광역 공원 계획(Metropolitan Park System, 1897)
② 최초의 수도권 공원계통 수립, 녹지의 가로 체계 확립하는 계기
③ 광역 공원 녹지체계의 아버지

6. 보스턴 공원 계통(Boston Park System)

① 설계 : 찰스 엘리어트, 옴스테드
② 최초의 공원녹지체계 계획 개념 제시

7. 시카고 만국 박람회(세계 콜럼비아 박람회)

① 미대륙 발견 400주년 기념으로 계획(1893년)
② 설계
    ㉠ 건축 : 다니엘 번함(Daniel Bunharm), 루스(Roots)
    ㉡ 도시설계 : 맥킴(Mckim)
    ㉢ 조경 : 옴스테드(Olmsted)
③ 영향
    ㉠ 도시계획에 대한 관심 증대, 도시계획 발달 기틀 마련
      : 수도 워싱턴 계획(1901), 시카고 도시계획(1909)
    ㉡ 도시미화운동(City Beautiful Movement) 일어남 : 도시계획 발달의 근원
    ㉢ 로마에 American academy 설립(1894)
    ㉣ 조경 전문직에 대한 관심 증대
    ㉤ 조경계획 수립 시 건축·토목 등과의 공동작업 계기 마련

6. 현대의 조경

6-1. 1900년~1차 세계대전

1. 미국조경가협회(ASLA) 창립(1899)

2. 세계조경가협회(IFLA) 창립(1948)

① 창립 회원국 : 14개국
② 초대 회장 : 제리코어(젤리코, G.A. Gellicoe)

3. 도시미화운동(City Beautiful Movement)

① 시카고 박람회(콜롬비아 박람회)의 영향으로 발생
② 로빈슨(Charles Mulford Robinson)과 다니엘 번함에 의해 주도
③ 도시 자체를 위해 도시가 지닌 구조적·형식적·역사적 미학 가치 강조
④ 요소 : 도시미술, 도시설계, 도시개혁, 도시개량 – 도시계획적 접근
⑤ 시빅 센터(Civic Center) 건설, 도심부의 재개발, 캠프스 계획
⑥ 문제점
  ㉠ 미에 대한 인식의 오류 : 도시 미화운동이 도시 개선과 장식의 수단으로 사용
  ㉡ 절충식 디자인 지배적
  ㉢ 조경직과 도시계획 전문직 분리
  ㉣ 도시계획·지역계획에 대한 조경의 영향 감소
  ㉤ 도시를 외견상 아름답게 갖추기 위해 중산층 표준에 맞춰 시각적 취향을 통일시키고 일반화시키려 함
  ㉥ 유럽 도시사례에 너무 의존
  ㉦ 영향력 있는 부유층 주관에 좌우

4. 전원도시(Garden City)

* **전원도시**
  - 범세계적 뉴타운 건설 붐 발생
  - 새로운 도시공간 창조하는데 조경가 적극적 참여 계기 마련

① 어벤자 하워드(Ebenezer Howard)의 전원도시론

  ㉠ 영국

  ㉡ 「Garden City of Tomorrow(내일의 전원도시)」

  ㉢ 특징

   ⓐ 낮은 인구밀도

   ⓑ 공원과 정원의 개발

   ⓒ 아름답고 기능적인 그린벨트

   ⓓ 도시-농촌의 타운 추구

   ⓔ 위성적인 지역 사회를 둘러싸는 중심 수도권 체계를 만드는 계기

② 최초의 전원도시 : 래치워드(Letchworth, 1903), 웰윈(Welwyn, 1920)

6-2. 1차 세계대전~1944년

1. 미국의 공원체계

① 지역공원계통 수립, 전원도시 창조, 주립·국립공원 운동 발발

② 지역계획적 스케일의 조경계획

③ 웨스트체스터 공원계통(Westchester Park System) 수립(1922)

  ㉠ 설계 : 클라크(Gilmore D. Clarke)

  ㉡ 웨스트체스터 전 주의 모든 위락지역(레크리에이션 지역) 연결

  ㉢ 공원 속의 도로, 위락지역과 자연경관을 공원 도로로 연결

④ 브롱스 공원(Bronx Park)(1923)

  ㉠ 설계 : 클라크(Gilmore D. Clarke)

　　　ⓒ 최초의 공원로 : 브롱스 공원과 캔시코 댐(Kensico Dam) 사이 15마일 도로

2. 미국 뉴저지의 레드번(Radburn) 도시계획(1928)

① 설계 : 라이트(Henry Wright), 스타인(Clarence Stein)
② 특징
　ⓐ 소규모 전원도시(420ha)
　ⓑ 현대적 개념의 주거단지
　ⓒ 오픈 스페이스가 전체 단지의 골격 형성
　ⓓ 슈퍼블럭(대가구, Superblock) 도입
　ⓔ 보차 분리
　ⓕ 막다른 골목(쿨데삭, cul-de-sac)
　ⓖ 근린성 높이고 전원풍경 창출
　ⓗ 근린주구시설(위락 중심지, 학교, 타운센터, 쇼핑시설)을 보도로 연결
　ⓘ 단지 중심부 : 근린시설, 공원 배치

3. 터너드(Christopher Tunnard)

① 캐나다
② 1930년대 최초로 모더니즘 정원 양식 추구

4. 암스테르담의 보스공원(Bos Park)(1934)

① 네덜란드
② 근대적 공원의 효시
③ 활동적이고 적극적인 공원

5. 광역 조경 계획-TVA(Tenessee Valley Authority)

① 테네시강 유역 개발
② 수자원 개발의 효시

③ 지역개발의 효시
④ 계획·설계 과정에 조경가들 대거 참여

6-3. 주택정원

1. 영국

① 절충식 정원(19C 전반)
  ㉠ 루돈(John Charles London)
    ⓐ "정원은 디자인의 원리를 따라야 한다."
    ⓑ 반정형적, 반자연적 정원
    ⓒ 더비(Derby) 수목원
  ㉡ 조셉 팩스턴(Joseph Paxton)
    ⓐ 절충적 정원 조성 : 정형적+비정형적
    ⓑ 비큰하드 파크, 수정궁, 리버풀의 프린세스 공원
    ⓒ 채츠워스 정원 개조
② 소정원 운동(19C 후반, 1850~1900)
  ㉠ 블롬필트의 「영국의 정형식 정원(The Formal Garden in England)」(1892)
    ⓐ 풍경식 정원의 비합리성 지적
    ⓑ 소주택 정원 : 정원은 건축적이어야 함
  ㉡ 윌리엄 로빈슨(William Robison)
    ⓐ 소정원 운동 대표
    ⓑ 야생정원을 최초 조성 : 영국의 자생식물, 귀화식물 이용
  ㉢ 재킬(Gertrude Jeckyll)
    ⓐ 월 가든(Wall Garden)
    ⓑ 워터 가든(Water Garden)

2. 미국

① 절충식 정원

② 플래트(Charles Adams Platt)의 「이탈리아 정원(Italian Garden)」(1894)

　㉠ 르네상스 정원을 도해한 최초의 저술

　㉡ 신고전주의 정원

③ 스틸(Fletcher Steel)

　㉠ 「소정원 설계(Design in Little Garden)」(1924)

　㉡ 가로에 면한 옥실과 뒤뜰과 면한 부엌에 대한 종래 관습 파기

　㉢ "정원은 옥외 거실"

　㉣ 초아트 장원(Mabel Choate's Estate)=나움키그(Naumkeag)

　　ⓐ 메사추세츠 주

　　ⓑ 절충주의적 빅토리아풍 정원

　　ⓒ 푸른 계단(Blue Stairs)

　　　- 정원 내 가장 아름다운 요소의 하나

　　　- 자작나무숲의 경사지에 흰색의 아르누보 양식의 난간있는 콘크리트 계단

　　ⓓ 현대적 관점에서 르네상스의 미를 재해석하고 도입

④ 파란드

　㉠ 록펠러 정원(Abby Aldrich Rockefeller Garden)(1926~1946)

　　ⓐ 영국의 재킬과 로빈슨 영향을 크게 받은 작품

　　ⓑ 동양미와 빅토리아풍 적절히 조화

⑤ 캘리포니아 스타일(California Style)

　㉠ 커뮤니케이션의 발달과 일본(동양)과의 교류로 동양정원의 영향 받음

　㉡ 서구의 기하학과 동양의 음양 조화에 바탕을 둔 표현

　㉢ 대표 조경가

　　ⓐ 캘리포니아 서해안 지방 : 토머스 처치, 가렛 에크보, 로렌스 헬프린

　　ⓑ 캘리포니아 동해안 지방 : 제임스 로스

　㉣ 토마스 처치

　　ⓐ 소정원 설계

　　ⓑ 「대중을 위한 정원(Gardens are for people)」(1955)

ⓒ 전 시대의 모방성과 절충주의를 배격
ⓓ 건축의 기능주의, 동양정원의 영향
ⓔ 정원은 옥외실 : 사적 공간으로의 역할
ⓕ 도넬 가든(The Dewey Donnell Garden)

* 도넬 가든(Donnell Garden)(1848)
  ⓐ 통일감, 단순함, 리듬감 추구
  ⓑ 정원을 주택의 연장으로 설계
  ⓒ 내부적 기능을 외부로 확산
  ⓓ 형태를 단순하게 처리
  ⓔ 공통 소재를 반복 이용
  ⓕ 전체적으로 부드럽고 자연스러운 곡선들로 구성
  ⓖ 부드러운 자유곡선의 틀 속에서 여러 요소들이 하나의 전체로 짜여진 단순명쾌한 구성

* 토마스 처치의 주택정원의 형태 3가지 원칙
  - 고객의 특성 즉 인간의 욕구와 개인적 요구 고려
  - 부지 조건에 따른 관리와 시공, 재료와 식재의 기술 고려
  - 요구 조건을 만족시킬 수 없을 때는 순수 예술의 영역에서 공간 표현

6-4. 중남미의 조경

1. 중남미의 조경가

① 벌 막스(Roberto Burle Marx)
  ㉠ 브라질 조경가
  ㉡ 특징
    ⓐ 남미의 향토식물 적극 발굴하여 조경수로 활용
    ⓑ 풍부한 색채 구성
    ⓒ 패턴의 창작 등 자유로운 구성 : 지피류와 포장, 물의 구성

ⓒ 리오데자네이로의 코파카파나 해변의 프로메나드(1935)
　　　　ⓐ 가로 바닥면
　　　　ⓑ 열대 화려한 색상과 남미 원색적 문양을 응용한 패턴, 그래픽 기법 포장
　　　ⓔ 브라질의 코레아스(Correas)의 오디트 몬테로 정원(Garden for Odete Monteiro)(1947)
　　　　ⓐ 지피류와 지표석 중심의 지형 설계
　　　　ⓑ 환경적 유추 추구
② 루이스 바라간(Luis Barragan)
　　ⓒ 멕시코 조경가
　　ⓒ 특징
　　　　ⓐ 멕시코 풍토와 자연에 대비되는 채색 벽면 적극 활용
　　　　ⓑ 전통적 요소 응용
　　　　ⓒ 매우 단순하면서도 의미를 부여한 설계
　　ⓒ 멕시코 페드레갈 정원(Pedregal Garden)(1949)
　　　　ⓐ 공공분수 : 긴 용암층 벽 위로부터 폭포수가 넘치는 수면위에 내리치는 강렬한 구도
　　　　ⓑ 재료의 대담한 구성과 수경시설의 창의적 도입
　　　　ⓒ 멕시코 조경의 현대적인 감각 표현
　　ⓔ 멕시코의 라스 알보레다스(Las Arboledas)(1958~1962)
　　　　ⓐ 가로(street) 교차점의 긴 스타코벽 담은 지형의 연장선 그대로 강조
　　　　ⓑ 강렬한 이미지

서양	동양
개인주의적 논리적 분석적 물질중심적 진취적	전체주의적 직관적 중립적 정신주의적 과거지향적 정태적

* 서양과 동양의 특징

PART 02 동양의 조경

1. 중국의 조경

1-1. 주(周)시대(BC 11~250)의 조경

1. 조경에 관한 최초의 기록

① 「시경」의 〈대아편〉
  ㉠ 영대(靈臺) : 주변 건물보다 높게 지어진 곳
  ㉡ 영유(靈囿) : 짐승을 기르는 곳
  ㉢ 영소(靈沼) : 연못

② 「맹자」의 〈양혜왕장구〉
  ㉠ 원유(苑囿)
    ⓐ 야생동물을 방사하는 수렵원
    ⓑ 규모 : 사방 약 4km

③ 「춘추좌씨전」
  ㉠ '주나라의 혜왕이 신하의 포(圃)를 징발하여 유(囿)로 삼았다.'

> 포(圃) : 채소를 심는 곳
> 유(囿) : 짐승을 기르는 곳
> 원(園) : 과수를 심는 곳

1-2. 진(秦)・한(漢)시대의 조경

1. 진(秦)시대(BC 249~207)

① 아방궁
  ㉠ 조영 : 시황제 35년(BC 259년경)
  ㉡ 상림원(上林苑)에 지은 대규모 궁

② 난지(蘭池)
  ㉠ 조영 : 시황제
  ㉡ 물을 끌어다가 긴 연못 조성
  ㉢ 난지 내 섬을 쌓아 봉래산 조성 : 신선사상 반영
  ㉣ 연못가에 고래(鯨魚 : 경어) 조각상 배치

2. 한(漢)시대(BC 206~AD 220)

① 금원(禁苑)
  ㉠ 상림원(上林苑)
    ⓐ 조영 : 무제(BC 138)
    ⓑ 위치 : 장안 서쪽 위수
    ⓒ 구성 : 둘레-100여 km, 70여 개의 이궁
    ⓓ 전국에서 헌납한 화목(花木) 3천여 종 식재
    ⓔ 황제의 봄・가을 수렵장 : 각종 짐승 방사
    ⓕ 6대호(六大湖) 조성(BC 119)
      - 곤명호, 곤영지, 서파지 등
      - 곤명호 : 서호(西湖)의 수려한 풍경을 본따서 조성
      - 곤명호의 동서 양안에 견우・직녀 상징하는 돌 조각상 : 은하수 연상
      - 고래 돌 조각상 : 곤명호 호안, 길이 7m
      - 곤명호 호안 : 대(臺)나 다른 건축물 세워 풍경을 감상하는 장소

ⓛ 태액지원(太液池苑)
　　ⓐ 위치 : 장안
　　ⓑ 무제 때 지은 건장궁 근처
　　ⓒ 건장궁 북쪽 : 태액지(太液池) – 타원상 곡지(曲池)
　　　 건장궁 남쪽 : 당중지(唐中池) – 타원상 곡지
　　ⓓ 태액지 안 봉래, 방장, 영주의 3개의 섬(삼신산) 축조
　　ⓔ 연못가에는 청동, 대리석으로 만든 조수와 용어 조각 배치

* 대(臺) : 높게 구축되는 건축물
  – 주(周) : 영대
  – 진(秦) : 홍대
  – 한(漢) : 백량대, 통천대, 신명대 등

② 민간정원
　㉠ 원광한의 원림
　　ⓐ 원내로 물을 끌어들여 섬 사이를 굽이쳐 흐르게 함
　　ⓑ 암석을 쌓아 인공산 조성
　　ⓒ 짐승 사육
　　ⓓ 기화이초(奇花異草) 식재
　　ⓔ 최초의 자연스러운 산수경원
　㉡ 중장통의 〈낙지론(樂志論)〉
　　ⓐ 소박·한가한 자연으로 돌아간 전원생활을 적은 글
　　ⓑ 이상향 표현
　　ⓒ 「고문진보」 후집에 실림

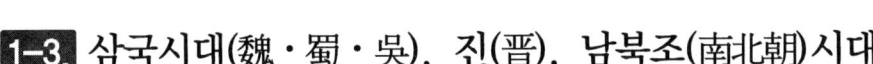

1-3. 삼국시대(魏·蜀·吳), 진(晋), 남북조(南北朝)시대

1. 위촉오(魏·蜀·吳 : 삼국시대)시대(221~280)

① 위(魏)의 화림원(華林園)
  ㉠ 조영 : 문제 3년(222)
  ㉡ 위치 : 낙양성 안의 옛날 방림원 터
  ㉢ 능운대(凌雲臺) : 주위 경관을 바라다 보며 즐기기 위함
  ㉣ 영란지(靈蘭池) : 문제 4년, 천연지(天淵池) : 문제 5년, 칠화당(七華堂) : 문제 7년
  ㉤ 양현지의 「낙양가람기」 : '문제가 화림원의 천연지에 구화대를 세웠음'

② 오(吳)의 화림원(華林園)
  ㉠ 조영 : 대제(222~252)
  ㉡ 위치 : 건업(남경)
  ㉢ 낙양의 화림원 모방하여 건강궁 북쪽에 조성

 * **위의 화림원, 오의 화림원** : 못을 중심으로 하는 간단한 경원

2. 진(晋)시대(265~419)

① 왕희지의 「난정기(蘭亭記)」〈난정고사〉
  ㉠ 곡수 돌리는 수법
  ㉡ 곡수연(曲水宴) : 구불구불 구비져 흐르는 유수에 술잔을 띄워 그 술잔이 자기 앞에 이를 때까지 시를 짓고 술잔을 들어 마시며 노는 풍류놀이
  ㉢ 곡수거(曲水渠) : 물 도랑

② 도연명의 전원생활
  ㉠ 안빈낙도 생활철학 : 중국인·한국인·일본인의 원림생활에 많은 영향 끼침
  ㉡ 작품
    ⓐ 〈음주〉 : '국화를 꺾는 동쪽 울타리 아래'
    ⓑ 〈귀거래사〉, 〈오류선생전〉, 〈도화원기〉, 〈귀원전거〉

3. 남북조(南北朝)시대(420~518)

① 남조(南朝)의 금원
  ㉠ 화림원(華林園)
    ⓐ 평원이므로 조망의 대상은 없었음
    ⓑ 산수의 풍경 다양해서 수림과 호소의 자연경관을 이용하여 경원 조성
② 북조(北朝)의 금원
  ㉠ 북위(北魏)의 화림원(華林園)
    ⓐ 위(魏)시대의 화림원 복원·보완
    ⓑ 양현지의 「낙양가람기」
    ⓒ 연못 중앙 : 봉래산 – 선인관, 조태전, 홍예각 세움
    ⓓ 신선사상 배경
    ⓔ 매우 화려

1-4. 수(隋)시대(581~618)

1. 토목공사

① 대운하 건설
  ㉠ 조영 : 양제

2. 금원

① 현인궁
  ㉠ 조영 : 양제
  ㉡ 이궁(離宮) : 많은 궁전과 누각
  ㉢ 기수진목(奇獸珍木)

1-5. 당(唐)시대(618~907)

1. 금원

① 장안성 경원
- ㉠ 조영 : 수(隋) 문제 2년(590)
- ㉡ 위치 : 장안
- ㉢ 기록 : 〈장안궁성도〉 - 후원, 궁 내 호수 도입
- ㉣ 장안궁 후원
    - ⓐ 부지 형태 : 동서가 긴 장방형
    - ⓑ 서쪽 : 자연곡선지

② 대명궁원(大明宮苑)
- ㉠ 조영 : 태종(630), 태상제를 위해 지은 것
- ㉡ 위치 : 장안성 북쪽
- ㉢ 봉래지(池)
    - ⓐ 자연 곡지(일(日)자 모양)
    - ⓑ 봉래정 : 남쪽 지안의 축산 위

 *** 장안의 3원** : 서내원(북원)-앵도원, 동내원, 대흥원

③ 이궁
- ㉠ 흥경궁
    - ⓐ 조영 : 현종 2년(714)
    - ⓑ 용지(龍池) : 방지(方池)
- ㉡ 온천궁(화청궁)
    - ⓐ 조영 : 태종 18년(644) → 고종(온천궁 명명) → 현종(화청궁으로 개명)
    - ⓑ 위치 : 여산
    - ⓒ 현종이 양귀비를 총애하면서 호화로워짐
    - ⓓ 백거이(백낙천)의 〈장한가〉

ⓒ 구성궁
  ⓐ 명칭 변경 : 태종(구성궁) → 고종(만년궁) → 고종(구성궁)
  ⓑ 위치 : 섬서성
  ⓒ 구양순의 「구성궁예천명」
    : '구성궁은 수 시대의 인수궁 옛터'
    '산 위 언덕 위에 궁전을 짓고 대지(大池) 근처 정자 조성'

2. 민간정원

① 이덕유의 평천산장
  ㉠ 강변의 「국담록」
    ⓐ 괴석을 쌓아 무산 12봉을 상징하고, 기수(奇樹)를 많이 식재
  ㉡ 〈평천산거계자손기〉
    ⓐ '후대에 이르러 이 평천장을 팔아먹는 놈은 내 자손이 아니다. 평천장원림에 있는 나무 한그루, 돌 한 덩이일 망정 남에게 넘겨주는 자는 좋은 자제라 할 수 없다. 내 나이 백세가 지나면 권세가 없어질터인즉, 눈물로써 간절히 나의 뜻을 자손들에게 알리노라.'
    ⓑ 한국의 조선시대에 인용하는 사람들이 많았음
  ㉢ 화려한 정원

② 백거이(백낙천)의 전원생활
  ㉠ 작품 : 〈장한가〉, 〈동파종화〉, 〈지상편 서문〉, 〈백목단〉
  ㉡ 천축석(天竺石), 학, 태호석, 백련, 마름을 타 지방에서 가져와 정원 조성
  ㉢ 무지개다리를 놓아 못 속에 있는 3개의 섬 연결
  ㉣ 정원을 꾸며놓고 한가로이 유유자적하며 사는 생활상 표현

1-6. 송(宋 ; 北宋・南宋)시대(960~1279)

1. 북송(北宋)시대(960~1127)

① 금원
- ㉠ 경림원(瓊林苑)
  - ⓐ 조영 : 태조
  - ⓑ 금명지(金明池)
    - 조영 : 태종
    - 금수하천을 끌어서 조성
  - ⓒ 화자강(華觜岡)
    - 조영 : 휘종
    - 위치 : 경림원 동남쪽 귀퉁이
    - 동산(구릉)
    - 산 정상 : 전각과 정자 조영
    - 못 가장자리 : 돌 난간 설치, 작은 계천(溪川)에 홍교 가설
    - 못과 개천에 봉주(鳳舟) 띄움
- ㉡ 만세산원(萬歲山苑)(간산원(艮山苑))
  - ⓐ 조영 : 휘종(1123)
  - ⓑ 위치 : 궁의 동쪽
  - ⓒ 태호석을 쌓아 만든 인공산(석가산)
  - ⓓ 항주의 봉황산 묘사(축경정원)
  - ⓔ 화석강(花石綱)
    - 태호석을 강남으로부터 운하를 이용하여 예인선으로 운반한 것
    - 휘종, 주면
- ㉢ 법상정의 곡수유배거
  - ⓐ 숭복궁(이궁)
  - ⓑ 조영 : 진종 때 증축
  - ⓒ 법상정, 유배거
  - ⓓ 방형지 안 유배거 : 길이 10.5m

2. 북송의 조경 관련문헌

① 이격비의 「낙양명원기」
  ㉠ 낙양의 명원 20곳 소개, 당의 원림도 기술
  ㉡ 아취(雅趣)를 중히 여기는 사대부의 정원 소개
  ㉢ 정원 요소 : 동산(山), 지(池), 정(亭), 사(榭), 루(樓), 대(臺), 화(花), 죽(竹), 목(木)

② 구양 수의 「취옹정기」 : 시골에서의 전원생활 표현

③ 사마 광의 「독락원기」 : 낙양에 독락원 꾸미고 은거생활 표현

④ 주돈이(주렴계)의 「애련설」
  ㉠ 연꽃은 군자, 국화는 은일자, 모란은 부귀자로 비유
  ㉡ 후세 사람들이 많이 인용하고 있는 말 : 광풍제월, 불염, 향원익청, 군자 등
  ㉢ 향원정, 애련지, 원향당 등의 명칭에도 영향

3. 남송(南宋)시대(1127~1279)

 * 남송 지역 특징 : 온난한 기후, 강우량 많음, 자연경관 수려한 곳 많음

① 항주의 서호풍경
  ㉠ 호수 북쪽 : 고산섬
    ⓐ 고산섬과 호안 연결 : 백제(白堤)
    ⓑ 백제(白堤) : 당나라 때 백거이가 만들었다고 하여 백제로 부르는 제방
  ㉡ 호수 서쪽에 남북으로 연결 : 소제(蘇堤)
    ⓐ 소제(蘇堤) : 소동파가 항주 지사로 복무할 때 만들었다고 하여 소제라고 부름
  ㉢ 호수 남쪽의 섬 : 소영주
    ⓐ '삼담인월'이라 새겨진 비문이 있는 비정(碑亭) 있음
    ⓑ 작은 호수는 중도로부터 사방으로 둑과 다리로 연결 : 못 사분(四分)

② 덕수궁어원(德壽宮御苑)
　㉠ 조영 : 고종
　㉡ 서호처럼 조성 : 아름답고 진귀한 대 풍경을 골라 축경적으로 로맨틱하게 묘사
　㉢ 기암을 쌓아 인공산 조성
　㉣ 인공산 정상 : 비래봉 모방
　㉤ 태호석 알맞게 배치

4. 남송의 조경 관련문헌

① 주밀의 「오흥원림기」 : 오흥의 명원 33곳 소개
② 축목의 「사문류취」
　㉠ 3권 37부
　㉡ 조경관련 : 2권 임목부(林木部)·화목부(花木部), 3권 고초부(居處部)
③ 화목아칭
　㉠ 꽃의 격에 어울리게 아칭을 부여하는 것
　㉡ 증단백의 〈화십우〉, 장민숙의 〈화십이객〉

1-7. 금(金)시대(1153~1215)

1. 궁원

① 태액지(太液池)
　㉠ 원·명·청 3대 왕조의 궁원구실 정원 축조
　㉡ 섬 : 경화도

* 한나라 태액지 : 장안, 금나라 태액지 : 북경

1-8. 원(元)시대(1206~1367)

1. 금원

① 태액지(太液池)
  ㉠ 조영 : 세조
  ㉡ 위치 : 북경
  ㉢ 기암괴석을 운반하여 가산과 동굴 조성
  ㉣ 만수산 조성 : 금시대에 만든 태액지의 경화도 중앙에 있는 산
  ㉤ 만수산 정상 : 티벳식의 백색의 라마탑(라마교 영향)

2. 민간 정원

① 만류당(萬柳堂)
  ㉠ 조영 : 염희헌
  ㉡ 위치 : 북경
  ㉢ 연못가에 수 백그루의 버드나무 식재

② 사자림(獅子林)(1324)
  ㉠ 설계 : 예운림(예찬), 화가·시인 주덕윤
  ㉡ 위치 : 소주
  ㉢ 면적 : 약 10,000m^2
  ㉣ 천여유측이 스승인 중봉선사를 기념하기 위해 창설한 원림
  ㉤ 명칭 유래 : 대숲이 울창하고, 기암괴석이 많아 사자를 연상시키므로 사자림으로 불림
  ㉥ 태호석을 운반하여 만든 석가산 유명
  ㉦ 선자정(扇子亭) : 부채꼴 모양의 정자
      ≒ 우리나라 창덕궁 후원 반도지의 관람정 유사
  ㉧ 호심정(湖心亭) : 6각형 정자, 사자림 정원을 감상하는 중심지점
  ㉨ '견산루' 편액 : 도연명 문장

1-9. 명(明)시대(1368~1622)

1. 금원

① 어화원(御花園)
  ㉠ 위치 : 자금성 내 순정문 곁 흠안전 중심으로 한 지역
  ㉡ 건축물 : 좌우대칭 배치
  ㉢ 석가산, 동굴 배치

② 경산(景山)
  ㉠ 위치 : 자금성 밖 정북쪽, 어화원 북쪽
  ㉡ 인공산 : 풍수설에 따라 조성, 5개의 봉우리, 정상에 정자 조성
  ㉢ 정자 :
    ⓐ 건륭 16년(1751) 조영
    ⓑ 만춘정, 주상정, 관묘정, 부람정, 집방정
    ⓒ 청(靑)시대 개건

2. 민간 정원

 ＊ 명 이후 민간정원 많이 남아있는 지역 : 소주

① 작원(勺園)
  ㉠ 조영 : 미만종
  ㉡ 위치 : 해전(북경 근처)
  ㉢ 기록 : 〈작원수계도〉로 형태 짐작 가능
  ㉣ 태호석을 이용한 석가산
  ㉤ 물가에는 버드나무, 물속에는 백련 식재
  ㉥ 곳곳에 다리를 가설하고 정자를 세워 여러 곳에서 경관을 조망할 수 있도록 조성

② 졸정원(拙政園)
  ㉠ 조영 : 왕헌신
  ㉡ 위치 : 소주
  ㉢ 명칭 유래 : 반악의〈전거부〉내용
  ㉣ 특징
     ⓐ 수경(水景)
     ⓑ 지당 중심의 구성 : 전체 면적의 3/5
     ⓒ 건물의 아름다움
     ⓓ 시정화의
        : '그림을 그리는 마음으로 시를 쓰고, 시를 쓰는 마음으로 그림을 그린다.'
     ⓔ 해당춘오 : 해당화가 심어져 있는 봄 언덕
  ㉤ 연못 형태와 섬
     ⓐ 남쪽, 동쪽, 북쪽 : 직선   ⓑ 서쪽 : 자연 곡선
     ⓒ 큰 못에는 동서로 긴 3개의 섬을 연결해 놓은 듯한 중도 조성
  ㉥ 졸정원의 건물
     ⓐ 여수동좌헌 : 부채꼴 모양의 정자

* **부채꼴 모양의 정자**(扇亭, 扇子亭)
: 사자림의 선자정, 졸정원의 여수동좌헌, 창덕궁 후원 반도지의 관람정

     ⓑ 십팔만다라화관 : 18그루의 동백나무 식재
     ⓒ 주육원앙관 : 원앙 사육, 여름과 겨울 이용
     ⓓ 분경원 : 분재와 수석분경 진열
     ⓔ 원향당 : 주돈이의「애련설」'향원익청'에서 유래
     ⓕ 북산정, 방안정, 사면정, 하풍사면정, 설향운위정
     ⓖ 이실 : 출입구 바람막이
  ㉦ 욕양선억(억경)
     ⓐ 원경을 한눈에 볼 수 없도록 한 다음 갑자기 넓은 공간을 나타내고자 대소의
        공간을 대비시키는 수법
     ⓑ 중국고전문학「홍루몽」: 대관원 입구 비슷한 풍경

3. 조경 관련문헌

① 왕세정의 「유금릉제원기(遊金陵諸園記)」 : 금릉(남경)의 명원 36곳 수록

② 이계성의 「원야(園冶)」

　㉠ 원(園) : 원림(園林)+야(冶) : 설계・조성

　㉡ 일본에서 「탈천공(奪天工)」이라는 제목으로 발간

　㉢ 조원에 관련된 건축물이나 첨경물, 축산 등을 그림으로 그리고, 설명을 붙인 문헌

　㉣ 구성 : 3권 10개 항목=흥조론+원설

　　ⓐ '흥조론(興造論)' : 조원은 시공자 30%, 주인의 의견 70% 반영되어야 함

　　ⓑ 10개 항목

　　　- 상지(相地) : 지형에 따른 원림 상지 설명
　　　- 입기(立基) : 중심이 될 건축물 중심으로 토지를 고른 후 누정 배치 고려
　　　- 옥우(屋宇) : 원림 내 집을 지을 때에는 자연에 합치
　　　- 장절(裝折) : 건축물의 각 부분 설명
　　　- 문창(門窓) : 그림으로 설명　　- 장원(墻垣) : 담 만드는 법, 쌓는 법
　　　- 포지(鋪地) : 포장하는 방법　　- 철산(掇山) : 가산 수법
　　　- 선석(選石) : 철산이나 천석(泉石)과 달리 돌 자체를 애완(愛玩)하고, 임목(林木) 사이에 배치하여 관상하기에 알맞은 돌 선정
　　　- 차경(借景) : 외부의 풍경을 이용하여 정원의 일부로 삼는 것

> **＊ 차경기법**
> ・원차(遠借) : 원경을 빌리는 것
> ・인차(隣借) : 가까운 곳의 경치를 빌리는 것
> ・앙차(仰借) : 눈 위에 전개되는 높은 산의 경치를 빌리는 것
> ・부차(俯借) : 눈 아래 전개되는 낮은 곳의 경치를 빌리는 것
> ・응시이차(應時而借) : 계절에 따른 경관을 경물(景物)로 차용하는 방법

③ 문진향의 「장물지(長物志)」

　㉠ 총 12권, 거주에 관한 일체 취급

　㉡ 화목부 : 식물의 특성과 화목의 배식

　㉢ 수경시설 조성법 기록

④ 육소형의 「경(景)」
　㉠ 「취고당검소」에 실려있는 산거 생활을 수필로 적은 글

1-10. 청(淸)시대(1616~1911)

1. 금원

① 건륭화원(乾隆花園)
　㉠ 조영 : 건륭 41년(1776)
　㉡ 위치 : 자금성 동쪽, 영수궁 서쪽
　㉢ 조성 목적 : 고종황제가 물러난 뒤 지내기 위해 영수궁(寧壽宮) 건설
　　→ 영수궁 서쪽 : 영수화원(계단식 화원) 조성
　㉣ 크기 : 길이 160m×너비 37m
　㉤ 계단식 경원 : 5개의 단
　　ⓐ 제1단 : 석가산, 5개의 정자(힐방정, 유제, 구정, 계상정, 욱휘정) 배치
　　ⓑ 제2단 : 수초당(遂初當) 중심, 삼합원(三合院), 회랑 안에 꽃나무 배치
　　ⓒ 제3단 : 산석을 배치하여 심산(深山)의 느낌, 췌상루(萃賞樓)
　　ⓓ 제4단 : 2층 건물인 부망각(符望閣)
　　ⓔ 제5단 : 석가산 위 팔각문이 달린 죽향관(竹香館)
　㉥ 괴석으로 이루어진 석가산과 건축물로 이루어진 입체공간이며 전체적으로 리듬감 형성

② 서원(西苑)
　㉠ 위치 : 자금성 서쪽
　㉡ 금·원·명·청의 4대에 걸쳐 조영되어온 외원(外苑)
　　ⓐ 금시대의 태액지를 기본으로 발전
　　ⓑ 원시대 : 북해와 중해만 있었음 → 명시대 : 남해를 조성하여 3개의 호수
　㉢ 구성 : 북해(北海), 중해(中海), 남해(南海)
　　ⓐ 북해(北海)
　　　- 금·원·명·청의 4대에 걸쳐 조영

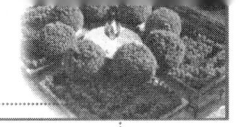

- 현재 남아있는 궁원 중 가장 오래된 경원 : 현재 북해공원
- 총 면적 : 68ha, 수(水) 면적 : 39ha
- 구역 : 단성(團城), 경화도, 동안 지역, 북안 지역

* **북해(北海)의 구역**
1. 단성(團城) : 영주도라고 하는 것, 면적 4,553m²
   명시대 후기 – 섬의 동남부를 메꾸어 육지와 연결
   세계에서 가장 작으면서 가장 아름다운 성(城)
2. 경화도(瓊華島) : 금시대 조성 – 삼신선도의 하나인 봉래도를 상징한 것
   영안교(백색의 석교)로 단성과 연결
   산 위에는 티벳식 라마탑(백색) – 랜드마크 역할
3. 동안(東岸)지역 : 기암괴석 배치
4. 북안(北岸)지역 : 구룡벽(九龍壁) – 길이 25.52m×높이 6.65m, 7색 유리판

ⓑ 중해(中海)
- 호수 안 연꽃과 갈대 무성

ⓒ 남해(南海)
- 섬(방장도) 주변 : 태호석으로 만든 석가산

2. 이궁(離宮)

* 청시대 이궁 : 강희, 건륭 시대에 가장 많이 조영

① 청시대 이궁원(離宮苑)

이궁명	건설년도	위치	비고
향산 정의원	강희 16년(1677)	향산	
등심원(정명원)	강희 19년(1680)	옥천산	정명원으로 고침
창춘원	강희 29년(1690)	해정	
피서산장	강희 46년(1707)	승덕	현존
원명원	옹정 3년(1725)	해정	1745년 확충
청의원(이화원)	건륭 15년(1750)	만수산 곤명호	현존
장춘원	건륭 16년(1751)	원명원의 동쪽	
기춘원(만춘원)	건륭 37년(1772)	원명원의 동쪽	

*** 건륭시대 삼산오원(三山五園)**
: 만수산 청의원, 옥천산 정명원, 향산 정의원, 원명원(장춘원, 만춘원 포함), 창춘원

② 향산 정의원(香山 靜宜園)

　⊙ 조영 : 강희 16년(1677), 건륭 10년(1745) 대건설 이루어짐

　ⓒ 위치 : 북경 서쪽

　ⓒ 100개소 이상의 크고 작은 풍경구 조성

　ⓔ 1860년 영국·프랑스 연합군 포화로 많이 파괴

③ 원명원(圓明園)

　⊙ 조영 : 건륭 12년(1747) 완성

　ⓒ 위치 : 북경 근처 해정

　ⓒ 규모 : 면적 334ha, 주위 10km

　ⓔ 설계

　　ⓐ Giuseppe Castigligone에게 의뢰하여 프랑스식 경원으로 꾸밈

　　ⓑ 대분천 설계·시공 : Michel Benoit(프랑스 선교사)

　ⓜ 〈원명원동장춘원도〉, 〈원명원구식궁전잔적〉, 〈어제원명원도영〉

　ⓗ 프랑스인 선교사 Jean Denis Attiret이 원명원 견문기를 적어 친구에게 보낸
　　편지가 영국 런던에서 1752년 출간 → 원명원 복원에 매우 귀중한 자료

　ⓢ 건륭 초기 〈어제원명원도시〉 제4권에 40경 선정

　ⓞ 대분천을 중심으로 한 프랑스식 정원

　ⓩ 동양 최초의 서양식 정원

　ⓒ 1860년 영국·프랑스 연합군 포화로 많이 파괴

　㉠ 장춘원(長春園)

　　ⓐ 조영 : 건륭제 때 증설

　　ⓑ 위치 : 원명원 동쪽

　　ⓒ 유럽풍의 경원 : 유럽풍의 건축물과 분수

　㉡ 기춘원(綺春園)(만춘원(萬春園))

　　ⓐ 조영 : 건륭제

　　ⓑ 위치 : 원명원 동쪽

ⓒ 기춘원(綺春園) : 장춘원과 인접한 사원(賜園)을 합병하여 기춘원 조성

　　　ⓓ 만춘원(萬春園) : 도광제(道光帝) 시대에 기춘원 개명

　　㉠ 원명원, 장춘원, 만춘원의 3원 : 면적 346ha

④ 이화원(頤和園)(청의원(淸漪園))

　㉠ 조영 : 건륭 15년(1750)

　㉡ 위치 : 북경 북서부(북경 서북쪽 10km)

　㉢ 조영 목적 : 건륭황제의 황태후 60세 회갑 경축

　㉣ 조영 역사

　　ⓐ 1750년 : 대보은연수사(大報恩延壽寺) 및 청의원 건설 착수

　　　　　　 － 서호, 곤명호의 북쪽 만수산(萬壽山)

　　ⓑ 1765년 : 청의원(淸漪園) 완성

　　ⓒ 1860년 영국·프랑스 연합군 포화로 많이 파괴

　　ⓓ 1894년 : 서태후, 은퇴 후 지낼 목적으로 복구

　　　　　　 → 이화원(頤和園)으로 개명

　㉤ 규모 : 총 면적 294ha, 3/4 수면(水面), 담장길이 6.5km

　㉥ 중국의 고전적인 정원 대표작

　㉦ 규모가 가장 크고, 보존이 잘 된 황가의 이궁

　㉧ 경원의 구성

　　ⓐ 중심 : 만수산(萬壽山)

　　ⓑ 호수 : 곤명호(昆明湖), 서호(西湖), 남호(南湖), 양수호(養水湖)

　　ⓒ 곤명호 부근

　　　－ 장랑(長廊) : 728m

　　　－ 소주가 : 거리

　　　－ 석방(石舫) : 석조건물, 수상건축물, 배 모양, 서태후의 달맞이 장소

　　ⓓ 남호(南湖)

　　　－ 17공교(十七孔橋) : 17연공의 아치교

　　　　　　　　　　　　인공섬인 남호도(南湖島) 연결

　　　　　　　　　　　　길이 150m, 난간에 544개 사자상 배치

> **※ 이화원(頤和園) 경원 구역** : 궁정구, 호경구, 전산구, 후산후호구
> 1. 궁정구(宮廷區) : 만수산 동쪽 기슭 평지
> 2. 호경구(湖景區)
>   - 200ha, 2개의 제방, 6개 섬, 구교(九橋)로 연결
>   - 아름다운 수경(水景) : 4개의 호수풍경을 본따서 만든 것
>   서제(西堤) : 항주의 서호(西湖) 모방
>   봉황돈(鳳凰墩) 작은 섬 주변 : 태호(太湖)의 황부돈(黃埠墩) 모방
>   서제의 경명루(景明樓) 동편 : 동정호(洞庭湖) 악양루(岳陽樓) 모방
>   호경구 북쪽 : 한 무제의 곤명호(昆明湖) 모방
>   - 수기교(繡綺橋) : 호경구 남쪽, 다리모양을 한 수문(水門)
> 3. 전산구(前山區)
>   - 만수산에 남향하여 세워진 불향각(佛香閣) 중심
>   - 건축물 대칭 배치
> 4. 후산후호구(後山後湖區)
>   - 북쪽 담장을 인공산인 북산이 가리고 있어 자연스러움을 느끼게 하는 구역

　⑤ 열하피서산장(熱河避暑山莊)

　　㉠ 조영 : 강희제(1703~1711)

　　㉡ 위치 : 승덕(承德)

　　　ⓐ 고원(高原)에 위치

　　　ⓑ 기이한 봉우리(奇峰)가 있는 경승지

　　㉢ 황제의 여름 별장

　　㉣ 역할 : 피서, 정치적 회견, 수렵장의 중계지점

　　㉤ 산장속의 경관 좋은 36곳 골라서 손수 시를 짓고, 궁정화가 침유로 그림을 그리게 함 → 강희 36경

　　㉥ 건륭 시대에 건물 수리 및 개건·조경 공사 실시 → 건륭 36경

　　㉦ 특징

　　　ⓐ 산장 내 많은 사묘(寺廟)

　　　ⓑ 남방의 명승 및 건축의 모방 많음

　　　ⓒ 소나무의 정연한 식재

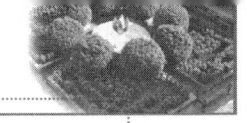

◎ 경원의 구성 : 궁전구, 호수구, 평원구, 산구

ⓐ 궁전구(宮殿區)
- 정궁(正宮), 송학제(松鶴齊), 동궁(東宮)
- 운산승지루(雲山勝地樓) : 호수구의 경관을 한눈에 볼 수 있음

ⓑ 호수구(湖水區)
- 상호(上湖), 하호(下湖), 동호(東湖), 여의호(如意湖)
- 수면 : 호수구 면적의 반 이상
- 수심사(水心榭) : 대표적인 경관, 3동의 건물

ⓒ 평원구(平原區) : 호수구 북쪽의 평원지역

ⓓ 산구(山區) : 산장 전체 면적의 80% 이상 차지

1-11. 중국의 명원(名園)

1. 양주(揚州) 지방

① 위치 : 양자강 북안
② 강물을 끌어 원림 속 연못 조성 용이
③ 이두의 「양주화방록(揚州畵舫錄)」: 양주지방의 명원 소개

2. 소주(蘇州) 지방

① 소주(蘇州)
㉠ 위치 : 기후 온화한 남부의 해안지방, 수려한 경관
㉡ 대표적 명원
    ⓐ 창랑정 : 북송(北宋) 시대   ⓑ 망사원 : 남송(南宋) 시대
    ⓒ 사자림 : 원(元) 시대   ⓓ 졸정원, 유원 : 명(明) 시대

 * **소주(蘇州) 4대 명원** : 창랑정, 사자림, 졸정원, 유원

② 창랑정(滄浪亭)
   ㉠ 조영 : 소순흠
   ㉡ 조영 시기 : 북송(北宋) – 소주에서 가장 오랜 역사를 갖는 정원
   ㉢ 면적 : 약 10,600m²
   ㉣ 정원
      ⓐ 건물과 담장으로 둘러싸인 공간 속 인공축산으로 조성
      ⓑ 태호석, 황석(黃石) 놓여있음
      ⓒ 창랑정 : 연못의 서쪽 축산 위

③ 망사원(網師園)
   ㉠ 조영 : 사정지 → 송종원 재건 → 태창구 개축
   ㉡ 조영 시기 : 남송(南宋)
   ㉢ 면적 : 약 5,300m²
   ㉣ 주택과 정원의 혼연일체 모습

④ 유원(留園)
   ㉠ 조영 : 서태시
   ㉡ 조영 시기 : 명(明)
   ㉢ 면적 : 약 20,000m²
   ㉣ 특징
      ⓐ 광대하고 화려한 정원 건축물은 소주의 원림 중 가장 많음
      ⓑ '허와 실', '명과 암'의 효과
      ⓒ 변화있는 공간처리와 유기적인 건축배치 기법
   ㉤ 방형지(方形池) 중앙에는 소봉래(小蓬萊) 섬

⑤ 이원(怡園)
   ㉠ 조영 : 오관 → 고문빈 개조
   ㉡ 조영 시기 : 명(明)
   ㉢ 면적 : 약 890m²
   ㉣ 동서로 길게 조성, 서쪽 : 중심지역
   ㉤ 서쪽 : 산·지(池)·건축 등 각 부분의 비중이 너무 평균화되어 대비를 느낄

수 없음

3. 상해(上海) 지방

① 예원(豫園)
   ㉠ 조영 : 반윤단
   ㉡ 조영 시기 : 명(明)
   ㉢ 면적 : 약 20,000m² → 약 47,000m²
   ㉣ 특징
      ⓐ 경원의 중심 : 연못 – 방형, 곡지 등 다양
      ⓑ 첨경 요소 : 석가산

1-12. 중국 조경의 특징

① 자연과의 대비 효과
② 자연경관이 아름다운 곳을 골라 그 일부에 손을 가하여 인위적으로 암석을 배치하고 수목을 심어 심산유곡과 같은 느낌이 들도록 조성–곡절(曲折) 기법 사용
③ 상징주의적 풍경식 : 수려한 자연경관을 정원 내 사의적으로 묘사
④ 디자인 : 직선과 곡선 사용
⑤ 정원 부지 : 전정, 중정, 후정
⑥ 주택건물 사이에 만들어지는 중정 : 소건축물, 괴석, 못 → 고밀도 공간 형성
⑦ 축경적·낭만적·공상적 세계를 구상화
⑧ 정원 요소 : 괴석, 인공산, 동굴, 다리(무지개다리(虹橋), 곡절하는 직선다리)
⑨ 태호석을 사용한 석가산 기법 사용

 * 최고의 태호석 4가지 조건 : 추, 누, 투, 수

⑩ 사(榭) : 물 가·수경관 감상, 경쾌한 구조, 입면이 개방적인 조영물
⑪ 원자(院子) : 건물과 건물 사이에 자리잡은 공간, 화훼류 식재
⑫ 화창(花窓) : 방 장식용 창

⑬ 루창(漏窓) : 회랑이나 수경에 면한 벽면에 설치하는 창
　　　　　　 유리 설치되지 않고, 일반적으로 흰색으로 칠해져 있는 창

2. 일본의 조경

2-1. 대화(야마토, 大和)시대(~592)

1. 특징

① 일본국가 형성기
② 한국 영향 받음

2. 조경

① 한인지(韓人池), 백제지(百濟池)
　㉠ 응신천황 7년(276)
　㉡ 백제, 신라의 영향
② 자전제(茨田堤)
　㉠ 인덕천황 11년(323)
　㉡ 신라의 영향
③ '시기지(市磯池)에 양지선(兩枝船) 띄우며 왕비들과 놀았다.'
　㉠ 리중천황 3년(403)
　㉡ 반도인들이 농업을 목적으로 만든 못에서 배를 띄우며 놀았음
④ 곡수연(曲水宴)
　㉠ 현종천황 원년(485)
　㉡ 매년 3월

⑤ 못을 파고 원을 만들며 금수를 길렀음
  ㉠ 무열천황 8년(506)
  ㉡ 유적 없음

2-2. 비조(아스카, 飛鳥)시대(593~709)

1. 사상적 배경

① 불교사상
  ㉠ 백제를 통해서 전래
  ㉡ 수미산(須彌山) : 구산팔해(九山八海)의 중심에 서 있다는 세계관 배경

> * **수미산(須彌山) 석상**
>   - 돌에 조각을 한 석조물의 일종
>   - 옥외에 설치된 정원의 경물 역할
>   - 인도의 우주관 : 성스러운 산, 중국의 불교적 세계관 : 묘고산(妙高山) 상징

② 봉래사상
  ㉠ 중국의 삼신선사상(三神仙思想)에서 유래
  ㉡ 학도(鶴島)와 구도(龜島 ; 거북섬), 봉래산 조성
  ㉢ 조망의 미를 위한 정원 내 누각 조성

2. 노자공(路子工)=시키마로(지기마려, 芝耆摩呂)

① 백제인
② "나는 산악의 형태를 만들 수 있다"
③ 「일본서기(日本書記)」 : 조경에 대한 최초의 기록
  ㉠ 추고천황 20년(612)
  ㉡ 궁남정(宮南庭)에 수미산과 오교(吳橋) 조성
    ⓐ 불교사상 배경

ⓑ 일본 정원 양식에 큰 영향
ⓒ 일본의 정원에 수미산석을 세우고 지당에 수교를 놓은 것이 전통이 됨

3. 소아마자(蘇我馬子, 소가노 우마꼬)의 정원

① 「일본서기(日本書記)」 추고천황 34년(626)
② 조성 : 소아마자(蘇我馬子, 소가노 우마꼬) = 섬 대신(大臣)이라 불림
③ 정원에 연못을 파고 섬을 쌓았다는 기록

2-3. 내량(나라, 奈良)시대(710~792)

1. 특징

① 건축은 중국풍, 정원은 일본 특유의 양식인 상징화 수법 나타나기 시작
② 봉래사상, 불교사상
③ 평면구성 형태의 조망의 미를 중시
  ㉠ 연못 주변에 높은 누 위치

2. 정원

① 귤도궁(橘島宮)
  ㉠ 나라시대 전기
  ㉡ 나라시대 최고의 정원
  ㉢ 천무천황 황태자의 저택
  ㉣ 「만엽집(萬葉集)」의 '만가(挽歌) 22수'
    : 연못가에는 바위와 돌이 산재한 바닷가의 모습 묘사, 폭포 존재
  ㉤ 「일본서기(日本書記)」 : 붉은 거북을 원지에 놓아주었다는 기록(681)
  ㉥ 전체적으로 소박하며 자연관상을 위한 정서적 분위기로 연출
② 평성궁(平城宮)

　　㉠ 나라시대 후기
　　㉡ 연못을 중심으로 한 정원
　　㉢ 「속일본서기(續日本書記)」 : 성무천황 5년(728), 곡수연 행하였다는 기록
　　㉣ S모양 대지천(大池泉) 유구 발견
　　　　ⓐ 연못 속에 입석과 호안(湖岸) 석조 등이 대륙의 풍을 보여줌
　　　　ⓑ 일본 정원의 전통이 되고 있는 자연풍경 상징적으로 나타낸 것
　　㉤ 중국 당(唐)의 장안(長安)처럼 바둑판 모양으로 구획
　③ 법륭사 동원지하(東院地下)의 유적
　④ 원성사 금당 부근의 석조 : 가산 형태

2-4. 평안(헤이안, 平安)시대(전기 793~966, 후기 966~1191)

1. 평안(헤이안) 전기(793~966)

　① 정치재건의 시기, 나라시대의 부패와 혼란 근절
　② 사상적 배경
　　㉠ 불교사상
　　㉡ 봉래사상 : 영원한 번영과 장수 기원
　　㉢ 신선사상 : 자연환경을 본뜬 정원
　③ 신선사상을 배경으로 조성된 정원
　　㉠ 신천원(神泉苑, 신센엔)
　　　　ⓐ 궁궐 남쪽에 위치
　　　　ⓑ 헤이안 초기의 금원(禁苑)
　　　　ⓒ 천왕과 군신들의 유희공간 : 낚시, 수렵, 뱃놀이, 경마
　　　　ⓓ 건임각(乾臨閣) : 정전, 큰 연못의 남쪽, 좌우 여러 각(閣)-회랑으로 연결
　　　　ⓔ 폭포, 작은 다리, 연못 중앙의 큰 섬
　　　　ⓕ 자연적 경관과 인공적 입석을 적절히 부분적으로 배치한 정원
　　　　ⓖ 후기 침전조 정원의 초기 형태

ⓗ 연못 : 주유식(舟遊式) 기능을 가진 지천(池泉) 정원
ⓒ 대각사(大覺寺) 정원=차아원(嵯峨院, 사가인)
　ⓐ 도시 밖에 조영
　ⓑ 소유 : 화풍(和風)의 별장, 차아천황의 이궁
　ⓒ 연못 : 대택지(大澤池, 또는 봉래지 ; 감자 모양의 큰 연못)
　　－계류 유입부 : 백제인이 축조한 인공 입석(立石) 폭포
　ⓓ 북안 : 천신도(天神島 ; 대택지의 북쪽), 국도(菊島 ; 대택지의 동쪽)
　　　－사이 : 거석(巨石), 정호석(庭湖石 : 입석)
　　남안 : 경석 7~8개 － 바닥에 고정된 형태
　ⓔ 일본조경의 입석과 경석의 특성을 잘 나타내는 정원
ⓒ 조우전(鳥羽殿) 후원
　ⓐ 조우(鳥羽, 도바) 이궁의 후원
　ⓑ 기록 : 「부상략기(扶桑略記)」
　ⓒ 중도가 있는 방상지(方狀池)
　ⓓ 섬 : 바다 속에 있는 것처럼 보이거나 기암절벽의 봉래산처럼 보임

④ 해안 풍경을 본뜬 정원(귀족 계급의 정원)
ⓐ 하원원(河原院, 가바라인)
　ⓐ 소유 : 좌대신 원융(미나모도 도오루)의 저택(동육조원, 東六條院)
　ⓑ 제염(製鹽) 풍경 연출
　　－가마솥에 바닷물을 넣고 끓일 때 수증기가 나부껴 오르는 경관 본뜸
　ⓒ 연못을 바다 경관에 비유하여 조성 : 연못 속 여러 개의 작은 섬 축조
　ⓓ 귀족의 대표적인 경원
　ⓔ 일본 조경의 대표적 양식
ⓒ 육조원(六條院)
　ⓐ 소유 : 중대신 보친(오오나까또미노 스케치카)의 저택
　ⓑ 현존하지 않음
　ⓒ 등원양방(藤原良房)의 염전
　ⓓ 원고명(源高明)의 서궁(西宮)

2. 평안(헤이안) 중·후기(966~1191)

① 중앙권력의 약화, 지방귀족사회 형성, 서민적 문화형태 발생

: 평천(平泉)의 중존사(中尊寺), 국동반도(國東半島)의 부실사(富實寺)

② 사상적 배경 : 정토사상 - 정치불안과 사회구조의 불안정, 극락정토 기원

③ 침전조(寢殿造) 정원

 ㉠ 침전조 주택 및 침전조 정원의 특징

  ⓐ 중국의 당시대의 건축 양식 모방

  ⓑ 귀족 저택 양식

  ⓒ 침전 남향, 건물은 회랑으로 연결

  ⓓ 조전(釣殿), 천전(泉殿)

   - 침전 건물 좌우측

   - 조전(釣殿, 쓰리도노) : 침전의 남단 연못에 접한 건물

> * 조전(釣殿)
> - 낚시·뱃놀이를 위한 승하선 장소
> - 여름의 시원한 바람과 가을의 밝은 달, 겨울의 흰 눈 감상 장소

  ⓔ 남정(南庭) : 침전 전면의 뜰

   - 흰 모래 깔고 연중 행사 또는 의식의 공간으로 이용

  ⓕ 연못

   - 주경(主景)

   - 면적 넓음

   - 몇 개 또는 하나의 섬

   - 북안의 섬 : 침전의 중앙 전면에서 붉은 홍교(虹橋), 반교(反橋)로 연결

   - 다음 섬, 지안(池岸) : 평교 설치

   - 섬에는 연주를 위한 악옥(樂屋) 건축

  ⓖ 유수(遺水, 야리미즈)

   - 좁다가 점차 넓어지는 물 도랑

   - 음양오행사상 반영

  ⓗ 왕족을 중심으로 한 사교장소

    ⓛ 일승원(一乘院) 정원 : 초기 침전조 양식
    ⓒ 동삼조전(東三條殿) 정원
        ⓐ 소유 : 등원양방(藤原良房)의 저택
        ⓑ 침전조 정원의 원형
        ⓒ 침전식이지만 침전 왼편에 동쪽 건물에 상대되는 건축물 없음
        ⓓ 연못 안 3개의 섬, 야리미즈, 조전
④ 정토(淨土) 정원
    ⓘ 정토사상 : 극락정토에 안심(安心) 입명(立命)할 것을 바라는 사상

> * 불교의 영향
>   - 수미산 석조, 구산팔해 석조 : 아스카・나라시대부터 유래
>   - 정토정원 형식

    ⓒ 정토 정원의 특징
        ⓐ 기존 침전조 정원의 불교식 변형
        ⓑ 정원의 주 건물 : 금당(金堂), 아미타당(阿彌陀堂)
        ⓒ 연못 : 건물 전면, 극락정토의 황금지(黃金池) 상징, 연꽃 식재
        ⓓ 간단한 공간 구성
    ⓒ 평등원(平等院) 정원
        ⓐ 정토정원 초기(11C 중반)
        ⓑ 건립 : 원융의 산장 → 등원도장 → 등원뢰통
        ⓒ 금당, 아미타당 전면에 커다란 못 조성
        ⓓ 섬과는 반교・평교로 연결, 연못에는 배, 강변에는 조전(釣殿) 설치
    ⓓ 모월사(毛越寺, 원륭사(圓隆寺)) 정원
        ⓐ 정토정원 후기(1150)
        ⓑ 평안(헤이안) 시대의 대표적인 정토정원 양식
        ⓒ 소유 : 등원청위
        ⓓ 대천지(大泉池)
            - 감자모양의 큰 연못
            - 중도(中島), 연못 가 : 둥근 돌

- 곡선의 모래펄 : 해안풍경 연출
- 연못 내 축산

3. 정원지침서

① 귤 준망의 「작정기(作庭記)」
  ㉠ 일본 최초의 조원 지침서
  ㉡ 침전조 정원의 형태와 의장에 관한 기록
  ㉢ 이론부터 시공까지 기록한 지침서
  ㉣ 정원을 꾸미는 데 자연을 존중하고, 자연에 순응하는 깊은 관찰 강조
  ㉤ 가마쿠라(겸창) : 「전재비초(前栽秘抄)」 → 에도(강호) : 「작정기(作庭記)」
  ㉥ 「작정기(作庭記)」 내용
    ⓐ 돌을 세울 때의 마음가짐
    ⓑ 돌을 세우는 법
    ⓒ 못의 형태
    ⓓ 섬의 형태
    ⓔ 야리미즈(유수)에 대한 것
    ⓕ 폭포 만드는 방법
    ⓖ 입석(立石)에 관한 구전
    ⓗ 금기에 관한 것
    ⓘ 수목에 관한 것
    ⓙ 천수(泉水)에 관한 것
    ⓚ 잡사(雜事)

2-5. 겸창(가마쿠라, 鎌倉)시대(1192~1333)

1. 사상적 배경 및 특징

① 겸창(가마쿠라)시대 전기

　　　　㉠ 정토 정원
　　　　㉡ 침전조 정원 : 전지형(前池型) 정원
　　　　㉢ 무사 계급에 의한 정치 본격화
　　② 겸창(가마쿠라)시대 후기
　　　　㉠ 선종 정원
　　　　㉡ 선종 새롭게 대두되면서 서민적인 문화
　　　　㉢ 지천회유식 정원(주유식 지천정원)

 * **석립승** : 정원을 조영하는 중

2. 정원

　　① 정토(淨土) 정원
　　　　㉠ 특징
　　　　　　ⓐ 종교적 이상향 지상에 구현 : 사원 경역 전체가 경원의 경관과 직접 관련
　　　　　　ⓑ 중교(中橋) : 연못을 가로지름, 문과 금당 연결
　　　　㉡ 정유리사 지원(淨瑠璃寺 池園)
　　　　　　ⓐ 위치 : 교토(경도, 京都)
　　　　　　ⓑ 승정혜신(僧正惠信) 연못 정비(1150) → 소납언법안(少納言法眼) 정원 개수(1250)
　　　　　　ⓒ 연못 : 고구마 모양의 중도가 있는 곡지(曲池)
　　　　㉢ 칭명사 지원(稱名寺 池園)
　　　　　　ⓐ 연못 : 중도가 있는 곡지
　　　　　　ⓑ 지안선(池岸線) : 자연곡선
　　　　㉣ 영보사 지원(永保寺 池園)
　　　　　　ⓐ 조성 : 몽창국사
　　　　　　ⓑ 연못 : 와룡지(臥龍池), 연못 내 3개의 섬
　　　　　　ⓒ 좌선석(座禪石) : 경관을 한 눈에 바라다 볼 수 있음
　　② 선종(禪宗) 정원

㉠ 특징
　ⓐ 현실적, 서민 중심적 문화
　ⓑ 전지형(前池型) 정원
　ⓒ 지천 정원 : 본당 속으로 후퇴, 공공성 희박(사찰의 사적 정원 성격 강화)
　ⓓ 옥외 공간은 일상의 종교생활에 밀접한 관계로 단독 계획
　ⓔ 정형적 형식 : 일직선 배치(문-불전-법당-침당)

㉡ 서천사 경원(瑞泉寺 景園)(1327)
　ⓐ 조성 : 몽창국사
　ⓑ 위치 : 겸창(가마꾸라)시
　ⓒ 십팔곡등반(十八曲登攀) : 18곡(曲)의 급경사를 갖는 등산로
　ⓓ 편계일람정(偏界一覽亭) : 산 정상의 정자
　ⓔ 연못 내 바위섬을 만들어 신선도 상징
　ⓕ 마애(磨崖)의 조각적 산수 경원
　　- 서천사 후원
　　- 편계일람정, 십팔곡로, 동굴과 못이 일체

㉢ 서방사 경원(西房寺 景園)(1340)
　ⓐ 조성 : 몽창국사
　ⓑ 위치 : 경도(京都, 교토)시
　ⓒ 사찰 : 정토 사찰 → 선종 사찰
　ⓓ 「벽암록」에 기술된 선(禪)의 이상경을 실현하려는 발상에 의해 조영
　ⓔ 선종의 세계관을 잘 표현하고 있는 걸작품이라는 평가
　ⓕ '태사(苔寺)' : 이끼류가 지표면을 덮고 있어 붙여진 명칭
　ⓖ 고산수 지천 회유식(枯山水 池泉 回遊式)
　ⓗ 경원 구성 : 상·하단(두 부분)

상단	하단
• 작은 연못(小池)	• 황금지(黃金池)
• 황금지와 본당 방장(方丈) • 야박석(夜泊石)	• 심(心)자형 연못 • 연못 내 3개의 섬 • 배 띄울 수 있음

* **야박석(夜泊石)**
  - 못 가장자리 가까운 곳에 동형동대(同形同大)의 돌덩이 몇 개를 가지런히 배치하여 수면에 떠있는 것처럼 보이게 하는 것
  - 항구에 배가 정박해 있는 모습을 나타낸 것

  ㉣ 남선원 경원(南禪院 景園)(1287)
   ⓐ 위치 : 경도(京都, 교토)시
   ⓑ 연못 : 장방형, 2개(방장서원의 남쪽과 서쪽)
   ⓒ 섬 : 서쪽 연못, 심자도(心字島), 자연 암반을 노출시킨 섬
   ⓓ 무수(無水) 폭포 : 연못 안쪽 석조

3. 몽창소석(夢窓疎石, 몽창국사(夢窓國師), 무소소세키)

 ① 선종 정원의 창시자
 ② 정토사상의 토대 위에 선종의 자연관 표현
 ③ 「벽암록」에 기술된 선(禪)의 의미를 상징적 작정수법으로 나타냄
 ④ 잔산잉수(殘山剩水) : 남송화 수법
  ⓐ 풍경의 국부요소를 추출하여 재구성
  ⓑ 경관을 상징적·주관적으로 묘사
  ⓒ 정원의장의 자유도를 높이고 예술성의 향상을 추구
  ⓓ 구체적인 방법
   - 의도적인 석조(연못 안, 연못가, 폭포, 축산)를 중심으로 한 국부적 의장
   - 굴곡진 연못가를 조성해 시각차가 큰 감상 위주의 연못 조성
   - 입석(立石)보다 기교적인 석조 선택
   - 다듬은 모양의 수목을 도입
  ⓔ 대표적인 정원
   : 영보사(1314), 서천사(1327), 혜림사(1330), 서방사(1340), 천룡사(1345), 등지원, 삼회원, 흡강사

2-6. 실정(무로마치, 室町)시대(1334~1573)

1. 특징

① '응인(應人)의 난(亂)'(1467) 이후 재정 부족 → 부지 협소 → 정원규모 축소
② 사실주의보다 경관의 상징화·추상화의 경향 : 사의적(寫意的), 상징적
③ 정원은 굴곡진 연못에 큰 정원석 배치 : 사의적으로 표현
④ 석조를 중심으로 하는 정원
    ㉠ 소정(小庭)
    ㉡ 석정(石庭)
    ㉢ 고산수식 정원 발달
⑤ 정토 사상, 신선 사상
⑥ 서원조 양식 : 일본식 주택건축의 원형
⑦ 정원 감상 시점(視點) : 수평적 → 입체적

2. 정토정원

① 천룡사(天龍寺) 정원(1339)
    ㉠ 조성 : 몽창국사(1345)
    ㉡ 위치 : 경도(京都, 교토)시
    ㉢ 구산(龜山 ; 거북산)의 구정탑(龜頂塔) 포함 10경 선정
    ㉣ 연못 : 조원지(曹源池)
    ㉤ 연못 서쪽의 폭포, 다리, 주변의 석조, 연못 안 수미산 석조 현존
② 금각사 지원(金閣寺 池苑), 녹원사 지원(鹿苑寺 池苑)
    ㉠ 소유 : 족리의만(足利義滿)(1397)
    ㉡ 금각(金閣) : 저택과 정원의 중심, 3층 누각
    ㉢ 정토 정원 → 큰 연못을 다도해풍으로 개수
    ㉣ 구산팔해석(또는 야박석) : 못(경호지, 鏡湖池) 안에 배치한 석회암
③ 은각사(銀閣寺) 정원, 자조사(慈照寺) 정원

㉠ 위치 : 경도(京都, 교토)시
㉡ 소유 : 족리의정(足利義政)(1480)
㉢ 서방사와 금각사 모방
㉣ 은사탄(銀沙灘) : 인공 모래펄
㉤ 향월대(向月臺) : 달의 명소, 원형
㉥ 금경지(金鏡池) : 자연곡선으로 처리된 연못

3. 고산수식(枯山水式) 정원

* 고산수식 정원
 - 물이나 나무를 사용하지 않고, 모래와 돌로 구성
 - 산수의 풍경을 추상적으로 상징적으로 구성한 정원
 - 소규모
 -「작정기」: 못도 없고, 유수도 없는 곳에 돌을 세우는 것
 - 선(禪) 사상의 영향으로 고도의 상징성과 추상적 구성 표현
 - 대덕사 대선원, 용안사, 취광원, 금지원

* 고산수식 종류
 ① 축산 고산수식 : 흰 모래와 바위로 구성, 수목 소량 사용, 14세기
 ② 평정 고산수식 : 흰 모래와 돌로 구성, 식물 사용되지 않음, 15세기

① 대덕사 대선원(大德寺 大仙院) 정원(1513)
  ㉠ 축산 고산수식(築山 枯山水式)
  ㉡ 구상적(具象的) 고산수
  ㉢ 선종 사원의 정원
  ㉣ 위치 : 경도(京都, 교토)시
  ㉤ 조영 : 고악종긍(古岳宗亘, 고악선사)
  ㉥ 정원의 특징
   ⓐ 남정(南庭) : 흰 모래를 깐 평정
   ⓑ 동정(東庭)
    - 수묵산수화의 풍경 묘사

- 흰 모래 : 계류·유수(流水) 상징
- 입석 : 절벽, 폭포 표현
- 다듬은 수목 식재 : 원산(遠山) 표현
- 원근법의 원리 사용

② 용안사 방장(龍安寺 方丈) 정원(1499)

　㉠ 평정 고산수식(平庭 枯山水式)

　㉡ 추상적 고산수

　㉢ 위치 : 경도(京都, 교토)시

　㉣ 정원의 특징

　　ⓐ 방장의 전정(前庭), 장방형 평지

　　ⓑ 흰 모래를 깔고 물결모양으로 손질

　　ⓒ 돌의 배치 : 수학적 비례에 의해 의도적으로 배치, 바다에 떠있는 섬 상징

　　ⓓ 15개의 돌을 5군으로 배치 : 5개+2개+3개+2개+3개(동 → 서)

　　ⓔ 긴장감, 조화와 안정감 유도한 형태

　㉤ 서양에서 가장 유명한 동양 정원(Dry Landscape)

2-7. 도산(모모야마, 桃山)시대(1576~1615)

1. 조경적 특징

① 국내 명소 축경(縮景), 의장 화려

② 초암풍의 다정 형성

③ 다도 발전

2. 신선 정원

① 삼보원(三寶院) 정원(1598)

　㉠ 조영 : 풍신수길(豊臣秀吉, 도요토미 히데요시)

㉡ 도산시대의 대표적 정원
　　㉢ 화려한 석조와 의장 : 디자인 과잉이라는 평
② 이조성(二條城)(1602~1606)
　　㉠ 조영 : 덕천가강(德川家康, 도쿠가와 이에야스)
　　㉡ 연못과 석조, 2개의 중도, 폭포와 화려한 정원석
　　㉢ 개조 : 소굴원주(小堀遠州)(1626) - 정원의 남쪽 석조와 호안

3. 다정원(茶庭園)

① 싸리나무나 대나무 가지로 울타리를 두르고, 다실에 이르는 노지(露地)를 중심으로 소공간을 자연 그대로 두는 정원 양식
② 자연의 한 단면을 강조하여 전체 표현, 간소하고 소박한 정원
③ 다도의 발전과 함께 발전
④ 선 사상과 밀접한 관련

> **＊ 와비와 사비의 개념**
> － 와비 : 인간생활의 가난함, 부족함, 불비(不備), 불만(不滿) 속에서도 이런 것들을 초월하여 정원 속에서 미를 찾아내어 검소하고 한적하게 산다는 개념
> － 사비 : 이끼가 끼어있는 경원석(景園石)에서 고담(枯淡)과 한적함을 느끼는 개념

⑤ 다정의 공간 구성과 공간 구성 요소
　　㉠ 다실에 이르는 통로인 노지는 다실과 일체된 공간으로 구성
　　㉡ 다실 : 입구를 낮게 하여 겸손과 속세와 인연 끊음 의미
　　㉢ 디딤돌(뜀돌, 징검돌, 비석(飛石), 도비이시)
　　㉣ 가늘게 부순 자갈 깔린 길 : 산길이나 비에 씻긴 암반이나 자갈길 연상
　　㉤ 물통(쓰꾸바이), 세수발(洗手鉢) : 다실에 들어가기 전 마음가짐
　　㉥ 석등 : 정숙한 분위기, 조명, 장식
　　㉦ 상록수
⑥ 대표 인물 : 천리휴, 소굴원주

천리휴(千利休, 센노 리큐우)	소굴원주(小堀遠州, 소굴정일, 고보리엔슈)
초암풍(草庵風) 다실	다도의 시조
다실과 정원의 자연스러운 분위기 조성	외관상 아름답게 조성
불심암	고봉암

⑦ 불심암(不審菴) 정원
  ㉠ 조영 : 천리휴
  ㉡ 위치 : 경도(京都, 교토)시
  ㉢ 자연 속의 한 부분을 떼어와 단편적인 경관으로부터 대자연 전체의 분위기를 느끼게 함
  ㉣ 디딤돌, 쓰꾸바이, 석등 등

⑧ 고봉암(孤篷菴) 정원
  ㉠ 조영 : 소굴원주
  ㉡ 위치 : 경도(京都, 교토)시
  ㉢ 세수통, 석등, 잘라 다듬은 화백 생울타리 등
  ㉣ 문 앞 도랑에 놓여진 돌다리와 현관까지 자연석을 질서 있게 깔아 놓은 길
  ㉤ 돌 다리의 갓돌(연석, 緣石)이나 이음돌의 기법

2-8. 강호(에도, 江戶)시대(1603~1867)

1. 특징

① 지천회유식(池泉回遊式)
  ㉠ 다정양식과 임천식의 혼합형
  ㉡ 에도시대 전기
② 다정양식 : 석등과 세수분이 지속적으로 중요한 요소로 이용

2. 강호(에도, 江戶)시대 정원

① 계리궁(桂離宮, 가쓰라 이궁)원

㉠ 위치 : 경도(京都, 교토)시
㉡ 창설 : 지인천왕(1620~1625)
㉢ 황실의 별장
㉣ 정원 : 서원군(書院群) 중심, 자연스러운 연못 조성
㉤ 4계절에 어울리는 다정·휴게소 배치
㉥ 연못 : 회유식, 주유식(舟遊式)

② 수학원 이궁원(修學院 離宮苑)(1656)
㉠ 위치 : 경도(京都, 교토)시
㉡ 산허리 아래편 경사지에 상·중·하에 다옥(茶屋) 각각 독립적으로 배치
㉢ 자연스러운 풍경 묘사, 사의적인 자연풍경식 정원
㉣ 산의 경사를 살린 폭포, 계류, 작은 연못으로 경관이 이어져 있음

③ 선동어소(仙洞御所) 정원
㉠ 위치 : 경도(京都, 교토)시
㉡ 조영 : 소굴원주
㉢ 절석직선호안(切石直線湖岸)의 방지(方池), 두 개의 섬
㉣ 절석(切石)의 다리와 바다자갈을 깐 수변 유명, 자연풍
㉤ 수기옥(數寄屋, 수끼야) : 다도를 위하여 지은 다옥(茶屋)
㉥ 선동어소+여원어소(女院御所)

④ 금지원(金地院)
㉠ 에도시대 초기 정원
㉡ 설계 : 소굴원주
㉢ '학구(鶴龜)의 정원'으로 유명 : 장군의 장수 기원

⑤ 대덕사(大德寺)(1636)
㉠ 에도시대 초기 정원
㉡ 방장동정(方丈東庭), 남정(南庭) 조영 : 소굴원주
㉢ 남정(南庭)
ⓐ 흰 모래를 깐 남동쪽 구석에 대규모의 잘라 다듬은 식재로 산 모방
ⓑ 3개의 돌 : 폭포 상징

　　　　ⓒ 서쪽으로 점차 낮게 돌 배치
　　ⓒ 동정(東庭)
　　　　ⓐ 석조 구성 : 7개+5개+3개
　　　　ⓑ 부지와 정원석의 균형 뛰어남
⑥ 소석천 후락원(小石川 後樂園)(1629)
　　㉠ 에도시대 후기 정원
　　㉡ 위치 : 동경(東京, 도쿄)시
　　㉢ 조영 : 덕천뢰방(德川賴房, 도쿠가와 요리후사)
　　㉣ 임천회유식 정원+경도풍(교토) 정원+자연풍
　　㉤ 중국풍의 정원 : 원월교(円月橋), 서호제(西湖堤), 소려산(小廬山 ; 대나무를 군식하여 산 모양으로 잘라 다듬은 것)
　　　　- 화재 후 재공사 과정에서 조성
　　㉥ 후원의 구성 : 회유식 지천원(回遊式 池泉園), 4대 경역(境域)
　　　　- 각각 독립적이나 입체적·평면적으로 잘 연결되어 있음
　　　　ⓐ 대지천(大池泉) 경관 : 중도 중심
　　　　ⓑ 계류 경관 : 서호제, 도월교, 대언천, 통천교
　　　　ⓒ 산중 경관 : 청수관음당, 소려산, 득인당, 원월교
　　　　ⓓ 전원 경관 : 소나무 숲, 창포밭, 논
⑦ 강산 후락원(岡山 後樂園, 고라쿠엔)(1686~1701)
　　㉠ 위치 : 강산(岡山) 시
　　㉡ 조영 : 지전망정(池田網政, 이케다 쓰나마사) 계획 → 율전영충(律田永忠) 시공
　　㉢ 대지(大池) 중앙 : 3개의 섬, 오른편 : 유심산(唯心山)-인공축산
　　㉣ 못 가 : 조망점으로서 수과산(水瓜山) 솟아 있음
　　㉤ 곡수식 다정 : 유심산 동쪽기슭, 흐르는 곡수는 유배(流盃) 놀이
　　㉥ 넓은 잔디 마당 속의 못의 윤곽선 따라 폭넓은 원로 조성, 나란하게 유수
　　㉦ 동산을 차경한 정원, 다실 중심의 저택
　　㉧ 일본 조경사상 주목되는 점
　　　　ⓐ 수로나 원로의 설계법에서 새로운 기법
　　　　ⓑ 곡수연 : 부드러운 곡선 처리, 호안의 갯돌이나 경석이 풀 속에 파묻혀

　　　　　　있는 것처럼 보임, 매우 대담하고 세심한 설계
　　　　ⓩ 일본의 3대 공원 중 가장 오래됨
　　　　ⓒ 연양정이 중심인 임천회유식

> * 일본의 3대 공원 : 강산 후락원, 겸륙원, 계락원
> * 에도(강호)시대에 조성한 일본의 3대 공원 : 강산후락원, 겸륙원, 율림공원

⑧ 육의원(六義園, 리끼기엔)(1695~1702)
　　㉠ 위치 : 동경(東京, 도쿄)시
　　㉡ 육의원 명칭
　　　　ⓐ 한시 사상의 '화가대의(花歌大義)'에서 유래
　　　　ⓑ 풍(風), 부(賦), 비(比), 흥(興), 아(雅), 영(領)
　　㉢ 회유식 축산지천식(築山池泉式)
　　㉣ 바다경치를 본 뜬 큰 연못에 섬 배치 : 3개의 섬, 연못가에는 경석 배치
　　㉤ 북측의 높은 축산 : 원지(園池)를 내려다 보기 좋은 장소, 후지산 바라보는 전망대 역할
　　㉥ 봉래석조, 다정, 축산
　　㉦ 명승 88경 배치

⑨ 율림(栗林) 공원
　　㉠ 지방대명정원(地方大名庭園)으로 유명, 일본의 3대 공원 중 제일
　　㉡ 대회유식 정원, 낙운산하(樂雲山下)에 6지 13구를 원로로 연결

⑩ 겸륙원(兼六園, 리끼기엔)(1695~1702)
　　㉠ 위치 : 금택(金澤)시
　　㉡ 겸륙원 명칭
　　　　ⓐ 이격비의 「낙양명원기」에서 유래
　　　　ⓑ 정원 호수의 6가지 요소 : 굉대(宏大), 유수(幽邃), 인력(人力), 창고(蒼古), 수천(水泉), 조망(眺望)
　　㉢ 회유식 정원
　　㉣ 바다 경치를 본뜬 큰 연못(연지(蓮池))에 섬 배치
　　㉤ 공원이 된 후 곡수(曲水) 조성

　　　ⓑ 일본의 3대 공원
　⑪ 계락원(階樂園)(1842)
　　　㉠ 조영 : 덕천제소(德川齊昭)
　　　㉡ 천파호(千波湖)를 바라보는 명승의 높은 곳에 조성
　　　㉢ 호문정(鎬文亭) : 3층 정자, 상층의 낙수루(樂壽樓)에서 바라보는 전망이 매우 뛰어남
　　　㉣ 대회유식 공원
　　　㉤ 1873년 공원으로 됨

3. 강호(에도)시대 정원서적

　① 「제국다정명적도회(諸國茶庭名跡會)」
　　　㉠ 에도시대 최초의 정원서
　　　㉡ 구성 : 17항목
　　　㉢ 노지정(露地庭)과 서원정(書院庭)의 예 설명
　　　㉣ 유명한 작정자 소개 : 천리휴, 고전직부, 소굴원주
　② 북촌원금제(北村援琴齊)의 「축산정조전(築山庭造傳) 전편」(1735)
　　　㉠ 구성 : 3권(상·중·하권)
　　　㉡ 다른 문헌을 참고하고 자신의 조원 경험을 토대로 하여 꾸민 것
　　　㉢ 산수를 서방정토, 구품, 만다라로 상징
　③ 이도헌추리(離島軒秋里)의 「축산정조전(築山庭造傳) 후편」(1823)
　　　㉠ 구성 : 3권(상·중·하권)
　　　㉡ 정원의 종류 분류
　　　　　ⓐ 축산, 평정(平庭), 노지(路地)로 분류
　　　　　ⓑ 다시 진(眞), 행(行), 초(草)의 3가지 수법으로 나누었음
　　　㉢ 상세히 그림으로 풀이하여 설명
　④ 이도헌추리(離島軒秋里)의 「석조원생팔중원전(石組園生八重垣傳)」
　　　㉠ 구성 : 2권(상·하권)
　　　㉡ 정원의 각종 시설물을 그림으로 설명

- 울타리, 다리, 문, 문짝, 울, 돌담, 징검돌, 수수발(手水鉢, 쵸오즈바치), 석정롱(石灯籠)

ⓒ 석조법

ⓐ 돌의 형태에 따라 오행석으로 구분

ⓑ 배석. 예) 이접십체(二接十體), 삼조팔상(三組八相), 진오석조(眞五石組)

ⓒ 오행석조법(五行石組法)

돌의 기본 형태	특징	형태
영상석(靈像石)	• 주석(主石) • 단정, 근엄, 부동, 안정	수직선상
체동석(體胴石)	• 영웅호걸	수직선상
심체석(心體石)	• 태초석(太初石), 양의석(兩儀石) • 평화, 안태(安泰), 부동, 안정	수평선상
지형석(枝形石)	• 예석(禮石), 대역석(大易石) • 빈틈없는 통달한 사람을 상징 • 약동, 부양(浮揚)	사선상
기각석(奇脚石)	• 지퇴석(地堆石), 신석(信石) • 참된 용기를 갖는 율의자(律儀者) 상징 • 견실, 강건, 점진, 불퇴진	사선상

* 이도헌추리 발행 정원서적
  : 「축산정조전 후편」(1823), 「석조원생팔중원전」, 「도명행도회전」(1780), 「제국명소도회」, 「도림천명승도회」(1799)

2-9. 명치(메이지, 明治)시대(1868~1945)

1. 특징

① 문화개방으로 서양문화 유입

② 새로운 시대의 영향으로 형식화된 일본정원의 양식수법 탈피

③ 신감각의 정원 탄생

2. 명치(메이지, 明治)시대의 정원

① 무린암(無隣菴) 정원(1896)
　㉠ 조영 : 산현유붕(山縣有朋) → 시공 : 정사(庭師) 식치(植治)
　㉡ 냇물에 인접한 삼각형의 부지 활용
　㉢ 동산을 배경으로 함
　㉣ 물을 끌어들이는 입수구 : 3단의 폭포 조성
　㉤ 건물 전면의 넓은 잔디밭에 좁게 혹은 넓은 폭으로 냇물 흐르게 함
　㉥ 사실주의적 자연 묘사 : 차경수법 도입

3. 서양식 정원

① 신숙어원(新宿御苑, 신쥬꾸교엔)(1902~1906)
　㉠ 위치 : 동경(東京, 도쿄)시
　㉡ 설계 : 앙리 마르티네(Henri Martinet)
　㉢ 구성 : 3부분
　　ⓐ 프랑스식
　　　- 남동쪽 정문 근처 부근
　　　- 르 노트르식 도입
　　　- 원로 양편의 식수대 : 플라타너스 원뿔모양으로 잘라 다듬은 모양, 안쪽에 직선적이며 상하좌우로 변화있게 잘라 다듬어 심은 저목성 상록수(열식대)는 율동미·통일감 부여
　　ⓑ 영국식
　　　- 중앙 부분
　　　- 넓은 잔디 마당
　　　- 목장풍
　　ⓒ 일본식
　　　- 서쪽 부분
　　　- 지천회유식

② 적판이궁원(赤坂離宮苑) : 프랑스의 베르사이유 형식
③ 일비곡(日比谷, 히비야) 공원(1903) : 일본 최초의 서양식 도시공원

2-10. 일본 정원의 양식 변천 및 특징

1. 일본 정원의 양식 변천

① 임천식(林泉式)(540~790)
  ㉠ 고대 : 대화(야마토), 비조(아스카), 내량(나라), 평안(헤이안) 전기시대
  ㉡ 신선설
  ㉢ 신선을 본뜬 섬과 못 주변에 일년생 초화류를 심고, 조수류 사육
② 회유임천식(回遊林泉式)(1190~1340)
  ㉠ 중세 : 평안(헤이안) 전기, 겸창(가마쿠라)시대
  ㉡ 초기 : 침전조(寢殿造), 중·후기 : 회유임천식 형태
  ㉢ 정원 중심에 연못을 파고, 섬을 조성해 다리를 놓고, 섬과 연못 주위를 돌아다니며 감상
③ 축산 고산수식(築山 枯山水式)(14세기)
  ㉠ 근세 전기 : 실정(무로마치)시대
  ㉡ 선사상, 묵화의 영향
  ㉢ 나무를 다듬어 산봉우리 의미하고, 왕모래 깔아서 냇물이 흐르는 느낌
  ㉣ 물을 쓰지 않으면서도 계류의 운치를 정원 안에서 감상하게 하는 수법
④ 평정 고산수식(平庭 枯山水式)(15세기 후반)
  ㉠ 근세 전기 : 실정(무로마치)시대
  ㉡ 식물은 일체 사용하지 않고, 왕모래와 바위만 사용
  ㉢ 일본정원의 골격이라 하는 축석기교 최고로 발달
⑤ 다정 양식(茶亭 樣式)(16세기)
  ㉠ 근세 전기 : 도산(모모야마)시대
  ㉡ 다실을 중심으로 한 소박한 양식, 실용적인 면 중시

　　ⓒ 좁은 공간을 효율적으로 모든 시설을 처리

　　ⓔ 윤곽선 : 곡선 처리

⑥ 회유식(回遊式), 임천식(林泉式), 원주파 회유임천식(遠州派 回遊林泉式)
　: 17~19세기

　　㉠ 근세 후기 : 강호(에도)시대

　　㉡ 임천 양식과 다정 양식의 혼합 형태

　　㉢ 소굴원주 기법 발달 : 실용적인 면과 미적인 면 고려, 복잡·화려한 기법

⑦ 축경식(縮景式) : 현대

　　㉠ 명치(메이치)시대, 현대

　　㉡ 풍경을 그대로 정원에 축소하여 감상

　　㉢ 자연 풍경미를 한눈에 볼 수 있도록 묘사해서 조성

　　㉣ 원근·색채·명암·조화 잘 활용

　　㉤ 좁은 공간 내에서 실제의 풍경 속에 파묻히게 하는 수법

　　㉥ 오늘날 일본의 독특한 조경 양식

2. 일본 정원의 특징

> *** 일본 정원**
> － **정(庭)** : 궁궐에서 조정(朝廷)의식을 행하는 네모난 마당
> － **원(園)** : 중국의 유(囿), 포(圃)와 같은 의미의 공간

① 기교와 관상적 가치에만 치중하여 세부적 수법 발달

② 실용적인 기능 무시

③ 사의주의(寫意主義)·상징주의 자연풍경식 발달

④ 자연재현 → 추상화 → 축경화로 발달

PART 03 한국의 조경

1. 한국 조경의 특징

1-1. 한국 정원의 사상적 배경

1. **신선사상**

    ① 불로불사(不老不死)

    ② 삼신산(三神山) : 봉래, 방장, 영주

    ③ 십장생(十長生), 가산(假山), 괴석(怪石)

    ④ 정원 내 점경물·정자의 명칭에 영향

    ⑤ 자연풍 정원문화 형성에 영향

2. **음양오행설**

    ① 우주를 형성하는 원리와 질서

    ② 공간구조, 연못의 형태에 영향

    ③ 연못의 형태 : 방지원도(方池圓島)

    　㉠ 방지(方池) : 네모형태의 연못 – 땅, 음

    　㉡ 원도(圓島) : 둥근 섬 – 하늘, 양

    ④ 오행설 : 목, 화, 토, 금, 수

3. 풍수지리사상

① 요소 : 산(山), 물(水), 사람(人), 방위(方位)

② 양택풍수 : 주택, 배산임수 / 음택풍수 : 묘지

③ 연못과 화계에 영향

④ 비보(裨補)와 염승(厭勝)

　㉠ 비보(裨補) : 허술한 환경을 북돋우려는 것

　　ⓐ 조선시대 세조 13년, 숭례문과 흥인문 밖 연못 보수

　㉡ 염승(厭勝) : 나쁜 환경조건을 누르려는 것

4. 은일사상

① 중도식, 다산초당

5. 삼재사상

① 천인합일사상(天人合一思想)

② 삼재(三才) : 천(天), 지(地), 인(人)

6. 유교사상

① 정신과 형식의 조화

② 인(仁), 경(敬), 위계성

③ 궁궐 배치, 민간 주거공간 배치의 공간분할, 서원 공간 배치에 영향

7. 불교사상

① 극락정토

② 연지(蓮池), 영지(影池)

③ 삼존석, 배례석, 좌선석

④ 운판 : 불음을 전하는 사물 중 오행원리에 입각해 불을 다루는 부엌에 걸어두고 화재를 방지하고자 한 것

1-2. 한국 조경의 특징

1. 한국 정원의 특성

① 자연과의 일체감 형성 : 산수경관의 실경화와 조화미
② 중국 정원의 영향 받음
③ 후원 발달
④ 직선적인 공간 윤곽 처리
⑤ 꽃을 감상하는 수목 식재 : 계절 변화의 즐거움 추구

2. 한국 전통정원 구조물

① 석가산(石假山) : 감상 가치가 있는 여러 개의 돌을 쌓아 만든 인공산

> *** 석가산 조영기록**
> : 강희맹의 「가산찬」, 서거정의 「가산기」, 정약용의 「다산화사이십수」, 김조순의 「풍고집」

② 괴석(怪石) : 기이하고 개체의 아름다움이 뛰어난 1m 미만의 자연석, 괴이한 생김새의 자연석, 조선시대 정원에 사용
③ 석분(石盆)=석함(石函) : 돌을 다듬어 만든 분, 괴석 배치 또는 잔모래 채움
④ 석지(石池)=석연지(石蓮池)=세심석(洗心石) : 돌로 연못의 형태를 축소, 물을 담아 연꽃 등 식재
⑤ 돌확 : 석지와 비슷, 원형, 석연지나 물거울로 사용
⑥ 석상(石床) : 평평한 돌로 그 위에 걸터앉아 휴식을 취할 수 있는 것
⑦ 석탑(石榻) : 석상과 비슷하나 규모 작음, 돌의자, 오늘날의 벤치 역할
⑧ 석등(石燈) : 야간의 조명을 위해 돌로 만든 등
⑨ 석축(石築) : 비탈면의 토사붕괴를 막기 위해 돌을 쌓아 만든 구조물
⑩ 돈대(墩臺) : 경사면을 옹벽으로 받친 부분
⑪ 화오(花塢) : 낮은 둔덕의 꽃밭

⑫ 화계(花階) : 식재를 위해 조금 높이 쌓아서 단을 만든 계단상으로 된 화단, 안채 뒤 경사지의 토사유출을 막기 위해 계단식으로 다듬고 장대석으로 굳힘
⑬ 장식용 굴뚝
⑭ 후자(堠子) : 조선 태종, 오늘날의 이정표 역할, 경복궁 앞 기점

* 후자
 - 10리마다 소후, 30리마다 대후
 - 후자 주변 : 느릅나무, 버드나무, 느티나무 식재(녹음식재)

⑮ 대석 : 해시계·화분 등의 다듬은 받침돌

1-3. 궁궐 조경의 특징

1. 궁궐 조경의 특성

① 후원, 후정 발달
② 경사지 : 돈대로 처리
③ 굴뚝 및 담장의 수식(修飾)·미화 처리 : 십장생, 수복무늬, 화초담
④ 화계

* 월대 : 궁궐 정전 건축물의 기단
* 화계(계단식 화단) : 조선시대 궁궐의 침전 후정의 경사지를 이용한 대표적인 인공 시설물

⑤ 방지원도(方池圓島), 방지방도(方池方島)
⑥ 사괴석

2. 궁궐의 입지 및 배치 특성

① 고려시대
  ㉠ 지리도참설의 영향 받음

ⓒ 풍수지리 : 배산임수

② 조선시대

* 조선시대 궁궐 기록 : 「궁궐지」
* 조선시대 한성 역사 기록 : 「한경지략」

㉠ 음양오행설과 풍수지리설, 도참사상의 영향 받음
㉡ 「주례고공기」의 좌조우사면조후시(左祖右社面朝後市)
    ⓐ 정궁의 왼쪽 : 종묘, 오른쪽 : 사직단, 앞 : 관청, 뒤 : 시가
    ⓑ 풍수사상에 의한 배산임수로 후시(後市) 없고 진산(鎭山) 배치
㉢ 중국 궁궐의 영향 받음
㉣ 3문 3조(三門三朝)의 배치 형태
    ⓐ 3문 : 고문, 치문/응문, 노문
    ⓑ 3조 : 외조, 치조, 연조

* 3조
  - 외조 : 신하의 집무공간
  - 치조 : 왕의 일상생활 공간, 정전·편전
  - 연조 : 왕과 왕비의 침전과 생활공간

㉤ 조선의 한성의 풍수
    ⓐ 현무 : 북악산 - 북
    ⓑ 백호 : 인왕산 - 서
    ⓒ 청룡 : 낙산 - 동
    ⓓ 주작 : 안산(목멱산, 남산) - 남
    ⓔ 명당수 : 청계천
    ⓕ 객수 : 한강

* 궁궐의 명당수 위 석교
  - 경복궁 홍제교
  - 창덕궁 금천교
  - 창경궁 옥천교

3. 종묘와 사직단

① 종묘(宗廟)(태조 3년, 1394)
   ㉠ 위치 : 경복궁의 동쪽·왼쪽
   ㉡ 조선시대 신궁(神宮)
   ㉢ 정궁을 중심으로 좌묘우사(左廟右社) 배치
   ㉣ 유교정신 강하게 표현된 절제된 공간
   ㉤ 배산임수 지세 : 감산(坎山)을 주산으로 배치
   ㉥ 박석 포장
   ㉦ 방지원도(方池圓島) : 망묘루 앞, 향나무 식재
   ㉧ 부속 건물 : 영녕전, 전사청, 공신당, 칠사당, 향대청, 망묘루, 수복방 등

② 사직단(社稷壇)(태조 3년, 1394)
   ㉠ 위치 : 경복궁의 서쪽·오른쪽
   ㉡ 사직단 동쪽 : 토신(土神)에게 제사 지내는 사단(社壇)
   ㉢ 사직단 서쪽 : 곡식의 신에게 제사 지내는 직단(稷壇)
   ㉣ 두 사직의 외곽 기단부 사방 : 홍살문

4. 조선왕릉

① 공간 구조 : 진입공간(홍살문), 제향공간(정자각, 수복방, 수라간), 능침공간(봉분)
② 홍유릉 : 경기도 남양주시 소재 / 융건릉 : 경기도 화성시 소재
③ 능참봉 : 왕릉 조경관리 담당
④ 조선왕릉 봉분 조성형태 - 「국조오례의」
   ㉠ 단릉
   ㉡ 쌍릉
   ㉢ 합장릉
   ㉣ 동원이강릉
   ㉤ 동원상하릉
   ㉥ 삼연릉

1-4. 주택 정원의 특징

1. 주택 정원의 입지 및 특성

① 경사지를 단으로 깎고 건물 배치
② 뒤쪽에서 뒷산과 만나는 자리에 화계 조성
③ 조선시대 주택정원 : 후원 발달
④ 남성과 여성을 위한 공간 엄격하게 구분
⑤ 지당 내 1~3개의 섬 : 목본식물 식재
⑥ 지당 윤곽선 : 직선적 처리

2. 주택의 위치별 조경

① 바깥 마당
  ㉠ 위치 : 집 앞
  ㉡ 주작 : 남쪽, 연못 조성
  ㉢ 오지(汚池) : 배수시설, 화재방재, 관수, 양어 및 위락기능
② 행랑 마당
  ㉠ 협소한 공간, 별다른 조경을 하지 않음
③ 안 마당
  ㉠ 가장 폐쇄적인 공간 : 여자들의 공간, 큰 나무는 식재하지 않았음
  ㉡ 동선 연결 기능, 가사활동 작업, 혼례의식 거행, 곡물 건조장의 실용적 공간
④ 사랑 마당
  ㉠ 바깥주인의 거처공간, 접객공간 : 본채와 사랑채와의 분리, 장소성 강함
  ㉡ 유교 사상
  ㉢ 인위적인 경관을 조성하는 기법 발달
    ⓐ 외부 자연경물의 시각적 접촉에 비중
    ⓑ 괴석, 경석, 석연지, 돌확, 수구, 연못
⑤ 뒷 마당(후원, 후정)
  ㉠ 기록 : 「해동잡록」

　ⓒ 위치 : 안채, 사랑채의 후면 또는 측면

　ⓓ 경사지를 이용한 화계 조성

　ⓔ 조영자의 자연관이나 사상이 펼쳐지는 사적 영역·풍류 공간 조성

3. 주택정원의 장소에 따른 식물 선택

① 홍동백서

② 문 앞 : 회화나무, 대추나무(2주), 버드나무

③ 중정 : 화초류

④ 울타리 옆 : 국화

⑤ 집 주위 : 소나무, 대나무

⑥ 전정 : 석류나무

⑦ 우물 옆 : 복숭아나무

1-5. 읍성 정주지의 특징

1. 읍성 정주지(定住地)의 입지 특성

① 읍성(邑城) : 군현제도의 말단 자취단위 중심취락, 성 내 관아와 민가 함께 구성

② 읍성의 유형

　ⓐ 무성형(無城形) : 성이 없는 형태, 양주

　ⓑ 산성(山城) : 주변 외곽에 성을 쌓은 형태, 전북 고창읍성

　ⓒ 평지성(平地城) : 평지에 위치한 형태, 전남 낙안읍성, 제주도 정의읍성

　ⓓ 평산성(平山城) : 산성과 평지성의 절충형, 충남 해미읍성

③ 읍성의 풍수 형국

　ⓐ 고창읍성 : 성내 마을-와호음수형, 성외 마을-행주형

　ⓑ 낙안읍성 : 옥녀산발형

　ⓒ 정의읍성 : 장군대좌형

2. 읍성의 규모적 특성

① 군이나 현의 수령이 머무는 곳
② 시원적(始原的) 도시 특성
③ 공간적 규모 - 면적 : 99,000~165,300m², 지름 : 300~500m
④ 인구 규모 - 민가 취락 : 300~500호, 인구 : 800~1,500명

* 제례공간
  - 성황사   - 사직단   - 여단

1-6. 별서 정원의 특징

1. 별서 정원의 입지 특성

① 별서 : 저택에서 떨어진 인접한 경승지나 전원지에 은일과 은둔, 자연과의 관계를 즐기기 위해 조성해 놓은 제2의 주택
② 주거지역과 멀리 떨어진 오지에 위치
③ 작정자의 생활공간 주변에 위치, 본제와 완전히 격리되지 않는 도보권에 위치
④ 자연경관이 수려한 곳(산수가 수려한 경승지)
⑤ 별서정원의 경관 유형 및 입지 특성

형태		종류
임수형	임수인접형	초간정, 암서재, 임대정
	임수계류인접형	부용동 정원, 다산초당, 소한정, 거연정
내륙형	산지형	소쇄원, 옥류각, 성락원, 옥호정, 석파정, 부암정
	평지형	서석지원, 명옥헌, 남간정사

⑥ 방지원도 : 연꽃 식재
⑦ 사절우(매화, 소나무, 국화, 대나무) 식재
⑧ 직선적인 노단, 방지

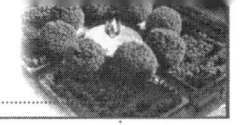

2. 누(樓)와 정(亭)

① 누와 정의 비교

구분	누(樓)	정(亭)
이용	공적 이용 장소	사적 이용 장소
조영자	지방의 수령	개인, 다양한 계층
형태	2층(마루 높음)	1층
방의 유무	없음	있음
형태	장방형	다양(정방형, +자, ㄱ자, 6각, 8각 등)

② 조선시대 정자 유형 – 방의 유무에 따른 분류

유형	방의 위치	종류
유실형	중심형	광풍각, 임대정, 명옥헌, 세연정
	편심형	남간정사, 옥류각, 암서재, 초간정, 제월당
	분리형	경정, 다산초당
	배면형	부암정, 거연정
무실형		–

③ 누·정의 경관기법

  ㉠ 허(虛 : 비어 있음)

    ⓐ '비어 있으면 만 가지 경관을 끌어들일 수 있다.'

    ⓑ 가장 기본이 되는 개념

  ㉡ 원경(遠景) : 시원하게 트인 경관을 보이게 하는 것

  ㉢ 취경(聚景) : 여러 경관을 누·정의 한 점에 모이는 것

  ㉣ 다경(多景) : 누·정에서 많은 경관을 보이게 하는 것

  ㉤ 읍경(挹景) : 자연경관을 누·정 속으로 들어오게 하는 것

  ㉥ 환경(環景) : 자연경관을 누·정 주위에 둘러있도록 하는 것

  ㉦ 팔경(八景)

    ⓐ 광범위한 지역의 승경(勝景)들을 모아 팔경으로 설정하여, 그 지역의 수려한 경관을 소개하는 것

    ⓑ 팔경대상지에 나타난 경관 : '춘하추동 조모사시(朝暮四時)'로 표현

    ⓒ 누·각 : 팔경을 둔 곳 없음, 정자 : 팔경을 둔 곳 많음

ⓓ 일반인이 지나쳐 버리기 쉬운 특정한 시기의 특별한 경관을 즐기기 위한 목적

1-7. 사찰 조경의 특징

1. 사찰의 입지 특성

① 자연 속에서 일련의 공간을 통과하며 여러 공간을 체험하도록 구성
② 통일신라시대 이후 조영된 사찰이 많음

2. 사찰의 공간구성 특성

① 한국사찰의 공간 구성 유형
  ㉠ 탑 중심형 : 탑이 중심이 되어 전체 공간구조가 결정되는 형식, 고구려 사찰
  ㉡ 탑·금당 병립형 : 중문, 금당, 강당이 남북 중심축선상에 위치, 통일신라 사찰
  ㉢ 금당 중심형 : 삼문과 누문을 지나 중심공간에 이르는 진입체계, 고려·조선사찰
② 한국 전통사찰의 공간 구성 기법
  ㉠ 공간 구성의 기본 원칙
    ⓐ 자연환경과의 조화 고려   ⓑ 계층적 질서 추구
    ⓒ 공간 상호간의 연계성 제고   ⓓ 인간 척도의 유지
  ㉡ 공간축의 설정
  ㉢ 외부공간의 규모 설정
  ㉣ 중심공간으로의 전이 방식
    ⓐ 누하진입형 : 부석사 안양루, 봉정사 만세루, 용주사 천보루, 용문사 해운루, 은해사 보화루, 송광사 종고루, 대흥사 침계루, 봉은사 법왕루, 봉선사 청풍루
    ⓑ 측면진입형 : 화엄사 보제루, 범어사 보제루, 해인사 구광루, 쌍계사 팔영루, 신륵사 구룡루, 선암사 종고루

* 사찰의 문
  : 산문 → 일주문 → 사천왕문 → 불이문 → 대웅전

 * **연지**(蓮池) : 인공연못, 극락정토의 못물 상징
　　　　　　- 불국사의 타원형 구품연지(九品蓮池)
* **영지**(影池) : 그림자(불영, 탑영, 산영)를 수면에 비추기 위해 조성
　　　　　　- 불영지(佛影池) : 불영사의 자연석불
　　　　　　- 탑영지(塔影池) : 불국사 석가탑/부석사 누각
　　　　　　- 산영지(山影池) : 해인사, 청평사, 미륵사지

1-8. 서원 조경의 특징

1. 서원의 위치 및 공간 특성

① 서원
　㉠ 학문 연구와 선현 제향을 위하여 사림에 의해 설립된 사설교육기관
　㉡ 향촌자치운영기구
② 서원의 위치 특성
　㉠ 지방의 산수가 수려한 곳
　㉡ 최상단에 묘사를 짓고, 밑 부지에는 교학시설 배치
③ 기능에 따른 공간 구성
　㉠ 강학공간(講學空間) : 강당 후면 석축에 화계 조성하여 학자수 식재
　㉡ 제향공간(祭享空間) : 사당과 전사청, 강학공간 후면의 구릉지 위, 위계성 강함
　㉢ 부속공간 : 고사나 창고, 강학공간 측면, 서원의 관리운영 담당하는 공간

2. 서원 조경의 특성

① 연못 : 방지, 수심양성을 도모하기 위해 조성
② 정료대
　㉠ 야간에 서원 내부를 밝히는 시설
　㉡ 강당 앞
　㉢ 원형 또는 팔각 돌기둥에 돌받침대 형태의 석물

③ 관세대 : 제향 시 사당에 들어가기 전 손을 씻기 위한 석물
④ 생단 : 춘추 제향 시 제물에 쓰이는 짐승을 세워놓고 품평을 하기 위한 곳
⑤ 석등, 석연지
⑥ 대(臺)
　㉠ 서원의 차경기법 도입 장소
　㉡ 도산서원의 천광운영대와 천연대, 옥산서원의 사산오대, 종천서원의 영귀대, 무성서원의 유상대, 소수서원의 취한대
⑦ 식재수목 : 한정적

3. 서원 조경

① 소수서원(중종 38년, 1543)
　㉠ 위치 : 경북 영주
　㉡ 통일신라시대의 고찰이었던 숙수사지에 건립된 우리나라 최초의 사액서원
　㉢ 풍기군수 주세붕 : 백운동 서원 → 이황 : 소수서원
　㉣ 공간 구조 : 사당과 강당 병렬 배치, 여러 건물 자유롭게 혼재
　㉤ 죽계(竹溪)를 따라 〈죽계구곡(竹溪九曲)〉의 '제1곡 백운동 취한대'에 표현
　㉥ 죽계변에는 '백운동(白雲洞)'과 '경(敬)' 암각
　㉦ 서원 입구 : 경렴정(景濂亭)
　㉧ 서원 입구 숙수사의 당간지주(보물 제55호) 현존

② 옥산서원(선조 5년, 1572)
　㉠ 위치 : 경북 경주
　㉡ 조영 : 회재 이언적
　㉢ 서원 앞 용추(龍秋, 자연폭포)와 외나무다리, 세심대(洗心臺, 수심양성 의미)
　㉣ 외삼문과 무변루 사이에 자계에서 끌어들인 수로 도입
　㉤ 사산오대(四山五臺) : 옥산서원과 독락당 주변

> * **사산오대**(四山五臺)
> 　사산(四山) : 도덕산, 화개산, 자옥산, 무학산 - 옥산서원과 독락당 주변 산
> 　오대(五臺) : 관어대, 영귀대, 탁영대, 징심대, 세심대 - 계정 옆 자계 따라 형성

③ 도산서원(선조 7년, 1547)
　㉠ 위치 : 경북 안동
　㉡ 조영 : 퇴계 이황
　㉢ 주산 좌우에 동취병, 서취병 둘러싸고 있음
　㉣ 정우당(淨友塘) : 도산서당 동남쪽, 3.3×3.3m, 방지, 연꽃 식재, 주돈이의 애련설
　㉤ 몽천(蒙泉) : 정우당 동쪽, 작은 샘
　㉥ 절우사(節友社) : 도산서당 동쪽, 매송국죽
　㉦ 농운정사 : 공자형(工子形) 건물, 후학들의 강실(講室)
　㉧ 천광운영대와 천연대 : 암반으로 된 높은 곳을 대로 축조
　㉨ 시사단

④ 도동서원(선조 38년, 1605)
　㉠ 위치 : 대구 달성
　㉡ 조영 : 김굉필
　㉢ 서원 옆을 흐르는 계류의 물을 서원 안으로 끌어들어 수경관 요소로 도입

⑤ 병산서원(광해군 5년, 1613)
　㉠ 위치 : 경북 안동
　㉡ 조영 : 유성룡
　㉢ 고려 중기부터 있던 풍악서당(풍산 유씨 교육기관)을 모체로 건립
　㉣ 광영지(光影池) : 방지원도, 물길을 끌어들여 축조한 작은 연당

⑥ 무성서원(광해군 7년, 1615)
　㉠ 위치 : 전북 정읍
　㉡ 고운 최치원을 기리기 위해 건립 : 태산사 → 무성서원(조선)
　㉢ 고려 중기부터 있던 풍악서당(풍산 유씨 교육기관)을 모체로 건립
　㉣ 최치원이 태안현감 재임 시 계류에 대를 조성하여 곡수연을 벌이던 장소
　　→ 후에 감운정 건립

2. 고대의 조경

2-1. 선사 및 고조선시대

1. 「대동사강」 제1권의 단씨조선기(檀氏朝鮮記)

① 노을왕이 즉위하면서 처음으로 유(囿)를 만들어 짐승을 키웠다는 기록
  : 정원에 관한 최초의 기록
② '의양왕 원년에 청류각을 후원에 세워 신하들과 잔치를 베풀었다'

2-2. 삼국시대

1. 고구려

① 동명왕릉의 진주지(眞珠池)
  ㉠ 위치 : 평안남도
  ㉡ 못바닥 : 연꽃 씨 발견
  ㉢ 못 안에 4개의 섬(봉래, 방장, 영주, 호량) : 신선사상

> **＊ 고구려시대의 산성과 도성**
> - 대성산성 : 안학궁   - 환도산성 : 국내성
> - 장안성   - 홀승골성

② 안학궁(장수왕 15년, 427)
  ㉠ 위치 : 평양 대동강 상류 대성산성 남쪽
  ㉡ 방형의 토성 : 한 변 622m, 정전-중궁-정침이 남북 일직축선상에 배치
  ㉢ 정원 구성 요소 : 경석, 섬, 연못(원지), 인공축산(조산)-유적
  ㉣ 발굴된 정원

* **남문과 서문 사이**
  ⓐ 가장 규모 큰 정원, 왕을 위한 공간
  ⓑ 자연곡선 연못, 4개의 섬, 축산, 괴석 배치, 정자터 발굴
  ⓒ 상림원처럼 신선사상을 배경으로 하는 자연풍경식 묘사의 정원

* **서문과 서외전 사이**
  ⓐ 동산
  ⓑ 동산과 건물에 둘러싸인 곳 : 정방형의 연못
  ⓒ 정원터, 정자터, 집터 발굴
  ⓓ 괴석 배치

* **왕궁 동남쪽** : 정방형 못자리 발굴, 한변 70m

* **북문과 북쪽 내전 사이**
  ⓐ 왕비를 위한 공간
  ⓑ 조산(造山), 정자터・정원터 발굴
  ⓒ 연못 없음

　　㉤ 대성산성(장수왕)
　　　ⓐ 포곡식 산성 : 총길이 7km
　　　ⓑ 170여 개의 연못 발굴 : 정방형, 장방형, 삼각형, 원형 등 다양한 형태
　③ 장안성(평양성)(평원왕 28년, 586)
　　㉠ 위치 : 평양
　　㉡ 평산성 형태 : 외성, 내성, 중성, 북성으로 구성
　④ 청암리 사지(寺址)(금강사지)
　　㉠ 위치 : 평양 대동강 상류, 안학궁 서남쪽 토성 안
　　㉡ 1탑 3금당식의 탑 중심형 사찰
　　㉢ 공간 구성 : 오성좌배치

2. 백제

　① 풍납토성 : 서울, 몽촌토성 : 서울, 이성산성 : 경기도 광주, 공산성 : 충남 공주,

　　　　부여 사비성・부소산성 : 충남 부여
　② 임류각(臨流閣)(동성왕 22년, 500)
　　　㉠ 「삼국사기」, 「동국통감」 : '임류각을 세우고 연못을 파고 진기한 새를 길렀다'
　③ 궁남지(宮南池)(무왕 35년, 634)
　　　㉠ 위치 : 사비궁 남쪽
　　　㉡ 「삼국사기」 - 백제본기, 「동사강목」
　　　　ⓐ '연못을 파고 20여 리나 되는 먼 곳으로부터 물을 끌어들였다.'
　　　　ⓑ 연못 안 : 방장선도(方丈仙島) 조성 - 우리나라 최초로 신선사상 도입
　　　　ⓒ 주변 물가 : 능수버들 식재
　　　　ⓓ 포룡정 : 팔작지붕 정자
　　　㉢ 「동국통감」 - 제6권(무왕 39년, 638) : 주유(舟遊, 뱃놀이) 기능
　④ 망해정, 망해루(의자왕 15년, 655) : 왕궁 남쪽, 유적 없음
　⑤ 석연지(石蓮池)(의자왕) : 궁원의 정원 점경물
　⑥ 역탑상의 방지(方池) : 공산성 금강 근처
　⑦ 노자공 : 「일본서기」 - 일본에 수미산과 오교 전파
　⑧ 정림사터 : 충남 부여, 탑 금당중심형 사찰(1탑 1금당형), 방형 연못, 연꽃 식재
　⑨ 미륵사터 : 전북 익산, 3탑 3금당형의 3원식 가람 구조, 백제 귀족문화 강함

3. 신라・통일신라시대

　① 월성(月城), 반월성(半月城) : 경북 경주, 「삼국사기」, 북쪽은 계림 위치
　② 임해전 지원(臨海殿 池苑)(월지(月池), 안압지(雁鴨池))
　　　㉠ 조성
　　　　ⓐ 월지(月池) : 문무왕 14년(674)
　　　　　-「삼국사기」 : '못을 파고 산을 만들며 화초를 심고 진기한 짐승과 새를 길렀다'
　　　　ⓑ 임해전(동궁) : 문무왕 20년(679)
　　　㉡ 기록
　　　　ⓐ 「삼국사기」, 「동사강목」, 「동경잡기」
　　　　ⓑ 안압지 명칭 : 「동국여지승람」

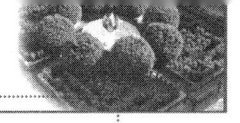

ⓒ 당(唐)의 장안성 모방, 삼신산 축조, 바닥은 강회 처리
ⓔ 기능 : 왕과 신하의 위락공간, 연회장 역할, 뱃놀이
ⓓ 공간 구성

* **연못(월지, 안압지)**
  ① 3개의 섬 : 대·중·소
     - 신선사상의 영향
     - 남동에서 북서방향으로 한 줄로 배치
     - 경석(괴석) 배치
  ② 바닥처리
     - 강회 다져넣고, 바닷가 조약돌을 전면에 깔아 두었던 흔적
     - 2m 내외의 井자형 나무틀에 연꽃을 식재하여 연꽃의 번식으로 인한 뱃놀이가 방해되는 것을 방지

* **호안 주변**
  ① 호안석 : 물에 잠기는 부분은 자연석 사용, 노출 부분은 장대석 쌓아올려 배치
  ② 호안 석축 위 : 바닷돌을 사용하여 넓은 바다를 연상할 수 있도록 조석
  ③ 남안과 서안 : 직선적, 북안과 동안 : 다양한 형태의 곡선 형태
  ④ 남안과 서안 : 지형상 북안과 동안보다 높음
  ⑤ 북안과 동안 : 인공축산(가산) 조성, 경석 배치, 중국의 무산 12봉 모방

* **입수구와 출수구**
  ① 입수구 : 못의 동남쪽, 2단 폭포
  ② 출수구 : 못의 북안 서쪽

* **안압지 경관조성 원리**
  - 공간의 흐름성 부여
  - 개방성과 폐쇄성의 반복적 구성
  - 막힘과 열림의 효과 추구
  - 호안굴곡의 연출성
  - 안모서리 공간으로서의 '복주머니 공간'의 존재
  - 수경관 축 도입
  - 시선 관계 유지

③ 포석정(鮑石亭)
　㉠ 위치 : 경북 경주
　㉡ 기록 : 「삼국유사」, 「동국통감」
　㉢ 흐르는 물에 술잔을 띄워서 유상곡수연을 즐기던 장소
　㉣ 형태 : 타원형
　㉤ 곡수거(유배거) 규모 : 물도랑의 폭 30cm, 깊이 20cm, 총길이 22m

④ 사절유택
　㉠ 계절에 따라 자리를 바꾸어가며 풍경과 정서를 즐길 수 있는 귀족의 별장
　㉡ 별서정원의 효시
　㉢ 봄 : 동야택, 여름 : 곡양택, 가을 : 구지택, 겨울 : 가이택

⑤ 최치원의 별서
　㉠ 최초의 별서
　㉡ 경주 남산, 강주(의성군)의 빙산, 합천의 청량사, 지리산의 쌍계사, 함양읍 대덕리 상림원(진성여왕)

⑥ 사찰
　㉠ 불국사(법흥왕 22년, 535)
　　ⓐ 타원형의 구품연지
　　ⓑ 다보탑, 석가탑
　　ⓒ 대웅전으로 들어가는 청운교·백운교 33계단의 상징적 의미
　　　: 불교의 우주관인 수미산에서 33천을 뛰어넘어 부처의 세계로 나아감
　㉡ 황룡사(진흥왕 14년, 553)
　　ⓐ 우리나라 최대 규모의 사찰
　　ⓑ 1탑 3금당 병립식 사찰
　　ⓒ 입지성 : 북-소금강산, 남-남산 칠불암, 서-선도산, 동-명활산(토함산)의 정상을 연결하는 중간에 입지
　㉢ 화엄사(진흥왕 5년, 554) : 대웅전 중심으로 좌우대칭 아님, 회랑 없음, 입체적으로 형성된 공간 구성
　㉣ 분황사(선덕여왕 3년, 643) : 1탑 3금당식 사찰
　㉤ 부석사(문무왕 16년, 676) : 의상대사 창건, 3단 공간

 * 발해 - 중국 흑룡강성 영안현의 상경용천부(上京龍泉府)
: 궁성지, 조산, 원리, 원림터, 누각터, 정자터 발굴

3. 중세의 조경(고려시대)

1. 고려시대 조경의 특징

① 강희안의 「양화소록」 : 북송, 원으로부터 애완동물과 화초 도입 → 화원 조성

② 예종, 의종 때 조경 가장 활발(특히, 의종 때)

③ 석가산 수법 발달

④ 풍수도참설에 따라 3경 설치(계절에 따른 이궁)

⑤ 정원 관리서 : 내원서, 정원 관리사 : 원정(園丁)

2. 고려시대의 조경

① 만월대 궁원

　㉠ 위치 : 개성, 고려시대 정궁, 조영 : 왕건

　㉡ 공간배치 : 남북축

　㉢ 풍수지리설 영향

　㉣ 김홍도의 〈기로세련계도〉의 소재

　㉤ 동지(東池), 구령각지원(龜齡閣池苑)

　　ⓐ 위치 : 궁 동편 - 회경전 동쪽

　　ⓑ 「고려사」

　　　- 백학, 거위, 오리, 산양 등의 진금기수 사육 : 유원 조성

　　　- 연못가·언덕에 누각 조성, 아름다운 경관을 감상하는 장소로 이용

　　　- 무사를 검열하고 활 쏘는 구경을 하는 장소

　㉥ 사루(沙樓)

153

ⓐ 현종 : 누각을 세우고 모란이 필 때 상화연을 베풀고, 꽃을 감상하고 시를 짓는 향연의 장소로 활용
ⓑ 문종 24년(1070) : 만월대 후원 상춘정에서 곡연을 행하였다는 기록
ⓒ 숙종 : 모란으로 명성을 높임

◇ 상춘정
ⓐ 후원, 궁궐 내 연회장소
ⓑ 화훼류로 이름이 높았으며 고려말까지 꽃을 감상하던 장소
ⓒ 봄 : 모란·작약의 화려한 꽃, 가을 : 국화의 향기 – 화려한 정원

◎ 화원(花園)
ⓐ 궁궐 내 건물이나 담으로 둘러싸인 공간을 이용하여 초화나 화목을 중심으로 꾸민 위요된 정원
ⓑ 예종, 궁의 남서쪽 2곳, 호화롭고 이국적인 화원 설치 -「고려사」

② 수창궁원(壽昌宮苑)
㉠ 현종 이전부터의 별궁
㉡ 후원(북원) : 석가산, 만수정(의종 6년, 1152), 격구장, 괴석
㉢ 연지 : 서문 밖, 주위 버드나무 식재

③ 정자(亭子)
㉠ 여름철 피서와 휴식, 산수의 경관을 관상하면서 즐기기 위해 원내나 산수 속에 세운 소 건축물, 벽이 없음
㉡ 고려시대 조경문화의 중추적 요소 중 하나
㉢ 의종 : 만춘정, 장원정, 연복정, 중미정, 양이정(고려청자 지붕), 양화정(종려나무 껍질 지붕) 등
㉣ 장원정 : 풍수지리설 영향, 자연풍경 수려한 곳에 위치, 경관과 조화, 자연 그대로 이용

④ 격구장
㉠ 위치 : 궁궐 뒤편
㉡ 의종 때 성행
㉢ 왕들이 무사들의 격구 관람하거나 스스로 즐김
㉣ 왕이 관람·직접 행한 격구장 : 수창궁 북원, 중광전 남루, 후정, 강안전, 양루,

연복정, 성 내 광장

ⓜ 북원이나 후정 또는 누, 정 등에 마련 : 관람 목적

ⓗ 운동경기를 위한 시설, 동적 기능을 갖는 경원, 다양한 목적의 공간·광장

⑤ 석가산

ㄱ 의종 6년(1152) : 수창궁 북원 - 괴석을 쌓아 가산을 꾸미고 그 옆에 만수정 조성

ㄴ 의종 10년(1156) : 양성정 옆 괴석을 쌓아 올려 가산 만들고 화훼 식재

ㄷ 의종 11년(1157) : 민가 50여 구를 헐어내고 태평정 정원을 만들어 옥석을 갈아서 쌓아올린 환희, 미성의 2대가 있고 괴석을 쌓아 만든 선산 조성

⑥ 장리(牆籬, 울타리)

ㄱ 원장(園墻) : 흙과 돌을 쌓아올린 담장

ㄴ 원리(園籬) : 식물성 재료를 이용한 울타리

ㄷ 원리의 종류

 : 근리(槿籬, 무궁화), 죽리(竹籬), 국리(菊籬), 극리(棘籬, 대추나무)

⑦ 화오(花塢)

ㄱ 낮은 둔덕의 꽃밭, 화단

ㄴ 화오의 종류 : 매오(梅塢), 도오(桃塢, 복숭아나무), 죽오(竹塢), 상오(桑塢, 뽕나무), 송오(松塢)

⑧ 청평사 문수원 정원(1090~1110)

ㄱ 위치 : 강원도 춘천, 선원(禪苑)

ㄴ 조영 : 이자현

ㄷ 자연동화적인 수행공간으로 조성

ㄹ 문수원 남지(文殊院 南池), 영지(影池)

 ⓐ 사다리꼴 형태의 연못 : 북쪽이 넓고 남쪽이 좁은 사다리꼴

 ⓑ 구성 : 상지, 하지

 ⓒ 가장자리 자연석 축조

 ⓓ 섬 없음, 삼신석(괴석)

⑨ 송광사

ㄱ 전남 순천

ⓛ 신라 의상대사 '화엄일승법계도'에 근거하여 동심원적 공간 구성 체계
⑩ 순천관 경원 – 객관원
　　㉠ 대명궁의 별궁 → 순천관으로 개칭 : 외국사신의 영빈관으로 사용
　　㉡ 고려시대 가장 훌륭한 객관
　　㉢ 조경적 특성 : 본관 뒤편 낙빈정의 화원, 산허리의 향림정의 원림, 관 동편의 상·하지
⑪ 민간정원(주택정원)
　　㉠ 맹사성 고택
　　　ⓐ 위치 : 충남 아산
　　　ⓑ 조선시대 주택 구조와 유사한 공간 구조
　　　ⓒ 현재 남한에 남아 있는 유일한 고려시대 건축물
　　㉡ 최충헌의 정원
　　　ⓐ 남산리제에 모정 조성 : 풍수지리설 영향
　　　ⓑ 별당 : 십자각(十字閣)
　　㉢ 기홍수의 퇴식재 경원
　　　ⓐ 원림
　　　ⓑ 연의지 – 연꽃 식재된 곡지
　　　ⓒ 이규보의「동국이상국집」에 묘사
　　　ⓓ 곡지를 만들고 꽃을 심어 신선정원으로 조성
　　　ⓔ 대나무, 버드나무, 소나무, 모란, 배나무, 자두나무, 창포 등 식재
　　㉣ 이규보
　　　ⓐ「이소원기(理小園記)」: 40여종의 조경식물 소개
　　　ⓑ「사륜정기」: 이동식 정자
　　　ⓒ「동국이상국집」
　　㉤ 경렴정 별서정원
　　　ⓐ 위치 : 광주광역시
　　　ⓑ 조영 : 탁광무
　　　ⓒ 연못 : 네모난 형태, 2개의 섬

4. 근세의 조경(조선시대)

4-1. 조선시대 조경의 특성

1. 조선시대 조경의 특징

   ① 한국적 색채가 농후하게 발달한 시기
   ② 유교적 지배체계 강화, 음양오행설 : 방지원도(천원지방) 형태
   ③ 풍수도참설 유행 : 후정을 아름답게 꾸미고자 하는 경향
   ④ 자연풍경식, 자연과의 비례
   ⑤ 조선시대 정원사 : 동산바치
   ⑥ 조경 관리서 : 태조 – 상림원, 태종 – 산택사, 세조 – 장원서, 연산군 – 원유서

4-2. 궁궐 조경의 특성

1. 경복궁(景福宮)

   ① 경회루 지원(慶會樓 池園)

      ㉠ 경회루

         ⓐ 창건·방형의 연못 판 시기 : 태종 12년(1412)
         ⓑ 태조 때 작은 누각 → 태종 때 큰 누각
         ⓒ 정면 7칸, 측면 5칸의 팔작지붕
         ⓓ 36간 : 주역의 36궁 상징
         ⓔ 천원지방(天圓地方) 사상
         ⓕ 바깥기둥 : 24개의 방형(땅, 음), 안기둥 : 24개의 원형(하늘, 양)
         ⓖ 주변 동물조각(불가사리 등) 배치 : 화마를 막기 위한 것

ⓛ 경회루 지원
　　　　ⓐ 조선시대 왕궁의 원지(園池) 중 가장 장엄한 규모
　　　　ⓑ 사상적 배경 : 천지인 사상, 음양오행설, 주역, 신선사상
　　　　ⓒ 방지방도(方池方島), 방지3방도(方池三方島) : 방형 연못에 3개의 섬
　　　　ⓓ 섬과는 돌 난간이 있는 3개의 석교로 연결
　　　　ⓔ 석계(石階) : 경회루 있는 섬의 서쪽 가장자리 중앙, 선착장으로 추측
　　　　ⓕ 기능 : 외국사신 영접하던 곳, 연회장소, 주유(舟遊, 뱃놀이), 유생의 시험
　　　　　　장소, 활쏘기·무예 관람장소
② 교태전 후원(交泰殿 後園), 아미산원(峨嵋山園)
　　㉠ 왕비의 침전
　　㉡ 인공적으로 조성한 계단식 후원
　　㉢ 4단 화계, 장대석으로 조성
　　㉣ 첨경물 : 석분에 심은 괴석, 석지(石池), 앙부일귀대, 석구(石龜), 6각형 굴뚝 4개
　　　　- 6각형 굴뚝 벽면 : 당초, 소나무, 대나무, 매화나무, 모란, 국화, 호랑이,
　　　　　용, 박쥐, 구름, 해태, 불가사리 등 조각
　　㉤ 1단 : 괴석, 석지, 2단 : 대석, 석지, 3단 : 6각형 굴뚝, 4단 : 식재
　　㉥ 낙엽성 화목류 식재 : 매화나무, 모란, 철쭉 등
③ 향원정 지원(香遠亭 池園)
　　㉠ 위치 : 경복궁 북쪽 건천궁(고종의 침전) 남쪽
　　㉡ 향원정(香遠亭) : 정육각형의 2층 누건물
　　㉢ 향원지(香遠池) : 방지원도
　　㉣ 취향교(醉香橋) : 지안과 중도 연결, 목교(木橋)
　　㉤ 명칭 유래 : 주돈이(주렴계)의 애련설 – '향원익청'
④ 자경전(慈慶殿)
　　㉠ 위치 : 교태전 후원인 아미산 동편
　　㉡ 동쪽 담 : 화전(花塼)으로 축조한 홍예문, 담 안에는 화목을 심지 않고, 담
　　　　자체가 조원경물
　　㉢ 서쪽 담
　　　　ⓐ 내벽 : 만수(萬壽)의 문자와 꽃 무늬

　　　　ⓑ 외벽 : 화문장(매, 죽, 도(桃), 석류, 모란, 국화 등), 거북문 부조
　　　ⓔ 10장생 굴뚝
　　　　ⓐ 담벽같이 만들어짐
　　　　ⓑ 무늬 : 십장생+연, 죽, 포도 등
　⑤ 녹산(鹿山)
　　　㉠ 위치 : 경복궁 북동쪽 후원
　　　㉡ 정자와 원림이 아름다웠던 동산

2. 창덕궁(昌德宮), 동궐(東闕)

① 태종 4년(1404)
② 조선 왕궁의 이궁
③ 기록 : 「동궐도」
④ 자연미+인공미
⑤ 자유로운 배치 형태, 자연지형을 적절히 이용한 궁궐 안의 원림공간 조성
⑥ 대조전의 후원 : 경사지 계단상으로 화계 조성
⑦ 낙선재 후원 : 5단의 화계, 괴석대 – '소영주'라고 음각, 신선사상
⑧ 창덕궁 금원(비원, 북원, 후원)의 구성

> *** 부용정역**
> – 부용정, 부용지, 주합루, 영화당, 사정기비각, 서향각, 희우정, 제월광풍관
> – 부용지 : 방지원도
> – 사정기비각(숙종 16년, 1690) : 천정(天井, 우물) – 마니, 파리, 유리, 옥정
> – 부용정, 부용지, 제월광풍관 : 주돈이의「애련설」
> – 부용정(숙종 33년, 1767) : 두 개의 석주가 지중에 세워짐
> – 주합루(정조 원년, 1777) : 부용정 북쪽 언덕 위, 출입문–어수문
>
> *** 애련정역**
> – 불로문, 애련정(숙종 18년, 1692), 애련지, 연경당, 어수당
> – 애련지 : 방지, 섬 없음
> – 연경당(순조 28년, 1827) : 민가를 모방, 99칸 건축물, 단청 하지 않음, 화계
> – 농수정 : 연경당 선향제 후원, 사방 1칸

* **관람정역(반월지역)**
  - 관람정, 반월지(반도지), 존덕정, 승재정, 폄우사
  - 반월지(반도지) : 한반도 모양의 곡지
  - 반월형지와 방지의 혼합
  - 관람정 : 부채꼴 정자 ≒ 중국 졸정원의 여수동좌헌 ≒ 사자림의 선자정
  - 존덕정(인조 22년, 1644) : 육각 겹지붕, 가장 아름다운 정자
  - 존덕정 진입 : 돌난간 있는 돌다리, 양편 언덕 괴석, 시각을 재는 일영대 배치

* **옥류천역**
  - 태극정, 취한정, 청의정, 소요정, 농산정/어정(御井)
  - 후원의 가장 안쪽에 위치
  - 곡수거, 인공폭포 : 소요정 앞
  - 곡수도랑 있는 바위 수직벽 아래편 : '옥류천'이라 음각 – 인조 어필
  - 청의정 : 옥류천 북쪽, 방지방도 안, 궁궐 안의 유일한 모정, 1칸 정자
  - 어정(御井) : 우물, 인조

* **청심정역**
  - 청심정(숙종 14년, 1688) : 삿갓지붕의 정자, 석지(남쪽 못가에 못 안으로 기어들어 오는 모습의 돌거북 배치, '빙옥지(氷玉池)'라 음각)
  - 가장 한적한 분위기를 조성
  - 피서 및 휴식 목적의 공간

3. 창경궁(昌慶宮)

① 통명전원(通明殿苑)

　㉠ 성종 15년(1484)

　㉡ 통명전 후원 : 계단상 처리, 화계, 명당수(옥천교 어구)

　㉢ 석란지(1800년경)

　　ⓐ 통명전 서쪽

　　ⓑ 장방형지 : 중교형 장방지, 연못 내 괴석

　　ⓒ 정토사상

② 홍화문~명정문 보도 : 삼도로 중앙을 높게 해 단을 두고 박석 깔음

4. 덕수궁(德壽宮)

① 석조전
- ㉠ 우리나라 최초의 서양건물
  - ⓐ 이오니아식
  - ⓑ 설계 : 영국인 하딩(G. R. Harding)
- ㉡ 석조전 정원 : 분수와 연못 중심의 정원
  - ⓐ 침상원(sunken garden)
  - ⓑ 프랑스 정형식 정원
  - ⓒ 좌우 대칭적인 기하학식 정원
  - ⓓ 정원의 형태 : 장방형
  - ⓔ 연못의 형태 : 방형+반월형
  - ⓕ 연못의 중심 : 수반형 분수대, 사방 : 관목이나 초화류만 심은 정형식 정원
  - ⓖ 동서남북 : 청동제의 물개분수
  - ⓗ 서쪽 언덕 위 : 황동제의 해시계
  - ⓘ 남쪽 언덕 : 등나무 퍼골라가 남북축을 중심으로 좌우대칭 배치

② 정관헌
- ㉠ 고종의 연회 장소
- ㉡ 한국식과 서양식의 절충건물
  : 지붕·난간 – 한국식, 기둥·내부구조 – 서양식
- ㉢ 한국식 : 화계, 팔작지붕, 난간(소나무, 사슴)
  서양식 : 내부구조, 독립기둥 – 로마네스크풍의 주두 동서남북 : 청동제의 물개분수

5. 객관원

① 태평관, 모화관, 남별궁
② 외국 사신을 접대하던 곳
③ 모화관 : 조선 왕실의 수목과 능원의 잔디를 재배하여 식재하였던 곳

4-3. 민가 조경의 특성

1. 주택정원

① 청암정(구암정)(1526)
- ㉠ 위치 : 경북 봉화
- ㉡ 조영 : 권발
- ㉢ 난형의 연못 속에 있는 거북모양의 암반 위에 청암정 조영

② 식영정(1560)
- ㉠ 위치 : 전남 담양
- ㉡ 조영 : 김성원
- ㉢ 서하당(현존하지 않음) 서쪽 언덕 위 원림에 남향하여 세워진 정자
- ㉣ 정면 2간, 측면 2간의 팔작지붕 정자
- ㉤ 기록 : 김성원의 「서하당유고」에 수록된 〈성산계류탁열도〉(1590)

③ 환벽당(1500년대)
- ㉠ 위치 : 광주광역시
- ㉡ 조영 : 김윤제
- ㉢ 후원 정상 부분의 축대 위에 세워진 별당
- ㉣ 후원 : 경사지, 후원의 동편 : 인공적인 방지·화계

④ 윤증 고택(1626)
- ㉠ 위치 : 충남 논산
- ㉡ 사랑채 누마루 전면에 축대 조성
- ㉢ 방지원도 : 연꽃 식재

⑤ 운조루(1771~1776)
- ㉠ 위치 : 전남 구례
- ㉡ 조영 : 유이주
- ㉢ 정원 : 사랑채마당, 대문 앞
- ㉣ 바깥마당 : 대문 밖, 방지원도
- ㉤ 「오미동가도」 = 「전라구례오미동가도」

⑥ 박황 가옥(1783~1874)
- ㉠ 위치 : 경북 달성
- ㉡ 조영 : 박황
- ㉢ 하엽정
- ㉣ 방지원도 : 연꽃 식재
- ㉤ 자연수림과 후정의 화계의 경관미, 담장과 송림을 배경으로 사군자화

⑦ 선교장(1816)
- ㉠ 위치 : 강원도 강릉
- ㉡ 조영 : 이내번
- ㉢ 사대부 주택정원의 형태가 잘 보존되어 있는 곳
- ㉣ 활래지 : 방지방도, 섬 1개, 연못 속에는 연꽃 식재, 활래정

⑧ 옥호정
- ㉠ 위치 : 서울시 종로구 삼청동 계곡 비탈면
- ㉡ 조영 : 김조순
- ㉢ 「옥호정도」: 후원의 대표적인 꾸임새, 옥호동천 바위글씨, 사랑마당-분재, 포도가
- ㉣ 계단식 후원, 직선적 화계
- ㉤ 방지

2. 별서정원

① 독수정원림
- ㉠ 위치 : 전남 담양
- ㉡ 조영 : 전신민(고려 말)

② 광한루 경원(1418~1422)
- ㉠ 위치 : 전북 남원
- ㉡ 조영 : 황희(전신-'광통루') → 정인지 '광한루'로 고쳐 부름
- ㉢ 광한루 앞 장방형지 : 방지원도
- ㉣ 삼신선도, 3도형 : 봉래섬(중앙), 방장섬(동쪽), 영주섬(서쪽)

ⓜ 오작교 : 남원부사 장의국 축조, 석재, 서쪽 작은 연못-1개의 섬
③ 소쇄원(1533~1557)
　　㉠ 위치 : 전남 담양
　　㉡ 조영 : 양산보
　　㉢ 조영에 영향 끼친 정원 : 평천산장
　　㉣ 기록 : 김인후의 「소쇄원 48영」, 〈소쇄원도〉

　　* 「소쇄원 48영」 내용
　　　- 건물, 구조물, 지형, 식생, 동물, 공간
　　　- 식생 : 목본 16종, 초본 5종
　　　- 사용 모습
　　　- 날씨, 밤낮 변화

　　㉤ 구성 : 대봉대, 애양단, 오곡문, 매대, 광풍각, 도오, 제월당
　　　ⓐ 입구 : 대나무 숲, 태평성대 희구
　　　ⓑ 대봉대(待鳳臺) : 소쇄정-초정, 오동나무·대나무 식재-태평성대 희구
　　　ⓒ 애양단(愛陽壇) : 효 사상 반영
　　　ⓓ 오곡문(五曲門) : 원규투류 - 담장 아래 뚫린 구멍을 통해 흐르는 물
　　　ⓔ 매대(梅臺) : 오곡문과 제월당 사이, 비탈면을 계단으로 쌓아올린 계단식 경원
　　　ⓕ 광풍각(光風閣) 지역 : 계류의 서쪽, 사랑채
　　　ⓖ 도오(桃塢) : 광풍각 뒤편 언덕, 무릉도원 상징
　　　ⓗ 제월당(霽月堂) : 사생활 공간, 산수 속의 정자, 명칭유래-주돈이
　　㉥ 방지(方池)
　　　ⓐ 상지(上池)-대봉대 근처, 하지(下池)-입구 근처
　　　ⓑ 상·하지 중간에 수차 설치 : 현존하지 않음
　　㉦ 특징 : 계류 중심의 위락공간(계단에서 흘러내리는 임천이 주된 경관자원), 직선적인 단상 처리, 석가산 수법, 사절우, 명확한 공간 구분 안됨
④ 도산서당(1557~1562)
　　㉠ 위치 : 경북 안동
　　㉡ 조영 : 퇴계 이황

　　ⓒ 정우당 : 방지, 연 식재 - 주돈이의 애련설

　　ⓔ 절우사 : 사절우 식재

⑤ 명옥헌 원림(1500년대 말)

　　㉠ 위치 : 전남 담양

　　㉡ 명옥헌(鳴玉軒) : 팔작지붕 정자

　　㉢ 연못 : 사다리꼴, 둥근 섬, 2개(상·하지)

　　㉣ 홍명의 「명옥헌기」

⑥ 서석지원, 석문임천정원(1613)

　　㉠ 위치 : 경북 영양

　　㉡ 조영 : 석문 정영방

　　㉢ 서석지(瑞石池園) : 방지, 중도(中島) 없음, 연꽃 식재, 괴석, 경정(敬亭)-서안

　　㉣ 사우단 : 매화나무, 소나무, 국화, 대나무 식재

　　㉤ 정원 형태 자세히 묘사한 그림 없음

⑦ 부용동 원림(1637~1668)

　　㉠ 위치 : 전남 보길도

　　㉡ 조영 : 윤선도

　　㉢ 낙서재(樂書齋) 및 곡수당(曲水堂) 경원 : 자연 속 방지(方池)

　　㉣ 동천석실(洞天石室) : 암벽 위에 작은 집을 짓고, 암벽 밑에 방지(方池)

　　㉤ 세연정(洗然亭)

　　　　ⓐ 방지방도 : 자연계류(유입구 5개)＋방지(1개)＋정자

　　　　ⓑ 비홍교 : 석재

 * 연못 내 인위적인 섬 여러 곳 조성
　　- 지당 속 암반 위, 화려한 색깔의 옷을 입은 여인들이 춤을 추게 하여 그림자가 물 속에 일렁이는 거울 현상을 보고 즐긴 곳

⑧ 남간정사(1683)

　　㉠ 위치 : 대전

　　㉡ 조영 : 우암 송시열

　　㉢ 곡지원도(曲池圓島)

⑨ 하환정 국담원(무기연당)
　㉠ 위치 : 경남 함안
　㉡ 조영 : 주재성
　㉢ 방지방도 : 괴석을 세워 석가산 조성
　㉣ 방지 가장자리 : 지면보다 0.4m 낮게 단차, 너비 0.6m의 좁은 단을 만들어 걸터앉아 못의 경관을 즐기거나 낚시질
　㉤ 〈하환정도〉

⑩ 임대정원
　㉠ 위치 : 전남 화순
　㉡ 민주현의「임대정기(臨對亭記)」
　㉢ 방지원도 : 앞쪽에 '세심(洗心)'이라 음각된 표석
　㉣ 마당 가장자리 : '사애선생장구지소'라 음각된 표석을 향나무로 둥글게 두르고 있음

⑪ 다산초당(1808~1819)
　㉠ 위치 : 전남 강진
　㉡ 조영 : 정약용
　㉢ 방지원도 : 3개의 섬(삼봉 : 봉래, 방장, 영주-삼신산 상징), 괴석의 석가산
　㉣ 언덕 위 용천에서 물을 끌어다 비폭으로 못 안에 떨어뜨림
　㉤ 정석(丁石) : 다산초당 뒤 암벽
　㉥ 단상의 화계 : 6단

> **※ 정원의 축조연대**
> - 양산보의 소쇄원 → 윤선도의 부용동 원림 → 다산초당 원림 → 선교장 활래정 지원
> - 소쇄원 → 서석지 → 부용동 정원 → 다산초당 → 소한정
> - 영양 서석지 → 대전 남간정사 → 강진 다산초당 → 서울 부암정
> - 청평사 문수원 정원 → 양산보의 소쇄원 정원 → 윤선도 부용동 정원 → 정약용의 다산초당
> - 남원의 광한루 → 보길도의 세연정 → 창덕궁의 부용정 → 강릉의 활래정

* **방지방도**(方池方島)
  강릉 선교장의 활래정 정원, 보길도 부용동의 세연정 지원, 경남의 하환정 국담원, 경복궁의 경회루 지원

4-4. 조경식물

1. 세부 조경기법

① 낙엽활엽수 위주로 화목과 과실수 주종으로 식재
② 상징성과 사상을 반영한 식재
  ㉠ 꽃나무의 품격 부여 : 강희안의 「양화소록」, 박세당의 「화삼십객」
  ㉡ 사군자 : 매화, 난초, 국화, 대나무
  ㉢ 사절우 : 매화, 소나무, 국화, 대나무
  ㉣ 군자 상징 : 난초, 연꽃
  ㉤ 세한삼우 : 매화, 소나무, 대나무
  ㉥ 안빈낙도 : 국화, 버드나무, 복숭아나무
  ㉦ 태평성대 : 대나무, 오동나무
  ㉧ 은둔사상 : 죽림
  ㉨ 십장생 : 해, 산, 물, 구름, 돌, 소나무, 불로초, 거북, 학, 사슴
③ 식재 유형
  ㉠ 곡간 도입
  ㉡ 자연스러운 타원형 수관 선호
  ㉢ 붉은색 꽃보다 백색과 황색 선호
  ㉣ 화오와 화계 도입
  ㉤ 화분 도입 : 면적이 좁거나 추위에 약한 식물을 도입할 경우 이용
  ㉥ 취병
    ⓐ 꽃나무를 심고 가지를 틀어 올려서 문이나 병풍처럼 꾸민 것으로 시선을 가리거나 공간의 깊이를 더하는 요소
    ⓑ 트렐리스 비슷

ⓒ 기록 : 「옥호정도」

2. 수목의 한자 이름

식물명	한자명	식물명	한자명	식물명	한자명
목련	목필화(木筆花)	회화나무	괴(槐)	모란	목단(牧丹)
배롱나무	자미화(紫薇花)	느릅나무	유(楡)	치자나무	담복(薝蔔)
무궁화	목근화(木槿花)	향나무	회(檜)	패랭이	석죽(石竹)
동백	산다화(山茶火)	측백나무	백(栢)	원추리	훤화(萱花)
	만다라화(萬多羅花)	대추나무	조(棗)	연꽃	하화(荷花)
자귀나무	야합수(夜合樹)	박태기나무	자형(紫荊)		부용(芙蓉)

3. 조경식물 관련 문헌

① 홍만선 「산림경제(山林經濟)」

  ㉠ 일상생활에 필요한 지식

  ㉡ 4권, 조경식물 관련 부분 : 1권 복거(卜居)·2권 양화(養花)

  ㉢ 주택 왼편 : 유수(流水), 오른편 : 장도(長途, 길), 앞 : 오지(汚池), 뒤 : 구릉(丘陵)

  ㉣ 동 : 도(桃)·류(柳), 남 : 매(梅)·대추나무, 서 : 치자나무·느릅나무,
     북 : 능금나무, 살구나무

② 박세당 「색경(穡經)」

  ㉠ 농가 일반인의 일상생활

  ㉡ 과수, 축산, 원예, 수리, 기후 등에 중점을 둔 농서, 조경식물의 종류 파악

③ 이중환 「택리지(擇里志)」

  ㉠ 사람이 살만한 곳을 지리, 생리(生利), 인심(人心), 산수로 구분하여 설명

  ㉡ 수구(水口) : 집터는 수구가 꼭 닫힌 듯하고 그 안이 펼쳐진 곳이 좋음

④ 신경준 「순원화훼잡설(淳園花卉雜說)」 - 「여암전서」 제10권에 수록

⑤ 이가환·이재위 「물보(物譜)」 : 1권 1편

⑥ 유희 「물명고(物名考)」 : 5권 1책, 한자명에 우리말·일본어까지 곁들어 수록

⑦ 「화암수록(花庵隨錄)」

　㉠ 「양화소록」의 부록
　㉡ 화목 28우(友)
　　　춘매 : 고우(故友), 납매 : 기우(奇友), 국화 : 일우(逸友), 연 : 정우(淨友),
　　　대 : 청우(淸友), 솔 : 노우(老友), 모란 : 열우(熱友), 작약 : 귀우(貴友),
　　　왜홍 : 세우(勢友), 해류 : 정우(情友), 파초 : 앙우(仰友), 치자 : 선우(禪友),
　　　동백 : 선우(仙友), 사계 : 운우(韻友), 도화 : 요우(夭友), 해당 : 정우(靚友),
　　　장미 : 가우(佳友), 두견화 : 시우(時友), 행화 : 염우(艷友), 백일홍 : 속우(俗友),
　　　배 : 아우(雅友), 정향 : 유우(幽友), 목련 : 담우(淡友), 석죽 : 방우(芳友),
　　　옥잠 : 한우(寒友), 서향 : 수우(殊友), 유자 : 초우(焦友), 석류 : 교우(嬌友)
⑧ 강희안「양화소록(養花小錄)」
　㉠ 양화(養花)와 관련된 우리나라 최초의 문헌
　㉡ 정원식물의 특성과 번식법
　㉢ 괴석 배치법
　㉣ 꽃을 분에 심는 방법, 꽃에 꺼리는 것, 꽃을 취하는 법, 화분 관리법
　㉤ 양화(養花)하는 목적 : 단순한 흥미 충족이 아니라 화목에서 뜻을 찾고 수심양명

「양화소록」 화목구등품제		「화암수록」 화목구품	
1등품	송, 죽, 연, 국, 매	1품	매, 국, 연, 죽, 송
2등품	모란	2품	모란, 작약, 왜홍(倭紅), 해류(海榴), 파초
3등품	사계화, 월계화, 왜철쭉, 영산홍, 진송, 석류, 벽오동	3품	치자, 동백, 사계, 종려, 만년송
4등품	작약, 서향화, 노송, 단풍, 수양, 동백	4품	화리(華梨), 소철, 서향화, 포도, 유자
5등품	치자, 해당, 장미, 홍도, 벽도, 삼색도, 백두견, 파초, 전춘라, 금전화	5품	석류, 도화, 해당, 장미, 수류
6등품	백일홍, 홍철쭉, 홍두견, 두충	6품	두견, 행화, 백일홍, 시(감나무), 오동
7등품	이화, 행화, 보장화, 정향, 목련	7품	리(배나무), 정향(庭香), 목련, 앵도, 단풍
8등품	접시꽃, 산단화, 옥매, 출장화, 백경화	8품	목근, 석죽, 옥잠화, 봉선화, 두충
9등품	옥잠화, 불등화, 연시화, 초국화, 석죽화, 앵율각, 봉선화, 계관화, 무궁화	9품	규화(葵花, 해바라기), 전추라(翦秋羅), 금전화, 창포(석창포), 화양목(회양목)

169

⑨ 이수광「지봉유설(芝峰類說)」: 한국 최초의 백과사전, 화목에 관한 내용
⑩ 서유구「임원경제지(林園經濟志)」, 「임원십육지(林園經濟志)」
　㉠ 16지
　㉡ 농가백과사전
　㉢ 정원 식물 65종의 특성과 번식법

> ***「임원경제지」의 연못(지당)**
> 1. 연못의 내용
>   - 고기를 기르면서 감상할 수 있다.
>   - 논밭에 물을 공급할 수 있다.
>   - 사람의 마음을 깨끗하게 할 수 있다.
> 2. 연못 조성방법
>   - 남쪽을 넓게 하여 지당을 만든다.
>   - 작은 연못에는 연을 심고, 큰 지당에는 고기를 기른다.
>   - 물이 맑으면 물고기를 기르고, 탁하면 연꽃을 키운다.

⑪ 김육「유원총보(類苑叢寶)」
⑫ 현문항「동문류해(同文類解)」
⑬ 서명응「고사신서(攷事新書)」, 「본사(本史)」
⑭ 최영기「농정회요(農政會要)」

5. 최근세 및 현대 조경

1. 공원

① 파고다 공원, 탑골공원(1897)
　㉠ 위치 : 서울 종로
　㉡ 설계 : 영국인 브라운(Brown)
　㉢ 우리나라 최초의 서양식 공원

　　　ㄹ 13층 석탑

　　　ㅁ 앙부일구

② 장충단 공원(1919) : 서울, 현재 운동공원 기능

③ 사직 공원(1921) : 서울 종로, 단은 사방 3층의 돌층계

④ 효창 공원(1929)

　　㉠ 위치 : 서울 용산

　　㉡ 문효세자의 묘원을 중심으로 꾸민 공원

⑤ 남산 공원(1930) : 서울, 옛 서울의 안산(案山)

⑥ 삼청 공원(1934)

　　㉠ 위치 : 서울

　　㉡ 삼청(三淸) : 대청(大淸), 상청(上淸), 옥청(玉淸) - 도교사상의 3위

2. 공원법

① 공원법 제정 : 1967년 → 자연공원법, 도시공원법으로 개정 : 1980년

② 지리산 국립공원(1967) : 최초의 국립공원

③ 도시계획법 제정 : 1971년

조경 기사·산업기사 필기

제2편

조경계획

PART 01 조경일반

1. 조경의 정의 및 조경가의 역할

 조경의 개념 및 영역

1. 조경의 개념

① 토지 및 인공환경을 미적, 경제적으로 조성하고 환경을 이해하고 보호하는 분야
② 건축에서 미치지 못하는 부분까지 문제해결을 하기 위한 새로운 기술
③ 현대과학으로서의 조경의 정의 : 미국 조경가협회(ASLA) (1974)
  ㉠ 유용하고 쾌적한 환경조성
  ㉡ 토지를 계획·설계·관리하는 기술
  ㉢ 자원보존과 자연보존 관리 고려
  ㉣ 문화적·과학적 지식 활용하여 자연요소와 인공요소와의 결합
④ 자연에 관한 이해와 인간에 대한 관찰을 예술적, 기능적으로 자기의 아이디어를 표현하여 상대방에게 전달하고 설득시키는 것

2. 조경설계기준(1975)

① 경관조성 예술

3. F. L. Olmsted

① 조경가(Landscape Architecter)라는 말을 처음 사용한 후 '조경' 용어 보편화됨
② 조경의 학문적 영역 정립(1858)
③ 직업으로서의 조경 : 자연과 인간에게 봉사하는 분야

4. 조경에 대한 나라별 표현

① 한국 : 조경(造景)
② 중국 : 원림(園林)
③ 일본 : 조원(造園)

1-2. 조경가의 역할

1. 환경에 대한 인간태도의 변화(E. A. Gutkind)

① first stage(I-thou) : fear → 원시사회(예측 못한 힘에 대한 경외심)
② second stage(I-thou) : 신뢰감의 증가 → 한국, 중국, 일본의 농기구나 농촌의 모습
③ third stage(I-it) : 착취의 대상 → 서구의 과학주의에 영향, 현대 인본주의 사상
④ fourth stage(I-thou)(미래) : 책임과 통일 → 생태적 접근법

2. M. Laurie가 말하는 조경가의 3가지 역할

① 조경계획 및 평가 : 생태학, 자연과학 기초 → 토지평가 → 적합도와 능력판단 → 토지이용 배분계획(도로 위치, 공항 입지, 토양 보존, 쾌적성 확보 등)
② 단지계획 : 대지와 이용자의 종합적 분석 → 자연요소 분석, 시설물 배치
③ 조경설계(조경의 고유 작업영역) : 한정된 문제 해결(식재, 포장, 계단, 분수 등) → 세부 설계

2. 조경 대상 및 타분야와의 관계

2-1. 조경의 대상

1. 조경의 범위

① 정원
  ㉠ 주택정원, 전정광장, 중정, 옥상 정원, 실내정원
  ㉡ 사적인 공간
② 공원
  ㉠ 도시공원 및 녹지-「도시공원 및 녹지 등에 관한 법률」
    ⓐ 생활권 공원 : 소공원, 어린이공원, 근린공원
    ⓑ 주제공원 : 역사공원, 문화공원, 수변공원, 묘지공원, 체육공원, 도시농업공원 및 기타 조례로 정하는 공원
    ⓒ 녹지 : 완충녹지, 경관녹지, 연결녹지
  ㉡ 자연공원-「자연공원법」
    ⓐ 국립공원, 도립공원, 군립공원, 지질공원, 사찰 경내, 문화유적지, 천연기념물 보호구역 등 자연공원에 준하는 것
    ⓑ 주차장을 포함한 진입부
  ㉢ open space, 광장, 보행자 전용도로
③ 관광 및 레크리에이션 시설
  ㉠ 관광지, 골프장, 스키장
④ 시설조경
  ㉠ 공업단지, 가로수 및 고속도로 조경, 캠퍼스 계획 및 조경
⑤ 기타
  ㉠ 노인복지시설, 동·식물원, 수족관, 자연학습장, 전시시설

177

2. 조경에 필요한 것들(M. Laurie, 1975)

① 자연적 요소 : 지질, 토양, 수분, 지형, 기후, 식생, 야생동물 등에 관한 자연과학적 지식, 생태관계 이해

② 사회적 요소 : 행태·문화적 차이, 사회적 요구(심리학, 인류학, 비교문학 등)

③ 공학적 지식 : 계획·설계에 필요한 기술(공법, 배수, 포장기술, 구조학, 재료학)

④ 설계방법론 : 구체적 프로젝트 발전에 필요한 방법론(기법의 연구 → 그래픽, GIS, 기호 표시법, CAD)

⑤ 표현기법 : 구상을 상대방에게 전달하는 방법

⑥ 설계자와 예술가

* 설계와 예술의 차이 : 예술은 표현 그 자체가 의미이며, 설계안은 실행하는 것

3. 조경가의 세분화된 분류

① 조경 계획가(Planner)
　㉠ 종합적·합리적 사고, 종합계획 수립, 대규모 프로젝트 관여 → 자문(Consulting)
　㉡ 제너럴 리스트의 입장

② 조경 설계가(Designer)
　㉠ 기술적 지식에 예술적 감각을 더해 구체적 형태 표현

③ 조경 기술자(Engineer)
　㉠ 공학적 전문지식을 갖춘 시공업자
　㉡ 재료마감, 구조물 계산, 도로선형, 배수망도, 경사도 등 작성
　㉢ 스페셜 리스트의 입장

④ 조경 원예가(Horticulturist)
　㉠ 조경식물에 관심을 갖는 자
　㉡ 식물, 수목생산, 공원 관리자

2-2. 도시계획과 조경

1. 고대 그리스의 도시계획

① 최초의 도시계획가 히포데이무스(Hippodamus) 계획
② BC 3세기 중엽, 밀레토스 : 장방형의 격자형 가로망 계획

2. 하워드(Ebenezer Howard)의 전원도시(Garden City)

① 〈Garden Cities for Tomorrow〉에서 제창(1898)
② 도시의 장점인 편리성과 기능성을 농촌의 장점인 쾌적성과 자연성에 결합
③ 인구 : 20,000~30,000명 수용
④ 도시 주위에 넓은 농업지대가 있고, 최소한의 경제를 유지하기 위해 공업 유치
⑤ 도시 공공시설을 모 도시에 접속
⑥ 1902년 영국의 래치워드와 웰윈 계획에 도입되어 실제 전원도시 만들어짐
⑦ 전원도시 수법 : 도시-전원-전원도시

3. 테일러(Robert Taylor)의 위성도시(Satellite City)

① 하워드의 전원도시에서 유래
② 모 도시를 중심으로 하여 단일 성격의 기능을 갖는 위성도시를 조성하여 중심도시의 과대집중을 방지하기 위한 것(1915)
③ 인구 : 30,000명 수용
④ 중심도시의 세력권 내에 위성도시를 배치하여 중심도시의 기능 분산

> *** 근린주구 정의**
> – G. Golany : 공간상의 한계와 사회적 네트워크(social network), 지역 시설에 대한 집중적인 이용과 주민들 간의 감성적·상징적 의미를 지닌 작은 지역
> – Ruth Glass : 뚜렷한 물리적 성격이나 주민의 특수한 사회적 성격으로 분리되어지는 영역집단

4. 페리(C. A. Perry)의 근린주구 이론

① 근린주구 : 어린이들이 위험한 도로를 건너지 않고, 걸어서 통학할 수 있는 단지 규모에서 생활의 편리성·쾌적성·주민 간의 사회적 교류 등을 도모할 수 있도록 조성된 물리적 환경

② 근린주구의 원리
  ㉠ 규모 : 하나의 초등학교가 필요하게 되는 생활권 단위 설정
     (1926년 초등학교 1개 학구를 기준으로 인구에 대응한 규모)
  ㉡ 경계 : 통과교통 관통하지 않고 우회, 간선도로에 의해 구획
  ㉢ 오픈 스페이스 : 소공원과 레크리에이션 공간의 체계
  ㉣ 공공시설 용지 : 학교 및 공공시설 용지는 가능한 한 중심위치에 적절히 통합
  ㉤ 근린상가
    ⓐ 1~2개소 이상의 상업지구를 주거지 내에 설치하여 주거 생활의 안전과 쾌적성 확보
    ⓑ 위치 : 도로 결절점, 인접 근린주구 내 유사지구 부근
  ㉥ 주구 내 가로체계 : 단지 내 통과교통 배제

5. 라이트(H. Wright)와 스타인(C. Stein)의 레드번(Redburn)계획

① 페리의 근린주구 이론 실현한 계획
② 미국 뉴저지의 420ha 토지에 계획(1928)
③ 인구 25,000명 수용, 10~20개의 슈퍼 블록(Super Block) 설정, 차도와 보도의 분리, 쿨데삭(Cul-de-sac), 학교·쇼핑센터 등을 공원과 같은 보도로 연결
④ 슈퍼 블록(Super Block) : 가구의 집중 배치, 토지이용 효율화, 충분한 오픈 스페이스 확보, 도로교통 개선
⑤ 쿨데삭(Cul-de-sac)
  ㉠ 통과교통을 방지하고, 속력을 감소시켜 교통사고의 위험으로부터 거주지 보호
  ㉡ 거주성과 프라이버시 좋음
  ㉢ 가로끝 : 차량 회전 시설 필요
⑥ 녹지체계 : 보행자가 녹지만을 통과하여 모든 목적지에 도달하도록 계획

6. 마타(Soria Y. Mata)의 선형 도시(Linear City)

① 스페인 마드리드(1892)

② 도시주거지의 환경 악화 방지

③ 도심지의 과잉교통 집중 방지

④ 도시의 무한정한 규모 확산 방지

⑤ 방형·원형

7. 르 코르뷔지에(Le Corbusier)의 빛나는 도시

① 프랑스 파리의 '부아쟁 계획'(1925)

② 거대도시 계획 : 초고층에 모든 시설을 넣고, 나머지는 녹지화

③ 기능주의 주장

8. 언윈(Raymond Unwin)의 경관도시론

① 고층건물 배격, 도시확장 억제

② 도시경관 변화 도모

2-3. 환경과 조경

1. 환경

① 환경 : 물리적 환경+사회적 환경

② 물리적 환경 : 자연 환경+인공 환경

* 자연 환경 : 국립공원, 문화재 주변
* 인공 환경 : 건물의 외부 공간(공원, 놀이터, 관광지)

② 사회적 환경

PART 02 조경계획과정

1. 조경계획

1-1. 조경계획의 과정

* 조경계획의 과정
  - 목표와 목적 설정 → 기준 및 방침 모색 → 대안 작성 및 평가 → 최종안 결정 및 시행
  - 목표 수립 → 분석 → 도입 활동 및 시설 프로그램 선정 → 대안 작성 → 마스터 플랜 작성

1. 목표 및 프로그램 설정

① 목표와 프로그램
  ㉠ 목표 : 프로젝트의 장기적이며 포괄적인 의도와 방향 제시
  ㉡ 프로그램 : 목표보다 주체적·세분화된 설계 의도를 나타냄

* 목적 및 목표의 비교

목 적(Goal)	목 표(Objective)
• 방향제시 관련	• 결과 또는 도달해야 할 점
• 이상적이며 추상적인 말로 표현	• 얻을 수 있고, 측정이 가능
• 바람직한 상황에 대한 언급	• 계획기구 또는 정부기관의 의도(purpose)를 설명

② 조경계획의 목표

　㉠ 자연자원의 이해와 활용

　㉡ 국토의 효율적 보전 및 이용(합리적 토지 이용)

　㉢ 여가 공간 제공

　㉣ 환경문제 전반에 걸친 문제 해결

　㉤ 자연생태계 질서와 인간의 사회적 가치체계의 조화

③ 프로그램 작성 시 필요사항

　㉠ 설계의 목적과 목표

　㉡ 설계의 제약점 및 한계성

　㉢ 설계에 포함할 목록

　㉣ 시설물의 구체적 요건

　㉤ 장래 성장 및 기능변화에 대한 유연성

2. 계획 과정

① 계획의 분석 과정

　㉠ 물리・생태적 분석

　㉡ 시각・미학적 분석

　㉢ 사회・행태적 분석

* 조경 기본계획안 작성 시 설계자가 스스로 평가하는 내적 평가 기준
  - 계획 목표
  - 분석・종합의 기준
  - 프로그램

② 조사 분석 과정

㉠ 기본도 준비 : 지형도(1/50,000, 1/25,000, 1/5,000), 항공사진, 지적도, 임야도, 도시계획도, 지질도 등 각종 도면

㉡ 현지 답사 : 구역의 범위 확인, 지형 확인, 시설물 현황, 식물 분포, 동선 현황 등 조사

③ 계획과 설계의 비교

계획(planning or programing)	설계(design)
• 문제의 발견-분석에 관련 • 양방향 과정(feed back) • client의 요구를 갖추어 주는 것 • 논리적이고 객관성 있게 접근 • 체계적이고 일반론적 • 논리성과 능력은 교육에 의해 숙달 가능 • 수요 예측, 경제적 가치 평가에 따라 양적 표현 가능 • 지침, 분석결과를 서술 형식으로 표현	• 문제의 해결-종합에 관련 • 주관적, 직관적, 창의성, 예술성 강조 • 설계능력과 개인의 능력, 노력, 경험, 미적 감각에 의존 • 질적인 측면에서 관심 • 도면, 그림, 스케치로 결과물 도출
• 조경가 : 계획가로서의 합리적 사고와 설계가로서의 창조적 구상 필요	

3. 설계 과정

① 설계방법론의 발달 과정

㉠ 제1세대 방법론 : 체계적 과정(1960년대)

설계행위를 분석적으로 보기 시작

설계가의 창조적 능력에 전적으로 의존

㉡ 제2세대 방법론 : 참여설계(1970년대)

이용자가 스스로 설계에 관심을 갖고 설계 행위에 초점

비전문가의 한계, 독단적 설계 작성 배제, 실제 이용자가 원하는 것 반영

㉢ 제3세대 방법론 : 예측과 반박(1980년대)

결과의 예측 → 문제점 → 반박 → 대안

㉣ 제4세대 방법론 : 순환적 과정으로 발전(1980년대 후반)

시공 후 평가(Post Occupancy Evaluation)

* 이용 후 평가(P.O.E)

: 계획 수립·진행·결과 평가를 토대로 한 환류(feedlback)를 포함한 전 과정

1-2. 조경계획 및 설계의 과정

계획 단계	
1. 기본전제 (목표설정)	• 프로젝트에서 추구하는 개발의 기본방향 • 추상적인 것에서 구역, 경계 같은 구체적인 것까지 포함 • 여러 가지 대안들을 작성한 후 최종안을 선택하는 경우 판단기준이 되기도 함

2. 자료수집
분석
	• 자연적 분석 : 물리, 생태
	• 사회적 분석 : 인간의 의식구조, 가치관, 문화유산, 법규, 기능적·행태적 분석
	• 시각적 분석 :
	  ① 계획구역 내의 시각적 요소, 구조, 질에 관한 것
	  ② 전반적인 이미지 및 이용자의 선호도 조사의 초점

3. 종합	• 이해가 쉽도록 도면이나 표로 정리
4. 기본구상	• 종합자료를 바탕으로 여러 가지 아이디어를 도출해내는 단계 • 계획방안을 제시하여 여러 가지 구상을 찾음 • 토지이용계획, 교통동선계획을 중심으로 이루어짐 • 이들을 비교, 검토, 계획방향 제시, 기본 골격 구성 • 다이어그램, 표, 도면들이 있으나 다이어그램이 효과적
5. 대안작성	• 가능한 한 몇 개의 방향(서로 다른 대안)에 따라서 계획안 작성 후 그 중 최적안 선택 • 선택 기준 : 기본 전제, 경제성, 시공성, 공간의 유기적 구성(합리성), 토지의 기능성 등 프로젝트 성격에 따라 다름
6. 기본계획	• 최종적으로 선택된 대안은 기본계획으로 확정 • 토지이용계획, 교통동선계획, 시설물 배치계획, 식재계획, 하부구조계획, 집행계획으로 부문별로 나눔 • 종합하여 최종계획안 완성
설계 단계	
7. 기본설계	• 기본 계획에서 전제된 사항을 구체적으로 발전시키는 단계 • 규모가 작은 프로젝트에서는 구별하지 않고 수행하는 경우도 있음
8. 실시설계	• 설계안이 작성될 수 있도록 시공 상세도 작성, 공사비 산출하는 단계
시공 단계	
9. 시공, 감리	
관리 단계	
10. 관리	

1-3. 조경계획의 접근 방법

① 토지이용계획으로서의 조경계획 : 자원지향적 접근
　㉠ D. Lovejoy
　　ⓐ 토지이용계획 : 토지에 적절하고 효율적인 이용계획
　　ⓑ 조경계획 : 토지이용을 최적의 조건으로 만드는 것
　㉡ B. Hackett
　　ⓐ 경관의 생리적 요소의 기술적 사용과 경관의 형상에 대한 미적 가치의 이해를 바탕으로 각종 토지이용을 결합시켜 새로운 차원의 경관으로 발전시키는 과정
② 레크리에이션 계획으로서의 조경계획(S. Gold(1984)) : 이용자를 위한 접근

>
>
> *** S. Gold의 레크리에이션 계획의 접근방법 5가지**
> ① 자원접근방법(resource approach) : 생태학적 결정론
> 　- 물리적 자원이 레크리에이션의 유형의 양을 결정하는 방법
> 　- 공급이 수요를 제한 : 자원의 수용력과 그 한계가 중요한 인자로 인식
> 　- 자연환경에 대한 고려가 우선
> 　- 경관성이 뛰어난 지역의 조경계획에 유용한 접근 방법
> 　- 단점 : 새로운 레크리에이션 요구나 새로운 경향의 여가 형태가 계획에 반영되기 어려움
> ② 활동접근방법(activity approach)
> 　- 과거 레크리에이션 참가사례가 장래의 계획과 기회를 결정하도록 하는 방법
> 　- 공급이 수요 창출 : 선호하는 유형 및 참여율 등의 사회적 인자 중요
> 　- 대도시 내외의 레크리에이션 계획에 적합
> ③ 경제접근방법(economic approach)
> 　- 지역사회의 경제적 규모가 레크리에이션의 양과 유형·입지 결정하는 방법
> 　- 경제인자가 사회적 인자나 자연적 인자보다 우선
> 　- 비용편익분석(cost-benefit-analysis)에 의하여 조절
> ④ 행태접근방법(behavioral approach)
> 　- 이용자의 선호도와 만족도가 계획과정에 반영
> 　- 잠재적인 수요까지 파악하여 표현시키고자 한 것 : 미시적 접근
> ⑤ 종합접근방법(combined approach)
> 　- 위 4가지 방법의 긍정측면만 택하여 계획

2. 자연환경 조사 분석

2-1. 지형 및 지질 조사

1. 지형의 거시적 파악

① 지형의 형성, 물리적·생태적 현상 등 계획 대상지의 주변지역을 포함해서 파악
② 계획 자체의 주변 지역과의 조화, 추가 계획을 확대할 때의 문제 발생 여부 등을 예견하는 자료
③ 자연지역 보전 계획, 지역 휴양 개발 계획, 관광정비 계획 등에서 계획의 단위 및 윤곽 결정

2. 지형의 미시적 파악

① 토지이용 구분, 교통동선 계획, 시설 적지의 선정, 대상지 계획에 활용
② 미시적 분석 내용
   ㉠ 계획구역을 도면에 표시
   ㉡ 산, 계곡 및 능선의 흐름 조사
   ㉢ 등고선 간격 검토 : 급·완경사지, 평탄지
   ㉣ 하천 패턴 조사
   ㉤ 동선 체계와 소로, 등산로도 함께 확인
   ㉥ 산, 능선, 경사, 방향 파악

3. 고도 분석

① 지형의 높낮음을 한눈에 볼 수 있게 하기 위한 분석
② 선 : 고도가 높을수록 좁은 간격의 선, 고도가 낮을수록 넓은 간격의 선 사용
③ 색 : 고도가 높을수록 짙은 색, 고도가 낮으면 옅은 색 사용

4. 경사도 분석

① 대지 조건에 가장 적합한 토지용도를 찾고, 정지작업을 하기 위한 절성토량을 계산하여 적절한 사면처리 방법을 강구하기 위한 대지조사 사업

② 등고선 간격에 의한 법

$$경사도(\%) = \frac{D}{L} \times 100 = \frac{수직거리}{수평거리} \times 100$$

(L : 등고선에 직각인 두 등고선 간의 평면거리, D : 등고선 간격)

③ 방안법

㉠ 지형도에 메시를 긋고, 그리드에 들어 있는 등고선의 수를 세어서 구하는 식

㉡ $\tan\theta = \dfrac{등고선\ 간격}{메시\ 간격} \times 등고선\ 수$

④ 경사도에 따른 토지분석

㉠ 2~5% : 평탄한 운동장(보통 2%), 넓고 평탄지 필요할 경우

㉡ 5~10% : 약간 경사, 작은 대지 활용 가능, 경사도에 따라 선택 가능

㉢ 15~25% : 경사지 중 아주 좁은 대지로 쓸 수 있는 상한선

㉣ 25% : 잔디를 깎을 수 있는 상한선(기계), 침식에 의한 흙의 파괴

㉤ 50~60% 이상 : 경관적 효과(수직적 요소)로서 가능한 분포

5. 지질 조사

① 보링 조사

㉠ 토층 보링 : 보링에 의해서 흙의 굳기 정도를 조사

㉡ 암반 보링 : 기계 보링에 의해 구멍을 뚫어 암반분석 조사

② 사운딩 : 깊이 방향으로 연속적인 지반의 저항을 측정하는 방법

* 부지 분석 목적
  - 부지 특성 이해
  - 부지 문제점 도출
  - 부지 잠재력 파악

2-2. 기후조사

* 기후 : 태양의 복사에 의하여 대기의 물리적 조건이 좌우되어 변동하는 상태
* 기후 요소 : 기온, 강수량, 바람, 습도, 일조시간
* 기후 인자 : 위도, 해발고도, 수륙분포, 해류, 바다와의 거리, 지형
* 기후가 영향주는 사회적 특징 : 전통 습관, 옷입는 습관, 독특한 음식과 식사

1. 대기와 온도

① 평균 기온 : 관측소에서 4차례(3시, 9시, 15시, 21시)에 걸쳐서 관측하여 30년간의 기록을 평균으로 낸 온도

② 동결 심도 : 서울 1m, 남부 40~50cm

2. 바람

① 주풍향을 고려하여 조경계획(오전 : 계곡 → 산정상, 오후 : 산정상 → 계곡

3. 일조·일사

① 우리나라의 경우 최저 2시간의 일조시간을 법적으로 제한(동지일 기준)

② 경사도와 깊은 관계

* 기후조사 : 대상지의 지역기후 파악+대상지 내의 미기후 조사분석

4. 미기후

① 국부적 장소에 나타나는 기후가 주변기후와 현저히 달리 나타날 때

② 미기후 요소 : 대기요소+서리, 안개, 시정거리, 자외선, 이산화황, 이산화탄소

③ 미기후 인자 : 지형, 수륙분포에 따른 안개의 발생, 지상피복 및 특수 열원 등

④ 표면처리의 재료, 주변 건물 배치, 대상지 주변 식재현황에 따라서 그 지역의 미기후가 달라짐

⑤ 알베도(Albedo) : 표면에 닿는 복사열이 흡수되지 않고 반사되는 비율

예) 거울 : 1.0%, 산림, 잔디 : 0%(열이 완전히 흡수됨)

㉠ 알베도가 낮을수록, 전도율이 높을수록 : 미기후 온화 안정

㉡ 지면 피복상태가 알베도와 영향

㉢ 알베도 : 바다<산림<초지<오래된 눈<갓내린 눈

바다	0.06~0.08	초지	0.15~0.25
검은 흙	0.05~0.15	마른 모래	0.25~0.45
젖은 모래	0.10~0.20	오래된 눈	0.40~0.70
산림	0.10~0.20	갓 내린 눈	0.80~0.95

2-3. 토양조사

* 토양 : 식물이 자라는 데 가장 중요한 환경인자

1. 토양의 단면

① A_0층(유기물층)

㉠ 낙엽과 분해물질 등 유기물 토양 고유의 층

㉡ L층, F층, H층

② A층(표층, 표토층, 용탈층)

㉠ 광물 토양의 최상층 : 외부환경과 접촉되어 그 영향을 직접 받는 층. 흑갈색

㉡ 식물에 필요한 양분 풍부

㉢ 기후, 식생, 생물 등의 영향을 가장 강하게 받는 층

③ B층(집적층, 심토층)

㉠ A층에 비해 부식 함량이 적어 황갈색 내지 적갈색

㉡ 표층에 비해 부식 함량이 적고 모래의 풍화가 충분히 진행된 갈색의 토양

④ C층(모재층)

㉠ 광물질이 풍화만 된 층. 외계로부터 토성생성작용을 받지 못함

㉡ 광물질이 풍화만 이루어진 층

⑤ D층(기암층)

2. 토성

① 토양 무기질 입자의 입경 조성에 의한 분류

② 토성의 결정 : 모래, 미사, 점토의 함유 비율

③ 토성의 구분(점토 배율에 따른 분류)
  : 사토(모래)-사양토-양토-식양토-식토(점토)

3. 토양수분(pF)

① 중력수(자유수, pF 0~2.7)

② 모관수(pF 2.7~4.5)
  ㉠ 공극에서 물의 표면장력에 의해 버티고 있는 물
  ㉡ 식물(작물) 이용 가능 → 유효수분

③ 흡습수(pF 4.5~7) : 토양입자 표면에 피막 형성

④ 결합수(화학수, pF 7) : 토양에 결합되어 분리 안 됨

4. 토양도(Soil map)

① 종류
  ㉠ 개략토양도 : 항공사진 중심으로 현지조사에 의해 작성, 축척 1 : 50,000
  ㉡ 정밀토양도 : 항공사진 중심으로 현지조사에 의해 작성, 축척 1 : 25,000

② 토양 구분
  ㉠ 토양군(soil association) : 다른 토양통이거나 전혀 다른 토양이 같은 장소에 섞여 나타나는 것
  ㉡ 토양통(soil series) : 동일 모재에서 발달
     지명(오산통, 예천통, 울산통 등)
  ㉢ 토양구(soil type) : 같은 토양통에서 나온 토성
     토양통+토성(예천 식양토, 과천 사양토)
  ㉣ 토양상(soil individual) : 동일 토양이면서 동일토성, 동일경사, 침식 및 경사를 갖는 토양

③ 토양토의 토양 표시방법

GKB3 : GK-토성, B-경사도, 3-침식 정도

* **경사의 구분**
A : 0~2%   B : 2~7%
C : 7~15% D : 15~30%
E : 30~60% F : 60% 이상

* **침식의 정도**
1 : 침식이 없음   2 : 침식이 있음
3 : 침식이 심하다. 4 : 침식이 매우 심하다.

5. 토양의 화학적 반응

① 산성과 알칼리성 토양

  ㉠ 산성 토양 : 양분 없음, 적색 흙(철 많음)-침엽수 자생

  ㉡ 알칼리성 토양 : 건조지역, 양분 많음-활(낙)엽수 자생

② 토양 평가 등급

등급	pH	이용
상급	pH 6.0~6.5	• 고품질의 조경용 식물을 식재하는 곳 • 조경용 식물의 건전한 생육을 필요로 하는 곳
중급	pH 5.5~6.0 pH 6.5~7.0	• 식물의 생육환경이 열악한 매립지 • 인공지반 위에 조성되는 식재기반 • 답압의 피해가 우려되는 곳
하급	pH 4.5~5.5 pH 7.0~8.0	• 일반적인 식재지
불량	pH 4.5 미만 pH 8.0 초과	

2-4. 수문 조사

1. 유역

① 유역 : 한 지역의 물을 집중시키고 수계를 형성하는 지역
② 집수구역 : 계획부지에 집중되는 유수의 구역

2-5. 생태조사

1. 조사방법

① 전수조사 : 도시구역 내 인간의 간섭이 심하여 빈약한 식물상을 이루고 있는 곳 또는 좁은 지역
② 표본조사 : 구역면적이 넓고 식물상이 자연 상태에서 군락을 이루고 있는 경우, 보통 군락구조의 해석

2. 생태현황조사의 목적

① 대상계획지의 식물상 파악
② 새로 도입해야 할 식물의 종류 결정
③ 보존지역 설정
④ 개발지 한정 : 녹지자연도
⑤ 공간분위기 조성

3. 조사단계

① 임상조사 : 군락조사
② 수목조사 : 수목 개체에 대한 조사로 프로젝트에 따라 조사법 결정
③ 야생동물 : 조류

4. 군락의 측도 조사방법

① 쿼드라트법(Quadrate method) : 정방형의 조사지역을 설정하고 식생조사

② 접선법 : 군락 내에 일정 길이의 선을 몇 개 긋고, 그 선 안의 식생 조사

③ 점에 의한 방법 : 초원, 습지 등 높이가 낮은 군락에 적용

④ 간격법 : 두 식물 개체 간 거리 또는 임의의 점과 개체 사이의 거리 측정

* 각 조사법에 전용되는 군락

구분	교목군락	관목	초본군락	이끼, 바위옷군락
쿼드라트법	○	○	○	○
접선법	△	△	○	○
포인트법	×	×	○	○
간격법	○	△	×	×

5. 녹지자연도(DGN, Degree Green Naturality)

① 자연생태계를 보호하기 위해 전국적으로 녹지공간의 자연성을 나타낸 지표

② 녹지자연도 분석의 목적

  ㉠ 녹지공간의 자연성 지표 설정

  ㉡ 개발 또는 보존여부의 검토를 위한 기초 자료의 제공

  ㉢ 인간의 영향 정도의 파악

③ 녹지자연도 등급

등급	구분	등급	구분
0등급	수역	6등급	조림지
1등급	시가지	7등급	유령 2차림
2등급	농경지	8등급	장령 2차림
3등급	과수원	9등급	자연림
4등급	2차 초원(A)	10등급	자연식생
5등급	2차 초원(A)		

6. 생태자연도

① 산·하천·내륙 습지·호소·농지·도시 등에 대하여 자연환경을 생태적 가치, 자연성·경관적 가치 등에 따라 등급화하여 작성된 지도
② 기존의 녹지자연도를 보완하여 식생보전등급의 정확한 기준과 평가지침을 제시하고자 환경부에서 제작한 도면-「자연환경보전법」
③ 목적
　㉠ 우리나라 국토의 보전과 개발을 위한 토대
　㉡ 자연생태계 구조기능 체계화
④ 구분 : 1등급, 2등급, 3등급, 별도관리지역
⑤ 평가 항목 : 식생, 멸종위기 야생생물, 습지, 지형
⑥ 1/25,000 지형도-실선으로 표시
⑦ 등급 평가 최소면적 : 62,500m^2

2-6. 경관조사

1. 경관 분석의 기법

① 기호화 방법
　㉠ K. Lynch
　　ⓐ 기호를 이용해서 분석도면 작성
　　ⓑ 도시경관 분석 시 환경요소 부호화
　　ⓒ 진행에 따라 변화요소를 평면적·수직적 측면에서 접근하고, 시간적 요소 첨가
　　ⓓ 도시 이미지 형성에 기여하는 요소
　　　: 통로(Path), 모서리(Edges), 지역(District), 결절점(Node), 랜드마크(Landmark)

* K. Lynch : 심리학적 측면에서 도시경관 접근

② 심미적 요소의 계량화 방법
　㉠ 경관의 질적 요소를 계량화하는 방법으로서 경관평가의 객관화 시도
　㉡ 물리적 인자, 생태적 인자, 인간이용과 흥미적 인자 등으로 구분
　㉢ Leopold : 스코틀랜드 계곡의 경관을 평가 → 경관가치를 상대적 척도로 측정
③ 메시(mesh) 분석 방법
　㉠ 그리드의 크기
　　ⓐ 구역면적의 넓이
　　ⓑ 분석 정도에 따라 1변의 길이가 20~30m에서 500m 혹은 1km까지
　㉡ 분석의 방법
　　ⓐ 각 요인별로 몇 단계의 등급으로 나눔
　　ⓑ 등급을 각 그리드에 표시하기
　　ⓒ 등급별 그리드수를 집계하여 경관의 특색을 도출
　㉢ 일본 동경대에서 경관타입을 체계화하기 위해 시도
④ 시각회랑(Visual Corridor)에 의한 방법
　㉠ Litton의 산림경관 분석
　㉡ 시각회랑 설정, 경관관찰점 설정, 가시경관구역을 정해 특징 도출
　㉢ 경관 조사방법

시각회랑의 설정 (가시권 분석)	• 1/25,000, 1/50,000의 지형도를 가지고 대상지를 답사하여 시각회랑 설정 • 등산로, 차량도로, 포장도로, 철도 등을 중심으로 중심노선에서 조망 가능한 관찰구역 설정
경관 관찰점의 설정 (조망점 선정)	• 기준 탐사로를 중심으로 전경, 중경, 배경을 살펴볼 수 있도록 고정적인 조망점 선정
가시경관 구역의 설정	• 관찰되는 구역을 조망점으로부터의 거리에 따라서 전경, 중경, 배경으로 구획
시각적 분석 (경관 평가)	• 경관탐사 노선에 설정된 조망점을 통하여 경관의 구도적 분석과 우세요소 및 경관의 우세원칙, 경관의 변화요인 등을 조사하여 종합 분석

* 자연경관의 가시구역별 특징

특징적 구역 \ 가시구역	전경		중경		배경	
	근경	원경	근경	원경	근경	원경
거리(마일)	0/1/4	1/4~1/2	1/4~1/2	3~5	3~5	무한대
시각능력	세부경관요소		세부 및 전반적 요소		전반적 윤곽	
관찰 목표	암석 위치(세세함)		거친 윤곽선		수관(나무의 형태)	
시각적 특징	개개의 식생 및 종류와 색채, 냄새, 동작 구분		질감에 의한 식생 구분		명암에 의한 형태 구분	

* 경관관찰점(경관통제점, LCP : Landscape Control Point) : 아이버슨(Iverson)
① 이용자들의 주통행선에 설정
② 각 경관지역 내에서 1개의 통제점 선정
③ 선정 기준
- 특별한 가치 있는 경관 조망 장소
- 이용밀도 높은 장소
- 주요 도로 및 산책로
- 다양한 전망기회를 제공하는 장소

⑤ 게슈탈트에 의한 방법
  ㉠ 사물은 사물 자체 보다는 부분의 속성을 전체와의 연관성 속에서 구조적으로 파악
  ㉡ 형태심리학(gestalt) 관점

⑥ 사진에 의한 분석방법
  ㉠ 항공사진, 일정지점 사진 촬영
  ㉡ Shafer와 James Mietz : 8×10인치의 흑백사진으로 자연경관 시각적 선호 모델 연구
    ⓐ 사진경관을 10개 지역으로 구획
    ⓑ 40개의 독립변수 선정
    ⓒ 회귀분석

* 경관훼손 가능성 높은 지역(Litton)
  - 완경사<급경사
  - 산정상·능선
  - 혼효림<단순림
  - 구심점 경관의 초점지역

2. 산림경관의 유형 분류(Litton)

① 기본적인 유형
   ㉠ 전경관(파노라믹 경관)
      ⓐ 시야가 가리지 않고 멀리 펴져 보이는 경관
      ⓑ 시야의 거리감은 추측으로만 판단하고, 경계의식이 뚜렷하지 않는 펼쳐진 경관
      ⓒ 끝없는 초원풍경, 광막한 바다
   ㉡ 지형경관
      ⓐ 지형의 특징을 나타내고 관찰자가 강한 인상을 받게 되는 경관
      ⓑ 높은 산봉우리, 산 속 높은 절벽
   ㉢ 위요경관
      ⓐ 평탄한 중심공간 주위에 숲이나 산들이 둘러싸여 있는 경관
      ⓑ 숲속의 호수
   ㉣ 초점경관
      ⓐ 시선이 한 초점으로 집중될 때의 경관
      ⓑ 계곡의 끝 폭포, 길게 뻗은 도로
② 보조적인 유형
   ㉠ 관개경관
      ⓐ 상층은 나무의 숲으로 덮여 있고, 나무의 줄기가 기둥처럼 들어서 있거나 하층은 관목이나 어린 나무들로 이루어져 있는 경관
   ㉡ 세부경관
      ⓐ 관찰자가 근접 접근하여 나무의 모양, 잎, 열매 등을 상세히 보는 경관

ⓒ 일시경관
  ⓐ 대기권의 상황변화에 따라 경관의 모습이 달라지는 경관
  ⓑ 설경이나 수면에 투영된 영상
  ⓒ 무지개, 안개, 노루와 사슴이 물을 마시는 호숫가 풍경, 잔잔한 호수면에 비추어진 구름, 저녁노을에 붉게 물든 호숫가

3. 경관분석

 * 분석 요소─가시권 분석─조망점 선정─경관 시뮬레이션─경관 평가

① 분석 요소
  ㉠ 시각적 특성
    ⓐ 경관의 우세 요소 : 형태, 선, 색채, 질감
    ⓑ 우세 원칙 : 대조, 연속성, 축, 집중, 상대성, 조형
    ⓒ 변화 요인 : 운동, 빛, 기후 조건, 계절, 거리, 관찰 위치, 규모, 시간
  ㉡ 물리적 특성
    ⓐ 시각 요소(경관 요소) : 점·선·면적 요소, 수평·수직적 요소, 닫혀진·열려진 공간, 랜드마크, 전망(view)·비스타(vista), 질감, 색채, 주요 경사
  ㉢ 생태적 특성
    ⓐ 자연현상 분석, 사회형태적 특성 분석, 미적 구조 분석
② 경관분석방법 요건 : 타당도, 신뢰성, 예민성, 실용성, 비교가능성

2-7. 리모트 센싱(Remote sensing)에 의한 환경조사

 * 리모트 센싱
  - 항공기, 기구, 인공위성 등을 이용해 땅 위를 탐사하는 것
  - 지상의 대상물로부터 멀리 떨어져 관측하는 형태
  - 환경조건에 따라 물체가 다른 전자파를 반사·방사하는 특성 이용
  - 광역성, 동시성, 주기성, 접근성, 기능성, 전자파이용성

1. 장점

① 단시간 내에 광범위한 지역의 여러 환경 정보를 수집하여 해석·진단 가능

② 기록된 정보들은 기록된 상태에서 언제나 재현 가능

③ 대상물에 직접 손대지 않고 정보 수집

2. 단점

① 정보수집이 대상물로부터 반사되는 전자 스펙트럼의 특성을 통해 얻어지므로 심층부의 정보는 간접적

② 표면·표층의 정보만 수집 가능

③ 소요경비 고가

3. 항공사진

① 구름 없는 쾌청한 날 촬영

② 전방 60%, 측방 20~30% 겹쳐서 촬영

③ 활용 : 토지 피복 분석, 지형 분석, 식생 분석

4. 항공사진의 색에 의한 구분

① 검정색 : 물(하천, 저수지, 강), 탄광지대, 식물(침엽수림, 활엽수림)

② 백색 : 모래사장, 수면(태양에 반사되었을 때)

③ 회색 : 논, 밭

3. 인문·사회환경 조사 분석

3-1. 토지이용 조사

① 토지 이용형태별 조사
② 등기부상의 법적 지목과 실제 이용 상태조사, 현재의 지가 조사
③ 소유별로 국유, 공유, 사유, 행정적 관할 구역 조사
④ 법률적 제한 요건 확인 : 국토이용관리법, 도시계획법, 산림법, 농지법 등

3-2. 인구 및 산업 조사

1. 인구 조사

① 계획 부지를 포함한 주변의 인구 현황 조사
② 목표 연도의 인구를 추정한다.

2. 도시인구 예측 모델

비요소 모형	① 총량적 예측방법 ② 과거 인구 추세에 의한 외삽추정방식 : 많이 이용 ③ 고용 예측 및 기타 간접 자료에 기반을 둔 예측방식 ④ 외삽추정방식 : 선형 모형, 지수성장모형, 지수모형, 곰페르츠 모형, 로지스틱 모형, 비교방법, 비율예측방법 등

요소 모형
(인구 예측 모형)
	① 도시인구를 출생, 사망, 인구이동의 3가지 요소를 합산하여 인구변화 예측
	② 종류
	   ㉠ 연령집단생잔모형 : 전체 인구를 연령계층별, 성별로 나누어 집단 별로 일정 시점 이후까지 생존하는 인구를 예측하여 합산하는 방법(출생, 사망 인구를 고려하는 방법)
	   ㉡ 인구이동모형 : 인구가 일정 기간 동안 유입, 유출하는 것을 계산해 미래의 특정 시점의 인구를 예측하는 방법(유·출입 인구를 고려하는 방법)
	③ 한계점 : 자료수집의 한계

3-3. 역사 및 문화유적 조사

① 건축물의 현황조사(인공 구조물)
② 역사적 유물과 문화재 현황 조사
③ 유형, 무형 문화재 조사

3-4. 교통 및 동선 조사

① 교통체계조사, 동선 조사
② 대상지 접근 교통수단, 배차시간, 소요시간, 교통 체계도 조사

3-5. 시설물 조사

① 건축물 현황 조사 : 종류, 형태, 구조, 수량
② 설비구조 위치, 지하케이블, 가스관, 교량 등

3-6. 수요자 요구 조사

1. 수용력

① 생태적 수용력 : 대상 지역의 생태계가 어느 정도의 훼손까지 흡수하여 스스로 회복할 능력
② 사회적 수용력 : 인간이 활동하는데 필요한 수용력
③ 물리적 수용력 : 토지 등의 수용력
④ 심리적 수용력 : 이용자가 만족스러운 경험을 갖기 위해 일정 지역에 어느 정도의 인원을 수용하는 것이 적절한 것인가를 기준으로 삼는 수용력

2. 공간 수요량 산정 모델

  * 계획의 규모 : 수용량의 한계 결정

① 시계별 모델 : 예측 연도가 단기간인 경우, 환경 변화가 적고 현재까지의 추세가 장래에도 계속된다고 생각되는 경우 효과적인 방법(요인 상호 간 관계가 적은 경우)
② 중력 모델 : 발생 시 데이터가 없는 경우에 적용할 수 없으나, 대단지에 단기적으로 예측하는 데에 사용하는 방법(요인 상호 간 관계가 높을 경우)
③ 요인 분석 모델
　㉠ 연간 수요량에 영향을 미치는 것이 요인
　㉡ 단점 : 데이터 수집 곤란, 요인 자체의 예측 필요
　㉢ 흔히 사용, 과거의 이용 추세로 추정
④ 외삽법 : 과거 이용 선례 없을 때, 비슷한 곳을 대신 조사 추정하는 방법

3. 공간 수요량 계획

① 동시 수용력(M)=Y·C·R·S
　(Y : 연간 관광객 수, C : 최대 일률, R : 회전율, S : 서비스율(경영 효율상 최대일 관광객 수의 60~80%))
② 일 이용자 수
　㉠ 연간 관광객 수에 대한 비율
　㉡ 최대일 이용자 수=연간 이용자 수×최대 일률(C)
　　=최대월 이용자 수×1주일 평균비율×1주일 중 최대일 이용자 수 비율
③ 최대 일률(최대일 집중률, 피크율) : 최대 일률=$\dfrac{\text{최대일 이용자 수}}{\text{연간 이용자 수}}$

계절형 최대 일률	I계절형	II계절형	III계절형	IV계절형
최대 일률	1/30	1/40	1/60	1/100

④ 회전율(시간집중률, 동시체재율)
  ㉠ 1일 중에 가장 많은 이용자 수와 그날의 총 이용자 수에 대한 비율
  ㉡ 24시간 동안 어떤 자원이나 시설이 사용되는 횟수
  ㉢ 동시 수용력(수요량)의 예측을 위한 하나의 지표
  ㉣ 회전율 = $\dfrac{\text{평균이용시간}}{\text{시설개장시간}}$ = $\dfrac{\text{최대시 이용자 수}}{\text{최대일 이용자 수}}$

체재시간 회전율	1시간	2시간	3시간	4시간	5시간	6시간	7시간	8시간
회전율	1/4	1/2.5	1/2	1/1.7	1/1.5	1/1.4	1/1.3	1/1.2

⑤ 최대시 이용자 수 = 최대일 이용자 수 × 회전율
              = 계획기준일 이용자 수 × 최대시 집중율

* 계획기준일 이용자 수 = 최대일 이용자 수 × 서비스율
* 최대 동시 수용 인원수 = 시설가용면적 ÷ 1인당 소요면적
* 연간 최대 수용 인원수 = 전체 면적 ÷ 1인당 연간 이용면적
* 계획용량을 결정하는 수용력 = 연간 이용자 수 × 최대 일률 × 회전율

4. 공공시설 수용력 규모 산정

① 공공시설규모 = 연간 이용자 수 × 최대 일률 × 회전율 × 시설의 이용률 × 단위 규모

* 최대 일률 : 1년 단위, 회전율 : 1일 단위

* 주차장 면적
  = 이용자 수 × 주차장 이용률(80~100%) × $\dfrac{1}{\text{1대당 승차인원수}}$ × 단위 규모
  (승용차 : 30~50 m^2, 버스 70~100 m^2)

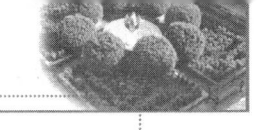

4. 행태·환경·심리기능의 조사 분석

4-1. 환경심리학

1. 환경미학

① 인간환경 전반에 관한 미적 경험 및 반응 연구
② 전통적 미학에 바탕을 두면서 보다 응용적이며 문제 중심적인 접근을 추구하는 미학의 한 분야
③ 자연에 내재하는 미적 질서를 파악하여 인간환경 창조에 구현시키고자 하는 학문
④ 일반적 환경지각 및 인지, 환경적 반응을 종합적으로 연구 : 현실문제 해결에 중심

2. 환경심리학

① 환경과 행태의 관계성을 종합된 하나의 단위로 연구
② 환경과 행태의 상호 간의 영향을 주고받는 상호작용을 연구
③ 이론적이고 기초적인 연구에만 관심을 두지 않고, 형식적인 문제를 해결하기 위한 이론 및 그 응용을 연구
④ 조경, 건축, 도시계획, 사회학 등의 여러 분야에 관계가 깊은 종합과학으로 연구
⑤ 사회심리학과 많은 공동 관심분야 지님
⑥ 모든 연구방법 사용

 * 환경 미학, 환경심리학의 공통점 : 환경지각 및 인지를 기초로 함

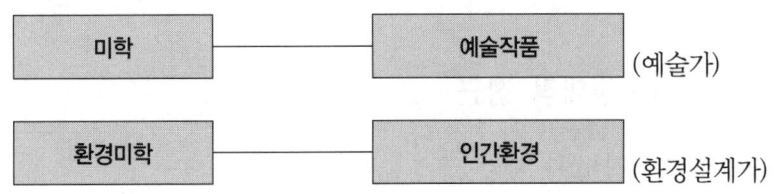

4-2. 환경지각, 인지, 태도

① 환경과 인간의 환경에 대한 시각선호도 관계
: 환경자극 → 지각 → 인지 → 태도
② 환경지각 : 인간의 환경에 대한 반응 중 가장 먼저 일어나는 현상
③ 인지 : 관찰자의 가치에 영향 받아 결정되는 요소(시각적 질의 해석)

4-3. 미적 지각·반응

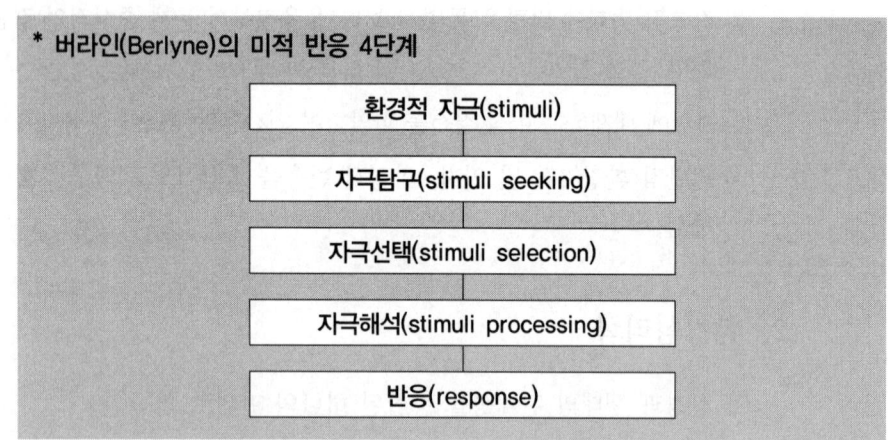

* 버라인(Berlyne)의 미적 반응 4단계

환경적 자극(stimuli)
자극탐구(stimuli seeking)
자극선택(stimuli selection)
자극해석(stimuli processing)
반응(response)

5. 기본 구상

5-1. 계획의 접근방법(물리·생태, 시각·미학, 사회·행태 등)

1. 물리·생태적 접근

① 에너지 순환

　　　㉠ 환경 내의 모든 물질 변화의 에너지 전이 수반

　　　㉡ 효율적인 계획이나 설계를 통해 낮은 엔트로피(소모에너지) 추구

　② 생태계 제한 인자

　　　㉠ 물리적 인자 : 극한 환경에서 제한 인자-기후인자

　　　㉡ 생물학적 인자 : 쾌적한 환경에서 제한 인자-경쟁관계 등

　③ 생태적 결정론(Ian McHarg)

　　　㉠ 생태계획의 이론적 뒷받침 : 자연과 인간, 자연과학과 인간환경의 관계를 생태적 결정론으로 연결

　　　㉡ 환경계획을 자연과학적 근거에서 인간의 환경적응 문제를 파악하여 새로운 환경창조에 기여

　　　㉢ 도면 결합법(Overlay method) 제시

　　　　ⓐ 생태적 인자에 관한 여러 도면을 겹쳐놓고 일정지역의 생태적 특성을 종합적으로 평가하는 방법

　　　　ⓑ 도면 중첩법에 의한 방법

* 도면 중첩법
  - 도면에 식생, 토양 등 주제도를 작성하여 중첩
  - 부지를 격자(grid)로 나누어 주제도를 작성하여 중첩
  - 주제도를 점·선·면으로 표현하여 중첩
  - GIS를 활용하여 주제도 중첩

* 지리정보체계(GIS, Geographic Information System)
  ① 대상의 형태에 관련된 속성정보 포함
  ② 대상의 위치와 관련된 지도정보 포함
  ③ 토지 및 지리에 관련된 제반공개 자료를 이용자의 의도에 맞게 종합 처리
  ④ 중첩 기능 특히 뛰어남
  ⑤ 3차원 지형처리로 경사도, 가시권 분석 등 가능
  ⑥ 저장, 화면에 올리기, 출력, 분석 용이
  ⑦ 한 번 구축된 주제도는 수정 용이
  ⑧ 벡터모델 기본 요소 : point, line, polygon

　④ 적지분석 : 토양의 적정성, 주변 교통관계 및 접근성과 경관적 특성 고려

⑤ 환경영향평가

　㉠ 목적 : 환경에 영향을 미치는 계획 또는 사업을 수립·시행할 때에 해당 계획과 사업이 환경에 미치는 영향을 미리 예측·평가하고 환경보전방안 등을 마련하도록 하여 친환경적이고 지속가능한 발전과 건강하고 쾌적한 국민생활을 도모함

　㉡ 종류 : 전략환경영향평가, 환경영향평가, 소규모 환경영향평가

　㉢ 평가항목

분야	세부 항목
자연생태환경 분야	동·식물상, 자연환경자산
대기환경 분야	기상, 대기질, 악취, 온실가스
수환경 분야	수질, 수리·수문, 해양환경
토지환경 분야	토지이용, 토양, 지형·지질
생활환경 분야	친환경적 자원 순환, 소음·진동, 위락·경관, 위생·공중보건, 전파장해, 일조장해
사회환경·경제환경 분야	인구, 주거, 산업

2. 시각 미학적 접근

① 시각적 분석과정

　㉠ 물리적 환경에 대한 이용자의 반응 분석

　㉡ 이용자들의 시각적 반응의 관계성 파악

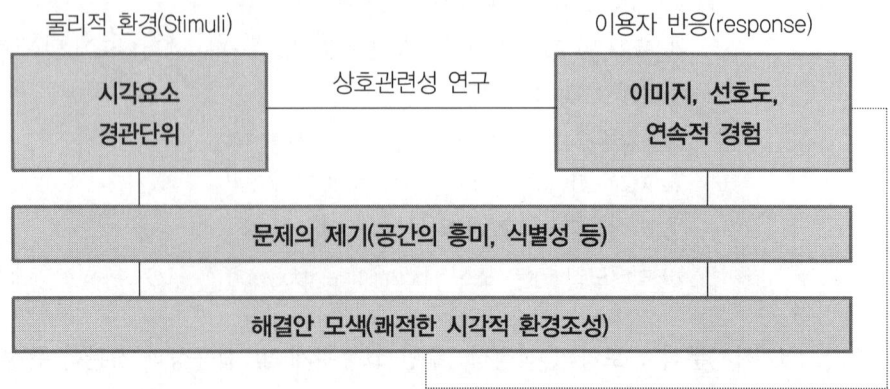

② 시각구성의 기본 요소
  ㉠ 전망(view) : 일정한 기점에서 볼 때 파노라믹하게 펼쳐지는 경관
  ㉡ 비스타(vista) : 좌우로 시선이 제한된 일정지점으로 시선이 모이는 경관
  ㉢ 축(axis) : 공간적 구성의 기본을 정할 수 있는 수단
  ㉣ 연속(sequence) : 선, 면, 시간적, 공간적으로 연속되게 경험하는 것
③ 시각적 효과 분석
  ㉠ 연속적 경험(sequence experience)

Thiel	• 공간형태의 표시법 • 연속적 경험을 기호로 표시하는 법 제안 • 공간의 형태와 면, 인간의 움직임 등을 나타내는 기호로 구성 • 시각적 환경의 지각은 시간의 흐름에 관계되는 동적 과정·인간환경을 구성하는 공간, 면, 사물, 사건 등은 동시에 지각될 수 없고, 시간적 흐름에 의해 경험됨 • 외부공간 분류 : 모호한 공간, 한정된 공간, 닫혀진 공간
Halprin	• 움직임의 표시법 • motation symbol : 움직임(movement)+기호(notation) • 환경적 요소(건물, 수목, 지형 등)를 부호화
Abernathy와 Noe	• 속도변화 고려 • 도시 내에서 연속적 경험을 살린 설계기법 연구 • 진행속도의 차이에 따른 환경지각상의 차이점 고려 • 시간 및 공간을 함께 고려한 도시설계방법 중요시

  ㉡ 이미지

* 이미지 : 보다 식별성이 높고 행위적 의미를 함축하는 환경구성을 목표로 함

Lynch	• 인간환경의 전체적인 패턴 이해 및 식별성을 높이는 데 관계되는 개념 • 대상물의 물리적 성질이 마음 속 요소와 관련되어야 함 • 대상물의 물리적 성질 : 형상, 색채, 배치 • 도시 이미지 형성에 기여하는 물리적 요소 : 통로(Path), 모서리(Edges), 지역(District), 결절점(Node), 랜드마크(Landmark) • 물리적 형태의 시각적 이미지에 주안점

Steinitz	• 컴퓨터 그래픽 및 상관계수 분석 → 도시환경에서 형태(form)와 행위(activity)의 일치 연구 • 일치성 3가지 : 행태, 밀도, 영향 • 물리적 형태와 그 형태가 지닌 행위적 의미의 상호관련성에 주안점

ⓒ 시각적 복잡성(complexity)

  ⓐ 시각적 환경의 질 표현 : 조화성, 기대성, 새로움, 친근성, 놀램, 단순성, 복잡성 등

  ⓑ 중간 정도의 복잡성 → 시각적 선호가 높다.

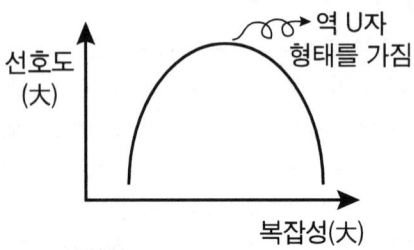

ⓔ 시각적 영향(visual impact)

Jacobs와 Way	• 토지이용 활동을 통해 토지 이용이 시각적 환경에 미치는 영향 연구 • 경관의 시각적 흡수력 : 경관의 투과성과 복잡도에 의해 좌우됨 - 시각적 흡수력 가장 높은 경우 : 투과성 낮음, 복잡도 높음 • 시각적 흡수력이 높으면 시각적 영향 낮음
Litton	• 자연 경관훼손의 가능성 연구 • 도로의 개설, 벌목에 대한 자연의 민감성에 관한 연구 • 경관구분 : 독특한 지형을 지닌 경관, 위요된 경관, 구심적 경관

ⓜ 경관 가치 평가

Leopold	• 특이성의 비(uniqueness ration)를 통해 평가
	• 하천경관의 가치 평가
	  - 12개의 대상지 선정
	  - 상대척도로 나타내어 46개 인자를 통해 특이성 계산

Iverson	• 관찰통제점 평가

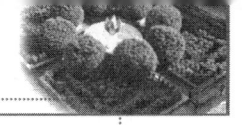

ⓗ 시각적 선호
  ⓐ 변수
    - 물리적 변수 : 다양할수록 선호도가 올라감 → 물, 식생, 지형
    - 추상적 변수 : 복합성, 새로움, 조화 → 매개 변수
    - 상징적 변수 : 의미가 있을 때 선호도 상승
    - 개인적 변수 : 성별, 인종, 성격, 연령, 심리 상태 → 가장 어렵고도 중요한 변수
  ⓑ 시각적 선호의 계량화 응용
    - 경관미의 도면화
    - 대안의 비교
    - 예측 모델의 작성
  ⓒ 예측 모델

피터슨(Peterson) 모델	• 주거지역 주변경관에 대한 시각적 선호 예측 모델 • 계량적 예측 모델의 효시 • 각 선호인자를 독립변수의 합으로 나타냄 • 도시환경, 선형, 간접 모델
쉐이퍼(Shafer) 모델	• 자연경관 시각선호 예측 모델 • 흑백사진을 이용하여 10개의 경관구역 나눔 • 40개의 독립변수를 선정하여 종속변수를 순서척 이용 • 자연환경, 선형, 직접모델
중정 모델	• 캠퍼스 중정을 대상으로 연구 • 중정의 구성 요소와 시각적 선호관계 규명 • 컬러 슬라이드를 통한 SBE 방법 • 10개의 독립변수 이용 • 도시환경, 선형·비선형, 직접 모델
칼스(Carls) 모델	• 레크리에이션 환경, 선형, 직접 모델

3. 사회 행태적 접근

* 조경 계획의 가장 중요한 목표 : 생태계 질서와 인간의 사회적 가치체계 조화

① 행태적 분석의 단계
  ㉠ 필요성 파악 : 의식주 같은 생활을 영위하고자 하는 기본 사항
  ㉡ 형태 기준 설정 : 기능적, 생리적, 사회적, 지각적 측면으로 분류
  ㉢ 대안연구 : 행태 기본 설정에서 설정된 형태 기준에 의거
  ㉣ 설계안 발전 : 구체적으로 세부 부분까지 발전시켜 시공이 가능한 안을 완성하는 단계

② 행태의 이론적 모델
  ㉠ 프라이버시 모델 : 공간 행태를 프라이버시 조절 작용으로 이해
  ㉡ 스트레스 모델 : 공간 행태가 스트레스 상황을 극복하기 위한 작용으로 이해
  ㉢ 정보과잉 모델 : 공간 행태가 정보 과잉 시 거리가 생기는 작용으로 이해
  ㉣ 2원적 모델 : 개인적 상황, 사회적 측면의 상호작용
  ㉤ 기능적 모델 : 에너지 이용, 환경 적응, 사회적 협동 기능

③ 행태적 분석 모델

PEQI 모델	• 환경의 질에 관한 측정기준을 설정해 보다 체계적이고 객관적인 환경설계를 수행할 수 있는 기반조성 모델 • 환경의 질에 대한 지각지표를 환경설계에 적용 • 환경영향평가 보고서 작성
3원적 모델	• 설계 과정을 하나의 차원으로 놓고 장소 및 환경적 현상, 행태적 과정을 비교 • 설계자, 행태과학자 등의 특성을 구분
순환 모델	• 이용상태에 대한 평가를 하여 다음 프로젝트에서 보다 개선된 설계안을 만드는 데 기여하는 모델

* 설계가와 행태과학자
  - 설계가 : 장소 지향적, 문제 중심적
  - 행태과학자 : 행태 지향적, 현장 중심적

④ 인간행태 분석
    ㉠ 행태 관찰 : 시간 흐름에 따라 변하는 연속적 행태 연구 가능
        ⓐ 시간차 촬영 : 광장 이용자의 하루 중 보행통로 및 머무는 장소 조사
    ㉡ 흔적 관찰 : 일정 장소의 의자 배치, 낙서, 잔디 마모 등
    ㉢ 인터뷰 : 직접 질문을 통한 반응조사
    ㉣ 설문조사(설문지)
        ⓐ 유형 : 자유응답, 제한응답, 시각적 응답
        ⓑ 예비조사(인터뷰, 현장관찰) 필요
        ⓒ 설문 배치 : 긍정 질문과 부정 질문 섞기, 일반적 질문에서 복합·특수한 질문 순으로 배치
        ⓓ 장점 : 응답자의 개별 속성이나 의도 등을 상세히 조사
            단점 : 자료의 수집에 많은 시간과 노력 요구

⑤ 개인적 공간
    ㉠ 보이지 않는 범위, 개인 주변에 형성되어 개인이 점유하는 공간
    ㉡ 기능 : 방어, 정보 교환, 프라이버시 조절
    ㉢ 홀(Edward. T. Hall)의 대인 간격의 거리
        ⓐ 친밀한 거리 : 0~45cm(0~1.5ft) - 아주 가까운 사람과의 사이, 부모와 아기, 연인 및 스포츠 시에 유지되는 거리
        ⓑ 개인적 거리 : 45~120cm(1.5~4ft) - 친한 친구, 잘 아는 사람들, 일상적 대화에서 유지되는 거리
        ⓒ 사회적 거리 : 120~360cm(4~12ft) - 업무상의 대화에서 유지되는 거리
        ⓓ 공적 거리 : 360cm 이상(12ft) - 연사와 청중, 공적 모임에서 유지되는 거리

⑥ 영역성
    ㉠ 집을 중심으로 볼 수 있는 고정된 일정지역 또는 공간
    ㉡ 소속감·귀속감을 느끼게 함으로써 심리적 안정감
    ㉢ 외부와의 사회적 작용을 함에 있어 구심적 역할
    ㉣ 주거 커뮤니티 계획 시 필수사항
    ㉤ 사람뿐만 아니라 일반 동물에서도 흔히 볼 수 있는 행태

ⓑ 타인의 침입을 방어하는 욕구 표현

* **인간의 영역성**
  ① Altman
      ㉠ 1차적 영역 : 일상생활의 중심, 반영구적으로 점유되는 공간, 높은 privacy를 요구하며, 외부에 대한 배타성이 높음 → 가정, 사무실 등
      ㉡ 2차적 영역 : 사회적 특정 그룹 소속들이 점유하는 공간, 어느 정도 공간을 개인화시킬 수 있고, 1차 영역보다는 덜 영구적 → 교실, 기숙사, 교회 등
      ㉢ 공적 영역 : 일정시간 이용자는 잠재적인 여러 이용자 가운데 한 사람일 뿐 모든 사람의 접근 허용, privacy 유지도 가장 낮다. → 광장, 해변 등
  ② Newman
      ㉠ 영역의 개념을 옥외 공간 설계에 응용
      ㉡ 아파트에서 범죄 발생률이 높은 이유 : 1차 영역만 존재하고 2차 영역이 없기에 중정, 문주, 벽, 담장을 만들었음

⑦ 혼잡(Crowding)
   ㉠ 밀도와 관계되는 개념
   ㉡ 사회적 밀도 : 친근감이 높을수록 덜 혼잡
   ㉢ 물리적 밀도 : 공간 내의 인구수
   ㉣ 지각 밀도 : 물리적 밀도의 고저에 관계없이 개인이 느끼는 혼잡 정도

⑧ 이용 후 평가(POE : Post Occupancy Evaluation)
   ㉠ 프로젝트가 시행된 후 행태에 적합한 공간 구성이 이루어졌는지의 여부 평가
   ㉡ 행태 과학자들의 환경설계에 관심을 가지면서 대두 : '환경설계평가'
   ㉢ 시공 후 3~5년 후 사후평가 시행
   ㉣ 기본적 목표
       ⓐ 인간 행태 이해 증진
       ⓑ 기존 환경개선을 위한 평가자료 제공
       ⓒ 새로운 환경 창조를 위한 자료 제공
   ㉤ 이용 후 평가 시 물리·사회적 환경요소
       ⓐ 이용자 만족도
       ⓑ 관리의 양호도

ⓒ 이용재료의 특성

* 옥외 공간을 대상으로 설계 평가 시 고려사항(Friedmen)
  ① 물리·사회적 환경
  ② 이용자
  ③ 주변환경
  ④ 설계과정

5-2. 기본 구상과 대안의 작성

1. 기본 구상

① 제반 자료의 종합 및 분석을 기초로 구체적 계획안의 개념 정립
② 분석과정에서 제시된 문제해결을 위한 적합한 계획 방향 제시
③ 주요 문제점 및 해결 방안에 관한 개념은 diagram으로 표현

2. 대안의 작성

① 대안 작성 시 고려사항 : 토지 기능성, 공간 합리성, 시공 경제성
② 바람직하다고 생각되는 최적안을 만들어 상호 비교

3. 대안의 종류

① 규범적인 안 : 가장 이상적인 안, 권위주의적이며 현재를 고려하지 않음
② 최적안 : 설계자가 추구해야 하는 안, 분석종류도 많고 시간과 비용도 많이 소요
③ 만족스러운 안 : 시간 및 비용의 범위 내에서 내놓는 안
④ 혁신적인 안 : 주어진 프로그램 안에서 변경하는 대안

6. 기본 계획

6-1. 토지이용계획

 * 토지이용계획 : 토지이용분류 → 적지분석 → 종합배분

① 토지의 잠재력, 이용행위의 관련성
② 토지이용분류 : 각 토지별 이용 행태, 기능, 소요면적, 환경적 영향으로 구분
③ 적지 분석
  ㉠ 토지이용분류에 의한 계획구역 내의 장소적합성 분석
  ㉡ 토지의 잠재력, 사회적 수요에 기초하여 각 용도별로 행해짐
  ㉢ 생태적 결정론(Ian L. McHarg), 도면 결합법 이용
④ 종합배분 : 최종안 작성

6-2. 교통 동선계획

1. 교통량 발생 및 파악

① 주 이용시기에 발생되는 통행량 반영
② 토지이용에 따른 보행 및 차량의 발생
③ 계절에 영향을 받는 경우 : 유원지, 해수욕장, 경기장 등
   연중 거의 일정한 경우 : 주거지
④ 교통량 배분 : 주변 토지이용에서의 행위는 통행량의 유인과 관련

2. 통행로 선정

① 짧은 거리로서 직선거리 바람직
② 지형적 제한이나 전망에 따라 우회하는 경우 발생

3. 교통, 동선체계

① 격자형 : 도심지, 고밀도의 토지이용
② 위계형 : 모임과 분산의 체계적 활동이 이루어지는 곳 – 주거지, 공원, 놀이터
③ 단순체계 : 시설물 또는 행위의 종류가 많고 복잡한 곳 – 박람회장, 종합놀이터

6-3. 공간 및 시설 배치 계획

1. 시설물 배치 계획

① 시설물 형태, 재료, 색채 : 주변 경관과 조화를 이루도록
② 구조물 배치 : 전체적 패턴이 일정 질서를 갖도록
③ 구조물 평면이 장방형일 경우 : 긴 변이 등고선에 평행하도록
④ 여러 기능이 공존할 경우 : 유사한 기능의 구조물을 한 군데 모아 집단별로 배치
⑤ 다른 시설물과 인접할 경우 : 구조물들로 형성되는 옥외공간 구성에 유의할 것

6-4. 식재 계획

1. 수종 선택

① 계획 구역 내 기후여건에 맞는 생장가능성 검토

2. 배식 패턴

① 정형식 : 건물 주변, 기념성 높은 장소, 기하학적 형태
② 비정형식 : 유기적 형태, 자연과 가까이 접하는 대부분의 장소

3. 녹지 체계

① 생태적, 기능적, 경관적 측면 고려

6-5. 기반 조성 계획

1. 하부구조 계획

① 공동구 설치 : 안전성, 보수성
② 지하매설 : 전기, 전화선, 가스 등의 수리가 용이해야 됨

6-6. 관리 계획

① 집행계획 : 실행하기 위한 계획
② 투자계획, 관련법규검토, 유지관리계획

PART 03 대상지별 조경 계획

1. 주거공간 계획

1-1. 단독 주거공간(주택)

1. **정원의 개념**

    ① 주택정원 : 단독주택 혹은 연립주택 등 주거용 건물에 관련되는 정원

    ② 비주거용 건물의 정원 : 업무용 건물에 관련되어 설치되는 정원 – 전정광장, 옥상 정원, 실내 정원

2. **주택정원의 기능 분할(Zoning)–(G. Eckbo)**

    ① 전정
    - ㉠ 공적인 분위기에서 사적인 분위기로 들어오는 전이공간
    - ㉡ 전정은 입구로서의 단순성이 강조되는 것이 바람직

    ② 주정
    - ㉠ 주택에서 가장 중요한 공간, 가족의 휴식과 단란함이 이루어지는 장소
    - ㉡ 가장 특색있게 꾸밀 수 있는 장소
    - ㉢ 주제를 찾아 강조, 낙엽수를 심어 계절감을 느끼도록 함

③ 후정
  ㉠ 우리나라의 전통 건축의 후원과 유사한 공간
  ㉡ 실내공간의 침실과 같은 휴양공간과 연결되어 조용하고 정숙한 분위기를 갖는 공간
  ㉢ 프라이버시를 최대한 보장, 부분 차폐 가능하도록 식재
④ 작업정
  ㉠ 동선은 연결시키지만 시각적으로는 차폐
  ㉡ 건조장, 빨래터, 수리 보관 장소, 장독대, 채소밭

3. 에크보(G. Eckbo)의 정원 분류

① 기하학적·구조적 정원   ② 기하학적·자연적 정원
③ 자연적·구조적 정원   ④ 자연적 정원

1-2. 집합 주거 공간

1. 단지계획

① 공간구성   ② 토지이용   ③ 관련 법규
④ 주택단지 밀도   ⑤ 도로

* 주거단지 경관계획의 기본 방향
  ① 조경조건 변경   ② 조화와 개성 부여
  ③ 커뮤니티 감각 부여
* 공동주거 공간 계획 시 주거의 쾌적성 및 안전성 확보 노력
  ① 도로위계에 따른 영역성 확보   ② 인동간격 유지
  ③ 완충공간 확보
* 친환경 단지조성을 위해 도입하는 제도
  ① 생태면적률   ② 빗물침투시설 의무화
  ③ 친환경 용적률 인센티브 제도

 * 도시설계(단지 조성) 시 가로망의 기본 유형별 특성

구분	특성
격자형	• 평지에는 가구(街區) 형성, 건물배치 용이 • 토지이용상 효율적, 평지에서는 정지작업 용이 • 경관이 단조로우며, 지형의 변화가 심한 곳에서는 급경사지 발생 • 북사면에서 일조(日照)상 불리하며, 접근로에 혼동 발생 • 교차점의 빈발, 불필요한 통과교통 빈발
우회형 (루프형)	• 통과교통이 상대적으로 적어서 주거환경의 안전성 확보 • 사람과 차의 동선의 교차 증대 • 진입에 대체성이 있으나, 동선 길어질 수 있음 • 불필요한 접근로가 발생되기 때문에 시공비 증대 • 우회도로 없어 방재 또는 방법상의 단점 • 상가 및 공동이용 공간의 시설배치 용이
대로형 (Cul-de-sac)	• 통과교통이 없어서 주거환경의 안정성 확보 • 각 건물에 접근하는 데 불편함을 초래할 수 있음 • 공동공간이나 시설을 배치시킬 수 있으며 독특한 공간 구성 • 주민들 간 사회적 친밀성 증가 • 자동차 위험 없는 녹지 확보 가능 • 블록 단위별 자기 완결성
우회전진형 (격자형+우회형)	• 격자형에서 발생되는 교차점을 감소시킬 수 있음 • 통과교통이 상대적으로 배제되지만 동선이 길어질 수 있음 • 접근성에 있어 불편함을 초래하고, 보행자와 교차 빈번 • 운전 시 급커브가 많이 발생되며, 방향성 상실하기 쉬움
방사형	• 도시 중심의 상징성 부여 • 각 도로의 방향성 부여

2. 공동주택 휴게공간

① 시설공간, 보행공간, 녹지공간으로 나누어 설계

② 입구 : 2개소 이상, 1개소 이상 12.5% 이하의 경사로

③ 완충공간 : 건축물이나 휴게시설 설치공간과 보행공간 사이

  - 휴게시설물 주변 1m 이용공간 확보

④ 놀이터 : 유아가 노는 것을 보호자가 볼 수 있도록 휴게시설 설치

2. 레크리에이션 계획

2-1. 공원녹지계획

1. 공원

① 「도시공원 및 녹지 등에 관한 법률」의 도시계획 시설
② 공원 환경의 특성
  ㉠ 일정한 경계
  ㉡ 비건폐상태의 땅
  ㉢ 녹지와 공원시설로 구성
  ㉣ 제한되나 지정되지 않는 쓰임새

2. 녹지

① 도시계획 시설
② 공원, 하천, 산림, 농경지까지 포함한 오픈 스페이스 또는 녹지공간
③ 도시지역에서 자연환경을 보전하거나 개선하고, 공해나 재해를 방지함으로써 도시경관의 향상을 도모하기 위하여 「국토의 계획 및 이용에 관한 법률」에 따른 도시·군관리계획으로 결정된 것

3. 공원녹지

① 쾌적한 도시환경을 조성하고 시민의 휴식과 정서 함양에 이바지하는 공간 또는 시설
② 「도시공원 및 녹지 등에 관한 법률」
  ㉠ 도시공원, 녹지, 유원지, 공공공지 및 저수지

　　ⓒ 나무, 잔디, 꽃, 지피식물 등의 식생이 자라는 공간

　　ⓒ 그 밖에 국토교통부령으로 정하는 공간 또는 시설

4. 오픈 스페이스(Open space)

① 오픈 스페이스의 개념

　㉠ 형질로 본 오픈 스페이스
　　ⓐ 개방지　　　　　ⓑ 비건폐지
　　ⓒ 위요 공지　　　ⓓ 자연환경

　㉡ 기능으로 본 오픈 스페이스 : 도시 안의 모든 땅처럼 나름대로 적극적이고 뚜렷한 기능을 가진 땅

　㉢ 형태로 본 오픈 스페이스 : 시민들이 자유롭게 선택하고 행동하며, 스스로를 재창조하고 여가를 즐길 수 있게 개방된 장소

② 오픈 스페이스의 유형

　㉠ 도시공원 : 생활권공원, 주제공원

　㉡ 녹지 : 완충녹지, 경관녹지, 연결녹지

　㉢ 도시계획 시설 : 유원지, 공공공지, 공동묘지, 광장, 운동장

　㉣ 용도 구분 : 지역, 지구, 구역

③ 오픈 스페이스의 기능

　㉠ 수동적·능동적인 레크리에이션의 제공

　㉡ 자연자원의 보호, 보전 및 적정의 개발 촉진 및 향상

　㉢ 도시의 개발 형태 유도

④ 오픈 스페이스의 효율성

　㉠ 도시개발의 조절
　　ⓐ 도시개발 형태의 조절
　　ⓑ 도시의 확산과 연담의 방지
　　ⓒ 도시개발의 촉진

　㉡ 도시환경의 질 개선
　　ⓐ 도시생태계의 기반 조성

ⓑ 환경 조절 : 재해의 방지·완화, 공해의 방지·완화, 미기후 조절
ⓒ 시민생활의 질 개선
　ⓐ 창조적 생활의 기틀 마련 : 시민 개개인의 자아 재발견
　ⓑ 도시경관의 질 고양

* 오픈 스페이스의 형질, 기능, 소유를 기준으로 한 분류체계

공공녹지	• 공원녹지, 운동장, 공원도로, 보행자전용도로, 자전거도로 • 광장　　　　　　　　　　　• 공원묘지
자연녹지	• 하천, 호수, 수로　　　• 해변, 하안, 호반 • 산림, 들판, 농지
공개녹지	• 사찰경내, 묘지 등과 그 부속지 • 공익시설 부속원지　　　• 민영 공공시설원지

5. 공원녹지와 비슷한 도시계획 시설

① 유원지
　㉠ 면적 : 최소 1만m² 이상
　㉡ 유희, 운동, 휴양, 특수, 위락, 편익, 관리시설 설치

② 공공공지
　㉠ 공공목적을 위하여 필요한 최소한의 규모로 설치
　㉡ 시·군내의 주요시설물 또는 환경의 보호, 경관의 유지, 재해대책, 보행자의 통행과 주민의 일시적 휴식공간의 확보를 위하여 설치하는 시설

③ 광장
　㉠ 교통광장 : 교차점 광장, 역전광장, 주요 시설광장
　㉡ 일반광장 : 중심대광장, 근린광장
　㉢ 경관광장
　㉣ 지하광장
　㉤ 건축물 부설광장

④ 운동장
　㉠ 국민의 체력 향상 기여를 위한 도시계획시설

⓵ 국제경기종목의 운동장, 골프장, 종합운동장

㉢ 관람석 1천석 이하 소규모 실내운동장 제외

⑤ 공동묘지

㉠ 공설묘지, 사설묘지

㉡ 묘지공원과는 구별

⑥ 기타 : 하천, 저수지, 유수지, 방풍설비, 사방설비, 방화설비, 방조설비 등

6. 공원 녹지계획

① 계획 대상과 목적으로 본 유형

㉠ 정책계획/체계계획

ⓐ 전체 도시구조, 공원 녹지체계가 가져야 할 성격, 기능, 규모, 질적 수준, 개발 프로그램, 집행방법 제시

㉡ 사업 계획/조성 계획

ⓐ 특정한 공원녹지를 개별적으로 조성하는 수준에서 구체적인 개발사업 방안

② 계획의 내용으로 본 유형

㉠ 지표계획(program planning)

ⓐ 공원 녹지의 기능, 성격, 역할 등 목표체계 정립

ⓑ 공원에 도입될 활동, 시설 등의 프로그램 작성

㉡ 물리적 계획(physical planning)

ⓐ 지표계획에서 작성된 활동과 시설을 계획부지 안에 적절히 배치하고 조직하는 계획

㉢ 사업집행 계획(implementation planning)

ⓐ 실제공사를 실시하여 공원을 완성하기 위해 필요한 사업지침 등을 제시

㉣ 관리계획(management planning)

ⓐ 조성된 공원녹지를 시민에게 개방한 후의 질적 수준을 유지하기 위한 각종 지침을 제시하는 계획

③ 공원녹지 양적 수요 분석

㉠ 기능 배분방식

ⓐ 도시 전체면적을 기능별로 적정비율을 설정하여 배분
ⓑ 신도시 개발, 대규모 단지 조성

ⓒ 생태학적 방식
　ⓐ 산소 공급원으로서 요구되는 수림지 면적을 산출하여 공원녹지 결정

ⓒ 인구기준 원단위 적용방식
　ⓐ 공원녹지 면적을 1인당, 1,000인당 요구되는 면적으로 산출
　ⓑ 인구밀도가 높은 대도시에서는 적용 곤란

> * 도시공원 면적 - 「도시공원 및 녹지 등에 관한 법률」
>   - 도시지역 안에 거주하는 주민 1인당 $6m^2$ 이상
>   - 개발제한구역·녹지지역을 제외한 곳의 주민 1인당 $3m^2$ 이상

ⓔ 공원 이용률에 의한 방식
　ⓐ 공원 유형별 이용률을 감안하여 산출한 공원 유형별 수요를 가산하여 전체공원의 면적 수요 산정

$$P = \sum \frac{N_I \times A_I \times S_I}{C_I}$$

　(P : 전체공원 수요, N_I : 공원유형별 이용자 수, A_I : 공원유형별 이용률, S_I : 공원이용자 1인당 활동 면적, C_I : 유효 면적률)

ⓜ 생활권별 배분 방식
　ⓐ 생활권 위계별로 공원녹지를 배분

④ 공원녹지 체계계획
　㉠ 녹지 체계 : 녹지의 군집, 녹지를 여러 개 모아서 조성한 녹지군
　㉡ 녹지대 : 무질서한 도시확산 방지, 근교농지 보전, 자연경관 보전 등의 목적을 가진 환상의 광역 녹지대
　㉢ 체계화 목적
　　ⓐ 접근성·개방성 증대
　　ⓑ 포괄성·연속성 증대
　　ⓒ 상징성·식별성 증대

⑤ 공원녹지 체계를 구성하는 주요 계획 개념

종류	개념
핵화	• 활동이 활발하거나 또는 시각적으로 가장 지배적인 요소를 오픈 스페이스 체계의 핵 또는 초점으로 설정하는 개념 • 도시 내의 산, 구릉, 호소 또는 문화재, 광장, 대공원 등과 같은 면적요소 • 위치, 방향, 거리 등과 같은 지각을 유지해 주는 역할
위요	• 핵을 감싸주는 성격 • 대(帶)의 형태를 가지고 있는 것 • 하천, 경관도로, 녹지대 등이 위요 요소로 잠재력 가짐
결절화	• 방향성 서로 다른 공원녹지 체계의 요소들을 서로 만나게 하여 결절점 형성 • 결절화 요소 : 하천, 녹지대, 경관도로 • 결절점 요소 : 공원, 유원지, 광장
중첩	• 인공성과 정형성을 완화시키는 동시에 접근성 좋은 공원녹지 체계 형성 • 도시 내의 하천 및 하천을 복개한 도로, 구릉군, 보행자 전용도로
관통	• 중첩개념과 연관이 큰 개념으로 보다 더 강력한 대상(帶狀)이 인공환경 속을 관통함으로써 중첩의 효과를 가중 • 하천, 능선, 대상 광장, 광로 등의 소재
계기	• 이용자가 시간의 흐름에 따라 각각의 체험을 엮어서 보다 더 풍성하고 총체적인 체험을 얻을 수 있도록 하는 개념 • 각 오픈 스페이스의 독립성·완결성을 연결하여 보다 연속된 효과를 느끼게 할 경우 사용 • 공원녹지 체계를 형성하는 설계 기념 중에서 가장 중요

7. 공원의 역사

① 공원의 조성
  ㉠ 18~19세기 서구의 산업혁명으로 인한 급격한 도시화로 환경문제 발생
  ㉡ 영국 : 개인정원(park) 개방
  ㉢ 미국 : 공원 조성

② 보스턴시 공원체계
  ㉠ Frederick Law Olmsted와 Charles T. Eliot
  ㉡ 공원녹지 체계의 원형

ⓒ 공원개념을 도시전체의 차원으로 확충할 수 있는 외연적 발전 가능성 제시
　　　ⓔ 하천 정비, 택지개발 환경오염 방지 등의 정책목표를 다룸
　　　ⓜ 수식가로(boulevard)와 공원도로(park way)를 공원에의 접근로와 공원 간의 연결로 및 미시가화 지역의 형태를 제시하는 골격으로 도입
　③ 캔자스시 공원체계
　　　㉠ G.E. Kessler
　　　ⓛ 도시성 강조, 도시 성장 패턴 미리 고려
　　　ⓒ 공원도로, 광장과 주요 지점(건물, 기념물 등) 포함
　　　ⓔ 도시의 자연환경과 인공환경 요소의 결합
　④ 미니에폴리스시 공원체계
　　　㉠ H.W.S. Cleveland - 도시 주변 호수 활용

8. 녹지계통의 형식

종류	개념
분산식	• 도시 내 다양하게 분산　　　• 소도시 • 예 : 미국 미네아폴리스
방사식	• 도심에서 외곽으로 방사형 녹지 조성 • 예 : 미국 인디애나폴리스, 독일 하노버, 독일 비스바덴
환상식	• 도심에서 외곽으로 환상형 녹지 조성 • 도시의 팽창을 저해하는데 효과적 • 예 : 오스트리아 빈
방사 환상식	• 방사식과 환상식 녹지 결합 • 가장 바람직(이상적)인 녹지 • 인공과 자연의 조화, 시민이 쉽게 녹지에 도달 가능 • 도시 발전에 질서와 탄력성 부여 • 예 : 독일 쾰른
대상식 (평행식)	• 띠 모양의 녹지 조성 • 예 : 스페인 마드리드, 러시아 스탈린그라드, 인도 샨디가르
위성식	• 도시 내부 환상녹지대 조성하고, 녹지대 내 소시가지 배치 • 예 : 독일 프랑크푸르트

2-2. 도시 및 자연공원

1. 도시공원의 세분 - 「도시공원 및 녹지 등에 관한 법률」

① 국가도시공원 : 도시공원 중 국가가 지정하는 공원
② 생활권 공원 : 도시생활권의 기반이 되는 공원의 성격으로 설치·관리하는 공원
　㉠ 소공원 : 소규모 토지를 이용하여 도시민의 휴식 및 정서 함양을 도모하기 위하여 설치하는 공원
　㉡ 어린이공원 : 어린이의 보건 및 정서생활의 향상에 이바지하기 위하여 설치하는 공원
　㉢ 근린공원 : 근린거주자 또는 근린생활권으로 구성된 지역생활권 거주자의 보건·휴양 및 정서생활의 향상에 이바지하기 위하여 설치하는 공원
③ 주제공원 : 생활권공원 외에 다양한 목적으로 설치하는 공원
　㉠ 역사공원 : 도시의 역사적 장소나 시설물, 유적·유물 등을 활용하여 도시민의 휴식·교육을 목적으로 설치하는 공원
　㉡ 문화공원 : 도시의 각종 문화적 특징을 활용하여 도시민의 휴식·교육을 목적으로 설치하는 공원
　㉢ 수변공원 : 도시의 하천가·호숫가 등 수변공간을 활용하여 도시민의 여가·휴식을 목적으로 설치하는 공원
　㉣ 묘지공원 : 묘지 이용자에게 휴식 등을 제공하기 위하여 일정한 구역에 묘지와 공원시설을 혼합하여 설치하는 공원
　㉤ 체육공원 : 주로 운동경기나 야외활동 등 체육활동을 통하여 건전한 신체와 정신을 배양함을 목적으로 설치하는 공원
　㉥ 도시농업공원 : 도시민의 정서 순화 및 공동체 의식 함양을 위하여 도시농업을 주된 목적으로 설치하는 공원
　㉦ 방재공원 : 지진 등 재난발생 시 도시민 대피 및 구호 거점으로 활용될 수 있도록 설치하는 공원
　㉧ 그 밖에 특별시·광역시·특별자치시·도·특별자치도 또는 서울특별시·광역시 및 특별자치시를 제외한 인구 50만 이상 대도시의 조례로 정하는 공원

2. 녹지의 세분

① 완충녹지 : 대기오염, 소음, 진동, 악취, 그 밖에 이에 준하는 공해와 각종 사고나 자연재해, 그 밖에 이에 준하는 재해 등의 방지를 위하여 설치하는 녹지

* 완충녹지의 설치 목적
  - 공해방지·완화
  - 재해방지·완화
  - 사고방지·완화

② 경관녹지 : 도시의 자연적 환경을 보전하거나 이를 개선하고 이미 자연이 훼손된 지역을 복원·개선함으로써 도시경관을 향상시키기 위하여 설치하는 녹지

③ 연결녹지 : 도시 안의 공원, 하천, 산지 등을 유기적으로 연결하고 도시민에게 산책공간의 역할을 하는 등 여가·휴식을 제공하는 선형(線型)의 녹지

3. 도시공원의 설치 및 규모의 기준

구분			설치 기준	유치 거리	규모
생활권공원	소공원		제한없음	제한없음	제한없음
	어린이공원		제한없음	250m 이하	1,500m² 이상
	근린공원	근린생활권 근린공원	제한없음	500m 이하	1만m² 이상
		도보권 근린공원	제한없음	1,000m 이하	3만m² 이상
		도시지역권 근린공원	당해 도시공원의 기능을 충분히 발휘할 수 있는 장소에 설치	제한없음	10만m² 이상
		광역권 근린공원	당해 도시공원의 기능을 충분히 발휘할 수 있는 장소에 설치	제한없음	100만m² 이상
주제공원	역사공원		제한없음	제한없음	제한없음
	문화공원		제한없음	제한없음	제한없음
	수변공원		하천이나 호수 등의 수변과 접하고 있어 친수공간을 조성할 수 있는 곳에 설치	제한없음	제한없음
	묘지공원		정숙한 장소로 장래 시가화가 예상되지 아니하는 자연녹지지역에 설치	제한없음	10만m² 이상

주제공원	체육공원	당해 도시공원의 기능을 충분히 발휘할 수 있는 장소에 설치	제한없음	1만m² 이상
	도시농업공원	제한없음	제한없음	1만m² 이상
	특별시·광역시 또는 도의 조례가 정하는 공원	제한없음	제한없음 제한없음 제한없음	제한없음

4. 도시공원 안의 공원시설 부지 면적

	공원구분	공원면적	공원 시설 부지 면적
생활권공원	소공원	전부 해당	20% 이하
	어린이공원	전부 해당	60% 이하
	근린공원	- 3만m² 미만 - 3만m² 이상~10만m² 미만 - 10만m² 이상	40% 이하 40% 이하 40% 이하
주제공원	역사공원	전부 해당	제한없음
	문화공원	전부 해당	제한없음
	수변공원	전부 해당	40% 이하
	묘지공원	전부 해당	20% 이상
	체육공원	- 3만m² 미만 - 3만m² 이상~10만m² 미만 - 10만m² 이상	50% 이하 50% 이하 50% 이하
	도시농업공원	전부 해당	40% 이하
	특별시·광역시 또는 도의 조례가 정하는 공원	전부 해당	제한없음

* 「도시공원 및 녹지 등에 관한 법률」에 의한 공원시설의 종류
① 조경시설 : 관상용 식수대·잔디밭·산울타리·그늘시렁·못 및 폭포
② 휴양시설 : 야유회장 및 야영장(바비큐시설 및 급수시설 포함), 경로당, 노인복지관, 수목원
③ 유희시설 : 시소·정글짐·사다리·순환회전차·궤도·모험놀이장, 유원시설·발물놀이터·뱃놀이터 및 낚시터
④ 운동시설 : 운동시설(무도학원·무도장 및 자동차 경주장은 제외), 실내사격장, 골프장(6홀 이하), 자연체험장

⑤ 교양시설 : 도서관 및 독서실, 온실, 야외극장, 문화예술회관, 미술관 및 과학관, 장애인복지관, 사회복지관 및 건강생활지원센터, 청소년수련시설(생활권 수련시설) 및 학생기숙사, 어린이집, 유치원, 천체 또는 기상관측시설, 공연장 및 전시장, 어린이 교통안전교육장, 재난·재해 안전체험장 및 생태학습원, 민속놀이마당 및 정원

⑥ 편익시설 : 우체통·공중전화실·휴게음식점·일반음식점·약국·수화물 예치소·전망대·시계탑·음수장·제과점, 사진관, 유스호스텔, 선수 전용 숙소, 운동시설 관련 사무실, 대형 마트 및 쇼핑센터, 농산물 직매장

⑦ 공원관리시설 : 창고·차고·게시판·표지·조명시설·폐쇄회로 텔레비전·쓰레기 처리장·쓰레기통·수도, 우물, 태양에너지설비

⑧ 도시농업시설 : 도시텃밭, 도시농업용 온실·온상·퇴비장, 관수 및 급수 시설, 세면장, 농기구 세척장

⑨ 그 밖의 시설 : 장사시설, 역사 관련 시설, 동물놀이터, 보훈회관, 무인동력비행장치 조종연습장

5. 자연공원 - 「자연공원법」

① 개념
  ㉠ 자연 생태계와 자연 및 문화 경관을 보전하고, 지속 가능한 이용을 도모하기 위해 지정된 공원
  ㉡ 국제자연보전연맹(IUCN)에서 국제적으로 통용되는 National Park

② 역사
  ㉠ 옐로우스톤 국립공원 : 세계 최초의 국립공원(1872)
  ㉡ 제1차 세계국립공원회의 개최 : 시애틀(1962년 6월)
  ㉢ 지리산 국립공원 : 우리나라 최초의 국립공원(1967)
  ㉣ 팔공산 국립공원 : 23호(2023)

③ 자연공원 구분
  ㉠ 국립공원 : 환경부장관 지정·관리
  ㉡ 도립공원 : 도지사 또는 특별자치도지사 지정·관리
  ㉢ 군립공원 : 군수 지정·관리
  ㉣ 지질공원 : 환경부장관 인증

④ 자연공원의 지정 기준

구 분	기 준
자연생태계	자연생태계의 보전상태가 양호하거나 멸종위기 야생 동식물·천연기념물·보호 야생 동식물 등이 서식할 것
자연경관	자연경관의 보전상태가 양호하여 훼손 또는 오염이 적으며 경관이 수려할 것
문화경관	문화재 또는 역사적 유물이 있으며, 자연공간과 조화되어 보존의 가치가 있을 것
지형보존	각종 산업개발로 경관이 파괴될 우려가 없을 것
위치 및 이용편의	국토의 보전·이용·관리측면에서 균형적인 자연공원의 배치가 될 수 있을 것

* **자연공원의 공원성 판단 기준**
  : 경관, 토지소유관계, 산업개발, 이용도, 교통의 편리, 이용객 수용능력

6. 자연공원의 용도지구

① 공원자연보존지구

　다음 각 목의 어느 하나에 해당하는 곳으로서 특별히 보호할 필요가 있는 지역

　가. 생물다양성이 특히 풍부한 곳

　나. 자연생태계가 원시성을 지니고 있는 곳

　다. 특별히 보호할 가치가 높은 야생 동·식물이 살고 있는 곳

　라. 경관이 특히 아름다운 곳

② 공원자연환경지구 : 공원자연보존지구의 완충공간으로 보전할 필요가 있는 지역

③ 공원마을지구 : 마을이 형성된 지역으로서 주민생활을 유지하는 데에 필요한 지역

④ 공원문화유산지구 :「문화재보호법」에 따른 지정문화재를 보유한 사찰과 전통사찰 보존지 중 문화재의 보전에 필요하거나 불사에 필요한 시설을 설치하고자 하는 지역

7. 자연공원 계획

① 자연공원기본계획
- ㉠ 환경부장관은 10년마다 국립공원위원회의 심의를 거쳐 공원기본계획 수립
- ㉡ 내용 : 자연공원의 지정 현황, 자연생태계 현황, 자연공원의 관리전략 및 그 밖에 대통령령으로 정하는 사항
- ㉢ 공원기본계획의 수립절차에 관하여 필요한 사항 : 대통령령
- ㉣ 공원용도지구계획과 공원시설계획 포함

> * 자연공원기본계획의 내용
> ① 자연공원의 관리 목표 설정에 관한 사항
> ② 자연공원의 자원보전이용 등 관리에 관한 사항
> ③ 그 밖에 환경부장관이 자연공원의 관리를 위하여 필요하다고 인정하는 사항

② 「자연공원법」에 의한 공원시설의 종류
- ㉠ 공공시설 : 공원관리사무소·창고(공원관리 용도 사용)·탐방안내소·매표소·우체국·경찰관파출소·마을회관·경로당·도서관·공설수목장림·환경 기초 시설
- ㉡ 보호 및 안전시설 : 사방·호안·방책·방화시설·방재시설 및 대피소
- ㉢ 휴양 및 편의시설 : 체육시설(골프장, 골프연습장 및 스키장 제외), 유선장, 수상레저기구 계류시설, 광장, 야영장, 청소년수련시설, 유어장, 전망대, 야생동물 관찰대, 해중 관찰대, 휴게소, 공중화장실
- ㉣ 문화시설 : 식물원·동물원·수족관·박물관·전시장·공연장·자연학습장
- ㉤ 교통·운수시설 : 도로(탐방로 포함), 주차장, 수소연료공급시설, 교량, 궤도, 무궤도열차, 소규모 공항, 수상경비행장
- ㉥ 상업시설 : 기념품 판매점, 약국, 식품접객소(유흥주점 제외), 미용업소, 목욕장
- ㉦ 숙박시설 : 호텔, 여관
- ㉧ 부대시설 : ㉠~㉦의 부대시설

8. 수용력

① 생태학적 수용력 : 대상 지역의 생태계가 어느 정도의 훼손까지 흡수하여 스스로 회복할 능력이 있는가를 판단하는 기준

② 사회적 수용력 : 이용자 수 추정(회전율, 최대일률 이용)

③ 심리적 수용력 : 이용자가 만족스러운 경험을 갖기 위해 일정 지역에 어느 정도의 인원을 수용하는 것이 적절한 것인가를 기준으로 삼는 수용력

④ 물리적 수용력 : 토지나 수면이 갖는 수용력, 지형·지질·식생 등에 따라 결정

 * 적정 이용객 수 : 생태적 수용력과 사회적 수용력 중 적은 쪽 택함

2-3. 관광지 및 유원지

1. 레크리에이션 계획의 개념 및 원칙

① 운영계획으로서의 개념
  ㉠ 계획과 운영은 불가분의 관계를 가지며, 계획은 운영을 반영함
  ㉡ 사용의 질적 수준 고려
  ㉢ 옥외 레크리에이션 토지이용계획에서 경험의 완충지역 설정
    ⓐ 경험이 크게 변화하는 지역에 전이지역 필요
    ⓑ 레크리에이션 행위들이 서로 상충되는 지역의 분리를 위해 완충녹지 및 공간 필요

② 사회계획으로서의 개념(사회, 심리적 측면)
  ㉠ Driver의 동기 - 편익 모델
    ⓐ 관광·레크리에이션에 있어 방문객의 형태가 '개인적인 만족과 이득을 위한 질서있는 움직임'을 개념적으로 설명

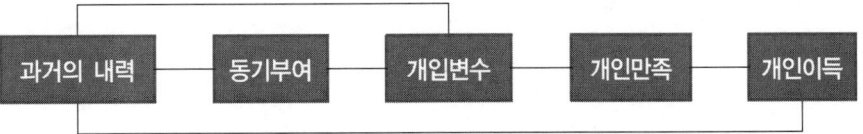

○ Maslow의 욕구의 위계

   * Driver의 동기-편익 모델의 철학을 바탕으로 욕구가 인간행동에 1차적 영향을 준다는 가설에서 시작된 개념

   ⓐ 기초욕구 : 생리적·생존적 목표, 의식주, 성 등의 요소 포함
   ⓑ 안전욕구 : 기초적 욕구가 충족될 때 안전의 욕구와 관련하여 긴장경험, 안보·질서 보호의 규범, 위험의 감소 등
   ⓒ 소속감 : 인간의 욕구가 만족되면 대인관계를 형성하면서 욕구 시작. 가족 및 친척 관계, 친구관계 등
   ⓓ 자아지위 : 대인관계에서 안정성을 확보한 다음에 그룹 내에 특별한 지위를 차지
   ⓔ 자아실현 : 4단계에서 만족을 얻은 후 자신의 내적 성장에 관심을 갖고 자신과의 도전에서 더 창조적이고 많은 성취욕구
  ○ 레크리에이션 한계수용력
   ⓐ Wager(1974) : 어떤 지역에서 레크리에이션의 질을 유지하면서 지탱할 수 있는 레크리에이션 이용레벨
   ⓑ 종류
    - 생태적·물리적 한계수용력 : 자연에 영향을 주지 않는 이용범위에 적용
    - 사회적·심리적 한계수용력 : 이용자 측면에서 경험의 질을 유지하는 이용범위
   ⓒ Alan Jubenville : 레크리에이션 경험 모형
  ③ 자원계획으로서의 개념 : 자연의 미학, 회복불능의 원칙, 자원의 잠재력
  ④ 서비스로서의 개념 : 주민 또는 지역사회를 개선하기 위한 개념, 인간적인 접근 방법, 사회복지의 의미로 본 것

2. 관광계획

 ① 계획 과정
  ㉠ 목표 설정 : 행태 및 수요의 연구 → 대상지의 잠재력 → 대중의 의견 → 근거법

ⓒ 계획의 조정 : 정부 내 조정, 정부 간 조정, 민간 조정

　　　ⓒ 수요의 추정 : 활동 행태 요구 추정

　　　② 계획안의 집행 : 개발 스케줄, 시설의 적절한 배치, 공사 시방서에 의한 감독

　　　⑩ 계획안의 재평가 : 수요변화·행태변화 등이 예상되므로 계획기법이나 전략 등을 적응시키는 단계

　② 관광 발생 요인

　　　㉠ 내적 요인 : 욕구, 가치관

　　　ⓒ 외적 요인 : 시간, 소득, 생활환경, 사회적 에너지

　③ 관광지에서의 권역

　　　㉠ 유치권 : 관광지(혹은 시설)에 내방할 가능성을 지닌 사람들이 거주하는 범위, 1차 시장

　　　ⓒ 행동권 : 대상지의 매력과 행동욕구에서 규정된 행동범위

　　　ⓒ 보완권 : 서로 이용자를 보내고 받는 보완관계가 성립하는 대상이 존재할 수 있는 범위, 2차 시장

　　　② 경합권 : 당해 대상에 있어 경합이 될 수 있는 대상이 존재하는 범위, 유치권의 약 2배의 범위, 3차 시장

　④ 이동행태에 따른 관광코스

　　　㉠ 피스톤형 : 거주지를 출발하여 관광지에 직행하고, 관광 후 곧장 돌아오는 형태, 당일 여행

　　　ⓒ 스푼형 : 거주지를 출발하여 관광지에 도착하여 관광 후 주변 2~3곳 관광지를 관광하고 돌아오는 형태, 활동범위가 옷핀형보다 많음

　　　ⓒ 옷핀형(안전핀형) : 거주지를 출발하여 관광지에 직행하고, 목적지 및 인접지역을 관광하고 돌아오는 형태

　　　② 탬버린형(순환형) : 거주지를 출발하여 관광지에 직행하고, 미리 선정한 4~5개의 목적지를 이동하여 관광하고 돌아오는 형태, 원형

　⑤ 계획의 모델

　　　㉠ 앤더슨(Anderson)의 이용자 - 자원모델

　　　　: 이용자와 자원조사 → 수요와 공급 추정 → 계획안 작성

　　　ⓒ 체계계획 모델 : 자원-이용자-계획의 변수 및 상호관계

3. 레크리에이션 계획의 수요와 공급

① 수요의 종류

　㉠ 잠재수요 : 인간에게 본래 내재하는 수요이지만 기존의 시설을 이용할 때만 반영되어 나타남, 적당한 시설·접근수단·정보가 제공되면 참여가 기대되는 요소, 공급이 수요를 창출

　㉡ 유도수요 : 사람들로 하여금 그들의 레크리에이션 패턴을 변경하도록 고무시켜 잠재수요를 개발

　㉢ 표출수요 : 기존의 레크리에이션에 참여 또는 소비하고 있는 사람들의 선호도 파악

② 수요를 결정짓는 변수(요인)

　㉠ 잠재적 이용자 : 인구수, 인구 특성, 인구 구성, 지리적 위치 및 밀도, 여가시간·습관, 경험 수준, 교육 정도, 이용자 수입

　㉡ 대상 지역 : 자연환경, 수용능력, 미기후, 관리 수준, 매력도, 경쟁적 후보지

　㉢ 접근성 : 비용(입장료), 정보, 여행시간·거리, 여행 수단, 질적 수준, 이미지, 준비 비용

③ 수요패턴을 결정짓는 변수

　㉠ 계절적 분포 : 기후, 휴가 기간, 관광 시즌, 학교 일정, 습관이나 풍속 등

　㉡ 여가 기간 : 일생주기, 생활양식, 직업 등

　㉢ 지리적 분포 : 이용자와 자원과의 거리로 시간과의 거리가 의미있는 변수

④ 수요측정방법

　㉠ 표준치(standards)의 적용

　　ⓐ 집중률(최대일률), 가동률(서비스율), 회전율

　　ⓑ 관광계획 : 시설규모를 산정하는 원단위 많이 이용

　　　공원계획 : 인구비, 면적비의 원단위 많이 이용

* 표준치 필요성
 - 계획이나 의사결정 과정에서의 지침 또는 기준
 - 목표의 달성 정도 평가 시 도움
 - 여가 시설의 효과도 판단 시 도움

ⓛ 시계별/요인분석/중력모델
ⓒ 만족점 추정법 : 소득이 높으면 레크리에이션 이용객 수는 증가하지만 만족점 에서는 참여율이 떨어짐, 유행되는 활동에 적용
② 비교추정법 : 기존의 공원과 비교하는 방법
⑩ 일 방문객 추정법 : 일 방문객 수=자동차 수×회전율×인/대
ⓑ 연 방문객 추정법 : 계절형을 이용하는 방법과 동일(기후 요인을 감안한 경험치 사용), 연 방문객 수=일 방문객 수×일수

* 여가활동 증가 요소
  - 자유시간 증가   - 교육수준 향상
  - 소득 증대   - 즐거움에 대한 태도 변화
  - 인구의 이동성   - 기술 발달

4. 레크리에이션 계획의 접근방법

① 레크리에이션 계획의 접근방법 - S. Gold

종류	개념	지표	대상지
자원형	• 자원이 레크리에이션 기회의 종류와 양 결정	• 한계수용력 • 환경영향	• 비도시지역 • 국도립공원 • 자연공원 등
활동형	• 과거의 참여 패턴이 장래의 기회를 결정 • 공급이 수요를 창출	• 선호도(인구비 기준, 면적비 기준) • 참여율 • 방문객 수	• 소도시 (공공공원)
경제형	• 지역의 경제기반 또는 재원이 레크리에이션 기회의 양, 형태 결정, 수요와 공급은 가격으로 환산	• 시장수요와 기회의 가격 • B/C 분석 • cost/effectiveness	• 대도시 • 지역레벨
행태형	• 개인 및 그룹의 자유시간의 사용이 공적·사적기회로 전환 • 경험으로서의 레크리에이션	• 이용자 선호도 • 만족도 • 잠재 수요 및 유효 수요	• 도시의 공공·민간 개발
혼합형	• 이용자 그룹과 자원타입을 분류하여 결합	• 이용자+자원	• 지역레벨

② 레크리에이션 계획의 접근방법 - 기초적 방법(실제적 방법론)
  ⊙ 혁신적 접근방법(Gold) : 이용자의 목적, 선호도 및 점진적 실행계획에 근거, 주어진 시점에서 단지 근린의 수요 반영하는 사회적 지표 결과
  ⓒ 레크리에이션 경험 구성의 개념(Staley) : 경험의 유형과 이 경험을 지원하는 비슷한 활동에 대한 실행 기준을 공간 및 설계 기준으로 바꾸어 적용
  ⓒ 인구비례법(Buechner) : 인구당 면적, 시설, 지도원 등의 계획 기준
  ② 면적비례법 : 계획면적당 공공 레크리에이션 면적 배분
  ⑩ 한계수용능력 방법 : 공간 및 시설의 사회적·생태적 한계수용능력 기준
  ⑪ 효과성 측정 : 기존 시설의 이용, 접근성, 선호도 및 만족도를 측정하여 미래 시설계획 수요 지수 반영
  ⑩ 서비스 수준의 접근방법 : 시설에 대한 효과의 질적 수준 측정
  ⑥ 필요-자원지수(Staley) : 다른 필요(수요)와 자원의 필요성 순위에 따른 지수로 등급화
  ⓧ 체계 모델 접근법 : 기존 공급과 대상활동의 참여율에 근거한 기존 수요에 대한 설명과 앞으로의 추세 전망하여 시설에 대한 시간 - 거리의 영향과 연관
  ⓧ 이용자 - 자원 계획방법 : 이용자 그룹 분류하고, 계획대상지를 자원형에 따라 구분하여 연결

5. 레크리에이션 계획

① 리조트(Resort)

* 휴양과 레크리에이션을 위한 장소
* 일상 생활권에서 일정거리 이상 떨어져 있는 좋은 자연환경 속에 위치
* 정적인 공간에 스키, 보트놀이 등의 활동적인 레크리에이션이 더해진 형태

⊙ 사생활의 자유 확보
ⓒ 교류나 교환할 기회와 장소가 있어야 함
ⓒ 체재하는 데 필요한 흥미대상이 있어야 함
② 쾌적한 생활을 유지하는 데 충분한 일정수준 이상의 생활 서비스와 편리성

확보

　ⓜ 리조트 토지형태 : 숙박시설 및 서비스시설 $\frac{1}{3}$, 원지 $\frac{1}{3}$, 완충녹지 및 도로 $\frac{1}{3}$ 정도

　ⓗ 옥외 공간 여유있게 확보

　ⓢ 접근성 양호

② 마리나(Marina)

　㉠ 해양 스포츠, 레크레이션용 요트나 보트 등을 계류·보관하는 시설 및 보급 수리시설을 갖춘 시설

　㉡ 수심 3m 표준, 파도 높이는 1m 이내

　㉢ 지리적으로 2~3시간 기준, 유치권 내에 인구밀도가 높은 곳에 있을 것

　㉣ 풍향의 변화가 심하지 않은 곳, 어업권 문제 해결 용이한 곳

　㉤ 간선 도로와의 연결이 용이할 것(교통이 편리한 곳)

　㉥ 육상시설도 필요

　㉦ 방파제 및 부표 설치

　㉧ 마리나를 핵으로 부대시설(클럽하우스, 주차장, 호텔, 위락시설, 녹지공간 등)의 설치와 바다를 통한 다양한 레크레이션 활동(요트, 보트 등) 도입

③ 해수욕장

　㉠ 기상조건 : 기온 24℃ 이상, 수온 23~25℃, 풍속 5~10m/sec 이하

　㉡ 해상조건 : 유양파고 0.7m 이하, 부유물과 유행성 물질이 없을 것
　　수질기준 : 투시도 30cm 이상, pH 7.8~8.3

　㉢ 모래밭 조건 : 해안선의 길이 500m 이상, 너비 200~400m(모래밭 폭이 만조 시 물가에서 3m 이상), 육지부 면적 : 1인당 10~20m^2로 설정

　㉣ 남동면 또는 남면에 구릉지나 산이 있는 것이 바람직

2-4. 골프장 및 체육시설

* 체육시설업 구분
  1. 등록 체육시설업 : 골프장업, 스키장업, 자동차 경주장업
  2. 신고 체육시설업 : 요트장업, 조정장업, 카누장업, 빙상장업, 승마장업, 종합체육시설업, 수영장업, 체육도장업, 골프 연습장업, 체력단련장업, 당구장업, 썰매장업, 무도학원업, 무도장업, 야구장업, 가상체험 체육시설업, 체육교습업, 인공암벽장업

* 공공체육시설 종류 : 전문체육시설, 생활체육시설, 직장체육시설

1. 골프장

① 입지조건

  ㉠ 부지의 형태와 방향 : 북서에서 남동으로 향하는 장방형, 남사면이나 남동사면

  ㉡ 고저차와 지형 : 표고 600m 이하, 전 부지의 고저차는 50m 이내, 횡단구배는 3~15% 정도

  ㉢ 잔디를 심는데 좋은 토양이어야 하며, 배수가 잘 되고 지하수위가 깊은 곳

  ㉣ 용수 확보(여름 1홀당 약 2,000t 소모)에 용이한 지하수 및 개울과 연못, 수림이 있으며 코스 조성, 법면 유지에 좋은 토질일 것

② 구성

  ㉠ 표준 골프 코스 : 18홀, 길이 6,500~7,000야드, 너비 100~180m

  ㉡ 면적 : 18홀 기준 - 평탄지는 60만~70만m^2, 고저차 50m 정도의 구릉지는 80~90만m^2

  ㉢ 18홀 기준, 규정 타수 72타로 홀의 타수 3으로 홀아웃하는 것을 숏홀, 4는 미들홀, 5 이상은 롱홀

  ㉣ 골프 코스 : 회원제 골프장업 - 3홀 이상, 정규 대중골프장업 - 18홀 이상, 일반 대중골프장업 - 9홀~18홀, 간이골프장업 - 3~9홀

  ㉤ 각 골프 코스 사이 : 20미터 이상의 간격

③ 홀의 계획
- ㉠ 티잉그라운드(Tee) : 출발지점, 사각형 또는 원형, 주변보다 약간 높음, 경사 1~1.5%
- ㉡ 페어웨이(Fairway) : 중간지점, 폭 30~60m(최소 20m), 티에서부터 위치에 따라 자연과의 조화 및 홀 성격에 따라 달라짐, 경사 2~10%(25% 이상 경사지는 피함)
- ㉢ 그린(Green) : 홀의 종점, 홀에 볼을 넣기 위해 매트상으로 정비된 잔디밭, 잔디가 가장 잘 다듬어진 지역, 면적 600~800m^2, 경사 2~5%
- ㉣ 러프(Rough) : 풀을 베지 않은 공간(잡초, 관목, 수림)
- ㉤ 벙커(Bunker) : 장애물, 모래밭, 페어웨이 벙커와 그린 벙커
- ㉥ 해저드(Hazard) : 조경이나 난이도 조절을 위한 장애물, 벙커·연못 등

2. 스키장

① 입지조건
- ㉠ 북동향 사면의 취락에 접한 산록부나 굴곡이 있는 완사면
- ㉡ 산정부에서 중복부에 걸쳐 급경사가 되며 산록 아래가 넓은 지형
- ㉢ 적설량은 1m 이상, 눈은 적설량 → 적설기간 → 설질 순으로 중요
- ㉣ 적설기에 비가 적게 오는 곳, 바람이 세거나 돌풍이 많은 지역은 부적합
- ㉤ 면적 : 최소 10ha 이상
- ㉥ 3계절 적설량 90일 이상
- ㉦ 표고 : 500~1700m

② 슬로프
- ㉠ 15°의 경사면 기준
- ㉡ 150m^2/1인 필요, 최소 100m^2/1인
- ㉢ 경사도가 클수록 폭이 넓어짐
- ㉣ 스키 코스 경사 30% 이하, 활강코스 경사 4~25°
- ㉤ 정상부 : 급경사, 하부 : 완경사
- ㉥ 슬로프 : 길이 300m 이상, 폭 30m 이상

ⓐ 평균 경사도 7° 이하인 초보자용 슬로프 1면 이상 설치
③ 리프트
  ㉠ 구배 : 30° 이하, 속도 : 2.5m/sec 이하
  ㉡ 철탑 간격 : 30~40m 이하

3. 썰매장

① 썰매장의 부지면적 : 슬로프 면적의 3배 초과 금지
② 슬로프 가장자리 : 폭 1m 이상, 높이 0.5m 이상 두께의 눈을 쌓아야 함
③ 코스 경사 : 5~25%, 아동용 10~15%, 청소년용 10~20%

4. 승마장

① 실내 또는 실외 마장면적 : 500m^2 이상
② 실외 마장 : 0.8m 이상의 나무울타리 설치
③ 3마리 이상의 승마용 말 배치
④ 말의 관리에 필요한 마사 설치

5. 청소년 수련시설

① 산지에 건축물 배치하는 경우 : 평균 경사도 25° 이하, 표고가 산자락 하단을 기준으로 250m 이하인 지역
② 기존 지형을 고려하여 건축물 배치, 양호한 조망을 확보할 것
③ 건축물 길이 : 경사도 15° 이상인 산지에서는 100m 이내, 그 밖의 지역에서는 150m 이내로 할 것
④ 경사도가 15° 이상인 산지에 건축물 등을 2 이상 설치하는 경우 : 경관·조망권 등의 확보 위해 길이가 긴 것을 기준으로 그 길이의 1/5 이상의 거리를 둘 것
⑤ 경사도 및 표고 : 원지형을 기준으로 산정할 것

3. 교통시설 계획

3-1. 보행 및 자전거도로

1. 도로의 구분

① 사용 및 형태별 구분

㉠ 일반도로 : 폭 4m 이상의 도로, 교통소통을 위하여 설치되는 도로

㉡ 자동차전용도로 : 특별시·광역시·특별자치시·시 또는 군내 주요 지역 간이나 시·군 상호 간에 발생하는 대량교통량을 처리하기 위한 도로, 자동차만 통행할 수 있도록 하기 위하여 설치하는 도로

㉢ 보행자전용도로 : 폭 1.5m 이상의 도로, 보행자의 안전하고 편리한 통행을 위하여 설치하는 도로

㉣ 보행자우선도로 : 폭 20m 미만의 도로, 보행자와 차량이 혼합하여 이용하되 보행자의 안전과 편의를 우선적으로 고려하여 설치하는 도로

㉤ 자전거전용도로 : 하나의 차로를 기준으로 폭 1.5m(상황에 따라 1.2m) 이상의 도로, 자전거의 통행을 위하여 설치하는 도로

㉥ 고가도로 : 시·군내 주요 지역을 연결하거나 시·군 상호 간을 연결하는 도로, 지상교통의 원활한 소통을 위하여 공중에 설치하는 도로

㉦ 지하도로 : 시·군내 주요 지역을 연결하거나 시·군 상호 간을 연결하는 도로, 지상교통의 원활한 소통을 위하여 지하에 설치하는 도로(도로·광장 등의 지하에 설치된 지하공공보도시설 포함)

② 규모별 구분

㉠ 광로 : 폭 40m 이상

㉡ 대로 : 폭 25~40m

㉢ 중로 : 폭 12~25m

㉣ 소로 : 폭 4~12m

③ 기능별 구분

㉠ 주간선도로 : 시·군내 주요 지역을 연결하거나 시·군 상호 간을 연결하여 대량 통과교통을 처리하는 도로, 시·군의 골격을 형성하는 도로

㉡ 보조간선도로 : 주간선도로를 집산도로 또는 주요 교통발생원과 연결하여 시·군 교통이 모였다 흩어지도록 하는 도로, 근린주거구역의 외곽을 형성하는 도로

㉢ 집산도로 : 근린주거구역의 교통을 보조간선도로에 연결하여 근린주거구역 내 교통이 모였다 흩어지도록 하는 도로, 근린주거구역의 내부를 구획하는 도로

㉣ 국지도로 : 가구를 구획하는 도로

㉤ 특수도로 : 보행자전용도로·자전거전용도로 등 자동차 외의 교통에 전용되는 도로

2. 보도

① 유효폭 : 최소 2m 이상, 불가피할 경우 1.5m 이상
② 차도에 접하여 연석을 설치하는 경우 높이 : 25cm 이하
③ 유보도(遊步道)=프로미나드(Promenade)
  ㉠ 도시 내 중심부의 상업·업무·위락 등이 활발한 곳에 보행자가 활보할 수 있는 거리

3. 계단

① 단 높이(h)와 단 너비(b)의 관계 : $2h+b=60\sim65$ cm
② 단 높이 : 15cm, 단 너비 : 30~35cm
③ 계단의 구배 : 30~35°
④ 계단참
  ㉠ 계단의 높이가 2m 이상이거나 도중에 방향전환 시 설치
  ㉡ 계단참 너비 : 120cm 이상
⑤ 난간
  ㉠ 높이 1m 초과하는 경우, 계단 양측에 벽 또는 이와 유사한 것이 없는 경우

　　　ⓒ 계단 폭 3m 초과 시 3m 이내마다 설치

　　　ⓒ 계단 높이 15cm 이하, 단 너비 30cm 이하는 예외

　　　ⓔ 손잡이 : 지름 최대 3.2~3.8cm 이하, 원형·타원형 단면

　⑥ 옥외계단

　　　㉠ 경사 18% 초과 시 설치

　　　ⓒ 계단 단수 : 최소 2단 이상

　　　ⓒ 바닥 : 미끄러움 방지 구조

　⑦ 장애인 등의 통행이 가능한 계단

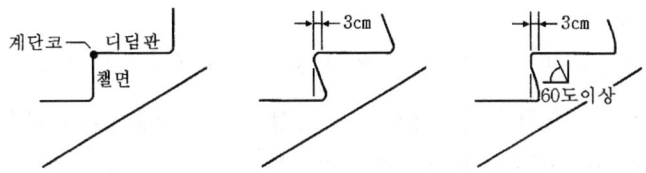

4. 경사로(ramp)

　① 종단기울기 : 1/18~1/12 이하(8% 이하)

　② 휠체어 사용자 : 폭 1.2m 이상

　③ 연속 경사로 : 길이 30m마다 1.5m×1.5m 이상의 참 설치

　④ 손잡이 : 길이 1.8m 이상 또는 높이 0.15m 이상인 경우

　⑤ 추락방지턱 또는 측벽 : 양측면 5cm 이상

　⑥ 바닥 : 미끄럽지 않은 재료, 평탄한 마감

5. 몰(mall)

　① 도심 상업지구에 자동차와 보행자의 마찰을 피하고, 안전하고 쾌적한 보행을 유도하여 주변상가의 활성화를 위한 도로

　② 종류

　　　㉠ 풀 몰(full mall) : 긴급차량을 제외한 차량통행 완전금지

　　　ⓒ 트랜싯 몰(transit mall)

ⓐ 긴급차량・대중교통수단・관리용 자동차의 진입만 제한적 허용
ⓑ 자가용 승용차 및 트럭 통행 금지
ⓒ 세미 몰(semi mall) : 승용차의 출입도 허용
ⓓ 옥내 몰
　ⓐ 가로에 지붕을 덮어 교외의 쇼핑몰과 흡사한 환경 제공
　ⓑ 추위와 더위・비바람에 영향 받지 않고, 통행할 수 있는 도로

6. 자전거도로

① 용어 정리
　㉠ 설계속도 : 자전거도로 설계의 기초가 되는 자전거의 속도
　㉡ 정지시거 : 자전거 운전자가 같은 자전거도로 위에 있는 장애물을 인지하고 안전하게 정지하기 위하여 필요한 거리
　㉢ 종단경사 : 자전거도로의 진행방향 중심선의 길이에 대한 높이의 변화 비율
　㉣ 편경사 : 평면곡선부에서 자전거가 원심력에 저항할 수 있도록 하기 위하여 설치하는 횡단경사
　㉤ 횡단경사 : 자전거도로의 진행방향에 직각으로 설치하는 경사, 자전거도로의 배수를 원활하게 하기 위하여 설치하는 경사와 평면곡선부에 설치하는 편경사
　㉥ 제한길이 : 종단경사가 있는 자전거도로의 경우 종단경사도에 따라 연속적으로 이어지는 도로의 최대 길이
　㉦ 시설한계 : 자전거도로 위에서 차량이나 보행자의 교통안전을 위하여 일정한 폭과 일정한 높이의 범위 내에는 장애가 될 만한 시설물을 설치하지 못하게 하는 자전거도로 위 공간 확보의 한계

② 자전거도로의 설계 속도
　㉠ 자전거전용도로 : 30km/hr
　㉡ 자전거보행자겸용도로 : 20km/hr
　㉢ 자전거전용차로 : 20km/hr

③ 자전거도로의 폭 : 하나의 차로를 기준으로 1.5m 이상

④ 정지시거

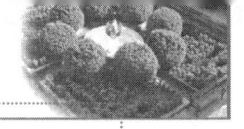

㉠ 하향경사의 경우 정지시거 (단위 : m)

경사도 \ 설계속도	시속 10~20km	시속 20~30km	시속 30km 이상
2% 미만	9	20	37
2% 이상 3% 미만	9	21	38
3% 이상 5% 미만	9	22	40
5% 이상 8% 미만	9	23	41
8% 이상 10% 미만	9	25	44

㉡ 상향경사의 경우 정지시거 (단위 : m)

경사도 \ 설계속도	시속 10~20km	시속 20~30km	시속 30km 이상
2% 미만	8	20	35
2% 이상 3% 미만	8	20	34
3% 이상 5% 미만	8	20	33
5% 이상 8% 미만	8	20	31
8% 이상 10% 미만	8	20	31

⑤ 곡선반경

설계속도	곡선반경
시속 30km 이상	27m
시속 20km 이상 30km 미만	12m
시속 10km 이상 20km 미만	5m

⑥ 곡선부의 편경사 : 자전거도로의 곡선부

⑦ 종단경사

종단경사	제한길이
7% 이상	120m 이하
6% 이상 7% 미만	170m 이하
5% 이상 6% 미만	220m 이하
4% 이상 5% 미만	350m 이하
3% 이상 4% 미만	470m 이하

⑧ 횡단경사 : 1.5~2.0%
⑨ 자전거도로의 시설한계 : 폭 1.5m 이상, 높이 2.5m 이상
⑩ 자전거도로의 차선 : 중앙분리선-노란색, 양 측면-흰색

3-2. 차량도로

1. 도로설계의 요소

① 차도 : 차로와 길 어깨로 구성된 도로의 부분
② 차로 : 자동차가 도로의 정해진 부분을 한 줄로 통행할 수 있도록 차선에 의하여 구분되는 차도의 부분으로서 길 어깨를 제외한 부분
③ 길 어깨(갓길, 노견) : 도로를 보호하고, 비상시나 유지관리 시에 이용하기 위하여 차로에 접속하여 설치하는 도로의 부분
  ㉠ 길 어깨 설치 목적
    ⓐ 규정된 차도의 폭 보전
    ⓑ 완속차와 사람의 대피
    ⓒ 자동차의 속도를 내기 위해 횡방향 여유 두기
    ⓓ 고장차 대피
④ 교통섬 : 자동차의 안전하고 원활한 교통처리나 보행자 도로횡단의 안전을 확보하기 위하여 교차로 또는 차도의 분기점 등에 설치하는 섬 모양의 시설

2. 도로의 간격 및 도로율

① 간격
  ㉠ 주간선도로와 주간선도로 : 1,000m 내외
  ㉡ 주간선도로와 보조간선도로 : 500m 내외
  ㉢ 보조간선도로와 집산도로 : 250m 내외
  ㉣ 국지도로간 : 가구의 짧은변 사이의 90m 내지 150m 내외, 가구의 긴 변 사이의 25m 내지 60m 내외

　② 용도지역별 도로율
　　㉠ 주거지역 : 15~30%
　　㉡ 상업지역 : 25~35%
　　㉢ 공업지역 : 8~20%

3-3. 주차장

1. 주차장의 분류

① 노상주차장 : 도로의 노면 또는 교통광장(교차점 광장)의 일정한 구역에 설치된 주차장으로서 일반의 이용에 제공되는 것
② 노외주차장 : 도로의 노면 및 교통광장 외의 장소에 설치된 주차장으로서 일반의 이용에 제공되는 것
③ 부설주차장 : 건축물, 골프연습장, 그 밖에 주차 수요를 유발하는 시설에 부대하여 설치된 주차장으로서 해당 건축물·시설의 이용자 또는 일반의 이용에 제공되는 것

2. 주차장 계획

① 주차형식
　㉠ 직각주차(90° 주차) : 동일 면적에서 가장 많이 주차
　㉡ 45° 대향주차 : 운전 용이, 토지이용 측면에서 가장 효율적
　㉢ 60° 대향주차
　㉣ 평행주차
　㉤ 교차주차
② 주차구획
　㉠ 평행주차형식의 경우

구분	너비	길이
경형	1.7m 이상	4.5m 이상
일반형	2.0m 이상	6.0m 이상
보도와 차도의 구분이 없는 주거지역의 도로	2.0m 이상	5.0m 이상

ⓒ 평행주차형식 외의 경우

구분	너비	길이
경형	2.0m 이상	3.6m 이상
일반형	2.5m 이상	5.0m 이상
확장형	2.6m 이상	5.2m 이상
장애인전용	3.3m 이상	5.0m 이상

3. 노상주차장 설치 기준

① 주간선도로에는 가급적 설치하지 않음
② 고속도로, 자동차전용도로, 고가도로 설치 금지
③ 차도 폭 6m 이상, 보도와 차도의 구별이 있는 도로
④ 종단구배 4% 이하 도로
⑤ 평행주차
⑥ 장애인 전용주차계획
    ㉠ 주차대수 20~50대 미만 : 1면 이상
    ㉡ 주차대수 50대 이상 : 주차대수의 2~4%

4. 노외주차장 설치 기준

① 녹지지역 아닌 곳에 설치
② 출입구 너비 : 3.5m 이상
③ 주차대수 규모가 50대 이상인 경우 : 출구와 입구를 분리하거나, 너비 5.5m 이상의 출입구를 설치하여 소통이 원활하도록 하여야 함

④ 주차 전용 건축물 건축기준
  ㉠ 건폐율 : 100분의 90 이하
  ㉡ 용적률 : 1,500% 이하
  ㉢ 대지면적의 최소 한도 : 45m² 이상
  ㉣ 높이 제한 : 다음 각 목의 배율 이하
    ⓐ 대지가 너비 12m 미만의 도로에 접하는 경우 : 건축물의 각 부분의 높이는 그 부분으로부터 대지에 접한 도로의 반대쪽 경계선까지의 수평거리의 3배
    ⓑ 대지가 너비 12m 이상의 도로에 접하는 경우 : 건축물의 각 부분의 높이는 그 부분으로부터 대지에 접한 도로의 반대쪽 경계선까지의 수평거리 ×(36/도로의 너비)배

⑤ 노외주차장 설치 : 택지개발사업, 산업단지개발사업, 도시재개발사업, 도시철도건설사업, 그 밖에 단지 조성 등을 목적으로 하는 사업

⑥ 노외주차장 차로의 너비
  ㉠ 이륜자동차전용 노외주차장

주차형식	차로의 너비	
	출입구 2개 이상	출입구 1개
평행주차	2.25m	3.5m
직각주차	4.0m	4.0m
45도 대향주차	2.3m	3.5m

  ㉡ ㉠ 외의 노외주차장

주차형식	차로의 너비	
	출입구 2개 이상	출입구 1개
평행주차	3.3m	5.0m
직각주차	6.0m	6.0m
60도 대향주차	4.5m	5.5m
45도 대향주차	3.5m	5.0m
45도 대향주차	3.5m	5.0m

4. 공장 및 산업단지 계획

4-1. 공장 주변

1. 공장조경의 기능 및 효과

① 녹지 조성으로 공기 정화 및 위험 차단
② 미적, 쾌적
③ 차폐, 완충
④ 종업원 및 주민의 보건증진, 스포츠와 레크리에이션 효과
⑤ 기하학적 구조물을 자연요소로 완화

2. 설계기준

① 공간구획 및 식재
  ㉠ 녹지지역 설정, 완충지역·예비지역 선정
  ㉡ 수종 선정 : 기능식재 중시
  ㉢ 식재방법 : 자연환경·주변지역환경·도시여건을 고려한 인문환경 존중
  ㉣ 내공해성 강하고 손상회복 빠르며, 관리가 쉬운 식물 식재
  ㉤ 전체수목 식재 면적 : 70% 이상
  ㉥ 공장정원 바닥 : 나지를 남겨두지 않을 것
② 공간별 계획
  ㉠ 앞뜰 : 화단과 잔디밭, 수경시설 설치
  ㉡ 건물 주변 : 5m 정도 여유 있는 녹지공간으로 활용
  ㉢ 주변 지역
    ⓐ 공해에 강한 수종을 선택하여 울타리를 따라 2~3줄로 엇갈려 식재
    ⓑ 상록교목과 속성수와 비료목을 심고 양측면에 관목 배식

　　　ⓒ 연못 : 정원면적의 5~20% 바람직

　　　ⓓ 휴지통 : 2~4개 사이. 산책로 20~60m 마다 1개 정도

　③ 공장 구내도로

　　㉠ 폭 : 최소 4m, 차량교차 6m 이상적

　　㉡ 보차 분리

　　㉢ 회전되는 곳 : 회전반경 최소 20m 이상

3. 공장조경의 공간 구성

구 분	종 류	기 능	시 설
부지주변 녹지	완충녹지, 방재녹지, 공장 미화	주변 지역의 환경보존 및 미화	수림대 조성, 산울타리, 경관조성, 화단
건물주변 녹지	사무소, 공장 주변 녹지	각종 건물과 외부공간의 조화	연못, 화단, 수경시설, 잔디밭
이용녹지	휴양녹지, 운동녹지	휴식, 산책, 운동 등의 복지를 위한 녹지	잔디밭, 녹음수, 원로 조성, 옥외공간 시설물
출입공간	상징적인 경관수로 녹지 조성 및 시설물	상징정 효과	간판, 조각, 분수, 화단, 주차장
도로 및 주차공간	보차도 주변녹지	도로에 따른 선적인 녹지, 주차공간의 녹음과 차폐	가로수, 산울타리 및 가로화단, 산울타리 식재 (잔디밭 포함 안함)
기타		각종 시설 배치 및 보호녹지	산울타리 및 군식

5. 특수 환경 계획

5-1. 옥상정원

1. 옥상정원 계획 시 고려사항

① 지반의 구조 및 강도, 수목의 선정, 배수, 관수, 구조물 방수

5-2. 전정광장

* 건물 입구의 성격
* 외부공간과 내부공간 사이의 과정적 공간

1. 전정광장

① 건물 입구의 성격

② 외부공간과 내부공간 사이의 과정적 공간

③ 공적과 사적의 전이공간

2. 설계 시 고려사항

① 독립적이면서도 주변 주차장, 통로 등과의 연속성

② 차량주차, 보행인의 출입, 휴식, 감상 등 여러 기능을 동시에 배려

③ 조각물, 분수 등으로 초점경관을 형성하여 특색 조성

조경 기사 · 산업기사 필기

제3편

조경설계

PART 01 제도의 기초

1. 선

1-1. 선(線)의 종류

1. 선의 종류

① 실선 : 연속적으로 그려진 선

② 파선 : 짧은 선을 약간의 간격으로 나타낸 선

③ 일점쇄선 : 선과 1개의 점을 섞어서 나열한 선

④ 이점쇄선 : 선과 2개의 점을 섞어서 나열한 선

2. 선의 굵기

① 굵은 선 : 0.5~0.8mm, 도면의 윤곽선, 건물의 외곽선, 단면도의 지면선 등

② 중간 선 : 0.3mm, 작은 규모의 단면선, 물체의 외곽선, 경계선 등

③ 가는 선 : 0.1~0.2mm, 문자 보조선, 질감, 치수선, 지시선, 해칭선, 인출선 등

* 선의 위계
 - 굵은 선 → 가는 선
 - 외형선 → 숨은선 → 절단선 → 중심선

3. 선 그리기

① 일관성과 통일성을 유지

② 같은 목적으로 사용되는 선의 굵기 및 진하기는 동일하게 긋기

③ 선 긋는 방향 : 왼쪽에서 오른쪽으로, 아래쪽에서 위쪽으로 긋기

④ 처음부터 끝나는 부분까지 일정한 힘으로 긋기

⑤ 선의 연결과 교차 부분 정확하게 작도

⑥ 연필과 종이의 각도는 45° 유지(보통 60°)

⑦ 서체 : 15° 정도 기울여서 작성

⑧ 연필을 돌리면서 빠르고 강하게 단번에 긋기

⑨ 사선 : 삼각자 방향에 따라 아래에서 위 또는 위에서 아래로 긋기

1-2. 선의 용도

명칭	굵기(mm)	용도에 의한 명칭	용도
실선	• 전선 0.3~0.8	외형선 단면선	물체의 보이는 부분을 나타내는 선, 절단면의 윤곽선
	• 가는 선 0.2 이하	치수선, 치수보조선 지시선, 해칭선, 인출선	설명, 보조, 지시, 치수단면의 표시
파선	• 반선 전선의 1/2	숨은선	물체의 보이지 않는 모양 표시 예) 지하주차장, 파골라, 벤치
일점쇄선	• 가는 선 0.2~0.8	중심선	물체의 중심축, 대칭축 표시
	• 반 선 전선의 1/2	경계선 전단선	물체의 절단한 위치 및 경계 표시
이점쇄선		가상선(상상선) 경계선	물체가 있을 것으로 가상되는 부분 표시

2. 치수선의 사용

2-1. 치수선의 표기방법

① 치수의 단위 : mm
② 치수의 기입
  ㉠ 치수선 및 치수보조선 사용
  ㉡ 치수선에 평행하게 중앙 윗부분 기입
  ㉢ 수평 : 왼쪽에서 오른쪽으로 기입, 수직 : 왼쪽 아래에서 위로 기입
  ㉣ 반지름 치수 기입
    ⓐ 중심을 반드시 표기하여 기입
    ⓑ 치수선 양쪽 화살표 표시
    ⓒ 반지름 커서 중심 위치까지 치수선 그을 수 없을 때 : 자유실선을 원호쪽에 사용
③ 화살표나 점으로 경계 명확히 표시
  ㉠ 1장의 도면에는 같은 종류 기호 사용
  ㉡ 기호 크기 : 도면을 읽기 위해 적당한 크기로 비례
  ㉢ 화살표 : 어느 모양이 사용 가능(끝 열린 것, 닫힌 것, 빈틈없이 칠한 것 등)
④ 마무리 치수로 표시
⑤ 협소한 간격일 때 : 인출선 사용
⑥ 표시 : 가는 실선(0.2mm 정도)

2-2. 치수선의 용도 및 종류

1. 치수선의 용도

① 길이나 각도의 치수 표시

2. 치수선의 종류

① 치수선 : 치수를 기입하기 위해 평행으로 그은 선
② 치수보조선 : 치수선을 표시하기 위해 치수선과 직교로 그은 선
③ 인출선
　㉠ 도면 내용물의 대상 자체에 기입하기 곤란할 때 사용하는 선
　㉡ 도면 내의 모든 인출선의 굵기 : 동일하게 유지
　㉢ 긋는 방향과 기울기를 통일
　㉣ 수목인출선 : 수목명, 수량, 규격 기입
　㉤ 가는 실선

3. 설계기호 및 표현기법

3-1. 설계기호

1. 약어

① E.L : 표고(Elevation)
② G.L : 지반고(Ground Level)
③ F.L : 계획고(Finish Level)
④ W.L : 수면높이(Water Level)
⑤ F.H : 마감높이(Finish Height)
⑥ THK, T : 재료두께(Thickness)
⑦ B.C : 커브 시점(Beginning of Curve)
⑧ E.C : 커브 종점(End of Curve)
⑨ DN : 내려감(Down)
⑩ UP : 올라감
⑪ Ramp : 경사로, 계단
⑫ EXP.JT. : 신축줄눈(Expansion Joint)
⑬ TYP : 표준형(Typical)
⑭ EA : 개수(Each)
⑮ D : 지름(Diameter)
⑯ R : 반지름(Radius)

⑰ Wt : 무게(Weight) ⑱ W : 두께(Width)
⑲ A : 면적(Area) ⑳ D, φ / @ : 철근의 지름, 간격

3-2. 설계의 표현기법(재료표기)

표기법	내용	표기법	내용
	지반(흙) : 다진상태		잡석다짐(깬돌)
	지면(흙) : 자연상태		잡석다짐(자갈)
	석재(자연석, 인조석, 가공석재)		블록
	금속(대규모)		벽돌(치장용)
	금속(소규모, 형강, 철구)		시멘트벽돌
	목재(거친 면)		자갈
	목재(다듬은 면)		모래
	콘크리트(무근)		콘크리트(철근, 소규모)
	콘크리트(와이어 메시)		콘크리트(철근, 대규모)
	판유리		호박돌
	벽일반		보온, 흡음재

4. 기타 제도사항

4-1. 제도에 사용되는 문자 및 제도 용어

1. 제도용 문자
① 표시 : 한글(활자체, 고딕체), 숫자(아라비아 숫자), 영자(로마자) 등
② 서체 : 수직에 대해 오른쪽으로 15° 정도 기울여서 작성
③ 숫자 : 4자리 이상의 수는 3자리마다 쉼표

2. 제도 용어
① 제도 : 도면 작성하는 것
② 도면 : 그림을 치수를 써 넣어 작성하는 것

4-2. 제도 척도 - 축척(Scale)

① 실물 크기가 도면상에 나타낼 때의 비율
② 도면의 축소 또는 확대된 것에 대한 실제 관계
③ 도면마다 기입
④ 축적과 방위 : 우측 하단에 기입, 표제란에 기입

> * 표제란
> : 공사명, 도면명, 축척, 설계자, 제조일자, 도면번호, 도면정보, 기관정보, 기업체명

⑤ 표시 : 숫자(1 : x, 1/x), 바스케일
⑥ 종류

㉠ 현척(실척) : 실물 크기와 동일한 크기의 척도

㉡ 배척 : 실물 크기보다 크게 나타낸 척도

㉢ 축척 : 실물 크기보다 작은 크기로 나타낸 척도

㉣ NS : 치수에 비례하지 않는 척도

4-3. 제도용 및 필기용 도구

1. 제도용 도구

① 제도판 : 제도를 할 때 사용하는 판

② T자 : 수평선을 그을 때 사용하는 자

③ 삼각자 : 수직선이나 사선을 그을 때 사용하는 자

④ 스케일(삼각 축척자) : 길이를 잴 때 사용하는 자

⑤ 샤프 또는 연필, 자우개, 지우개판

⑥ 탬플릿, 운형자, 자유곡선자 : 곡선을 그리는 도구

2. 도면용지

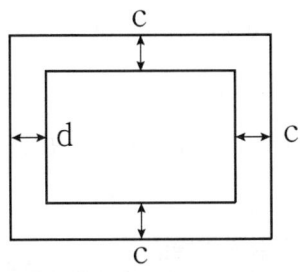

제도용지호칭		A0	A1	A2	A3	A4
a×b		1189×841	841×594	594×420	420×297	297×210
c		10	10	10	5	5
d	철 ×	10	10	10	5	5
	철 ○	25	25	25	25	25

① 도면 크기 – 수직 : 수평=1 : $\sqrt{2}$ (루트비)
② 접는 도면 크기 : A4
③ 윤곽선 : 굵은 실선

4-4. 제도에 사용되는 투상법

1. 투시도

① 먼 곳에 있는 것을 작게, 가까이 있는 것을 크고 깊이 있게 그리는 도법
② 설계안이 완공되었을 경우를 가정하여 평면도를 입체적인 그림으로 나타낸 것
③ 멀고 가까운 거리감을 느낄 수 있도록 하나의 시점과 물체의 각 점을 방사선으로 이어서 그리는 도법
④ 실물 크기를 어림잡을 수 있는 방법 : 사람 그려 넣기

2. 투시도 용어

① 화면(P.P, Picture Plane) : 물체가 투영되어 투시도가 그려지는 면
② 수평선(H.L, Horizontal Line) : 화면상의 눈의 중심을 통한 선
③ 기선 혹은 지반선(G.L, Ground Line) : 화면과 지면이 만나는 선
④ 시점(P.S, Point of Sight) : 보는 사람의 눈의 위치
⑤ 입점 혹은 정점(S.P, Stand Point or Station Point) : 시점의 평면도이며 관찰자의 위치
⑥ 심점 혹은 시심(V.C, Visual Center) : 시점의 입면도
⑦ 소실점 혹은 소점(V.P, Vanishing Point) : 무한 거리 위의 점과 시점을 연결하는 시선의 화면과의 교점, 수평선상에 모이는 점, 선분의 무한 원점이 만나는 점
⑧ LVP(Left V.P) : 왼쪽 소실점
⑨ RVP(Right V.P) : 오른쪽 소실점

⑩ 기면(G.P) : 사람이 서있는 면

⑪ 족선(F.L) : 물체의 평면도의 각 점과 정점을 이은 직선

3. 투시도 작성 시 유의점

① 평면과 화면의 각도 : 30°, 60° 유지

② 시선의 각도 : 60° 넘지 않도록

③ 시점을 너무 멀거나 가깝지 않게 두기

④ 시점의 높이 : 1.5~1.6m 정도

4. 투시도 분류

소점에 따라	시점에 따라
1소점 투시도(평행투시도) 2소점 투시도(유각투시도) 3소점 투시도(사투시도)	일반 투시도 조감도

* 소점 : 관측자의 눈높이, 수평선상의 높이

5. 투상법

① 입체의 도면을 그리기 위한 방법

② 방법

　㉠ 제1각법 :

　　ⓐ 서로 직각으로 교차시키면 공간은 네 부분으로 나누어짐

　　ⓑ 물체를 제1면각 공간에 놓고 투상하여 물체의 각 면에 직각인 방향에서 본 모양을 건너편에 있는 투상면에 그리는 방법

　㉡ 제3각법(정투상도법)

　　ⓐ 대상물을 제3상한에 놓고, 투상면이 눈과 물체의 사이에 있어, 유리상자 안에 물체를 밖에서 스쳐보는 상태에서 투상한 것

　　ⓑ 물체를 제3각에 두고 투상하는 방법

4-5. 기타 사항

1. 스케치

① 눈높이나 눈높이보다 조금 높은 위치에서 보이는 공간을 표현하는 그림

2. 조감도

① 대상지 전체를 내려다볼 수 있을 정도의 높은 곳에서 보이는 모습을 투시도 작도법으로 그린 그림
② 시점(eye point)이 가장 높은 투시도
③ 전체 계획 설명 시 사용

PART 02 설계 과정

1. 기본 설계

1-1. 기본 설계

① 설계연구(Allen & Yen)에는 연구방법과 신뢰도와 타당성 연구가 되어야 한다.
② 타당성(validity) 유형
  ㉠ 개념의 타당성
  ㉡ 예측의 타당성
  ㉢ 내용의 타당성

1-2. 조경설계의 기본원칙

① 기존의 식생, 습지, 지형의 보존 고려
② 생태계 기반 고려
③ 문화재·역사유물 고려
④ 기후·에너지 절약 고려
⑤ 장애인·노약자 배려
⑥ 유지관리 측면 고려

2. 실시 설계

2-1. 설계도면 작성 목적

① 시공자가 정확하게 공사하기 위해
② 인·허가에 필요
③ 시방서 작성과 공사비 산정을 위해

2-2. 평면도

1. 배치도

① 계획의 전반적인 사항을 알기 위한 도면으로 계획대상지 주변의 개략적인 구성 표현
② 시설물의 위치, 도로체계, 부지 경계선, 지형, 방위, 식생 등을 표현
③ 대지의 모양과 고저 및 치수, 건축물의 평면형과 치수, 대지경계선까지의 거리 표현

2. 식재 평면도

① 수목의 위치, 종류, 수량 등을 표현
② 수고(H), 수관폭(W), 흉고직경(B), 근원직경(R)으로 표시

3. 시설물 평면도

① 건축물, 조명, 벤치, 음수전 등 옥외 구조물을 포함

2-3. 입면도와 단면도

1. 입면도
① 평면도와 같은 축척을 이용하여 작성하며, 정면도·배면도·측면도 등으로 세분화
② 수직적 공간구성을 보여주기 위해 작성

2. 단면도
① 시설물의 경우 구조물을 수직으로 자른 단면을 보여주는 도면
② 구조물의 내부구조 및 공간구성을 표현
  ㉠ 평면도에 단면 부위를 반드시 표시
  ㉡ 조경설계에서 대지단면도로 많이 이용

2-4. 상세도
① 일반 평면도나 단면도에서 잘 나타나지 않는 세부사항을 시공하도록 표현한 도면
② 평면도, 단면도보다 확대 축척을 사용
③ 재료, 공법, 치수 등을 자세히 기입

2-5. 설계서 작성
① 도면 외곽 테두리 : 왼쪽 25mm, 오른쪽과 상하 10mm
② 설계서 작성 순서 : 표지 → 목차 → 설계설명서 → 공사시방서 → 예정공정표 → 동원인원계획표 → 내역서 → 일위대가표 → 자재표 → 중기사용료 및 잡비계산서 → 수량계산서 → 설계도면 → 설계지침서 → 산출기초

PART 03 경관분석

1. 경관분석 방법

> 경관분석 : 눈에 보이는 자연풍경을 모두 포함하여 토지, 동·식물, 생태계 인간의 사회적, 문화적 활동을 내포하는 것

1-1. 분석방법의 일반적 조건

① 신뢰성　② 타당성
③ 실용성　④ 예민성　⑤ 비교가능성

1-2. 경관분석의 접근방식

1. 생태학적 접근

① 도시경관생태학 : 마이클 허그, 경관생태학 : 카를 트롤(Carl Troll), 인간생태학 : 하그리브스
② 맥하그의 분석, 레오폴드의 분석

2. 형식미학적 접근

① 형식미학적 접근

㉠ 경관을 미적 대상으로 보고 경관이 지닌 물리적 구성의 미적 특성 규명
㉡ 1차적 지각(형태/형식) → 형식미학적 접근
㉢ 2차적 지각(내용/의미) → 상징미학적 접근, 심리학적 접근, 기호학적 접근
② 형식미의 원리-비례

황금 분할	• 한 선분을 둘로 나눌 때 전체와 긴 선분의 비율 • 1 : 1.618
모듈러	• 르 코르뷔지에(Le Corbusier) • 인체치수를 기본으로 황금분할 적용-인간의 신장 기본
피보나치급수 (수열)	• 레오나르도 피보나치 • 황금분할과 유사 • 1 : 2 : 3 : 5 : 8 : 13 : 21…과 같이 각각의 항이 그전 2항의 합과 같은 수열 • 솔방울의 나선, 앵무조개 껍질, 나뭇가지수, 식물의 잎차례, 해바라기씨
등차수열비	• 1 : 4 : 7 : 10과 같이 인접된 2항의 차이가 일정한 비례
등내수열비	• 1 : 2 : 4 : 8 : 16과 같이 인접된 2항 사이가 일정한 비례

③ 형태심리학 : 사람이 형태를 어떻게 지각하는가를 연구
㉠ 미적 구성 원리
ⓐ 통일성 : 단순, 균형, 강조, 연속, 비례, 조화, 반복, 근접
ⓑ 다양성 : 변화, 대비, 리듬

* 통일성
  - 디자인의 가장 보편적인 원리로 하나의 조화로운 패턴 또는 다양한 요소들 사이에 확립된 질서나 규칙
  - 종류 : 논리적 통일성, 미학적 통일성, 윤리적 통일성

㉡ 형태의 지각심리(게스탈트 이론)
ⓐ 근접성(접근성) : 가까이 있는 시각요소들이 그룹이나 패턴으로 보이는 현상
ⓑ 유사성 : 유사한 시각요소들이 연관되어 보이는 현상
ⓒ 폐쇄성(완결성) : 불완전한 시각요소들이 폐쇄된 형태로 묶여 지각되는

현상
- ⓓ 연속성 : 유사한 배열이 하나의 묶음으로 인식되는 현상
- ⓔ 단순성 : 눈에 익숙한 간단한 형태로만 도형을 보게 되는 현상

ⓒ 도형과 배경
- ⓐ 루빈(E. Rubin)의 형태심리학에서 주장
- ⓑ 일정한 시계 내에서 특정한 형태 혹은 사물이 돋보이며(도형(figure)) 그 밖의 것들은 주의를 끌지 못하는 것(배경(ground))

3. 정신물리학적 접근

① 정신물리학 : 심리적 사건과 물리적 사건과의 관계, 감성과 자극 사이의 계량적 관계성을 연구하는 분야

② 정신물리학적 경관분석 모델 : 선형-비선형 모델, 자연경관-도시경관 모델, 직접-간접 모델

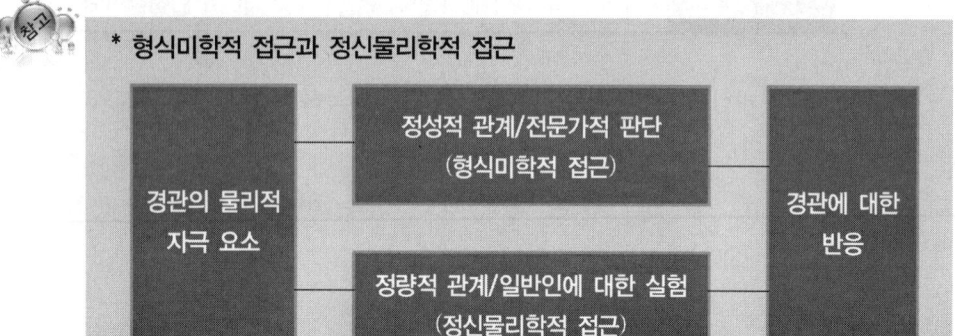

* 형식미학적 접근과 정신물리학적 접근

4. 심리학적 접근

① 복잡성, 선호도

5. 기호학적 접근

① 기호에 의미 포함

6. 현상학적 접근

① 공간(물리적)+장소성(경험)

② 랠프(E. Relph)의 장소성 : 내부성, 외부성

  ㉠ 장소성 요소 : 물리적 환경, 인간의 활동, 의미

  ㉡ 장소성 종류 : 내부성, 외부성

  ㉢ 내부성 유형 : 간접적 내부성, 존재적 내부성, 감정적 내부성, 행동적 내부성

7. 경제학적 접근

1-3. 경관평가 수행기법

1. 경관분석의 종합 평가

① 경관평가방법

  ㉠ 목적 : 주관적 가치를 가능한 한 객관적으로 측정해 보고자 하는 것

  ㉡ 고려사항

    ⓐ 경관대상의 물리적인 속성, 미적 지각에 영향을 주는 주요 변수

    ⓑ 시뮬레이션 방법의 결정 : 직접평가, 간접평가

    ⓒ 평가주체의 선정 : 일반인, 전문가

    ⓓ 측정방법 : 정성적 방법, 정량적 방법

      - 물리적 지표 : 구조물, 시설물, 공간상의 위치

      - 심리적 지표 : 형용사 나열

② 경관평가척도 및 측정방법

  ㉠ 척도

    ⓐ 명목척 : 고유번호를 붙이는 것, 예) 운동선수의 등번호

    ⓑ 순차척 : 순서를 비교하는 것

    ⓒ 등간척 : 상대적 비교-리커트 척도, 어의구별 척도

    ⓓ 비례척 : 등비급수 비교-부피

ⓒ 측정방법
  ⓐ 형용사 목록법 : 경관의 성격을 나타내는 형용사를 선택하여 경관의 특성을 이해하기 위한 것
  ⓑ 카드분류법 : 문장의 내용과 대상 경관의 특성이 가까운 정도에 따라 분류하는 방법으로 경관의 특성을 이해하기 위한 것
  ⓒ 어의 구별척 : 형용사의 양 극 사이를 7단계로 나누고 평가자가 느끼는 감정의 정도를 표시, 경관의 특성 또는 의미를 밝히기 위해 이용
  ⓓ 순위조사 : 여러 경관의 상대적 비교에 이용
  ⓔ 리커트 척도 : 일정한 상황, 사람, 사물, 환경에 대한 응답자의 태도를 조사하는 데 이용, 보통 다섯 개의 구간으로 구분
③ 사진에 의한 방법
  ㉠ 시각선호 예측 모델 : 경관 구역들에 대하여 각각 경계선의 길이와 너비를 계산 명암도를 고려하여 40개 독립변수를 선정
  ㉡ 사진 및 슬라이드를 이용한 경관평가의 장점 : 시간·노력의 절감, 관찰시간 통제, 관찰조건 통제의 용이성

PART 04 조경미학

1. 디자인 요소

1-1. 점

① 크기는 없고, 위치만 존재 시선집중을 유도, 연속하면 선으로 느껴진다.
② 한 점이 어떤 공간에 배치 : 주의력 집중
③ 크기가 다른 두 개의 점 : 큰 점에서 작은 점으로 시선 이동
④ 크기가 같은 두 개의 점 : 주의력 분산 → 심리적 긴장감 발생
⑤ 점적 조경요소 : 분수, 조각, 독립수(경관목), 석탑, 석등, 시계탑 등
⑥ 조형 예술 측면에서 최초의 요소, 위치 결정

1-2. 선

1. 조형적 특징

① 점의 확장
② 길이는 있지만 넓이·깊이의 개념이 없음
③ 폭이 넓어지면 면, 굵기를 늘이면 입체 또는 공간으로 확장됨
④ 점보다 훨씬 강력한 심리적 효과

2. 선의 종류와 느낌

① 직선
　㉠ 균형의 성질, 중립적이어서 환경에 융화가 용이하며, 굳건하고 장엄 암시
　㉡ 대담, 적극적, 긴장감
　㉢ 직선의 종류
　　ⓐ 수평선 : 고요함, 수동적, 평화, 안정, 균형, 부드러움, 정적, 무한, 평등, 영원
　　ⓑ 수직선 : 평형, 균형, 정직, 통합, 위엄, 엄숙, 열망, 단정, 고상, 의기양양
　　ⓒ 사선 : 변화, 역동적, 움직임, 운동, 공간감, 생동감
　　ⓓ 지그재그선 : 활동적, 대립, 방향제시

② 곡선
　㉠ 방향성과 종류에 따라 감정을 가짐
　㉡ 자유롭고, 유동적, 유연성, 여성적, 우아, 감정적
　㉢ 곡선의 종류
　　ⓐ 와선(소용돌이)곡선 : 역동적, 생명 성장
　　ⓑ S 커브 곡선 : 가장 우아
　　ⓒ 급한 곡선 : 동적, 화려
　　ⓓ 구불구불 : 부드러움, 흐름, 신비감, 움직임, 파동, 흥미, 리듬, 이완, 편안, 비정형성

1-3. 면

1. 조형적 특징

① 선의 확장
② 길이와 너비가 있지만 깊이의 개념이 없음
③ 면적 조경요소 : 군식, 잔디밭 등
④ 사람의 이목을 집중, 강조, 상쾌함, 부드러움, 조용함, 확대, 품위의 이미지

2. 면의 종류와 느낌

① 사각형

　㉠ 정방형 : 원에 가까운 성질에 중립을 상징, 딱딱함, 강함, 품위, 무거운 느낌

　㉡ 장방형 : 가장 이용하기 쉬운 형태, 시원함, 딱딱함, 강한 느낌

　㉢ 사다리꼴 : 변화하는 성질, 무거움, 딱딱함, 기름진 느낌

　㉣ 마름모꼴 : 시원함, 메마름, 화려함, 가벼움, 예민한 느낌

> * **스파늉(Spannung)**
> : 점, 선, 면의 구성 요소가 2개 이상 배치되면 상호 관련에 의해 긴장감 발생되는 것, 방향성 있는 긴장감

1-4. 질감(texture)

① 촉각 또는 시각으로 지각할 수 있는 어떤 물체의 표면상의 특징

② 질감 선택 시 중요사항 : 스케일, 빛의 반사와 흡수

2. 색채이론

2-1. 빛과 색

1. 빛의 성질

① 빛의 굴절 : 빛이 다른 매질로 들어가면서 파동의 진행이 바뀌어 나타나는 현상

② 빛의 반사 : 빛이 어떤 물체에 도달하였을 때 반사에 의해 우리 눈으로 색을 확인

③ 빛의 흡수, 빛의 산란, 빛의 분산, 빛의 간섭, 빛의 회절 등

④ 스펙트럼

ⓐ 백색광이 프리즘을 통과할 때 분산에 의해 나누어진 색의 띠
　　ⓑ 광선이 프리즘으로 분산될 때 파장의 순서로 배열
⑤ 가시광선
　　ⓐ 스펙트럼 중 인간이 눈으로 식별할 수 있는 380~780nm의 파장을 지닌 광
　　ⓑ 파장에 따른 색
　　　ⓐ 380~400nm : 보라색　　ⓑ 400~450nm : 남색
　　　ⓒ 450~500nm : 파란색　　ⓓ 500~570nm : 녹색
　　　ⓔ 570~590nm : 노란색　　ⓕ 590~620nm : 주황색
　　　ⓖ 620~780nm : 빨간색

2. 색의 성질

① 색의 정의 : 광선이 눈을 통과하여 대뇌의 감각기관에 자극이 전달되었을 때 나타나는 감각, 가장 빨리 지각
② 색의 3속성
　ⓐ 색상(Hue)
　　ⓐ 고유 이름으로 구분되는 색의 특징, 색채의 명칭
　　ⓑ 물체의 표면에서 반사되는 주파장의 종류에 의해 결정
　　ⓒ 색의 순수한 정도, 색채의 포화상태, 색채의 강약, 온도감
　ⓑ 명도(Value)
　　ⓐ 색의 밝고 어두운 정도, 0~10단계(11단계)
　　ⓑ 색의 무게감에 가장 큰 영향 속성
　　　- 고명도 : 밝음, 가벼움, 확장, 팽창
　　　- 저명도 : 어두움, 무거움, 축소
　ⓒ 채도(Chroma) : 색의 강약·선명도·맑기(맑은 색과 탁한 색)
　　ⓐ 종류
　　　- 순색(채도가 가장 높은 색)
　　　- 탁색(순색보다 회색이 많은 색)
　　　- 명청색(순색에 백색을 가한 것 같은 밝은 색조)
　　　- 암청색(흰색에 흑색을 가한 것과 같은 어두운 색조)

　　　　ⓑ 무채색 : 색상과 채도 없음, 명도만 있음

　　　　ⓒ 고채도 : 맑음, 저채도 : 탁함

　　③ 색조(tone) : 명도와 채도를 합친 색의 성질

3. 색명법

　　① 관용색명(고유색명) : 동물(쥐색), 식물(밤색), 광물(금색), 지명(보르도색), 음식(커피색), 자연현상(하늘색), 의류(카키색) 등의 연상에 의해 떠올리는 색명

　　② 일반색명(계통색명) : ISCC-NBS 색명법, 정확성을 부여하고 일정 규칙에 의해 색을 표현하도록 만든 색명. 예) 당근색-주황-2.5YR 6/14-carrot

4. 색의 물리적 분류

　　① 면색 : 하늘의 파란색과 같이 색만 보이는 형태를 의미

　　② 공간색 : 유리병 속 액체나 얼음덩어리처럼 부피가 채워졌을 때 느끼는 색

　　③ 간섭색 : 비누거품이나 수면에 뜬 기름에서 나타나는 빛의 간섭에 의해 나타나는 색

* 안전색채
① 빨강 : 방화, 금지, 정지
② 주황 : 위험
③ 노랑 : 주의
④ 녹색 : 안전, 위생, 구급, 피난
⑤ 파랑 : 지시, 주의
⑥ 자주 : 방사능

2-2. 색채 지각

1. 명암순응과 색순응

　　① 명순응 : 밝은 곳에서 눈에 익숙해지는 것

　　② 암순응 : 어두운 곳에서 눈에 익숙해지는 것

③ 색순응 : 눈이 조명이나 색광에 대하여 익숙해지면서 순응하는 것

2. 밝기와 색

① 항상성 : 빛의 성질이 변해도 물체의 색이 달라 보이지 않는 것
② 연색성 : 색이 있는 물체를 조명광으로 조명했을 때 색이 변해 보이는 것
③ 조건등색 : 색의 연색성과 반대로 다른 두 가지 색이 특정한 광원 아래에서 같은 색으로 보이는 현상
④ 푸르킨예 현상 : 어두운 곳에서 빛의 파장이 긴 적색이나 황색은 희미해 보이고, 파장이 짧은 녹색이나 청색은 밝게 보이는 현상
⑤ 박명시 : 명소시와 암소시 중간 정도의 밝음에 있고, 추상체와 간상체가 모두 작동하는 시각의 상태

* 눈의 구조
 - 추상체 : 색 구별
 - 간상체 : 명암 구별

⑥ 잔상 : 빛의 자극이 제거된 후에도 시각적 상이 남는 현상
⑦ 분광반사율 : 빛을 반사하는 각 파장별 단색광의 세기
⑧ 색온도 : 발광되는 빛이 온도에 따라 색상이 달라지는 것, 온도 높을수록 청색의 빛

2-3. 색채의 지각적 특성

1. 색의 동시대비

* 동시대비
 : 서로 가까이 놓인 두 개 이상의 색을 동시에 볼 때 일어나는 색의 대비

① 색상대비
 ㉠ 두 색을 대비시켰을 때 두 색이 차이가 더욱 크게 느껴지는 현상

ⓒ 노랑 배경의 주황 : 빨간색에 가까워 보임

　　빨강 배경의 주황 : 노란색에 가까워 보임

② 명도대비

ⓒ 명도가 다른 색이 배색될 경우 서로 영향을 주는 현상

ⓒ 밝은 색은 더 밝게, 어두운 색은 더 어둡게 느껴지는 현상

ⓒ 흰색 바탕 속의 회색보다 검은색 바탕 속의 회색이 더 밝아 보임

③ 채도대비

ⓒ 두 색의 채도차가 클수록 채도가 높아 보이는 대비

ⓒ 채도가 높은 색은 한층 더 선명하게 보이고, 채도가 낮은 탁한 색은 한층 더 회색이 많아 보이는 현상

ⓒ 유채색과 무채색 사이에서 더욱 뚜렷하게 느낄 수 있음

④ 보색대비

ⓒ 보색관계인 두 색을 주위에 놓으면 서로의 영향으로 원래 색상이 더욱 뚜렷해지는 현상

ⓒ 보색을 배열할 때 색의 선명도가 강조되어 보이는 현상

⑤ 연변대비

ⓒ 나란히 배치된 색의 경계에서 일어나는 현상

⑥ 면적대비

ⓒ 동일한 색이라 하더라도 면적에 따라 명도와 채도가 달라 보이는 현상

ⓒ 면적이 넓어지면 명도와 채도가 증대되어 보임

2. 색의 계시대비

① 어떤 색을 본 후 시간차를 두고 다른 색을 차례로 볼 때 먼저 본 색의 영향으로 뒤에 본 색이 다르게 보이는 현상

② 잔상에 의해 일어나는 대비

③ 빨간색을 잠시 본 후 노란색을 보면 연두색에 가까워 보임

3. 색의 동화현상

* 동화현상
  : 색들에게 서로 영향을 주어 인접색에 가까운 색으로 느껴지는 현상

① 색상 동화 : 연두 위의 녹색은 밝은 연두, 파랑 위의 녹색은 어두운 파랑의 영향 받음
② 명도 동화 : 흰색 바탕의 회색은 검정 바탕의 회색보다 더 밝아 보임
③ 채도 동화 : 붉은 바탕색에서 빨간 줄무늬 배경색이 더 붉게 보임

2-4. 색채 지각효과 및 감정효과

1. 색채 지각효과

① 색의 시인성(명시도)
  ㉠ 대상의 존재나 형상이 보이기 쉬운 정도
  ㉡ 명도차가 클수록 명시도 높음
  ㉢ 도로안내 표지(교통표지, 도로 이정표)·공원 안내판·광고물·다양한 사인물 디자인 시 가장 중점 고려 사항
  ㉣ 명시도가 높은 순서

순서	배경색	도형색	순서	배경색	도형색
1	노랑	검정	6	파랑	흰색
2	검정	노랑	7	노랑	파랑
3	흰색	녹색	8	흰색	파랑
4	흰색	빨강	9	검정	흰색
5	흰색	검정			

* 유목성 : 다수의 대상이 존재할 때, 어느 색이 보다 쉽게 지각되는지 또는 쉽게 눈에 띄는지의 정도
* 식별성 : 색의 차이에 의해 대상이 갖는 정보의 차이를 구별하여 전달하는 성질

② 주목성

　　㉠ 특별히 주의를 갖지 않아도 눈에 잘 띄는 성질

　　㉡ 눈에 잘 띄는 색 : 고명도, 밝은 색, 고채도, 난색(온색)

③ 리브만 효과 : 도형과 바탕색이 채도가 다를지라도 명도가 비슷하면 윤곽이 뚜렷하지 못하고 형상이 사라져 알아보기 어렵게 되거나 아주 변형되어 보이게 되는 것

2. 색채 감정효과

① 온도감 : 색상에 따라 따뜻하고 차갑게 느껴지는 감정효과

　　㉠ 난색 : 빨강·주황·노랑(장파장 색상), 저명도 색

　　㉡ 한색 : 파랑·청록·남색(단파장 색상), 고명도 색

② 무게감 : 명도에 의해 좌우

　　㉠ 가벼움 : 난색, 고명도

　　㉡ 무거움 : 한색, 저명도

③ 경연감 : 딱딱하고 부드러운 느낌, 명도와 채도에 의해 영향받음

　　㉠ 부드러움 : 난색, 고명도 저채도

　　㉡ 딱딱함 : 한색, 저명도 고채도

④ 강약감 : 고채도일수록 자극적이며 강한 느낌

⑤ 화려함과 수수함 : 난색·밝은색이 화려한 느낌

⑥ 흥분과 진정, 시간성, 속도감

　　㉠ 흥분 : 난색, 진정 : 한색

　　㉡ 시간이 길게, 속도감 빠르게 : 난색, 고명도 고채도, 장파장 색

　　㉢ 시간이 짧게, 속도감 느리게 : 한색, 저명도 저채도, 단파장 색

⑦ 진출과 후퇴, 팽창과 수축

　　㉠ 진출, 팽창 : 난색, 고명도, 고채도

　　㉡ 후퇴, 수축 : 한색, 저명도, 저채도

2-5. 색의 혼합

1. 가산혼합(가법혼합, 가법혼색, 색광혼합)

① 빛의 삼원색 : 빨간색(R), 초록색(G), 파란색(B)
② 색광의 혼합, 혼합할수록 밝아짐(명도 높아짐)
③ 모두 혼색하면 백색광, 빛을 혼합하여 모든 색을 만들 수 있음

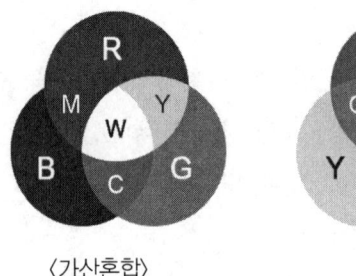

〈가산혼합〉　　　　　〈감산혼합〉

2. 감산혼합(감법혼합, 감법혼색, 색료혼합)

① 색의 삼원색 : 녹색(C, Cyan), 빨간색(M, Magenta), 노란색(Y, Yellow)
② 물체색(그림물감이나 염료)의 혼합, 혼합할수록 어두어짐(명도 낮아짐)
③ 모두 혼합하면 암회색(검정)
④ 컬러사진, 컬러복사, 컬러인쇄

3. 중간혼합

① 회전혼합 : 2색 이상 칠해진 팽이나 돌림판 회전
② 병치혼합 : 서로 다른 색이 조밀하게 병치되어 있어 서로 혼합되어 보이는 현상

4. 보색

① 색상환 대각선
② 혼색에 의해 무채색이 되는 색
③ 보색관계 : 빨강-초록, 노랑-남색, 보라-연두, 녹색-자주, 파랑-주황

2-6. 색의 체계 및 조화

1. 먼셀 색체계

① 색의 3속성(색상, 명도, 채도)에 따라 체계적으로 표시하는 방법
② 눈으로 색을 보아서 색을 느끼는 지각에 따라 측도를 정한 것
③ 주요 색상 : 20색상환
  ㉠ 기본색 : 빨강(R), 노랑(Y), 초록(G), 파랑(B), 보라(P)
  ㉡ 중간색 : 주황(YR), 황록(GY), 청록(BG), 청자(PB), 적자(RP)
④ 색의 표시방법 : H V/C - 색상(Hue)·명도(Value)·채도(Chroma)
  예) 빨강-5R 4/14, 갈색-2.5YR 4/8
⑤ 먼셀 색입체
  ㉠ 색상-원 둘레, 명도-중심 수직축, 채도-방사상
  ㉡ 먼셀 색채나무(color tree)라고도 불림

2. 오스트발트 색체계

① 혼색량의 다소에 따라 만들어진 색체계
② 주요 색상 : 24색상
  ㉠ 3가지 요소 : 이상적인 백색(W), 이상적인 흑색(B), 이상적인 순색(C)
  ㉡ 기준색 : 노랑(Y), 빨강(R), 진청(Ultramarine Blue), 청록(Sea Green)
      - 헤링의 4원색설 기초
  ㉢ 중간색 : 주황(O), 보라(P), 파랑(Turquoise), 연두(Leaf Green)

* 헤링의 4원색설(반대색설)
  - 색채 지각의 기본 4색상
  - 오스트발트 표색계의 기초
  - 빨강-초록, 노랑-파랑/흰색-검정

③ 오스트발트 색입체
　㉠ 복원추체
　㉡ 명도를 축으로 하여 수직 절단한 단면 : 마름모형

3. CIE 표색계

① 국제조명위원회에서 가법혼색의 원리를 기본으로 빛에 기초한 색을 표시하는 방법
② 실제 물감으로 작업하는 인쇄로 표현할 수 있는 색이 한정되어 있어 색을 완전히 재현할 수 없음

4. 색의 조화

① 저드의 색채조화론
　㉠ 질서의 원리 : 질서있는 계획에 따라 선택될 때 색채는 조화됨
　㉡ 친근성(숙지)의 원리 : 잘 알려져 있는 배색이 조화됨
　㉢ 동류(공통·유사성)의 원리 : 배색된 색들끼리 공통적인 양상과 성질이 내포되어 있을 때 조화됨
　㉣ 비모호성(명료성)의 원리 : 색상 차나 명도 및 채도, 면적의 차이가 분명한 배색이 조화됨
② 전통 오방색(오정색)

색	방위	상징	오행	오륜	감정	계절
황	중앙	-	토	신	욕심	-
청	동	청룡	목	인	기쁨	봄
백	서	백호	금	의	분노	가을
적	남	주작	화	예	즐거움	여름
흑	북	현무	수	지	슬픔	겨울

3. 디자인 원리 및 형태 구성

3-1. 조화

① 2개 이상의 요소나 부분적인 상호관계에서 서로 배척없이 서로 어울리면서 통일된 상태
② 개체적인 요소 간의 관계, 서로 일치되어 있는 상태
③ 종류 : 단순조화, 복잡조화

3-2. 통일과 변화

① 디자인에 미적 질서를 주는 기본 원리, 모든 디자인 원리의 구심점
② 여러 가지 유형 부분이 전체에 통일될 때 미(美)가 성립
③ 통일과 변화는 상반된 성질을 지니고 있으면서도 서로 긴밀한 유기적 관계 유지

3-3. 균형

① 2개의 디자인 요소의 시각적 무게의 균형
② 안정감을 창조하는 질적 요소
③ 균형 결정 인자 : 무게, 방향성
④ 대칭, 비대칭, 주도와 종속, 비례
⑤ 종류
  ㉠ 대칭 균형 : 가장 간단한 형태, 엄격하고 딱딱한 느낌, 좌우대칭과 방사대칭
      - 예) 독립문, 파르테논 신전, 불국사 대웅전
  ㉡ 비대칭 균형 : 형태상 불균형이지만 시각적인 균형, 변화있는 균형
      - 예) 정수비, 급수비, 황금비, 도형상의 색채차, 질감의 강약

* 큰 시각적 중량감
  - 크기 : 큰 것 〉 작은 것
  - 색상 : 어두운 색상 〉 밝은 색상
  - 질감 : 거칠고 복잡 〉 부드럽고 단순
  - 형태 : 불규칙 〉 기하학적
  - 선 : 사선이나 톱니모양 〉 수직선이나 수평선

3-4. 율동(운율, 리듬)

① 규칙적인 요소들의 반복으로 디자인에 시각적 질서를 부여하는 통제된 운동감
② 연속하는 선, 반복되는 선, 면, 형, 색채, 질감, 공간분할 등에 의한 질서
③ 요소 : 반복, 점이(점진), 대비(대립, 대조), 변이(변화), 방사
  ㉠ 반복 : 단순미가 되풀이될 때 발생, 조용함, 변화의 매력 없음
  ㉡ 점이 : 반복과 유사가 복합, 서로가 대조되는 양극단이 유사하거나 조화를 이루어 단계적 연속성을 나타내는 것
  ㉢ 대비 :
    ⓐ 색·종류·형상·질량이 모두 다르나 상호의 특질이 강조되어 느껴지는 현상
    ⓑ 질적 또는 양적으로 심하게 다른 요소가 배열되었을 때 발생
    ⓒ 주요소와 종요소로 변화와 통일감이 함께 존재
  ㉣ 방사 : 한 점에서 사방에 같은 거리로 뻗은 선의 형태
④ 운율미 : 자연경관에서 일정 간격을 두고 변화하는 형태·색채·선·소리 등

3-5. 강조(Accent)

① 초점이나 의도적인 변화
② 통일감이 부족하거나 평범한 분위기를 생기롭게 해주는 원리
③ 색채나 형태 강조

3-6. 기타

1. 축(Axis)

① 형태와 공간을 구성하는 가장 기본적인 수단
② 짜임새 있는 공간 조성 : 형태와 공간은 축을 중심으로 규칙 또는 불규칙하게 배열 가능
③ 부지 내의 공간을 통일하는 요소
④ 심리적 안정감을 부여하는 질서
⑤ 인위적인 계획성·방향성 제시 : 강한 직선으로 표현. 공간 속의 두 점 또는 그 이상에 연결되어 이루어진 직선 계획 요소.
⑥ 장엄, 엄정, 연출, 지향적, 질서적, 우세적
⑦ 부축으로 더욱 강조

2. 구획

① 반드시 한정하고 폐쇄하는 것이 아니라 구획지으며 동시에 개방하는 수법

3. 눈가림

① 변화와 거리감을 강조하는 수법

* 차폐와 은폐
  - 차폐 : 시선을 가리는 것
  - 은폐 : 대상물을 다른 물체로 위장시키는 것

4. 통경선(Vista)

① 종점 또는 지배적인 요소로 향하여 모아지는 전망
② 시선의 집중과 먼 곳의 풍경을 조망할 때 사용
③ 조망의 초점을 인상 깊게 하고, 원근감을 강조하여 거리감 조성

5. 초점

① 통경선의 초점이 조망 대상이 될 때 또는 시각적으로 움직임을 달리할 경우 상징이나 표시가 되는 것
② 넓은 공간에서의 랜드마크

6. 단순미

① 아무 저항없이 순조롭게 머리 속에 들어올 때의 감각

> * 최소의 원리(프레그난츠의 법칙)
>   : 시각적 그룹을 형성할 수 있는 여러 기능 가운데 가장 간단하고 안정된 도형을 찾는 경향

7. 유사

① 공통성을 갖는 요소의 배열
② 각자가 밀접하게 결합되기 쉽고 전체적으로 온화하고도 질서 있는 조화로움

4. 환경미학

4-1. 시야의 척도, 시지각의 특징

1. 시야

① 안구를 움직이지 않고 사물을 볼 수 있는 범위
② 범위 : 좌우 65°, 위 30°, 아래 45°

2. 시지각의 특징

① 사물의 유사성과 차이성을 구별하는 시각 변별
② 불완전한 자극의 완전한 형태를 알아내는 시각 종결
③ 복잡하고 혼란스러운 배경 속에 숨겨진 자극을 확인하는 도형과 배경, 자극을 정확한 형태로 재생해내는 시각 기억

4-2. 부각, 앙각, 응시, 착시

1. 부각, 앙각, 응시

① 부각 : 높은 곳에서 낮은 곳에 있는 지점을 내려다볼 때, 그 시선과 수평면이 이루는 각
② 앙각 : 낮은 곳에서 높은 곳에 있는 지점을 올려다볼 때, 시선과 지평선이 이루는 각도
③ 응시 : 안구의 초점이 대상이나 장면에 고정되는 것

2. 착시

① 눈이 사물을 보는 위치나 배치상태, 형태, 속도, 색채 등에 따라 길이, 방향, 위치, 면적, 속도, 색채 등이 실제와 다르게 느껴지는 부정확한 시각의 상태
② 분트의 착시 : 평행을 이루는 직선이 안쪽으로 휘어진 것처럼 보이는 착시
③ 헤링의 착시 : 평행을 이루는 직선이 바깥쪽으로 휘어진 것처럼 보이는 착시
④ 체르너의 착시 : 수직선의 각도가 비틀어져 보이는 착시

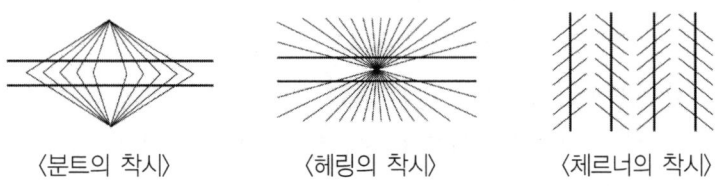

〈분트의 착시〉 〈헤링의 착시〉 〈체르너의 착시〉

⑤ 뮐러–라이어의 착시 : 직선의 길이가 다르게 보이는 착시

⑥ 포겐도르프의 착시 : 직선이 이어져 보이지 않는 착시
⑦ 분트의 착시 : 수직선이 수평선보다 길어보이는 착시

〈뮐러-라이어의 착시〉　　〈포겐도르프의 착시〉　　〈분트의 착시〉

⑧ 헬름홀츠의 착시 : 수평선 배열이 더 홀쭉해 보이는 착시
⑨ 에빙하우스의 착시(티치너의 착시) : 큰 원으로 둘러싸인 중심원은 작은 원으로 둘러싸인 중심원보다 작게 보여지는 착시
⑩ 슈뢰더의 착시 : 계단의 형태가 두 가지로 보여지는 착시

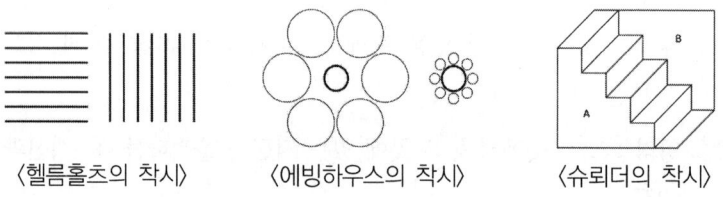

〈헬름홀츠의 착시〉　　〈에빙하우스의 착시〉　　〈슈뢰더의 착시〉

4-3. 공간의 한정 형태

① 시몬즈(J. O. Simonds)의 공간구성 요소
  ㉠ 1차 요소 : 바닥면(토지)
  ㉡ 2차 요소 : 수직면(구조물)
  ㉢ 3차 요소 : 천장면
  ㉣ 4차 요소 : 시간
② 건물 간의 거리(D)와 건물높이(H)의 비율(D/H비) : 인간척도에 맞는 공간감
  ㉠ 지테(C. Sitte) : 1≤D/H≤2
  ㉡ 린치(K. Lynch)
    ⓐ 도시이미지 형성 요소 : 통로, 모서리, 지역, 결절점, 랜드마크
    ⓑ D/H=1 : 2, 1 : 3

　　　ⓒ D/H=1 : 4 – 폐쇄감 상실, 특정 공간으로 식별 불가능
　③ 쿨론(Gordon Cullen)의 도시경관 분석 요소
　　㉠ 장소적 측면
　　㉡ 내용적 측면
　　㉢ 시각적 측면 : 연속적 경관

4-4. 공간과 거리감

① 스프라이레겐(P. D. Spreiregen)의 분류
　㉠ 1m : 접촉 가능한 거리
　㉡ 1~3m : 대화하는 거리
　㉢ 3~12m : 얼굴 표정 식별
　㉣ 12~24m : 외부 공간에서 인간 척도를 느낄 수 있는 한계, 얼굴을 알아볼 수 있는 친밀감 높은 거리
　㉤ 24~135m : 동작 구분
　㉥ 135~1,200m : 사람으로 인식

② 아시하라(Ashihara)의 분류
　㉠ 20~30m : 개개의 건물인식
　㉡ 30~100m : 건물이라는 인상 받음
　㉢ 100~600m : 건물의 스카이라인 식별
　㉣ 600~1,200m : 건물군으로 인식
　㉤ 1,200m : 도시경관으로 인식

③ 마르텐스(H. Martens), 블루맨펠드(Hans Blumenfeld) : 휴먼스케일, 표준 휴먼스케일, 공공 휴먼스케일

④ 홀(Edward T. Hall) : 대인 간격의 거리-친밀한 거리, 개인적 거리, 사회적 거리, 공적 거리

4-5. 공간의 개방감과 폐쇄감

① 지각 작용에 대한 연구

　㉠ 쉬프(William Shiff) : 시각, 청각, 촉각, 후각, 미각, 평형감각

　㉡ 호흐(Hooch)와 바르그(Barg) : 거리감각, 피부감각

　㉢ 홀(Edward T. Hall) : 원거리 감각, 근거리 감각

② 개방감과 폐쇄감

　㉠ 영향인자 : 부각, 앙각, 공간의 형태·면적, D/H비

　㉡ 로버트 솜머(Robert Sommer) : 개인적 공간 -보이지 않는 경계

　㉢ 케빈 린치(K. Lynch) : 24m(80ft)가 인간척도, D/H=1 : 2, 1 : 3

　㉣ 스프라이레겐(P. D. Spreiregen) : D/H=1 : 2 적당

　㉤ 아시하라(Ashihara) : 사람의 키에 대한 벽면이나 구조물 높이에 의해 폐쇄성 결정

③ D/H비의 공간 폐쇄범위

D/H비	앙각	인지 결과
D/H=1	45°	건물이 시야의 상한선인 30°보다 높아 상당한 폐쇄감, 전체보다 상세식별, 건물 전면을 보기 어려움
D/H=2	27°	정상적인 상한선과 일치, 적당한 폐쇄감, 전체구성과 상세를 동시에 볼 수 있음, 건물 전면을 가장 잘 볼 수 있음
D/H=3	18°	폐쇄감에서 다소 벗어나 주 대상물과 시설물 사이의 관계(주 대상시설물에 시선이 끌림), 폐쇄감 최소, 주위 경관과 연관시켜 대상물을 봄
D/H=4	14°	폐쇄감 소멸, 특징적 공간으로의 장소 식별 불가능하고 경관일부로 인식, 대상물을 경관으로 봄

PART 05 조경시설물의 설계

1. 운동시설 설계

1-1. 재료 및 설계일반

1. 재료

① 「체육시설의 설치·이용에 관한 법률」과 해당 종목별 경기규칙에서 규정한 재료와 규격 사용
② 평가항목 : 내구성, 유지관리성, 경제성, 안전성, 쾌적성 등

2. 설계일반

① 설계 원칙
  ㉠ 운동의 특성과 기온·강우·바람 등 기상요인을 고려하여 설계
  ㉡ 시설 및 시설주변공간 : 어린이·노인·장애인의 접근과 이용에 불편이 없는 구조와 형태를 갖도록 구성
  ㉢ 경기장의 경계선 외곽 : 경기의 특성을 감안하여 폭 5m 이상의 여유공간 확보
② 배치계획 시 고려사항
  ㉠ 적절한 방위, 양호한 일조 등 쾌적한 경기조건
  ㉡ 지형, 식생 등 자연환경

ⓒ 타 시설과의 기능적 연관성
　　　ⓔ 주위 경관과의 조화
　　　ⓜ 시설의 유지 관리
③ 설계대상의 성격·규모·이용권·보행동선 등을 고려하여 배치
④ 햇빛이 잘 들고, 바람이 강하지 않으며, 매연의 영향을 받지 않는 장소로서 배수와 급수가 용이한 부지
⑤ 지형, 수계, 식생 등의 기존 자연환경을 보전, 주변의 자연 또는 도시환경과 잘 융화할 수 있도록 함
⑥ 공원이나 주택단지 등의 외곽 녹지 : 선형의 산책로·조깅 코스 배치
⑦ 소음 등 주거지에의 피해를 최소화할 수 있는 곳에 배치

3. 운동공간의 평면 구성

① 운동시설공간·휴게공간·보행공간·녹지공간으로 나누어 설계, 설계 대상 공간 전체의 보행동선체계에 어울리도록 보행동선을 계획
② 운동공간의 어귀는 보행로에 연결시켜 보행 동선에 적합하게 설계
③ 이용자가 다수인 시설 : 입구 동선과 주차장과의 관계 고려, 주요 출입구에는 단시간에 관람자를 출입시킬 수 있도록 광장 설치
④ 운동공간과 도로·주차장 기타 인접 시설물과의 사이 : 녹지 등 완충공간 확보
⑤ 운동장 : 공간의 규모·이용자의 나이 등을 고려한 운동시설과 이용자를 위한 휴게시설·관리시설 등을 배치

1-2. 육상경기장

1. 배치 및 규격

① 트랙과 필드의 장축 : 북-남 혹은 북북서-남남동 방향
② 관람자 메인스탠드 : 트랙의 서쪽에 배치
③ 필드 내에 각 종목별 시설을 서로 상충되지 않도록 배치

④ 육상경기는 바람의 영향을 많이 받기 때문에 풍속, 풍향, 기온 등을 고려

2. 트랙 및 필드

① 코스의 폭 : 1.25m

② 트랙의 허용 기울기 : 횡단 기울기 1/100 이하, 종단 기울기 1/1,000 이하

③ 트랙 및 필드의 표면 : 스파이크에 흙이 묻지 않도록 설계

3. 포장 및 배수

① 트랙과 필드 : 흙포장, 합성수지, 잔디포장 – 관리와 경제성 고려

② 표면배수 : 필드의 중심에서 주변을 향하여 균등한 기울기, 필드와 트랙 사이에는 배수로 설계

③ 심토층 배수관 : 트랙을 횡단하지 않도록 트랙의 양측면을 따라 설계

1-3. 축구장

1. 배치 및 규격

① 축구장 장축 : 남-북

② 경기장 크기 : 길이 120~90m, 폭 90~45m

　국제경기장 : 길이 110~100m, 폭 75~64m (단, 길이는 폭보다 길어야 함)

③ 경기장 라인 : 12cm 이하의 명확한 선으로 긋되, V자형의 홈을 파서 그으면 안 되며, 네 귀퉁이에는 높이 1.5m 이상의 끝이 뾰족하지 않은 깃대에 기를 달아서 꽂는다.

④ 경기장 중앙표시(Kick-off-mark) : 직경 22cm, 이를 중심으로 9.15m의 원

⑤ 페널티마크 : 골라인과 직각방향, 11m 지점에 직경 22cm 표시

⑥ 골포스트 : 안쪽거리 기준으로 7.32m, 높이는 크로스바 하단까지를 기준으로 지상에서 2.44m

2. 포장 및 배수

① 표면 : 잔디(잔디가 아닐 경우, 슬라이딩에 의한 찰과상을 방지할 수 있는 포장)
② 배수 : 육상경기장에 준함

1-4. 테니스장

1. 배치 및 규격

① 코트 장축 : 정남-북을 기준, 동서 5~15° 편차 내의 범위
② 코트의 장축 방향과 주 풍향의 방향이 일치하도록
③ 일광이 좋고 배수 양호·지하수위가 높지 않은 곳에 위치, 코트 주위에 잔디나 식수대를 효과적으로 배치
③ 코트 뒤편에 흰색계열의 건물이나 보행자 도로, 차도 등 움직이는 물체가 없도록
④ 규격 : 세로 23.77m, 가로는 복식 10.97m·단식 8.23m

2. 포장 및 배수

① 코트의 면 : 평활하고 정확한 바운드를 만들 수 있도록 처리
② 표면배수를 위한 기울기 : 0.2~1.0%, 빗물을 측구에 모아 배수
③ 코트의 네 귀퉁이 : 같은 높이가 되도록
④ 심토층 배수관 : 라인의 안쪽에는 설치하지 않는 것이 바람직, 네트포스트의 기초 등에 지장을 주지 않도록 설치

1-5. 배구장

1. 배치 및 규격

① 코트 장축 : 남-북

② 바람의 영향을 받기 때문에 주풍 방향에 수목 등의 방풍시설 마련

③ 규격 : 길이 18m, 너비 9m의 직사각형(코트면 상부 7m까지 또는 공식 국제경기의 코트면 상부 12.5m까지는 장애물 없어야 함)

④ 공식 국제경기의 코트 : 목재나 합성표면제, 구획선은 백색, 코트와 프리존의 색을 달리함

⑤ 경계선의 폭 : 5cm, 장사이드라인과 엔드라인 : 코트의 치수 안쪽에 그려져야 함

⑥ 프런트존 : 센터라인과 3m 떨어진 지점, 센터라인과 평행하게 그리기

⑦ 서비스존 : 폭 5cm, 길이 15cm의 두 직선이 엔드라인 후방 20cm의 곳에 엔드라인과 수직, 하나는 우측 사이드라인의 연장선, 또 다른 하나는 그 라인으로부터 좌로 3m 떨어진 곳에 그리기

2. 포장 및 배수

① 매끄럽고 평탄하며 균일한 표면

② 옥외 코트 : 배수를 위해 0.5%까지의 기울기

③ 포장 : 흙포장

1-6. 농구장

1. 배치 및 규격

① 방위 : 남-북 축 기준

② 가까이에 건축물이 있는 경우 : 사이드라인을 건축물과 직각 혹은 평행하게 배치

③ 코트의 주위 : 울타리를 치고 수목을 식재하여 방풍 역할

④ 코트 바닥 : 단단한 직사각형

⑤ 규격 : 경계선의 안쪽을 기준, 길이 28m, 너비 15m이며, 천장 높이는 7m 이상

2. 포장

① 미끄러지지 않는 포장재

1-7. 야구장

1. 배치 및 규격

① 홈플레이트 방위 : 동쪽과 북서쪽 사이
② 그라운드의 장축방향과 주풍향 일치
③ 본루에서 2루까지의 거리 : 38.975m, 이를 기준으로 좌우의 교차점까지 1루와 3루의 거리 : 27.431m, 본루에서 1루와 3루까지 각각의 거리 : 27.431m
④ 본루로부터 18.44m의 위치에 설치하는 투수판 : 본루와 1, 2, 3루를 수평으로 볼 때 38.1cm의 높이가 되도록 흙을 쌓아올려 설치
⑤ 본루로부터 백스톱 : 경기에 방해되지 않도록 최소 18.288m 이상의 거리 확보

2. 포장 및 배수

① 야구장의 표층 : 스파이크가 잘 작용하고, 스파이크에 흙이 붙지 않는 재료
② 주루선이 수평이므로 면배수 : 내야와 외야로 나누어 검토
③ 내야 : 피처마운드를 중심으로 기울기 잡기
④ 외야 : 주루선으로부터 외주부를 향하여 0.3~0.7%의 기울기 잡기

1-8. 핸드볼장

1. 규격

① 규격 : 세로 40m, 가로 20m

② 경기장 : 최소한 사이드라인으로부터 1m, 엔드라인으로부터 2m의 거리 두기

③ 골포스트와 크로스바 : 전단면이 8×8cm인 동일한 재료

　　골포스트와 크로스바가 연결되는 부분 : 각 끝에서 28cm 길이로, 다른 부분은 20cm 간격으로 동일한 색을 칠해야 함

④ 모든 라인 : 둘러싸고 있는 경계지역에 포함, 5cm 폭으로 명확히 볼 수 있도록 그려야 함, 골 내부의 라인 : 골포스트와 동일한 폭 8cm

2. 포장 및 배수

① 코트의 면 : 평활하고 균일한 표면

② 옥외코트의 배수를 위한 기울기 : 0.5%

1-9. 배드민턴장

1. 규격

① 규격 : 세로 13.4m, 가로 6.1m

② 라인 : 4cm 폭의 백색 또는 황색 선

　　서비스라인과 롱 서비스라인 : 규정된 서비스 코트 길이인 3.96m 이내

③ 네트 포스트 : 코트 표면으로부터 1.55m의 높이, 사이드라인 위에 설치

④ 네트 : 폭 0.76m, 중심 높이 1.524m, 지주대 높이 1.55m

2. 포장 및 배수

① 코트의 면 : 평활하고 균일한 표면

② 포장 : 흙포장

1-10. 게이트볼장

1. 규격

① 규격 : 세로 20m, 가로 25m 또는 세로 15m, 가로 20m, 경기라인 밖으로 1m의 규제라인 설치

② 라인 : 경계를 표시한 실선의 바깥쪽

경계선의 폭 : 특별히 정하지 않으며 경기장과 구분이 뚜렷한 재료(비닐 끈 등) 사용 가능

③ 게이트 : 코트 안의 세 곳에 설치, 높이는 지면에서 20cm

④ 제2게이트 : 제2코너에서 제3코너를 향하여 3/5 지점, 각기 코트의 규격에 따라 15m 또는 12m

⑤ 제3게이트 : 제1코너에서 제4코너의 중앙지점, 각기 코트의 규격에 따라 12.5m 또는 10m

⑥ 골 폴 : 코트의 중앙에 지면에서 20cm의 높이로 설치

2. 포장 및 배수

① 코트의 면 : 평활하고 균일한 표면
② 포장 : 흙포장

1-11. 씨름장

1. 규격

① 씨름장의 넓이 : 직경 9m의 원으로 수평
② 경기장 주위로 2m 이상의 보조경기장 마련
③ 경기장 높이 : 0.3~0.7m
④ 보조경기장과 주경기장과의 높이차 : 0.1~0.2m 이내

⑤ 매트 경기장 : 라인의 폭 5cm

2. 포장

① 경기장 : 모래시설 원칙

② 실내경기장 : 매트 사용 가능

1-12. 수영장

① 규격 : 길이 50m, 폭 25m, 10레인

② 종류 : 1급, 2급, 3급 공인경기장

③ 수심 : 1급 공인 경기장 1.8~2.0m

④ 수영조 벽면 : 일정한 거리 및 수심 표시

⑤ 수영조, 수영조 주변 통로 바닥면 : 미끄러지지 않는 자재 사용

1-13. 체력단련장

1. 배치 및 규격

① 단지의 외곽녹지 주변 및 공원산책로 주변에 설치

② 각각의 시설이 체계적으로 배치되어 연계적인 운동이 가능하도록 함

③ 설치 시 체력단련시설별로 요구되는 안전거리 확보

④ 몸의 유연성, 평행성, 적응성의 유지와 순발력 향상 및 근력과 근지구력의 향상을 목표로 하며 철봉, 매달리기, 타이어타기, 팔굽혀펴기, 윗몸일으키기, 평행봉, 발치기, 평균대 등을 설치

⑤ 야외운동기구 : 회전으로 인해 전기가 생산될 수 있도록 발전시설과 연계를 고려하여 설계함으로써, 에너지효율을 높일 수 있도록 설계

2. 포장 및 배수

① 체력단련장의 면 : 평활하게 하고, 표면배수를 위해 1%의 기울기
② 포장 : 흙포장

1-14. 족구장

① 규격 : 사이드라인 15m, 서브제한구역 3m, 경기장 폭 6.5m
② 경기장은 장애물이 없는 평면, 각 라인으로부터 5m 이내에는 어떠한 장애물도 없어야 하며, 가능한 한 사이드쪽은 6~7m, 엔드라인쪽은 8m 이상 이격
③ 안테나 높이 : 1.5m, 안테나 이격거리 : 사이드라인에서 21cm(공 지름간격)

2. 놀이시설(유희시설) 설계

2-1. 재료 및 설계일반

1. 재료

① 재료 선정 시 평가항목 : 내구성·유지관리성·경제성·안전성·쾌적성 등 종합적 판단하여 선정
② 내구성 있는 재료 또는 내구성 있는 표면마감방법 설계

2. 설계일반

① 설계 검토사항
  ㉠ 면적·시설 등의 법적 조건 검토

ⓒ 놀이공간의 지형·식생 등 부지의 자연환경조건 조사·분석

　　ⓓ 설계대상공간의 종류·규모·성격을 기준으로 대상지역의 사회·인문환경과 계획조건 조사·분석

　　ⓔ 이용자의 구성(나이별·성별·이용대상 시간대별)과 유치권 및 장래의 변화추세를 고려하여 설계

　　ⓕ 이용계층을 소년용(어린이놀이터)과 유아용(유아놀이터)으로 구분하고, 신체조건 및 놀이 특성에 따른 이용행태를 고려하여 놀이시설의 기능 부여·연계·규격·구조 및 재료 등을 설정

　　ⓖ 장애인의 행동·심리특성을 고려하는 등 장애인의 이용을 고려하여 설계

　　ⓗ 고려사항 : 안전성·기능성·쾌적성·조형성·창의성·유지관리 등

② 배치

　　㉠ 어린이의 이용에 편리하고, 햇볕이 잘 드는 곳 등에 배치

　　ⓛ 이용자의 연령별 놀이특성을 고려하여 어린이놀이터와 유아놀이터로 구분

　　ⓒ 설계대상의 성격·규모·이용권·보행동선 등을 고려하여 놀이공간 균형 있게 배치

　　ⓓ 놀이터와 도로·주차장 기타 인접 시설물과의 사이 : 폭 2m 이상의 녹지공간 배치

　　ⓔ 공동주택단지의 어린이놀이터 : 건축물의 외벽 각 부분으로부터 5m 이상 떨어진 곳에 배치

　　ⓕ 놀이공간 : 입지에 따라 규모·형상을 달리함으로써 장소별 특성을 갖도록 함

3. 놀이터의 평면구성

① 놀이터는 놀이공간·휴게공간·보행공간·녹지공간으로 나누어 설계, 설계대상공간 전체의 보행동선체계에 어울리도록 보행동선 계획

② 놀이터 어귀는 보행로에 연결시켜 보행동선에 적합하게 계획, 차량에 의한 사고방지를 위해 도로변에 면하지 않도록 배치, 입구는 2개소 이상 배치, 1개소 이상에는 8.3% 이하의 경사로(평지 포함)로 설계

③ 놀이시설 자체의 설치공간과 놀이시설의 이용공간, 각 이용공간 사이의 완충공

간을 배려

④ 놀이터에는 공간의 규모·이용자의 나이 등을 고려한 놀이시설과 유아의 놀이를 보호자가 가까이 관찰하기 위해 필요한 휴게시설·관리시설 등을 배치

4. 놀이시설의 배치

① 놀이시설은 지역여건과 주변환경을 고려하여 놀이터에 따라 단위놀이시설·복합놀이시설 등을 조화되게 구분하여 설치, 인접 놀이터와의 기능을 달리하여 장소별 다양성을 부여
② 놀이시설은 어린이의 안전성을 먼저 고려, 높이가 급격하게 변화하지 않게 설계
③ 놀이공간 안에서 어린이의 놀이와 보행동선이 충돌하지 않도록 주보행동선에는 시설물을 배치하지 않음
④ 하나의 놀이공간에서는 동일시설의 중복배치를 피하고, 놀이시설을 다양하게 배치
⑤ 정적인 놀이시설과 동적인 놀이시설은 분리시켜 배치, 모험놀이시설이나 복합놀이시설은 놀이기능이 연계되거나 순환될 수 있도록 배치
⑥ 미끄럼대 등 높이 2m가 넘는 시설물 : 인접한 주택과 정면 배치를 피하고, 활주판·그네 등 시설물의 주 이용 방향과 놀이터의 출입로가 주택의 정면과 서로 마주치지 않도록 배치
⑦ 그네·미끄럼대 등 동적인 놀이시설 : 시설물의 주위로 3.0m 이상 이용공간 확보, 흔들말·시소 등의 정적인 놀이시설 : 시설물 주위로 2.0m 이상의 이용공간 확보, 시설물의 이용공간은 서로 겹치지 않도록 함
⑧ 그네·회전무대 등 충돌의 위험이 많은 시설 : 놀이동선과 통과동선이 상충되지 않도록 고려
⑨ 시설물과 시설물 사이 : 어린이가 뛰어넘지 못할 정도의 충분한 간격 띄우기
⑩ 통행이 잦은 놀이동선·통과동선 : 로프·전선 등의 줄이 비스듬히 설치되지 않도록
⑪ 철봉·사다리·오름봉 등의 추락지점과 그네·회전무대 등의 뛰어내리는 착지점에는 다른 시설물을 설치하지 않도록 함
⑫ 하나의 놀이터에 설치하는 시설물 사이에는 색깔·재료·마감방법 등에서 시설물이 서로 조화를 가질 수 있도록 계획

⑬ 놀이시설은 각 기능이 서로 연계되어 순환 이용하도록 계획, 나이에 따라 다른 놀이를 수용할 수 있도록 배치

⑭ 포장 : 놀이공간의 바닥, 특히 추락위험이 있는 그네·사다리 등의 놀이시설 주변 바닥은 충격을 흡수·완화할 수 있는 모래·마사토·고무재료·나무껍질·인조잔디 등 완충 재료를 사용하여 충격을 흡수할 수 있는 깊이(모래일 경우 최소 30.5cm)로 설계

⑮ 모래밭 : 기울기 없도록 함

⑯ 맹암거 등 선형의 심토층 배수시설 : 평균 5m 간격으로 배치, 놀이시설 등 구조물의 기초부와 겹치지 않도록 배치

⑰ 맹암거 설치 : 최소 60cm 이상 깊이 확보

⑱ 식재 : 꽃이나 열매의 독성·가시 등의 염려가 있는 수목의 배식은 피해야 함, 환경교육적 효과를 고려하여 다양한 수종을 배식, 수목명 알려주는 표찰 설치

2-2. 단위 놀이시설

1. 모래밭

① 규모 : 30m²

② 배치 : 휴게시설 가까이 배치, 모래밭에는 흔들놀이시설 등 작은 규모의 놀이시설이나 놀이벽·놀이조각 배치(큰 규모의 놀이시설 배치하지 않도록 함)

③ 모래막이 : 마감면은 모래면보다 5cm 이상 높게 하고, 폭 12~20cm, 모래밭 쪽의 모서리는 둥글게 마감

④ 모래밭의 바닥 : 빗물의 배수를 위하여 맹암거·잡석깔기 등 적절한 배수시설

⑤ 모래밭의 깊이 : 30cm 이상

2. 미끄럼대

① 배치
  ㉠ 북향 또는 동향

ⓒ 오르는 동작과 미끄러져 내리는 동작이 반복되므로 미끄럼판의 끝에서 계단까지는 최단거리로 움직일 수 있도록 하고, 이 동선에는 다른 시설물이 설치되지 않도록 빈 공간으로 설계

　　　ⓔ 주동에 인접한 놀이터 : 미끄럼대 위에서의 조망 등으로 인근 세대의 사생활이 침해되지 않도록 설치

　　② 미끄럼판

　　　㉠ 높이 : 1.2(유아용)~2.2m(어린이용)

　　　ⓒ 기울기 : 30~35°

　　　ⓔ 1인용 미끄럼판의 폭(미끄럼판 출입구의 폭) : 40~50cm

　　　ⓡ 미끄럼판과 상계판의 연결부 : 틈이 생기지 않도록 밀착 또는 연속되어야 함

　　③ 착지판

　　　㉠ 미끄럼판의 높이가 90cm 이상인 경우

　　　ⓒ 길이 : 50cm, 기울기 : 2~4°

　　　ⓔ 착지판에서 놀이터 바닥의 답면까지의 높이 : 10cm 이하

　　　ⓡ 급속한 감속으로 몸이 넘어가지 않도록 착지판과 미끄럼판의 연결부는 곡면으로 설계

　　④ 날개벽

　　　㉠ 미끄럼판의 높이가 1.2m 이상인 경우

　　　ⓒ 미끄럼판의 양옆으로 높이 15cm 이상의 날개벽을 전구간에 걸쳐 연속 설치

　　⑤ 안전손잡이

　　　㉠ 미끄럼판의 높이가 1.2m 이상인 경우

　　　ⓒ 높이 : 15cm

3. 그네

　　① 구분 : 규모에 따라 1인용·2인용·3인용, 안장에 따라 발판식·의자식, 나이에 따라 유아용·어린이용

　　② 배치

　　　㉠ 배치 : 북향 또는 동향, 놀이터 중앙이나 출입구 주변을 피하여 모서리나 외곽

　　　ⓛ 그네의 요동운동을 고려하여 주변시설과 적정거리를 이격

　　　ⓒ 집단적인 놀이가 활발한 자리 또는 통행량이 많은 곳 : 배치하지 않음

　③ 규격

　　　㉠ 2인용 : 높이 2.3~2.5m, 길이 3.0~3.5m, 폭 4.5~5.0m

　　　ⓛ 지지용 수평파이프 : 어린이가 오르기 어려운 구조로 설계

　　　ⓒ 수평파이프와 그네줄을 연결하는 베어링 : 좌우로 흔들리지 않고, 회전에 의해 풀리지 않도록 풀림방지 너트로 설계, 마모 시 교체가 쉬운 기성제품 구동구로 설계

　　　㉡ 그네줄이 쇠줄일 경우 : 표면을 폴리우레탄 등의 부드러운 재료로 피복하는 등 보호막이 있는 형태로 설계

　　　㉢ 안장과 그네줄의 연결부분 : 파손되지 않도록 설계

　④ 안장

　　　㉠ 그네의 안장과 안장 사이 : 통과동선이 발생하지 않도록 함

　　　ⓛ 안장과 모래밭과의 높이 : 35~45cm(이용자의 나이를 고려하여 결정)

　　　ⓒ 유아용 : 안장과 모래밭과의 높이는 25cm 이내, 신체를 붙들어 맬 수 있는 안전형 안장, 그네줄의 길이 150cm 이내로 설계

　　　㉡ 안장 : 고무 등 탄성이 있는 재료를 우선 사용, 발판이 잘 휘어져서 서기에 불편하거나 너무 딱딱하여 부딪혔을 때 다치지 않도록 배려, 목재 사용할 경우 모서리를 둥글게 마감

　　　㉢ 맹암거 등의 배수시설 : 안장의 아래 부위에 배치

　⑤ 그네보호책

　　　㉠ 그네와 통과동선 사이 : 그네 보호책 등 보호시설 설계

　　　ⓛ 그네의 회전반경을 고려하여 그네 길이보다 최소 1m 이상 멀리 배치

　　　ⓒ 높이 : 60cm

4. 시소

　① 2연식 : 길이 3.6m, 폭 1.8m

　② 앉음판

㉠ 지면에 닿는 부분은 충격을 줄일 수 있도록 타이어 등의 재료로 설계
㉡ 폭 : 어린이의 앉은 상태를 고려하여 적절한 규격으로 설계
㉢ 이용자의 안전을 위하여 손잡이 채용
㉣ 유아용 시소의 앉음판 : 신체를 붙들어 맬 수 있는 안전형 안장으로 설계

5. 회전시설

① 배치
  ㉠ 동적 놀이시설, 놀이터의 중앙부나 통행이 많은 출입구 주변을 피하여 배치
  ㉡ 답면의 끝에서 3m 이상의 이용공간 확보
② 회전무대/회전판/회전그네
  ㉠ 회전판의 답면 : 원형
  ㉡ 회전판의 원주면 밖으로 돌출되는 부분이 없도록
  ㉢ 기초 : 회전시설의 구조적 안전성과 하중을 고려한 깊이로 설계
  ㉣ 유아용 회전시설 : 회전판의 가장자리에 이용자가 강한 원심력에도 견딜 수 있도록 수직의 안전벽 등을 설계

6. 진자·진동시설

① 충돌 시 충격이 완충될 수 있는 재료(합성수지 등)와 경량재 사용

7. 정글짐

① 둥근꼴의 정글짐 : 곡률반경이 일정하도록 설계
② 간살의 굵기·배치간격 : 어린이들의 신체치수에 적합하게 설계
③ 간살 : 눈에 잘 띄는 색상으로 마감

8. 기어오르기

① 높이 : 2.5~4.0m
② 줄 : 내구성·안전성 등에 적합하게 설계

9. 놀이벽

① 기어오르고·올라타고·위를 걷고·걸터앉고·매달리고·미끄럼 타고·구멍을 빠져 나오고·뛰어 내리고 등 어린이의 다양한 놀이행태에 적합한 높이·두께·구멍크기를 유지해야 함

② 두께 : 20~40cm, 평균높이 : 0.6~1.2m로, 최대높이 : 1.5m 이하

③ 기어오르고 내리기에 쉬운 기울기로 설계

④ 놀이벽 주변 : 다른 시설을 배치하지 말고, 주변 바닥 : 모래 등 완충재료로 설계

⑤ 놀이벽을 연결하여 미로시설 설치 가능

10. 도섭지

① 물을 이용하는 못·실개울 등과 연계하여 설치, 관리가 철저히 이루어질 수 있는 부위에 설치

② 물놀이에 따른 안전성을 고려, 물의 깊이 : 30cm 이내

③ 도섭지의 바닥 : 이용에 안전하고 청소가 용이한 재료·마감방법으로 설계

④ 환경교육적 측면에서 수생 생물이 서식할 수 있는 공간과 연계될 수 있도록 설계

11. 난간·안전책

① 지상 1.2m 이상의 공중에 설치된 연결통로·망루·계단 답판·계단참 등 주위와 급격한 동작전환이 이루어지는 전이 부위, 또는 균형 유지가 요구되는 곳에 배치

② 높이 : 80cm 이상, 오르기 어려운 구조 또는 형태, 유아용과 소년용 함께 설계

③ 추락 시 큰 위험이 없을 것으로 예상되더라도 계단·흔들다리·외다리 등과 같이 몸의 균형 유지를 위한 손잡이가 요구되는 곳에는 손잡이용 난간 설치

④ 높은 오르막·망루·공중통로 등 통행이 빈번하고 부주의한 행동으로 추락의 위험이 있는 곳에는 추락방지용 난간 설치

12. 계단

① 기울기 : 35°, 폭 : 최소 50cm 이상
② 디딤판의 깊이 : 15cm 이상, 디딤판의 높이 : 15~20cm 사이
③ 길이 1.2m 이상의 계단 양옆 : 연속된 난간 설치
④ 계단의 디딤판과 디딤판 사이 : 막힘구조
⑤ 철재, 목재, 콘크리트, 합성수지 등을 사용하되 디딤판은 미끄럽지 않도록 처리

13. 사다리 등 기어오르는 기구

① 기울기 : 65~70°, 너비 : 40~60cm
② 사다리 등은 꼭대기에 기어오르는 동작과 내리기에도 쉬운 구조이어야 함
③ 원형일 때 : 곡률이 일정하도록 설계
④ 사다리에서 오두막·망루 등으로의 출입부 또는 다른 시설로의 연결부 : 안정된 동작을 취할 수 있도록 안전손잡이 등을 설치
⑤ 사다리와 연결되는 다른 시설의 디딤판 : 사다리보다 높게 하여 오르거나 내려서기 쉽게 함
⑥ 간살 : 알기 쉽도록 눈에 잘 띄는 색상으로 설계

2-3. 복합 놀이시설

1. 배치

① 놀이공간의 규모가 클 경우 : 어린이들의 놀이행태에 맞도록 일반적이고 단순한 단위놀이시설의 배치를 피하고, 복합적이고 연속된 놀이가 가능한 복합놀이시설을 배치
② 개별 단위시설의 고유형태 유지하되, 조형적인 아름다움을 갖추어 상상력·호기심·협동심을 가꾸어 줄 수 있도록 함

2. 규격

① 미끄럼대·계단·흔들다리·기어오름대·줄타기·통로·망루·그네·사다리 등이 기본
② 그네 등 각각의 단위놀이시설 설계기준을 충족시켜야 함
③ 각 기능 사이의 상충 위험성을 배려
④ 각 단위시설과 단위시설의 연결부위는 높이차가 없도록 설계

2-4. 주제형 놀이시설

1. 모험놀이시설

① 어린이의 모험심과 극기심 및 협동심을 길러줄 수 있는 시설물
② 종류 : 외다리, 흔들사다리오르기, 공중외줄타기, 외줄건너기, 공중외줄그네, 타이어징검다리, 타이어산오르기, 타이어터널, 통나무오르기, 타잔놀이대, 창작놀이대 등
③ 새로운 유형의 시설 : 기능성·안전성·내구성 검토한 뒤 적정 판단될 경우 설계에 반영

2. 전통놀이시설

① 우리나라 전래의 놀이를 수용할 수 있는 말차기, 고누, 장대타기, 널뛰기, 줄타기, 돌아잡기, 팔자놀이, 계곡건너기 등

3. 감성놀이시설

① 협동심, 지구력 등 감성개발에 도움을 줄 수 있는 놀이시설
② 종류 : 놀이데크, 조형미끄럼대, 조형낚시판, 실꿰기, 도형맞추기, 낚시놀이, 탑쌓기, 경사오름대, 쌀눈오름대 등
③ 흙쌓기가 필요하거나 선큰(sunken)된 지형을 가진 일정 면적 이상의 놀이공간

부지 필요

4. 조형놀이시설

① 미끄럼타기·사다리오르기 등의 놀이기능을 가지되, 시설물의 조형성이 뛰어나 환경조형물로서 기능할 수 있도록 설계

5. 학습놀이시설

① 유아의 신체여건에 맞고 유아에게 흥미와 친근감을 주면서 기초문자 및 도형, 세계의 지리, 사물의 이치와 생활 활동 등을 놀이과정을 통해 자연스럽게 학습할 수 있는 놀이시설
② 종류 : 해시계, 지도찾기, 글씨맞추기 등

6. 기성제품 놀이시설

① 대부분의 부품들이 제조공장에서 가공·마감·도장처리되고, 설치 장소에서는 단순한 조립만으로 설치되는 놀이시설
② 제품생산업체가 제출한 관련자료를 바탕으로 기능성·안전성·경제성·내구성·마감질·미관·시공성·이용성·독창성·다양성·전문성·하자·제품보증 등의 품질을 검토한 뒤 적정하다고 판단될 경우에 설계에 반영
③ 제조업체에 따라 재료·마감·색상·형상 등에 있어 특성이 있으므로, 하나의 놀이터에는 각 시설들이 조화를 이룰 수 있도록 고려하여 선정

2-5. 동력 놀이시설

① 동력 놀이시설의 설계·제작 및 설치 : 동력 놀이시설 전문업체에 의해 일관성 있게 추진되도록 함
② 동력 놀이시설의 설계 : 관련규정이나 제조설치업체의 안전기준 등 관련 절차와 규정을 따름

③ 시설의 바닥 : 미끄러지지 않도록 설계하는 등 관련 설계기준을 충족
④ 시설의 유지관리지침 설정, 이에 따른 장기적인 관리계획 수립

3. 휴게시설물 설계

3-1. 재료 및 설계일반

1. 재료

① 재료 선정 기준
 ㉠ 부패·부식·침식·마모 등에 대해 적정의 저항성을 갖는 재료 사용
 ㉡ 이용자의 직접적인 접촉이나 불량한 환경조건으로 인하여 재료사용 조건이 악화될 경우에는 선정기준을 강화할 수 있으며, 필요할 경우 별도의 보호조치를 취해야 함
 ㉢ 휴게시설의 구조에 적합하고 미관효과가 있는 것 사용, 부재와 부재의 접합 및 사용재료는 되도록 표준화된 방식을 사용하여 시설제작의 효율성과 시설의 안정성을 높이도록 함

② 재료 품질 기준
 ㉠ 햇빛이나 비(수분)에 직접적으로 노출되는 부위 : 내구성이 있는 재료 사용
 ㉡ 지붕재로서 합성수지나 막재료를 사용할 경우 : 변색이나 형태변화가 일어나지 않도록 자외선 및 열에 대해 저항성이 큰 것 사용
 ㉢ 의자에 사용되는 재료 : 내수성이 높고, 열흡수율이 낮은 재료를 선정, 필요할 경우 별도의 표면보호 조치해야 함
 ㉣ 전통정자 재현할 경우 : 문화재보수기준에 합당한 재료 사용(외형적인 모방인 경우에는 다른 재료를 사용하여 유사한 분위기 연출 가능)

2. 설계일반

① 설계 목표
  ㉠ 적정한 인간척도·기능성·미관성·안전성·표준성·내구성 및 환경친화성의 달성
  ㉡ 설계 목표가 서로 대립되거나 모두 충족시킬 수 없는 경우 : 안전성과 기능성 먼저 충족

② 휴게공간의 입지 및 배열
  ㉠ 설계대상의 성격·규모·이용권·보행동선 등을 고려하여 휴게공간을 균형있게 배열
  ㉡ 휴게공간과 도로·주차장 기타 인접 시설물과의 사이 : 완충공간 배치
  ㉢ 휴게공간은 입지에 따라 규모·형상을 달리함으로써 장소별 특성을 갖도록 함
  ㉣ 휴게공간과 같은 생활환경에서 환경교육적 효과가 매우 높으므로, 휴게공간 주변에는 다양한 생태적 공간을 조성하여 교육적으로 활용할 수 있도록 함

3. 휴게공간의 평면구성

① 휴게공간은 시설공간·보행공간·녹지공간으로 나누어 설계, 동선 체계에 어울리도록 보행동선 계획
② 휴게공간의 어귀는 보행로에 연결시켜 보행동선에 적합하게 계획하되 차량에 의한 사고방지를 위해 도로변에 면하지 않도록 배치하고 입구는 2개소 이상 배치, 1개소 이상에는 12.5% 이하의 경사로(평지 포함) 설계
③ 건축물이나 휴게시설 설치공간과 보행공간 사이 : 완충공간 설치(휴게시설물 주변에는 1m 정도의 이용공간 확보)
④ 놀이터에는 놀이시설을 이용하는 유아가 노는 것을 보호자가 가까이에서 볼 수 있도록 휴게시설 배치
⑤ 배식
  ㉠ 휴게공간의 녹지공간 : 녹음성·관상성·기능성을 가진 수목으로 기능에 적합하도록 배식
  ㉡ 휴게·보행공간의 넓은 포장부위 : 녹음을 조성하도록 정자목 형태의 대형목

배식

4. 휴게시설 설계기준

① 본래의 설치 목적에 부합되도록 설계, 복합적인 기능을 갖는 경우 본래의 기능을 먼저 충족시키도록 함

② 주요 시설은 현장조립이 가능한 시설의 설치를 원칙, 시설물 사이에 색상·자재·마감방법 등이 서로 조화를 이루도록 설계

③ 시설의 형태 : 표준화된 형태 또는 조형적인 형태

④ 그늘시렁·그늘막·정자 등 지반의 지내력이 요구되는 시설 : 지반의 허용지내력을 고려하여 침하되지 않도록 함

⑤ 그늘시렁·그늘막·정자 등의 시설에 사용되는 기둥이나 보의 단면형태 : 재료 특성 및 용도에 따라 달리 적용

⑥ 목재의 경우 : 보의 단면은 폭과 높이의 비 1/1.5~1/2, 기둥은 좌굴현상을 고려하여 좌굴계수(재료의 허용압축응력×단면적÷압축력)는 2를 적용하며, 세장비(좌굴장/최소 단면 2차 반경)는 150 이하 적용

⑦ 지붕이 있는 휴게시설의 경우 : 지붕녹화를 설치하여 친환경적으로 조성하거나 에너지효율을 높일 수 있는 구조로 함

3-2. 파고라(그늘시렁)

1. 배치

① 휴게공간, 건물·보행로·운동장·놀이터 등에 배치, 보행동선과의 마찰을 피함

② 조형성이 뛰어난 그늘시렁 : 시각적으로 넓게 조망할 수 있는 곳이나 통경선(vista)이 끝나는 곳에 초점요소로서 배치 가능

③ 여름에는 그늘 제공, 겨울에는 햇빛이 잘 들도록 대지의 조건·방위·태양의 고도를 고려하여 배치

④ 화장실·급한 비탈면·연약지반·고압철탑이나 전선 밑의 위험지역·외진 곳

및 불결한 곳을 피하여 배치
⑤ 비교적 긴 휴식에 이용되므로 휴지통·공중전화부스·음수대 등의 관리시설 배치

2. 형태 및 규격

① 형태는 설치 목적과 장소에 따라 달리 적용, 기둥단면과 들보 및 도리의 배열·각 부재의 형태·부재 간의 균형 및 사용재료 등을 고려하여 설계
② 평면형태 : 직사각형 및 정사각형 기본, 공간성격에 따라 원형·아치형·부정형
③ 규격 : 공간규모와 이용자의 시각적 반응을 고려하여 결정하되 균형감과 안정감이 있도록 하며, 일반적으로 높이에 비해 길이가 길도록 함
④ 높이 : 220~260cm, 면적이 넓거나 조형상의 이유로 높이를 키울 경우에는 300cm까지 가능
⑤ 태양의 고도 및 방위각을 고려하여 부재의 규격 결정, 해가림 덮개의 투영 밀폐도는 70%, 그늘만들기용 대나무발을 설치하거나 수목 배식 가능
⑥ 휴게기능을 보완하기 위하여 의자 설치 가능, 의자는 하지의 12~14시를 기준으로 사람의 앉은 목높이 이상(88~105cm) 광선이 비추지 않도록 배치
⑦ 의자의 배치 : 이용자 특성에 따라 내부지향형·외부지향형·단일방향 지향형·의자 및 야외탁자 조합형으로 나누어 공간의 성격에 맞게 배치
⑧ 사용 재료 : 오염물질이 발생되지 않는 친환경 재료 사용, 구조를 가급적 단순하게 처리하여 불필요한 재료가 사용되지 않도록 함

3-3. 그늘막(쉘터)

1. 배치

① 마당·광장 등의 휴게공간과 건물·보행로·놀이터 등에 이용자들이 비와 햇빛을 피할 수 있도록 그늘막 배치
② 휴게용 그늘막 : 긴 휴식에 이용, 사람의 유동량·보행거리·계절에 따른 이용빈

　　도 고려하여 배치

③ 비교적 자유롭게 배치 가능, 경관이 좋은 장소에 우선 배치

④ 선형의 보행공간 : 주동선과 평행하게 배치, 보행자의 통행에 지장을 주지 않도록 완충공간 확보

2. 형태 및 규격

① 그늘막의 단위 형태 : 단일기둥형·2기둥형·4기둥형

② 휴식기능을 위해 의자 배치 가능, 기둥부착형 또는 기둥분리형으로 설계

③ 지붕 : 비·햇빛 또는 바람 등을 피할 수 있는 구조

④ 태양의 고도·이용빈도·주변상황·기능·외형·구조·규모 등이 설치 목적에 맞도록 함

⑤ 처마높이 : 2.5~3.0m

3-4. 원두막

1. 배치

① 마당·광장 등의 휴게공간과 건물·보행로·놀이터 등에 이용자들이 비와 햇빛을 피할 수 있도록 배치

② 긴 휴식에 이용, 사람의 유동량·보행거리·계절에 따른 이용빈도를 고려하여 배치

③ 공원·유원지 등 장·노년층 또는 가족단위의 이용이 예상되는 공간에 배치

2. 형태 및 규격

① 지붕 : 비·햇빛 또는 바람 등을 피할 수 있는 구조, 설치되는 환경의 특성 등을 고려하여 서로 조화로운 재질과 형태로 설계

② 기둥 : 4개

③ 마루 : 긴 휴식에 적합한 재질과 마감방법으로 설계, 난간이 없을 경우 마루의 높이는 34 ~46cm

④ 난간이 있는 형태와 난간이 없는 형태로 나누어 적용

⑤ 처마높이 : 2.5~3.0m

3-5. 의자

1. 배치

① 휴게공간과 보행자 전용도로·산책로·건물주변 등에 배치, 소음이 심한 곳·습지·급한 비탈면·바람받이 및 지반이 불량한 곳에는 배치하지 않음

② 여름철에는 그늘이 질 수 있고, 겨울철에는 햇빛이 들도록 주변 수목과의 관계를 고려하여 배치

③ 뒤쪽에서 다른 사람에 의해 보이는 장소는 피하도록 하며, 필요할 경우 사생활 보호를 위한 차폐시설 배치

④ 등의자 : 긴 휴식이 필요한 곳, 평의자 : 짧은 휴식이 필요한 곳, 공공공간 : 고정식, 정원 등 관리가 쉬운 곳 : 이동식

⑤ 배치 : 일렬형·병렬형·ㄱ형·ㄷ형·원형·사각형·U자형 및 자연형 배치, 주변시설과의 관계를 고려하여 연계형 배치 가능

⑥ 산책로나 가로변 : 통행에 지장이 없도록 배치, 폭 2.5m 이하의 산책로변 : 1.5~2m 정도의 포켓공간을 만들어 배치하거나 경계석으로부터 최소 60cm 이상 떨어뜨려 배치

⑦ 휴지통과의 이격거리 : 0.9m, 음수전과의 이격거리 : 1.5m 이상의 공간 확보

⑧ 장애인의 이용을 위한 의자를 배치할 때 : 측면에 120×120cm, 전면에 180×180cm의 휠체어 공간 확보

2. 형태 및 규격

① 의자는 크기에 따라 1인용·2인용·3인용·4인용, 조합형태에 따라 일렬형·병

렬형·ㄱ형·ㄷ형·사각형·원형·자연형·시설연계형, 집합도에 따라 단식·연식형, 이동성에 따라 고정식·이동식, 등받이 유무에 따라 등의자·평의자로 구분
② 체류시간 고려하여 설계, 긴 휴식에 이용되는 의자 : 앉음판의 높이가 낮고 등받이를 길게 설계
③ 등받이 각도 : 수평면을 기준으로 95~110°, 휴식시간이 길어질수록 등받이 각도를 크게 설계
④ 앉음판의 높이 : 34~46cm, 앉음판의 폭 : 38~45cm, 앉음판에 물이 고이지 않도록 설계
⑤ 팔걸이의 높이 : 앉음판으로부터 18~25cm, 팔걸이의 폭 : 3cm 이상, 부착각도 : 수평면을 기준으로 등받이쪽으로 10~20° 낮게 설계
⑥ 의자 길이 : 1인당 최소 45cm(팔걸이부분의 폭은 제외)
⑦ 지면으로부터 등받이 끝까지 전체높이 : 75~85cm
⑧ 등의자의 곡률반경 : 앉음판의 오금부위 15~16cm, 엉덩이부위 7~8cm, 등받이 상단 15~16cm

3-6. 앉음벽

1. 배치

① 마당·광장 등의 휴게공간과 보행로·놀이터 등에 이용자들이 앉아서 쉴 수 있도록 함
② 휴게공간이나 보행공간의 가운데에 배치할 경우 : 주보행동선과 평행하게 배치
③ 짧은 휴식에 이용, 사람의 유동량·보행거리·계절에 따른 이용빈도 고려하여 배치
④ 지형의 높이차 극복을 위한 흙막이 구조물을 겸할 경우 : 녹지와 포장부위의 경계부에 배치

2. 형태 및 규격

① 선형이면서 면적인 특성이 강하므로 주변의 환경과 조화되는 색상으로 설계
② 짧은 휴식에 적합한 재질과 마감방법으로 설계
③ 앉음벽의 높이 : 34~46cm
④ 지형의 높이차 극복을 위한 흙막이 구조물을 겸할 경우 : 녹지보다 5cm 높게 마감

3-7. 야외탁자

1. 배치

① 휴게공간이나 경관이 좋으며 개방감이 있는 곳에 배치, 소음이 심한 곳·습지·먼지가 많은 곳·바람받이 및 지반이 불량한 곳에는 배치를 피함
② 보행로에 배치할 경우 : 보행동선과 충돌이 일어나지 않도록 완충공간 확보
③ 그늘의 확보를 위하여 그늘시렁이나 그늘집과 함께 배치 가능, 녹음수의 위치를 고려하여 배치

2. 형태 및 규격

① 형태에 따라 사각형·원형, 집합도에 따라 단식·연식형, 의자의 부착유무에 따라 분리형·부착형으로 구분
② 규격은 의자의 기능과 탁자의 기능을 효율적으로 수행할 수 있도록 하며, 이용자의 몸이 들어가기 쉽도록 함
③ 앉음판의 높이 : 34~41cm, 앉음판의 폭 : 26~30cm
④ 앉음판과 탁자 아래면 사이의 간격 : 25~32cm
　 앉음판과 탁자의 평면 간격 : 15~20cm
⑤ 야외탁자의 너비 : 64~80cm

3-8. 평상

1. 배치

① 야외탁자의 배치 기준에 따름

2. 형태 및 규격

① 평상의 마루 형태 : 사각형·원형
② 마루 : 이용자의 휴식에 적합한 재료와 마감방법으로 설계
③ 마루의 높이 : 34~41cm
④ 공공공간 : 되도록 고정식, 정원 등 관리가 쉬운 곳 : 이동식
⑤ 노인정·놀이터 등의 평상 : 장기·바둑·고누 등의 정적인 놀이를 할 수 있도록 판 설계

3-9. 정자

1. 배치

① 언덕·절벽 위·하천변 등 자연경관이 수려한 장소와 조망성이 뛰어난 장소에 주변경관과의 조화를 고려하여 배치
② 주보행동선에서 조금 벗어나게 배치하여 휴식의 장소를 제공
③ 지반의 붕괴나 낙석의 위험이 있는 곳에는 배치를 피함

2. 형태 및 규격

① 설치 장소와 설치 목적에 적합한 규모와 구조로서 주변경관과 조화될 수 있도록 설계
② 전통정자 : 환경에 어울리는 전통적인 형태 및 규모와 공법으로 설계
③ 평면형태 : 사각형·육각형·팔각형

4. 경관조명시설물 설계

4-1. 재료 및 설계일반

1. 재료

① 고려사항 : 내구성·유지관리성·경제성·안전성·쾌적성 등
② 내구성 있는 재질을 사용하거나 내구성 있는 표면마감 방법으로 설계
③ 방수·방습 지수 및 진동에도 우수한 재료를 선정
④ 주변 환경과의 조화를 고려한 친환경성 재료 사용 고려

2. 설계일반

① 배치
  ㉠ 야간 이용 시 안전과 방범을 확보하도록 효과적으로 배치
  ㉡ 등주의 높이 등 광원의 위치·높이·배광 등은 불쾌한 글레어 저감을 위해 이용자에게 눈부심이 없도록 배치
  ㉢ 기능적으로 이용자의 보행에 지장을 주지 않도록 배치
  ㉣ 식물에 대한 조명시설 : 대상 식물의 생태를 고려하여 광원에 의해 식물의 생장에 악영향을 주지 않도록 식물에 적합한 광원과 그 설치 위치 고려

4-2. 보행등

1. 설치 목적

① 밤에 이용하는 보행인의 안전과 보안을 위하여 설치

2. 배치

① 설계대상공간의 진입로·광장·산책로 또는 도로나 주차장과 만나는 보행공간·놀이공간·휴게공간·운동공간 등의 옥외공간에 배치한다.

② 소로·산책로·계단·구석진 길·출입구·장식벽 등에 설치

③ 배치 간격 : 설치 높이의 5배 이하 거리, 등주의 높이와 연출할 공간의 분위기를 고려(포장면 내부에 설치할 경우에는 보행의 연속성이 끊어지지 않도록 배치)

④ 이용자에게 불쾌한 눈부심이 발생하지 않도록 등주의 배치·기구의 배광을 고려

⑤ 보행로 경계에서 50cm 정도의 거리에 배치

3. 시설 기준

① 설치 공간의 분위기에 어울리는 형태, 보행인의 안전이용을 방해해서는 안 됨

② 보행인의 이용에 불편함이 없는 밝기 확보, 보행로의 경우 3lx 이상의 밝기

③ 산책로 등의 보행공간만을 비추고자 할 경우 : 포장면 속에 배치, 등주의 높이를 50~100cm로 설계

④ 보행등 1회로 : 보행등 10개 이하로 구성

4-3. 정원등

1. 설치 목적

① 주택단지·공공건물·사적지·명승지·호텔 등의 정원에 설치하며, 정원의 아름다움을 밤에 선명하게 보여줌으로써 매력적인 분위기를 연출하기 위한 것

2. 배치

① 정원의 어귀·구석 등 조명 취약 부위·주요 점경물 주변 등에 배치

② 광원 : 이용자의 눈에 띄지 않는 곳에 배치

3. 세부시설기준

① 주택단지 등 설계대상 공간의 정원 경관과 어울리는 형태·색깔로 설계
② 광원이 이용자의 눈에 띌 경우 정원의 장식물을 겸하도록 조형성을 갖추어 디자인
③ 야경의 중심이 되는 대상물의 조명 : 주위보다 몇 배 높은 조도기준을 적용하여 중심감을 부여
④ 화단이나 키 작은 식물을 비추고자 할 때 : 아래 방향으로 배광
⑤ 정원의 조명 : 밝기를 균일하거나 평탄한 느낌을 주지 않도록 하고, 명암이나 음영에 따라 정원 내부의 깊이를 느끼도록 연출
⑥ 광원 노출될 때 : 휘도를 낮추거나 광원의 위치를 높여 광원에 따른 눈부심 피함
⑦ 광원을 선정할 때 : 광원의 색상·조명색상·공간의 규모·유지보수 등의 수명·효율·경제성·연색성 등의 용량·기온 등을 고려
⑧ 광원 : 고압 수은형광등 적용
⑨ 등주의 높이 : 2m 이하

4-4. 수목등

1. 설치 목적

① 주택단지·공원 등의 수목을 비추어 밤의 매력적인 분위기를 연출하기 위해 설치

2. 배치

① 주택단지·공원 등 설계대상 공간의 녹지나 포장 부위에 심은 수목 가운데 야경에 좋은 분위기를 연출할 필요가 있는 어귀 또는 중심공간에 위치한 수목에 배치
② 투광기 : 나뭇가지에 직접 배치, 수목을 비추도록 나무 주변의 포장·녹지에 배치

3. 시설 기준

① 수목의 생태를 고려하여 광원에 의해 식물의 생장에 악영향을 주지 않도록 그에 적합한 광원을 선택
② 광원색상과 비쳐지는 색상과의 관계를 고려하여 식물의 색상변화에 주의
③ 투광기 이용
④ 푸른 잎을 돋보이게 할 경우 : 메탈할라이드등 적용

4-5. 잔디등

1. 설치 목적

① 주택단지·공원 등의 잔디밭에 설치하여 잔디밭의 밤의 매력적인 분위기를 연출하기 위해 설치

2. 배치

① 잔디밭의 경계를 따라 배치

3. 시설 기준

① 잔디등의 높이 : 1.0m 이하
② 하향조명방식 적용
③ 잔디밭을 전반적으로 조명하고자 할 때 : 주두형 기구와 투명형 고압수은등이나 메탈할라이드등 적용

4-6. 공원등

1. 설치 목적

① 도시공원이나 자연공원 이용자에게 야간의 매력적인 분위기 제공과 이용의 안전을 위하여 설치

2. 배치

① 공원의 진입부·보행공간·놀이공간·광장 등 휴게공간·운동공간에 배치
② 공원관리사무소·공중화장실 등의 건축물 주변에 배치
③ 운동장·놀이터의 시설면적(형태가 정방형 또는 원형)에 따라 350m^2 미만은 1등용 1기, 350~700m^2 이하는 2등용 1기 배치(시설부지 형태가 선형이거나 시설면적이 700m^2를 넘는 경우에는 적정 위치에 추가 배치)

3. 시설 기준

① 설치 공간의 분위기에 어울리는 형태로 하되, 보행인의 안전이용을 방해해서는 안 됨
② 주두형 등주 높이 : 2.7~4.5m, 상징적인 경관의 창출 등 특수한 목적을 위한 경우에는 그 목적 달성에 적합한 높이로 함
③ 공원의 어귀나 화단 : 연색성이 좋은 메탈할라이드등·백열등·형광등을 적용
④ 공원의 경우 : 중요 장소는 5~30lx, 기타 장소는 1~10lx를 충족시키도록 계획. 놀이공간·운동공간·광장 등 휴게공간에는 6lx 이상의 밝기를 적용
⑤ 광원 : 메탈할라이드등 또는 LED등 적용
⑥ 전원 : 주분전반 1개소를 배치
⑦ 식물의 종류와 특성에 맞는 광원의 사용과 조명의 개시시간 고려

4-7. 수중등

1. 설치 목적

① 폭포·연못·개울·분수 등 수경시설의 환상적인 분위기 연출을 목적으로 물속에 설치

2. 배치

① 폭포·연못·개울·분수 등 대상 공간의 수조나 폭포의 벽면 등 조명의 기능 구현에 적합한 곳에 배치

3. 시설 기준

① 조명등에 여러 종류의 색필터를 사용하여 야간의 극적인 분위기를 연출

② 규정된 용기 속에 조명등을 넣어야 하며, 용기에 따라 정해진 최대 수심을 넘지 않도록 하고 규정에 맞는 용량의 전구를 사용해야 함

③ 전구 : 수면 위로 노출되지 않도록 함, 저전압 설계하고 방수전선 채용, 감전 등에 대비하여 광섬유 조명방식 적용 가능

④ 전선에 접속점을 만들지 않아야 함

⑤ 오염원이 될 수 있는 요소는 배제, 친환경적인 재료와 요소를 적극 검토

4-8. 투과등

1. 설치 목적

① 수목·건물·장식벽·환경조형물 등 주요 점경물의 환상적인 야경분위기 연출을 목적으로 아래방향에서 비추도록 설치하는 경관조명시설

2. 배치

① 환경조형물 등 비추고자 하는 대상물의 특징 표현에 적합한 곳에 배치

② 광원 : 낮에 이용자의 눈에 띄지 않도록 녹지에 배치

3. 시설 기준

① 투광기로부터 피조체까지의 조사거리에 적합한 배광각을 설정

② 투광기 : 밀폐형으로 하여 방수성 확보, 차폐판이나 루버 등을 부착

③ 이용자의 눈에 띄지 않도록 조경석이나 수목 등으로 차폐

④ 광원 : 메탈할라이드등 적용, 피조체의 크기·조사거리 등을 고려하여 규격을 정함

⑤ 점등·소등의 시간대 조절이 가능하도록 회로 구성 시 시간조절장치를 고려

4-9. 광섬유조명

1. 설치 목적

① 굴절률 높은 Core와 굴절률 낮은 Clad의 이중 구조로 되어 있는 광섬유의 끝 단면이나 옆면을 이용하여 환경조형물·계단 등의 윤곽을 보여주거나 조형물·바닥포장의 몸체나 표면에 무늬·방향표지 등을 표시하기 위해서 설치하는 경관조명시설

2. 배치

① 옆면 조명의 경우 : 설계대상 공간의 경계표시와 같이 대상물의 윤곽을 보여주기에 적합, 수조·계단·데크 등과 같은 시설물이나 구조물의 윤곽선에 배치

② 끝조명의 경우 : 조형물·벽천·분수의 몸체나 보행로 바닥포장의 문양·글씨·방향표지에 적용

3. 시설 기준

① 옆면 조명을 이용할 경우 : 산책로에 환상적인 분위기를 연출하는 데 적용
② 끝조명 : 유지보수 쉽고, 파손의 우려 적고, 수중에 설치하기 쉽고, 발열·방수의 문제가 없고, 유연성 좋고, 곡선처리 좋고, 네온조명에 비해 10배의 에너지 절약 효과
③ 광섬유의 한끝에는 조광기를 설치
④ 조광기를 수경시설에 적용할 경우 : 수조에 가까운 녹지에 배치
⑤ 빛의 색상이나 밝기 : 광섬유의 옆면이나 끝에 설치하는 재료·규격을 다양하게 적용하여 설계

4-10. 기타 조명

1. 벽부등·부착등·문주등

① 설치 목적 : 등기구가 환경조형물·원두막·문주·안내시설 등의 구조물·시설물 속에 묻히거나 옆·위·아래에 부착된 형태로서 별도의 등주가 없는 경관조명시설
② 배치
  ㉠ 보행공간의 장식벽·열주·계단날개벽, 휴게공간의 원두막·그늘시렁, 스페이스 프레임, 단지문주, 플랜터, 볼라드 등에 배치
  ㉡ 안전을 고려하여 보행의 연속성이 끊어지지 않도록 배치
③ 시설 기준
  ㉠ 이용자의 안전을 고려하여 보행공간의 바닥에서 높이 2m 이하에 위치하는 등기구는 구조물에서 돌출되지 않도록 설계
  ㉡ 이용자에게 불쾌한 눈부심이 발생하지 않도록 배광을 고려
  ㉢ 문주·장식벽·열주 등 설치 대상과 어울려 낮에는 장식물을 겸하도록 등기구를 조형적으로 디자인하고, 밤에는 설치 대상의 독특한 야경을 연출하도록 광원의 색·배광 등을 결정

2. 네온조명

① 설치 목적 : 별도의 등기구 없이 네온관으로 환경조형물 등의 구조물 또는 시설물의 윤곽을 보여주기 위하여 설치

② 배치 : 환경조형물과 같은 구조물·시설물의 윤곽이 밤에도 확인될 수 있도록 대상물의 외부에 배치

③ 시설 기준
  ㉠ 직경 8~15mm의 유리관으로 설계, 충진가스로는 네온가스(황적색)와 아르곤·머큐리 혼합가스(밝은 푸른색)를 적용
  ㉡ 변압기의 교체 고려

3. 튜브 조명

① 설치 목적 : 별도의 등기구 없이 투명한 플라스틱 튜브로 환경조형물·다리·계단 등의 구조물·시설물의 윤곽을 보여주기 위해 설치하는 경관조명시설

② 배치 : 계단·데크·환경조형물 등 구조물·시설물의 윤곽을 따라 배치

③ 시설 기준
  ㉠ 튜브의 재질 : 휨·견고성·UV 안전도·내마모성 등의 물리적 특성과 설치장소의 특성 등을 고려하여 선정하되 옥외에는 폴리카보네이트 적용
  ㉡ 특수철선과 제어기가 부착된 전구를 선형으로 배열
  ㉢ 설치 장소·경제성·용도에 따라 전구의 전압·전구의 유형과 배치간격·변압기의 배치와 방수처리 여부 등을 결정
  ㉣ 안전등 같은 안전용 조명이나 고요함·반짝임·평온 등의 분위기 연출에 적용

5. 수경시설물 설계

5-1. 재료 및 설계일반

1. 재료

① 벤토나이트를 사용한 자연형 수조와 콘크리트 구체를 사용한 인공형 수조 등을 설치공간의 특성에 맞게 사용

② 수조의 마감 : 수생식물, 자갈, 화강석, 인공조형물 등을 수조 조성 방법과 연계하여 사용

③ 배관 : 스테인리스(STS)관 및 폴리에틸렌(PE)관

④ 펌프 : 수조 내에 직접 설치하는 수중펌프와 별도의 기계실을 만들어 여기에 설치하는 육상펌프, 펌프의 효율·토출양·양정등·설치 공간의 특성을 고려하여 선정

⑤ 수중에서 사용되는 수중조명, 솔레노이드밸브, 수중펌프 : 완전 방수형으로 부식으로 인한 오염이 없고, 온도에 의한 변형이 작은 재질의 제품 선정

2. 설계일반

① 설계 고려사항
  ㉠ 각 장치가 유기적으로 결합하되 물의 연출에 중점을 두고 주변경관과 조화되어야 함
  ㉡ 설치되는 수경시설에 적합한 시스템의 장비를 선정
  ㉢ 유지관리 및 점검보수가 용이하도록 설계
  ㉣ 적설, 동결, 바람 등 지역의 기후적 특성을 고려
  ㉤ 초기 원수 및 보충수 확보가 용이하여 항상 수경연출이 가능해야 함, 우수저류조의 물을 수원으로 할 경우 지속적으로 공급이 가능하도록 관련 공종과 협조해야 함

ⓑ 내구성과 안전성, 미관을 동시에 추구
　　ⓢ 에너지의 효율성을 고려
　　ⓞ 관계법규에 적합하게 설계
　　ⓩ 강우 및 바람의 영향을 대비하여 강우량 센서 및 풍속·풍향 센서를 설치
　　ⓒ 경관형, 생태형 수경공간으로 계획 시는 가급적 녹지를 함께 계획하여 식재가 어우러지는 설계가 되도록 함
　　ⓚ 사용 용수를 주변 관수용수로 재활용하여 버려지는 물을 최소화하도록 함
② 급수원 및 수질
　　㉠ 급수원 : 상수·지하수·중수·하천수 등을 현지 여건에 따라 적용
　　㉡ 설계 수질 : 수경시설의 설치 목적·수경시설의 종류·주변환경 및 공급원수의 수질과 수량 등을 충분히 검토하여 설정

> * 수경요소(Water Space)의 기능
> : 공기냉각, 레크리에이션 기능, 소음 완충

3. 수조

① 분수 : 수조의 너비는 분수 높이의 2배, 바람의 영향을 크게 받는 지역은 분수 높이의 4배
② 폭포 전면의 수조 너비 : 폭포 높이와 같도록 하되, 폭포형태와 연출방법에 따라 폭포 높이의 1/2배, 2/3배도 가능

4. 수경용수의 순환 횟수

① 용도에 따른 용수의 순환 횟수
　　㉠ 물놀이를 전제로 한 수변공간(친수시설 : 분수, 시냇물, 폭포, 벽천, 도섭지 등) : 1일 2회
　　㉡ 물놀이를 하지 않는 수변공간(경관용수 : 분수, 폭포, 벽천) : 1일 1회
　　㉢ 감상을 전제로 한 수변공간(자연관찰용수 : 공원지, 관찰지) : 2일 1회
② 수조가 클 경우 : 수조 주변의 물은 정체되어 사수되므로 이를 방지하는 장치 설치

5. 수경관 연출

① 계류의 유량산출 : 장애물이 없는 개수로의 유량산출은 매닝의 공식을 적용
② 폭포의 유량산출 : 프란시스의 공식, 바진의 공식, 오끼의 공식, 프레지의 공식 등을 적용
③ 관의 마찰손실수두 및 유속 산출식 : 베르누이 정리를 이용하여 산출
④ 분수노즐의 유량 : 제조설치업체의 제원에 따름

5-2. 폭포 및 벽천

1. 배치

① 설계대상 공간의 지형의 높이차를 이용하여 물이 중력방향으로 떨어지는 특성을 활용할 수 있는 등 자연자원의 이용에 효과적인 곳에 배치
② 설계대상 공간의 어귀나 중심 광장·주요 조형 요소·결절점의 시각적 초점 등으로 경관효과가 큰 곳에 배치
③ 바람의 방향 등 미기후와 태양광선, 주 시각방향에 따른 빛의 반사, 산란 및 그림자 등의 연출효과를 감안하여 배치
④ 시설물의 파괴 예방 등 유지관리가 쉬운 곳에 배치
⑤ 설치 장소에 따라 동결수경 연출이 가능하므로 검토 반영

2. 입면 및 평면 형태

① 자연 지형의 특성과 어울리는 형태로 설계
② 상부수조의 넓이와 연출 높이에 비례하여 하부수조의 크기와 깊이를 산정

3. 구조 및 설비 등

① 급·배수, 전기, 펌프 등 설비시설의 경제성·효율성·시공성을 고려
② 상부수조나 하부수조에 노즐 및 조명을 설치하여 연출을 다양화할 수 있음

③ 폭포의 규모·효율성을 감안하여 별도의 저수조 및 기계실 설치

5-3. 실개천(실개울)

1. 배치

① 설계대상 공간의 어귀나 중심 광장·주요 조형요소·결절점의 시각적 초점 등으로 경관효과가 큰 곳에 배치
② 지형의 높이차는 적으나 기울어짐이 있는 곳에 배치하며, 못이나 분수 등과의 연계배치 고려

2. 평면 및 단면 형태

① 설계대상 공간의 특성·지형 조건·주변의 시설 등을 고려하여 서로가 어울리거나 대조되는 경관을 연출하도록 형태를 설계
② 공간과 어울리는 형태로 설계할 경우 : 공간의 성격 및 설계 목적에 따라 곡선형 또는 직선형 등 적합한 구조와 형태로 상황에 따라 적절하게 도입
③ 급한 기울기의 수로 : 물거품이 나도록 바닥을 거칠게 처리, 물의 속도를 줄이기 위해 낙차공과 작은 연못 병행
④ 약한 기울기의 수로 : 수로폭의 변화·선형의 변화·경계부의 처리로 다양한 경관 연출
⑤ 평균 물깊이 : 3~4cm

3. 구조 및 설비 등

① 물의 순환으로 설계할 경우 : 이동수량을 고려하여 충분한 용량의 하부 못이나 저류조 반영
② 바닥면의 훼손 방지와 일정한 수심유지를 위해 낙차공이나 물 흐름 방해석 고려
③ 실개울이 길 경우 : 지면의 부등침하로 인해 수로 구조물이 파손되는 경우를 고

려하여 설계, 길이가 긴 경우에는 방수시트를 깔고 표면마감

④ 수조 배수 시 작은 연못·낙차공에도 배수시설을 설치하여 물고임 현상으로 인한 동절기 포장파손 및 안전사고 위험이 없도록 할 것

⑤ 이물질의 유입이 쉬운 형태로, 펌프 흡입측에 걸름망을 설치하여 펌프 보호

5-4. (연)못

1. 배치

① 설계대상 공간 배수시설을 겸하도록 지형이 낮은 곳에 배치

② 주변의 하천이나 계곡의 물·지표면의 빗물 등 자연 급수와 지하수·상수·정화된 물(중수) 등 인공 급수 등을 여건에 맞게 반영

2. 평면 및 단면 형태

① 수리, 수량, 수질의 3가지 요소를 충분히 고려

② 수면의 깊이 : 연출계획과 함께 이용의 안전성 확보

③ 못 안에 분수 및 조명시설 등의 시설물을 배치할 경우 : 물을 뺀 다음의 미관을 고려해야 함

④ 못의 측벽부분 : 물이 없는 경우를 고려해서 토압에 충분히 견딜 수 있도록 설계

⑤ 연못의 경우 수질정화식물을 식재하여 자체 정화능력을 키우고, 수생식물의 종류에 따라 적절한 수심을 확보하여 여름철 녹조현상 최소화

3. 구조 및 설비 등

① 물의 공급과 배수를 위한 유입구와 배수구를 설계하고, 쓰레기 거름용 철망 적용

② 콘크리트 등의 인공적인 못의 경우 : 바닥에 배수시설 설계, 수위조절을 위한 월류(over flow)를 반영

③ 물고기를 키울 경우 : 겨울철의 동면에 쓰일 물고기집을 고려하거나, 수위를 동

결심도 이상으로 설계
④ 겨울철 설비의 동파를 막기 위한 퇴수밸브 등을 반영
⑤ 점토·벤토나이트·콘크리트·블록·화강석 깔기·자연석·자갈·타일 붙임 등으로 못의 특성에 어울리는 마감방법을 선택하되, 내구성과 유지관리 고려
⑥ 연못의 기능·형태·규모를 고려하여 재료와 마감방법 선택

5-5. 분수

1. 배치

① 설계대상 공간의 어귀나 중심 광장·주요 조형요소·결절점의 시각적 초점 등으로 경관효과가 큰 곳에 배치
② 주변 빗물이나 오염수가 유입되지 않는 곳에 배치

2. 평면 형태

① 주변의 지형적 특성이나 공간의 크기에 어울리는 형태
② 물이 없을 때의 경관을 고려
③ 수조의 윗면이 개방되어 있는 분수와 화강석 판석 등으로 마감되어 있는 바닥분수로 나누어짐

3. 구조 및 설비 등

① 급·배수, 전기, 펌프 등 설비 시설의 경제성·효율성·시공성 고려
② 바람에 의한 흩어짐을 고려하여 주변에 분출높이의 3배 이상의 공간 확보
③ 주변 빗물이나 오염수가 유입되지 않도록 수조에 턱을 주거나 경사 조절
④ 동절기 분수설비의 노출로 인한 미관 저해, 안전문제 등을 고려
⑤ 바닥분수의 상부 바닥마감 : 미끄러짐 없도록 함
⑥ 노출되는 기기들의 마감 : 날카로운 면이 없게 하고 구멍이 있는 경우 크기를

최소화하여 안전사고의 위험 없도록 함

⑦ 친수형 수경시설의 경우 : 인체에 직접 접촉되므로 정수시설에 특히 유의하고 수질기준에 적합하도록 함

6. 포장 설계

6-1. 재료

1. 재료

① 포장재 선정 시 고려사항 : 내구성·내후성·보행성·안전성·시공성·유지관리성·경제성·환경친화성, 관련 법규 등

2. 포장의 종류

① 보도용 포장 : 보도, 자전거도, 자전거보행자도, 공원 내 도로 및 광장 등 주로 보행자에게 제공되는 도로 및 광장의 포장

② 차도용 포장 : 관리용 차량이나 한정된 일반 차량의 통행에 사용되는 도로로서 최대 적재량 4톤 이하의 차량이 이용하는 도로의 포장

③ 간이 포장 : 비교적 교통량이 적은 도로의 도로면을 보호·강화하기 위한 도로포장, 주로 차량의 통행을 위한 아스팔트 콘크리트포장과 콘크리트포장을 제외한 기타의 포장

④ 강성 포장 : 시멘트 콘크리트 포장

⑤ 고무블록 : 충격흡수 보조재에 내구성 표면재를 접착시키거나 균일재료를 이중으로 조밀하게 하고, 표면을 내구적으로 처리하여 충격을 흡수할 수 있도록 성형·제작한 것으로 일반 고무블록과 고무칩이나 우레탄칩을 입힌 블록

3. 설계 일반

① 사전조사 검토사항

　㉠ 이용 목적·이용 상황·이용 행태 등의 사회·행태적 조건

　㉡ 지형·지질·배수상황·지하수의 높이·지반 조건·기상·동결심도 등 자연환경조건

　㉢ 유지관리의 정도나 경제성 등의 조건

　㉣ 당해 지역 포장에 적합한 기능 및 효과

　㉤ 관련 법규

② 포장의 구조

　㉠ 일반적인 포장 : 표층 → 중간층 → 기층 → 보조기층 → 차단층 → 동상방지층 및 노상

　㉡ 강성 포장 : 콘크리트 슬래브 → 보조기층 → 동상방지층 및 노상

　㉢ 포장의 용도와 원지반 조건 등의 조건에 따라 방진처리와 표면처리를 위한 표층만의 포장이나, 표층과 기층만으로 구성되는 간이포장 등 여러 가지 형태의 포장구조 선택

③ 시멘트 콘크리트포장의 줄눈

　㉠ 팽창줄눈 : 선형의 보도구간에서는 9m 이내, 광장 등 넓은 구간에서는 $36m^2$ 이내를 기준, 포장경계부에 직각 또는 평행으로 설계

　㉡ 수축줄눈 : 선형의 보도구간에서는 3m 이내, 광장 등 넓은 구간에서는 $9m^2$ 이내를 기준, 포장경계부에 직각 또는 평행으로 설계

④ 경계처리

　㉠ 서로 다른 포장재료의 연결부 및 녹지·운동장과 포장의 연결부 등의 경계 : 콘크리트나 화강석 보도경계블록, 녹지경계블록 또는 기타의 경계마감재 등으로 처리

　㉡ 보·차도 경계블록 : 차량의 바퀴가 올라설 수 없는 높이

⑤ 배수처리

　㉠ 포장지역 표면 : 배수구나 배수로 방향으로 최소 0.5% 이상의 기울기

　㉡ 산책로 등 선형구간 : 적정거리마다 빗물받이나 횡단배수구 설계

　㉢ 광장 등 넓은 면적 구간 : 외곽으로 뚜껑 있는 측구 설치

   ② 비탈면 아래의 포장경계부 : 측구나 수로 설치
   ⑩ 배수구역별로 빗물받이 등 적당한 배수시설 설치, 계획된 집수시설이나 기존 관로에 연결

6-2. 포장재의 종류

1. 콘크리트 블록 포장재

① 콘크리트 조립 블록
  ㉠ 두께 : 차도용 8cm, 보도용 6cm
  ㉡ 휨강도 : 차도용 5.88MPa 이상, 보도용 4.9MPa 이상
  ㉢ 평균 흡수율 : 7% 이내
② 시각 장애인 유도 블록
  ㉠ 선형블록 : 유도표시용, 점형블록 : 위치표시 및 감지·경고용
③ 포설용 모래 : 투수계수 10^{-4}cm/sec 이상, No.200체 통과량 6% 이하

2. 투수성 아스팔트 혼합물

① 투수계수 10^{-2}cm/sec 이상, 공극률 9~12%

3. 컬러 세라믹, 유색골재 혼합물

① 표층골재
  ㉠ 입경 1.0~3.5mm의 구형
  ㉡ 내구성, 내마모성, 내충격성 및 흡음성이 있는 세라믹이나 유색골재
② 접합제 : 에폭시수지·폴리우레탄수지 등의 합성수지에 적당한 첨가제와 적색·녹색 등의 안료를 더한 것, 열경화성·열가소성이 있고 부착성능이 우수한 것
③ 프라이머, 표층의 결합제 및 탑코트제 : 같은 종류의 수지 적용
④ 불투수성일 경우 : 표층 다음에 탑코트제 적용

4. 점토바닥벽돌

① 포장용 : 흡수율 10% 이하, 압축강도 20.58MPa 이상, 휨강도는 5.88MPa 이상

② 콘크리트 등의 보조기층 설계

5. 석재타일

① 종류 : 자기질, 도기질, 석기질 바닥타일

② 표면에 미끄럼방지 처리가 되어 있는 것 사용

6. 포장용 석재

① 압축강도 49MPa 이상, 흡수율 5% 이내의 것

7. 포장용 콘크리트

① 재령 28일 압축강도 17.64MPa 이상, 굵은 골재 최대치수 40mm 이하

② 줄눈재

   ㉠ 줄눈용 판재 : 두께 10mm, 육송판재 또는 삼나무판재

   ㉡ 포장 줄눈용 실링재 : 피착재의 종류에 따라 적합한 것 사용, 특별히 정하지 않은 경우 탄성형 실링재

   ㉢ 채움재 : 신축이음용 사용

③ 용접철망 : 평평한 철망 사용

8. 포장용 고무바닥재

① 고무바닥재 : 충격흡수보조재, 직시공용 고무바닥재

② 인조잔디 : 인화성이 없는 재료로 제작된 것

③ 고무블록 : 재활용 고무 블록의 품질기준

9. 마사토

① 화강암이 풍화된 것, No.4체를 통과하는 입도를 가진 골재가 고루 함유되어 다짐 및 배수가 쉬운 재료

10. 놀이터용 포설 모래

① 모래는 입경 1~3mm 정도의 입도, 먼지·점토·불순물 또는 이물질이 없어야 함

11. 경계블록

① 콘크리트 경계블록
  ㉠ 종류 : 보·차도경계블록, 도로경계블록
  ㉡ 경계블록 종류별로 적합한 휨강도와 5% 이내의 흡수율 가진 제품
② 화강석 경계블록 : 압축강도 49MPa 이상, 흡수율 5% 미만, 겉보기비중 2.5~2.7g/cm^3

6-3. 보도용 포장

1. 포장면의 조건

① 미끄럼을 방지하면서도 걷기에 적합할 정도의 거친 면을 유지해야 함
② 요철이 없도록 하여 걸려 넘어지지 않도록 함
③ 고른 면을 유지해야 함
④ 견고하면서도 탄력성이 있어야 함
⑤ 태양광선을 반사하지 않아야 하며 색채의 선정 시에도 이를 고려
⑥ 비가 온 뒤에 건조속도가 빨라야 함
⑦ 건조 후 균열이 생기면 안 됨
⑧ 겨울에 동파되지 않아야 함

2. 포장면 기울기

① 종단기울기는 1/12 이하, 휠체어 이용자를 고려하는 경우는 1/18 이하
② 종단기울기 5% 이상인 구간의 포장은 미끄럼방지를 위하여 거친 면으로 마무리된 포장재료를 사용하거나 거친 면으로 마감처리
③ 횡단경사 : 배수처리가 가능한 방향으로 2% 표준, 포장 재료에 따라 최대 5%, 광장의 기울기는 3% 이내, 운동장의 기울기는 외곽방향으로 0.5~1%
④ 투수성 포장인 경우 : 횡단경사를 주지 않을 수 있음

6-4. 자전거도로의 포장

1. 포장면의 조건

① 바퀴가 끼일 우려가 있는 줄눈 또는 배수시설을 자전거의 진행방향에 평행하게 설계하지 않음

2. 포장면 기울기

① 종단경사 : 2.5~3.0%, 최대 5%
② 횡단경사 : 1.5~2.0%
③ 투수성 포장인 경우 : 횡단경사를 주지 않을 수 있음

6-5. 차도 및 주차장의 포장

1. 차도용 포장 구조

① 아스팔트 콘크리트포장 및 시멘트 콘크리트포장의 단면구조는 노상토의 설계 C.B.R.과 동결심도 및 교통량을 고려하여 설계

2. 포장면 기울기

① 횡단경사

구 분	아스콘 및 콘크리트	간이포장도로	비포장도로
횡단경사(%)	1.5~2%	2~4%	3~6%

② 종단경사 : 도로의 설계속도와 지형에 따라 달리함

7. 표지시설의 설계

7-1. 재료 및 설계일반

1. 재료

① 재료선정 기준

　㉠ 고려사항 : 내구성·유지관리성·경제성·시공성·미관성·환경친화성

　㉡ 철재·목재·합성수지·시트 등 각 재료의 특성과 요구도 및 기능성을 조화시켜 선정

　㉢ 크기와 구조 등 표지시설의 형태를 구체화하고 내용을 충실히 전달할 수 있는 재료를 선정

　㉣ 내구성 있는 재질을 사용하거나 내구성 있는 표면마감 방법으로 설계

② 재료품질 기준

　㉠ 내구성·가독성을 높이기 위해 각 재료의 특성에 적합하게 마감처리

　㉡ 목재류를 사용할 경우 : 사용환경에 맞는 방부처리를 해야 함

　㉢ 스테인리스강이 아닌 철재류 : 녹막이 등 표면마감 처리

　㉣ 마감 방법 : 인체에의 유해성·지역특성·경제성·유지관리성 등을 종합적

으로 검토하여 결정

2. 표지시설의 종류

① 유도표지시설 : 개별단위의 시설물이나 목표물의 방향 또는 위치에 관한 정보를 제공하여 목적하는 시설 또는 방향으로 유도하는 안내표지시설

② 해설표지시설 : 단위시설물에 관한 정보해설을 방문객에게 이해시키고자 사용하는 표지시설물로서 개별단위시설의 자세한 정보를 담는 안내표지시설

③ 종합안내표지시설 : 공공주택단지, 공원 등 비교적 일정한 구획을 지니고 있는 단지 안에서 지역권의 광역적 정보를 종합적으로 안내하기 위한 안내표지시설

④ 도로표지시설 : 도로와 관련된 각종 정보를 전달하고 이해를 돕고자 설치하는 시설로서 일반적으로 교통안내 등 일반도로표지와 더불어 각종 시설물의 안내 표지시설과 병행하여 사용되기도 함

3. 설계일반

① 설계 목표
  ㉠ 기능적 효율화, 도시 CI체계 속에서의 이미지 통합화, 효율적 배치운영 등 하나의 완결된 시스템으로 설계
  ㉡ 용도와 효용에 따라 유도표지시설, 종합안내표지시설, 해설표지시설, 도로표 지시설 등으로 구분하여 각각의 기능을 최대로 발휘할 수 있도록 설계

② 설계 검토사항
  ㉠ 시스템으로서의 구성 : 유도·안내·지시·규제 등 다양한 종류의 안내체계, 위계에 따른 배치 및 개별 시설물 간의 네트워크 구성 등의 종합계획을 통하여 하나의 체계적이고 유기적인 시스템이 되도록 함
  ㉡ 기능적 효율성 : 기능적 효율성과 주변경관과의 조화를 고려하여 설치
  ㉢ 인간척도의 고려 : 시인성, 가독성, 주목성 등을 확보하도록 이용자의 신체적 조건을 고려
  ㉣ 지역적 이미지 표출 : 설계대상 공간의 쾌적한 경관형성에 기여할 수 있도록 하며, 지역적 이미지의 표출을 통한 지역시설물로서의 정체성과 조형성이 부 각될 수 있도록 환경조형물로서의 부가기능을 고려

- ⑩ 경제적 효용성 : 설계대상 공간의 유형·규모·특성을 고려하여 안내표지 기능의 중복 배치를 피하며 정확하고 체계적인 정보전달 등이 이루어지도록 함
- ⑪ 안전성 : 보행자 등 이용자의 안전성을 고려
- ⑫ 주변 환경과의 조화 : 설계대상 공간의 주변 환경과 조화를 갖도록 함
- ⑬ 인간지향성 및 환경친화성의 검토 : 인간 감성의 회복에 기여하고 환경친화성을 높일 수 있도록 설계
- ⑭ 가독성 : 다양한 유형의 안내시설물이 한 장소에 설치될 필요가 있을 경우에는 하나의 종합표지판과 이를 보조할 표지판으로 나누어 배치
- ⑮ 유지관리의 고려 : 외부 요인에 따른 변형·마모 등에 대한 유지·관리 등을 고려하여 설계

7-2. 설계 요소

1. CIP 적용

① CIP 개념을 도입하여 시설들이 통일성을 가질 수 있도록 함
② 해당 명칭에 고유형태(logotype)가 있는 경우에는 그대로 사용하여 설계
③ 교통수단을 대상으로 하는 경우 : 국제관례 사용 문자나 기호가 도안화된 것 사용

2. 가독성을 위한 기준

① 문자의 크기 : 도로안내·구역안내·시설안내·기타 안내 등으로 분류, 인식성·방향성·정보성 등으로 나누어 고려
② 차량 유도하는 표지판 고려사항
  ㉠ 차량이 정차했을 때 표지판이 읽혀질 수 있는 거리
  ㉡ 차량이 움직이고 있을 때 운전자의 반응시간을 고려한 표지판의 크기 결정
  ㉢ 운전자들에 의한 표지판 발견의 용이성
③ 운행 중인 차 안에서 주시되는 사인의 가독성 순서
  ㉠ 사인이 인지될 때부터의 거리

ⓒ 환경의 유형

ⓒ 차량이 역전될 때 원추형의 시각에서의 내·외부상의 거리

ⓔ 자간이나 행간·단어 수·명칭·색채·정보에 대한 항목 수

④ 문자의 형태·간격(자간과 행간)·문자 높이 등은 행수·단어 수·차량이 주행하는 속력·보는 사람 그리고 표지판과의 측면거리를 고려하여 결정

3. 가시지역과 거리기준

① 안내표지계획에 있어서는 거리감, 스케일과 관련하여 사인의 통합을 도모

② 포괄적 개념의 도시환경적 접근으로서 전체적인 상징범위부터 가시범위·가독범위·교감범위 순서로 접근하여 객관적 체계를 설정하고, 설정 장소별 시설·건물·보도·도로·광장·녹지공간의 순서로 기본 구상 내용을 구체화함

4. 서체

① 문자와 다른 표현요소들을 조합하여 사용

② 문자 : 한글·아라비아 숫자 및 영문 조합하여 사용, 현대적이며 간결하고 시인도가 높은 기능적인 서체를 채택

③ 서체 : 다른 요소들과 조화되도록 하며, 성격이나 요소에 따라 장체·정체·평체 사용

5. 방향표시

① 화살표 : 가독성이 높은 끝이 날카로운 화살표형을 적용, 상하좌우 45° 등의 각도변환으로 방향을 유도

6. 그림문자(픽토그램)

① 정보의 체계화와 식별성 고양을 위하여 이용자에게 평상시 익숙한 픽토그램 사용

② 주 내용 이외에 부가적인 내용을 시각화하여 표현

7. 색채

① 사인에 적용되는 색상 : 일관된 이미지를 형성하는 기본 요소의 하나이므로 색상을 사용 목적에 따라 효과적으로 대비, 조화시켜 주목성과 시인성을 높이도록 배색
② CI계획에서의 제시된 색채 기본계획을 고려하여 전체적인 색상계획을 수립하여야 하며, 조화·통일된 이미지와 다양한 색채효과를 얻도록 해야 함

7-3. 주택단지의 표지시설

① 종류 : 단지유도표지판·단지입구표지판·단지종합안내판·단지 내 시설표지판·동번호·게시판·머릿돌 또는 기록탑
② 기타 홍보안내판·주의표지판·지하주차장 입구표지판·채소원안내판 등의 설치 고려
③ 각 안내표지시설은 관련법에서 요구하는 위치에 배치, 크기나 문안 등은 설계대상 공간의 특성을 고려하여 체계화

7-4. 공원의 표지시설

① 종류 : 공원안내표지판, 게시판
② 식물원·야외전시장·전망대·경승지 등에는 해설판이나 안내판 등의 설치 고려
③ 각 안내시설은 설계대상 공간에 어울리는 재료와 형태로 설계

7-5. 기타 지역의 표지시설

① 관광지·청소년시설·휴양림·문화재·레저시설 등의 설계대상 공간 : 관련 법규에서 정한 내용에 따라 해설·안내·유도표지시설을 설계
② 각 안내시설은 설계대상 공간의 특성을 고려하여 필요한 문안으로 설치환경에 어울리는 재료와 형태로 설계

8. 기타 시설물의 설계

8-1. 급·관수시설

* 목적 : 녹지대 관리

1. 재료

① 펌프 : 배관에 압력을 일정하게 유지할 수 있는 장치 포함, 펌프의 효율, 토출양, 양정 등 설치 공간의 특성을 고려하여 선정

② 노즐 : 일정한 충격이나 하중에 견딜 수 있도록 내구성이 있어야 하며, 온도에 의한 변형이 적은 재질의 제품 선정

③ 사용배관 : 내구성·유수에 대한 저항·시공의 난이도 등을 고려하여 HI3P, PE, PVC 등 기타의 재질 사용 가능

2. 설계일반

① 설계 고려사항

㉠ 관수시설은 가압시설, 필터장치, 살수장치, 제어장치 등이 포함되며, 현장 여건에 따라 적정한 시스템으로 설계

㉡ 관수시설을 효과적으로 유지·관리할 수 있도록 관수시설 및 관련 설계요소 전체가 하나의 시스템으로 취급

㉢ 유지관리 및 점검보수가 용이하도록 설계

㉣ 녹지의 면적, 식재의 특성을 고려하여 점적관수, 스프링클러, 팝업 스프레이 등을 설치

㉤ 사용 용수 : 상수와 우수 등을 사용, 우수를 사용하더라도 우수공급이 원활하지 않을 경우 상수를 사용할 수 있도록 해야 함

㉥ 우수 사용 시 필터장치를 설치하여 살수노즐이 막히지 않도록 함

- ⓐ 에너지의 효율성 고려
- ⓞ 관계법규에 적합하게 설계
- ⓩ 원활한 급수를 위하여 충분한 수량을 확보하고, 용량에 맞는 저류조 설치
- ⓧ 가압배관에 일정한 압력이 가해질 수 있도록 가압펌프와, 바이패스, 워터디텍터를 설치하여 자동급수시스템을 갖추어야 함
- ㉠ 강우 및 바람의 영향을 대비하여 강우량 센서 및 풍속·풍향 센서를 설치
- ㉣ 메인 배관 : 배수밸브와 자동에어벤트를 적절히 설치하여 동파를 방지하고, 용수의 흐름이 원활토록 함

② 스프링클러 설치
- ㉠ 스프링클러의 몸체 : 충격 흡수가 가능한 PE, STS, 황동 등을 사용, 오랜 사용이나 오염물질에 의해 녹슬거나 분해되지 않아야 함
- ㉡ 회전 기어 드라이브 : 진공 포장되어 물줄기로부터 고립시켜 고장 없는 긴 수명이어야 함
- ㉢ 밸브-인-헤드 : 헤드에서 수동으로 작동시킬 수 있어야 함
- ㉣ 자동 압력 조절 장치에 의해 큰 압력 차이에서도 조절이 가능하여야 하며 균일한 살수가 가능한 구조

③ 통제기 설치

④ 자동제어 전선공사

8-2. 배수 및 저류시설

 * 배수시설 적용 범위 : 공원·보행자 전용도로 등 설계대상공간의 빗물 침투와 지표면 배수 및 심토층 배수 시설의 설계에 적용

1. 배수시설

① 지표면 배수
- ㉠ 도로·보도·광장·운동장·기타 포장지역 등의 표면은 배수가 쉽도록 일정한 기울기를 유지하고, 표면유수가 계획된 집수시설에 흘러 들어가도록 설계

ⓛ 집수지점의 높이 : 주변 포장이나 구조물과 기울기가 자연스럽게 연결되도록 설계

ⓒ 식재지역 및 구조물 쪽으로 역경사가 되지 않도록 하며, 녹지에 다른 지역의 물이 유입되지 않도록 설계

ⓔ 식재부위를 장기간 빈 공간으로 방치하는 경우 : 토양침식을 방지하기 위해서 표면을 지피식물 등으로 피복하도록 설계

ⓜ 표면배수의 물흐름 방향 : 개거나 암거의 배수계통을 고려하여 설계

② 개거 배수

㉠ 개거의 종류 : 유량이 많으면 큰 단면을 필요로 하는 배수로와 지표면의 유하수를 배제하는 배수구

ⓛ 지표수의 배수가 주목적이지만 지표저류수, 암거로의 배수, 일부의 지하수 및 용수 등도 모아서 배수

　ⓐ 식재지에 개거를 설치하는 경우 : 식재계획 및 맹암거 배수계통 고려

　ⓑ 배수기울기 : 토사의 침전을 줄이기 위해서 1/300 이상

　ⓒ 개거의 보호를 위한 시설 설치

　ⓓ 비탈면의 하부와 잔디밭 등 녹지에 설치하는 측구·개거 등 지표면 배수시설은 투수가 가능한 구조로 설계하여 지하수를 함양시키고 인접 녹지의 지하수를 배수시킬 수 있도록 해야 함

③ 심토층 배수

㉠ 목적 : 지표면에서 침투수를 집수하는 것, 지표면 아래의 지하수 높이를 낮추어 녹지의 비탈면과 옹벽 등 구조물의 파괴 방지

ⓛ 지층의 성층상태, 투수성 지하수의 상태를 파악하기 위하여 지질도와 항공사진 검토

ⓒ 계절에 따른 지하수높이의 변동 고려

ⓔ 한랭지에서는 동상에 대한 검토로서 기온·토질·지중수에 대하여 조사

ⓜ 사질토이거나 지하수 높이가 낮고 배수가 좋은 경우 : 심토층 배수를 설계하지 않을 수 있음

④ 암거배수

㉠ 지하수높이를 낮추고 표면의 정체수를 배수하거나 지나친 토중수를 배수하

며 토양수분을 조절

ⓒ 관 : 관 내부로 토양수가 쉽게 들어오되 토사는 들어오지 못하도록 설계

⑤ 사구법

㉠ 식재지가 불투수성인 경우 : 폭 1~2m, 깊이 0.5~1m의 도랑을 파고 모래를 충진한 다음 식재지반을 조성

ⓒ 사구의 바닥면을 기울게 설계할 경우 : 암거를 설계하지 않아도 됨

ⓒ 수목의 나무구덩이를 사구로 연결하고 개거 또는 암거 설계

⑥ 사주법

㉠ 식재지가 불투수층으로 두께 0.5~1m이고 하층에 투수층 존재하는 경우 : 하층의 투수층까지 나무구덩이를 관통시키고 모래를 객토하는 공법으로 설계

⑦ 배수시설의 설계

* 배수시설의 기울기 : 지표기울기에 따르는 것이 경제적

㉠ 유속이 느리면 관의 바닥에 토사 침적, 이를 제거하기 위한 유지비 증대

ⓒ 유속이 빠르면 배수시설 손상, 내구연수 단축, 수리비 증대

ⓒ 유속의 표준

구 분	분류식 오수관거	우수관거 및 합류식 관거	이상적 유속
유속(m/sec)	0.6~3.0	0.8~3.0	1.0~1.8

㉣ 관거 이외의 배수시설의 기울기 : 0.5% 이상

㉤ 배수구가 충분한 평활면의 U형 측구 : 0.2%까지 가능

㉥ 녹지의 배수시설 : 식재수목의 토양수분이 적정량 공급되도록 부지조성공사를 포함한 조성계획에서 검토

2. 저류시설

① 빗물을 일시적으로 모아두었다가 바깥수위가 낮아진 후에 방류하기 위하여 설치하는 유입시설·저류지·방류시설 등의 일체 시설

8-3. 관리 및 편익시설

* 관리 및 편익시설
  - 관리사무소·공중화장실·전망대·상점·쓰레기통·단주(볼라드)·울타리·자전거 보관대·안전난간·공중전화부스·음수대·플랜터(식수대)·시계탑

1. 재료 선정 기준

① 평가항목 : 지역특성·내구성·유지관리성·경제성·안전성·쾌적성, 친환경성

② 철재·목재·콘크리트·합성수지 등 각 재료의 특성과 요구도·기능성 조화시켜 설계

③ 목재·석재 등의 자연재료나 친환경적인 합성재료를 사용하여 주변경관과 조화를 이루도록 함

④ 색채 : 지자체의 CIP 규정이나 계획대상공간의 색채계획에 따름

2. 관리사무소

① 관리사무소의 기능 및 배치
  ㉠ 설계대상공간의 관리 목적에 따라 관리중심으로서의 기능을 꾀하기 위하여 이용자에 대한 서비스 기능과 조경공간의 관리기능을 갖추어야 함
  ㉡ 부상 등 긴급 시의 연락과 공원시설의 이용 및 접수 등에 관한 정보제공기능이 쉽도록 배치
  ㉢ 이용자를 위해 편리하고 알기 쉬운 위치나 자동차의 출입이 가능한 곳에 배치
  ㉣ 관리용 장비보관소와 적치장은 이용자의 눈에 잘 띄지 않도록 관리사무소 뒷면에 배치하고 수목 등으로 적절히 차폐
  ㉤ 관리실·화장실·숙직실·보일러실·창고 등을 포함, 화장실은 이용자들과 공용으로 이용할 수 있도록 배치
  ㉥ 각 단위 평면은 창호로 외기와 접하도록 함
  ㉦ 설계대상공간마다 1개소, 통합관리가 가능할 때에는 인접하는 2~3개소의 공간에 1개소 설치

　　　ⓞ 지붕녹화를 설치하여 친환경적으로 조성하거나, 태양광 발전시설 등을 도입하여 에너지효율을 높일 수 있도록 설계
　② 관리사무소의 형태 : 설계대상공간의 입구부분 또는 공원의 주도로에 면하여 설치해서 사무소로서의 기능뿐만 아니라 해당 공간과 조화를 이루는 상징물 되도록 설계

3. 공중화장실

① 공중화장실의 기능 및 배치
　㉠ 설계대상공간을 이용하는 이용자가 알기 쉽고 편리한 곳에 배치
　㉡ 화장실 건물은 다른 건물과 식별할 수 있도록 하고, 이용자의 눈에 직접 띄지 않도록 수목 등으로 적절히 차폐
　㉢ 오물의 제거용 차량을 활용할 수 있는 곳에 배치
　㉣ 주변의 경관과 휠체어 사용자가 통행할 수 있는 경사로의 유효폭은 120cm 이상

② 공중화장실의 형태 및 규격
　㉠ 설계대상공간의 특성과 주변 자연환경 및 경관에 어울리는 형태로 설계
　㉡ 설계대상공간의 종류·성격·규모·이용자 수 등을 고려하여 화장실의 규격을 결정, 한 동의 크기는 30~40m^2의 규모에 여자용 변기 3개, 남자용 대변기 1개, 휠체어용 변기 1개, 소변기 3개 정도를 설치
　㉢ 자연채광을 받고 위생적이어야 하며, 관리하기 쉽고 방범을 충분히 배려함
　㉣ 각 단위평면은 창호로 외기와 접하도록 함
　㉤ 청소하기 쉽고 오물의 제거가 용이하도록 함
　㉥ 겨울철 세면대 등의 시설보호를 위하여 난방용 설비를 반영
　㉦ 장애인·어린이 등의 신체 부자유인들이 이용할 수 있도록 법규에 적합한 접근로·변기·기타 편의시설로 설계
　ⓞ 지붕녹화를 설치하여 친환경적으로 조성하거나, 태양광 발전시설 등을 도입하여 에너지효율을 높일 수 있도록 설계

③ 공중화장실의 구조 : 설계대상공간의 지역적 특성·내구성·경제성·유지관리 등으로 고려하여 재료·마감방법

4. 전망대

① 전망대의 기능 및 배치 : 공원·휴양림·유원지 등의 설계대상공간이나 주변 경관을 조망할 수 있는 높은 지형에 배치

② 전망대의 형태 및 규격
  ㉠ 설계대상공간의 성격·규모 및 전망대 주변의 경관 등과 조화되는 형태
  ㉡ 설계대상공간의 성격·규모·이용량을 고려하여 규모를 결정
  ㉢ 장애인 등이 접근하기에 불편이 없도록 경사로·승강기 등으로 설계

5. 쓰레기통

① 쓰레기통의 배치
  ㉠ 설계대상공간의 휴게공간·운동공간·놀이공간·보행공간과 산책로 등 보행동선의 결절점, 관리사무소·상점 등의 건물과 같이 이용량이 많은 지점의 적정위치에 배치
  ㉡ 각 단위공간의 의자 등 휴게시설에 근접시키되, 보행에 방해가 되지 않도록 하고 수거하기 쉽게 배치
  ㉢ 단위공간마다 1개소 이상 배치

② 쓰레기통의 구조 및 규격
  ㉠ 이용하기나 수거하기에 적합한 구조 및 규격으로 설계
  ㉡ 내구성 있는 재질을 사용하거나 내구성 있는 표면마감방법으로 설계
  ㉢ 분리수거가 편리한 쓰레기통 설치

6. 단주(볼라드)

① 단주(볼라드)의 배치
  ㉠ 설계대상공간 가운데 보행공간·놀이공간·휴게공간·운동공간 등의 옥외공간과 도로나 주차장이 만나는 경계부위의 포장면에 배치
  ㉡ 배치 간격 : 차량의 진입을 막을 수 있도록 설계

② 단주(볼라드)의 구조 및 규격
  ㉠ 공간의 분위기에 어울리는 형태로 하되, 보행인의 안전이용을 방해해서는

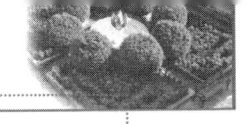

안 됨
ⓒ 보행을 고려하여 원형 단면 바람직, 필요 시 의자·조명의 기능을 갖도록 함
ⓒ 서비스 차량의 진입이 필요한 곳 : 이동식으로 설계

7. 울타리

① 울타리의 기능 및 배치 : 설계대상공간의 성격과 경계표시·출입통제·침입방지·공간이나 동선분리 등의 울타리 기능에 따라 당해 기능을 충족시킬 수 있는 위치에 배치

② 울타리의 형태 및 규격
    ㉠ 설계대상공간의 성격과 울타리의 기능에 따라
        ⓐ 단순한 경계표시 기능 : 0.5m 이하의 높이
        ⓑ 소극적 출입통제 기능 : 0.8~1.2m의 높이
        ⓒ 적극적 침입방지 기능 : 1.5~2.1m의 높이
    ㉡ 비탈면에 배치할 경우 : 평지에서의 기준 적용

③ 울타리의 구조
    ㉠ 기능이나 규모에 따라 요구되는 강도를 확보하여야 하며, 내구성 있는 재질이나 마감방법으로 설계
    ㉡ 강풍에 노출된 장소에는 안전성을 높이기 위하여 하중, 허용강도 등을 특별히 고려

④ 울타리의 배식
    ㉠ 울타리의 형태·규격을 고려하여 울타리와 수목·초화류가 서로 보완하며 조화되도록 배식
    ㉡ 지역의 생육환경조건에 맞는 수종 가운데 수세가 강건하고, 전정에 강하고, 생육력이 강하고, 생장력이 균일하고, 지엽이 치밀하여 울타리의 기능 충족에 적합한 수종

8. 자전거 보관시설

① 자전거 보관시설의 배치
    ㉠ 주택단지·공원·관광지·지하철역 등과 같이 자전거의 보관대가 필요한 공

간의 입구에 배치
ⓒ 주택단지에서는 이용자의 야간안전과 편리한 이용·보관을 위해 현관 입구나 보안등이 비치는 곳 또는 경비실 주변, 그리고 필로티형 주동에서는 필로티 등에 배치
ⓒ 공원·보행자전용로 등에는 주요 출입구의 입구광장 포장부위에 배치
ⓔ 관광지·학교·업무용 건축물 등에는 주요 출입구의 포장부위에 배치
ⓜ 기차역·지하철역·버스터미널에는 출입구에서 가까운 광장이나 보도에 배치
ⓗ 주거동의 전면 발코니 쪽의 배치를 피하고, 가까이 배치하는 경우에는 세대 내의 거실쪽을 피하여 배치하되, 그 사이의 녹지에는 차폐를 위해 상록교목 등을 군식

② 자전거 보관시설의 수량
㉠ 주택단지의 경우 주거동·복지관·상가건물마다 1개소 이상 설계
㉡ 공원·관광지 등 자전거의 일시적 사용이 예상되는 공간에는 주요 출입구의 광장마다 적정수량을 배치
㉢ 학교·업무용 건축물 등에는 자전거 이용량을 예상하여 적정수량을 배치
㉣ 기차역·지하철역·버스터미널 등 자전거의 환승이 이루어지는 공간에는 이용 계획 수량을 예상하여 설계하되, 최소 자동차 주차장 면적의 5% 규모로 설계
㉤ 도난예방 및 사후조치를 위해 CCTV를 설치할 수 있으며, 야간 이용에 대비해서 조명시설을 설치

③ 자전거 보관시설의 구조 및 규격
㉠ 자전거를 쉽게 세워 놓을 수 있고, 잠금장치 등 도난방지 시설을 설치하기 쉬운 구조와 내구성 있는 재질
㉡ 비·햇볕·대기오염 등으로부터 자전거를 보호할 수 있도록 지붕 등의 시설을 갖추어야 함
㉢ 건축물의 안에 설치하는 경우나 공원처럼 임시적 이용이 주가 되는 경우에는 지붕이 없는 구조로 설계
㉣ 주택단지 등 설계대상공간의 경관과 어울리는 형태·색깔로 설계

9. 안전난간

① 안전난간의 배치 : 주변에 옹벽이나 급경사지 등이 있어 추락의 위험이 있는 놀이터·휴게소·산책로 등에 설치

② 안전난간의 구조 및 규격
  ㉠ 철근콘크리트 또는 강도 및 내구성이 있는 재료로 설계
  ㉡ 높이 : 바닥의 마감면으로부터 110cm 이상, 폭 : 10cm 이상
  ㉢ 간살의 간격 : 안목치수 10cm 이하(계단중간에 설치하는 난간이나 기타 이와 유사한 것으로서 위험이 적은 장소에 배치할 때에는 15cm 이하)

10. 공중전화대

① 공중전화대의 배치
  ㉠ 관광지·공원·보행자 전용도로 등에는 설계대상 공간의 성격·이용량 등을 고려하여 공중전화대 배치
  ㉡ 입구광장의 녹지에 접한 포장부위에 배치

② 공중전화대의 구조, 규격 및 수량 : 설계대상 공간의 수요량을 예상하여 전화대의 수량을 산정

11. 음수대

① 음수대의 배치
  ㉠ 관광지·공원 등에는 설계대상 공간의 성격과 이용특성 등을 고려하여 필요한 곳
  ㉡ 녹지에 접한 포장부위에 배치

② 음수대의 구조 및 규격
  ㉠ 성인·어린이·장애인 등 이용자의 신체특성을 고려하여 적정높이로 설계하되, 하나의 설계대상 공간에는 최소한 모든 이용자가 이용 가능하도록 설계
  ㉡ 겨울철의 동파를 막기 위한 보온용 설비와 퇴수용 설비를 반영
  ㉢ 배수구는 청소가 쉬운 구조와 형태로 설계
  ㉣ 지수전과 제수밸브 등 필요시설을 적정 위치에 제 기능을 충족시키도록 설계

12. 플랜터(식수대)

① 플랜터(식수대)의 배치 : 설계대상 공간의 포장부위에 배식을 하거나 수목의 적정 생육토심 확보 또는 지형의 높이차 극복을 위하여 녹지를 확보할 필요가 있을 경우

② 플랜터(식수대)의 구조 및 규격
  ㉠ 벽체·배수구 등의 시설을 적정 규격으로 설계에 반영
  ㉡ 배식하는 수목의 규격에 대응하는 최소 생육토심 확보

13. 수목보호덮개

① 설계대상 공간의 포장부위에 수목을 배식할 때에는 수목보호덮개 설치
② 재료 : 주철재·콘크리트재·합성수지재 등 상부 하중에 견딜 수 있는 강도의 것
③ 덮개와 받침틀 : 주위의 포장재 및 수목지지대와 결속이 쉽고 깨끗하게 처리할 수 있는 구조와 형태로 설계

14. 시계탑

① 예술성과 독창성이 있는 형태로 설계
② 밤에도 제 기능을 다할 수 있도록 전력공급시설·태양축전지·조명기구 등을 설계에 반영
③ 기성제품의 경우 형태·구조·재료·색상·기능 등은 제조업체의 설계기준에 따름

15. 관찰시설

① 관찰시설의 기능 및 배치
  ㉠ 생태·미관의 교육, 체험 목적으로 설치, 서식처 보호, 훼손확산 방지를 위한 이용객 동선유도 등 꼭 필요한 장소에 설치
  ㉡ 하천공간의 자연환경지에 서식하는 동식물을 관찰할 수 있는 시설을 설계할 때에는 자연환경을 활용하면서 산책로, 조류 관찰시설, 안내판, 휴게시설 등의 배치를 검토

ⓒ 야생동물 관찰 시에 관찰자가 보이면 야생 동물은 방해를 받으므로 관찰 대상으로부터 관찰시설이 차폐되도록 함
ⓒ 야생동물이 자주 출현하는 곳에 작은 규모의 야생동물 관찰소를 설치하여 근접하여 생물을 관찰할 수 있도록 설치
ⓒ 고령자나 장애자의 이용도 고려하여 누구나 쉽게 이용하고 안전하게 이용할 수 있도록 배려하며, 추락의 위험이 없도록 안전난간을 설치

② 관찰시설의 형태 및 규모
㉠ 물과 접촉하거나 수생식물을 가까이 관찰할 수 있도록 지형 등을 고려한 폭을 유지하되 노약자, 장애인의 진입이 필요한 지역을 제외하고는 경사데크 지양
㉡ 안전을 위한 난간의 높이 120cm 이상, 장애자용 데크는 최소 100cm의 폭을 확보

8-4. 조경구조물

* 적용범위 : 조경시설물의 얕은 기초설계와 옹벽, 출입문 및 담장(장식벽 및 식생벽 포함), 야외공연장, 전망대, 보도교 및 이와 유사한 경관구조물과 화장실, 관리사무소, 정자 등 소형 건축구조물 설계

1. 야외공연장

① 야외공연장의 기능 및 배치
㉠ 이용자의 집·분산이 용이한 곳에 배치, 공연설비 및 기구 운반을 위해 비상차량 서비스 동선에 연결
㉡ 공연 시 음압레벨의 영향에 민감한 시설로부터 이격
ⓒ 다른 용도의 활동공간이 무대의 배경으로 작용하지 않도록 배치
ⓒ 주변환경에 주거단지 등이 있으면 그 곳의 반대방향으로 배치, 음향에 직접적으로 영향을 받지 않도록 함

② 야외공연장의 영역설정 및 부지조성
㉠ 객석의 전후영역 : 표정이나 세밀한 몸짓을 이상적으로 감상할 수 있는 생리적 한계인 15cm 이내로 함

ⓒ 평면적으로 무대가 보이는 각도(객석의 좌우영역) : 101~108° 이내
　　ⓒ 객석의 바닥의 기울기 : 후열객의 무대방향 시선이 전열객의 머리끝 위로 가도록 결정
　　ⓔ 객석에서의 부각 : 15° 이하가 바람직, 최대 30°
③ 야외공연장의 객석열과 세로통로의 배열
　　㉠ 원호배열 시 원호의 반경 : 6m 이상
　　ⓒ 객석의 좌우길이가 길 경우 : 세로통로 설치, 세로통로는 객석열에 대해 가능한 직각방향으로 배열
④ 야외공연장의 객석의 배치
　　㉠ 좌판 좌우간격 : 평의자 45~50cm 이상, 등의자 경우 50~55cm 이상
　　ⓒ 좌판 전후간격 : 평의자 65cm 이상, 8인 이내의 연식 등의자형 85cm 이상, 12인 이내의 연식 등의자형은 95cm 이상
　　ⓒ 좌판의 연결수량 : 양측에 세로통로가 있을 경우 8개 이하(전후간격이 95cm 이상일 경우는 12개 이하), 한쪽에만 세로 통로가 있을 경우는 4개 이하(전후간격이 95cm 이상일 경우는 6개 이하)
　　ⓔ 세로통로의 폭 : 객석이 양측에 있을 경우 80cm 이상, 한쪽에만 객석이 있을 경우 60cm 이상 100cm 이하
　　ⓜ 가로 통로의 폭 : 관객의 흐름을 정체시키지 않기 위해서 세로 통로보다 넓어야 하며 객석 15열(전후 간격 95cm 이상일 경우에는 20열) 이내마다 유효폭 100cm 이상, 주층의 선단부분에도 설치
　　ⓑ 좌고 : 일반의자 설계기준에 따르며 단의 총 높이가 3m를 초과할 경우 3m마다 가로통로나 그 대용물을 설치

8-5. 조경석

1. 재료

① 자연석의 품질
　　㉠ 자연석 : 지정된 크기와 형상을 가지고 있고 석질이 경질이어야 하며 개개가

　　　미적·경관적 가치를 지니고 있어야 함
　　ⓒ 산석 : 산과 들에서 채집되는 자연석으로 풍화하여 표면이 마모되어 이루어진 것으로 표면의 석질이 보존되어야 함
　　ⓒ 강석 : 하천에서 채집되는 자연석으로 물에 의해 돌의 표면이 마모된 것으로 돌의 모서리가 예리하지 않고 둥글게 되어있는 특징
　　ⓔ 해석 : 바닷가에서 채집되는 자연석으로 파도, 해일 및 염분의 작용에 의하여 표면이 마모되어 있어야 하고 조개류의 껍질이 부착되어 있는 경우도 있음
　　ⓜ 가공자연석 : 깬 돌을 가공하여 자연석 형태로 만든 돌로서 그 형태와 질감이 자연석과 유사
② 인조암의 품질
　　㉠ 인조암 : 경질의 돌로서 표면의 질감, 색채, 광택 등이 우수하여 관상적 가치
　　ⓒ FRP(Fiber Reinforced Plastic) : 섬유강화플라스틱. 폴리에스테르레진이 주성분, 패널이 가볍고 녹이 슬지 않음
　　ⓒ GFRC(Glass Fiber Reinforced Concrete) : 유리섬유강화콘크리트. 콘크리트 구조물 공사 시 레미콘에 내알칼리성 AR-Glass를 첨가하여 콘크리트 강도를 증가시킴
　　ⓔ GRC(Glass Fiber Reinforced Cement) : 유리섬유강화시멘트. 인공암 패널 제조 시 시멘트에 내알칼리성 AR-Glass를 첨가하여 인공암 패널의 강도 증가시킴
　　ⓜ GRS(Glass Fiber Reinforced Slag) : 유리섬유강화슬래그. 산업부산물인 고로슬래그를 주재료로 균열(크랙) 및 이형, 백화현상을 완화시킴

2. 디딤돌(징검돌) 놓기

① 보행자를 위해 공원, 정원, 계류, 연못, 보행자 공간, 기타 녹지 등에 적절한 간격과 형식으로 배치
② 보행에 적합하도록 지면과 수평으로 배치
③ 징검돌의 상단은 수면보다 15cm 정도 높게 배치하고, 한 면의 길이가 30~60cm 정도로 되게 함. 요소(시점, 종점, 분기점)에 대형이며 모양이 좋은 것을 선별하여 배치하고 디딤 시작과 마침 돌은 절반 이상 물가에 걸치게 함

④ 배치 간격 : 어린이와 어른의 보폭을 고려하여 결정하되, 일반적으로 40~70cm로 하며 돌과 돌 사이의 간격이 8~10cm 정도가 되도록 배치, 정원에서는 배치 간격을 20~30% 줄임

⑤ 양발이 각각의 디딤돌을 교대로 디딜 수 있도록 배치하며, 부득이 한 발이 한 면에 2회 이상 닿을 경우는 3, 5, 7… 등 홀수 회가 닿을 수 있도록 함

⑥ 디딤돌은 크기가 30cm 내외인 경우에는 디딤돌의 상면이 지표면보다 3cm 정도 높게 배치하고 50~60cm인 경우에는 지표면보다 6cm 정도 높게 배치

⑦ 디딤돌 및 징검돌의 장축은 진행방향에 직각이 되도록 배치

⑧ 디딤돌은 2연석, 3연석, 2·3연석, 3·4연석 놓기를 기본

⑨ 디딤돌로 인한 답압에 의하여 자연지형이나 생태적 지속성이 파괴될 수 있는 위치는 피함

⑩ 물순환 및 생태적 환경을 조성하기 위하여 투수지역에서는 무거운 디딤돌을 피함

⑪ 급류 발생이 가능한 여울기능을 겸하도록 함

3. 자연석 쌓기

① 설치의 목적, 지형, 지질, 토질, 시공성, 경제성, 안전성 등을 유의하여 주변환경과 조화를 이루도록 함

② 설치 목적에 위배되지 않는다면 자연석 쌓기의 상단부는 다소의 기복을 주어 자연석의 자연스러움을 보완, 강조

③ 자연석 쌓기의 높이 : 1~3m 정도, 그 이상은 안정성에 대한 검토 필요

④ 경사진 절·성토면에 돌쌓기를 할 경우에는 석재면을 경사지게 하거나 약간씩 들여놓아 쌓도록 함

⑤ 맨 밑에 놓는 기초석은 비교적 큰 것으로 안정감 있는 돌을 사용하여 지면으로부터 20~30cm 깊이로 묻히도록 함

⑥ 호안이나 기타 구조적 문제가 발생할 우려가 있는 곳은 콘크리트 기초로 보강

8-6. 환경조형시설

* 환경조형시설
  - 도시 옥외공간 및 주택단지 등 공적 공간에 설치되는 예술작품으로서 주변 환경여건과의 조화 등을 염두에 두어 쾌적한 주거환경 조성 및 이용자의 미적 욕구를 수용하는 등 공공 목적으로 설치되는 시설
  - 미술장식품·순수창작조형물·기능성 환경조형물·모뉴멘트(기념물) 등

1. 환경조형물로 설치되는 종류

① 예술성을 강조한 작가의 순수 창작조형물
② 실용성과 기능성을 강조한 평면 또는 입체의 조형구조물
③ 보편적인 의미와 상징성을 강조한 모뉴멘트
④ 전통조형물, 기념물
⑤ 기타 공공 목적에 충실한 수준 높은 예술성을 통하여 경관 창의성이 높은 작품류

2. 재료선정기준

① 작품의 특성과 구조 등을 고려하여 내용과 형식의 표현에 적합한 재료를 선정
② 평가항목 : 내구성과 유지관리성, 시공성, 미관성 및 환경친화성 등
③ 재료의 특성이 작품의 내용을 충실히 전달할 수 있는지와 설치 대상지 주변환경과의 적합성이 검토되어야 함
④ 석재·철재·합성수지 등 각 재료의 특성과 요구도 및 기능성을 조화시켜 선정
⑤ 작품의 특성상 신소재나 다양한 복합재료를 사용할 수 있으나, 선택 시 사회의 보편적 가치기준으로 보아 무리가 없거나 작품의 특성을 강화시켜줄 수 있는 재료를 사용
⑥ 가급적 탄소배출량을 저감할 수 있는 친환경 재료, 재활용 가능한 재료 등을 사용하여 기후변화에 대응할 수 있도록 함

3. 설계 원칙

① 인간척도 적용 : 도시공공공간에 설치되는 조형물로서 주변 환경과의 조화를 우선적으로 고려하고, 이용자에게 편안하고 쾌적한 문화 충족 욕구를 제공해 주어야 하므로 인간척도를 적용하여 위압감이 없고 친근감 있게 함

② 조형성 : 예술작품으로서 조형성이 우선, 환경조형시설은 도시미관의 질적인 향상과 이용자의 미적 쾌감을 제공해 주는 시설물이므로 이에 상응하는 미적 요건을 충족하여 조형 의장의 기본원리에 충실해야 함

③ 기능성 : 놀이기능(조형놀이시설), 어귀의 식별성(공원이나 단지의 문주), 공간의 분리(장식벽) 등의 본래의 기능 발휘에 충실해야 함

④ 안전성 : 대부분 외부공간에 노출되므로 시설물의 구조적 안전성과 이용자의 안전성을 고려

⑤ 주변 여건과의 조화 : 주변 경관의 질적 향상을 꾀하고, 쾌적한 환경을 만들도록 설치대상지역의 주변 여건과 조화를 이루도록 함

⑥ 내구성 : 다양한 옥외환경에 견딜 수 있는 내구성과 지속성을 확보

⑦ 인간지향적, 환경적 지속성 : 인간성 회복에 기여하고 주변 환경의 지속성을 높일 수 있도록 설계

⑧ 전통사상 : 전통적인 환경조형물은 음양오행과 자연순응적 원리를 비롯한 우리의 전통사상을 내포하도록 함

4. 미술장식품

① 배치 : 이용량이 많은 설계대상 공간의 어귀나 중심의 광장·휴게공간에 배치

② 형태 : 설계대상 공간의 특성과 설치 위치의 지형적 특성 등을 고려하여 선정

③ 미술장식품과 미술장식품 설치 공간 및 그 주변의 수목·포장시설·다른 구조물 등은 서로 어울리도록 통합하여 설계

5. 문주 등 기능성 조형시설

① 배치 : 공원·주택단지·학교 등 설계대상공간의 어귀(문주), 어귀·중앙의 광장(시계탑·분수대), 휴게공간·보행공간(경관조명시설) 등 그 기능의 발휘에

적합한 곳에 배치

② 형태 : 문주 등의 고유 기능을 발휘하면서도 조형성을 갖추도록 함

6. 시비 등 기념비

① 배치 : 설계대상공간의 어귀·중앙의 광장 등 넓은 휴게공간의 포장부위 또는 녹지에 배치

② 널리 알려진 시인·가수·문화가 등의 인물이나 장소·전설·지명유래 또는 건설공사·행사 등의 기념할 만한 대상과 지리적으로 관련성이 높은 곳에 배치

③ 형태 : 노래·시·초상·땅이름 등 수록할 내용이나 기념하고자 하는 주제를 형상화, 글씨는 음각·양각 등으로 이용자들이 읽기에 적합한 크기·간격 등으로 설계

7. 조형벽 등 조형성 구조물

① 배치 : 설계대상공간의 어귀나 중앙의 광장 등 넓은 휴게공간에 배치

② 지형의 변화 및 절성토량을 최소화할 수 있는 적정 위치를 선정하여 배치

③ 지형의 높이차 극복을 위한 흙막이 구조물을 겸할 경우에는 녹지와 포장부위의 경계부에 배치

④ 설치공간의 지형적 특성에 순응하거나 지형의 높이 차이를 극복하는 형태

⑤ 공간의 입체감을 높이되 이용자들의 시야를 가리지 않는 규모

⑥ 마감 : 도장·벽화·타일붙임·유리블록 등 형상화하고자 하는 주제표현에 적합한 마감

⑦ 이용하는 주민이나 어린이들의 손·발도장, 그림, 편지, 낙서 등을 담아 제작한 타일 등으로 설계하여 이용자 참여공간을 조성 가능

8-7. 비탈면, 인공지반, 생태복원 관련 시설물 설계

1. 비탈면

① 재료선정기준
  ㉠ 비탈면의 토질과 환경조건에 적응하여 생존할 수 있는 식물이어야 함
  ㉡ 주변식생과 생태적·경관적으로 조화될 수 있는 것이어야 함
  ㉢ 초기에 정착시킨 식물이 비탈면의 자연식생천이를 방해하지 않고 촉진시킬 수 있어야 함
  ㉣ 조기녹화용, 경관녹화용, 조기수림화용, 생태복원용 등의 사용 목적이 뚜렷해야 함
  ㉤ 우수한 종자발아율과 폭넓은 생육 적응성을 갖추어야 함
  ㉥ 재래초본류 : 내건성이 강하고, 뿌리발달이 좋으며, 지표면을 빠르게 피복하는 것으로서 종자발아력이 우수
  ㉦ 외래도입 초본류 : 발아율, 초기생육 등이 우수하고 초장이 짧으며, 국내환경에 적응성이 높은 것을 선정하되 도입비율을 최소화해야 함
  ㉧ 목본류는 내건성, 내열성, 내척박성, 내한성을 고루 갖춘 것이어야 하며, 종자파종 또는 묘목에 의한 조성이 용이하고, 가급적 빠른 생장률로 조기수림화가 가능한 것이어야 함
  ㉨ 생태복원용 목본류 : 지역고유수종을 사용함을 원칙으로 하고, 종자파종 혹은 묘목식재에 의한 조성이 가능해야 함
  ㉩ 멀칭재 : 부식이 되는 식물원료로 가공한 섬유류의 네트류, 매트류, 부직포, PVC망 등을 사용
  ㉪ 멀칭재 선정 시 경제성과 보온성, 흡수성, 침식방지효과 등을 고려, 종자발아에 도움을 줄 수 있는지를 우선적으로 검토

② 재료품질기준
  ㉠ 재래초종 종자 : 발아율 30% 이상, 순량률 50% 이상이어야 함
  ㉡ 외래도입초종 : 최소 2년 이내에 채취된 종자, 발아율 70% 이상, 순량률 95% 이상이어야 하며 되도록 사용을 억제
  ㉢ 목본류 종자 : 발아율 20% 이상, 순량률 70% 이상이어야 함

㉣ 혼합하는 침식방지제와 다기능 합성고분자제 등은 동·식물에 무해하고, 식물종자의 발아와 생육에 악영향을 끼쳐서는 안 되며, 토양을 오염시키지 않고 지속성이 높으면서 취급이 용이한 것

㉤ 멀칭재들은 수년 내로 부식되어 토양에 유기물 공급원의 역할을 할 수 있어야 하며, 병충해가 묻어있지 않아야 함

㉥ 비탈면안정 녹화공사용 격자틀 등의 합성수지제품은 내부식성이 있고 변형 및 탈색이 되지 않으며 자연미가 나도록 제작된 것을 채택

㉦ 격자틀 및 블록 제품은 접합구가 일체식으로 연결될 수 있어야 하며, 녹화식물의 생육최소심도 이상의 토심이 확보될 수 있도록 설계

㉧ 낙석방지철망은 내부식성이 있고, 낙석에 견딜 수 있는 충분한 강도를 갖춘 것을 채택

조경 기사·산업기사 필기

제**4**편

조경식재

PART 01 조경식재

1. 조경수목

1-1. 조경수목 및 식재

1. 조경수목의 구비 조건

① 실용적 가치와 형태미가 뛰어나서 관상가치가 높을 것
② 이식이 용이하여 이식 후 활착이 잘 되는 것
③ 식재지의 불리한 환경이나 병충해에 대한 저항력과 적응성이 강할 것
④ 번식재배가 잘 되고 관리가 용이할 것
⑤ 구입이 용이할 것

2. 식재성과를 효과적으로 구현하기 위한 고려사항

① 이용자의 요구 조건과 입지 조건에 합당한 우량 소재 선정
② 식재 시 토성의 적절한 준비
③ 정기적인 사후관리 철저

1-2. 조경수목의 분류

1. 교목과 관목

① 교목
  ㉠ 중심 줄기의 신장 생장, 목질의 곧은 줄기, 가지의 구별 명확
  ㉡ 교목의 기능
    ⓐ 녹음수
    ⓑ 경관의 프레임 형성, 구조물 강한 중량감 감소
    ⓒ 차폐 및 경관물의 배경, 경관의 규모감 부여
    ⓓ 오픈 스페이스에 공간감과 시각적 균형 부여
    ⓔ 경관과 식재의 기본 골격
  ㉢ 교목의 식재간격 : 넓게
  ㉣ 교목의 구분
    ⓐ 대교목, 중·소교목(아교목)
    ⓑ 공간 규모가 작아지면 대교목보다 중·소교목을 사용하는 것이 효율적

② 관목
  ㉠ 교목보다 수고가 낮고, 일반적으로 곧은 뿌리 없음
  ㉡ 여러 개의 줄기 발달
  ㉢ 지면에서 줄기가 갈라짐
  ㉣ 주간 식별 어려움
  ㉤ 시야를 방해하지 않으면서 공간 분할·한정
  ㉥ 기능
    ⓐ 하부식재   ⓑ 표본식재   ⓒ 강조식재
    ⓓ 군식   ⓔ 테두리식재 ⓕ 산울타리식재
    ⓖ 차폐식재   ⓗ 기초식재   ⓘ 용기식재

③ 만경목

2. 음수와 양수

① 광포화점
  ㉠ 빛의 강도가 강해져도 동화작용량이 상승하지 않는 한계점
  ㉡ 음수는 낮고, 양수는 높음

② 광보상점
  ㉠ 광합성을 위한 CO_2 흡수와 호흡작용에 의한 CO_2 방출량이 같아지는 점
  ㉡ 식물이 동화작용을 영위하는 데 있어서 어느 정도까지 약한 빛을 이용할 수 있는 한계점

③ 양수
  ㉠ 생장을 위한 광량 : 전수광량의 70% 이상
  ㉡ 고사한계의 최소수광량 : 전수광량의 6.5%
  ㉢ 소나무, 곰솔, 향나무, 일본잎갈나무, 메타세쿼이아, 벚나무, 자작나무, 산수유, 오동나무, 플라타너스, 층층나무, 자귀나무, 배롱나무, 백목련, 무궁화, 수수꽃다리, 쥐똥나무, 개나리, 조팝나무, 싸리나무, 철쭉, 모란, 대나무류

④ 음수
  ㉠ 생장을 위한 광량 : 전수광량의 50%
  ㉡ 고사한계의 최소수광량 : 전수광량의 5.0%
  ㉢ 주목, 젓나무, 비자나무, 금송, 서어나무, 개비자나무, 사철나무, 호랑가시나무, 회양목, 팔손이나무, 식나무, 산호수, 자금우, 백량금, 굴거리나무

⑤ 내음성(음양수) 판단방법
  ㉠ 최저수광율 조사   ㉡ 수관의 밀도 차이   ㉢ 지서(枝序)의 양
  ㉣ 생장속도 차이   ㉤ 고사속도 차이   ㉥ 자연 전지 정도
  ㉦ 엽렬의 형태   ㉧ 초두(梢頭)의 위치

* **능성음지식물과 능성양지식물**
  1. 능성음지식물(한성음지식물)
    : 양지식물 중 강한 빛에서 가장 잘 자라고, 그늘 밑에서도 잘 자람
    - 단풍나무, 너도밤나무, 참나무류, 보리수나무, 가문비나무, 젓나무, 측백나무, 비자나무
  2. 능성양지식물(한성양지식물) : 그늘에서는 생육하지 못하는 식물
    - 은백양나무, 버드나무류, 사시나무, 자작나무, 일본잎갈나무, 향나무, 소나무

3. 수형

 * 수형 영향 요소 : 빛(태양광 입사각), 바람, 인간 영향(접촉)

① 침엽교목
  ㉠ 정아생장 우세
  ㉡ 정형적 수형으로 생장

② 낙엽교목
  ㉠ 유목 시 정아 생장 탁월
  ㉡ 어느 연령에 도달하면 측아의 생장이 더욱 왕성해져 줄기가 갈라지고, 부정형의 수관을 이루어 원정형 또는 난형, 평정형의 형태

③ 관목
  ㉠ 측아생장 우세
  ㉡ 근경부로부터 줄기와 가지가 갈라져 옆으로 확장한 수형

④ 수형의 분류
  ㉠ 주형(원주형) : 양버들, 비자나무, 무궁화
  ㉡ 원추형 : 낙우송, 금송, 메타세쿼이아, 일본잎갈나무, 히말라야시다, 편백, 가이즈까향나무, 향나무, 솔송나무, 잣나무, 젓나무, 주목, 산딸나무, 은행나무, 쪽동백, 층층나무, 칠엽수
  ㉢ 원정형 : 동백, 꽝꽝나무, 태산목, 호랑가시, 목련, 벽오동, 플라타너스, 쥐똥나무, 갯버들, 귀룽나무, 때죽나무, 탱자나무, 화살나무, 회화나무
  ㉣ 평정형 : 느티나무, 단풍나무, 배롱나무, 산수유
  ㉤ 하수형(능수형, 수양형) : 실편백, 능수버들, 딱총나무, 수양버들, 능수버들, 수양벚나무 – 가지의 신장생장이 비대생장 초월
  ㉥ 선형(부채꼴) : 반송, 사철나무, 팔손이나무, 호랑가시나무, 개나리, 수국, 매자나무, 병꽃나무, 해당화, 피라칸사
  ㉦ 피복형 : 자금우, 싸리나무, 산철쭉, 눈향나무, 눈주목

4. 조경수목의 계절적 변화

① 신록
  ㉠ 백색 : 칠엽수, 은백양나무, 은사시나무, 현사시나무
  ㉡ 적갈색 : 홍단풍, 산벚나무
  ㉢ 담녹색 : 느티나무, 서어나무, 위성류, 일본잎갈나무, 능수버들

② 개화
  ㉠ 봄 개화(봄꽃 나무)
    ⓐ 개화 전해의 6~8월에 화아 분화
    ⓑ 개나리, 명자나무, 박태기나무, 목련류 등
  ㉡ 여름 개화(여름꽃 나무)
    ⓐ 그 해에 자란 가지에서 화아 분화
    ⓑ 무궁화, 배롱나무, 자귀나무, 모감주나무, 협죽도, 능소화 등

③ 단풍
  ㉠ 붉은색
    ⓐ 색소 : 안토시안계, 크리산테민
    ⓑ 감나무, 마가목, 벚나무류, 단풍나무류, 복자기, 화살나무, 붉나무, 옻나무, 매자나무류, 산딸나무, 담쟁이덩굴 등
  ㉡ 노랑색
    ⓐ 색소 : 플라본계 색소, 카로티노이드, 크산토필
    ⓑ 튤립나무, 은행나무, 고로쇠나무, 낙우송, 느티나무, 메타세쿼이아, 칠엽수, 일본잎갈나무 등
  ㉢ 갈색
    ⓐ 색소 : 탄닌
    ⓑ 참나무류, 느티나무

④ 줄기
  ㉠ 백색계 : 자작나무, 백송, 동백나무, 분비나무, 거제수나무, 서어나무, 양버들
  ㉡ 녹색계 : 벽오동, 식나무, 탱자나무, 황매화, 죽단화
  ㉢ 적색계 : 소나무, 주목, 삼나무, 섬잣나무, 흰말채나무
  ㉣ 갈색계 : 편백, 배롱나무, 철쭉류
  ㉤ 얼룩무늬계 : 노각나무, 양버즘나무(플라타너스), 배롱나무, 모과나무

1-3. 수목의 분포

1. 천연분포와 식재분포

① 식재분포역 > 천연분포역
② 난대림(남부 수종)
　㉠ 모밀잣밤나무, 구실잣밤나무, 녹나무, 가시나무류, 동백나무, 비자나무, 후박나무, 아왜나무, 호랑가시나무, 꽝꽝나무, 송악 등
　㉡ 내한성 약
③ 온대림(중부 수종)
　㉠ 참나무류, 서어나무, 오리나무, 귀룽나무, 느릅나무 등
④ 한대림(고산 수종)
　㉠ 잣나무, 분비나무, 구상나무, 가문비나무, 자작나무, 박달나무, 떡갈나무, 만병초 등
　㉡ 서늘한 기후, 내한성 강

2. 온도와 식물

① 온도 : 식물의 개화·결실에 매우 중요한 역할
② 연평균기온과 월평균기온
　㉠ 연평균기온 : 식재수종 선정 시 참고
　㉡ 월평균기온 : 식물의 생리적 현상과 밀접한 관계
③ 낮은 온도에 노출되는 정도에 따라 식물의 생존 결정
④ 월적산온도 : 월평균기온 합산 온도
⑤ Pfeffer의 수목 생육 최적 온도 : 24~34℃
⑥ 온량지수
　㉠ 식물의 생육가능온도를 일평균기온 5℃로 보고, 월평균기온이 5℃ 이상되는 달의 평균기온으로부터 5℃ 제한 수치를 1년간 합계한 수치
　㉡ 식물 종 또는 산림대의 분포한계 결정

1-4. 식생 천이

1. 식물 군락

① 식물군락을 성립시키는 환경 요인

　㉠ 외적 요인

　　ⓐ 기후 요인 : 온도, 광선, 수분, 바람 등

　　ⓑ 토양 요인 : 토질, 토양 수분, 토양 동물, 토양 미생물 등

　　ⓒ 생물학적 요인 : 벌목, 풀베기, 경작, 방목, 야수, 조류, 곤충, 병충해 영향

　㉡ 내적 요인

　　ⓐ 경합 : 한정된 서식조건을 차지하기 위해 경쟁하는 것

　　ⓑ 공존 : 생존조건이 비슷한 종들이 한정된 서식조건을 공유하는 것

2. 생태적 천이(Ecological Succession)

① 식물 군집의 시간적 변화 과정

② 극상

　㉠ 천이의 최후 단계, 가장 안정된 상태

　㉡ 온대림 : 참나무류, 서어나무

③ 선구식물 : 나지에 맨 처음 침입해 들어오는 식물

④ 식물 군집의 생성, 발전, 안정화 단계

	생산량/호흡량	먹이 사슬	생물종수	안정성	영양물 교환속도	단계
초기단계 (생성단계)	생산량>호흡량	직선적	적음	안정성 결여	빠름	양적 성장단계
일정단계 (극상단계)	생산량=호흡량	그물망	많음	안정	느림	질적 성장단계

3. 천이의 순서

① 나지 → 1, 2년생 초본 → 다년생 초본 → 양수관목 → 양수교목 → 음수교목

예) 나지 → 망초, 개망초(1, 2년생 초본) → 쑥, 쑥부쟁이, 억새(다년생 초본) → 싸리, 붉나무, 찔레(양수관목) → 소나무(양수교목) → 참나무류(양수교목) → 서어나무(음수교목)

② 나지 → 지의류 → 선태류 → 초생지 → 관목지 → 극상

4. 1차 천이와 2차 천이

① 1차 천이
  ㉠ 기존 식생군집이 없던 지역에 새로 식생군집이 발생하는 것
  ㉡ 암반노출지, 새로 형성된 삼각주, 화산섬
  ㉢ 천이의 진행속도 : 느림

② 2차 천이
  ㉠ 기존 식생군집 지역에서 교란으로 훼손된 지역에 새로이 식생군집이 발생하는 것
  ㉡ 버려진 농경지, 벌목한 삼림, 새로 생긴 연못
  ㉢ 천이의 진행속도 : 빠름

5. 천이 개시 시기 환경조건에 따른 구분

① 건생(건성) 천이 : 육상의 암석지, 모래땅
② 습생(습성) 천이 : 호수, 습지

6. 극상과 종다양성과의 관계

① 서식지가 다양할수록 종의 다양성 높음
② 대규모일수록 종의 다양성 높음
③ 중심지에 가까울수록 종의 다양성 높음
④ 저위도(열대, 적도 부근)일수록 종의 다양성 높음

7. 식생에 대한 인간의 영향

① 자연식생
   ㉠ 인간의 교란이나 훼손을 받지 않은 식생
   ㉡ 자연 그대로의 상태로 생육하고 있는 식생
② 원식생
   ㉠ 인간에 의한 영향 이전에 존재한 식생
③ 대상식생
   ㉠ 인간에 의한 영향을 받아 대치 중인 식생
   ㉡ 생활 속의 대부분의 식생
   ㉢ 인간의 생활 영역 속 현존하는 식생
④ 잠재자연식생
   ㉠ 대상식생에서 인간에 의한 영향을 배제한 가정 하에 예상되는 식생

1-5. 조경수목의 명명법

1. 학명(學名)

① 구성
   : 속명(屬名, 대문자 시작) + 종명(種名, 소문자로 시작) + 명명자명(命名者名, 생략 가능)
② 이명법
③ 라틴어(라틴어화)
④ 이탤릭체로 표기
⑤ 선취권에 따름
⑥ 표본의 명명 기본
⑦ 오직 하나의 명칭만을 가짐

2. 학명과 보통명의 비교

특징 \ 식물명	학명	보통명(일반명)
장점	㉠ 전 세계적으로 동일하게 통용 ㉡ 정확성 높음	㉠ 기억 용이
단점	㉠ 라틴어로서 발음이 어려움 ㉡ 문자 조합 생소 ㉢ 종의 정확한 묘사가 요구되므로 일반인 사용 어려움	㉠ 불확실(변종·품종 구별 불명확) ㉡ 사용 가능지역 제한 ㉢ 학술적 사용 불충분 ㉣ 지방에 따라 다른 이름으로 불릴 수 있음

1-6. 식물군집 조사방법

1. 브라운 브랑케(Braun-Blanquet)의 조사방법

① 조사지 선정 : 지도, 항공사진 등
② 표본구 설정
  ㉠ 입지조건이나 상관이 균질한 지역 선택
  ㉡ 인접군락으로부터 충분히 떨어진 곳에 조사구를 설정 : 주변 영향 최소화
  ㉢ 균질한 부분이 광대하고 넓은 경우 : 2개 이상의 표본구를 설정
③ 표본추출법의 방법
  ㉠ 전형 표본추출법
    ⓐ 대상 군락 안에서 가장 전형적이라고 생각되는 부분에 조사구 설정
    ⓑ 산림식생 조사를 비롯하여 다양한 식생조사에 이용. 가장 많이 사용
  ㉡ 무작위 추출법(랜덤 추출법)
    ⓐ 조사 대상지 내 조사구를 격자 형태로 분할하고, 무작위로 추출하는 방법
    ⓑ 초원과 같이 거의 균질한 식생이 광대한 면적 조사
  ㉢ 계통 추출법
    ⓐ 일정한 형식에 따라 규칙적으로 표본을 추출하는 방법

　　　　ⓑ 선상으로 길게 이어지는 도로의 절사면 식생을 일정한 간격으로 조사할 때
　④ 조사구의 형태
　　㉠ 방형구법(Quadrat method)
　　　　ⓐ 방형구의 크기 : 각 군락의 최소면적
　　　　ⓑ 식생분류·식생구조 조사
　　　　ⓒ 식생구조 조사 시 Sub-Quadrat 설치 가능
　　㉡ 벨트 트랜섹트(Belt transect)=대상구법
　　　　ⓐ 기준선을 설치하고 기준선을 따라 일정한 폭으로 띠 형태로 조사구 설정
　　　　ⓑ 일정한 간격으로 조사
　　　　ⓒ 도로의 절사면 식생의 상부로부터 하부로의 변화조사, 하천 식생 조사
　　㉢ 선에 의한 접선법
　　　　ⓐ 군락을 횡단하여 줄을 늘이고 줄에 접한 식물 기록
　　　　ⓑ 면적을 고려하지 않음
　　　　ⓒ 초지 조사
　　㉣ 점 형태의 포인트법
　　㉤ 간격법
　　　　ⓐ 두 식물 개체간의 거리 또는 임의의 점과 개체 사이의 거리 측정
　　　　ⓑ 군락 전체의 양적 관계 측정
　　　　ⓒ 교목·아교목 조사
　　　　ⓓ 종류 : 최단거리법, 인접개체법, 제외각법, 분각법
　⑤ 조사구의 크기
　　㉠ 종-면적 곡선에서 군락이 성립하여 유지하기에 필요한 최소면적
　　㉡ 군락 최소면적
　　　　ⓐ 교목림 : 200~500m^2
　　　　ⓑ 관목림 : 50~200m^2
　　　　ⓒ 큰 키 초본류 초원 : 4~25m^2
　　　　ⓓ 작은 키 초본류 초원 : 1~4m^2
　　　　ⓔ 선태류, 지의류 군락 : 0.1~1m^2

2. 군락의 측정방법

① 밀도(D) : 단위면적당 개체수

   ㉠ 밀도 = $\dfrac{\text{어떤 식물종의 개체수}}{\text{조사한 총 면적}}$ = $\dfrac{\text{어떤 식물종의 총 개체수}}{\text{조사한 총 조사구 수}}$

② 빈도(F)

   ㉠ 군집에서 구성 종의 분포상 특성을 나타내는 척도

   ㉡ 빈도 = $\dfrac{\text{어떤 종이 출현한 조사구의 수}}{\text{총 조사구의 수}} \times 100(\%)$

③ 피도(C)

   ㉠ 출현종이 조사 지역의 지표면을 덮고 있는 상태

   ㉡ 피도 = $\dfrac{\text{어떤 종이 출현한 면적}}{\text{총 면적}} \times 100(\%)$

   ㉢ 단계

   ⓐ 5 : 피도가 조사면적의 75~100%를 차지하는 종
   ⓑ 4 : 피도가 조사면적의 50~75%를 차지하는 종
   ⓒ 3 : 피도가 조사면적의 25~50%를 차지하는 종
   ⓓ 2 : 피도가 조사면적의 5~25%를 차지하는 종
   ⓔ 1 : 개체수는 많지만 피도는 5% 이하를 차지하는 종
   ⓕ + : 개체수가 적고 피도는 1% 정도로 낮은 종
   ⓖ r : 조사지에 우연히 출현하는 개체수가 적은 종

④ 우점도

   ㉠ 식물 군락 내 각 종의 양적 관계를 나타내는 수치

   ㉡ 단계

   ⓐ 5 : 같은 종류의 피도가 75~100%
   ⓑ 4 : 같은 종류의 피도가 50~75%
   ⓒ 3 : 개체수에 관계없이 피도가 25~50%
   ⓓ 2 : 개체수가 상당히 많거나 적어도 피도가 10~25%
   ⓔ 1 : 개체수가 많고 피도는 5% 이하 또는 피도가 10% 이하이고 개체수 적음
   ⓕ + : 개체수도 적고 피도도 적음

⑤ 군도
    ㉠ 군락이 무리지어 있는 상태
    ㉡ 단계
        ⓐ 1 : 단생
        ⓑ 2 : 소군상
        ⓒ 3 : 소군상의 반점상(얼룩이 진 듯한 상태)
        ⓓ 4 : 큰 반점상 또는 구멍이 뚫린 카펫 형태
        ⓔ 5 : 카펫 상태

⑥ 활력도
    ㉠ 군락 내에서 종의 생활사 완결 능력
    ㉡ 단계
        ⓐ 1 : 생활환을 완전히 마침
        ⓑ 2 : 생육은 불량하지만 번식은 가능하거나, 생육은 좋으나 생활환을 완전히 마칠 수가 없음
        ⓒ 3 : 생육이 불량하여 생활환도 완전히 마칠 수가 없음
        ⓓ 4 : 발아는 가능하나 번식이 불가능함

⑦ 수도(Abandance)
    ㉠ 수도 = $\dfrac{\text{어떤 종의 총 개체수}}{\text{어떤 종의 출현한 조사구 수}} \times 100(\%)$

⑧ 상대밀도, 상대빈도, 상대피도
    ㉠ 상대밀도(RD) = $\dfrac{\text{한 종의 밀도}}{\text{총 밀도}} \times 100(\%)$
    ㉡ 상대빈도(RF) = $\dfrac{\text{한 종의 빈도}}{\text{총 빈도}} \times 100(\%)$
    ㉢ 상대피도(RC) = $\dfrac{\text{한 종의 피도}}{\text{총 피도}} \times 100(\%)$

⑨ DFD = 상대밀도(RD) + 빈도(F) + 상대피도(RC)

⑩ 상대우점도(IV) = 상대밀도(RD) + 상대빈도(RF) + 상대피도(RC)

⑪ 적산우점도(SDR) = $\dfrac{\text{밀도비} + \text{빈도비} + \text{피도비}}{3} \times 100(\%)$

⑫ 종다양도

　　㉠ 식생 구조 분석 시 군집의 안정성과 성숙도 표현 지표

　　㉡ 조사 : 중요도, 우점도, Shannon의 다양도지수 등

⑬ Sorenson 지수

$$S = \frac{2C}{A+B} \qquad S : \text{Sorenson 지수}$$

⑭ Jaccard 계수

$$J = \frac{C}{A+B+C} \qquad J : \text{Jaccard 계수}$$

(A : A 조사구의 종 수, B : B 조사구의 종 수, C : A·B 조사구의 공통 종 수)

⑮ 생활형

　　㉠ 라운키에르(Raunkiaer)

　　㉡ 생활형

　　　　ⓐ 식물의 생활 양식을 유형화한 것

　　　　ⓑ 생육부적기의 휴면아(겨울눈)의 위치에 의한 분류

　　　　　　- Th : 1, 2년생 식물

　　　　　　- G : 지중식물

　　　　　　- H : 반지중식물

　　　　　　- Ch : 지표식물

　　　　　　- N : 관목

　　　　　　- M : 소관목

　　　　　　- MM : 교목

　　　　　　- HH : 수생식물

　　　　　　- S : 다육식물

　　　　　　- E : 착생식물

　　　　　　- Ph : 지상식물

2. 조경식재 환경

2-1. 토양

* 토양의 역할
  : 식물뿌리의 지지력, 수분 유지, 양분 공급
    지하수 함양, 홍수 조절, 정화, 생태계 및 경관 유지

1. 식재 토심(土深)

① 수목의 생존 최소심도와 생장 최소심도

식물 종류 \ 토심	생존 최소심도(cm)	생장 최소심도(cm)
잔디 및 초본류	15	30
소관목	30	45
대관목	45	60
천근성 교목	60	90
심근성 교목	90	150

② 옥상조경 및 인공지반의 식재 토심(배수층 두께 제외)

식물 종류 \ 토심	자연 토양(cm)	인공 토양(cm)
초화류 및 지피식물	15	10
소관목	30	20
대관목	45	30
교목	70	60

2. 토양의 물리적 성질

① 토성

모래				진흙
사토	사양토	양토	식양토	식토

  ㉠ 토성 : 투수성, 통기성, 보수성, 경운작업의 용이성에 영향 미치는 토양 특성
  ㉡ 점토가 차지하는 비율이 클수록 토양의 물리적 성질이 나빠짐
  ㉢ 식물 생육에 적합한 토성 : 양토, 사양토

② 토양경도
  ㉠ 18~24mm : 잔디 뿌리의 생장 가장 우수
  ㉡ 23~25mm : 수목 뿌리의 생장 가장 우수

③ 식물 생육에 좋은 토양조건
  ㉠ 좋은 토양구조일 것
  ㉡ 양토·사양토를 지닌 화합물일 것
  ㉢ 배수가 용이할 것
  ㉣ 산소 함량이 많을 것
  ㉤ 물을 보유할 것
  ㉥ 유기질과 양분함량이 높을 것
  ㉦ 식물 생육에 적합한 pH일 것

④ 단립구조 형성 방법
  ㉠ 유기질 비료 시비
  ㉡ 배수를 좋게 할 것
  ㉢ 객토
  ㉣ 멀칭
  ㉤ 토양 개량제 사용
  ㉥ 석회 사용
  ㉦ 콩과식물 재배

3. 토양 단면(층위 구성)

① 유기물층(A_0, 0층) → 용탈층(A층)(=표토층) → 집적층(B층)(=심토층)
   → 모재층(C층) → 모반층(D층)

　㉠ 유기물층(A_0, 0층) : L, F, H층으로 구성

　㉡ 용탈층(A층, 표토층, 표토, 표층)

　　ⓐ 부식물질・수분 함유량 높음

　　ⓑ 미생물과 식물활동 왕성

　　ⓒ 낙엽의 분해생산물이 침투되어 흑갈색

　　ⓓ 외부환경의 영향을 가장 많이 받음

　　ⓔ 양호한 산림토양 : A층이 깊은 토양

　　ⓕ 표토층 변경 시 반드시 보존

② 토양의 비옥도

　㉠ 토양 중의 부식량에 의해 결정

　㉡ 부식물질 : 용탈층에 많이 존재

　㉢ 토양의 부식함량 : 5~20%가 적합

③ 부식물질(Humus)의 역할

　㉠ 토양의 단립구조 형성

　㉡ 양분의 흡수 및 보유능력 향상

　㉢ 수분의 흡수능력 향상

　㉣ 유기물의 분해 촉진

　㉤ 토양 완충능 증대

　㉥ 양이온 교환용량(CEC) 높임

④ 토양 구성 성분

　㉠ 식재지의 가장 이상적인 토질
　　 : 고상(50%, 고체입자), 액상(25%, 수분), 기상(25%, 공기)

　㉡ 광물질 45%, 유기물 5%, 수분 25%, 공기 25%

　㉢ 무기물 45%, 유기물 5%, 수분 30%, 공기 20%

4. 토양 수분

① 토양 수분의 분류
  ㉠ 토양 수분 포텐셜 : pF, kPa, bar
  ㉡ 토양 수분 장력(pF) : pF 0~7

② 토양 수분의 분류
  ㉠ 중력수
    ⓐ 토양 중의 중력에 의해 하강되는 수분
    ⓑ 식물 양분 유실에 관여하는 수분
    ⓒ pF 0~2.7
  ㉡ 모세관수(모관수)
    ⓐ 중력에 의해 하강되지 않고 토양 중에 있게 되는 수분
    ⓑ 흙 공극의 표면장력에 의해 유지되는 수분
    ⓒ pF 2.7~4.5
  ㉢ 흡습수
    ⓐ 토양에 있지만 식물에 흡수되지 않는 수분
    ⓑ 흙 입자 표면 분자간 응집력에 의해 흡수되는 수분
    ⓒ pF 4.5~7
  ㉣ 결합수
    ⓐ 토양 입자에 화학적으로 결합하는 수분
    ⓑ 토양 입자에 가장 강하게 흡착되는 수분
    ⓒ pF 7

③ 유효수(유효수분)
  ㉠ 식물이 이용할 수 있는 수분
  ㉡ pF 2.7~4.2

④ 위조점
  ㉠ 초기 위조점 : pF 3.9
  ㉡ 영구 위조점 : pF 4.2

⑤ 지하수위

　　　㉠ 수목 : 지표로부터 1.5~2.5m
　　　㉡ 잔디 : 지표로부터 0.6~1.0m 이하
　⑥ 수목과 수분
　　　㉠ 내건성이 강한 수종 : 소나무, 노간주나무, 향나무, 아까시나무, 배롱나무, 오리나무, 자작나무, 녹나무, 싸리나무, 팥배나무 등
　　　㉡ 호습성 수종 : 메타세쿼이아, 낙우송, 삼나무, 태산목, 동백나무, 물푸레나무, 오리나무, 버드나무류, 위성류, 층층나무, 풍년화, 병꽃나무 등
　⑦ 토양 공극
　　　㉠ 공극 : 토양 내 물과 공기가 차지하는 부분
　　　㉡ 토양 공극률에 가장 중요한 결정 요인 : 가비중과 진비중, 용적밀도와 입자밀도
　　　㉢ 공극률 $= \left(1 - \dfrac{가비중}{진비중}\right) \times 100(\%)$

5. 토양 양분

① 비료목
　　㉠ 근류균에 의해 공중질소의 고정작용 역할
　　㉡ 토양의 물리적 조건과 미생물적 조건 개선
　　㉢ 종류

구분	식물 종류	공생균
콩과식물	아까시나무, 자귀나무, 싸리나무, 박태기나무, 등나무, 자운영, 토끼풀 등	Rhizobium
오리나무류	사방오리나무, 물오리나무(산오리나무), 오리나무 등	Frankia
보리수나무과	보리수나무	Frankia
소철과	소철	Nostoc, Anabaena

　　㉣ 공중질소 고정작용 근류균 : 식물과 공생관계
　　　ⓐ 호기성 : Azotobacter, Azotomonas 등
　　　ⓑ 혐기성 : Clostridium 등

② 균근
- ㉠ 곰팡이 무리의 균사
- ㉡ 균근과 식물은 상리공생
    - ⓐ 균근은 식물로부터 광합성 물질의 일부를 얻음
    - ⓑ 많은 수종은 균근없이 살 수 없음(균근의 도움으로 수목 생존)
- ㉢ 외생균근
    - ⓐ 균사가 뿌리 피층의 세포간극의 균사망을 형성하는 균근
    - ⓑ 외생균근 형성 수목 : 소나무과, 버드나무과, 자작나무과, 참나무과, 피나무과 등

③ 수목과 양분
- ㉠ 내척박성 강한 수종 : 소나무, 곰솔, 노간주, 향나무, 인동덩굴 등+비료목
- ㉡ 비옥지에서 잘 자라는 수종 : 주목, 측백나무, 태산목, 동백나무, 만병초, 철쭉, 회양목, 귀룽나무, 느티나무, 이팝나무, 칠엽수, 회화나무, 벚나무, 배롱나무 등

6. 토양 반응

① 토양의 산성화 원인
- ㉠ 강우량이 증발량보다 많은 경우
- ㉡ 부식에 의한 산성화
- ㉢ 비료에 의한 산성화

② 산성토양의 지표식물 : 바랭이, 방동사니, 쇠뜨기, 질경이, 떡쑥 등

③ 산성토양의 개량방법
- ㉠ 탄산석회, 소석회(염기성)를 혼합하여 중성으로 변환
- ㉡ 유기물 사용

④ 토양산성화 방지책
- ㉠ 토양 나지기간 단축 : 빗물에 의한 염기용탈 및 유실 방지
- ㉡ 인위적인 원인인 산성 화학비료나 거름의 사용과 연용 금지
- ㉢ 유기물 함량 개선(퇴비, 기비, 녹비 사용)
- ㉣ 석회 사용

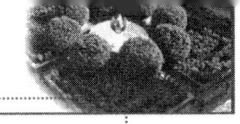

⑤ 토양 산도(pH)
    ㉠ 토양의 수소이온농도를 측정하는 것
    ㉡ 식물에 필요하거나 식물에 유해한 다른 물질의 용해도에 결정적인 영향
    ㉢ 산성
        ⓐ 강우량이 많을 경우 발생
        ⓑ 우리나라 대부분의 토양이 해당 : pH 5.0~6.5
        ⓒ 산성 토양 생육 수종 : 소나무, 일본잎갈나무, 잣나무, 철쭉류, 진달래 등
    ㉣ 염기성
        ⓐ 강우량이 적을 경우 발생
        ⓑ 석회암 지대
        ⓒ 염기성 토양 생육 수종 : 낙우송, 단풍나무, 물푸레나무, 서어나무, 회양목, 생강나무, 조팝나무 등
    ㉤ 토양의 산성화(산성비)가 식물의 생육에 미치는 영향
        ⓐ 수소 이온이 식물 뿌리에 침투해 단백질을 응고 또는 용해
        ⓑ 식물에 유해한 Al이 높아지고, P는 식물이 이용을 못하도록 저해
        ⓒ 세균에 의한 질소고정작용과 질산화 작용 매우 저하
        ⓓ 식물뿌리로부터의 양분흡수력 저하

7. 멀칭(mulching)의 효과

① 토양 수분 유지
② 토양 온도 조절
③ 토양 비옥도 증진
④ 토양 구조의 개선
⑤ 복사열 감소
⑥ 염분 조절
⑦ 잡초 발생 억제
⑧ 병충해 발생 억제
⑨ 지표면 개선 효과

⑩ 토양의 굳어짐 방지

2-2. 공해

1. 공해 물질과 수목피해 증상

① 공해 물질 : 아황산가스(SO_2), 불화수소(HF), 오존(O_3), PAN, PBN 등
② 대기오염에 의한 수목 피해 증상
  ㉠ 잎 : 갈색 반점
  ㉡ 잎이 우툴두툴해 짐
  ㉢ 잎 수가 적어짐
  ㉣ 조기 낙엽 현상
  ㉤ 효소작용 교란
  ㉥ 대사작용 저해
  ㉦ 체내 성분의 분해·결합

* 수목의 공해 피해 증상 : 낙엽, 반문, 표백

2. 아황산가스(SO_2)

① 아황산가스(SO_2)의 특징
  ㉠ 식물체 내 기공으로 유입
  ㉡ 수목 생육에 가장 나쁜 영향
  ㉢ 피해 증상 : 잎 맥 사이 엽육조직이 갈색으로 변하며 마름
② 수림대에 의한 SO_2 효과
  ㉠ 수림대의 SO_2 농도 : 주변 시가지의 농도보다 1/5~1/7로 감소
  ㉡ 수림대 주변의 SO_2 농도 변화 : 낮에는 높아지고 야간에는 낮아짐
  ㉢ 인간의 활동량과 관련되지만, 수림 중앙부에서는 하루의 변화량이 적고 낮음
  ㉣ 수림대 내의 농도 : 겨울>여름

③ 아황산가스로 인한 피해
　　㉠ 높은 온도와 햇빛 많고, 공중 습도 높고 토양 수분이 많을 때 많은 피해
　　㉡ 성숙한 잎이 어린 잎이나 묵은 잎에 비해 저항력이 약함
　　㉢ 식물 체내에 직접 흡수되어 피해, 토양에 흡수 뿌리에 피해
　　㉣ 척박지일수록 피해 잘 나타남
　　㉤ 천연림이 인공림보다 내성 강함
④ 아황산가스(SO_2)에 강한 수종 : 비자나무, 편백, 화백, 향나무, 가이즈끼향나무, 가시나무류, 태산목, 녹나무, 동백나무, 감탕나무, 아왜나무, 굴거리나무, 팔손이, 광나무, 식나무, 돈나무, 사철나무, 후피향나무, 은행나무, 칠엽수, 자귀나무, 가중나무, 플라타너스, 때죽나무, 일본목련, 층층나무, 무궁화, 쥐똥나무 등
⑤ 아황산가스(SO_2)에 약한 수종 : 소나무, 섬잣나무, 가문비나무, 일본잎갈나무, 젓나무, 히말라야시다, 반송, 삼나무, 금목서, 은목서, 벚나무, 느티나무, 고로쇠나무, 튤립나무, 자작나무, 단풍나무, 매화나무 등

3. 가스 흡착능과 분진 흡착능

① 가스 흡착능
　　㉠ 아까시나무, 플라타너스, 은행나무 등이 높음
　　㉡ 침엽수, 특히 낙엽침엽수는 가스 흡착능이 낮음
② 분진 흡착능
　　㉠ 플라타너스, 은행나무 등이 높음
　　㉡ 상록수＞낙엽수, 활엽수＞침엽수
　　㉢ 독성이 강한 것 : 구리(Cu)는 식물의 뿌리에 피해

4. 순화(환경 적응)

① 환경과 관련된 동식물의 생활사 중 환경변화에 대처하는 방법
② 환경에 따른 생리적 조절로서 온도에 대한 내성, 대기의 산소량이나 다른 요인의 변화에 대해서도 나타남
③ 변화가 심한 환경에서 생물이 지속적으로 생존하는데 매우 중요

2-3. 염분

1. 염분의 피해 한계농도

① 잔디 : 0.1%

② 수목 : 0.05%

③ 채소류 : 0.04%

2. 내염성

① 강한 수종 : 리기다소나무, 비자나무, 주목, 편백, 곰솔, 노간주나무, 향나무, 동백, 광나무, 호랑가시나무, 개비자나무, 눈향나무, 느티나무, 팽나무, 벽오동, 아까시나무, 칠엽수, 때죽나무, 배롱나무, 자귀나무, 무궁화, 순비기나무, 왕쥐똥나무, 황매화, 찔레나무, 해당화, 담쟁이덩굴, 등나무, 인동덩굴, 줄사철나무, 마삭줄, 송악 등

② 약한 수종 : 소나무, 금송, 일본잎갈나무, 히말라야시다, 가문비나무, 목련, 단풍나무, 일본목련, 개나리 등

PART 02 식재계획 및 설계

1. 조경 식재의 기능 및 효과

1-1. 녹지기능의 분류

1. C. Tunnard의 분류

   ① 보호기능 : 자연 상태 유지, 문화재 보호, 일조 확보, 프라이버시 침해 방지, 차폐
   ② 생산기능 : 농림업, 관광자원, 교육적 가치
   ③ 수경기능 : 도시의 미적 효과
   ④ 레크리에이션 기능 : 어린이놀이터, 스포츠, 휴식

2. 도시계획 이념에 따른 분류

   ① 안전성
      ㉠ 재난으로부터 인간과 재산을 보호하는 녹지
   ② 건강성
      ㉠ 레크리에이션을 위한 녹지
      ㉡ 도시 기후 완화

③ 능률성
- ㉠ 도시발전의 탄력성 확보
- ㉡ 도시의 합리적 계획을 가능하게 함
- ㉢ 동·식물이나 묘지공원 등 특수한 수요를 충족시키는 녹지
- ㉣ 농림과 관광사업 등의 생산기반 되는 녹지

④ 쾌적성
- ㉠ 일조, 도시미, 보행자나 자전거 이용자를 위한 녹지
- ㉡ 문화재 보호
- ㉢ 프라이버시 보호

3. 녹지계획의 수립 과정

① 단일형 과정
- ㉠ 녹지계획에 있어서 주민의 의사를 반영하지 않음
- ㉡ 조성 후 그 계획안이 당초의 목표를 만족시킨 것인지 체크하는 수단이 없음

② 선택형 과정
- ㉠ 몇 개의 계획안 중 선택
- ㉡ 주민의 의사를 계획안 확정에 참여
- ㉢ 많은 경비와 시간 필요
- ㉣ 계획안을 판단하는 주민의 수준 높아야 함

③ 연환형 과정
- ㉠ 장점
    - ⓐ 도시계획의 다른 과정과 결합 수월
    - ⓑ 어느 한 단계 수정 시 정당성 여부의 점검 가능
    - ⓒ 어느 부분 수정하는 것이 가장 효과적인지 쉽게 찾아냄
- ㉡ 단점
    - ⓐ 녹지효과의 예측방법 없음
    - ⓑ 계획을 당장 입안하지 못함

1-2. 식재의 기능

1. 식재의 건축적 기능

① 사생활 보호　　② 차폐 및 은폐
③ 공간 분할　　　④ 공간의 점진적 이해

2. 식재의 공학적 기능

① 토양침식 조절　② 음향 조절
③ 대기정화　　　④ 섬광 조절
⑤ 반사 조절　　　⑥ 통행 조절

3. 식재의 기상학적 기능

① 태양복사열 조절　② 바람의 조절
③ 습도 조절　　　　④ 온도 조절

4. 식재의 미적 기능

① 조각물로서의 이용　② 반사
③ 영상　　　　　　　④ 섬세한 선형미
⑤ 장식적 수벽　　　　⑥ 조류 및 소 동물 유인
⑦ 배경용　　　　　　⑧ 구조물의 유화

1-3. 배식의 원리

1. 배식의 의의

① 아름다움으로서의 구성

② 수로서의 구성
③ 관련 및 대립으로서의 구성
④ 조화 및 연계로서의 구성

2. 식재 설계의 물리적 요소 : 형태, 질감, 색채

① 형태(Form)
　㉠ 식재 설계 시 가장 먼저 고려해야 할 사항
　㉡ 잔가지·굵은 가지의 배열·방향·선에 의해 결정
　㉢ 식물 개체나 식물 집단의 모양과 구조 포함
　㉣ 수목의 기본 형태는 고유생장습성에 따라 결정
　㉤ 수형 : 자생지의 지형적 특성과 관련
　　ⓐ 산간지역 : 원추형
　　ⓑ 평지 : 평정형, 수평형
　　ⓒ 구릉지 : 원정형, 둥근형
　㉥ 식물의 집단적 구성 형태 : 기능적 효과, 선의 미적 효과 제공

② 질감(Texture)
　㉠ 식물재료 표면의 거칠음 정도를 의미하며 보거나 느끼는 것도 포함
　㉡ 식물의 질감을 결정하는 부위 : 잎, 줄기(가지), 눈
　㉢ 잎의 질감 : 잎과 잎 사이의 공간과 잎의 크기·형태·잎 표면의 질에 따라서 달라짐
　㉣ 질감은 식물과의 거리(관찰거리)에 따라 다르게 나타남
　㉤ 동일한 질감이 많을 경우 : 지루함
　㉥ 질감 구분
　　ⓐ 거친 질감 : 잎이 크고, 잎색이 진하며, 굵고 큰 가지, 산만하게 형성된 수관, 가장자리 결각 많은 수종, 광택이 없고, 그림자가 진한 경우
　　　예) 플라타너스, 칠엽수, 벽오동, 떡갈나무, 오동나무, 일본목련 등
　　ⓑ 부드러운 질감 : 잎이 작고, 잎색이 옅으며, 밀집된 잔가지, 두껍고 촘촘하게 붙은 잎, 광택이 있고, 그림자가 연한 경우

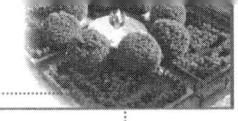

　　　　　예) 위성류 등
　　　ⓢ 질감 구분
　　　　　ⓐ 거친 질감에서 고운 질감으로 연속 : 공간 확장
　　　　　ⓑ 고운 질감에서 거친 질감으로 연속 : 공간 축소
　　　　　ⓒ 작은 면적 : 거친 질감을 피하여 식재
　③ 색채
　　　㉠ 반사된 빛의 파장으로 좌우되는 시각적 성질
　　　㉡ 색채는 가장 강력한 호소력을 가지며, 가장 큰 반응을 일으키는 요소
　　　㉢ 사람은 밝은 빛과 선명한 색에 쏠리는 심리적 경향이 있음
　　　㉣ 잔잔한 빛과 시원한 색 : 우울한 감상을 더욱 강하게 함
　　　　밝은 빛과 따뜻한 색 : 흥분과 자극의 경향. 시선을 유도
　　　㉤ 색의 변화 : 연속성을 파괴하지 않도록 점진적인 단계로 변화
　　　㉥ 따뜻한 색채
　　　　　ⓐ 붉은색, 노란색, 오렌지색
　　　　　ⓑ 보는 사람에게 더욱 가깝게 보여 전진하는 느낌
　　　　　ⓒ 전진색(진출색), 난색(暖色), 팽창색
　　　ⓢ 차가운 색채
　　　　　ⓐ 푸른색, 자주색, 초록색
　　　　　ⓑ 더욱 멀어져 가는 후퇴하는 느낌
　　　　　ⓒ 후퇴색, 한색(寒色), 축소색
　　　㉧ 색채와 질감
　　　　　ⓐ 밝고 선명한 색채 : 거친 질감
　　　　　ⓑ 희미하고 연한 색채 : 고운 질감

3. 식재설계의 미적 효과

　① 통일성
　　　㉠ 동질성을 창출하기 위한 여러 부분들의 조화 있는 조합
　　　㉡ 식재설계 부지에서 요구되는 모든 기능들을 하나의 통일된 구성으로 조합

　　　　ⓒ 통일성은 6가지 요소(단순, 변화, 균형, 강조, 연속, 비례)의 조합으로 획득
　　　　ⓔ 전체를 질서 있는 단위로 유기적인 관련을 갖도록 함
　　② 단순
　　　　㉠ 우아함
　　　　㉡ 같은 질감을 가지는 각각의 수종을 의도적으로 반복함으로써 단순함을 제공
　　　　ⓒ 같은 수종의 반복 : 조밀한 식재를 통해서 단순함을 부여
　　　　ⓔ 지루함의 방지 : 반복은 주의 깊게 사용
　　③ 변화
　　　　㉠ 형태, 질감, 색채로 다양성과 대비를 통해 묘미를 가중
　　　　㉡ 색채로 디자인의 분위기 조절
　　　　ⓒ 과다한 변화의 사용 : 단조로움의 원인, 혼잡한 결과 야기 → 부족한 듯 사용
　　④ 균형
　　　　㉠ 대칭균형 : 축의 양쪽 요소들이 정확히 대칭되는 경우
　　　　㉡ 비대칭균형 : 다른 크기와 모양을 균형 있는 형태를 사용함으로써 유도
　　　　ⓒ 색채는 경관에 시각적인 무게를 부여함으로써 균형에 영향을 미침
　　　　ⓔ 거친 질감 : 무거운 느낌, 고운 질감 : 가벼운 느낌
　　⑤ 강조
　　　　㉠ 주변 요소와 주종관계를 형성함으로써 관찰자의 시선을 집중시키는 수법
　　　　㉡ 연속되거나 형태를 이룬 수종들 가운데서 하나의 시각적 분기점
　　　　ⓒ 경관출현의 극적 효과, 보는 사람의 주의력 집중, 시각적인 구성 조절
　　　　ⓔ 과다한 강조 : 보는 사람에게 불쾌감이나 혼돈을 야기
　　　　ⓜ 인간의 감각에서 가장 뚜렷한 영향 : 색채강조
　　　　ⓗ 물을 이용한 벽이나 차폐 : 초점에 한정
　　⑥ 연속
　　　　㉠ 한 요소에서 다른 요소에 이르기까지 계속성과 연결에 의해 나타남
　　　　㉡ 형태, 질감, 색채의 적절한 연속 : 시선을 질서 있게 공간 또는 공간을 따라 이동하도록 유도
　　　　ⓒ 연속은 수목의 크기와 식재구성 단위의 배열에 의해 이루어짐

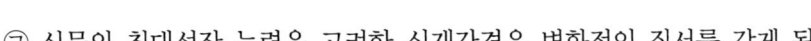

　　ⓔ 식물의 최대성장 능력을 고려한 식재간격은 변화적인 질서를 갖게 됨
⑦ 스케일
　㉠ 대상물의 절대적인 크기와 상대적인 크기를 가리키는 척도
　㉡ 사람은 자신의 크기에 대한 대상물의 크기를 관련시키는 경향
　㉢ 소규모 스케일의 설계
　　ⓐ 작은 식물의 집단구성으로 많은 변화를 주는 대신 반복은 적게 사용
　　ⓑ 식물개체의 미세한 부분(잎이나 꽃의 미묘한 변화)까지 접근하여 관찰할 수 있어야 함
⑧ 대비
　㉠ 넓은 잔디밭과 포플러
　㉡ 향나무 사이에 핀 목련꽃
　㉢ 향나무 사이의 붉은 단풍나무
　㉣ 소나무 배경의 벚꽃
　㉤ 잔디밭 가운데 붉은 장미꽃
　㉥ 활짝 핀 백목련 가운데 자목련꽃

4. 식재기능의 요구 시기 및 기준

① 완성형
　㉠ 처음부터 거의 완성에 가까운 상태로 식재하는 경우
　㉡ 학교, 병원
② 반완성형
　㉠ 5년 정도 경과 후, 거의 완성에 가깝게 식재되는 경우
　㉡ 상업지역, 공업지역
③ 장래 완성형
　㉠ 10~20년 정도 경과 후, 완성에 가까운 상태가 되는 경우
　㉡ 상업지역, 공업지역

2. 경관조성식재

2-1. 정형식 식재

1. 식재의 개념 및 수법

① 고대 이집트, 로마, 중세 수도원, 스페인의 파티오, 르네상스 이탈리아의 노단식, 프랑스의 평면기하학식

② 기하학적 도안과 같은 정형적인 선에 의해 구성

③ 재료 자체가 지니는 특성보다 일정한 규격에 맞는 재료의 배치에 중점 → 식물의 자연성보다 조형적 특성이 먼저 고려

④ 정원을 구성하는 선이 가장 중요한 요소가 되며, 강한 축선을 이용한 땅가름
　㉠ 축의 교점 : 분수, 연못, 조각, 정형수로 강조
　㉡ 1축 1점 설정되면 축 또는 점에 등거리로 대칭식재
　㉢ 방사축 한 점에서 같은 각도로 나오는 경우 : 같은 무게

⑤ vista 구성

⑥ 질서, 균형, 규칙성, 균질성, 대칭성의 효과

⑦ 직선식재
　㉠ 강한 방향성과 표현력 부여
　㉡ 쉽게 관찰자의 시선 유도, 집중 효과

⑧ 무늬식재 : 미원(迷園, maze)

⑨ 정형식 배식에 어울리는 수목 특성
　㉠ 균형 잡히고 개성 강한 수목
　㉡ 상록수
　㉢ 다듬기 작업에 잘 견디는 수목

2. 정형식 식재의 기본 패턴

① 단식(표본식재)
   ㉠ 중요 지점에 형태, 질감, 색채 등이 우수한 정형의 수목 단독 식재
   ㉡ 현관 앞, 회차도 중앙, 직교축 교차점

② 대식
   ㉠ 축 좌우에 형태, 크기가 같은 동일 수종을 쌍으로 식재
   ㉡ 건물, 기단 전면에 축을 중심으로 좌우 배치
   ㉢ 좌우 대칭으로 정연한 질서감을 부여
   ㉣ 수종이 다르면 생장속도의 차이로 인하여 좌우 균형 파괴

③ 열식
   ㉠ 동형동종을 일정한 간격으로 줄을 이루도록 식재
   ㉡ 식재간격이 좁아지면 식재 뒷면과의 차단효과 상승
   ㉢ 수관이 서로 접할 때 폐쇄도 가장 높음
   ㉣ 이종이형을 번갈아 반복 식재할 경우 강한 리듬감 형성

④ 교호식재
   ㉠ 열식의 변형
   ㉡ 같은 간격으로 어긋나게 식재
   ㉢ 열식의 식재폭을 넓히기 위한 식재

⑤ 집단식재
   ㉠ 일정한 면적에 수목을 집단적으로 식재하여 정해진 땅을 완전히 덮는 식재
   ㉡ 하나의 덩어리로서의 질량감이 필요한 경우에 사용

⑥ 요점식재
   ㉠ 원형에서의 중심점과 원주, 사각형에서는 4개의 모서리와 대각선의 교차점, 직선에서는 중점과 황금비의 분할점에 식재

⑦ 기하학적 식재
   ㉠ 낮은 관목류 및 화훼류를 기하학적인 모양으로 식재
   ㉡ 미로화단, 자수화단

2-2. 자연풍경식 식재

1. 식재 개념 및 수법

① 인위적인 시각적 질서가 배제되고 자연의 풍경을 유사하게 재현
② 비대칭적인 균형식재
③ 정형식에 비해 수목의 배치나 종류의 선택이 자유로움
④ 평면구성보다 입면구성에 중점을 두고 수목의 자연미 강조
⑤ 사실적 식재
  ㉠ 18세기 영국의 풍경식 정원
  ㉡ 실제 존재하는 자연경관을 묘사하여 재현하는 식재
  ㉢ 윌리엄 로빈슨 : 야생원(wild garden)
  ㉣ 벌 막스(Burle Marx) : 열대의 원시적 천연 식생 가미수법. 고산식물 심어놓은 암석원

2. 자연풍경식 식재의 기본 패턴

① 부등변삼각형 식재
  ㉠ 크고 작은 세 그루의 나무를 서로 간격을 달리하고 한 줄로 세우지 않는 식재
  ㉡ 부등변삼각형 꼭지점에 식재
  ㉢ 비대칭 균형으로 형태, 질감, 크기가 다른 수목 사용
  ㉣ 동양식 배식의 기본 패턴
  ㉤ 가장 자연스러운 배치
② 임의 식재(랜덤 식재)
  ㉠ 부등변삼각형 식재를 기본 단위로 삼각망 확대
  ㉡ 다수의 수목을 형태, 크기, 식재 간격이 동일하지 않고 일직선을 이루지 않도록 식재
  ㉢ 불규칙한 스카이라인 형성
  ㉣ 광대한 면적 필요, 다량의 수목 사용

③ 모아심기
  ㉠ 몇 그루의 수목을 모아서 식재
  ㉡ 주변 경관과 무관한 단위경관 그 자체로 마무리
  ㉢ 홀수 수목 기본

④ 군식
  ㉠ 모아심기가 확대된 형태
  ㉡ 넓은 지역의 부분 경관

⑤ 산재식재
  ㉠ 수목을 한 그루씩 드물게 흩어지도록 식재
  ㉡ 관목류 식재 : 반송, 철쭉류

⑥ 배경식재
  ㉠ 랜덤식재 기본
  ㉡ 하나의 경관에 배경적 역할을 하는 부분을 구성시키는 식재수법
  ㉢ 시각적으로 두드러지지 않게 암록색, 암회색의 수관·수피를 가진 수목 사용

⑦ 주목(主木, 중심목), 경관목
  ㉠ 그루수에 관계없이 경관의 중심적 존재가 되어 경관을 지배하는 수목

2-3. 자유 식재

1. 식재 개념 및 수법

① 인공적이지만 선이나 형태가 자유롭고, 수목이나 배치도 비대칭적인 수법 사용
② 기하학적 디자인이나 축선을 의도적으로 부정
③ 단순, 명쾌한 디자인, 현대적인 기능미 추구
④ 직선적인 형태
⑤ 의미없는 장식 배제
⑥ 기능성 중시

⑦ 건물과 구조물에 상관없이 식재

⑧ 단순 배식으로 경관을 형성해 디자인 단순화

⑨ 사용 수목 종류는 적고, 혼식 지양

⑩ 대교목·소교목으로 경관 구성, 적은 수의 우량목으로 요점 강조

2. 자유 식재의 기본 패턴

① 루버형

② 번개형

③ 아메바형

④ 절선형

⑤ 아메바형과 절선형의 절충형

⑥ 소반경의 원호형 : 좁은 반폐쇄적 공간의 구성

⑦ 대반경의 원호형 : 배경으로 넓은 범위의 분위기 조성

⑧ 대반경의 원호형과 직선형

2-4. 군락 식재(생태 식재)

1. 식재 개념 및 수법

① 생태학적 사고방식을 도입한 식재

② 식물사회학적 사고방식 : 자연 보호, 경관 보전

③ 자연공원, 산림공원 : 면적 넓은 경우

④ 군집을 본보기로 식재

2. 식물 군락의 분류

① 표징종(標徵種) : 군락을 특징지을 종군

② 식별종(識別種) : 군집 속에서 양적으로 우점하고 있는 종

③ 전형(典型) : 표징종이나 식별종을 가지지 않는 부분
④ 파시스(Facies) : 국부적인 우점종

2-5. 미적 효과와 관련한 식재

① 표본식재
  ㉠ 가장 단순한 식재형식
  ㉡ 독립수, 개체 수목의 미적 가치가 높은 시각적 특성을 지닌 수목 사용
  ㉢ 형태, 질감, 색채의 디자인 요소 중 1~2가지가 뛰어나야 함
  ㉣ 축선의 종점, 현관, 잔디밭, 중정 등의 적소에 식재

② 강조식재
  ㉠ 단조로운 식재군 내에서 1주 이상의 수목으로 시각적 변화와 대비에 의한 강조효과를 얻고자 하는 식재형식

③ 군집식재
  ㉠ 개체의 개성이 약한 수목을 3~5주 모아 심어 식재단위 구성
  ㉡ 기능 : 공간분할, 틀짜기, 부분차폐
  ㉢ 수직적 군집식재 : 초점 효과
     낮고 수평적 군집식재 : 동선 유도 효과

④ 산울타리 식재
  ㉠ 한 종류의 수목을 선형으로 반복하여 식재
  ㉡ 키가 큰 산울타리
     ⓐ 다른 요소들의 배경효과
     ⓑ 울타리의 색채나 질감이 다른 시각요소와 경쟁하거나 압도하지 않는 수종 사용
  ㉢ 키가 작은 산울타리
     ⓐ 상하의 공간을 수평으로 강하게 분할
     ⓑ 주변의 다양한 식생단위를 결속시키는 효과

⑤ 경재식재
  ㉠ 외곽 경계부위나 원로를 따라 식재

ⓒ 관목류를 이용하여 식재대를 구성
　　　ⓒ 식재대의 모든 수목은 서로 중첩되어야 함
　　　ⓔ 전면에서 뒤로 갈수록 높아지도록 하여야 효과적
　　　ⓜ 공간 내 매우 강한 구조적 프레임 효과

2-6. 건물 및 구조물과 관련된 식재

1. 설계 원칙

① 건축물의 인공적인 건축선 완화
② 건물의 틀짜기
③ 개방 잔디공간 확보
④ 현관으로의 전망 강조

2. 건물 및 구조물과 관련된 식재 기본 패턴

① 기초식재(Foundation planting)
　ⓐ 건물 전면 또는 건물 주위로 일정폭의 식재대 조성
　ⓑ 건물의 기초 부근에 딱딱한 수평선과 건물의 수직선 완화
　ⓒ 관목류 및 소교목 식재
　ⓓ 교목류 식재 시 건물을 가릴 수 있으므로 배제

② 모서리 식재(Coner planting)
　ⓐ 건물 모서리의 앞이나 옆에 식재
　ⓑ 강한 수직선을 완화하고, 외부에서 보이는 조망의 틀을 짜고자 하는 식재 방법
　ⓒ 키 큰 교목(대교목), 표본 식재 강조 식재
　ⓓ 단층이나 2층 건물을 보다 커보이게 하는 효과

③ 초점식재

⑦ 관찰자의 시선을 현관 쪽으로 유도
⑧ 초점식재 주변은 시각적인 관심을 유도하는 식재기법 배제
⑨ 현관을 종점으로 하는 깔때기형 수관을 형성
② 식재 높이
  ⓐ 모서리 : 건물 처마선 높이의 3분의 2
  ⓑ 현관 부분 : 건물 처마선 높이의 3분의 1 이하
⑩ 소교목, 관목 사용

④ 채우기 식재
 ⑦ 벽면과 벽면이 만나 형성된 구석진 곳과 주위와의 시각적 부조화 해결
 ⑧ 관목과 소교목 몇 그루 군식

⑤ 배경식재
 ⑦ 자연경관이 우세한 지역, 주변경관과의 조화를 위해 식재
 ⑧ 수고 : 건물보다 높아야 함
 ⑨ 대교목 사용, 녹음, 방풍, 차폐 등의 기능도 함께 유도
 ② 설계 시 건물과 연계하여 식재 기능을 충족시킬 수 있는 식재 위치 선정

⑥ 가리기 식재
 ⑦ 건물의 어색한 부분을 가리기 위한 식재
 ⑧ 건물의 외관 경관을 향상시킴
 ⑨ 교목 위주 식재
 ② 건물과의 균형 고려 → 수종과 식재위치 선정에 주의를 요함
 ⑩ 수관 하부의 가지를 높게 전정

3. 식재설계

3-1. 식재설계의 일반적 과정

1. 예비계획

① 식재설계에 관련된 모든 정보 수집

② 설계목표 설정 → 관련법규 검토 → 자료 수집

2. 분석 및 종합

① 기본도 작성
  ㉠ 대지경계선, 지형, 건물, 기존 구조물, 기존 건물, 도로 및 보행동선의 위치와 폭 표시, 기존 식물, 기타 설계에 필요한 요소

② 부지조사 및 분석
  ㉠ 지리, 형태적 측면의 분석 : 지형 및 경사, 수문 및 배수, 토양, 식생, 미기후, 기존 건물, 기존 구조물
  ㉡ 시각, 미학적 측면의 분석 : 조망
  ㉢ 사회, 행태학 측면의 분석 : 공공설비, 공간과 분위기, 현존 토지이용 및 기능

③ 지형 및 경사분석
  ㉠ 0~3%
    ⓐ 완만하지만 표면 배수 문제
    ⓑ 정지작업 필요 없음
    ⓒ 마운딩 처리 필요
  ㉡ 3~8%
    ⓐ 완만한 구릉지역
    ⓑ 흥미로운 시각적 경험 제공
    ⓒ 토양은 낮은 지역으로 집중, 동선 구조물 설치, 정지작업 점차 증가

　　　　　ⓓ 식재지로 가장 적당
　　　ⓒ 8~15%
　　　　　ⓐ 구릉지, 암반 노출지
　　　　　ⓑ 관상수목 집중식재 불가능
　　　ⓔ 15~25%
　　　　　ⓐ 일반적 식재 불가능
　　　　　ⓑ 배수시설 설치
④ 식생
⑤ 수문 분석
　　㉠ 수원의 위치, 크기, 사용가능 용수량 파악
　　㉡ 식생 생육에 적합한 수질 여부 조사
　　㉢ 부지에 물을 공급하는데 소요되는 비용
　　㉣ 관개에 도움되는 호수, 연못, 계류와 같은 지표수의 위치
　　㉤ 수류의 방향과 집수지역의 크기
⑥ 기후
　　㉠ 계절풍의 방향과 통풍
　　㉡ 온도 분포
　　㉢ 태양 고도
　　㉣ 강우량
⑦ 토양
⑧ 야생동물
⑨ 종합

3. 기본 구상

① 첫 번째 설계단계
② 설계가는 의뢰인과 협의를 거쳐 식재설계의 진행에 필요한 의사결정 과정을 거쳐야 함
③ 기본 구상 내용

㉠ 식물 소재의 기능요구 분석
　ⓐ 식물 개개의 특성보다 식물군의 집단을 대상으로 수관선 형성
㉡ 배식 기본개념의 설계기준 설정
㉢ 수종 선정과 식재간격의 작업
　ⓐ 성목 시의 고유수형과 식재 당시의 수형과 크기
　ⓑ 잎과 줄기, 꽃, 가지의 상태에 따라 다르게 인식되는 질감
　ⓒ 경관미의 형성에 큰 역할을 하는 색채
　ⓓ 수목의 맹아, 신록, 개화, 결실, 단풍, 낙엽 등의 계절적 현상
　ⓔ 수목의 생장도, 맹아력, 이식에 대한 적응성을 나타내는 수세
　ⓕ 식재간격 기준

구분	식재 간격(m)	식재 밀도
작고 성장이 느린 관목	0.45~0.60	3~5본/m²
크고 성장이 보통인 관목	1.0~1.2	1본/m²
성장이 빠른 관목	1.5~1.8	1본/2~3m²
산울타리용 관목	0.25~0.75	1.5~4본/m²
지피, 초화류	0.20~0.30 0.14~0.20	11~25본/m² 25~49본/m²

㉣ 기본구상도 작성

4. 식재설계

① 식재 평면도
　㉠ 효과적인 표현기법을 사용하여 미적인 측면도 고려
　㉡ 내용 : 식물(성상별 차이), 시설물 형태, 지점 표고 표시, 범례, 방위 및 스케일, 수목 인출선(수목명, 수목주수, 수목규격) 등
　㉢ 식재 설계 시 고려하는 수목 성숙 규모 : 75~100%
② 식재 계획 시 향토 자생수종 이용 시 장점
　㉠ 지역환경에 적응 잘 됨
　㉡ 주변 지형 및 식생 경관과 잘 조화됨

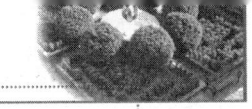

　　　ⓒ 유지관리 비용 적게 소요
　③ 조경식물의 표현
　　㉠ 기호
　　　ⓐ 수목을 기호화하여 간단하게 표현하는 방법
　　　ⓑ 장점 : 식재 위치만 표현, 그리기 쉽고 식재위치 명확, 시간 대폭 절감
　　　ⓒ 단점 : 식재군 표현이 불가능, 의뢰인의 이해도가 낮음, 모든 수목에 적절한 기호 표시 못함, 도면에 수목 크기 표현 못함
　　　ⓓ 축척 1/500 이하
　　㉡ 반기호
　　　ⓐ 수목을 기호화하여 표현
　　　ⓑ 원으로 간단히 표시
　　　ⓒ 그리기 쉽고 정확한 위치가 나타남
　　　ⓓ 의뢰인이 쉽게 알아볼 수 있고 시간이 절약
　　　ⓔ 수관폭・점유 공간・식재위치 표시 가능
　　　ⓕ 수목 간 구별은 인출선을 이용
　　　ⓖ 축척 1/200~1/400
　　　ⓗ 가장 많이 사용
　　㉢ 기호 표현
　　　ⓐ 수목의 질감을 수목별로 표현
　　　ⓑ 도면의 시각적 질을 높임
　　　ⓒ 아주 복잡한 도면의 내용을 수록하는 경우에는 부적당
　　　ⓓ 축척 1/200 이상
　④ 실시설계(시공상세도, 시방서 작성 및 적산)

5. 완공

① 시공
② 감독 : 서류(도면)대로 시공되는가 여부 확인(감리자)
③ 시공 후 평가

4. 기능 식재

* 기능식재 : 차폐 식재, 가로막기 식재, 녹음 식재, 방풍 식재, 방음 식재, 방화 식재, 방설 식재, 지피 식재, 전통조경 식재, 야생조류유치, 완충 식재
* 식재의 기능별 구분

기능	식재 종류
공간조절 기능	경계 식재, 유도 식재
경관조절 기능	지표 식재, 경관 식재, 차폐 식재
환경조절 기능	녹음 식재, 방풍 식재, 방설 식재, 방화 식재, 지피 식재

4-1. 차폐 식재

1. 차폐 식재 이론

① 외관상 보기 흉한 곳이나 구조물 또는 공작물을 은폐하거나 외부로부터 내부를 엿볼 수 없도록 시선 및 시계를 차단하는 식재

㉠ $\tan \alpha = \dfrac{H-e}{D} = \dfrac{h-e}{d}$

(e : 사람 눈높이(m),

h : 수고(m),

H : 차폐대상물 높이(m),

d : 시점~수목까지의 거리(m),

D : 시점~차폐대상물까지의 거리(m))

㉡ 눈높이 : 사람이 서 있을 경우 150~160cm

벤치에 앉아 있을 경우 110cm

승용차에 앉아 있는 경우 120cm

② 주행 시 측방차폐

㉠ $S = \dfrac{2R}{\sin\alpha} = \dfrac{D}{\sin\alpha}$

(S : 수목간의 간격, $\sin\alpha$ = 좌우시각(30°), R : 수목반경, D : 수관폭)

ⓒ 열식 간격 : 수관폭의 2배 이하 → 측방 차단효과 좋음
　③ 카무플라즈(camouflage)=캄플라즈=의장수법=미채수법
　　　㉠ 균질화
　　　　　ⓐ 주위 사물과 형태, 질감, 색채와의 일체감을 도모하는 방법
　　　　　ⓑ 비탈면 잔디 녹화
　　　㉡ 분산방식
　　　　　ⓐ 차폐 대상물의 일부를 가려 전체의 인식을 못하도록 하는 방법
　　　　　ⓑ 대상물을 외관상 작게 분할하여 하나의 종합된 형태로 인지하기 어렵게 만드는 방법
　　　　　ⓒ 담쟁이덩굴에 의한 벽면 녹화

2. 차폐 식재 구조

① 교목을 두 줄 교호식재, 그 전면에 관목을 한 줄 열식
② 지하고가 낮은 수목을 한 줄로 열식
③ 식재장소가 협소한 경우, 산울타리로 조성하여 시점 가까이 설치

3. 차폐 식재용 수목

① 지엽 밀생, 전정에 강, 하지(下枝)가 말라죽지 않고, 유지관리 용이, 수관이 큰 상록수
② 상록수보다 낙엽수의 생장속도가 빠르므로 낙엽수를 심어 단시일 내에 차폐효과
③ 차폐식재용 수목 사용 시 평가사항
　　㉠ 차폐 대상　　　　　　　　　　㉡ 차폐가 필요한 방향
　　㉢ 차폐 대상의 계절적 경관 특성　 ㉣ 관찰자 위치, 접근각도, 움직임
　　㉤ 관찰자 시선 유도 가능성
④ 향나무, 측백나무, 서양측백나무, 편백, 젓나무, 독일가문비, 주목, 노간주나무, 가시나무, 녹나무, 모밀잣밤나무, 아왜나무, 동백나무, 사스레피나무, 사철나무, 팔손이나무, 느티나무, 단풍나무, 산딸나무, 은행나무, 쥐똥나무, 담쟁이덩굴, 인동덩굴, 멀꿀 등

4-2. 가로막기 식재

1. 가로막기 식재의 기능과 효과

① 부지 주위나 부지 내의 경계 표시, 진입 방지, 눈가림, 통풍 조절, 일사량 조절, 방진의 기능을 하는 식재
② 산울타리, 화단이나 잔디밭 가장자리 조성, 담장 대용
③ 식재 초기에는 철책이나 펜스를 함께 사용하여 효과 높임
④ 가시가 있는 수종(매자나무, 피라칸사 등)과 같이 사용하면 효과적

2. 산울타리 식재

① 담의 대용품으로 경관에 푸르름 부여
② 울타리 내에 조성되는 경관의 배경적 기능, 정원 내의 땅가름 기능
③ 수목 선정의 조건
  ㉠ 적당한 수고와 지엽 밀생
  ㉡ 건조와 공해에 강한 수종
  ㉢ 하지가 고사하지 않는 것
  ㉣ 맹아력이 강한 수종
  ㉤ 보호 및 관리가 용이한 수종, 상록수
④ 산울타리 조성 기준
  ㉠ 수고 90cm 정도의 수목을 30cm 간격으로 1열 또는 교호식재
  ㉡ 표준높이 : 120, 150, 180, 210cm
  ㉢ 표준너비 : 30~60cm
  ㉣ 부지경계선 조성 시 경계선으로부터 산울타리 완성 시 두께의 1/2만큼 안쪽으로 당겨서 식재
  ㉤ 수종 : 편백, 화백나무, 가시나무, 아왜나무, 동백나무, 사철나무 등
  ㉥ 부지가 좁아 폭이 좁은 산울타리가 필요할 때
    ⓐ 펜스에 덩굴성 식물 식재
    ⓑ 수종 : 덩굴장미, 능소화, 으름덩굴, 인동덩굴, 멀꿀, 송악, 오미자 등

4-3. 녹음 식재

1. 녹음 효과

① 한 장의 잎을 투과하는 햇빛량
  ㉠ 일반적으로 전 수광량의 10~30% 정도

② 수목의 그림자 길이

$$H = L \times \frac{1}{\tan h} = L \times \cot h$$

(H : 그림자 길이(m), L : 수고(m), h : 태양의 고도(°))

2. 녹음 식재용 수목의 조건

① 적당한 지하고에 수관이 클 것

② 잎이 크고 밀생할 것

③ 병충해와 답압의 피해가 적을 것

④ 악취 및 가시가 없는 수종

⑤ 낙엽교목이 적합

⑥ 수종 : 느티나무, 버즘나무, 가중나무, 은행나무, 칠엽수, 오동나무, 회화나무, 팥배나무, 팽나무, 벽오동, 튤립나무, 층층나무, 목련, 일본목련, 중국단풍, 다릅나무, 느릅나무, 피나무 등

4-4. 방풍 식재

* 방풍 식재
  – 바람을 막거나 약화시키는 식재
  – 바람으로 운반되는 토양 입자·먼지·염분 등의 피해를 완화시키는 식재
  – 식물로 공기 이동 방해·유도·굴절·여과하는 기능

1. 방풍 효과

① 방풍효과에 미치는 범위 : 수고와 관련, 감속량 : 밀도에 따라 좌우
② 방풍효과 미치는 범위
  ㉠ 바람 위쪽에 대해 수고의 6~10배 거리
  ㉡ 바람 아래쪽에 대해 수고의 25~30배 거리
③ 방풍효과 가장 큰 곳 : 바람 아래쪽, 수고의 3~5배 거리, 풍속 65% 감속
④ 방풍수림대
  ㉠ 배치 : 주풍과 직각이 되는 방향
  ㉡ 길이 : 수고의 12배 이상
  ㉢ 폭 : 10~20m

2. 방풍 식재 조성

① 1.5~2m 간격의 정삼각형 식재로 5~7열 식재
② 수고를 높이면 수림대폭도 높이고, 수관선은 요철모양일 때 효과적
③ 밀폐도
  ㉠ 산울타리 : 45~55%
  ㉡ 수림 : 50~70%

3. 방풍 식재용 수목 조건

① 심근성(직근)
② 지엽이 치밀할 것
③ 목재 재질이 튼튼한 것
④ 지하고가 낮은 수목
⑤ 실생묘
⑥ 상록교목
⑦ 소나무, 잣나무, 향나무, 리기다소나무, 가시나무, 후박나무, 동백나무, 녹나무, 감탕나무, 삼나무, 서어나무, 상수리나무, 팽나무, 사철나무 등

4-5. 방음 식재

> * 아파트 단지계획 : 「주택건설기준 등에 관한 규정」
>   - 방음벽 · 방음식재 필요 : 65dB

1. 방음 대책

① 음원과 수음원과의 거리를 충분히 떼어놓는 방법 : 가장 확실한 방법

　㉠ 점음원

　　ⓐ 거리 2배 이상일 경우 6dB 감소, 4배 이상일 경우 12dB 감소

　　ⓑ $D = L_1 - L_2 = 20 \log \dfrac{d_2}{d_1}$ [dB]

　　(D : 소음의 차이, L_1, L_2 : 각 지역 소음도, d_1, d_2 : 음원으로부터의 거리)

　㉡ 선음원

　　ⓐ 거리 2배 이상일 경우 3dB 감소, 4배 이상일 경우 6dB 감소

　　ⓑ $D = L_1 - L_2 = 10 \log \dfrac{d_2}{d_1}$ [dB]

② 담과 같은 차음효과를 가진 구조물을 중간에 설치하는 방법

　㉠ 높이가 높을수록 방음효과 높음

　㉡ 주파수가 높은 음(파장이 짧은 음)일수록 감쇠 효과가 높음

　㉢ 구조물 설치

　　ⓐ 음원 가까이 설치

　　ⓑ 가운데 설치

　　ⓒ 수음원 가까이 설치

③ 길가에 식수대를 조성

　㉠ 식수에 의한 소음 감쇠치 영향의 조건 : 단위면적당 임목밀도, 배열방법, 수종, 수고, 지하고, 지엽밀도

④ 노면의 요철을 없애는 방법

⑤ 노면을 연도부지보다 낮추어 도랑을 조성하거나 노견에 둑을 쌓아 올리는 방법

⑥ 노면구배를 완만히 하는 방법

2. 방음 식재대 설치

① 식재대 위치 : 도로 가까이
② 식재대 가장자리 위치 : 도로 중심선으로부터 15~24m 떨어진 곳
③ 식재대의 너비 : 20~30m
④ 식재대 길이 : 음원과 수음원까지 거리의 2배
⑤ 수고 : 식재대의 중앙부분에서 13.5m 이상 되도록 식재
⑥ 식재대와 가옥과의 사이 : 최소 30m 이상 떨어져야 함

3. 방음 식재 수종 조건

① 지하고가 낮고, 잎이 수직방향으로 치밀하게 부착하는 상록교목
② 추위가 심한 지방에서는 낙엽수와 상록수를 혼식하는 방법을 사용
  ㉠ 수림대 전후 : 상록수, 중심 낙엽수
③ 배기가스에 강한 수종
④ 구실잣밤나무, 녹나무, 메밀잣밤나무, 참식나무, 태산목, 감탕나무, 아왜나무, 먼나무, 졸가시나무, 후피향나무, 광나무, 꽝꽝나무, 돈나무, 동백나무, 식나무, 빗죽이나무, 호랑가시나무, 다정큼나무, 차나무, 팔손이나무, 회양목, 벽오동, 가중나무, 참느릅나무, 플라타너스(버즘나무류), 피나무, 회화나무, 산사나무, 뽕나무, 층층나무, 쥐똥나무, 개나리, 매자나무, 가이즈까향나무, 비자나무, 편백

4-6. 방설 식재

1. 방설 식재의 구조

① 밀도가 높을수록 눈보라 방지기능 향상, 수열의 수가 늘어남에 따라 향상
② 10열의 식재대 너비 : 20~30m
③ 수림의 가장자리 : 도로로부터 15~20m 떨어지게 식재
④ 식재대 내 삼각형 식재

2. 방설 식재 수목의 조건

① 방설과 함께 방풍의 효과를 가진 수종
② 가지의 절상에 저항력 있는 수종
③ 기후에 대한 적응성과 내한성이 있는 수종
④ 눈의 무게와 풍압에 견디는 심근성 수종
⑤ 아랫가지가 말라죽지 않는 수종
⑥ 지엽 밀생하는 수종, 직간성, 심근성 수종
⑦ 조림하기 쉬운 수종
⑧ 수종 : 가문비나무, 독일가문비, 잣나무, 소나무, 곰솔, 주목, 편백, 화백 등

4-7. 방화 식재

 * 현재 도시에서 수목 식재 시 가장 고려하지 않는 식재

1. 수목의 방화능력

① 복사열 차단 효과
② 바람이 있을 경우 불꽃이 날리는 것 방지
③ 상승기류의 움직임 방해

2. 방화 식재대 조성

① 대규모 방화 식재대
  ㉠ 내부에 식재대와 공지(空地)를 교호(交互)로 2열 이상 배치
  ㉡ 공지(空地) : 너비를 6m 이상, 지표면 : 포장을 하거나 수면(水面)으로 조성
  ㉢ 식재대는 수고 10m 이상 교목을 서로 어긋나게 1그루/4m^{2}의 밀도로 식재하고 식수대의 너비를 6~10m 단위로 조성
  ㉣ 교목의 앞쪽에는 관목 열식

② 건물과의 방화 식재대
  ㉠ 인동 간격이 3m 이하일 경우 : 담을 세우고 차폐식재
  ㉡ 인동 간격이 5m인 경우 : 높은 산울타리, 앞에 낮은 산울타리 조성
  ㉢ 인동 간격이 7m인 경우 : 교목 2열 식재, 가지 끝을 2m 정도 이격

3. 방화 식재용 수목의 조건

① 잎이 두껍고 오래가며, 함수량이 많은 수목
② 높은 WD지수 수목인 것
  ㉠ WD지수 : 잎의 두께와 함수비의 관계
  ㉡ 건물로 불이 붙는 시간 지연 정도

  $T = W \times D$ (T : 시간, W : 함수율, D : 잎의 두께)

③ 잎이 넓으며, 밀생하고 있을 것
④ 상록수일 것
⑤ 수관의 중심이 추녀보다 낮은 위치일 것
⑥ 적합한 수종 : 가시나무, 후박나무, 아왜나무, 동백나무, 굴거리나무, 후피향나무, 사스레피나무, 식나무, 사철나무, 광나무, 은행나무 등
⑦ 부적합한 수종
  ㉠ 연소하기 쉬운 수종, 잎에 수지(樹脂)를 함유하고 있는 수종
  ㉡ 침엽수류, 구실잣밤나무, 모밀잣밤나무, 삼나무, 녹나무, 금목서, 은목서, 태산목, 비자나무, 자작나무 등

4-8. 지피 식재

1. 지피 식재의 기능과 효과

① 지피 식재 : 지표를 평면적으로 낮게 덮어주는 식재수법
② 분진 방지, 강우로 인한 진땅 방지, 침식 방지, 서릿발에 의한 동상 방지, 미기후 완화, 운동 및 휴식 효과, 지표면 외관 향상(미적 효과)

2. 지피 식재용 식물 조건

① 식물의 높이가 낮은 것 : 30cm 이하
② 상록다년생 식물
③ 생장속도가 빠르고 번식력이 왕성할 것
④ 지표를 치밀하게 피복하여 나지를 만들지 않는 식물
⑤ 관리가 쉬운 식물
⑥ 답압에 강한 식물
⑦ 잎과 꽃이 아름답고, 가시가 없으며, 즙이 비교적 적은 식물
⑧ 식물 : 양지에는 잔디, 음지에는 맥문동, 교목 하부에는 애기나리

4-9. 전통조경 식재

1. 전통조경 식재 수종

① 상록교목이 적고, 낙엽활엽이 주를 이룸
② 수간 : 직간보다 곡간인 것
③ 탑형의 수관을 가진 수목이 없음
④ 과목(果木)과 화목(花木)의 비중이 높음

2. 전통조경 식재원칙

① 풍수지리사상에 근거하여 식재
② 가옥 가까이 : 작은 화목 식재, 심근성 수종·큰나무 식재하지 않음
③ 서북쪽은 큰 나무를 식재, 동남쪽은 식재하지 않음
④ 마당 가운데는 식재를 지양하고, 담장 쪽에 식재
⑤ 단식을 하여 수형을 부각시키거나, 수목이 공간을 점유하는 느낌이 없도록 대칭 식재를 하며, 열식은 지양
⑥ 평지에서 2단 식재, 3단 식재와 같은 수관의 입체형은 없음

4-10. 야생조류 유치 식재

1. 야생조류 유치 식재의 수종

① 주연부(edge) : 덤불성 수종을 식재(동물의 서식처 제공)
② 주연부는 가능한 한 길고 넓게 설계, 습지·숲·잔디밭 등 다양한 서식환경 제공
③ 조류의 먹이가 될 수 있는 열매 수종을 다양하게 식재
④ 식이용 수목 : 주목, 비자나무, 소나무, 잣나무, 가시나무, 후박나무, 팔손이나무, 식나무, 피라칸사, 호랑가시나무, 사철나무, 회양목, 백량금, 자금우, 은행나무, 귀룽나무, 마가목, 산벚나무, 팥배나무, 팽나무, 감나무, 오리나무, 뽕나무, 참나무류, 자귀나무, 일본목련, 단풍나무, 모감주나무, 층층나무, 때죽나무, 쪽동백, 싸리나무, 산초나무, 옻나무, 붉나무, 찔레나무, 화살나무, 산딸나무, 아왜나무, 등나무, 담쟁이덩굴, 으름덩굴, 노박덩굴, 인동덩굴, 다래나무, 송악, 맥문동 등

4-11. 완충녹지

> * 완충녹지
>   - 용도지역이 다른 두 지역 간의 충돌을 예방하기 위해 조성하는 녹지
>   - 대기오염, 소음, 진동, 악취 및 여러 가지 공해나 각종 사고, 자연 재해 등을 방지하기 위한 식재(녹지)

1. 제1종 완충녹지

① 공업단지(산업단지)와 공업지역 주변에 설치
② 제1종 완충녹지의 폭원 : 50~200m
③ 공업단지와 주변지역 간의 완충녹지
  ㉠ 공장에서부터 주거지까지 수고가 차츰 높아지도록 식재
  ㉡ 상록수와 낙엽수의 비율 8 : 2
  ㉢ 수종, 수고, 수관폭이 다른 여러 상록수 혼식
  ㉣ 식재밀도는 10m²당 교목 1주, 관목 3주가 적합

2. 제2종 완충녹지

① 토지이용의 상충지역 및 재해 발생지역에 설치

② 제2종 완충녹지의 폭원 : 20~50m

③ 임해매립지의 방풍, 방조 녹지대의 폭원 : 200~300m

④ 재해 발생 시의 피난지로서의 녹지 : 녹화면적 70% 이상 녹화

⑤ 보안, 접근 억제, 상충되는 토지이용의 조절로서의 녹지 : 80% 이상 녹화

⑥ 하천연변의 폭 : 최소한의 구역으로 설정

3. 제3종 완충녹지

① 교통공해 발생지역에 설치

② 제3종 완충녹지의 폭원 : 20~30m

③ 녹화면적률이 80% 이상 되도록 식재

PART 03 도시조경과 식재

1. 학교조경 식재

1-1. 학교조경 식재

1. 학교조경 식물재료 선정

① 교과서에 취급된 식물을 우선 선정
② 학생들의 기호를 고려하여 선정
③ 향토 식물
④ 관상가치가 있는 식물
⑤ 학교를 상징하고 수심양성의 지표가 될 교목과 교화
⑥ 관리가 용이한 수종
⑦ 야생동물의 먹이가 되는 식물
⑧ 주변환경에 대한 내성이 강한 식물
⑨ 생장 속도가 빠른 것
⑩ 독이 없고 가시가 없는 수종

2. 학교 공간별 식재

① 교사(校舍) 부지

㉠ 전정구
- ⓐ 학교의 첫인상, 건물이 위주가 된 구역이므로 건물과의 관계 고려
- ⓑ 유화기능, 강조기능
- ⓒ 통풍과 채광을 위해 방음, 방풍, 녹음 식재 시 교목류는 건물의 전면 10m 전방에 관목과 소교목을 식재하거나 화단 조성
- ⓓ 교목, 교화를 집단 식재하며 학교 이미지를 부여
- ⓔ 정문에는 상록교목을 군식하여 지표 형성

㉡ 중정구
- ⓐ 화목류를 식재하며 정형적 화단 설치
- ⓑ 조류의 유인 목적으로 식재
- ⓒ 수경시설을 설치하여 소음 완화
- ⓓ 벤치, 퍼골라 등을 이용해 휴식공간 제공
- ⓔ 방화 식재

㉢ 측정구
- ⓐ 이용도가 높은 공간
- ⓑ 녹음수 식재 후 벤치 배치(휴식 공간)

㉣ 후정구 : 상록수 밀식으로 방풍 효과

㉤ 체육장 식재
- ⓐ 장축의 길이를 130m 이상 확보
- ⓑ 관람석은 햇빛을 등지게 배치
- ⓒ 먼지 발생이 높기에 지피식물 식재
- ⓓ 주변에 교목을 식재하고, 가시나 독이 있는 나무는 식재하지 않음

② 야외실습장
㉠ 교재원(암석 표본원, 약초원)
- ⓐ 교육적 효과
- ⓑ 독립교재원, 분산교재원

㉡ 생산원(소동물 사육장)

2. 인공지반조경 식재

2-1. 옥상조경

* 기원 : 고대 바빌론의 공중 정원

1. 옥상조경의 필요성

① 공간의 효과적 이용
  ㉠ 밀집된 인공구조물의 환경 속에 자연환경 적극적 도입
② 도시녹지공간의 증대
  ㉠ 도시 내 대기환경의 문제와 기후환경의 문제가 크게 대두됨
  ㉡ 열섬현상 등 고온화 문제 완화
  ㉢ 하절기에 옥상이나 벽면으로부터 전도되는 열의 차단으로 냉방비 감소
  ㉣ 온도조절, 대기정화, 방음·방풍·방화 기능
③ 도시미관의 개선
  ㉠ 도시경관을 부드럽고 아름답게 조화시켜 시각적 질 향상
  ㉡ 도시미관 증대
④ 휴식공간의 제공
  ㉠ 건강 회복 촉진
  ㉡ 고객에게 높은 서비스 제공
  ㉢ 좋은 이미지를 부각시켜 홍보적인 기능
⑤ 생태 네트워크 시 징검돌의 역할
⑥ 조경면적의 법적 인정

* 옥상조경의 경제적 효과
  - 건물 옥상 표면의 노화방지
  - 방수층 보호, 화재예방
  - 냉난방 에너지 절감 효과

2. 옥상조경용 수목의 조건

① 건조지, 척박지에 적합한 수종 ② 천근성 수종
③ 뿌리발달이 좋고 가지가 튼튼한 수종 ④ 생장속도가 느린 것
⑤ 병충해에 강한 것

3. 옥상조경용 식물

① 돌나물과 : 돌나물, 기린초, 꿩의비름, 바위솔 등
② 조형 향나무, 조형 소나무 등

4. 옥상조경의 구조

> * 옥상정원 조성 시 고려사항 : 하중, 방수, 배수, 바람, 관수

① 하중
  ㉠ 식재층의 경량화(경량토, 인공토양)

용도	토양 종류	특성
식재 토양층	버미큘라이트 (질석)	① 흑운모 · 변성암 고온소성 ② 다공질, 중성, 갈색, 무균 ③ 배수성 · 통기성 · 보수성 · 보비성 뛰어남 ④ 염기성 치환 용량 높음
	펄라이트	① 진주암 고온소성 ② 다공질, 중성, 흰색 ③ 배수성, 통기성, 보수성 뛰어남 ④ 염기성 치환 용량 낮음
	피트모스	① 고산지대의 갈대, 물이끼 흙 속에서 탄소화된 토양 ② 산성, 건조 시 흡수율이 낮음 ③ 배수성, 통기성, 보수성, 보비성 뛰어남 ④ 염기성 치환 용량 높음
배수층	화산회토, 화산자갈, 화산모래	① 투수성 · 통기성 좋음 ② 다공질
	석탄재	① 석탄 연소 시 타지 않고 남은 덩어리 ② 다공질, 투수성, 통기성 좋음

ⓛ 수목의 중량

ⓐ 수목 전체의 중량 : $W = W_1 + W_2$

(W : 굴취된 수목 전체의 중량(kg), W_1 : 수목의 지상부 중량(kg),

W_2 : 수목의 지하부 중량(kg))

ⓑ 수목의 지상부 중량

$$W_1 = f \times 3.14 \times (\frac{d}{2})^2 \times H \times W_0 \times (1+P)$$

(W_1 : 수목의 지상부 중량(kg), f : 수간 형상계수,

d : 흉고직경(m), H : 수고(m),

W_0 : 수간의 단위체적당 생체중량(kg/m^3),

P : 지엽의 과다에 따른 보합률(고립목 1.0~임목 0.3)

ⓒ 수목의 지하부 중량

$W_2 = V \times K$

(V : 뿌리분의 체적(m^3), K : 뿌리분의 단위 중량(kg/m^3))

[뿌리분 형태]

(D : 근원직경)

접시분   보통분   조개분

[뿌리분 체적]   (r : 뿌리분의 반경(m))

* 접시분 $V = 3.14 \times r^3$

* 보통분 $V = (3.14 \times r^3) + (\frac{1}{6} \times 3.14 \times r^3) = 3.66 r^3$

* 조개분 $V = (3.14 \times r^3) + (\frac{1}{3} \times 3.14 \times r^3) = 4.18 r^3$

* 수간의 단위체적당 생체중량(kg/m³)

수간의 단위체적당 중량 (kg/m³)	수목의 종류
1,340 이상	가시나무류, 감탕나무, 상수리나무, 소귀나무, 졸참나무, 호랑가시나무, 회양목
1,300~1,340	느티나무, 말발도리, 목련, 비쭈기나무, 사스레피나무, 쪽동백, 참느릅나무
1,250~1,300	굴거리나무, 단풍나무, 산벚나무, 은행나무, 일본잎갈나무, 향나무, 곰솔
1,210~1,250	메밀잣밤나무, 벽오동, 소나무, 칠엽수, 편백, 플라타너스
1,170~1,210	가문비나무, 녹나무, 삼나무, 왜금송, 일본목련
1,170 이하	굴피나무, 화백

② 방수

 ㉠ 방수 : 옥상조경 시공 시 가장 우선적으로 시공해야 할 공정

 ㉡ 연못, 분수 등 수경 시설물 : 아스팔트 방수 적합

 ㉢ 2중 방수 : 아스팔트 방수와 스테인리스 시트 방수 병행

 ㉣ 방수층 끝부분 : 식재 상면에서 150mm 이상

③ 배수

 ㉠ 식재층 바닥면에서 2% 이상 구배

 ㉡ 배수층 두께 : 10~25cm

 ㉢ 굵은 자갈, 잔자갈, 굵은 모래 사용

 ㉣ 중량을 줄이기 위해 화산자갈, 화산왕모래, 발포성 합성수지 혼용

④ 옥상토양의 환경

 ㉠ 토양층의 건조가 빠르고, 토양온도의 변화가 심함

 ㉡ 토양미생물의 활동을 억제 → 토양의 이화학적 성질이나 부식성이 나빠짐

 ㉢ 식재층 조성 : 토양두께는 생장 최소심도 이상이 되도록 조성

 ㉣ 지하 모관수 상승작용 없음

 ㉤ 잉여수 때문에 양분 유실 속도 빠름

⑤ 식물의 선택 시 고려사항
　㉠ 구조물의 하중과 식물 하중　㉡ 토양층의 깊이, 식물의 크기
　㉢ 식재위치와 수종 관계　㉣ 바람과의 관계
　㉤ 토양비옥도와의 관계　㉥ 토양건조와의 관계
　㉦ 토양동결과 내한성과의 관계　㉧ 식물생육관리와의 관계

5. 옥상조경 식재 후 조치

① 식재 후 충분히 관수하고 멀칭
② 교목의 도복 방지
　㉠ 지주의 설치, 적당한 전정작업 필요
　㉡ 지주
　　ⓐ 삼각형 지주 : 외관이 좋은 통나무나 와이어로프 이용
　　ⓑ 매몰형 지주 : 큰 나무는 井자형으로, 소교목의 경우는 =형으로 고정

2-2. 실내조경

* 기원 : 그리스 아도니스 축제

1. 실내조경의 기능

① 상징적 기능
② 감각적 기능
③ 건축적 기능
　㉠ 구획의 명료화
　㉡ 동선의 유도
　㉢ 차폐의 효과
　㉣ 사생활 보호
　㉤ 인간척도로서의 역할

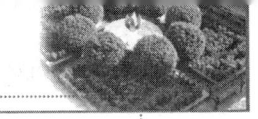

④ 공학적 기능
  ㉠ 음향 조절
  ㉡ 공기 정화
  ㉢ 섬광과 반사광 조절
⑤ 미적 기능

2. 실내식물의 환경조건

① 광선
  ㉠ 1일 12~18시간 정도 빛 공급
  ㉡ 일정량의 광선을 정기적으로 공급, 약한 빛 장시간 공급
  ㉢ 인공광원 사용
  ㉣ 광도가 너무 낮으면 잎이 황변, 점차적으로 잎이 떨어짐, 잎 두께가 얇아짐, 줄기가 가늘어지는 현상 발생
② 온도
  ㉠ 열대원산 식물 : 25~30℃
    아열대원산 식물 : 20~25℃
    온대원산 식물 : 15~20℃
  ㉡ 야간온도 : 15~18℃
③ 습도
  ㉠ 식물의 최적 습도 : 70~90%
  ㉡ 인간의 최적 습도 : 50~60%
  ㉢ 상대습도 30% 이상 대부분의 식물 적응

3. 실내공간의 특성에 따른 식물도입기법

① 섬기법
  ㉠ 공간이 수평으로 확대되어 산만한 분위기일 때 조성
  ㉡ 요점 식재로 시선을 집중
② 겹치기 기법(over lap)

㉠ 대형빌딩 입구에 층이 트인 공간이 있고, 상층부의 층들이 공중으로 돌출되어 있는 건물일 때 조성
　　　㉡ 시각적으로 단단한 구조물에 부드러움 제공
　　　㉢ 상부에서 바라보는 시선에 흥미로움 부여, 위층에서는 식물과 가까이 접할 수 있는 심리적 효과
　③ 캐스케이드 기법
　　　㉠ 벽이 높고 천장이 높은 구조
　　　㉡ 벽면에 단을 만들어 식재, 폭포 등 자연경관으로 유도

4. 실내 조경용 식물 조건

① 저광도 요구 식물　　　② 관엽 식물
③ 온도변화에 둔감한 식물　④ 내건성, 내습성 식물
⑤ 내가스성 식물　　　　　⑥ 내병충해성이 강한 식물
⑦ 냄새와 분비물이 적은 식물　⑧ 휴면기가 없거나 짧은 식물
⑨ 아열대성·난온대성 식물　⑩ 반그늘에서 약 2개월 전 식재 적응기간

5. 실내식물의 형태별 종류

① 줄기강조형 : *Dracaena*류, *Diffenbachia*, *Phoenix robelini*, Bamboo palm
② 일반형 : *Dracaena*류, 덩굴형을 제외한 *Ficus*류
③ 관목형 : 일반적 형태의 작은 식물
④ 열대형 : 선인장류
⑤ 덩굴형 : *Philodendron*류, *Ficus pumila*, *Scindapsus*류
⑥ 부채형 : *Aglaonema*류, *Spathiphyllum*류
⑦ 분수형 : *Fern*류, *Chlorophytum*류

3. 도로조경 식재

3-1. 도로 식재

* 도로 주변 경관 설계 시 1차 고려사항 : 속도 척도
* 도로 주변 수목 활력 떨어지는 이유 : 배수 불량, 양분 결핍, 배기가스

1. 고속도로 식재의 기능과 분류

기 능	식재의 종류
주 행	시선유도식재, 지표식재
사고방지	차광식재, 명암순응식재, 진입방지식재, 완충식재
방 재	비탈면식재, 방풍식재, 방설식재, 비사방지식재
휴 식	녹음식재, 지피식재
경 관	차폐식재, 수경식재, 조화식재
환경보존	방음식재, 임연보호식재

2. 주행 기능

① 시선유도 식재

   ㉠ 운전 시 전방의 도로의 선형(線形)을 운전자에게 인식시켜주는 식재

   ㉡ 노선 변화를 운전자에게 예지시켜주는 식재

   ㉢ 식재 형식 : 곡률반경(R)=700m 이하 도로의 외측, 커브 바깥쪽으로 열식

   ㉣ 도로 가까이는 관목, 도로 뒤쪽은 교목 식재

   ㉤ 가드레일 뒤쪽에 식재하여 식물의 녹색 배경으로 흰색의 가드레일 강조

   ㉥ 수종

      ⓐ 주변 식생과 뚜렷하게 식별이 가능한 수종

      ⓑ 향나무, 측백나무, 광나무, 협죽도, 사철나무 등

② 지표 식재

　㉠ 운전자에게 현재의 위치를 알려주는 역할

　㉡ 휴게소 지역, 주차 지역, 인터체인지 등의 위치 파악

　㉢ 바람의 방향이나 세기 인식

　㉣ Landmark적 역할

　㉤ 대교목, 향토수종, 특이한 수형 식재

3. 사고방지 기능

① 차광식재

　㉠ 식재거리(D) = $\dfrac{2r}{\sin\theta} = \dfrac{D}{\sin\theta}$

　　　(r : 수관반경, D : 수관폭, $\sin\theta$: 자동차 조사각(12°))

　㉡ 수고 : 승용차 150cm 이상, 대형 차량 200cm 이상

　㉢ 중앙분리대의 식재 : 수고 150cm 효과적

　㉣ 수고가 너무 높으면 시계가 좁아져 압박감, 도복의 위험 발생

　㉤ 지엽이 밀생하는 상록수 적합

　㉥ 식재 수종

　　ⓐ 차광률 90% 이상 : 향나무, 가이즈까향나무, 졸가시나무, 아왜나무, 진달래, 돈나무

　　ⓑ 차광률 70~90% : 광나무, 늦동백, 다정큼나무

　　ⓒ 차광률 70% 이상 : 사철나무, 협죽도

② 명암순응식재

　㉠ 터널 주위에 명암을 서서히 바꿀 수 있는 식재

　㉡ 터널 입구를 기점으로 약 200~300m 구간

　㉢ 암순응의 경우 시간이 오래 걸리므로, 특히 터널 진입부에는 반드시 설치

　㉣ 노견과 중앙분리대에 설치 : 상록교목 식재

　㉤ 중앙분리대 넓은 경우 : 교목 식재 가능

　㉥ 터널에서의 거리에 따라 밝기 조절을 위해 식재 밀도의 변화를 주는 것이 바람직

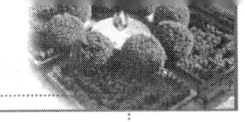

③ 쿠션식재(완충식재)
　㉠ 차로 밖으로 튀어나간 차량의 충격을 완화시키는 식재
　㉡ 평탄지나 저성토 지반에 가드레일이 없는 경우
　㉢ 찔레 식재
④ 진입방지식재 : 위험방지·횡단금지를 위한 식재, 생울타리 밀식

4. 기타

① 비탈면 보호식재
　㉠ 절·성토에 의한 비탈면의 침식 방지 식재
　㉡ 수목과 토양 경사
　　ⓐ 관목류 1 : 2 경사보다 완만한 지역
　　ⓑ 교목류 1 : 3 경사보다 완만한 지역
② 임연보호식재 : 절개로 인한 임연을 보호하고 경관 개선, 관목류와 교목류 혼식

5. 중앙분리대

① 중앙분리대용 수목의 조건
　㉠ 배기가스에 대한 적응력이 강, 지엽이 밀생, 생장력이 크지 않고, 맹아력이 강, 하지가 잘 발달한 상록수
　㉡ 내건성 강하고 차광 효과가 높고, 전정에 강할 것
② 중앙분리대용 수종
　㉠ 교목 : 향나무, 가이즈까향나무, 졸가시나무
　㉡ 관목 : 꽝꽝나무, 다정큼나무, 돈나무, 광나무, 아왜나무

* 식재 후 생육환경, 병충해 및 관리측면 고려한 중앙분리대용 수종
　- 양호 : 가이즈까향나무, 향나무, 졸가시나무, 광나무, 돈나무
　- 부적합 : 사철나무, 협죽도

③ 중앙분리대 식재 형식

	식재 수법	장점	단점
정형식	• 같은 크기의 수목을 일정간격으로 식재	• 정연한 아름다움	• 동일한 수목 구입이 곤란 • 훼손 시 눈에 띄기 쉬움 • 보행자 횡단제어 효과 적음
열식법	• 열식하여 산울타리 조성	• 차광효과가 큼 • 보행자 횡단제어 효과 큼 • 다듬기 작업 용이	• 식재 본수가 많아짐 • 순찰 시 대항차선 감시가 곤란
랜덤식	• 크기, 형태 다른 수목을 동일하지 않은 간격으로 식재	• 식재열의 변화 • 동일 크기, 형태가 아니어도 좋음 • 약간 상해도 눈에 띄지 않음	• 차광효과 감소 • 설계시공 번잡 • 관리의 기계화 곤란
루버식	• 조사각과 직각으로 배치	• 열식보다는 수목수량이 적게 소요	• 분리대 너비가 넓어야 함 • 시공 곤란
무늬식	• 기하학적 도안에 의해 관목을 심어 정연하게 다듬는 수법	• 장식기능이 강함 • 시가지 도로에 조성	• 관리비 지출이 많아짐
군식법	• 무작위로 크고 작은 집단으로 식재	• 유지관리 용이	• 식재간격이 넓으면 차광 효과가 감소 • 좁은 분리대에 부적합
평식법	• 분리대 전체에 관목보식	• 보행자 횡단금지 효과 • 기계화 관리 용이	• 수목 수량이 많아짐

3-2. 인터체인지(I.C) 식재

1. 인터체인지의 형태

① 클로버형
  ㉠ 교차하는 본선의 교통량이 비등한 경우
  ㉡ 소요 면적이 많이 필요

② 트럼펫형
- ㉠ 본선에 비해 진출입선의 교통량이 적을 경우
- ㉡ 가장 많이 이용

③ 다이아몬드형
- ㉠ 본선에 비해 지선의 교통량이 적을 경우
- ㉡ 소요면적이 가장 좁음

④ Y형
- ㉠ 본선 상호 간 결합할 경우

2. 인터체인지 식재 유형

① 랜드마크 식재(지표식재)
- ㉠ 원거리에서도 인터체인지의 존재를 확인할 수 있게 식재
- ㉡ 주목은 향토수종으로 식재

② 램프의 유도식재
- ㉠ 식재 위치 : 램프의 바깥쪽
- ㉡ 급커브길에서는 식재간격을 넓게, 완만한 커브길에는 식재간격을 좁게

③ 식재율
- ㉠ 인터체인지 : 5~10%
- ㉡ 휴게소 : 7~10%
- ㉢ 주차지역 : 7~17%

3-3. 가로수 식재

1. 식재 목적

① 도로의 미화
② 차량주행의 안전
③ 쾌적감

④ 보행자 보호
⑤ 가로변 구조물 및 시설의 차폐
⑥ 중앙분리대 가로수 : 차광식재
⑦ 랜드마크적인 지표인식기능
⑧ 방풍기능
⑨ 도심의 온도조절 : 열섬현상 발생 억제

2. 가로수용 수목 기준

① 정형적 수형, 직립, 미적 가치
② 심근성, 도복 방지
③ 내공해성 강한 수목, 속성수
④ 향토수종
⑤ 낙엽수
⑥ 답압에 강하고, 염화칼슘에도 강한 수목
⑦ 수관부와 지하고의 비율 6 : 4
⑧ 식재수목의 크기
  ㉠ 수고 3.5m 이상, 흉고직경 6cm 이상, 지하고 1.8m 이상
  ㉡ 도시중심가 및 특정지역 : 수고 4m 이상, 흉고직경 10cm 이상, 지하고 2m 이상

3. 가로수 식재 기준

① 차도 곁으로부터 65cm 이상 떨어진 곳에 식재
② 건물로부터 5~7m 떨어지게 식재
③ 수간거리 : 수목이 충분히 성장할 때 그 수관이 인접한 수목과 접촉하지 않을 정도로 식재
④ 간격 : 8~10m
⑤ 동일 수종으로 식재
⑥ 수종을 바꾸어야 할 필요가 있을 경우 : 도로에 연속성이 끊어지는 지점

　　예) 다리, 교차로

　⑦ 가로수의 열간거리 : 수간거리에 준하여 결정하며 일반적으로 8m 이상

　⑧ 뿌리둘레 조성

　　㉠ 최소 면적 : 1.5m^2

　　㉡ 적정 면적 : 3~4m^2, 4~5m^2

　⑨ 토양 조건

　　㉠ 수목 1주당 토양 : 2m×2m×1m

　　㉡ 적정 생장 조건 : 2.5m×2.5m×1.5m

3-4. 비탈면 식재

1. 비탈면 식재 효과

　① 침식 방지

　② 투수성 향상, 표면수량 감소

　③ 우수에 의한 세굴현상 방지

　④ 토양온도 완화

　⑤ 겨울철 동상 방지

　⑥ 비탈면 경관 향상

　⑦ 종 다양성 확보

　⑧ 주변 지역과의 조화

2. 비탈면 식생공법 유형

* **토양경도가 23mm 이하** : 식생공 용이
　토양경도가 27mm 이상 : 뿌리가 토양 속으로 침입하지 못함

　① 종자 뿜어붙이기공

　　㉠ 가장 속히 전면녹화 가능

ⓛ 급경사지, 암절토 비탈면, 환경조건이 극히 불량한 지역
　　　ⓒ 시공 공법의 종류
　　　　　ⓐ 원지반 식생정착공법(CODRA 공법)
　　　　　ⓑ 녹색토암절개면 보호식재공법(R/S 녹색토공법)
　　　　　ⓒ 자연표토복원공법(S/F 녹화공법)
　　　② 모르타르 건 뿜어붙이기 : 급경사, 절토면
　　　◎ 펌프 뿜어붙이기 : 대면적의 완경사지, 수압을 이용해 절토면·성토면
　　　ⓗ 적기 : 봄(3~6월), 가을(8~10월)
　　　ⓧ 비탈면 경사 50° 이상이거나 암반일 경우 : 10% 이상 할증
　　　　　ⓐ 남향 : 20% 이상 할증
　　　　　ⓑ 부적기 시공 : 초본 10% 이상, 목본 20% 이상 할증
　　　ⓞ 한 종류의 발생기대본수 : 총 발생기대본수의 10% 이상
　　　ⓩ 파종 2개월 이내에 골고루 발아가 되지 않거나, 일부만 발아되었을 경우 재파종
　　　　(단, 10월 이후 시공 시 약년 6월 초순에 재파종을 결정)
② 식생매트공법
　　㉠ 시공 방법 : 위에서 아래로 길게 세로로 깔고, 양단을 5cm 이상 중첩
　　㉡ 성토지
　　㉢ 여름과 겨울철에도 시공 가능 : 4계절 시공 가능
　　㉣ 시공 직후 비탈면 보호 효과
③ 식생반공(식생판공)
　　㉠ 시공 방법 : 사질 양토로 판을 만들어 식생 조성, 수평줄 배열
　　㉡ 불량토질의 절토지
　　㉢ 객토 효과
④ 식생대공(식생자루공)
　　㉠ 시공 방법 : 자루에 담아 식생 조성, 수평줄 배열
　　㉡ 급경사지, 풍화토 지반
　　㉢ 사계절 시공 가능
　　㉣ 씨나 비옥토의 유실 방지

⑤ 식생혈공(식생구멍공)
- ㉠ 시공 방법 : 비탈면에 구멍을 파고 식생 조성, 지그재그로 배열
- ㉡ 식물도입이 곤란한 불량토질, 절토면
- ㉢ 피복 효과가 느림
- ㉣ 비료 효과가 오래도록 지속

⑥ 식생뗏장공
- ㉠ 1 : 1보다 완만한 비탈면
- ㉡ 잔디 1매당 2개의 떼꽂이 필요
- ㉢ 종류
    - ⓐ 평떼 붙이기 : 줄눈을 떼지 않고 십자줄눈이 생기지 않도록 어긋나게 식재
    - ⓑ 줄떼 붙이기 : 잔디를 줄 모양으로 이어가면서 시공
    - ⓒ 선떼 붙이기 : 떼를 세워 붙임. 줄눈이 수평이 되게 시공

3. 비탈면 피복용 식물 조건

① 내건성·내열성·내한성 강한 수종
② 심근성
③ 척박지에서 생육이 양호한 수종
④ 발아력이 뛰어나고 단시일 내에 지표를 피복할 것
⑤ 다년생 초본
⑥ 씨의 대량 입수가 수월하고 가격이 싼 초본
⑦ 그 지역 환경과 어울리는 종류
⑧ 주변 식생과의 생태적·경관적 조화를 이루는 식물

4. 법면 식생의 천이

① 1차 식생 : 포아풀과 → 콩과 → 포아풀과
② 2차 식생 : 억새, 칡, 싸리류, 소나무

3-5. 녹도

1. 녹도의 개념

① 일상생활(통학, 통근, 산책, 장보기 등)을 위한 보행과 자전거 통행을 위주로 한 자연 그대로의 환경요소가 풍부하게 담겨진 도로
② 안전성과 수목에 의해 조성되는 경관에 의한 쾌적함 유도
③ 자연 수형과 크기의 수목을 식재하여 human scale의 공간 조성

2. 녹도의 구성

① 너비 : 최소 10m 내외
② 폭이 좁은 경우 : 정형식 식재

  충분한 공간이 있을 경우 : 자연식 식재
③ 교목류 : 중앙부에 식재, 관목류 : 녹도 가장자리에 배식
④ 보도와 자전거 도로 : 식재대로 완전히 분리
⑤ 지하고가 2.5m 이상되는 수종 식재가 적합
⑥ 야간에는 조명이 고르게 닿도록 배식
⑦ 자전거 통행을 고려하여 안전시거 확보할 것
⑧ 향토수종 식재, 기존 수목 최대한 활용, 다층식재

4. 공장조경 식재

4-1. 공장조경 식재

1. 공장조경 식재의 목적

① 지역사회와의 융화
② 직장환경의 개선
③ 기업의 이미지 향상 및 홍보
④ 재해로부터 시설 보호

2. 공장조경 식재의 기능

① 경관상의 기능 : 주변환경 및 인공시설물과의 조화, 경관조성
② 노동상의 기능 : 종업원의 정서 함양, 종업원의 작업능률 향상
③ 대기상의 기능 : 대기정화 기능, 방진 기능, 기상완화 기능
④ 완충적인 기능 : 화재·폭발 방지기능, 방풍·방조 기능, 방음 기능, 피난장소 기능
⑤ 휴게 및 레크리에이션 기능 : 휴게, 레크리에이션, 스포츠 시설

4-2. 공장조경 식재 계획

1. 공장조경 식재 계획

① 공장 경관을 창출하는 종합적인 식재방식 도입
② 녹화용 수목 : 이식이 용이한 수목 선정
③ 식재방법 : 공장의 운영·관리적 측면 배려

④ 수종 선정 : 기능 식재 중시

⑤ 자연환경과 주변의 지역적·도시적 여건 고려한 인문환경 존중

⑥ 바닥 : 나지를 만드지 않을 것

⑦ 산업단지 : 지속가능한 녹색생태산업단지 원리 적용

2. 공장 주변 녹지대 조성

① 목적
  ㉠ 매연·유독가스·분진 등이 인근 주거지역에 파급 및 낙하 방지
  ㉡ 여과 효과

② 배식 계획
  ㉠ 공장에 가까운 곳부터 관목-소교목-교목 순
  ㉡ 상록활엽수 : 양측, 침엽수·활엽수 : 중앙
  ㉢ 수목의 잎이 서로 접하도록 식재

3. 공장조경의 수목 선택 기준

① 환경에 대한 적응성이 강한 것

② 생장속도가 빠르고 잘 자라는 것

③ 관상 및 실용가치가 높은 것

④ 이식이 용이한 것

⑤ 대량 공급이 가능하고, 구입비가 저렴한 것

⑥ 관리가 용이한 것

4. 공장조경에 적합한 수종

① 남부지방 : 태산목, 후피향나무, 돈나무, 굴거리나무, 아왜나무, 가시나무, 녹나무, 동백나무, 호랑가시나무 등

② 중부지방 : 은행나무, 튤립나무, 플라타너스, 무궁화, 잣나무, 향나무, 화백 등

4-3. 임해 매립지 식재

1. 임해 매립지 식재기반 조성

① 성토법

구 분	내 용
방 법	• 매립지반에 타지역에서 반입한 흙을 성토하는 방법 • 임해매립지 식재 지반 조성에 많이 사용되는 방법
장 점	• 하부 조건이 나빠도 양질의 산흙이 충분한 경우 빠른 시간 내에 식재지 조성
단 점	• 경비 많이 소모 • 점질토가 많으면 염분이 함유된 모세관 상승을 초래

② 객토법

구분	내 용
방법	• 원지반이나 하부매립 재료를 파내고 외부에서 반입한 산흙으로 교체하는 공법
종류	• 전면객토법, 대상객토법, 단목객토법
장점	• 필요부분만 치환하여 사용하므로 성토공법보다 흙 절약
단점	• 단목객토법의 경우 충분한 폭 요구

③ 사주법

구분	내 용
방법	• 하부층인 세립 미사질 토층에 파일을 박아 하단부 투수층까지 연결한 후, 파일 파이프 안에 모래, 사질양토, 자갈 등을 넣어 배수 도모 • 모래를 채운 후 파이프는 빼내는 방법
장점	• 염분 제거 및 배수 효과가 큼
단점	• 소요경비가 많이 소요 • 면적이 대단위일 때

④ 사구법

구분	내용
방법	• 세립미사토가 가장 많은 중심부에서 외곽부로 모래배수구를 만들어 준 후 그 위에 산흙을 넣어 수목 식재 • 배수구 폭 : 1~1.5m, 깊이 : 0.5~1.2m
장점	• 소규모 면적일 때 효과적

2. 해안 수림대 조성

① 선구식생 : 내염성 강한 식물

② 해안 수림대 조성

　　㉠ 인공 해안 수림대의 임관선 : $y = \sqrt{x}$

　　㉡ 자연 해안 수림대의 임관선 : $y = 2\sqrt{x}, \frac{3}{2}\sqrt{x}$

　　㉢ 식재 후 1년 동안 식재대 전면에 1.8m 높이의 바람막이 펜스 설치

　　㉣ 군식, 밀식

　　㉤ 하목을 심어 하부에 빈 공간이 없도록 식재

　　㉥ 관목류 많이 식재

　　㉦ 비료목 30~40% 혼식

3. 임해 매립지 · 임해 공업단지 적정 식물

① 임해 매립지에 알맞은 수종

　　㉠ 바닷물이 튀어 오르는 곳의 지피 : 버뮤다그래스, 잔디

　　㉡ 바닷바람을 받는 전방수림 : 눈향나무, 다정큼나무, 섬음나무, 섬쥐똥나무, 유카, 졸가시나무, 해송

② 임해공업단지 방조림 : 동백나무, 비자나무, 곰솔, 향나무, 일본호랑가시나무

4-4. 단지 식재

1. 기존 수목의 보존

① 기상 이상적인 방법
② 부지의 계획 지반고와 원지반고가 일치하도록 설계

2. 표토 보존

① 보존계획 및 설계
　㉠ 부지 정지계획선이 기존 지형의 표고보다 15cm 이상 되지 않는 경우
　　: 표토를 수거하지 않고 그대로 두기
　㉡ 50cm 이상의 표토변경을 수반하는 부지조성 사업
　　: 토양조사와 적절한 표토 보존계획을 수립
② 표토 야적
　㉠ 다져짐 방지를 위해 적정 높이 1.5m, 최대 3m 이하로 적재
　㉡ 퇴적형태 : 사다리꼴
　㉢ 음지에 야적
　㉣ 둘레 : 배수를 위한 도랑 설치

3. 표토 모으기 및 활용

① 지하수위가 높은 평탄지 : 가능한 한 채취 금지
② 채집대상 표토 : pH 6.0~7.0
③ 보관 : 가적치의 최적 두께는 1.5m, 최대 3.0m 초과 금지
④ 하층토와 복원표토와의 조화를 위해 최소 깊이 0.2m 이상의 지반 경운
⑤ 운반거리 : 최소, 운반량 : 최대

5. 화단 식재

5-1. 화단의 유형

1. **입체화단**
    ① 기식화단
        ㉠ 사방에서 감상할 수 있도록 정원의 중심부에 마련된 화단
        ㉡ 정원의 중심부, 작은 면적의 잔디밭 가운데, 광장 가운데, 원로 주위의 공간
        ㉢ 화단의 중심에서 외주부로 갈수록 차례로 키가 작은 초화를 식재한 화단
    ② 경재화단
        ㉠ 건물의 벽이나 울타리, 담벽 등을 등지고 있는 자리나 보도 또는 원로의 양쪽에 길게 설치되는 화단
        ㉡ 한쪽에서만 감상
        ㉢ 관리를 위해 1m 내외로 조성
    ③ 돌벽화단(Wall garden)
    ④ 노단화단(Terrace garden)

2. **평면화단**
    ① 카펫화단(화문화단)
        ㉠ 넓은 잔디밭이나 광장, 원로의 교차점 한가운데 설치
        ㉡ 키 작은 초화를 사용하여 기하학적 모양으로 설계
    ② 리본화단(연식화단)
        ㉠ 키 작은 식물로 이루어진 화단
        ㉡ 원로나 건물 옆 못이나 냇가를 따라 가늘고 길게 띠상으로 만들어진 화단
    ③ 포석화단

3. 특수화단

① 침상화단(Sunken garden) : 보도에서 1m 정도 낮은 평면에 기하학적 모양으로 조성한 화단

② 수재화단(Water garden) : 물을 이용하여 수생식물을 식재하는 화단

③ 창문화단(Window garden)

④ 용기화단

5-2. 계절에 따른 화단 식물

1. 봄 화단(3~6월 개화)

① 1년생 초본 : 팬지, 데이지, 프리뮬러, 금잔화, 알리섬, 양귀비

② 다년생(숙근초) : 꽃잔디, 은방울꽃, 금계국, 며느리밥풀꽃, 붓꽃

③ 구근 : 튤립, 크로커스, 수선화, 히야신스, 아네모네, 무스카리

2. 여름 화단(6~9월 개화)

① 1년생 : 페튜니아, 색비름, 천일홍, 맨드라미, 샐비어, 채송화, 한련화, 해바라기

② 다년생(숙근초) : 붓꽃, 옥잠화, 작약, 아스틸베, 리아트리스, 꽃창포, 숙근 플록스, 접시꽃, 원추리, 부용, 제라늄, 꽃베고니아

③ 구근 : 글라디올러스, 칸나, 백합, 상사화, 다알리아

3. 가을 화단(10~12월 개화)

① 1년생 초본 : 과꽃, 코스모스, 백일홍, 메리골드, 맨드라미, 페튜니아, 샐비어, 아게라텀, 코레우스

② 다년생(숙근초) : 국화, 루드베키아, 숙근 플록스

③ 구근 : 다알리아

4. 겨울 화단(12~이듬해 2월 개화) : 꽃양배추

5-3. 화단 식물

1. 구근류 식재

① 춘식 구근류
   ㉠ 봄 심기 → 여름~가을 개화
   ㉡ 칸나, 다알리아, 글라디올러스, 아마릴리스, 상사화
② 추식 구근류
   ㉠ 가을 심기 → 이듬해 봄 개화
   ㉡ 아네모네, 크로커스, 히야신스, 구근아이리스, 수선화, 튤립, 백합

2. 1년초 식재

① 춘파 일년초 : 봄 심기 → 여름~가을 개화
② 추파 일년초 : 가을 심기 → 이듬해 봄 개화

3. 구근류 종류

① 비늘줄기(인경) : 수선화, 튤립, 백합, 히야신스, 구근 아이리스
② 구슬줄기(구경) : 글라디올러스, 크로커스, 프리지아
③ 덩이줄기(괴경) : 칼라, 아네모네, 라넌큘러스
④ 뿌리줄기(근경) : 칸나, 꽃생강
⑤ 덩이뿌리(괴근) : 다알리아

4. 수생식물 식재 효과

① 수질 정화

② 호안 침식 방지
③ 습지 내 토양 유입 억제
④ 야생동물 서식 공간 제공

5. 수생식물의 종류

① 정수식물(추수식물)
  ㉠ 뿌리는 토양, 식물체는 수면이나 공중에 위치
  ㉡ 갈대, 부들류, 줄, 창포, 벗풀, 큰고랭이, 연꽃, 개구리연
② 부엽식물
  ㉠ 뿌리는 토양, 잎은 수면에 위치
  ㉡ 마름류, 노랑어리연꽃, 수련, 순채, 가래, 자라풀
③ 부유식물
  ㉠ 뿌리는 물 속, 잎은 수면에 위치
  ㉡ 개구리밥, 생이가래, 부레옥잠, 물옥잠, 물상추
④ 침수식물
  ㉠ 뿌리는 토양, 식물체는 물 속에 위치
  ㉡ 말즘, 말(검정말, 나사말), 통발류, 물수세미

조경 기사·산업기사 필기

제 **5** 편

조경시공구조학

PART 01 시공계획 및 공정관리

 **1. 시공계획**

 * 공사관리의 구성 요소 : 시공계획, 시공관리, 시공기술

1-1. 시공계획의 의의 및 목적

1. 시공계획의 의의

① 설계도면 및 시방서에 의해 지정된 공기 내에 최소의 비용으로 양질의 품질을 안전하게 시공하여 완성하는 조건과 방법 및 순서를 설정하는 계획

2. 시공계획의 수립 목적

① 시공 품질을 정해진 수준으로 달성
② 최소 비용으로 시공하여 경제성 극대화
③ 시공을 안전하게 수행

3. 시공계획의 수단 및 목표

① 수단(5M) : 인력(Men), 재료(Materials), 기계(Machines), 자금(Money), 방법(Method)
② 목표(5R) : 제품, 품질, 수량, 공기, 가격

1-2. 시공계획의 순서

1. 시공계획의 순서

① 사전 조사 : 계약조건 및 현장조건
② 기본방침 결정
③ 기본방침에 입각하여 상세한 작업계획 마련
④ 공사용 시설의 설계와 배치 계획 설정
⑤ 상세한 공정 계획 작성
⑥ 공정계획에 의거한 노무·기계·재료 등의 조달·사용·수송계획을 결정

2. 시공계획 검토사항

① 사전 조사 : 계약서, 설계도서 및 계약조건 검토, 현장조건 답사
② 시공기술계획
  ㉠ 시공 순서, 시공 방법의 기본방침 결정
  ㉡ 공기와 작업량, 공사비 검토
  ㉢ 예정공정표 작성
  ㉣ 작업기계의 선정과 운영계획 결정
  ㉤ 가설설비계획과 운영계획 결정
  ㉥ 품질관리계획 결정
③ 조달계획 : 하도급 발주계획, 노무계획, 재료계획, 수송계획
④ 관리계획 : 현장관리조직 편성, 시행예산서 작성, 자금수지계획, 안전관리계획, 보고 및 검사용 서류정비(사진 첨부 필수)

3. 시공계획서에 포함되는 내용

공사개요, 공정표, 현장 조직표, 긴급연락체계, 기계 및 인원동원계획(노무계획), 자재반입계획, 품질관리시험계획, 안전계획, 환경/교통관리계획, 가설구조물/설비계획, 가식장계획

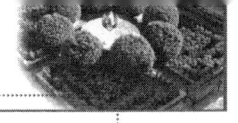

4. 시공계획결정 중 점검사항

① 발주자가 제시한 계약조건
② 현장의 공사조건
③ 기본공정표
④ 시공법과 시공순서
⑤ 기계의 선정
⑥ 가설비의 설계와 배치계획

5. 설계변경 사유

① 발주자의 계획 및 방침 변경으로 인한 일부 공사의 추가, 삭제 및 물량의 증감
② 공법, 현장여건의 변동 및 수량의 변경 시
③ 골재원과 부토용 토취장의 위치 및 운반거리 변경 시
④ 필요 시 수목의 보호 및 양생조치비용의 계상
⑤ 지도점검이나 자재검사과정에서 설계변경이 필요하거나 또는 기타 감독자의 지시가 있는 경우

6. 공사기록

① 공정사진 : 감독자와 협의하여 매월 말을 기준으로 동일 방향, 동일 거리에서 촬영
② 공사기록 사진 : 공종별로 공사 진행에 따라 시공 전·시공 중 및 시공 후의 상황이 선명하게 식별되도록 촬영, 공사시공 중 매몰되어 나타나지 않는 부분과 기타 감독자가 지시하는 부분은 수시로 촬영·기록
③ 공정사진과 공사기록 사진 : 공사현장에 사진첩으로 비치, 준공검사원과 함께 제출
④ 준공도면 : 공사 중 변경된 부분을 모두 반영하여 준공검사원과 함께 제출

2. 시공관리

2-1. 시공관리

* **시공관리** : 계약 및 현장 조건, 설계도서(설계도, 시방서) 등의 내용대로 목적물을 계약 공기 내에 도급액 내의 비용으로 우수한 품질을 얻을 수 있도록 시공하는 방법 및 순서의 검토

1. 시공관리의 기능

* **시공관리의 3대 관리기능(목표)** : 품질관리, 공정관리, 원가관리

① 품질관리 : 설계도서에 규정된 품질에 일치하고, 보다 좋은 품질을 위한 관리
② 공정관리 : 시공계획에 입각하여 가장 합리적이고 경제적인 공정을 결정하는 관리
③ 원가관리 : 공사를 경제적으로 시공하기 위한 재료비, 노무비 및 현장경비의 관리
④ 안전관리 : 공사 시 발생하는 안전사고의 예방 및 관리

2-2. 시방서

* **시방서** : 설계도에 작성하지 않은 공사비, 공사절차 및 순서, 기타의 문제 등 시공에 필요한 제반사항을 **글로 써서 기록한 것**

1. 시방서

① 시방서의 종류
  ㉠ 표준시방서
    ⓐ 시설물의 안전 및 공사 시행의 적정성과 품질 확보 등 시설물별로 정한 표준적인 시공 기준

　　　　ⓑ 공사시방서 작성의 기초 자료로 강제성은 없음. 그러나 법적 절차에 의해 중앙건설기술상의 위원회 심의를 거침
　　　ⓛ 전문시방서
　　　　ⓐ 특정 공사의 시공 또는 공사시방서의 작성에 활용하기 위한 시공 기준
　　　　ⓑ 표준시방서를 근거로 하며, 종합적인 시공 기준
　　　ⓒ 공사시방서
　　　　ⓐ 설계도면에 표시할 수 없는 내용과 공사수행을 위한 시공방법, 품질관리 등에 관한 시공 기준
　　　　ⓑ 도급계약서류에 포함되는 계약문서
　　　　ⓒ 강제성 있음
　② 시방서 포함 내용
　　　㉠ 도면에 기재할 수 없는 공사 내용
　　　㉡ 공사 개요
　　　㉢ 적용 범위에 관한 사항
　　　㉣ 시공 상 일반적인 주의사항
　　　㉤ 검사 결과의 보고에 관한 사항
　　　㉥ 시공 완료 후 뒤처리에 관한 사항
　　　㉦ 재료의 종류·품질에 관한 사항
　　　㉧ 재료 시험에 관한 사항
　　　㉨ 시공방법 정도·완성에 관한 사항

2. 조경공사시방서

① 표준·전문시방서를 근거로 별개공사의 특수성과 공사방법 고려
② 감독관의 재량권에 관한 능력과 범위 및 감독관이 할 수 없는 문제에 대한 대응책 명시
③ 검수기준 명시 : 검수는 누구나 가능하며, 수목의 경우 검수범위는 규격품에 미달할지라도 계약 당시 규격의 10% 이내로 검수가 가능
④ 안전사고 방지의 주의점과 사고 발생 시 처리문제를 세부적으로 명시

⑤ 일일업무 보고방식에 대해 명시

⑥ 사회적 문제와 우발적인 문제에 대한 처리방안을 명시

⑦ 공사 후 뒤처리로 가설물과 청소 등을 어떻게 할 것인지 명시

⑧ 하자보증기간을 명시하고 그에 따른 제반 사항을 규정

3. 시방서 작성 시 주의사항

① 공법과 마감상태 등 정밀도를 명확하게 구성

② 공사 전반에 걸쳐 중요한 사항을 빠짐없이 시공 순서에 맞게 기록

③ 명령법이 아닌 서술법으로 간단, 명료하게 기술

④ 설계도면 내용의 충분한 보충설명으로 공사범위를 명시

⑤ 재료 품목을 명확하게 규정, 산정기준에 신중을 기함

⑥ 중복기재를 피하고 설계도면과 시방서 내용이 상이하지 않도록 함

4. 시공재료의 규격화

① 국제표준화기구(ISO) : 국제적 규격 통일

② 한국산업규격(KS) : 우리나라

③ 분야별 KS 규격 표시

　　KS B : 기계, KS C : 전기, KS D : 금속, KS F : 토건, KS L : 요업

5. 감독자가 공사 일시중지를 지시할 경우

① 시공자가 설계서대로 시공하지 않은 경우

② 공사 종업원의 안전에 영향을 미칠 경우

③ 시공자가 감독관 지시에 응하지 않을 경우

④ 시공자의 시공방법이 미숙하여 조잡한 공사가 우려될 경우

⑤ 기후 악조건으로 공사에 악영향 미칠 경우

3. 품질관리

3-1. 품질관리 개요

1. 품질관리 개요

① 수요자의 요구에 맞는 품질의 제품을 경제적으로 만들어내기 위한 모든 수단의 체계

② 품질관리 목적
  ㉠ 시공능률의 향상
  ㉡ 품질 및 신뢰성 향상
  ㉢ 설계의 합리화
  ㉣ 작업의 표준화

③ 품질관리 기능
  ㉠ 품질의 설계
  ㉡ 공정의 관리
  ㉢ 품질의 보증
  ㉣ 품질의 시험

④ 품질관리 순서
  ㉠ 계획(Plan) → 실시(Do) → 검토(Check) → 조치(Action)
  ㉡ 품질표준 → 작업표준 → 품질시험조사 → 수정조치 → 수정조치조사

3-2. 품질시험

1. 종류

① 선정시험, 관리시험, 검사시험

2. 품질관리 및 검사

① 공사용 재료 : 사용 전에 감독자에게 견본 또는 자료 제출할 것
② 사전 검사된 재료라도 현장에 반입되면 감독자로부터 사용여부 승인 받을 것
③ 검사 또는 시험에 불합격 재료 : 지체없이 공사현장으로부터 방출할 것

3-3. 품질관리 종류

1. 종류

① 통계적 품질관리(SQC) : 시공법, 사용방법, 재료 등을 통계적으로 하는 관리기법
② 통합적 품질관리(TQC) : 설계·시공 등 전 부분의 품질 우선 관리기법
③ 가치공학(VE) : 비용 절감·기능 중심의 접근, 사용자 중심의 사고 관리기법

2. 품질관리(TQC)의 7가지 도구

① 히스토그램
  ㉠ 품질의 특성을 파악하기 위해 데이터를 일정한 규칙에 따라 정리한 도수분포도
  ㉡ 막대그래프 형식
② 특성요인도
  ㉠ 결과에 원인이 어떻게 관계하는가를 한눈에 알 수 있도록 작성한 그림
  ㉡ 원인과 결과 관계의 어골형 다이어그램
③ 파레토도
  ㉠ 데이터에서 문제점의 원인과 발생빈도 등을 항목별로 분류하여 크기대로 배열한 그림
  ㉡ 발생량·발생건수·분류항목별 크기 순서로 나열
④ 그래프
  ㉠ 데이터의 내용과 통계적 해석 결과를 한눈에 파악할 수 있도록 나타낸 그림
  ㉡ 막대그래프, 원그래프, 꺾은선그래프
⑤ 산포도(산점도)

㉠ 두 종류의 특성을 측정하여 특성과 요인의 상관관계를 그래프에 점으로 나타낸 그림

㉡ 대응되는 2개의 짝을 점으로 표시

⑥ 층별

㉠ 집단을 구성하고 있는 데이터를 특징에 따라 몇 개의 그룹으로 구분한 것

㉡ 품질에 영향을 미치는 산포의 원인을 찾아내거나 문제의 근원 파악

⑦ 체크시트

㉠ 데이터 수집 단계에서 사용

㉡ 불량수・결점수・불만건수 등 항목별로 보기 쉽게 나타낸 그림

3-4. 시공관리 상관관계

1. 공정과 원가 관계

: 공기가 너무 빠르거나 늦으면 원가 상승

2. 품질과 원가 관계

: 원가가 낮을수록 품질 저하

3. 공정과 품질 관계

: 공기가 너무 빠르면 품질 저하

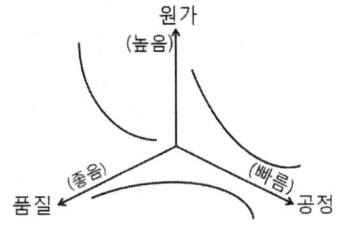

4. 공정관리

4-1. 공정계획

* 공정계획 : 공사기간 내에 공사예산에 맞춰 정밀도가 높고, 품질이 좋은 시공을 하기 위한 계획

1. 공정계획 절차

① 각 공정별로 각 공정에 관하여 시공순서를 결정
② 각 공정별로 각 공정에 따른 시공기간을 산정
③ 전 공정을 통하여 시공속도를 가급적 균등하도록 노력
④ 각 공정별로 각 공정이 전체 공사의 공기 내에 완성되도록 함

2. 일정계획

① 시공계획 중 핵심적인 사항
② 공사량과 1일 평균작업량 기준으로 작성
③ 1일 표준작업량 = $\dfrac{공사량}{공사 가능일 수}$
④ 소요작업일수 = $\dfrac{공사량}{1일\ 평균시공량}$
⑤ 1일 실작업량 = 표준작업량 × 가동률 × 작업시간효율 × 작업능률
　㉠ 표준작업량 = 표준작업능력 × 작업시간
　㉡ 가동률 = $\dfrac{가동\ 노무자\ 수}{전\ 노무자\ 수}$
　㉢ 작업시간효율 = $\dfrac{실작업시간}{노동시간}$
　㉣ 작업능률 = $\dfrac{실작업량}{표준작업량}$

3. 최적공기 결정

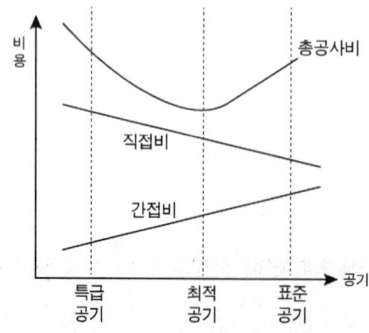

① 최적공기
  ㉠ 총 공사비가 최소로 되는 가장 경제적인 공기
  ㉡ 총공사비=직접비+간접비
② 특급공기
  ㉠ 물리적으로 더 이상 단축할 수 없는 최단 공기
③ 표준공기
  ㉠ 공사의 직접비를 최소로 하는 최장 공기

4. 이익도표

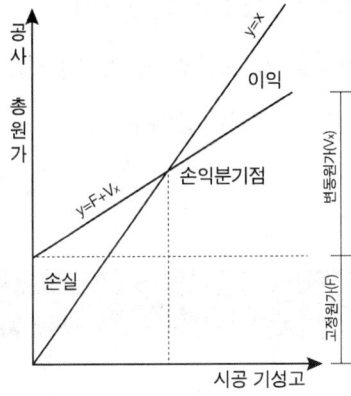

원가곡선 $y = F + V_x$

(y : 총공사원가, F : 고정원가, V_x : 변동원가)

① 총공사원가(y) 최소화 방안
  ㉠ 기계, 소모재 등을 합리적으로 최소화하여 가능한 한 반복 사용할 것
  ㉡ 전체 공기를 통해 가동 노무자수의 불균형을 줄일 것
  ㉢ 가설공사를 합리적 범위 내에서 최소화할 것

4-2. 공정표

1. 공정표 작성의 목적 및 내용

① 의의 : 공정관리를 도표화한 것이며, 시공과 관리를 위한 기준으로 사용
② 내용 : 공사시행 순서, 공사 소요일수, 완성비율(%)

2. 공정 내용

① 가설공사 : 가설울타리, 비계, 기계설비, 가설사무소
② 기초공사 : 장애물 제거, 흙막이 지정
③ 주체공사 : 철근콘크리트공사, 철골공사, 방수공사, 목공사
④ 마무리공사 : 석공사, 타일공사, 미장공사, 도장공사, 창호공사, 유리공사
⑤ 부대설비공사 : 위생, 난방, 환기, 전기, 가스, 급배수

3. 공정표의 종류

구분	횡선식 공정표(Bar chart)	기성고 공정곡선	네크워크 공정표
특성	• 공사의 착수와 완료의 기일, 상호 순서 파악 가능 • 부분공정에 적당함 • 전체 공사 진척사항 파악 곤란	• 횡선식 공정의 단점인 계획과 실시의 대비	• 작업을 선행작업, 후속작업, 병행작업으로 순서를 정해 도식화 • 작업의 상호관계 명확 • 작성 및 검사에 특별한 기능요구 • 긴 작성기간
장점	• 작성 쉬움 • 보기 쉽고 알기 쉬움 • 수정 쉬움 • 작성 습득시간 짧음	• 전체 파악 가능 • 원가상황 알기 쉬움 • 작성 쉬움	• 작업 상호관계 명확 • 공정상 문제점 명확히 파악 • 중점관리 가능 • 전체와 부분이 관련
단점	• 작업간의 관계 불명확 • 합리성 떨어짐 • 대형공사 시 세부 표현 곤란 • 일정변화에 쉽게 대처 곤란	• 세부 알 수 없음 • 개별작업 조정 불가 • 보조적인 수단	• 작성 힘듦 • 수정 힘듦 • 숙련 요함
용도	• 간단한 공사 • 개략공정표 • 시급을 요할 때	• 원가관리 • 경향분석 • 보조수단	• 복잡한 공사 • 대형공사 • 중요한 공사

① 횡선식 공정표
　㉠ 간트 차트(Gantt Chart)
　　ⓐ 각 작업의 완료시점을 100%로 하여 가로축에 그 달성도를 잡은 것
　　ⓑ 장점 : 작성이 쉽고, 공사내용의 진행도 파악이 용이
　　ⓒ 단점 : −세부사항을 표기하기 어렵고, 대형공사 적용에도 힘듦
　　　　　　−영향을 미치는 작업을 알기 어려움
　㉡ 바 차트(Bar Chart)
　　ⓐ 간트 차트의 결점을 약간 수정한 것
　　ⓑ 가로축 : 일수(日數), 세로축 : 공정
　　ⓒ 장점 : 각 작업의 소요일수 파악이 가능, 작업 간의 관련을 어느 정도 파악할 수 있음
　　ⓓ 단점 : 작업에 영향을 미치는 요소를 파악하기 어려움

※ 횡선식 공정표의 예(바 차트)

구 분	추 진 계 획						비고
	착수 6개월						
	1개월	2개월	3개월	4개월	5개월	6개월	
부지정지공사	■						
기반시설공사		■■					
포장공사			■■				
시설물공사				■■			
수목·잔디공사					■■		

　㉢ 바 차트 작성법
　　ⓐ 부분공정은 세로축에 나열
　　ⓑ 공기는 가로축에 기입
　　ⓒ 부분공사의 소요공기 계산
　　ⓓ 소요공기 도표에 맞추어 공정표 작성

② 곡선식 공정표(기성공정곡선, 바나나곡선, S-curve)
   ㉠ 작업의 진척에 따라 곡선을 넣어 예정 공정과 기성고(실시 공정)를 비교·대조하여 공정을 관리하는 공정표
   ㉡ 작업의 관련성을 나타낼 수 없음
   ㉢ 공정이 허용한계 범위 내에 있도록 공정관리 할 것

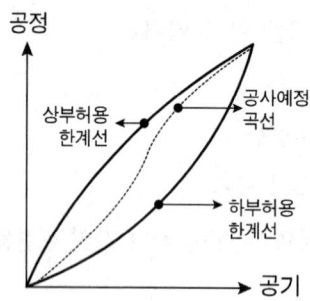

③ 네트워크식 공정표
   ㉠ 표현 : 동그라미와 화살표로 연결하여 표현
   ㉡ 종류

구분 \ 종류	퍼트(PERT)	시피엠(CPM)
개발	• 미 해군 폴라리스 핵 잠수함 건조계획	• 듀폰사의 Walk와 레인턴랜드사의 Kelly
목적	• 공사기간 단축	• 공사비 절감
용도	• 신규사업, 비반복사업, 대형 프로젝트	• 경험있는 사업, 반복사업 • 작업표준 확립된 사업
소요 시간 추정	• $t_e = \dfrac{t_a + 4t_m + t_b}{6}$ • 3점 추정시간에 의한 요소작업 시간 추정 • t_e : 기대시간(소요시간), t_a : 낙관시간, t_m : 정상시간, t_b : 비관시간	• $t_e = t_m$ • 1점 추정시간에 의한 요소작업시간 추정
여유	• 결합점 중심의 여유 - 정여유 - 영여유 - 부여유	• 작업 중심의 여유 - 총여유시간(TF)=LFT−EFT - 자유여유시간(FF)=EST−EFT - 종속여유(DF)=TF−FF

ⓒ 네트워크 용어

　ⓐ 작업(Activity)
　　- 공사를 구성하는 작업단위
　　- 내용 : 작업활동 및 기간
　　- 표기 : 실선 화살표(→)

　ⓑ 결합점(Node, Event)
　　- 작업이 결합하는 시작점 또는 완료점
　　- 정수 사용, 작업진행방향으로 작은 수에서 큰 수 순서로 부여
　　- 표기 : 원(○), 안에 번호나 기호 삽입

　ⓒ 더미(dummy)
　　- 명목상의 작업시간
　　- 작업은 행해지지 않으나 명목의 연관성을 나타냄
　　- 소요시간 : Zero(0)
　　- 표기 : 파선의 화살표(--→)

　ⓓ 최장경로(한계경로, Critical Path, CP)
　　- 소요시간 합계가 가장 긴 경로
　　- 여유가 없는 작업경로
　　- 표기 : 굵은 실선 화살표

4-3. 네트워크 공정표 일정 계산

1. 공기단축

① 방법
　㉠ 주공정선(CP)을 대상으로 단축
　㉡ 비용기울기(cost slope)가 가장 작은 작업부터 공기단축 가능한 범위 내에서 단계별로 단축

② 주공정선(CP)에 있지 아니한 작업의 공기를 단축시킨다 해도 계획공기는 단축

되지 않음. 비용기울기가 작은 작업공기 중심으로 단축하면 최소 비용 추가

2. 일정 계산에서의 시간 개념

① EST(Earliest Start Time) : 최조 개시 시각
  ㉠ 작업을 가장 빨리 개시할 수 있는 시각
  ㉡ 개시 결합점 EST=0

② LST(Latest Start Time) : 최지 개시 시각
  ㉠ 작업을 가장 늦게 개시해도 되는 한계의 시각
  ㉡ LST=LFT-소요일수

③ EFT(Earliest Finish Time) : 최조 완료 시각
  ㉠ 작업을 가장 빨리 종료해도 되는 한계의 시각
  ㉡ 종료 결합점으로 들어가는 작업의 EFT 최대값 : 계산공기
  ㉢ EFT=EST+소요일수

④ LFT(Latest Finish Time) : 최지 완료 시각
  ㉠ 작업을 가장 늦게 종료해도 되는 한계의 시각

4-4. 네트워크 공정표

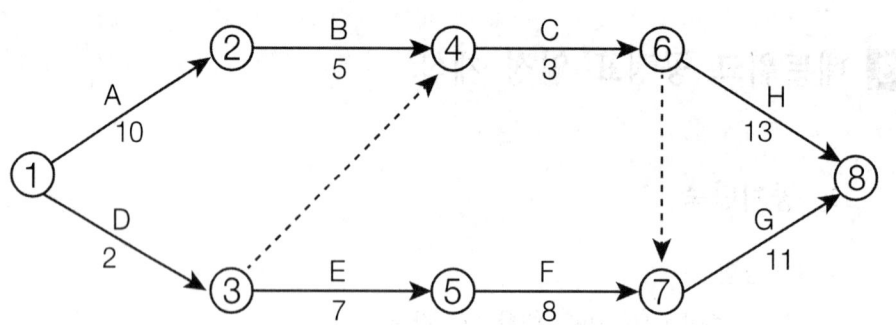

5. 원가관리

5-1. 원가관리

1. 원가관리의 지표 및 수단

① 원가관리 지표
  ㉠ 실행예산과 실제 시공비를 대조하여 원가 발생 통제
  ㉡ 실행예산과 실제 시공비의 대비에서 차액의 발생 원인 분석, 검토
  ㉢ 장래 다른 공사예산편성을 위한 원가자료의 작성

② 원가관리의 저해 요인
  ㉠ 시공관리 불철저
  ㉡ 작업의 비능률
  ㉢ 작업대기시간의 과다
  ㉣ 부실시공에 따른 재시공작업 발생
  ㉤ 물가 등 시장정보 부족
  ㉥ 자재 및 노무, 기계의 과잉조달

③ 원가관리의 수단
  ㉠ 가동률 향상   ㉡ 기계설비 정비
  ㉢ 품질관리   ㉣ 공정관리 개선
  ㉤ 공법 개선   ㉥ 구매방법 개선
  ㉦ 현장경비 절감

2. 원가관리의 적용

① 선급금
  ㉠ 공사계약이 체결되었을 때, 시공 준비금으로 계약금액의 일정률(10~20%)을 발주자로부터 지급받는 금액

ⓒ 발주공사의 여건에 따라 지급
② 기성금
ⓐ 중간 기성금 : 공사가 진행되면서 시공이 완성된 부분에 대해 발주자에게 주기적으로 지급받는 대금
ⓑ 최초 기성금 : 선급금의 상환액을 공제한 금액으로 지급받는 금액
ⓒ 기성금 : 시공 완성부분에 대한 대가, 시공 후에 지급되므로 계획적 관리 필요
③ 준공금
ⓐ 공사가 완공되어 계약한 공사대금을 발주자가 지불하는 금액
ⓑ 기지급 받은 선급금과 기성금 제외하고 지급

6. 안전관리

6-1. 재해

1. 재해의 원인

① 인적 원인
  ⓐ 심리적 원인 : 미지와 미숙련, 부주의와 태만
  ⓑ 생리적 원인 : 신체의 결함, 질병과 피로
  ⓒ 기타 : 노약자, 복장 불비 등
② 물적 원인
  ⓐ 설비 : 구조, 재료 및 안전설비의 불완전, 협소한 작업장
  ⓑ 작업 : 정비·점검 및 수리의 불량, 기계공구 불비, 급속 시공, 불합리한 지시
  ⓒ 기타 : 예산부족, 공기상의 불합리 등
③ 천후 원인 : 추위, 바람, 더위, 비, 눈 등

6-2. 안전관리

1. 안전관리 대책

① 안전관리 재해경과에 대한 연쇄관계 검토 요소(4M)
: 인간(Man), 매체(Media), 기계(Machine), 관리(Management)

② 안전관리 고려사항

㉠ 계획단계 : 자연재해 방지, 시공 중, 준공 후 자연환경 보전대책 검토

㉡ 설계단계 : 건설된 시설이나 구조물 등의 안전성 확보 검토

㉢ 시공단계 : 노동재해, 현장 주변의 제3자 재해방지 검토

③ 안전관리 대책
: 안전관리기구 구성, 노동 재해기구의 방지계획, 안전교육 실시, 매일 현장점검, 현장 정리정돈, 위험장소의 기술적 안전대책 검토, 응급시설 완비

2. 안전관리

① 연천인율 = $\dfrac{\text{연간 재해자 수}}{\text{연평균 근로자 수}} \times 1,000$

② 빈도율(도수율) = $\dfrac{\text{재해발생건수}}{\text{근로 총시간수}} \times 1,000,000$

③ 강도율 = $\dfrac{\text{근로 손실일수}}{\text{근로 총시간수}} \times 1,000$

④ 종합재해지수 = $\sqrt{\text{도수율} \times \text{강도율}}$

3. 안전점검

① 종류 : 정기점검, 긴급점검, 정밀점검

* 무재해 원칙 : 무의 원칙, 참가의 원칙, 선취의 원칙

PART 02 조경시공 일반

1. 지형

1-1. 지형의 구분

1. **지물(地物)**

    ① 지표면 위의 인공적인 시설물(독립수, 교량, 도로, 철도, 하천, 호수, 건축물 등)

2. **지모(地貌)**

    ① 지표면 위의 자연적인 토지의 기복상태(산정, 구릉, 계곡, 평야 등)

1-2. 지도의 분류

1. **일반도**

2. **주제도**

    ① 특정한 주제를 강조하여 표현한 지도로 일반도 기초
    ② 도시계획도, 토지이용도, 지질도, 토양도, 산림도

3. 특수도

① 지도표현 방법에 따라 : 사진지도, 입체모형도, 지적도, 임야도

② 지도제작 방법에 따라 : 실측도, 편집도

1-3. 지형도

① 대축척 1 : 1,000 이상

② 중축척 1 : 1,000 ~ 1 : 10,000

③ 소축척 1 : 10,000 이하

④ 기본지형도(한국) 1 : 5,000, 1 : 25,000, 1 : 50,000

1-4. 지형의 표시법

1. 지형의 표시법 종류

① 음영법(Shading, 명암법)
  ㉠ 태양광선이 서북쪽에서 45°로 비친다고 가정하여 지표의 기복을 도상에서 2~3색 이상으로 표시
  ㉡ 빛이 지표에 비치면 지표기복의 형상에 따라 명암이 생기는 이치를 응용
    ⓐ 지형의 입체감이 가장 잘 나타나는 방법
    ⓑ 수직음영법, 사선음영법, 사상선법
  ㉢ 사상선법의 특징
    ⓐ 사상선은 두 연속 등고선 사이의 가장 짧은 거리를 의미
    ⓑ 사상선은 두 연속 등고선 사이의 수직 거리를 의미
    ⓒ 사상선은 경사에서 물이 흐르는 방향
    ⓓ 사상선은 짙고 가까우면 급경사, 옅고 멀리 떨어지면 완경사를 의미
    ⓔ 언덕 꼭대기, 초원 같은 평탄한 표면은 흰 공간으로 표현

② 점고선법(spot elevation)
　㉠ 지표면·수면상에 일정한 간격으로 점의 표고·수심을 도상에 숫자로 기입하는 방법
　㉡ 하천, 호수, 연못, 항만 등의 심천(深淺)을 표시하는 데 사용
　㉢ 등고선만으로 지형적인 차이를 충분히 나타내지 못하는 세부설계에 사용
　㉣ 점고선은 소수점 이하까지 표시
　㉤ 위치 명확한 지점 : ×를 표시하고 명기

③ 단면도에 의한 방법
　㉠ 토지형태의 수직적인 지형을 나타내는 데 사용
　㉡ 측면도(종단면도), 횡단면도
　㉢ 도로경사 변경 시 사용

④ 지형모형법(topographical model)
　㉠ 실제의 지형을 축소한 모형을 만들어 지물의 위치·상태 및 고저, 요철의 상태를 표시하는 방법
　㉡ 쉽게 상황 파악 가능
　㉢ 이용범위가 제한되어 일반적인 이용이 어려움

⑤ 단채법(채색법, layer system)
　㉠ 높이의 증가에 따라 농색(濃色)으로 변화시키는 방법
　㉡ 지역전반의 고저를 한눈에 식별이 가능
　㉢ 소축척 지도에서 이용
　㉣ 평야부 : 녹색, 구릉부 : 황색, 산지 : 갈색
　㉤ 교육용 지도

⑥ 등고선법(contour line)
　㉠ 등고선 : 지표의 같은 높이의 점을 연결한 곡선
　㉡ 등고선 : 수평곡선이라고도 함
　㉢ 지모를 상세하고 정확하게 표현할 수 있음
　㉣ 가장 많이 이용하는 지형 표현 방법

 등고선

1. 등고선의 정의

① 등고선 : 알려지거나 추측된 참조점, 면의 위나 밑으로 동등한 고저의 모든 점을 연결하여 평면 위에 그려진 선
② 등고선 위의 모든 점은 같은 고저
③ 최초 사용 : 크루퀘스(N. Cruquius), 1730년경 메르베데강의 하저(河底) 표시

2. 등고선의 종류와 간격

① 주곡선 : 지형 표시의 기본선, 가는 실선으로 표시
② 계곡선 : 주곡선의 5개마다 굵게 표시한 선, 표고의 읽음을 쉽게 하기 위함
③ 간곡선 : 주곡선 간격의 1/2, 가는 파선으로 표시
　㉠ 산꼭대기, 고개, 구배가 고르지 않은 완경사지에 사용
④ 조곡선 : 간곡선 간격의 1/2, 가는 점선으로 표시

3. 등고선의 간격 : 수직거리(고저차)

(단위 : m)

축척 \ 등고선의 종류	주곡선 실선	계곡선 굵은 실선	간곡선 가는 파선	조곡선 가는 점선
1/50,000	20	100	10	5
1/25,000	10	50	5	2.5
1/5,000 1/10,000	5	25	2.5	1.25
1/500 1/1,000	1	5	0.5	0.25

  *축척 = $\dfrac{\text{도면상 길이}}{\text{실제길이}} = \dfrac{1}{m}$　　축척^2 = $\dfrac{\text{도면상 면적}}{\text{실제면적}}$

4. 등고선의 성질

① 등고선 상 모든 점은 같은 높이
② 등고선은 도면 안팎에서 서로 만나지 않으며, 도중에 소실되지 않음
③ 도면 밖의 경우에 등고선은 지도에서 끝나는 것이 아니라 지도 끝에서 중단
④ 등고선이 도면 안에서 폐합되는 경우 : 산정, 요지(凹地)
⑤ 요지(凹地) : 점고(spot elevation), "D" 등으로 표시
⑥ 높이가 다른 등고선은 현애(overhanging cliff), 동굴을 제외하고는 교차하거나 합쳐지지 않음 → 현애, 동굴에서는 2개소에서 교차
⑦ 급경사지는 간격이 좁고, 완경사지는 간격이 넓음
⑧ 등경사지에서는 등고선의 간격 같음. 등경사 평면인 지표에서는 같은 간격의 평행선
⑨ 등고선 사이의 최단거리의 방향 : 그 지표면의 최대 경사지의 방향
   최대경사의 방향 : 등고선의 수직 방향(물 배수)
⑩ 등고선은 결코 분리되지 않음. 합류·절곡·교차하지 않음
⑪ 철(凸) 경사 등고선의 간격 : 저위부에서 밀집하고 고위부에서 넓어짐
⑫ 요(凹) 경사 등고선의 간격 : 고위부에서 밀집하고 저위부에서 넓어짐
⑬ 골짜기의 등고선은 고위부를 위로 하여 산형(A자형)의 곡선을 이루는 경우
   : 산령, 산배(山背)
⑭ 산배와 계곡이 만나 이들의 등고선이 서로 쌍곡선을 이루는 것 같은 부분
   : 안부(鞍部), 고개

5. 지형도를 읽는 법

① 계곡과 산령
   ㉠ 산령 : "U"자 모양의 바닥이 낮은 높이의 등고선으로 향하는 형태
   ㉡ 계곡 : 반대로 "U"자 모양("∩")의 바닥이 높은 높이의 등고선으로 향하는 형태
② 사면(斜面)의 종류

㉠ 철(凸)사면 : 등고선이 저위부에 밀집, 고위부에서 간격이 멀어짐

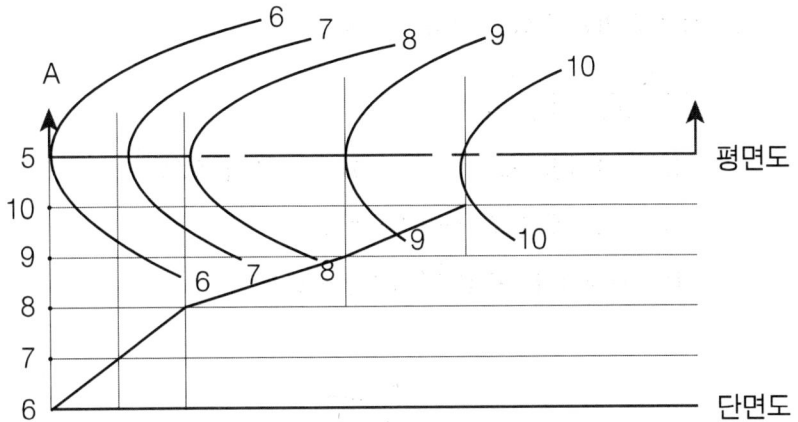

㉡ 요(凹)사면 : 등고선이 고위부에 밀집, 저위부에서 간격이 멀어짐

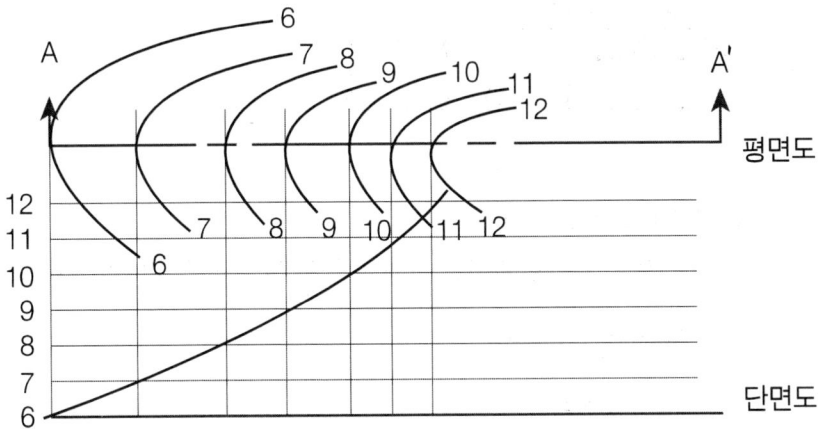

㉢ 평사면 : 전체적으로 등간격을 이루는 등고선의 상태

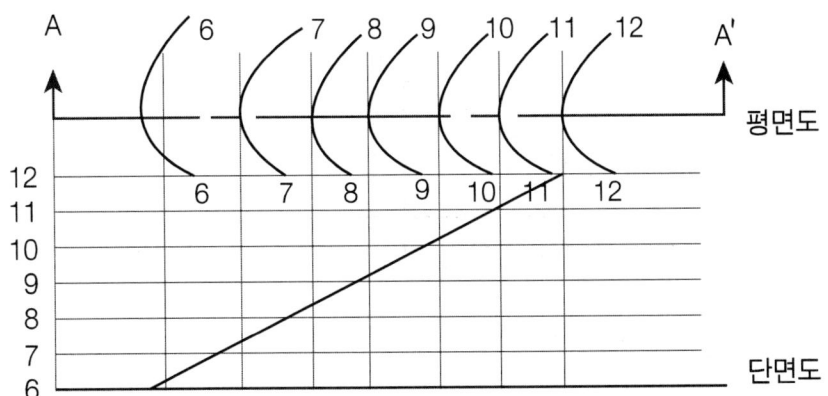

6. 등고선의 기입법

① 계산에 의한 방법 – 비례식 이용

$$\frac{X}{H_C - H_A} = \frac{D}{H_B - H_A}$$

H_A : A지점 표고 H_B : B지점 표고

H_C : AB 두 지점 사이 C지점 표고

D : 수평거리, AB간 지표경사 균일

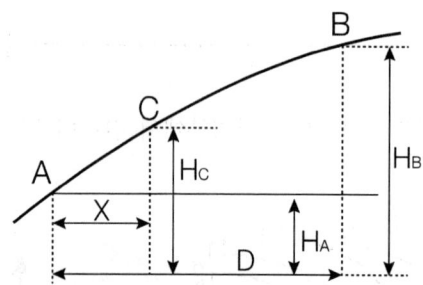

② 경사도를 이용한 방법

㉠ 경사도 : 수평 단위당 토지의 높고 낮음을 의미하며 백분율로 표시

㉡ $G = \frac{D}{L} \times 100(\%)$

G : 경사율

D : 두 지점 사이의 고저차(수직거리)

L : 두 지점 사이의 수평거리(지도상의 거리))

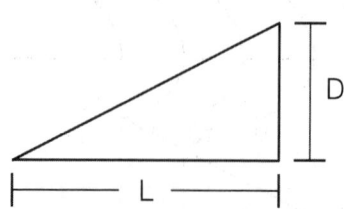

2. 측량

2-1. 측량 개요

1. 측량의 종류

① 목적에 따른 분류
  ㉠ 거리측량 : 2점간의 거리를 재는 측량
  ㉡ 각측량 : 트랜싯이라는 정밀한 측량기구를 이용하는 측량
  ㉢ 수준측량 : 고저차, 표고(해발고도)를 측정하기 위한 측량

② 사용기구에 따른 분류
  ㉠ 줄자(측쇄)측량 : 줄자를 이용한 측량
  ㉡ 평판측량 : 도판에 삼각(三脚)을 달아 붙인 평판을 이용한 측량
  ㉢ 트랜싯측량 : 트랜싯을 이용해 수평각이나 수직각을 측정하는 측량
  ㉣ 레벨측량 : 레벨을 이용한 수준측량
  ㉤ 스타디아측량(시거측량) : 트랜싯의 망원경 내에 있는 스타이아선을 이용해 거리와 고저차의 측량을 간접적으로 행하는 측량
  ㉥ 사진측량 : 공중사진을 토대로 측량하고 지형도 작성하는 측량

③ 측량대상에 따른 분류
  ㉠ 지형측량 : 지형과 지표면 상의 자연 및 인공적인 지물의 상호위치 관계를 수평적 또는 수직적으로 관측하여 일정한 축척의 지형도를 작성하는 측량
  ㉡ 지적측량 : 토지의 소유자, 지번·지목의 조사, 경계의 결정, 면적 측정을 하여 지도를 작성하는 측량
  ㉢ 노선측량 : 도로, 철도, 운하 등 교통로 등과 같이 폭이 좁고 길이가 긴 구역의 측량
  ㉣ 건축측량 : 건축물의 계획과 공사 실시(시공)에 관한 측량
  ㉤ 시가지측량 : 시가지에서 행하는 측량으로 건물, 도로, 철도, 하천 등의 위치와 크기를 측정하여 지도를 작성하는 측량

2. 측량의 원점과 좌표계

① 지구의 형상
  ㉠ 지구타원체 : 지구의 형상과 가장 가까운 회전타원체
  ㉡ 지오이드(geoid)
    ⓐ 평균해수면을 육지까지 연장한 지구 전체의 가상곡면(물리적 가상면)
    ⓑ 정지하고 있는 수면은 어느 점에서나 중력방향에 수직
    ⓒ 평균해수면과 일치하는 등포텐셜면

② 좌표
  ㉠ 정의 : 구조물이나 시설물들의 위치를 실제의 지형과 연관성을 갖도록 도면에 표시하는 방법
  ㉡ 종류 : 평면 직각좌표계, 경위도 좌표계, 3차원 직각좌표계, UTM 좌표계

2-2. 측량 종류

1. 거리측량

① 종류 : 수평거리측량, 수직거리측량, 경사거리측량
② 광파거리측정기
  ㉠ 고주파인 가시광선 또는 적외선을 반송파로 사용하는 측량기계
  ㉡ 이용 : 수 m에서 수 km까지 단거리 측량, 기준점 측량, 세부 측량
  ㉢ 굴절 및 움직이는 장애물의 간섭 영향 없음
  ㉣ 경량, 작업 신속
  ㉤ 관측범위 : 5~60km(단거리용 5km 이내, 중거리용 60km 이내)
③ 측점
  ㉠ 정의 : 측정을 할 때 기준이나 목표가 되는 점
  ㉡ 도로와 하수도의 중심선과 같은 직선적인 구조의 위치를 정하는 데 사용

2. 수준측량(고저측량)

① 레벨과 표척을 이용하여 측점의 높이를 결정하는 측량

② 수준측량의 용어

　㉠ 기준면 : 지반면 높이를 비교할 때 기준이 되는 수준면

　㉡ 수준선 : 수준면과 지구의 중심을 포함한 평면이 교차하는 선

　㉢ 수준점 : 수직위치의 결정을 보다 편리하게 하기 위해 표고를 관측해 표시해 둔 점, 수준원점으로부터 국도 및 주요 도로변에 2~4km마다 수준 표석을 설치하고 표고를 경정하여 놓은 점

　㉣ 후시(BS; Back Sight) : 높이를 아는 기점(기지점)에 세운 표척 눈금

　㉤ 전시(FS; Fore Sight) : 표고를 모르는 미지점에 세운 표척 눈금

　㉥ 지반고(GH; Ground Height) : 측점의 표고=IH-FS

　　미지점 GH=기지점 GH+$\sum$BS-$\sum$FS

　㉦ 기계고(IH; Instrument Height) : 기준면으로부터 기계의 시준선까지의 높이. IH=GH+BS

　㉧ 이기점(TP; Turning Point) : 후시와 전시를 같이 취하는 점

　㉨ 중간점(IP; Intermediate Point) : 전시만 취하는 점

③ 수준측량 야장기입법

　㉠ 기고식 야장

　㉡ 고차식 야장

　㉢ 승강식 야장

④ 수준측량에 따른 오차

　㉠ 표척의 오독

　㉡ 이기점에서의 과오

　㉢ 야장 기입의 과오

　㉣ 레벨 표척이 수직이 아닐 때

　㉤ 표척 하단부에 진흙, 눈 또는 얼음이 있을 때, 표척 기울기에 의한 오차

　㉥ 표척의 연결부분을 완전히 연장하지 않았을 때

　㉦ 부정확한 표척의 눈금

3. 트래버스측량(다각형 측량)

① 한 측점에서 다음 측점까지의 거리와 방향을 차례로 관측해서 각 측점의 평면위치를 결정하는 기준점 측량

② 수평각 종류

　㉠ 교각법 : 전 측선과 해당 측선 사이의 각을 시계방향 또는 반시계방향으로 측량하는 방법

　㉡ 편각법 : 전 측선의 연장선과 다음 측선이 이루는 각을 측량하는 방법

　㉢ 방위각법 : 진북방향과 측선 간에 생기는 각을 시계방향으로 측량하는 방법

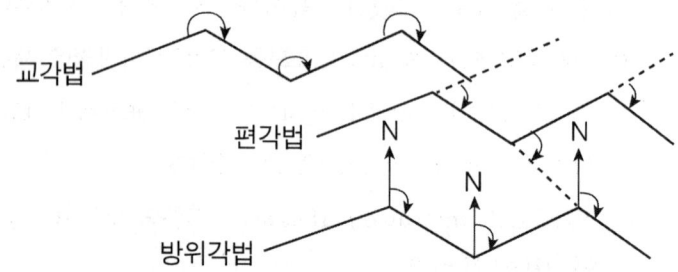

4. 평판측량

① 야외에서 거리 및 방향을 관측하여 축척에 맞춰 평면도를 그리는 측량

② 장비 및 작업이 간단하고 신속한 측량으로 소규모 부지의 세부측량에 효과적

③ 평판측량의 장·단점

장점	단점
① 현장에서 직접 작도하므로 야장 불필요	① 기후에 의해 좌우
② 현장에서 측량이 잘못된 곳 발견하기 쉬움	② 측량지역의 제한
③ 장비취급 간단	③ 이동 시 불편
④ 시간 및 노력이 적게 소요	④ 높은 정밀도를 기대할 수 없음

④ 평판측량의 장비

　㉠ 측판(평판), 엘리데이드, 구심기, 달림추, 자침기, 삼각

　㉡ 엘리데이드(앨리데이드, alidade)

ⓐ 시준판 : 엘리데이드 양 끝에 있는 판
ⓑ 시준판에 새겨진 눈금 크기 : 전·후 시준판 간격의 1/100

⑤ 평판측량 방법

㉠ 방사법
ⓐ 1점을 이용하여 사방의 측점을 측량하는 방법
ⓑ 이용 : 장애물이 없는 넓은 부지, 세부측량
ⓒ 한 번에 여러 장 측량 가능

㉡ 전진법(도선법)
ⓐ 평판을 측점 위에 세우고 다음 측점의 방향 및 거리를 측량하여 기계를 각 측점 위치에 전진 이동하며 측량하는 방법
ⓑ 이용 : 장애물이 많거나 길고 좁은 지역, 도로·시가지·산림지대
기계에서 기척이 보이지 않는 경우

㉢ 교선법(교회법)
ⓐ 미지의 점 2~3개를 잡아 선으로 연결하여 측량하는 방법
ⓑ 이용 : 광대한 지역의 소축척 측량
ⓒ 종류 : 전방교회법, 후방교회법, 측방교회법

	전방교회법	후방교회법	측방교회법
방법	기지점에 평판을 세워 미지점의 위치를 결정하는 측량방법	미지점에 평판을 세워 미지점의 위치를 결정하는 측량방법	기지점 2점을 이용하여 미지점 1점을 구하는 측량방법
사용	장애물이 있는 경우(하천, 계곡 등)	측점 또는 도로점이 없는 장소에 평판을 세우는 경우	

⑥ 평판의 표정 조건(정치·설치 조건)

㉠ 정준(정치) : 평판이 수평되게 하는 것
㉡ 구심(치심) : 평판 사이의 점과 측점이 일직선상의 위치에 있도록 하는 것
㉢ 표정(정위) : 평판의 측선방향과 측점의 측선방향을 일치시키는 것

* 작업순서 : 구심(치심) → 정준(정치) → 표정(정위)

⑦ 평판측량 오차
　㉠ 정준오차 : 평판이 수평이 아닐 때 생기는 오차, 도판 경사 1/200까지 허용
　㉡ 구심오차 : 평판상의 측점과 지상의 측점이 합치지 않을 때 생기는 오차
　㉢ 표정오차 : 세 조건 중에서 가장 큰 영향을 미치는 오차

5. GPS 측량

① 위성에서 발사한 전파를 수신하여 관측점까지의 소요시간을 측정하여 관측점의 위치를 구하는 측량방법
② 정확한 위치를 알고 있는 인공위성을 이용한 범세계적 위치 결정 체계
③ GPS를 이용한 위치 결정
　㉠ 차분법
　㉡ 최소제곱법
　㉢ 후방교회법

6. 사진측량

① 항공사진측량의 장점
　㉠ 경제성, 능률성, 정확성, 축척변경의 용이성, 4차원 측정, 보존이용, 현장감
② 항공사진의 용어
　㉠ 주점(主點, principal point) : 렌즈 중심과 사진 화면과 교차하는 점
　㉡ 연직점(鉛直點, nadir point) : 연직선이 투영중심점을 통과하여 사진면과 만나는 점
　㉢ 등각점(等角點, isocenter) : 수직선과 연직선이 교차하는 각을 2등분한 점

　* 항공사진의 특수 3점 : 주점, 연직점, 등각점

③ 사진축척

$$\frac{1}{m} = \frac{f}{H}$$
　($\frac{1}{m}$: 축척, f : 초점거리, H : 촬영고도)

④ 사진촬영의 실제면적

　$A = (a \cdot s)^2$　(a : 화면의 한 변의 길이, 1/s : 축척)

7. 간편한 측량 방법

① 현장에서보다 간편한 사용을 위해 사용
② 경사 및 높이차 측정 : 가까운 지점 간의 경사와 높이차 확인하는 방법
③ 비교말뚝 설치 : 시공이 되어야 할 곳으로부터 1~1.5m 정도 이격시켜 시공방향과 일치하여 연속적으로 설치
④ 직각 결정을 위한 레이아웃
  ㉠ 피타고라스 정리 응용
  ㉡ 직각삼각형 측선 교차법
  ㉢ 대각선 길이 측정법
⑤ 곡선의 설치

2-3. 측량 오차

1. 오차 관련 용어

① 참값(τ) : 정확한 값
② 참오차(ε) : 참값과 관측값의 차, 정확히 알 수 없음
③ 최확값(μ) : 관측값에서 가장 높은 확률을 갖는 값

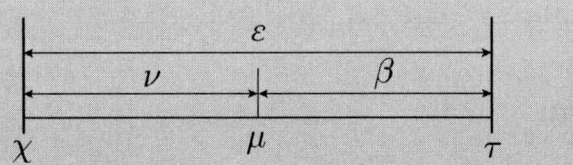

(χ : 관측값, ε : 참오차, ν : 잔차, β : 편의, μ : 최확값, τ : 참값)
잔차=최확값−관측값, 참오차=참값−관측값

2. 오차의 종류

① 과대오차(착오) : 측정자의 부주의에 의한 오차
② 누적오차(정오차, 누차)

㉠ 오차 발생 원인이 확실하며, 오차의 크기와 형태가 일정하게 발생하는 오차
㉡ 계산하여 보정할 수 있음
㉢ 예) 표준줄자보다 1cm 늘어난 50m 줄자로 거리를 잰 경우
㉣ 누적오차=1회 측정 시 오차×측정횟수

③ 우연오차(부정오차, 상차)
㉠ 착오를 발견하여 제거하고, 모든 정오차를 보정한 후에도 남아 있는 오차
㉡ 발생 원인 불분명, 주의해도 없앨 수 없음
㉢ 예) 십자선 굵기로 인해 발생하는 읽음 오차
㉣ 우연오차=±1회 측정 시 오차×$\sqrt{측정횟수}$

④ 오차보정의 정확한 거리=측정값+누적오차±우연오차

3. 정지(整地) 및 표토복원

3-1. 정지계획의 목적

* 정지계획 : 지형을 개조하는 광범위한 경사 변경 조작
* 정지목적 : 자연과의 효과, 기능성 증대, 미적 효과

1. 기능적 목적

① 자연배수를 위한 습지대 조성
② 자연배수로 특징이나 하수도 위치까지 구배 결정
③ 방음 및 방풍 식재를 위한 방축 조성, 지하수의 불리한 지하상태 해결
④ 운동장, 건물, 노단 등과 같은 시설을 위한 평평한 부지 조성
⑤ 계곡, 능선, 비탈면 같은 급경사 등 불리한 지형 교정
⑥ 보도나 도로와 같은 순환도로 제안

⑦ 시설물을 위한 적절한 지하상태 창조

⑧ 지형 침식 상태 해결

2. 미적인 목적

① 평탄한 대지에 자연적으로 흥미있는 관심 제공

② 만족할만한 시계를 유지하고 불량한 시계 차단

③ 부지를 주위의 자연지형이나 경관과 조화

④ 구조물과 대지의 조화

⑤ 공간의 크기나 모양의 착각 창조

⑥ 지형을 수원과 관련시킴

⑦ 순환로 강조하고 조절

3-2. 정지계획 및 설계도

1. 정지계획 및 설계를 위한 준비

① 기본도

② 경사분석도

③ 배수도

④ 지질도

⑤ 식생현황도

⑥ 인문환경도

2. 정지계획 시 대지 고려사항

① 기존수목 처리방법 : 유지, 이식, 제거

② 식생 평가기준 : 상태, 유용성, 이식 비용

③ 기존구조물 마감, 바닥의 고저 조성 시 제안된 경사변경은 적절한 배수를 고려

④ 기존도로 마감바닥 : 제약요소로서 유지되어야 한다. 변경된 경사와 만나야 함
⑤ 소유지의 범위 : 제한요소, 소유지선(所有地線)에서 기존기울기와 만나야 함
⑥ 기존 설비, 구조물을 변경해서는 안 됨
⑦ 기존 배수모양, 수로, 유역은 자연적으로 가능하게 유지할 것

3. 정지계획도 · 설계도 작성 요령

① 파선 : 기존 등고선, 실선 : 계획 등고선
② 등고선은 자연스럽게 그릴 것
③ 등고선의 간격 결정 : 범례에 표시, 도면에서 유지하도록 할 것
④ 등고선의 고저 : 등고선의 높은 편에 또는 중간에 기입
⑤ 매 5번째 등고선 : 약간 진하게 기입
⑥ 폐합된 등고선 : 정상이나 침하지역을 나타내며, 점고저를 표시할 것
⑦ 점고저 : 등고선만으로 이해할 수 없는 중요한 지점과 명확성을 위해 기입
⑧ 건물에 가까이 있는 지반 : 건물로부터 적어도 60cm 정도 경사져야 배수 원활
⑨ 적절하게 배수되지 않는 평탄지를 피할 것 : 포장된 지역의 최소 경사도는 0.5%이고, 토양인 경우는 1%
⑩ 정지계획안의 소유경계선을 넘지 않을 것
⑪ 경사나 둑 : 심한 침식이나 사태문제를 해결하기 위해 토양형태의 자연적인 휴식각을 넘지 않을 것

4. 정지설계도의 기호 및 약자

표기	내용	표기	내용
─ ─ ─ ─	기존등고선	───────	계획등고선
× (15.37)	기존점 고저	× 15.37	계획점 고저
F.F.E(L)	마감바닥높이	B.M	표고기준점
TW/BW	옹벽 상단, 옹벽 하단	TC/BC	연석 상단, 연석 하단

TS/BS	계단 상단, 계단 하단	BF	기초 하단 (Bottom of Footing)
HP/LP	최고점, 최저점	HPS	배수로의 최고점 (High point do Swale)
INV. EL	변환점 높이		

3-3. 등고선 조작 방법

* 절토 1 : 1, 성토 1 : 1.5

1. 절토에 의한 방법

① 지형도에 평탄한 지역을 조성할 위치 정함
② 평탄지역 밖에서 평탄지역을 지나지 않는 제일 낮은 등고선 택함
③ 선택한 등고선보다 조금 높은 숫자로 마감고저 정함
④ 선택한 등고선보다 높은 등고선부터 시작해서 지역의 뒤를 둘러쌈
⑤ 등고선은 건물로부터 일정한 거리 유지
⑥ 건물과 새로 마감된 등고선 사이의 경사를 허락할 수 있도록 함
⑦ 등고선과 등고선 사이는 적합한 간격 유지
⑧ 기존 등고선과 계획 등고선이 만나지 않을 때까지 계속할 것

2. 성토에 의한 방법

① 지형도에 평탄한 지역을 조성할 위치를 정함
② 그 지역을 통과하지 않는 가장 높은 등고선보다 조금 높게 마감고저 정함
③ 평탄지역을 통과하는 등고선부터 낮은 방향으로 그 지역을 둘러쌈

3. 성토와 절토에 의한 방법

① 지형도에 평탄한 지역부지 설정
② 마감고저는 평탄한 지역을 통과하는 중간 등고선을 택하여 결정
③ 마감고저보다 높은 등고선은 위로 평탄지역을 감싸고, 낮은 등고선은 아래로 평탄지역 둘러쌈
④ 기존 등고선과 계획등고선이 만나지 않을 때까지 계속할 것

4. 옹벽에 의한 방법

① 슬래브(slab)의 기초벽이나 바닥면은 내면이나 외면에서 옹벽으로 노출
② 등고선이 합병되어 나타나기 때문에 시각화하는 데 어려움

5. 순환로의 조성

① 절토에 의한 방법
  ㉠ 지형도에 대략적인 도로를 배치
  ㉡ 도로 밑에 있는 등고선으로 제안하려는 마감경사를 정할 것
  ㉢ 택해진 등고선은 제안된 등고선으로서 도로에 수직으로 건너가야 하며, 도로의 다른 면에 도달했을 때 기존의 등고선과 다시 연결할 수 있을 때까지 평행하게 그리기
  ㉣ 절토에 의한 경사를 변경할 때에는 항상 가장 낮은 등고선에서 시작하여 위로 올라가야 함
  ㉤ 등고선의 간격은 동일하게 함
② 성토에 의한 방법
  ㉠ 지형도에 대략적인 도로를 배치
  ㉡ 도로 위에 있는 등고선을 찾아 마감경사 정할 것
  ㉢ 제안된 도로에 수직되게 도로를 가로질러 동일한 기존등고선에 다시 연결될 때까지 도로의 다른 면을 따라 그리기
  ㉣ 성토에 의한 방법은 항상 높은 등고선에서부터 시작
  ㉤ 등고선은 균등간격으로 거리를 유지

③ 절토와 성토에 의한 방법
  ㉠ 지형이 너무 급경사가 아닌 경우
  ㉡ 도로의 중앙에서 등고선을 선택하고 등고선 반을 밑의 등고선에(성토), 나머지 반을 위에(절토) 연결
  ㉢ 도로 위와 아래로 둑(제방)을 만들기

3-4. 정지작업

1. 정지 작업 시 고려사항

① 점토나 유기물이 많은 토양이 젖어 있을 때에는 정지작업을 하지 말 것
② 다짐을 위해서는 완전히 건조한 흙보다는 적당한 수분이 함유되었을 때 다짐할 것
③ 부지의 배수상태를 파악하고, 정지작업으로 인해 새 웅덩이가 만들어지지 않게 할 것
④ 정지작업 과정 중 발생하는 침식을 방지할 것
⑤ 절토는 현재 높이가 계획고보다 높은 경우 이루어지며, 흙은 절토와 동시에 성토가 필요한 곳으로 운반될 수 있음
⑥ 성토를 할 때는 성토할 지반의 지형을 다져서 안정된 성토면을 얻을 수 있게 하고 성토부위가 침하될 것을 고려하여 여유있게 성토할 것

> * **여성고(더돋기)**
> : 성토 부위가 침하될 것을 고려하여 성토 높이의 약 10% 정도 더 높게 쌓는 것

2. 조성방법의 장·단점

① 절토에 의한 방법

장점	단점
• 지반이 안정 • 공지가 적은 대지나 성토작업이 곤란한 급경사지에 사용 가능	• 절토한 흙의 처리문제

② 성토에 의한 방법

장점	단점
• 이용면적을 넓힘 • 배수 용이	• 흙을 찾기가 곤란하거나 비용이 많이 소요 • 새로운 성토지역은 기초나 특수한 기구에 의한 다짐 없이는 불안정 → 심한 침식, 사태, 활동 • 건조되기 쉬워 자주 관수 필요

③ 성토와 절토에 의한 방법
  ㉠ 균형을 이루며 운반해야 함
  ㉡ 처리비 적게 소요
  ㉢ 가장 많이 사용하는 방법

3. 성토 시공방법

① 수평층 쌓기 : 도로, 하천, 제방, 철도
② 전방층 쌓기 : 전진하면서 쌓기. 공사 진척률 높음, 토사붕괴 우려의 단점
③ 비계층 쌓기 : 흙을 싣고 와서 비계 사이로 떨어뜨리는 방법

4. 토양 및 토질

4-1. 토양의 분류

1. 토양의 분류

 ※ 통일분류법

토질의 종류		제1문자	토질의 속성	제2문자	
조립토 (組立土)	자갈(Gravel)	G	입도분포가 양호하고 세립분 거의 없음	W	조립토
	모래(Sand)	S	입도분포가 불량하고 세립분 거의 없음	P	
세립토 (細粒土)	실트(Silt)	M	세립분을 12% 이상 함유하고 A선의 아래에 위치하며 소성지수는 4 이하임	M	
	점토(Clay)	C	세립분을 12% 이상 함유하고 A선의 위에 위치하며 소성지수는 7 이상임	C	
	유기질의 실트 및 점토(Organic Clay)	O	압축성 낮음 LL≤50	L	세립토
유기질토	이탄(Peat)	Pt	압축성 높음 LL≥50	H	

2. 조립토와 세립토의 성질 비교

토질 성질	조립토	세립토
간극률	적음	큼
점착성	거의 없음	있음
압축성	적음	큼
압밀속도	순간적	느리고 장기적

501

소성	비소성	소성
투수성	큼	적음
마찰력	큼	적음
침하시간	길음	짧음

3. 자연토양의 구조

① 판상
  ㉠ 토양입자가 얇은 층으로 배열
  ㉡ 충적토 모재에서 생성
  ㉢ 배수 불량

② 주상
  ㉠ 토양입자가 수직방향으로 배열
  ㉡ 점질토의 심토에서 발달
  ㉢ 종류 : 각주상, 원주상

③ 괴상
  ㉠ 심토에서 발달
  ㉡ 종류 : 각괴, 원괴

④ 입상
  ㉠ 공극에 물이 저장되어 작물생육에 적합
  ㉡ 유기물이 많은 토양
  ㉢ 종류 : 입단상, 쇄립상

4. 토질 및 암의 분류

① 보통토사 : 보통 상태의 실트 및 점토 모래질 흙 및 이들의 혼합물로서 삽이나 괭이를 사용할 정도의 토질(삽작업을 하기 위하여 상체를 약간 구부릴 정도)
② 경질토사 : 견고한 모래질 흙이나 점토로서 괭이나 곡괭이를 사용할 정도의 토질 (체중을 이용하여 2~3회 동작을 요할 정도)

③ 고사 점토 및 자갈 섞인 토사 : 자갈질 흙 또는 견고한 실트, 점토 및 이들의 혼합물로서 곡괭이를 사용하여 파낼 수 있는 단단한 토질
④ 호박돌 섞인 토사 : 호박돌 크기의 돌이 섞이고 굴착에 약간의 화약을 사용해야 할 정도로 단단한 토질
⑤ 풍화암 : 일부는 곡괭이를 사용할 수 있으나 암질이 부식되고 균열이 1~10cm로서 굴착 또는 절취에는 약간의 화약을 사용해야할 암질
⑥ 연암 : 혈암, 사암 등으로서 균열이 10~30cm 정도로서 굴착 또는 절취에는 화약을 사용해야 하나 석축용으로는 부적합한 암질
⑦ 보통암 : 풍화상태는 엿볼 수 없으나 굴착 또는 절취에는 화약을 사용해야 하며 균열이 30~50cm 정도의 암질
⑧ 경암 : 화강암, 안산암 등으로서 굴착 또는 절취에 화약을 사용해야 하며 균열상태가 1m 이내로서 석축용으로 쓸 수 있는 암질
⑨ 극경암 : 암질이 아주 밀착된 단단한 암질

4-2. 토공사

1. 토공 용어

① 준설 : 수중 밑바닥에 쌓인 모래나 암석을 굴착하는 작업
② 축제 : 제방을 쌓는 작업
③ 토취장 : 성토할 흙을 채취하는 장소
④ 토사장(사토장) : 절토할 흙을 버리거나 처리하는 장소

* 토취장
  - 설계설명서에 위치 표시할 것
  - 품질·양·거리 등을 감안할 것
  - 사용 후 정지 및 사방공사할 것

2. 토공 단면 용어

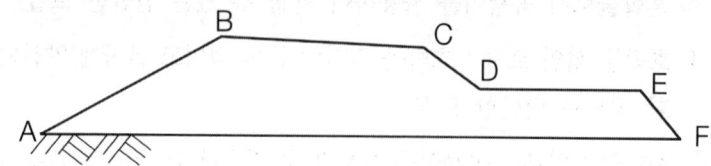

① 비탈(사면, Side slope) : AB, CD, EF와 같은 사면. 절토와 성토 구분 사용
② 비탈머리(사면 정부, Top of slope) : 비탈어깨. 상단 B점과 C점
③ 비탈기슭(사면 제부, Bottom of slope) : 비탈 끝. 하단 A점과 F점
④ 둑마루(천단, levee crown) : 제방 정부. BC부분
⑤ 턱(소단, berm) : 사면의 안정성을 높이기 위해 사면 중간에 턱, DE부분
⑥ 비탈경사(사면경사, Slope) : 비탈구배. 경사의 정도를 표시
   표시방법 1 : 1.0, 1 : 1.5 → 수직 : 수평

3. 안식각

① 휴식각, 자연구배, 자연경사, 자연비탈각
② 흙을 높이 쌓아두면 미끄러져 내려와 경사면이 안정되는 각도
③ 마찰력만으로 중력에 대하여 정지하는 흙의 사면 각도
④ 수평면과 경사면이 이루는 각 : 응집력·부착력 작용
⑤ 건조할 경우 : 자갈>모래, 자갈>점토, 모래>점토
⑥ 안식각 커지는 요인
   ㉠ 입자 클수록   ㉡ 함수율 낮을수록
⑦ 안식각 이하의 비탈경사 : 안정도 높음

4. 지반조사 방법

① 터파보기
   ㉠ 소규모 공사
② 짚어보기

　　　㉠ 철봉을 꽂아 감각으로 지반의 단단함 판단
　③ 물리적 지하탐사법
　　　㉠ 보링과 보링 사이에 행하는 방법
　　　㉡ 보조적인 조사방법
　④ 보링(boring)
　　　㉠ 지중을 천공하여 그 안의 토사를 채취하여 지반 깊이에 따른 지층의 구성 상태를 파악하기 위한 방법
　　　㉡ 가장 보편적으로 사용하는 방법
　⑤ 표준관입시험
　　　㉠ 사질토
　　　㉡ 시료를 채취하기 곤란하므로 지반 밀실도를 타격횟수값으로 판단하는 방법
　⑥ 지내력시험(재하시험)
　　　㉠ 기초 저면까지 파들어간 후, 그 자리에서 직접 하중을 가하여 지반 허용 지지력을 구하는 방법
　　　㉡ 방법 : 평판재하시험, 말뚝재하시험, 말뚝박기시험
　　　㉢ 평판재하시험 : 가장 많이 사용
　⑦ 베인 테스트
　　　㉠ 연약 점토
　　　㉡ 십자(+)형 날개를 지중에 박고 회전시켜 회전력에 저항하는 모멘트를 측정하여 점토의 점착력을 판단하는 방법
　⑧ 샘플링
　　　㉠ 토질조사에 필요한 시료를 채취하는 방법

4-3. 흙의 성질

1. 흙의 성질

　① Darsy 법칙
　　　㉠ 토양수분 투수성 측정

ⓒ $q = k \times A \times \dfrac{H}{L}$

　　　(q : 토층 침투유량, k : 투수계수, A : 토양 단면적, H : 수위차, L : 토양길이)

② 흙 투수계수

　㉠ 흙의 형상계수에 따라 변화

　㉡ 물의 단위중량에 비례

　㉢ 흙의 평균지름(유효입경)의 제곱에 비례

　㉣ 간극비의 제곱에 비례

　㉤ 모래＞점토

③ 흙의 모세관 현상

　㉠ 물의 표면장력에 의해 발생

　㉡ 간극비가 높아지면 모관상승고 하강

　㉢ 모관상승 영역 : 간극수압 – 부압

④ 흙의 연화현상

　㉠ 동결지반이 해빙기에 융해되면서 얼음 렌즈가 녹은 물이 빨리 배수되지 않으면 흙의 함수비는 원래보다 큰 값이 되어 지반의 강도가 감소되는 현상

⑤ 토양의 연경도(견지성)

　㉠ 점성토가 함수량에 따라 변화하는 성질

　㉡ 흙의 함수량에 따라 고체-반고체-소성-액성 상태로 변화

　㉢ 수축한계 : 고체 → 반고체, 소성한계 : 반고체 → 소성, 액성한계 : 소성 → 액성

⑥ 토양산도

　㉠ 활산도 : 토양 내 존재하는 수소이온농도

　㉡ 염류치환산도(염교환산도, 교환성산도) : 교환성 수소와 교환성 Al에 존재하는 수소이온농도

　㉢ 잠산도 : 유기물이나 점토광물에 강하게 흡착되어 있는 수소이온과 Al의 수산기이온에 의한 산도

　㉣ 치환산도 : 토양 내 양이온교환에 의한 치환성 수소이온에 의한 산도

⑦ 토양 공극량

㉠ 공극 : 토양 내 공기와 물이 차지하는 부분
㉡ 토양 공극량이 많아지는 조건
　　ⓐ 부식물질 많을수록
　　ⓑ 표토 > 심토, 점질토 > 사질토
　　ⓒ 관리가 잘 된 입단 토양
㉢ 토양 내 공극이 많을수록 구조물의 기반으로서는 불안정

2. 간극비(공극비)와 간극률(공극률)

① 간극비(공극비) = $\dfrac{V_v}{V_s}$

　(V_v : 간극(공극) 체적, V_s : 흙입자 체적)

② 간극률(공극률) = $\dfrac{V_v}{V} \times 100\,(\%)$

　(V_v : 간극 체적, V : 흙 전체 체적)

3. 포화도

① 포화도 : 흙속에 포함된 간극만의 체적에 대한 함유수분 체적의 비

② 포화도 = $\dfrac{V_w}{V_v} \times 100(\%)$

　(V_w : 수분 체적, V_v : 간극 체적)

4. 함수비와 함수율

① 함수비
　㉠ 흙 입자의 중량에 대한 함유수분 중량비

　　함수비(W) = $\dfrac{W_w}{W_s} \times 100\,(\%)$

　　(W_w : 함유수분 중량, W_s : 흙 입자 중량)
　㉡ 점토지반 : 함수비 낮음, 전단강도는 증가

ⓒ 모래지반 : 함수비 높음, 내부마찰력 감소

ⓒ 함수비를 낮추기 위해 sand drain 공법 사용

② 함수율

함수율 $= \dfrac{W_w}{W} \times 100(\%)$

(W_w : 함유수분 중량, W : 흙 전체 중량)

4-4. 토량계산(토적계산)

1. 단면법 : 길이가 긴 경우 토공량 계산 방법

① 양단면 평균법

$V = \dfrac{(A_1 + A_2)}{2} \times h$

(V : 토량(체적)(m^3),

A_1, A_2 : 양단면 면적(m^2),

h : 양단면 간의 거리(m))

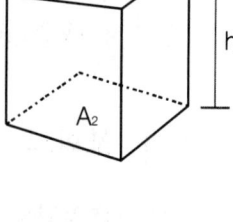

② 중앙 단면법

$V = A_m \times h$

(A_m : 중앙 단면적(m^2), h : 양단면 간의 거리(m))

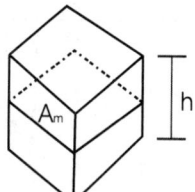

③ 각주공식에 의한 방법

$V = \dfrac{h}{6} \times (A_1 + 4A_m + A_2)$

(A_1, A_2 : 양단면 면적(m^2), A_m : 중앙 단면적(m^2),

h : 양단면 간의 거리(m))

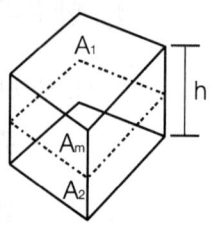

 * 중앙단면법 < 각주공식 < 양단면평균법

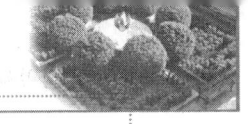

2. **점고법** : 넓은 지역(운동장, 광장 등)의 매립 및 땅고르기 등에 필요한 토공량 계산 방법

① 구형분할법(거형분할법, 사각형법)

$$V = \frac{A}{4}(\Sigma h_1 + 2\Sigma h_2 + 3\Sigma h_3 + 4\Sigma h_4)$$

(A : 사각형 한 개의 면적(m^2),

$h_1 \sim h_4$: 각 점의 수직고(m))

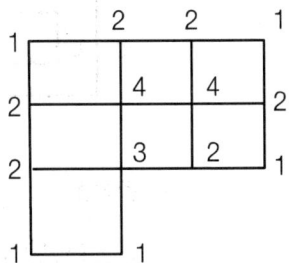

② 삼각분할법(삼각형법)

$$V = \frac{A}{3}(\Sigma h_1 + 2\Sigma h_2 + 3\Sigma h_3 \cdots + 8\Sigma h_8)$$

(A : 삼각형 한 개의 면적(m^2), $h_1 \sim h_8$: 각 점의 수직고(m))

3. **등고선법** : 등고선을 이용하여 저수지의 용적이나 정지작업의 토량을 구하는 방법

① 등고선법 : 단면이 홀수일 경우

$$V = \frac{h}{3}\{A_1 + (4 \times \Sigma 짝수단면적) + (2 \times \Sigma 홀수단면적 + A_n)\}$$

(h : 등고선 간격, 높이차(m), $A_1 \sim A_n$: 각 등고선 면적(m^2))

② 양단면평균법 : 단면이 짝수일 경우, 등고선법으로 구한 나머지 부분

$$V = \frac{(A_1 + A_2)}{2} \times h$$

③ 원뿔공식 : 최정상부

$$V = \frac{1}{3}\pi r^2 h = \frac{1}{3} \times A_1 \times h'$$

(h' : 마지막 등고선부터 최정상까지의 높이(m))

4. **터파기 토량**

① 독립기초

$$V = \frac{h}{6} \times \{(2a + a')b + (2a' + a)b'\}$$

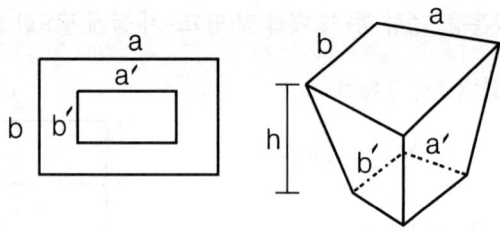

② 줄기초

$$V = \left(\frac{a+b}{2} \times h\right) \times \ell$$

(a : 윗변의 길이(m), b : 아랫변의 길이(m), h : 높이(m), ℓ : 기초의 길이(m))

5. 토량 체적 환산계수

① 자연 상태 : 본바닥 토량, 굴착할 토양

② 흐트러진 상태 : 운반할 토량

③ 다져진 상태 : 공사 시공 후 성토량

$$L = \frac{흐트러진\ 상태의\ 토량(m^3)}{자연상태의\ 토량(m^3)}$$

$$C = \frac{다져진\ 상태의\ 토량(m^3)}{자연상태의\ 토량(m^3)}$$

기준이 되는(q) \ 구하는(Q)	자연상태 (원지반)의 토량	흐트러진 상태 (굴착 후)의 토량	다져진 상태 (전압 후)의 토량
자연상태(원지반)의 토량	1	L	C
흐트러진 상태(굴착 후)의 토량	1 / L	1	C / L
다져진 상태(전압 후)의 토량	1 / C	L / C	1

4-5. 면적계산

1. 헤론의 공식

세 변의 길이를 알 때 삼각형 면적

$$S = \sqrt{s(s-a)(s-b)(s-c)} \qquad s = \frac{a+b+c}{2}$$

(a, b, c : 삼각형 세변의 길이(m))

2. 심프슨 법칙

기준선과 불규칙한 경계선으로 둘러싸인 도형 면적

① 심프슨 제1법칙

$$V = \frac{d}{3} \times \{y_1 + (4 \times \Sigma \text{짝수면 높이}) + (2 \times \Sigma \text{홀수면 높이}) + y_n\}$$

② 심프슨 제2법칙

$$V = \frac{3}{8} \times d \times \{y_1 + (2 \times \Sigma y_{3의\ 배수}) + (3 \times \Sigma y_{나머지\ 수}) + y_n\}$$

5. 도로설계

5-1. 도로의 종류

1. 도로의 종류

① 사용 및 형태별 분류 : 일반도로, 자동차 전용도로, 보행자 전용도로, 보행자 우선도로, 자전거 전용도로, 고가도로, 지하도로

② 규모별 분류 : 광로, 대로, 중로, 소로
③ 기능별 분류
    ㉠ 간선도로 : 주간선도로, 보조간선도로
        ⓐ 장거리 이동교통 대량수송
        ⓑ 주변 토지·건물에서 차량 출입 제한
        ⓒ 노상주차 허용 안함
        ⓓ 교통조절 : 신호등, 교차로
        ⓔ 도시녹지(open space)로서의 역할
        ⓕ 대규모 도시경관 설계 공간 제공
    ㉡ 집산도로 : 근린생활권역의 골격
    ㉢ 국지도로
    ㉣ 특수도로 : 자전거 전용도로, 보행자 전용도로

5-2. 도로설계

1. 속도

① 속도 = $\dfrac{l}{t}$ (l : 주행거리, t : 소요시간)

② 속도의 종류
    ㉠ 지점속도 : 어떤 지점을 통과할 당시의 순간 속도
    ㉡ 주행속도 : 주행 시 속도. 정지시간은 포함되지 않음
    ㉢ 구간속도 : 어떤 구간의 주행 시 속도. 정지시간 포함
    ㉣ 운전속도 : 교통량 및 주위 교통상황을 고려해 운전하는 속도
    ㉤ 임계속도 : 교통량이 최대가 되는 속도
    ㉥ 설계속도
        ⓐ 도로조건만으로 정한 최고속도
        ⓑ 도로의 기하학적 구조와 물리적 형상 결정 시 기준되는 자동차 속도
        ⓒ 도로의 종류와 교통량에 의해 정해지는 속도

도로기능별 구분		지방지역			도시지역 (km/hr)
		평지	구릉지	산지	
고속도로		120	110	100	100
일반도로	주간선도로	80	70	60	80
	보조간선도로	70	60	50	60
	집산도로	60	50	40	50
	국지도로	50	40	40	40

2. 도로 폭원의 주요소

① 차도

㉠ 자동차의 통행에 사용되며 차로로 구성된 도로의 부분

㉡ 차도폭원 : 대향하는 2대의 자동차가 각각 정해진 설계속도로 안전하게 엇갈려 지나갈 수 있는 조건 아래 그 최소 수치를 정하고, 이 최소 수치에 약간의 여유를 두어 결정

㉢ 1차선 폭원 : 3.0~3.75m

② 보도

㉠ 보행자만의 통로

㉡ 폭원 10m 이하 도로 : 보도 만들지 않음

㉢ 도로 총폭원 : $W = B + 2x$

(W : 도로 총폭원, B : 차도폭원, x : 보도 한쪽폭원)

㉣ 보도 한쪽 폭원 : $x = r \times W = \dfrac{r}{1-2r} \times B$

(r : 보도 한쪽 폭원과 도로 총폭원과의 비=1/6)

* 복잡한 행사공간 출구 폭원(W)= $\dfrac{0.55P}{33T}$

　W : 출구 보도폭(m)
　P : 출구를 통해 나오는 전체 인원(인)
　T : 출구를 완전히 이탈하는 데 필요한 시간(분)

③ 노견(길어깨) : 도로를 보호하고 비상시에 이용하기 위하여 차도에 접속하여 설치하는 도로의 부분

④ 분리대
  ㉠ 차도를 통행의 방향에 따라 분리하거나 성질이 다른 같은 방향의 교통을 분리하기 위하여 설치하는 도로의 부분이나 시설물
  ㉡ 중앙분리대 : 차도를 통행의 방향에 따라 분리하고 옆 부분의 여유를 확보하기 위하여 도로의 중앙에 설치하는 분리대와 측대

 * 측대 : 운전자의 시선을 유도하고 옆 부분의 여유를 확보하기 위하여 중앙분리대 또는 길어깨에 차도와 동일한 횡단경사와 구조로 차도에 접속하여 설치하는 부분

3. 도로설계의 제 요소

① 횡단구배
  ㉠ 도로의 진행방향에 직각으로 설치하는 경사
  ㉡ 도로의 배수(排水)를 원활하게 하기 위하여 설치하는 경사와 평면곡선부에 설치하는 편경사
  ㉢ 도로 직선부의 중앙에서 좌우로 향하여 내리막 구배
  ㉣ 표현 : 노정(路頂, 중앙의 가장 높은 곳)과 노단을 연결하는 선의 구배 크기 (%, 분수)
  ㉤ 형태 : 직선, 포물선, 쌍곡선

보도	아스팔트 · 시멘트 포장 도로	간이포장도로	비포장도로
2% 이하	1.5~2.0%	2.0~4.0%	3.0~6.0%

② 종단구배
  ㉠ 도로의 진행방향 중심선의 길이에 대한 높이의 변화 비율
  ㉡ 노면의 중심선에서의 경사
  ㉢ 표현 : 수평거리와 양단 높이의 차의 비
  ㉣ 교량이 있는 곳 전방 : 종단구배를 주지 않음
  ㉤ 노면배수를 고려해 최소 종단구배 : 0.3~0.5%

ⓑ 종단곡선이 길수록 좋음
ⓢ 설계속도가 빨라지면 종단곡선의 최소길이를 증가시켜야 함

③ 시거(視距)
   ⊙ 자동차가 안전하게 주행하기 위해서 전방을 내다볼 수 있는 거리
   ⓒ 종류
      ⓐ 정지시거 : 전방에서 오는 차량을 인지하고 제동·정지하는데 필요한 시거
      ⓑ 피주시거 : 핸들을 돌려 전방의 차량을 피하는데 필요한 시거
      ⓒ 추월시거 : 전방의 차량을 추월하는데 필요한 시거
      ⓓ 안전시거 : 위험이 따르지 않을 정도의 시거

④ 선형(평면 선형, 곡선부)
   ⊙ 수평노선을 말하며, 평면도상에 나타난 도로 중심선의 형상
   ⓒ 곡선의 종류
      ⓐ 단곡선 : 한 개의 곡선을 중간에 두고 양쪽의 직선 연결
      ⓑ 복합곡선 : 같은 방향으로 굽은 2개의 곡선. 지형이 복잡한 곳
      ⓒ 배향곡선 : 반대 방향으로 굽은 2개의 곡선
      ⓓ 반향곡선 : 반지름이 각기 다른 2개의 원곡선으로 구성, 두 곡선의 연속점에 공통접선을 가지며 곡선 중심이 공통접선에 대해 서로 반대쪽에 있는 곡선. 산지도로에서 구배 완화
   ⓒ 곡선반경
      ⓐ 최소곡선반경은 곡선을 설계속도로 주행하는 자동차에 가해지는 원심력에 의해 생기는 횡력의 일정한도를 넘지 않도록 할 것
   ⓔ 최소곡선장
      ⓐ 도로곡선부에서 그 교각이 작을 때, 상당히 큰 곡선반경을 사용해 곡선장이 짧게 됨
      ⓑ 도로곡선장이 너무 짧으면 나타나는 현상

단점	대책
운전자 핸들조작 불편	쉽게 핸들조작하는데 필요한 곡선장 선정
원심가속도 증가율 커짐	곡선장은 완화구간 길이의 2배 필요
곡선반경이 실제보다 작게 보이고, 곡선이 절선되어 있는 것 같이 보여 운전자의 착각을 일으킴	7°를 한계로 하여 클 때는 최소곡선장을 일정하게 하고, 작을 때는 최소곡선장을 점차 확대함

  ㉤ 편구배(Superelevation)
    ⓐ 곡선부에서 미끄러지는 것을 감소시키고 차량을 도로의 오른쪽으로 향해서 유지하도록 유인하기 위한 구배
    ⓑ 가장 빈도 많은 속도에 대해 자중과 원심력의 합력이 노면에 수직이 되도록 하는 것
    ⓒ 원심력에 대한 보정
    ⓒ 기울어지는 양은 차량의 기대되는 속도와 곡선부의 반경에 의존
    ⓓ 최소한의 효과적인 비율 : 횡단구배의 2배

* 편구배 공식 : $i = \dfrac{V^2}{127R} - f$

  i : 편구배(cm/m)   V : 설계속도(KPH)
  f : 횡마찰계수(cm/m)   R : 곡선반경(m)

  ㉥ 완화구간장
    ⓐ 완화구간 : 직선부에서 곡선부로 들어가면서 점차 변화하는 구간
    ⓑ 완화곡선
     - 완화구간에 설치하는 곡선
     - 직선과 원곡선 사이에 반지름이 무한대로부터 점점 작아져서 원곡선에 일치하도록 설치하는 특수 곡선
     - 곡선반경의 시점 : 무한대, 종점 : 원곡선의 반경
     - 곡률(1/R) : 곡선길이 비례
     - 종류 : 클로소이드, 렘니스케이트, 3차 포물선
     - 클로소이드 : 가장 적합한 곡선, 곡선장에 반비례하여 곡률반경 감소

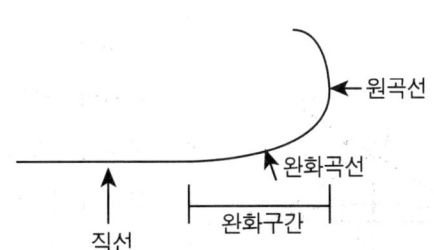

4. 도로선형의 설계

① 수평노선 설정

　㉠ 평면상의 도로배치, 호(원곡선)의 일부분과 직선구간으로 구성

　㉡ 곡선장(L, AFB)　　$L = \dfrac{RI}{57.3}$

　㉢ 곡선반경(R, OA=OB)　　$R = \dfrac{57.3L}{I}$

　㉣ 장현(C, AB)　　$C = 2R \times \sin \dfrac{I}{2}$

　㉤ 접선장(T, AD=DB)　　$T = R \times \tan \dfrac{I}{2}$

　㉥ 외할(E, DF)　　$E = R \times \left(\sec \dfrac{I}{2} - 1 \right)$

　㉦ 중앙종거(M, FG)　　$M = R \times \left(1 - \cos \dfrac{I}{2} \right)$

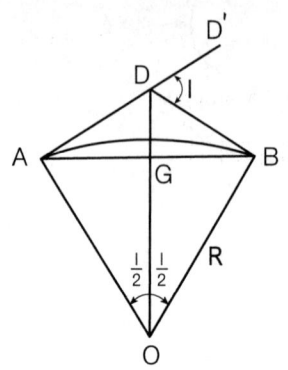

명칭	기호
A : 곡선의 시점(beginning of curve : B.C)	
B : 곡선의 종점(end of curve : E.C)	
F : 곡선의 중점(second point : S.P)	
D : 교점(intersection point : I.P)	
∠D′DB, ∠AOB : 교각(intersection angle : I)	
AD, DB : 접선장(tangent length : T)	
OA, OB : 곡선반경(radius of curve : R)	
DF : 외할(external secant : E)	
AFB : 곡선장(length of curve : L)	
AB : 현장(chord length : C)	
FG : 중앙종거(middle ordinate : M)	

② 수직노선 결정

㉠ 종단곡선 : 종단구배가 급격히 변하는 것을 완화하기 위해 두 구배의 적당한 곡선으로 연결한 곡선

㉡ 목적

ⓐ 차량의 급격한 운동변화에 따른 충격 완화

ⓑ 차량 및 노면의 손상방지

ⓒ 안전시거의 확보용

㉢ 종단곡선

ⓐ 길수록 좋음

ⓑ 시거의 길이로 곡선장 결정

ⓒ 종단곡선장

$$L = \frac{(m-n)V^2}{360}$$

L : 종단곡선의 수평길이(m)

m-n : 구배차(%) → 상향구배 +, 하향구배 −

V : 자동차의 속도(km/hr)

PART 03 조경재료

1. 조경재료의 특성

1-1. 재료의 특성

1. 재료의 일반적 특성

① 탄성 : 순간적으로 변형되었다가 외력이 제거되면 다시 원래의 형태로 회복되는 성질
② 소성 : 영구 변형되는 성질
③ 점성 : 고무처럼 서로 저항이 생기는 성질
④ 강성 : 변형에 대해 저항하는 성질
⑤ 인성 : 변형을 일으키면서도 파괴되지 않고 견딜 수 있는 성질
⑥ 취성 : 영구변형하지 않고, 극히 일부만 영구변형하고 파괴되는 성질
⑦ 연성 : 파괴되지 않고 가늘고 길게 늘어나는 성질
⑧ 전성 : 파괴없이 판상으로 펼쳐지는 성질
⑨ 경도 : 재료의 단단한 정도
⑩ 강도 : 외력에 의한 변형이나 파괴 없이 단면적당 작용하는 하중에 저항할 수 있는 응력

2. 재료의 물리적 특성

① 밀도, 비중, 함수율, 흡수율, 비열, 열전도율, 온도전도율, 열팽창계수, 연화점·인화점·발화점, 흡음률·차음률, 빛의 투과율·반사율

3. 재료의 화학적 특성

① 녹 발생, 중성화, 화학적 노출

2. 조경재료별 특성

2-1. 석재

1. 석재의 특징

장점	단점
• 외관 장중·치밀·광택 우수	• 무거움 : 운반·가공 어려움
• 종류별로 특징·색채·형태 다양	• 비중 큼(평균 2.65)
• 내구성 강, 내마모성 강, 내수성 강, 내화학성 강	• 인장강도 약함 : 인장재 사용 부적절
• 압축강도 강	• 화열 받으면 균열·파괴(화강암), 분해되어 강도 상실(석회암, 대리석)
• 경도 강	• 구조용 부적절
• 불연성	

2. 석재의 분류

성인(成因)에 의한 분류		암질에 의한 종류	건축석재
화성암	심성암	화강암, 섬록암	화강암
	화산암	안산암	안산암, 화산암
		석영조면암, 현무암	경석
수성암	쇄설암	점판암, 이판암	점판암
		사암, 역암	사암
		응회암	응회암
	유기암	석회암	석회석
	침적암	석고	석고
변성암	수성암계	대리석	대리석
	화성암계	사문암	사문석

3. 석재의 강도와 종류

① 석재의 강도와 비중

석재명	압축강도(kg/cm²)	비중	흡수율(%)
화강암	1,450~2,000	2.26~2.69	0.33~0.3
안산암	1,050~1,150	2.53~2.59	1.83~3.2
응회암	90~370	2.0~2.4	13.5~18.2
사암	266~674	2.5	13.2
대리석	1,000~1,800	2.7~2.72	0.09~0.12
사문암	740~1,200	2.75~2.90	0.18~0.40

* **압축강도 : 화강암>대리석>안산암>사암>응회암>부석**
* **흡수율이 클수록 동해(凍害)를 받기 쉬움**

② 석재의 강도
  ㉠ 중량 비례
  ㉡ 함수율 반비례
  ㉢ 압축강도>휨강도>인장강도

② 인장강도 : 압축강도의 $\frac{1}{10} \sim \frac{1}{20}$

⑩ 석재 구성입자가 고울수록, 공극률이 적을수록 : 압축강도 증가

③ 석재의 종류

석재의 종류	특 성
화강암	• 구성 성분 : 석영+장석+운모 • 단위 중량 : 2,600~2,700kg/m^3 • 강도 강, 단위면적당 압축강도 큼, 내구성 강, 내산성 강/내화성 약 • 조직 균일, 외관 수려, 대재(大材) 얻기 쉬움 • 구조재, 내·외장재, 콘크리트 골재
안산암	• 강도 강, 내화성 강, 내구성 강 • 판상절리
점판암	• 층상형태 : 박판 채취 가능 • 천연 슬레이트 지붕재
응회암	• 연한 암질, 다공질 • 준경석, 연석 • 흡수율 높음 • 내화성 강 • 압축강도 약 • 한랭지에서 풍화되기 쉬움
대리석	• 석회암이 높은 압력과 열에 의한 변성작용으로 생성된 암석 • 백색, 강도 강, 치밀, 견고, 외관 미려 • 내산성 약, 내화성 약, 내열성 약, 내구성 약, 풍화되기 쉬움 • 실내장식용(실외용 부적합), 조각재
사문암	• 감람석 변질된 것 • 암록색 바탕에 아름다운 무늬 • 풍화성 있음 • 실내장식용

④ 석재의 조직

㉠ 석목 : 암석의 가장 쪼개지기 쉬운 면, 암석의 채취나 가공에 가장 많이 영향을 미치는 구조의 하나, 돌눈

㉡ 석리 : 암석 표면의 구성조직, 암석을 구성하는 조암광물의 집합상태에 따라 생기는 모양으로 암석조직상의 갈라진 금, 돌결

㉢ 절리 : 암석의 물리적 연속성을 단절하는 수직·수평 또는 경사진 분할선이나 균열, 자연적으로 금이 간 상태, 돌갈램금

4. 석재의 규격

① 각석 : 폭이 두께의 3배 미만, 일정한 길이를 가진 석재

② 판석 : 두께 15cm 미만, 폭이 두께의 3배 이상인 석재

③ 견치석

    ㉠ 형태 : 마름모꼴, 정사각형꼴

    ㉡ 각 변 30cm 정도의 4각추형 네모뿔의 석재

    ㉢ 접촉면의 폭 : 한 변 평균길이의 1/10 이상

       접촉면의 길이 : 한 변 평균길이의 1/2 이상

    ㉣ 4면을 쪼개어 면에 직각으로 잰 길이 : 최소변의 1.5배 이상

    ㉤ 석축공사용

④ 사고석(사괴석)

    ㉠ 사용 : 옛 궁궐의 담장, 전통공간의 포장·담·벽

    ㉡ 1변의 길이 : 15~25cm

    ㉢ 2면을 쪼개어 면에 직각으로 잰 길이 : 최소변의 1.2배 이상

    ㉣ 정방형 각석으로 가공

    ㉤ 중후·고급스러운 느낌, 시공비 고가

⑤ 잡석

    ㉠ 지름 10~30cm 정도의 것이 고르게 섞여진 형상이 고르지 못한 큰 돌

    ㉡ 구조물을 앉힐 때 사용

⑥ 전석

    ㉠ 한 개의 크기 $0.5m^3$ 이상

    ㉡ 돌의 종류 상관없음

    ㉢ 정형화되지 않은 석괴

⑦ 호박돌 : 지름 18~30cm, 동글동글한 형태

⑧ 사석 : 막 깬 돌 중 유수에 견딜 수 있는 중량을 가진 큰 돌

5. 석재의 가공

① 야면석
  ㉠ 가공하지 않은 거친면을 가진 자연 그대로의 돌 : 정원석류, 호박돌류
  ㉡ 자연의 돌이 절리 또는 깨진 것에서 박피한 돌 : 철평석, 단파석 등
  ㉢ 인공적인 충격으로 깨진 각종 석재의 거친 조각 : 잡석, 버림돌 등
  ㉣ 구조용의 거친돌 : 원석

② 석재의 가공순서(인력다듬)
  ㉠ 혹두기 : 쇠망치(쇠메), 날메로 다듬는 정도로 거친 면을 그대로 두는 마무리법
  ㉡ 정다듬 : 울퉁불퉁한 면을 정으로 쪼아 평탄하게 만드는 과정
  ㉢ 도드락다듬 : 고운 정다듬을 한 후, 도두락망치로 평탄하게 마무리하는 방법
  ㉣ 잔다듬 : 날망치를 이용하여 일정 방향으로 찍어 다듬는 방법

③ 석재의 가공순서(기계 표면 가공)
  ㉠ 갈기 마감(물갈기)
    ⓐ 잔다듬한 면에 금강사, 카보렌덤 등을 물과 같이 살포하여 연마
    ⓑ 연마기, 숫돌 이용
  ㉡ 버너 마감(화염마감)
    ⓐ 화강암을 기계켜기로 마무리한 표면을 버너로 태우고, 조암 결정군을 튕겨 표피를 벗겨가는 공법
    ⓑ 기계로 켠 자국을 없애주고 자연스러운 느낌을 주므로 가장 널리 쓰이는 마감 방법
  ㉢ 분사 마감(모래분사법, 제트분사법, 샌드브래스트)
    ⓐ 모래를 노즐에서 압축공기와 함께 뿜어내 표면 연마나 무늬 부조에 사용

6. 가공석의 종류

① 마름돌 : 직육면체로 다듬은 돌
② 견치돌 : 각을 낸 돌. 찰쌓기·메쌓기용
③ 대리석 : 2~5cm 두께로 톱켜기
④ 모조석 : 인조석, 시멘트, F.R.P, G.R.C 등

 * 테라조
- 모조석의 일종
- 대리석 부스러기(쇄석)+시멘트 : 콘크리트판 한쪽 면에 타설 후 가공 연마
- 대리석과 같은 미려한 광택 마감

⑤ 막깬돌(쇄석) : 토사유출 방지용, 토목공사용

⑥ 사괴석 : 장대석 쌓기용

　㉠ 사괴석 : 육면체돌로 바른층 쌓기

　㉡ 장대석 : 긴 사각의 주상석의 가공석 바른층 쌓기, 계단이나 담장의 기단

⑦ 다듬돌 : 각석·주석과 같이 일정한 규격으로 다듬어진 돌, 건축·포장용

7. 자연석(정원석)

① 2목도 이상 크기의 돌을 의미(1목도=50kg)

② 가공자연석 : 깬돌을 가공하여 자연석 형태로 만든 돌

③ 호박돌 : 하천에 있는 둥근 형태의 돌로서 지름 20cm 내외의 크기

④ 경관석의 종류 : 입석(立石), 횡석(橫石), 평석(平石), 환석(丸石), 각석(角石), 와석(瓦石), 사석(斜石)

⑤ 경관석 놓기

　㉠ 시선이 집중되는 곳이나 시각적으로 중요한 지점에 감상을 목적으로 사용

　㉡ 중심석, 보조석으로 구분하여 주변 환경과 어울리게 단독 또는 집단으로 배석

⑥ 디딤돌(징검돌) 놓기

　㉠ 상단 : 수면보다 15cm 정도 높게 배치, 한 면의 길이가 30~60cm 정도 사용

　㉡ 배치 간격 : 40~70cm, 돌과 돌 사이의 간격 : 8~10cm 정도로 배치

　㉢ 크기 30cm 내외 : 디딤돌의 상면이 지표면보다 3cm 정도 높게 배치

　　　크기 50~60cm : 지표면보다 6cm 정도 높게 배치

　㉣ 디딤돌(징검돌) 장축 : 진행방향에 직각 배치

　㉤ 정원 : 배치 간격을 20~30% 줄임

⑦ 자연석 놓기와 쌓기 중량

　㉠ 자연석 놓기 중량=체적(m^3)×단위중량(ton/m^3)

ⓛ 자연석 쌓기 중량=체적(m^3)×단위중량(ton/m^3)×실적률

8. 메쌓기

① 모르타르를 사용하지 않는 쌓기 방법
② 뒷채움 재료 : 흙, 잡석
③ 높이 2m 이하 석축에 사용, 1m까지는 수직쌓기
④ 1~2m까지는 10~20° 기울게 쌓기
⑤ 맞물림 부위 : 10mm 이내, 해머로 다듬어 접합, 맞물림 뒷 틈 사이에 조약돌 괴기

9. 찰쌓기

① 모르타르로 석재를 접착시키는 쌓기 방법
② 뒷채움 재료 : 콘크리트
③ 전면기울기 표준은 1 : 0.2 이상
  ㉠ 높이 1.5m까지 1 : 0.25
  ㉡ 높이 3m까지 1 : 0.3
④ 시공 전 돌에 붙어 있는 이물질 제거
⑤ 배수구(배수공)
  ㉠ 뒷면 : 배수를 위해 2~3m^2마다 지름 3~6cm의 대나무·파이프 배수구 설치
  ㉡ 뒷채움 재료 : 잡석 이용
⑥ 뒷고임돌로 고정하고 콘크리트로 채워가며 쌓기
⑦ 맞물림 위치
  ㉠ 견치돌 : 10mm 이하
  ㉡ 막깬돌 쌓기 : 25mm 이하
⑧ 신축줄눈 : 설계도서에 의하되, 특별히 정하는 바가 없으면 20m 간격을 표준으로 찰쌓기 높이가 변하는 곳이나 곡선부 시점·종점에 설치

10. 문화재 수리공간의 줄눈 형태별 돌쌓기법

① 바른층 쌓기 : 가로줄눈이 일직선이 되도록 쌓는 방법

② 허튼층 쌓기 : 면이 네모진 돌로 수평줄눈이 부분적으로 연속, 세로줄눈이 일부 통하도록 쌓는 방법, 가로줄눈은 연속되지 않으나 막힌줄눈이 됨

③ 막쌓기 : 가로·세로줄눈을 고려하지 않고 석재 형태대로 쌓는 방법

④ 토석담 쌓기

　㉠ 쌓기용 흙 : 진흙+짚 여물

　㉡ 석축 위 담을 쌓는 경우 : 담장 하부 석축 안쪽으로 들여 쌓기

　㉢ 쌓는 방법 : 지대석 놓고 50mm 정도 들여 흙 한 켜 놓아 윗돌이 흙과 물리도록 쌓기, 경사는 기존대로 하기

2-2. 목재

1. 목재의 특징

장 점	단 점
• 가벼움　　　　• 친환경적 • 외관 수려　　• 촉감 좋음 • 가공성 및 작업성 용이 • 재료의 규격화 및 공업화 가능 • 열전도율 낮음, 음전도율 낮음, 전기전도율 낮음 • 비중이 적은 반면 압축강도 강, 인장강도 강 • 보온성 • 산·알칼리 저항 큼 • 충격 및 진동 흡수성 좋음 • 온도에 대한 팽창·수축 적음	• 가연성 • 부패성 • 충해 피해 • 건조변형 심함 • 수분 흡수력 강함 • 재질 및 섬유방향에 다른 강도의 차이 • 고층, 장스팬 건축물 사용 못함 • 함수량 증가에 따라 팽창·수축 큼

2. 목재의 강도

① 인장강도 > 휨강도 > 압축강도 > 전단강도

② 목재 강도 영향 인자 : 비중, 함수율, 수종, 가력방향, 목재결함, 조직학적 성질(심재와 변재, 섬유방향) 등
③ 피로한도 : 목재에 반복하여 하중을 가하면 비교적 작은 하중에도 파괴되는 응력
④ 이력현상 : 목재의 탈습과 흡습에 따라 평형함수율이 달라지며, 평형함수율이 탈습의 경우보다 흡습의 경우가 낮은 현상
⑤ 목재의 기건비중 : 박달나무 0.93, 자작나무 0.52, 곰솔 0.5, 잣나무 0.48, 오동나무 0.3

3. 목재의 조직

① 심재와 변재, 수심

  ㉠ 수심(pith) : 나무 중심부의 연한 조직

  ㉡ 심재(heartwood)와 변재(sapwood)

심 재	변 재
• 목재 가운데 죽은 세포로 구성된 부분	• 형성층에 가까운 외곽에 유세포가 살아 있는 부분
• 짙은 색	• 연한 색
• 단단, 강도 강	• 연함, 강도 약
• 비중 높음	• 비중 낮음
• 내구성 강	• 내구성 약
• 흡수성 약, 수축·변형 저항성 강	• 흡수성 강, 수축·변형 저항성 약

② 섬유세포 : 침엽수-가도관, 활엽수-목섬유
③ 도관 : 활엽수-양분과 수분의 통로
④ 수선세포 : 활엽수-참나무류 큰 편
⑤ 수지공 : 침엽수
⑥ 나이테(연륜)

  ㉠ 춘재와 추재가 한 쌍으로 겹쳐져 나타나는 무늬

  ㉡ 춘재 : 봄~여름에 생성된 넓은 부분, 부드럽고 가벼우며 연한 색

  ㉢ 추재 : 가을~겨울에 생성된 좁은 부분, 치밀하고 단단하며 짙은 색

  ㉣ 춘재 간격 좁을수록, 추재 간격 넓을수록 강도 강

4. 목재의 단위

① 각재 : 사이(재, 才)=1치×1치×12자=3cm×3cm×360cm=0.00324m³

② 원목

　㉠ 원목 재적(m³)=말구지름(m)×말구지름(m)×길이(m)

　㉡ Newton식

$$\text{원목 재적}(m^3) = \frac{\ell}{6} \times \{원구단면적 + (4 \times 중앙단면적) + 말구단면적\}$$

$$= \frac{\ell}{6} \times \frac{\pi}{4} \times \{원구직경^2 + (4 \times 중앙직경^2) + 말구직경^2\}$$

5. 목재의 건조

① 건조 목적

　㉠ 부식 및 해충을 방지

　㉡ 목질을 단단하게 하여 강도 증대

　㉢ 건조·수축에 의한 균열 및 변형 방지, 내구성 증대

　㉣ 목재의 중량을 줄여 운반비 절약

　㉤ 방부제 및 기타 약제 주입 용이

② 함수율

　㉠ 함수율 = $\dfrac{\text{건조 전 중량} - \text{건조 후 중량}}{\text{건조 후 중량}} \times 100(\%)$

　㉡ 목재 표준함수율 : 10~15%(기건 상태)

　㉢ 섬유포화점 이하 : 함수율 감소 → 강도 증대, 인성 감소

③ 자연건조법

　㉠ 공기건조법 : 목재를 옥외에 엇갈리게 수직으로 쌓거나 일광이나 비에 직접 닿지 않게 건조

　㉡ 침지건조법 : 방부액이나 물에 담가 산소공급을 차단하는 방법

　㉢ 자연건조법 : 옥내와 옥외에서 건조

④ 인공건조법 : 열기법, 자비법, 증기법, 훈연법, 전기법, 진공법, 고주파건조법

6. 목재 방부법

① 목재 방부법 : 도포법, 침지법, 상압 주입법, 가압 주입법, 표면 탄화법 등
② 방부제의 성질
  ㉠ 방부성이 강하고 효력이 영구적
  ㉡ 목재에 침투성이 강함
  ㉢ 사람이나 가축에 무해한 것으로 함
  ㉣ 인화성이 없으며 목재의 강도 및 색조를 손상시키지 않는 것이어야 함
  ㉤ 방부제 위에 페인트칠이 가능해야 함
  ㉥ 금속을 부식시키지 않는 것이어야 함
③ 방부제의 종류
  ㉠ 유성 목재방부제 : 원액 상태로 사용하는 기름성분의 방부제
    ⓐ 크레오소트유(A)
      - 흑갈색, 방부력 우수, 내습성 강
      - 가격 저렴, 냄새가 나므로 외부에 사용
      - 침투성이 좋아 목재 깊이 주입 가능
      - 80~90℃로 가열 후 도포
    ⓑ 콜타르 : 흑색, 방부력 약함
    ⓒ 페인트, 아스팔트 등
  ㉡ 수성 목재방부제 : 물에 녹여 사용하는 방부제
    ⓐ 크롬, 구리, 비소화합물계(CCA) : 엷은 녹색, 비바람·수중에서도 효력 강
    ⓑ 알킬암모늄 화합물계(AAC)
    ⓒ 크롬플루오르 구리 아연 화합물계(CCFZ)
    ⓓ 산화크롬 구리 화합물계(ACC)
    ⓔ 구리 알킬 암모늄 화합물계(ACQ)
    ⓕ 붕소 화합물계(BB)
    ⓖ 황산동, 불화소다, 염화아연
  ㉢ 유용성 목재방부제 : 유성 목재방부제에 유화제를 첨가하여 물에 희석하여 사용하는 액상의 방부제

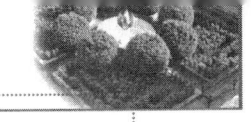

  ⓐ 펜타클로르페놀(PCP)
    - 무색, 방부력 가장 우수, 침투성 매우 양호
    - 페인트칠 가능, 석유 등으로 녹여서 사용 가능, 자극적 냄새
    - 고가
  ⓑ 유기요오드 화합물계(IPBC)
  ⓒ 지방산 금속염계(NCU, NZV)
  ⓓ 유기요오드인 화합물계(IPBCP)
④ 방부 방법
  ㉠ 도포법 : 붓이나 롤러를 사용하여 도포, 가장 간단한 방법
  ㉡ 분무법 : 분무기를 사용하여 약액이 마르기 전 2~3차례 반복 살포
  ㉢ 약제주입법
    ⓐ 상압 주입법
      - 약 80~120℃의 크레오소트 오일액에 3~6시간 침지 후, 다시 냉액에 5~6시간 침지, 15mm 정도 방수처리
    ⓑ 가압 주입법
      - 목재 내의 압력과 그 주위의 약액의 압력을 인공적으로 높은 차가 나게 하여 목재에 약액을 압입하는 방법
      - 가장 효과적이며, 균일하고 깊숙이 침투, 약제량 조절 가능
      - 가장 많이 사용하는 방식
⑤ 목재 방부제 사용 환경 범주 : H5(Hazard class) - 5등급
  ㉠ H1 : 외기에 접하지 않는 실내 건조한 곳, 건재해충 피해 - BB, IPBC, AAC, IPBCP
  ㉡ H2 : 실내 결로 예상지, 저온 - CCA, AAC, ACQ, CCFZ, ACC, CCB, NCU, NZV, IPBCP, CuAz, CuHDO, MCQ
  ㉢ H3 : 야외 사용 목재, 흰개미 피해 환경, 담장, 방음벽, 퍼골라, 놀이시설, 야외용 의자 - CCA, AAC, ACQ, CCFZ, ACC, CCB, NCU, NZU, CuAz, CuHDO, MCQ
  ㉣ H4 : 땅과 접하고 땅에 묻히는 목재, 지주목, 펜스 - CCA, ACQ, CCFZ, ACC, CCB, A

◎ H5 : 수면 접촉 교각용재, 땅, 물, 바다와 접하는 목재, 공업용재 - A

7. 목재의 접합

① 이음 : 길이 방향으로 두 부재를 접합하는 방법
② 맞춤 : 직각 또는 일정한 각도로 접합하는 방법
  ㉠ 끼움 : 턱끼움, 장부끼움
  ㉡ 짜임 : 턱짜임, 장부짜임, 사괘짜임
③ 쪽매(붙임) : 섬유방향과 평행으로 옆대어 붙여 접합하는 방법
④ 접합 철물 : 못, 나사못, 꺾쇠, 듀벨(띠쇠, 감잡이쇠, ㄱ쇠, 안장쇠)

8. 목재의 가공제품

① 합판
  ㉠ 직교 배열로 제조된 목질 판재
  ㉡ 홀수층(3, 5, 7매 등)으로 구성
  ㉢ 제품이 규격화되어 능률적으로 사용 가능
  ㉣ 목재의 완전 이용 가능, 목재의 결함 보완
  ㉤ 팽창 및 수축 방지, 뒤틀림 없음
  ㉥ 방향에 따른 강도차이 없음

* 둥근톱(목재 가공용 기계) 안전수칙
  - 톱이 먹히지 않을 때 일단 후퇴시켰다가 켜기
  - 다 켜갈 무렵 더욱 주의하여 가볍게 서서히 켜기
  - 톱 위 15cm 이내 손을 내밀지 않도록 하기

9. 목재의 절취단면

① 횡단면 : 수목의 생장방향과 직각으로 절취
② 접선단면 : 연륜과 접선으로 수목 생장방향에 따라 절취
③ 방사단면 : 연륜과 직각으로 수목 생장방향에 따라 절취

2-3. 시멘트

1. 시멘트의 특성

① 재료 : 석회(CaO)+점토+규석

② 규격 : 40kg/포

③ 보통 포틀랜드 시멘트의 단위용적중량 : 1,500kg/m³

④ 비중 : 3.05~3.15

* 시멘트 풀(cement paste) : 시멘트+물
* 시멘트 모르타르(mortar) : 시멘트+물+잔골재(모래)

2. 시멘트의 수화작용

* 수화작용 : 시멘트에 물을 가하여 응결과 경화현상이 발생되는 과정의 총칭

① 시멘트의 응결 및 경화

   ㉠ 응결 : 시멘트 페이스트가 시간이 경과함에 따라 수화에 의해 유동성 및 점성을 상실하고 고화하는 현상

   ㉡ 응결시간 : 가수 시작 1시간 이후~끝 10시간 이내

   ㉢ 보통 포틀랜드 시멘트 응결시간 : 4~6시간

   ㉣ 응결온도 : 20±3℃, 습도 : 80%

   ㉤ 응결 속도 요인

      ⓐ 지연 요인 : 시멘트에 첨가된 석고량 많을수록, W/C 높을수록

      ⓑ 촉진 요인 : 분말도가 높을수록, 습도 낮을수록, 온도 높을수록

   ㉥ 경화 : 시간경과와 더불어 조직이 치밀해지고, 강도가 증가되는 현상

② 시멘트의 풍화작용

   ㉠ 시멘트의 수분을 흡수하여 수화작용을 한 결과로 생긴 수산화석회와 공기 중의 탄산가스가 작용하여 탄산칼슘을 생성하는 작용

   ㉡ 수화반응이 저해되어 응결이 늦어짐

ⓒ 풍화 : 밀도 낮아짐, 강도 낮아짐, 고온다습 시 발생 많음

* 중성화 : $Ca(OH)_2 + CO_2 \rightarrow CaCO_3 + H_2O$

3. 시멘트 강도의 영향 인자

① 시멘트 조성, 풍화, 분말도, 양생조건, 재령, W/C
② 제조 직후의 강도가 제일 크며, 점점 공기 중의 습기를 흡습하여 풍화되므로 강도 저하
③ 분말도와 수화도가 높으면 강도가 증가한다.
   ㉠ 분말도 : 단위중량에 대한 표면적, 즉 비표면적(cm^2/g)으로 표시
   ㉡ 분말도가 클수록 물에 접촉하는 표면적이 크게 됨
   ㉢ 콘크리트 시공연도(워커빌리티), 공기량, 수밀성, 내구성에 영향

* 분말도가 큰 시멘트의 성질
  - 수화작용 빠름
  - 풍화되기 쉬움
  - 블리딩 현상 감소
  - 초기 강도 높음
  - 밝은 색
  - 비중 작아짐
  - 수화열 높음
  - 수축으로 인한 균열 많음
  - 워커빌리티 높음

④ 양생 조건 : 양생 온도 30℃ 이하에서는 온도가 높을수록 강도 증가
⑤ 재령이 경과함에 따라 강도 증가
⑥ W/C : 수량은 최적량 이후 강도 저하

4. 시멘트의 종류

① 시멘트의 종류

종류	특성	용도
보통 포틀랜드 시멘트	① 일반적인 시멘트 ② 많이 사용	① 일반적인 콘크리트 공사
중용열 포틀랜드 시멘트	① 수화열 낮음 ② 건조수축 작음 ③ 내구성, 침식저항성 강 ④ 화학저항성 큼(내산성 우수) ⑤ 조기 강도 : 보통 시멘트보다 작음 　장기 강도 : 보통 시멘트보다 같거나 큼 ⑥ 방사선 차단 효과	① 매스 콘크리트 - 대규모 ② 수밀 콘크리트 - 댐공사 ③ 차폐용 콘크리트 - 방사선 ④ 서중 콘크리트 - 여름공사 ⑤ 단면이 큰 공사
조강 포틀랜드 시멘트	① 보통 시멘트 28일 강도를 7일에 발휘 ② 저온에서도 강도 발휘 ③ 수경률 가장 큼　④ 경화시간 빠름 ⑤ 수화작용 빠름　⑥ 발열량 많음 ⑦ 건조수축 많음　⑧ 조기강도 큼	① 긴급공사 - 마무리공사 ② 한중 콘크리트 - 겨울공사 ③ 콘크리트 2차 제품
저열 포틀랜드 시멘트	① 수화열 매우 작음 ② 건조 수축 매우 작음	① 매스 콘크리트 ② 수밀 콘크리트 ③ 차폐용 콘크리트 ④ 서중 콘크리트
내황산염 포틀랜드 시멘트	① 황산염을 포함한 바닷물·토양·지하수에 대한 저항성 큼	① 황산염 침식작용을 받는 콘크리트

② 혼합 시멘트

종류		특성	용도
고로 슬래그 시멘트 (KS L 5210)	특급	보통 시멘트와 같은 성질	보통시멘트와 동일하게 사용
	1급	① 초기강도-약, 장기강도-대 ② 수화열 낮음 ③ 화학 저항성 큼 ④ 내열성 강, 수밀성 큼 ⑤ 내구성이 강	① 매스 콘크리트 ② 바닷물, 황산염 및 열의 작용을 받는 콘크리트 ③ 해수, 하수도, 댐, 항만공사 ④ 공장폐수

종류		특성	용도
플라이 애시 시멘트 (KS L 5211)	A종 (5~10%)	보통시멘트와 같은 성질	보통시멘트와 동일하게 사용
	B종 (10~20%) C종 (20~30%)	① 워커빌리티 극히 양호 ② 수화열 낮음 ③ 건조수축 작음 ④ 장기강도 강 ⑤ 수밀성 큼 ⑥ 화학 저항성 큼	① 매스 콘크리트 ② 수밀 콘크리트 ③ 콘크리트 2차 제품 등 ④ 지하철, 댐, 방파제, 하수처리시설 공사
포틀랜드 포졸란 시멘트 (KS L 5401)	A종 (5~10%)	보통시멘트와 같은 성질	보통시멘트와 동일하게 사용
	B종 (10~20%) C종 (20~30%)	① 워커빌리티 극히 양호 ② 장기강도 큼 ③ 수화열 낮음 ④ 건조수축 작음	① 매스 콘크리트 ② 수밀 콘크리트 ③ 콘크리트 2차 제품 등

③ 특수시멘트

종류	특성	용도
알루미나 시멘트	① 보통 시멘트 28일 강도를 1일에 발휘 ② 조기강도 큼 ③ 내화성 큼 ④ 알칼리에 강하나 산에는 약함 ⑤ 바닷물 저항성 강함 ⑥ 화학 저항성 강함	① 긴급 공사 ② 동절기 공사(한중 공사) ③ 해안 공사 ④ 내화용 콘크리트
팽창 시멘트 (무수축 시멘트)	① 시공 후에도 수축하지 않음 ② 보통 시멘트에 비해 수축율 20~30% 감소	① 슬래브 균열 제거 ② 이어치기 콘크리트
초속경 시멘트	① 응결시간 짧음 ② 경화 시 발열 큼 ③ 초기 강도 매우 큼	① 긴급 보수공사 ② 콘크리트 2차 제품 뿜어붙이기 공사
백색 포틀랜드 시멘트	① 원료 : 철분·마그네시아가 적은 백색 점토·석회석을 원료로 하고, 소성원료는 석탄 대신 중유를 사용 ② 안료를 섞으면 착색시멘트 가능	① 건축미장, 장식용, 채광용, 표식용, 인조대리석 제조용

5. 시멘트 저장방법

① 지상 30cm 이상 되는 마루 위에 적재
② 13포대 이상 쌓기 금지, 장기간 저장 : 7포대 이상 쌓기 금지
③ 우수 침투 방지 : 배수도랑 설치
④ 개구부를 최소화하여 공기 유통 차단
⑤ 반입·반출구는 따로 두고, 먼저 반입된 것부터 사용
⑥ 3개월 이상 경과한 시멘트 : 반드시 사용 전에 재시험을 거친 후 사용

6. 시멘트 창고 필요 면적

$$A = 0.4 \times \frac{N}{n}$$

(A : 시멘트 창고 면적, N : 저장포대수, n : 쌓아올리는 단수)

* **N(저장 포대수) 적용**
600포대 이내 : 전량 저장   600포대 이상 : $\frac{1}{3}$ 저장

2-4. 골재

1. 골재의 구분 및 특성

① 입자 크기
  ㉠ 잔 골재 : 5mm체에 전 무게의 85% 이상 통과하는 것 – 모래
  ㉡ 굵은 골재 : 5mm체에 전 무게의 85% 이상 걸리는 것 – 자갈
② 용도
  ㉠ 댐 콘크리트용 : 지름 150mm 이하
  ㉡ 철근 포장 콘크리트용 : 지름 50mm 이하
  ㉢ 무근 콘크리트용 : 지름 100mm 이하

③ 생산 내용
  ㉠ 천연골재 : 강모래, 강자갈, 산모래, 산자갈, 천연경량골재(화산자갈)
  ㉡ 인공골재 : 부순 돌, 부순 모래, 인공경량골재
④ 중량 및 공극률
  ㉠ 비중 : 2.5~2.7
  ㉡ 단위용적중량 : 잔 골재 1,450~1,700kg/m³, 굵은 골재 1,550~1,850kg/m³
⑤ 실적률과 공극률
  ㉠ 실적률 = $\dfrac{\text{단위용적중량}}{\text{비중}} \times 100(\%)$
  ㉡ 공극률 = 100 - 실적률

2. 골재의 품질

① 모양 : 구형에 가까운 것
② 강도 단단한 것, 경화 시멘트풀 최대 강도 이상일 것
③ 거친 표면일 것
④ 잔 것·굵은 것 골고루 혼합된 것
⑤ 유해량 이상 염분 및 유해물을 포함하지 않을 것
⑥ 내마모성, 내화성, 내구성이 강할 것

3. 골재의 함수상태

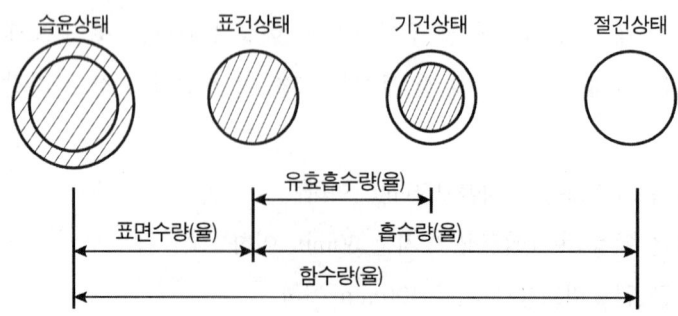

① 표면수율 = $\dfrac{\text{습윤상태중량} - \text{표건상태중량}}{\text{표건상태중량}} \times 100(\%)$

② 유효흡수율 = $\dfrac{\text{표건상태중량} - \text{기건상태중량}}{\text{기건상태중량}} \times 100(\%)$

③ 흡수율 = $\dfrac{\text{표건상태중량} - \text{절건상태중량}}{\text{절건상태중량}} \times 100(\%)$

④ 함수율 = $\dfrac{\text{습윤상태중량} - \text{절건상태중량}}{\text{절건상태중량}} \times 100(\%)$

4. 알칼리 골재 반응

① 콘크리트의 알칼리 성질이 골재의 내부에 포함된 실리카질(SiO_2)과 반응하여 콘크리트가 팽창하는 현상

② 억제 대책
  ㉠ 저알칼리형 시멘트 사용 : 알칼리량이 0.6% 이하
  ㉡ 포졸란 성분을 포함한 시멘트 사용 : 플라이애쉬, 슬래그 분말 포함

2-5. 콘크리트

1. 콘크리트의 장·단점

장 점	단 점
• 치수 제한없이 임의의 형태로 구조물 제작 가능 • 재료의 채취 및 운반이 용이 • 압축강도·내구성·내화성·내수성·내진성 강 • 철근 피복하여 녹을 방지하고 철근과의 부착력을 높임 • 시공 용이 • 유지관리비 적음	• 자중이 크고, 인장강도 작음 • 휨강도 적음 • 균열이 생기기 쉬움 • 개조 곤란 • 품질 및 시공관리가 어려움 • 보강 어려움 • 철거하기 힘듦

2. 콘크리트 성질

① 굳지 않은 콘크리트

㉠ 워커빌리티(workability, 시공연도)

ⓐ 반죽질기에 따라 저항하는 비비기, 운반, 치기, 다지기, 마무리 등의 작업의 난이도 정도와 재료분리에 저항하는 정도를 나타내는 굳지 않은 콘크리트 성질

ⓑ 콘크리트의 반죽질기, 가소성, 균질성 등 총합된 성질 강도와 작업 용이성

ⓒ 반죽질기(컨시스턴스, consistency) : 수량의 다소에 반죽이 되고 진 정도

ⓓ 워커빌리티에 영향을 미치는 요인

영향 요인	워커빌리티 향상 조건
시멘트 성질	분말도가 고울수록, 풍화된 시멘트일수록 감소
시멘트량	부배합(단위시멘트량이 증가할수록)
사용수량(단위수량)	많을수록 워커빌리티는 재료분리가 발생하지 않는 범위 내에서 증가
골재	둥근 형태, 입도분포 연속적, 강자갈·강모래
공기량	빈배합
혼화재료	AE제, 감수제, AE감수제, 분산제, 플라이애쉬, 포졸란 사용할수록
비빔시간	적절한 비빔시간은 워커빌리티 향상
온도	낮을수록

ⓔ 워커빌리티 측정방법 : 슬럼프 시험, 리몰딩 시험, 흐름 시험, 비비시험(Vee-Bee test), 다짐계수 시험

* 슬럼프 시험(Slump test) 방법
  - 슬럼프 값(cm) : 콘크리트를 슬럼프통에 3회에 나누어 채운 다음 슬럼프 통을 가만히 수직으로 올리면 가라앉는 정도
  - 슬럼프 콘 : 윗지름 10cm, 밑지름 20cm, 높이 30cm
  - 다짐봉 : ϕ16mm, 길이 50~60cm, 강제·금속제 원형봉, 앞 끝은 반구모양

㉡ 성형성(플라스티시티, plasticity) : 거푸집에 쉽게 다져넣을 수 있고, 거푸

집을 제거하면 천천히 형상이 변하지만, 허물어지거나 재료가 분리되는 일이 없는 굳지 않은 콘크리트 성질

ⓒ 마감성(피니셔빌리티, finishability) : 마무리하기 쉬운 정도를 나타내는 굳지 않은 콘크리트 성질

② 굳어진 콘크리트

㉠ 단위중량

ⓐ 보통 콘크리트 단위중량 : 2,300kg/m³

ⓑ 철근 콘크리트 단위중량 : 2,400kg/m³

ⓒ 경량 콘크리트 단위중량 : 2,000kg/m³ 이하

㉡ 압축강도 : 표준양생재령 28일 기준(압축강도는 인장강도의 약 10배)

㉢ 수밀성

ⓐ 물을 흡수·침투하지 못하게 하는 성질

ⓑ 수밀성 향상 조건 : 굵은 골재 최대치수가 작을수록, 물/시멘트비가 작을수록, 다짐이 충분할수록, 양질의 혼화재료를 적절히 사용할수록

3. 물과 시멘트비(W/C)

① 물과 시멘트의 중량의 백분율

② $\dfrac{W}{C} = \dfrac{물\ 중량}{시멘트\ 중량} \times 100(\%)$

4. 콘크리트 배합

① 시방배합(계획배합)

㉠ 소정의 품질을 갖는 콘크리트가 얻어지도록 된 배합

㉡ 시방서 또는 책임기술자가 지시한 배합

② 현장배합 : 실제 현장의 골재 표면수, 흡수량 및 입도를 고려하여 계획배합을 현장상태에 맞게 보정하는 배합

③ 중량배합 : 콘크리트 1m³에 소요되는 각 재료의 양을 중량(kg)으로 표시한 배합

④ 용적배합 : 콘크리트 1m³에 소요되는 각 재료의 양을 용적(m³)으로 표시한

배합

   ㉠ 절대용적배합 : 콘크리트 $1m^3$에 소요되는 각 재료를 절대용적(m^3)으로 표시한 배합

   ㉡ 표준계량용적배합 : 콘크리트 $1m^3$에 소요되는 각 재료의 양을 표준계량용적(m^3)으로 표시한 배합(시멘트 1,500kg을 $1m^3$로 계산)

   ㉢ 현장계량용적배합 : 콘크리트 $1m^3$에 소요되는 재료의 양을 시멘트는 포대 수, 골재는 현장계량에 의한 용적(m^3)으로 표시한 배합

5. 콘크리트 비비기

① 비비기 시간 : 가경식 믹서 1분 30초 이상, 강제식 믹서 1분 이상
② 비비기 시간의 3배 이상 초과 금지
③ 비비기 시작 전 미리 믹서 내부 모르타르로 부착할 것
④ 믹서 안 콘크리트 전부 꺼낸 후 다음 비비기 재료 투입할 것
⑤ 믹서 사용 전후 청소할 것
⑥ 연속해서 믹서 사용할 경우, 비비기 최초 배출 콘크리트 사용 금지

* 동바리
  - 콘크리트 공사 시 장선받이와 멍에 등의 하중을 받아 지반에 전달하는 거푸집 부재
  - 거푸집과 철근 콘크리트의 하중지지
  - 목적 : 거푸집 형상 및 위치 확보

* 유로폼 거푸집
  - 시스템 거푸집의 초기 단계
  - 모듈화된 판넬 사용
  - 내수 코팅 합판과 경량 프레임으로 기성품 제작
  - 몇 가지 형태의 기본 패널
  - 못 사용 안함, 간단하게 조립·해체 가능
  - 공기 단축, 인건비 및 경비 절감
  - 이용 : 벽, 슬래브, 기둥

6. 콘크리트 타설

① 철근 및 매설물의 배치나 거푸집이 변형되지 않도록 할 것
② 타설한 콘크리트를 거푸집 안에서 횡방향으로 이동시켜서는 안 됨
③ 한 구획 내에서는 타설 완료될 때까지 연속해서 타설할 것
④ 한 곳에 대량으로 타설해서는 안되며, 타설면이 수평이 되도록 이동하면서 타설
⑤ 콘크리트 타설 1층 높이는 진동기의 길이 이하
⑥ 2층으로 나누어 타설할 경우, 상층 콘크리트는 하층 콘크리트가 굳기 시작하기 전 타설할 것
⑦ 이어치기 허용시간 간격 : 25℃ 초과 시 2시간, 25℃ 이하 2.5시간 넘지 않도록
⑧ 타설 중 재료분리가 일어나지 않도록 할 것
⑨ 거푸집 높이가 높을 경우 : 거푸집에 투입구를 설치하거나 콘크리트 배출구를 타설면 가까운 곳까지 내려서 타설
⑩ 콘크리트 배출구와 타설면까지의 높이 : 1.5m 이하
⑪ 타설 시 블리딩 수 발생하면 물 제거 후 타설
⑫ 경사면 : 밑에서부터 콘크리트 타설

* 거푸집 측압 큰 경우
  - 슬럼프 클수록
  - 부어넣기 속도 빠를수록
  - 대기습도 높을수록
  - 철근량 적을수록
  - 시공연도 좋을수록
  - 벽두께 두꺼울수록
  - 거푸집 부재단면 클수록
  - 부배합일수록
  - 외기온도 낮을수록
  - 다짐 강할수록
  - 경화속도 느릴수록
  - 수직부재일수록
  - 거푸집 수밀성 높을수록

7. 콘크리트 다짐

① 다짐기구
  ㉠ 내부진동기 : 콘크리트 내부에 삽입하여 진동 – 봉형진동기

ⓒ 외부진동기 : 내부진동기를 사용하지 못하는 곳
　　　　ⓐ 거푸집진동기 : 얇은 벽, 철근 조밀 구조물
　　　　ⓑ 표면진동기 : 두께가 얇고, 면적이 넓은 도로 포장용
　② 진동기 사용 목적
　　　㉠ 밀실한 콘크리트 만들 수 있음
　　　㉡ 공극 감소
　　　㉢ 수밀성·내구성 향상
　　　㉣ 철근과 부착강도 증가
　　　㉤ 철근 부식 방지
　③ 내부진동기 사용방법
　　　㉠ 내부진동기를 하층 콘크리트 속을 10cm 수직으로 세워 삽입
　　　㉡ 삽입 간격 : 60cm 이하
　　　㉢ 진동시간 : 블리딩 수가 스며나오기 시작할 때까지
　　　㉣ 콘크리트로부터 천천히 빼내서 구멍이 남지 않도록 할 것
　　　㉤ 과도한 진동 다지기 금지
　　　㉥ 내부진동기는 콘크리트 내 횡으로 이동 금지
　　　㉦ 내부진동기는 철근 및 거푸집에 직접 접촉하지 않도록 할 것
　　　㉧ 재진동 시 콘크리트에 나쁜 영향이 생기지 않도록 적절한 시기에 실시할 것

* 콘크리트 크리프(creep) 현상
1. 콘크리트에 일정 하중을 계속 가하면, 하중 증가없이 시간 경과에 따라 변형이 계속 증대되는 현상
2. 크리프 증가 원인
　① 재령 짧을수록　　　　　② 강도 낮을수록
　③ W/C 클수록　　　　　　④ 건조할수록
　⑤ 양생 나쁠수록　　　　　⑥ 온도 높을수록
　⑦ 골재치수 작을수록　　　⑧ 시멘트페이스트 많을수록
　⑨ 작용 응력 클수록　　　　⑩ 재하 하중 클수록
　⑪ 중용열시멘트 사용할수록　⑫ 부재 건조할수록

8. 콘크리트 이음(줄눈)

① 콜드 조인트(Cold joint) : 시공 과정 중 휴식시간 등으로 응결하기 시작한 콘크리트에 새로운 콘크리트를 이어칠 때 일체화가 저해되어 발생하는 시공불량 줄눈 형태

② 시공이음(수축줄눈, 시공줄눈, Construction joint)
  ㉠ 작업을 중지하였다가 일정기간 경과 후 다시 이어치기할 경우
  ㉡ 기존 타설 콘크리트와 신규 타설 콘크리트의 연결을 위한 것
  ㉢ 구조 강도상 취약점, 방수층 누수 발생 원인, 마감재 균열의 원인
  ㉣ 굳은 콘크리트 표면을 청소한 후 물을 충분히 흡수+시멘트 풀+모르타르 (10~20mm)

③ 신축이음(신축줄눈, Expansion joint)
  ㉠ 도로변화, 습윤, 건조로 신축에 의한 균열을 방지하기 위해 설치
  ㉡ 구조물의 진동, 기초의 부동침하, 부재의 접합에 의한 예기치 않은 균열 방지를 위해 설치
  ㉢ 이음재(줄눈재) 사이에 채움재를 사용 : 10~30mm 판재, 아스팔트, 타르
  ㉣ 지수판(지수재) 배치
  ㉤ 신축이음 단차 피할 필요 있는 경우 : 장부나 홈, 전단 연결재 사용

④ 조절줄눈(Control joint)
  ㉠ 바닥에 설치
  ㉡ 경화 시 수축에 의한 균열 방지
  ㉢ 슬래브에서 발생하는 수평 움직임 조절을 위해 설치

9. 콘크리트 양생

① 양생 : 콘크리트 타설 후 소요시간까지 경화에 필요한 온도 및 습도 조건을 유지하며, 유해 작용의 영향을 받지 않도록 하는 작업

② 양생방법
  ㉠ 습윤양생, 피막양생
  ㉡ 촉진양생 : 증기양생, 오토클레이브양생, 전열양생, 전기양생, 고온고압양생

③ 양생 시 주의사항
　㉠ 7일 이상 수분 보존할 것, 건조하지 않도록 할 것
　㉡ 직사광선 및 바람에 직접 노출되지 않도록 할 것
　㉢ 타설 후 3일간 보행 및 무거운 것 올려놓지 않기, 충격주지 않기

10. 재료분리, 침하, 블리딩(Bleeding), 레이턴스(Laitance)

① 재료분리
　㉠ 골재와 시멘트풀 등이 분리되는 현상
　㉡ 원인 : 재료의 선택이나 배합 불량, 풍화된 시멘트, 굵은 골재 최대치수가 지나치게 클 경우, 단위수량이 많아서 워커빌리티가 좋지 못할 때
　㉢ 콘크리트는 점성, 가소성이 적어서 공극이 발생하고 불균질이 되어 강도 및 내구성 저해, 곰보현상(honey comb) 및 수밀성 결여
　㉣ 재료분리 현상 감소방법 : 둥근 골재 사용, 사용수량 감소, AE제·AE감수제 사용, 플라이애쉬 적당량 사용, 풍화된 시멘트 사용하지 않기

② 침하, 블리딩(Bleeding)
　㉠ 섞은 후 정지하면 콘크리트 윗면은 침하됨
　㉡ 굳지 않은 상태에서 골재 및 시멘트 입자의 침하로 물과 가벼운 입자가 분리하여 상승하는 현상
　㉢ 블리딩 감소방법 : 단위수량 적게, 입도 적당한 골재 사용

③ 레이턴스(Laitance)
　㉠ 블리딩과 같이 떠오른 미립물이 콘크리트 표면에 엷은 은막으로 침적되는 현상
　㉡ 접착력 감소, 강도 감소

11. 콘크리트 종류

① 무근 콘크리트
　㉠ 철근 등의 구조용 보강재가 포함되지 않은 콘크리트
　㉡ 버림 콘크리트, 밑창 콘크리트, 아스팔트 방수의 누름 콘크리트용
② 철근 콘크리트

　　㉠ 압축력 강한 콘크리트＋인장력 강한 철근을 넣은 콘크리트
　　㉡ 철근과 콘크리트 : 열에 대한 팽창 및 수축이 거의 일치, 부착력 우수
　　㉢ 내진성 증가, 내화성 증가
　　㉣ 부착강도가 큰 경우 : 피복 두께가 두꺼울수록, 녹슨 이형철근＞원형철근
　　㉤ 콘크리트와 철근과의 부착력 : 철근의 주장과 길이에 비례, 콘크리트 압축강도가 클수록 철근 부착력 강

* 철근 갈고리
  - 철근이 콘크리트에서 빠져 나오지 않도록
  - 상온에서 철근 구부리기
  - 기둥용 철근은 반드시 갈고리 만들기

③ 철망보강 콘크리트
　㉠ 와이어메쉬가 보강되어 있는 콘크리트
　㉡ 도로포장용, 큰 하중이 작용하지 않는 곳

④ 숏크리트
　㉠ 압축공기를 이용하여 시공면에 뿜어서 만든 콘크리트
　㉡ 초기 강도 : 재령 3시간 1.5~2.0MPa, 장기 강도 : 재령 28일
　㉢ 배합 : 노즐에서 토출되는 토출배합으로 표시

⑤ 경량 콘크리트
　㉠ 경량골재 등을 이용하여 제조하는 콘크리트, 비중 2.0 이하의 콘크리트
　㉡ 운반 : 하차가 쉽고, 재료분리가 적은 운반차 사용
　㉢ 타설 시 모르타르가 침하하고 굵은 골재가 떠오르는 경향이 적게 일어나도록 할 것
　㉣ 표면 마무리 1시간 경과 후 다짐기로 표면을 가볍게 두들겨 균열 없도록 할 것
　㉤ 직접 흙에 접하는 부분은 사용 금지

⑥ A.E(Air Entrained) 콘크리트
　㉠ 독립된 구형의 미세기포(ϕ0.03~0.3mm) 발생하는 콘크리트

장 점	단 점
• 시공연도 증대, 응집력이 있어 분리 적음 • 블리딩 침하 적고, 치기면 평활, 제치장 콘크리트 시공 • 동결융해 및 건습에 의한 용적변화 적음 • 방수성 큼 • 화학 저항성 큼 • 단위수량 감소 • 수밀성 및 내구성 향상	• 강도 저하 • 철근 부착강도 저하 • 마감 모르타르 및 타일 첨부용 • 모르타르의 부착력도 약간 저하

⑦ 프리팩트 콘크리트(Prepacked concrete)
  ㉠ 거푸집에 미리 자갈을 넣어 그 골재 사이 공극에 유동성이 좋은 모르타르를 주입한 콘크리트
  ㉡ 초기 강도는 낮으나 90일 또는 180일에는 도리어 강도 증가
  ㉢ 시멘트 사용량이 적게 들어 경제적
  ㉣ 곰보현상이 적고 내수성, 내구성, 동해, 융해에 강함

⑧ 레디믹스트 콘크리트
  ㉠ 현장이 협소하여 재료보관 및 혼합작업이 불편할 경우 사용
  ㉡ 장점 : 양질의 콘크리트, 균질한 콘크리트, 치기능률 향상, 공사기간 단축, 현장에서는 콘크리트 치기와 양생에만 전념할 수 있음
  ㉢ 균질 콘크리트 요구 공사, 긴급한 공사, 소량 콘크리트 사용 공사, 가설공사에 시간적 여유가 없는 경우 사용
  ㉣ 운반거리 1시간 이내 사용

⑨ 한중 콘크리트
  ㉠ 콘크리트 타설 후 콘크리트가 동결할 우려가 있을 때 시공되는 콘크리트
  ㉡ 일평균기온 4℃ 이하 예상 시기에 시공
  ㉢ AE제, AE감수제 사용, 단위수량 적게 사용(물-결합재비 : 60% 이하)
  ㉣ 비비기 재료 가열(60℃ 이하) : 물, 골재
  ㉤ 타설 시 콘크리트 온도 : 5~25℃
     타설 후 초기 보온 양생 실시 : 0℃ 이상

⑩ 서중 콘크리트
  ㉠ 기온이 높아 콘크리트 슬럼프 저하나 수분의 급격한 증발 등의 위험이 있는 경우 시공되는 콘크리트

ⓒ 일평균기온 25℃ 이상, 일최고기온 35℃ 이상 시기에 시공
　　ⓒ 동일 슬럼프를 얻기 위해 단위수량 많이 사용
　　ⓔ 물과 골재의 낮은 온도 유지, AE감수제 사용, 단위시멘트량 적은 배합 사용
　　ⓜ 콜드조인트 발생하기 쉬움
　　ⓗ 초기강도 발현 빠름, 장기강도 저하
⑪ 매스 콘크리트
　　㉠ 수화열에 의한 콘크리트 내부의 최고온도와 외기온도의 차가 25℃ 이상 예상되는 콘크리트
　　㉡ 부재 단면 최소치수 80cm 이상, 넓이가 넓은 슬래브 두께 : 80~100cm 이상
　　㉢ 온도 균열 방지·제어 방법 : 프리쿨링 방법, 파이프쿨링 방법
　　㉣ 단위시멘트 적어지도록 배합, 수화열 낮은 시멘트 사용, 찬물 사용, 골재 사전 냉각, AE감수제 사용
⑫ 수밀 콘크리트
　　㉠ 수밀성이 높은 콘크리트
　　㉡ 높은 수밀성을 요구하는 경우 : 수조, 수영장, 사일로 등
　　㉢ 연직 시공이음 : 지수판 사용, 적당한 간격 유지
　　㉣ W/C를 적게, 슬럼프값 적게, 공기량 감소, 단위 굵은 골재량을 많게, 양질의 AE제 사용, 고성능 감수제 사용, 포졸란 사용
⑬ 수중 콘크리트
　　㉠ 물 속과 안정액 속에서 만들어지는 콘크리트
　　㉡ 다짐 불가능하므로 높은 유동성 확보 필요, 재료분리 발생되지 않도록 할 것
　　㉢ 배합 강도 설계
　　　　ⓐ 수중 시공 : 대기 중 시공강도의 0.8배
　　　　ⓑ 안정액 시공 : 대기 중 시공강도의 0.7배
⑭ 조습 콘크리트
　　㉠ 흡·방수성이 우수한 제올라이트를 혼합한 콘크리트
　　㉡ 습도 상승 억제

12. 콘크리트 요구 조건

① 적당한 워커빌리티
② 소요 강도
③ 내구성
④ 수밀성
⑤ 균일성
⑥ 경제성

13. 콘크리트 혼화재료

 * 혼화재료 사용 목적 : 굳지 않은 콘크리트 성질 개선, 수밀성 향상

① 혼화재 : 사용량이 비교적 많고, 콘크리트 배합계산 시 관계

포졸란	• 초기 강도 낮음, 장기 강도 증가 • 천연산, 인공산 • 내구성 향상, 수밀성 향상 • 워커빌리티 향상 • 화학적 저항성 향상 • 블리딩 감소 • 많이 사용하는 경우 : 콘크리트 중성화 우려
플라이애쉬	• 초기 강도 낮음, 장기 강도 증가 • 워커빌리티 개선 • 수밀성 향상, 내구성 향상 • 블리딩 감소 • 단위수량 감소 • 재료분리 감소 • 수화열 감소, 건조수축 감소 • 알칼리 골재반응 억제 • 황산염 저항성 향상

② 혼화제 : 사용량이 적고, 콘크리트 배합계산 시 무시

구분	내용
AE제	• 미세한 기포를 콘크리트 내에 균일 분포 • 동결융해 저항성 증가 • 워커빌리티 개선 • 재료분리 및 블리딩 감소 • 공기량 증가 • 압축강도, 휨강도, 철근강도 감소
감수제, AE감수제	• 시멘트 입자가 분산+공기연행작용 • 워커빌리티 개선 • 단위수량 감소 • 재료분리 감소, 투수성 감소, 건조수축 감소 • 수밀성 향상, 내구성 향상, 강도 증가 • 동결융해 저항성 증가 • AE감수제 : AE제와 함께 사용
응결경화 촉진제	• 조기강도가 필요한 콘크리트에 사용 • 종류 : 염화칼슘, 규산소다 • 조기 강도 증가
응결지연제	• 여름철 레미콘 수송 시 • 워커빌리티 저하 방지 • 서중콘크리트 • 슬럼프 저항 적게
급결제	• 시멘트 응결을 극도로 촉진, 단시간에 굳히기 위해 사용 • 재령 1~2일 강도 증진, 장기 강도는 느림

방수제	• 콘크리트 투수성과 흡수성을 감소시키기 위해 사용
	• 종류 : 무기질계-염화칼슘, 규산소다, 실리카 분말, 지르코늄 화합물
	        유기질계-실리콘, 파라핀, 아스팔트, 수지에멀젼, 고무라텍스,
	        폴리비닐알코올

방청제	• 철근 부식 방지 • 종류 : 아황산소다, 인산염, 염화제1주석

2-6. 벽돌

1. 벽돌 종류

① 일반 벽돌 : 시멘트 벽돌, 붉은 벽돌

② 특수 벽돌

　㉠ 광재 벽돌

　　ⓐ 분쇄한 슬래그와 8~12% 소석회 혼합 → 물 반죽 → 대기 중에서 2~3개월 경화 또는 고압증기 가마에서 경화

　　ⓑ 단열·보온 우수

　㉡ 경량 벽돌

　　ⓐ 저급 점토에 목탄가루와 톱밥 혼합 → 성형 후 소성한 벽돌

　　ⓑ 단열·방음 우수

　㉢ 내화 벽돌

　　ⓐ 높은 온도를 요하는 장소에 사용되는 벽돌

　　ⓑ 규격 : 230×114×65mm

2. 벽돌 규격

① 기존형 : 210×100×60mm, 표준형 : 190×90×57mm

② 벽의 두께 표시방법

　: 한장 쌓기(1.0B), 반장 쌓기(0.5B), 한장반 쌓기(1.5B), 두장 쌓기(2.0B) 등

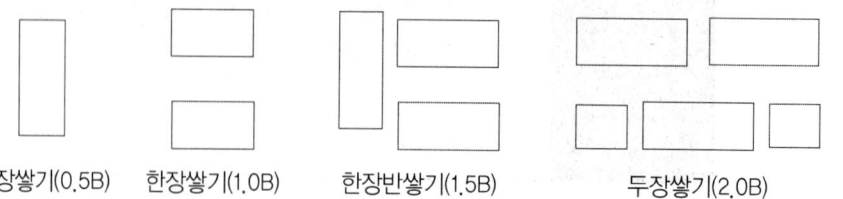

반장쌓기(0.5B)　　한장쌓기(1.0B)　　한장반쌓기(1.5B)　　두장쌓기(2.0B)

예) 표준형 벽돌(190×90×57mm)을 줄눈 10mm로 한 장반 쌓기(1.5B)한 경우 벽두께는? 190mm+10mm+90mm=290mm

3. 벽돌수량 산출

① 면적당 산출($1m^2$당) : 정미량 수량(매/m^2)= $\dfrac{\ell}{(\ell+n)\times(d+m)}$

② 체적 산출($1m^3$당) : 정미량 수량(매/m^2)= $\dfrac{1}{(\ell+n)\times(b+n)\times(d+m)}$

(ℓ : 벽돌길이, m : 가로 줄눈너비, n : 세로 줄눈너비, b : 벽돌 너비, d : 벽돌 두께)

③ 할증률 : 붉은 벽돌일 때 3%, 시멘트 벽돌일 때 5%

4. 벽돌쌓기 방법

① 벽돌에 부착된 불순물 제거하기
② 벽돌쌓기 전 충분한 물축임하기
③ 규준틀 또는 표준을 만들어 보통 3단마다 심줄을 그어 높이를 표시한 후 쌓기
④ 1일 쌓아올릴 수 있는 높이 : 1.2m 이하(20단)
⑤ 12시간이 경과한 후 다시 쌓기
⑥ 줄눈 : 10mm, 막힌 줄눈 쌓기
⑦ 어느 부분이든 균일한 높이로 쌓기
⑧ 곡선 시공 시 중심선 길이에 따라 수량 산출하기
⑨ 모르타르 배합비
  ㉠ 보통 1 : 3
  ㉡ 중요한 곳 1 : 2
  ㉢ 치장줄눈 1 : 1 또는 1 : 2
  ㉣ 쌓기줄눈 1 : 4

* 모르타르
  - 정확히 배합할 것
  - 1시간 지난 것 사용 금지
  - 접착강도 중요

⑩ 이어쌓는 부분 : 계단형으로 마감, 층단 들여쌓기
⑪ 직각 교차벽 물림 : 켜 걸름 들여쌓기

⑫ 벽돌쌓기 기준량(m²당)

벽돌규격(mm) \ 벽두께	0.5B (매)	1.0B (매)	1.5B (매)	2.0B (매)	2.5B (매)	3.0B (매)
190×90×57(표준형)	75	149	224	298	373	447
210×100×60(기존형)	65	130	195	260	325	390

5. 벽돌쌓기의 종류

① 네덜란드식 쌓기(화란식 쌓기)
  ㉠ 벽 끝·모서리 : 칠오토막
  ㉡ 모서리 튼튼
  ㉢ 우리나라에서 많이 사용하는 방법

② 영국식 쌓기
  ㉠ 벽 끝·모서리 : 이오토막
  ㉡ 마구리 놓기와 길이 놓기 반복하여 어긋쌓기

③ 미국식 쌓기
  ㉠ 5단까지 길이 쌓기, 그 위 한켜 마구리 쌓기

④ 프랑스식 쌓기(불식 쌓기)
  ㉠ 각 켜에 길이와 마구리가 번갈아 나오도록 쌓기
  ㉡ 통줄눈
  ㉢ 외관이 좋은 쌓기 방법

6. 벽돌벽

① 벽돌벽 분류
  ㉠ 내력벽
    ⓐ 벽체·바닥·지붕 등의 상부하중을 받아 기초에 전달하는 벽체
  ㉡ 비내력벽(장막벽)
    ⓐ 벽체 자중만 지지하는 벽체

　　　　ⓑ 건물의 공간을 수직으로 구획하는 벽체
　　ⓒ 중공벽
　　　　ⓐ 벽돌벽 내부에 공간을 두어 이중벽으로 쌓는 벽체
　　　　ⓑ 보온, 방습, 단열 목적
② 규준틀
　　㉠ 재료 : 통나무, 각목
　　㉡ 목적 : 건축물의 위치 결정
　　㉢ 종류
　　　　ⓐ 수평 규준틀(가로 규준틀) : 규준틀 설치 평면 배치도 작성에서 개소당 품을 적용하는 것이 원칙
　　　　ⓑ 수직 규준틀(세로 규준틀) : 조적공사 시 높이를 결정하는 데 사용
③ 벽돌벽 균열 원인
　　㉠ 설계상의 결함
　　　　ⓐ 기초의 부동 침하
　　　　ⓑ 건물의 평면·입면의 불균형 및 벽의 불합리한 배치
　　　　ⓒ 불균형 하중, 큰 집중하중, 횡력 및 충격
　　　　ⓓ 벽돌벽의 길이·높이·두께에 대한 벽체의 강도 부족
　　　　ⓔ 문꼴 크기의 불합리 및 불균형 배치
　　㉡ 시공상의 결함
　　　　ⓐ 벽돌 및 모르타르 강도 부족
　　　　ⓑ 재료의 신축성
　　　　ⓒ 이질재와의 접합부
　　　　ⓓ 콘크리트 보 밑 모르타르 다져넣기 부족
　　　　ⓔ 모르타르, 회반죽 바름의 신축 및 들뜨기
④ 백화현상
　　㉠ 벽돌벽 표면에 흰가루가 돋아나는 현상
　　㉡ 벽돌벽 표면에 침투하는 빗물에 의해 모르타르 중 석회가 유출되어 공기 중의 탄산가스와 결합하여 백색의 미세한 물질이 생기는 현상
　　㉢ 백화현상 방지대책

ⓐ 흡수율 작은 벽돌 사용
ⓑ 수용성 염류가 적은 소재 사용, 줄눈 모르타르에 방수제 혼합
ⓒ 벽돌이나 줄눈에 빗물이 들어가지 않는 구조
ⓓ W/C 감소
ⓔ 입도가 큰 모래, 분말도가 미세한 시멘트 사용
ⓕ 파라핀 도료를 발라서 염류가 나오는 것 방지

7. 담장의 측지

① 측지 : 조적식 담장의 경우 담장을 지지하는 기둥, 벽기둥 혹은 다른 벽
② 측지 사이의 최대 허용거리
  ㉠ 바람의 속도압에 따라 영향
  ㉡ 기둥 사이의 거리와 담장 두께의 비로 결정

$$측지비율 = \frac{L}{T}$$

(L : 기둥 사이의 거리(m), T : 담장두께(m))

2-7. 금속재

1. 금속재의 특징

장 점	단 점
• 금속 고유의 광택 • 열전도율 높음 • 전기전도율 높음 • 가공성 좋음 • 경도 큼 • 내마모성 강 • 상온에서 고체상태의 결정 구조	• 비중 큼 • 녹 발생 • 가공 비용 많이 소요 • 색채 다양하지 못함 • 내화성 약

2. 금속재 종류

① 철강

　㉠ 탄소강 : 철+탄소

　㉡ 특수강(합금강, 고급강) : 탄소강+합금원소

스테인리스강	• 표면 아름다움　　　　　• 표면가공 다종, 다양 • 내식성 · 내마모성 · 내화성 · 내열성 강 • 강도 큼 • 가공성 좋음 • 납땜 가능
니켈강	• 공기 및 수중에서도 산화하는 일이 거의 없음 • 내식성 강, 내마모성 강 • 도금용

② 비철금속 : 동(구리, Cu), 동 합금, 알루미늄(Al), 주석(Sn), 납(Pb), 아연(Zn), 니켈(Ni), 은(Ag) 등

동(구리, Cu)	• 건조한 공기 중에서는 산화하지 않음 • 습기 및 탄산가스 : 녹 발생　• 알칼리성
청동	• Cu+Sn　　　　　　　　• 주조성 좋음 • 내식성 강　　　　　　　• 내마모성 강 • 건축장식 부품, 미술공예용
황동	• Cu+Zn　　　　　　　　• 내식성 강 • 논슬립용
알루미늄(Al)	• 비중 : 철의 1/3　　　　• 경량 • 은백색 광택　　　　　　• 열전도율, 전기전도율 높음 • 비중에 비해 강도 큼　　• 가공성 좋음 • 전성 및 연성 풍부 • 내산성 약, 내알칼리성 약, 해수 약 • 콘크리트, 흙 매몰 : 부식되기 쉬움
듀랄루민	• Al+Cu+Mg+Mn　　　　• 해수, 알칼리 약
납(Pb)	• 비중 가장 큼　　　　　　• 연함 • 가공성, 단조성 풍부　　• 열전도율 낮음 • 온도변화에 대한 신축성 큼　• 내산성 강, 내알칼리성 약

아연(Zn)	• 강도 큼 • 내식성 강	• 연성 양호 • 공기 중에서 산화하지 않음
니켈(Ni)	• 청백색의 광택 • 내식성 강	• 연성 양호
은(Ag)	• 전성 양호	

3. 금속재의 열처리 및 가공방법

① 열처리 방법

  ㉠ 풀림(소둔) : 고온(800~1,000℃) 가열 후 노 속에서 서냉 → 연화, 균일
  ㉡ 불림(소준) : 변태점 이상 가열 후 공기 중에서 냉각 → 강도 증가, 강 조직 미세화, 강 내부변형 제거, 응력 제거
  ㉢ 담금질(소입) : 고온(800~1,000℃) 가열 후 물이나 기름에서 급랭 → 경도 증가, 강도 증가, 내마모성 증가
  ㉣ 뜨임(소려) : 담금질한 강을 변태점 이하로 가열 후 냉각 → 인성 증대, 경도 증가, 강도 증가

② 가공 방법

  ㉠ 주조 : 용해된 금속을 주형틀에 부어 응고시킨 후, 각종 형태의 제품을 생산하는 기법
  ㉡ 단조 : 외부의 힘으로 재료에 압력을 가하여 원하는 형상과 치수로 성형하면서 재료의 기계적인 성질을 개성하는 가공법
  ㉢ 판금 : 프레스 기계로 판을 가공하여 여러 가지 모양의 제품을 만드는 가공법
  ㉣ 압연 : 회전하는 롤러 사이에 재료를 통과시켜 판재, 형재, 관재 등으로 성형하는 기법
  ㉤ 절삭 : 절삭공구를 이용하여 필요로 하는 형상을 가공하는 방법
  ㉥ 가단 : 연강과 같이 두들겨서 조작하여 가공하는 방법

4. 금속재의 방청 방법

① 가능한 한 상이한 금속은 인접·접촉해 사용하지 말 것

② 균질의 것을 선택하고 사용 시 큰 변형을 주지 말 것

③ 가공 중 생긴 변형은 열처리(풀림, 뜨임)하여 제거할 것

④ 표면을 고르고 청결하게 유지하고, 물기나 습기가 없도록 할 것

⑤ 도료나 내식성이 큰 금속의 보호 피막을 만들거나 방부 보호 피막을 실시

⑥ 방청도료 칠할 것

⑦ 부분적인 녹은 즉시 제거할 것

5. 금속제품

① 긴결철물 : 볼트, 리벳, 듀벨, 꺽쇠, 클램프, 못, 나사

② 와이어메쉬(wire mesh)

　㉠ 연강 철선을 정방형, 장방형으로 전기용접한 것

　㉡ 블록 및 포장공사 시 균열방지용

③ 와이어로프

　㉠ 강선을 꼰 것　　　　㉡ 당김줄형 지주

2-8. 합성수지

* 합성수지 : 유기화합물로 만들어 열과 압력으로 성형되는 고분자 재료
  – 일정한 온도 범위에서는 다양한 형태의 물질로 만들 수 있기 때문에 플라스틱이라고도 함

1. 합성수지의 특징

장 점	단 점
• 강도가 큰 것에 비해 비중이 작음 • 경량　　　　　• 가소성 풍부 • 형상, 색채 다양　• 가공성 용이 • 착색 용이　　　• 접착성 우수 • 내구성 · 내수성(내습성) · 내식성 강	• 경도 약 • 내마모성 · 내화성 · 내열성 약 • 열에 의한 변형 신축성 큼 • 연소 시 유독가스 방출 • 탄성계수가 강재보다 작음

2. 합성수지의 종류

① 열경화성 수지 : 열을 가할수록 단단하게 굳어져서 큰 힘을 가하여도 변형되지 않는 것

종류	특징	주용도
페놀 수지	• 강도, 전기절연성, 내산성, 내열성, 내수성, 내유성, 내후성, 내화학성, 속건성 강 • 내알칼리성, 금속접착성 약	벽, 파이프, 발포보온관, 접착제, 배선관
요소 수지	• 무색, 투명, 착색이 자유로움 • 내수성, 내열성, 내약품성 강	마감재, 조작재, 가구재, 도료 접착제
실리콘 수지	• 내열성, 열절연성, 내약품성, 전기적 성능, 내한성, 금속접착성, 내수성, 방수성, 발수성, 저온탄력성 강 • 유리섬유 보강하면 500℃ 고열에도 수시간 견딜 수 있음	방수피막, 발포보온관, 콘크리트 발수성 방수도료, 접착제, packing 가스켓(gasket)
에폭시 수지	• 금속접착성, 내약품성, 내열성, 전기절연성, 내수성, 내약품성, 내충격성, 내마모성 강	금속도료, 접착제, 보온보냉제, 방수제
폴리우레탄 수지	• 열절연성, 내약품성, 내열성, 내마모성, 탄력성 강	보온보냉제, 접착제, 내수피막, 도막방수제, 실링제
프란 수지	• 광택, 흑색 • 내열성, 내알칼리성, 접착성, 내약품성 강	접착제
멜라민 수지	• 무색투명, 착색 자유로움 • 내수성, 내약품성, 강도, 내용제성, 내열성 강	도료, 내수베니어합판 접착제
폴리에스테르 수지	• 전기절연성, 열절연성, 내약품성, 내후성, 발수성, 전기적 성능 강	욕조, 파이프, 접착제
불포화 폴리에스테르 수지	• 경량, 강도 강, 착색 용이, 난연재 • 자연식생 착생 어려움 • 유리섬유로 보강하여 사용	인조암, 옥상조경용, 인공폭포, 인공동굴

② 열가소성 수지 : 가열하면 연화되어 변형하나, 냉각시키면 그대로 굳어지는 것

종류	특징	주용도
아크릴 수지	• 투광성, 착색 자유로움 • 내후성, 내약품성 강	채광판, 유리대용품
염화비닐 수지 (PVC)	• 비중 1.4, 저가, 가공성 양호 • 강도, 전기절연성 강 • 고온 및 저온 약	바닥용 타일, 시트, 접착제, 도료, 지수판, 배수관
초산비닐 수지 (PVAC)	• 무색투명, 접착성 양호 • 내열성 약	도료, 접착제, 비닐 원료
폴리에틸렌 수지 (PE)	• 내화학성, 내약품성, 전기절연성, 내수성, 저온에서 탄성 강	건축용 성형품, 발포보온재, 방수필름, 파이프
폴리아미드 수지 (나일론)	• 인조섬유재 • 인장강도, 내마모성 강	건축물 장식용품
폴리스틸렌 수지 (PS) (스티롤수지)	• 무색투명 • 기계적 강도, 내수성, 전기절연성 강 • 내충격성 약	단열재, 건축벽 타일, 천장재, 전기용품, 블라인드, 발포제로 보드상 성형
불소 수지	• 내열성, 내약품성, 내후성, 전기절연성, 내마모성 강	
메타크릴 수지	• 투명 • 강도, 내약품성 강	방풍유리, 조명기구
비닐아세틸 수지	• 투명 • 밀착성 강	안전유리의 중각막, 도료, 접착제
셀룰로이드 수지	• 투명 • 내열성 약 • 가소성, 가공성 강	유리대용

3. 합성수지계 접착제

요소수지 접착제	• 가장 저렴 • 상온에서 경화 • 용도 : 합판, 집성목재, 가구
페놀수지 접착제	• 수용형, 용제형, 분말형 • 접착력·내열성·내수성 강 • 용도 : 목재/유리나 금속 접착 적당하지 않음
멜라민 수지 접착제	• 투명·흰색의 액상 접착제 • 고가 • 내수성·내열성 강 • 용도 : 목재
에폭시수지 접착제	• 비스페놀과 에피클로르히드린의 반응에 의해 얻어짐 • 액체용융상태의 수지 + 경화제 넣어 사용 • 내산성·내알칼리성·내한성·내화학성·내수성 강 • 접착제 중 가장 우수 • 용도 : 콘크리트, 합성수지, 유리, 목재, 천, 금속(항공기, 차량, 기계부품)
폴리우레탄 수지 접착제	• 내약품성·내후성·탄성 강
프란 수지 접착제	• 내산성·내알칼리성·고온 강 • 용도 : 화학공장의 벽돌 및 타일 접착제

2-9. 도장재료

* 도료 : 물체 표면에 도포하여 건조된 피막층을 형성시킴으로써 물체의 성능을 부여하는 유동상태의 화학제품
* 도장 : 도료를 사용하여 도막을 구성하는 공정

1. 도장의 역할

① 물체의 표면보호 : 방습, 방청, 방식
② 외관이나 형상의 변화로 미관 증진

③ 열, 전기 등 전도성 조절
④ 생물의 부착 방지

2. 도료의 종류

① 페인트
　㉠ 유성페인트(조합페인트)
　　ⓐ 성분 : 안료+건성유+희석제+건조제
　　ⓑ 늦게 건조, 내알칼리성 약
　㉡ 수성페인트
　　ⓐ 성분 : 안료+카세인+전분+물
　　ⓑ 내알칼리성 강, 모르타르와 회반죽면에 사용 가능, 취급 용이, 희석제로 물을 사용하므로 독성 및 화재 위험 없음
　　ⓒ 광택 없음, 내수성 약, 마감면 마모
　㉢ 에멀션(Emulsion) 페인트
　　ⓐ 물에 아스팔트, 유성페인트, 수지성 페인트 등을 현탁시킨 유화액상 페인트
　　ⓑ 부착력 강, 내구성 강, 내수성 강
　㉣ 에나멜 페인트
　　ⓐ 성분 : 안료+유성바니시
　　ⓑ 도막 견고, 내후성 강, 내수성 강, 착색 선명, 광택
　　ⓒ 옥내외 목부와 금속면에 사용
　㉤ 아스팔트 페인트
　　ⓐ 성분 : 아스팔트+휘발성 용제
　　ⓑ 내수성 강, 내산성 강, 내알칼리성 강, 전기절연성 강
② 바니시(varnish)
　㉠ 수지와 건성유를 가열 융합하여 건조제를 넣고 용제에 녹인 것
　㉡ 무색 또는 담갈색의 투명 도료
　㉢ 광택, 건조 빠름, 작업성 좋음, 내약품성 약
　㉣ 유성 바니시 : 목재 내부용, 휘발성 바니시 : 래커

③ 합성수지 도료
  ㉠ 건조 빠름, 도막 단단
  ㉡ 내산성 강, 내알칼리성 강, 콘크리트나 plaster면에 사용 가능
  ㉢ 도막은 인화의 염려가 없어 페인트, 바니시보다 방화성이 뛰어남
  ㉣ 투명한 합성수지를 사용하면 아주 선명한 색을 낼 수 있음
④ 퍼티(putty)
  ㉠ 유지 혹은 수지 등의 충전재를 혼합하여 만든 것
  ㉡ 창유리를 끼우는 데나 도장 바탕을 고르는 데 사용
⑤ 방청도료(녹막이 페인트)
  ㉠ 금속 부식방지용
  ㉡ 종류 : 광명단, 연단도료, 함연방청도료, 방청산화철도료, 규산염페인트, 징크로메이트계, 워시프라이머, 역청질 도료, 크롬산아연, 아연분말도료
    ⓐ 연단도료 : 광명단+보일드유, 도막 단단
    ⓑ 징크로메이트계 : 크롬산아연+알키드수지, 녹막이 효과 좋음
       알루미늄·아연철판의 녹막이 초벌칠용
    ⓒ 방청산화철도료 : 산화철+아연분말+광명단을 스테인오일·합성수지에 녹인 것, 내구성 좋음

3. 도장작업 요령 및 보관

① 바람이 강하게 부는 날은 작업하지 않음
② 칠의 건조 및 칠막 형성 조건은 온도 20℃, 습도 70%를 유지할 것
③ 온도 5℃ 이하, 35℃ 이상 또는 상대습도가 85% 이상일 때는 작업을 중지
④ 칠막의 각 층은 여러 번 얇게 하고 매회 충분히 건조시킴
⑤ 칠하는 횟수를 구분하기 위해 색을 바꾸는 것이 좋음
⑥ 솔칠은 위에서 밑으로, 왼편에서 오른편으로 재의 길이 방향으로 할 것
⑦ 사용 중인 재료는 밀봉하며 화기엄금을 표시할 것
⑧ 직사광선은 가능한 한 피할 것

4. 도장방법의 종류 및 특성

① 목부 유성 페인트칠

바탕만들기 → 초벌칠 → 퍼티칠 → 샌드페이퍼 문지르기 → 재벌칠 1회 → 샌드페이퍼 문지르기 → 재벌칠 2회 → 정벌칠

② 철부 유성 페인트칠

바탕만들기 → 방청재 메우기 및 퍼티칠 → 샌드페이퍼 문지르기 → 재벌칠 1회 → 샌드페이퍼 문지르기 → 재벌칠 2회 → 정벌칠

③ 수성페인트 : 총 3회 도장

바탕만들기 → 바탕 누름 → 초벌칠 → 연마 → 정벌칠

바탕칠 → 24시간 후 → 1회칠 → 5시간 후 → 2회칠

④ 바니시

바탕만들기 → 초벌칠 → 연마 → 재벌칠 → 연마 → 정벌칠 → 마무리

⑤ 철제면

도장물체 표면 쇠솔질 → 샌드페이퍼로 녹 제거 → 광명단 → 밑칠 → 마른 후 재도장

* 건조제 : 도료 건조 촉진
  - 상온에서 건조 : 리사지(Pbo), 연단, 초염산, 이산화망간(MnO_2), 붕산망간, 수산망간 등
  - 가열해서 건조 : 납, 망간, 코발트의 수지산 또는 지방산 염류

2-10. 방수재료

1. 방수공법의 종류

① 시멘트 액체 방수

㉠ 방수제, 방수액 등을 혼합한 모르타르를 발라서 피막 방수층을 형성하는 공법

㉡ 장점 : 공사비 저렴, 시공 간편

ⓒ 단점 : 바탕층에 균열이 발생되면 방수층 파괴
ⓓ 시공 순서 : 방수액 침투 → 방수시멘트풀 바름 → 방수액 침투 → 보호 모르타르 바름

② 아스팔트 방수
ⓐ 아스팔트의 높은 점성을 이용하는 방수 공법
ⓑ 장점 : 높은 방수 효과, 재료 취급 간단
ⓒ 단점 : 외기 영향 큼, 결함부 발견 용이하지 못함

종별	바탕재와의 관계	신뢰성	보호층	결함보수	시공성	온도에 의한 변화	보수 비용
시멘트액체 방수	영향 적음	약간 낮음	불필요	결함발견 쉬움	단순	작음	적음
아스팔트 방수	영향 많음	높음	필요	결함발견 어려움	복잡	큼	많음

③ 시트(Sheet) 방수(합성수지 고분자 방수)
ⓐ 합성고무 또는 합성수지를 주성분으로 하는 두께 0.8~2mm 정도의 합성 고분자 루핑을 접착제로 바닥에 붙여 방수층을 형성하는 공법
ⓑ 장점 : 시공 간단, 내구성 좋음, 내후성 좋음, 신축성 좋음
ⓒ 단점 : 접합부 처리 및 복잡한 마감이 어렵고, 고가
ⓓ 건축물 지하 방수

④ 도막 방수
ⓐ 액체로 된 방수도료를 한 번 또는 여러 번 칠해 상당한 두께의 방수막을 형성하는 공법
ⓑ 장점 : 시공 간단(방수층 끝마무리 간단), 보수 용이, 내후성·내약품성 강
ⓒ 단점 : 균일한 두께의 시공 곤란, 바탕균열에 의한 파단 우려, 외기영향 민감
ⓓ 방수의 신뢰성이 떨어지므로 간단한 방수성능이 필요한 공사에 시공
ⓔ 에폭시계 도막방수, 용제형 도막방수, 유제형 도막방수(에멀전)

3. 공정별 공사

3-1. 살수관개시설

* 살수 : 물을 지표면에 뿌리기 위한 기계적인 수단
* 관개 : 식물 뿌리까지 인공적으로 물을 유입시키는 것

1. 살수량(관수량) 결정사항

① 토양 침투율　　　② 식물의 종에 따른 증발산율
③ 토양 포장용수량　　④ 토양 유효수분함량

2. 살수관개의 비품

* 살수관개 비품 : 분무정부(Head), 밸브(valve), 조절장치(control devices), 관(pipe), 부속품(fitting), 펌프(pump)

① 밸브(valve) : 물의 흐름을 조절하기 위해 사용되는 장치
　㉠ 수동조절밸브 : 물의 공급을 조절하고 관리시설을 간편화시키기 위해 사용하는 밸브
　　ⓐ 구체(球體) 밸브 : 수리 용이, 압력흐름 조절 용이, 가장 많이 사용
　　ⓑ 게이트 밸브 : 구체 밸브보다 저렴, 먼지나 오물 등으로 인한 고장 많음
　　ⓒ 급연결 밸브 : 압력작용 관 속을 빠른 시간 내에 연결 가능
　㉡ 원격조절밸브 : 중앙조절지점에서 물을 자동으로 개폐하여 관개하는 밸브, 원격조절의 에너지는 전력이나 수력압 이용
　㉢ 방향조절밸브 : 관내에서 물이 다른 방향으로 흐르지 않도록 사용하는 밸브
　　ⓐ 검사밸브 : 수압이 제거되었을 때 관로 내의 물이 배수되는 것을 막는 데 가장 많이 사용
　　ⓑ 대기진공차단기 : 관로 내의 물의 역류로 발생하는 상수도 오염을 막기

위해 사용되는 밸브

② 살수기(sprinkler head) : 식생의 관수요구량, 토양수분의 침투율, 급수의 흐름과 압력에 의해 결정

    ㉠ 분무살수기(spray head)
        ⓐ 모든 형태의 관개시설에 이용이 가능
        ⓑ 고정된 동체와 분사공으로 구성
        ⓒ 낮은 수압으로 작동
        ⓓ 가격 저렴, 가장 간단
        ⓔ 살포범위 : 6~12m, 시간당 : 25~50mm/hr
        ⓕ 좁은 잔디지역과 불규칙한 지형에 사용 가능

    ㉡ 분무입상살수기(pop-up spray head)
        ⓐ 분무형과 같으나, 살수 시 분무공이 지표면 위로 올라옴
        ⓑ 관수 끝나면 지표면과 같은 높이
        ⓒ 긴 잔디나 초목에 의한 분무피해 방지

    ㉢ 회전살수기(rotary head)
        ⓐ 관개지역에 살수하도록 회전하면서 한 개 또는 여러 개의 분무공 구성
        ⓑ 높은 수압(2~6kg/cm^2)으로 작동
        ⓒ 살포범위 : 20~60m, 시간당 : 2.5~12.5mm/hr
        ⓓ 넓은 잔디지역

    ㉣ 회전입상살수기(rotary pop-up head)
        ⓐ 물이 흐르면 동체로부터 분무공이 올라옴
        ⓑ 가장 효과적인 살수방법
        ⓒ 대규모의 자동살수 관개조직에서 이용, 오늘날 가장 많이 사용

    ㉤ 특수살수기
        ⓐ 분류식 살수기 : 고정분무살수기와 동일하나, 계속적으로 작은 물줄기 발생, 바람의 영향을 적게 받음, 낮은 압력에서도 작동 가능
        ⓑ 점적식 살수기 : 중요한 수목 한 그루마다 살수가 가능(살수 효과 100%)
        ⓒ 거품식 살수기 : 물이 식물의 잎에 직접 접촉되지 않게 하기 위해 사용

③ 파이프(관) : 깊이는 다른 관리 작업에 의해 파손되지 않도록 충분히 깊어야 하고, 겨울철에는 물을 빼서 동파의 가능성을 줄여야 함

3. 살수기의 선정

① 관수량과 급수원의 흐름과 압력이 용이하도록 할 것
② 같은 구역에서 분무식과 회전식 살수기 혼용을 금지
③ 살수기에 따른 이상적인 작동압력을 사용
④ 같은 구역 내에서는 살수기는 동일한 살수 강도의 살수기 선택
⑤ 구역 내 첫번째와 마지막 살수기에 작동하는 압력 : 권장압력의 10% 이내
⑥ 지면의 모양과 크기, 장애물 모양, 유용한 유출의 용량, 토양형태, 식물의 종류

4. 살수기의 배치와 간격

① 살수기 사이의 균등계수 : 85~95%
② 살수기 최대 간격 : 살수작동 직경의 60~65%
③ 살수기 배치
　㉠ 삼각형 배치
　　ⓐ 가장 좋은 균등계수를 얻을 수 있음
　　ⓑ 통상적인 바람에서의 설치 간격 : 지름의 55%
　　ⓒ L=0.866×S　(L : 열 사이의 간격, S : 스프링클러 사이의 간격)
　㉡ 정방형 설치
　　ⓐ 통상적인 바람에서의 설치 간격 : 지름의 50%
　　ⓑ L=S　(L : 측면 라인 사이의 간격, S : 스프링클러 사이의 간격)

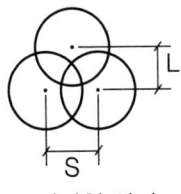
삼각형 설치

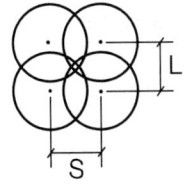
정방형식 설치

5. 살수강도

① 살수강도 결정 영향 요인
　　㉠ 토양흡수력
　　㉡ 공급수량
　　㉢ 관개하는 시간계획(작업시간)
　　㉣ 식물의 살수요구량
　　㉤ 지피식물 피복도

② 관개강도 결정 인자
　　㉠ 최대관개강도 : 토양종류, 경사, 피복식생 등의 조건
　　㉡ 최소관개강도 : 기후나 바람 등의 조건
　　㉢ 소요수량을 공급하는데 가장 편리한 작업시간
　　㉣ 이상적인 살수계획을 수립할 경우 살기의 수에 적합한 강도

③ 적합한 살수강도 : 10mm/hr

④ 살수강도 $I = \dfrac{60 \times q}{A}$

　　(I : 살수강도(mm/hr), q : 살수기 용량(l/min), A : 살수면적(m^2))

6. 살수관 계통

① 살수관개시설의 압력손실 요인
　　㉠ 급수계량기의 압력손실
　　㉡ 살수지관의 압력손실 : 주관압력의 10% 이내
　　㉢ 높이차에 따른 압력손실

② 살수관개 급수용량 : 급수계량기를 통한 급수량의 75%

③ 동일 구역에서 살수지관의 압력 변화 : 살수기에서 필요한 압력의 20%보다 크지 않아야 함

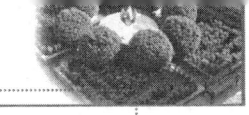

3-2. 배수시설

1. 배수계획(drainage plan)

① 배수의 역할
  ㉠ 물의 유속과 유량 감소에 의한 침식 보호
  ㉡ 홍수피해 감소
  ㉢ 고여 있는 물의 제거
  ㉣ 토양수의 포화상태를 감소하여 수목생육을 증진
  ㉤ 토양의 지내력 증진
  ㉥ 동·식물의 생육환경 조성, 시설기반 조성, 수분함량 조절
② 강우(降雨)가 제거되는 방법 : 표면배수, 심토층 배수, 증산작용, 증발작용
③ 배수를 결정하는 요소 : 토지이용, 지형, 배수지역의 크기, 토양 형태, 식물 피복상태, 물의 양과 강우의 강도, 지면 마감상태, 배수지역의 경사

2. 배수방법

① 표면 배수
  ㉠ 지표로 물이 흐르도록 경사를 두는 것
  ㉡ 지표면에서 물을 관리·저장·운반·처리하는 것
  ㉢ 횡구배 : 2%
② 명거(明渠) 배수 : 부지 내의 오수와 빗물을 지하매설물을 통하지 않고, 표토면 바로 밑으로 눈에 띄게 배출시키는 방법
③ 암거(暗渠) 배수(배수관 배수) : 지중에 파이프 또는 그 밖의 집수시설을 설치하여, 지하수 배출을 목적으로 하는 방법
  ㉠ 합류식 : 오수와 우수를 동일한 관거로 수용, 우수배출시설이 정비되어 있지 않은 지역 - 시공 용이, 관리 용이, 관 내부 환기 용이, 비용 저렴
  ㉡ 분류식 : 오수와 우수를 별개의 관거로 수용 - 수질오염 방지
④ 심토층 배수
  ㉠ 심토층에서 유출되는 물을 유공관이나 자갈층의 형성으로 배수처리

ⓒ 잔디운동장, 놀이터의 유공관, 자갈층 배수
　　　ⓒ 지하수, 지표수가 스며든 것
　⑤ 심토 전면배수 : 표면배수와 심토층 배수를 동시에 시행

3. 간선 및 지선

① 간선 : 주선이며, 하류로 갈수록 매설 깊이가 깊어지고, 점차 대관거가 필요
② 지선
　㉠ 배수상의 분수령을 중요시할 것
　㉡ 우회곡절을 회피할 것
　㉢ 교통이 빈번한 가로, 지하매설물이 많은 가로에 대관거의 매설을 피할 것
　㉣ 폭이 넓은 가로에는 소관거를 2조로 양쪽에 설치
　㉤ 경사가 급한 고개에는 구배가 급한 대관거를 매설하지 않음

4. 배수계통 방식

㉠ 직각식 : 가장 신속, 비용이 적게 소요
㉡ 차집식 : 우수는 하천으로, 오수는 차집장으로 유입
㉢ 선형식 : 하수를 한 방향으로 집중, 지형이 한 방향으로 규칙적인 경사
㉣ 방사식 : 지역이 광대하여 한 개소로 모으기 곤란할 경우 사용, 배수지역 여러 개로 구분, 최대연장 짧음, 소관경이므로 경비 절약, 처리장이 많아야 함
㉤ 평행식 : 토지 높낮이가 심한 경우 사용, 고지구·저지구 구분 사용 가능
㉥ 집중식 : 한 지점으로 모아 다음 처리장으로 집중 처리, 오수 처리 시 사용, 저지대에서 사용

5. 우수량

① 강우강도(mm/hr) : 1시간에 내린 비의 양을 mm로 환산한 것

　・Sherman형 : $I = \dfrac{a}{t^n}$　　　　・Talbot형 : $I = \dfrac{b}{t+a}$

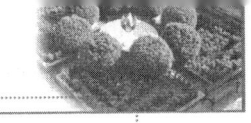

- Isiguro형 : $I = \dfrac{a}{\sqrt{t+b}}$ · Feir형 : $I = \dfrac{ct^n}{(d+t)^n}$

  (I : 강우강도(mm/hr), t : 계속시간(min), a, b, n : 상수)

  ㉠ Sherman형은 2시간 이상의 강우 계속시간에 적합

  ㉡ Talbot형 : 도시하수도 계획에 많이 사용, 5~120분의 강우 계속시간에 적합

② 유출계수

  ㉠ 단위시간당 유출량과 강우량의 비

  ㉡ 유출계수 영향 요인 : 기후, 지세, 지질, 지표상황, 강우강도, 연속시간, 강우량, 배수면적, 배수시설 등

  ㉢ 계획우수량 산정 시 토지이용별 기초유출계수로부터 총괄유출계수 구하는 것이 원칙

* 유출계수

지역	기존지역			도시계획의 용도지역별			
	공원, 광장	잔디, 정원	삼림	상업지역	주거지역	공업지역	공원지역
유출계수	0.1~0.3	0.05~0.25	0.01~0.2	0.6~0.7	0.3~0.5	0.4~0.6	0.1~0.2

③ 유속시간

  ㉠ 유입시간 : 우수가 배수구역의 최원격지점에서 하수거에 유입할 때까지의 시간

  ㉡ 유하시간 : 다음 하수거에 유입한 우수가 L(m)인 거리를 흘러가는 시간

  ㉢ 유달시간=유입시간+유하시간

  ㉣ $T = t_1 + \dfrac{L}{V \times 60}$

  (T : 유달시간(분), t_1 : 유입시간(분), L : 거리(m), V : 평균유속(m/sec))

④ 우수유출량

  ㉠ 우수유출량 산정

  $Q = \dfrac{1}{360} \times C \times I \times A$

  (Q : 우수유출량(m^3/sec), C : 유출계수, I : 강우강도(mm/hr), A : 배수면적(ha))

  ㉡ 강우량 및 유달시간(T) 고려

$$Q = \frac{1}{360} \times C \times \frac{b}{T+a} \times A \quad (T : 유달시간(min),\ a,\ b : 상수)$$

6. 표면배수계통의 설계

① 개수로(Open channel)의 설계
  ㉠ 자연하천, 운하, 농업용 수로 등과 같이 자유수면을 갖는 수로
  ㉡ 지하배수관거, 하수관거 등과 같이 뚜껑이 덮여 있는 암거라도 물이 일부만 차서 흐르면 모두 개수로에 속함
  ㉢ 흐름에 작용하는 중력이 수면방향의 분력에 의해 자유수면을 가지는 흐름
  ㉣ $Q = A \cdot v$ (Q : 유량(m^3/sec), A : 유적(m^2), v : 평균속도(m/sec))

② 유적, 윤변 및 경심
  ㉠ 수로단면 : 수로를 흐름의 방향에서 직각으로 끊었을 경우의 수로단면
  ㉡ 유적(유수단면적) : 수로단면 중 유체가 점유하는 부분
  ㉢ 윤변 : 수로의 단면에서 물이 수로의 벽면과 접촉하는 길이
  ㉣ 경심 : 수로의 한 단면에서 유적을 윤변으로 나눈 값
  ㉤ $R = \dfrac{A}{P}$ (R : 경심(m), A : 유적(m^2), P : 윤변(m))

③ 평균유속공식 - Manning 공식(등류경험식)
  ㉠ 유속 : 어느 단위시간에 유적 내의 어느 점을 통과하는 물입자의 속도
  ㉡ $V = \dfrac{1}{n} R^{\frac{2}{3}} I^{\frac{1}{2}}$
     (V : 평균유속(m/sec), n : 수로의 조도계수, R : 경심(m), I : 유역의 평균경사)

> * 매닝공식(Manning Formuls)을 기준으로 실개울의 흐르는 물에서 음향효과 및 수포를 발생하기 위한 조건
>   - 유속 : 1.7~1.8m/s   - 경사 : 16~17%

7. 지하배수관의 설계

① 배수관거의 재료와 형태
  ㉠ 배수관 선택 시 고려사항

　　　　　ⓐ 산 또는 알칼리에 의해 침식되지 않을 것

　　　　　ⓑ 자갈·모래 등의 유하에 의해 마모가 적을 것

　　　ⓒ 관거의 형태 고려사항

　　　　　ⓐ 수리학상 유리할 것

　　　　　ⓑ 하중에 경제적일 것

　　　　　ⓒ 축조가 용이할 것

　　　　　ⓓ 유지관리가 경제적일 것

　② 배수관거의 구배 및 유속의 한계

　　　㉠ 최저유속 : 0.6m/s 이상 → 최대유속 : 2.5m/s 이하, 0.9m/s 이상(소구경)

　　　㉡ 적당한 유속 : 0.9~1.5m/s

　③ 관거의 유속과 유량공식 : Ganguilet-Kutter 공식

　　　㉠ $V = C\sqrt{RI}$

　　　　$Q = A \times V = AC\sqrt{RI}$

　　　　(Q : 유량(m³/sec), A : 유수단면적(m²), V : 평균유속(m/sec), C : 평균유속계수, R : 경심(m), I : 수면구배)

　　　㉡ 유수단면적이 일정하면 윤변 최소 : 경심 최대

　　　㉢ 수리학상 유리한 단면 : 일정한 유수단면적에 대해 최대의 유량이 흐르는 수로의 단면

　④ 관거의 접합 및 연결

　　　㉠ 평면상 간선과 지선의 관 중심선에 대한 교각 60° 이내

　　　㉡ 접합부 : 곡선

　　　㉢ 내경 100mm 이상 관거, 접합개소의 곡선반경 : 관내경의 5배 이상

　⑤ 최소관경

　　　㉠ 오수관거 : 200mm 이상

　　　㉡ 우수관거, 합류관거 : 250mm 이상

　⑥ 관거의 설치

　　　㉠ 합류식 하수거 : 가로 중앙에 설치

　　　㉡ 노폭이 넓을 때 : 양측 보도 밑에 설치

　　　㉢ 기존 매설물이 있는 가로 : 장해가 적은 위치를 선정

② 매설 깊이 : 동결심도와 상부하중 고려
⑦ 유출 조절하기 위한 시설 : 체수지(滯水池)
   ㉠ 하수거의 중간에 설치
   ㉡ 유출량을 감소시키기 위한 시설
   ㉢ 우수유출량의 일부를 저류하여 우수가 끝난 후 서서히 흐르게 하므로 하류의 관거 부담을 적게 하기 위함
⑧ 배수 유입 구조물
   ㉠ 측구 : 경계선을 따라 도로부지 내에 설치하는 배수로
   ㉡ 트렌치
      ⓐ 길이 방향으로 집수하기 위해 사용되는 선적인 배수방법
      ⓑ 직접 지하관거와 연결, 경사진 지역을 면적으로 배수하기 위한 시설
      ⓒ 경사진 주차장 입구·계단의 상하단·진입로의 입구
   ㉢ 빗물받이(우수거) : 측구 등에서 흘러나오는 빗물을 하수본관으로 유하시키기 위해 측구 도중에 설치하는 시설, 배수관 바닥보다 15cm 이상 낮추어 설치, 20m에 1개 설치
⑨ 맨홀
   ㉠ 관거 내의 검사 및 청소를 위한 사람의 출입구
   ㉡ 관거 내의 통풍, 환기 및 관거 접합에도 유효
   ㉢ 관경에 따른 종류 : 표준맨홀, 특수맨홀
   ㉣ 설치 위치
      ⓐ 관의 기점·구배·방향·관경(내경)이 변하는 곳
      ⓑ 관거가 합류하는 곳
      ⓒ 단차가 발생하는 곳
      ⓓ 관거의 유지관리가 필요한 곳
      ⓔ 직선부에서는 거리에 따라 중간에 설치
   ㉤ 맨홀 설치 간격(직선구간 관거)

관거내경	60cm 이하	60~100cm	100~150cm	165cm 이상
최대 간격	75m	100m	150m	200m

8. 심토층 배수 설계

① 심토층 배수 역할
- ㉠ 불침투수성인 토양이나 진흙·암석으로부터 물을 운반
- ㉡ 기초벽으로부터 스며나오는 물 제거
- ㉢ 낮은 평탄지역의 지하수위를 낮추기 위함
- ㉣ 불안정한 지반 제거
- ㉤ 지하에 있는 배수관과 결합하여 표면유출을 운반하여 처리

② 배수 종류
- ㉠ 완화배수 : 평탄한 지역에 높은 지하수위
- ㉡ 차단배수 : 지하수가 일반적으로 높은 수리경사를 가진 급경사지

③ 심토층 배수 배치
- ㉠ 어골형
  - ⓐ 주관을 중앙에 경사지게 설치하고 지관을 비스듬히 설치
  - ⓑ 경기장과 같은 평탄지역, 균일하게 배수가 요구되는 곳
- ㉡ 즐치형(평행형)
  - ⓐ 지역경계 근처에 주관을 설치하고, 한쪽 측면에 지관 설치
  - ⓑ 소면적의 전 지역을 균일하게 배수
- ㉢ 자연형
  - ⓐ 완전배수가 요구되지 않은 곳
  - ⓑ 자연등고선에 따른 주관 설치
  - ⓒ 대규모 공원, 국부적인 공간의 배수
  - ⓓ 배수가 원활하지 못한 지역
  - ⓔ 주선-자연수로 따라, 지선-등고선 평행 배치 : 지선은 마찰계수 작은 관 사용
  - ⓕ 주선-자연수로 따라, 지선-등고선 직각 배치 : 지나친 유속으로 배수관 피해방지 조치 필요
- ㉣ 선형 : 주관, 지관 구분없이 1개 지점으로 집중
- ㉤ 차단형
  - ⓐ 경사면 위나 경사면 자체의 유수방지를 위해 사용

ⓑ 도로 비탈면, 경사면 바로 위쪽에 배수구 설치

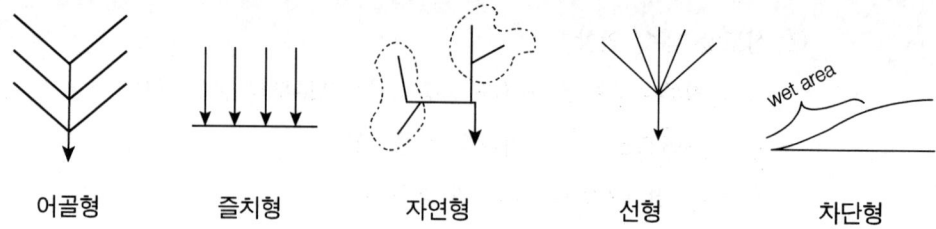

④ 관거
  ㉠ 관거의 크기 : 주관 150~200mm, 지관 100mm
  ㉡ 경사 : 1%, 최소 유속 0.6m/s
  ㉢ 깊이 : 동결선 밑으로 설치
  ㉣ 간격 : 토양의 질감과 관련, 세토는 토양의 점착력을 극복하도록 더 가까운 간격 요구
  ㉤ 유출구 : 관거 주위 3~5cm의 자갈이나 모래를 배토재료로 사용, 심토층 배출구는 하수거의 유입구보다 최소 15cm 높아야 함

3-3. 전기 및 조명계획

1. 조명 용어

용어	단위	정의
조도	lux	• 단위면에 수직으로 투하된 광속밀도
광속	lum	• 방사속 중 육안으로 느끼는 부분
방사속	W	• 방사에너지의 시간에 대한 비율
광도	cd	• 광원의 세기를 표시하는 비율
휘도	sb	• 발광면 또는 조명면에 빛나는 율 • 시선에서 20° 이내에 광선이 놓이지 않도록 설치 • 도로조명 : 차의 눈부심 감소를 위해 광원은 멀리 위치
연색성	–	• 광원에 따라 물체의 색이 달라지는 광원의 특성 • 빛의 분광특성이 물체의 색이 보임에 미치는 효과

2. 직사조도

$$E_h = \frac{I \times \cos\theta}{d^2}$$

  E_h : 수평면의 조도(lux)

  I : 광도(cd)

  θ : 광원과 지면에 알려진 지점과의 각도

  d : 광원에 알려진 지점과의 거리(m))

3. 조명등의 종류와 특성

* 발광방법에 따른 구분

종류	백열전구	할로겐등	형광등	수은등	나트륨등
용량(W)	2~1,000	500~1,500	6~110	40~1,000	20~400
효율(lm/W)	7~22	20~22	48~80	30~55	80~150
수명(H)	1,000~1,500	2,000~3,000	7,500	10,000	6,000
광색	적색	적색	백색	청백색	저압 : 등황색 고압 : 황백색
특징	따뜻한 느낌	-	관 내부 형광물질로 자외선 발생시켜 빛 얻음	수명이 길다.	효율 좋음
용도	좁은 장소 악센트 조명, 휴식공간용, 옥외조명	경기장, 광장 등 투광조명	옥내외 조명	천장 투광조명 도로조명	도로조명 터널조명

① 수은등

  ㉠ 수은 증기압을 고압으로 가압하여 고효율 광원 얻음

  ㉡ 색 : 녹색~푸른 녹색

  ㉢ 먼거리 조명에 적합

  ㉣ 진동과 충격에 강한 편

　　　　ⓜ 스위치 작동 후 5분 경과 후 빛을 발하고 10분 경과 후 완전히 밝아짐

　　　　ⓗ 고압 수은등 : 가시광선 다량 배출, 도로조명, 공장조명, 투광조명용

　　② 할로겐등

　　　　㉠ 수은등을 보완하여 만든 등

　　　　㉡ 스위치 작동 후 15분 정도 지나야 완전히 밝아짐

　　　　㉢ 발광색은 백색, 연색성이 상당히 좋음

　　③ 고압나트륨등

　　　　㉠ 세라믹 아크 튜브 사용

　　　　㉡ 스위치 작동 후 3분 정도 지나야 발광

　　　　㉢ 발광색은 노란색 또는 금빛이어서 물체의 색을 분별하기 곤란

　　　　㉣ 미적 효과, 곤충이 모여들지 않음

　　　　ⓜ 전기효율 높은 편

　　　　ⓗ 빛이 먼 거리까지 잘 비침

　　④ 저압나트륨등

　　　　㉠ 스위치 작동 후 10분 정도 지나야 발광

　　　　㉡ 발광색은 황갈색 계통이어서 물체의 색을 구별하기 어려움

　　　　㉢ 수명이 다할 때까지 밝기의 변화가 거의 없음

　　　　㉣ 가장 효율성이 높음(전기에너지의 80% 빛으로 변환 가능)

　　　　ⓜ 안개 속에서도 먼거리까지 잘 비치는 성질

　　⑤ 네온등

　　　　㉠ 낮은 광도와 단색을 만들어내기 때문에 예술적 사용 이외에는 사용하지 않음

　　　　㉡ 안개 속에서도 멀리 비추는 성질이 있어 항해에 사용

　　⑥ 크세논 램프

　　　　㉠ 장점 : 발산하는 빛이 천연 주광에 매우 가까움, 초기 발광시간이 필요 없음, 순간 재점등 가능

　　　　㉡ 단점 : 고가

4. 광원의 효율

$$\eta = \frac{F_0}{P}$$

η : 광원 효율(lum/W)

F_0 : 광원으로부터 발생하는 광속(lum)

P : 광원의 소비전력(W))

5. 조명 효과 방식

① 상향식 조명
  ㉠ 간접조명방식
  ㉡ 일반적인 조경방식과 반대방향
  ㉢ 식생 및 조경적 특색 강조
  ㉣ 우수한 확산성, 낮은 휘도, 위생적인 시각 조건
② 하향식 조명 : 수목의 정상부분 비추는 방식
③ 산포식 조명
  ㉠ 수목·담이나 장대에 설치한 일광등
  ㉡ 넓은 지역에 부드럽게 펼쳐짐
④ 그림자·질감을 나타내기 위한 조명
  ㉠ 물체를 측면·하향식으로 비춤
  ㉡ 집중 조명, 일광 조명
  ㉢ 잔디지역에 흥미 첨가
⑤ 강조하기 위한 조명 : 집중 조명
⑥ 실루엣 조명
  ㉠ 물체에 단지 외곽부 형태만 강조
  ㉡ 물체 배경면 조명, 물체 형태의 극적 형태 연출
  ㉢ 집중 조명, 일광 조명
  ㉣ 배경은 물체와 가깝게 배치

⑦ 간접 조명
  ㉠ 빛을 필요로 하는 지역에 재산포
  ㉡ 반사면에 광원을 직접 부딪치는 방식
⑧ 각광 조명
  ㉠ 환경조각물에 두드러진 시각적 효과 연출
  ㉡ 대상물 강조, 극적 연출

PART 04 기본 구조 역학

1. 구조설계의 과정

1. 구조설계의 과정
① 구조계획 → 구조해석 → 구조계산 → 구조체 작도

2. 구조계산의 순서
① 하중산정 → 반력산정 → 외응력산정 → 내응력산정 → 내응력과 재료의 허용강도 비교

2. 힘과 모멘트

2-1. 힘과 모멘트

1. 힘

* 힘의 3요소 : 크기, 방향, 작용점
* 시력도 : 힘의 공간상 위치는 무시하고, 힘의 크기·방위·방향만으로 작도한 도면

① 힘의 기호 표시 : P 또는 W(중력)

② 힘의 크기 표시 : kg, ton 등의 중량단위

③ 힘의 합성과 분해

　㉠ 합력 : 여러 개의 힘을 1개로 대치된 힘으로 합성한 것

　㉡ 분력 : 1개의 힘이 2개 이상의 힘으로 나누어지는 것

2. 모멘트(moment ; M)

① 힘의 어느 한 점에 대한 회전능률(回轉能率)

② 모멘트의 크기

　㉠ 힘의 크기(P)에 힘까지의 거리(a)를 곱한 값인 Pa로 표시

　　M=P×a　(M : 모멘트, P : 힘, a : 수직거리)

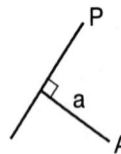

　㉡ 모멘트는 힘의 크기(P)에 비례

　㉢ A점에서 힘(P)까지의 거리(a)에 비례

③ 기호 : M

④ 단위 : kg·cm, t·m

⑤ 시계방향 : +, 반시계방향 : -

3. 우력

① 작용선이 나란하고 힘의 크기가 같으며, 방향이 반대인 두 힘

② 2개의 힘이 방향과 작용점만 다르고, 힘의 크기와 방위가 같을 때

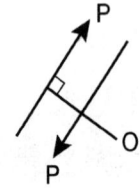

2-2. 구조물

1. 하중의 종류

① 이동상태에 따라 : 고정하중과 이동하중

② 면적 및 크기에 따라 : 집중하중과 분포하중

③ 시간에 따라 : 장기하중과 단기하중

④ 기타 하중 : 설(雪)하중과 풍(風)하중

2. 지점과 반력

① 지점
  ㉠ 구조물을 지지하며 하중의 하부구조나 지반이 연결된 곳
  ㉡ 지점의 종류 : 이동지점(roller), 회전지점(hinge), 고정지점(fixed)

② 반력
  ㉠ 구조물에 하중이 작용하면 지점에 생기는 힘
  ㉡ 하중과 평형을 유지하기 위해 반력이 생성
  ㉢ 구조물은 하중과 반력에 의해 힘의 평형을 이루고 있어 정지하고 있음, 반력을 무시하면 구조물이 정지하고 있다는 전제에 어긋나게 됨
  ㉣ 구조물에 생기는 반력
    ⓐ 수평반력, 수직반력, 모멘트반력
    ⓑ 비틀림 반력 : 구조물이 외력에 의하여 비틀릴 때 지점에 생기는 반력
  ㉤ 지점과 발생하는 반력의 종류

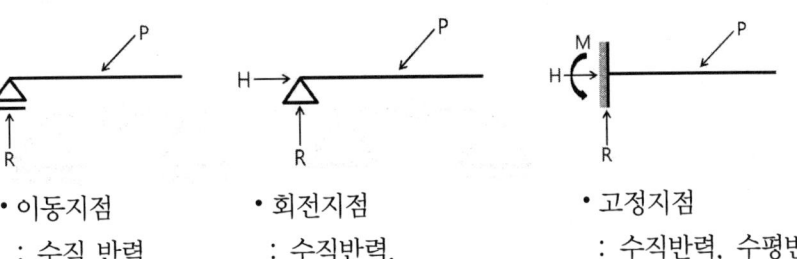

- 이동지점
  : 수직 반력
- 회전지점
  : 수직반력, 수평반력
- 고정지점
  : 수직반력, 수평반력 모멘트반력

3. 수평부재

① 단순 보 : 1개의 보가 양단으로 지지하여 한쪽이 회전지점, 다른 쪽이 이동지점으로 지지하는 보

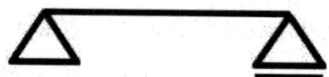

② 내다지 보(내민 보, Over Hanging Beam) : 지점의 구조는 단순보와 같으나 보의 일단 또는 양단이 지점에서 바깥쪽으로 내다지되어 있는 보

③ 캔틸레버 보(Cantilever Beam) : 일단이 고정지점이고 다른 쪽은 지점이 없이 자유인 상태가 되어 있는 보

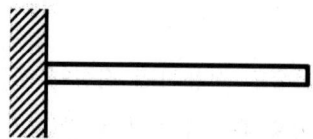

④ 고정 보 : 보의 양단을 메워 넣어 고정한 보(반력이 4개 이상 발생)

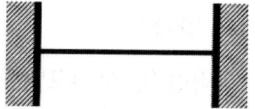

⑤ 게르버 보 : 3개 이상의 지점으로 지지하고 있는 보로서 단순 보와 내다지 보를 조합한 보

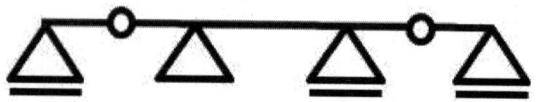

⑥ 연속보 : 1개의 보를 3개 이상의 지점으로 지지하고 있는 보

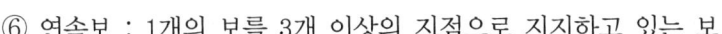

4. 외응력

① 보에 하중이 작용하면 지점에 반력이 생성되는데 이때 구조물상의 각 점에 전달되는 외력

② 종류 : 휨(曲)모멘트, 전단력, 축력, 열(捩)모멘트

③ 휨(曲)모멘트

　㉠ 구조물에 작용하는 외력들이 구조물상의 한 점을 회전하려고 하는 회전능률

　㉡ 휨모멘트의 부호

　　ⓐ 외력이 보를 ∪와 같이 휘려고 할 때 : 정, plus(+)

　　ⓑ ∩와 같이 휘려고 할 때 : 부, minus(−)

　　ⓒ 보의 상부에서 하중이 가해졌을 때

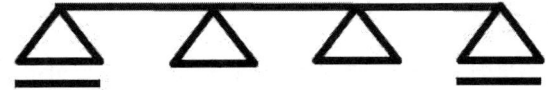

　　　압축력 : 보의 상부

　　　인장력 : 보의 하부

　　　휨의 모멘트 : 정(+)

　㉢ 보의 최대 휨응력

$$\sigma_{\max} = \frac{6 \times M_{\max}}{b \times h^2}$$

　　　$\sigma_{\max}$: 최대 휨응력　　$M_{\max}$: 최대 휨모멘트

　　　b : 폭　　　　　　　　h : 높이

④ 전단력 : 부재를 전단하려고 하는 외력, 기호 : S

⑤ 축력(軸力) : 구조물상의 한 점에서 부재를 축방향으로 압축(-) 또는 인장(+)하려고 하는 외력, 기호 : N

⑥ 열(捩)모멘트 : 구조물에 부재의 축선에서 이탈하여 축직교하중이 작용할 때 발생하는 외력

하중형태	반력(R) · 전단력(S)	휨모멘트
단순보에 집중하중 P가 C점에 작용 (거리 a, b, 전장 l)	$R_A = P \times \dfrac{b}{l}$ $R_B = P \times \dfrac{a}{l}$ $S_A = R_A,\ S_B = R_B$	$M_A = P_A \times a$ $M_B = P_B \times b$ $M_C = P \times \dfrac{ab}{l}$
단순보 중앙에 집중하중 P ($\ell/2$, $\ell/2$)	$R_A = R_B = \dfrac{P}{2}$ $S_{\max} = \dfrac{P}{2}$	$M_x = P \times \dfrac{x}{2}$ $(x \leqq \dfrac{l}{2})$ $M_C = P \times \dfrac{l}{4}$
단순보에 두 집중하중 P, P (거리 a, a)	$R_A = R_B = P$ $S_1 = S_3 = P$ $S_2 = 0$	$M_1 = P \times x$ $M_2 = P \times a$ $M_3 = P \times (l-x)$
단순보에 집중하중 P_1, P_2 (구간 a, b, c)	$R_A = \left(P_1 \times \dfrac{b+c}{l}\right) + \left(P_2 \times \dfrac{c}{l}\right)$ $R_B = \left(P_1 \times \dfrac{a}{l}\right) + \left(P_2 \times \dfrac{a+b}{l}\right)$	$M_D = R_B \times c$
단순보에 등분포하중 W	$R_A = R_B = \dfrac{Wl}{2}$ $S_{\max} = R_A = R_B = \dfrac{l}{2}$	$M_{\max} = \dfrac{Wl^2}{8}$
단순보에 삼각형 분포하중 W	$R_A = \dfrac{Wl}{6},\ R_B = \dfrac{Wl}{3}$ $S_{\max} = R_B = \dfrac{Wl}{3}$	$M_{\max} = \dfrac{Wl^2}{9\sqrt{3}}$ $= 0.064\,Wl^2$

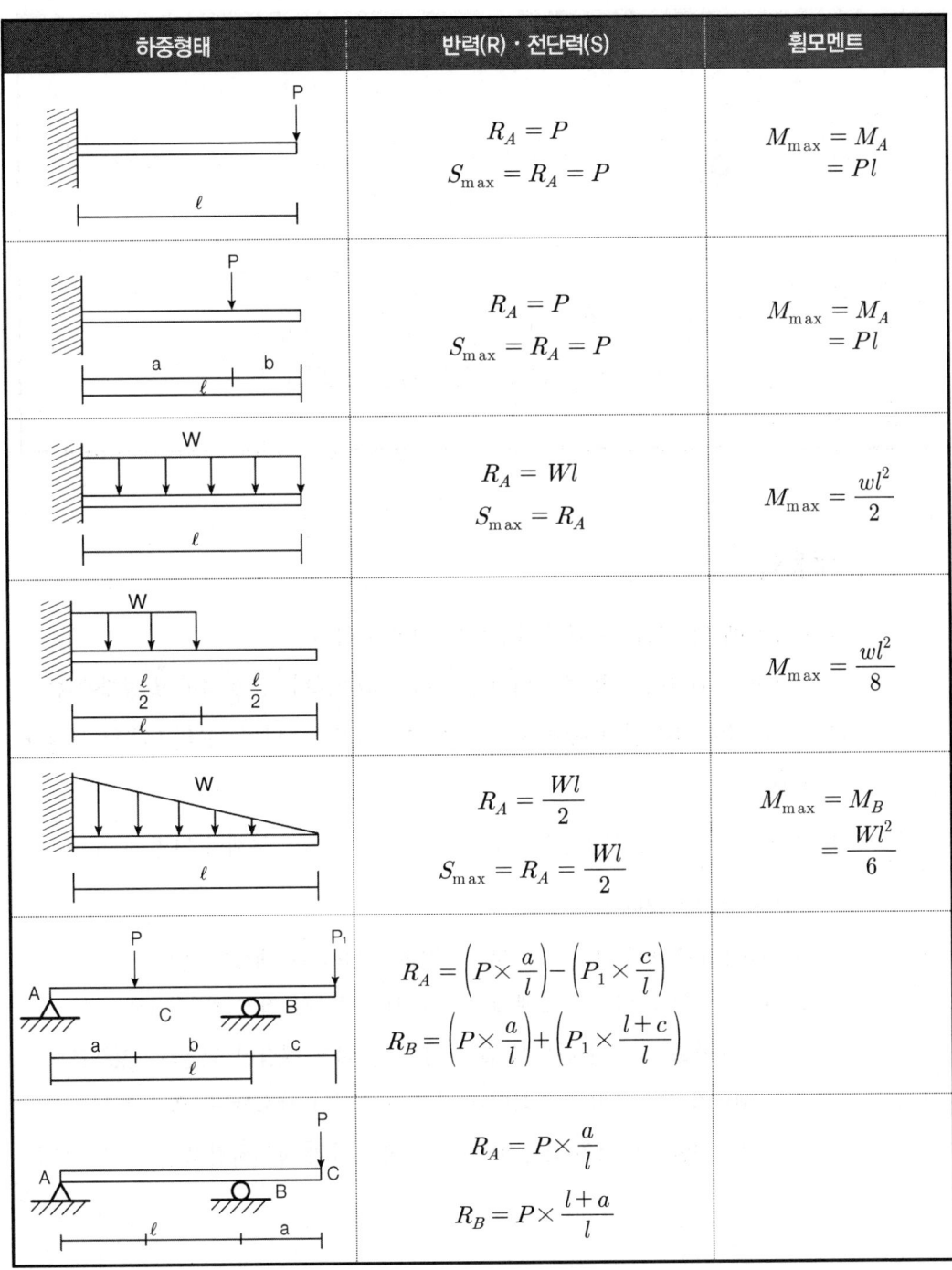

하중형태	반력(R)·전단력(S)	휨모멘트
	$R_A = R_B = (W \times a) + \dfrac{Wl}{2}$	$M_A = M_B = \dfrac{Wa^2}{2}$
	$R_A = \left(P_1 \times \dfrac{b+c}{l}\right) + \left(P_2 \times \dfrac{c}{l}\right)$ $R_B = \left(P_1 \times \dfrac{a}{l}\right) + \left(P_2 \times \dfrac{a+b}{l}\right)$	

5. 내응력

① 구조물에 작용하는 외력에 대응하는 내력의 크기

② 구조재가 외력에 의해 파괴되지 않으려면 외력보다 큰 응력이 발생해야 함

③ 구조부재의 어떤 단면 내에 생기는 내응력의 합은 그 단면부분의 외응력 크기와 같음

④ 응력도 = $\dfrac{P}{A}$ (응력도(kg/cm^2), P : 외력(kg), A : 부재의 단면적(cm^2))

⑤ 구조용 재료의 허용강도

  ㉠ 허용강도(허용응력) : 구조물의 설계에 사용되는 재료의 강도

  ㉡ 재료의 허용응력을 구조재 최고강도보다 상당히 적게 하는 이유

   - 구조재료 성질이 반드시 같지 않으며, 내부 결함이 있을 수 있으므로
   - 재료가 부식하거나 풍화하여 부재의 단면이 감소할 수 있으므로
   - 구조계산의 이론이 불완전하고 이론과 실제가 일치하지 않을 수 있으므로

단면형태		단면2차모멘트 (도심축, 도시축)	단면2차모멘트 (밑단)	단면계수	단면2차반지름
장방형	(직사각형, 폭 b, 높이 h)	$I_x = \dfrac{bh^3}{12}$ $I_y = \dfrac{b^3h}{12}$	$I_{x'} = \dfrac{bh^3}{3}$	$Z = \dfrac{bh^2}{6}$	$K = \dfrac{h}{\sqrt{12}}$ $= 0.2887h$
삼각형	(삼각형, 폭 b, 높이 h)	$I_x = \dfrac{bh^3}{36}$	$I_{x1'} = \dfrac{bh^3}{4}$ $I_{x2'} = \dfrac{bh^3}{12}$	$Z_1 = \dfrac{bh^2}{24}$ $Z_2 = \dfrac{bh^2}{12}$	$K = \dfrac{h}{3\sqrt{2}}$ $= 0.2359h$
원형	(원, 지름 d)	$I_x = \dfrac{\pi d^4}{64}$	$I_{x'} = \dfrac{5\pi d^4}{64}$	$Z = \dfrac{\pi d^3}{32}$	$K = \dfrac{d}{4}$
정방형	(정사각형, 한 변 b)	$I_x = \dfrac{b^4}{12}$	–	$Z = \dfrac{b^3}{6}$	–

(b : 폭, h : 높이, d : 지름)

6. 수직부재

① 종류 : 기둥, 교각, 대공, 말뚝 등

② 기둥의 종류

   ㉠ 단주(短柱)

      ⓐ 짧고 굵은 기둥

      ⓑ 압축 파괴 현상

ⓛ 장주(長柱)
    ⓐ 긴 기둥
    ⓑ 좌굴 현상
    ⓒ 세장비가 일정한 값 이상 되는 기둥
    ⓓ 좌굴응력 계산 : 단면2차반지름

 * 좌굴 현상 : 기둥이 중심축의 하중을 받는데도 부재의 불균일성에 기인하여 하중 집중 부분에 압축응력이 허용강도에 도달하기 전 휘어지는 현상

③ 좌굴장(좌굴 길이)

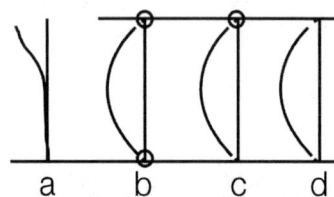

a. 1단 고정, 타단 자유부재의 좌굴장 : $\ell_k = 2\ell$
b. 양단 회전부재의 좌굴장 : $\ell_k = \ell$
c. 1단 고정, 타단 회전부재의 좌굴장 : $\ell_k = 0.7\ell$
d. 양단 고정부재의 좌굴장 : $\ell_k = 0.5\ell$

㉠ 좌굴장이 긴 순서 : a > b > c > d
㉡ 좌굴장에 강한 순서 : d > c > b > a

④ 세장비
    ㉠ 기둥의 가느다란 정도를 표시하는 척도
    ㉡ 세장비 = $\dfrac{기둥의\ 좌굴장(\ell)}{단면\ 최소치수(h)} = \dfrac{기둥의\ 유효길이}{단면2차반지름}$

    (h : 원주(圓柱) - 지름, 각주(角柱) - 폭)

3. 옹벽(흙막이벽)

3-1. 옹벽 설치

1. 옹벽 설치 목적

① 절토, 성토, 비탈면에 토사유출 및 구조물 붕괴 방지
② 배후의 토사붕괴(안식각 이상)를 방지
③ 도로나 건물을 축조하기 위한 공간확보용
④ 낮은 쪽의 지면에 옹벽을 만들고 그 배면을 성토하는 용도

2. 옹벽의 종류

종류		특징
중력식 옹벽		• 상단이 좁고 하단이 넓은 형태 • 자중으로 토압에 저항 • 재료 많이 소모 • 높이 3m 이하의 옹벽 • 반중력식 옹벽 : 중력식의 구조체 단면을 얇게 하고, 인장응력에 대해 철근을 보강한 형식
캔틸레버 옹벽		• 옹벽배면 기초저판 위의 흙무게를 보강하여 안전성을 높인 옹벽 구조 • 철근콘크리트 저판 위에 성토가 자중으로 간주되어 중력식보다 경제적 • 높이 5m 내외의 옹벽
	L형 옹벽	• 앞굽을 길게 사용할 수 없을 경우 사용 • 높이 6m 이하 옹벽
	역T형 옹벽	• 자중과 뒷채움 토사의 중량으로 토압에 저항 • L형에 비하여 저판(底版)을 작게 할 수 있음 • 높이 4.0m~6.0m에 사용 • 옹벽 높이가 7.0m 이상일 경우 비경제적
부벽식 옹벽 (부축벽)		• 높이 6m 이상 옹벽 • 앞부벽식 옹벽 : 뒷 저판 시공이 협소할 경우에 사용 • 뒷부벽식 옹벽 : 성토면의 시공 공간이 충분히 확보될 경우에 사용

3-2. 옹벽의 안정성

1. 옹벽설계 안정 조건

① 활동(sliding)에 대한 저항력 : 수평력의 1.5배 이상

② 옹벽 뒷면의 토압에 대한 회전력(전도)의 1.5배 이상

③ 옹벽이 지반을 누르는 힘보다 지지력이 커서 기초가 부동침하에 대한 안정성이 있어야 함

④ 옹벽의 재료가 외력보다 강한 재료로 구성되어야 함

* 옹벽의 구조적 안정성을 위해 필요한 기본적인 검토 요소
  − 활동에 대한 검토   − 전도에 대한 검토   − 침하에 대한 검토

2. 옹벽 안전계수

① 안전계수 = $\dfrac{활동저항력}{활동력} = \dfrac{구조물\ 중량 \times 마찰계수}{활동력}$

② 안전율 1.5배 이상 : 안전

3. 옹벽 붕괴 원인

① 안정조건 검토 미흡　② 마찰력 과소　③ 높은 옹벽

④ 재하중 부족　⑤ 뒷굽 길이 부족　⑥ 연약 지반

⑦ 저판 면적 부족　⑧ 배수 불량　⑨ 뒷채움 재료 불량

⑩ 뒷채움 시공 불량

4. 옹벽의 구조물 뒷채움 재료 조건

① 다짐 양호할 것

② 투수성 있을 것

③ 물 침입에 의한 강도 저하 적을 것

3-3. 옹벽의 토압

1. 옹벽에 작용하는 토압

 * 토압 : 지반 내부에 생기는 응력과 흙의 구조물 사이의 접촉면에서 생기는 모든 힘

① 주동토압(P_A) : 흙이 팽창·이동하면서 옹벽을 미는 압력
  ㉠ 옹벽이 뒤채움 흙의 압력에 의해 전방으로 전도하려는 경우에 작용하는 토압
  ㉡ 옹벽이 횡압력으로 반시계방향으로 회전하거나 약간 이동하는 토압
  ㉢ 옹벽이 앞면으로 이동한 경우에 수평방향으로 작용하는 토압
  ㉣ 지표면 가라앉음

② 수동토압(P_P) : 옹벽이 흙을 밀어 흙이 압축되지 않으려고 저항하는 압력
  ㉠ 벽체가 외력을 받아 뒤채움 흙 쪽으로 눌러 흙이 파괴가 일어날 때 작용하는 토압
  ㉡ 옹벽이 뒤쪽으로 이동한 경우에 수평으로 작용하는 토압
  ㉢ 옹벽을 배면 쪽으로 밀 때의 압력
  ㉣ 지표면 부풀어 오름

③ 정지토압(P_O) : 흙이 팽창도 수축도 하지 않는 정지상태에서 작용하는 토압
  ㉠ 흙이 횡방향으로 변화가 없는 상태에서 수평방향으로 작용하는 토압
  ㉡ 흙막이 구조물에 항복을 일으키지 않고, 수평방향 변이가 발생하지 않는 상태의 토압
  ㉢ 옹벽의 뒷채움 혹은 채운 뒤에도 벽체의 변위가 생기지 않는 상태에서의 토압

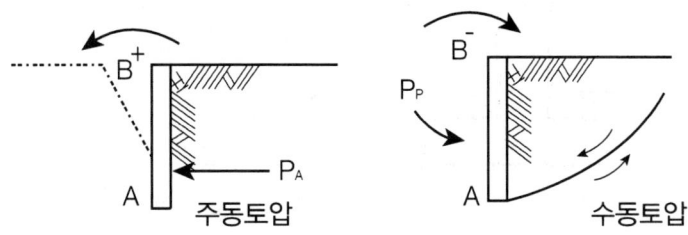

2. 옹벽의 토압에 영향을 주는 배토

① 배토 : 흙의 휴식각 외부에 옹벽과 접하고 있는 토양

② 배토 지표면이 옹벽과 평행일 경우 토압작용점 : 옹벽 높이의 $\frac{1}{3}$ 지점에 수평으로 작용

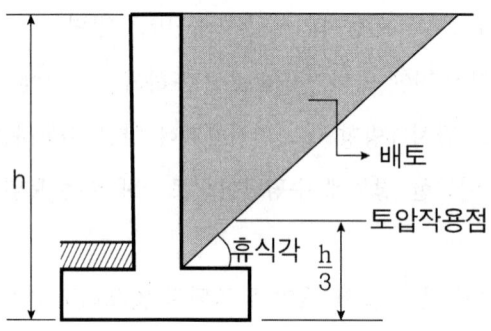

③ 상재하중 작용하는 옹벽의 토압작용점 : 경사진 지표면에 평행하게 옹벽 높이의 $\frac{1}{3}$ 지점에 작용

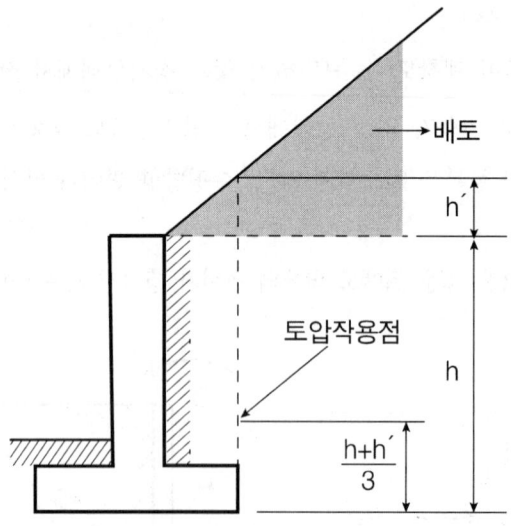

3. 옹벽에 작용하는 토압 계산

① 상재하중 없는 중력식 옹벽, 캔틸레버 옹벽

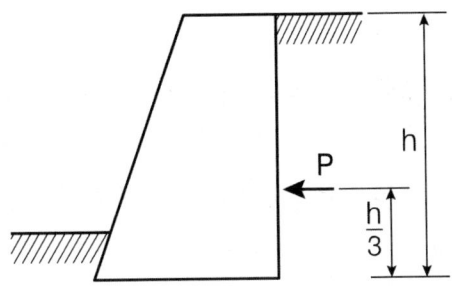

$$P = 0.286 \times \frac{Wh^2}{2}$$

② 상재하중 있는 중력식 옹벽

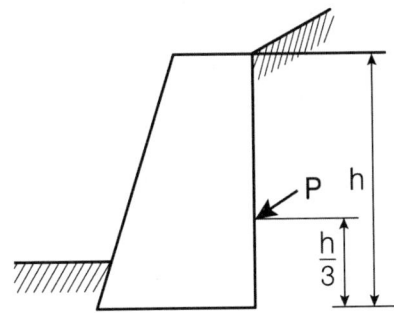

$$P = 0.833 \times \frac{Wh^2}{2}$$

③ 상재하중 있는 캔틸레버 옹벽

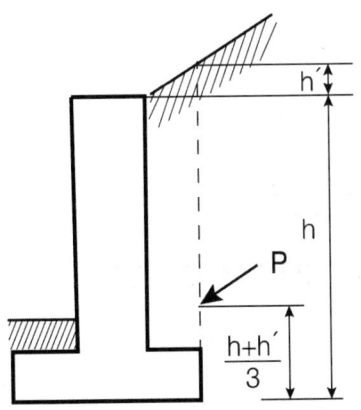

$$P = 0.833 \times \frac{W(h+h')^2}{2}$$

(P : 토압, W : 흙중량, h, h' : 높이)

4. 담장

1. 담장의 붕괴

① 기초 파괴 : 재료의 허용인장응력을 초과하는 기초에 작용하는 최대 편심하중에 기인

② 전도에 의한 파괴 : 전도모멘트가 담장의 저항모멘트를 초과하거나 또는 토양의 지내력을 초과할 때 발생

2. 담장의 부등침하 원인

① 연약지반
② 이질지층
③ 성토지반
④ 지하수위 변경

3. 담장의 모멘트

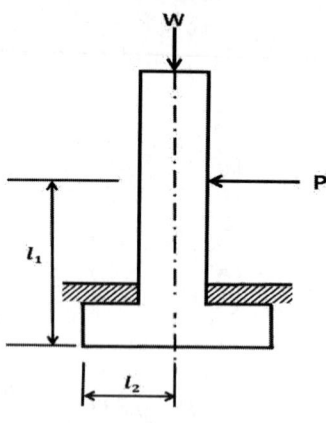

(W : 담장무게, P : 풍압)

① 전도모멘트 : $M_o = P \times \ell_1$
② 저항모멘트 : $M_r = W \times \ell_2$
③ 저항모멘트 > 전도모멘트 : 담장 안정

PART 05 조경 적산

1. 적산

1-1. 적산

1. 적산
① 공사에 소요되는 재료 및 품의 수량 산출과정
② 설계도면, 시방서, 현장설명서, 품셈 참조

2. 견적=적산 수량×단가

3. 시방서

* 설계서의 적용 순서(조경공사 시 설계서 간 내용이 상이한 경우)
 : 현장설명서 및 질의응답서 → 공사시방서 → 설계도면 → 표준시방서 → 물량내역서 → 승인된 시공도면

4. 공사비 계산서
① 공사를 시공하기 전에 설계도면을 기초로 하여 소요되는 예산 산출

5. 견적서 : 작성한 계산서를 공사 의뢰자에게 제출하는 것

6. 적산 순서

① 입찰 참가·지명 → 현장설명 → 설계도서 검토·작성 → 수량산출 → 시공계획 수립 → 단가 결정 → 직접공사비 결정 → 간접공사비 결정 → 공사비 집계 검토 → 견적서 제출

② 공사발주자가 공사발주를 위해 예정가격을 책정하기 위한 공사비 산정과정
 : 기획 및 예산 책정 → 현장조사 → 수량산출 → 단위품셈 결정 → 직접공사비 산출 → 발주 시공

* 실적공사비 적산방식
① 실제 공사를 수행하기 위해 산정한 단가를 발주기관별로 축적하여 유사 공사 발주 시 예정가격 산정의 기준단가로 활용하는 적산방식
② 공공공사 적산 시 효율적
③ 건설시장 동향 즉각적 반영 가능
④ 표준화된 공종 분류와 내역 체계 아래 오랜 기간 공사비 자료 필요

1-2. 조경 적산의 특징

1. 조경 공사의 특징

① 공정이 다양, 소규모 공사
② 지방성, 지역성에 의존(예 : 수목)
③ 규격 및 표준화가 곤란(수목의 허용오차 ±10%)
④ 시공시기에 제한(식재 부적기 : 7~8월, 12~2월 말)
⑤ 현장 상황에 따라 조정할 경우가 많음
⑥ 공사 구역이 분산
⑦ 전문공사=조경식재공사+조경시설물공사

2. 조경 실시설계 과정

상세도 작성 → 일위대가 작성 → 물량 산출 → 내역서 작성

3. 조경 적산

① 설계서(내역서) : 공사원가계산서, 공종별 내역서
② 일위대가표
　㉠ 일위대가 : 단위 공사에 소요되는 기본적인 재료와 인력의 표준적인 소요량
③ 품셈
　㉠ 단위 공사에 필요한 단위 규격당 소요량
　㉡ 재료, 노무, 기계 사용의 종류 및 소요량 표시
　㉢ 국토교통부의 표준품셈 기준

2. 표준품셈

* **표준품셈**
  - 시공현장에서 소요되는 재료의 물량을 집계한 것
  - 적산 업무의 첫 단계
  - 총공사비 산정에 가장 중요한 과정
  - 수량에는 수목의 주수와 시공재료의 길이(m), 면적(m^2), 중량(kg), 체적(m^3) 및 시공기계의 경비를 산출하기 위한 시간(hr) 등이 포함

2-1. 수량

1. 수량의 종류

① 설계수량 : 실시설계 및 상세설계에 표시된 재료 및 치수에 의하여 산출된 수량

② 계획수량 : 설계도에는 명시되어 있지 않으나, 시공현장 조건에 따라 시공계획 수립상 소요되는 수량

③ 소요수량 : 설계수량과 계획수량의 산출량에 운반, 저장, 가공 및 시공과정에서 발생되는 손실량을 예측하여 부가한 할증수량

2. 수량계산의 기준

① C.G.S.(Centimeter-Gram-Second) 단위 사용

② 단위 및 소수위는 표준품셈 단위표준에 의거

③ 수량의 계산은 지정 소수위 이하 1위까지 구하고, 끝수는 사사오입

④ 계산에 쓰이는 분도는 분까지, 원주율, 삼각함수의 유효숫자는 세 자리

⑤ 플래니미터 사용 시 3회 이상 측정하여 평균값 취함

⑥ 체적 계산은 유사공식에 의함을 원칙으로 하지만, 토사입적은 양단면적 평균값에 거리를 곱하여 산출

⑦ 볼트 구멍, 모따기, 물구멍, 이음줄눈 간격, 포장공종의 1개소당 $0.1m^2$ 이하의 구조물자리, 철근 콘크리트 중의 철근, 콘크리트 구조물의 말뚝머리는 공제하지 않음

⑧ 분수는 약분법을 사용하지 않고, 각 분수마다 값을 구한 다음 전부 계산

⑨ 절토량 : 자연상태 설계도의 양

성토량·사석공의 준공토량 : 성토·사석공 설계도의 양

지반침하량 : 지반 성질에 따라 가산

2-2. 재료 및 금액

1. 재료 및 금액의 단위

① 재료의 단위

종류	규격	단위수량	종류	규격	단위수량
공사연장	m, 2위	m, 단위한	공사면적	–	m², 1위
공사폭원	–	m, 1위	토적(체적)	–	m³, 2위
직공인부	–	인, 2위	모래, 자갈, 잡석	cm, 단위한	m³, 2위
모르타르, 콘크리트	–	m³, 2위	철근	mm, 단위한	kg, 단위한
벽돌, 블록	mm, 단위한	개, 단위한	떼	cm, 단위한	m³, 1위

② 금액의 단위

종목	단위	지위	비고
설계서의 총계	원	1,000	이하 버림(단, 만원 이하일 때 100원까지)
설계서의 소계	원	1	미만 버림
설계서의 금액	원	1	미만 버림
일위대가표의 총계	원	1	미만 버림
일위대가표의 금액	원	0.1	미만 버림

2. 할증률 계산

① 재료의 할증

㉠ 설계수량과 계획수량의 적산량에 운반, 저장, 절단, 가공 및 시공과정에서 발생하는 손실량을 예측하여 부가하는 것

㉡ 재료비=단가×총 소요량(할증률 포함)

㉢ 재료별 할증률

ⓐ 노상 및 노반재료

재 료	할증률(%)
모래	6
부순 돌, 자갈, 막자갈	4
점질토	6

ⓑ 강재류

재 료	할증률(%)	재 료	할증률(%)
원형 철근	5	대형 형강	7
이형 철근	3	소형 형강	5
일반 볼트	5	봉강	5
고장력 볼트	3	평강, 대강	5
강판	10	경량형강, 각파이프	5
강관	5	리벳(제품)	5

ⓒ 기타 재료

재 료		할증률(%)	재 료		할증률(%)
목재	각재	5	도료		2
	판재	10	블록, 내화벽돌		3
	합판(일반용)	3	적벽돌		3
조경용 잔디		10	시멘트벽돌		5
조경용 수목		10	시멘트(정치식)		2
석재판 붙임용재	정형돌	10	래디믹스트 콘크리트 타설	무근	2
	부정형돌	30		철근, 철골	1
원석(마름돌용)		30	단열재		10

② 품의 할증 : 군작전 지구 내 20%, 공항 및 도로개설이 불가능한 산악지역 50%, 야간작업-PERT/CPM공정계획에 의한 공기산출결과 정상작업(정상공기)으로는 불가능하여 야간작업을 할 경우나 공사성질 상 부득이 야간작업을 하여야 할 경우 25%까지 가산

3. 공사비 산출

3-1. 공사비 산출

> * 순공사비(순공사원가, 공사원가)=재료비+노무비+경비

1. 재료비

① 재료비=직접재료비+간접재료비−작업부산물

② 직접재료비 : 공사목적물의 기본 구성

③ 간접재료비 : 공사에 보조적으로 소비되는 것

④ 작업부산물 : 시공 중 발생하는 작업잔재류 중 환급이 가능한 것
  (예 : 철근, 강관 등)

2. 노무비

① 직접노무비 : 직접 작업에 참여하는 인부에게 드는 비용

② 간접노무비 : 현장에서 보조로 종사하는 감독자 등에게 드는 비용, 직접노무비의 15% 내외

3. 경비

① 경비=순공사비−재료비−노무비

② 산재보험료=(직접노무비+간접노무비)×○○%

③ 안전관리비=(재료비+직접노무비)×○○%

④ 기타 경비=(재료비+노무비)×○○%

⑤ 경비 항목 : 안전관리비, 산재보험료, 기계경비(감가상각비, 정비비, 기계관리비, 기계손료, 운전경비, 조립해체비), 운반비, 품질관리비, 수도·광열비, 폐기물 처리비, 인쇄비, 전력비, 소모품비, 통신비, 임차료, 가설비, 연구개발비, 기술료, 외주가공비, 특허사용료, 복리후생비 등

4. 일반관리비

① 일반관리비=(재료비+노무비+경비)×○%
② 회사가 사무실을 운영하기 위해 드는 비용
③ 기업의 유지를 위한 관리활동 부문에서 발생하는 제비용
④ 제조원가에 속하지 않는 모든 영업비용 중 판매비 등을 제외한 비용
⑤ 기업 손익계산서를 기준으로 산정

5. 이윤

① 이윤=(순공사원가+일반관리비−재료비)×○%
　　　=(노무비+경비+일반관리비)×○%

　* 총원가=공사원가+일반관리비

6. 부가가치세

① 부가가치세=총원가×10%

7. 도급액

① 도급액=총원가+부가가치세
② 시공자가 받은 금액

3-2. 공사의 계약

1. 계약의 의의와 절차의 의의

① 계약 : 대립되는 상호 간의 의사표시의 합의에 의해 성립되는 법률적 행위
② 절차 : 공사원가를 작성하여 예정가격을 결정한 후 시공업체를 선정, 목적물의 실체가 완성되어 공사대금을 완전히 수령할 때까지의 과정 공사의 발주방법

2. 공사의 입찰 및 계약 관련 용어

① 예정가격 : 발주자가 입찰 또는 계약 체결 전 입찰 및 도급계약 금액의 결정기준으로 삼기 위해 작성한 금액

② 입찰보증금 : 낙찰이 되어도 계약을 체결할 의지가 없는 건설업자의 입찰참가를 방지하기 위한 제도

③ 덤핑 : 공사의 수주를 위해 공사원가 이하로 입찰에 참여하여 저가 도급을 받는 부당행위

④ 기성금 : 공사가 진행되면서 시공이 완성된 부분에 대해 도급자가 발주자로부터 지급받는 대금

⑤ 실행예산 : 도급자가 공사 착공 전, 공사내용과 공기를 가장 효과적으로 달성하면서 집행가능한 최소 투자를 전제하여 시공계획과 손익 목표를 합리적으로 표현한 금액적 계획서

3. 공사의 발주방법(입찰방법)

종 류	특 징
일반경쟁입찰 (공개경쟁입찰)	• 가장 유리한 조건을 제시한 자를 선정하여 계약을 체결하는 방법 • 장점 : 경쟁에 의한 경제성 확보(저렴한 공사비), 균등한 기회 제공, 불특정 다수 희망자 참가 기회 • 단점 : 낙찰자의 신용·기술·경험 등을 신뢰할 수 없음, 저가 낙찰로 공사의 질 저해 우려
제한경쟁입찰	• 참가자의 자격을 제한하는 입찰방식 • 일반경쟁입찰과 지명경쟁입찰의 단점 보완 • 예정금액이 10억원을 초과하는 공사, 특수장비나 기술 또는 공법 요구되는 공사
지명경쟁입찰	• 적정하다고 인정되는 특정 다수의 경쟁 참가자를 지명하여 입찰 • 지나친 경쟁으로 인한 부실공사를 막기 위한 방법
제한적 평균가 낙찰제	• 예산 가격이 10억원 미만인 공사의 낙찰방식 • 예정 가격의 85% 이상의 금액으로 입찰한 자를 선정 • 낙찰적격자 2인 이상인 경우 : 낙찰적격자 입찰금액을 평균하여 이 금액 바로 아래 금액에 가까운 금액의 입찰자 낙찰 • 덤핑입찰 방지

종류	특징
대안입찰	• 설계서상의 공종 중 대체가 가능한 공종에 대해 대안 제출이 허용된 공사
설계시공 일괄입찰 (턴키입찰)	• 공사의 기본계획과 지침에 따라 공사의 설계서, 기타 공사에 필요한 도서를 작성하여 입찰서와 함께 제출하는 입찰방식
수의계약 (특명입찰)	• 예정가격을 미리 결정한 후, 경쟁입찰에 단독으로 참가하는 형식 • 소규모 공사, 특허공법에 의한 공사, 신기술에 의한 공사, 특수공법을 요하는 공사, 추정가격 1억원 이하 일반공사, 추가공사, 계약목적 비밀
PQ입찰	• 사전자격(자산, 기술, 부채현황, 기술자 경력) 심사 후 참가하는 방식 • 매 공사 또는 입찰 때마다 자격 검사 실시 • PQ제도를 통해 발주자는 업체 능력을 정확히 파악 • 건설업 개방에 따른 국가경쟁력 강화, 부실공사 방지 • 건설 수주의 대형화 및 고급화 대응 방안

* 입찰순서
  - 공고 → 입찰참가자격 등록 → 입찰보증금 납부 → 현장설명 실시 → 입찰서 접수 → 낙찰
  - 입찰통지 → 현장설명 → 입찰 → 개찰 → 낙찰 → 계약
  - 입찰공고 → 설계도서 교부 및 현장설명 → 질의응답 → 견적 → 입찰 → 개찰 → 낙찰 → 계약

3-3. 식재공사

1. 규격 표시

① 측정기준

　㉠ 수고(H : Height, 단위 m)

　　ⓐ 지표면에서 수관의 정상까지의 수직거리

　　ⓑ 수관의 정자에서 돌출된 도장지는 제외

　㉡ 흉고직경(B : Diameter of Breast height, 단위 cm)

　　ⓐ 지표면 1.2m 부위의 수간의 직경

ⓑ 쌍간일 경우
- 각 간의 흉고직경 합의 70%
- 최대 흉고직경 중 큰 것
ⓒ 수관폭(W : Width, 단위 m)
ⓐ 수관 투영면의 양단의 직선거리, 타원형의 수관은 최소폭과 최대폭을 합하여 평균
ⓑ 조형목도 이에 준하며 도장지는 제외
ⓓ 근원직경(R : Root, 단위 cm)
ⓐ 지표면 부위 수간의 직경
ⓑ 흉고직경을 측정할 수 없는 관목이나 흉고 이하에서 분지하는 성질을 가진 교목성 수종, 만경목, 어리묘목 등에 적용
ⓔ 수관길이(L : Length, 단위 m)
ⓐ 수관이 수평 혹은 능수형 등 세장하는 생장특성을 가진 수종이나 이에 준하여 조형한 수관의 최대길이

② 표시방법
㉠ 교목성
ⓐ 수고(m)×근원직경(m) → H×R
예) 단풍나무, 감나무, 느티나무, 모과나무
ⓑ 수고(m)×흉고직경(cm) → H×B
예) 가중나무, 계수나무, 메타세쿼이아, 벽오동, 산벚나무, 수양버들, 은단풍, 은행나무, 목백합, 자작나무, 층층나무, 버즘나무 등
ⓒ 수고(m)×수관폭(m)×근원직경(cm) → H×W×R
예) 소나무, 산수유(소형)
ⓓ 수고(m)×수관폭(m)×흉고직경(m) → H×W×B
예) 히말라야시더
ⓔ 수고(m)×수관폭(m) → H×W
예) 상록침엽수류 : 가이즈까향나무, 독일가문비, 서양측백나무, 잣나무, 섬잣나무, 측백나무, 구상나무
㉡ 관목성

　　　　　ⓐ 수고(m)×수관폭(m) → H×W
　　　　　　예) 회양목, 철쭉, 꽝꽝나무, 매자나무, 명자나무, 무궁화, 박태기, 사철나무, 해당화, 조릿대, 치자나무
　　　ⓒ 초화류
　　　　　ⓐ 분얼수(맥문동, 꽃잔디, 비비추, 옥잠화)
　　　　　ⓑ POT

2. 식재 공사

① 교목
　㉠ 뿌리돌림 : 뿌리 절단 부위의 보호를 위한 재료비는 별도 계상
　㉡ 굴취 시 분이 없는 경우 : 굴취품의 20% 감하기
　㉢ 굴취 시 야생일 경우 : 굴취품의 20%까지 가산
　㉣ 수고에 의한 식재, 흉고직경에 의한 식재 시 지주목을 세우지 않을 때 : 인력시공 시 인력품의 10% 감하기, 기계시공 시 인력품의 20% 감하기

② 관목
　㉠ 수고보다 수관폭이 더 클 때에는 수관폭을 수고로 보고 적용
　㉡ 수고 1.5m 이상일 때 : 수고에 비례하여 할증
　㉢ 굴취 시 야생일 경우 : 굴취품의 20%까지 가산

3. 조경수목의 하자보수

① 고사목 : 수관부의 2/3 이상이 마르거나, 지엽 등의 생육상태가 회복하기 어려울 정도로 불량하다고 인정되는 경우
② 고사여부는 감독자와 수급인이 함께 입회한 자리에서 판정
③ 하자보수의 대상 식물 : 수목이나 지피류, 숙근류 등의 다년생 초화류로서 식재된 상태로 고사한 경우
④ 하자보수의 면제
　㉠ 전쟁, 내란, 폭풍 등에 준하는 사태
　㉡ 천재지변(폭풍, 홍수, 지진 등)과 이의 여파에 의한 경우

ⓒ 화재, 낙뢰, 파열, 폭발 등에 의한 고사

　　　ⓔ 준공 후 유지관리비용을 지급하지 않은 상태에서 혹한, 혹서, 가뭄, 염해(염화칼슘) 등에 의한 고사

　　　ⓜ 인위적인 원인으로 인한 고사(교통사고, 생활활동에 의한 손상 등)

　⑤ 지급품을 식재하는 경우

　　　㉠ 발주자가 수급자에게 수목을 직접 지급하는 경우(수목이식공사는 해당하지 않음)

　　　㉡ 고사율에 따른 지급 수목재료의 보수의무

고사기준율 (수종에 따른 규격별 수량대비)	보수의무
10% 미만	• 전량 하자보수 면제
10% 이상~20% 미만	• 10% 이상의 분량만을 지급품으로 보수
20% 이상	• 10~20%의 분량은 지급품으로 보수 • 20% 이상의 분량은 수급인이 동일 규격 이상의 수목으로 보수

3-4. 인력운반

1. 운반의 종류

① 리어카 운반

　㉠ 적재 및 적하 : 2인 기준

　㉡ 1회 운반량 : 250kg

　㉢ 리어카 손료는 품에 포함된 것으로 간주

② 지게 운반

　㉠ 적재·운반·적하 : 1인 기준

　㉡ 고갯길 : 직고 1m를 수평거리 6m 비율로 계산

　㉢ 1회 운반량 : 보통토사 25kg

③ 목도 운반
  ㉠ 운반 거리가 짧고, 고저가 일정하지 않으며, 궤도설치가 곤란하거나 적은 곳
  ㉡ 목도공의 1회 운반량 : 40kg
④ 소운반 거리 : 20m 이내의 거리

2. 인력운반 공식

① $Q = N \times q = \left(\dfrac{VT}{120L + Vt}\right) \times q$ $N = \dfrac{VT}{120L + Vt}$

   Q : 1일 운반량(m^3/일, kg/일)　　N : 1일 운반횟수(회/일)
   q : 1회 운반량(m^3/회, kg/회)　　T : 1일 실작업시간(450분)
   V : 왕복평균속도(m/hr)　　　　　L : 운반거리(m)
   t : 적재 적하 소요시간(분)

② 경사로 운반 환산거리 = a × L
   (a : 경사지 운반 환산계수, L : 운반거리(m))

③ 목도운반비 $= \dfrac{A}{T} \times M \times \left(\dfrac{120L}{V} + t\right)$

   A : 목도공 노임(원)　　　　　　T : 1일 실작업시간(450분)
   M : 필요한 목도공의 수 = $\dfrac{총운반량}{1인당 1회 운반량}$
   L : 운반거리(m)　　　　　　　　V : 평균왕복속도(m/hr)
   t : 준비작업시간(2분)

3-5. 기계화 시공

1. 기계의 선정 기준

① 작업종류별 적정기계

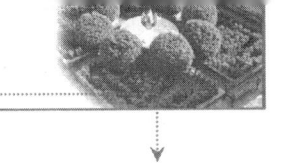

작업의 종류	건설기계의 종류
벌개, 제근	불도저(레이크도우저)
굴삭	로더, 굴삭기, 불도저, 리퍼
적재	로더, 버킷식 엑스커베이터
굴삭, 적재	로더, 굴삭기, 버킷식 엑스커베이터
굴삭, 운반	불도저, 스크레이퍼
운반	불도저, 덤프트럭, 벨트컨베이어
부설	불도저, 모터 그레이더
다짐	롤러(타이어, 탬핑, 진동, 로드), 불도저, 진동 컴팩터, 램머, 탬퍼
정지	불도저, 모터 그레이더
도랑파기	굴삭기, 트렌처

② 운반거리별 적정기계

작업구분	운반거리	토공기계의 종류
절붕, 압토	평균 20m	불도저
흙 운반	60m 미만	불도저
	60~100m	불도저, 로더+덤프트럭, 굴삭기+덤프트럭
	100m 이상	로더+덤프트럭, 굴삭기+덤프트럭, 모터 스크레이퍼

③ 드래그라인 : 지면에 기계를 두고, 깊이 8m 정도 연약지반의 깊은 기초 흙파기용
④ 크렘쉘(클램쉘) : 깊은 흙파기용, 흙막이의 버팀대 있어 좁은 곳, 케이슨 내의 굴착 장비
⑤ 캐리올 스크레이퍼 : 토공사용, 흙을 깎으면서 동시에 운반·깔기 작업 가능, 중장거리용 작업 거리 - 100~1,500m

2. 기본식

$Q = n \times q \times f \times E$

Q : 시간당 작업량(m^3/hr 또는 ton/hr)

n : 시간당 작업사이클 수, $n = \dfrac{60}{Cm(분)}$ 또는 $n = \dfrac{3600}{Cm(초)}$

q : 1회 작업사이클당 표준작업량(m^3 또는 ton)
f : 토량환산계수　　　　　E : 작업효율

3. 불도저

① 특징
  ㉠ 굴착, 운반, 배토, 정지, 다짐용
  ㉡ 운반거리 : 50~60m 이내(경제적 운반거리 : 60m)
  ㉢ 최대 100m 배토작업에 가장 합리적
  ㉣ 무한궤도식 : 연약지반·습지에 적합, 작업속도 늦음
    타이어식 : 도로·장거리 작업용
  ㉤ 토공판 각도 : 스트레이트 도저, 앵글 도저, 틸트 도저

② $Q = \dfrac{60 \times q \times f \times E}{C_m}$　　$q = q° \times e$　　$C_m = \dfrac{L}{V_1} + \dfrac{L}{V_2} + t$

  Q : 시간당 작업량(m^3/hr)　　　　q : 삽날의 용량(m^3)
  q° : 거리를 고려하지 않은 삽날의 용량(m^3)
  e : 운반거리계수　　f : 토량환산계수　　E : 작업 효율
  C_m : 1회 사이클 시간　　L : 운반거리(m)　　V_1 : 전진속도(m/분)
  V_2 : 후진속도(m/분)　　t : 기어변속시간(0.25분)

4. 백호

① 특징
  ㉠ 이동·운반 편리, 좌우 독립주행 용이
  ㉡ 구조 간단, 정비 용이
  ㉢ 작업능률 좋음 : 조작 쉬움, 사이클 타임 빠름
  ㉣ 굴착, 적재, 운반, 버리기, 고르기 작업 가능
  ㉤ 기계보다 낮은 곳 굴착 가능
  ㉥ 파는 힘 강력함, 경질지반 작업도 가능

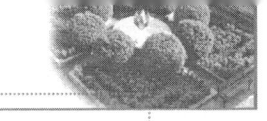

② $Q = \dfrac{3600 \times q \times f \times E \times k}{Cm}$

    Q : 시간당 작업량(m^3/hr)   q : 버킷용량(m^3)

    f : 토량환산계수   E : 작업효율

    k : 버킷계수   Cm : 1회 사이클 시간(초)

5. 로더

$Q = \dfrac{3600 \times q \times f \times E \times k}{Cm}$ $Cm = (m \times \ell) + t_1 + t_2$

Q : 시간당 작업량(m^3/hr)   q : 버킷용량(m^3)

f : 토량환산계수   E : 작업효율

k : 버킷계수   Cm : 1회 사이클 시간(초)

m : 계수(초/m) ℓ : 편도주행거리(m)

t_1 : 버킷에 흙을 담는 시간(초)

t_2 : 기어변속 등 기본시간과 다음 운반기계가 도착할 때까지의 시간(초)

6. 덤프트럭

① 특징

    ㉠ 적재함 기울여 흙을 방출

    ㉡ 적재 기계를 고려하여 적재용량 결정

    ㉢ 운반도로 조건이 작업량에 영향

② $Q = \dfrac{60 \times q \times f \times E}{Cm}$ $q = \dfrac{T}{r^t} \times L$ $Cm = t_1 + t_2 + t_3 + t_4 + t_5$

    Q : 1시간당 흐트러진 상태의 작업량(m^3/hr)

    q : 흐트러진 상태의 덤프트럭 1회 적재량(m^3)

    f : 토량환산계수   E : 작업효율

    T : 덤프트럭의 적재중량(ton)

    r^t : 자연상태에서의 토석의 단위중량(ton/m^3)

L : 체적환산계수에서의 체적변화율

Cm : 1회 사이클 시간(분)

t_1 : 적재시간(분/m^3) t_2 : 왕복시간(분)

t_3 : 적하시간(분) t_4 : 대기시간(분)

t_5 : 적재함 덮개 설치 및 해체시간(분)

왕복시간(t_2)
$$= \left\{ \frac{운반거리(km)}{적재시\ 평균주행속도(km/hr)} + \frac{운반거리(km)}{공차시\ 평균주행속도(km/hr)} \right\} \times 60$$

조경 기사·산업기사 필기

제 **6** 편

조경관리론

PART 01 조경관리계획

1. 조경관리

1-1. 조경관리의 특성

1. 조경관리의 대상

① 정원 : 주택정원, 건물 주변의 전정 또는 중정, 옥상정원, 실내정원 등 일상생활과 밀접한 공간

② 공원 : 도시지역의 공원녹지인 근린공원, 운동공원, 가로공원, 시설녹지, 완충녹지 등의 녹지공간

③ 자연공원 : 자연보존지역인 국립공원, 문화재 주변의 자연공원 등의 공간

④ 시설조경공간 : 도로, 철도, 공업단지, 주택단지 등

⑤ 교육공간 : 캠퍼스, 학교 등

⑥ 운동공간 : 골프장, 축구장 등

2. 조경관리의 특성

① 대상 : 공공의 시설

② 행위 주체 : 인간

③ 특징 : 공공 복지 증진

3. 조경관리의 목표

① 일상의 이용에서 관리대상의 기능을 충분히 발휘

② 이용자가 쾌적하고 안전하게 이용하기 위해

③ 최소 경비, 인원으로 효율적으로 수행

4. 조경관리의 목적

① 기능성

② 안전성

③ 쾌적성

④ 관리성

5. 조경관리의 특성

① 관리대상 자원의 변화성

② 비생산성

③ 조경공간 기능의 다양성, 유동성

* 조경관리 작업에 소요되는 인원 산정 시 정량화가 어려운 이유
  ① 공원 자체가 갖는 기능성
  ② 레크리에이션 내용의 다양성
  ③ 이용자 속성
  ④ 시설·재료의 다양성

6. 조경관리계획의 수립 절차

관리목표 결정 → 관리계획 수립 → 관리조직 구성 → 각 관리조직의 업무확정 및 협조체계 수립 → 관리업무 수행

2. 조경관리의 구분

* 조경관리 : 유지관리, 운영관리, 이용관리

2-1. 유지관리

1. 유지관리

① 대상 : 식물(수목, 초화류, 잔디, 지피식물), 시설물(기반시설물, 편익시설물, 유희시설물), 건축물

② 목표 : 본래의 기능을 양호한 상태로 유지하고자 하는 것

③ 식물재료의 기능 : 자연성, 영속성, 다양성, 조화성, 개성미

2. 유지관리계획

① 유지관리계획 수립 시 영향을 미치는 요인
  ㉠ 계획이나 설계 목적
  ㉡ 관리대상의 양과 질
  ㉢ 관리대상의 특징

② 유지관리계획 입안 시 필요사항
  ㉠ 관리지표 파악
  ㉡ 현황조사 및 분석
  ㉢ 잠재예측과 사회변화에의 대응방안 검토

③ 유지관리계획 중 비용계획 진행 시 유의사항
  ㉠ 비용절감 방법 강구
  ㉡ 관리성에 따른 시설 개량의 불균형 파악
  ㉢ 시설의 합리적 지속 방안

2-2. 운영관리

1. 운영관리

① 대상 : 예산, 재무 제도, 조직, 재산 등의 관리
② 목표 : 관리대상의 기능을 효율적이고 적절하게 발휘하게 하는 것

* 운영관리 체계화의 부정적 요인
  ① 조경공간 대상은 자연
  ② 예측의 의외성 : 이용주체의 다양화 및 사회환경 다변화
  ③ 규격화의 곤란성
  ④ 지방성

2. 운영관리 계획

① 관리계획 수립조건
  ㉠ 환경조건 : 순회점검의 빈도, 도장, 도색, 내구연한 등에 영향
    ⓐ 자연조건 : 토양, 토질, 지형, 온도, 습도, 강우량, 적설, 일조, 바람 등
    ⓑ 인위조건 : 대기·수질오염, 각종 공해, 이용자수, 이용빈도, 이용행태 등
  ㉡ 시설조건 : 점검내용, 보수내용, 시기, 횟수 등의 결정요소
    ⓐ 종류, 설치 목적, 형태, 규모, 재질, 수량 등
  ㉢ 기타 조건 : 관리체제 정비, 기능성 향상의 요소
    ⓐ 제도, 재원, 조직 등
② 이용조사
  ㉠ 목적 : 조경공간의 이용실태 정확히 파악
  ㉡ 조사 방법
    ⓐ 연간·계절별·월별·요일별·시간별 이용상황 추적 파악
    ⓑ 이용자의 이용 행태나 동태 분석 계측
    ⓒ 이용의식 및 심리상태 등 조사 파악

③ 양의 변화
- ㉠ 이용자수와 이용행태 영향
- ㉡ 양의 변화에 대한 관리
    - ⓐ 부족이 예측되는 시설의 증설 : 출입구, 매점, 화장실, 음수대, 휴게시설 등
    - ⓑ 이용에 의한 손상이 생기는 시설의 보충 : 잔디, 벤치, 음수대, 울타리 등
    - ⓒ 내구연한이 경과된 시설의 갱신 : 각종 시설물, 포장 등
    - ⓓ 군식지의 생태적 조건변화에 따른 식생 갱신
    - ⓔ 자연발아된 식생 증식, 생육에 따른 과밀식생의 이식 및 벌채
- ㉢ 경비 : 조성비의 0.8~1.2% 소요

④ 질의 변화
- ㉠ 질의 변화 요구 이유
    - ⓐ 공해 문제 급증
    - ⓑ 도시생태계의 변화, 생활환경의 보전 : 도시화 진전
    - ⓒ 생활환경의 쾌적성(amenity) 기능 요구
- ㉡ 도시환경에서 양호한 식생 확보의 제한 원인
    - ⓐ 대기오염
    - ⓑ 지표면의 폐쇄로 인한 토양수분 부족과 토양조건 약화
    - ⓒ 포장면과 건축물의 증가로 복사열의 급증과 일조량의 감소
    - ⓓ 야간조명으로 인한 일장효과의 장해
    - ⓔ 귀화식물의 증대
    - ⓕ 토지형질 변경, 식물의 무계획적인 벌채 등으로 인한 자연조건의 급변
- ㉢ 대책
    - ⓐ 양호한 식생 확보
    - ⓑ 개방된 토양면의 확보

⑤ 관리계획의 추적 검토 내용(진단)
- ㉠ 이용조사에 의한 시민요구의 구체적 행동의 평가
- ㉡ 관리단계의 지장이 되는 원인의 분석
- ㉢ 구체적 시민의 요구

⑥ 운영관리의 방식
  ㉠ 관리조직
  ㉡ 관리인원
    ⓐ 소요인원 산출 시 기초자료 : 연간작업량, 단위작업률, 과거의 실적
  ㉢ 예산
    ⓐ $a = T \times P$
      (a : 단위 연도당 예산, T : 작업전체의 비용, P : 작업률(3년에 1회일 경우 1/3))
    ⓑ 식물관리비=식물수량×작업률×작업횟수×작업단가

3. 운영관리 방식

① 관리업무의 수행 방식

방식	적용 업무	장 점	단 점
직영방식	• 재빠른 대응이 필요한 경우 • 연속해서 행할 수 없는 업무 • 진척상황이 명확치 않고, 검사하기 어려운 업무 • 금액이 적고, 간편한 업무 • 자세한 서비를 요하는 업무	• 관리책임·책임소재 명확 • 긴급한 대응 가능 • 관리실태 정확히 파악 가능 • 임기응변 조치 가능(유연성) • 양질의 서비스 제공 가능 • 애착심을 가지므로 관리효율 향상	• 업무가 타성화되기 쉬움 • 관리직원의 배치 전환 어려움 • 필요 이상 인건비 지출로 관리비 상승 우려 • 인사 정체
도급방식	• 장기에 걸쳐 단순작업을 행하는 업무 • 전문지식, 기능, 자격을 요하는 업무 • 규모가 크고 노력, 재료 등을 포함하는 업무 • 관리 주체가 보유한 설비로는 불가능한 업무 • 관리주체의 관리인원으로는 부족한 업무	• 큰 규모의 시설관리 기능 • 전문가의 합리적 이용 (전문가의 적극 활용) • 관리의 단순화 • 전문적 지식, 기능, 자격에 의한 양질의 서비스 제공 • 관리비 저렴하고, 장기적으로 안정될 수 있음	• 책임소재나 권한의 범위 불명확 • 전문업자를 충분하게 활용하지 못할 수 있음 • 이윤추구의 극대화를 인한 유지관리의 신뢰성 저하

② 공원 대장
  ㉠ 공원별 조서(문서)

  ⓐ 공원의 명칭 및 종류 ⓑ 구역 및 면적
  ⓒ 공원지정 연월일 및 공고번호 ⓓ 공원계획의 개요
  ⓔ 공원시설의 개요 ⓕ 주요 자연경관 및 문화경관
  ⓖ 공원보호구역에 관한 사항

ⓛ 공원별 도면
  ⓐ 공원구역 및 보호구역의 경계 ⓑ 행정구역의 명칭
  ⓒ 공원계획의 내용 ⓓ 주요 공원시설의 명칭 및 위치
  ⓔ 토지이용계획도

ⓒ 도시(자연)공원 대장의 포함사항
  ⓐ 도시(자연)공원의 종류 및 명칭
  ⓑ 도시(자연)공원의 위치
  ⓒ 공원관리청 또는 공원관리자의 성명 및 주소
  ⓓ 도시공원의 관리방법
  ⓔ 도시(자연)공원의 연혁
  ⓕ 도시(자연)공원 부지에 대한 토지소유자별 명세와 사유지에 대하여 공원관리청이 보유하고 있는 소유권 외의 권리의 명세
  ⓖ 도시자연구역 내 허가대상 건축물·공작물 등의 시설물에 관한 사항
  ⓗ 공원시설에 관한 내용
  ⓘ 건폐율의 합계
  ⓙ 공원시설의 부지면적의 합계와 해당 도시공원의 부지면적에 대한 비율
  ⓚ 점용목적물에 관한 내용 등
  ⓛ 관련 도면

2-3. 이용관리

1. 이용관리

① 대상 : 이용지도, 행사, 홍보, 의견청취, 안전관리, 교육, 주민참여

② 목표 : 이용자의 요구사항을 파악하여 이용자의 직접적인 편의를 도모하는 것
③ 이용관리의 대상
  ㉠ 이용 경험 있는 자
  ㉡ 이용자
  ㉢ 이용 가능성 있는 자

2. 이용지도

목 적	내 용
공원녹지의 보존	조례 등에 의해 금지된 행위 금지 및 주의
안전하고 쾌적한 이용	위험행위 금지·주의, 특수시설·위험수반시설 이용 지도
이용자의 다양한 요구에 부응	이용안내, 레크리에이션 상담·지도

3. 행사

① 행사 개최의 필요성
  ㉠ 공원녹지를 적극적으로 활용하여 이용률 높임
  ㉡ 공원녹지에의 관심의 제고와 계몽을 하기 위함
② 행사 개최의 의의 및 효과
  ㉠ 행정홍보의 수단 : 주민 공감
  ㉡ 커뮤니티 활동의 일환 : 시민의 교양·문화·교육의 장, 지역주민의 커뮤니케이션 도모
  ㉢ 새로운 공원문화 : 공원녹지 이용의 다양화(활성화)를 도모하는 수단
③ 행사개최의 형태
  ㉠ 행정홍보 또는 공적 행사   ㉡ 체력·건강 향상을 위한 행사
  ㉢ 생활문화를 위한 행사   ㉣ 오락을 위한 행사
  ㉤ 판매촉진을 위한 행사   ㉥ 종합이벤트
④ 행사 기획 시 유의사항
  ㉠ 시설이 설치 목적에 맞을 것

ⓒ 관계법령 준수할 것
　　　ⓓ 가능한 한 풍부한 내용을 갖도록 할 것
　　　ⓔ 계절·일시를 고려하여 행사계획 세울 것
　　　ⓕ 예산에 맞는 내용을 정할 것
　　　ⓖ 대안을 만들어 놓을 것
　　　ⓗ 통상이용자에 대한 배려할 것

4. 홍보, 정보 및 의견 청취

① 홍보, 정보 제공
　　㉠ 목적 : 공원녹지에 대한 이해 촉진
　　㉡ 의의
　　　ⓐ 이용의 기회를 폭넓고 공평하게 제공
　　　ⓑ 이용자의 만족도를 높이는 것
　　　ⓒ 사회교육, 계몽의 의미도 포함
　　　ⓓ 관리상 필요한 정보 제공(이용상의 주의, 안전, 쾌적한 이용을 위한 유도 규제, 이용 폐쇄 등)

② 의견청취
　　㉠ 목적 : 공원녹지 활용을 충실히 하기 위해
　　㉡ 방법 : 여론조사, 모니터 제도, 설문조사, 시설견학, 시정간담회, 요망사항 및 애로점 상담, 주민 조직·이용자 단체와 관리자와의 연락 협의, 이용자에 의한 운영위원회 설치 등

5. 안전관리

① 사고의 종류
　　㉠ 설치 하자에 의한 사고
　　　ⓐ 시설구조 자체 결함 : 접속부에 손끼임 사고
　　　ⓑ 시설설치 미비 : 고정되어 있지 않아서 발생된 사고
　　　ⓒ 시설배치 미비 : 그네에서 뛰어내리는 곳에 벤치가 배치되어 충돌 사고

　　　　ⓒ 관리 하자에 의한 사고
　　　　　ⓐ 시설물 노후·파손 : 시설의 부식·마모
　　　　　ⓑ 위험 장소의 안전대책 미비 : 연못에 접근방지용 휀스를 설치하지 않아서 발생된 사고
　　　　　ⓒ 이용시설 외 시설 떨어짐·쓰러짐 : 블록이나 간판이 떨어져 발생된 사고, 맨홀 뚜껑이 열려 발생된 사고
　　　　　ⓓ 위험물 방치 : 유리조각으로 인한 사고, 소각처리한 재를 잘못 묻어 화상을 당하는 사고, 고사목에 텐트를 매어서 발생한 사고
　　　　　ⓔ 개찰구 사고, 동물 도망
　　　　ⓒ 이용자, 보호자, 행사 개최자 등의 부주의에 의한 사고
　　　　　ⓐ 이용자 자신의 부주의·부작용 이용 : 그네를 잘못 타서 떨어지는 사고, 미끄럼틀에서 거꾸로 떨어지는 사고
　　　　　ⓑ 유아·아동 감독·보호 불충분 : 유아가 연못 휀스를 넘어가서 빠지는 사고
　　　　　ⓒ 행사 주최자의 관리 불충분에 의한 사고 : 관객이 백네트에 올라가서 발생한 사고
　　　　② 자연재해 등에 의한 사고
　　② 사고 처리 과정
　　　　③ 사고자의 구호 → 관계자에의 통보 → 사고시설물 접근 금지 및 폐쇄 → 사고상황 파악 및 기록 → 사고 책임의 명확화 → 보수 및 개선
　　　　ⓒ 사고 발생 통보 → 사고자 응급처치 → 병원 호송 → 관계자 통보 → 사고상황 파악

6. 주민참가

① 주민참가의 발전 과정
　　③ 내셔널 트러스트(National Trust)
　　　　ⓐ 정식 명칭 : 역사적 명승지 및 자연적 경승지를 위한 내셔널 트러스트
　　　　ⓑ 창시자 : 영국의 로버트 헌터 경
　　ⓒ 주민참여 종류
　　　　ⓐ 자연보호 운동 : 생활주변 쓰레기 줍기 운동

　　　ⓑ 전국토 공원화 운동
　　　ⓒ 시민과의 대화, 행정에의 참가, 정책에의 참가, 기반 만들기
　② 주민참가 단계 : 비참가의 단계 → 형식적 참가의 단계 → 시민권력의 단계

자치관리	시민권력의 단계
권한이양(권한위임)	
파트너쉽(공동협력)	
유화	형식적 참가의 단계
상담(의견조사)	
정보제공	
치료(치유)	비참가의 단계
조작	

　③ 주민참가 조건
　　　㉠ 규모 및 전문성이 주민의 수탁능력을 넘지 않을 것
　　　㉡ 주민참가에 의해 효과가 기대될 것
　　　㉢ 운영상 주민의 자발적 참가 및 협력을 필요 요건으로 할 것
　　　㉣ 주민참가에 있어서 이해의 조정과 공평심을 가질 것
　④ 주민참가 활동의 내용 : 청소, 제초, 관수, 시비, 잔디깎기, 병충해 방제, 화단식재, 놀이기구 점검, 이용규칙 만들기, 레크리에이션 행사 개최, 관리 제안, 어린이 지도, 놀이 지도, 주의 주기, 사고·고장 통보, 열쇠보관, 시설 기구 대출, 공원 홍보 등
　⑤ 관리 주체(행정부서)와 주민단체와의 관계
　　　㉠ 주민단체에 위탁
　　　㉡ 주민단체의 공원관리 활동에 대한 보조
　　　㉢ 주민단체와의 협정
　　　㉣ 주민단체의 자발적 협력

3. 레크리에이션 관리

3-1. 레크리에이션 관리의 개념 및 목표

1. 레크리에이션 관리의 개념 및 원칙

이용자들의 쾌적한 레크리에이션 활동과 녹지공간의 만족스러운 이용을 최대한 보장하면서도 레크리에이션 자원을 유지·보수할 수 있게 하기 위한 관리

① 생태적 측면
  ㉠ 유지관리
  ㉡ 이용자들의 레크리에이션 이용에 따라 발생
  ㉢ 부지에 생태적 악영향을 미치는 주요 요인
    ⓐ 반달리즘
    ⓑ 무지
    ⓒ 과밀 이용
② 사회적 측면
  ㉠ 이용관리

2. 레크리에이션 관리의 목표 및 기본전략

① 레크리에이션 관리의 목표
  ㉠ 경제적 효율성
  ㉡ 균형성
  ㉢ 공공적인 요구에 부응하는 것
② 레크리에이션 공간의 관리 기본전략
  ㉠ 완전방임형
    ⓐ 가장 원시적이고 재래적인 관리방법
    ⓑ 오늘날 더 이상 적용될 수 없는 개념

   ⓒ 폐쇄 후 자연회복형
     ⓐ 부지를 폐쇄하여 식생 등이 스스로 회복할 수 있도록 하는 방법
     ⓑ 자원중심형 자연지역
     ⓒ 회복에 오랜 시간 소요
     ⓓ 초기 빠른 회복 기대
   ⓒ 폐쇄 후 육성관리
     ⓐ 부지를 폐쇄 후, 빠른 회복을 위하여 적당한 육성관리
     ⓑ 손상이 심한 부지에 적합
     ⓒ 식물 도입, 토양 통기작업, 시비
     ⓓ 이용자에게 불편을 적게 줄 수 있음
     ⓔ 짧은 폐쇄기, 회복기에도 최대 효과
   ⓔ 순환식 개방에 의한 휴식기간 확보
     ⓐ 충분한 시설·공간 확보 시 적용 가능
     ⓑ 대표적인 예 : 자연공원 휴식년제
   ⓜ 계속적 개방, 이용상태 하에서 육성관리
     ⓐ 가장 이상적인 관리 전략
     ⓑ 최소한의 손상 발생 시 적용
     ⓒ 자연적 생산력이 크고 안정된 부지에 적용
     ⓓ 표준적인 관리지침에 의해 실행되어야 함

3. 레크리에이션 관리체계

 ① 이용자 관리
  ㉠ 레크리에이션 경험의 수요를 창출하는 주체이므로 가장 중요함
  ㉡ 관리 프로그램적 측면
    ⓐ 이용 분포, 공중의 안전, 정보 및 교육
    ⓑ 이용자의 이용에 대한 정보와 교육 프로그램
  ㉢ 이용자 특성에 대한 변수
    ⓐ 이용자 요구도의 위계구조

ⓑ 참가의 유형 및 이용자의 지각 특성
② 자원 관리
㉠ 레크리에이션 활동 및 이용 발생하는 근거
㉡ 이용자의 만족도 좌우하는 요소
㉢ 모든 자연자원에 대한 모니터링 필요
㉣ 프로그램 : 부지관리, 식생관리, 경관관리, 생태계 관리, 안전관리(장해관리)
㉤ 레크리에이션 자원 관리의 일반적 원칙
 ⓐ 이용자의 문제가 곧 유지관리의 문제
 ⓑ 부지의 변형 가능
 ⓒ 이용자의 레크리에이션 이용의 결정적 영향 요인 : 접근성
 ⓓ 이용자의 레크리에이션 경험의 질 고려
 ⓔ 레크리에이션 자원은 자연적인 경관미 제공
 ⓕ 레크리에이션 자원의 파괴 시 원상회복 불가능
③ 서비스 관리
㉠ 이용자를 수용하기 위해 물리적인 공간을 개발하거나 접근로 및 특정의 서비스를 제공하는 것
㉡ 프로그램 : 임대차 관리, 특별 서비스(예약, 음식 서비스, 판매 등), 지역 계획, 부지계획
㉢ 제한 인자(외적 환경인자) : 법규, 관리자 목표, 전문가적 능력, 이용자 태도

3-2. 레크리에이션 수용능력

1. 레크리에이션 수용능력 개념

① 어떤 행락지에 있어 그 공간의 물리적·생물적 환경과 이용자의 행락의 질에 심각한 악영향을 주지 않는 범위의 이용 수준

2. 레크리에이션 수용능력의 발전

학자	개념/정의	특징
J.V.K Wagar	• 생태계 한계수용능력을 레크리에이션 계획에 적용	• 수용능력의 인자를 설명한 최초의 연구
Lapage	• 심미적 수용능력 　• 생물적 수용능력	• 최초의 수용능력 분류 시도
Lucas	• 어떤 행락구역이 양과 질에 있어 이용의 만족을 제공할 수 있는 능력 용량	• 이용만족도에 근거한 사회 심리적 수용력
O'Riordan	• 환경용량 : 어떤 장소를 이용하는 이용자들의 만족도의 합이 최대가 될 수 있는 용량	• 총만족량 개념 도입
Lime & Stankey	• 수용능력 3가지 구성 요소 : 관리목적, 이용자의 태도, 자원에 대한 행락의 영향	• 이론적 기반 확립
Penfold	• 본질적인 변화 없이 외부 영향을 흡수할 수 있는 능력 • 물리적 수용능력, 생태적 수용능력, 심리적 수용능력	• 수용능력의 분류체계 확립 • 오늘날의 통설
Godschalk & Parker	• 수용능력 개념을 환경계획의 조작적 도구, 수단으로 이용 가능 • 환경적 용량, 제도적 수용력, 지각적 용량	• 수용능력의 이론적 측정기법 개발 · 예) 수리모형

3. 레크리에이션 수용능력의 결정인자 및 영향 요인

① 레크리에이션 수용능력의 구성 요소
　㉠ 관리목표
　㉡ 이용자 태도 및 선호도
　㉢ 물리적 자원의 영향
② 레크리에이션 수용능력의 결정인자
　㉠ 고정적 결정인자 : 공간·활동의 표준
　　ⓐ 특정 활동에 대한 참여자 반응 정도(활동 특성)
　　ⓑ 특정 활동에 필요한 사람 수
　　ⓒ 특정 활동에 필요한 공간의 최소면적

ⓛ 가변적 결정인자 : 물리적 조건 및 참여자의 상황
  ⓐ 대상지의 성격
  ⓑ 대상지의 크기와 형태
  ⓒ 대상지 이용의 영향에 대한 회복능력
  ⓓ 기술과 시설의 도입으로 인한 수용능력 자체의 확장 가능성
③ 레크리에이션 수용능력 산정 시 기본적으로 고려해야 할 영향요인-Kundson
  ㉠ 자원기반의 특성 : 지질 및 토양, 지형 및 방향, 식생, 기후, 물, 동물
  ㉡ 관리의 특성 : 정책, 관리, 설계
  ㉢ 이용자의 특성 : 이용자의 심리, 설비의 유형, 사회적 관습 및 이용패턴

> * 레크리에이션 수용능력 관리기법의 목적
> 1. 이용에 따른 환경파괴 최소화
> 2. 물리적 자원의 내구성 향상
> 3. 이용자들의 질높은 행락의 즐거움 제공 기회 증대

④ 레크리에이션 수용능력의 관리기법
  ㉠ 부지 관리
    ⓐ 부지설계·조성 및 조경적 측면에 중점
    ⓑ 방법 : 부지 강화, 이용 유도, 시설 개발
    ⓒ 기법 : 내구성 있는 바닥재료, 관수, 시비, 내성 강한 수종으로 교체, 공중 위생 시설 설치, 장애물 설치, 접근성 제고, 활동 위주의 시설개발 등
  ㉡ 직접적 이용 제한
    ⓐ 이용행태, 개인적 선택권의 제한 및 강화 통제에 중점을 둠
    ⓑ 방법 : 정책강화, 구역별 이용, 이용강도의 제한, 활동의 제한
    ⓒ 기법 : 세금 부과, 구역감시 강화, 상충적 이용의 공간구분, 시간에 따른 이용구분, 순환식 이용, 예약제 도입, 이용자별 이용지수·구간지정, 접근로 이용 제한, 이용자 수 제한, 지정된 장소만 이용케 함, 이용시간 제한, 캠프 화이어·낚시·사냥 제한
  ㉢ 간접적 이용 제한
    ⓐ 이용형태를 조절하되 개인의 선택권을 존중하고 간접적인 조절을 함

  ⓑ 방법 : 물리적 시설의 개조, 이용자에게 정보 제공, 자격요건 부과
  ⓒ 기법 : 접근로 증설 및 감소, 집중이용 장소의 증설 및 감축, 구역별 특성 홍보, 교육, 입장료 부과, 차등요금 부과(탐방로별, 구역별, 계절별), 자격요건 부과

3-3. 자연공원지역 관리

1. 이용자에 의한 손상관리 단계

① 문제되는 조건(바람직하지 않은 이용자에 의한 손상)의 파악
② 바람직하지 않은 손상들의 발생과 정도에 영향을 주는 잠재적 요인 결정
③ 바람직하지 않은 조건들을 완화시킬 수 있는 관리 전략 선택

2. 이용자에 의한 손상관리 절차

① 기초자료의 사전 평가 및 검토
② 관리 목표의 검토
③ 주요 영향지표의 설정
④ 주요 영향지표의 표준설정
⑤ 표준과 현재 조건의 비교
⑥ 바람직하지 않은 손상의 발생원인 검토
⑦ 관리 전략의 검토·설정
⑧ 실행

3. 모니터링

① 이용에 따른 물리적 자원에 대한 영향과 관리작업의 효율 등 제반 관리적 상황에 대한 파악을 위해 활용
② 모니터링 방법 : 시각적 평가, 사진, 물리적 자원의 변화 측정

③ 모니터링 조건
　㉠ 지표설정의 합리성
　㉡ 측정기법의 신뢰성(민감성)
　㉢ 최소 비용
　㉣ 측정 위치 설정의 타당성

4. 산쓰레기의 관리

① 산쓰레기의 특징
　㉠ 소각하기 쉽지 않음
　㉡ 폭넓게 산재하여 수집 처리 곤란
　㉢ 이용집중도나 이용형태에 따라 발생량 크게 좌우
　㉣ 기동력에 의존할 수 없는 비능률적

5. 산쓰레기의 관리 전략

① 대상지 측면
　㉠ 공원 하부에 소풍과 야영시설 배치
　㉡ 회수지점 다양화
　㉢ 표지판, 안내판 설치
② 이용자 측면
　㉠ 행락 위주의 이용 목적 전환
　㉡ 쓰레기 공해 인식
　㉢ 홍보, 교육, 법규, 조례
③ 장려보상 측면
　㉠ 수거용 비닐 배포
　㉡ 유상매입 가격 책정

PART 02 조경식물의 유지관리

1. 조경수목의 식재

 조경수목의 이식 시기

1. 대나무류 이식

① 죽순이 나오기 전
② 죽순대(맹종죽) : 3월 상순
③ 죽, 조릿대 : 4월 상순
④ 왕죽 : 4월 중순

2. 낙엽활엽수 이식

① 가을이식 : 낙엽이 진 후(10~11월), 휴면기
② 봄이식
  ㉠ 해토 직후~4월 상순
  ㉡ 벚나무, 목련, 튤립나무, 자작나무 등
③ 내한성이 약하고 눈이 늦게 움직이는 수종
  ㉠ 4월 중순
  ㉡ 배롱나무, 석류나무, 백목련, 능소화 등

④ 봄에 눈이 일찍 움직이는 수종, 꽃이 빨리 피는 수종
　　㉠ 전년도 11~12월, 3월 중순
　　㉡ 단풍나무, 버드나무, 명자나무, 매화나무 등
⑤ 세근이 많은 나무, 포장에서 자주 옮긴 나무, 뿌리돌림된 나무
　　㉠ 초여름에도 가능
　　㉡ 잎을 모두 훑어내어 증산 억제
⑥ 교목 : 줄기에 새끼를 감고 진흙을 이겨 고루 발라준 후 이식

3. 상록활엽수 이식

① 3월 하순~4월 중순
② 장마철
　　㉠ 장마 후 고온의 피해에 주의(차광 시설)
　　㉡ 착근까지 토양 건조를 막을 수 있도록 충분히 관수
　　㉢ 증산 억제제 사용
　　㉣ 멀칭 작업 실시 : 추위, 더위, 건조 예방

4. 상록침엽수 이식

① 봄 : 해토 후~4월 상순
② 가을 : 9월 하순~10월 하순

5. 낙엽침엽수 이식

① 추위에 약하므로 늦가을보다 이른 봄 이식
② 은행나무, 메타세쿼이아, 낙우송
③ 일본잎갈나무 제외

1-2. 조경수목의 이식

 * 조경수목 이식 순서 : 뿌리돌림 → 굴취(분뜨기) → 운반 → 식재(가식 → 정식)

1. 뿌리돌림

① 이식을 위한 예비조치, 현재의 위치에서 미리 뿌리를 잘라내거나 환상 박피
② 목적 : 세근 많이 발달하도록 유도
③ 대상 수종
    ㉠ 이식력이 약한 수종, 이식이 어려운 수종
    ㉡ 뿌리 발육이 불량한 수종
    ㉢ 귀중한 수목 : 노거수, 천연기념물, 보호수
④ 시기
    ㉠ 적기 : 이식 시기로부터 1~2년 전
    ㉡ 낙엽활엽수 : 수액 이동 전, 장마 후 신초가 굳은 무렵
    ㉢ 침엽수, 상록활엽수 : 수액이 이동하기 시작하는 시기, 눈이 움직이기 2주 전
⑤ 방법 및 요령
    ㉠ 크기 : 근원직경의 3~5배(4배)
    ㉡ 뿌리돌림하는 분 : 이식 당시 뿌리분보다 약간 작게
    ㉢ 굵은 뿌리 : 네 방향으로 1개씩 남기고 환상 박피
    ㉣ 돌려서 팔 때 나오는 측근(곁뿌리)을 모두 끊게 되면 수세가 약해지고 흔들림
    ㉤ 뿌리돌림 후 다시 흙을 메울 때 : 약간의 거름이나 부엽토를 섞어 잔뿌리의 발생 유도, 물을 주입하지 말 것
    ㉥ 지주목을 세우고, 가지를 솎아 주거나 멀칭하기
    ㉦ 뿌리돌림 후 1~2년간 방치하여 잔뿌리를 충분히 발생시킨 후 이식
    ㉧ 도구 및 방법
        ⓐ 굵은 뿌리 절단 : 톱
        ⓑ 가는 뿌리 절단 : 전정가위
        ⓒ 절단면 : 매끈하게 절단

2. 굴취 전 준비작업

① 이식장소 선정

② 가지치기와 가지묶기

 ㉠ 굴취 전 가지치기 : 최소한 적게

 ㉡ 가지치기 대상가지 : 병든 가지, 부러진 가지, 약한 가지

 ㉢ 가지묶기 : 수관이 크게 펴져 있을 경우 굴취와 운반이 용이하도록 함

③ 수피 보호(수피감기)

 ㉠ 목적 : 수간 수분 증발량 억제, 동해 방지, 피소 방지, 병충해 예방, 상처 예방

 ㉡ 수피에 살충제 살포 : 이식과정에서 천공충의 피해 예방을 위해

 ㉢ 재료 : 마대, 부직포, 종이, 비닐, 진흙 등

 ㉣ 뿌리가 활착되면 벗겨주기

 ㉤ 소나무 이식 시 새끼감기와 수피에 진흙 바르는 이유 : 소나무좀 침입방지

 ㉥ 대상 수종

  ⓐ 노거목, 내한성이 약한 수종

  ⓑ 수피가 밋밋하고 얇은 수종 : 목련, 단풍나무, 느티나무, 배롱나무 등

  ⓒ 거의 모든 가지를 쳐서 이식한 수종

  ⓓ 쇠약한 수종, 근량(根量)이 적은 수종

  ⓔ 수간이 노출되어 일소, 동해 우려가 있는 수종

  ⓕ 소나무류, 삼나무, 금송, 주목, 히말라야시다 등

④ 증산억제제와 잎 훑기

 ㉠ 침엽수 이식, 활엽수 여름 이식할 경우

 ㉡ 증산억제제(위조방지제, 수분증발억제제)

  ⓐ 목적 : 수분증발 억제, 잎마름 방지, 냉해 및 동해 방지

  ⓑ 종류 : OED-Green, 그라운드 커버, 윌트푸르프, 그리너 등

 ㉢ 시기 : 맑은 날 오전 실시

⑤ 관수와 강우

 ㉠ 굴취하기 수일 전(2~3일 전)에 관수하여 굴취 : 굴취 후 수분 부족 대비

 ㉡ 물이 빠지고 흙이 어느 정도 건조해진 후 굴취

3. 굴취

① 뿌리돌림이 된 수목 : 그대로 굴취한 후 새로 난 잔뿌리를 가위로 매끈하게 절단

② 관목은 넓게, 교목은 깊게 굴취

③ 잔뿌리가 많고 이식이 용이한 수종

　㉠ 뿌리분 작게

　㉡ 개비자나무, 회양목, 사철나무, 철쭉, 쥐똥나무 등

④ 부정근과 맹아력, 발근력이 왕성한 수종

　㉠ 수액 이동 전, 뿌리분을 만들지 않고 약간의 흙을 붙인 후 이식

　㉡ 수양버들, 사시나무, 플라타너스, 개나리 등

⑤ 나근(裸根) 굴취법(맨뿌리 캐내기)

　㉠ 잔뿌리 형성이 많이 된 낙엽수

　　ⓐ 포장해서 자주 옮기고 활착이 쉬우며 흙이 떨어져 나갈 우려가 적은 수종

　　ⓑ 철쭉류, 회양목, 수국, 사철나무 등

　㉡ 닭발식 캐내기(떨어 올리기)

　　ⓐ 아주 쉽게 착근되는 나무

　　ⓑ 수양버들, 플라타너스, 은행나무

⑥ 뿌리감기 굴취법

　㉠ 뿌리분의 크기(지름) : 근원직경의 4~6배(일반적으로 4배)

　㉡ 이식력·발근력이 약한 수종 : 뿌리분 더 크게 만들기

　㉢ 분의 크기 : 상록수>침엽수>활엽수

　㉣ 심근성 수종 : 조개분, 천근성 수종 : 접시분

　㉤ 뿌리분의 지름 : $D = 24 + (N - 3) \times d$

　　(D : 뿌리분의 직경(지름), N : 근원직경, d : 상수)

　㉥ 방법

　　ⓐ 굴취하기 전 하지를 위로 올려 새끼나 마대끈으로 묶기

　　ⓑ 뿌리 부위 토양상태 파악하고, 뿌리가 노출될 때까지 표토 긁어내기

　　ⓒ 토양이 모래·자갈 구성 : 굴취 포기 또는 마대로 분 주변을 싸고, 새끼나 마대끈으로 묶기

ⓓ 뿌리분 새끼감기 : 2/3 정도 파내려간 후 감기

ⓔ 뿌리분과 주위 토양과는 2D만큼 띄우기

ⓕ 뿌리분 형태 : 둘레-원형, 측면-수직, 저면-둥글게

⑦ 특수 굴취법

㉠ 더듬어파기(추굴법)

ⓐ 뿌리를 자르지 않고 흙을 파헤쳐 뿌리의 끝부분을 추적해 가며 캐내어 뿌리감기하였다가 식재

ⓑ 등나무, 담쟁이덩굴, 모란 등

㉡ 동토법(凍土法, ice ball method)

ⓐ 분의 크기=4D, 분의 깊이=3D   (D : 근원직경)

ⓑ 한겨울 토양을 얼려서 운반

ⓒ 12월경, -12℃ 전후의 기후

ⓓ 나무 주위에 도랑을 파 돌리고 밑부분을 헤쳐 분 모양으로 만들어서 2주 정도 방치하여 동결시킨 후 이식

ⓔ 적용

- 사질토에서 토립을 보유할 수 없는 경우
- 쓰레기 매립장의 수목을 이식할 경우
- 동결심도가 높은 지방의 경우

4. 운반

① 수관부분을 매어 주기 : 장애물 통과 고려

② 수피감기

㉠ 재료 : 녹화마대, 새끼, 가마니 등

㉡ 위치 : 수목과 차량과 접촉하는 부위

㉢ 목적 : 운반 시 줄기의 손상 방지, 증발 억제

③ 이중 적재 피하기

④ 뿌리분 덮어주기

㉠ 재료 : 물에 적신 거적, 가마니

   ⓒ 목적 : 뿌리분 수분 증발 방지
  ⑤ 뿌리분 : 차의 앞쪽을 향하게, 수관 : 차의 뒤쪽을 향하게
  ⑥ 운반용 기계 : 크레인, 트럭, 포크레인 등

5. 식재

 ① 운반수목 수취 → 배식계획 → 구덩이 파기 → 시비 → 식재 → 흙 채우기 → 보호조치
 ② 가식
  ㉠ 공사 진행상 당일 식재가 곤란하여 공사현장 곳곳에 임시로 심어 놓는 것
  ⓒ 목적 : 뿌리의 건조와 지엽의 손상을 막기 위해
  ㉢ 가식장 선정 시 고려사항
   ⓐ 수목의 반입·반출이 용이한 곳
   ⓑ 방풍 잘 되는 곳
   ⓒ 가급적 그늘진 곳
 ③ 식재 시기
  ㉠ 흐리고 바람없는 날, 아침이나 저녁
  ⓒ 공중습도가 높을수록 좋음
 ④ 식재 순서 : 교목 → 관목 → 지피식물
 ⑤ 식재 깊이와 방향
  ㉠ 원식재의 동일한 깊이와 방향으로 식재하는 것이 원칙
  ⓒ 경관 및 기능 고려하여 식재
  ㉢ 순서
   ⓐ 양질의 토양을 뿌리분의 1/2 높이 넣기
   ⓑ 수형을 살펴 방향을 재조정하기
   ⓒ 뿌리분 깊이의 3/4까지 흙을 넣은 후 정돈
 ⑥ 구덩이(식혈) 파기
  ㉠ 크기 : 뿌리분보다 1.5~2배 크기
  ⓒ 중심이 높아지도록 식재
  ㉢ 새로운 흙이 잘 밀착되도록 하기

② 질 좋은 흙 객토 또는 토탄, 펄라이트와 같은 토양 개량제 섞어주기
⑩ 배수가 잘 되지 않는 토질 : 암거 설치, 마운딩 실시
⑦ 뿌리분과 주변 흙과의 공간을 없애기
  ㉠ 뿌리분 포장 제거
    ⓐ 부식이 되지 않는 재료(철망, 철사, 비닐, 합성섬유 부직포) 모두 제거
    ⓑ 표면에 특수코팅처리를 한 마대 사용금지
    ⓒ 지표면에 노출되거나 가까이에 있는 새끼끈, 마대 등 포장 반드시 제거
    ⓓ 고무바 모두 제거
  ㉡ 흙조임과 물조임

구분	흙조임	물조임(물죽쑤기)
목적	• 공기배출	• 뿌리분과 흙을 밀착
용도	• 수분을 꺼리는 수목	• 일반적인 수목
방법	• 흙을 조금씩 넣어가며 말뚝으로 잘 다지기 • 채운 뒤에도 관수를 하지 않기	• 뿌리분의 1/2~2/3 정도를 흙으로 덮고 충분히 관수 • 반죽한 후 나머지 흙을 채움

⑧ 식재 시 참고사항
  ㉠ 발근촉진제 사용 : 루톤(나드 분제), IBA, 홀맥스콘 등
  ㉡ 올려심기 : 지하수위가 높은 곳이나 습한 지역에 적용
  ㉢ 가로수 : 경계석보다 3cm 낮게 마감하기
  ㉣ 물분(물집, 물받이) 설치
    ⓐ 목적 : 관수를 위하여
    ⓑ 설치 위치 : 식재 후 식혈 주위에

      수관폭의 $\frac{1}{3}$

      높이 10cm

6. 가지치기

① 여름철에 수목을 이식할 경우
  ㉠ 이식 후 뿌리의 수분흡수량과 지엽의 수분증발량 조절을 위해 실시

② 방법 : 우측에서 좌측으로 돌아가면서 수세가 고르게 전정
③ 대상
  ㉠ 잎, 꽃, 열매, 고사지, 병지, 밀생지, 분얼지 : 제거
  ㉡ 통풍과 일광이 양호하도록
④ 수분증발억제제 사용
⑤ 이식 후 가지치기의 양 : 전체 가지의 1/3 이하

7. 지주목 설치

① 목적 : 수목의 요동을 막고, 활착을 조장하는 역할
② 지주재의 특징
  ㉠ 종류 : 통나무나 각재 또는 대나무 등을 사용
  ㉡ 지주목 목재 : 내구성 강하고 방부처리된 것
  ㉢ 지주용 통나무 : 마구리를 가공하고 절단면과 측면을 다듬어 사용
  ㉣ 지주목 대나무 : 3년생 이상, 강도가 뛰어나고 썩거나 벌레먹음·갈라짐 등이 없어야 함
③ 지주목의 장·단점

장 점	단 점
• 수고 생장에 도움	• 지지부분의 수피에 상처가 발생할 우려
• 흉고직경 생장 작게	
• 상부의 지지된 부분의 생육 증진	• 목질부의 원활한 생육이 안 됨
• 수간 굵기의 균일한 생육 도모	• 바람이 강한 경우 부러질 위험
• 바람에 의한 피해를 줄임	• 미적 가치가 하락
• 지지된 수목의 상부의 단위횡단면당 내인력 증대	• 설치 비용 및 인력 많이 소모

④ 지주목 설치 및 관리
  ㉠ 지주목 설치
    ⓐ 뿌리돌림 시 수종의 특성에 따라 가지치기, 잎 따주기 등을 하고 필요한 경우에 가지주 설치
    ⓑ 수목굴취 시 수고 4.5m 이상의 수목은 감독자와 협의하여 가지주를 설치하고 가지치기, 기타 양생을 하여 작업에 착수

ⓒ 지주목 재결속
  ⓐ 준공 후 1년이 경과되었을 때 지주목의 재결속 실시
  ⓑ 자연재해에 의한 훼손 시는 즉시 복구
  ⓒ 설계도면과 일치하도록 지주목을 결속시키되 주풍향을 고려하여 시공
  ⓓ 지주목과 수목의 결속부위 : 반드시 완충재 삽입하여 수목의 손상 방지
⑤ 지주목의 종류

지주형태	적용 수목 및 지역		시공방법
단각지주	• 묘목 • 수고 1.2m 이하		• 1개의 말뚝을 수목의 주간 바로 옆에 깊이 박고 그 말뚝에 주간을 묶어 고정한다.
이각지주	• 소형 가로수 • 수고 1.2m 이하 • 특별히 지주가 필요한 소형수목		• 수목의 중심으로부터 양쪽으로 일정 간격을 벌려서 각목이나 말뚝을 깊이 30cm 정도로 박고, 박은 나무를 각목과 연결못으로 고정시킨 다음 가로지르는 각목과 식물의 주간을 새끼나 끈으로 묶기
삼발이	소형	• 수고 5m 이하	• 박피 통나무나 각재를 삼각형으로 주간에 걸쳐 새끼나 끈으로 묶기
	대형	• 수고 5m 이상	
	• 경관상으로 중요하지 않은 지점		• 설치 면적 넓음 • 지주 설치 용이 • 통행불편(보행자 통행 많은 곳 사용 금지)
삼각, 사각	• 수고 1.2~4.5m • 보행자 통행이 많은 곳(도로변, 광장 주변 등)		• 박피 통나무나 각재를 이용하여 삼각형이나 사각형으로 박아 가로지른 각재와 주간 결속 • 설치면적 좁음 • 튼튼함
연계형	• 수고 1.2~4.5m • 군식		• 각 수목의 주간에 각목 또는 대나무 등의 가로막대를 대고 주간과 결속하여 고정
매몰형	• 공통 • 경관상 매우 중요한 위치 • 지주목이 통행에 지장을 많이 초래한다고 판단되는 경우		• 식재구덩이 하부 뿌리분의 양쪽에 박피 통나무를 눕혀 단단히 묻고 이를 지주대로 하여 뿌리분을 철선 또는 로프로 고정
당김줄형	• 대교목 • 경관적 가치가 요구되는 곳		• 주간에 완충재를 감아 수피를 보호하고 그 부위에서 세 방향으로 철선을 당겨 지표에 박은 말뚝에 고정 • 당김줄(와이어로프) : 아연도금강선 • 턴버클 : KS 규격에 적합한 것
피라미드형	• 덩굴식물		

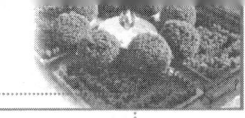

8. 멀칭

① 어떤 특정한 재료를 사용하여 토양을 피복하거나 보호하여 식물의 생육을 도와주는 역할

② 재료 : 우드칩, 바크, 색자갈, 분쇄목, 수피, 볏짚, 제재소에서 나오는 부산물 등

③ 범위
  ㉠ 교목류 : 수관폭의 50% 이상
  ㉡ 관목류 : 수관폭의 100% 이상
  ㉢ 군식 : 가장자리 수목의 수관폭 이상

④ 효과
  ㉠ 토양수분 유지   ㉡ 토양침식과 수분손실 방지
  ㉢ 토양 비옥도 증진   ㉣ 잡초발생 억제
  ㉤ 토양 구조 개선   ㉥ 토양 굳어짐 방지
  ㉦ 통행을 위한 지표면 개선   ㉧ 갈라짐 방지
  ㉨ 토양 염분농도 조절   ㉩ 토양온도 조절
  ㉪ 태양열 복사와 반사율 감소   ㉫ 병충해 발생 억제
  ㉬ 겨울철 지표면 동결방지

9. 식재 후 관리

① 관수

② 시비

③ 수간보호
  ㉠ 방법 : 수목의 지상으로부터 1.5m까지 새끼줄이나 녹화마대 감기
  ㉡ 대상
    ⓐ 수피가 밋밋하고 얇은 수목
    ⓑ 쇠약상태에 빠져있는 수목
    ⓒ 노대목, 줄기가 상당히 굵은 수목

2. 조경수목의 유지 관리

* 조경식물 연간 관리계획 수립 시 중요한 점 : 연간 기후 변동
* **정기 작업** : 전정, 시비, 병충해 관리, 지주목 보수
* **수시 작업** : 관수, 고사목 제거
* 고사목 하자처리 기준 : 수관부 가지의 $\frac{2}{3}$ 고사했을 경우

2-1. 시비 계획

1. 시비 유형

    ① 기비(基肥, 밑거름)
        ㉠ 시기
            ⓐ 늦가을 낙엽 후 10월 하순~11월 하순의 땅이 얼기 전까지(휴면기)
            ⓑ 2월 하순~3월 하순의 잎이 피기 전까지
        ㉡ 지효성
        ㉢ 유기질 비료(두엄, 퇴비)
    ② 추비(追肥, 덧거름, 웃거름)
        ㉠ 시기
            ⓐ 4월 하순~6월 하순까지(생장기)
            ⓑ 수세가 약해졌을 때
            ⓒ 눈이 움직일 무렵
            ⓓ 화목류 : 개화 직후, 열매 딴 직후
        ㉡ 속효성
        ㉢ 무기질 비료(화학비료)
    ③ 시비 횟수 : 1~2회/년
    ④ 지온 : 20~30℃가 적당

⑤ 시비 구덩이

    ㉠ 근원직경의 3~7배 띄워서 파기

    ㉡ 규격 : 깊이 25~30cm, 가로 30cm×세로 50cm

    ㉢ 방법 : 구덩이에 흙을 파내고 완숙 퇴비를 소요량 넣은 후 복토

⑥ 시비량 : $\dfrac{\text{소모량} - \text{천연공급량}}{\text{흡수율}}$

2. 비료 원소

* **식물 생육에 필요한 원소**
  - **다량원소** : N, P, K, Ca, Mg, S
  - **미량원소** : Mn, Zn, B, Cu, Fe, Mo, Cl

① 질소(N)

* 수목의 신장 생장   * 광합성(엽록소) 작용 촉진
* 질소질 비료 : 흡수율(이용률)이 가장 높지만, 토양 중 유실량도 많음

  ㉠ 활엽수의 질소 결핍 시

    ⓐ 잎 색 : 황록색   ⓑ 잎 크기 작고, 잎 두께 두꺼워짐

    ⓒ 복엽 : 수 적어짐   ⓓ 조기 낙엽

  ㉡ 침엽수의 질소 결핍 시

    ⓐ 하부 잎 색 : 황색   ⓑ 침엽 길이 : 짧아짐

  ㉢ 질소 과잉 시

    ⓐ 줄기가 약해짐   ⓑ 내성 감소

* 질소의 반응
  - 질소기아현상 : 질소가 부족되는 현상
  - 무기화 작용 : 유기태 질소 → 무기태 질소
  - 고정화 작용 : 무기태 질소 → 유기태 질소
  - 탈질 작용 : 질산염 화합물 → N_2, NO, N_2O 생성
  - 질산환원작용 : 질산 → 아질산 → 암모니아

② 인(P)

* 새로운 눈·조직·종자에 많이 함유   * 개화 수·결실 증가
* 조직을 튼튼히 하고 세포분열 촉진   * 토양에서 유효도 가장 떨어짐
* 식물의 생명유지 에너지 전이의 필수 요소
* 산성 토양에서 가장 부족   * 이동성 가장 큰 원소

㉠ 활엽수의 인 결핍 시
ⓐ 엽맥, 엽병, 하부 잎 : 적색화, 자색화
ⓑ 꽃 수가 적어짐, 열매의 크기가 작아짐
ⓒ 조기 낙엽

㉡ 침엽수의 인 결핍 시
ⓐ 잎이 구불거림
ⓑ 하부에서부터 상부까지 고사

③ 칼륨, 가리(K)

* 생장이 왕성한 부분(생장점)에 많이 함유
* 뿌리와 가지 생육 촉진   * 수분 상태 조절
* 내성 증가 : 병해와 서리, 한발에 의한 저항성 강화
* 가지 도장 억제   * 기공 개폐에 관여

㉠ 활엽수의 칼륨 결핍 시
ⓐ 잎 : 황화, 쭈글쭈글해지고, 위쪽으로 말림
ⓑ 맹아 끝부분 고사   ⓒ 꽃눈 수가 적어짐

㉡ 침엽수의 칼륨 결핍 시
ⓐ 잎 : 황색 또는 적갈색   ⓑ 끝부분 괴사

* 비료의 종류
1. 질소질 비료(N) : 요소, 유안
2. 인산질 비료(P) : 용성인비, 용과린, 중과린산석회, 과린산석회
3. 가리질 비료(K) : 염화칼륨, 황산칼륨
4. 석회질 비료(Ca) : 생석회, 소석회, 석회석, 석회고토

④ 칼슘(Ca)

* 세포막 강건해짐
* 미생물 활동의 촉진
* 체내 이동성 낮음
* 길항관계 : K, Mg, Na, B, Fe
* 분열조직의 생장, 뿌리 끝 발육에 필수
* 산성토양 개량
* 생육 후기 흡수 원소

㉠ 활엽수의 칼슘 결핍 시

ⓐ 잎의 백화, 괴사현상

ⓑ 어린 잎 : 정상적인 잎보다 작으며, 엽선 부분이 뒤틀림

ⓒ 새 가지의 끝부분이 고사

ⓓ 뿌리의 끝부분이 짧아져서 고사

㉡ 침엽수의 칼슘 결핍 시

ⓐ 정단 부분의 생육이 정지   ⓑ 잎의 끝부분 고사

⑤ 마그네슘(Mg)

* 광합성에 관여하는 효소 활성을 높임
* 체내 이동 용이
* 엽록소 구성 성분
* 길항관계 : Mn

㉠ 활엽수의 마그네슘 결핍 시

ⓐ 잎이 보다 얇아지며 부스러지기 쉬움

ⓑ 성숙한 잎의 경우 잎맥과 가장자리에 황백화 현상

ⓒ 조기 낙엽, 열매는 정상보다 크기가 작아짐

㉡ 침엽수의 마그네슘 결핍 시

ⓐ 잎의 끝부분이 황색, 적색으로 변함

⑥ 황(S)

* 단백질, 아미노산, 호흡효소의 구성 성분
* 체내 이동성 낮음

㉠ 활엽수의 황 결핍 시

ⓐ 잎이 짙은 황록색으로 변함   ⓑ 정상엽보다 크기가 작아짐

ⓒ 질소부족 현상과 동일한 증상
ⓒ 침엽수의 황 결핍 시
  ⓐ 잎의 끝부분 : 황색, 적색   ⓑ 질소부족 현상과 동일한 증상
⑦ 붕소(B)

* 수분흡수 및 당의 이동   * 체내 이동성 낮음
* 화분관 생장, 핵산과 섬유소 합성에 관여
* 결핍 잘되는 부위 : 생장점, 저장기관
* 결핍 잘되는 토양 : 사질토·석회 많은 토양

㉠ 활엽수의 붕소 결핍 시
  ⓐ 잎이 적색을 띠며, 어린 잎에 증상이 먼저 발생
  ⓑ 수종에 따라 잎이 뒤틀리기도 함
㉡ 침엽수의 붕소 결핍 시
  ⓐ 줄기의 끝부분 : J자 형태로 굽어짐
  ⓑ 정아 및 측아 : 고사
⑧ 구리(Cu)

* 효소의 구성 성분   * 광합성에 관여

㉠ 활엽수의 구리 결핍 시
  ⓐ 정상엽보다 크기가 작아짐   ⓑ 잎 : 황백화, 괴사
  ⓒ 새 가지의 끝 : 갈색으로 변함
㉡ 침엽수의 구리 결핍 시
  ⓐ 어린 침엽의 끝부분 : 고사   ⓑ 조기 낙엽현상
⑨ 철(Fe)

* 엽록소 합성의 필요 요소   * 호흡효소 관여
* 체내 이동성 낮음   * 길항관계 : Mn
* 결핍 잘되는 토양 : 알칼리성 토양

㉠ 활엽수의 철 결핍 시

　　　　　ⓐ 어린잎 : 황색(황화)
　　　　　ⓑ 정상엽보다 크기가 작음
　　　　　ⓒ 조기 낙엽과 조기 낙과 현상
　　　ⓛ 침엽수의 철 겹핍 시
　　　　　ⓐ 백화현상
　⑩ 망간(Mn)

* 엽록체(엽록소) 합성에 필수적　　　　* 호흡 효소의 활성제
* 광합성 시 물의 광분해 촉진
* 결핍 잘되는 토양 : 알칼리성 토양, 과습 토양

　　　㉠ 활엽수의 망간 결핍 시
　　　　　ⓐ 잎 : 황색(황화)　　　　　ⓑ 엽맥을 따라 녹색선이 발생
　　　　　ⓒ 정상 열매보다 작아짐　　ⓓ 새순의 왜성화
　　　㉡ 침엽수의 망간 결핍 시
　　　　　ⓐ 철분 부족현상과 유사
　⑪ 아연(Zn)

* IAA 호르몬 합성　　　　* 엽록소 형성에 관여
* 단백질·탄수화물 대사에 관여
* 결핍 잘되는 토양 : 석회암 지대의 배수불량
* 토양 내 다량 함유되어 있는 경우 중금속오염 피해

　　　㉠ 활엽수의 아연 결핍 시
　　　　　ⓐ 잎 : 황색으로 변색, 괴사반점으로 얼룩짐
　　　　　ⓑ 정상엽에 비해 크기가 작아지고 엽폭이 좁으며 낙엽현상
　　　　　ⓒ 열매는 무게가 다소 가볍고 열매 끝부분이 뾰족해짐
　　　㉡ 침엽수의 아연 결핍 시
　　　　　ⓐ 가지와 잎의 크기가 매우 작아짐
　　　　　ⓑ 잎이 황색으로 변함
　⑫ 몰리브덴(Mo)

* 질산 축적 효소 인자(콩과식물)   * 질소고정작용에 가장 필요

 ㉠ 활엽수의 몰리브덴 결핍 시
  ⓐ 질소부족 현상과 유사
  ⓑ 잎의 폭이 다소 좁아짐
  ⓒ 꽃의 크기가 작고 적게 맺힘
⑬ 염소(Cl)

* 광합성 관여
* 결핍 증상 : 어린 잎 황백화, 위조

3. 시비 방법

* 시비 위치 : 수관외주선의 지상투영 부위 20cm 내외
* 비료는 뿌리에 직접 닿지 않도록 할 것

① 표토시비법
 ㉠ 작업은 신속하나 비료유실량이 많음
 ㉡ 속효성
 ㉢ 질소시비 : 토양 내 이동속도가 빠름, 수관투영선에 뿌림
② 토양 내 시비법

* 구덩이 파고 시비, 비료성분이 직접 토양내부로 유입될 수 있도록 하는 방법
* 용해하기 어려운 비료 시비 시 사용
* 토양 수분 적당히 유지될 때 시비
* 지효성(완효성)

 ㉠ 방사상 시비법
  ⓐ 줄기를 중심으로 방사상의 도랑을 파고 시비
  ⓑ 바깥쪽일수록 깊고 넓게 파기
  ⓒ 수관외곽선의 지상투영선을 중심으로, 길이는 수관폭의 1/3
  ⓓ 교목의 넓은 간격 식재 시 사용

ⓔ 1회 시 수목을 중심으로 2개소, 2회 시에는 1회 시비의 중간위치 2개소에 시비 후 복토

ⓛ 윤상 시비법

ⓐ 줄기를 중심으로 수관 외주선의 지상투영부분에 도랑을 파고 시비

ⓑ 묘목에 시비

ⓒ 점상 시비법 : 뿌리가 상하기 쉬운 노목에 실시

ⓓ 전면 시비법 : 비료를 깐 다음 갈아엎어 주기

ⓜ 대상 시비법

ⓗ 선상 시비법 : 생울타리 시비

ⓢ 환상 시비법 : 뿌리가 손상되지 않도록 뿌리분 둘레를 깊이 0.3m, 가로 0.3m, 세로 0.5m 정도로 흙을 파내고 소요량의 퇴비(부숙된 유기질비료)를 넣은 후 복토

* 측공시비법
- 가로수 및 수목보호 홀 덮개상의 시비
- 수목근부 외곽 표면을 파내어 비료를 넣는 방법
- 깊이 0.1m 파고 수목별 해당 소요량을 일정간격으로 넣고 복토

③ 엽면 시비법

㉠ 수용성 비료를 물에 희석하여 직접 엽면에 살포하는 방법

㉡ 미량원소 부족 시(Fe, Zn)

㉢ 뿌리에 장애를 받았을 경우, 급속한 영양공급이 요구될 경우

㉣ 시기 : 맑고 쾌청한 날 아침과 저녁

㉤ 농도는 약하게, 횟수는 자주 살포

㉥ 잎의 뒷면이 흡수 빠름

④ 수간주사법

㉠ 노거수(老巨樹), 경제성이 높은 수종

㉡ 미량원소 부족 시(Fe, Zn)

㉢ 수간에 상처를 남기므로 꼭 필요한 경우에만 사용

㉣ 주입이 끝난 후 방부제인 지오판(톱신) 도포제를 사용해 구멍을 막음

4. 기타 시비

① 토양조건이 불량한 매립지나 조성성토지 : 표준량의 1.5~2배의 시비 필요
② C/N율 높아지면 개화 상태 양호하게 됨
③ 초화류 시비
    ㉠ 기비 : 유기질 비료, 1회/년, 이른 봄
    ㉡ 추비 : 무기질 비료(화학비료), 2~3회/년
    ㉢ 유기질 비료 : 1~2kg/m² 기비
    ㉣ N, P, K 각각 5g/m²/회 이상 추비

> * 보수점감의 법칙(시비량과 수량과의 관계)
>   : 시비를 증가하면 수량이 증가하지만, 일정수준 이상되면 수량이 오히려 감소하는 법칙

2-2. 관수

1. 관수시기 판단 요령

① 식물을 주의 깊게 관찰   ② 토양의 상태 관찰
③ 장력계 사용   ④ 전기저항계 사용
⑤ 증산흡수 추정
⑥ 엽면의 온도측정

2. 관수 후 수분 흡수 이용률에 영향을 주는 직접적 요인

① 근계 발달
② 대기 온도
③ 토양 깊이

3. 관수방법

① 침수식

　㉠ 급수구의 위치나 토성에 따라 고르게 관수되지 못하는 경우

　㉡ 관수 시 급수구 쪽은 유속에 따라 포토가 유실, 지표가 패임

② 도랑식

　㉠ 비교적 균일하게 관수 가능

　㉡ 수목을 중심으로 3개의 도랑 설치

　㉢ 물 손실 많음

③ 스프링클러식(살수식)

　㉠ 관수 시 토양 내의 정상적인 투수속도보다 빠르기 때문에 유량을 조절해야 함

　㉡ 관수는 아침 일찍 실시

　　ⓐ 관수 시 다른 작업에 방해를 주지 않음

　　ⓑ 엽면의 수분건조 속도가 느림

　　ⓒ 바람의 영향을 최소화할 수 있음

　㉢ 장점 : 큰 면적을 일시에 동시관수 가능(경사지에서도 가능), 노동력 절감, 비교적 균일한 관수가 가능

　㉣ 단점 : 지표면 유실 많음, 토양 단단해짐

④ 점적 관수(물방울 관개법)

　㉠ 각 수목이나 지정된 구역에 작은 낙수구멍을 통해 낮은 압력수를 일정한 비율로 서서히 관개하는 방법

　㉡ 관개 효율이 가장 높음(물의 효용도 가장 높음)

⑤ 관수요령

　㉠ 한 번에 다량

　㉡ 여름에는 직사일광이 강한 정오 전후 관수 금지

　㉢ 겉흙 말랐을 때 관수, 기간 두고 토양 깊숙이 침투할 정도로 실시

　㉣ 지표면에 물 고이지 않도록 할 것

⑥ ET

　　　　㉠ 단위시간당 유실되는 수분의 양
　　　　㉡ 태양광선, 온도, 습도, 바람 등 환경요인의 영향을 많이 받음
　　　　㉢ 측정기계 : lysimeter

　　3. 관수의 횟수 : 5회/년(3~10월 생육기간 중)

 * 기온 5℃ 이상, 토양온도 10℃ 이상인 날이 10일 이상 지속될 때 시행

2-3. 수목의 정지 및 전정

1. 정지와 전정의 구분

① 정지(整枝)
　㉠ 수목의 수형을 영구히 유지 또는 보존하기 위하여 줄기나 가지의 생장 조절
　㉡ 수목을 심은 목적에 알맞도록 수형을 인위적으로 만드는 기초 정리작업
② 전정(剪定) : 수목의 관상, 개화 결실, 생육상태 조절, 건전한 발육도모를 위해 가지나 줄기의 일부 정리작업
③ 정자(整姿) : 수목 전체의 모양을 일정한 양식에 따라 다듬는 작업

2. 정지와 전정의 목적(효과)

① 미관상의 목적
　㉠ 수목의 건전한 생육 도모
　㉡ 수목이 갖는 본래의 미를 향상
　㉢ 인공적인 수형의 경우 조형미 높임
② 실용상의 목적
　㉠ 방화수·방풍수·녹음수·차폐수·시선 유도수 등의 불필요한 줄기나 가지를 전정하여 지엽의 생육을 양호하게 하여 본래의 목적을 달성케 함
　㉡ 가로수 : 여름 전정, 통풍 원활하게 하여 태풍에 의한 도복 방지

ⓒ 한정된 작은 공간에 식재된 수목의 크기를 조정, 한정된 공간에서의 조화 유도
　③ 생리상의 목적
　　　㉠ 병충해 방지 및 풍해와 설해에 대한 저항성을 높임
　　　㉡ 새로운 가지를 재생시켜 활력 증가
　　　㉢ 화목은 전정을 통해 생장을 억제시켜 개화·결실 촉진
　　　㉣ 이식한 수목의 지상부와 지하부의 균형 유지

3. 정지 및 전정의 목적에 따른 분류

　① 조형을 위한 전정
　　　㉠ 수목 상호 간의 조화와 주변 환경과의 조화 유도
　　　㉡ 수목이 지니는 특성 및 자연의 조화미, 개성미, 수형 등으로 미적 효과 높임
　　　㉢ 수목의 각 부분을 균형있게 자라게 하고 고사지나 역지, 허약지, 교차지, 도장지 등은 제거
　② 생장을 조정하기 위한 전정
　　　㉠ 묘목의 병지나 고사지, 손상지를 제거하여 생장을 조정
　　　㉡ 추위에 약한 수종의 주간을 잘라 곁가지를 강하게 키우는 방법
　　　㉢ 파이토플라즈마에 의한 빗자루병에 걸린 가지를 잘라내어 소각
　　　㉣ 왕벚나무의 밑줄기 부분에 움이 돋아나는 경우 : 수세가 약해지므로 생장촉진을 위해 눈에 보이는 대로 제거
　③ 생장을 억제하기 위한 전정
　　　㉠ 조경수목을 일정한 형태로 유지시키고자 할 경우
　　　　　ⓐ 산울타리 전정 : 높이를 맞추기 위해
　　　　　ⓑ 소나무 적심 : 침엽수 새순 자르기
　　　　　ⓒ 상록활엽수의 적엽
　　　㉡ 일정한 공간에 식재된 수목을 필요 이상 자라지 않게 할 경우
　　　　　ⓐ 정원 내 녹음수 전정
　　　　　ⓑ 가로수 전정
　　　㉢ 느티나무, 배롱나무, 단풍나무, 모과나무 등 맹아력이 강한 수종의 경우
　　　　　: 굵은 가지의 길이를 줄여 잔가지를 발생시켜 크기 억제

④ 갱신을 위한 전정
　㉠ 맹아력 강한 활엽수, 묵은 가지를 잘라 새로운 가지가 나오게 함
　㉡ 팽나무의 굵은 가지를 잘라 새 가지 형성
⑤ 생리조정을 위한 전정
　㉠ 이식 시 균형을 유지
　㉡ 소나무류와 같이 맹아력이 약한 수종 : 수형을 고려하여 가지를 부분적으로 솎아낸 정도에서 가지 제거
　㉢ 팽나무, 느티나무, 모과나무, 플라타너스, 수양버들 : 굵은 가지를 잘라내도 맹아가 잘 나옴
⑥ 개화·결실을 촉진시키기 위한 전정
　㉠ 개화 촉진, 결실 위주, 개화 결실 촉진
　㉡ 감나무 등의 해걸이 현상 방지

4. 수목의 생장 습성

① 정아 우세의 습성
　㉠ 가지 끝쪽의 눈이 우세하게 신장하는 나무
　㉡ 전정 시 자른 바로 밑의 눈에서 강한 싹이 나옴
　㉢ 교목성 수종, 직립형 수종
② 밑가지 우세 및 선단지 열세의 습성
　㉠ 정아 우세와는 반대로 밑 눈에서 강한 싹이 나옴
③ 활엽수가 침엽수에 비해 강전정에 잘 견딤

5. 화아(꽃눈) 착생 위치의 분류

① 정아에서 분화하는 것 : 목련, 철쭉, 후박나무 등
② 측아에서 분화하는 것 : 벚나무, 매화나무, 복숭아나무, 아까시나무, 등나무, 개나리

6. 화목류의 개화습성

① 신초지(1년생지) 개화 수종 : 여름에 개화
　㉠ 장미, 무궁화, 협죽도, 배롱나무, 싸리, 능소화, 아까시나무, 감나무, 등나무, 불두화 등
② 2년생지 개화 수종 : 봄에 개화
　㉠ 매화나무, 수수꽃다리, 개나리, 박태기, 벚나무, 목련, 진달래, 철쭉, 생강나무, 산수유 등
③ 3년생지 개화 수종 : 사과나무, 배나무, 명자나무 등

7. 정지 및 전정의 대상 가지

① 밀생지　　② 도장지　　③ 수하지
④ 평행지　　⑤ 병지　　　⑥ 차지
⑦ 고사지　　⑧ 교차지　　⑨ 대생지
⑩ 역지　　　⑪ 허약지　　⑫ 정면으로 자란 가지

8. 수종별 전정 횟수

① 침엽수 : 1회/년, 11~12월이나 이른 봄
② 상록활엽수 : 3월, 9~10월
　㉠ 맹아력이 큰 수종 : 3회/년
　㉡ 맹아력이 약한 수종 : 2회/년
③ 낙엽활엽수 : 2회/년, 7~8월, 낙엽이 진 후 10~12월 및 신록이 굳어진 3월
④ 전정을 하지 않는 수종
　㉠ 침엽수 : 독일가문비나무, 금송, 히말라야시다, 나한백
　㉡ 상록활엽수 : 동백나무, 치자나무, 굴거리나무, 녹나무, 태산목, 만병초, 남천, 팔손이, 다정큼나무, 월계수 등
　㉢ 낙엽활엽수 : 느티나무, 팽나무, 회화나무, 참나무류, 백목련, 수국, 튤립나무, 벚나무류 등

9. 전정 시기별 분류

전정시기	수 종	특 징
봄전정 (3~5월)	• 상록활엽수 : 참나무류, 감탕나무, 녹나무 등 • 낙엽활엽수 : 느티나무, 벚나무 등 • 침엽수 : 소나무, 반송, 섬잣나무 등 • 봄꽃나무 : 진달래, 철쭉류, 목련, 벚나무 • 여름꽃나무 : 무궁화, 배롱나무, 장미 • 산울타리 : 향나무류, 회양목, 사철나무 • 과일나무 : 복숭아, 사과, 포도 등	• 잎이 떨어지고 새잎이 날 때 • 신장생장이 최대인 시기 • 순꺾기=순지르기=적심 (5월 상순) • 화목류 : 꽃이 진 후 즉시 전정 • 눈이 움직이기 전 이른 봄 전정 • 5월 말 전정 • 이른 봄 전정
여름전정 (6~8월)	• 수목의 생장이 활발해지므로 수형이 흐트러지고 도장지가 나옴 • 수관 내 통풍이나 일조불량으로 병충해 피해가 많음 • 낙엽활엽수 : 단풍나무류, 자작나무 등/일반수목	• 비대생장을 하는 한편 화아를 만들고 동화물질 저장을 시작하는 시기이므로 약전정 • 강전정은 피함 • 도장지·도복지·맹아지 제거
가을전정 (9~11월)	• 낙엽활엽수 일부 • 상록활엽수 일부 • 침엽수 일부 • 산울타리	• 강전정은 동해를 받기 쉬움 • 남부지방에서만 전정 • 묵은 잎 적심 • 2번 정도 전정
겨울전정 (12~3월)	• 일반 수목 • 상록수 • 교차지, 내향지, 역지 등	• 수형을 잡아주기 위한 굵은 가지 강전정 • 내한성이 약하므로 동계전정을 피함 • 가지 식별이 가능하므로 전정

10. 정지 및 전정의 요령

① 주지(主枝)는 하나로 자라게 함

② 방법

　㉠ 수목의 최상단으로부터 측면으로 전정

　㉡ 수관 밖으로부터 안으로 전정

　㉢ 오른쪽에서 왼쪽으로 전정

　㉣ 상부는 강전정, 하부는 약전정

③ 가지 끝을 자를 경우

　㉠ 안눈 바로 위쪽 전정 : 위를 향해 올라감

ⓒ 바깥눈 바로 위쪽 전정 : 원래 방향과 동일하게 생장
　④ 전정 위치 : 남겨야할 눈 위 3~4mm, 비스듬히 전정
　⑤ 도장지(徒長枝)의 전정
　　㉠ 도장지
　　　ⓐ 부정아가 힘차게 자란 세력이 강한 가지
　　　ⓑ 가지 중 생장이 과도하여 보통의 가지보다 돌출된 가지
　　　ⓒ 조직이 연하고 약함
　　㉡ 전정 방법 : 길이를 1/2 정도 자른 다음, 이듬해 봄 전정 시 기부로부터 전정
　⑥ 평행지(平行枝), 대생지(對生枝), 윤생지(輪生枝)의 전정
　　㉠ 평행지 : 가지가 서로 어긋나게 자라는 생김새를 가지도록 전정
　　㉡ 대생지
　　　ⓐ 줄기의 같은 높이에서 서로 반대되는 방향으로 마주 자란 가지
　　　ⓑ 단풍나무나 라일락, 층층나무 등 잎이 대생으로 달리는 수종에서 흔히 형성
　　　ⓒ 가지를 서로 어긋나게 위치시킴
　　㉢ 윤생지
　　　ⓐ 소나무, 가문비나무, 젓나무 등 침엽수의 가지 배치의 특성
　　　ⓑ 두세 개 정도로 가지의 수를 줄여주거나, 층마다 한두 개의 가지만 남겨 서로 어긋난 상태로 배치
　⑦ 굵은 가지의 전정
　　㉠ 적용
　　　ⓐ 이식 시 지하부와의 균형 및 활착을 도모
　　　ⓑ 지엽이 무성하여 수형 전체의 균형이 깨진 경우
　　　ⓒ 광선과 통풍이 차단되어 일부의 지엽이 쇠약해지거나 병충해가 심한 경우
　　　ⓓ 강풍으로 인해 가지가 절손된 경우
　　㉡ 시기
　　　ⓐ 이른 봄 눈이 움직이기 전에 실시
　　　ⓑ 강풍으로 인해 절손된 가지는 피해를 입었을 때는 바로 실시

ⓒ 단풍나무와 같이 해토되기 전부터 수액이 오르는 수종 : 휴면기로 접어든 직후인 11~12월 상순에 실시

ⓓ 상록활엽수 : 4월 상·중순 사이에 실시

㉢ 방법

ⓐ 가능한 한 수간에 가깝게, 수간과 나란히 자르기

ⓑ 자른 자리 : 콜타르, 크레오소트, 페인트, 발코트, 그리스 등 유성도료로 처리

ⓒ 기부로부터 10~15cm 정도 되는 곳의 아래쪽으로부터 굵기의 1/3 정도 되는 깊이까지 톱으로 상처를 만든 후, 이 위치보다 약간 바깥쪽의 위로부터 자른 후 가지가 떨어져 나가면 밑둥의 남은 가지 부분을 제거

⑧ 생울타리(2~4회/년)

㉠ 관리 종류 : 가지치기, 가지솎기, 뿌리 자르기

㉡ 수종 : 쥐똥나무, 무궁화 등

㉢ 시기 : 새잎이 나올 때부터 6월 중순경까지, 9월

㉣ 방법

ⓐ 식재 후 3년 지난 이후에 전정

ⓑ 높은 울타리 : 옆부터 실시하고 위를 전정

ⓒ 상부는 깊게, 하부는 얕게 전정

ⓓ 높이가 1.5m 이상일 경우 : 윗부분이 좁은 사다리꼴로 전정

ⓔ 수관을 일정 높이로 자르는 경우 : 양쪽에 지주를 세워 줄을 치고 전정

⑨ 깎아다듬기(topiary)

㉠ 적기 : 늦은 봄 6월 중순경까지, 9월

㉡ 도장지는 즉시 제거

⑩ 적심(摘芯)

㉠ 지나치게 자라나는 가지의 신장을 억제하기 위해서 발아 후 신초의 선단부를 따주는 작업

㉡ 시기

ⓐ 상록수 : 7~8월(1회)

ⓑ 낙엽수 : 이른 봄 신아 발생기, 여름(2회)

ⓒ 소나무류 순지르기(순꺾기)
  ⓐ 신장생장 억제
  ⓑ 잔가지 많이 형성되어 우아한 수형 단시간에 유도
  ⓒ 시기 : 4~5월경
  ⓓ 방법
    - 5~10cm로 자란 새순을 1~2개 정도 남기고, 나머지 순을 기부로부터 손으로 따기
    - 남겨놓은 순의 선단부를 손으로 따서 1/2~2/3만 남기기

⑪ 적아(摘芽)
  ㉠ 필요하지 않은 눈 제거 작업
  ㉡ 시기 : 눈이 움직이기 전
  ㉢ 자작나무, 벚나무 등

⑫ 적엽(摘葉)
  ㉠ 지나치게 우거진 잎이나 묵은 잎을 따버리는 작업
  ㉡ 시기 : 활엽수 : 7~8월, 상록활엽수 : 늦은 여름, 지엽 과다 시

⑬ 아상(芽傷)
  ㉠ 원하는 자리에 새로운 가지를 나오게 하거나 꽃눈을 형성하기 위해 실시하는 작업
  ㉡ 시기
    ⓐ 이른 봄 싹이 움직이기 전
    ⓑ 꽃이 만개하기 2~4주 전(3~4월 중순경)

⑭ 두목 작업
  ㉠ 입목을 지상 1~2m 높이에서 자르고 자른 부분에서 발생하는 맹아만 매년 채취
  ㉡ 목적
    ⓐ 크게 자란 수목을 작게 유지하기 위해
    ⓑ 새 가지는 굵고 둥글게 자라도록 하기 위해
  ㉢ 대상 : 활엽수(참나무류, 아까시나무, 포플러, 버즘나무, 버드나무 등)

* 수목의 부정아 유도방법
: 전정, 깎아다듬기, 적아, 적심, 적엽, 적화, 적과, 유인, 가지비틀기, 아상, 단근

2-4. 단근

1. 목적

① 수목의 뿌리와 지상부의 균형 유지
② 뿌리의 노화현상 방지, 세근발생 유도
③ 아랫가지의 발육을 좋게
④ 꽃눈의 수 늘림
⑤ 수목의 도장 억제

2. 방법

① 근원직경의 5~6배 되는 길이로 원을 그려 40~50cm 길이로 파기
② 부패방지를 위해 절단면은 지하를 향하도록 함. 45도, 직각
③ 4~5개의 굵은 뿌리를 남기고 단근
④ 생울타리는 줄기에서 60cm 길이에, 길이 방향으로 단근, 연 4~5회 실시
⑤ 2~3년에 1회 실시

2-5. 수목의 외과수술과 수간주입

1. 외과수술 과정

① 부패부 제거 → 깨끗이 깎아내기 → 공동내부 다듬기 → 버팀대 박기 → 살균·살충처리 → 방부·방수처리 → 공동 충전 → 매트처리 → 인공수피처리 → 수지처리

② 부패부 제거 → 소독·방부처리 → 공동충전 → 방수처리 → 표면경화처리 → 인공수피처리

③ 부패부 제거 → 살균처리 → 살충처리 → 방부처리 → 방수처리 → 공동충전 → 매트처리 → 인공수피처리 → 산화방지처리

④ 살균제 : 에틸알코올, 포르말린, 염화제2수은(승홍)

　살충제 : 파라티온, 스미티온, 다이아톤

⑤ 방부제 : C.C.A, 펜타클린

　방수제 : 목질부와의 접착력과 침투력이 좋은 인공 수지 이용

⑥ 공동 충전물

　㉠ 콘크리트, 아스팔트 혼합물, 코르크 제품, 고무블록, 실리콘 수지

　㉡ 비발포성 수지 : 부피가 늘어나지 않음

　　ⓐ 에폭시 수지, 불포화 폴리에스테르 수지, 우레탄 고무

　　ⓑ 탄력성이 높고, 수목 외과 수술용

　　ⓒ 고가이기에 큰 공동에 사용하지 않음

　㉢ 발포성 수지 : 부피가 늘어남

　　ⓐ 폴리우레탄폼 수지

　　ⓑ 강도가 낮고, 작업이 용이함

　　ⓒ 저가이기에 큰 공동에 사용 가능

⑦ 매트재료 : 에폭시 수지, 페놀 수지, 폴리에스테르 수지, 알키드 수지, 실리콘 수지

⑧ 인공수피 : 코르크 가루, 굴참나무 수피를 접착제와 혼합하여 바름

2. 수간 주사

① 시기 : 5~9월, 맑은 날 낮

② 구멍은 통상적으로 2곳에 뚫음 : 5~10cm 떨어진 곳의 반대편

③ 구멍 각도 : 20~30°, 구멍 지름 : 5mm, 구멍 깊이 : 3~4cm

④ 지면으로부터 60cm 이내에 위치

⑤ 생장호르몬과 혼합사용 가능

⑥ 미량원소(Fe, Zn) 결핍 시

⑦ 물관부에 영양 공급

3. 노거수 관리

① 상처치료
  ㉠ 유합조직(callus) 조기형성 위해
  ㉡ 상처난 곳이나 절단면의 부패 방지
  ㉢ 오렌지 셀락, 아스팔텀 페인트, 크레오소트 페인트, 수목용 페인트 등 도포
② 성토지역 뿌리보호 대책
  ㉠ 메담쌓기(dry wall)
  ㉡ 나무우물(tree well) : 성토로 인해 묻히게 된 수목의 둘레의 흙을 파올리고, 수목의 줄기를 가운데 두고 일정 넓이로 지면까지 돌담을 쌓아 원래의 지표를 유지하여 근계 생장활동을 원활하게 해 주는 것
③ 절토지역 뿌리보호 대책
  ㉠ 돌옹벽(석축옹벽) 쌓기
  ㉡ 메담쌓기(dry wall)
  ㉢ 뿌리 노출되면 쉽게 건조하게 되어 직사할 염려있음
④ 수목 주변에 사람들이 모일 것이 예상되는 곳 : 수목뿌리 보호판 설치

2-6. 조경수목의 생육장해관리

1. 추위로 인한 피해

* 한해(寒害) : 저온에 의한 피해 - 신진대사 정지, 세포질 활성 상실
* 동해(凍害) : 식물체의 온도 0℃ 이하일 때, 식물체의 조직 내에 결빙이 일어나서 그 조직 및 식물체 전체가 죽게 되는 피해

① 서리의 해(상해, 霜害)
  ㉠ 이른 서리의 해(조상, 早霜) : 초가을(10월 말)

　　　　　ⓐ 나무가 휴면기에 접어들기 전의 서리 피해
　　　ⓒ 늦서리의 해(만상, 晚霜) : 초봄(4월 말)
　　　　　ⓐ 이른 봄 서리로 인한 수목의 어린가지와 잎의 고사 피해
　　　　　ⓑ 식물 발육 시작 후 0℃ 이하로 내려갔을 때
　　　　　ⓒ 상륜
　　　　　　　- 늦서리의 해로 인해 1년에 나이테가 2개 생기는 현상
　　　　　　　- 오리나무, 잎갈나무류, 자작나무류와 같이 싹이 빨리 나오는 수종에 피해
　　　　　　　- 서리 피해에 가장 약한 수종 : 상록활엽수
　　　ⓒ 동상(冬霜)
　　　　　ⓐ 겨울 휴면기에 발생한 해
　　　　　ⓑ 배수불량한 토양에서 뿌리 결빙
　　　② 남쪽 경사면, 과습한 토양, 배수불량한 토양, 오목한 지형, 유목, 맑은 날 밤, 질소질비료를 많이 시비한 경우 많이 발생
② 상렬(霜裂)
　　　③ 추위로 인해 수피가 수직방향으로 갈라지는 현상
　　　⑥ 수피와 수목의 수직적인 분리
　　　ⓒ 피해 범위 : 지상 0.5~1m 부위
　　　② 낙엽활엽수, 활동적인 시기의 수목, 배수 불량지, 남서쪽 수간에 많이 발생
　　　⑩ 상종
　　　　　ⓐ 상렬로 나무가 갈라지는 것을 반복하여 불룩해진 부분으로 병충해 피해를 받기 쉬움
　　　　　ⓑ 수간의 남쪽, 서쪽에 발생
　　　⑥ 예방법
　　　　　ⓐ 남서쪽 수피가 햇볕을 직접 받지 않도록 함
　　　　　ⓑ 수간의 짚싸기, 석회수 칠하기
③ 상주(서릿발)
　　　③ 파종한 어린 나무에게만 피해
　　　⑥ 습한 토양에서 피해가 큼
　　　ⓒ 오목한 지형, 남쪽 경사면, 유목에 많이 발생

2. 더위로 인한 피해

① 피소(皮燒)
   ㉠ 여름철 석양볕에 줄기가 열을 받아 갈라지는 현상
   ㉡ 수피가 얇은 수종, 흉고직경이 15~20cm인 나무, 남서쪽 수간
   ㉢ 오동나무, 일본목련, 느티나무, 벚나무, 가문비나무, 잣나무, 배롱나무, 단풍나무 취약

② 일소(日燒)
   ㉠ 엽맥, 잎의 가장자리, 수간 등이 직사광선을 받았을 경우
   ㉡ 잎이 갈색이 되거나 수피의 일부에 급격한 수분증발이 생겨 조직이 고사되는 현상
   ㉢ 예방법 : 증산억제제 살포, 비료와 적절한 관수, 수관 상단 솎아주기

③ 한발의 해(한해, 旱害)
   ㉠ 여름에 기온이 높아 수분 증발이 심해 수분 부족으로 말라죽는 현상
   ㉡ 단풍나무, 밤나무, 물푸레나무, 느릅나무, 너도밤나무 등
   ㉢ 남서쪽 경사면 식재 수종, 호습성 수종, 천근성 수종, 표토가 얇은 토양식재 수종, 지하수위가 얕은 토양에 식재한 수종, 볼록한 급경사지, 산등성이 식재 수종

2-7. 조경수목의 병해

1. 병해의 유형별 분류

① 생물성 원인(전염성 원인, 기생성 원인)
   ㉠ 바이러스 : 모자이크병
   ㉡ 파이토플라즈마(마이코플라즈마) : 대추나무 빗자루병, 오동나무 빗자루병, 뽕나무 오갈병
   ㉢ 세균 : 근두암종병(뿌리혹병), 시들음병, 점무늬병, 잎마름병, 불마름병
   ㉣ 진균 : 흰가루병, 잎잘록병, 벚나무 빗자루병
   ㉤ 선충 : 토양선충

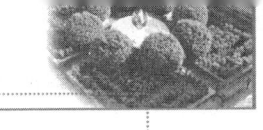

ⓑ 기생성 종자식물 : 새삼, 겨우살이, 초종용

* 수목의 전염성 병 감염과 확산촉진 요인
  1. 병원의 침투력과 발병력 정도
  2. 병원체의 이식 증식
  3. 급격한 기상변화

② 비생물성 원인(비전염성 원인, 비기생성 원인, 환경요인)
  ㉠ 부적당한 토양조건
  ㉡ 부적당한 기상조건
  ㉢ 유기물질
  ㉣ 농기구 등에 의한 기계적 상해

2. 병해 용어

① 주인(主因) : 병이 생기는 주된 원인
② 유인(誘因) : 병이 생기는 2차 원인
③ 기주식물 : 병원체가 침입하여 정착한 병든 식물
④ 감수성 : 병에 걸리기 쉬운 성질
⑤ 병원성 : 병원체가 수목에 침입해 병을 일으킬 수 있는 능력
⑥ 병징 : 병든 식물 자체의 조직 변화

㉠ 색깔의 변화	㉡ 천공	㉢ 위조
㉣ 괴사	㉤ 위축	㉥ 비대
㉦ 기관의 탈락	㉧ 암종	㉨ 빗자루 모양
㉩ 잎마름	㉪ 지고	㉫ 동고 및 부란
㉬ 분비	㉭ 부패	㉮ 궤양

⑦ 표징
  ㉠ 병원체가 병든 식물의 환부에 직접 나타나는 것
  ㉡ 진균에 의한 병 : 대부분 환부에 표징이 나타남
  ㉢ 비전염성병, 바이러스병, 파이토플라즈마에 의한 병 : 표징 나타나지 않음

　　　　ⓔ 병의 진단에 가장 확실한 증거
　　　　ⓜ 병원체의 영양기관에 의한 것 : 균사, 근상균사속, 우상균사, 균핵, 자좌 등
　　　　ⓗ 병원체의 번식기관에 의한 것 : 포자, 분생자병, 분생자퇴, 분생자좌, 포자퇴, 포자낭, 병자각, 자낭각, 자낭구, 자낭반, 세균점괴, 포자각, 버섯 등
　　⑧ 전반(傳搬)
　　　　㉠ 병원체가 기주식물에 도달하는 것
　　　　㉡ 바람에 의한 전반 : 잣나무 털녹병균, 밤나무 줄기마름병균, 흰가루병
　　　　㉢ 물에 의한 전반 : 배나무 적성병균, 근두암종병균, 입고병균
　　　　㉣ 곤충 및 소동물에 의한 전반 : 바이러스, 파이토플라즈마(마이코플라즈마)
　　　　㉤ 토양에 의한 전반 : 입고병균, 근두암종병균
　　　　㉥ 종자에 의한 전반 : 오리나무 갈색무늬병균, 호두나무 갈색부패병균
　　　　㉦ 묘목에 의한 전반 : 잣나무 털녹병균, 밤나무 근두암종병균
　　　　㉧ 식물체의 영양 번식기관에 의한 전반 : 바이러스, 파이토플라즈마(마이코플라즈마)
　　⑨ 병원체의 침입
　　　　㉠ 각피침입
　　　　　　ⓐ 잎과 줄기 표면으로 침입
　　　　　　ⓑ 녹병균의 소생자, 잿빛곰팡이균, 뽕나무 뿌리썩음병균, 묘목의 입고병균
　　　　㉡ 자연개구를 통한 침입
　　　　　　ⓐ 기공, 피목으로 침입
　　　　　　ⓑ 기공감염 : 녹병균의 녹포자·여름포자, 삼나무 붉은마름병균, 소나무류 잎떨림병균
　　　　　　ⓒ 피목침입 : 포플러 줄기마름병균, 뽕나무 줄기마름병균
　　　　㉢ 상처를 통한 침입
　　　　　　ⓐ 세균과 바이러스에 의한 병
　　　　　　ⓑ 밤나무 줄기마름병균, 근두암종병균, 낙엽송 끝마름병균, 목재부후균, 모잘록병균
　　⑩ 감염과 병균
　　　　㉠ 감염 : 병원체가 기주조직 내 침입하고 정착하여 기생관계가 성립되는 과정

  ⓒ 잠복기간 : 감염에서 발병까지의 기간
  ⓒ 병환 : 병원체의 활동과 병의 진행을 알려주는 과정
    ⓐ 전염원 → 침입 → 감염 → 잠복기 → 병징/표징 → 병사 → 전염원

⑪ 기주교대
  ㉠ 이종기생균이 생활사를 완성하기 위하여 기주를 바꾸는 것
  ㉡ 중간기주 : 두 기주 중 경제적 가치가 적은 것
  ㉢ 잣나무 털녹병 : 송이풀, 까치밥나무
  ㉣ 소나무 혹병 : 졸참나무, 신갈나무
  ㉤ 배나무 붉은별무늬병 : 향나무
  ㉥ 포플러 녹병 : 낙엽송, 포플러
  ㉦ 소나무 잎녹병 : 황벽나무, 참취, 잔대
  ㉧ 맥류 줄기녹병 : 매자나무
  ㉨ 잣나무 잎녹병 : 계요등
  ㉩ 젓나무 잎녹병 : 뱀고사리

⑫ 병원체의 월동
  ㉠ 기주의 체내에 잠재해서 월동하는 경우
    : 잣나무 털녹병균, 오동나무 빗자루병균, 식물성 바이러스, 파이토플라즈마
  ㉡ 병환부 또는 죽은 기주체에서 월동하는 경우
    : 밤나무 줄기마름병균, 오동나무 탄저병균, 낙엽송 잎떨림병균(소각처리)
  ㉢ 종자에 붙어 월동하는 경우
    : 오리나무 갈색무늬병균, 묘목의 입고병균(종자소독)
  ㉣ 토양 중에서 월동하는 경우
    : 입고병균, 근두암종병균, 밤나무 잉크병(토양소독)

⑬ 로버트 코흐의 4원칙(어떤 병이 특정 미생물에 의해 일어난다는 것을 입증)
  ㉠ 미생물은 반드시 환부에 존재해야 함
  ㉡ 미생물은 분리되어 배지상에서 순수배양되어야 함
  ㉢ 순수배양된 미생물은 접종하여 동일한 병 발생
  ㉣ 발병한 피해부에서 접종에 사용한 미생물과 동일한 성질을 가진 미생물이 재분리되어야 함

3. 예방법

* 수목병의 예방이 방제법의 주축을 이루는 이유
  1. 방제에 사용되는 약제의 대부분이 치료효과 없음
  2. 수목은 체내 순환계를 가지고 있지 않음
  3. 경제적으로 방제 경비가 제한되는 점

비배관리, 환경조건 개선, 전염원 제거, 중간기주 제거, 윤작 실시, 식재식물 검사, 작업기구류 및 작업자의 위생관리, 상구에 대한 처치, 종묘소독(유기수은제, 티람제, 캡탄제), 토양 소독(가장 직접적이고 효과적인 것, 클로로피크린, 포르말린, PCNB제, DAPA제, NCS제 등 사용), 약제 살포, 검역, 발생 예찰, 임업적 방제, 내병성품종 사용

4. 살균제

① 종류

 ㉠ 보호살균제 : 병원균이 침입하기 전 살포하여 수목을 병으로부터 보호하는 살균제

 ㉡ 직접살균제 : 이미 형성된 병환부위에 뿌려서 병균을 죽이는 살균제

 ㉢ 치료제 : 병원체가 이미 기주식물의 내부조직에 침입한 후 작용하는 살균제

② 보호살균제

 ㉠ 석회보르도액

  ⓐ 프랑스, 포도 노균병 방제(1885)

  ⓑ 표시 : 황산동과 생석회, a-b식으로 부름(a : 황산동, b : 생석회)
     약제 1l당 황산동의 g수(a)와 생석회의 g수(b)로 표시

  ⓒ 조제방법 : 석회유에 황산동액을 혼합

  ⓓ 사용할 때마다 조제, 만들면 되도록 빨리 사용

  ⓔ 바람이 없는 약간 흐린 날 식물체 표면에 골고루 살포

  ⓕ 삼나무 붉은마름병, 소나무 묘목의 잎마름병, 활엽수의 반점병·잿빛곰팡이병·녹병

  ⓖ 흰가루병과 토양전염병 : 효과 없음

ⓗ 살포시기 : 1차 전염이 일어나기 약 1주일 전에 살포해야 가장 효과적

ⓘ 약제 유효기간 : 2주

③ 직접살균제

㉠ 유기수은제

ⓐ 종자 소독용

ⓑ 인체 독성

ⓒ 조제 후 1~2일 내 사용

㉡ 황제

ⓐ 무기황제

- 석회황합제 : 흰가루병·녹병, 깍지벌레, 강한 알칼리성, 약해 주의
- 황 : 흰가루병·녹병, 분말이 미세할수록 효과가 큼

ⓑ 유기황제

- 지네브제 : 탄저병·녹병, 낙엽송의 끝마름병(다이젠 Z-45, 파제이트)
- 마네브제 : 탄저병·녹병(다이센 M-22)
- 지람제 : 녹병·흰가루병·점무늬병(저얼레이트)
- 티람제 : 종자소독, 토양소독, 소나무 설부병(아라산, 티오산)
- 아모밤제 : 녹병·흰가루병·잿빛곰팡이병(다이센스테인래스)

④ 유기합성살균제

㉠ PCNB제 : 입고병, 흰비단병, 설부병, 흰빛날개무늬병

㉡ CPC제 : 목재의 변색 및 부후 방지(목재부후균 방제)

㉢ 캡탄제 : 종자소독, 잿빛곰팡이병, 모잘록병

⑤ 항생물질계 : 수간주사

㉠ 사이클로헥사마이드 : 잣나무 털녹병, 낙엽송 끝마름병, 소나무류 잎녹병

㉡ 테트라사이클린 : 파이토플라즈마(마이코플라즈마)에 의한 수병

* 옥시테트라사이클린 17%
    1. 조제법 : 수돗물·맑은 우물물 1ℓ+옥시테트라사이클린 수화제 5g
        → 찌꺼기를 가라앉혀 찌꺼기를 제외한 혼합된 물 사용
    2. 주입약량 : 원줄기직경 10cm 당 1ℓ

5. 조경수목의 주요 병해

① 흰가루병

 ㉠ 증상 : 잎에 흰 곰팡이 형성, 미관을 크게 해침

 ㉡ 발병환경 : 5~6월, 9~10월, 일교차가 클 때, 고온다습, 통풍불량(장마철)

 ㉢ 방제법

  ⓐ 병든 잎·가지·꽃 제거 소각

  ⓑ 일광 통풍을 좋게 할 것

  ⓒ 발생 전 지오판수화제, 황수화제 살포

 ㉣ 발병 : 배롱나무, 장미, 벚나무 등

 ㉤ 사철나무 흰가루병

  ⓐ 햇빛 잘 들지 않고, 바람 잘 통하지 않는 곳

  ⓑ 한 번 발생하면 거의 매년 되풀이 발생

  ⓒ 휴면기(12~2월) : 석회황합제 살포

② 그을음병

 ㉠ 흡즙성 해충(진딧물, 깍지벌레)의 분비물에 기생하는 곰팡이

 ㉡ 증상 : 까만 피막을 형성하여 동화작용을 방해하여 쇠약해짐

 ㉢ 방제법

  ⓐ 흡즙성 해충 방제

  ⓑ 질소비료 과용 금지

  ⓒ 일광통풍을 좋게 할 것

 ㉣ 발병 : 배롱나무, 포플러, 상록활엽수, 실내 관엽식물

③ 갈색무늬병

 ㉠ 증상 : 잎에 갈색 병반이 나타나고, 병반 위에 암녹색의 곰팡이 발생, 병자각·병포자 형성

 ㉡ 방제법

  ⓐ 병든 잎 제거 소각

  ⓑ 발생 전 만코지수화제, 마네브수화제 살포

④ 빗자루병

   ㉠ 대추나무, 오동나무, 젓나무, 졸참나무, 철쭉류에 발생
   ㉡ 벚나무 : 진균(곰팡이)
   ㉢ 대추나무·오동나무 : 파이토플라즈마
⑤ 벚나무 빗자루병
   ㉠ 증상 : 가지 일부에 많은 잔가지 총생, 병든 잎 매우 작음
   ㉡ 증상 나타난 가지 : 개화 안함
   ㉢ 방제법
      ⓐ 병든 가지 제거 소각
      ⓑ 잎이 피기 전 8-8식 보르도액을 1~2회 살포
⑥ 대추나무 빗자루병
   ㉠ 매개충 : 마름무늬매미충
   ㉡ 병징 : 황화, 절간 생장 축소, 엽화 현상
   ㉢ 치료 : 옥시테트라사이클린-수간 주사

 * 오동나무 빗자루병 매개충 : 담배장님노린재

⑦ 포플러 잎녹병
   ㉠ 초여름, 5월 하순~9월
   ㉡ 증상
      ⓐ 포플러의 잎 뒷면에 누런 가루덩이 형성
      ⓑ 오염된 잎은 누렇게 변하며, 조기 낙엽
   ㉢ 포플러와 낙엽송에 기주교대하지만, 때로는 포플러에서 포플러로 직접 전염되기도 함
   ㉣ 방제법
      ⓐ 포플러와 낙엽송을 격리 식재
      ⓑ 6월 상순부터 보르도액, 구리수화제, 다이센 수화제를 살포
⑧ 잣나무 털녹병
   ㉠ 오엽송류에 발병
   ㉡ 증상 : 수피가 얼룩 변색한 후 부풀어 갈라지고, 송진 발생
   ㉢ 잣나무 녹포자 → 송이풀 하포자 → 송이풀 동포자 → 송이풀 담자포자(소생

자) → 잣나무에 침입(잎, 9~10월 침입)
　　　　ⓔ 담자포자 : 잣나무 침입 후 균사상태로 월등
　　　　ⓜ 방제법 : 가지제거 및 소각, 중간 기주 2km 이상 격리 식재
　⑨ 탄저병
　　㉠ 증상
　　　　ⓐ 잎과 어린 신초 부위 및 열매 등에 발생해서 검게 변함
　　　　ⓑ 열매의 경우 비대 초기에도 발병하며, 조기 낙과현상
　　㉡ 탄저병 피해 부위
　　　　ⓐ 오동나무 탄저병 : 어린 실생묘
　　　　ⓑ 동백나무 탄저병 : 잎, 열매
　　　　ⓒ 사철나무 탄저병 : 조기 낙엽
　　㉢ 개암나무 탄저병
　　　　ⓐ 병원균 : *Monostichella coryli*
　　　　ⓑ 묘목 및 성목 모두 발생
　　㉣ 방제법 : 보르도액, 다이젠 M-45, 만코지수화제, 마네브수화제
　⑩ 모잘록병(입고병)
　　㉠ 발병 부위 : 어린 가지에서 발병
　　㉡ 발병 환경
　　　　ⓐ 토양으로부터 종자, 유묘에 감염
　　　　ⓑ 토양수분이 높고, 토양온도가 20~30℃에서 발병률 높음
　　㉢ 발병
　　　　ⓐ 침엽수 : 소나무, 잣나무, 일본잎갈나무, 가문비나무
　　　　ⓑ 활엽수 : 오동나무, 자귀나무
　　㉣ 방제법
　　　　ⓐ 종자나 토양소독 실시
　　　　ⓑ 묘상의 과습을 피하고 통풍을 좋게 함
　　　　ⓒ 질소비료 과용 금지, 인산질비료 사용, 완전히 썩은 퇴비 사용
　⑪ 밤나무 줄기마름병(동고병)
　　㉠ 수피에 외상이 생긴 경우 병원균 침입

ⓒ 증상 : 가지나 줄기에 수피 색깔이 담황색으로 변하면 부풀어 오르다가 고사
　　ⓒ 전정을 잘못하면 줄기와 가지가 말라죽음
　　② 방제법
　　　　ⓐ 수목에 상처가 생기지 않도록 주의할 것
　　　　ⓑ 동해 예방
　　　　ⓒ 베노밀제의 수간 주입
　　　　ⓓ 휴면기에 석회황합제나 보르도액 살포
⑫ 단풍나무 가지마름병
　　㉠ 그늘진 곳이 통풍이 잘 안 되는 장소에서 발병
　　㉡ 증상 : 가지에 암갈색 병반 점차 확대 → 병반이 약간 움푹 들어가며 작은 소립이 많이 형성되고 심하면 고사
　　㉢ 방제법
　　　　ⓐ 일광통풍을 좋게 할 것
　　　　ⓑ 겨울철에 석회황합제 사용
⑬ 느티나무 흰별무늬병(백성병)
　　㉠ 증상
　　　　ⓐ 잎에 작은 갈색 반점이 생겨 점점 퍼짐
　　　　ⓑ 엽맥 부근에 다각형 병반 형성
　　　　ⓒ 병반 중앙부 : 회백색
　　　　ⓓ 병증 진행되면 잎 탈락
　　㉡ 방제법
　　　　ⓐ 병든 잎을 모아서 소각
　　　　ⓑ 잎이 필 무렵 동수화제를 2주 간격으로 살포
⑭ 소나무 잎떨림병(엽진병)
　　㉠ 7월 하순~9월 중순경 소나무류의 묘목과 성목(成木)에 모두 발생
　　㉡ 증상
　　　　ⓐ 잎에 짙은 녹갈색의 반점 형성
　　　　ⓑ 이듬해 3~4월부터 병엽은 갈색으로 변색하며 고사

ⓒ 소나무 잎떨림병균 월동 : 땅 위에 떨어진 병든 잎
ⓔ 방제법
  ⓐ 병든 잎을 소각
  ⓑ 유기질이 부족한 토양에서 많이 발생하므로 객토
  ⓒ 활엽수를 하목으로 심어 부식질을 형성
  ⓓ 5월 하순, 4-4식 보르도액이나 캡탄제 살포

⑮ 소나무 푸사리움 가지마름병
  ㉠ 병원체 : *Fusarium circinatum*
  ㉡ 증상
    ⓐ 수지가 흐르며 궤양이 큰 곳 발생
    ⓑ 수지량이 많으며 굳어서 흰색으로 보임
  ㉢ 발병 : 소나무, 잣나무

⑯ 소나무 리지나뿌리썩음병
  ㉠ 산불발생 직후

⑰ 아밀라리아 뿌리썩음병
  ㉠ 기주 범위가 가장 넓은 다범성 병균
  ㉡ 피해 : 지제부의 수피 쉽게 벗겨짐, 목질부와 수피 사이에 흰 균사층 존재, 소생 불가능
  ㉢ 6월~가을 : 잎 전체 갈색으로 말라죽음, 줄기 밑동에 송진 유출, 수피 벗기면 흰색의 균사층(뽕나무버섯) 형성, 목질부와 감염뿌리에 흑갈색 실모양의 근사 균사 다발 존재
  ㉣ 방제법 : 토양훈증제 사용, 자실체(버섯) 및 뿌리 즉시 제거, 균사확산 저지대 조성(석회처리)

⑱ 배나무 붉은별무늬병(적성병)
  ㉠ 병원균 : *Gymnosporangium asiaticum*
  ㉡ 모과나무, 명자나무, 사과나무류 등의 잎과 열매에서 발생
  ㉢ 발병 시기 : 4~5월, 강우량이 많을 때
  ㉣ 방제법 : 배나무와 향나무는 최소 2km 이상 격리

⑲ 향나무 녹병

㉠ 이른 봄(4~5월), 잎과 가지 사이의 분기점에 갈색의 균체 형성

　　㉡ 배나무, 모과나무, 꽃사과의 적성병

　　㉢ 방제 : 7월 중순, 만코지수화제(녹포자 발생기)

⑳ 뿌리혹병(근두암종병)

　　㉠ 감나무, 벚나무, 포플러에 발생, 특히 묘목

　　㉡ 뿌리 및 지면 부근에 혹이 생김

㉑ 소나무 잎마름병(엽고병)

　　㉠ 봄, 잎에 띠 모양의 황색 반점 발생

㉒ 소나무 재선충병

　　㉠ 시들음병 유발

　　㉡ 매개충 : 솔수염하늘소

　　㉢ 재선충 암컷 체장 : 0.8~1.2mm

　　㉣ 증상 : 갑자기 침엽이 변색하며 나무 전체 고사, 감염 후 수 주 내 급속히 말라죽음(치사율 100%)

　　㉤ 예방법 : 아바멕틴 유제(수간주사), 포스티아제이트 입제(선충탄), 아세타미프리드 액제

　　㉥ 방제법 : 피해목 소각, 훈증

㉓ 참나무 시들음병

　　㉠ 병원균 : *Raffaelea sp.*

　　㉡ 피해 : 참나무류(특히, 신갈나무)

　　㉢ 매개충 : 광릉긴나무좀

　　㉣ 매개충 암컷 등 : 포자 저장하는 균낭 존재

　　㉤ 증상 : 7월말부터 빠르게 시들면서 고사

　　㉥ 피해목 변재부 : 병원균에 의해 변색

2-8. 조경수목의 충해

1. 곤충의 특성

① 곤충의 외부 형태
  ㉠ 머리, 가슴, 배(3부분)
  ㉡ 머리 : 입틀, 더듬이, 겹눈
  ㉢ 가슴
    ⓐ 앞가슴, 가운데가슴, 뒷가슴(3부분)
    ⓑ 3쌍의 다리 : 각 가슴 1쌍, 5개 마디
    ⓒ 2쌍의 날개
      - 앞날개 : 가운데가슴, 뒷날개 : 뒷가슴(3부분)
      - 얇은 막질, 그 속에 기관에서 변화한 맥이 있음
    ⓓ 침샘 : 소화기관(탄수화물 분해 효소), 1쌍
  ㉣ 배-기문 : 호흡기관, 1쌍
② 곤충의 변태
  ㉠ 완전변태 : 알 → 애벌레 → 번데기 → 성충
  ㉡ 불완전변태 : 알 → 애벌레 → 성충
③ 알라타체 호르몬 : 변태조절 호르몬
④ 채집방법 : 라이트 트랩, 페로몬 트랩, 말레이즈 트랩, 스위핑, 비팅

2. 충해 일반

① 조경수목의 해충 제거의 주대상이 되는 것 : 식엽성 곤충류
② 알, 번데기, 성충은 살충제에 대한 저항능력이 있으므로 애벌레의 발생기에 살충제 살포
③ 한국의 3대 해충 : 솔나방, 솔잎혹파리, 흰불나방
④ 소나무의 3대 해충 : 솔나방, 솔잎혹파리, 소나무좀
⑤ 해충조사 방법 : 수관부 조사, 수간부 조사, 공간 조사
⑥ 식물의 선천적 내충성 : 내성, 비선호성, 항생성

⑦ 불리한 환경에 따른 곤충의 활동정지 : 환경조건 호전되면 발육 재개

3. 충해의 분류(가해 방식)

① 흡즙성 해충
  ㉠ 깍지벌레류
    ⓐ 1년에 1~3회 발생
    ⓑ 잎과 가지에 가해해서 그을음병 유발
    ⓒ 천적 : 무당벌레, 풀잠자리, 기생벌 등
    ⓓ 방제법 : 부화 직후(4~6월), 수미티온, 메티온 유제(수프라사이드) 살포

* 쥐똥밀깍지벌레
  - 1년 1회 발생   - 월동 : 성충
  - 가해 : 쥐똥나무, 물푸레나무, 이팝나무, 수수꽃다리, 광나무
  - 수컷 성충 : 나뭇가지에 모여 살고, 흰색의 밀랍 분비

  ㉡ 응애류
    ⓐ 1년에 5~8회 발생
    ⓑ 고온 건조 시 발생
    ⓒ 증상 : 잎의 표면에 황색 반점이 생기고 잎 전체가 황갈색으로 변색
    ⓓ 월동 : 알과 성충
    ⓔ 천적 : 무당벌레, 풀잠자리, 거미, 포식성 응애, 애꽃노린재 등
    ⓕ 방제법
      - 농약에 대한 저항성이 생기므로 연용 금지
      - 테디온유제(데디란), 디코폴유제(켈센), 아미트유제(마이커트), 벤조메유제(시트라존), 펜프로-테트라디폰유제(알파인), 아크리나스린 액상수화제(총채탄)

* 벚나무 응애
  - 여름철 건조한 날씨에 잎이 황변된 것이나 흡즙의 흔적이 있는 잎 → 채취 → 소각 처리

ⓒ 진딧물류
　　ⓐ 연간 20회 이상 발생
　　ⓑ 4~7월, 여름에 감소하나 저온 지속 시 이상 번식, 가뭄 시 발생이 많아짐
　　ⓒ 바이러스 유발, 그을음병 유발
　　ⓓ 천적 : 무당벌레, 풀잠자리, 기생벌, 꽃등애류 등
　　ⓔ 방제법
　　　　- 메타유제(메타시스톡스), 포스팜유제(다이메크론), 아세트수화제(오트란), 메소밀액제(메리트), 알파스린유제(화스탁), 피리디피유제(뉴단)

> * 조팝나무 진딧물
> - 가해수종 : 조팝나무, 모과나무, 명자나무
> - 어린잎 뒷면 및 신초에 모여 흡즙
> - 암컷성충 : 몸길이 2mm 내외, 타원형, 녹황색
> - 천적 : 무당벌레, 풀잠자리류, 거미
> - 아세페이트 수화제(오트란, 아시트, 골게터), 디클로르보스 유제(DDVP)

ⓔ 버즘나무 방패벌레
　　ⓐ 1년 3회 발생, 잎 황화
　　ⓑ 가해수종 : 양버즘나무
　　ⓒ 월동 : 성충(수피 틈)
　　ⓓ 외래해충

② 식엽성 해충
　ⓒ 노랑쐐기나방
　　ⓐ 1년 1회 발생
　　ⓑ 월동 : 유충(고치 속)
　　ⓒ 독침모 있음
　　ⓓ 피해 : 활엽수(단풍나무, 느릅나무, 버드나무 등)
　ⓒ 독나방
　　ⓐ 봄철 피해
　　ⓑ 독침모 있음

　　ⓒ 피해 : 활엽수(참나무류, 느티나무, 버드나무류, 귀룽나무, 감나무, 장미 등)
　　ⓓ 천적 : 긴등기생파리, 독나방허리고치벌, 재가슴기생파리, 독나방고치벌 등
　　ⓔ 방제법
　　　　- 유충가해기(4~5월, 8~10월) : 디프액제
　　　　- 성충우화기(6~7월) : 등화유살
　　　　- 유충 피해 잎 채취해 소각
ⓒ 버들재주나방
　　ⓐ 1년 2회 발생
　　ⓑ 부화유충 잎을 말아 식해, 커지면 망상으로 엽육만 식해
　　ⓒ 피해 : 포플러류, 미루나무, 버드나무, 참나무류
　　ⓓ 천적 : 조류(찌르레기)
ⓔ 짚시나방
　　ⓐ 1년 1회 발생
　　ⓑ 활엽수 및 침엽수의 잎을 5~6월에 가해
　　ⓒ 피해 : 참나무류, 사과나무류, 감나무, 매실나무, 벚나무류, 오리나무, 소나무류
　　ⓓ 월동 : 알(수간)
　　ⓔ 암컷은 크기가 크고 황백색, 수컷은 크기가 작고 회갈색
　　ⓕ 천적 : 기생벌(송충알벌, 맵시벌, 좀벌, 독나방고치벌), 명주딱정벌레, 풀색딱정벌레, 참노린재
ⓜ 어스렝이 나방
　　ⓐ 1년 1회 발생
　　ⓑ 피해 : 밤나무, 호두나무, 은행나무, 버즘나무 등
　　ⓒ 월동 : 알
　　ⓓ 주광성이 강하고, 약제에 매우 약한 편
　　ⓔ 천적 : 가죽나방살이고치벌, 황다리납작맵시벌, 흰발목벼룩좀벌, 황말벌, 잠아기생파리
　　ⓕ 방제법 : 9~10월에 우화성충을 등화 유살, 디프테렉스 살포

ⓑ 솔나방
  ⓐ 1년 1회 발생
  ⓑ 월동 : 유충(5령 유충) – 수피 또는 지피물 사이
  ⓒ 피해 : 소나무, 곰솔, 리기다소나무, 잣나무, 낙엽송(5~6월)
  ⓓ 애벌레(유충)가 솔잎을 갉아먹어 고사함
  ⓔ 번데기 : 방추형, 갈색
  ⓕ 고치 : 긴타원형, 황갈색, 표면에는 유충의 센 털이 군데군데 박혀 있음
  ⓖ 성충 : 7월 하순~8월 중순에 우화하여 솔잎 또는 그 부근의 가지에 산란
  ⓗ 천적 : 송충알좀벌, 송충살이고치벌, 흰줄박이맵시벌, 흰무늬침노린재, 주둥이노린재, 조류(꾀꼬리, 뻐꾸기)
  ⓘ 방제법
    – 6~7월 : 소나무 잎에 붙어 있는 고치 속 번데기를 따서 죽이거나 소각
    – 7월 하순~8월 상순 : 성충 등화유살
    – 9~10월, 가을 : 잠복소 설치 → 3월 이전에 제거 소각
  ⓙ 방제약
    – 말라티온, 수미티온 : 독성이 없어 조경수목 구제에 좋음
    – NAC 분제 : 수간의 지표 부위에 살포하여 유충이 나무로 오르는 것 방지
    – 비티쿠르스타키 수화제(슈리사이드) : 동·식물에 피해 전혀 없음

ⓢ 텐트나방
  ⓐ 1년 1회 발생
  ⓑ 월동 : 알
  ⓒ 피해 : 활엽수(포플러류, 사과나무류, 배나무, 참나무류, 벚나무, 뽕나무)
  ⓓ 유충이 가지 사이에 거미줄로 천막치고 낮에는 휴식, 밤에는 식엽
  ⓔ 천적 : 포식성벌, 맵시벌, 고치벌, 좀벌류
  ⓕ 방제법
    – 월동 알집 채취 소각
    – 유충가해기(4월 중순~5월 중순) : 군집과 유충 소각처리
    – 클로르피리포스 수화제(더스반), 아세페이트 수화제(오트란, 아시트, 골게터), 트랄로메트린 유제 2,000배액

◎ 흰불나방 – 우리나라 1958년 전후 최초 피해

　ⓐ 학명 : *Hyphantria cunea*

　ⓑ 1년에 2회 발생 : 1회(5~6월), 2회(7~8월)

　ⓒ 월동 : 번데기(수피 사이)

　ⓓ 피해 : 활엽수(버즘나무, 포플러류 등)

　ⓔ 증상

　　– 유충이 실을 토하여 잎을 싸고 그 속에서 군식하며 엽육 식해

　　– 몇 개의 잎 또는 가지를 거미줄 같은 것으로 감아놓아 발견하기 쉬움

　ⓕ 천적 : 긴등기생파리, 송충알벌, 검정명주딱정벌레, 나방살이납작맵시벌

　ⓖ 방제법

　　– 8월 중순 : 잠복소 설치

　　– 산란된 알덩어리가 붙어 있는 잎을 채취 후 소각하거나 유충 발생 초기 약제 살포

　　– 성충 활동 : 유아등, 흡입 포충기 설치

　ⓗ 방제약 : 트리클로르폰 수화제(디프록스), 디플루벤주론 수화제(디밀린), 비티쿠르스타키 수화제(슈리사이드), 카바릴 수화제(세빈)

ⓩ 회양목 명나방

　ⓐ 1년 2회 발생

　ⓑ 피해 : 회양목

　ⓒ 우화한 제2화기 성충은 가해부위에서 번데기 됨

　ⓓ 유충이 실을 토하여 잎을 묶고 그 속에서 가해

　ⓔ 월동 : 유충

　ⓕ 천적 : 무당벌레류, 풀잠자리류, 거미류

ⓧ 오리나무잎벌레

　ⓐ 1년 1회 발생

　ⓑ 월동 : 성충

　ⓒ 피해 : 오리나무류, 박달나무, 개암나무 등

　ⓓ 증상

　　– 성충 : 봄에 잎의 새순을 주맥만 남기고 가해

- 유충 : 잎맥만 남기고 망상으로 먹어버려 7~8월에 잎이 밑에서부터 붉게 변함
ⓔ 천적 : 무당벌레
ⓕ 방제법
- 4월 하순~5월 상순, 7~8월 : 성충 포살
- 5~6월 : 잎 뒷면 알집 채취 소각

㉢ 잣나무넓적잎벌레
ⓐ 1년 1회 발생
ⓑ 월동 : 유충
ⓒ 피해 : 잣나무
ⓓ 증상
- 유충은 여러 개 잣나무 잎을 거미줄로 모아놓고 그 속에서 가해
- 7월 하순~8월 : 집단적으로 많이 발생하여 나뭇가지가 앙상하게 됨
ⓔ 천적 : 송충알벌, 벼룩파리, 스미스개미
ⓕ 방제법
- 3~4월, 10~12월 : 월동 유충 채취 포살

③ 천공성 해충
㉠ 소나무좀
ⓐ 1년 1회 발생
ⓑ 월동 : 성충
ⓒ 피해 : 소나무, 곰솔, 잣나무, 리기다소나무 등
ⓓ 증상
- 유충이 모갱과 직각으로 구멍을 뚫고 식해, 1마리가 여러 개 신소 가해
- 침입한 구멍이나 탈출 구멍에 송진이 하얗게 나와 있음
- 피해가지는 붉은 색으로 말라죽음
- 새 가지는 구부러지거나 부러진 채 나무에 붙어 있음
ⓔ 천적 : 개미붙이, 줄침노린재
ⓕ 방제법 : 유충 가해기(5월)-메프유제 수간주사

　　　ⓒ 밤바구미
　　　　　ⓐ 1년 1회 발생
　　　　　ⓑ 월동 : 노숙유충(땅속)
　　　　　ⓒ 피해 : 밤나무-종실 가해
　　　　　ⓓ 산란 : 8월 하순~10월 중순(최성기 : 9월 중하순)
　　　　　ⓔ 이듬해 7월 중순부터 땅속에서 번데기가 된 지 약 2주 후 우화
　　　　　ⓕ 날개 : 크고 작은 담갈색 무늬, 중앙에 회황색의 횡대 있음
　　　ⓒ 박쥐나방
　　　　　ⓐ 2년 1회 발생
　　　　　ⓑ 월동 : 알
　　　　　ⓒ 피해 : 활엽수(자작나무, 느릅나무, 참나무류, 물푸레나무, 단풍나무 등)
　　　　　ⓓ 증상
　　　　　　　– 봄에 부화한 유충은 처음에는 초본식물의 줄기 속을 가해하나, 성장하면 목본식물로 이동하여 가해
　　　　　　　– 어두울 때 활동
　　　　　　　– 지상으로부터 50cm 이상 수간에 피해
　　　ⓔ 하늘소 : 산란시기 3~4월
　④ 충영형성해충
　　　㉠ 밤나무혹벌
　　　　　ⓐ 1년 1회 발생　　　　ⓑ 월동 : 유충 – 눈(芽) 속
　　　　　ⓒ 피해 : 밤나무
　　　　　ⓓ 증상
　　　　　　　– 피해 부위 : 1년생 가지의 액아 및 그 조직
　　　　　　　– 눈에 기생하여 벌레를 만들어 새순이 자라지 못하게 되어 개화·결실에 피해를 줌
　　　　　ⓔ 천적 : 좀벌류(꼬리좀벌, 노랑꼬리좀벌, 상수리좀벌, 큰다리남색좀벌, 중국긴꼬리좀벌)
　　　　　ⓕ 방제법 : 성충 탈출 전 벌레혹 제거 소각, 피해 꽃봉오리 물리적 제거 후 소각처리, 내충성 품종 선택 식재

ⓛ 솔잎혹파리
　　　ⓐ 1년에 1회(6월) 발생
　　　ⓑ 월동 : 유충(지피물 밑이나 땅속)
　　　ⓒ 피해 : 소나무, 곰솔과 같은 이엽송(二葉松), 노목보다 유목에 피해 심함
　　　ⓓ 증상
　　　　- 유충이 솔잎 기부에 벌레혹 생성, 그 속에서 수액 및 즙액 빨아먹음
　　　　- 솔잎 생장 정지, 잎 길이가 짧아짐, 잎 기부에 혹 형성
　　　ⓔ 천적 : 산솔새, 거미, 먹좀벌(혹파리살이먹좀벌, 혹파리등뿔먹좀벌, 혹파리반뿔먹좀벌, 솔잎혹파리먹좀벌)
　　　ⓕ 방제법
　　　　- 유충 가해기(6월 상순~7월 중순) : 수간주사-침투성 살충제(오메톤 액제, 포스팜 액제, 다이메크론 유제)
　　　　- 성충 우화기(5~6월) : 1주일 간격으로 지면과 수관에 강력한 살충제 살포, 나크 분제(NAC 분제) 2~3회 지면 살포
　　　　- 5월 상순 : 테믹, 뿌리 부근 살포
　　　　- 9월 이전 : 피해목 벌채
⑤ 묘포해충
　　㉠ 풍뎅이류
　　　ⓐ 1년 1회 또는 2년 1회 발생
　　　ⓑ 피해 : 활엽수(참나무류, 포플러류, 호두나무, 벚나무 등)
　　　ⓒ 증상
　　　　- 유충(굼벵이) : 잔디, 어린 묘목의 뿌리를 갉아먹어 고사
　　　ⓓ 방제법
　　　　- 성충 가해기(6~7월) : 메프분제, 나크 수화제 살포
　　　　- 파종 및 이식 전 토양살충제 살포
　　　　- 우화성충 등화유살
　　㉡ 땅강아지
　　　ⓐ 1년 1회 발생
　　　ⓑ 월동 : 유충(땅속)

ⓒ 피해 : 소나무, 참나무류, 기타 묘목
ⓓ 증상 : 유충과 성충이 땅속을 다니며 통로에 있는 각종 식물의 뿌리에 가해
ⓔ 천적 : 두더지, 딱정벌레
ⓕ 방제법
- 이식 시 토양살충제 살포
- 낙엽, 말똥, 짚 등을 군데군데 놓고 유인하여 포살

ⓒ 거세미나방
ⓐ 1년 2~3회 발생
ⓑ 월동 : 유충(땅속)
ⓒ 피해 : 젓나무, 일본잎갈나무, 탱자나무 그 외 각종 활엽수, 침엽수의 묘목
ⓓ 증상
- 묘목의 줄기를 자르고 그 일부를 땅속으로 끌고 들어가 갉아먹음
- 줄기와 표피 약간 남기고 먹으며 1년생 유목에 피해
ⓔ 방제법
- 파종 및 유묘식재 전 토양살충제 살포
- 잡초 제거 및 이른 아침 피해목 부위 유충 제거

ⓔ 복숭아 명나방
ⓐ 1년 2회 발생
ⓑ 월동 : 유충
ⓒ 피해 : 감나무, 복숭아, 사과나무, 매실나무, 벚나무, 석류 등
ⓓ 증상 : 유충이 종자 및 과실 속에 들어가 표면에 암갈색 똥과 즙액 배출
ⓔ 천적 : 먹수염납작맵시벌, 가시은주둥이벌
ⓕ 방제법
- 유충 가해기(7~8월 중순) : 마라톤 유제, 디프제, 파라티온 유제 살포
- 6월, 7월 하순~8월 상순 : 성충 등화유살

* 밤나무 가해 해충
  - 밤나무 혹벌 : 가지   - 밤나무 재주나방 : 잎
  - 밤나무 왕진딧물 : 신초   - 복숭아 명나방 : 종실

4. 해충방제

① 해충방제법
  ㉠ 기계적인 방제법 : 포살법, 경운법, 유살법, 소살법(잠복소)
  ㉡ 물리적인 방제법 : 온도, 습도의 변화를 이용
  ㉢ 화학적인 방제법 : 약제 사용
  ㉣ 생물학적 방제법 : 천적 이용(가장 이상적인 방제법)

② 살충제
  ㉠ 저작구(咀嚼口) 해충의 방제 : 소화중독제 사용(맹독성)
  ㉡ 흡수구(吸收口) 해충의 방제 : 접촉제(接觸劑) 사용
  ㉢ 침투성(浸透性) 살충제 : 흡즙성 해충에 사용하며, 천적에 대한 피해가 없음
  ㉣ 훈증제 : 밀폐할 수 있는 창고나 텐트 내에서 토양에 실시
  ㉤ 보조제
    ⓐ 농약의 효력을 충분히 발휘하도록 하기 위하여 첨가하는 물질
    ⓑ 유화제, 희석제, 전착제, 협력제(공력제), 증량제, 용제

③ 농약의 희석
  ㉠ 적정 농도와 사용량은 약제의 종류, 제제(製劑) 형태, 대상 해충의 종류, 사용 시기에 따라 달라짐
  ㉡ 약제의 제제 형태
    ⓐ 유제(乳劑) : 물에 희석하면 우윳빛으로 변함
    ⓑ 용액(溶液) : 물에 희석해도 색이 변하지 않음
    ⓒ 수화제(水和劑) : 분말로 되어 있으며, 물에 대한 친화성이 크므로 물에 희석하면 현탁액(懸濁液)
  ㉢ 희석하고자 하는 물의 양 = 원액용량 $\times (\dfrac{원액농도}{희석할\ 농도} - 1) \times$ 비중
  ㉣ ha당 소요약량 = $\dfrac{사용할\ 농도(\%) \times ha당\ 살포량(cc)}{원액농도(\%)}$
  ㉤ ha당 원액소요량 = $\dfrac{ha당\ 사용량(cc)}{사용희석배수}$
  ㉥ 사용희석배수를 만들 경우 : 원액량(cc) × 희석배수 − 원액량 = 희석할 수량

④ 농약 조제법 : 배액 조제법, 퍼센트 조제법, ppm 조제법
⑤ 농약의 살포
    ㉠ 분무법 : 분출공의 지름이 1mm 내외인 것을 사용, 무기분수에 의하여 안개모양으로 살포
    ㉡ 살분법 : 분제를 살분기로 살포
    ㉢ 미스트법
        ⓐ 진한 액을 소량으로 살포
        ⓑ 분무법 살포량의 1/3~1/5
        ⓒ 바람 압력으로 살포
        ⓓ 약제손실이 적음
        ⓔ 균일 살포 가능
    ㉣ 연무법 : 입자의 지름이 10~20μm
    ㉤ 도포법 : 병반이나 상처 부위에 직접 발라서 방제하는 방법
⑥ 농약의 살포 방법
    ㉠ 약을 뿌릴 때는 마스크, 보안경, 고무장갑, 방제복 착용
    ㉡ 바람을 등지고 살포
    ㉢ 병뚜껑을 열 때는 손에 묻지 않도록 한다.
    ㉣ 아침이나 저녁 때 서늘할 때 살포
    ㉤ 혼용 가능한 약제인지 확인
    ㉥ 살포기 씻기
    ㉦ 이상기후 시 살포 자제
⑦ 병충해 방제계획 시 농약사용 기준 : 미적, 경제적으로 허용하는 한도 이하로 억제하는 정도
⑧ 농약 독성 표시 : LD_{50}(50% 치사에 필요한 농약의 양)
⑨ 분제의 물리적 성질 : 고착성, 부착성, 토분성, 분말도, 입도, 응집력, 경도, 용적비중, 분산성, 비산성, 안전성, 수중붕괴성
⑩ 액제의 물리적 성질 : 유화성, 습전성, 표면장력, 접촉각, 수화성, 현수성, 부착성
    ・고착성, 침투성

3. 잔디 관리

3-1. 잔디식재 목적 및 잔디의 종류

1. 잔디식재 목적

① 관상가치
② 피복물 역할(침식 방지)
③ 먼지 제거(보건효과)
④ 레크리에이션 효과
⑤ 시각적 해방감 조성
⑥ 토양 침식 방지

2. 잔디의 종류

① 한국잔디(조이시아그래스, *Zoysiagrass*)
  ㉠ 특징
    ⓐ 난지형 잔디 : 지상부-늦가을 생육 정지·고사, 5~6월 개화, 6~7월 결실
    ⓑ 완전포복형, 내답압성 강, 내병충해성 강, 내서성 강
    ⓒ 고온 건조, 척박지, 산성 토양
    ⓓ 잔디조성에 시간이 오래 걸리고, 손상 후 회복속도가 느림
    ⓔ 내음성 약, 종자번식 어려움
  ㉡ 들잔디(*Zoysia japonica*)
    ⓐ 한국에서 가장 많이 식재되는 잔디
    ⓑ 공원, 경기장, 비탈면 녹화, 묘지 등에 많이 사용
    ⓒ 엽폭이 넓어 질감이 거칠며, 내한성 강
  ㉢ 금잔디, 고려잔디(*Zoysia matrella*)
    ⓐ 대전 이남 지역 자생

            ⓑ 치밀한 잔디밭 조성

            ⓒ 내습성 강, 내음성 강, 내한성 약

        ㉣ 비로드잔디(*Zoysia tenuifolia*)

            ⓐ 정원, 공원, 골프장 티, 그린, 페어웨이로 사용

            ⓑ 잎 : 길이 4~7cm, 폭 1~1.5mm, 줄기 : 7cm

            ⓒ 부드러운 질감, 내한성 약

        ㉤ 갯잔디(*Zoysia sinica*)

            ⓐ 임해공업단지 등의 해안 조경

            ⓑ 거친 질감

② 서양잔디

    ㉠ 특징

        ⓐ 한지형 잔디, 상록성 다년초

        ⓑ 내음성 강, 고온과 병에 약함

        ⓒ 관수 및 비배에 많은 노력 필요, 비옥지

        ⓓ 건조지 생육불량

    ㉡ 버뮤다그래스(Bermudagrass; *Cynodon dactylon*)

        ⓐ 난지형 잔디

        ⓑ 회복속도가 빨라 경기장용 식재 가능

        ⓒ 내음성 약, 내한성 약, 내습성 강, 내건성 강

        ⓓ 번식 : 지하경, 포복경

    ㉢ 켄터키블루그래스(왕포아풀, *Poa pratensis*)

        ⓐ 여름 고온기에 이용 제한, 내건성 약, 자주 관수해야 함

        ⓑ 내음성 강, 내병충해 약, 내답압성 약, 깎기에 대한 저항 약

        ⓒ 골프장 그린, 페어웨이, 티, 경기장, 일반 잔디밭에 가장 많이 이용

        ⓓ pH 6.0~7.8

        ⓔ 품종 : 메리온(Merion), 아델피(Adelpi), 델타(Delta), 바론(Baron), 럭비(Rugby), 빅타(Victa) 등

    ㉣ 벤트그래스

        ⓐ 골프장 그린용

ⓑ 여름 고온기에 하고현상이 나타나 병해 많아짐
ⓒ 내답압성 약, 내병충해성 약, 내건성 약
ⓓ 호광성, 세심한 관리 필요, 질소요구량 많음
ⓔ 품종 : 에메랄드(Emerald), 펜크로스(Penncross), 레드탑(Redtop) 등

ⓜ 페스큐그래스
  ⓐ 가장 내한성 강
  ⓑ 파인 페스큐
     - 내건성 강, 내척박성 강
     - 빌딩 주변이나 녹음수 밑부분에 이용
  ⓒ 톨 페스큐
     - 토양 조건에 잘 적응 : 토양산도에 적응성 가장 큼
     - 비행장, 공장, 고속도로 주변 등 시설용 잔디로 이용
     - 엽폭이 넓어 질감이 가장 거침, 다발형 생육, 내구성 강

ⓑ 라이그래스
  ⓐ 목초용
  ⓑ 내답압성 강, 초기 생장 속도가 빠름(정착활력도도 가장 빠름)

ⓢ 위핑러브그래스
  ⓐ 자연상태의 아름다움을 보기 위해
  ⓑ 도로변 및 비탈면의 토양 침식 방지용

3. 잔디의 선택

① 사용이 많은 곳 : 톨 페스큐, 라이그래스, 한국잔디, 버뮤다그래스
② 물에 잠길 우려가 있는 곳 : 톨 페스큐, 버뮤다그래스
③ 염해가 예상되는 곳 : 톨 페스큐, 버뮤다그래스, 한국잔디
④ 높은 관리가 요구 : 벤트그래스, 켄터키블루그래스, 라이그래스
⑤ 낮은 관리가 요구 : 한국잔디, 파인 페스큐
⑥ 추위가 심한 지역 : 켄터키블루그래스
⑦ 관리가 어려운 지역 : 한국잔디, 페스큐류

3-2. 잔디 식재

1. 배수시설

① 표면배수(우수배수)
  ㉠ 2%의 경사
  ㉡ 정원, 공원 등 대부분 잔디밭에서 효과적으로 이용
② 심토층 배수
  ㉠ 암거 : 경기장 등에 필수적, 가장 많이 사용되는 배수

2. 토양소독

① 토양소독제 : 클로로피크린, 헵타입제, 포름알데히드, 브롬화메틸

3. 종자파종

① 장점
  ㉠ 비용이 적게 들고, 치밀한 잔디밭 조성
  ㉡ 잔디조성에 시간이 많이 소요되고, 세밀한 관리 요구
② 단점 : 한정된 시기만 파종 가능
③ 발아율이 높은 서양잔디 많이 사용
④ 종자파종 적온

특성 \ 종류	서양잔디	한국잔디
발아적온	20~25℃	30~35℃
종자파종 시기	4~5월, 8~9월	5~6월
생육적온	13~20℃	25~35℃

* 덧파종 : 난지형 잔디밭 위에 한지형 잔디를 파종하여 겨울철 녹색의 잔디밭을 만드는 것

⑤ 파종량

$$W = \frac{G}{S \times P \times B}$$

(W : m²당 파종량(g/m²), G : m²당 희망본수(본/m²),
S : 1g당 평균입수(개/g), P : 순도(%), B : 발아율(%))

⑥ 종자파종 순서

㉠ 잡초발생 우려지역 : 전면 제초제를 살포한 후 일정기간 경과 후 실시

㉡ 파종대상지를 20cm 이상 깊이로 부드럽게 갈아줌

㉢ 시비 후 롤러로 다짐

㉣ 종자파종 : 파종량의 1/2은 횡으로, 1/2은 종으로 파종

㉤ 파종 후 롤러로 전압

㉥ 관수

㉦ 피복 : 폴리에틸렌 필름이나 볏짚, 황마천, 차광막 사용

㉧ 파종 후 20일 이내 불량 시 재파종

4. 영양번식(뗏장번식)

① 장점

㉠ 단시일 내에 잔디밭 조성 가능

㉡ 공사 시기에 제한이 없음

② 단점 : 비용이 많이 들고, 공사기간 길게 소요

③ 영양번식 적기

㉠ 한국잔디 : 4~6월(늦봄~초여름)

㉡ 서양잔디 : 3~4월(봄) 또는 9~10월(가을)

④ 영양번식 종류

㉠ 평떼공법

* 평떼공법
  - 뗏장을 일정 간격으로 붙이는 방법
  - 경사면 식재 : 떼꽂이(1장당 2개 소요)

ⓐ 전면붙이기
- 대상지 전면에 붙이는 방법
- 떳장 소요량 : 100%
- 단시일 내 완전한 잔디밭 조성
- 토양 유실의 우려가 있는 토양에 사용 가능

ⓑ 이음매붙이기
- 떳장 사이에 4~6cm 이음매를 두고 떳장을 어긋나게 식재
- 한 생육기가 지나면 전면 피복 가능(가장 많이 사용)
- 이음매 4cm일 경우 떳장 소요량 : 70%
  이음매 5cm일 경우 떳장 소요량 : 64.7%
  이음매 6cm일 경우 떳장 소요량 : 60%

ⓒ 줄붙이기
- 줄 사이를 10~30cm 나비로 떳장을 이어 붙임
- 전면 피복까지 2~3년 정도 소요
- 떳장 소요량 : 전면붙이기의 약 33%(1/3 줄떼), 50%(1/2 줄떼)

ⓓ 어긋나게 붙이기
- 잡초 발생이 심하고, 표면이 평탄한 잔디밭 조성이 어려움
- 떳장 소요량 : 전면붙이기의 50%

ⓛ 플러그 공법
  ⓐ 떳장을 5×5cm의 원형이나 사각형으로 만든 후 30cm 간격으로 심는 방법
  ⓑ 절토면이나 성토면의 급경사에 이용

ⓒ 스톨론(stolon) 공법
  ⓐ 잔디 줄기 및 뿌리를 잘라 지표면에 뿌리고 복토 후 롤러로 다짐
  ⓑ 잔디 소요량이 아주 적으나 조성기간에 오래 걸림

* 잔디시공방법
① 평떼·줄떼공법　② 플러그 공법
③ 스톨론 공법　　④ 씨드매트 공법
⑤ 분사파종공법(종자뿜어붙이기공법)
⑥ 스프리깅(sprigging) : 잔디의 포복경 및 지하경을 땅에 묻어주는 것

3-3. 잔디깎기 및 제초작업

1. 잔디깎기

① 장점
- ㉠ 균일한 표면 제공
- ㉡ 잡초방제
- ㉢ 잔디분얼 촉진
- ㉣ 통풍 양호
- ㉤ 병충해 예방
- ㉥ 엽폭 감소
- ㉦ 초장 낮아짐
- ㉧ 태치(북더기잔디) 축적 방지

② 시기
- ㉠ 한국잔디 : 6~8월
- ㉡ 서양잔디 : 5~6월과 9~10월에 실시

③ 잔디깎는 높이
- ㉠ 10~50mm 일반적(들잔디 : 잎의 길이 0.03~0.06m 이내 되도록 함)
- ㉡ 토양이 젖어 있을 때를 피할 것
- ㉢ 생육 초기와 말기의 잔디는 다소 높게 깎아 줌
- ㉣ 깎는 높이 빈도(일반적인 가정과 공원용은 2~3cm)
    - ⓐ 1회에는 초장의 1/3 이하
    - ⓑ 35~70mm 도달 시 20~50mm 높이로 깎기
- ㉤ 골프장 그린 : 10~50mm, 벤트그래스 : 4~6mm, 골프장 티 : 10~12mm, 페어웨이 : 20~25mm, 러프 : 45~50mm, 축구경기장 : 10~20mm, 공원·정원·공장지 : 20~30mm

④ 잔디깎는 횟수
- ㉠ 한국잔디는 연간 3~5회 이상, 서양잔디는 6~10회 이상
- ㉡ 벤트그래스 : 연 35~36회
- ㉢ 가정용 정원 : 연 6회
- ㉣ 공원용 : 연 11~13회
- ㉤ 경기장용 잔디 : 연 18~24회

* 스컬핑(sculping) : 과도한 깎기로 줄기만 남는 현상

⑤ 잔디깎기 기계의 종류

　㉠ 핸드모어 : 150m²(50평) 미만의 잔디밭

　㉡ 그린모어 : 골프장 그린, 테니스 코트, 섬세한 곳 깎을 때 사용

　㉢ 로터리모어 : 150m²(50평) 이상의 골프장 러프·공원의 수목 아래, 곱게 깎지 않아도 되는 골프장, 다소 거침, 밀생한 잔디깎기용, 잡초예초용, 손쉬운 방향 전환 가능, 경쾌한 후진 가능, 안전작업가능

　㉣ 어프로치모어 : 잔디면적이 넓고 품질이 좋아야 하는 지역

　㉤ 갱모어 : 골프장, 운동장, 경기장 등 15,000m²(5,000평) 이상인 지역

2. 제초 작업

 * 잡초 : 원하지 않는 장소에 있는 원하지 않는 식물

① 잡초의 유용성 : 토양유실 방지, 유전자 은행, 물이나 토양 정화

② 잡초에 의한 저목 피해 : 일조 부족, 밑가지 고사, 병해충 피해 증대, 관상가치 저하

③ 잡초 종자의 발아에 미치는 환경 요인 : 수분, 온도, 산소/광

④ 광 조건에 따른 잡초의 분류

　㉠ 광발아 잡초 : 바랭이, 강피, 향부자, 방동사니, 개비름, 쇠비름, 소리쟁이, 서양민들레 등

　㉡ 암발아 잡초 : 냉이, 광대나물, 별꽃 등

⑤ 잡초의 휴면

　㉠ 내부적 휴면 : 종자 미숙, 발육 불완전

　㉡ 외부적 휴면 : 종피 단단, 종피의 발아억제물질 함유

　㉢ 강제 휴면 : 발아할 준비가 되어 있으나 환경이 적합하지 않은 경우

⑥ 잡초의 종류

　㉠ 1년생 화본과 잡초 : 돌피, 미국개기장, 이태리호밀풀, 참새그령, 포아풀류, 바랭이류, 왕바랭이, 강아지풀

　㉡ 다년생 화본과 잡초 : 오리새, 우산풀, 쥐꼬리새류

ⓒ 1년생 광엽잡초 : 큰석류풀, 마디풀, 명아주, 쇠비름, 방가지똥, 애기땅빈대
ⓓ 2년생 광엽잡초 : 소리쟁이, 점나도나물, 냉이, 광대나물, 별꽃
ⓔ 다년생 광엽잡초 : 토끼풀, 쑥, 서양민들레, 개자리류, 괭이밥류, 질경이

* 화본과 잡초 : 잡초 중 가장 많이 분포, 잎집과 잎몸의 이음새에 막이 있음, 잎혀는 털이 밖으로 생장, 평행맥
* 방동사니류 : 올방개, 올챙이고랭이, 바람하늘지기
* 2년생 잡초 : 망초나 지칭개 등, 월동-로제트형, 온대지역의 잡초

⑦ 물리적 잡초 방제
  ㉠ 인력제거   ㉡ 깎기   ㉢ 경운
  ㉣ 멀칭   ㉤ 시비   ㉥ 윤작
  ㉦ 관·배수 조절

⑧ 화학적 잡초 방제

* 시기적으로 몇 가지 제초제 체계적 사용(연용금지) : 저항성 잡초 출현 방지
* 제초제에 의한 제초효과 큰 환경조건 : 고온다습

㉠ 접촉성 제초제
  ⓐ 식물의 부위에 닿아 흡수되나 근접한 조직에만 이동되어 부분적으로 살초
  ⓑ 다년생 잡초의 지하부 제거에는 비효율적
  ⓒ 약효가 빠르고, 토양 잔류도 적음
  ⓓ 비선택성(그라목손)
㉡ 이행성 제초제
  ⓐ 외부조직에서 흡수되어 체내로 이동되며, 식물 전체를 죽이거나 약효가 서서히 나타남
  ⓑ 식물 생리에 영향을 끼쳐 식물체가 고사, 잔디종자 발아 전 제초제
  ⓒ 선택성(2,4-D), 비선택성(근사미)

* 제초제 선택성 : 제초제가 작물에는 피해를 주지 않고, 잡초만을 죽일 수 있는 특성
* 제초제 선택성에 관여하는 생물적 요인 : 잎의 각도, 잎의 표면조직, 생장점 위치

ⓒ 토양소독제 : MCPB, CAT, CMU, 클로로피크린

ⓔ 클로버 방제법

ⓐ 인력제거보다 제초제 사용이 효과적 : 클로버, 민들레, 쑥

ⓑ 디캄바액제(반벨-D), 이사디아민염(2,4-D), 메코프로프 액제(MCPP)

ⓜ 바랭이류

ⓐ 어릴 때는 잔디와 구분이 어려움

ⓑ 잔디밭을 잡초화하는 주요 잡초(가장 빈번히 발생)

* 잔디밭 발생 잡초 : 토끼풀, 바랭이, 질경이, 마디풀

⑨ 종합적 방제법

㉠ 제초제 약해 및 환경오염을 적게 할 것

㉡ 여러 가지 방제법을 상호협력적으로 적용할 것

㉢ 잡초 군락의 크기를 작게, 작물 생산력을 높게 할 것

3. 제초제

* 제초제 처리 : 기온 5~30℃ 이하

① 잡초 발아 전 제초제 : 발란, 론파, 닥탈, 론스타, 스톰프, 시마진, 데브리놀, 바이스입제(모다운)

② 광엽잡초 경엽처리제

제초제(상표명) 국내시판명	대상 잡초	농도 (gal/m²)
2,4-D(이사디)	• 원제 : 백색의 비늘모양의 결정 • 큰석류풀, 민들레, 명아주, 질경이류	0.1
MCPP(엠시피피)	• 점나도나물, 민들레, 토끼풀, 명아주, 냉이류	0.05~0.1
Dicamba(Banvel) 반벨	• 큰석류풀, 별꽃, 점나도나물, 토끼풀, 소리쟁이, 민들레, 광대나물, 마디풀, 명아주, 개자리류, 쇠비름, 냉이류, 방가지똥	0.03~0.1
Bentazon(Basagran) 밧사그란	• 방동사니류	0.1

* 농약의 포장지 색상
  - 살균제 : 분홍색
  - 살충제 : 녹색
  - 제초제 : 황색
  - 비선택성 제초제 : 적색
  - 생장조절제 : 청색

③ 비선택성 제초제

제초제(상표명) 국내시판명	특 징	농도 (gal/m²)
Glyphosate 글리포세이트 액제, 글리포세이트암모늄 액제 (근사미)	• 원제 : 백색·무취의 결정 • 유기인계 비선택성 제초제 • 작용기작 : 아미노산 생합성 저해 • 토양잔류력이 매우 적음 • 2차 살포가 필요할 수도 있음 • 난지형 잔디의 휴면기간, 겨울 잡초 제거에 이용 가능	0.1~0.2
Paraquat 패러쾃디클로라이드 액제, 파라크액제 (그라목손)	• 작물의 휴면 시 생육잡초 제거에 효율적 • 다년생 잡초의 지하 영양 기관을 제거하기 어려움 • 근사미와 유사한 목적으로 사용할 수 있음	0.05

* 비선택성 제초제 사용 시 주의점
  ① 구조물 주변 등 식생을 원하지 않는 곳에 적용
  ② 지나친 고온기와 저온기는 피할 것
  ③ 묘포지 주변에는 세심한 주의 요구

4. 이용관리

① 잔디의 마모
  ㉠ 마모에 아주 강한 잔디 : 한국잔디, 버뮤다그래스
  ㉡ 마모에 약한 잔디 : 벤트그래스
② 회복력
  ㉠ 회복력이 아주 빠른 잔디 : 크리핑 벤트그래스, 버뮤다그래스

　　　　ⓒ 회복력이 늦은 잔디 : 한국잔디, 파인페스큐, 코로니얼 벤트그래스
　③ 잔디깎기와 마모 : 깎기높이가 높으면 내마모성이 높음
　④ 태치와 마모 : 태치가 있으면 내마모성이 높음
　⑤ 양분과 마모 : 질소가 높으면 내마모성이 낮고, 칼륨이 높으면 내마모성이 높음
　⑥ 생육 위치와 마모 : 음지에서는 내마모성이 낮음
　⑦ 휴면과 마모 : 휴면기에는 내마모성이 낮음

3-4. 잔디 시비

　① 시비 시기
　　　㉠ 지상부와 지하부의 생육이 활발할 때
　　　㉡ 제초작업 후 비오기 직전에 실시(불가능 시 시비 후 관수)
　② 시비방법
　　　㉠ 비료는 잔디 전면에 고루 살포하며, 시비 후 지엽에 부착된 비료를 제거하여 비료해를 피함
　　　㉡ 발병 시에는 시비 금지
　　　㉢ 한지형 잔디 : 고온에서 시비 금지, 생육부진이 예상되는 등 시비가 반드시 필요한 경우라면 농도를 약하게 액비로 시비
　　　㉣ 질소성분이 가장 중요 : 서양잔디가 더 많이 요구됨
　　　㉤ 잔디깎는 횟수가 많아지면 시비횟수도 많아져야 함
　　　㉥ N : P : K = 3 : 1 : 2
　　　㉦ 복합비료 : $30g/m^2$/회 살포
　　　㉧ 기비 : 매년 퇴비・유기질 비료를 $1{\sim}2kg/m^2$을 기준으로 1회 시비
　　　㉨ 질소 : $4{\sim}16g/m^2$/년 필요, $4{\sim}5mg/m^2$/회를 넘지 않도록 할 것
　　　　　인산 : $60{\sim}80kg/ha$, 칼륨(가리) : $200kg/ha$

③ 시비기계

살포기 종류	특 징
회전식 살포기	• 떨어지는 입제 비료를 경사진 회전날에 떨어뜨려 원심력으로 살포 • 성분별 입자가 고른 것이 적합 • 입자가 작은 것은 가까이 모이고 큰 것은 멀리 퍼짐
Drop식 살포기	• 구멍 간격 사이의 공백이 없이 고르게 살포하는 장비 • 입자크기의 영향이 적음 • 균일하게 살포됨 • 시간이 오래 걸림
수동살포	• 시비자의 숙련도에 따라 균일도가 다름 • 소량의 비료를 살포할 때에는 모래를 희석하여 균일도를 높여 줌

3-5. 배토(뗏밥주기, Topdressing)

1. 개요

① 토양이나 모래를 잔디 표면에 골고루 뿌려 일정한 두께로 덮는 작업
② 목적
  ㉠ 노출된 지하경 보호(건조 및 동해의 위험을 줄임)
  ㉡ 표토층을 고르게 하여 기계작업을 용이하게 함
  ㉢ 태치의 분해 촉진
  ㉣ 답압에 의한 잔디의 피해를 줄임
  ㉤ 토양 구조와 토성 개량

2. 방법

① 시기
  ㉠ 잔디의 생육이 가장 왕성한 5~6월, 이른 봄 발아 전
  ㉡ 난지형 잔디 : 늦봄~초여름(6~7월), 한지형 잔디 : 봄, 가을
  ㉢ 소량으로 자주 사용(15일 후 다시 실시)

② 구성
    ㉠ 세사 2, 토양 1, 유기물 혼합 : 5mm체를 통과한 것을 사용

③ 방법
    ㉠ 연간 1~2회 실시
    ㉡ 뗏밥의 두께 : 1회는 5~10mm, 2회는 2~4mm
    ㉢ 골프장 : 3~7mm 정도, 연간 3~5회
    ㉣ 잔디를 깎은 후, 갱신 작업 후 뗏밥을 넣고 물을 줌(비료를 섞을 경우 물을 주지 않음)

3-6. 통기작업(Aerification)

1. 개요

① 집중적인 이용으로 단단해진 토양에 공기 유통 및 수분과 양분의 침투 및 뿌리 생육을 용이하게 해주는 작업

② 장·단점

장 점	단 점
㉠ 토양의 고결화 방지	㉠ 표토 구조 파괴
㉡ 지하경과 뿌리의 호흡 유도, 노화 방지	㉡ 식물에 상처
㉢ 수분과 비료의 침투를 양호하게 함	㉢ 유해충의 근거지 제공
㉣ 태치(북더기 잔디) 제거	㉣ 증산 및 병의 발생 증가

③ 시기 : 잔디의 생육이 왕성한 시기

2. 종류

① 표층 통기
    ㉠ 레이킹(raking) : 버티컬 모어
    ㉡ 브러싱(brushing) : 브러시 모어

② 토층 통기
- ㉠ 코링(coring) : 단단해진 토양을 지름 0.5~2m, 깊이 2~5cm로 제거
- ㉡ 슬라이싱(slicing)
    - ⓐ 레노베이터, 로운 에어
    - ⓑ 칼로 토양을 베어주는 작업(코링보다 약한 개념), 포복경, 지하경 절단
    - ⓒ 상처가 작아 피해 적음
- ㉢ 스파이킹(spiking)
    - ⓐ 스파이크 에어
    - ⓑ 상처가 적어 회복에 걸리는 시간이 짧고, 스트레스 기간 중에 이용

3-7. 관수

1. 잔디의 내건성

① 내건성이 강 : 한국잔디, 페스큐그래스, 버뮤다그래스
② 내건성이 약 : 벤트그래스, 켄터키블루그래스

2. 관수방법

① 최소량 관수
- ㉠ 잔디 잎 및 표토층을 마른 상태로 유지하여 병충해 발생 줄임
- ㉡ 뿌리를 깊게 분포시켜 가뭄에 대한 내성 증대
- ㉢ 관수빈도를 줄이고 심층관수를 함

② 가뭄 시 이용제한

③ 관수시간
- ㉠ 여름 : 저녁, 야간
- ㉡ 봄, 가을, 겨울 : 오전 중

④ 관수량
- ㉠ 관수 후 10시간 이내에 마르도록 최소량 관수

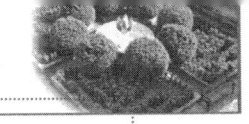

        ⓒ 토양층에 15~20cm 스미도록 관수

        ⓓ 1일 8mm 소모되고, 소모량의 80% 정도 관수

   ⑤ 시린지(syringe)

        ㉠ 여름 고온 시 기후가 건조할 때 잔디 표면 근처에 소량의 물을 분무해서 표면 온도를 낮춤

        ㉡ 증산량을 줄여주고, 위조를 막아주며, 이슬을 제거

 * 잔디 관리 시 지나치게 관수를 많이 해준 결과 : **토양 속 산소량 부족, 토양 속 영양분 용탈, 뿌리생장 억제**

3-8. 병충해 방제

1. 한국잔디

   ① 고온성 병

        ㉠ 라지 패치

           ⓐ 증상 : 잔디밭에 직경 30cm~수 m의 원형(동공형) 반점 발생, 갈색 균사 발생, 속도가 급속히 퍼짐, 구름형태로 시들고 직립경 아래쪽에 병균 침입하여 줄기 쉽게 뽑힘

           ⓑ 토양전염병, 축적된 태치, 고온다습지, 질소과다 시비

           ⓒ 5~10월, 여름 장마철 전후

           ⓓ 병원균 : *Rhizoctonia solani*

           ⓔ 방제법 : 태치 제거, 배수불량 개선, 기계 소독, 질소 적정 시비

           ⓕ 약제 : 지오판 수화제(톱신엠), 캡탄 수화제(오소사이드), 훼나리 수화제

        ㉡ 녹병

           ⓐ 증상 : 잎과 줄기에 등황색 반점이 발생하고 후에 적갈색 가루 형성

           ⓑ 배수불량지, 답압, 질소 부족 시

           ⓒ 여름~초가을(5~6월 또는 9~10월), 기온이 떨어지면 없어짐, 가장 흔히 발생

ⓓ 병원균 : *Puccinia zoysiae*
ⓔ 방제법 : 잔디 깎아서 통풍을 시키고, 관수는 오전에 실시, 질소질 비료 시비, 기계 전염 예방
ⓕ 약제 : 만코지 수화제(다이센 M-45), 마네브 수화제, 지네브 수화제
ⓒ 황화현상(고려 Patch)
ⓐ 한국잔디 특히 금잔디에 많이 발생
② 저온성 병
㉠ 춘고병
ⓐ 증상 : 지름 20~30cm에서 1m 이상, 동시에 여러 개의 원형·동공형 반점
ⓑ 4월 중 경사지 등의 건조지역에 발생
㉡ 푸사리움 패치
ⓐ 병원균 : *Fusarium nivalis*
ⓑ 증상 : 지름 30~50cm의 원형 반점, 초승달 모양의 많은 분생포자 형성, 감염 잎은 핑크색, 황화현상
ⓒ 질소 과다 시비, 10월~이듬해 3월
③ 충해
㉠ 황금충
ⓐ 잔디에 가장 많은 피해를 입히는 해충
ⓑ 유충이 잔디의 지하경 식해
ⓒ 약제 : 메프 유제, 아시트 분제
㉡ 노랑굴파리
ⓐ 1년 2회 발생
ⓑ 6월 중하순경 장마직후 갑자기 발생
ⓒ 증상 : 6월경부터 잎 선단부가 갑자기 홍엽되어 점차 고사
　　　　 6월 하순~7월 중순경 30cm 내외의 패치 발생
　　　　 줄기는 쉽게 뽑히며, 줄기 하부는 부패된 듯한 상흔 발생

2. 한지형 잔디

① 고온성 병

　㉠ 브라운 패치(입고병, 엽부병)

　　ⓐ 증상 : 잔디밭 수 cm~수십 cm 정도의 원형 및 부정형 황갈색 반점
　　　　　　경계 지점에 테두리 같은 짙은 색 띠가 형성되어 경계가 분명
　　　　　　고사부위는 빳빳한 상태 유지

　　ⓑ 질소 과다, 태치의 축적

　　ⓒ 고온다습 시(6~7월, 9월) 많이 발생

　　ⓓ 방제법 : 토양을 pH 6.0 이상 유지, 잔디깎기로 통풍 및 배수를 좋게 하고, 질소비료를 적절히 하고, 살균예방제를 정기적 살포

　㉡ 면부병

　　ⓐ 증상 : 병에 걸린 잎은 물에 젖은 것처럼 땅에 누움
　　　　　　미끈미끈한 감촉을 주고, 토양에서 특유의 썩는 냄새 발생

　　ⓑ 배수와 통풍이 큰 영향을 줌

　　ⓒ 3~11월, 여름 우기에 많이 발생

　　ⓓ 방제법 : 지상부를 건조하게 유지시키는 것이 좋음

　㉢ 달러스폿

　　ⓐ 증상 : 지름 15cm 이하, 잎과 줄기에 담황갈색 반점이 동전처럼 무수히 생김, 후에 고사

　　ⓑ 밤낮의 기온차가 심할 때, 질소 부족, 병 발생 온도 : 15~20℃

　　ⓒ 방제법 : 아침에 이슬 제거

　㉣ 피티움마름병

　　ⓐ 한지형 잔디(특히 크리핑벤트그래스)

　　ⓑ 증상 : 지름 2.5~15cm의 원형 패치, 엽색 엷고 생육 느림

　　ⓒ 발병환경 : 고온다습, 전반-물, 배수불량지

　　ⓓ 방제법 : 배수 개선, 질소질비료 적정

　　ⓔ 약제 : 메타락실-엠(수), 하이멕사졸(액), 만코제브(수), 메타락실(수)-연용금지

3. 잔디 충해

① 뿌리 가해 : 풍뎅이류 애벌레(grubs), 바구미류, 왜콩풍뎅이류, 방아벌레류, 땅강아지류

② 잎과 줄기 가해 : 명나방류, 멸강나방류, 거세미나방류 애벌레

③ 잔디 수액 : 진딧물류, 긴노린재류, 응애류 등

PART 03 시설물의 특수관리

1. 조경시설물 재료별 특성

1-1. 조경시설물 구분

1. 시설물의 종류
① 편익·유희시설물 : 벤치, 야외탁자, 휴지통, 옥외조명, 표지판, 음수대, 유희시설물
② 기반시설물 : 포장(광장, 보도, 자전거도로, 차도), 배수(표면, 지하), 비탈면, 옹벽
③ 건축시설물 : 안내소, 화장실, 전시관, 매점

2. 유희시설의 유형
① 고정식
  ㉠ 동적 놀이시설
    ⓐ 진동계 : 그네   ⓑ 요동계 : 시소
    ⓒ 회전계 : 회전그네
  ㉡ 정적 놀이시설
    ⓐ 현수운동계 : 정글짐, 철봉
    ⓑ 활강계 : 미끄럼틀
    ⓒ 등반계 : 정글짐, 비탈면 오르기

　　　　　ⓓ 수직계 : 늑목
　　　　　ⓔ 수평계 : 수평대
　　　　ⓒ 조합 놀이시설 : 조합놀이대, 미로, 놀이벽, 조각놀이대
　　　② 이동식 : 구성놀이

1-2. 조경재료의 장·단점

재료	장점	단점
목재	• 감촉이 부드럽고 가벼움 • 4계절 이용 가능(열전도율 낮음) • 수리 용이 • 외관이 아름답고 공급이 풍부 • 가격이 비교적 저렴	• 재질 및 방향에 따라 강도가 달라 파손 쉬움 • 습기에 약해 썩기 쉬움(방부처리) • 병충해 피해를 받기 쉬움(방충처리) • 내화력 약
석재	• 불연성, 압축강도가 큼 • 내마모성 좋음 • 유지관리 용이 • 자유로운 형태의 성형 가능 • 다양한 표면처리 가능	• 중량이 커서 제작 및 운반경비 많이 소요 • 감촉이 딱딱하고 겨울철 이용 곤란
콘크리트재	• 내구성, 내화성, 내진성 좋음 • 재료 확보, 운반 용이 • 제작비 저렴 • 유지관리 용이	• 건조, 수축에 대한 균열, 파손 • 파손 부위가 흉하고 재사용 곤란 • 알칼리 성분이 스며 나와 미관상 좋지 않음 • 감촉이 딱딱함
금속재	• 가장 튼튼함 • 가공성 양호 • 무게가 있고, 안정감 있음 • 내구성 좋음	• 시각적, 촉각적으로 찬 느낌 • 전기 열전도율이 높음 • 부식되기 쉬움(방청처리) • 기온에 민감
합성수지재	• 성형가공이 양호하여 자유로운 디자인 및 대량생산 가능 • 착색 자유로움 • 내수성·내습성 양호	• 내열성이 약하고 경도가 약해 쉽게 마모 • 마모된 부위의 부분 보수 곤란 • 높은 강도가 요구됨
도기재	• 색채·무늬 아름다움 • 쉽게 더러워지지 않음 • 변화있는 형태 가능	• 파손되면 부분 보수 곤란

1-3. 목재의 유지관리

1. 전반적 관리

① 장시간 머무는 곳 : 목재 벤치로 교체

② 그늘이나 습기가 많은 장소 : 콘크리트재나 석재 벤치로 교체

③ 바닥 지면에 물이 고인 경우 : 배수시설 설치 후 흙을 넣고, 충분히 다지거나 지면포장

2. 목재손상의 유형

① 인위적 힘에 의한 파손 및 마모

② 온도와 습도에 의한 파손

 ㉠ 건조가 불충분하여 목재에 남아 있는 수액으로 부패

 ㉡ 파손부분 제거 후 나무못 박기, 퍼티 채움

③ 균류에 의한 피해

 ㉠ 균류 발육 조건 : 온도 20~30℃, 목재 함수율이 20% 이상, 습도 90% 발육

 ㉡ 방부대책

  ⓐ 방부처리 전에 건조되어야 하며, 건조된 목재의 함수량은 18~25%로 함

  ⓑ 도포법, 주입법(크레오소트), 개설법, 가압법, 표면탄화법, 뿜칠법

 ㉢ 방부제의 종류

  ⓐ 유상 방부제 : 타르, 크레오소트

  ⓑ 유용성 방부제 : 유기은 화합물, 클로로페놀류, 유기요오드 화합물

  ⓒ 수용성 방부제 : CCA, FCAP

 ㉣ 무처리 목재에 비해 4~5배 내구성을 가짐

 * 목재방부제 성능기준 항목 : 방부성능, 흡습성, 철부식성, 침투성

④ 충류에 의한 피해

 ㉠ 건조재 가해 해충 : 좀벌레, 수염벌레, 하늘소

 ㉡ 습윤재 가해 해충 : 흰개미류(아열대에서 생육)

* 흰개미목 : 불완전변태, 씹는 입틀, 먹이-셀룰로오스 함유한 식물질

ⓒ 방충제

종별	특징
유기염소계	• 방충, 개미예방에 효과 • 표면처리용, 접착제 혼입용
크롬나프탈렌	• 고농도가 필요 • 표면 처리용
유기인계	• 저독성 • 구충용 • 독성이 오래 남아 있음
붕소 계통	• 독성이 약함 • 확산법, 가압용에 사용
불소 계통	• 확산법, 가압용에 사용

3. 목재시설물의 기초 주위

① 부패되기 쉬우므로 착공 시 방부처리를 철저히 실시

② 정기적으로 점검하고 부패가 심한 부분은 재도장하고 콘크리트를 발라 보수관리

③ 보통 2년이 경과한 것은 특별히 관리

4. 목재의 보수

① 갈라짐 보수방법

   ㉠ 피복된 페인트와 이물질 제거

   ㉡ 갈라진 틈을 퍼티로 채우고 건조

   ㉢ 샌드 페이퍼로 문지르고 마무리

   ㉣ 조합 페인트, 바니스칠로 도장처리

② 교체

   ㉠ 충분히 건조된 재료 사용

   ㉡ 매끈하게 대패질

   ㉢ 주위재료와 동일한 마감처리

1-4. 석재의 유지관리

1. 보수

① 파손부분 보수방법
  ㉠ 접착 양면을 에틸알코올로 세척 후 접착제(에폭시계, 아크릴계)로 접착
  ㉡ 접착제 완전 경화까지 고무로프로 고정(약 24시간)
  ㉢ 접착 수지의 두께 : 약 2mm 이상
  ㉣ 접착 완료 후 외부로 노출된 접착제 : 메틸에틸케톤(M.E.K-세척제)으로 닦아내고 면다듬질
  ㉤ 접착제는 대기 상온(7℃)에서 실시

② 균열부
  ㉠ 균열폭이 작은 경우 : 표면 실링 공법
  ㉡ 균열폭이 큰 경우 : 고무압식 주입 공법

1-5. 콘크리트재의 유지관리

1. 콘크리트의 균열에 대한 대책

① 단위 시멘트량을 적게 할 것
② 수화열이 낮은 시멘트를 사용
③ 재료를 사용하기 전에 미리 온도를 낮추어 사용
④ 물시멘트비 작게 하기
⑤ 양생 방법 주의
⑥ 1회 타설 높이를 줄임
⑦ 수축 이음부를 설치하고 파이프를 이용하여 콘크리트 내부 온도를 낮추어 사용

2. 콘크리트의 보수

① 균열부의 보수

　㉠ 표면실링 공법

　　ⓐ 균열폭 0.2mm 이하

　　ⓑ 와이어 브러시(표면 청소) → 에어 컴프레서(미세먼지 제거) → 에폭시계 재료

　　ⓒ 도포 : 폭 5cm, 깊이 3mm

　　ⓓ 알칼리성 골재반응 : 폴리우레탄 등으로 표면방수 실링하여 반응을 정지시킴

　㉡ V자형 절단 공법

　　ⓐ 균열부 표면을 V자형으로 잘라낸 후 충진재를 채워넣는 방법

　　ⓑ 표면실링보다 확실

　　ⓒ 누수가 있는 곳이나 에폭시계 재료 사용이 어려운 곳

　　ⓓ 폴리우레탄폼계 수용성 발포재 사용

　㉢ 고무압식 주입공법

　　ⓐ 주입구와 주입파이프 중간에 고무튜브를 설치하는 방법

　　ⓑ 균열폭 큰 경우 : 시멘트 반죽을 사용, 고분자계 유제나 고무유액 사용

　　ⓒ 24시간 이상 양생 필요

② 연약부 콘크리트 보수

　㉠ 시멘트 모르타르에 의한 보수

　　ⓐ 조골재 표면이 노출된 곳까지 모래 분사 후 고압수로 청소

　　ⓑ 보수부분은 표면에서 수직으로 절단, 내면은 원형

　　ⓒ 기존 콘크리트의 연결제 : 조강시멘트, 모르타르 사용

　　ⓓ 보수 모르타르 혼화제 : 유동화 촉진제, AE제 이용

　㉡ 콘크리트 뿜어붙이기에 의한 보수

　　ⓐ 바탕처리 : 규사를 사용한 모래분사가 가장 효과적

　　ⓑ 연결재 불필요

　　ⓒ 뿜어붙이기층은 1회당 2~5cm

　　ⓓ 건식법을 사용하며 호스로 공급

③ 강도를 높이기 위해 보수면을 요철로 만들고 물로 충분히 적신 후 원래 설계의 배합과 같은 콘크리트로 발라 줌

④ 전면 재시공

　㉠ 파손이 심하여 부분보수가 곤란한 경우

　㉡ 전면 재시공이 경제적이라고 판단한 경우

　㉢ 파손부분을 보수 시 미관이 크게 손상될 경우

　㉣ 균열, 박리, 변형 등의 정도가 심하고 내력부족, 피로 등의 진행도가 큰 경우

⑤ 미관을 위한 콘크리트 포장 : 3년에 1회 정도 주기적으로 보수

1-6. 금속재의 유지관리

1. 부식 환경

① 온도

　㉠ 온도가 높을수록 녹의 양도 늘어남

　㉡ 녹의 진행속도 : 겨울보다 여름이 훨씬 빠름

　㉢ 도장, 수선 시기 : 겨울

② 습도

　㉠ 70% 이상 : 녹 진행

　㉡ 50% 이하 : 녹 발생하지 않음

③ 염분

　㉠ 염분이 물과 함께 콘크리트 내부로 침투해 철근을 팽창시켜 균열 발생

　㉡ 염분 입자의 영향 거리 : 1.5km 이내

④ 대기오염

　㉠ 대기오염이 심할수록 녹 발생

* 염분이 많고, 대기오염이 심한 지역
   : 강력한 방청처리 필요, 스테인리스 제품 사용

2. 부식 보수

① 부식이 약한 경우
　㉠ 방청제 사용
　㉡ 녹슨 부위를 브러시나 샌드 페이퍼 등으로 닦아낸 후 도장
② 부식이 심한 경우
　㉠ 부식된 부분을 절단
　㉡ 새로운 재료를 이용하여 용접 후 원상태로 복구

3. 물리적 힘에 의한 손상 시 보수

① 나무망치를 사용하여 원상복구
② 심한 경우 부분 절단 후 용접하여 원상태 복구
③ 용접 시 브러시나 솔로 페인트 자국 및 이물질을 제거한 후 용접
④ 강우나 강설 등으로 용접부위가 젖어 있을 때, 바람이 심할 때, 기온이 0℃ 이하일 때에는 용접금지
⑤ 용접부분이 식은 후 그라인더로 용접잔해를 갈아내고 도장

1-7. 합성수지재, 도기재의 유지관리

1. 합성수지재, 도기재의 유지관리

① 합성수지재 : 강한 힘이나 열 등의 영향을 받으면 변형, 파손
② 도기제품 : 돌이나 기구로 충격을 가하면 파손

2. 파손된 제품은 부분보수가 곤란하므로 교체할 것

2. 편익 및 유희시설물 유지관리

2-1. 휴지통의 유지관리

1. 휴지통 재료

: 철재, 합금재, 합성수지재, 목재, 석재, 콘크리트재, 도기재

2. 쓰레기 처리

① 수거빈도
　㉠ 휴지통의 크기와 개수에 의해 결정
　㉡ 일반적으로 매일 수거
　㉢ 사용빈도가 낮은 지역 : 1주일에 3~4회 수거
　㉣ 주말이나 휴일 등 사용빈도가 높을 때 : 1일 2~3회 수거

② 수거차량 종류 : 쓰레기 양에 의해 결정

3. 쓰레기통 설치장소 결정 고려 요인

① 쓰레기 회수효율(회수율)
② 쓰레기 회수체계
③ 쓰레기 회수의 경제성
④ 이용자 행태 파악
⑤ 이용자 동선 흐름

4. 옥외 쓰레기통을 만들 때 고려사항

① 방화구조
② 배수 잘되게 할 것
③ 쓰레기를 쉽게 수거할 수 있는 구조

2-2. 음수대의 유지관리

1. 음수대 재료

① 본체 : 철근콘크리트재, 블록재, 합성수지재, 철재, 석재, 도기재, 기타
② 마감 : 모르타르 바름, 인조석 연마, 타일붙임, 돌붙임, 콘크리트제치장, 페인트칠

2. 설치 시 주의사항

① 지수전 : 음수대 가까이 설치(조작 편의), 상부뚜껑 : 잠금장치 설치(무분별한 조작 방지)
② 음수대 : 제수밸브 설치
③ 인입관 : 동결심도 고려해 적정 깊이 이상 매설할 것
④ 동파방지를 위한 보온시설·퇴수시설 설치할 것
⑤ 배수구 : 청소가 용이한 구조 및 형태로 제작할 것

3. 유지관리

① 배수구가 막히지 않도록 이물질 제거
② 드레인 파손 시 배수구가 막히므로 항상 완전한 상태를 유지
③ 장난, 도난에 의한 파손 시 견고하고 도난의 우려가 적은 것으로 교체하거나 설치장소를 이전
④ 3계절(봄, 여름, 가을)형 지역은 겨울철에 게이트 밸브를 잠그고 물을 뺌
⑤ 음수대 받침은 정기적으로 청소하여 청결 유지

4. 음수대 보수 방법

① 인조석 바르기
　㉠ 양질의 재료를 사용하여 준공도와 같은 배합비로 혼합·타설
　㉡ 인조석이 잘 붙도록 본체 바탕면을 거칠게 한 후 물 축임

ⓒ 1회 두께 : 6mm 이하, 충분히 누르면서 바르기

　　　ⓔ 초벌 바름 후 충분히 시간이 경과된 후 재벌 및 정벌바름

　　　ⓜ 바름 두께를 일정하게 하기

　　　ⓗ 바름면은 바람 또는 직사광선 등에 의한 급속 건조를 피하고, 동절기에는 보온·양생할 것

　　　ⓢ 시공 중이나 경화 중에는 바름면에 대한 진동을 피할 것

　② 테라죠 바르기

　　　㉠ 백시멘트에 착색재를 넣어 바르고 경화한 후 갈기작업

　　　㉡ 정벌바름 후 충분히 경과한 후(손갈기 3일, 기계갈기 7일) 갈기작업

2-3. 옥외조명등의 유지관리

1. 옥외조명의 광원 유형

① 백열등

　㉠ 수명이 짧고, 효율이 낮음

　㉡ 점등 중 열 발생

　㉢ 전구의 크기 소형, 광속유지 우수, 색채연출 가능

② 형광등

　㉠ 자연스럽고, 청명한 색채 효과

　㉡ 빛이 둔하고 흐려서 강조 효과를 낼 수 없음

　㉢ 전등의 발광 및 효율을 일정하게 유지하기 어려움

③ 수은등

　㉠ 수명이 길음

　㉡ 색채 연출 보완을 위해 인을 코팅한 전등 사용

　㉢ 연색성이 낮고, 녹색 표현 좋음

　㉣ 공원이나 도로 조명용으로 많이 사용

④ 금속할로겐등
　㉠ 빛의 조절이나 통제 용이
　㉡ 색채 연출 우수
　㉢ 높은 전압에서만 작동하여 정원, 광장에 사용 곤란
⑤ 나트륨등
　㉠ 열효율이 높고, 투시성 뛰어남
　㉡ 설치비는 비싸나, 유지관리비 저렴

2. 옥외 조명의 재료

① 등주(3년에 1회 정기적으로 재도장)

등주 재료	장 점	단 점
철재	• 내구성 강함 • 페넌트 부착 용이	• 부식방지를 위한 방부(방청)처리 • 무거움
알루미늄	• 부식저항성 강함 • 유지관리 용이 • 가볍고 설치 용이 • 비용 저렴	• 내구성 약함 • 페넌트 부착 곤란
콘크리트재	• 유지관리 용이 • 부식에 강함 • 내구성 강함	• 무거움 • 설치 시 중장비 요구 • 페넌트 부착 곤란
목재	• 전원적 성격 강함 • 초기의 유지관리 용이	• 부패방지 처리가 요구됨 • 방충처리가 요구됨

② 등기구

등기구	특 징
아크릴	• 시각적으로 투명한 재료로 고온에 대한 저항성 강함 • 고광도에서 유리의 형상을 지님
폴리카보네이트	• 온도에 대한 저항성 큼 • 빛의 투광 우수 • 높은 촉광의 램프에 사용 가능
폴리에틸렌	• 설치비가 저렴 • 유지비가 저렴하며, 낮은 촉광의 램프에 적합

3. 유지관리

① 청소 : 1년에 1회 이상 실시

② 전원 차단 후 실시

③ 오염 정도 약한 곳 : 마른 헝겊, 오염 심한 곳 : 물이나 세제 사용

4. 도시공원 관리자가 점검·관리해야 되는 내용

① 공원 입구에 설치한 조명등 : 매일 점검

② 광고판, 교차점에 설치한 조명등

③ 편익시설, 휴양시설에 설치한 안내등

5. 운동장 및 경기장 조도기준

조도(lux)	수영	궁도	테니스	배드민턴	야구	육상
2,000	-	-	-	-	프로경기 내야	-
1,000	-	-	공식경기	공식경기	프로경기 외야	-
500	공식경기	일반	일반경기	일반경기	아마경기 내야	공식경기
200	일반경기	경기	레크리에이션	레크리에이션	아마경기 외야	일반경기
100	레크리에이션	레크리에이션	-	-	-	-
50	-	-	관객	관객석	관객석 (프로)	-
20	관객석	-	-	-	관객석 (아마)	관객석

2-4. 표지판의 유지관리

1. 표지판의 유형

① 유도표지 : 대상지 및 시설물이 위치한 장소의 방향·거리
② 안내표지 : 대상지에 대한 관광·이용시설 및 이용방법
③ 해설표지 : 문화재 설명
④ 도로표지 : 도로 설명

2. 표지판 내용

① 표지판의 문자는 한글은 최대 500단어, 영어는 최대 250단어 기본
② 시계는 정면에서 좌우로 60°, 위로 30°, 아래로 45°를 기준으로 함
③ 외부공간에서 표지판과 이용자의 적정거리는 3m 정도

3. 표지판 손상부분 점검

① 문자나 사인이 보이지 않는 부분
② 소정의 방향을 향해 있지 않는 것, 넘어진 것
③ 도장이 벗겨진 곳, 퇴색한 곳

4. 유지관리

① 청소 시 보통세제를 사용
② 청소 횟수 : 포장도로·공원도로는 월 1회, 비포장도로는 월 2회 청소
③ 재도장 : 2~3년에 1회

2-5. 유희시설물의 유지관리

1. 유희시설의 유지관리

① 균열발생 등 파손우려가 있거나 파손된 시설물 : 사용하지 말 것
② 파손된 시설물 : 즉시 보수
③ 바닥 모래 : 충분히 건조된 굵은 모래 사용
④ 물이 고이는 곳이 없도록 모래면을 평탄하게 고르기
⑤ 놀이터 시설 중 모래판의 적정 두께 : 30cm 유지할 것
⑥ 철재 : 방청처리, 스테인리스 제품 사용

2. 유희시설의 재료 및 점검항목

구분		점검항목
재료별	철재	• 곡선부의 상태, 충격에 의해 비틀린 곳, 충격에 의한 파손상태, 사용에 의한 마모상태, 체인의 곡선부 상태 • 접합부분(앵커볼트, 볼트, 리벳, 엘보, 티, 용접 등)의 상태 • 지면과 접한 곳, 지상부 등의 부식상태 • 축 및 축수의 베어링 마모상태, 이완상태
	목재	• 충격에 의한 파손, 사용에 의한 마모상태 • 갈라진 부분, 뒤틀린 부분 • 부패된 부분, 충해에 의해 손상된 부분 • 부재의 절단 부분, 부재의 부식, 도장 상태
	콘크리트재	• 기초 콘크리트의 노출된 부분, 파손된 부분, 침하된 부분 • 충격에 의해 파손된 부분, 갈라진 부분, 안전성
	합성수지재	• 금이 간 곳, 파손된 부분, 흠이 생긴 곳
일반사항		• 안전사고를 예방할 수 있도록 주 1회 이상 모든 시설물을 점검 • 점검 시에는 긴급을 요하는 사항과 그렇지 않은 사항으로 구별하여 긴급을 요하는 것에는 신속한 대책을 수립한다. • 안전을 요구하는 것은 점검 시 응급처리
기타		• 접합부분(앵커볼트, 볼트, 리벳, 엘보, 티, 용접 등)의 상태 • 회전부분의 그리스 유무, 도장이 벗겨진 곳, 퇴색한 부분 등

3. 시설물의 내용년수와 보수 사이클

시설 종류	구조	내용년수	계획보수	보수사이클
원로, 광장	아스팔트포장	15년		–
	평면포장	15년		–
	모래·자갈포장	10년	노면수정	6개월~1년
			자갈보충	1년
분수		15년	펌프, 밸브 교체	1년
			물 교체, 청소, 낙엽 제거	6개월~1년
			파이프류 도장	3~4년
퍼걸러	철재	20년	도장	3~4년
	목재	10년	도장	3~4년
벤치	목재	7년	도장	2~3년
	플라스틱	7년		–
	콘크리트	20년	도장	3~4년
그네	철재	15년	도장	2~3년
미끄럼틀	콘크리트제, 철제	15년	도장	2~3년
모래사장	콘크리트	20년	모래보충	1년
			연석도장	2~3년
정글짐	철제	15년	도장	2~3년
시소		10년	도장	2~3년
목재 놀이기구		10년	도장	2~3년
화장실	목조	15년	도장	2~3년
	철근콘크리트조	20년	도장	3~4년
안내판	철재	10년	안내글씨교체	3~4년
	목재	7년		2~3년
가로등		15년	전주도장	3~4년
			전등청소	1~3년
담장·등	파이프제 울타리	15년	도장	2~3년
	철사 울타리	10년		3~4년
	로프 울타리	5년		–
시계탑		15년	분해점검	1~3년
			도장	2~3년
			시간 조정	6개월~1년
야구장		20년	그라운드면 고르기	1년
			잔디손질	
			조명시설 보수점검·정비	
테니스 코트	전천후 코트	10년		–
	클레이코트			1년

3. 조경시설물 유지관리

3-1. 시설물의 유지관리 원칙

1. 조경시설물 유지관리 목표

① 항시 깨끗하고 정돈된 상태로 유지
② 경관미 있는 공간과 시설 조성, 유지
③ 공간과 시설을 건강하고 안전한 환경조성에 기여할 수 있도록 유지관리
④ 쾌적하고 즐거운 휴게 및 오락 기회를 제공함으로써 관리 주체와 이용자 간에 좋은 유대관계가 형성되도록 할 것

2. 시설물 유지관리 기준 설정 시 고려사항

① 이용밀도
② 날씨
③ 지형
④ 감독자의 수와 기술수준
⑤ 조경시설 이용 프로그램
⑥ 이용자의 시설물 파손행위

3. 시설물 이용조사

① 시간적 이용자 계측 조사
② 이용 형태별 조사
③ 의식 조사

4. 시설물 유지관리 작업계획

① 비정기 작업 : 개량, 하자보수, 재해 대책, 식물보식
② 정기 작업 : 계획수선, 점검, 청소, 수목 손질

5. 옥외시설물 유지관리 시 기능 점검사항

① 시설물 설치 목적
② 시설물 기능
③ 내구성 여부

6. 시설물 유지관리 시설점검 시 유의사항

① 당초 목적에 대해 충분한 기능 발휘 여부
② 수량 및 형태의 변화 여부
③ 구조 및 강도의 변화 여부

7. 시설물 유지관리 시 효율적인 관리 항목

① 시간 절약
② 인력 절약
③ 장비의 효율적 이용
④ 재료의 경제성

8. 시설물 유지보수 공사 시 공사비 할증 이유

① 공사비 소액성
② 공사의 수시성
③ 장소의 산재성

9. 시설물 유지관리 시기

① 우기 및 추울 때 실시하지 않음
② 이용자수 적을 때 점검
③ 동일 종류를 종합해서 관리작업 시행

10. 조경시설의 유지관리 시 행정사항

① 안전교육 실시 여부
② 공정 진행사항 기록보존 여부
③ 기술지도 및 기타 지시사항 이행 상태

11. 재해 및 안전 대책

① 시설물의 정기적 점검·보수
② 위험한 곳 : 사고 방지 시설 설치
③ 이용자 부주의에 의한 빈번한 사고 : 이용지도 필요(예 : 안내판 설치)

3-2. 건축물의 유지관리

1. 적절한 청소요원 수 결정 산출 근거 기준

① 건물 연면적 산출방법
② 특정 지역별 측정방법
③ 계량적 분석방법

2. 청소작업 할당방법의 장점

① 개인 할당 청소
  ㉠ 성취욕 강해짐

ⓛ 여러 임무를 수행하므로 단조로움 덜함
　　　ⓒ 이직률 줄임
　　　ⓔ 작업불량·파손·사소한 도난에 대한 책임
　　　ⓜ 작업 진행에 대한 정리 쉬워짐
　② 조(組) 할당 청소
　　　⊙ 전문화로 적은 인원으로 보다 많은 일을 할 수 있음
　　　ⓛ 협동심 및 책임감 증진
　　　ⓒ 청소비품 덜 필요
　　　ⓔ 청소작업 균등 분배
　　　ⓜ 갑작스런 결근으로 인한 차질 예방

3. 공원 화장실의 유지관리

① 청결 제일
② 통풍 나쁘고 습기 많은 곳 피함
③ 풍기 문제 고려한 칸막이 구조
④ 쉬운 청소 및 관리
⑤ 거친 사용에도 견디는 재료 선택

4. 건축물 관리

① 예방 보전 : 고장 발생 방지 – 청소, 도장, 일상·정기 점검
② 사후 보전 : 고장 발생 후 정상상태로 복구 – 보수

* 건축물의 유지관리비 : 건물제비용 백분율의 75%

PART 04 기반시설물의 유지관리

1. 포장 관리

 1-1. 포장의 종류

1. 자전거 및 관리용 차량도로

아스팔트 콘크리트 포장, 시멘트 콘크리트 포장

2. 보도, 광장, 원로

블록포장, 타일포장, 화강석 및 자연석 평판포장, 토사포장

- **원로·광장 점검 시 체크사항**
  ① 비가 내린 후 물 고인 곳   ② 포장 파손 여부
  ③ 측구에 물 흐르는 상태
- **도로 포장상태 유지 시 고려사항**
  ① 도로 포장에 설치된 배수시설 점검
  ② 지하 매설물 파손 점검
  ③ 포장면 수평면 확인
- **표면 배수 구배**
  ① 원로, 보행자도로, 자전거도로 : 1.5~2%
  ② 광장 : 0.5~1%

1-2. 토사 포장의 유지관리

1. 포장 방법

① 지반을 평탄하게 고른 후 다짐 : 콤팩터류, 진동롤러, 0.5ton 간이롤러
② 절토 또는 성토한 지반 위에는 자갈이나 쇄석을 모래나 점토를 섞은 혼합물을 30~50cm 깔아 다짐
③ 노면자갈의 최대 굵기는 30~50mm 이하, 노면 총두께의 1/3 이하
④ 점토질은 10% 이하이고, 모래질은 30% 이하

2. 점검 및 파손 원인

① 건조 시 바람이 불어 먼지 발생
② 강우에 의한 배수불량, 지하수로 인한 연약화
③ 노면 수분으로 동결 및 진창흙
④ 자동차 통행량 증가 및 중량화로 노면자갈 비산, 노면 약화 또는 지지력 부족

3. 보수 및 시공방법

① 개량
  ㉠ 지반치환공법 : 지반토질이 점토나 이토인 경우, 동결심도 하부까지 모래질이나 자갈, 모래로 치환
  ㉡ 노면치환공법 : 노면자갈의 두께가 적거나 비산으로 적어질 경우
  ㉢ 배수처리공법 : 물의 침투 방지를 위해 횡단구배 유지, 측구의 배수, 맹암거로 지하수 낮추기 등의 조치
② 보수
  ㉠ 흙먼지 방지
    ⓐ 살수
    ⓑ 약품살포(염화칼슘, 염화마그네슘, 식염) : 0.4~0.5kg/m^2
    ⓒ 아스팔트류의 혼합법
  ㉡ 노면 요철부 처리

　　　　ⓐ 배수가 잘 되는 모래, 자갈로 채워 잘 다짐
　　　　ⓑ 노면이 건조할 때는 물을 약간 살포 후 채움
　　ⓒ 노면의 안정성 유지
　　　　ⓐ 노면 횡단경사 3~5% 유지
　　　　ⓑ 일정한 노면 두께 유지
　　　　ⓒ 호박돌 등의 노면 노출 시 제거 후 보토(補土)
　　　　ⓓ 노면자갈은 연간 1~4회 수시로 보충
　　ⓓ 동상 및 진창흙 방지
　　　　ⓐ 비동상성 재료(모래, 자갈)로 치환
　　　　ⓑ 배수시설로 지하수위 낮춤 : 명거나 암거 설치
　　ⓔ 도로배수
　　　　ⓐ 배수불량 지역의 도로 양측에 폭 1m, 깊이 1m의 측구 굴착 후 자갈, 호박돌, 모래로 치환
　　　　ⓑ 노상층 위에 30cm 이상의 모래층 설치

1-3. 아스팔트 콘크리트 포장의 유지관리

1. 포장구조

① 노상 → 보조기층(모래, 자갈) → 기층 → 중간층 → 표층
　　　　　　　　　　　　　　　　　　↓　　　　↓
　　　　　　　　　　　　　　프라임코트(방수)　텍코트(접착)

2. 점검 및 파손 원인

① 점검
　㉠ 노면 상황 조사 : 균열조사, 요철조사
　㉡ 노면 상세 조사 : 처짐량조사, 균열조사, 요철조사, 미끄럼저항조사, 침하량조사, 마모·박리조사

② 파손 원인
  ㉠ 균열
    ⓐ 아스콘 혼합물 배합 불량, 아스팔트량 부족, 점도 불량, 아스팔트 노화, 노상·노체의 부적합으로 기층의 지지력 부족, 아스팔트 두께 부족
    ⓑ 종·횡단 방향의 선상(線上) 균열 : 절토, 성토 경계부위의 부등침하, 시공 이음새 불량의 경우 발생
    ⓒ 균열 방치 시 우수가 침투하여 노상, 노체에 현저한 파손을 초래 → 발생 즉시 원인을 파악하여 보수할 것
  ㉡ 국부적 침하
    ⓐ 기초 노체의 시공불량(성토다짐 부족, 혼합물 부족, 전압 부족)
    ⓑ 노상의 지지력 부족 및 불균형
  ㉢ 파상의 요철
    ⓐ 기층, 보조기층, 노상이 연약하여 지지력 불균형, 아스팔트의 과잉, 차량 통과, 아스콘의 입도 불량 및 공극률 부족
  ㉣ 표면 연화 : 아스팔트량의 과잉, 골재의 입도 불량, 부적합한 역청재료의 사용, 연질의 아스팔트 사용, 텍코트 과잉
  ㉤ 박리
    ⓐ 아스팔트 및 골재가 떨어져 나가는 현상
    ⓑ 아스팔트의 부족, 혼합물의 과열, 혼합 불량, 표층 자체의 품질 불량, 지하수위가 높은 지역, 차량으로부터 기름 유출

3. 보수 및 시공방법

① 균열에 의한 파손
  ㉠ 패칭공법
    ⓐ 균열, 국부침하, 부분적 박리에 적용
    ⓑ 공법 종류 : 가열혼합식 공법, 상온혼합식 공법, 침투식 공법
    ⓒ 패칭공법(가열혼합식·상온혼합식 공법)의 시공 순서 및 방법
      : 파손지역 사각형으로 수직으로 따내기 → 유리된 부위 제거 및 다듬기 → 텍코트 바르기 → 아스팔트 혼합물 충전 → 다지기(콤팩터, 롤러, 램

머 등)
- ⓛ 표면처리공법
    - ⓐ 차량통행이 적고, 균열 정도와 범위가 심각하지 않을 경우
    - ⓑ 아스팔트와 골재 또는 아스팔트만으로 균열부를 메우거나 덮어 씌워 재생
    - ⓒ 아스팔트만 살포하는 방법
        - 균열부분 쓰레기 및 분진 제거하고 깨끗이 하기
        - 균열 적은 부분 : 아스팔트 도포
        - 균열 큰 부분 : 아스팔트에 세골재 및 채움재 혼합한 액체 포설
        - 균열부분에서 나오는 혼합물 채취 후 제거
- ⓒ 덧씌우기 공법(오버레이 공법)
    - ⓐ 부분 보수(패칭 공법)한 뒤 사용
    - ⓑ 기존 포장의 재생으로 새 포장으로 조성

② 국부적 침하에 의한 파손
- ⓘ 꺼진 곳 메우기
    - ⓐ 표층의 경미한 침하
    - ⓑ 파손된 부분을 수직으로 절단하고 청소 → 텍코트 시행 → 원래의 포장재료와 동질재료(아스팔트 혼합물)를 사용하여 꺼진 곳을 메움 → 패칭 공법과 동일
- ⓒ 치환 설치 : 노상, 노체의 침하
    - ⓐ 파손된 부분을 충분한 넓이로 각형으로 수직으로 파냄
    - ⓑ 노상, 노체의 뚫린 구멍에 골재를 메우고 충분히 다짐
    - ⓒ 프라임코트 → 중간층 → 텍코트 → 표층 순서대로 시행

③ 파상의 요철에 의한 훼손
- ⓘ 요철부분을 깎아냄
    - ⓐ 가열식 : road heater
    - ⓑ 여름철 : motor grader
- ⓒ 쇄석 살포
- ⓒ 롤러로 전압하여 쇄석골재가 아스팔트에 박히도록 함

④ 표면연화에 의한 파손 : 발생지역에 석분이나 모래를 균등하게 살포하여 전압

⑤ 박리 : 패칭 공법이나 덧씌우기 공법으로 처리, 국부적인 박리현상에는 꺼진 곳 메우기 공법으로 처리

1-4. 시멘트 콘크리트 포장의 유지관리

1. 포장구조

① 기층 → 보조기층 → 콘크리트판(콘크리트 슬래브 두께 15~30cm)
② 적당한 간격(5~7m)으로 가로·세로, 수축·팽창줄눈 설치
③ 철근 : 지름 6mm의 철망(mesh) 사용

2. 점검 및 파손 원인

① 파손 원인
　㉠ 콘크리트, 슬래브 자체의 결함
　　ⓐ 슬립바(slipbar), 타이바(tiebar)를 사용하지 않았기 때문에 생기는 균열
　　ⓑ 세로 줄눈과 가로 줄눈 설계나 시공이 부적합하여 수축에 의한 균열이나 융기현상
　　ⓒ 시공 시 물시멘트비, 다짐, 양생 등의 결함
　㉡ 노상 또는 보조기층의 결함
　　ⓐ 노상 또는 보조기층의 지지력 부족에 의한 균열 및 침하
　　ⓑ 배수시설 불충분으로 노상의 연약화
　　ⓒ 동결융해로 인한 지지력 부족
② 파손형태
　㉠ 균열
　㉡ 융기
　㉢ 보조기층 펌핑에 의한 침하
　㉣ 줄눈에 의한 단차
　㉤ 박리

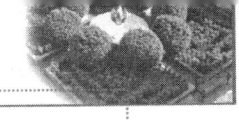

ⓑ 마모에 의한 바퀴자국

3. 보수 및 시공방법

① 줄눈 및 표면의 균열
- ㉠ 원인 : 설계의 부적합, 시공양생의 불량, 노상·노반상태의 나쁨, 재료의 노화, 동절기 결빙
- ㉡ 충전법
    - ⓐ 줄눈이나 균열 부위의 낡은 줄눈재료와 쓰레기 제거 및 청소
    - ⓑ 접착재(프라이머) 살포
    - ⓒ 줄눈재료(충전재)를 주입 : 퍼티, 코킹재, 시멘트 페이스트
    - ⓓ 주입 후 열이 올라 부풀어오를 때에는 건조한 모래 살포
    - ⓔ 겨울에는 작업을 금지
- ㉢ 꺼진 곳 메우기
    : 균열부 청소 → 아스팔트 유제를 도포 → 균열이 심한 곳에는 굵은 모래를 섞은 아스팔트 모르타르(균열폭이 2cm 이하 장소)와 아스팔트 혼합물(균열폭이 3~5cm인 장소) 등으로 메움
- ㉣ 덧씌우기(오버레이) 공법
    - ⓐ 콘크리트 포장 슬래브의 균열이 많아져서 균열 사이를 충전하거나 꺼진 곳을 메우기로 메꾸어질 수 없거나, 전면적으로 파손될 염려가 있는 경우 포장수명을 연장하는 방법
    - ⓑ 아스팔트 혼합물로 도포
- ㉤ 모르타르 주입공법
    - ⓐ 포장판과 기층과의 공극을 메워주어 포장면을 원 상태의 위치로 들어올려 기층의 지지력 회복
    - ⓑ 종류 : 아스팔트 주입공법, 시멘트 주입공법
- ㉥ 패칭공법
    - ⓐ 파손이 심해 보수가 불가능할 때 사용
    - ⓑ 시공방법 : 포장 파손부분 쓸어내기 → 파손 노면 걷어내기 → 면고르기 → 콘크리트 혼합물 넣고 고르기 → 양생

② 콘크리트 슬래브 꺼짐
  ㉠ 원인 : 노상·노반의 결함, 표면균열로 우수 침투하여 노반 파손
  ㉡ 조기 발견 시 보수 요망, 초기에는 주입공법으로 파손 예방 가능
  ㉢ 정도가 심한 곳 : 꺼진 곳 메우기, 패칭공법
③ 박리
  ㉠ 원인 : 포장면에 저온(영하 5℃)이 오랫동안 지속되었을 경우
  ㉡ 약한 박리의 경우 시멘트 풀을 바르고, 심한 박리에는 시멘트 모르타르를 바름

1-5. 블록포장 관리

 * 블록포장 : 특별한 장비없이 유지관리 가능

1. 블록포장 종류

① 시멘트 콘크리트 재료 : 콘크리트 평판블록, 벽돌블록, 인터로킹 블록
② 석재료 : 화강석 평판블록, 판석블록
③ 목재료 : 원목형태의 목판블록

2. 포장구조

① 노반 쇄석 6cm 정도 포설
② 안전층 : 모래 3~4cm 정도 포설(모래 입도 0~4mm)
③ 블록 놓기
④ 이음새 : 폭 3~5mm(모래 입도 0~2mm)

3. 점검 및 파손 원인

① 점검
  ㉠ 제품 자체 파손 : 블록모서리 파손, 블록표면 시멘트 페이스트 유실, 블록 자체 부서짐

ⓒ 시공불량 파손 : 블록포장 요철(평판의 부등침하), 블록과의 높낮이 차 (±2mm 이상), 포장 표면의 만곡

② 파손 원인

ⓐ 블록 모서리 파손 : 소요강도 부족, 무거운 하중, 블록의 부등침하

ⓑ 블록 자체 파손 : 생산과정의 불량(재료 배합비, 양생방법, 양생기간 부족)

ⓒ 블록포장 요철, 단차, 만곡 : 연약지반, 노반의 쇄석 및 안전모래층 시공 불량으로 인한 부등침하

4. 보수 및 시공방법

① 인터로킹 블록 침하에 따른 보수작업

 : 위치 선정 → 블록 제거 → 기반층 보수 → 기반층 전압(콤팩터, 램머) → 블록 깔기 → 콤팩트 작업 → 블록 이음새 모래 삽입 → 검사

② 램머(rammer) : 좁은 작업공간의 부분 보수 다짐용 기계

2. 배수 관리

2-1. 배수 유형

1. 표면배수

① 지표면을 따라 흐르는 물을 처리하는 배수형태

② 측구

ⓐ 도로상의 물이나 인접 부지 주변의 우수에 의한 물을 다른 배수처리 지점(집수구)으로 이동시키는 배수 도랑

ⓑ 재료에 따라 : 토사 측구(도랑), 잔디붙임 측구, 돌붙임 측구, 돌쌓기 측구, 블록쌓기 측구, 콘크리트 측구

ⓒ 형상에 따라 : L형, U형, 반원형, V형, 사다리꼴
③ 빗물받이 홈(집수구), 배수관, 도수관, 맨홀

> * 배수시설 종류
>   ① 종류 : 개거식(지표 배수구), 암거식(지하배수시설)
>   ② 도로·광장의 배수 : 물매를 붙여 측구를 통해 맨홀에 모이도록 할 것
>   ③ 콘크리트 측구 : L형, V형, 사다리꼴을 적절히 이용할 것

2. 지하배수(암거)

① 지반 내의 배수, 지하수위 저하, 지면으로부터 침투하는 물 배수하는 형태
② 종류
    ㉠ 암거 : 배수관거에 의해 지표수를 지하로 처리하는 시설
    ㉡ 맹구 : 자갈층과 모래층의 배수시설
    ⓒ 맹암거 : 지하수와 같이 심토층에서 용출되는 물이나 지표수가 지하로 침투해 온 물을 차단하여 배수처리하는 유공관 배수시설, 자갈, 모래층의 배수시설

3. 비탈면 배수

① 비탈면으로 물이 유입되지 않게 하는 것, 빗물을 일정한 도수로로 유도하여 흐르게 하는 것, 비탈면의 지하수를 안전하게 비탈면 밖으로 배수하는 형태
② 종류
    ㉠ 비탈면 어깨 배수(산마루 도수로)
    ㉡ 비탈면 종배수(비탈면 도수로)
    ⓒ 배탈면 횡배수(소단 배수구)

4. 구조물 배수

① 큰 구조물(교량, 터널, 지하도 등)에 대한 배수형태

2-2. 배수시설 점검사항

① 부지 배수시설의 배수상황 및 측구, 집수구, 맨홀 등의 토사 퇴적상태

② 노면 및 노단부 배수시설의 상황

③ 배수시설의 내부 및 유수구의 토사, 먼지, 오니, 잡석 등의 퇴적상태

④ 지하 배수시설, 유출구의 물빠지는 상태

⑤ 비탈면 배수시설의 배수상태 및 주위로부터 유입하는 지표수나 토사유출 상황

⑥ 각 배수시설의 파손 및 결함 상태

2-3. 보수 및 시공방법

1. 표면 배수시설

① 측구

㉠ 토사측구

ⓐ 끊임없이 점검

ⓑ 잡초가 무성한 지역 : 정기적으로 제초 작업

ⓒ 단면 및 저면(低面) 구배를 일정하게 유지

ⓓ 침식·퇴적이 현저한 지점 : 콘크리트 측구로 개조

㉡ 콘크리트 측구

ⓐ U자형 측구 : 연결이음새의 결함 많음

ⓑ 6개월마다 점검 : 지반침하에 의한 불균형, 역구배 및 파손개소 여부 점검

② 집수구, 맨홀

㉠ 집수구 : 어떤 형태에 의해 배수되는 물을 한 곳에 모아서 다시 배수계통으로 보내는 배수시설

㉡ 맨홀 : 지하배수 관거를 점검, 청소하거나 전력, 통신케이블 관로의 접속과 수리 등을 위해 사람이 출입할 수 있는 통로

ⓒ 집수구, 맨홀의 유지관리
   ⓐ 토사나 낙엽 찌꺼기는 정기적으로 청소, 특히 태풍철·해빙기 전에는 반드시 청소
   ⓑ 지표면이 토사지나 황폐한 구릉의 경사면, 나지 및 자갈밭 등은 청소횟수를 늘리기
   ⓒ 주변지역보다 집수구가 높아지면 주위 지반을 토사로 높이거나 집수구를 절단하여 낮추어 줌
   ⓓ 뚜껑 분실·파손 : 보수 전 표지판·울타리 설치, 즉시 교체 또는 보수

3. 비탈면 관리

3-1. 비탈면 관리 유형

1. 식생공

 * 주로 토양이나 풍화토로 된 곳으로 붕괴우려가 적은 비탈면에 사용

① 종자 뿜어붙이기 공법
② 식생매트공법
③ 평떼 붙임공
④ 식생띠(대)공법
⑤ 줄떼심기공
⑥ 식생반(판)공
⑦ 식생자루(망)공
⑧ 식생구멍공

2. 구조물에 의한 보호공

 * 식생공이 부적합한 곳, 풍화·용수 등에 의해 붕괴의 우려가 있는 곳에 사용

① 돌붙임 및 블록 붙임공
　㉠ 1 : 1.0 이상의 완구배, 접착력이 없는 토양, 식생이 곤란한 풍화토·점토 등, 비탈면 직고 3m 이하
　㉡ 잡석붙임의 경우 1 : 1.5보다 완만하게 하고, 직고도 7m 정도까지 가능
② 평판블록 붙임공 : 비탈면 길이가 짧고 구배가 완만한 곳
③ 콘크리트판 설치공
　㉠ 암반지역, 콘크리트 블록 격자공이나 모르타르 뿜어붙이기 공법 불안한 경우
　㉡ 1 : 1.5 구배에는 무근콘크리트
　㉢ 1 : 1.0 이상 구배에는 철근콘크리트
　㉣ 두께 20cm 이상
　㉤ 최하단에 기초 콘크리트를 치고 중간에 5cm 깊이 미끄럼 멈춤장치 설치
④ 콘크리트 격자형 블록 및 심줄박기공(힘줄박기공)
　㉠ 용수가 있는 절토 비탈면, 표준구배보다 급한 성토비탈면으로 식생에 적당치 않고 표면이 무너질 우려가 있는 지역
　㉡ 격자블록 내 양질의 흙을 채운 후 식생공 시행
　㉢ 1 : 1.2보다 경사가 급한 경우, 용수가 있을 경우 : 조약돌이나 콘크리트 블록 채움
⑤ 시멘트 모르타르 및 콘크리트 뿜어붙이기공
　㉠ 비탈면에 용수가 없으며, 붕괴의 우려가 없는 지역으로 풍화되어 낙석이 예상되는 지역이나 식생이 부적당한 곳
　㉡ 두께의 표준
　　ⓐ 모르타르 5~10cm, 콘크리트 10~20cm
　　ⓑ 한랭지나 기상조건이 나쁜 지역은 10cm 이상
⑥ 편책공법
　㉠ 비탈면에 나무말뚝을 박고, 나뭇가지나 대나무, 철망 등을 뒷면에 붙인 뒤

흙을 채워 넣기
ⓛ 식생이 충분히 활착되기까지 일시적으로 사용하는 방법
ⓒ 편책간격 1.5~3m

⑦ 비탈면 돌망태공
㉠ 비탈면 용수가 있어 토사유실 우려지역, 흙이 무너진 장소 복구, 해동에 의한 비탈면 유실 우려지역
ⓛ 보통 돌망태 : 비탈면 표층부의 용수처리나 표면배수에 사용
이불모양 돌망태 : 용수 장소나 땅 무너짐 지역
ⓒ 붕괴 후 복구 대책공

⑧ 낙석방지망
㉠ 절토 비탈면, 낙석 우려 장소
ⓛ 망 크기 : 3×3cm

⑨ 낙석방지책공
㉠ 절토 비탈면, 낙석 예상지
ⓛ 콘크리트벽을 설치하고 그 위에 편책을 설치하는 공법

3-2. 비탈면 점검 및 파손형태

1. 절토, 성토 비탈면 점검

① 절토비탈면의 점검 사항

* 상세 점검 시기 : 여름 우기 전

㉠ 식생번식 상황
ⓛ 비탈면의 침식 유무
ⓒ 비탈면의 티끌, 토사 퇴적 상태
㉣ 비탈면·비탈어깨의 균열 유무
㉤ 비탈면이 삐져나오는 것의 유무

ⓑ 보호공 변화상태 유무
　　　ⓢ 비탈면 어깨 배수공, 비탈면 배수공의 변화 유무, 기능상태
　　　ⓞ 비탈면 어깨 배수공의 집수상황, 비탈면의 용수 상태의 변화
② 성토비탈면의 점검 사항
　　　㉠ 식생번식 상황
　　　㉡ 비탈면의 침식 유무
　　　㉢ 비탈면·비탈어깨 부분의 티끌, 토사 퇴적 상태
　　　㉣ 비탈면의 균열 유무
　　　㉤ 비탈면이 삐져나오는 것의 유무
　　　㉥ 비탈면 어깨의 균열 유무
　　　ⓢ 보호공의 변화 상태 유무
　　　ⓞ 비탈면 배수공의 변화상태의 유무, 기능상태

* 성토비탈면 점검 시 사전 파악 내용
　: 성토 시기·구조·토질, 비탈면의 형상, 성토 흙의 상태, 주위 유수상태, 기초 지반 및 환경상태

2. 보수 및 유지관리

① 식생공에 의한 비탈면 유지관리
　　　㉠ 연 1회 이상 시비 : 약하게 여러 번
　　　㉡ 잡초 제거 및 풀베기 작업
　　　　　ⓐ 너무 짧으면 생육이 약화되어 침식 우려
　　　　　ⓑ 초장 10cm 이상 유지
　　　　　ⓒ 6~10월
　　　㉢ 관수 및 병충해 방제 : 비탈면 상부관리 중점
② 구조물에 의한 비탈면 보호공의 유지관리

* 비탈면 보호공 파괴 원인 : 보호공 자체의 노후화에 의한 변형, 비탈면 자체 변형

　　　㉠ 돌붙임공, 블록붙임공

ⓐ 호박돌이나 잡석의 국부적 빠짐
ⓑ 지진, 풍화에 의한 돌붙임 전체의 파손
ⓒ 뒷채움 토사의 유실, 보호공이 무너져 꺼짐
ⓓ 보호공의 삐져나옴, 균열
ⓔ 용수의 상황 및 처리
ⓒ 콘크리트 붙임공
ⓐ 균열
ⓑ 침하
ⓒ 미끄러져 움직임(유동)
ⓒ 콘크리트 블록격자 및 힘줄박기공
ⓐ 격자 내의 연결부가 헐거워지거나 내려앉음
ⓑ 격자 뒷면의 토사 유실
ⓒ 격자의 삐져나옴
ⓔ 현장 타설 콘크리트 격자 및 힘줄박기공
ⓐ 격자 내의 연결부가 헐거워지거나 내려앉음
ⓑ 격자의 균열
ⓜ 시멘트 모르타르 및 콘크리트 뿜어붙이기공
ⓐ 균열
ⓑ 용수나 침투수의 상황 및 처리
ⓒ 삐져나온 것 또는 마모 손상
ⓗ 편책공
ⓐ 퇴적 토사의 중량에 의한 손상
ⓑ 말뚝이나 편책의 부식과 빗물 유입에 의한 무너짐
ⓢ 비탈면 돌망태공
ⓐ 토사에 의해 돌망태의 막힘
ⓑ 철선의 부식
ⓞ 낙석방지망공
ⓐ 망이나 로프의 절단

ⓑ 낙석 또는 토사의 퇴적
　　　ⓒ 앵커 일부의 헐거움
　ⓩ 낙석방지책공
　　　ⓐ 방책기둥의 굴곡
　　　ⓑ 낙석 또는 토사의 퇴적
　　　ⓒ 기초부의 풍화 또는 붕괴

4. 옹벽의 유지관리

4-1. 옹벽

1. 옹벽

① 성토 비탈면의 토사 유출과 무너짐을 방지하기 위한 구조물
② 1년 1~2회 정기점검
③ 파손 및 도괴에 대해 조기에 대책을 세우는 것이 중요

2. 점검사항

① 침하, 경사, 불룩하게 삐져나온 상태
② 뒷면 토사의 균열, 공극
③ 옹벽의 균열, 이음새의 상태
④ 콘크리트의 떨어져 나간 파손상태
⑤ 철근 노출
⑥ 물빠짐 구멍의 배수상황, 뒷면의 고여있는 물의 상황

⑦ 기초부분의 세굴상태
⑧ 틈새의 유출방지

3. 파손형태 및 원인

① 파손형태
  ㉠ 침하 및 부등침하
  ㉡ 이음새의 어긋남
  ㉢ 경사
  ㉣ 균열
  ㉤ 이동
  ㉥ 세굴

② 파손 원인
  ㉠ 지반침하
  ㉡ 지반이동
  ㉢ 설계·시공의 부적당
  ㉣ 기초강도 저하
  ㉤ 지반지지력 저하
  ㉥ 하중 증대

4-2. 옹벽의 보수 및 유지관리

1. 옹벽 변화상태에 따른 대책

① 재설치·교체
② 옹벽의 구조적 보강
③ 기초의 보강

④ 옹벽에 미치는 외부요인의 저감

2. 옹벽의 재설치

① 대규모 붕괴(지형 자체 변경) 시
② 노후화, 대규모 파손으로 보강이나 보수가 불가능
③ 보수보다 경제적일 때

3. 석축옹벽 보수·유지관리

① 균열이 있을 경우
  ㉠ 뒷면에 침수되어 토압이 증가되면 배수구를 만들어 토압 감소
  ㉡ 배수구로도 문제해결이 안 될 경우 재시공
② 일부에 구멍이 났을 경우
  ㉠ 뒷면에 이상이 없을 때 콘크리트로 채움
  ㉡ 뒷면에 이상이 있을 시 구멍 부분을 재시공
③ 석축 전체가 옆으로 넘어지려고 하는 경우
  ㉠ 뒷면 토압이 옹벽에 비해 큼 : 석축 앞 콘크리트 옹벽 설치
  ㉡ 석축 기초의 세굴이 원인 : 세굴부분을 채우고 콘크리트나 사석으로 앞을 성토

4. 콘크리트 옹벽 보수·유지관리

① 옹벽이 앞으로 넘어질 우려가 있을 경우
  ㉠ P.C 앵커공법 : 기존 지반이 암반일 때 P.C 앵커로 연결
  ㉡ 부벽식 콘크리트 옹벽 : 기존 지반이 암반이어서 침하 우려가 없을 때, 옹벽 전면에 부벽식 콘크리트 옹벽을 설치
  ㉢ 말뚝에 의한 압성토공법 : 옹벽이 활동을 일으킬 때, 옹벽 전면에 수평으로 암을 따서 압성토하는 공법
  ㉣ 그라우팅 공법 : 옹벽 뒷면의 지하수(용수)를 배수구멍으로 유도시키고, 토압 경감시키는 공법

조경기사 · 산업기사 필기

부록

조경기사
과년도 기출문제 및 해설

2017년 조경기사 최근기출문제 (2017. 3. 5)

1과목 조경사

01. 다음 중 누·정의 경관 처리 기법과 가장 관계가 없는 것은?

① 허(虛)
② 취경과 다경
③ 축경
④ 팔경

▶해설 누·정의 경관기법
1. 허(虛) : '비어 있으면 만 가지 경관을 끌어들일 수 있다.'
2. 원경(遠景) : 시원하게 트인 경관을 보이게 하는 것
3. 취경(聚景) : 여러 경관을 누·정의 한 점에 모이게 하는 것
4. 다경(多景) : 누·정에서 많은 경관을 보이게 하는 것
5. 읍경(挹景) : 자연경관을 누·정 속으로 들어오게 하는 것
6. 환경(環景) : 자연경관을 누·정 주위에 둘러 있도록 하는 것
7. 팔경(八景) : 광범위한 지역의 승경(勝景)들을 모아 팔경으로 설정하여, 그 지역의 수려한 경관을 소개하는 것

02. 서양 중세(中世) 초기(初期)에 발달한 정원 양식은?

① 빌라(villa)
② 민가(民家)
③ 수도원(修道院)
④ 왕이나 귀족의 별장

▶해설 중세시대 조경
1. 초기 : 수도원 정원
2. 후기 : 성관 정원

03. T.V.A(Tenessee Valley Authority)에 대한 설명 중 옳지 않은 것은?

① 최초의 광역공원계통
② 미국 최초의 광역지역계획
③ 계획·설계 과정에 조경가들이 대거 참여
④ 수자원개발의 효시이자 지역개발의 효시

▶해설 최초의 광역공원계통
: 보스턴 공원 계통(Boston Park System)

04. 르 코르뷔지에(Le Corbusier)가 제안한 빌라 래디어스의 내용과 가장 거리가 먼 것은?

① 오픈 스페이스 중시
② 토지이용 체계의 주종 관계 고려
③ 저층 주거 형태에서의 쾌적성 확보
④ 적절한 비례의 격자형 가로 공간 구조

▶해설 빌라 래디어스
1. 제안 : 르 코르뷔지에(Le Corbusier)
2. 특징
① 적절한 비례의 격자형 가로구조와 공간구성
② 오픈 스페이스 중시
③ 전망을 위한 초고층 복층 주거형태
④ 넓은 공간 확보
⑤ 기능에 따른 위계적 구성
⑥ 토지이용체계가 명확하고 중심이 분명한 주종 관계 형성

Answer 01. ③ 02. ③ 03. ① 04. ③

05. 동양의 조경 관련 옛 문헌과 저자의 연결이 틀린 것은?

① 굴준망 - 작정기
② 문진형 - 장물지
③ 서유구 - 임원경제지
④ 소굴원주 - 축산정조전

[해설] 축산정조전
1. 「축산정조전(築山庭造傳) 전편」: 북촌원금제(北村援琴齊)
2. 「축산정조전(築山庭造傳) 후편」: 이도헌추리(籬島軒秋里)

06. 동궁과 월지(안압지)에 대한 설명으로 틀린 것은?

① 바닥을 강회로 처리하였다.
② 삼국사기와 동사강목에서 기록을 볼 수 있다.
③ 지형상 동안(東岸)보다 서안(西岸)이 높다.
④ 북안(北岸)과 동안(東岸)은 직선적 형태이다.

[해설] 월지(안압지)
1. 남안과 서안 : 직선적 형태
2. 북안과 동안 : 다양한 형태의 곡선 형태

07. 다음 동양의 정원에 대한 설명으로 틀린 것은?

① 자연과 인간을 대립관계가 아닌 유기적 일원체로 이해했다.
② 고대에는 임천형의 정원이 공통적으로 출현하고 있다.
③ 유교, 불교사상은 정원발달에 크게 영향을 미쳤다.
④ 간접적인 자연의 관찰과 정형적인 인공미 원칙에 기반을 두고 있다.

08. 다음 전통정원과 정원에 조성된 대(臺)가 잘못 연결된 것은?

① 세연정 - 매대
② 소쇄원 - 대봉대
③ 서석지 - 옥성대
④ 도산서원 - 천광운영대

[해설] ① 소쇄원 - 매대

09. 영국의 비컨헤드 파크(Birkenhead Park)의 설명으로 옳지 않은 것은?

① 역사상 최초로 시민의 힘과 재정으로 조성된 공원이다.
② 수정궁을 설계한 조셉 팩스턴(Joseph Paxton)이 설계하였다.
③ 그린스워드(Greensward) 안(案)에 의하여 조성된 공원이다.
④ 넓은 초원, 마찻길, 연못, 산책로 등이 조성되었다.

[해설] ③ 그린스워드(Greensward) 안(案)에 의하여 조성된 공원이다. : 미국의 센트럴파크

10. 다음 중 건축에 비해 조경이 강조되고, 베르사이유(Versailles) 궁에 영향을 준 것은?

① Malmaison
② Ermenonville
③ Petit Trianon
④ Vaux le Vicomte

[해설]
① Malmaison : 나폴레옹 1세 황후 조세핀의 원예에 대한 취미로 아름다운 수목과 화훼류가 식재된 곳
② Ermenonville : 앙리 4세의 성관
③ Petit Trianon : 루이 16세의 왕비 마리 앙트와네트가 영국식 정원으로 개조
④ Vaux le Vicomte : 최초의 프랑스 평면 기하학식 정원, 베르사이유 정원의 계기

11. 파르테논 신전의 특징에 대한 설명으로 틀린 것은?

① 비례적 구성
② 유동적 곡선
③ 균제법 응용
④ 착시현상 무시

[해설] 파르테논 신전의 특징
① 비례적 구성
② 유동적 곡선
③ 균제법 응용
④ 착각의 교정
⑤ 채색의 묘미
⑥ 명암의 강조
⑦ 경관과의 조화

12. 토피어리, 미원(maze), 총림 등이 대규모로 조성되고 비밀분천, 경악분천, 물 풍금 등이 도입된 정원 양식은?

① 고전주의 양식 ② 매너리즘 양식
③ 바로크 양식 ④ 로코코 양식

13. 왕의 화단, 연못과 분수, 대수로와 캐스케이드가 특징인 프랑스 앙드레 르 노트르의 작품은?

① 말메종(Malmason)
② 퐁텐블로(Fontainebleau)
③ 에르메농빌르(Ermenonville)
④ 프티 트리아농(Petit Trianon)

14. 일본 전통 수경요소 가운데 견수(遣水 : 야리미즈)와 가장 가까운 형태는?

① 샘 ② 연지
③ 소폭포 ④ 인공적 계류

15. 중국 고문헌 설문해자에 기술된 "과일나무를 심는 곳"을 의미하는 용어는?

① 유(囿) ② 원(園)
③ 포(圃) ④ 정(庭)

해설 ① 유(囿) : 짐승을 기르던 곳
② 원(園) : 과일나무를 심는 곳
③ 포(圃) : 채소를 심는 곳
④ 정(庭) : 뜰

16. 영국 풍경식 정원의 탄생에 기여한 작가가 아닌 사람은?

① Inigo Thomas ② Earl Shaftesbury
③ Joseph Addison ④ Alexander pope

해설 ① Inigo Thomas : 블롬필드의 "영국의 정형정원"이라는 책에서 근대적인 선화(線畵)로 매력적으로 도해한 화가로서 영국의 풍경식 정원 형성에 기여하지는 않음
② Earl Shaftesbury : 고전문화의 산지인 이탈리아와 알프스 등을 목적지로 한 계몽주의 여행에서 캄파냐의 전원풍경이 담긴 역사적 경관이나 고전적 폐허의 모습들을 보여주는 풍경화 수집 부호들의 풍경화에 대해 열정적인 분위기와 수집열에 의해 모사한 그림들이 퍼짐, 이러한 유행이 자연 풍경식에 대한 새로운 자각과 결합하여 정원양식을 탄생
③ Joseph Addison, ④ Alexander pope : 자연미를 동경하고 찬미한 전원시인

17. 중국 송의 유학자 주돈이의 애련설과 관련된 보길도 윤선도 원림에 있는 시설은?

① 익청헌(益淸軒) ② 동천석실(洞天石室)
③ 낙서재(樂書齋) ④ 녹우당(綠雨堂)

해설 ① 익청헌(益淸軒) : '향원익청'에서 유래

18. 고대 이집트에서 나일강을 중심으로 장제신전(분묘)과 예배신전은 어디에 위치하였는가?

① 장제신전은 서쪽, 예배신전은 동쪽에 입지
② 장제신전은 동쪽, 예배신전은 서쪽에 입지
③ 장제신전과 예배신전 둘 다 동쪽에 입지
④ 장제신전과 예배신전은 나일강 방향에 나란하게 입지

19. 창덕궁의 명당수 어구에 설치한 금천교(1411) 북쪽에 세워진 동물 조각상은?

① 기린 ② 용
③ 거북 ④ 호랑이

해설 창덕궁 금천교
북쪽 : 거북상
남쪽 : 해태상

20. 중국 조경의 특징 중 태호석을 고를 때 주요 고려 요소가 아닌 것은?

① 누(漏) ② 경(景)
③ 수(瘦) ④ 추(皺)

해설 태호석 선택 시 고려요소 : 추(皺), 누(漏), 투(透), 수(瘦)

2과목 조경계획

21. 자연휴양림의 조성과 관련된 설명 중 틀린 것은?

① 자연휴양림으로 지정된 산림에 휴양시설의 설치 및 숲 가꾸기 등을 하고자 하는 자는 농림축산식품부령이 정하는 바에 따라 휴양시설 및 숲 가꾸기 등의 조성계획을 작성하여 시·도지사의 승인을 받아야 한다.
② 시·도지사는 관련 규정에 따라 자연휴양림조성계획을 승인한 때에는 산림청장에게 통보하여야 한다.
③ 산림청장은 자연휴양림조성계획에 따라 자연휴양림을 조성하는 자에게 그 사업비의 전부 또는 일부를 보조하거나 융자할 수 있다.
④ 자연휴양림을 조성하는 경우에는 「산지기본법」 관련 규정에 따라 산지전용신고를 하지 않은 것으로 보고 30일 이내에 신고한다.

해설 * 자연휴양림에 관한 기준은 다음과 같다.
제13조(자연휴양림의 지정)
① 산림청장은 소관 국유림을 자연휴양림으로 지정하고 이를 조성할 수 있다. 〈개정 2010.3.17.〉
② 산림청장은 공유림 또는 사유림의 소유자(사용·수익할 수 있는 자를 포함한다. 이하 이 장 및 제32조에서 같다) 또는 국유림의 대부 또는 사용허가(이하 "대부 등"이라 한다)를 받은 자의 지정 신청에 따라 그가 소유하고 있거나 대부 등을 받은 산림을 자연휴양림으로 지정할 수 있다. 이 경우 지정 신청의 절차 등은 농림축산식품부령으로 정한다. 〈개정 2010.3.17., 2013.3.23.〉
③ 산림청장은 제1항과 제2항에 따라 자연휴양림으로 지정하려는 산림에 둘러싸인 토지 중 자연휴양림으로 관리할 필요가 있는 것으로서 대통령령으로 정하는 면적 이내의 토지를 자연휴양림에 포함하여 지정할 수 있다. 이 경우 지정된 토지는 「산림자원의 조성 및 관리에 관한 법률」 제2조제1호의 산림으로 본다. 〈신설 2016.12.27.〉
④ 산림청장은 제1항부터 제3항까지에 따라 자연휴양림을 지정한 때에는 이를 신청인 및 관계 행정기관의 장에게 통보하고 자연휴양림의 명칭·위치·지번·지목·면적 그 밖에 필요한 사항을 고시하여야 한다. 〈개정 2010.3.17., 2016.12.27.〉
⑤ 자연휴양림 지정의 방법·절차, 그 밖에 필요한 사항은 농림축산식품부령으로 정한다. 〈개정 2015.1.20.〉
〈제목개정 2010.3.17., 2015.1.20.〉

제14조(자연휴양림의 조성)
① 제13조제2항 및 제3항에 따라 자연휴양림으로 지정된 산림에 휴양시설의 설치 및 숲가꾸기 등을 하려는 자는 농림축산식품부령으로 정하는 바에 따라 휴양시설 및 숲가꾸기 등의 조성계획(이하 "자연휴양림조성계획"이라 한다)을 작성하여 시·도지사의 승인을 받아야 한다. 이를 변경하려는 때에도 또한 같다. 〈개정 2008.2.29., 2010.3.17., 2013.3.23., 2016.12.27.〉
② 시·도지사는 제1항의 규정에 따라 자연휴양림조성계획을 승인한 때에는 산림청장에게 통보하여야 한다.
③ 자연휴양림 안에 설치할 수 있는 휴양시설의 종류 및 기준 등은 대통령령으로 정한다.
④ 제13조제1항 및 이 조 제1항에 따라 자연휴양림을 조성하는 경우에는 「산지관리법」 제15조의 규정에 따른 산지전용신고를 한 것으로 본다. 〈개정 2015.1.20., 2016.12.27.〉
⑤ 산림청장 또는 지방자치단체의 장은 자연휴양림조성계획에 따라 자연휴양림을 조성하는 자에게 그 사업비의 전부 또는 일부를 보조하거나 융자할 수 있다. 〈개정 2015.1.20.〉

Answer 20. ② 21. ④

22. 「도시공원 및 녹지 등에 관한 법률」의 다음 설명 중 ( ) 안에 맞는 용어는?

> 도시공원의 설치에 관한 도시·군관리계획 결정은 그 고시일로부터 10년이 되는 날까지 ( )가/이 없는 경우에는 「국토의 계획 및 이용에 관한 법률」에도 불구하고 그 10년이 되는 날의 다음 날에 그 효력을 상실한다.

① 공원부지의 매입
② 공원의 조성완료
③ 공원관리계획의 수립
④ 공원조성계획의 고시

→해설 〈도시공원 및 녹지 등에 관한 법률〉에 의한 도시공원의 설치에 관한 도시·군관리계획 결정은 그 고시일로부터 10년이 되는 날까지 공원조성계획의 고시가/이 없는 경우에는 「국토의 계획 및 이용에 관한 법률」에도 불구하고 그 10년이 되는 날의 다음 날에 그 효력을 상실한다.

23. 다음 어린이놀이시설의 설치와 관련된 설명 중 ( ) 안에 적합한 용어는?

> 어린이놀이시설을 설치하는 자는 「어린이제품 안전 특별법」에 따라 안전인증을 받은 어린이놀이기구를 ( )이 고시하는 시설기준 및 기술기준에 적합하게 설치하여야 한다.

① 국민안전처장관
② 국토교통부장관
③ 문화체육관광부장관
④ 산업통상자원부장관

→해설 〈어린이제품 안전 특별법〉에 의한 어린이 놀이시설을 설치하는 자는 법령에 따라 안전인증을 받은 어린이놀이기구를 국민안전처장관이 고시하는 시설기준 및 기술기준에 적합하게 설치하여야 한다.

24. 다음 설명의 ( ) 안에 해당하는 자는?

> 환경부장관은 국민을 대상으로 지질공원에 대한 지식을 체계적으로 전달하고 지질공원 해설·홍보·교육·탐방안내 등을 전문적으로 수행할 수 있는 ( )를 선발하여 활용할 수 있다.

① 문화재해설사
② 환경영향평가사
③ 지질공원해설사
④ 명예습지생태안내사

→해설 환경부장관은 국민을 대상으로 지질공원에 대한 지식을 체계적으로 전달하고 지질공원 해설·홍보·교육·탐방안내 등을 전문적으로 수행할 수 있는 지질공원해설자를 선발하여 활용할 수 있다.

25. 생태학자인 오덤(Odum)이 제안한 개념 중 개체 혹은 개체군의 생존이나 성장을 멈추도록 하는 요인으로, 인내의 한계를 넘거나 이 한계에 가까운 모든 조건을 지칭하는 용어는?

① 엔트로피(entropy)
② 제한인자(limiting factor)
③ 시각적 투과성(visual transparency)
④ 생태적 결정론(ecological determinism)

26. 다음 중 오픈 스페이스에 대한 설명으로 옳지 않은 것은?

① 지붕 없이 하늘을 향해 열려 있는 땅이다.
② 주변이 수직적인 요소로 둘러싸인 공지를 말한다.
③ 공원이나 녹지 등과 같이 도시계획 시설의 하나이다.
④ 집, 공장, 사무실 등과 같은 건물이나 시설물이 지어지지 않은 땅을 말한다.

→해설 오픈 스페이스는 도시계획시설보다 넓은 의미를 갖는다.

27. 이용후평가(P.O.E)는 시공 후 이용자들이 사용한 뒤에 이루어지는 평가로, 공간계획의 피드백 효과가 높은 방법이다. 이용후평가에 있어서 물리·사회적 환경 요소가 아닌 것은?

① 이용자의 만족도
② 관리의 양호도
③ 이용자의 기호도
④ 이용재료의 특성

Answer 22. ④ 23. ① 24. ③ 25. ② 26. ③ 27. ③

해설 이용후평가 내용 중 물리·사회적 환경 요소는 이용자의 만족도, 관리의 양호도, 이용재료의 특성 등을 포함한다.

28. 토양 단면의 구분에 있어서 연결이 잘못된 것은?

① O층 : 유기물층
② A층 : 용탈층(표토)
③ B층 : 집적층(심토)
④ C층 : 기반암(무기물층)

해설 C층은 모재층에 해당한다.

29. 「도시공원 및 녹지 등에 관한 법률 시행령」상 주민의 요청이 있을 시에는 공원조성 계획의 정비를 요청할 수 있도록 되어 있다. 이에 적합한 요건은?

① 소공원 : 공원구역 경계로부터 250m 이내에 거주하는 주민 500명 이상의 요청
② 어린이공원 : 공원구역 경계로부터 500m 이내에 거주하는 주민 800명 이상의 요청
③ 근린공원 : 공원구역 경계로부터 1000m 이내에 거주하는 주민 1,000명 이상의 요청
④ 체육공원 : 공원구역 경계로부터 1000m 이내에 거주하는 주민 2,000명 이상의 요청

해설 공원조성계획의 정비를 요청할 수 있는 주민의 요건 등은 다음과 같다.
① 법 제18조제1항에서 "대통령령으로 정하는 요건"이란 다음 각 호의 구분에 의한 주민의 요청을 말한다. 〈개정 2012.3.13.〉
  1. 소공원 및 어린이공원 : 공원구역 경계로부터 250미터 이내에 거주하는 주민 500명 이상의 요청
  2. 소공원 및 어린이공원 외의 공원 : 공원구역 경계로부터 500미터 이내에 거주하는 주민 2천명 이상의 요청
② 특별시장·광역시장·특별자치시장·특별자치도지사·시장 또는 군수는 제1항에 따른 주민의 요청이 있는 때에는 시·도도시공원위원회(시·도도시공원위원회가 설치되지 아니한 경우에는 시·도도시

계획위원회를 말한다) 또는 시·군도시공원위원회(시·군도시공원위원회가 설치되지 아니한 경우에는 시·군·구도시계획위원회를 말한다)의 자문을 거친 후 공원조성계획의 정비 여부를 검토하여야 한다. 〈개정 2012.3.13., 2016.11.29.〉

30. 다음 중 GIS의 기능적 요소가 아닌 것은?

① 자료 처리   ② 자료 복원
③ 자료 출력   ④ 자료 관리

해설 GIS의 기능적 요소에는 자료처리, 자료출력, 자료관리가 포함된다.

31. 다음 [보기]에 제시하는 정의는 어떤 학문 분야에 대한 설명인가?

[보기]
- 인간 행태와 물리적 환경의 관계성에 관련되는 학문이다.
- 물리적 환경과 인간 행태 및 경험과의 상호 관계성에 초점을 맞추는 분야이다.
- 물리적 환경에 내재된 인간을 연구하는 학문이다.

① 인체공학   ② 환경생태학
③ 인간생태학   ④ 환경심리학

32. 도시인구 20만명, 취업률 30%, 제조업 인구구성비 25%, 제조업인구 1인당 점유 토지 면적 $300m^2$이다. 이때 공업지의 총 소요 면적은 얼마인가? (단, 공업지 내의 공공용지율은 40%이다.)

① 600ha   ② 750ha
③ 900ha   ④ 1100ha

33. 조경기본계획 작성 과정에서 자료 분석 종합 후 대안 설정기준으로서 일반적으로 가장 먼저 고려되어야 할 사항은?

① 동선 및 식재
② 토지이용 및 동선

Answer 28. ④ 29. ① 30. ② 31. ④ 32. ② 33. ②

③ 공급처리 및 구조물
④ 식재 및 공급처리시설

해설 조경기본계획 작성 과정에서 자료 분석 종합 후 대안 설정기준으로서 일반적으로 가장 먼저 고려되어야 할 사항은 토지이용과 동선체계가 포함된다.

34. 수요량 예측이 공간의 규모를 결정짓게 되는데, 반대로 계획의 규모가 수용량의 한계를 결정짓기도 한다. 수요량 산출 공식에 해당하지 않는 것은?

① 시계별 모델
② 중력 모델
③ 요인분석 모델
④ 혼합형 모델

해설 수요량 산출 공식의 내용에는 시계별 모델, 중력모델, 요인분석모델이 포함된다.

35. 광역도시계획의 수립 시, '광역계획권이 같은 도의 관할구역에 속하여 있는 경우', 광역도시계획의 수립권자는?

① 관할 시·도지사
② 국토교통부장관
③ 관할 시장 또는 군수가 공동
④ 인구가 더 많은 시장 또는 군수

36. 다음 중 아파트 단지 내 가로망 유형별 특징으로 옳지 않은 것은?

① 격자형은 토지 이용상 효율적이나 단조로운 경관을 만들기 쉽다.
② 우회형은 통과교통이 상대적으로 적어 주거환경의 안전성을 확보하기 용이하다.
③ 막다른 골목형은 통과교통을 최대한 줄일 수 있으며 각 건물에 접근하는 데 불편하다.
④ 격자형은 지형의 변화가 심한 곳에서 적용하기 유리하다.

해설 아파트 단지 내 가로망 유형별 특징 중 격자형은 지형의 변화가 심한 곳에서는 어려운 적용방법이다.

37. 다음 [보기]는 「도시계획 관련 규정」 중 어느 법에 대한 설명인가?

[보기]
도시지역의 시급한 주택난을 해소하기 위하여 주택 건설에 필요한 택지의 취득·개발·공급 및 관리 등에 관하여 특례를 규정함으로써 국민주거 생활의 안정과 복지 향상에 이바지함을 목적으로 제정되었다.

① 주택법
② 도시개발법
③ 주택건설촉진법
④ 택지개발촉진법

38. 다음 중 행태분석 모델 중 "지각된 환경의 질에 대한 지표를 의미하며, 환경의 질에 관한 측정기준을 설정하여 보다 체계적이고 객관적인 환경설계를 수행할 수 있는 기반 조성을 위한 모델"은 무엇인가?

① 순환모델
② 3차원모델
③ 역모델
④ PEQI

39. "어떤 지역에서 레크리에이션의 질을 유지하면서 지탱할 수 있는 레크리에이션 이용의 레벨"이라는 Wagar(1974)의 정의는 다음의 무엇에 관한 설명인가?

① 자연완충능력
② 생태적 적정효과
③ 레크리에이션 자원잠재능력
④ 레크리에이션 한계수용능력

40. 린치(K. Lynch)가 제시한 도시 이미지 형성에 기여하는 물리적 요소에 해당되지 않는 것은?

① 통로(paths)
② 모서리(edges)
③ 지역(districts)
④ 장소성(sense of place)

Answer 34. ④ 35. ③ 36. ④ 37. ④ 38. ④ 39. ④ 40. ④

3과목 조경설계

41. Albedo 값이 높은 것부터 낮은 것 순으로 옳게 나열한 것은?

① 눈 → 산림 → 바다 → 마른모래
② 마른모래 → 산림 → 눈 → 바다
③ 눈 → 마른모래 → 산림 → 바다
④ 산림 → 바다 → 마른모래 → 눈

해설 Albedo 값은 눈 → 마른모래 → 산림 → 바다순으로 높게 나열할수 있다.

42. 다음은 제3각법으로 도시한 물체의 투상도이다. 이 투상법에 대한 설명으로 틀린 것은? (단, 화살표 방향은 정면도이다.)

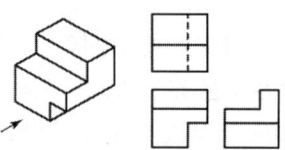

① 평면도는 정면도 위에 배치된다.
② 배면도의 위치는 가장 오른쪽에 배열한다.
③ 눈 → 투상면 → 물체의 순서로 놓고 투상한다.
④ 물체를 제1면각에 놓고 투상하는 방법이다.

해설 제3각법은 물체를 제3면각에 놓고 투상하는 방법이다.

43. 노약자, 신체장애인을 고려한 시설 설계기준으로 틀린 것은?

① 보도의 경사도는 10% 이내가 적당하다.
② 보도 면은 바퀴가 빠지지 않도록 틈이 없어야 한다.
③ 휠체어 사용자가 통행할 수 있는 경사로의 유효폭은 120cm 이상으로 한다.
④ 안내시설은 어린이와 장애인을 고려하여 보행 동선에서 1m 이내가 되도록 계획한다.

해설 노약자, 신체장애인을 고려한 시설의 보도의 경사도는 8% 이내가 적당하다.

44. 다음 그림과 같이 2개의 자연요소를 맥하그(McHarg)의 도면결합법(overlay method)로 분석하였을 때 최적지는 몇 점인가? (단, 점수가 높을수록 최적지임)

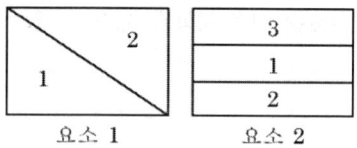

① 7 ② 6
③ 5 ④ 4

45. 시점(eye point)이 가장 높은 투시도는?

① 평행 투시도   ② 조감 투시도
③ 유각 투시도   ④ 사각 투시도

해설 조감도는 새가 하늘을 날며 내려다 보는 시점에서 나타낸 그림이다.

46. 해가 지면서 주위가 어두워지는 해 질 무렵 낮에 화사하게 보이던 빨간색 꽃은 어둡고 탁해 보이고, 연한 파란색 꽃들과 초록색의 잎들은 밝게 보이는 현상은 무엇인가?

① 푸르킨예 현상
② 컬러드 섀도우 현상
③ 베졸트–브뤼케 현상
④ 헬슨–저드 효과

해설 푸르킨예 현상 : 어두운 곳에서 빛의 파장이 긴 적색이나 황색은 희미해 보이고, 파장이 짧은 녹색이나 청색은 밝게 보이는 현상이다.

47. 조경설계의 미적 요소 중 강조(accent)에 대한 설명과 가장 거리가 먼 것은?

① 보는 사람의 주의력을 사로잡을 수 있다.
② 경관 연출의 극적 효과를 위해 사용한다.
③ 연속되거나 형태를 이룬 대상들 가운데서 일어나는, 하나의 시각적 분기점이다.
④ 형태, 색채 또는 질감을 디자인에 응용할 때 다양성과 대비를 위해 강조를 사용한다.

48. 도면에 사용하는 인출선에 대한 설명으로 틀린 것은?

① 치수선의 보조선이다.
② 가는 실선을 사용한다.
③ 도면 내용물의 대상 자체에 기입할 수 없을 때 사용한다.
④ 식재설계 시 수목명, 수량, 규격을 기입하기 위해 사용한다.

→해설 인출선은 가는 실선으로 내용물의 대상 자체에 기입할 수 없을 시에 사용하거나 식재설계 시 수목명, 수량, 규격을 기입하기 위해 사용한다.

49. 다음의 두 도형에 있어서 동일 면적인 작은 원 a, b 중 a가 b보다 크게 보이는 착시 현상은 무엇 때문인가?

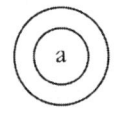 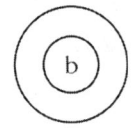

① 대비의 착시
② 분할의 착시
③ 면적에 대한 착시
④ 수평수직에 의한 착시

→해설 같은 면적일지라도 주변에 대비되는 상황에 따라 다르게 보이는 현상이다.

50. 경관을 구성하는 지배적인 요소가 아닌 것은?

① 연속성(sequence) ② 색채(color)
③ 선(line) ④ 질감(text)

→해설 sequence는 시간에 따른 공간에서 일어나는 경험이다.

51. 다음 그림은 연못 바닥 단면상세도이다. ㉠~㉤을 순서대로 바르게 기입한 것은?

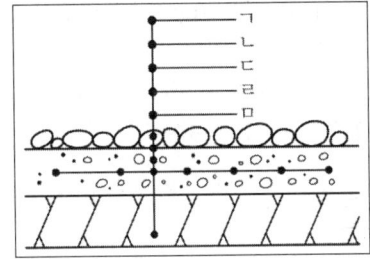

① ㉠ 철근, ㉡ 조약돌 깔기, ㉢ 잡석다짐, ㉣ 콘크리트, ㉤ 방수모르타르
② ㉠ 잡석다짐, ㉡ 철근, ㉢ 콘크리트, ㉣ 방수모르타르, ㉤ 조약돌 깔기
③ ㉠ 조약돌 깔기, ㉡ 방수모르타르, ㉢ 콘크리트, ㉣ 철근, ㉤ 잡석다짐
④ ㉠ 방수모르타르, ㉡ 콘크리트, ㉢ 조약돌 깔기, ㉣ 철근, ㉤ 잡석다짐

→해설 바닥에서부터 잡석다짐-철근-콘크리트-방수모르타르-조약돌깔기 순이다.

52. 공원의 휴식공간에 설치하고자 하는 음수대(飮水臺)의 디자인에 영향을 주는 요소로 가장 거리가 먼 것은?

① 사용대상 ② 사용목적
③ 배수시설 ④ 관리유무

→해설 음수대 디자인에 영향을 주는 요소로 배수시설은 거리가 멀다.

53. 1/25000 지형도상에서 시(市) 경계는 어떤 선으로 표현되는가?

① —‥—‥—‥—   ② —・—・—・—
③ —‥—‥—‥—   ④ ------------

54. 도시경관과 자연경관에 대한 설명 중 틀린 것은?

① 일반적으로 자연경관이 도시경관에 비해 선호도가 높다.
② 도시경관의 복잡성은 자연경관의 복잡성보다 상대적으로 낮다.
③ 자연경관이 도시경관에 비해 색채대비가 낮다.
④ 자연경관은 도시경관에 비해 부드러운 질감을 가진다.

→해설 도시경관의 복잡성은 자연경관의 복잡성보다 상대적으로 높다.

55. 조경설계기준상의 '생태못' 설계와 관련된 설명으로 옳지 않은 것은?

① 일반적으로 종 다양성을 높이기 위해 관목숲, 다공질 공간 등 다른 소생물권과 연계되도록 한다.
② 야생동물 서식처 목적의 생태연못의 최소 폭은 5m 이상 확보하고 주변식재를 위해 공간을 확보한다.
③ 수질정화 목적의 못은 수질정화 시설의 유출부에 설치하여 2차 처리된 방류수(방류수 10ppm)를 수원으로 한다.
④ 수질정화 목적의 못 안에 붕어 등의 물고기를 도입하고, 부레옥잠, 달개비, 미나리 등 수질 정화 기능이 있는 식물을 배식한다.

56. 산림지역에서 지도상에 표시한 몇 개의 지점을 지도와 나침반만을 사용하여 가능한 한 짧은 시간 내에 발견, 통과, 골인하는 스포츠를 무엇이라 하는가?

① 오리엔트 링크(Orient Link)
② 오리엔테이션(Orientation)
③ 자연 탐방로(Nature Trail)
④ 오리엔트 파크(Orient Park)

57. "가까이 있는 두 가지 이상의 색을 동시에 볼 때 색의 삼속성 차이로 서로 영향을 받아 색이 다르게 보이는 대비 현상"에 적용되는 것은?

① 면적대비   ② 동시대비
③ 계시대비   ④ 연속대비

→해설 동시대비 : 가까이 있는 두 가지 이상의 색을 동시에 볼 때 색의 삼속성 차이로 서로 영향을 받아 색이 다르게 보이는 대비 현상

58. 등고선 간격(수직거리)이 60m일 때 경사도가 20%이면, 축척(縮尺) 1 : 30,000인 지도상에서 등고선 간의 평면거리(수평거리)는?

① 1cm   ② 2cm
③ 3cm   ④ 5cm

59. 조경 제도에서 대상물의 보이지 않는 부분을 표시하는 데 사용하는 선의 종류는?

① 파선   ② 1점 쇄선
③ 2점 쇄선   ④ 가는 실선

→해설 물체의 보이지 않는 부분은 파선으로 표시한다.

60. 조경설계기준에서 정한 의자(벤치)에 관한 설명으로 틀린 것은?

① 지면으로부터 등받이 끝까지 전체 높이는 80~100cm를 기준으로 한다.
② 의자의 길이는 1인당 최소 45cm를 기준으로 하되, 팔걸이 부분의 폭은 제외한다.
③ 앉음판의 높이는 약 34~46cm를 기준으로 하되 어린이를 위한 의자는 낮게 할 수 있다.
④ 등받이 각도는 수평면을 기준으로 약 95~110°를 기준으로 하고, 휴식시간이 길수록 등받이 각도를 크게 한다.

Answer 53.① 54.② 55.③ 56.① 57.② 58.① 59.① 60.①

해설 조경설계기준에서 정한 의자(벤치)에 관한 기준은 다음과 같다.

(1) 휴게공간과 보행자 전용도로·산책로·건물 주변 등에 배치하고, 소음이 심한 곳·습지·급한 비탈면·바람받이 및 지반이 불량한 곳에는 배치하지 않는다.
(2) 여름철에는 그늘이 질 수 있고, 겨울철에는 햇빛이 들도록 주변 수목과의 관계를 고려하여 배치한다.
(3) 뒤쪽에서 다른 사람에 의해 보이는 장소는 피하도록 하며, 필요할 경우 사생활 보호를 위한 차폐시설을 배치한다.
(4) 등의자는 긴 휴식이 필요한 곳에 평의자는 짧은 휴식이 필요한 곳에 설치하며, 공공공간에는 되도록 고정식으로 하고, 정원 등 관리가 쉬운 곳에는 이동식을 배치할 수 있다.
(5) 의자의 배치는 일렬형·병렬형·ㄱ형·ㄷ형·원형·사각형·U자형 및 자연형 배치를 적용할 수 있다. 또한 주변시설과의 관계를 고려하여 연계형으로 배치할 수 있다.
(6) 산책로나 가로변에는 통행에 지장이 없도록 배치하며, 폭 2.5m 이하의 산책로변에는 1.5~2m 정도의 포켓공간을 만들어 배치하거나 경계석으로부터 최소 60cm 이상 떨어뜨려 배치한다.
(7) 휴지통과의 이격거리는 0.9m, 음수전과의 이격거리는 1.5m 이상의 공간을 확보한다.
(8) 장애인의 이용을 위한 의자를 배치할 때에는 측면에 120×120cm, 전면에 180×180cm의 휠체어 공간을 확보한다.
(9) 의자는 크기에 따라 1인용·2인용·3인용·4인용 등으로, 조합형태에 따라 일렬형·병렬형·ㄱ형·ㄷ형·사각형·원형·자연형·시설연계형으로, 집합도에 따라 단식·연식형, 이동성에 따라 고정식·이동식으로, 등받이 유무에 따라 등의자·평의자로 구분한다.
(10) 체류시간을 고려하여 설계하며, 긴 휴식에 이용되는 의자는 앉음판의 높이가 낮고 등받이를 길게 설계한다.
(11) 등받이 각도는 수평면을 기준으로 95~110°를 기준으로 하고, 휴식시간이 길어질수록 등받이 각도를 크게 한다.
(12) 앉음판의 높이는 34~46cm를 기준으로 하되 어린이를 위한 의자는 낮게 할 수 있다.
(13) 앉음판의 폭은 38~45cm를 기준으로 한다.
(14) 앉음판에는 물이 고이지 않도록 설계한다.
(15) 팔걸이의 높이는 앉음판으로부터 18~25cm를 기준으로 하고, 팔걸이의 폭은 3cm 이상으로 하며, 부착각도는 수평면을 기준으로 등받이 쪽으로 10~20° 낮게 설계한다.
(16) 의자의 길이는 1인당 최소 45cm를 기준으로 하되, 팔걸이부분의 폭은 제외한다.
(17) 지면으로부터 등받이 끝까지 전체높이는 75~85cm를 기준으로 한다.
(18) 등의자의 곡률반경은 앉음판의 오금부위는 15~16cm, 엉덩이부위는 7~8cm, 등받이 상단은 15~16cm를 기준으로 한다.

4과목 조경식재

61. 옥상녹화용 인공지반에 사용될 녹화용(綠化用) 인공토 선정 시 우선적으로 고려할 사항이 아닌 것은?

① 가벼워야 한다.
② 보수성이 좋아야 한다.
③ 영양분이 많아야 한다.
④ 배수성이 양호해야 한다.

해설 인공지반 녹화용 인공토양 조건
① 경량
② 배수성
③ 통기성
④ 보수성
⑤ 보비성

62. 야생생물 유치를 위한 생태적 배식설계의 방법과 직접적으로 관련되지 않는 것은?

① 식물종을 다양화한다.
② 에코톤(Ecotone)을 조성한다.
③ 서식처 크기를 획일적으로 조성한다.
④ 수직적 식생구조를 층화(層化)한다.

Answer 61. ③ 62. ③

→[해설] ③ 서식처 크기를 다양하게 조성한다.

63. 홍만선의 산림경제(山林經濟)에 의한 수목 식재 원칙으로 옳지 않은 것은?

① 서북쪽에는 큰 나무를 심지 않고 동남쪽에는 큰 나무를 심는다.
② 마당 한가운데를 피하고 마당가의 담장 쪽에 심는다.
③ 크기나 수종이 같은 것은 대칭으로 심거나 열식하지 않는다.
④ 한 공간 내에서 질감의 강한 대조는 주지 않는다.

→[해설] 홍만선의 산림경제-수목 식재 원칙
① 풍수지리사상에 근거하여 식재
② 가옥 가까이 : 작은 화목 식재, 심근성 수종·큰 나무 식재하지 않음
③ 서북쪽은 큰 나무를 식재, 동남쪽은 식재하지 않음
④ 마당 가운데는 식재를 지양하고, 담장 쪽에 식재
⑤ 단식을 하여 수형을 부각시키거나, 수목이 공간을 점유하는 느낌이 없도록 대칭식재를 하며, 열식 지양
⑥ 평지에서 2단 식재, 3단 식재와 같은 수관의 입체형 없음

64. 다음 중 우리나라 특산수종이 아닌 것은?

① 구상나무　　② 미선나무
③ 개느삼　　　④ 계수나무

→[해설] ① 구상나무(Abies koreana) : 한국 특산
② 미선나무(Abeliophyllum distichum) : 한국 특산
③ 개느삼(Echinosophora koreensis) : 한국 특산
④ 계수나무(Cercidiphyllum japonicum) : 일본 원산

65. 생태계 단편화가 생물에게 미치는 영향으로 틀린 것은?

① 오염/교란 증가　② 주연부 감소
③ 종조성 변화　　④ 서식처 면적 감소

66. 다음 그림 중 안접(鞍接)에 해당하는 것은?

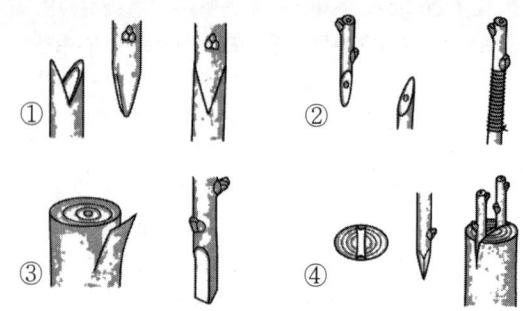

→[해설] 접목 : 식물의 가지, 뿌리, 눈 등을 절단해서 다른 부분에 붙여 새 식물체를 만들어 내는 번식방법
① 안접
② 합접
③ 절접
④ 쪼개접

67. 생태적 복원 중 '대체(replacement)'에 대한 설명으로 옳지 않은 것은?

① 현재의 상태를 개선하기 위하여 다른 생태계로 원래의 생태계를 대체하는 것
② 유사한 기능을 지니면서도 다양한 구조의 생태계를 창출하는 것
③ 완벽한 복원보다는 못하지만 원래의 자연 상태와 유사한 것을 목적으로 하는 것
④ 구조에 있어서는 간단할 수 있지만, 보다 생산적일 수 있는 것

→[해설] ③ 완벽한 복원보다는 못하지만 원래의 자연 상태와 유사한 것을 목적으로 하는 것 : 복구

68. 추이대(推移帶, ecotone)와 관련된 설명으로 틀린 것은?

① 숲과 초원 등 군집 사이의 이행부이다.
② 추이대에서만 살고 있는 고유종이 존재할 수 있다.
③ 종수나 일부 종의 밀도가 인접한 군집보다 높다.
④ 양 군집의 인접부위로서 그 폭이 인접군집보다 훨씬 넓다.

해설 ④ 양 군집의 인접부위로서 그 폭이 인접군집보다 훨씬 좁다.

69. 대량번식이 가능하고, 교잡에 의해 새로운 식물체를 만들 수 있는 번식방법은?

① 삽목 ② 취목
③ 접목 ④ 실생

해설 ④ 실생=종자번식

70. 조경수목의 삽목 번식에 있어 발근과 관계되는 요인에 대한 설명으로 틀린 것은?

① 온대식물의 상토 내 적온은 15~25℃이며, 항온조건보다 변온조건이 더 좋다.
② 캘러스가 형성되고 근원체가 움직일 무렵에는 상토를 약간 말려 주는 것이 좋은 결과를 가져다준다.
③ 녹지삽에 있어서는 상토의 적습유지와 함께 삽목상을 감도는 공기를 포화상태에 가까운 높은 습도로 유지하는 것이 뿌리내림에 대한 중요한 조건이 된다.
④ 삽수의 뿌리내림을 좋게 하기 위해서 정오에 햇빛에 일정시간 노출시킨다.

71. 열매의 형태가 시과(翅果, samara)가 아닌 수종은?

① 당단풍나무 ② 참느릅나무
③ 물푸레나무 ④ 비목나무

해설 비목나무(Lindera erythrocarpa)
① 녹나무과
② 낙엽활엽교목
③ 자웅이주
④ 꽃 : 4~5월, 연한 노란색이며 산형화서
⑤ 열매 : 장과로서 둥글고 지름 8mm 정도이며 9월에 붉은색으로 익음

72. 느릅나무과(科)의 수종이 아닌 것은?

① *Ficus carica*
② *Zelkova serrata*
③ *Celtis sinensis*
④ *Ulmus davidiana var. japonica*

해설 ① *Ficus carica* : 무화과나무 – 뽕나무과
② *Zelkova serrata* : 느티나무 – 느릅나무과
③ *Celtis sinensis* : 팽나무 – 느릅나무과
④ *Ulmus davidiana var. japonica* : 느릅나무 – 느릅나무과

73. 우리나라 남부지방에서 많이 식재되는 상록활엽수종이 아닌 것은?

① *Daphne odora*
② *Osmanthus fragrans*
③ *Gardenia jasminoides*
④ *Viburnum carlesii*

해설 ① *Daphne odora* : 서향 – 상록활엽관목
② *Osmanthus fragrans* : 목서 – 상록활엽관목
③ *Gardenia jasminoides* : 치자나무 – 상록활엽관목
④ *Viburnum carlesii* : 분꽃나무 – 낙엽활엽관목

74. 다음 중 미선나무의 특징으로 틀린 것은?

① 두릅나무과(科)의 수종이다.
② 학명은 *Abeliophyllum distichum*이다.
③ 성상은 낙엽활엽관목이며, 열매는 부채꼴형이다.
④ 이른 봄에 흰색 또는 분홍색 꽃이 잎보다 먼저 핀다.

해설 미선나무 : 물푸레나무과

75. 무기양료와 관련된 식물조직의 구성 성분이 아닌 것은?

① N : 단백질 ② Ca : 세포벽
③ K : 효소   ④ Mg : 엽록소

해설 ③ K : 단백질

Answer 69. ④ 70. ④ 71. ④ 72. ① 73. ④ 74. ① 75. ③

76. 노각나무의 과명(科名)과 꽃색은?

① 느릅나무과, 황색
② 물푸레나무과, 백색
③ 장미과, 적색
④ 차나무, 백색

77. 수목의 명명법에 관련된 설명 중 옳지 않은 것은?

① 학명은 라틴어로 표기한다.
② 학명(學名)의 속명(屬名)은 소문자로 시작한다.
③ 학명은 전 세계적으로 동일하게 통용되는 장점이 있다.
④ 학명은 속(屬)명과 종(種)명이 연결된 이명식(二名式)이다.

해설 ② 학명(學名)의 속명(屬名)은 대문자로 시작한다.

78. 수목식재 공사에 대한 설명으로 틀린 것은?

① 식재구덩이 내 불순물을 제거한 양질토사를 넣고 바닥을 고른다.
② 가로수 식재의 마감면은 보도 연석면보다 3cm 이하로 끝마무리한다.
③ 수목 앉히기가 끝나면 물을 식재구덩이에 충분히 붓고 각목 등으로 저어 흙이 뿌리분에 완전히 밀착되게 한다.
④ 수목의 운반거리, 운반로 상태 등을 고려하여 뿌리분의 크기를 가능한 한 작게 하여 운반을 용이하도록 한다.

해설 수목식재

1. 수목의 굴취, 운반, 식재는 같은 날에 완료하는 것을 원칙으로 한다. 부득이한 경우에는 감독자의 승인을 받아 가식 또는 보양조치 후 식재한다.
2. 보습, 보온 및 부패방지 등을 위한 활착보조재는 제품별 용법에 따라 식재구덩이에 넣거나 뿌리부분에 접착시켜 식재한다.
3. 기비는 완숙된 유기질비료를 식재구덩이 바닥에 넣어 수목을 앉히며, 흙을 채울 때에도 유기질비료를 혼합하여 넣는다. 시비량은 설계도면 및 공사시방서에 따른다.
4. 식재는 뿌리를 다듬고 주간을 정돈하여 식재구덩이의 중심에 수직으로 식재한다.
5. 식재 시에는 뿌리분을 감은 거적과 고무밴드, 비닐끈 등 분해되지 않는 결속재료는 제거하는 것을 원칙으로 한다. 단, 뿌리분 등에 심각한 손상이 예상되는 대형목의 경우 감독자와 협의하여 최소량을 존치시킬 수 있다.
6. 식재 시 수목이 묻히는 근원부위는 굴취 전에 묻혔던 부위에 일치시키고 식재방향은 원래의 생육방향과 동일하게 식재함을 원칙으로 한다. 다만 경관, 기능 등을 고려하여 조정하여 식재할 수 있다.
7. 식재 시 식재구덩이 내 불순물을 제거한 양질토사를 넣고 바닥을 고른다.
8. 수목의 뿌리분을 식재구덩이에 넣어 방향을 정하고 원지반의 높이와 분의 높이가 일치하도록 조절하여 나무를 앉힌다. 잘게 부순 양토질 흙을 뿌리분 높이의 1/2 정도 넣은 후, 수형을 살펴 수목의 방향을 재조정하고, 다시 흙을 깊이의 3/4 정도까지 추가해 넣은 후 잘 정돈시킨다.
9. 수목앉히기가 끝나면 물을 식재구덩이에 충분히 붓고 각목이나 삽으로 저어 흙이 뿌리분에 완전히 밀착되고 흙 속의 기포가 제거되도록 한다.
10. 물조임이 끝나면 고인 물이 완전히 흡수된 후에 흙을 추가하여 구덩이를 채우고 물받이를 낸 다음 식재구덩이의 주변을 정리한다.
11. 흙다짐은 흙이 습하여 뿌리가 쉽게 썩는 수종에 한하여 행하며 관수없이 흙을 계속 넣어가며 각목 등으로 다지고 뿌리분과 흙이 밀착되도록 하기 위해서 치밀하게 행하여야 한다. 흙다짐 대상 수종은 공사시방서에 따른다.
12. 가로수 식재의 마감면은 보도 연석면보다 3cm 이하로 끝마무리한다.
13. 배수, 지하수위 등의 식재조건이 열악한 경우에는 감독자와 협의하여 맹암거 등의 필요한 조치를 취한다.

79. 수목류를 활용한 식재의 방법 중 틀린 것은?

① 차폐수벽공법은 수벽을 3열로 조성할 때는 중앙에 활엽교목을 1열로 식재하고, 그 앞뒤에 침엽수 또는 관목으로 배식한다.
② 차폐수벽공법은 수벽을 3열로 조성할 때는 중앙에 교목을 2열로 열식하고 앞이나 혹은 뒤에 관목을 배식한다.
③ 소단상객토식수공법의 소단은 나무를 심고 자랄 수 있는 충분한 너비를 가져야 하며, 소단상 객토는 깊이 0.3m 이상, 너비 1.0m 이상을 표준으로 한다.
④ 식생상심기는 암석을 채굴하고 깎아낸 대규모 암반비탈의 소단위에 객토와 시비를 한 후, 녹화용 묘목을 식재하여 수평선상으로 녹화하고자 설계한다.

해설 ④ 암석을 채굴하고 깎아낸 대규모 암반비탈의 소단 위에 객토와 시비를 한 후, 녹화용 묘목을 식재하여 수평선상으로 녹화하고자 설계한다. : 소단상 객토 식수공법
* 식생상심기
1. 암석을 채굴하고 깎아낸 요철이 많은 절암비탈의 점적 또는 짧은 선적인 식생녹화와 식생상의 특수한 경관효과를 목적으로 설계한다.
2. 콘크리트와 같은 인공구조물보다 자연스럽게 보이도록 만들어야 하며, 덩굴식물을 혼합식재하여 식생상이 피복되도록 유도한다.

80. 중부지방의 석유화학공업단지 식재에 가장 적합한 수종은?

① 산수국, 튤립나무
② 가죽나무, 가시나무
③ 은행나무, 무궁화
④ 일본잎갈나무, 산수국

해설 석유화학공업단지 식재
1. 남부지방 : 태산목, 후피향나무, 녹나무, 굴거리나무, 아왜나무, 가시나무
2. 중부지방 : 화백, 눈향나무, 은행나무, 튤립, 버즘나무, 무궁화

5과목 조경시공구조학

81. 콘크리트의 크리프에 영향을 미치는 요인에 대한 설명으로 틀린 것은?

① 습도가 낮을수록 크리프 변형은 커진다.
② 재하 하중이 클수록 크리프 변형은 커진다.
③ 콘크리트 온도가 높을수록 크리프 변형은 커진다.
④ 고강도의 콘크리트일수록 크리프 변형은 커진다.

82. 공정표의 하나인 횡선식 공정표(Bar Chart)에 대한 설명으로 틀린 것은?

① 최적안 선택 기능이 전무하다.
② 문제점의 사전 예측이 어렵다.
③ 작업의 선후 관계를 파악하기 용이하다.
④ 각 공종을 세로로, 날짜를 가로로 잡고 공정을 막대 그래프로 표시한다.

해설 ③ 작업의 선후 관계를 파악하기 용이하다. : 네트워크 공정표

83. 흉고(근원) 직경에 의한 식재의 품에 대한 설명이 틀린 것은?

① 기계시공 시 지주목을 세우지 않을 경우는 인력품의 10%를 감한다.
② 식재 후 1회 기준의 물주기는 포함되어 있으며, 유지관리는 별도 계상한다.
③ 현장의 시공조건, 수목의 성상에 따라 기계 시공이 불가피한 경우는 별도 계상한다.
④ 품은 재료 소운반, 터파기, 나무세우기, 묻기, 물주기, 지주목세우기, 뒷정리를 포함한다.

해설 ① 기계시공 시 지주목을 세우지 않을 경우는 인력품의 20%를 감한다.

Answer 79. ④ 80. ③ 81. ④ 82. ③ 83. ①

84. 공사관리의 핵심은 시공계획과 시공관리로 구분되는데, 다음 중 시공관리의 4대 목표에 포함되지 않는 것은?

① 노무관리 ② 품질관리
③ 원가관리 ④ 공정관리

해설) 시공관리의 4대 목표 : 품질관리, 공정관리, 원가관리, 안전관리

85. 그림과 같은 보에서 점 B에서의 굽힘 모멘트의 크기는 몇 kNm인가?

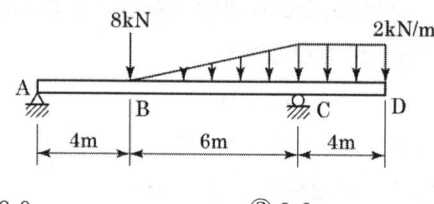

① 8.0 ② 9.6
③ 16.0 ④ 17.6

86. 수중콘크리트에 대한 다음 설명 중 A와 B에 알맞은 것은?

현장 타설 콘크리트말뚝 및 지하연속벽 콘크리트는 수중에서 시공할 때 강도가 대기 중에서 시공할 때 강도의 (A)배, 안정액 중에서 시공할 때 강도가 대기 중에서 시공할 때 강도의 (B)배로 하여 배합강도를 설정하여야 한다.

① A : 0.8, B : 0.7 ② A : 0.7, B : 0.8
③ A : 0.7, B : 0.7 ④ A : 1.2, B : 1.4

87. 수준측량에서 부정(우연)오차로 판단되는 것은?

① 시차로 인한 오차
② 광선 굴절에 의한 오차
③ 지반 연약으로 인한 오차
④ 표척의 눈금이 표준척에 비해 약간 크게 표시되어 발생하는 오차

해설) ① 시차로 인한 오차 : 십자선 굵기로 인해 발생하는 읽음 오차

88. 다음 수문방정식(유입량=유출량+저류량)에서 유출량에 해당하지 않는 것은?

① 강수량 ② 증발량
③ 지표유출량 ④ 지하유출량

해설) ① 강수량 : 유입량

89. 다음 토사절취의 설명 중 A, B에 해당하는 것은?

절취한 흙을 던질 때는 수평으로 (A)m, 수직으로 (B)m를 기준으로 한다. 따라서 수평거리 (A)m 이상은 2단 던지기 또는 운반으로 계상해야 한다.

① A : 2.5, B : 3.5 ② A : 3.0, B : 2.0
③ A : 3.0, B : 4.5 ④ A : 5.0, B : 4.0

90. 다음 자전거 도로 설계의 설명으로 옳지 않은 것은?

① 자전거도로의 폭은 하나의 차로를 기준으로 1.5m 이상으로 한다.
② 자전거전용도로의 설계속도는 시속 30km 이상으로 한다.
③ 자전거도로의 7% 종단경사에 따른 제한 길이는 350m 이하로 한다.
④ 자전거도로의 곡선부에는 설계속도나 눈이 쌓이는 정도 등을 고려하여 편경사를 두어야 한다.

해설) 종단경사에 따른 자전거도로의 오르막차로 제한 길이

종단경사(%)	제한길이(m)
7 이하	90
6 이하	120
5 이하	160
4 이하	220
3	제한없음

Answer 84. ① 85. ④ 86. ① 87. ① 88. ① 89. ② 90. ③

91. 옹벽의 구조적 안정성을 위해 필요한 기본적인 검토 요소와 가장 거리가 먼 것은?

① 활동(sliding)
② 침하(settlement)
③ 전도(overturning)
④ 우력(couple forces)

해설 우력
① 작용선이 나란하고 힘의 크기가 같으며 방향이 반대인 두 힘
② 2개의 힘이 방향과 작용점만 다르고, 힘의 크기와 방위가 같을 때

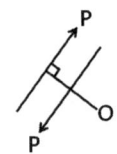

92. 중용열 포틀랜드시멘트에 대한 설명 중 옳지 않은 것은?

① 내구성이 크며 장기강도가 크다.
② 방사선 차단용 콘크리트에 적합하다.
③ 수화열량이 적어 한중공사에 적합하다.
④ 단기강도는 조강 포틀랜드시멘트보다 작다.

해설 중용열 포틀랜드시멘트 : 수화열량이 적음
① 매스 콘크리트(대규모 공사)
② 수밀 콘크리트 : 댐공사
③ 차폐용 콘크리트 : 방사선
④ 서중 콘크리트
⑤ 단면이 큰 공사

93. 옥상녹화 시스템의 식재기반 구성 요소에 해당되지 않은 것은?

① 방수층   ② 배수층
③ 집적층   ④ 식재기반층

해설 옥상녹화시스템 식재기반 구성 요소
: 방수층 - 방근층 - 배수층 - 식재기반층

94. 식물생장에 적합한 표토모으기와 관련된 설명 중 거리가 먼 것은?

① 표토의 토양산도(pH)는 6.0~7.0 범위를 채집 대상으로 한다.
② 표토보관과 관련하여 가적치의 최적두께는 1.5m를 기준으로 한다.
③ 표토가 습윤상태이고, 지하수위가 높은 평탄지를 대상으로 채취한다.
④ 표토의 운반거리는 최소로 하고, 운반량은 최대로 한다.

해설 표토모으기
1. 채집대상 표토는 토양산도(pH)가 6.0~7.0이 되는 것으로 한다.
2. 강우로 인하여 표토가 습윤상태인 경우 채취작업을 피하여야 하며 재작업은 감독자와 협의한 후 시행한다.
3. 지하수위가 높은 평탄지에서는 가능한 한 채취를 피한다.
4. 토사유출에 따른 재해방재상 문제가 없는 구역이어야 한다.
5. 가적치 기간 중에는 표토의 성질변화, 바람에 의한 비산, 적치표의 우수에 의한 유출, 양분의 유실 등에 유의하여 식물로 피복하거나 비닐 등으로 덮어 주어야 한다.
6. 가적치 장소는 배수가 양호하고 평탄하며 바람의 영향이 적은 장소를 선택 한다.
7. 가적치의 최적두께는 1.5m를 기준으로 하며 최대 3.0m를 초과하지 않는다.
8. 운반거리를 최소로 하고 운반량은 최대로 한다.
9. 동일한 토양이라도 습윤상태에 따라 악화 정도가 다르므로 악화되기 쉬운 표토의 운반은 건조기에 시행한다.

95. 화강암에 관한 설명으로 옳지 않은 것은?

① 산화철을 포함하면 미홍색을 띤다.
② 질이 단단하고 내구성 및 강도가 크다.
③ 색은 주로 석영에 의해 좌우된다.
④ 외관이 수려하고 절리의 거리가 비교적 커서 큰 판재를 생산할 수 있다.

96. 강(鋼)과 비교한 알루미늄의 특징 중 옳지 않은 것은?

① 강도가 작다.
② 비중이 작다.
③ 열팽창률이 작다.
④ 전기 전도율이 높다.

해설 | 알루미늄 : 열팽창률 높음

97. 클로소이드 곡선(Clothoid curve)에 대한 설명 중 옳지 않은 것은?

① 곡률이 곡선의 길이에 비례하는 곡선이다.
② 단위 클로소이드란 매개변수 A가 1인 클로소이드이다.
③ 클로소이드는 닮은꼴인 것과 닮은꼴이 아닌 것 두 가지가 있다.
④ 클로소이드에서 매개변수 A가 정해지면 클로소이드의 크기가 정해진다.

98. 다음 보의 종류 중 캔틸레버보에 해당하는 것은?

①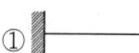
②
③
④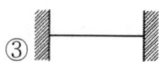

해설 | ① 캔틸레버보
② 내민보
③ 고정보
④ 게르버보

99. 다음과 같은 특징을 갖고 있는 조명등은?

- 등황색의 단일광원으로 고압일 경우 황백색이다.
- 광질의 특색 때문에 도로조명, 터널조명에 적합하다.
- 연색성이 불량하다.

① 할로겐등
② 고출력형광등
③ 형광수은등
④ 나트륨등

100. 어떤 A부지는 잔디지역의 면적 0.4ha(유출계수 0.25), 아스팔트 포장지역의 면적 0.2ha(유출계수 0.9)로 구성되어 있다. 강우강도는 20mm/h일 때, A지역의 총 우수유출량(m³/sec)은?

① 0.0056
② 0.0100
③ 0.0156
④ 5.6000

해설 | $Q = \dfrac{1}{360} \cdot C \cdot I \cdot A$
(Q : 우수유출량(m³/sec), C : 유출계수,
 I : 강우강도(mm/hr), A : 배수면적(ha))
$Q_1 = \dfrac{1}{360} \times 0.25 \times 20\text{mm/hr} \times 0.4\text{ha}$
  $= 0.00555\text{m}^3/\text{sec}$
$Q_2 = \dfrac{1}{360} \times 0.9 \times 20\text{mm/hr} \times 0.2\text{ha}$
  $= 0.01\text{m}^3/\text{sec}$
$Q_1 + Q_2 = 0.00555\text{m}^3/\text{sec} + 0.01\text{m}^3/\text{sec}$
  $= 0.01555\text{m}^3/\text{sec} ≒ 0.0156\text{m}^3/\text{sec}$

6과목 조경관리론

101. 비료의 화학적 반응에 대한 설명으로 옳은 것은?

① 비료 자체의 수용액 고유의 반응
② 식물이 양분을 흡수하는 데 매우 중요
③ 비료의 화학적 반응과 생리적 반응은 일치
④ 화학적 반응은 산성과 염기성 반응으로 구분

102. 다음 중 파이토플라스마(phytoplasma)에 의해 발생되는 수목병이 아닌 것은?

① 철쭉류 떡병
② 뽕나무 오갈병

③ 대추나무 빗자루병
④ 오동나무 빗자루병

103. 단일균사에 의하여 각피침입을 하는 병원체는?

① 낙엽송 끝마름병균
② 소나무류 잎떨림병균
③ 동백나무 잿빛곰팡이병균
④ 밤나무 줄기마름병균

→해설 각피침입
1. 잎과 줄기 표면으로 침입
2. 녹병균의 소생자, 잿빛곰팡이균, 뽕나무 뿌리썩음병균, 묘목의 입고병균
   ① 낙엽송 끝마름병균 : 상처를 통한 침입
   ② 소나무류 잎떨림병균 : 자연개구를 통한 침입 (기공 감염)
   ③ 동백나무 잿빛곰팡이병균 : 각피침입
   ④ 밤나무 줄기마름병균 : 상처를 통한 침입

104. 농약의 약자와 농약 제형이 잘못 표기된 것은?

① (수) : 수화제
② (훈) : 훈연제
③ (유) : 유제
④ (입) : 입제

→해설 농약의 약자와 농약 제형
: 유제(유), 액제(액), 수화제(수), 입제(입), 액상수화제(액상), 입상수화제(입상), 유탁제(유탁), 수용제(수용), 분산성액제(분액), 캡슐현탁제(캡슐), 미탁제(미탁), 유현탁제(유현), 입상수용제(입수용)

105. 다음 중 카바메이트계(carbamate) 농약은?

① 펜티온 유제
② 디티오피르 유제
③ 이프로디온 수화제
④ 티오파네이트메틸 수화제

→해설 ① 펜티온 유제 : 유기인계 살충제

② 디티오피르 유제 : 피리딘계 제초제
③ 이프로디온 수화제 : 디카복시미드계 살균제
④ 티오파네이트메틸 수화제 : 카바메이트계 살균제

106. 가지 위 방향을 바꾸기 위해서 신초를 자르지 않고 가지 비틀기를 하는 대표적인 조경수는?

① 은행나무
② 벚나무
③ 소나무
④ 자작나무

→해설 가지 비틀기 : 식물체의 강한 가지나 도장지의 기부를 비틀어 유인하는 것

107. 식물 표면에서 제초제의 흡수 과정과 관련된 설명으로 옳지 않은 것은?

① 극성의 제초제에 습윤제를 첨가하면 제초제의 독성은 감소된다.
② 비극성(친유성) 제초제는 큐티클 납질층을 친수성보다 잘 통과한다.
③ 계면활성제는 극성 제초제가 큐티클 납질층을 잘 통과하도록 도와준다.
④ 친수성 제초제의 통과는 펙틴, 큐틴 순으로 잘 되나 납질은 통과가 어렵다.

108. 2,4-D의 작용특성에 속하는 것은?

① 호흡 억제
② 동화작용 증진
③ 세포분열의 이상유발
④ 저온에서 작용력 증진

→해설 2,4-D
1. 외부조직에서 흡수되어 체내로 이동되며, 식물 전체를 죽이거나 약효가 서서히 나타남
2. 식물 생리에 영향을 끼쳐 식물체 고사

109. 수분 공급을 위한 관수방법으로 가장 알맞은 것은?

① 스프링클러는 대면적 관수작업 시 효율적이다.
② 도랑식 관수는 경사도나 유속과 상관없이 균일한 관수가 가능하다.
③ 하루 중 관수 시기는 정오를 기준으로 하는 것이 가장 좋다.
④ 식물이 위조현상을 보인 후에 관수해도 상관 없다.

110. 비기생성 식물이 아닌 것은?

① 칡　　　　　　② 겨우살이
③ 노박덩굴　　　④ 청미래덩굴

해설 기생식물 : 새삼, 겨우살이, 초종용

111. 저수호안의 생태개비온 설치 및 관리에 관한 사항으로 틀린 것은?

① 하천 및 수로 등의 세굴이 예상되는 부분에는 안정을 위해 자연상태 그대로 방치하여 수생식물 및 관목들의 유입을 도모한다.
② 돌채움이 끝나면 뚜껑을 철선으로 단단히 묶어야 하며, 개비온망끼리 일체가 되도록 연결부를 단단히 결속하여야 한다.
③ 기초지반이 연약할 경우에는 지반개량을 실시하거나, 버림콘크리트 등을 타설하여 개비온의 하중을 지지하여야 한다.
④ 도입식생은 설계도서에 따르되 일반적으로 수생식물, 관목 등을 도입하며, 식재방법은 파종, 포트식재 등의 기법과 호안의 안정성을 높이기 위한 식생매트 등을 복합 사용할 수 있다.

해설 저수호안의 생태개비온 설치 및 관리
1. 현장 생태계 특성(지하수위, 주변식생, 하천수위, 토질상태, 지반 등)을 고려하여 시공 시 전문가에 의한 자문이 필요하다.
2. 부등침하가 일어나지 않도록 기초지반을 정리하고 다짐을 한다.
3. 기초지반이 연약할 경우에는 지반개량을 실시하거나, 버림 콘크리트 등을 타설하여 개비온의 하중을 지지하여야 한다.
4. 하천 및 수로 등의 세굴이 예상되는 부분에는 세굴방지 대책을 수립하여, 개비온의 안정을 도모한다.
5. 채움재의 시공 시 공극은 최소화되도록 해야 한다.
6. 돌채움이 끝나면 뚜껑을 철선으로 단단히 묶어야 하며, 개비온망끼리 일체가 되도록 연결부를 단단히 결속하여야 한다.
7. 식재
   (1) 개비온 호안은 표층에 식재할 수 있도록 한다.
   (2) 개비온 호안의 상부에 토양층을 0.3~0.5m로 덮고 위에는 다양한 식물 종자를 파종하여 식재한다.
8. 채움재
   (1) 채움재는 내마모성을 가져야 하며 매트리스 구조물의 형상을 유지할 수 있도록 규정된 크기의 채움재를 사용한다.
   (2) 풍화된 암석이나 풍화를 받기 쉬운 암석, 동결현상으로 부서질 우려가 있는 암석은 사용하지 않고 화강암, 현무암, 안산암, 사암 등을 주로 사용하며, 크고 작은 입자가 고루 분포되어 조립률이 양호한 하천골재 또는 쇄석골재를 사용하여야 한다.
9. 도입 가능 식생
   (1) 개비온 호안에 사용되는 식생은 수생식물, 관목 등이다.
   (2) 식재방법은 파종, pot 등의 기법을 사용한다.
   (3) 호안의 안정성을 높이기 위해 자연생태복원 공법, 식생매트 등을 복합 사용한다.

112. 불리한 환경에 따른 곤충의 활동정지(quiescence)와 휴면(diapause)에 대한 설명으로 옳은 것은?

① 활동정지는 환경조건이 호전되면 곧 발육이 재개된다.
② 의무적 휴면의 예는 흰불나방에서 찾아볼 수 있다.
③ 기회적 휴면은 1년에 한 세대만 발생하는 곤충이 갖는다.
④ 일장(日長)은 휴면으로의 진입여부 결정에 중요한 요소는 아니다.

113. 공원 녹지 내 특별 행사(Event) 개최 목적이 아닌 것은?

① 공원 녹지 이용의 다양화 유도
② 행정 주도형 공원 녹지의 추구
③ 커뮤니케이션(Communication)의 도모
④ 주민 간 공감을 통한 문화적 유대감 증대

해설 행사 개최의 의의 및 효과
1. 행정홍보의 수단 : 주민 공감
2. 커뮤니티 활동의 일환 : 시민의 교양·문화·교육의 장, 지역주민의 커뮤니케이션 도모
3. 공원녹지 이용의 다양화(활성화)를 도모하는 수단

114. 다음 중 비결정형(부정형) 광물은?

① 일라이트(illite)
② 알로페인(allophane)
③ 카올리나이트(chlorite)
④ 몬모릴로나이트(montmorillonite)

해설 알로페인(allophane)
1. 비결정형(부정형) 광물
2. 알루미늄 규산염 점토 광물질
3. 인산고정력이 강하여 토양에 인산 결핍증의 원인이 될 수 있음

115. 토양수분함량 측정법이 아닌 것은?

① 중성자법
② 양성자법
③ 석고블럭법
④ 텐시오미터법

116. 레크리에이션의 자원관리 중 "프로그램 단계"에 속하지 않는 것은?

① 생태계 관리
② 이용자관리
③ 경관관리
④ 안전(장해)관리

해설 프로그램 : 부지관리, 식생관리, 경관관리, 생태계 관리, 안전관리(장해관리)

117. 도시공원의 점용(占用)에 대한 설명 중 옳은 것은?

① 공원 내 집회나 모임은 불가능하다.
② 점용허가 만료 후 원상복구는 반드시 공원관리청이 시행해야 한다.
③ 점용료 수입을 올리기 위해 가능한 한 많은 점용허가를 해준다.
④ 공원관리청 이외의 사람도 점용허가를 받아 공원 내 공작물이나 시설물을 설치할 수 있다.

118. 토양에서 서식하고, 충분한 수분을 요구하며, 주로 목조 건물 및 목조 구조물에 피해를 주는 해충은?

① 흰개미
② 그리마
③ 흰불나방
④ 독일바퀴벌레

119. 식물병은 예방이 주축을 이루고, 치료는 아직까지 그 일부에 지나지 않는데 그 이유로 합당하지 않은 것은?

① 경제적으로 방제 경비가 제한된다.
② 식물병의 치료는 원인 규명이 중요하다.
③ 식물은 체내에 순환계를 지니지 않고 있다.
④ 방제에 사용되는 약제의 대부분이 치료 효과가 확실하지 않다.

120. 유지관리를 위해 공원 내 태풍으로 쓰러진 키가 큰 나무를 기계톱으로 절단할 때 유의할 사항으로 틀린 것은?

① 절단은 후진하면서 작업한다.
② 소나무나 활엽수 등은 가지의 끝부분부터 작업한다.
③ 가급적 안내판이 짧은 기계톱을 사용한다.
④ 작업자는 쓰러진 나무 위에서 가지제거 작업을 실시하지 않는다.

해설 ① 절단은 전진하면서 작업한다.

Answer 113. ② 114. ② 115. ② 116. ② 117. ④ 118. ① 119. ② 120. ①

2017년 조경기사 최근기출문제 (2017. 5. 7)

1과목 조경사

01. 고려 말 탁광무가 은퇴한 후 전라도 광주에 조영한 별서 정원은?

① 경렴정　　② 양이정
③ 몽답정　　④ 문수원

[해설] ① 경렴정 : 고려말, 탁광무 조영, 전라도 광주, 별서 정원
② 양이정 : 고려시대 정자, 의종 조영, 고려청자 지붕
③ 몽답정 : 조선시대 정자, 창덕궁
④ 문수원 : 고려시대 선원, 이자현 조영, 강원도 춘천

02. 일본의 작정기(作庭記)에 대한 설명으로 옳지 않은 것은?

① 회유식 정원의 형태와 의장에 관한 것이다.
② 일본에서 정원 축조에 관한 가장 오랜 비전서이다.
③ 이론적인 것에서부터 시공면까지 상세하게 기록되어 있다.
④ 정원 전체의 땅가름, 연못, 섬, 입석, 작천(作泉) 등 정원에 관한 내용이다.

[해설] 작정기
1. 평안(헤이안 시대)
2. 귤준망 작성

03. 다음 중 중세 장원제도(feudal system) 속에서 발달된 조경양식의 특징은?

① 풍경식의 도입
② 내부공간 지향적 정원 수법
③ 로마시대의 공지 형태를 답습
④ 성벽을 의식한 장대한 외부 경관의 조성

[해설] 중세 장원제도 : 성관정원

04. 이탈리아 르네상스 정원의 평면구성에서 제시된 도면 순서와 일치하는 것은? (단, ■표시는 카지노를 의미한다.)

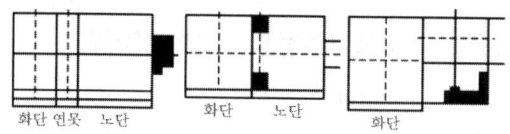

① 란테장 - 알도브란디니장 - 에스테장
② 메디치장(피에졸) - 이솔라벨라 - 파르네제장
③ 파르네제장 - 란테장 - 에스테장
④ 에스테장 - 란테장 - 메디치장(피에졸)

[해설] 란테장 : 쌍둥이 카지노

05. 일본 비조(飛鳥, 아스카)시대와 관련이 가장 먼 것은?

① 노자공　　② 모월사
③ 수미산석　　④ 석무대 고분

[해설] ② 모월사 : 평안(헤이안) 후기, 정토정원

06. 개성 만월대(滿月臺)의 조성자와 조성 목적으로 옳은 것은?

① 고려 초 왕건이 이궁(離宮)으로 조영
② 고려 초 왕건이 정궁(正宮)으로 조영
③ 조선 초 이성계가 이궁(離宮)으로 조영
④ 고려 초 왕건이 별서정원(別墅庭苑)으로 조영

Answer　01. ①　02. ①　03. ②　04. ④　05. ②　06. ②

7. 미국 Central Park의 성립배경과 가장 거리가 먼 사람은?

① Calvert Vaux
② Danial Burnham
③ William Cullen Bryant
④ Adrew Jackson Downing

> 해설 ① Calvert Vaux : Olmsted와 센트럴 파크 설계
> ② Danial Burnham : 시카고 만국박람회-건축 설계
> ③ William Cullen Bryant : 다우닝과 뉴욕시 공공공원 부족과 필요성에 대한 글을 잡지에 기고
> ④ Adrew Jackson Downing : 영국 건축가 캘버트 보우를 미국으로 오게 함

8. 덕수궁 석조전 앞의 분수와 연못을 중심으로 정원과 가장 가까운 양식은?

① 독일의 풍경식
② 프랑스의 정형식
③ 영국의 절충식
④ 이탈리아의 노단건축식

> 해설 덕수궁 석조전 정원
> 1. 분수와 연못 중심의 정원
> 2. 침상원(sunken garden)
> 3. 프랑스 정형식 정원
> 4. 좌우 대칭적인 기하학식 정원
> 5. 정원의 형태 : 장방형
> 6. 연못의 형태 : 방형+반월형
> 7. 연못의 중심 : 분수대, 사방 : 관목이나 초화류만 심은 정형식 정원

9. 풍경식 정원의 이론가이며 18C 후 ~ 19C 초에 걸쳐 풍경식 정원을 완성한 조경가는?

① John Rose
② George London
③ Humphrey Repton
④ Henry Wise

> 해설 ④ Henry Wise : 최초의 상업적 조경가

10. 델 엘 바하리(Deir-el Bahari)의 신원에 대한 내용 중 옳지 않은 것은?

① 인공과 자연의 조화
② 직교축에 의한 공간구성
③ Punt 보랑(步廊) 석벽의 부조
④ 주랑건축 전면에 파진 식재구덩이

> 해설 델 엘 바하리(Deir-el Bahari)의 신원 : 핫셉수트 여왕의 장제신전

11. 다음은 한국 전통조경 시설물, 혹은 전통수목과 관련 있는 단어들이다. 이 중 다른 3단어와 가장 관련이 없는 것은?

| * 사우단 | * 송죽매국 |
| * 절우사 | * 죽림칠현 |

① 사우단
② 송죽매국
③ 절우사
④ 죽림칠현

> 해설 ① 사우단 : 사절우 식재, 서석지원
> ② 송죽매국 : 사절우
> ③ 절우사 : 사절우 식재, 도산서당
> ④ 죽림칠현 : 대나무숲의 일곱 현인

12. 창덕궁 내 천정(泉井)이 아닌 것은?

① 마니(摩尼)
② 몽천(蒙泉)
③ 옥정(玉井)
④ 파리(玻璃)

> 해설 창덕궁 천정(泉井) : 우물
> : 마니, 파리, 유리, 옥정

13. 1500년대 초에 만들어진 별서 정원으로 담 아래 구멍을 통해 흘러 들어온 물이 나무 홈대를 거쳐 못을 채우고 다시 넘친 물이 자연스럽게 떨어지도록 꾸며진 곳은?

① 양산보의 소쇄원
② 노수진의 십청정

③ 이퇴계의 도산원림
④ 윤선도의 부용동 정원

14. 16세기에 조성된 '중국 – 한국 – 일본'의 정원으로 모두 옳은 것은?

① 원명원 – 주합루 – 육의원
② 유원 – 옥호정 – 선동어소
③ 창춘원 – 서석지 – 수학원이궁
④ 졸정원 – 소쇄원 – 대덕사 대선원

해설 16세기 '중국 – 한국 – 일본'
: 명 – 조선전기 – 실정(무로마치), 도산(모모야마)
① 원명원 – 주합루 – 육의원 : 청–조선–강호(에도)
② 유원 – 옥호정 – 선동어소 : 명–조선–강호(에도)
③ 창춘원 – 서석지 – 수학원이궁 : 청–조선–강호(에도)
④ 졸정원 – 소쇄원 – 대덕사 대선원 : 명–조선–실정(무로마치)

15. 미국의 조경발달에 획기적인 영향을 미친 시카고 박람회의 영향으로 가장 거리가 먼 것은?

① 도시미화운동의 부흥
② 도시계획 발달의 전기
③ 신도시계획 계기 마련
④ 건축, 토목 등과 공동작업의 계기

해설 시카고 만국박람회 영향
1. 도시계획에 대한 관심 증대, 도시계획 발달 기틀 마련
: 수도 워싱턴 계획(1901), 시카고 도시계획(1909)
2. 도시미화운동(City Beautiful Movement) 일어남 : 도시계획 발달의 근원
3. 로마에 American academy 설립(1894)
4. 조경 전문직에 대한 관심 증대
5. 조경계획 수립 시 건축·토목 등과의 공동작업 계기 마련

16. 전통정원 연못에 도입된 섬의 형태가 3도형(三島型)이 아닌 곳은?

① 창경궁 춘당지

② 남원 광한루 원지
③ 경주 동궁과 월지
④ 경복궁 경회루 원지

해설 ① 창경궁 춘당지 : 섬 1개
② 남원 광한루 원지 : 삼신선도(봉래, 방장, 영주)
③ 경주 동궁과 월지 : 3도형(대, 중, 소)
④ 경복궁 경회루 원지 : 방지3방도

17. 다음 중 동쪽은 청화원, 서쪽은 근춘원으로 나뉘어 있는 중국의 정원은?

① 희춘원   ② 기춘원
③ 이화원   ④ 어화원

18. 고대 메소포타미아인들의 정원에 대한 개념 중 틀린 것은?

① 산악경관을 동경하여 이상화하였다.
② 관개용 수로를 기본적으로 배치하였다.
③ 높은 담으로 둘러싼 뜰 안을 기하학적으로 배치하였다.
④ 방형(方形)의 공간에 천국의 4대 강을 뜻하는 Paradise 개념의 수로를 배치하였다.

19. 정원의 조영시기가 오래된 것부터 순서대로 나열된 것은?

① 피에졸레 → 마다마 → 에모 → 보르뷔콩트
② 마다마 → 피에졸레 → 카스텔로 → 로톤다
③ 마다마 → 피에졸레 → 로톤다 → 보르뷔콩트
④ 란테 → 마다마 → 로톤다 → 베르사유궁전

해설 ① 피에졸레(1458) → 마다마(1513) → 에모(1561) → 보르뷔콩트(1666)
② 마다마(1513) → 피에졸레(1458) → 카스텔로(1537) → 로톤다(1570)
③ 마다마(1513) → 피에졸레(1458) → 로톤다(1570) → 보르뷔콩트(1666)
④ 란테(1566) → 마다마(1513) → 로톤다(1570) → 베르사유궁전(1686)

Answer 14. ④ 15. ③ 16. ① 17. ① 18. ① 19. ①

20. 리젠트 파크의 영향을 받아 왕실 수렵원을 시민의 힘으로 공공공원으로 조성한 곳은?

① 로마의 포름
② 뉴욕 센트럴 파크
③ 영국 버큰헤드 파크
④ 뉴욕 프로스펙트 파크

2과목 조경계획

21. 다음 주택건설기준 등에 관한 규정상의 주택단지 안의 도로 설명 중 ( ) 안에 내용이 틀린 것은?

- 공동주택을 건설하는 주택단지에는 폭 (A) 이상의 보도를 포함한 폭 (B) 이상의 도로를 설치하여야 한다.
- 해당 도로를 이용하는 공동주택의 세대수가 (C) 미만이고 해당 도로가 막다른 도로로서 그 길이가 (D) 미만인 경우 도로의 폭을 4미터 이상으로 할 수 있다.

① A : 1.5미터
② B : 7미터
③ C : 300세대
④ D : 35미터

[해설] 〈주택건설기준 등에 관한 규정〉에서 규정하는 도로는 다음과 같다.

제26조(주택단지 안의 도로)
① 공동주택을 건설하는 주택단지에는 폭 1.5미터 이상의 보도를 포함한 폭 7미터 이상의 도로(보행자전용도로, 자전거도로는 제외한다)를 설치하여야 한다. 〈개정 2007.7.24., 2013.6.17.〉
② 제1항에도 불구하고 다음 각 호에 어느 하나에 해당하는 경우에는 도로의 폭을 4미터 이상으로 할 수 있다. 이 경우 해당 도로에는 보도를 설치하지 아니할 수 있다. 〈개정 2013.6.17.〉
  1. 해당 도로를 이용하는 공동주택의 세대수가 100세대 미만이고 해당 도로가 막다른 도로로서 그 길이가 35미터 미만인 경우
  2. 그 밖에 주택단지 내의 막다른 도로 등 사업계획승인권자가 부득이하다고 인정하는 경우
③ 주택단지 안의 도로는 유선형(流線型) 도로로 설계하거나 도로 노면의 요철(凹凸) 포장 또는 과속방지턱의 설치 등을 통하여 도로의 설계속도(도로설계의 기초가 되는 속도를 말한다)가 시속 20킬로미터 이하가 되도록 하여야 한다. 〈신설 2013.6.17.〉
④ 500세대 이상의 공동주택을 건설하는 주택단지 안의 도로에는 어린이 통학버스의 정차가 가능하도록 국토교통부령으로 정하는 기준에 적합한 어린이 안전보호구역을 1개소 이상 설치하여야 한다. 〈신설 2013.6.17.〉
⑤ 제1항부터 제4항까지에서 규정한 사항 외에 주택단지에 설치하는 도로 및 교통안전시설의 설치기준 등에 관하여 필요한 사항은 국토교통부령으로 정한다. 〈개정 1994.12.23., 1994.12.30., 2007.7.24., 2008.2.29., 2013.3.23., 2013.6.17.〉
[제목개정 2007.7.24.]

22. 다음 '도로'와 관련된 기준으로 틀린 것은?

① 차로의 폭은 차선의 중심선에서 인접한 차선의 중심선까지로 한다.
② 도로의 차로 수는 교통흐름의 형태, 교통량의 시간별·방향별 분포, 그 밖의 교통 특성 및 지역 여건에 따라 홀수 차로로 할 수 있다.
③ 도시지역의 일반도로 중 주간선도로의 설계속도는 60km/시간 이상으로 하여야 한다.
④ 도로의 계획목표연도는 공용개시 계획연도를 기준으로 20년 이내로 정한다.

23. 도시민이 이용할 수 있는 공원녹지를 확충하기 위하여 필요한 경우에는 도시지역의 식생 또는 임상(林床)이 양호한 토지의 소유자와 그 토지를 일반 도시민에게 제공하는 것을 조건으로 해당 토지의 식생 또는 임상의 유지·보존 및 이용에 필요한 지원을 하는 것을 내용으로 시장이 하는 계약은?

① 녹화계약
② 녹지활용계약
③ 토지거래계약
④ 생물다양성관리계약

Answer 20. ③ 21. ③ 22. ③ 23. ②

해설 녹지활용계약 : 도시민이 이용할 수 있는 공원녹지를 확충하기 위하여 필요한 경우에는 도시지역의 식생 또는 임상(林床)이 양호한 토지의 소유자와 그 토지를 일반 도시민에게 제공하는 것을 조건으로 해당 토지의 식생 또는 임상의 유지·보존 및 이용에 필요한 지원을 하는 것을 내용으로 시장이 하는 계약

24. 야생생물 보호 및 관리에 관한 법률에 대한 사항으로 맞는 것은?

① 환경부장관은 야생생물 보호와 그 서식환경 보전을 위하여 5년마다 멸종위기 야생생물 등에 대한 야생생물 보호 기본계획을 수립하여야 한다.
② 야생생물을 그 서식지에서 보전하기 어렵거나 종의 보존 등을 위하여 서식지 외에서 보전할 필요가 있는 경우 환경부장관이 단독으로 서식지 외 보전기관을 지정한다.
③ 학술연구, 관람·전시, 유해야생동물의 포획 등 어떠한 경우에도 덫이나 창애, 올무의 제작을 금지한다.
④ 멸종위기 야생생물의 중장기 보전대책은 우리나라 야생생물에 대한 보전대책이기 때문에 국제협력에 관한 사항은 포함하지 않아도 된다.

해설 〈야생생물 보호 및 관리에 관한 법률〉에서 지정하는 기준은 다음과 같다.
제5조(야생생물 보호 기본계획의 수립 등)
① 환경부장관은 야생생물 보호와 그 서식환경 보전을 위하여 5년마다 멸종위기 야생생물 등에 대한 야생생물 보호 기본계획(이하 "기본계획"이라 한다)을 수립하여야 한다.
② 환경부장관은 기본계획을 수립하거나 변경할 때에는 관계 중앙행정기관의 장과 미리 협의하여야 하고, 수립되거나 변경된 기본계획을 관계 중앙행정기관의 장과 특별시장·광역시장·특별자치시장·도지사·특별자치도지사(이하 "시·도지사"라 한다)에게 통보하여야 한다. 〈개정 2014.3.24.〉
③ 환경부장관은 기본계획의 수립 또는 변경을 위하여 관계 중앙행정기관의 장과 시·도지사에게 그에 필요한 자료의 제출을 요청할 수 있다.
④ 시·도지사는 기본계획에 따라 관할구역의 야생생물 보호를 위한 세부계획(이하 "세부계획"이라 한다)을 수립하여야 한다.
⑤ 시·도지사가 세부계획을 수립하거나 변경할 때에는 미리 환경부장관의 의견을 들어야 한다.
⑥ 기본계획과 세부계획에 포함되어야 할 내용과 그 밖에 필요한 사항은 대통령령으로 정한다.
〈전문개정 2011.7.28.〉

25. 환경설계에서 연속적 경험의 중요성에 대한 연구와 관련이 없는 사람은?

① 할프린(Halprin)
② 틸(Thiel)
③ 맥하그(McHarg)
④ 아버나티(Abernathy)

해설 환경설계에서 연속적 경험의 중요성에 대한 연구는 할프린(Halprin), 틸(Thiel), 아버나티(Abernathy)와 관련된 연구분야이다.

26. 1875년 영국에서 불결한 도시주거환경을 제거하기 위해 새로이 건설되는 주택의 상하수도 시설과 정원 크기 및 주변 도로의 폭 등 주거환경기준을 규제하는 목적으로 제정된 법은?

① 건축법(building code)
② 공중위생법(public health act)
③ 단지조성법(site planning act)
④ 미관지구에 관한 법(law of beautification district)

해설 공중위생법(public health act) : 1875년 영국에서 불결한 도시주거환경을 제거하기 위해 새로이 건설되는 주택의 상하수도 시설과 정원 크기 및 주변 도로의 폭 등 주거환경기준을 규제하는 목적으로 제정된 법

27. 국토의 용도 구분 중에서 농림업의 진흥, 자연환경 또는 산림의 보전을 위하여 자연환경보전지역에 준하여 관리할 필요가 있는 지역의 명칭은?

① 도시지역
② 관리지역
③ 농림지역
④ 산림지역

Answer 24. ① 25. ③ 26. ② 27. ②

28. 계획 및 설계에서 피드백(feed back) 과정을 가장 옳게 설명한 것은?

① 계획에서는 피드백 과정이 필요하나 설계에서는 필요하지 않다.
② 피드백은 계획수행 과정상 전단계로 되돌아가 작성된 안을 다시 한번 검토해 보는 것을 말한다.
③ 피드백 과정 시에는 조경가만이 참여하며 의뢰인은 참여하지 않는다.
④ 피드백은 자료의 분석 후 이들을 종합하는 과정에서 주로 사용되는 기법이다.

해설 피드백 : 계획수행 과정상 전단계로 되돌아가 작성된 안을 다시 검토해 보는 것을 말한다.

29. 공원녹지 체계를 설명한 것 중 가장 거리가 먼 것은?

① 체계를 구성하는 요소는 하나의 큰 공원이다.
② 다수의 공원을 연계하여 상호간의 관계를 만든다.
③ 가로수나 하천을 공원의 연계요소로 이용한다.
④ 호수, 운동장, 광장 등은 공원을 보완하는 점적·면적요소이다.

해설 공원녹지 체계는 공원 이외 여러 가지 녹지들을 포함한다.

30. 옥상정원의 인공지반을 녹화할 때 가장 우선적이고, 중요하게 고려해야 할 하중은?

① 고정하중
② 적재하중
③ 적설하중
④ 풍하중

해설 옥상정원의 인공지반을 녹화할 때는 무게를 가장 우선시 고려해야 한다.

31. 다음 중 I. McHarg가 주로 사용해 정착된 적지 판정법은?

① DGN method
② overlay method
③ motation method
④ image map method

해설 I. McHarg가 주로 사용한 적지방법은 overlay method 기법이다.

32. 우리나라 중부지방에서 오후 시간대에 태양복사열을 가장 많이 받는 장소는?

① 남~동향 사이의 20% 경사면
② 남~서향 사이의 20% 경사면
③ 남~서향 사이의 40% 경사면
④ 남~동향 사이의 40% 경사면

해설 우리나라 중부지방에서 오후 시간대에 태양복사열을 가장 많이 받는 장소는 남~서향 사이의 40% 경사면이다.

33. Berlyne의 미적 반응과정을 순서대로 맞게 나열한 것은?

① 환경적 자극 → 자극선택 → 자극해석 → 자극탐구 → 반응
② 환경적 자극 → 자극탐구 → 자극해석 → 자극선택 → 반응
③ 환경적 자극 → 자극선택 → 자극탐구 → 자극해석 → 반응
④ 환경적 자극 → 자극탐구 → 자극선택 → 자극해석 → 반응

해설 Berlyne의 미적 반응과정은 환경적 자극 → 자극탐구 → 자극선택 → 자극해석 → 반응으로 진행된다고 하였다.

34. 「체육시설의 설치·이용에 관한 법률」상 등록 체육시설업에 해당하지 않는 것은?

① 골프장업
② 스키장업
③ 승마장업
④ 자동차 경주장업

해설 「체육시설의 설치·이용에 관한 법률」에서 지정하는 체육시설업은 다음과 같다.
1. 스키장업, 2. 썰매장업, 3. 요트장업, 4. 빙상장업, 5. 종합 체육시설업, 6. 체육도장업, 7. 무도학원업, 8. 무도장업

Answer 28. ② 29. ① 30. ② 31. ② 32. ③ 33. ④ 34. ③

35. 휴양림 지역 내 진입(進入)도로의 종점(終點)에 설치된 주차장으로부터 휴양림의 주요시설 입구를 순환, 연결하는 기능을 담당하는 도로를 가리키는 용어는?

① 임도 ② 목도
③ 벌도 ④ 녹도

해설 휴양림 지역 내 진입(進入)도로의 종점(終點)에 설치된 주차장으로부터 휴양림의 주요시설 입구를 순환, 연결하는 기능을 담당하는 도로는 임도에 해당한다.

36. 단지 내 보행자 공간의 역할과 가장 거리가 먼 것은?

① 생활공간 제공 역할로 산책, 놀이, 대화 등의 생활공간으로 활용될 수 있다.
② 환경보호적 역할로 보행의 안전과 보안 및 방범효과를 높여준다.
③ 경제적 역할로 쾌적한 보행자 공간의 조성을 통해 연도상가의 환경을 개선시킬 수 있다.
④ 교통관리 역할로 안락하고 편리한 보행자 공간을 이용하여 보행자들이 목적지까지 편리하게 도달할 수 있게 한다.

해설 도시를 위요하고 있는 주변 자연환경과 도시경관과 보행도로의 축과의 관계를 잘 반영하여 쾌적성과 편의성을 제공해 주는 보행자의 공간을 기획한다.

37. 둘 이상의 행정구역에 걸치는 군립공원의 지정·관리 시 협의가 이루어지지 아니한 경우 관계자는 누구에게 재정 신청을 할 수가 있는가?

① 국토교통부장관 ② 환경부장관
③ 시·도지사 ④ 공원관리청장

해설 둘 이상의 행정구역에 걸치는 군립공원의 지정·관리 시 협의가 이루어지지 아니한 경우 시·도지사에게 재정신청을 할 수 있다.

38. 고속도로 조경계획 시 가능노선 선정의 고려사항을 도로 이용도와 경제적 측면, 기술적 측면으로 구분할 수 있는데, 다음 중 기술적 측면의 조건에 포함되지 않는 것은?

① 직선도로를 유지하도록 노선을 선정한다.
② 운수속도(運輸速度)가 가장 빠른 노선을 선정한다.
③ 오르막 구배가 너무 급하게 되면 우회노선을 선정한다.
④ 토량 이동(절·성토)이 균형을 이루는 노선을 선정한다.

해설 고속도로 조경계획 시 가능노선 선정의 고려사항에서 기술적인 측면은 다음과 같다.
1. 직선도로를 유지하도록 노선을 선정한다.
2. 오르막 구배가 너무 급하게 되면 우회노선을 선정한다.
3. 토량 이동(절·성토)이 균형을 이루는 노선을 선정한다.

39. 단지 계획 시 '건폐율'의 설명으로 옳은 것은?

① 건축물의 각 층 바닥면적의 합계
② 대지면적에 대한 건축면적의 비율
③ 대지면적에 대한 건축연면적의 비율
④ 객실면적 합계의 건축연면적에 대한 비율

40. 세계 최초로 지정된 국립공원과 한국 최초로 지정된 국립공원이 바르게 짝지어진 것은?

① 요세미티(yosemite) - 오대산
② 요세미티(yosemite) - 속리산
③ 옐로우스톤(yellow stone) - 설악산
④ 옐로우스톤(yellow stone) - 지리산

해설 세계 최초로 지정된 국립공원-옐로우스톤(yellow stone)
한국 최초로 지정된 국립공원-지리산

3과목 조경설계

41. 그림과 같은 투상도는 제3각법 정투상도이다. 우측면도로 가장 적합한 것은?

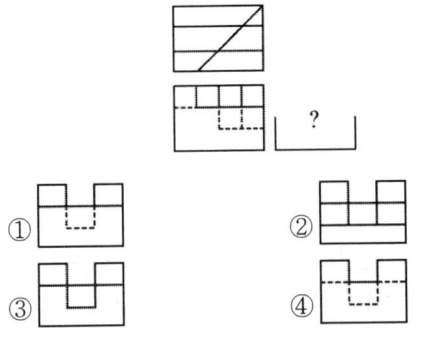

42. 친환경적 도시시설 중에는 자전거전용도로가 가장 효율적인 시설 중의 하나이다. 다음 중에서 자전거 전용도로 설계 시 양측의 여유를 고려한 1차선 폭은 얼마 이상이어야 하는가? (단, 지역상황 등에 따라 부득이하다고 인정되는 경우는 고려하지 않음)

① 100cm   ② 120cm
③ 150cm   ④ 180cm

해설: 자전거 전용도로 설계 시 양측의 여유를 고려한 1차선 폭은 150cm 이상이어야 한다.

43. 경계석 설치 시 그 기능이 가장 낮은 것은?

① 차도와 보도 사이
② 차도와 식재지 사이
③ 자연석 디딤돌의 경계부
④ 유동성 포장재의 경계부

44. 물체가 화면에 평행하고 기선에 수직인 경우 1소점 투시도가 되는 투시도의 유형은?

① 유각 투시도   ② 사각 투시도
③ 눈높이 투시도   ④ 평행 투시도

해설: 1소점 투시도는 평행투시도의 다른 이름이다.

45. 수경시설의 설계기준에 대한 설명 중 틀린 것은?

① 수경시설은 적설, 동결, 바람 등 지역의 기후적 특성을 고려하여 설계한다.
② 물놀이를 전제로 한 수변공간(도섭지 등)시설의 1일 물 순환횟수는 2회를 기준으로 한다.
③ 장애물이 없는 개수로의 유량산출은 프란시스의 공식, 바진의 공식을 적용한다.
④ 분수의 경우 수조의 너비는 분수 높이의 2배, 바람의 영향을 크게 받는 지역은 분수 높이의 4배를 기준으로 한다.

해설: 「조경설계기준」에서 정하는 수경시설의 기준은 다음과 같다.
1. 수경시설은 적설, 동결, 바람 등 지역의 기후적 특성을 고려하여 설계한다.
2. 물놀이를 전제로 한 수변공간(도섭지 등)시설의 1일 물 순환횟수는 2회를 기준으로 한다.
3. 분수의 경우 수조의 너비는 분수 높이의 2배, 바람의 영향을 크게 받는 지역은 분수 높이의 4배를 기준으로 한다.
4. 장애물이 없는 개수로의 유량산출은 매닝공식을 적용한다.

46. 기본설계에서 수행되는 과정 중 적당하지 않은 것은?

① 평면도   ② 조감도
③ 시방서   ④ 스터디모형

해설: 시방서는 실시설계에서 수행된다.

47. 조경설계기준상 토지이용 상충지역 완충녹지의 설계로 옳지 않은 것은?

① 완충녹지의 폭원은 최소 20m를 확보한다.

Answer 41. ③ 42. ③ 43. ③ 44. ④ 45. ③ 46. ③ 47. ③

② 임해매립지의 방풍·방조녹지대의 폭원은 200~300m를 확보한다.
③ 재해 발생 시의 피난지로서 설치하는 녹지는 교목 식재를 하고, 전체 녹화 면적률이 50% 정도가 되도록 한다.
④ 보안, 접근 억제, 상충되는 토지이용의 조절 등을 목적으로 설치하는 녹지는 교목, 관목 또는 잔디, 기타 지피식물을 재식하고 녹화면적률이 80% 이상이 되도록 한다.

48. K. Lynch가 주장한 도시경관의 시각적 명료성을 분석하기 위한 5가지 요소에 해당하지 않는 것은?

① 도로(path)
② 지역(district)
③ 결절점(node)
④ 근린주구(neighborhood unit)

해설 근린주구(neighborhood unit)에 대한 이론은 C.A. Perry의 이론이다.

49. 도면 제조 시 치수선에 수치를 쓸 때 방향이 틀린 것은?

① 좌측은 아래에서 위쪽으로
② 우측은 위에서 아래쪽으로
③ 상단부는 왼쪽에서 오른쪽으로
④ 하단부는 왼쪽에서 오른쪽으로

해설 도면 제조 시 치수선에 수치를 쓸 때 방향은 좌측은 아래에서 위로, 우측은 아래에서 위로, 상단은 왼쪽에서 오른쪽으로 하단부는 왼쪽에서 오른쪽으로 기입한다.

50. 다음에서 대칭 균형 원리의 예로 적합하지 않은 것은?

① 독립문
② 낙선재
③ 파르테논신전
④ 불국사 대웅전

해설 대칭 균형 원리의 대표적인 건축물은 독립문, 파르테논신전, 불국사 대웅전이 해당한다.

51. Leopold가 계곡경관의 평가에 사용한 경관가치의 상대적 척도의 계량화 방법은?

① 상대성비
② 연속성비
③ 유사성비
④ 특이성비

해설 Leopold가 계곡경관의 평가에 사용한 경관가치의 상대적 척도의 계량화 방법에는 특이성의 비가 사용되었다.

52. 다음 환경지각 이론 중에서 지원성(affordance)의 지각을 내용으로 하는 이론은?

① 형태심리 이론
② 장(場)의 이론
③ 확률적 이론
④ 생태적 이론

53. 가법혼합(Additive mixture)의 3색광에 대한 설명으로 틀린 것은?

① 빨강색광과 녹색광을 흰 스크린에 투영하여 혼합하면 밝은 노랑이 된다.
② 가법혼합은 가산혼합, 가법혼색, 색광혼합이라고 한다.
③ 3색광 모두를 혼합하면 암회색(暗灰色)이 된다.
④ 가법혼색의 방법에는 동시가법혼색, 계시가법혼색, 병치가법혼색의 3가지가 있다.

해설 3색광 모두를 혼합하면 백색이 된다.

54. 다음 중 균형과 관계있는 용어로 가장 거리가 먼 것은?

① 대칭
② 비대칭
③ 점증
④ 주도와 종속

해설 균형과 관계있는 용어는 검증이다.

Answer: 48.④ 49.② 50.② 51.④ 52.④ 53.③ 54.③

55. 주택단지·공공건물·사적지·명승지·호텔 등의 정원에 설치하며, 정원의 아름다움을 밤에 선명하게 보여줌으로써 매력적인 분위기를 연출하는 '정원등'의 세부시설기준으로 틀린 것은?

① 광원은 고압 수은형광등을 적용한다.
② 등주의 높이는 2m 이하로 설계·선정한다.
③ 숲이나 키 큰 식물을 비추고자 할 때에는 아래 방향으로 배광한다.
④ 야경의 중심이 되는 대상물의 조명은 주위보다 몇 배 높은 조도기준을 적용하여 중심감을 부여한다.

해설 「조경설계기준」에서 규정하는 정원등의 세부시설 기준은 다음과 같다.
(1) 주택단지 등 설계대상 공간의 정원 경관과 어울리는 형태·색깔로 설계한다.
(2) 광원이 이용자의 눈에 띌 경우 정원의 장식물을 겸하도록 조형성을 갖추어 디자인한다.
(3) 야경의 중심이 되는 대상물의 조명은 주위보다 몇 배 높은 조도기준을 적용하여 중심감을 부여한다.
(4) 화단이나 키 작은 식물을 비추고자 할 때에는 아래 방향으로 배광한다.
(5) 정원의 조명은 밝기를 균일하거나 평탄한 느낌을 주지 않도록 하고, 명암이나 음영에 따라 정원 내부의 깊이를 느끼도록 연출한다.
(6) 광원이 노출될 때는 휘도를 낮추거나 광원의 위치를 높여 광원에 따른 눈부심을 피한다.
(7) 광원을 선정할 때에는 광원의 색상·조명색상·공간의 규모·유지보수·등의 수명·효율·경제성·연색성·등의 용량·기온 등을 고려한다.
(8) 광원은 고압 수은형광등을 적용한다.
(9) 등주의 높이는 2m 이하로 설계·선정한다.

56. 시각적 복잡성과 시각적 선호도의 관계를 가장 올바르게 설명한 것은?

① 시각적 복잡성과 시각적 선호도는 아무 관계가 없다.
② 시각적 복잡성이 증가함에 따라 시각적 선호도도 증가한다.
③ 시각적 복잡성이 증가함에 따라 시각적 선호도가 감소한다.
④ 시각적 복잡성이 적절할 때 가장 높은 시각적 선호도를 나타낸다.

해설 시각적 복잡성이 중간 정도일 때 가장 높은 시각적 선호도를 나타낸다.

57. 다음 재료 구조 표시 기호(단면용)에 해당되는 것은?

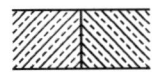

① 지반
② 석재
③ 인조석
④ 잡석다짐

해설 석재의 단면 기호표시 방법이다.

58. 다음 중 일반적인 조경설계 과정에 포함되는 사항이 아닌 것은?

① 프로그램 개발
② 조사와 분석
③ 개념적인 설계
④ 모니터링 설계

59. 시각적 선호에 관련된 변수에 대한 설명이 틀린 것은?

① 물리적 변수 : 식생, 물, 지형
② 추상적 변수 : 복잡성, 조화성, 새로움
③ 지역적 변수 : 위치, 거리, 규모
④ 개인적 변수 : 개인의 나이, 학력, 성격

해설 시각적 선호에 관련된 변수에는 물리적 변수, 추상적 변수, 개인적 변수, 상징적 변수 등이 해당된다.

60. 다음 중 운율미(韻律美)의 표현과 가장 관계가 먼 것은?

① 변화되는 색채
② 수관의 율동적인 선(線)
③ 편평한 벽에 생긴 갈라진 틈
④ 일정한 간격을 두고 들려오는 소리

4과목 조경식재

61. 도시의 철로변 식생 중 자연적으로 이입되었을 가능성이 가장 큰 수종은?

① 향나무
② 개나리
③ 회양목
④ 가죽나무

62. 야생동물 이동통로 설치 시 고려할 사항이 아닌 것은?

① 주변 생태계와 유사한 식물을 식재하거나 주변지형을 고려한 설치로 주변 서식지 특성과 조화를 이루도록 한다.
② 뚜렷한 보호 대상종이 존재하는 경우, 특정종을 위한 소규모의 이동통로를 여러 곳에 만드는 것보다 전체 종을 대상으로 대규모 이동통로를 만드는 것이 경제적으로 바람직하다.
③ 차량에 의한 동물피해를 최소화하기 위한 수단으로서 과속방지턱, 노면처리, 동물 출현 표지판 등의 보조시설을 설치할 수 있다.
④ 인접도로에서 발생하는 소음 및 진동, 자동차 혹은 기타 건물의 불빛 등의 외부간섭을 차단하기 위해 통로를 은폐하는 것이 바람직하다.

63. 잎보다 꽃이 먼저 피는 수종은?

① *Magnolia sieboldii*
② *Magnolia denudata*
③ *Magnolia obovata*
④ *Hibiscus syriacus*

[해설] ① *Magnolia sieboldii* : 함박꽃나무
② *Magnolia denudata* : 백목련
③ *Magnolia obovata* : 일본목련
④ *Hibiscus syriacus* : 무궁화

64. 학교조경 설계 시 식물재료의 선정 조건으로 가장 부적합한 것은?

① 교과서에 취급된 수종
② 주변환경에 내성이 강한 수종
③ 그 학교를 상징할 수 있는 수종
④ 잎이나 꽃이 아름다운 외국 수종

[해설] 학교조경 식물 조건
① 교과서에 취급된 식물 우선 선정
② 학생들의 기호를 고려
③ 향토식물
④ 관상가치가 있는 식물
⑤ 학교를 상징하고 수심양성의 지표가 될 교목과 교화
⑥ 관리가 용이한 식물
⑦ 야생동물의 먹이가 되는 식물
⑧ 주변 환경에 대한 내성이 강한 식물
⑨ 생장 속도가 빠른 식물
⑩ 독이 없고 가시가 없는 식물

65. 수피에 코르크가 발달하는 수목이 아닌 것은?

① *Quercus variabilis*
② *Prunus mandshurica*
③ *Phellodendron amurense*
④ *Aphananthe aspera*

[해설] ① *Quercus variabilis* : 굴참나무
② *Prunus mandshurica* : 개살구나무
③ *Phellodendron amurense* : 황벽나무
④ *Aphananthe aspera* : 푸조나무

66. 열매는 이과로 타원형이며 반점이 뚜렷하고 지름이 1cm로 붉은색으로 익으며 9월 중순~10월 초에 성숙하는 수종은?

① *Morus alba*
② *Sorbus alnifolia*
③ *Albizia julibrissin*
④ *Ligustrum obtusifolium*

Answer
61. ④ 62. ② 63. ② 64. ④ 65. ④ 66. ②

해설 ① *Morus alba* : 뽕나무
② *Sorbus alnifolia* : 팥배나무
③ *Albizia julibrissin* : 자귀나무
④ *Ligustrum obtusifolium* : 쥐똥나무

67. 수목의 수형을 결정하는 요인으로 가장 거리가 먼 것은?

① 바람
② 관수량
③ 인간의 영향(접촉)
④ 태양광의 입사각

68. 다음 중 쪽동백나무(*Styrax obassia Siebold & Zucc*)의 특징 설명으로 틀린 것은?

① 꽃은 흰색으로 5~6월에 개화한다.
② 나무껍질은 검은색이며, 굴곡이 생기고 매끈하다.
③ 생장속도는 빠르며, 이식이 잘 되지 않아 실생번식을 주로 한다.
④ 원뿔모양의 수형과 특색 있는 줄기, 아름다운 꽃, 귀여운 열매는 관상가치가 크다.

해설 쪽동백나무
생장속도는 느리며, 이식은 잘 됨, 실생 및 삽목번식

69. 천이(Succession)의 순서가 옳은 것은?

① 나지 → 1년생초본 → 다년생초본 → 음수교목림 → 양수관목림 → 양수교목림
② 나지 → 1년생초본 → 다년생초본 → 양수교목림 → 양수관목림 → 음수교목림
③ 나지 → 1년생초본 → 다년생초본 → 양수관목림 → 양수교목림 → 음수교목림
④ 나지 → 다년생초본 → 1년생초본 → 양수관목림 → 양수교목림 → 음수교목림

70. 수분 요구도별 식물의 설명으로 틀린 것은?

① 건생식물은 증산작용을 억제하기 위해 잎의 표피조직이 두껍게 발달되며, 세덤(Seedum) 속이 해당된다.
② 부엽식물은 뿌리가 물 밑 땅 속에 고착하고 잎은 수면에 띄우며, 연꽃이 해당된다.
③ 습생식물은 주로 토양이 축축한 습지에서 생활하며, 바위솔이 해당된다.
④ 침수식물은 뿌리가 물 밑 땅 속에 고착하고 식물체의 전부가 수면하에 있으며, 이삭물수세미가 해당된다.

해설 ③ 습생식물은 주로 토양이 축축한 습지에서 생활
바위솔 : 건생식물

71. 식재시방서의 식재구덩이에 관한 설명으로 틀린 것은?

① 식재구덩이는 식재 당일에 굴착하는 것을 원칙으로 한다.
② 지정된 장소가 식재 불가능할 경우 도급업자가 임의로 옮겨 심는다.
③ 식재 구덩이를 팔 때에는 표토와 심토는 따로 갈라놓아 표토를 활용할 수 있도록 조치한다.
④ 대형목 등 특수목 식재를 위한 구덩이의 굴착방법은 공사시방서에 따른다.

해설 식재구덩이 굴착
1. 식재구덩이는 식재 당일에 굴착하는 것을 원칙으로 한다. 다만, 부득이한 경우 사전에 굴착할 수 있으며 이때는 감독자와 충분히 협의하여 안전대책을 수립한다.
2. 식재구덩이의 위치는 설계도서의 식재위치를 원칙으로 한다. 단, 다음의 경우에는 감독자와 협의하여 그 위치를 다소 조정할 수 있다.
   (1) 암반, 구조물, 매설물 등과 같은 지장물로 인하여 굴착이 불가능한 경우
   (2) 지하수 용출 등으로 인하여 식재 후 생육이 불가능하다고 판단되는 경우
   (3) 경관에 바람직하다고 판단되는 경우
3. 식재구덩이의 크기는 너비를 뿌리분 크기의 1.5배 이상으로 하고 깊이는 분의 높이와 구덩이 바닥에 깔게 되는 흙, 퇴비 등을 고려하여 적절한 깊이를 확보한다.
4. 식재구덩이를 굴착할 때는 표토와 심토는 따로 갈라놓아 표토를 활용할 수 있도록 조치한다.

Answer 67. ② 68. ③ 69. ③ 70. ③ 71. ②

5. 식재구덩이는 굴착 후 감독자의 검사를 받아 식재한다.
6. 기계, 인력 병행의 굴착 시에는 기존의 공작물 및 매설물에 손상을 주지 않도록 특히 주의하여 시공하되 손상을 주었을 경우 원상복구 조치를 하여야 한다.
7. 굴착에 의해 발생된 토사 중 객토 또는 물집에 사용하는 토사는 생육에 지장을 주는 토질을 제거하여 사용한다. 객토와 물집 만들기에 사용하지 않는 토사의 처리는 본 시방서의 기반시설 해당 항목에 따른다.
8. 대형목 등 특수목 식재를 위한 구덩이의 굴착방법은 공사시방서에 따른다.

72. 다음 양버들(Populus nigra var. italica Koehne)에 관한 설명으로 틀린 것은?

① 버드나무과 수종이다.
② 수형은 원주형으로 빗자루처럼 좁은 형태이다.
③ 성상은 낙엽활엽교목이고 뿌리는 천근성이다.
④ 가을에 붉은 단풍이 아름다운 우리나라 자생수종이다.

→[해설] 양버들 : 노란 단풍, 유럽 원산

73. 식생과 관련된 설명으로 틀린 것은?

① 어떤 군락을 특징할 수 있는 종군을 표징종(character species)이라 한다.
② 인간에 의한 영향을 받지 않은 식생을 대상 식생(substitute vegetation)이라 한다.
③ 군집 속에서 아군집을 구분하기 위해 양적으로 우점하고 있는 종을 식별종(differences species)으로 삼는다.
④ 변화해 버린 입지 조건하에서 인간에 의한 영향이 제거되었다고 할 때 성립이 예상되는 자연식생을 현재의 잠재자연식생(potential natural vegetation)이라 한다.

→[해설] ② 인간에 의한 영향을 받지 않은 식생 : 자연식생
* 대상식생 : 인간에 의한 영향을 박아 대치 중인 식생

74. 식재의 공학적 이용 효과가 아닌 것은?

① 음향 조절   ② 차단 및 은폐
③ 토양 침식 조절   ④ 섬광 및 반사 조절

→[해설] 식재의 기능
1. 식재의 건축적 기능
   ① 사생활 보호
   ② 차폐 및 은폐
   ③ 공간 분할
   ④ 공간의 점진적 이해
2. 식재의 공학적 기능
   ① 토양침식 조절
   ② 음향 조절
   ③ 대기정화
   ④ 섬광 조절
   ⑤ 반사 조절
   ⑥ 통행 조절
3. 식재의 기상학적 기능
   ① 태양복사열 조절
   ② 바람의 조절
   ③ 습도 조절
   ④ 온도 조절
4. 식재의 미적 기능
   ① 조각물로서의 이용
   ② 반사
   ③ 영상
   ④ 섬세한 선형미
   ⑤ 장식적 수벽
   ⑥ 조류 및 소동물 유인
   ⑦ 배경용
   ⑧ 구조물의 유화

75. 다음 설명하는 식물은?

- 꽃고비과이다.
- 잎은 상록성 다년초로 경질이며 군생한다.
- 잎은 엽병이 없이 마주나기하며, 길이 8~20mm로서 대개 피침형이지만 그 외에도 여러 가지 형태의 것이 있다. 끝이 뾰족하고 가장자리가 껄끄럽다.
- 광선을 요하며, 노지에서 월동 가능하다.

① 바위취 ② 프리뮬러
③ 삼지구엽초 ④ 지면패랭이꽃

해설 ① 바위취 : 범의귀과
② 프리뮬러 : 앵초과
③ 삼지구엽초 : 매자나무과
④ 지면패랭이꽃 : 꽃고비과

따라 발주자가 정하는 바에 따른다. 단, 허용치를 벗어나는 규격의 것이라도 수형과 지엽 등이 지극히 우량하거나 식재지 및 주변 여건에 조화될 수 있다고 판단되어 감독자가 승인한 경우에는 사용할 수 있다.

① −5 ~ 0% ② −10 ~ −5%
③ −15 ~ −10% ④ −25 ~ −15%

76. 수종과 학명(學名)의 연결이 틀린 것은?

① 주목 : *Taxus cuspidata*
② 잣나무 : *Pinus koraiensis*
③ 가문비나무 : *Picea abies*
④ 백송 : *Pinus banksiana*

해설 ③ 가문비나무 : *Picea jezoensis*
Picea abies : 독일가문비
④ 백송 : *Pinus bungeana*
Pinus banksiana : 방크스소나무

79. 백목련을 접목으로 증식시키고자 할 때 대목으로 가장 좋은 것은?

① 일본백목련 ② 목련
③ 자목련 ④ 함박꽃나무

80. 광 보상점(light compensation point)이 가장 낮은 식물은?

① 주목 ② 소나무
③ 버드나무 ④ 자작나무

77. 고속도로 사고방지 기능의 식재방법에 속하지 않는 것은?

① 차광식재 ② 지표식재
③ 완충식재 ④ 명암순응식재

해설 *고속도로 식재 기능

기능	식재의 종류
주행	시선유도식재, 지표식재
사고방지	차광식재, 명암순응식재, 진입방지식재, 완충식재
방재	비탈면식재, 방풍식재, 방설식재, 비사방지식재
휴식	녹음식재, 지피식재
경관	차폐식재, 수경식재, 조화식재
환경보존	방음식재, 임연보호식재

5과목 조경시공구조학

81. 배수계획에서 유출량과 강우량과의 비율을 무엇이라고 하는가?

① 강우강도 ② 강우계속시간
③ 수문통계 ④ 유출계수

해설 ① 강우강도(mm/hr) : 1시간에 내린 비의 양을 mm로 환산한 것

82. 시방서의 작성 요령에 대한 설명으로 틀린 것은?

① 재료의 품목을 명확하게 규정한다.
② 표준시방서는 공사시방서를 기본으로 작성한다.
③ 설계도면의 내용이 불충분한 부분은 보충 설명한다.
④ 설계도면과 시방서의 내용이 상이하지 않도록 한다.

78. 수목검사 시 다음 설명 중 ( ) 안에 적합한 수목 규격의 허용범위는?

수목규격의 허용차는 수종별로 ( ) 사이에서 여건에

Answer 76. ③, ④ 77. ② 78. ② 79. ② 80. ① 81. ④ 82. ②

→해설 시방서 작성 시 주의사항
① 공법과 마감상태 등 정밀도를 명확하게 구성
② 공사 전반에 걸쳐 중요한 사항을 빠짐없이 시공순서에 맞게 기록
③ 명령법이 아닌 서술법으로 간단, 명료하게 기술
④ 설계도면 내용의 충분한 보충설명으로 공사범위 명시
⑤ 재료 품목을 명확하게 규정, 산정기준에 신중을 기함
⑥ 중복기재를 피하고 설계도면과 시방서 내용이 상이하지 않도록 함

83. 목재의 특징으로 가장 거리가 먼 것은?

① 건조변형이 적다.
② 열전도율이 낮다.
③ 비중이 작은 반면 압축강도가 크다.
④ 생산 사이클이 짧아 친환경성이 높다.

→해설 ① 건조변형이 된다.

84. 등고선의 성질 중 틀린 것은?

① 도상간격이 넓으면 완경사면이다.
② 등고선은 급경사면에서는 서로 겹친다.
③ 등고선은 도면 안 또는 밖에서 반드시 폐합한다.
④ 등고선의 도상간격은 동일한 경사면에서 등거리이다.

85. 지름 15cm, 높이 30cm인 콘크리트 원주공시체를 압축강도 시험하였더니 45ton에서 파괴되었다. 이때의 압축강도(kgf/cm²)는 약 얼마인가?

① 58
② 106
③ 176
④ 254

→해설 압축강도 = $\frac{하중}{단면적}$

$\frac{45 \times 1000}{3.14 \times 7.5 \times 7.5}$ = 254.777 kgf/cm²

86. 아스팔트로 포장된 폭(幅)이 5m 되는 차도에서 횡단구배를 4% 유지해야 한다면, 도로의 노정(路頂)과 노단(路端)의 수직적인 높이 차이는?

① 0.05m
② 0.10m
③ 1.25m
④ 2.50m

→해설 $4\% = \frac{x}{2.5m} \times 100$

∴ $x = 0.10m$

87. 심토층 배수와 관련된 설명 중 옳지 않은 것은?

① 잔디지역에서는 10%의 경사를 유지하는 것이 바람직하다.
② 유속이 0.3m/sec 이하로 떨어지면 침적물이 발생하고 관로가 막힌다.
③ 심토층 유출은 지표면배수나 지하배수관 배수와 달리 유출속도가 매우 느리고 예측이 어려운 경우가 많다.
④ 강우량, 심토층 유출량, 토양조건 등을 고려하여 매닝공식과 연속방정식을 이용하여 심토층 계획 유출량을 계산한다.

88. 에폭시수지 도료에 관한 일반사항 중 틀린 것은?

① 열에 강하다.
② 금속고무 등에도 접착이 잘 된다.
③ 여러 가지 충전재와는 혼합 사용할 수 있다.
④ 내수성(耐水性)과 내약품성(耐藥品性)이 나쁘다.

→해설 에폭시수지
1. 금속접착성, 내약품성, 내열성, 전기절연성, 내수성, 내약품성, 내충격성, 내마모성 강
2. 금속도료, 접착제, 보온보냉제, 방수제

Answer 83.① 84.② 85.④ 86.② 87.① 88.④

89. 그림과 같은 보에서 지점 A지점 반력의 크기는 몇 kN인가?

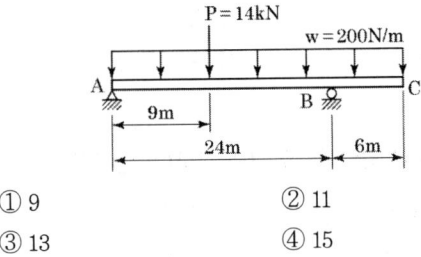

① 9 ② 11
③ 13 ④ 15

90. 철근콘크리트 구조로서 단면적의 형태를 취하여 구조체의 부피가 상대적으로 작아 자중이 줄어든 만큼 옹벽 배면의 기초 저판 위의 흙의 무게를 보강하여 안정성을 높인 옹벽의 형태는?

① 중력식 ② 캔틸레버식
③ 부축벽식 ④ 조립식

91. 2m의 터파기 공사에서 적용하는 일반적인 흙의 휴식각(안식각)은 얼마인가?

① 0° ② 10°
③ 20° ④ 30°

92. 하수도시설 기준에서 오수관거 계획 시 고려사항으로 틀린 것은?

① 오수관거와 우수관거가 교차하여 역사이펀을 피할 수 없는 경우에는 오수관거를 역사이펀으로 하는 것이 바람직하다.
② 관거는 원칙적으로 개거로 하며, 수밀한 구조로 하여야 한다.
③ 관거배치는 지형, 지질, 도로폭 및 지하매설물 등을 고려하여 정한다.
④ 분류식과 합류식이 공존하는 경우에는 원칙적으로 양 지역의 관거는 분리하여 계획한다.

해설 하수도 시설기준 – 오수관거계획 시 고려사항
1. 분류식과 합류식이 공존하는 경우에는 원칙적으로 양 지역의 관거는 분리하여 계획한다. 부득이 합류시킬 경우에는 분류식 지역의 오수관거는 합류식 지역의 우수토실보다도 하류의 차집관거(간선관거)에 접속하여 합류관거에 접속하는 것은 피한다.
2. 관거는 원칙적으로 암거로 하며, 수밀한 구조로 하여야 한다.
3. 관거배치는 지형, 지질, 도로폭 및 지하매설물 등을 고려하여 정한다.
4. 관거단면, 형상 및 경사는 관거 내에 침전물이 퇴적하지 않도록 적당한 유속을 확보할 수 있도록 정한다.
5. 관거의 역사이펀은 가능한 한 피하도록 계획한다.
6. 오수관거와 우수관거가 교차하여 역사이펀을 피할 수 없는 경우에는 오수관거를 역사이펀으로 하는 것이 바람직하다.
7. 기존관거는 수리 및 용량 검토 및 관거실태조사를 실시하여 기능적, 구조적 불량관거에 대하여 오수관거로서의 제기능을 회복할 수 있도록 개량계획을 시행하여야 한다.

93. 축척 1/300 도면을 구적기(Planimeter)의 축척 1/600로 맞추고 측정하였더니 1246m²가 되었다면 실제적인 면적은 얼마인가?

① 311.5m² ② 623m²
③ 2492m² ④ 4984m²

해설 1246m² ÷ 4 = 311.5m²

94. 가설시설물과 관련된 내용 중 틀린 것은?

① 가설시설물의 설치규모는 공사기간과 공사규모에 따라 다르다.
② 시멘트 보관창고는 대량이 아닐 때에는 작업장의 일부를 구획하여 사용한다.
③ 판자 울타리의 높이는 공사시방서에서 정하는 바가 없을 때에는 1.2m 이상으로 한다.
④ 공사에 지장이 없는 공사장 내의 일정장소에 감독자의 지시에 따라 수목가식장소 또는 임시보관 장소를 설치한다.

Answer 89. ② 90. ② 91. ④ 92. ② 93. ① 94. ③

→[해설] ③ 판자 울타리의 높이는 공사시방서에서 정하는 바가 없을 때에는 1.8m 이상으로 한다.

95. 기본벽돌을 사용하여 0.5B의 두께로 길이 5m, 높이 2m의 담을 쌓으려 할 때 필요한 벽돌량(정미량)은?

① 약 415장 ② 약 650장
③ 약 750장 ④ 약 1299장

→[해설] (5m×2m)×75장/m²=750장

96. 다음의 네트워크는 공기 45일의 공사공정도이다. 공기를 5일간 단축할 경우 맞는 것은?

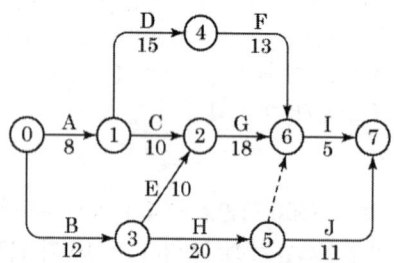

① B작업 : 2일, E작업 : 2일, I작업 : 1일
② B작업 : 1일, G작업 : 2일, I작업 : 2일
③ B작업 : 2일, E작업 : 1일, I작업 : 2일
④ B작업 : 3일, E작업 : 1일, I작업 : 1일

97. 자연상태의 모래질흙 1500m³를 6m³ 적재 덤프트럭으로 운반하여, 성토하여 다지고자 한다. 트럭의 총 소요대수와 다짐 성토량은 각각 얼마인가? (단, 모래질흙의 토양환산계수는 L=1.2, C=0.9이다.)

① 250대, 1350m³ ② 250대, 1620m³
③ 300대, 1350m³ ④ 300대, 1620m³

→[해설] 트럭 총 소요대수=(1,500m³×1.2)÷6m³/대=300대
다짐 성토량=1,500m³×0.9=1,350m³

98. 토양조사 분석에서 물리적 특성 분석에 해당되지 않는 것은?

① 입도 ② 투수성
③ 유효수분 ④ 유기물 함량

99. 목재 방부법으로 가장 거리가 먼 것은?

① 표면탄화법 ② 습식법
③ 약제 주입법 ④ 약제 도포법

→[해설] 목재 방부법 : 표면탄화법, 약제 주입법(상압 주입법, 가압 주입법), 약제 도포법, 침지법

100. 공사의 도급금액 결정방식 중 총액도급에 관한 설명으로 옳은 것은?

① 공사의 공정관리 수행이 용이하다.
② 입찰 전까지의 소요기간이 적게 든다.
③ 공사비 절감과 원가관리가 용이하다.
④ 설계변경에 따른 수량증감과 공사비의 산정이 용이하다.

6과목 조경관리론

101. 다음 설명하는 비료 형태는?

- 물과 작용하면 소화(消和 ; slaking)되어 수산화칼슘으로 변한다.
- 주성분, 즉 CaO 및 MgO가 최소량으로 80%이어야 한다.
- 토양산성의 중화와 토양의 물리적 성질 개량에 매우 효과적이다.

① 생석회 ② 황산석회
③ 황산암모늄 ④ 질산암모늄

102. 침투성 살충제의 작용 특성에 대한 설명으로 가장 옳은 것은?

① 주로 섭식성 해충의 피부에 접촉, 흡수되어 살충력을 나타낸다.
② 살포 즉시 강력한 살충력을 나타내며 잔효성이 매우 짧은 편이다.
③ 즙액을 빨아먹는 흡즙해충에 특히 우수한 살충력을 나타낸다.
④ 우수한 살충효과를 얻기 위해서는 작물체 표면에 균일하게 살포되어야 한다.

해설 침투성 살충제 : 흡즙성 해충
* 접촉성 살충제 : 해충의 피부에 접촉, 흡수되어 살충력을 나타냄

103. 수목의 외과수술 시 동공 충전 재료로 가장 적합한 것은?

① 바셀린
② 라놀린
③ 폴리우레탄폼
④ 발코트

해설 동공 충전물
: 콘크리트, 아스팔트 혼합물, 코르크 제품, 고무블록, 실리콘 수지, 에폭시 수지, 불포화 폴리에스테르 수지, 우레탄 고무, 폴리우레탄폼 수지

104. 생태연못의 유지관리 사항으로 옳지 않은 것은?

① 모니터링은 최소 조성 10년 후부터 3개년 주기로 실시한다.
② 모니터링은 가급적 지역주민, NGO, 전문가 등이 함께 참여하도록 한다.
③ 물순환시스템이 지속적으로 유지될 수 있도록 유입구와 유출구를 주기적으로 청소한다.
④ 습지식물이 지나치게 번성하였을 경우에는 부수식물이 차지하는 면적이 수면적의 1/3 이하가 되도록 식물 하단부(뿌리 부근)에 차단막을 설치하거나 수시로 제거해 준다.

해설 생태연못의 유지관리 사항
1. 모니터링
  (1) 조성된 생태연못의 생태환경과 생물종의 변화 추이를 관찰, 기록하여 자연 천이의 과정을 살피고 생태적으로 바람직한 관리방향을 제시하여 시행하는 데 도움을 주도록 한다.
  (2) 모니터링은 조성 직후부터 1년, 2년, 3년, 5년, 10년 등의 주기로 한다.
  (3) 모니터링은 물리적 환경과 생물적 요소를 모두 하며, 외래종 등 관리대상 종에 특히 주의를 기울여야 한다.
  (4) 모니터링은 가급적 지역주민, NGO, 전문가 등이 함께 참여하도록 한다.
2. 수질 및 수량
  (1) 물순환시스템이 지속적으로 유지될 수 있도록 유입구와 유출구를 주기적으로 청소한다.
  (2) 유입수에 포함된 이물질을 제거하기 위하여 설치한 침전조는 주기적으로 청소해준다.
  (3) 연못 내의 수질을 주기적으로 점검하여 수질이 나빠지고 있을 경우에는 물순환의 양과 횟수를 늘려준다.
  (4) 생태연못의 부영양화를 제어하기 위해서는 부영양화의 원인 물질인 영양염류의 유입원을 차단한다.
3. 식물상
  (1) 여름철에 성장한 수초는 겨울철에 말라서 연못 내에 잔존하게 되는데, 부영양화를 가져올 우려가 있을 경우에는 적절한 시기에 제거하도록 한다.
  (2) 습지식물이 지나치게 번성하였을 경우에는 부수식물이 차지하는 면적이 수면적의 1/3 이하가 되도록 식물 하단부(뿌리 부근)에 차단막을 설치하거나 수시로 제거해준다.
  (3) 개망초, 환삼덩굴 등 귀화식물이 확산되어 우점종이 된 경우에는 인위적으로 제거한다.
  (4) 생태연못에 조성된 교목림에 의해서 수면에 지나치게 그늘이 질 경우에는 가지치기를 해주어야 한다.
  (5) 우점종이 출현하여 식물종이 단순화될 우려가 있을 때에는 우점종의 수를 줄여주고 우점종 확산을 방지할 대책을 세운다.
4. 동물상

Answer
102. ③ 103. ③ 104. ①

(1) 인공습지의 목표종에 따른 개방수면의 면적비율은 공사시방서 또는 감독자의 협의에 의해 정한다.
(2) 모기 등 위생에 문제가 되는 생물종이 급증할 때에는 적절한 관리대책을 마련한다.
(3) 수중 생물종을 위하여 항상 적절한 수질과 수온을 유지하도록 한다.
(4) 붉은귀거북, 블루길, 베스, 비단잉어 등의 외래종은 제거하도록 한다.

5. 이용자
(1) 출입이 제한된 생태연못 내로의 진입 등을 하지 못하도록 펜스, 안내판 등을 설치하여 출입자를 관리한다.

105. 잔디관리 항목 중 배토(Topdressing)를 잘못 설명한 것은?

① 배토작업 시 부정근이 감소한다.
② 답압 및 동해에 의한 잔디피해를 최소화한다.
③ 잔디면의 요철을 방지하여 잔디깎기 효과를 높인다.
④ 지하경과 토양의 분리를 막으며 내한성을 증대시킨다.

해설 배토작업 효과
1. 노출된 지하경 보호(건조 및 동해의 위험 줄임)
2. 표토층을 고르게 하여 기계작업을 용이하게 함
3. 태치의 분해 촉진
4. 답압에 의한 잔디의 피해를 줄임
5. 토양 구조와 토성 개량

106. 나무주사 방법에 대한 설명으로 옳지 않은 것은?

① 여름철 소나무류에는 주로 중력식 주사를 사용한다.
② 형성층 안쪽의 목부까지 구멍을 뚫고 약제를 넣어야 한다.
③ 모젯(Mauget) 수간주사기는 압력식 주사이다.
④ 중력식 주사는 약액의 농도가 낮거나 부피가 클 때 사용한다.

해설 ① 여름철 소나무류에는 주로 압력식 주사를 사용한다.

107. 실외놀이 및 휴게시설 제작용 재료 중 성형이 용이한 반면 마모되기 쉽고 자외선, 온도의 변화에 의해 퇴색되거나 가장 휘기 쉬운 것은?

① 철재
② 합성수지재
③ 목재
④ 콘크리트재

108. 식물병의 주요한 표징 중 영양기관에 의한 것은?

① 포자(胞子)
② 균핵(菌核)
③ 자낭각(子囊殼)
④ 분생자병(分生子柄)

해설 표징
1. 병원체의 영양기관에 의한 것 : 균사, 근상균사속, 우상균사, 균핵, 자좌 등
2. 병원체의 번식기관에 의한 것 : 포자, 분생자병, 분생자퇴, 분생자좌, 포자퇴, 포자낭, 병자각, 자낭각, 자낭구, 자낭반, 세균점괴, 포자각, 버섯 등

109. 참나무류에 치명적인 피해를 주는 참나무 시들음병을 매개하는 곤충은?

① 광릉긴나무좀
② 솔수염하늘소
③ 참나무재주나방
④ 도토리거위벌레

해설 ② 솔수염하늘소 : 소나무 재선충병 매개곤충

110. 다음 조경공간의 지주목 및 지주세우기 등에 관한 설명으로 옳은 것은?

① 인공지기반에 식재하는 수고 2.0m 이상의 수목은 바람의 피해를 고려하여 지지시설을 하여야 한다.
② 대나무 지주의 경우에는 선단부를 고정하고 결속부에는 대나무에 흠집이 발생하지 않도록 유의한다.
③ 삼각형 지주 등은 수간, 주간, 및 기타 통나무와 교착하는 부위에 2곳 이상 결속한다.
④ 준공 후 2년이 경과되었을 때 지주목의 재결속을 1회 실시함을 원칙으로 하되 자연재해에 의한 훼손 시는 복구계획을 수립하여 보수한다.

Answer 105. ① 106. ① 107. ② 108. ② 109. ① 110. ③

해설 ④ 준공 후 1년이 경과되었을 때 지주목의 재결속을 1회 실시함을 원칙으로 하되 자연재해에 의한 훼손 시는 복구계획을 수립하여 보수한다.

111. 공원의 이용자관리에 대한 설명으로 옳지 않은 것은?

① 대상지의 보전이란 차원에서 이용자의 행위를 규제할 수 있다.
② 적정한 이용이 되도록 지도감독하는 것도 이용자관리 업무이다.
③ 다양한 계층의 이용자 필요에 대응하여 유연하게 운영해야 한다.
④ 이용자 관리의 대상은 현재 공원을 이용하는 사람과 이용경험이 있는 사람에 한한다.

해설 ④ 이용자 관리의 대상은 현재 공원을 이용하는 사람과 이용경험이 있는 사람, 이용 가능성이 있는 사람에 한한다.

112. 페니트로티온 50% 유제 50cc를 페니트로티온 농도 0.5%로 희석하려고 할 경우 요구되는 물의 양은? (단, 원액의 비중은 1이다.)

① 4500cc
② 4950cc
③ 5500cc
④ 6000cc

해설 희석하고자 하는 물의 양
$$= 원액용량 \times \left(\frac{원액농도}{희석할농도} - 1\right) \times 비중$$
$$= 50cc \times \left(\frac{50\%}{0.5\%} - 1\right) \times 1 = 4,950cc$$

113. 이식한 나무의 활착률을 높이기 위하여 실시하는 방법으로 가장 거리가 먼 것은?

① 잎에 수분증산억제제를 뿌린다.
② 뿌리에 항시 고일 정도로 물을 공급해 준다.
③ 하절기 잎이 무성한 수목 식재 시 가지치기를 실시한다.
④ 구덩이에서 나온 흙을 보관 후 하층토를 제외하고 다시 구덩이 채우기를 한다.

114. 증기압이 높은 농약의 원제를 액상, 고상 또는 압축가스 상으로 용기 내에 충전하여 용기를 열 때 유효성분이 대기 중으로 기화하여 병해충을 방제하도록 설계된 제형은?

① 훈증제
② 분의제
③ 연무제
④ 훈연제

115. 다음 중 일반적으로 전정을 하지 않는 수종은?

① 소나무
② 회양목
③ 향나무
④ 금송

해설 전정을 하지 않는 수종
1. 침엽수 : 독일가문비나무, 금송, 히말라야시다, 나한백
2. 상록활엽수 : 동백나무, 치자나무, 굴거리나무, 녹나무, 태산목, 만병초, 남천, 팔손이, 다정큼나무, 월계수 등
3. 낙엽활엽수 : 느티나무, 팽나무, 회화나무, 참나무류, 떡갈나무, 백목련, 수국, 튤립나무, 벚나무류 등

116. 다음 중 쥐똥밀깍지벌레와 관련된 설명으로 틀린 것은?

① 연 2회 발생하며 알로 월동한다.
② 가해수종의 가지에 기생하여 흡즙 가해하므로 수세가 약화된다.
③ 가해수종으로는 쥐똥나무, 물푸레나무, 이팝나무 등이 있다.
④ 수컷은 나뭇가지에 모여 살며 백색의 밀랍을 분비하기 때문에 피해를 발견하기 쉽다.

해설 *쥐똥밀깍지벌레
: 연 1회 발생, 성충으로 월동

Answer 111. ④ 112. ② 113. ② 114. ① 115. ④ 116. ①

117. 토양의 pH 변화를 억제하는 토양의 성질을 무엇이라고 하는가?

① 완충작용　　② 길항작용
③ 흡착작용　　④ 공생작용

118. 청소작업의 할당에 있어서 개인에게 지정된 지역의 청소책임을 지우는 방법의 장점이 아닌 것은?

① 협동심과 책임감이 증진된다.
② 작업진행에 대한 정리가 쉽고, 성취욕이 강해진다.
③ 작업불량, 파손, 기타 사고에 대한 책임이 명확하다.
④ 여러 가지 임무를 수행하므로 단조로움이 덜하다.

▶해설 청소작업 할당 방법의 장점
　　1. 개인 할당 청소
　　　(1) 성취욕 강해짐
　　　(2) 여러 임무를 수행하므로 단조로움 덜함
　　　(3) 이직률 줄임
　　　(4) 작업불량·파손·사소한 도난에 대한 책임
　　　(5) 작업 진행에 대한 정리 쉬워짐
　　2. 조(組) 할당 청소
　　　(1) 전문화로 적은 인원으로 보다 많은 일을 할 수 있음
　　　(2) 협동심 및 책임감 증진
　　　(3) 청소비품 덜 필요
　　　(4) 청소작업 균등 분해
　　　(5) 갑작스런 결근으로 인한 차질 예방

119. 안전사고 발생 시 사고처리 요령 중 가장 먼저 해야 할 일은?

① 사고자의 구호
② 관계자에게 통보
③ 사고책임의 명확화
④ 사고 상황의 파악·기록

▶해설 안전사고 발생 시 사고처리 요령
　　① 사고자의 구호
　　② 관계자에게 통보
　　③ 사고 상황의 파악·기록
　　④ 사고책임의 명확화

120. 레크리에이션(Recreation) 이용의 강도와 특성의 조절을 위한 관리기법 중 직접적 이용제한 방법이 아닌 것은?

① 예약제의 도입
② 이용시간의 제한
③ 구역감시의 강화
④ 비이용지역으로의 접근성 제고

▶해설 레크리에이션 수용능력의 관리기법
　　1. 직접적 이용제한
　　　(1) 이용행태, 개인적 선택권의 제한 및 강한 통제에 중점을 둠
　　　(2) 방법 : 정책강화, 구역별 이용, 이용강도 제한, 활동의 제한
　　　(3) 기법 : 세금부과, 구역감시 강화, 상충적 이용의 공간구분, 시간에 따른 이용구분, 순환식 이용, 예약제 도입, 이용자별 이용장소·구간지정, 접근로 이용제한, 이용자 수 제한, 지정된 장소만 이용케 함, 이용시간 제한, 캠프화이어·낚시·사냥 제한
　　2. 간접적 이용제한
　　　(1) 이용형태를 조절하되 개인의 선택권을 존중하고 간접적인 조절을 함
　　　(2) 방법 : 물리적 시설 개조, 이용자에게 정보 제공, 자격요건 부과
　　　(3) 기법 : 접근로 증설 및 감소, 집중이용 장소의 증설 및 감축, 구역별 특성 홍보, 교육, 입장료 부과, 차등요금 부과(탐방로별, 구역별, 계절별), 자격요건 부과

Answer　117. ①　118. ①　119. ①　120. ④

2017년 조경기사 최근기출문제 (2017. 9. 23)

1과목 조경사

01. 테베(THEBE)에서 발견된 아래의 고대 이집트 벽화와 직접 관련되는 정원은?

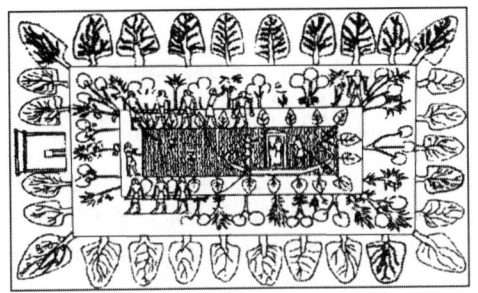

① 궁궐정원　　② 묘지정원
③ 옥상정원　　④ 주택정원

02. 백제시대의 궁원을 조성 시기 순으로 바르게 나열한 것은?

① 궁남지 → 한산성궁원 → 망해정 → 임류각
② 한산성궁원 → 임류각 → 궁남지 → 망해정
③ 임류각 → 한산성궁원 → 궁남지 → 망해정
④ 한산성궁원 → 궁남지 → 임류각 → 망해정

→해설　② 한산성궁원(못을 파고 가산을 쌓음) → 임류각(동성왕 22년, 500) → 궁남지(무왕 35년, 634) → 망해정(의자왕 15년, 655)

03. 중국에 조성된 정원과 이를 경영한 인물의 연결이 틀린 것은?

① 이덕유 - 평천산장　　② 왕유 - 망천별업
③ 사마광 - 독락원　　　④ 이격비 - 졸정원

→해설　④ 이격비의 「낙양명원기」 / 왕헌신 - 졸정원

04. 17세기 영국 스튜어트 왕조의 정원에 미친 네덜란드의 영향이 아닌 것은?

① 튤립의 식재
② 방사형의 소로
③ 공간구성의 조밀함
④ 상록수를 환상적 형태로 다듬은 토피어리

→해설　영국 스튜어트 왕조
1. 네덜란드의 영향 : 정원의 조밀한 공간 구성, 토피어리, 대규모의 튤립화단
2. 프랑스의 영향 : 의도된 주축선, 방사형 소로(allee), 연못, 비스타, 전정한 산울타리 군식

05. 한쪽은 산, 삼방은 못으로 조성되어 연꽃 향으로 유명한 하풍사면정(荷風四面亭)과 관련된 정원은?

① 졸정원　　② 상림원
③ 이화원　　④ 사자림

→해설　졸정원의 건물
1. 여수동좌헌 : 부채꼴 모양의 정자
2. 십팔만다라화관 : 18그루의 동백나무 식재
3. 주육원앙관 : 원앙 사육, 여름과 겨울 이용
4. 분경원 : 분재와 수석분경 진열
5. 원향당 : 주돈이의 「애련설」 '향원익청'에서 유래
6. 북산정, 방안정, 사면정, 하풍사면정, 설향운위정
7. 이실 : 출입구 바람막이

06. 우리나라 경복궁의 향원정(香遠亭)이라는 명칭은 어느 사람의 글에서 따온 것인가?

Answer 01. ② 02. ② 03. ④ 04. ② 05. ① 06. ②

① 왕희지 ② 주돈이
③ 도연명 ④ 황정견

해설 항원정 : 주돈이 – '향원익청'

07. 다음 서원과 대(臺)의 연결이 틀린 것은?

① 도산서원 – 천연대
② 옥산서원 – 사산오대
③ 돈암서원 – 영귀대
④ 무성서원 – 유상대

해설 대(臺)
: 도산서원의 운영대와 천연대, 옥산서원의 사산오대, 종천서원의 영귀대, 무성서원의 유상대

08. 우리나라에 모란(牡丹) 씨가 도입된 시기는?

① 신라 진평왕 49년
② 백제 동명성왕 22년
③ 신라 법흥왕 21년
④ 신라 문무왕 14년

해설 모란 씨 도입
: 「삼국유사」에는 진평왕 때 "당 태종이 붉은색·자주색·흰색의 세 빛깔의 모란을 그린 그림과 그 씨 석 되를 보내왔다"고 기록

09. 일본에서 용안사(龍安寺), 대덕사(大德寺)의 대선원(大仙院)과 같은 고산수(枯山水)가 나타났던 시대는?

① 평안(平安)시대 ② 겸창(鎌倉)시대
③ 실정(室町)시대 ④ 도산(桃山)시대

해설 ① 평안(平安)시대 : 침전조 양식
② 겸창(鎌倉)시대 : 정토정원, 선종정원
③ 실정(室町)시대 : 고산수 양식
④ 도산(桃山)시대 : 다정 양식

10. 다음 중 관련 연결이 적절하지 않은 것은?

① 장물지(長物誌) – 계성
② 애련설(愛蓮說) – 주돈이
③ 낙양명원기(洛陽名園記) – 이격비
④ 유금릉제원기(遊金陵諸園記) – 왕세정

해설 ① 장물지(長物誌) – 문진향 / 원야 – 계성

11. 바로크 양식의 특징으로 가장 거리가 먼 것은?

① 직선적인 것을 선호
② 토피어리의 난용(亂用)
③ 물에 대한 기교적인 취급
④ 개성적 형태와 평면의 격렬한 대비

해설 바로크 양식의 특징
: 고전주의의 명쾌한 균제미로부터 벗어난 복잡한 곡선 장식, 번잡·화려한 세부기교의 치중, 곡선의 사용, 강렬한 명암 대비, 정열과 역동감에 찬 표현, 가장 역동적인 수경 취급, 토피어리 과다 사용(난용)

12. 20세기 초 도시미화운동의 이론적 배경을 마련한 미국의 조경가는?

① 맥킴(C. McKim)
② 번햄(D. Burnham)
③ 로빈슨(C. Robinson)
④ 생고덴(A. Saint-Gaudens)

13. 도시 조절 기능으로서 그린벨트(녹지대) 개념이 생겨난 것은?

① 보스톤 공원계통
② 랑팡의 워싱턴 계획
③ 하워드의 전원도시론
④ 옴스테드의 센트럴파크 계획

Answer 07. ③ 08. ① 09. ③ 10. ① 11. ① 12. ③ 13. ③

14. George Washington이 개조했으며 가장 사랑했던 주택은?

① 몬티첼로(Monticello)
② 군스톤 홀(Gunston Hall)
③ 마운트 버논(Mount Vernon)
④ 스토우 하우스(Stowe House)

> 해설 ① 몬티첼로(Monticello) : 토마스 제퍼슨의 사유지

15. 일본 강호(江戶, 에도) 시대의 정원이 아닌 것은?

① 계리궁(桂離宮)
② 천룡사(天龍寺) 정원
③ 수학원이궁(修學院離宮)
④ 소석천후락원(小石川後樂園)

> 해설 ① 계리궁(桂離宮) : 강호(에도) 시대
> ② 천룡사(天龍寺) 정원 : 실정(무로마치) 시대
> ③ 수학원이궁(修學院離宮) : 강호(에도) 시대
> ④ 소석천후락원(小石川後樂園) : 강호(에도) 시대

16. "추고천황(推古天皇) 20년(612년)에 백제의 노자공(路子工)이 수미산(須彌山)과 오교(吳橋)를 만들어 놓았다."라는 내용이 포함된 일본 최초 정원에 관한 기록서는?

① 작정기(作庭記)
② 일본서기(日本書紀)
③ 축산정조전 전편(築山庭造傳 前篇)
④ 석조원생팔중탄전(石粗園生八重坦傳)

17. 다음 중 화계(花階)를 인공적으로 성토하여 조성한 사례는?

① 다산초당의 화계
② 연경당의 선향재 후원
③ 낙선재와 석복헌의 후원
④ 경복궁 교태전 후원의 아미산원

18. 한국정원의 특징으로 가장 거리가 먼 것은?

① 풍류생활의 장
② 유불선 사상 반영
③ 원지의 단조로움
④ 곡선 위주의 윤곽선 처리

> 해설 ④ 직선 위주의 윤곽선 처리

19. 영국 풍경식 조경가들의 활동연대 순서가 오래된 것부터 순서대로 바르게 배열된 것은?

① 찰스 브릿지맨 → 란셀로트 브라운 → 윌리암 켄트 → 험프리 랩턴
② 윌리암 켄트 → 란셀로트 브라운 → 찰스 브릿지맨 → 험프리 랩턴
③ 윌리암 켄트 → 찰스 브릿지맨 → 란셀로트 브라운 → 험프리 랩턴
④ 찰스 브릿지맨 → 윌리암 켄트 → 란셀로트 브라운 → 험프리 랩턴

> 해설 영국 풍경식 조경가 활동연대
> : 스테판 스위처 → 찰스 브릿지맨 → 윌리엄 켄트 → 란셀로트 브라운 → 험프리 렙턴

20. 건륭화원(乾隆花園)의 설명으로 맞는 것은?

① 3개의 단으로 이루어진 전통적 계단식 경원이다.
② 제1단은 석가산을 이용하여 자연의 웅장함을 갖게 하였다.
③ 제2단은 인공 연못을 조성하여 심산유곡을 상징화하였다.
④ 제3단은 석가산 위에 팔각문이 달린 죽향관을 세웠다.

> 해설 건륭화원 – 계단식 경원 : 5개의 단
> 1. 제1단 : 석가산, 5개의 정자(힐방정, 유제, 구정, 계상정, 욱휘정) 배치
> 2. 제2단 : 수초당(邃初當) 중심, 삼합원(三合院), 회랑 안에 꽃나무 배치
> 3. 제3단 : 산석을 배치하여 심산(深山)의 느낌, 췌상

Answer 14. ③ 15. ② 16. ② 17. ④ 18. ④ 19. ④ 20. ②

루(萃賞樓)
4. 제4단 : 2층 건물인 부망각(浮望閣)
5. 제5단 : 석가산 위 팔각문이 달린 죽향관(竹香館)

2과목 조경계획

21. 다음 중 환경영향평가 대상사업의 종류 및 범위 기준으로 틀린 것은?

① 「도로법」 및 「국토의 계획 및 이용에 관한 법률」에 따른 도로의 건설사업 중 왕복 2차로 이상인 기존 도로로서 길이 10킬로미터 이상의 확장
② 「관광진흥법」에 따른 관광사업 중 사업면적이 30만 제곱미터 이상인 것
③ 「자연공원법」에 따른 공원사업 중 사업면적이 10만 제곱미터 이상인 것
④ 「체육시설의 설치·이용에 관한 법률」에 따른 체육시설의 설치공사 중 사업면적이 10만제곱미터 이상인 것

22. 생태복원 관련 용어 중 "완벽한 복원은 아니지만 원래의 자연 상태와 유사한 것을 목적으로 하는 것"은 무엇인가?

① 복구(rehabilitation)
② 개조(remediation)
③ 재생(nature restoration)
④ 향상(enhancement)

해설 복구(rehabilitation) : 완벽한 복원은 아니지만 원래의 자연 상태와 유사한 것을 목적으로 하는 것

23. 뉴어바니즘(New Urbanism)의 계획 이념과 가장 거리가 먼 것은?

① 도로가 서로 연결된 계획
② 보행자를 최대한 고려한 계획

③ 동일한 주거형태를 이용하여 지역의 명료성을 강조하는 계획
④ 모든 요소를 종합하여 단지의 조화와 유지를 위해 강력한 디자인 코드를 사용하는 계획

해설 뉴어바니즘(New Urbanism)의 계획이념은 무분별한 도시의 팽창, 난개발에 문제의식을 두고 생긴 대안 마련을 위한 도시개발운동으로 지역의 명료성을 강조하는 것과는 거리가 멀다.

24. 도로관리청은 도로 구조의 파손 방지, 미관의 훼손 또는 교통에 대한 위험 방지를 위하여 필요하면 소관 도로의 경계선에서 20미터를 초과하지 아니하는 범위에서 대통령령으로 정하는 바에 따라 어떤 구역을 지정할 수 있는가?

① 입체적 도로구역
② 도로보전 입체구역
③ 접도구역
④ 노견

25. 학교조경 계획 시 고려사항으로 가장 거리가 먼 것은?

① 일조는 겨울철 기준으로 적어도 4시간 이상 얻을 수 있도록 한다.
② 학생들의 이해를 돕기 위해 식생관련 안내 표찰 설치를 검토한다.
③ 교목 위주의 수목식재를 설계하고 기존의 성상이 양호한 대형 수목은 존치시킨다.
④ 시설물 설치는 최대한 다양하게 설치한다.

해설 학교조경 계획 시 고려사항으로 시설물 설치는 최대한 간단하게 설치한다.

26. 뉴먼(Newman)은 주거단지 계획에서 환경심리학적 연구를 응용하여 범죄 발생률을 줄이고자 하였다. 뉴먼이 적용한 가장 중요한 개념은?

① 혼잡성(crowding)
② 프라이버시(privacy)

Answer 21. ④ 22. ① 23. ③ 24. ③ 25. ④ 26. ③

③ 영역성(territoriality)
④ 개인적 공간(personal space)

>해설 뉴먼(Newman)은 주거단지 계획에서 환경심리학적 연구를 응용하여 범죄 발생률을 줄이고자 하였다. 뉴먼이 적용한 가장 중요한 개념은 영역성(territoriality)이다.

27. 유원지에서 위락활동의 수요에 직접적으로 영향을 주는 요소로 가장 거리가 먼 것은?

① 토지가격
② 교육 정도
③ 지리적인 위치
④ 이용자의 수입

>해설 유원지에서 위락활동의 수요에 직접적으로 영향을 주는 요소로 토지가격은 거리가 멀다.

28. 조경계획에서 식생현황 조사의 기본 목적으로 가장 거리가 먼 것은?

① 공사에 필요한 수목재료의 이용
② 보존지역의 파악
③ 개발 가능지역의 한정
④ 바람의 이동경로 예측

>해설 조경계획에서 식생현황 조사의 기본 목적은 공사에 필요한 수목재료를 이용하고, 보존지역을 파악하고, 개발 가능지역을 한정하는 데 있다.

29. 조경계획 및 설계를 위한 과정 중 필수적으로 수집·분석할 자료의 범주로 가장 거리가 먼 것은?

① 물리/생태적 자료
② 사회/행태적 자료
③ 시각/미학적 자료
④ 산업/경제적 자료

30. 다음 중 경관분석의 기법에 해당하지 않는 것은?

① 기호화 방법
② 군락측도 방법
③ 사진에 의한 방법
④ 메시(mesh)에 의한 방법

>해설 군락측도 방법은 자연환경 조사분석의 기법 중 하나에 해당한다.

31. 생태계획에서 고려하는 원리로 가장 부적합한 것은?

① 생태계의 폐쇄성
② 생태계 구성요소들 사이의 연결성
③ 생태적 다양성과 추이대(ecotone)
④ 에너지 투입과 물질저장의 제한성

32. 다음 중 공동주택을 건설하는 주택단지의 규모에 따른 진입도로 폭(기간도로와 접하는 폭)에 대한 기준으로 틀린 것은?

① 300세대 미만 : 4m 이상
② 300세대 이상 500세대 미만 : 8m 이상
③ 500세대 이상 1,000세대 미만 : 12m 이상
④ 1,000세대 이상 2,000세대 미만 : 15m 이상

33. 일반주거지역 등에 설치하는 문화 및 집회시설 건축물의 공개공지를 확보해야 할 때의 건축물 바닥면적 합계 조건과 공개공지 설치 면적의 범위 기준이 모두 맞는 것은?

① 4,000m² 이상, 대지면적의 5% 이하
② 4,000m² 이상, 대지면적의 10% 이하
③ 5,000m² 이상, 대지면적의 15% 이하
④ 5,000m² 이상, 대지면적의 10% 이하

34. 주택의 배치 시 쿨데삭(Cul-de-sac) 도로에 의해 나타나는 특징이 아닌 것은?

① 주택이 마당과 같은 공간을 둘러싸는 형태로 배치된다.
② 주민들 간의 사회적인 친밀성을 높일 수 있다.
③ 통과교통이 출입하지 않으므로 안전하고 조용한 분위기를 만들 수 있다.

Answer 27. ① 28. ④ 29. ④ 30. ② 31. ① 32. ① 33. ④ 34. ④

④ 보행 동선의 확보가 어렵고, 연속된 녹지를 확보하기 어려운 단점이 있다.

해설 주택의 배치 시 쿨데삭(Cul-de-sac) 도로는 차량으로부터 보행인의 안전을 위해 만들어진 형태로 근린성을 높이기 위한 목적도 포함한다.

35. 근린주구는 공간상의 한계와 사회적 네트워크(social network), 지역시설에 대한 집중적인 이용과 주민들 간의 감성적(感性的)·상징적(象徵的)인 의미를 지닌 작은 지역이라고 주장한 사람은?

① C.S.Stein ② Ruth Glass
③ G. Golany ④ Suzzane Keller

36. 「도시 및 주거환경정비법」에서 정비사업으로 포함되지 않는 것은?

① 주택재개발사업 ② 주택재건축사업
③ 도시환경정비사업 ④ 공공시설정비사업

해설 「도시 및 주거환경정비법」에서 정비사업으로 포함되는 것은 주택재개발사업, 주택재건축사업, 도시환경정비사업이다.

37. 자연공원법상 국립공원으로 지정하기 위해 필요한 서류에 해당하지 않는 것은?

① 지역 주민의 지정 동의서
② 공원지정의 목적 및 필요성
③ 인구, 주거, 문화재 등 인문현황
④ 동·식물의 분포, 지형·지질, 수리·수문, 자연경관, 자연자원 등 자연환경현황

해설 「자연공원법」에서 지정하는 기준은 다음과 같다.
제4조(자연공원의 지정 등)
① 국립공원은 환경부장관이 지정·관리하고, 도립공원은 도지사 또는 특별자치도지사가, 광역시립공원은 특별시장·광역시장·특별자치시장이 각각 지정·관리하며, 군립공원은 군수가, 시립공원은 시장이, 구립공원은 자치구의 구청장이 각각 지정·관리한다. 〈개정 2011.7.28., 2016.5.29.〉
② 제1항에 따라 자연공원을 지정·관리하는 환경부장관, 특별시장·광역시장·특별자치시장·도지사 또는 특별자치도지사 및 시장·군수 또는 자치구의 구청장(이하 "공원관리청"이라 한다)은 자연공원을 지정하려는 경우에는 지정대상 지역의 자연생태계, 생물자원, 경관의 현황·특성, 지형, 토지이용 상황 등 그 지정에 필요한 사항을 조사하여야 한다. 〈개정 2016.5.29.〉
③ 공원관리청은 과학적이고 전문적인 조사를 하기 위하여 제2항에 따른 조사를 관계 전문기관에 의뢰할 수 있다.
④ 공원관리청은 관계 행정기관의 장 또는 지방자치단체의 장에게 자연공원 지정에 필요한 자료 제출 등의 협조를 요청할 수 있다. 이 경우 관계 행정기관의 장 또는 지방자치단체의 장은 특별한 사유가 없으면 이에 적극 협조하여야 한다.
[전문개정 2008.12.31.]

38. 레크리에이션 수요 중에서 사람들로 하여금 패턴을 변경하도록 고무시키는 수요는?

① 잠재수요 ② 유도수요
③ 유사수요 ④ 표출수요

해설 유도수요 : 레크리에이션 수요 중에서 사람들로 하여금 패턴을 변경하도록 고무시키는 수요

39. 생태적 결정론(ecological determinism)을 주장하여 조경 계획 및 설계에 있어 생태적 계획의 이론적 기초가 되도록 한 사람은?

① Ian McHarg ② J.O.Simonds
③ Lawrece Halprin ④ Robert Sommer

40. 지구단위계획구역 및 지구단위계획을 결정하는 계획은?

① 기본경관계획 ② 광역도시계획
③ 도시·군기본계획 ④ 도시·군관리계획

Answer 35. ③ 36. ④ 37. ① 38. ② 39. ① 40. ④

3과목 조경설계

41. 자연의 형태에서 찾아볼 수 있는 피보나치수열(Fibonacci Sequence)에 대한 설명으로 틀린 것은?

① 레오나르도 피보나치가 1200년경 발견하였다.
② 원형울타리의 길이를 계산하는 데 사용될 수 있다.
③ 수학적으로 각 수는 그것을 앞서는 2개의 수의 합인 연속의 수를 말한다.
④ 식물의 잎차례나 해바라기 씨에 의해 만들어지는 나선형에서 찾아볼 수 있다.

해설 피보나치수열(Fibonacci Sequence)은 레오나르도 피보나치가 1200년경 발견한 것으로 수학적으로 각 수는 그것을 앞서는 2개의 수의 합인 연속의 수로 이어지는 형태로 식물의 잎차례나 해바라기 씨에 의해 만들어지는 나선형에서 찾아볼 수 있다.

42. 산림 속의 빨간 벽돌집은 선명하고 아름답게 보인다. 이는 무슨 대비인가?

① 색상대비   ② 명도대비
③ 채도대비   ④ 보색대비

43. 한국산업표준(KS)에서 규정한 유채색의 기본색 이름의 상호관계를 나타낸다. 빈칸에 들어갈 색명 약호가 순서대로 바르게 짝지어진 것은? (단, 영문은 색명의 약호이다.)

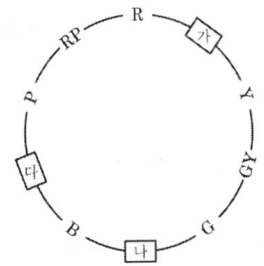

① 가 : Pk, 나 : BG, 다 : Br
② 가 : YR, 나 : Rr, 다 : PB
③ 가 : Pk, 나 : BG, 다 : PB
④ 가 : YR, 나 : BG, 다 : PB

해설 한국산업표준(KS)에서 규정한 유채색의 색명 약호의 순서는 R-YR-Y-GY-G-BG-B-PB-P-RP 순으로 나열한다.

44. 묘지공원을 설계하고자 할 때 고려해야 할 사항으로 틀린 것은?

① 화장장 시설을 부지 내 의무 겸비한다.
② 공원시설 부지면적은 전체 부지의 20% 이상으로 한다.
③ 묘역의 면적비율은 공원종류, 토지이용상황, 운영관리의 편의 및 기타 여건에 의해 결정하되 전면적의 1/3 이하로 한다.
④ 공원면적의 30~50% 정도를 환경보존녹지로 확보하고, 식재는 목적과 기능에 적합하고 생태적 조건에 맞는 수종을 선정한다.

해설 묘지공원을 설계하고자 할 때 화장장을 부지 내 두지 않아도 된다.

45. 도시 이미지를 분석해 보면 관찰자에게 두 가지 단계의 경계나 연속적인 요소를 직선적으로 분리하는 요소가 눈에 뜨이게 된다. 이에는 해안, 철로변, 벽 등이 포함될 수 있겠는데 이러한 요소를 케빈 린치는 무엇이라 부르고 있는가?

① 모서리(Edges)   ② 통로(Paths)
③ 지역(Districts)   ④ 결절점(Nodes)

46. 그림의 치수 표시 방법으로 틀린 것은?

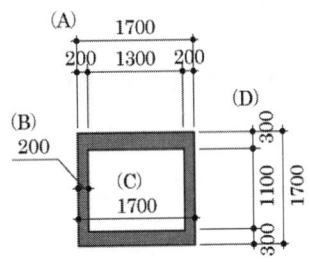

① (A)　　　② (B)
③ (C)　　　④ (D)

→[해설] 치수선은 수평인 경우 왼쪽에서 오른쪽으로, 수직인 경우 아래에서 위로 기입한다.

47. 수경시설(폭포, 벽천, 실개울 등) 설계 고려 사항 중 틀린 것은?

① 실개울의 평균 물깊이는 3~4cm 정도로 한다.
② 분수는 바람에 의한 흩어짐을 고려하여 주변에 분출 높이의 2배 이하의 공간을 확보한다.
③ 콘크리트 등의 인공적인 못의 경우에는 바닥에 배수시설을 설계하고, 수위조절을 위한 월류(over flow)를 반영한다.
④ 실개울은 설계대상 공간의 어귀나 중심광장·주요 조형요소·결절점의 시각적 초점 등으로 경관효과가 큰 곳에 배치한다.

48. 1 : 50,000 지형도에서 5% 구배의 노선을 선정하려면 등고선 사이에 취하여야 할 도상 거리는? (단, 등고선 간격은 20m임)

① 4mm　　　② 8mm
③ 10mm　　④ 12mm

49. T자를 사용한 선긋기의 요령으로 틀린 것은?

① 수평선을 그을 때는 T자를 제도판에 밀착시키고 왼쪽에서 오른쪽으로 긋는다.
② 수직선을 그을 때는 T자와 삼각자를 겸용하여 위에서 아래로 긋는다.
③ T자가 움직이지 않도록 왼손으로 머리 부분을 가볍게 누르고, 안으로 밀면서 사용한다.
④ 연필심이 고르게 묻도록 T자에 연필을 대고, 적절히 돌리면서 선을 긋는다.

→[해설] 수직선을 그을 때는 T자는 사용하지 않는다.

50. 그림과 같은 입체도를 화살표 방향에서 본 투상도로 가장 적합한 것은?

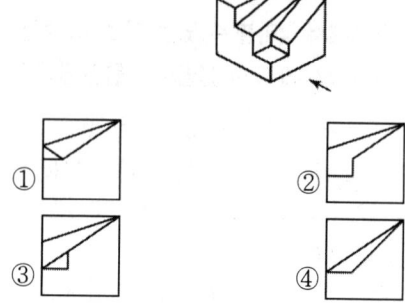

51. 시각적 흡수력을 가장 올바르게 설명한 것은?

① 경관의 규모에 비례하여 증가한다.
② 경관의 명암과 농담에 의하여 결정된다.
③ 경관의 시각적 매력도와 같은 개념이다.
④ 시각적 투과성과 시각적 복잡성의 함수로 나타낸다.

→[해설] 시각적 흡수력은 시각적 투과성과 시각적 복잡성의 함수로 나타낸다.

52. 조경설계에 사용되는 "삼각스케일"에 표기되어 있는 축척이 아닌 것은?

① 1/800　　② 1/600
③ 1/300　　④ 1/100

→[해설] 삼각스케일에는 1/800이 사용되지 않는다.

53. 생태숲의 학습 및 관찰시설 설계요령으로 틀린 것은?

① 야생조류에서 관찰지까지의 거리는 20미터 정도면 탐방객의 관찰을 적극적으로 실시할 수 있다.
② 관찰로를 단일코스로 하는 경우에는 루프형태로 하며 1.5~5km의 길이로 설치한다.
③ 적정노폭은 1.2m로 하되 최소 60cm(주변수목의 최소 개척폭 1.2m, 개척높이 2.1m)를 확보한다.

Answer 47. ②　48. ②　49. ②　50. ②　51. ④　52. ①　53. ①

④ 노선의 기울기가 30% 미만일 경우는 비포장으로 하며, 그 이상의 경사로는 통나무 등을 이용한 자연스런 계단식 보도를 설치한다.

[해설] 「조경설계기준」에서 정하는 생태숲의 학습 및 관찰시설의 기준은 다음과 같다.
가. 자연탐방로
교육적 목적을 위하여 탐방표지를 설치하고, 안내서 등을 발행하여 안내원 없이 이용자의 독자적인 탐방이 가능하도록 한다.
(1) 노선
(가) 지형에 순응하여 등고선을 따라 설치하고, 인공요소의 흔적을 감추도록 하며 직선코스의 설치를 피한다.
(나) 관찰로를 단일코스로 하는 경우에는 루프형태로 하며 1.5~5km의 길이로 설치한다.
(다) 코스를 다변화하는 경우에는 단위코스를 2km 정도로 하여 3~4개의 단위코스를 연결한다.
(2) 노폭
(가) 적정노폭은 1.2m로 하되 최소 60cm(주변수목의 최소 개척폭 1.2m, 개척높이 2.1m)를 확보한다.
(나) 급경사지는 2.4~3.2m의 넉넉한 폭으로 하여 안전한 탐방이 될 수 있도록 한다.
(다) 비상시의 차량통행, 또는 서비스도로를 필요로 하는 경우에는 최소 2m의 노폭을 확보해야 하며, 소방로를 겸하는 경우에는 최소 2.4m 이상으로 한다.
(3) 노면 및 포장
(가) 이용이 집중되는 관찰점 등에는 투수성 아스팔트포장 등 내구성을 확보할 수 있는 재료를 사용한다.
(나) 노선의 기울기가 30% 미만일 경우는 비포장으로 하며, 그 이상의 경사로는 자연석이나 통나무를 이용한 자연스런 계단식 보도를 설치한다.
나. 소동물관찰시설
자연학습을 위하여 동물이 찾아드는 장소에 동물의 식성, 생김새, 발자국 등의 특징을 설명하는 설명판을 설치한다.

다. 곤충관찰시설
관찰로변에 곤충의 서식밀도가 높은 잡초류와 덩굴류 지역을 보호·존치·식재하여 곤충 관찰지로 활용하는 방법을 고려하고, 곤충에 대한 생태 및 환경해설판 등을 설치한다.
라. 담수어류관찰시설
담수 생태계가 다양하고 안정된 곳에 담수생태학습용 안내판을 부착하고 어류의 서식환경을 조성하기 위해서 수생식물을 배식한다.
마. 조류관찰시설
(1) 조류의 움직임이 없이 관찰이 용이하도록 은폐관찰서와 식생을 이용한 공간구성을 하며, 조류의 휴식장소가 될 수 있도록 하중도를 조성하고, 하중도 내 그늘집을 설치하며, 조류 유치 수종 등을 배식한다.
(2) 먼 거리에서 조류에게 방해되지 않고 관찰할 수 있도록 망원경(fieldscope) 등을 이용한 관찰공간을 설계한다.
바. 안내표지판
(1) 방향표지, 안내표지, 해설표지 등의 안내지판을 설치한다.
(2) 안내표지판의 구체적인 기준은 이 기준 「제17장 안내시설」의 기준에 따른다.
사. 기타
(1) 차량진입을 방지하기 위하여 입구에 쓰러진 나무, 암반 등 자연장애물을 설치한다.
(2) 배수와 침식방지를 위하여 배수로를 설치하며, 눈에 띄지 않도록 차폐한다.
(3) 필요한 장소에는 장애인시설을 설치한다.

54. 다음은 건축도면에 사용하는 치수의 단위에 관한 설명이다. ( ) 안에 공통으로 들어갈 단위는?

> 치수의 단위는 ( )를 원칙으로 하고, 이때 단위기호는 쓰지 않는다. 치수 단위가 ( )가 아닌 때에는 단위 기호를 쓰거나 그 밖의 방법으로 그 단위를 명시한다.

① cm
② mm
③ m
④ Nm

[해설] 건축도면은 mm 사용을 원칙으로 하고, 그렇지 않은 경우, 단위기호를 쓰거나 그 밖의 방법으로 그 단위를 명시한다.

Answer 54. ②

55. 표제란에 대한 설명으로 옳은 것은?

① 도면명은 표제란에 기입하지 않는다.
② 도면 제작에 필요한 지침을 기록한다.
③ 범례는 표제란 안에 반드시 기입해야 한다.
④ 도면번호, 작성자명, 작성일자 등에 관한 사항을 기입한다.

해설 표제란은 도면번호, 작성자명, 작성일자 등에 관한 사항을 기입한다.

56. 음수대와 관련된 설계 및 설치 설명으로 틀린 것은?

① 사람이 많이 다니는 동선의 중앙에 위치한다.
② 배수구는 청소가 쉬운 구조와 형태로 설계한다.
③ 성인·어린이·장애인 등 이용자의 신체특성을 고려하여 적정높이로 설계한다.
④ 지수전과 제수밸브 등 필요시설을 적정 위치에 제 기능을 충족시키도록 설계한다.

해설 음수대는 동선의 중앙에 배치하지 않는다.

57. 정면, 평면, 측면을 하나의 투상도에서 동시에 볼 수 있도록 3개의 모서리가 각각 120°를 이루게 그리는 도법은?

① 경사 투상도
② 등각 투상도
③ 유각 투상도
④ 평행 투상도

해설 정면, 평면, 측면을 하나의 투상도에서 동시에 볼 수 있도록 3개의 모서리가 각각 120°를 이루게 그리는 도법은 등각투상도의 설명이다.

58. 다음 균형(均衡) 중 불균등성(不均等性)에 해당하는 것은?

①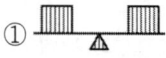
②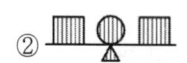
③
④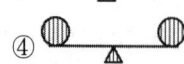

59. 조경설계기준상의 경관조경시설과 관련된 설명이 맞는 것은?

① 보행등은 보행로 경계에서 100cm 정도의 거리에 배치한다.
② 정원등의 등주 높이는 1.5m 이하로 설계·선정한다.
③ 수목등은 푸른 잎을 돋보이게 할 경우에는 메탈할라이드등을 적용한다.
④ 잔디등의 높이는 2.0m 이하로 설계한다.

60. 조경분석에 있어서 생태학적인 요인을 중요시하여 이를 주어진 조건 분석에 overlay 기법을 사용함으로써 적정한 토지이용을 구상하는 방법을 주창하는 사람은?

① F.L. Olmsted
② I. McHarg
③ D. Burnham
④ V. Olgay

해설 조경분석에 있어서 생태학적인 요인을 중요시하여 이를 주어진 조건 분석에 overlay 기법을 사용한 학자는 I. McHarg이다.

4과목 조경식재

61. 경관생태학의 관점에서 볼 때 개체군과 관련하여 생물종의 손실이 가장 많이 일어나는 곳은?

① 고립되고 면적이 작은 공원 패취
② 산림과 산림을 연결하는 식생 코리더
③ 농경지로 이루어진 모자이크
④ 도시지역에 넓은 면적을 가진 습지

62. 자연풍경식 식재의 기본양식에 해당되는 것은?

① 교호식재
② 대식
③ 단식
④ 임의식재

해설 자연풍경식 식재
: 부등변삼각형 식재, 임의 식재(랜덤 식재), 모아심기, 군식, 산재식재, 배경식재, 주목
* 정형식 식재
① 교호식재, ② 대식, ③ 단식, 열식, 집단식재, 요점식재, 기하학적 식재

③ 방음식재 ④ 유도식재

해설 식재의 기능별 구분
1. 공간조절 기능 : 경계 식재, 유도 식재
2. 경관조절 기능 : 지표 식재, 경관 식재, 차폐 식재
3. 환경조절 기능 : 녹음 식재, 방풍 식재, 방설 식재, 방화 식재, 지피 식재, 방음 식재

63. 다음 설명에 적합한 수종은?

- 백색수피가 특이하다.
- 극양수로서 도시공해 및 전지전정에 약하다.
- 종이처럼 벗겨지며 봄의 신록과 가을 황색단풍이 아름다워 현대 감각에 알맞은 조경수이다.

① *Carpinus laxiflora*
② *Betula schmidtii*
③ *Corylus heterophylla*
④ *Betula platyphylla var. japonica*

해설 ① *Carpinus laxiflora* : 서어나무
② *Betula schmidtii* : 박달나무
③ *Corylus heterophylla* : 개암나무
④ *Betula platyphylla var. japonica* : 자작나무

64. 엽(葉)의 속생 수가 옳은 수종은?

① *Pinus densiflora* : 3개
② *Pinus parviflora* : 3개
③ *Pinus bungeana* : 5개
④ *Pinus thunbergii* : 2개

해설 엽의 속생 수
① *Pinus densiflora* : 소나무 – 2개
② *Pinus parviflora* : 섬잣나무 – 5개
③ *Pinus bungeana* : 백송 – 3개
④ *Pinus thunbergii* : 곰솔 – 2개

65. 식재기능을 공간구성과 환경조절에 관한 기능으로 구분할 때, 환경조절과 밀접한 관련이 있는 식재는?

① 경계식재 ② 차폐식재

66. 낙상홍의 수목규격 표시 방법은?

① H×R ② H×W
③ H×B ④ H×L

해설 수목규격 표시
1. 교목 : H×R, H×B
2. 관목 : H×W
3. 덩굴식물 : H×L
낙상홍 : 관목 – H×W

67. Raunkiaer의 생활형과 그 대표종이 바르게 연결된 것은?

① 일년생식물 – 수련 ② 수생식물 – 돼지풀
③ 지중식물 – 얼레지 ④ 지상식물 – 갈대

해설 Raunkiaer의 생활형 – 겨울눈의 위치에 따라 분류
1. 지상식물 : 지표에서 30cm 이상(일반교목)
2. 지표식물 : 지표에서 30cm 이내(토끼풀, 국화, 사철쑥)
3. 반지중식물 : 땅 표면(민들레, 질경이, 달맞이꽃)
4. 지중식물 : 땅 속(산나리, 튤립, 백합–구근식물)
5. 수생식물(마름, 검정말)
6. 1년생식물(나팔꽃)

68. 일년생 가지에서 꽃눈이 생겨 그 해에 꽃이 피는 수목은?

① *Lagerstroemia indica*
② *Prunus yedoensis*
③ *Cercis chinensis*
④ *Camellia japonica*

Answer 63. ④ 64. ④ 65. ③ 66. ② 67. ③ 68. ①

[해설] 일년생 가지에서 꽃눈이 생겨 그 해에 꽃이 피는 수목
=여름개화 수목
① *Lagerstroemia indica* : 배롱나무 - 여름 개화
② *Prunus yedoensis* : 왕벚나무 - 봄 개화
③ *Cercis chinensis* : 박태기나무 - 봄 개화
④ *Camellia japonica* : 동백나무 - 겨울 개화

69. 수목의 음·양수 구별을 위한 외형상의 현저한 특징 중 가장 거리가 먼 것은?

① 지서(枝序)의 양
② 초두(梢頭)의 위치
③ 주간(主幹)의 분화
④ 생육지(生育地)의 환경

[해설] 내음성(음양수) 판단방법
1. 최저수광률 조사
2. 수관의 밀도 차이
3. 지서(枝序)의 양
4. 생장속도 차이
5. 고사속도 차이
6. 자연 전지 정도
7. 엽렬의 형태
8. 초두(梢頭)의 위치

70. 다음 중 천근성 수종으로 옳은 것은?

① 느티나무   ② 아까시나무
③ 곰솔   ④ 팽나무

71. 다음 중 '박태기나무'의 학명은?

① *Cercis chinensis*
② *Chamaecyparis obtusa*
③ *Cercidiphyllum japonicum*
④ *Euonymus fortunei var. radicans*

[해설] ① *Cercis chinensis* : 박태기나무
② *Chamaecyparis obtusa* : 편백
③ *Cercidiphyllum japonicum* : 계수나무
④ *Euonymus fortunei var. radicans* : 줄사철나무

72. 노거수의 공동(空胴) 치료 방법에 대한 설명으로 틀린 것은?

① 공동이 큰 경우 버팀대를 박고, 충전재를 채워 넣는다.
② 부패한 목질부를 끌이나 칼 등을 이용하여 먼저 깨끗이 깎아 낸다.
③ 공동의 충전재로는 콘크리트, 폴리우레탄, 펄라이트 등이 사용된다.
④ 공사를 끝낸 후에 목질부의 부패를 방지하기 위하여 접착용 수지 등으로 이들 사이에 틈이 생기지 않도록 처리해 준다.

[해설] 공동 충전물
: 콘크리트, 아스팔트 혼합물, 코르크 제품, 고무블록, 실리콘 수지, 에폭시 수지, 불포화 폴리에스테르 수지, 우레탄 고무, 폴리우레탄폼 수지

73. 다음 ( ) 안에 적합한 용어는?

생강나무(*Lindera obtusiloba* Blume)의 꽃은 이가화이며, 3월에 잎보다 먼저 피고 황색으로 화경이 없는 ( )화서에 많이 달린다. 소화경은 짧으며 털이 있다. 꽃받침잎은 깊게 6개로 갈라진다.

① 산형   ② 산방
③ 원추   ④ 총상

74. 중앙분리대 식재 시 차광효과가 가장 큰 수종으로만 나열된 것은?

① 아왜나무, 돈나무
② 광나무, 소사나무
③ 사철나무, 쉬땅나무
④ 생강나무, 병아리꽃나무

[해설] 중앙분리대 - 차광률 90% 이상
: 향나무, 가이즈까 향나무, 졸가시나무, 아왜나무, 진달래, 돈나무

75. 사실적(寫實的) 식재와 가장 관련이 없는 것은?

① 다수의 수목을 규칙적으로 배식
② 실제로 존재하는 자연경관을 묘사
③ 고산식물을 주종으로 하는 암석원(rock garden)
④ 월리엄 로빈슨이 제창한 야생원(wild garden)

해설 사실적 식재
1. 실제 존재하는 자연 경관을 묘사하여 재현하는 식재
2. 18세기, 영국의 풍경식 정원
3. 월리엄 로빈슨 : 야생원(wild garden)
4. 벌 막스(Burle Marx) : 열대의 원시적 천연 식생 가미수법, 고산식물 심어놓은 암석원

76. 식재계획 시 향토자생 수종을 이용하는 데 있어서 장점이 될 수 없는 것은?

① 주변지형 및 식생경관과 잘 조화된다.
② 대량구입이 용이하다.
③ 지역 환경에 적응이 잘 된다.
④ 유지관리에 비용이 적게 든다.

77. 수목식재로 얻을 수 있는 기능은 건축적, 공학적, 기상학적, 미적 기능이 있다. 다음 중 공학적 기능이 아닌 것은?

① 토양침식의 조절   ② 대기정화 작용
③ 통행의 조절   ④ 온도조절 작용

해설 식재의 기능
1. 식재의 건축적 기능
   ① 사생활 보호
   ② 차폐 및 은폐
   ③ 공간 분할
   ④ 공간의 점진적 이해
2. 식재의 공학적 기능
   ① 토양침식 조절
   ② 음향 조절
   ③ 대기정화
   ④ 섬광 조절
   ⑤ 반사 조절
   ⑥ 통행 조절
3. 식재의 기상학적 기능
   ① 태양복사열 조절
   ② 바람의 조절
   ③ 습도 조절
   ④ 온도 조절
4. 식재의 미적 기능
   ① 조각물로서의 이용
   ② 반사
   ③ 영상
   ④ 섬세한 선형미
   ⑤ 장식적 수벽
   ⑥ 조류 및 소 동물 유인
   ⑦ 배경용
   ⑧ 구조물의 유화

78. 야생동물을 위한 이동통로 중 육교형 통로에 해당하는 설명이 아닌 것은?

① 주로 중·대형동물(곰, 멧돼지, 오소리, 너구리, 고라니, 노루 등)용이다.
② 통로 길이가 긴 경우 중간에 고목, 돌더미 등 피난용 구조물을 추가한다.
③ 이용 동물들이 불안감을 느끼지 않도록 입·출구 및 통로 전체는 주변 식생과 조화를 이루도록 조성한다.
④ 동물들이 도로를 횡단하지 않고 통로를 이용하도록 유도하기 위해 입·출구의 좌·우측을 따라 방책을 설치하지 않는다.

해설 육교형 통로
1. 생태통로 입구와 출구에는 유도 및 은폐가 가능한 식생을 조성하며, 통로 내부에는 다양한 수직적 구조를 가진 아교목, 관목, 초목 위주의 식생을 조성한다.
2. 통로 양쪽에는 펜스나 방음벽 등을 설치하여 동물의 추락을 방지하고 차량의 소음과 불빛을 차단한다.

Answer 75. ① 76. ② 77. ④ 78. ④

79. 다음과 같은 특징을 갖는 수종은?

- 상록활엽소관목이다.
- 상록수 하부에 자금우 등과 혼재하며 강한 햇볕 아래에서도 잘 자라고 척박한 사질양토에서 번성한다.
- 열매는 장과로 구형이며 붉은색으로 9월에 성숙한다.
- 잎은 돌려나기(윤생)하며, 타원형이다.

① 맥문동　　② 히야신스
③ 만년청　　④ 산호수

해설　① 맥문동 : 상록 다년초
　　　② 히야신스 : 구근류
　　　③ 만년청 : 상록 다년초
　　　④ 산호수(Ardisia pusilla) : 상록활엽소관목

80. 식재설계의 물리적 요소 중 질감에 관한 설명으로 옳은 것은?

① 잎이 작고 치밀한 수종은 고운 질감을 가진다.
② 좁은 공간에서는 거친 질감의 수목을 식재한다.
③ 식재는 사람 시각을 가장 고운 곳에서 가장 거친 곳으로 자연스럽게 이동되도록 해야 한다.
④ 고운 질감에서 거친 질감으로 연속되는 식재 구성은 멀리 떨어진 듯한 후퇴의 효과를 준다.

해설　② 좁은 공간에서는 고운 질감의 수목을 식재한다.
　　　③ 식재는 사람 시각을 가장 거친 곳에서 가장 고운 곳으로 자연스럽게 이동되도록 해야 한다.
　　　④ 거친 질감에서 고운 질감으로 연속되는 식재 구성은 멀리 떨어진 듯한 후퇴의 효과를 준다.

5과목　조경시공구조학

81. 공원지역에서 강우 시 배수를 위한 수리효과(水理效果)에 직접적인 영향을 미치지 않는 것은?

① 수로의 경사
② 적설량(積雪量)
③ 동수반경(動水半徑)
④ 개수로 단면의 조도계수(粗度係數)

해설　평균유속공식 – Manning 공식
$$V = \frac{1}{n} R^{\frac{2}{3}} I^{\frac{1}{2}}$$
(V : 평균유속(m/sec), n : 수로의 조도계수,
R : 경심(m)=동수반경, I : 유역의 평균경사)

82. B.M의 표고가 98.760m일 때, C점의 지반고는? (단, 단위는 m이고, 지형은 참고사항임)

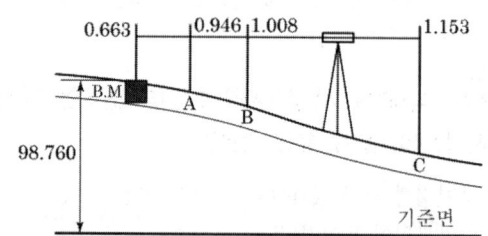

측점	관측값	측점	관측값
B.M.	0.663	B	1.008
A	0.946	C	1.153

① 98.270m　　② 98.415m
③ 98.477m　　④ 99.768m

해설　IH=GH+BS=98.760m+0.663m=99.423m
　　　GH=99.423m−1.153m=98.270m

83. 비가 오후 1시 15분에서 45분까지 30mm가 왔다면 그 당시의 평균강우강도(mm/hr)는 얼마인가?

① 15　　② 30
③ 45　　④ 60

해설　평균강우강도(mm/hr) = $\frac{30mm}{0.5hr}$ = 60mm/hr

Answer　79. ④　80. ①　81. ②　82. ①　83. ④

84. 다음 옥외조명에 관한 사항으로 옳은 것은?

① 광도(光度)는 단위 면에 수직으로 떨어지는 광속밀도로서 단위는 럭스(lx)를 쓴다.
② 수은등은 고압나트륨등에 비해 2배 이상의 효율을 가지고 있다.
③ 도로 조명은 휘도 차에서 오는 눈부심을 줄이기 위해 광원을 멀리한다.
④ 교차로 조명등의 설치 간격은 10m 정도가 좋고, 아래의 여러 방향으로 방사하도록 한다.

해설 ① 조도는 단위면에 수직으로 떨어지는 광속밀도로서 단위는 럭스(lx)를 쓴다.
광도(cd) : 광원의 세기를 표시하는 단위
② 고압나트륨등은 수은등에 비해 2배 이상의 효율을 가지고 있다.

85. 강우강도곡선과 강우량에 관한 설명 중 옳은 것은?

① 강우강도는 mm/hr로 표시된다.
② 강우강도는 강우계속시간이 증가하면 증가된다.
③ 강우강도 곡선은 일반적으로 1차식으로 표시된다.
④ 강우량 곡선에서는 강우계속시간이 증가하면 강우량이 감소한다.

해설 ② 강우강도는 강우계속시간이 증가하면 감소된다.
④ 강우량 곡선에서는 강우계속시간이 증가하면 강우량이 증가한다.

86. 하도급업체의 보호육성차원에서 입찰자에게 하도급자의 계약서를 입찰서에 첨부하도록 하여 덤핑입찰을 방지하고 하도급의 계열화를 유도하는 입찰방식은?

① 부대입찰
② 내역입찰
③ 제한경쟁입찰
④ 제한적 평균가낙찰제

87. 살수기의 선정과 관련된 설명으로 적합하지 않은 것은?

① 동일한 구역 내의 살수기의 살수강도는 같아야 한다.
② 같은 구역에나 구간에서 분무식과 회전식 살수기를 혼용 사용해 효율을 증가시킨다.
③ 동일한 회로 내에 살수기에 작동하는 압력은 제조업자가 권장하는 계통의 효과적인 작동압력의 범위 내에 있어야 한다.
④ 토양종류, 지표면 경사, 식물종류, 지표면의 형태와 규모, 장애물의 유무를 고려하여 적합한 살수기를 선정한다.

88. 조경공사에 필요한 공사비 산정에 대한 설명으로 적합하지 않은 것은?

① 경비는 직접경비와 기타경비로 구분되며, 기타경비는 직접경비에 기타경비율을 곱하여 적용한다.
② 노무비는 직접노무비와 간접노무비로 구성되며, 간접노무비는 직접노무비에 간접노무비율을 곱하여 적용한다.
③ 일반관리비는 기업의 유지, 관리 비용 등 본사경비의 개념으로서 순공사비에 일반관리비율을 곱하여 적용한다.
④ 재료비는 순공사비를 구성하는 직접재료비, 간접재료비와 부대비용에서 작업부산물의 가치를 공제한 것이다.

해설 기타 경비=(재료비+노무비)×○%

89. 다음 중 현행 시방서의 종류가 아닌 것은?

① 표준시방서
② 전문시방서
③ 공사시방서
④ 기준시방서

90. 그림과 같은 단순보에서 지점 A의 수직반력값은?

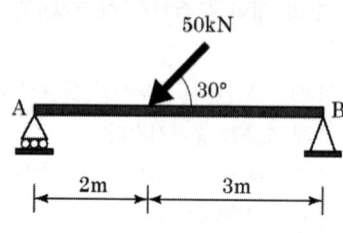

① 10kN
② 15kN
③ 20kN
④ 25kN

해설 ΣMB=0
(RA×5m)−(50sin30°×3m)=0
RA=15kN

91. 다음 네트워크 공정표에서 크리티컬패스(CP, critical path)의 순서로 옳은 것은?

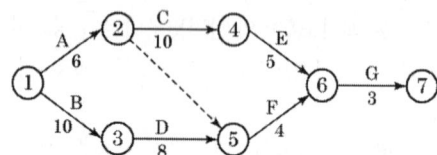

① 1 → 2 → 4 → 6 → 7
② 1 → 3 → 5 → 6 → 7
③ 1 → 2 → 5 → 6 → 7
④ 1 → 3 → 4 → 6 → 7

해설 ① 1 → 2 → 4 → 6 → 7=6+10+5+3=24
② 1 → 3 → 5 → 6 → 7=10+8+4+3=25
③ 1 → 2 → 5 → 6 → 7=6+0+4+3=13
④ 1 → 3 → 4 → 6 → 7 : 논리적으로 성립하지 않음

92. 견치돌 사이에 모르타르를 채우고, 뒷채움으로 고임돌과 콘크리트를 사용하는 석축공법은?

① 골쌓기
② 메쌓기
③ 찰쌓기
④ 층지어쌓기

93. 조경 수목의 측정은 수목의 형상별로 구분하여 측정하는데 규격의 허용치는 수종별로 설계규격의 몇 % 이내로 하여야 하는가?

① −5 ~ 0%
② −10 ~ −5%
③ −15 ~ −10%
④ −20 ~ −15%

94. 안료+아교, 카세인, 전분+물의 성분으로 내수성이 없고 내알칼리성이며 광택이 없고 모르타르와 회반죽면에 쓰이는 페인트는?

① 유성페인트
② 에나멜페인트
③ 수성페인트
④ 에멀션페인트

95. 다음 중 측량의 3대 요소가 아닌 것은?

① 각측량
② 고저측량
③ 거리측량
④ 세부측량

96. 조경시설물의 제품화에 대한 설명으로 틀린 것은?

① 조경시설물의 제품화율이 점차적으로 높아지고 있다.
② 제품화를 통하여 조경시설의 품질향상효과를 얻을 수 있다.
③ 공장에서 생산된 제품을 사용함으로써 현장에서 시공기간을 단축할 수 있다.
④ 실시설계단계에서 설계도면에 제품생산회사 및 모델명을 명시해야 한다.

97. 석재의 성질에 대한 설명으로 틀린 것은?

① 압축강도는 중량이 클수록, 공극률이 작을수록 크다.
② 일반적으로 내구연한은 대리석이 화강석보다 크다.
③ 흡수율이 크다는 것은 다공성이라는 것을 나타내며, 대체로 동해나 풍화를 받기 쉽다.
④ 일반적으로 암석의 밀도는 겉보기 밀도를 말하며, 조직이 치밀한 암석은 2.0~3.0 범위이다.

→해설 ② 일반적으로 내구연한은 화강석이 대리석보다 크다.

98. 강우유출량을 계산하는 공식인 $Q=\frac{1}{360} \cdot C \cdot I \cdot A$에서 I가 의미하는 것은?

① 강우속도
② 우수유출계수
③ 배수면적
④ 강우강도

→해설 $Q=\frac{1}{360} \cdot C \cdot I \cdot A$
Q : 우수유출량(m^3/sec)
C : 유출계수
I : 강우강도(mm/hr)
A : 배수면적(ha)

99. 다음 중 시공계획의 순서가 옳은 것은?

① 사전조사 → 일정계획 → 기본계획 → 가설 및 조달계획 → 관리계획
② 사전조사 → 기본계획 → 일정계획 → 가설 및 조달계획 → 관리계획
③ 사전조사 → 기본계획 → 가설 및 조달계획 → 일정계획 → 관리계획
④ 사전조사 → 일정계획 → 가설 및 조달계획 → 기본계획 → 관리계획

100. 다음 중 식생옹벽 시공에 관한 설명으로 틀린 것은?

① 옹벽구체 보강토는 배수에 유리한 화강풍화토(마사토) 성분의 사질양토 사용을 원칙으로 한다.
② 식생옹벽의 기울기는 설계도면에 따르되 옹벽용 블록은 선형과 수평이 일정하게 유지되도록 한다.
③ 기초는 옹벽 높이의 1/3만큼 터파기하고, 일반 구조용 옹벽에 비해 부등침하에 대한 사전 검토는 생략해도 좋다.
④ 식생옹벽에 사용되는 조립식 블록은 모양과 색상이 균일하고 비틀림이나 균열 등이 없는 양질의 제품을 사용하여야 한다.

6과목 조경관리론

101. 자연공원에서 동·식물 서식지 확대를 위한 모니터링(Monitoring)의 효과적 방법이라 하기 어려운 것은?

① 최소 비용의 도모
② 측정지표의 정성화
③ 위치 선정의 타당성
④ 신뢰성 있는 기법의 도입

→해설 모니터링 조건
1. 지표설정의 합리성
2. 측정기법의 신뢰성(민감성)
3. 최소 비용의 도모
4. 측정 위치 설정의 타당성

102. 다음 중 수목의 육종에서 콜히친(colchicine) 처리에 따른 효과를 가장 잘 설명한 것은?

① 식물체를 빨리 자라게 한다.
② 병에 대한 저항성을 높여준다.
③ 염색체 수를 다배수로 만든다.
④ 천연적으로 교배할 수 없는 수종 간의 교배가 가능하게 한다.

103. 다음과 같은 네트워크 공정관리에서 각 작업의 여유시간이 틀린 것은?

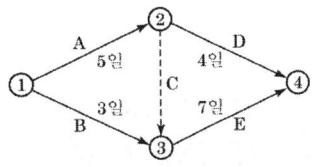

① A작업의 여유시간은 없다.
② B작업의 여유시간은 3일이다.
③ D작업의 여유시간은 3일이다.
④ E작업의 여유시간은 없다.

104. 횡선식 공정표(bar chart)의 특징이 아닌 것은?

① 작성하기 쉽다.
② 작업 상호관계가 분명하다.
③ 각 공종별 공사와 전체의 공정시기 등이 일목요연하다.
④ 공사 진척 사항을 기입하고 예정과 실시를 비교하면서 관리할 수 있다.

➡ **해설** 횡선식 공정표(bar chart)
① 작성하기 쉽다.
③ 각 공종별 공사와 전체의 공정시기 등이 일목요연하다.
④ 공사 진척 사항을 기입하고 예정과 실시를 비교하면서 관리할 수 있다.
② 작업 상호관계가 분명하다. : 네트워크 공정표

105. 실외 테니스, 배드민턴의 공식경기에 필요한 수평면 평균 조도 값(lx)은?

① 5000   ② 2000
③ 1000   ④ 500

➡ **해설** 운동장 및 경기장 조도기준

조도(lux)	수영	궁도	테니스	배드민턴	야구	육상
2,000	–	–	–	–	프로경기 내야	–
1,000	–	–	공식경기	공식경기	프로경기 외야	–
500	공식경기	일반	일반경기	일반경기	아마경기 내야	공식경기
200	일반경기	경기	레크리에이션	레크리에이션	아마경기 외야	일반경기
100	레크리에이션	레크리에이션	–	–	–	–
50	–	–	관객	관객	관객석(프로)	–
20	관객석	–	–	–	관객석(아마)	관객석

106. 일반적인 조경수 재배 토양과 비교했을 때 염해지 토양의 가장 뚜렷한 특징은?

① 유기물 함량이 높다.
② 활성 철 함량이 높다.
③ 치환성 석회 함량이 높다.
④ 마그네슘, 나트륨 함량이 높다.

107. 습윤한 토양의 무게는 1650g, 그리고 건조 후 토양의 무게가 1450g, 용기의 부피는 1000cm³일 때 이 토양의 용적밀도(g/cm³)는?

① 1.00   ② 1.25
③ 1.45   ④ 1.65

➡ **해설** 토양 용적밀도
$$= \frac{건조후토양무게}{용기부피} = \frac{1,450g}{1,000cm} = 1.45g/cm^3$$

108. 다음 중 이액순위(lyotropic series)가 가장 큰 원소는?

① Na^+ ② K^+
③ Mg^{+2} ④ Ca^{+2}

➡ **해설** 이액순위 : 콜로이드 표면에 이온이 흡착되기 쉬운 정도
* 양이온 이액순위 : $H^+(Al_3^+) > Ca_2^+ > Mg_2^+ > K^+ \approx NH_4^+ > Na^+$

109. 정지, 전정의 방법으로 틀린 것은?

① 무성하게 자란 가지는 제거한다.
② 수목의 주지(主枝)는 하나로 자라게 한다.
③ 역지(逆枝), 수하지(垂下枝) 및 난지(亂枝)는 제거한다.
④ 같은 방향과 각도로 자라난 평행지는 제거하지 않고 남겨둔다.

➡ **해설** ④ 같은 방향과 각도로 자라난 평행지는 가지가 서로 어긋나게 자라게 한다.

110. 조경공간에서 관리 하자에 의한 안전사고로 옳은 것은?

① 유리조각을 방치하여 발을 베인 사고
② 관객이 백네트에 올라갔다가 떨어진 사고
③ 그네에서 뛰어내리는 곳에 벤치가 설치되어 있어 충돌한 사고
④ 시설물의 구조상 접속부에 손이 끼거나 구조 자체의

결함에 의한 사고

▶해설 ① 유리조각을 방치하여 발을 베인 사고 : 관리 하자에 의한 사고 – 위험물 방치
② 관객이 백네트에 올라갔다가 떨어진 사고 : 이용자, 보호자, 행사 개최자 등의 부주의에 의한 사고 – 행사 주최자의 관리 불충분에 의한 사고
③ 그네에서 뛰어내리는 곳에 벤치가 설치되어 있어 충돌한 사고 : 설치 하자에 의한 사고 – 시설배치 미비
④ 시설물의 구조상 접속부에 손이 끼거나 구조 자체의 결함에 의한 사고 : 설치 하자에 의한 사고 – 시설구조 자체 결함

111. 건설공사에 있어서 안전을 확보하기 위한 예방대책과 가장 거리가 먼 것은?

① 현장의 정리정돈
② 안전관리기구의 구성
③ 산업재해보험의 가입
④ 안전교육의 주기적 실시

▶해설 안전관리대책
: 안전관리기구 구성, 노동재해기구의 방지계획, 안전교육 실시, 매일 현장점검, 현장 정리정돈, 위험장소의 기술적 안전대책 검토, 응급시설 완비

112. 카바메이트(carbamate)계 농약에 해당하지 않는 것은?

① 페노뷰카브유제
② 카보설판수화제
③ 페니트로티온수화제
④ 티오파네이트메틸수화제

▶해설 ① 페노뷰카브유제 : 카바메이트계 살충제
② 카보설판수화제 : 카바메이트계 살충제
③ 페니트로티온수화제 : 유기인계 살충제
④ 티오파네이트메틸수화제 : 카바메이트계 살균제

113. 다음 [보기]에서 나타난 예는 레크리에이션공간의 관리에 있어서의 5가지 기본 전략 중 어느 것에 해당되는가?

[보기]
레크리에이션 이용에 의해 부지조건의 악화가 발생할 시 손상된 부지를 폐쇄하고, 더욱 빠른 회복을 단기간에 하기 위해 적당한 육성관리를 행하여 주는 방법이다.

① 폐쇄 후 육성관리
② 폐쇄 후 자연회복형
③ 완전방임형 관리전략
④ 순환식 개방에 의한 휴식기간 확보

114. 수목 이식 직후 조치하여야 할 주 관리사항으로 가장 부적절한 작업은?

① 수간보호   ② 지주목 설치
③ 관수 및 전정 ④ 뿌리돌림

▶해설 ④ 뿌리돌림 : 이식 1~2년 전

115. 솔수염하늘소에 대한 설명으로 옳지 않은 것은?

① 유충으로 월동한다.
② 소나무재선충병의 매개체이다.
③ 산란기는 6~9월이며, 7~8월에 가장 많다.
④ 암컷 한 마리의 산란수는 평균 500여개 정도이다.

▶해설 ④ 암컷 한 마리의 산란수는 평균 100개 정도이며 1일에 1~8개의 알을 낳는다.

116. 토양 중 인산이 난용성으로 되는 가장 큰 이유는?

① 휘산(揮散)   ② 산화(酸化)
③ 고정(固定)   ④ 용탈(溶脫)

117. 비탈면 보호시설 공법의 설명으로 옳은 것은?

① 종자뿜어붙이기공은 일종의 식생공이다.
② 비탈면 돌망태공은 용수(湧水) 및 토사유실 우려가 없는 곳에 시행된다.
③ 콘크리트 격자 블록공은 식생공법을 배제한 구조물에 의한 비탈면 보호공이다.
④ 평판 블록 붙임공은 비탈면 길이가 길고 경사(구배 : 勾配)가 비교적 급한 곳에 시행된다.

해설 ② 비탈면 돌망태공은 비탈면 용수(湧水)가 있어 토사유실 우려지역, 흙 무너진 장소 복구, 해동에 의한 비탈면 유실 우려지역에 시행된다.
③ 콘크리트 격자 블록공은 용수가 있는 절토 비탈면, 표준구배보다 급한 성토비탈면, 식생에 적당치 않고 표면이 무너질 우려가 있는 지역에 시행된다. 격자블록 내 양질의 흙을 채운 후 식생공을 시행할 수 있는 구조물에 의한 비탈면 보호공이다.
④ 평판 블록 붙임공은 비탈면 길이가 짧고 구배가 완만한 곳에 시행된다.

118. 과일이 열리는 조경수목에서 도장지는 힘이 강한 가지의 기부에 급속도로 자란 필요치 않은 나뭇가지로서 생장기에는 우선 길이를 반 정도 줄여 힘을 억제하고 이듬해 봄에 동기(冬期) 전정 때는 어느 정도 잘라야 하는가?

① 가지의 1/2을 남기고 자른다.
② 가지의 2/3 정도를 남기고 자른다.
③ 줄기에 바짝 붙여서 기부로부터 자른다.
④ 기부로부터 2~3눈을 남기고 자른다.

119. 공정관리상 최적공기란 직접비와 간접비를 합한 총공사비가 최소가 되는 가장 경제적인 공기를 말한다. 시공속도를 빠르게 하면 공기 단축에 따른 일반적인 직·간접비의 증감 사항으로 맞는 것은?

① 직접비 : 증가, 간접비 : 증가
② 직접비 : 증가, 간접비 : 감소
③ 직접비 : 감소, 간접비 : 증가
④ 직접비 : 감소, 간접비 : 감소

해설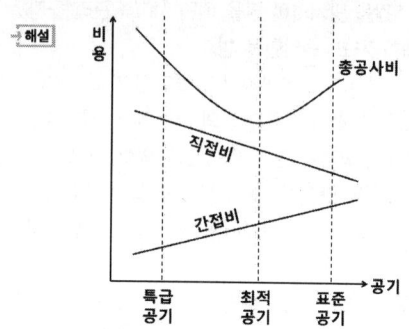

120. 배수시설의 구조 중 지하배수시설의 구조물이 아닌 것은?

① 맹암거   ② 측구
③ 유공관암거   ④ 배수관거

해설 표면배수시설 : 측구, 빗물받이 홈(집수구), 배수관, 도수관, 맨홀

2018년 조경기사 최근기출문제 (2018. 3. 4)

1과목 조경사

01. 다음 중 A와 B에 해당하는 것은?

역대 중국정원은 지방에 따라 많은 명원(名園)을 볼 수 있다. 그 중 소주(蘇州)에는 (A) 등이 있고, 북경(北京)에는 (B) 등이 있다.

① A : 유원(留園), B : 졸정원(拙政園)
② A : 자금성(紫禁城), B : 원명원 이궁(園明園離宮)
③ A : 졸정원(拙政園), B : 원명원 이궁(園明園離宮)
④ A : 만수산 이궁(萬壽山離宮), B : 사자림(師子林)

 ① 유원(留園)-소주, 졸정원(拙政園)-소주
② 자금성(紫禁城)-북경, 원명원 이궁(園明園離宮)-북경
③ 졸정원(拙政園)-소주, 원명원 이궁(園明園離宮)-북경
④ 만수산 이궁(萬壽山離宮)-북경, 자림(師子林)-소주

02. 고려시대 궁원에 관한 기록에서 동지(東池)는 5대 경종에서 31대 공민왕에 이르기까지 자주 나타나고 있다. 기록상으로 추측할 때 동지에 대한 설명으로 틀린 것은?

① 정전(政殿)인 회경전 동쪽에 위치
② 연꽃을 감상하기 위한 정적인 소규모 연못
③ 연못 주변과 언덕에 누각 조성
④ 학, 거위, 산양 등을 길렀던 유원 조성

03. 안동 하회마을 부용대에서 체험할 수 있는 다차원적 놀이문화와 관계가 먼 것은?

① 천천히 줄에 매달려 강을 건너는 불
② 독특한 송진 타는 냄새 맡기
③ 짚단에 불 붙여 절벽 아래 던지기
④ 물 위에 술잔 띄워 돌리기

 안동 하회마을 부용대의 축제인 하회선유줄불놀이(하회줄불놀이)
① 경상북도 안동 풍천면 하회리에서 음력 7월 기망(旣望 : 16일)에 즐기던 양반들의 전통놀이
② 하회마을에서 전승되어 온 선유줄불놀이는 양반들의 뱃놀이[船遊]와 불교 행사인 초파일 불놀이가 결합한 놀이
③ 공중에 길게 걸어 놓은 줄에 숯가루를 넣은 봉지를 주렁주렁 매단 뒤 점화하면 불꽃이 튀기면서 떨어지는 장관을 즐기던 민속놀이
④ 불꽃놀이와 뱃놀이, 그리고 달걀불과 선상의 시회가 다채롭게 어우러진 놀이로서, 품격과 운치가 곁들여진 양반놀이 문화의 정수
⑤ 선유 줄불놀이는 선유, 줄불, 낙화, 달걀불 등으로 구성, 네 가지 놀이 가운데 선유가 주이고, 나머지는 선유의 흥취를 돋우기 위한 부대 행사

04. 이슬람 정원에서 4개의 수로로 분할되는 4분 정원의 기원은?

① 마스지드(al-Masjid)
② 차하르 바그(Chahar Bagh)
③ 지구라트(Ziggurat)
④ 마이단(Maidan)

 ① 마스지드(al-Masjid) : 이슬람교의 예배 장소(사원)
② 차하르 바그(Chahar Bagh)
③ 지구라트(Ziggurat) : 고대 메소포타미아의 건축물, 신전
④ 마이단(Maidan) : 중세 이란, 왕의 광장

Answer 01. ③ 02. ② 03. ④ 04. ②

05. 통일신라시대 경주의 도시구획 패턴으로 가장 적합한 것은?

① 직선형　② 격자형
③ 십자형　④ 동심원형

06. 서원의 외부공간 구성 요소가 아닌 것은?

① 성생단　② 관세대
③ 소전대　④ 정료대

[해설] ① 성생단(생단) : 제물에 쓰이는 짐승을 세워놓고 품평을 하기 위한 곳
② 관세대 : 제향 시 사당에 들어가기 전 손을 씻기 위한 시설
③ 소전대 : 조선왕릉에서 축문을 불태우던 석물
④ 정료대 : 야간에 서원 내부를 밝히는 시설

07. 16~17C의 네덜란드 정원에서 흔히 볼 수 있었던 정원 시설물이 아닌 것은?

① 캐스케이드　② 창살울타리
③ 화상(花床)　④ 정자

[해설] 16~17C의 네덜란드 정원시설물
창살울타리, 화상(화분), 정자, 조각품, 토피어리, 원정, 서머 하우스(summer house)

08. 중세 스페인 알함브라 궁원의 주정으로 일명 "천인화의 파티오"라 불리는 것은?

① 사자의 파티오　② 연못의 파티오
③ 다라하의 파티오　④ 레하의 파티오

[해설] ① 사자의 파티오
② 연못의 파티오 = 알베르카 파티오 = 도금양(천인화)의 중정
③ 다라하의 파티오 = 다라쿠사 파티오
④ 레하의 파티오 = 창격자 파티오 = 격자창 파티오 = 사이프러스 파티오

09. 다음 중 동일한 서원 공간에 존재하지 않는 것은?

① 송죽매국　② 절우사
③ 시사단　④ 관어대

[해설] ④ 관어대 : 옥산서원
* 도산서원
① 송죽매국 : 사절우
② 절우사 : 사절우 식재
③ 시사단 : 도산서원 맞은편에 위치, 지방 별과를 보았던 자리를 기념하기 위해 세운 비각

10. 19세기에 공공공원(public park)을 마련한 기본적인 원인이 아닌 것은?

① 포스트모더니즘의 등장
② 공중 위생에 대한 관심
③ 국민의 도덕에 대한 관심 증가
④ 낭만주의적·미적인 관심 증가

[해설] 19세기, 공공공원(public park)을 마련한 기본적인 원인
① 공중 위생에 대한 관심의 제고
② 도덕에 대한 관심
③ 낭만주의와 미적 관심의 증대
④ 경제적 성장

11. 조선시대 주례고공기(周禮考工記)의 적용에 관한 설명 중 옳지 않은 것은?

① 조선 궁궐을 만드는 원칙 가운데 하나이다.
② 삼조삼문의 치조는 정전과 편전이 있는 곳을 의미한다.
③ 우리나라에서는 전조후시 원칙을 적용하여 궁궐을 조성했다.
④ 삼조삼문의 외조는 신하들이 활동하는 관청이 있는 곳이다.

[해설] ③ 전조후시 : 앞에는 관청, 뒤에는 시가가 위치한다는 원칙

전조후시(면조후시)의 배치 원칙은 한국의 궁궐의 위치에서는 통용되지 않았음
대부분 시장을 궁궐의 전면에 배치하는 경우가 많았음

※ 3조3문
① 3조 : 외조, 치조, 연조
　㉠ 외조 : 신하들이 활동하는 관청이 있는 공간
　㉡ 치조 : 왕과 신하가 조회하는 정전과 정치를 논하는 편전이 있는 구역
　㉢ 연조 : 왕과 왕비의 침전과 편안히 쉬는 시설의 구역
② 3문 : 고문, 치문(응문), 노문

12. 경복궁의 아미산(峨嵋山)원에서 볼 수 있는 경관 요소가 아닌 것은?

① 굴뚝　　　　　　② 정자
③ 석지(石池)　　　④ 수조(水槽)

13. 중국의 북경에 있는 원명원(圓明園)에 관한 설명 중 옳은 것은?

① 강희(康熙)황제가 꾸며 공주에게 넘겨준 것이다.
② 1860년에 침략한 일본군에 의하여 파괴되었다.
③ 원명원을 중심으로 동쪽에는 만춘원이 있고, 남동쪽에는 장춘원이 있다.
④ 뜰(園) 안에는 대 분천(噴泉)을 중심으로 하는 프랑스식 정원이 꾸며져 있다.

[해설] 원명원
① 조영 : 건륭황제
② 1860년에 침략한 영국·프랑스 연합군에 의하여 파괴되었다.
③ 원명원을 중심으로 동쪽에는 장춘원이 있고, 남동쪽에는 만춘원이 있다.
④ 뜰(園) 안에는 대 분천(噴泉)을 중심으로 하는 프랑스식 정원이 꾸며져 있다.

14. 다음 중 카지노가 테라스 최상단에 위치한 빌라는?

① 에스테　　　　　② 란테
③ 알도브란디니　　④ 코르도바

[해설] ① 에스테 : 테라스 최상단
② 란테 : 테라스 최하단, 1~2노단 사이
③ 알도브란디니 : 테라스 가운데

15. 고대 그리스의 공공조경이 아닌 것은?

① 아도니스원　　　② 성림
③ 아카데미　　　　④ 김나지움

[해설] 그리스 조경의 분야
① 도시조경 : 아고라, 도시계획, 아크로폴리스
② 공공조경 : 신전주변 성림, 아카데미, 운동 경기장, 야외극장
③ 주택정원 : 궁정 정원, 아도니스원

16. 정원시설과 관련된 인물의 연결이 적절하지 않은 것은?

① 오곡문-양산보　　② 암서재-송시열
③ 초간정-권문해　　④ 동천석실-정영방

[해설] ① 오곡문-양산보-소쇄원
② 암서재-송시열
③ 초간정-권문해
④ 동천석실-윤선도
　서석지원, 석문임천정원-정영방

17. 다음 중 베티가(House of Vettii)의 설명으로 맞지 않는 것은?

① 고대 그리스 별장에 속한다.
② 실내공간과 실외공간의 구분이 모호하다.
③ 2개의 중정과 지스터스로 이루어져 있다.
④ 아트리움(Atrium)과 페리스틸리움(Peristylium)을 갖추고 있다.

[해설] ① 고대 그리스 별장에 속한다. : 고대 로마

Answer 12. ② 13. ④ 14. ① 15. ① 16. ④ 17. ①

18. 영국 버컨헤드(Birkenhead) 공원의 설계자는?

① Humphry Repton ② Joseph Paxton
③ Joseph Nash ④ Robert Owen

해설 ① Humphry Repton : 18세기 영국 풍경식 조경가
② Joseph Paxton : 버컨헤드 공원, 수정궁
③ Joseph Nash : 리젠트 파크
④ Robert Owen : 영국 산업혁명 최초 실천적 비판가

19. 일본정원에 학도(鶴島)와 구도(龜島)가 함께 조성된 정원은?

① 용안사 석정 ② 은각사 향월대
③ 서방사 이끼정원 ④ 남선사 금지원

20. 고대 서부아시아 수렵원(Hunting Park)에 관한 설명으로 가장 거리가 먼 것은?

① 오늘날 공원(park)의 시초가 된다.
② 인공으로 호수와 언덕을 만들고, 물가에 신전을 세웠다.
③ 소나무, 사이프러스에 대한 관개를 위해 규칙적으로 식재하였다.
④ 니네베(Nineveh)의 인공 언덕 위에 세워진 궁전 사냥터가 유명하다.

2과목 조경계획

21. 공장배치 및 조경의 체계에 가장 부합되지 않는 것은?

① 일반적으로 입구 정면에 수위실을 두어 근무자와 화물의 출입을 통제한다.
② 관련도가 높은 공장들은 모이게 배치하고, 관련성이 없는 것은 떨어지게 배치한다.
③ 외부공간에 도입되는 설계 요소를 단순화시켜 작업 효율의 향상에 기여한다.
④ 직접 제조활동, 간접 제조활동, 지원설비공간, 부수 보조공간 및 후생지원공간들이 공장조경에 고려되어야 한다.

해설 공장배치 및 조경의 체계
③ 외부공간에 도입되는 설계 요소를 다양화시켜 변화있는 외부공간을 창출한다.

22. 다음 중 도로조경 계획의 설명으로 가장 거리가 먼 것은?

① 주변 토지이용과 노선의 구조적 특성 및 시각적 효과를 고려한 식재 및 시설물 배치를 한다.
② 철도, 도로 등 다른 교통과 교차점이 많은 노선에 효율적으로 배치한다.
③ 절·성토의 균형 및 완만한 구배를 얻는 노선을 계획하도록 한다.
④ 가능한 한 곡선반경을 크게 주어, 운전자가 되도록 직선에 가까운 노선으로 느끼게 한다.

23. 도시공원 및 녹지 등에 관한 법률 시행규칙상 도시농업공원의 공원시설 부지면적 기준은?

① 100분의 20 이상 ② 100분의 40 이하
③ 100분의 50 이하 ④ 100분의 60 이하

해설 「도시공원 및 녹지 등에 관한 법률 시행규칙」 공원시설 부지면적 기준

공원구분		공원면적	공원시설 부지면적
1. 생활권 공원			
	가. 소공원	전부 해당	100분의 20 이하
	나. 어린이공원	전부 해당	100분의 60 이하
	다. 근린공원	(1) 3만제곱미터 미만	100분의 40 이하
		(2) 3만제곱미터 이상 10만제곱미터 미만	100분의 40 이하
		(3) 10만제곱미터 이상	100분의 40 이하
2. 주제공원			
	가. 역사공원	전부 해당	제한 없음
	나. 문화공원	전부 해당	제한 없음
	다. 수변공원	전부 해당	100분의 40 이하
	라. 묘지공원	전부 해당	100분의 20 이상

마. 체육공원	(1) 3만제곱미터 미만	100분의 50 이하
	(2) 3만제곱미터 이상 10만제곱미터 미만	100분의 50 이하
	(3) 10만제곱미터 이상	100분의 50 이하
바. 도시농업공원	전부 해당	100분의 40 이하

24. 통경(vista)의 배치 방법으로 가장 거리가 먼 것은?

① 시점, 종점의 물체, 연결공간이 시각적 단위를 형성하도록 한다.
② 종점에서 시점을 보는 역통경(reverse vista)은 피한다.
③ 종점의 물체를 몇 개의 시점에서 보도록 배치할 수 있다.
④ 종점의 물체를 부분적으로 보이도록 배치할 수 있다.

25. 외부 공간 설계에 관한 세부 설계 기법의 설명으로 옳지 않은 것은?

① 소공원(mini-park) 주변의 자동차 소음을 완화하기 위하여 폭포를 설치하였다.
② 인간적 척도(human scale)를 위하여 60층 건물의 입구에 돌출된 현관을 따로 만들었다.
③ 사적지의 엄숙함을 강조하기 위하여 고운 질감을 가진 수목 위주로 식재하였다.
④ 어린이 놀이 시설에 즐거움을 더해주기 위하여 중성색 위주로 색칠하였다.

26. 리모트 센싱에 의한 환경 해석의 특징이 아닌 것은?

① 광역적인 환경을 파악할 수 있다.
② 시각적 선호도에 의한 경관을 예측할 수 있다.
③ 시각적 추이에 따른 환경의 변화를 파악할 수 있다.
④ 특정지역의 환경 특성을 광역 환경과 비교하면서 파악할 수 있다.

해설) 리모트 센싱 = 원격측정 = 원격탐사 = 원격탐지
1. 장점

① 대상물에 직접 손대지 않고 정보를 수집할 수 있다.
② 단시간에 광역적인 환경을 파악하여 해석·진단할 수 있다.
③ 시간적 추이에 따르는 환경의 변화를 파악할 수 있다.
④ 기록된 정보들은 기록된 상태에서 언제나 재현 가능하다.
⑤ 특정지역의 환경 특성을 광역 환경과 비교·분석할 수 있다.
⑥ 원 지반의 기복상태 및 도시녹지의 질과 양을 파악할 수 있다.
⑦ 식피율을 산정할 때에는 수림지, 논, 밭 등 식생 종류별로 양적인 산정이 가능하다.

2. 단점
① 표면, 표층의 정보는 직접 얻을 수 있으나, 내면 심층부 정보는 간접 정보밖에 얻을 수 없다.
② 수종의 명칭 및 식생군락의 형태를 파악할 수 없다.
③ 계측에 경비가 많이 든다.

27. 다음 설명에 해당하는 표지판의 종류는?

- 공원 내 시야가 막히거나 동선이 급변하는 지점에 설치하고 세계적 공용문자를 사용
- 개별 단위 시설물이나 목표물의 방향 또는 위치에 관한 정보를 제공하여 목적하는 시설 또는 방향으로 안내하는 시설

① 안내표지　　② 해설표지
③ 유도표지　　④ 주의표지

해설) ① 안내표지 : 공원·주택단지·보행공간 등 옥외공간에서 보행자나 방문객에게 주요 시설물이나 주요 목표지점까지의 정보 전달을 목적으로 하는 시설물로서, 정보를 제공하는 사인(sign)과 정보를 이어주는 환경시설물 등을 포함
② 해설표지 : 단위시설물에 관한 정보해설을 방문객에게 이해시키고자 사용하는 표지시설물로서 개별 단위시설의 자세한 정보를 담는 안내표지시설
③ 유도표지 : 개별단위의 시설물이나 목표물의 방향 또는 위치에 관한 정보를 제공하여 목적하는 시설 또는 방향으로 유도하는 안내표지시설

Answer　24. ②　25. ④　26. ②　27. ③

④ 종합안내표지 : 공공주택단지, 공원 등 비교적 일정한 구획을 지니고 있는 단지 안에서 지역권의 광역적 정보를 종합적으로 안내하기 위한 안내표지시설

⑤ 도로표지시설 : 도로와 관련된 각종 정보를 전달하고 이해를 돕고자 설치하는 시설로서 일반적으로 교통안내 등 일반도로표지와 더불어 각종 시설물의 안내표지시설과 병행하여 사용되기도 함

28. 다음 중 안내시설의 계획 시 고려사항으로 옳지 않은 것은?

① 도시의 CIP 개념과 독자적으로 계획하는 것이 바람직하다.
② 야간 이용을 고려하여 조명시설을 반영하는 것이 필요하다.
③ 재료는 내구성·유지관리성·경제성·시공성·미관성·환경친화성 등 다양한 평가항목을 고려하여 종합적으로 판단한다.
④ 이용자에게 시각적 방해가 되는 장소는 피하여야 하며, 보행 동선이나 차량의 움직임을 고려하여 배치하여야 한다.

해설 ① 안내시설은 기능적 효율화, 도시 CI 체계 속에서의 이미지 통합화, 효율적 배치운영 등 하나의 완결된 시스템으로 설계한다.

29. 도시구성에 있어서 도로의 위계 체제를 명확히 함과 동시에 거주환경지역(Environmental Area)을 설정하여 일상생활에서 보행자를 우선하도록 주장한 보고서는?

① Barlow Report
② Buchanan Report
③ Utwatt Report
④ Regional Survey of New York and its Environs Vol. Ⅲ

30. 일반적인 스카이라인 형성 기준과 거리가 먼 것은?

① 단일 고층건물의 배경에 산이 있을 경우, 건물의 높이는 산 높이의 60~70%가 되게 한다.
② 고층건물 주변에 일정 높이의 건물이 있을 경우, 고층건물의 높이는 주변 건물 높이의 160~170%가 되게 한다.
③ 주변건물에 비하여 현저하게 높은 건물은 위로 갈수록 좁아지는 피라미드 또는 첨탑 형태로 한다.
④ 신도시와 같이 고층건물을 집합적으로 계획할 경우, 주요 조망점에서 볼 때 하나의 형태로 겹쳐서 보이게 한다.

해설 ④ 신도시와 같이 고층건물을 집합적으로 계획할 경우, 그룹을 형성한다.

31. 특정 대상이 지닌 의미를 파악하고자 할 때 여러 단어로 구성된 목록을 통해 자신들이 느끼는 감정의 정도를 측정하는 방법은?

① 직접관찰
② 물리적 흔적관찰
③ 어의구분척도
④ 리커트 태도 척도

해설 ④ 리커트 태도 척도 : 응답자의 태도 조사, 5구간

32. 주차장에 대한 설명으로 맞는 것은?

① 노외주차장의 출입구 너비는 3.0미터 이상으로 하여야 한다.
② 경형차의 평행주차 형식의 주차구획은 폭 1.5m, 길이 4m로 한다.
③ 노상주차장은 너비 4미터 미만의 도로에 설치하여서는 아니 된다.
④ 주차단위구획이란 자동차 1대를 주차할 수 있는 구획을 말한다.

해설 ① 노외주차장의 출입구 너비는 3.5미터 이상으로 하여야 한다.
② 경형차의 평행주차 형식의 주차구획은 폭 1.7m, 길이 4.5m로 한다.

Answer 28. ① 29. ② 30. ④ 31. ③ 32. ④

③ 노상주차장은 너비 6미터 미만의 도로에 설치하여서는 아니 된다.
④ 주차단위구획이란 자동차 1대를 주차할 수 있는 구획을 말한다.

* 주차장 주차구획
1. 평행주차형식의 경우

구분	너비	길이
경형	1.7미터 이상	4.5미터 이상
일반형	2.0미터 이상	6.0미터 이상
보도와 차도의 구분이 없는 주거지역의 도로	2.0미터 이상	5.0미터 이상
이륜자동차 전용	1.0미터 이상	2.3미터 이상

2. 평행주차형식 외의 경우

구분	너비	길이
경형	2.0미터 이상	3.6미터 이상
일반형	2.5미터 이상	5.0미터 이상
확장형	2.6미터 이상	5.2미터 이상
장애인전용	3.3미터 이상	5.0미터 이상
이륜자동차 전용	1.0미터 이상	2.3미터 이상

33. 도시공원 및 녹지 등에 관한 법률의 설명으로 틀린 것은?

① 10만제곱미터 이하 규모의 도시공원을 새로 조성하는 경우 공원녹지기본계획 수립권자는 공원녹지기본계획을 수립하지 아니할 수 있다.
② 공원녹지기본계획에는 도시녹화에 관한 사항 및 공원녹지의 종합적 배치에 관한 사항 등이 포함되어야 한다.
③ 도시·군관리계획 중 도시공원 및 녹지에 관한 도시·군관리계획은 공원녹지기본계획에 부합되어야 한다.
④ 도시녹화계획에는 「자연공원법」에 따라 도시지역의 녹지를 체계적으로 관리하기 위하여 수립된 시책이 반영되어야 한다.

→해설 ④ 도시녹화계획에는 「산림기본법」에 따라 도시지역의 녹지를 체계적으로 관리하기 위하여 수립된 시책이 반영되어야 한다.
* 공원녹지기본계획을 수립하지 아니할 수 있는 경우
1. 도시·군기본계획에 포함되어 있어 별도의 공원녹지기본계획을 수립할 필요가 없다고 인정하는 경우
2. 훼손지 복구계획에 따라 도시공원을 설치하는 경우
3. 10만제곱미터 이하 규모의 도시공원을 새로 조성하는 경우

* 공원녹지기본계획
① 포함 내용
1. 지역적 특성 및 계획의 방향·목표에 관한 사항
2. 인구, 산업, 경제, 공간구조, 토지이용 등의 변화에 따른 공원녹지의 여건 변화에 관한 사항
3. 공원녹지의 종합적 배치에 관한 사항
4. 공원녹지의 축(軸)과 망(網)에 관한 사항
5. 공원녹지의 수요 및 공급에 관한 사항
6. 공원녹지의 보전·관리·이용에 관한 사항
7. 도시녹화에 관한 사항
8. 그 밖에 공원녹지의 확충·관리·이용에 필요한 사항으로서 대통령령으로 정하는 사항
② 공원녹지기본계획은 도시·군기본계획에 부합되어야 하며, 공원녹지기본계획의 내용이 도시·군기본계획의 내용과 다른 경우에는 도시·군기본계획의 내용이 우선한다.

34. 생태(연)못의 조성과 관련된 설명으로 틀린 것은?

① 바닥의 물 순환을 위하여 바닥물길을 설계한다.
② 자연 지반 내에 생태연못 조성 시 방수시트를 사용하여 물을 담수한다.
③ 종다양성을 높이기 위해 관목숲, 다공질 공간 등 다른 소생물권과 연계되도록 한다.
④ 흙, 섶단, 자연석 등 자연재료를 도입하고 주변에 향토수종을 배식하여 자연스런 경관을 형성한다.

→해설 생태(연)못
(1) 종다양성을 높이기 위해 관목숲, 다공질 공간 등 다른 소생물권과 연계되도록 한다.
(2) 입수구의 물의 유속과 수심, 바닥형상에 변화를 주어 다양한 서식환경을 조성하며, 물은 순환시키고 물순환 과정에서 자연적으로 정화되도록 한다. 단, 비상용 급수를 위해 상수원과 연결한 급수체계를 확보한다.

Answer 33. ④ 34. ②

(3) 흙, 섶단, 자연석 등 자연재료를 도입하고 주변에 향토수종을 배식하여 자연스런 경관을 형성한다.
(4) 조류, 어류, 기타 곤충류 등을 유인하기 위하여 못 안과 못가에 수생식물을 배식한다.
(5) 바닥의 물순환을 위하여 바닥길을 설계한다.
(6) 넓은 가장자리에 식생선을 확보한다.
(7) 개천, 경계 풀밭, 생울타리와 연결하여 망을 형성한다.
(8) 쓰레기 적치장이나 사토장 등은 제거하고 가축 방목으로 인한 훼손으로부터 보호한다.

35. 자연공원 계획 시 필요한 적정 수용력의 분석에 해당되지 않는 것은?

① 물리적 수용력   ② 사회적 수용력
③ 생태학적 수용력 ④ 심리적 수용력

36. 공원 녹지의 수요 분석 방법 중 양적 수요 산정 방법이 아닌 것은?

① 생태학적 방식
② 생활권별 배분 방식
③ 심리적 수요에 의한 방식
④ 공원 이용률에 의한 방식

해설 공원녹지 수요 분석방법 중 양적 수요 산정방법
① 기능 배분 방식
② 생태학적 방식
③ 인구기준 원단위 적용방식
④ 공원 이용률에 의한 방식
⑤ 생활권별 배분 방식

37. 건축법 시행령에 따른 대지의 조경이 필요한 건축물은?

① 축사
② 녹지지역 안에 건축하는 건축물
③ 면적 3,000m²인 대지에 건축하는 공장
④ 상업지역의 연면적 합계가 2,000m²인 물류시설

해설 대지 안의 조경 제외

1. 녹지지역에 건축하는 건축물
2. 면적 5천 제곱미터 미만인 대지에 건축하는 공장
3. 연면적의 합계가 1천500제곱미터 미만인 공장
4. 「산업집적활성화 및 공장설립에 관한 법률」 제2조제14호에 따른 산업단지의 공장
5. 대지에 염분이 함유되어 있는 경우 또는 건축물 용도의 특성상 조경 등의 조치를 하기가 곤란하거나 조경 등의 조치를 하는 것이 불합리한 경우로서 건축조례로 정하는 건축물
6. 축사
7. 가설건축물
8. 연면적의 합계가 1천500제곱미터 미만인 물류시설(주거지역 또는 상업지역에 건축하는 것은 제외한다)로서 국토교통부령으로 정하는 것
9. 「국토의 계획 및 이용에 관한 법률」에 따라 지정된 자연환경보전지역·농림지역 또는 관리지역(지구단위계획구역으로 지정된 지역은 제외한다)의 건축물
10. 다음 각 목의 어느 하나에 해당하는 건축물 중 건축조례로 정하는 건축물
    가. 「관광진흥법」에 따른 관광지 또는 같은 조 제7호에 따른 관광단지에 설치하는 관광시설
    나. 「관광진흥법 시행령」에 따른 전문휴양업의 시설 또는 같은 호 나목에 따른 종합휴양업의 시설
    다. 「국토의 계획 및 이용에 관한 법률 시행령」에 따른 관광·휴양형 지구단위계획구역에 설치하는 관광시설
    라. 「체육시설의 설치·이용에 관한 법률 시행령」에 따른 골프장

38. 다음 중 환경심리학에 관한 설명 중 옳지 않은 것은?

① 환경과 인간행위 상호간의 관계성을 연구한다.
② 사회심리학과 공동의 관심분야를 많이 지니고 있다.
③ 이론적이고 기초적인 연구에만 관심을 둔다.
④ 다소 정밀하지 않더라도 문제해결에 도움이 되는 가능한 모든 연구방법을 사용한다.

해설 환경심리학
① 환경과 인간행위 상호간의 관계성을 연구한다.

② 환경과 인간행위 상호간의 관계성을 종합된 하나의 단위로서 연구한다.
③ 환경과 인간행위 상호간에 영향을 주고받는 상호작용을 연구한다.
④ 이론적이고 기초적인 연구에만 관심을 두지 않고, 현실적인 문제해결을 위한 이론 및 그 응용을 연구한다.
⑤ 건축, 조경, 도시계획, 사회학 등 여러 분야와 관련이 깊은 종합과학이다.
⑥ 사회심리학과 공동의 관심분야를 많이 지니고 있다.
⑦ 다소 엄격하지 않고 정밀하지 않더라도 문제해결에 도움이 되는 가능한 모든 연구방법을 사용한다.

39. 조경 공사업의 등록기준으로 틀린 것은?
① 개인 자본금의 경우 7억원 이상
② 「건설기술 진흥법」에 따른 토목 분야 초급 건설기술자 1명 이상
③ 「건설기술 진흥법」에 따른 건축 분야 초급 건설기술자 1명 이상
④ 「국가기술자격법」에 따른 국토개발 분야의 조경기사 또는 「건설기술 진흥법」에 따른 조경 분야의 중급 이상 건설기술자인 사람 중 2명을 포함한 조경분야 초급 이상의 건설기술자 4명 이상

해설 ① 자본금
  개인 : 14억원 이상, 법인 : 7억원 이상

40. 여가활동을 증가시키고 있는 요소 중 가장 관계가 적은 것은?
① 소득의 증대
② 교육수준의 향상
③ 맞벌이 가정의 증가
④ 인간서비스 및 사회복지의 확충

해설 여가활동 증가 요소
  ① 자유시간 증가
  ② 교육수준의 향상
  ③ 소득의 증대
  ④ 즐거움에 대한 태도의 변화

⑤ 인구의 이동성
⑥ 기술의 발달
⑦ 인간서비스 및 사회복지의 확충

조경설계

41. 일반적으로 경관분석 기법과 그 분석 내용을 잘못 짝지은 것은?
① 계량화 방법 : 특이성비의 산출
② 사진에 의한 방법 : 지각 횟수와 지각 강도의 산출
③ 기호화 기법 : 조망시점에서 본 경관의 특성과 형태
④ 시각회랑에 의한 방법 : 경관우세 요소와 변화 요인의 파악

42. 도심 소공원의 설계 과정에서 초기 단계에서 분석되어야 할 요소가 아닌 것은?
① 주변건물의 용도와 형태
② 보행자 동선의 유입 방향
③ 투자에 대한 경제적 효용성
④ 이용자 특성에 따른 도입활동의 선정

43. 다음 제도의 선 중 위계(hierarchy)가 굵음에서 가는 쪽으로 옳게 나열된 것은?
① 식생 → 인출선 → 도로
② 단면선 → 구조물 → 주차선
③ 건물외곽 → 도로 → 주차선
④ 치수선 → 단면선 → 건물외곽

44. 다음 중 조경포장 설계와 관련된 설명으로 틀린 것은?
① 「간이포장」이란 비교적 교통량이 적은 도로의 도로면을 보호·강화하기 위한 도로포장으로 주로 차량

Answer 39. ① 40. ③ 41. ② 42. ③ 43. ③ 44. ④

의 통행을 위한 아스팔트콘크리트포장과 콘크리트 포장을 제외한 기타의 포장을 말한다.
② 포장재를 선정할 때에는 내구성·내후성·보행성·안전성·시공성·유지관리성·경제성·환경친화성 그리고 관련 법규 등을 고려한다.
③ 포장용 점토바닥벽돌은 흡수율 10% 이하, 압축강도 20.58MPa 이상, 휨강도는 5.88MPa 이상의 제품으로 한다.
④ 포장지역의 표면은 배수구나 배수로 방향으로 최소 0.3% 이하의 기울기로 설계한다.

해설 ④ 포장지역의 표면은 배수구나 배수로 방향으로 최소 0.5% 이상의 기울기로 설계한다.

45. 다음 입체도의 화살표 방향 투상도로 가장 적합한 것은?

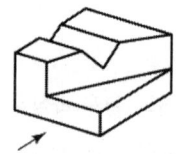

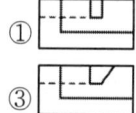
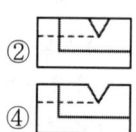

46. 일반적인 제도 용지의 규격(mm)이 틀린 것은?

① A1 : 594×841
② A4 : 210×297
③ B2 : 515×728
④ B5 : 257×364

해설 B5 : 182×257
B4 : 257×364

47. 투시도에서 물체가 기면에 평행으로 무한히 멀리 있을 때 수평선 위의 한 점으로 모이게 되는 점은?

① 사점
② 대점
③ 정점
④ 소점

해설 ③ 정점 : 관찰자의 위치

48. 오스트발트(Ostwald) 표색계에 대한 설명 중 옳지 않은 것은?

① 무채색, 유채색 모두 W+B+C=100%이다.
② 헤링(E. Hering)의 4원색 설을 기본으로 하였다.
③ 혼합하는 색량의 비율에 의하여 만들어진 체계이다.
④ 기본 색채는 순색(C), 이상적 백색(W), 이상적 검정(B)이다.

해설 ① 순색량이 없는 무채색 : W+B=100%
순색량이 있는 유채색 : W+B+C=100%

49. 조경계획과 조경설계의 개념적 차이를 설명한 것 중 틀린 것은?

① 조경설계는 미학적 창의성이 많이 요구되는 과정이다.
② 조경설계는 개념상 상위계획으로 조경계획에 선행하여 실행된다.
③ 조경계획과 조경설계는 상호 순환적 검증(feed back)을 거쳐 완성된다.
④ 조경계획은 문제 해결방안의 합리적인 제시가 많이 요구되는 과정이다.

해설 ② 조경설계는 개념상 상위계획으로 조경계획에 후행하여 실행된다.

50. 일상생활에서 하나하나의 부분적 경관을 체계적으로 연결하여 풍부한 연속적 경험을 줄 수 있도록 "연속적 경관 구성"이라는 관점에서 주로 연구한 학자가 아닌 것은?

① 틸(Thiel)
② 린치(Lynch)
③ 할프린(Halprin)
④ 아버나티와 노(Abernathy & Noe)

해설 ② 린치(Lynch) : 도시이미지 형성 이론 연구 학자

Answer 45. ② 46. ④ 47. ④ 48. ① 49. ② 50. ②

51. 제도의 치수기입에 관한 설명으로 옳은 것은?

① 치수는 특별히 명시하지 않는 한, 마무리 치수로 표시한다.
② 치수기입은 치수선을 중단하고 선의 중앙에 기입하는 것이 원칙이다.
③ 치수의 단위는 밀리미터(mm)를 원칙으로 하며, 반드시 단위 기호를 명시하여야 한다.
④ 치수 기입은 치수선에 평행하게 도면의 오른쪽에서 왼쪽으로 읽을 수 있도록 기입한다.

해설 제도 시 치수기입방법
① 치수는 특별히 명시하지 않는 한, 마무리 치수로 표시한다.
② 치수기입은 치수선을 중단하지 않고 선의 중앙 위쪽에 기입하는 것이 원칙이다.
③ 치수의 단위는 밀리미터(mm)를 원칙으로 하며, 반드시 단위 기호를 명시하지 않는다.
④ 치수 기입은 치수선에 평행하게 도면의 왼쪽에서 오른쪽으로 읽을 수 있도록 기입한다.

52. 건축물설계와 관련된 도면의 작성에서 실시설계 단계의 조경관련 도면의 축척이 옳은 것은? (단, 주택의 설계도서 작성기준을 적용한다.)

① 지주목 상세도 : 1/20~1/50
② 담장 단면도 : 1/100~1/200
③ 단지종합 안내판 : 1/10~1/100
④ 가로수 식재 평면도 : 1/300~1/1,000

해설

구분	작성도서	축척
담장 공사	담장 계획도	1/10 ~1/100
	담장 단면도	1/10 ~1/100
	담장 입면도	1/100 ~1/600
	방음벽 설계도	1/10 ~1/100
조경 공사	지주목 상세도	1/10 ~1/30
	주거동·부대복리시설주변 식재 상세도	1/100 ~1/300
	가로수 식재 평면도	1/100 ~1/600
	완충녹지 식재 평면도	1/100 ~1/600
	토지이용 및 동선계획도	1/300 ~1/600
	단지 내 식재 상세도	1/100 ~1/600
	수목 보호홀 덮개 상세도	1/20 ~1/200

안내 시설	시설물 종합도	1/10 ~1/200
	단지종합 안내판	1/10 ~1/100
	단지 유도 표지판	1/10 ~1/100
	방향 안내판	1/10 ~1/100
휴게 시설	파골라·평의자·등의자·사각의자 상세도	1/10 ~1/30
	휴지통 상세도	1/10 ~1/30

① 지주목 상세도 : 1/10~1/30
② 담장 단면도 : 1/10~1/100
③ 단지종합 안내판 : 1/10~1/100
④ 가로수 식재 평면도 : 1/100~1/600

53. 먼셀 색입체를 수직으로 절단했을 경우 나타나는 것은?

① 10색상의 채도변화
② 같은 명도의 10색상
③ 2가지 반대색상의 명도변화
④ 2가지 반대색상의 명도, 채도변화

54. 색조(Hue key)의 정의를 설명한 것은?

① 강한 악센트를 주는 색채의 효과
② 색상을 비교하는 데 기준이 되는 색
③ 조화적인 색채들의 대비를 파괴하는 색상
④ 주색상이 구성의 주조를 결정하게 되는 원리

55. 조경설계기준상의 하천조경 설계 시 관찰시설 설치와 관련된 내용이 틀린 것은?

① 야생동물이 자주 출현하는 곳에 작은 규모의 야생동물 관찰소를 설치한다.
② 안전을 위한 데크의 난간 높이는 100cm 이상으로 하며, 장애자가 이용하는 데크는 최소 80cm의 폭이 확보되도록 계획한다.
③ 관찰시설 설치는 생태·미관의 교육, 체험 목적으로 설치되나, 서식처 보호, 훼손 확산 방지를 위한 이용객 동선 유도 등 꼭 필요한 장소에 설치한다.
④ 관찰시설은 사회적 약자의 배려를 도모하여 진행 도중 추락의 위험이 없도록 안전난간을 설치하는 등

Answer 51. ① 52. ③ 53. ④ 54. ④ 55. ②

안전한 관찰 및 탐방이 가능하도록 설치한다.

> [해설] 하천조경 설계 시 관찰시설 설치
> (1) 관찰시설 설치는 생태·미관의 교육, 체험 목적으로 설치되나, 서식처 보호, 훼손확산 방지를 위한 이용객 동선유도 등 꼭 필요한 장소에 설치한다.
> (2) 하천공간 자연환경지에 서식하는 동·식물을 관찰할 수 있는 시설을 설계할 때는 자연환경을 활용할 수 있는 산책로, 조류 관찰시설, 안내판, 휴게시설 등의 배치를 검토하며, 고령자나 장애자의 이용도 고려하여 누구나 쉽게 이용하고 안전하게 이용할 수 있도록 배려한다.
> (3) 야생동물을 관찰할 경우 관찰자가 보이면 야생동물은 방해를 받으므로 관찰 대상으로부터 관찰시설이 차폐되도록 하고, 자연관찰대 진입부도 식재를 이용하여 상호 차폐를 하도록 계획한다.
> (4) 야생동물이 자주 출현하는 곳에 작은 규모의 야생동물 관찰소를 설치하여 근접하여 생물을 관찰할 수 있도록 설치한다.
> (5) 식물을 주체로 한 관찰 공간의 경우, 식물의 길이를 고려함과 동시에 출입을 방지하기 위한 기본 구간의 데크는 그 높이를 100cm 미만으로 한다.
> (6) 관찰시설은 사회적 약자의 배려를 도모하여 진행 도중 추락의 위험이 없도록 안전난간을 설치하는 등 안전한 관찰 및 탐방이 가능하도록 설치한다.
> (7) 물과 접촉하거나 수생식물을 가까이 관찰할 수 있도록 지형 등을 고려한 폭을 유지하되 노약자, 장애인의 진입이 필요한 지역을 제외하고는 경사 데크는 지양한다.
> (8) 안전을 위한 데크 등의 난간 높이는 120cm 이상으로 하며, 장애자가 이용하는 데크는 최소 100cm의 폭이 확보되도록 계획한다.

56. 경관의 형식은 자연경관과 문화경관(인공경관)으로 구분된다. 다음 중 자연경관에 속하는 것은?

① 평야경관
② 교외경관
③ 경작지경관
④ 취락경관

57. 시각적 선호도(visual preference)의 일반적 측정방법에 해당하지 않는 것은?

① 구두측정(verbal measure)
② 행태측정(behavioral measure)
③ 표정측정(expressional measure)
④ 정신생리측정(psychophysiological measure)

58. 린치(Lynch)의 도시의 이미지 형성 요소에 포함되지 않는 것은?

① 통로(path)
② 결절점(node)
③ 모서리(edge)
④ 비스타(vista)

> [해설] 린치(Lynch)의 도시의 이미지 형성 요소
> ① 통로(path)
> ② 결절점(node)
> ③ 모서리(edge)
> ④ 지역(District)
> ⑤ 랜드마크(Landmark)

59. 경관을 구성하는 방법 중 눈앞에 보이는 주위의 자연경관을 어떤 구도(構圖) 속에 포함시켜 그 구도가 한층 큰 효과를 갖도록 교묘히 구성하는 방법은?

① 축경(縮景)
② 차경(借景)
③ 원경(遠景)
④ 첨경(添景)

60. 리듬(Rhythm)과 가장 관련이 없는 것은?

① 대칭
② 반복
③ 방사
④ 점진

4과목 조경식재

61. 11월에 백색 꽃이 피는 수종은?

① *Albizia julibrissin*
② *Lagerstroemia indica*
③ *Fatsia japonica*
④ *Prunus padus*

Answer 56. ① 57. ③ 58. ④ 59. ② 60. ① 61. ③

해설 ① *Albizia julibrissin* - 자귀나무 - 7~8월 분홍색 꽃
② *Lagerstroemia indica* - 배롱나무 - 7~8월 분홍색 꽃
③ *Fatsia japonica* - 팔손이나무 - 11월 백색 꽃
④ *Prunus padus* - 귀룽나무 - 5월 백색 꽃

62. 지주목 설치에 대한 설명 중 틀린 것은?

① 목재를 지주목으로 사용할 경우 각재로서 나왕, 미송이 가장 좋으며, 되도록 방부처리를 하지 않는 것이 좋다.
② 수피가 직접 닿는 부분은 수피가 상하지 않게 보호대를 설치한 후 지주대를 설치한다.
③ 대나무 지주의 경우에는 선단부를 고정하고 결속부에는 대나무에 홈을 넣어 유동을 방지한다.
④ 지주목 해체는 목재의 경우 5~6년 경과 후 해체하지만 수목이 완전히 활착될 때까지는 설치를 유지하도록 한다.

해설 ① 목재를 지주목으로 사용할 경우 통나무나 각재 또는 대나무 등을 사용하며, 내구성이 강하고 방부처리된 것으로 한다. 지주용 통나무는 마구리를 가공하고 절단면과 측면을 다듬어 사용한다.

63. 공원의 원로나 건물 앞에 어울리는 화단의 형태는?

① 경재화단(border flower bed)
② 기식화단(assorted flower bed)
③ 모둠화단(carpet flower bed)
④ 침상원(sunken garden)

64. 다음 중 자연수형이 나머지 3종과 가장 차이나는 것은?

① 전나무(*Abies holophylla*)
② 구상나무(*Abies koreana*)
③ 느티나무(*Zelkova serrata*)
④ 일본잎갈나무(*Larix kaempferi*)

해설 자연수형
① 전나무(*Abies holophylla*) : 원추형
② 구상나무(*Abies koreana*) : 원추형
③ 느티나무(*Zelkova serrata*) : 평정형
④ 일본잎갈나무(*Larix kaempferi*) : 원추형

65. 지피식물(地被植物)로 이용하기에 적합한 상록다년초는?

① 자금우
② 골담초
③ 수호초
④ 협죽도

해설 ① 자금우 : 상록활엽관목
② 골담초 : 낙엽활엽관목
③ 수호초 : 상록다년초
④ 협죽도 : 상록활엽관목

66. 미적 효과와 관련한 식재형식 중 경관식재와 밀접한 관계가 없는 것은?

① 표본식재
② 산울타리식재
③ 경재식재
④ 방풍식재

해설 ④ 방풍식재 : 기능식재

67. 식재지의 토양조건에 대한 설명으로 틀린 것은?

① 좋은 토양구조와 토성을 지닌 혼합물
② 느슨하지 않고 쉽게 부스러지지 않는 토양
③ 유기질과 양분함량이 높고, 물을 저류하거나 배수하기 용이한 토양
④ 산소 함량이 지속적으로 높음과 동시에 식물 생육에 적합한 pH를 지닌 토양

68. 식물 분포의 결정 요인이 아닌 것은?

① 토양조건
② 기후조건
③ 인근 종에 대한 친화성

Answer 62.① 63.① 64.③ 65.③ 66.④ 67.② 68.③

④ 변화하는 환경요인에 대한 적응성

69. 식재지의 토질로서 가장 이상적인 것은?
① 떼알구조로 토양입자 70%, 수분 15%, 공기 15%
② 홑알구조로 토양입자 70%, 수분 15%, 공기 15%
③ 떼알구조로 토양입자 50%, 수분 25%, 공기 25%
④ 홑알구조로 토양입자 50%, 수분 25%, 공기 25%

70. 다음 중 요점(要點) 식재와 가장 관련이 먼 것은?
① 경관의 강조   ② 위험방지
③ 건물의 차폐   ④ 첨경(添景)

71. 천이에 대한 설명으로 틀린 것은?
① 식물 군락의 구성종이 변화하여 타군락으로 변하는 것을 천이라 한다.
② 천이가 반복되어 식물군락이 안정된 상태를 극상이라 한다.
③ 천이는 자연의 힘에서만 일어나며 인위적 작용은 관계없다.
④ 천이가 일어나는 원인은 환경조건의 변화와 관계있다.

72. 비탈면(법면) 식재공법의 종류 중 식물 도입이 곤란한 불량 토질에 사용하고, 피복 속도가 느리기는 하지만 비료의 효과가 오래도록 계속되는 공법은?
① 식생반공(植生盤工)   ② 식생대공(植生袋工)
③ 식생혈공(植生穴工)   ④ 식생조공(植生條工)

73. 임해매립지 식재 시 염분피해를 줄이기 위해 취할 수 있는 방법으로 틀린 것은?
① 석고, 석회, 염화칼슘 등을 이용하여 염분을 제거한다.
② 염분용탈을 위해 지속적으로 관수한다.
③ 투수성이 불량한 곳에는 점질토로 객토한다.
④ 마운딩을 하여 식재하거나 객토를 한다.

→해설 ③ 투수성이 불량한 곳에는 사질토로 객토한다.

74. 잎차례가 대생(對生)인 수종은?
① 수수꽃다리   ② 박태기나무
③ 느티나무   ④ 때죽나무

75. 다음 중 느티나무(Zelkova serrata Makino)에 대한 설명이 아닌 것은?
① 내한성이 약하다.
② 성상은 낙엽활엽교목이다.
③ 과명은 느릅나무과이다.
④ 수피는 오래되면 비늘조각으로 떨어진다.

→해설 ① 내한성이 강하다.

76. 상관(相觀)에 의한 식생 구분은?
① 군계에 의한 것
② 우점종에 의한 것
③ 표징종에 의한 것
④ 군락 구분종에 의한 것

→해설 상관(相觀) : 특정 지역에 서식하는 식물 군집의 외관

77. 배경식재에 관한 설명으로 틀린 것은?
① 고층빌딩군 주변에 적용되는 식재기법으로 자연성을 증진시킨다.
② 설계 시 건물과 연계하여 식재기능을 충족시킬 수 있는 식재위치의 선정이 중요하다.
③ 주로 사용되는 수목은 대교목으로 그늘을 제공하거나 방풍, 차폐기능을 동반한다.
④ 자연경관이 우세한 지역에서 건물과 주변경관을 융화시키기 위해서 기본적으로 요구되는 식재기법이다.

Answer 69. ③ 70. ③ 71. ③ 72. ③ 73. ③ 74. ① 75. ① 76. ① 77. ①

78. 왕버들(*Salix chaenomeloides*)에 대한 설명으로 틀린 것은?

① 꽃은 6월에 핀다.
② 잎 뒷면은 흰빛을 띤다.
③ 잎이 새로 나올 때는 붉은빛이 난다.
④ 풍치수, 정자목 등으로 이용된 한국전통 수종이다.

해설 ① 꽃은 4월에 핀다.

79. *Cornus*속에 해당되는 수목은?

① 산수유
② 박태기나무
③ 팽나무
④ 서어나무

해설 ① 산수유 : *Cornus officinalis*
② 박태기나무 : *Cercis chinensis*
③ 팽나무 : *Celtis sinensis*
④ 서어나무 : *Carpinus laxiflora*

80. 열매가 익었을 때 붉은색이 아닌 것은?

① 귀룽나무, 작살나무
② 팥배나무, 마가목
③ 덜꿩나무, 청미래덩굴
④ 딱총나무, 똘보리수

해설 열매색
① 귀룽나무 : 검정색, 작살나무 : 보라색(자주색)

조경시공구조학

81. 다음 조건을 참고하여 양단면평균법을 사용한 체적은?

- A면 각 변 길이 : 7m×8m
- B면 각 변 길이 : 9m×10m
- 양 단면 간의 거리 : 12m

① 568m³
② 876m³
③ 1136m³
④ 1752m³

해설 양단면평균법
$$V = \frac{(A_1 + A_2)}{2} \times L$$
V : 토량(체적)(m³)
A_1, A_2 : 양 단면적(m²)
L : 양 단면 간의 거리(m)
$$V = \frac{\{(7m \times 8m) + (9m \times 10m)\}}{2} \times 12m = 876m^3$$

82. 그림과 같은 기둥에서 유효좌굴길이는?

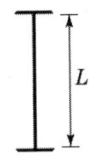

① 0.5L
② 0.7L
③ 1.0L
④ 2.0L

해설 좌굴장
1. 양단 고정부재의 좌굴장 : $l_k = 0.5l$
2. 1단 고정, 타단 자유부재의 좌굴장 : $l_k = 2l$
3. 양단 회전부재의 좌굴장 : $l_k = l$
4. 1단 고정, 타단 회전부재의 좌굴장 : $l_k = 0.7l$

83. 미장용 정벌 바르기 또는 벽돌쌓기 줄눈 용도로 많이 사용되는 모르타르의 적합한 용적배합비는?

① 1 : 1
② 1 : 2
③ 1 : 3
④ 1 : 4

84. 다음 중 콘크리트에 발생하는 크리프가 큰 경우가 아닌 것은?

① 작용 응력이 클수록
② 재하재령이 느릴수록
③ 물시멘트비가 클수록
④ 부재 단면이 작을수록

해설 ② 재하재령이 빠를수록

85. 기반조성공사, 식재공사, 잔디 및 지피·초화류공사, 조경석공사, 시설물공사, 수경시설설치공사 등으로 공사의 과정별로 분할하여 도급계약하는 방식은?

① 전문공종별 분할도급
② 공정별 분할도급
③ 공구별 분할도급
④ 직종별·공종별 분할도급

86. 다음 수목 굴취공사와 관련된 설명으로 틀린 것은?

① 은행나무와 칠엽수는 나무높이에 의한 굴취품을 적용한다.
② 굴취 시 야생일 경우에는 굴취품의 20%까지 가산할 수 있다.
③ 관목의 굴취 시 나무높이가 1.5m를 초과할 때는 나무높이에 비례하여 할증할 수 있다.
④ 뿌리돌림은 수목 이식 전에 뿌리분 밖으로 돌출된 뿌리를 깨끗이 절단하여 주근 가까운 곳의 측근과 잔뿌리의 발달을 촉진시키는 작업이다.

[해설] ① 은행나무와 칠엽수는 흉고직경에 의한 굴취품을 적용한다.

87. 변재(邊材)와 심재(心材)에 대한 설명으로 틀린 것은?

① 수심에 가까운 부위가 변재이다.
② 심재보다 변재가 내후성이 작다.
③ 일반적으로 심재는 변재에 비해 강도가 강하다.
④ 변재는 심재보다 비중이 작으나 건조하면 변하지 않는다.

[해설] ① 수심에 가까운 부위가 심재이다.

88. 조경 시공관리의 3대 기능에 해당되지 않는 것은?

① 공정관리
② 자원관리
③ 품질관리
④ 원가관리

89. 다음 배수관거와 관련된 설명 중 옳지 않은 것은?

① 원형관이 수리학상 유리하다.
② 관거의 매설깊이는 동결심도와 상부하중을 고려한다.
③ 배수관거의 유속은 1.0~1.8m/sec가 이상이다.
④ 관거는 간선과 지선이 90°일 때 배수효과가 가장 좋다.

[해설] ④ 관거는 간선과 지선이 60°일 때 배수효과가 가장 좋다.

90. 점토에 대한 설명으로 옳지 않은 것은?

① 순수점토일수록 용융점이 높고 저급점토는 낮다.
② 점토의 일반적 성분은 SiO_2, Al_2O_3, Fe_2O_3, CaO, MgO 등이다.
③ 화학적으로 순수한 점토를 카올린(고령토)이라 한다.
④ 침적점토는 바람이나 물에 의해 멀리 운반되어 침적되므로 입자가 크며 가소성이 적다.

[해설] ④ 침적점토는 바람이나 물에 의해 멀리 운반되어 침적되므로 입자가 아주 미세하고 가소성이 크다.

91. 식물의 관수량을 결정하는 요소와 관계가 가장 먼 것은?

① 토양의 침투율(浸透率)
② 토양의 포장용수량(圃場容水量)
③ 토양의 위조함수량(萎凋含水量)
④ 토양의 유효수분함량(有效水分含量)

[해설] 식물의 관수량을 결정하는 요소
① 토양의 침투율(浸透率)
② 토양의 포장용수량(圃場容水量)
③ 토양의 유효수분함량(有效水分含量)
④ 식물종에 따른 증발산율

Answer 85. ② 86. ① 87. ① 88. ② 89. ④ 90. ④ 91. ③

92. 그림과 같은 하중을 받는 단순보의 지점 D에서 휨모멘트 크기는?

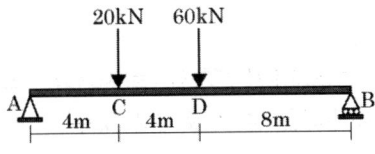

① 90kNm
② 180kNm
③ 280kNm
④ 360kNm

→해설 $M_D = R_B \times c$

$$R_B = \left(P_1 \times \frac{a}{l}\right) + \left(P_2 \times \frac{a+b}{l}\right)$$

$$R_B = \left(20kN \times \frac{4m}{16m}\right) + \left(60kN \times \frac{4m+4m}{16m}\right)$$

$$= 5kN + 30kN = 35kN$$

$$M_D = 35kN \times 8m = 280kNm$$

93. 다음 중 합성수지에 관한 설명으로 틀린 것은?

① 폴리우레탄수지는 도막 방수재 및 실링재로서 이용된다.
② 폴리스티렌수지는 발포제로서 보드상으로 성형하여 단열재로 사용된다.
③ 실리콘수지는 내열성・내한성이 우수한 수지로 접착제, 도료로 사용된다.
④ 염화비닐수지는 내산・내알칼리성이 작지만 내후성이 커서 건축 재료로 널리 사용된다.

94. 건설공사로 활용되는 석재에 관한 설명 중 틀린 것은?

① 사석(捨石) : 막 깬 돌 중에서 유수에 견딜 수 있는 중량을 가진 큰 돌
② 잡석(雜石) : 크기가 지름 10~30cm 정도의 것이 고르게 섞여진, 형상이 고르지 못한 큰 돌
③ 전석(轉石) : 1개의 크기가 $0.5m^3$ 내・외의 정형화되지 않은 석괴
④ 야면석(野面石) : 호박형의 천연석으로서 지름이 10cm 정도 크기의 둥근 돌

→해설 ④ 야면석(野面石) : 천연석으로 표면을 가공하지 않은 것으로서 운반이 가능하고 공사용으로 사용될 수 있는 비교적 큰 석괴
* 호박돌(玉石) : 호박형의 천연석으로서 가공하지 않은 지름 18cm 이상의 크기의 돌

95. 다음 중 횡선식 공정표(Bar Chart)의 특징으로 틀린 것은?

① 복잡한 공사에 사용된다.
② 주공정선의 파악이 힘들어 관리통제가 어렵다.
③ 각 공종별 공사와 전체의 공사시기 등이 알기 쉽다.
④ 각 공종별의 상호관계, 순서 등이 시간과 관련성이 없다.

→해설 ① 복잡한 공사에 사용된다. - 네트워크 공정표
※ 간단한 공사에 사용된다. - 횡선식 공정표

96. 다음 항공사진 측량의 판독에 대한 설명 중 옳지 않은 것은?

① 사진상의 크기나 형상은 피사체의 내용을 판독하기 위하여 중요한 요소이다.
② 사진의 음영은 촬영고도에 따라 변화하기 때문에 판독에는 불필요한 요소이다.
③ 사진의 정확도는 사진상의 변형, 색조, 형상 등 제반 요소의 영향을 고려해야 한다.
④ 사진의 색조는 피사체로부터의 반사광량에 따라 변화하나 사용하는 필름 현상의 사진처리 등에 따라 영향을 받는다.

97. 다음 광원(光源)에 대한 설명으로 틀린 것은?

① 백열등 : 광색이 따뜻한 느낌을 주기 때문에 휴식공간 조명에 적당하다.
② 형광등 : 관 내벽의 형광물질로 자외선을 발생시켜 빛을 얻으며 광색이 차다.
③ 나트륨등 : 적색을 띤 독특한 광색으로 열효율이 낮고 투시성이 수은등에 비하여 낮다.
④ 수은등 : 수은증기압을 고압으로 가압하여 고효율의

광원을 얻으며, 큰 광속(光束)으로 가로 조명에 적합하다.

98. 다져진 후 토량이 40000m³, 성토에서 원지반 토량이 25000m³일 때 흐트러진 상태의 토량은 몇 m³이 필요한가? (단, 토량변화율은 L=1.30, C=0.85이다.)

① 1153.85　　② 11700
③ 22950　　　④ 28676.47

해설　25,000m³ × 0.85 = 21,250m³ (다져진 상태)
40,000m³ − 21,250m³ = 18,750m³ (다져진 상태)
18,750m³ × $\frac{L}{C}$ = 28,676.47m³ (흐트러진 상태)

* 토량 체적 환산계수

구하는(Q) \ 기준이 되는(q)	자연상태 (원지반)의 토량	흐트러진 상태 (굴착 후)의 토량	다져진 상태 (전압 후)의 토량
자연상태(원지반)의 토량	1	L	C
흐트러진 상태 (굴착 후)의 토량	1/L	1	C/L
다져진 상태 (전압 후)의 토량	1/C	L/C	1

99. 다음 네트워크에서 주공정선(critical path)은?

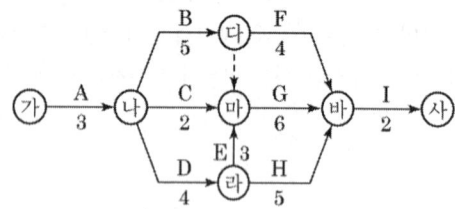

① ㉮-㉯-㉱-㉲-㉳-㉴
② ㉮-㉯-㉰-㉳-㉴
③ ㉮-㉯-㉲-㉳-㉴
④ ㉮-㉯-㉰-㉲-㉳-㉴

해설　* 일정 계산
① ㉮-㉯-㉱-㉲-㉳-㉴ = 3+4+3+6+2 = 18 : 주공정선(critical path)

② ㉮-㉯-㉰-㉲-㉳-㉴ = 3+5+4+2 = 14
③ ㉮-㉯-㉰-㉳-㉴ = 3+2+6+2 = 13
④ ㉮-㉯-㉱-㉲-㉳-㉴ = 3+5+0+6+2 = 16

100. 콘크리트용 혼화재료로 사용되는 고로슬래그 미분말에 대한 설명으로 틀린 것은?

① 고로슬래그 미분말을 사용한 콘크리트는 보통콘크리트보다 콘크리트 내부의 세공경이 작아져 수밀성이 향상된다.
② 플라이애시나 실리카퓸에 비해 포틀랜드시멘트와의 비중차가 작아 혼화재로 사용할 경우 혼합 및 분산성이 우수하다.
③ 고로슬래그 미분말의 혼합률을 시멘트 중량에 대하여 70% 정도 혼합한 경우 중성화 속도가 보통콘크리트의 1/2 정도로 감소된다.
④ 고로슬래그 미분말을 혼화재로 사용한 콘크리트는 염화물이온 침투를 억제하여 철근부식 억제효과가 있다.

6과목　조경관리론

101. 근로자 2000명이 1일 9시간씩 연간 300일 작업하는 A시설물 제작 작업장에서 1명의 사망자와 의사진단에 의한 60일의 휴업일수를 가져왔다. 이 사업장의 강도율은 약 얼마인가?

① 1.21　　② 1.40
③ 1.57　　④ 1.84

해설　강도율 : 근로시간 합계 1,000시간당 재해로 인한 근로손실일수
- 사망, 부상 또는 질병이나 장해자의 장해등급별 근로손실일수
※ 사망 및 신체장애등급 1, 2, 3급의 근로손실일수 : 7,500일

구분	사망	신체장해자등급					
		1~3	4	5	6	7	8
근로손실일수	7,500일	7,500	5,500	4,000	3,000	2,200	1,500

구분	신체장해자등급				
	9	10	11	12	13	14
근로손실일수	1,000	600	400	200	100	50

※ 강도율(근로손실 정도)

$$= \frac{근로손실일수}{연근로시간수} \times 1,000$$

$$= \frac{7500일 + (60일 \times \frac{300일}{365일})}{9시간 \times 300일 \times 2000명} \times 1000$$

$$= 1.398 ≒ 1.4$$

102. 벚나무 빗자루병의 병원체가 속하는 분류 그룹은?

① 자낭균
② 난균
③ 담자균
④ 불완전균

해설 벚나무 빗자루병 : 진균(자낭균)

103. 질소가 0.5%인 퇴비(이용률 20%) 40톤 중에 유효한 질소량은 몇 kg인가?

① 10
② 20
③ 30
④ 40

해설 유효질소량(kg)=총비료량×질소비율×이용률
=40,000kg×0.005×0.2=40kg

104. 재해 원인 분석방법의 통계적 원인 분석 중 다음에서 설명하는 것은?

> 사고의 유형, 기인물 등 분류항목을 큰 순서대로 도표화 한다.

① 관리도
② 파레토도
③ 크로스도
④ 특성 요인도

105. 조경석 쌓기의 설명으로 틀린 것은?

① 경관적 목적 또는 구조적 목적으로 조경석을 쌓아 단을 조성하는 경우에 적용한다.
② 가로쌓기는 설계도면 및 공사시방서에 명시가 없을 경우 높이가 1.5m 이하일 때에는 찰쌓기로 1.5m 이상인 경우와 상시 침수되는 연못, 호수 등은 메쌓기로 한다.
③ 뒷부분에는 고임돌 및 뒤채움돌을 써서 튼튼하게 쌓아야 하며, 필요에 따라 중간에 뒷길이가 0.6~0.9m 정도의 돌을 맞물려 쌓아 붕괴를 방지한다.
④ 사전에 지반을 조사하여 연약지반은 말뚝박기 등으로 지반을 보강하고 필요한 경우 콘크리트나 잡석 등으로 기초를 보완하는 등 하중에 의한 침하를 방지하여야 한다.

해설 조경석 쌓기
1. 경관적 목적 또는 구조적 목적으로 조경석을 쌓아 단을 조성하는 경우에 적용한다.
2. 조경석 쌓기에 쓰이는 돌은 조경석 및 가공조경석으로 하고 크기는 설계도면 또는 공사시방서에 따른다.
3. 기초 부분은 터파기한 지면을 다지거나 콘크리트 기초를 한다.
4. 크고 작은 조경석을 서로 어울리게 배석하여 쌓되 전체적으로 하부의 돌을 상부의 돌보다 큰 것을 쓰며, 석재의 노출면은 자연스러운 면이 노출되게 하고 서로 맞닿는 면은 흔들림이 없도록 한다.
5. 뒷부분에는 고임돌 및 뒤채움돌을 써서 튼튼하게 쌓아야 하며, 필요에 따라 중간에 뒷길이가 0.6~0.9m 정도의 돌을 맞물려 쌓아 붕괴를 방지한다.
6. 사전에 지반을 조사하여 연약지반은 말뚝박기 등으로 지반을 보강하고 필요한 경우 콘크리트나 잡석 등으로 기초를 보완하는 등 하중에 의한 침하를 방지하여야 한다.
7. 가로쌓기
① 조경석을 약간 기울어진 수직면으로 쌓을 때에는 설계도면 및 공사시방서에 따라 석재면을 기울어지게 하거나 약간씩 들여쌓되, 돌을 기초 또는 하부 돌에 안정되게 맞물리고 고임돌과 뒤채움 콘크리트 등을 처넣어 흔들리거나 무너지지 않게 쌓는다.

② 상·하, 좌·우의 석재는 크기, 면, 모양새가 서로 잘 어울리고 돌틈이 크게 나지 않게 하며 잔돌을 끼우는 일이 적도록 가로로 길게 놓아 쌓는다.
③ 설계도면 및 공사시방서에 명시가 없을 경우 높이가 1.5m 이하일 때에는 메쌓기를 하고 1.5m 이상인 경우와 상시 침수되는 연못, 호수 등은 찰쌓기로 한다.

8. 세워쌓기
① 조경석을 줄지어 세워놓고 돌 주위는 뒤채움돌, 고임돌, 받침돌 또는 콘크리트를 채워 견고하게 설치한다.
② 좌·우 돌의 겹치기, 띄기 등은 설계도면에 따라 전체가 조화되게 배열한 다음 흙을 필요한 높이까지 채워 다진다.
③ 둘째 단 돌의 밑부분은 하부석의 윗부분 뒤에 약간 걸리게 세워놓고 주위는 흙을 채워 다지며, 다음의 돌은 둘째 단의 돌 뒤에 걸리게 세워놓고 흙을 채우며 소정 높이까지 쌓는다.
④ 돌쌓기가 완료되면 뒤에 흙을 채워 다지며 지면 고르기를 하여 마무리한다.

9. 파쇄암쌓기는 현장에서 채집되는 파쇄암을 이용한 돌쌓기로 조경석 쌓기에 준한다.

106. 수목관리와 비교한 수림지 관리만의 고유 특성이라 분류하기 어려운 것은?
① 천연갱신의 유도
② 생태적 복원력에 의지
③ 정상천이계열의 존중
④ 수목생장에 따른 보식 및 갱신

107. 다음 중 옹벽의 변화 상태를 육안으로 확인할 수 있는 것이 아닌 것은?
① 이음새의 어긋남 ② 구조체의 균열
③ 침하 및 부등 침하 ④ 기초의 강도 저하

해설 옹벽 파손형태
1. 침하 및 부등침하
2. 이음새의 어긋남
3. 경사
4. 균열

5. 이동
6. 세굴

108. 레크리에이션 관리의 내용이 아닌 것은?
① 집약적 시설의 제공
② 도시의 무질서한 확산 방지
③ 접근성이 필수적인 활동 허용
④ 개인 또는 소집단에 필요한 활동 허용

109. 콘크리트 포장 보수를 위한 패칭(patching) 공법의 설명으로 틀린 것은?
① 포장의 파손 부분을 쓸어낸다.
② 깨끗이 쓸어낸 뒤 택코팅한다.
③ 슬래브 및 노반의 면 고르기를 한다.
④ 필요기간 동안 충분히 양생작업을 한다.

해설 패칭공법 시공 순서
포장 파손부분 쓸어내기 → 파손 노면 걷어내기 → 면고르기 → 콘크리트 혼합물 넣고 고르기 → 양생

110. 다음과 같은 피해현상을 보이는 해충은?

어린 유충은 초본의 줄기 속을 식해하지만 성장한 후에는 나무로 이동하여 수피와 목질부 표면을 환상(環狀)으로 식해하면서 거미줄을 토하여 벌레똥과 먹이 잔재물을 피해부위 바깥에 처리하므로 혹 같아 보인다. 처음에는 인피부를 고리모양으로 식해하지만, 이어 줄기의 중심부로 먹어 들어가며 위와 아래로 갱도를 뚫으면서 식해한다.

① 미국흰불나방 ② 참나무재주나방
③ 천막벌레나방 ④ 박쥐나방

111. 다음 조경시설물에 보수의 목표(보수시기) 설명으로 옳은 것은?
① 원로, 광장의 아스팔트 포장 균열 보수 : 전면적의 15~20%의 함몰이 생길 때(3~5년)
② 원로, 광장의 평판 교체 : 파손장소가 눈에 띌 때(2년)
③ 시소의 베어링 보수 : 베어링이 마모되어 삐걱 삐걱

Answer 106. ④ 107. ④ 108. ② 109. ② 110. ④ 111. ③

소리가 날 때(3~4년)
④ 목재 벤치의 좌판 보수 : 전체의 20% 이상 파손, 부식이 생길 때(5~7년)

> **해설** ① 원로, 광장의 아스팔트 포장 균열 보수 : 전면적의 5~10%의 함몰이 생길 때(3~5년)
> ② 원로, 광장의 평판 교체 : 파손장소가 눈에 띌 때(5년)
> ③ 시소의 베어링 보수 : 베어링이 마모되어 삐걱 삐걱 소리가 날 때(3~4년)
> ④ 목재 벤치의 좌판 보수 : 전체의 10% 이상 파손, 부식이 생길 때(5~7년)

112. 수목에 시비하는 방법 중 토양 내 시비하는 방법에 해당하지 않는 것은?

① 엽면시비법　　② 방사상시비법
③ 전면시비법　　④ 선상시비법

> **해설** 토양 내 시비방법
> 방사상시비법, 전면시비법, 선상시비법, 윤상시비법, 점상시비법, 대상시비법

113. 운영관리계획 중 양적인 변화에 대응한 관리는?

① 개방된 토양면의 확보로 양호한 수분과 토양 조건을 구축
② 자연 발아된 식생의 증식과 생육에 따른 과밀식생의 이식, 벌채
③ 조경공간의 구조적 개량으로 경관관리와 양호한 생태계의 확보
④ 레크리에이션적 기능에서 어메니티 기능 중심으로 구조적 변화

114. 빛의 조절이나 통제가 용이하며 색채연출이 우수하고, 고출력의 높은 전압에서만 작동이 가능한 옥외 조명의 광원은?

① 나트륨등　　② 수은등
③ 백열등　　　④ 금속 할로겐등

115. 그네, 시소 및 미끄럼틀과 관련한 설명 중 틀린 것은?

① 그네 줄 상단의 베어링은 좌우로 흔들리지 않아야 하며 회전에 의해 풀리지 않도록 풀림방지 너트로 고정하고 마모 시에 교체할 수 있도록 해야 한다.
② 미끄럼틀 미끄럼판의 기울기 각도는 설계도면의 기준을 따르고 활주면은 요철이 없으며 미끄러워야 한다.
③ 미끄럼틀 최종 활주면은 모래판 및 지면에서 0.6m 미만으로 이격시키고, 활주면 최하단의 앉음판은 0.3m 이상으로 한다.
④ 시소의 좌판이 지면에 닿는 부분에 중고 타이어 등의 재료를 사용하여 충격을 줄여야 하며 마모가 심하여 철선이 노출되거나 찢어진 것을 사용해서는 안 된다.

> **해설** ③ 미끄럼틀 최종 활주면은 모래판 및 지면에서 0.2m 미만으로 이격시키고, 활주면 최하단의 앉음판은 0.5m 이상으로 하며 바깥쪽으로 약간의 기울기를 주어 물이 고이지 않도록 해야 한다.

116. 그 자체만으로는 약효가 없으나 농약제품에 첨가할 경우 농약의 약효에 대해 상승작용을 나타내는 보조제는?

① 협력제　　② 유화제
③ 유기용제　　④ 증량제

117. 다음 중 병환부에 직접 살균제를 살포하여 효과를 얻을 수 있는 병이 아닌 것은?

① 흰가루병　　② 잿빛곰팡이병
③ 녹병　　　　④ 시들음병

118. 잔디초지의 예초높이는 토양 표면으로부터 예초될 잔디의 높이를 말하는데 이를 지배하는 요인으로 가장 거리가 먼 것은?

① 잔디의 생육형　　② 토양수분
③ 해충의 종류　　　④ 잔디의 이용형태

Answer　112. ①　113. ②　114. ④　115. ③　116. ①　117. ④　118. ③

119. 식물생육에 필요한 양분 중에서 공기로부터 얻을 수 있는 필수 원소는?

① P   ② K
③ Ca   ④ C

해설 식물 생육에 필요한 원소
- 다량원소 : N, P, K, Ca, Mg, S
- 미량원소 : Mn, Zn, B, Cu, Fe, Mo, Cl

120. 해충의 구제 방법들 중 기계적 방제법에 해당하는 것은?

① 인공포살(人工捕殺)
② 온도(溫度)처리법
③ 접촉살충제살포(接觸殺蟲劑撒布)
④ 기생봉(寄生蜂) 이용

해설 ① 인공포살(人工捕殺) : 기계적
    ② 온도(溫度)처리법 : 물리적
    ③ 접촉살충제살포(接觸殺蟲劑撒布) : 화학적
    ④ 기생봉(寄生蜂) 이용 : 생물학적

2018년 조경기사 최근기출문제 (2018. 4. 28)

1과목 조경사

01. 12단의 테라스와 캐스케이드, 차경의 정원으로 유명한 인도 무굴왕조의 정원은?

① 샤리마르 바그(Shalimar Bagh)
② 니샤트 바그(Nishat Bagh)
③ 아차발 바그(Achabal Bagh)
④ 이티맏드 우드 다우라(I timad-ud-Daula)묘

해설 ① 샤리마르 바그(Shalimar Bagh) : 5단
② 니샤트 바그(Nishat Bagh) : 12단
③ 아차발 바그(Achabal Bagh)
④ 이티맏드 우드 다우라(I timad-ud-Daula)묘 : 타지마할 본보기

02. 중국 소주의 정원 중 화려한 정원 건축물이 많고 허와 실, 명암대비 등 변화있는 공간처리와 유기적 건축배치를 가진 것은?

① 졸정원   ② 사자림
③ 작원   ④ 유원

해설 유원의 특징
① 광대하고 화려한 정원 건축물은 소주의 원림 중 가장 많음
② '허와 실', '명과 암'의 효과
③ 변화있는 공간처리와 유기적인 건축배치 기법

03. 다음 중 르네상스 시대 로마의 대표적인 3대 별장에 속하지 않는 것은?

① 카렛지오장(Villa Careggio)
② 란테장(Villa Lante)
③ 데스테장(Villa D'Este)
④ 파르네제장(Villa Farnese)

04. 다음 한·중·일 정원에 관한 설명 중 틀린 것은?

① 일본 무로마찌(室町)시대의 용안사(龍安寺)는 사실적(寫實的) 조경의 대표적인 것이다.
② 조선시대 소쇄원(瀟灑園)의 주요 조경식물은 송(松), 죽(竹), 매(梅), 국(菊)이었다.
③ 태호석(太湖石)은 북송(北宋)시대 정원의 인공 석산(石山)의 재료이다.
④ 조선시대 경복궁 경회루원은 방지와 3개의 방도로 축조했다.

해설 ① 일본 무로마찌(室町)시대의 용안사(龍安寺)는 추상적 조경의 대표적인 것이다.

05. 축조물의 형태에 있어서 다른 셋과 같은 유형이 아닌 것은?

① 피라미드(Pyramid)
② 아도니스원(Adonis garden)
③ 공중공원(Hanging garden)
④ 지구라트(Ziggurat)

해설 ② 아도니스원(Adonis garden) : 지붕이나 창가를 밀, 보리 등의 화분으로 장식

06. 강릉 선교장에는 주택 전면부에 방지방도(方池方島)가 조성되어 있다. 이 연못에 있는 정자의 명칭은?

① 활래정   ② 농산정
③ 부용정   ④ 하엽정

Answer 01. ② 02. ④ 03. ① 04. ① 05. ② 06. ①

07. 유명한 조경가와 대표적인 작품을 짝지은 것 중 옳지 않은 것은?

① Olmsted – Central Park
② Paxton – Crystal Palace
③ Michelozzi – Villa Medici
④ Brown – Stowe Garden

> 해설 ④ Brown – Stowe Garden 개조
> ※ Charles Brigeman – Stowe Garden

08. 세계 제1차 대전 후 루드비히 레서(L. Lesser)가 제창한 대표적 독일 조경은?

① 분구원
② 생태원
③ 야생동물원
④ 폴크스파르크(Volkspark)

> 해설 ① 분구원 : 슈레버 조성

09. 고구려 시대의 산성과 도성이 맞게 짝지어진 것은?

① 환도산성 – 안학궁성
② 흘승골성 – 국내성
③ 대성산성 – 안학궁성
④ 환도산성 – 장안성

> 해설 고구려 시대의 산성과 도성
> ① 흘승골성
> ② 환도산성 – 국내성
> ③ 안학궁성 – 대성산성
> ④ 장안성

10. 우리나라 고려시대의 대표적인 궁궐은?

① 안학궁   ② 국내성
③ 만월대   ④ 칠궁

> 해설 ① 안학궁 : 고구려

④ 칠궁 : 조선시대의 신궁(神宮), 역대 왕이나 왕으로 추존된 이의 생모인 일곱 후궁의 신위를 모신 곳

11. 르 노트르의 조경양식에 영향을 받아 축조된 것으로 알려진 중국의 정원은?

① 서화원   ② 옥천산 이궁
③ 원명원   ④ 상림원

> 해설 ③ 원명원 : 프랑스식 정원

12. 계성의 원야에서 기술한 차경수법 중 시선의 높낮이와 관계있는 것은?

① 일차(逸借)   ② 석차(席借)
③ 부차(俯借)   ④ 수차(水借)

> 해설 ③ 부차(俯借) : 눈 아래 전개되는 낮은 곳의 경치를 빌리는 것

13. 처음으로 대가구를 설정하고, 보도와 차도를 완전히 분리했으며 쿨데삭(cul-de-sac)을 도입한 곳은?

① Chicopee, Georgia
② Greenbelt, Maryland
③ Radburn, New Jersey
④ Welwyn, Herfordshire

14. 근대 도시공원계통 수립의 선구자는?

① 다니엘 번함(Daniel Burnham)
② 찰스 엘리어트(Charles Eliot)
③ 칼버트 보우(Calvert Vaux)
④ 프레데릭 로 옴스테드(Frederick Law Olmsted)

15. 알함브라 궁원 사자의 중정에 있는 12마리 사자가 받치고 있는 수반과 관련된 사조는?

① 비잔틴   ② 로마네스크

Answer 07. ④ 08. ④ 09. ③ 10. ③ 11. ③ 12. ③ 13. ③ 14. ② 15. ①

③ 고딕　　　　④ 로코코

16. 일본의 석조원생팔중원전(石組園生八重垣傳)에 소개된 오행석(五行石) 중 체동석(體胴石)은 어느 것인가?

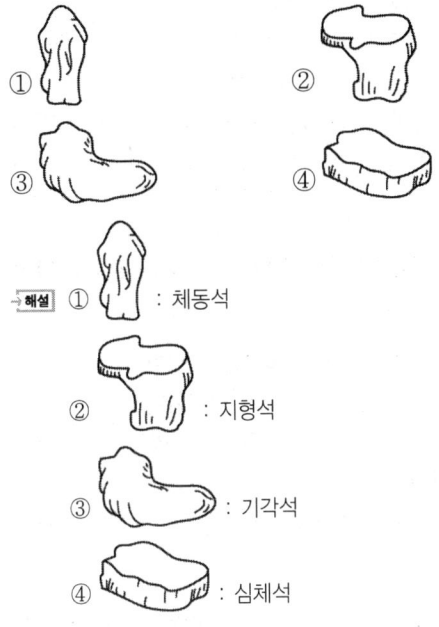

해설 ① : 체동석
② : 지형석
③ : 기각석
④ : 심체석

17. 이집트 주택정원의 특징으로 가장 거리가 먼 것은?
① 입구에는 탑문(pylon)이 설치되어 있다.
② 원로에는 관개수로와 정자(arbor)가 있다.
③ 장방형의 화단·연못·울타리 등이 배치되어 있다.
④ 수목의 식재로 담을 허물고 장식적, 상징적 정원을 조성하였다.

해설 ④ 높은 울담

18. 고려 말 탁광무가 전라남도 광주에 조성한 정원은?
① 임류각　　　② 팔석정
③ 천천정　　　④ 경렴정

19. 프랑스 정원에 관한 설명으로 틀린 것은?
① 대칭적 균형(均衡)을 중요시했다.
② 정원을 기하학적 모양으로 만들었다.
③ 본격적 규모로 만들어진 것은 보르비콩트(Vaux-Le-Vicontte)이다.
④ 구릉과 산악을 평탄하게 하고 파르테르(Parterre)를 조성했다.

20. 로마 근교의 바그나이아에 있는 전원형 별장으로 빛의 분천, 거인의 분천, 워터체인, 돌고래 분천 등이 있는 곳은?
① 빌라 알도브란디니　　② 빌라 데스테
③ 빌라 감베라이아　　　④ 빌라 란테

2과목 조경계획

21. 공원 내에 설치되는 화장실에 대한 계획기준으로 가장 거리가 먼 것은?
① 청결감이 나타나게 디자인한다.
② 환기와 채광이 가장 중요하다.
③ 습기나 그늘이 많은 곳에 배치한다.
④ 도로로부터 쉽게 접근하도록 한다.

해설 ③ 습기나 그늘이 많은 곳에 배치하지 않는다.

22. 자연환경 조사 중 토양 단면조사의 설명으로 틀린 것은?
① 토양단면조사는 식물의 생장에 가장 중요한 환경인자인 토양의 수직적 구성 및 형태를 분석한다.
② A층은 광물토양의 최상층으로 외부환경과 접촉되어 그 영향을 직접 받는 층이다.
③ B층은 대부분의 토양수를 보유하는 층으로 식물의

Answer　16. ①　17. ④　18. ④　19. ④　20. ④　21. ③　22. ③

뿌리 발달에 가장 큰 영향을 미치는 층이다.
④ C층은 외부 환경으로부터 토양 생성 작용을 받지 못하고 단지 광물질이 풍화된 층이다.

[해설] ③ A층은 식물의 뿌리 발달에 가장 큰 영향을 미치는 층이다.

23. 국토의 계획 및 이용에 관한 법령상 도시 계획 기반시설인 "광장"의 종류로서 규정되어 있지 않은 것은?

① 건축물 부설광장 ② 미관광장
③ 일반광장 ④ 지하광장

[해설] 광장의 종류 – 「국토의 계획 및 이용에 관한 법률」
교통광장, 일반광장, 경관광장, 지하광장, 건축물 부설광장

24. 다음 설명의 ( ) 안에 가장 적합한 용어는?

( )은/는 1928년 미국의 페리(C. A. Perry)가 제안한 주거단지 개념으로, 어린이들이 위험한 도로를 건너지 않고 걸어서 통학할 수 있는 단지규모에서 생활의 편리성과 쾌적성, 주민간의 사회적 교류 등을 도모할 수 있도록 조성된 물리적 환경을 말한다.

① 가든 시티 ② 근린주구
③ 스몰 블록 ④ 커뮤니티

25. 생태적 결정론에 대한 설명으로 옳지 않은 것은?

① 생태적 계획의 이론적 뒷받침으로서 미국의 Ian McHarg 교수가 주장한 것이다.
② 환경계획을 자연과학적 근거에서 인간의 환경적응 문제를 파악하고자 하였다.
③ 자연과 인간, 자연과학과 인간환경의 관계를 생태적 질서를 통하여 규명하고자 하였다.
④ 자연의 경제적 가치를 중요시하고 이를 극복해야 할 대상으로 파악하고자 하였다.

26. 공원녹지 관련법 체계가 상위법에서 하위법으로의 흐름을 바르게 나타낸 것은?

① 국토기본법 → 도시공원 및 녹지 등에 관한 법률 → 국토의 계획 및 이용에 관한 법률
② 도시공원 및 녹지 등에 관한 법률 → 국토의 계획 및 이용에 관한 법률 → 국토기본법
③ 국토의 계획 및 이용에 관한 법률 → 국토기본법 → 도시공원 및 녹지 등에 관한 법률
④ 국토기본법 → 국토의 계획 및 이용에 관한 법률 → 도시공원 및 녹지 등에 관한 법률

27. 자연경관지역을 계획하는 올바른 방법이 아닌 것은?

① 경관의 질을 강조하는 요소를 도입한다.
② 구성요소 중 부조화 요소를 제거한다.
③ 대조(contrast)를 통하여 통일감이 형성되어도 대조는 피한다.
④ 시설이나 사용공간이 경관의 구성 요소가 되도록 한다.

28. 레크리에이션 계획의 접근방법에 대한 설명 중 옳은 것은?

① 자원형은 한계수용력과 환경영향을 지표로 한다.
② 행태형은 과거의 참여 패턴이 장래의 기회를 결정한다는 것을 전제로 한다.
③ 활동형은 대도시 또는 지역레벨의 대상지에 적용하는 기법이다.
④ 경제형은 이용자 선호도와 만족도가 지표이다.

[해설] 레크리에이션 계획의 접근방법

접근방법\내용	개념	지표	대상지
자원형	자원이 레크리에이션 기회의 종류와 양 결정	한계수용력, 환경영향	비도시지역, 국도립공원, 자연공원 등
활동형	과거의 참여 패턴이 장래의 기회를 결정, 공급이 수요를 창출	(인구비 기준, 면적비 기준) 선호도, 참여율, 방문객수	소도시 (공공공원)

Answer 23. ② 24. ② 25. ④ 26. ④ 27. ③ 28. ①

접근 방법	개념	지표	대상지
경제형	지역의 경제기반 또는 재원이 레크리에이션 기회의 양, 형태 결정, 수요와 공급은 가격으로 환산	시장수요와 기회의 가격, B/C분석, cost/effectiveness	대도시, 지역레벨
행태형	개인 및 그룹의 자유시간의 사용이 공적·사적기회로 전환, 경험으로서의 레크리에이션	이용자선호도, 만족도, 잠재수요 및 유효수요	도시의 공공·민간 개발
혼합형	이용자 그룹과 자원타입을 분류하여 결합	이용자+자원	지역레벨

29. 다음 중 실시 설계 단계에서 작성하는 것이 아닌 것은?

① 버블 다이어그램 ② 내역서
③ 시설물 상세도 ④ 특기시방서

해설 ① 버블 다이어그램 : 기본 구상 단계

30. 도로 및 동선계획에서 동선의 패턴 형태와 그 특징에 대한 설명이 틀린 것은?

① 격자형 : 시각적으로 단조롭고 불필요한 통과교통이 발생할 수 있다.
② 방사형 : 도시중심의 상징성을 부여하고 각 도로의 방향성을 부여할 수 있다.
③ 선형 : 도로의 구간 내에서 교통이 원활하지 않을 수 있으나 교통 서비스 효율이 높다.
④ cul-de-sac : 국지도로나 소규모 지역의 도로계획에 적용 가능하며 블록단위별 자기 완결성을 가진다.

31. 녹지자연도(Degree of green naturality)에 대한 설명으로 옳지 않은 것은?

① 녹지자연도 0등급은 개발지역이다.
② 자연지역은 이차림, 자연림, 고산자연초원으로 구분한다.
③ 녹지자연도는 우리국토 전체를 개발지역, 반자연지역, 자연지역, 수역으로 나눈다.
④ 녹지자연도를 통하여 특정지역의 자연성 혹은 식생의 천이상황을 알 수 있다.

해설 녹지자연도

구분	등급	지역
수역	0등급	수역
개발지역	1등급	시가지
	2등급	농경지
	3등급	과수원
반자연지역	4등급	2차 초원(A)
	5등급	2차 초원(B)
	6등급	조림지
	7등급	유령 2차림
자연지역	8등급	장령 2차림
	9등급	자연림
	10등급	고산자연초원

32. 습지보전법상 습지보전을 위해 설치할 수 있는 시설 중 가장 거리가 먼 것은?

① 습지연구시설 ② 습지준설복원시설
③ 습지오염방지시설 ④ 습지생태관찰시설

해설 습지보전을 위해 설치할 수 있는 시설 -「습지보전법」
1. 습지를 보호하기 위한 시설
2. 습지를 연구하기 위한 시설
3. 나무로 만든 다리, 교육·홍보 시설 및 안내·관리시설 등으로서 습지보전에 지장을 주지 아니하는 시설
4. 습지오염을 방지하기 위한 시설
5. 습지생태를 관찰하기 위한 시설

33. 공원 녹지를 비롯한 오픈 스페이스 계획에 있어서 주요 계획 개념 및 설명이 틀린 것은?

① 계기 : 각 오픈스페이스의 독립 및 완결성을 연결하여 보다 연속된 효과를 느끼게 할 경우에 사용
② 위요 : 핵이 되는 경관요소를 감싸줌으로써 그 성격 및 존재를 부각시킬 경우에 사용
③ 관통 : 보다 더 강력한 대상의 오픈 스페이스 요소가 인공 환경과의 강한 대조 효과를 연출하는 경우에

Answer 29. ① 30. ③ 31. ① 32. ② 33. ④

사용
④ 분절 : 각 지점이 상이할 경우, 새로운 장소의 전환기 법으로 사용

34. 상호관련성 분석을 포함하여 자연의 동적인 과정을 파악하는 데 중점을 두는 "자연현상 종합분석"에 대한 설명으로 옳은 것은?

① 완경사지역은 주로 고지대 계곡부에 분포한다.
② 급경사지역은 주로 저지대 하천변에 분포한다.
③ 고지대는 건조하여 토양발달이 불량한 곳이다.
④ 저지대는 건조하여 토양발달이 불량한 곳이다.

35. 「도시공원 및 녹지 등에 관한 법률」 중 공원 녹지기본계획에 대한 설명으로 틀린 것은?

① 시의 시장은 5년을 단위로 하여 관할 구역의 도시지역에 대하여 공원녹지의 확충・관리・이용 방향을 종합적으로 제시한다.
② 지역적 특성 및 계획의 방향・목표에 관한 사항을 제시한다.
③ 인구, 산업, 경제, 공간구조, 토지이용 등의 변화에 따른 공원녹지의 여건 변화에 관한 사항을 제시한다.
④ 공원녹지기본계획 수립권자는 대통령령으로 정하는 바에 따라 공원녹지기본계획의 내용을 공고하고 일반인이 열람할 수 있도록 하여야 한다.

해설 ① 시의 시장은 10년을 단위로 하여 관할 구역의 도시지역에 대하여 공원녹지의 확충・관리・이용 방향을 종합적으로 제시한다.
* 공원녹지기본계획 내용 – 「도시공원 및 녹지 등에 관한 법률」
 1. 지역적 특성 및 계획의 방향・목표에 관한 사항
 2. 인구, 산업, 경제, 공간구조, 토지이용 등의 변화에 따른 공원녹지의 여건 변화에 관한 사항
 3. 공원녹지의 종합적 배치에 관한 사항
 4. 공원녹지의 축(軸)과 망(網)에 관한 사항
 5. 공원녹지의 수요 및 공급에 관한 사항
 6. 공원녹지의 보전・관리・이용에 관한 사항
 7. 도시녹화에 관한 사항
 8. 그 밖에 공원녹지의 확충・관리・이용에 필요한 사항으로서 대통령령으로 정하는 사항

36. 자연공원 내 공원 입장객에 대한 편의제공 및 공원의 보호, 관리 등을 위해 지정되는 용도지구에 해당되지 않는 곳은?

① 공원마을지구   ② 공원자연보존지구
③ 공원자연환경지구 ④ 공원집단시설지구

해설 용도지구 – 「자연공원법」
 1. 공원자연보존지구 : 다음 각 목의 어느 하나에 해당하는 곳으로서 특별히 보호할 필요가 있는 지역
  가. 생물다양성이 특히 풍부한 곳
  나. 자연생태계가 원시성을 지니고 있는 곳
  다. 특별히 보호할 가치가 높은 야생 동식물이 살고 있는 곳
  라. 경관이 특히 아름다운 곳
 2. 공원자연환경지구 : 공원자연보존지구의 완충공간(緩衝空間)으로 보전할 필요가 있는 지역
 3. 공원마을지구 : 마을이 형성된 지역으로서 주민생활을 유지하는 데에 필요한 지역
 4. 공원문화유산지구 : 「문화재보호법」 제2조제2항에 따른 지정문화재를 보유한 사찰(寺刹)과 전통사찰보존지 중 문화재의 보전에 필요하거나 불사(佛事)에 필요한 시설을 설치하고자 하는 지역

37. 다음 설명의 (가)에 들어갈 용어는?

(가)(이)라 함은 외국인관광객의 유치촉진 등을 위하여 관광활동과 관련된 관계법령의 적용이 배제되거나 완화되는 지역으로서 관광진흥법에 의하여 지정된 곳을 말한다.

① 관광특구   ② 관광단지
③ 관광지   ④ 관광사업

해설 ② 관광단지 : 관광객의 다양한 관광 및 휴양을 위하여 각종 관광시설을 종합적으로 개발하는 관광거점 지역으로서 이 법에 따라 지정된 곳
③ 관광지 : 자연적 또는 문화적 관광자원을 갖추고 관광객을 위한 기본적인 편의시설을 설치하는 지역으로서 이 법에 따라 지정된 곳
④ 관광사업 : 관광객을 위하여 운송・숙박・음식・

Answer 34. ③ 35. ① 36. ④ 37. ①

운동·오락·휴양 또는 용역을 제공하거나 그 밖에 관광에 딸린 시설을 갖추어 이를 이용하게 하는 업(業)

38. 조경계획을 위한 분석과 종합과정에 대한 설명으로 틀린 것은?

① 분석은 관련 자료를 부분적으로 나누어 검토하는 것이며, 종합은 이들을 체계화시키고 중요도에 따라 우선순위를 결정하는 것이다.
② 분석과 종합을 위해서는 창의성보다는 합리적 접근이 보다 많이 요구된다.
③ 분석은 주로 정량적(定量的) 특성을 지니며 종합은 주로 정성적(定性的) 특징을 지닌다.
④ 분석은 관련 자료를 분야별로 나누어 조사하는 것이며, 종합은 이들을 평가하여 대안작성을 위한 기초를 마련하는 것이다.

39. 18홀 정규 골프장의 계획·설계 시 토지이용의 효율성을 고려할 때 490~5750야드(yard) 정도의 롱 홀(long hole)은 몇 개 정도 설치하는 것이 바람직한가?

① 2개　② 4개
③ 6개　④ 10개

→해설 18홀 정규 골프장 구성
숏홀 4개, 롱홀 4개, 미들홀 10개

40. 다음 그림에서 해발표고 225m와 235m의 두 지점 A~B 사이는 몇 % 경사 지역인가? (단, AB 사이의 거리는 지표상의 거리임)

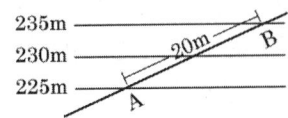

① $\dfrac{1}{\sqrt{3}} \times 100\%$　② $\sqrt{3} \times 100\%$

③ $\sqrt{2} \times 100\%$　④ $\dfrac{1}{\sqrt{2}} \times 100\%$

→해설 경사도(%) = $\dfrac{수직거리(m)}{수평거리(m)} \times 100$
여기서, 수평거리 $20m^2 = x^2 + 10m^2$
$x = \sqrt{300} = 10\sqrt{3}\,m$
경사도(%) = $\dfrac{10m}{10\sqrt{3}\,m} \times 100 = \dfrac{1}{\sqrt{3}} \times 100\%$

3과목 조경설계

41. 오방색(五方色)에 대한 설명 중 틀린 것은?

① 오방색이란 우리나라의 전통색채에서 사용되어 오던 색이다.
② 오방색은 동, 서, 남, 북, 중앙의 5가지 방위로 이루어져 있다.
③ 각 방위에 따른 색상, 오행, 계절, 방향, 풍수, 맛, 오륜 등이 있다.
④ 기본색은 오정색이라 불렀으며 청(靑), 적(赤), 황(黃), 녹(綠), 백(白) 색이다.

→해설 오방색

색상	오행	계절	방향	풍수	맛	오륜
청	목	봄	동	청룡	신맛	인
적	화	여름	남	주작	쓴맛	예
황	토	-	중앙	황룡	단맛	신
백	금	가을	서	백호	매운맛	의
흑	수	겨울	북	현무	짠맛	지

42. 다음 도시경관(Townscape)에 관한 기술 중 적당하지 않은 것은?

① 플로어 스케이프(Floorscape)는 연못 혹은 호수면과 같이 수평적인 경관을 말한다.
② 사운드 스케이프(Soundscape)는 도시 속의 각종 소리의 종류나 크기와 관계가 있다.

Answer　38. ③　39. ②　40. ①　41. ④　42. ①

③ 카 스케이프(Carscape)는 대규모 주차장의 차 혼잡을 비평한 말이다.
④ 와이어 스케이프(Wirescape)는 공중의 전기줄과 전화줄의 보기 싫은 모습을 비난한 말이다.

43. P.D. Spreiregen은 건물의 높이(H)와 거리(D)의 비가 어느 정도일 때 공간의 폐쇄감이 완전히 소멸되고, 특징적 공간으로서의 장소 식별이 불가능해지는가?

① D/H=1　　② D/H=2
③ D/H=3　　④ D/H=4

해설 건물의 높이(H)와 거리(D)의 비
① D/H=1 : 폐쇄감
② D/H=2 : 적당한 폐쇄감
③ D/H=3 : 폐쇄감에서 벗어나 주대상물에 시선이 끌림
④ D/H=4 : 폐쇄감 소멸, 특징적 공간으로서의 장소 식별 불가능

44. Edward T. Hall이 구분한 대인 간격거리에 적합하지 않은 것은?

① 0.45m 미만 : 밀집거리
② 0.45m~1.2m 미만 : 개체거리
③ 1.2m~3.6m 미만 : 사회거리
④ 3.6m 이상 : 업무거리

해설 Edward T. Hall의 대인 간격거리
① 0.45m 미만 : 밀집거리
② 0.45m~1.2m 미만 : 개체거리
③ 1.2m~3.6m 미만 : 사회거리
④ 3.6m 이상 : 공적 거리

45. 등각투상도법(Iso-metrics)에 관한 설명 중 옳지 않은 것은?

① 평행도법의 일종이다.
② 보이는 면이 다 같이 강조된다.
③ 모든 수직선은 수직으로 나타나며 서로 평행하다.
④ 평면의 도형을 그대로 이용하기 때문에 작도가 편리하다.

해설 등각투상법
1. 물체의 3면을 한 투상면에 나타내는 방법
2. 120°로 등각을 이루는 기본축 3개에 물체의 높이, 너비, 안쪽 길이를 나타내는 방법
3. 바닥의 두 변은 수평면에 각각 30°가 되게 함

46. 안개가 많거나 밤에도 멀리서 잘 보이며 가장 눈에 잘 띄는 조명의 색은?

① 빨강　　② 노랑
③ 파랑　　④ 초록

47. 다음 조경설계기준상의 설명 중 ( ) 안에 적합한 수치는?

> 보행자 전용도로의 너비는 1.5m 이상으로 하고, 필요한 경우 경사로나 계단을 설치하며 경사로는 어린이나 노약자, 신체 장애인이 스스로 오를 수 있는 기울기로서 최대 ( )%를 초과하지 않도록 한다.

① 5　　② 8
③ 12　　④ 15

48. 다음 중 안내시설의 설계 시 검토 사항으로 가장 부적합한 것은?

① 보행자 등 이용자의 안전성을 고려한다.
② 외부 요인에 따른 변형·마모 등에 대한 유지·관리 등을 고려하여 설계한다.
③ 안내시설은 인간 감성의 회복에 기여하고 환경친화성을 높일 수 있도록 설계한다.
④ 다양한 유형의 안내시설물이 한 장소에 설치될 필요가 있을 경우에는 각 유형별로 여러 개의 종합표지판을 나누어 배치한다.

해설 안내시설 설계시 검토사항
1. 시스템으로서의 구성 : 안내시설체계는 유도·안내·지시·규제 등 다양한 종류의 안내체계, 위계

Answer 43. ④　44. ④　45. ④　46. ②　47. ②　48. ④

에 따른 배치 및 개별 시설물 간의 네트워크 구성 등의 종합계획을 통하여 하나의 체계적이고 유기적인 시스템이 되도록 한다.
2. 기능적 효율성 : 안내시설은 기능적 효율성과 주변 경관과의 조화를 고려하여 설치해야 한다.
3. 인간척도의 고려 : 안내시설의 시인성, 가독성, 주목성 등을 확보하도록 이용자의 신체적 조건을 고려한다.
4. 지역적 이미지 표출 : 설계대상 공간의 쾌적한 경관형성에 기여할 수 있도록 하며, 지역적 이미지의 표출을 통한 지역 시설물로서의 정체성과 조형성이 부각될 수 있도록 환경조형물로서의 부가기능을 고려한다.
5. 경제적 효용성 : 설계대상 공간의 유형·규모·특성을 고려하여 안내표지 기능의 중복 배치를 피하며 정확하고 체계적인 정보전달 등이 이루어지도록 한다.
6. 안전성 : 보행자 등 이용자의 안전성을 고려한다.
7. 주변 환경과의 조화 : 설계대상 공간의 주변 환경과 조화를 갖도록 한다.
8. 인간지향성 및 환경친화성의 검토 : 안내시설은 인간 감성의 회복에 기여하고 환경친화성을 높일 수 있도록 설계한다.
9. 가독성 : 다양한 유형의 안내시설물이 한 장소에 설치될 필요가 있을 경우에는 하나의 종합표지판과 이를 보조할 표지판으로 나누어 배치한다.
10. 유지관리의 고려 : 외부 요인에 따른 변형·마모 등에 대한 유지·관리 등을 고려하여 설계한다.

49. 같은 도면에서 2종류 이상의 선이 중복되었을 때 가장 우선시되는 선은?

① 치수 보조선 ② 절단선
③ 외형선 ④ 중심선

50. 경관조사방법 중 경관의 특징, 주위경관의 유사성 변화 등을 밝혀내기 위한 경관의 우세 요소가 아닌 것은?

① 형태(form) ② 색채(color)
③ 규모(scale) ④ 질감(texture)

해설 ① 경관 우세 요소 : 형태, 선, 색채, 질감
② 경관 우세 원칙 : 대조, 연속성, 축, 집중, 상대성, 조형
③ 경관 변화 요인 : 운동, 빛, 기후 조건, 계절, 거리, 관찰위치, 규모, 시간

51. 그림과 같은 정면도와 평면도에 가장 적합한 우측면도는?

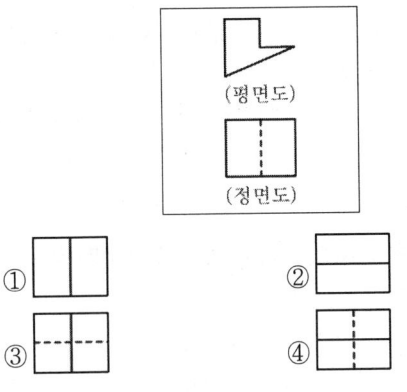

52. 조경구조물 중 "얕은 기초"의 설명에서 ( ) 안에 적합한 것은?

> 상부구조로부터의 하중을 직접 지반에 전달시키는 형식의 기초로서 기초의 최소 폭과 깊이와의 비가 대체로 ( ) 이하인 경우를 말한다.

① 1.0 ② 1.5
③ 2.0 ④ 3.0

53. 고대 그리스에서 나타나고 있는 여러 작품(조각, 변화 등) 중 인체를 황금비로 구분하는 기준점의 신체 부위는?

① 배꼽 ② 어깨
③ 가슴 ④ 사타구니

54. 다음 중 평면도의 표제란에 포함되지 않는 것은?

① 기관정보 ② 도면정보

③ 시공자 정보   ④ 도면번호

55. 잔상(after image)에 대한 설명으로 틀린 것은?

① 잔상의 출현은 원래 자극의 세기, 관찰시간, 크기에 의존한다.
② 원래의 자극과 색이나 밝기가 반대로 나타나는 것은 음성잔상이다.
③ 보색잔상은 색이 선명하지 않고 질감도 달라 면색(面色)처럼 지각된다.
④ 잔상현상 중 보색잔상에 의해 보게 되는 보색을 물리보색이라고 한다.

56. 제도용지 A2의 크기는 A0 용지의 얼마 정도의 크기인가?

① 1/2   ② 1/4
③ 1/8   ④ 1/16

[해설] A0 : 841×1189mm
A2 : 420×594mm

57. 다음 그림의 착시(錯視)에 관한 설명 중 틀린 것은?

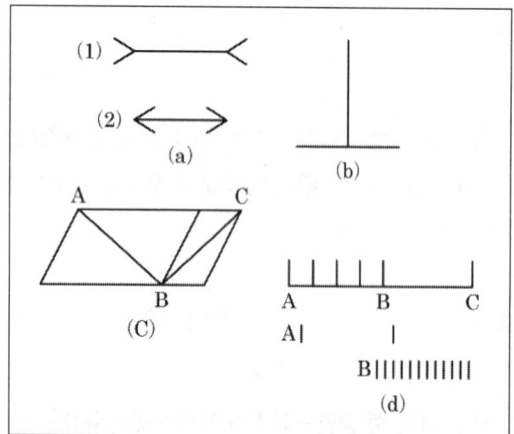

① (a) : 방향의 착시를 보여주는 상태에서 바깥쪽(2)으로 향한 선이 더 길어 보인다.

② (b) : 수평선보다도 수직선 편이 길게 보인다.
③ (c) : 2개의 평행사변형 내에 있는 대각선의 길이가 동일하지만 다르게 보인다.
④ (d) : 단순한 선분보다도 분할선이 많은 선분이 길게 보인다.

[해설] (a) : 뮐러-라이어 착시
(b) : 수평-수직 착시
(c) : 샌도의 평행사변형
(d) : 분할 착시
① (a) : 방향의 착시를 보여주는 상태에서 바깥쪽(2)으로 향한 선이 더 짧아 보인다.

58. 달리는 차 안에서 바라보는 가로수가 관찰자의 이동과는 무관하게 변함없이 서 있음을 알게 하는 지각 원리는?

① 위치 항상성   ② 크기 항상성
③ 모양 항상성   ④ 색채 항상성

59. 조경설계기준상 배수시설의 설계 시 고려해야 할 설명으로 틀린 것은?

① 녹지의 표면배수 기울기는 고려하지 않아도 된다.
② 배수에는 지표면 배수와 심토층 배수의 두 방법이 있다.
③ 관거 이외의 배수시설의 기울기는 0.5% 이상으로 하는 것이 바람직하다.
④ 개거배수는 지표수의 배수가 주목적이지만 지표 저류수, 암거로의 배수, 일부의 지하수 및 용수 등도 모아서 배수한다.

60. 조경설계기준상의 정원조경(공장) 중 다음 설명의 ( ) 안에 적합한 수치는?

- 공장정원의 바닥은 나지로 남겨두어서는 안 된다.
- 공해물질에 내성이 강하고 먼지의 흡착력이 강한 활엽수의 식재면적을 전체 수목식재면적(수관부 면적)의 ( )% 이상으로 정한다.

① 50 ② 60
③ 70 ④ 80

해설 정원조경
1. 주택정원
   (1) 전정(public area), 주정(private or living area) 및 측정(service area)으로 기능을 배분하며, 각 세부공간별로 기능에 맞게 설계되어야 한다.
   (2) 기초부분에는 관목류나 소교목류를 식재하여 건물 하단부의 거친 면을 가리도록 한다.
   (3) 전면부가 수목으로 건물을 지나치게 가리지 않도록 건물의 크기와 수목의 크기를 대비하여 적정한 수종을 선택하며, 식재지역이 음지인 경우에는 내음성이 강한 식물을 선발한다.
2. 공장정원
   (1) 공장정원의 바닥은 나지로 남겨두어서는 안 된다.
   (2) 공해물질에 내성이 강하고 먼지의 흡착력이 강한 활엽수의 식재면적을 전체 수목식재면적(수관부 면적)의 70% 이상으로 정한다.
3. 학교원
   (1) 학교의 교과과정에 맞추어 자연학습에 도움이 되는 식물을 배식한다.
   (2) 식재한 식물 중 대표적인 수목 또는 식재군에 식물명, 특성 및 용도 등을 적은 식물표찰을 만들어 세우거나 부착한다.

4과목 조경식재

61. 지상부의 줄기가 목질화되지 않는 식물은?

① 능소화 ② 작약
③ 모란   ④ 멀꿀

해설 ① 능소화 : 낙엽활엽만경목
② 작약 : 초본
③ 모란 : 낙엽활엽관목
④ 멀꿀 : 상록활엽관목

62. 잎이 2개씩 속생하는 수종은?

① 리기다소나무(*Pinus rigida*)
② 스트로브잣나무(*Pinus strobus*)
③ 백송(*Pinus bungeana*)
④ 반송(*Pinus densiflora* for. *multicaulis*)

해설 잎의 개수
① 리기다소나무(*Pinus rigida*) : 3개
② 스트로브잣나무(*Pinus strobus*) : 5개
③ 백송(*Pinus bungeana*) : 3개
④ 반송(*Pinus densiflora* for. *multicaulis*) : 2개

63. 산울타리용으로 가장 적합한 수목은?

① 때죽나무(*Styrax japonicus*)
② 계수나무(*Cercidiphyllum japonicum*)
③ 사철나무(*Euonymus japonicus*)
④ 수양버들(*Salix babylonica*)

64. 멸종위기 야생생물 Ⅱ급에 속하는 식물종은? (단, 야생생물 보호 및 관리에 관한 법률 시행규칙을 적용한다.)

① 처녀치마(*Heloniopsis koreana*)
② 얼레지(*Erythronium japonicum*)
③ 가시연(*Euryale ferox*)
④ 초롱꽃(*Campanula punctata*)

해설 멸종위기 야생생물-육상식물
1. Ⅰ급(11종)
   광릉요강꽃, 금자란, 나도풍란, 만년콩, 비자란, 암매, 죽백란, 털복주머니란, 풍란, 한라솜다리, 한란
2. Ⅱ급(77종)
   가는동자꽃, 가시연, 가시오갈피나무, 각시수련, 개가시나무, 개병풍, 갯봄맞이꽃, 검은별고사리, 구름병아리난초, 기생꽃, 끈끈이귀개, 나도승마, 날개하늘나리, 넓은잎제비꽃, 노랑만병초, 노랑붓꽃, 단양쑥부쟁이, 닻꽃, 대성쓴풀, 대청부채, 대흥란, 독미나리, 두잎약난초, 매화마름, 무주나무, 물고사리, 방울난초, 백부자, 백양더부살이, 백운

Answer 61. ② 62. ④ 63. ③ 64. ③

란, 복주머니란, 분홍장구채, 산분꽃나무, 산작약, 삼백초, 새깃아재비, 서울개발나물, 석곡, 선제비꽃, 섬개야광나무, 섬개현삼, 섬시호, 세뿔투구꽃, 손바닥난초, 솔붓꽃, 솔잎란, 순채, 신안새우난초, 애기송이풀, 연잎꿩의다리, 왕제비꽃, 으름난초, 자주땅귀개, 전주물꼬리풀, 정향풀, 제비동자꽃, 제비붓꽃, 제주고사리삼, 조름나물, 죽절초, 지네발란, 진노랑상사화, 차걸이란, 참물부추, 초령목, 칠보치마, 콩짜개란, 큰바늘꽃, 탐라란, 파초일엽, 파뿌리풀, 한라송이풀, 한라옥잠난초, 해오라비난초, 흑난초, 홍월귤, 황근

65. 도시 내 소생물권과 관련된 설명으로 틀린 것은?

① 「자연환경보전법」에서 규정하는 소생태계의 개념을 포함하는 생물서식공간을 의미한다.
② 해당 지역의 자연환경 상황을 파악하여 '보전', '복원', '창조'의 기법을 조합하여 계획을 수립한다.
③ 보존가치가 있는 생태계는 개발사업 이후부터 보호하되 집중적인 방법으로 대체 방안을 모색한다.
④ 단위생태계로서의 소생물권과 생태계 네트워크로서의 시스템적 기능과 구조를 고려한다.

66. 상록활엽교목으로만 구성되어 있는 것은?

① 동백나무, 녹나무, 돈나무, 만병초
② 조록나무, 노각나무, 귀룽나무, 산사나무
③ 해당화, 송악, 굴거리나무, 담팔수
④ 가시나무, 후박나무, 녹나무, 구실잣밤나무

해설 ① 동백나무-상록활엽관목, 녹나무-상록활엽교목, 돈나무-상록활엽관목, 만병초-상록활엽관목
② 조록나무-상록활엽교목, 노각나무-낙엽활엽교목, 귀룽나무-낙엽활엽교목, 산사나무-낙엽활엽교목
③ 해당화-낙엽활엽관목, 송악-상록활엽만경목, 굴거리나무-상록활엽교목, 담팔수-상록활엽교목
④ 가시나무, 후박나무, 녹나무, 구실잣밤나무-상록활엽교목

67. 비비추(Hosta longipes)에 관한 설명으로 틀린 것은?

① 백합과(科) 식물이다.
② 7~9월에 연보라색 꽃이 핀다.
③ 뿌리는 구근으로 되어 있고 인편번식을 한다.
④ 숙근성 여러해살이풀로 관엽, 관화식물이다.

해설 ③ 많은 뿌리가 사방으로 뻗어 있다.

68. 인공조성지의 수목 생육환경과 관련하여 고려되어야 할 사항으로 가장 거리가 먼 것은?

① 유효토양의 과잉   ② 토양공기의 부족
③ 토양의 과습   ④ 식물양분의 결핍

69. 토양이 단립(團粒) 구조를 갖게 하기 위한 것으로 틀린 것은?

① 배수를 좋게 한다.
② 퇴비 등의 유기질 비료를 준다.
③ 사질 토양은 식토로 객토하는 것이 중요하다.
④ 식질 토양에는 점토로 객토하는 것이 중요하다.

해설 ④ 식질 토양에는 사토로 객토하는 것이 중요하다.

70. 수형이 원추형인 것은?

① *Zelkova serrata*
② *Sophora japonica*
③ *Platanus occidentalis*
④ *Abies holophylla*

해설 ① *Zelkova serrata* 느티나무-평정형
② *Sophora japonica* 회화나무-평정형
③ *Platanus occidentalis* 양버즘나무-평정형
④ *Abies holophylla* 젓나무-원추형

Answer 65. ③ 66. ④ 67. ③ 68. ① 69. ④ 70. ④

71. 여름철 더위에 견디는 힘(耐暑性)이 가장 강한 것은?

① Ryegrass류
② Bentgrass류
③ Zoysia grass류
④ Kentucky bluegrass류

해설 ③ Zoysia grass류 : 한국잔디

72. 층층나무(*Cornus controversa*)에 관한 설명으로 틀린 것은?

① 꽃은 흰색계열이다.
② 뿌리는 천근성이다.
③ 가지는 계단상으로 돌려나고 층을 형성한다.
④ 열매는 핵과로 8월 말~10월 초에 검은색으로 성숙한다.

해설 층층나무의 특성을 묻는 문제로 보기 항의 ①, ③, ④항의 보기 모두 층층나무의 특징으로 옳은 표현이지만 공단에서 정답으로 선택한 ②의 항목이 국내 조경관련 전공도서와 최근 연구된 국내외 도서(근계도면) 등에 "천근성"으로 제시하고 있어 의견 수렴 결과 복수정답으로 처리함

73. 화살나무(*Euonymus alatus*)의 특징으로 틀린 것은?

① 낙엽활엽관목
② 잎에 있는 날개가 독특함
③ 종자는 황적색 종의로 싸여 있으며 백색
④ 가을의 붉은색 단풍이 감상가치가 높음

해설 ② 줄기에 있는 날개가 독특함

74. 무성(영양)번식에 대한 설명으로 틀린 것은?

① 영양번식에 의한 식물체는 종자번식에 비해 대량번식이 쉽다.
② 영양번식에 의한 식물체는 생장과 개화가 종자식물에 비해 빠르다.
③ 접목은 분리된 두 식물체의 조직을 유합시켜 하나의 식물체를 만드는 방법이다.
④ 분구는 백합류, 칸나 등의 구근을 지니는 조경식물의 지하부 구근을 분주하여 번식하는 방법이다.

해설 ① 종자번식에 의한 식물체는 영양번식에 비해 대량번식이 쉽다.

75. 소사나무에 해당하는 속명은?

① *Alnus*
② *Carpinus*
③ *Celtis*
④ *Quercus*

해설 ① *Alnus* : 오리나무
② *Carpinus* : 소사나무, 서어나무
③ *Celtis* : 팽나무
④ *Quercus* : 참나무류

76. 햇빛을 충분히 받아야만 생육이 좋은 양수는?

① 자작나무(*Betula platyphylla*)
② 감탕나무(*Ilex integra*)
③ 마가목(*Sorbus commixta*)
④ 노각나무(*Stewartia pseudocamellia*)

77. 식재수량 산정 결과, 교목 20주, 관목 100주가 산출되었다. 이 중 상록수의 식재 규정 수량은? (단, 국토교통부 조경기준을 적용한다.)

① 교목 : 2주 이상, 관목 : 10주 이상
② 교목 : 2주 이상, 관목 : 20주 이상
③ 교목 : 4주 이상, 관목 : 10주 이상
④ 교목 : 4주 이상, 관목 : 20주 이상

해설 식재비율
1. 상록수 : 교목 및 관목 중 규정 수량의 20% 이상
2. 지역에 따른 특성수종 : 규정 식재 수량의 교목의 10% 이상
※ 교목 : 20주×20%=4주 이상
※ 관목 : 100주×20%=20주 이상

Answer 71. ③ 72. 전항 73. ② 74. ① 75. ② 76. ① 77. ④

78. 다음 [보기]의 ( ) 안에 적합한 용어는?

[보기]
토양수분은 흙 입자 표면에 분자 간 응집력에 의해 흡착되는 수분인 (㉠)와 흙 공극의 표면장력에 의해 유지되는 (㉡)로 구분된다.

① ㉠ 결합수, ㉡ 모관수
② ㉠ 결합수, ㉡ 중력수
③ ㉠ 흡습수, ㉡ 모관수
④ ㉠ 흡착수, ㉡ 결합수

79. 국화과(科)에 해당하지 않는 것은?

① 흰민들레
② 벌개미취
③ 비비추
④ 구절초

→해설 ③ 비비추 : 백합과

80. 내습성이 가장 강한 수종은?

① 노간주나무(*Juniperus rigida*)
② 싸리(*Lespedeza bicolor*)
③ 가죽나무(*Ailanthus altissima*)
④ 낙우송(*Taxodium distichum*)

5과목 조경시공구조학

81. 다음 중 경비에 속하지 않는 것은?

① 기계경비
② 산재보험료
③ 외주가공비
④ 작업부산물

→해설 ④ 작업부산물 : 재료비
*경비 항목
안전관리비, 산재보험료, 기계경비(감가상각비, 정비비, 기계관리비), 운반비, 품질관리비, 수도·광열비, 폐기물 처리비, 인쇄비, 전력비, 소모품비, 통신비, 임차료, 가설비, 연구개발비, 기술료, 외주가공비, 특허사용료, 복리후생비 등

82. 다음 중 통계적 품질관리(QC)의 도구가 아닌 것은?

① 산포도
② 히스토그램
③ 기능계통도
④ 특성요인도

→해설 통계적 품질관리(QC)
히스토그램, 특성요인도, 산포도, 파레토도, 그래프, 층별, 체크 시트

83. 50년 강우 빈도에 대한 강우 강도가 $I = \dfrac{660}{t+0.05}$ 이라고 주어졌다면 강우 강도는 약 얼마인가? (단, 유달시간은 유입시간 5분과 900m를 유속 1.5m/sec로 흘러내리는 유하시간으로 한다.)

① 21.9mm/hr
② 43.85mm/hr
③ 65.35mm/hr
④ 130.69mm/hr

→해설 유달시간 = 유입시간 × $\dfrac{거리}{유속 \times 60}$

유달시간 = 5분 × $\dfrac{900m}{1.5m/sec \times 60}$ = 15분

∴ $I = \dfrac{660}{15분 + 0.05} = 43.85mm/hr$

84. 대부분의 살수기(撒水器)는 삼각형이나 사각형의 고유한 살수단면을 가지게 되는데 그 중 삼각형 형태로 배치하려고 할 때 열과 열 사이의 거리는 살수기 간격의 어느 정도로 하여야 효과적인가?

① 같은 간격의 거리
② 살수기 간격의 약 0.87배
③ 살수기 간격의 약 0.5배
④ 살수기 간격의 약 0.37배

85. 조경공사 표준시방서에서 공사기간에 관한 설명으로 틀린 것은?

① 시공 후 잔류침하에 의한 후속 공사물의 파손위험이 예상되는 경우에는 잔류침하가 허용범위 내에 도달할 때까지의 기간을 감안하여 충분한 공사기간을 설정해야 한다.
② 준공일자와 관련하여 공사여건상 불가피하게 식재 부적기에 식재하여야 할 경우 감독자의 승인을 받아 식재공사를 시행하되 부적기에 필요한 수목양생조치를 추가 실시하여야 한다.
③ 식재공사 기한이 차기의 식재적기로 이월될 경우, 일반적으로 식재공사를 제외한 타공사의 공사기한도 식재공사와 같이 이월된다.
④ 이월된 식재공사는 이월공사기간에도 불구하고 식재적기 개시일로부터 최소 15일 이상의 공기가 확보되어야 한다.

→해설 조경공사 표준시방서 – 공사기간
1. 수급인은 따로 정한 경우를 제외하고는 계약문서 상에 명기된 기간 내에 공사를 착공하고 지체 없이 공사를 추진하여 계약기간 내에 완료해야 한다.
2. 건축, 토목 등의 선행공사로부터 연결되어 조경공사가 시행되는 경우의 공사현장 인도·인수는 선행공사로 인한 제반 공사 장애요인이 완전히 정리된 이후로 한다.
3. 시공 후 잔류침하에 의한 후속 공사물의 파손위험이 예상되는 경우에는 잔류침하가 허용범위 내에 도달할 때까지의 기간을 감안하여 충분한 공사기간을 설정해야 한다.
4. 연결·중복공사 및 선행공사로 인하여 공사의 원활한 진행에 문제가 있다고 판단되는 경우에는 수급인은 발주자와 협의하여 공사기간을 조정할 수 있다.
5. 장기공사의 경우 공사완료부분에 대해 수급인은 부분준공을 요청할 수 있으며 발주자는 수급인과 협의하여 부분준공 처리할 수 있다.
6. 부적기 식재, 천재지변 등 공사의 지연이 불가피한 경우에는 감독자의 승인을 받아 공사기간을 연장할 수 있다.
7. 공사 준공일자와 관련하여 공사여건상 불가피하게 식재 부적기에 식재하여야 할 경우, 감독자의 승인을 받아 식재공사를 시행하되 부적기에 필요한 수목 양생조치를 추가 실시하여야 하며, 부적기 식재로 추가되는 비용은 원인제공자가 부담한다.
8. 이월된 식재공사는 이월 공사기간에도 불구하고 식재 적기 개시일로부터 최소 15일 이상의 공사기간이 확보되어야 한다. 최소 공사기간은 공사 종류와 규모에 따라 차이가 있으므로 감독자와 협의하여 결정한다.
9. 식재공사 기한이 차기의 식재 적기로 이월되더라도 식재공사를 제외한 타 공사의 공사기한은 이월되지 않는다. 단, 건축, 토목 등 관련공사의 공사기한이 동절기 물공사 중단기간 등에 해당될 경우에 한하여 시설물 및 기타 공사의 공사기한도 식재공사와 같이 이월한다.

86. "소운반의 운반거리" 설명 중 ( ) 안에 포함될 수 없는 것은?

( )에서 포함된 것으로 규정된 소운반 거리는 ( ) 이내의 거리를 말하므로 소운반이 포함된 품에 있어서 소운반 거리가 ( )를 초과할 경우에는 초과분에 대하여 이를 ( ) 계상하며 경사면의 소운반 거리는 수직 1m를 수평거리 ( )의 비율로 본다.

① 품
② 15m
③ 6m
④ 별도

→해설 소운반의 운반거리
품에서 포함된 것으로 규정된 소운반 거리는 20m 이내의 거리를 말하므로 소운반이 포함된 품에 있어서 소운반 거리가 20m를 초과할 경우에는 초과분에 대하여 이를 별도 계상하며 경사면의 소운반 거리는 직고 1m를 수평거리 6m의 비율로 본다.

87. 표준시방서에서 콘크리트 비비기의 설명으로 틀린 것은?

① 콘크리트의 재료는 반죽된 콘크리트가 균질하게 될 때까지 충분히 비벼야 한다.
② 믹서 안의 콘크리트를 전부 꺼낸 후가 아니면 믹서 안에 다음 재료를 넣지 않아야 한다.
③ 비비기 시간은 시험에 의해 정하는 것을 원칙으로 한다.

Answer 85. ③ 86. ② 87. ④

④ 비비기는 미리 정해 둔 비비기 시간의 5배 이상으로 계속하여야 한다.

[해설] 콘크리트 비비기
(1) 콘크리트의 재료는 반죽된 콘크리트가 균질하게 될 때까지 충분히 비벼야 한다.
(2) 재료를 믹서에 투입하는 순서는 믹서의 형식, 비비기 시간, 골재의 종류 및 입도, 단위수량, 단위 시멘트량, 혼화 재료의 종류 등에 따라 다르므로 KS F 2455에 의한 시험, 강도시험, 블리딩시험 등의 결과 또는 실적을 참고로 해서 정하여야 한다.
(3) 비비기 시간은 시험에 의해 정하는 것을 원칙으로 한다. 비비기 시간에 대한 시험을 실시하지 않은 경우 그 최소 시간은 가경식 믹서일 때에는 1분 30초 이상, 강제식 믹서일 때에는 1분 이상을 표준으로 한다.
(4) 비비기는 미리 정해 둔 비비기 시간의 3배 이상 계속하지 않아야 한다.
(5) 비비기를 시작하기 전에 미리 믹서 내부를 모르타르로 부착시켜야 한다.
(6) 믹서 안의 콘크리트를 전부 꺼낸 후가 아니면 믹서 안에 다음 재료를 넣지 않아야 한다.
(7) 믹서는 사용 전후에 잘 청소하여야 한다.
(8) 연속믹서를 사용할 경우, 비비기 시작 후 최초에 배출되는 콘크리트는 사용하지 않아야 한다.

88. 콘크리트 슬럼프 시험(slump test)과 관련된 설명 중 틀린 것은?

① 슬럼프 콘의 각 층은 다짐봉으로 고르게 한 후 진동기로 다진다.
② 다짐봉은 지름 16mm, 길이 500~600mm의 강 또는 금속제 원형봉으로 그 앞 끝을 반구 모양으로 한다.
③ 슬럼프 콘은 윗면의 안지름이 100mm, 밑면의 안지름이 200mm, 높이 300mm 및 두께 1.5mm 이상인 금속제로 한다.
④ 슬럼프 콘은 수평으로 설치하였을 때 수밀성이 있는 강제 평판 위에 놓고 누르고, 시료를 거의 같은 양의 3층으로 나눠서 채운다.

[해설] ① 슬럼프 콘의 각 층은 다짐봉으로 고르게 한 후 25회 똑같이 다진다.

89. 목재의 절취단면을 나타내는 용어가 아닌 것은?

① 횡단면
② 접선단면
③ 방사단면
④ 수심단면

[해설] 목재의 절취단면
① 횡단면 : 생장방향과 직각으로 절취
② 접선단면 : 연륜과 접선으로 수목 생장방향에 따라 절취
③ 방사단면 : 연륜과 직각으로 생장방향에 따라 절취

90. 점토의 물리적 성질에 관한 설명 중 옳은 것은?

① 가소성은 점토입자가 클수록 좋다.
② 압축강도는 인장강도의 약 5배 정도이다.
③ 기공률은 20~50%로 보통상태에서 10% 내외이다.
④ 철산화물이 많으면 황색을 띠게 되고, 석회물질이 많으면 적색을 띠게 된다.

[해설] ① 가소성은 점토입자가 미세할수록 좋다.
② 압축강도는 인장강도의 약 5배 정도이다.
③ 기공률은 30~90%로 보통상태에서 50% 내외이다.
④ 철산화물이 많으면 적색을 띠게 되고, 석회물질이 많으면 황색을 띠게 된다.

91. 공원에 설치되는 조명과 관련된 설명 중 '휘도'에 관한 내용으로 맞는 것은?

① 방사속 중에서 가시광선의 방사속을 눈의 감도를 기준으로 하여 측정한 것
② 발광체가 발하는 광속의 밀도
③ 단위면에 수직으로 투하된 광속밀도
④ 광원면에서 어느 방향의 광도를 그 방향에서의 투영면적으로 나눈 것

[해설] ① 방사속 중에서 가시광선의 방사속을 눈의 감도를

기준으로 하여 측정한 것 : 광속
③ 단위면에 수직으로 투하된 광속밀도 : 조도

92. 암절토 비탈면 등 환경조건이 극히 불량한 지역의 녹화공법으로 가장 적합한 것은?

① 식생매트공
② 잔디떼심기공
③ 일반묘식재공법
④ 식생기반재뿜어붙이기공

93. 그림과 같은 내민보에 모멘트와 집중하중이 작용한다. 지점 B에서의 굽힘 모멘트의 크기는 몇 kNm 인가?

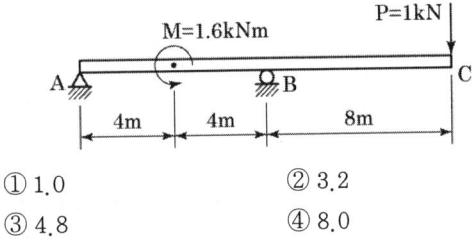

① 1.0
② 3.2
③ 4.8
④ 8.0

94. 조경공사 재료의 할증률이 바르게 짝지어진 것은?

① 초화류 : 5%
② 잔디 : 10%
③ 조경용 수목 : 5%
④ 원석(마름돌용) : 10%

[해설] ③ 조경용 수목 : 10%
④ 원석(마름돌용) : 30%

95. 흙을 쌓은 경사면이 미끄러진 형태로 안정되는데 이 경사면의 각도를 무엇이라 하는가?

① 마찰각(摩擦角)
② 내부 마찰각
③ 전도각(轉倒角)
④ 휴식각(休息角)

96. 바람의 속도압이 98kgf/m²가 되는 곳에 조적식 담장을 쌓을 때 담장을 지지하기 위한 기둥 사이의 최대 허용거리는 얼마인가? (단, 최대비율 L/T=18, 담장의 폭은 19cm(1.0B)로 한다.)

① 25.2m
② 34.2m
③ 2.52m
④ 3.42m

[해설] 측지비율 = 기둥 사이 거리 / 담장두께

$18 = \dfrac{\text{기둥 사이 거리}}{0.19m}$

기둥 사이 거리 = 3.42m

97. 구조물에 작용하는 하중 중 바람 및 지진 또는 온난한 지방의 눈하중과 같이 구조물에 잠시 동안만 작용하는 하중을 말하는 것은?

① 이동하중
② 집중하중
③ 고정하중
④ 단기하중

98. 콘크리트의 시공 관련 설명으로 틀린 것은?

① 연직 시공이음에는 지수판 등의 재료 및 도구의 사용을 원칙으로 한다.
② 팽창재는 습기의 침투를 막을 수 있는 사일로 또는 창고에 시멘트 등 다른 재료와 혼입저장하는 것이 효과적이다.
③ 소요 품질을 갖는 수밀콘크리트를 얻기 위해서는 적당한 간격으로 시공 이음을 두어야 하며, 그 이음부의 수밀성에 대하여 특히 주의하여야 한다.
④ 수밀콘크리트에 사용하는 혼화재료는 적합한 공기연행제, 감수제 또는 포졸란 등을 사용하는 것을 원칙으로 한다.

99. 초점거리가 210mm인 카메라로 표고 500m 지형을 축척 1/20000으로 촬영한 연직사진의 촬영고도는?

① 4050m
② 4250m
③ 4500m
④ 4700m

→[해설] 사진축척 = $\dfrac{\text{초점거리}}{\text{촬영고도}} = \dfrac{1}{m}$

$\dfrac{1}{20,000} = \dfrac{0.210m}{\text{촬영고도} - 500m}$

∴ 촬영고도 = 4700m

100. 시험재의 전건무게가 1000g이고, 건조 전에 시험재의 무게가 1200g일 때 건량기준 함수율은 얼마인가?

① 20% ② 25%
③ 30% ④ 35%

→[해설] 함수율 = $\dfrac{1,200g - 1,000g}{1,000g} \times 100 = 20\%$

6과목 조경관리론

101. 멀칭(Mulching)의 직접적 효과가 아닌 것은?

① 병충해의 발생 억제
② 토양수분의 유지
③ 풍화작용의 촉진
④ 잡초의 발생 억제

→[해설] 멀칭의 효과
  ㉠ 토양수분 유지
  ㉡ 토양 침식과 수분 손실 방지
  ㉢ 토양 비옥도 증진
  ㉣ 잡초 발생 억제
  ㉤ 토양 구조 개선
  ㉥ 토양 굳어짐 방지
  ㉦ 통행을 위한 지표면 개선
  ㉧ 갈라짐 방지
  ㉨ 토양 염분농도 조절
  ㉩ 토양온도 조절
  ㉪ 태양열 복사와 반사 감소
  ㉫ 병충해 발생 억제
  ㉬ 겨울철 지표면 동결 방지
  ㉭ 유익한 토양 미생물 생장 촉진

102. 칼륨(K) 성분량 10kg을 황산칼륨(보증성분량 : 48%)으로 사용하려면 황산칼륨은 대략 몇 kg을 주어야 하는가?

① 50kg ② 40kg
③ 30kg ④ 20kg

→[해설] 10kg×(100÷48)=20.833kg≒20kg

103. 바이러스 감염에 의한 수목병의 대표적인 병징에 해당되지 않는 것은?

① 위축   ② 그을음
③ 잎말림 ④ 얼룩무늬

→[해설] ② 그을음 : 진균

104. 훈증제 농약의 구비 조건으로 옳지 않은 것은?

① 기름이나 물에 잘 녹아야 한다.
② 휘발성이 커서 확산이 잘 되어야 한다.
③ 비인화성이어야 하고 침투성이 커야 한다.
④ 훈증 목적물에 이화학적 변화를 일으키지 않아야 한다.

105. 골프장 그린(잔디) 관리, 재배상 주의할 점에 해당되지 않는 것은?

① 배수를 원활히 해야 한다.
② 통풍을 양호하게 한다.
③ 비료를 많이 자주 준다.
④ 살수 과잉으로 인한 그린(Green)의 과습은 피한다.

Answer 100.① 101.③ 102.④ 103.② 104.① 105.③

106. 일반적인 조경관리 절차로 가장 적합한 것은?

① 관리목표 설정 → 관리계획 수립 → 관리조직 구성 → 업무확정 → 업무수행 → 업무평가
② 관리조직 구성 → 관리계획 수립 → 관리목표 설정 → 업무확정 → 업무수행 → 업무평가
③ 관리목표 설정 → 관리조직 구성 → 업무확정 → 업무수행 → 관리계획 수립 → 업무평가
④ 관리조직 구성 → 관리목표 설정 → 업무확정 → 업무수행 → 관리계획 수립 → 업무평가

107. 다음 중 향나무 녹병균은 어떤 것인가?

① 동종기생균
② 이종기생균
③ 유주포자균
④ 표면서식균

108. 토양반응(pH)이 낮아질 때 토양 내 인산의 고정량은 어떻게 되는가?

① 상관이 없다.
② 더욱 커진다.
③ 작아진다.
④ 작아지다 커지다를 반복하다가 한계점 도달 시 작아진다.

109. 보수점감의 법칙에 해당되는 것은?

① 시비량과 수량과의 관계
② 시비량과 품질과의 관계
③ 비료성분과 증수율과의 관계
④ 비료의 흡수율과 최소 양분율과의 관계

해설 보수점감(報酬漸減)의 법칙(法則)
시비를 증가하면 수량이 증가하지만 일정수준 이상이 되면 수량이 오히려 감소하는 것

110. 옥외조명기구를 청소하는 방법으로 강한 알칼리성, 산성의 약품을 사용하면 표면의 부식이나 산화피막이 벗겨질 위험이 있는 재료는?

① 알루미늄
② 법랑
③ 합성수지
④ 플라스틱

111. 식물의 즙액을 흡즙하는 입틀 구조를 갖지 않은 곤충은?

① 버즘나무방패벌레
② 느티나무벼룩바구미
③ 솔껍질깍지벌레
④ 가루나무좀

해설 ④ 가루나무좀 : 천공성

112. 소나무재선충병에 대한 설명으로 옳지 않은 것은?

① 수분 이동 통로를 막아 고사시킨다.
② 소나무먹좀벌이 천적이므로 생태학적 방제에 의존할 수 밖에 없다.
③ 감염 후 수 주 내에 급속히 말라 죽으며, 치사율이 100%이다.
④ 이동능력이 없이 공생관계인 솔수염하늘소를 통해 전파된다.

113. 토양수분 포텐셜(soil water potential)의 단위로 쓰이지 않는 것은?

① pF
② %
③ bar
④ kPa

114. 공사장 관리를 위한 주변 가설울타리의 설명 중 (　) 안에 해당되는 것은?

> 판자 울타리의 높이는 공사시방서에서 정하는 바가 없을 때에는 (　)m 이상(도로상에 현장사무소, 창고, 작업장 및 통로 등의 가설시설물을 둘 때에는 이들 바닥으로부터의 높이)으로 한다.

① 1.2
② 1.8
③ 2.4
④ 3.0

Answer 106. ① 107. ② 108. ② 109. ① 110. ① 111. ④ 112. ② 113. ② 114. ②

→[해설] 가설울타리
1. 공사장 주위에는 필요하다고 인정하는 경우 공사 기간 중 가설울타리를 설치하고 감독자의 지시에 따라 출입문을 설치한다.
2. 판자 울타리의 높이는 공사시방서에서 정하는 바가 없을 때에는 1.8m 이상(도로상에 현장사무소, 창고, 작업장 및 통로 등의 가설시설물을 둘 때에는 이들 바닥으로부터의 높이)으로 한다.
3. 철조망의 높이는 공사시방서에 정하는 바가 없을 때에는 1.8m 이상으로 하고 기둥은 끝마구리 지름이 0.07m 이상인 통나무를 간격 1.8m 이내에 배치하고 가로대 또는 가시철선의 간격은 0.2m 이내로 한다. 가시철선을 사용할 때에는 각 기둥 사이에 삼각대를 대고 끝 또는 모서리의 기둥은 버팀기둥으로 한다.
4. 가설울타리는 필요할 경우 감독자의 승인을 얻어 합판, 철판(골함석), 철조망, 조립식 가설재 등을 사용할 수 있다.

115. 광엽 또는 화본과 잡초의 분류로 옳은 것은?

① 화본과잡초 : 여뀌 ② 광엽잡초 : 돌피
③ 광엽잡초 : 명아주 ④ 광엽잡초 : 바랭이

→[해설] 잡초의 분류
㉠ 화본과 잡초 : 돌피, 포아풀류, 오리새, 바랭이, 강아지풀
㉡ 광엽잡초 : 마디풀, 명아주, 쇠비름, 방가지똥, 애기땅빈대, 소리쟁이, 여뀌, 민들레, 쑥, 토끼풀, 질경이

116. 작물보호제(농약) 살포 시 주의사항으로 옳지 않은 것은?

① 모니터링은 조성 직후부터 1년, 2년, 3년, 5년, 10년 등의 주기로 한다.
① 살포 전·후 살포기를 반드시 씻는다.
② 이상기후(이상고온, 이상저온, 과습, 건조 등)에서는 약해의 우려가 있으니 살포를 자제한다.
③ 약을 뿌릴 때에는 마스크, 보안경, 고무장갑 및 방제복 등을 착용 후 바람을 등지고 살포 작업한다.
④ 농약을 섞어 뿌리고자 할 때에는 반드시 1년 정도 경과해 안정된 상태에서 사용한다.

117. 생태연못의 유지관리에 대한 설명으로 가장 거리가 먼 것은?

① 모니터링은 조성 직후부터 1년, 2년, 3년, 5년, 10년 등의 주기로 한다.
② 모니터링은 가급적 지역주민, NGO, 전문가 등이 함께 참여하도록 한다.
③ 여름철에 성장한 수초는 겨울철에 말라서 연못 내에 잔존하게 되면 연못 내 식물의 영양분이 되므로 지속적으로 유지시킨다.
④ 붉은귀거북, 블루길, 베스, 비단잉어 등의 외래종은 제거하도록 한다.

→[해설] 생태연못의 유지관리
1. 모니터링
(1) 조성된 생태연못의 생태환경과 생물종의 변화 추이를 관찰, 기록하여 자연 천이의 과정을 살피고 생태적으로 바람직한 관리방향을 제시하여 시행하는 데 도움을 주도록 한다.
(2) 모니터링은 조성 직후부터 1년, 2년, 3년, 5년, 10년 등의 주기로 한다.
(3) 모니터링은 물리적 환경과 생물적 요소를 모두 하며, 외래종 등 관리대상 종에 특히 주의를 기울여야 한다.
(4) 모니터링은 가급적 지역주민, NGO, 전문가 등이 함께 참여하도록 한다.
2. 유지관리
2.1 수질 및 수량
(1) 물순환시스템이 지속적으로 유지될 수 있도록 유입구와 유출구를 주기적으로 청소한다.
(2) 유입수에 포함된 이물질을 제거하기 위하여 설치한 침전조는 주기적으로 청소해준다.
(3) 연못 내의 수질을 주기적으로 점검하여 수질이 나빠지고 있을 경우에는 물순환의 양과 횟수를 늘여준다.
(4) 생태연못의 부영양화를 제어하기 위해서는 부영양화의 원인 물질인 영양염류의 유입

원을 차단한다.
2.2 식물상
(1) 여름철에 성장한 수초는 겨울철에 말라서 연못 내에 잔존하게 되는데, 부영양화를 가져올 우려가 있을 경우에는 적절한 시기에 제거하도록 한다.
(2) 습지식물이 지나치게 번성하였을 경우에는 부수식물이 차지하는 면적이 수면적의 1/3 이하가 되도록 식물 하단부(뿌리 부근)에 차단막을 설치하거나 수시로 제거해준다.
(3) 개망초, 환삼덩굴 등 귀화식물이 확산되어 우점종이 된 경우에는 인위적으로 제거한다.
(4) 생태연못에 조성된 교목림에 의해서 수면에 지나치게 그늘이 질 경우에는 가지치기를 해주어야 한다.
(5) 우점종이 출현하여 식물종이 단순화될 우려가 있을 때에는 우점종의 수를 줄여주고 우점종 확산을 방지할 대책을 세운다.
2.3 동물상
(1) 인공습지의 목표종에 따른 개방수면의 면적비율은 공사시방서 또는 감독자의 협의에 의해 정한다.
(2) 모기 등 위생에 문제가 되는 생물종이 급증할 때에는 적절한 관리대책을 마련한다.
(3) 수중 생물종을 위하여 항상 적절한 수질과 수온을 유지하도록 한다.
(4) 붉은귀거북, 블루길, 베스, 비단잉어 등의 외래종은 제거하도록 한다.
2.4 이용자
(1) 출입이 제한된 생태연못 내로의 진입 등을 하지 못하도록 펜스, 안내판 등을 설치하여 출입자를 관리한다.

118. 옥외레크리에이션의 관리체계를 세울 때 주요 기능 관점의 3가지 부체계 기본 요소에 해당되지 않는 것은?

① 이용자관리
② 자원관리
③ 서비스관리
④ 매스미디어관리

119. 다음 주민참가의 단계 중 시민권력 단계에 속하지 않는 것은?

① 자치관리
② 권한 이양
③ 파트너 십
④ 유화

해설 ④ 유화 : 형식적 참가 단계

120. 조경시설물 정비, 점검방법으로 적합하지 못한 것은?

① 배수구는 정기적으로 점검하여 토사나 낙엽에 의한 유수방해를 제거한다.
② 어린이공원 유희시설물의 회전부분은 충분한 윤활유 공급으로 회전을 원활히 해준다.
③ 아스팔트 도로포장은 내구성이 큰 포장이므로 전면 개수까지 점검사항에서 제외한다.
④ 표지, 안내판 등의 도장(塗裝)상태나 문자는 상시점검 보수한다.

Answer
118. ④ 119. ④ 120. ③

2018년 조경기사 최근기출문제 (2018. 9. 15)

1과목 조경사

01. 전통담장 조영에 있어 벽돌, 기와 등으로 구멍이 뚫어지게 쌓는 담은?
① 분장(粉牆) ② 곡장(曲牆)
③ 화문장(花紋牆) ④ 영롱장(玲瓏牆)

해설 ① 분장(粉牆) : 갖가지 색깔로 화려하게 꾸민 담
② 곡장(曲牆) : 나지막한 담
③ 화문장(花紋牆) : 여러 가지 문양을 넣은 담장
④ 영롱장(玲瓏牆) : 구멍이 뚫어지게 쌓는 담

02. 미국 역사상 최초의 수도권 공원계통을 수립한 사람은?
① 찰스 엘리어트(Charles Eliot)
② 프레데릭 로 옴스테드(Frederic Law Olmsted)
③ 칼버트 보우(Calvert Vaux)
④ 다니엘 번함(Daniel Burnham)

해설 ② 프레데릭 로 옴스테드(Frederic Law Olmsted)
③ 칼버트 보우(Calvert Vaux) : 센트럴 파크, 프로스펙트 파크, 프랭클린 파크
④ 다니엘 번함(Daniel Burnham) : 시카고 만국 박람회 - 건축설계

03. 알함브라 궁전의 파티오에 대한 설명 중 옳지 않은 것은?
① 사자의 중정은 중앙에 분수를 두고 +자형으로 수로가 흐르게 한 것으로 사적(私的) 공간기능이 강하다.
② 외국 사신을 맞는 공적(公的)장소에 긴 연못 양편에서 분수가 솟아오르게 한 알베르카 중정이 있다.
③ 사이프러스 중정 혹은 도금양의 중정이란 명칭은 그 중정에 식재된 주된 식물의 명칭에서 유래하였다.
④ 파티오에 사용된 물은 거울과 같은 반영미(反映美)를 꾀하거나 혹은 청각적인 효과를 도모하되 소량의 물로서 최대의 효과를 노렸다.

해설 ② 알베르카 중정 : 외국 사신을 맞는 공적(公的) 장소, 중정 가운데 장방형 연못

04. 동양 3국에서 공통적으로 행해지던 곡수연과 관련이 없는 대상지는?
① 한국 경주의 포석정
② 일본 평성궁의 동원
③ 중국 승복궁의 범상정
④ 한국 궁남지의 포룡정

05. 경복궁 교태전 후원을 지칭하는 다른 명칭은?
① 귀거래사(歸去來辭) ② 아미산(峨嵋山)
③ 삼신산(三神山) ④ 곡수연(曲水宴)

해설 ① 귀거래사(歸去來辭) : 도연명
② 아미산(峨嵋山) : 경복궁 교태전 후원
③ 삼신산(三神山) : 봉래, 방장, 영주

06. 중국 명나라 원림에 관한 설명 중 틀린 것은?
① 원명원은 서쪽에 있는 이화원과 더불어 황가원림의 대표로 꼽힘
② 북경과 남경 및 소주와 양주 일대를 중심으로 발달됨
③ 계성의 〈원야〉, 이어의 〈한정우기〉 등 원림관련 서적들이 출간됨
④ 문화와 예술 활동의 장이자 예술작품의 배경이 됨

Answer 01. ④ 02. ① 03. ② 04. ④ 05. ② 06. ①

07. 명쾌한 균제미로부터 벗어나 번잡하고 지나친 세부기교에 치우치고 복잡한 곡선, 도금한 쇠붙이 장식, 다채로운 색 대리석 등을 풍부히 사용한 정원 양식은?

① 프랑스의 르네상스 평면기하학식
② 이탈리아 르네상스 노단건축식
③ 르네상스 후기 바로크식
④ 중세 고딕식

→해설 ③ 르네상스 후기 바로크식 : 17세기

08. 다음 중 중국 정원의 특성으로 가장 거리가 먼 것은?

① 태호석 등 세부시설에 조석이 많이 사용되었다.
② 자연경관이 수려한 곳에 곡절(曲折)기법을 사용하여 심산유곡을 형성하였다.
③ 정원의 포지 포장 재료는 주로 목재를 사용하였다.
④ 정원에 차경을 위하여 누창을 조성하였다.

→해설 ③ 정원의 포지 포장 재료는 주로 석재를 사용하였다.

09. 일본의 도산(모모야마)시대의 다정(茶庭)을 구성하는 요소로 가장 부적합한 것은?

① 석등(石燈) ② 디딤돌(飛石)
③ 수통(水桶) ④ 방지(方池)

→해설 ③ 수통(水桶) : 물 항아리

10. 고려시대 정원에 관한 내용이 기술된 문집이 아닌 것은?

① 동국이상국집 ② 목은집
③ 운곡시사 ④ 운림잡저

→해설 ① 동국이상국집 : 이규보 – 고려
② 목은집 : 이색 – 고려
③ 운곡시사 : 원천석 – 고려
④ 운림잡저 : 허련 – 조선

11. 다음 설명에 해당하는 이탈리아의 정원은?

몬탈토(Montalto) 분수, 빛의 분수(Fountain of Lights), 거인의 분수, 돌고래 분수 등과 같은 정원 시설물을 만들어 놓음

① Villa Lante(란테장)
② Villa d' Este(에스테장)
③ Villa Gamberaia(감베라이아장)
④ Villa Aldobrandini(알도브란디니장)

→해설 ② Villa d' Este(에스테장) : 용의 분수, 100개의 분수, 아수사 분수 등

12. 일본의 고산수정원은 어떤 목적에 의하여 조성되었는가?

① 불교 선종(禪宗)의 영향으로 방이나 마루에서 정숙하게 감상하도록 조성
② 도교사상의 영향으로 위락이나 산책을 위한 실용적인 목적으로 조성
③ 불교 정토종(淨土宗)에서 화엄장엄 세계를 구현하는 목적으로 조성
④ 신선사상의 목적으로 정숙하게 관조하는 목적으로 조성

13. 다음 중 일본의 시대별 정원양식이 맞지 않는 것은?

① 침전조 정원 – 평안시대
② 회유임천식 정원 – 겸창시대
③ 고산수식 정원 – 실정시대
④ 다정 – 나양시대

→해설 ① 침전조 정원 – 평안시대(헤이안 시대)
② 회유임천식 정원 – 겸창시대(가마쿠라 시대)
③ 고산수식 정원 – 실정시대(무로마치 시대)
④ 다정 – 도산시대(모모야마 시대)

14. 원야(園冶)에 대한 설명으로 옳지 않은 것은?

① 흥조론과 원설로 나눠진다.
② 원야의 저자는 문진향(文震亨)이다.
③ 정원구조물의 그림 설명이 되어 있다.
④ 작자가 중국 강남에서의 작정경험을 기초로 했다.

→해설 ② 원야의 저자는 이계성이다.
　　※ 문진향(文震亨) : 장물지 저자

15. 고대 신들을 위하여 축조한 건축물이나 조형물은 경관적으로 큰 역할을 하였다. 다음 중 신(神)을 위해 조성한 시설에 해당하지 않는 것은?

① Hanging Garden
② Obelisk
③ Ziggurat
④ Funerary Temple of Hat-shepsut

→해설 ① Hanging Garden : 네부카드네자르 2세가 왕비 아미티스를 위해 건설

16. 창덕궁 옥류천 주변에 있는 정자가 아닌 것은?

① 청의정　　② 농산정
③ 농수정　　④ 취한정

→해설 창덕궁
　① 부용정역 : 부용정, 부용지, 주합루, 영화당, 사정 기비각, 서향각, 희우정, 제월광풍관
　② 애련정역 : 불로문, 애련정, 애련지, 연경당, 어수당
　③ 관람정역 : 관람정, 반월지(반도지), 존덕정, 승재정, 폄우사
　④ 옥류천역 : 태극정, 취한정, 청의정, 소요정, 농산정
　⑤ 청심정역 : 청심정

17. 다음 중 근대 조경의 흐름에 있어 적절하지 않은 설명은?

① 미국에서 전원도시(田園都市) 운동은 20C 초에 시작되었다.

② 래드번(Radburn)은 쿨데삭(cul-de-sac)의 원리를 정원이 아닌 단지계획에 적용한 것이다.
③ 뉴욕(New York)의 센트럴파크(Centeral Park)는 조셉 팩스톤(Joseph Paxton)과 옴스테드(Olmsted)의 공동 작품이다.
④ 레치워스(Letchworth) 개발과 웰윈(Welwyn) 조성은 영국의 대표적 전원도시이다.

→해설 ③ 뉴욕(New York)의 센트럴파크(Centeral Park)는 칼버트 보우와 옴스테드(Olmsted)의 공동 작품이다.
　　※ 조셉 팩스톤 : 수정궁, 버컨헤드 파크

18. 연꽃을 군자에 비유한 애련설의 저자는?

① 이태백　　② 왕휘지
③ 주렴계　　④ 주희

→해설 ③ 주렴계 = 주돈이

19. 중국에서 조경에 관계되는 한자의 의미 설명이 잘못된 것은?

① 원(園) : 과수류를 심었던 곳으로 울타리가 있는 공간
② 포(圃) : 채소를 심거나 기르는 곳
③ 원(苑) : 짐승을 기르거나 자생하던, 울타리가 있는 공간
④ 정(庭) : 건물이나 울타리에 둘러싸인 평탄한 뜰

20. 고대 그리스 일반시민의 주택에 대한 설명이 아닌 것은?

① 가족 공용실을 통해 각 실로 통하는 내향식 주택
② 단순하고 기능적이며, 거리의 소음으로부터 격리
③ 중정은 포장을 하지 않고 방향성 식물을 식재
④ 대리석 분수의 도입

→해설 ③ 중정은 돌 포장을 하고 방향성 식물을 식재

Answer　14. ②　15. ①　16. ③　17. ③　18. ③　19. ③　20. ③

2과목 조경계획

21. 「자연공원법 시행령」상 공원기본계획의 내용에 포함되지 않는 사항은?

① 자연공원의 축(軸)과 망(網)에 관한 사항
② 자연공원의 자원보전・이용 등 관리에 관한 사항
③ 자연공원의 관리목표 설정에 관한 사항
④ 환경부장관이 자연공원의 관리를 위하여 필요하다고 인정하는 사항

[해설] 자연공원법 시행령 제9조(공원기본계획의 내용 및 절차 등)
1. 자연공원의 관리목표 설정에 관한 사항
2. 자연공원의 자원보전・이용 등 관리에 관한 사항
3. 그밖에 환경부장관이 자연공원의 관리를 위하여 필요하다고 인정하는 사항

22. 주어진 시각적 선호모델과 독립변수들의 값을 사용한 특정 지역의 시각적 선호도 값은?

(1) 모델 : $Y=-2+X_1+3X_2-X_3$
    Y : 시각적 선호도
    X_1 : 식생지역의 경계선 길이
    X_2 : 물과 관련된 지역의 면적
    X_3 : 건물이 차지하는 면적
(2) 이 지역의 식생지역의 경계선 길이 : 3
    물과 관련된 지역의 면적 : 5
    건물이 차지하는 면적 : 2

① 4　② 6
③ 10　④ 14

[해설] $Y=-2+X_1+3X_2-X_3$
시각적 선호도 = $-2+3+(3\times5)-2 = 14$

23. 시몬즈(J.O. Simonds)가 제시하고 있는 공간구성의 4가지 요소 중 제3차 요소에 해당하는 것은?

① 계절　② 담장
③ 도로　④ 수목

[해설] 시몬즈(J.O. Simonds)의 공간구성 요소
1차 요소 : 바닥면(토지) - 도로
2차 요소 : 수직면(구조물) - 탑
3차 요소 : 천장면 - 수목
4차 요소 : 시간 - 계절

24. 다음 중 생태・경관 보전지역에 포함되지 않는 것은?

① 생태・경관관리보전구역
② 생태・경관핵심보전구역
③ 생태・경관완충보전구역
④ 생태・경관전이보전구역

[해설] 자연환경보전법 제12조(생태・경관보전지역)
1. 생태・경관핵심보전구역 : 생태계의 구조와 기능의 훼손방지를 위하여 특별한 보호가 필요하거나 자연경관이 수려하여 특별히 보호하고자 하는 지역
2. 생태・경관완충보전구역 : 핵심구역의 연접지역으로서 핵심구역의 보호를 위하여 필요한 지역
3. 생태・경관전이보전구역 : 핵심구역 또는 완충구역에 둘러싸인 취락지역으로서 지속 가능한 보전과 이용을 위하여 필요한 지역

25. Avery(1977)의 자료 중 수지형(樹枝型)의 하천패턴이 형성될 가능성이 가장 높고, 점토의 함량에 따라 변화가 심한 암석 지질은?

① 화강암　② 석회암
③ 화산 주변　④ 사암(砂岩)

26. 공장조경 식재계획 수립의 방법으로 가장 거리가 먼 것은?

① 중부지방의 석유화학지대에는 화백, 은행나무, 양버즘나무를 식재한다.
② 성장 속도가 빠르고 대량공급이 가능한 수종을 선택한다.

Answer　21. ①　22. ④　23. ④　24. ①　25. ①　26. ③

③ 공장과의 조화를 위해 수종선정은 경관성에 중심을 둔다.
④ 자연스럽게 천연갱신이 되는 것을 선정한다.

해설 공장조경 식재계획의 원칙
  ㉠ 공장경관을 창출하는 종합적인 식재의 방식을 도입
  ㉡ 수종 선정은 기능식재를 중시
  ㉢ 자연환경과 인문환경을 최대로 존중
  ㉣ 공장의 운영관리적 측면 배려
  ㉤ 녹화용 수목은 이식 용이, 전정에 견딜 수 있으며 성장속도가 빠르고 병충해가 적으면서 관리가 쉬운 나무, 동일 규격과 수종으로 대량공급될 수 있는 저렴한 수종 선택
  ㉥ 조성 후 천연갱신이 되는 수종 선정

* 공장유형별 수목선택기준
  1. 석유화학지대
    - 남부지방 : 태산목, 후피향나무, 녹나무, 아왜나무, 가시나무
    - 중부지방 : 화백, 눈향나무, 은행나무, 양버즘나무, 무궁화
  2. 제철공업지대
    - 남부지방 : 치자나무, 사스레피나무, 감탕나무, 호랑가시나무, 팔손이나무
    - 중부지방 : 참나무류, 포플러, 향나무, 주목
  3. 임해공업지대
    - 남부지방 : 동백나무, 광나무, 후박나무, 돈나무, 꽝꽝나무, 식나무
    - 중부지방 : 향나무, 눈향나무, 곰솔, 사철나무, 회양목
  4. 시멘트공업지대
    - 남부지방 : 삼나무, 비자나무, 편백, 화백, 가시나무
    - 중부지방 : 잣나무, 향나무, 측백나무, 가문비나무, 버즘나무

27. 조경계획 과정에서 시설규모 결정은 매우 중요하며 수요예측에 따라서 결정된다. 방법유형에 대한 설명으로 옳은 것은?

① 단순회귀분석 - 정성적 예측
② 여행발생분석 - 정성적 예측
③ 델파이분석 - 정량적 예측
④ 중력모형분석 - 정량적 예측

해설 수요예측방법
  ① 단순회귀분석 - 정량적 예측
  ② 여행발생분석 - 정량적 예측
  ③ 델파이분석 - 정성적 예측
  ④ 중력모형분석 - 정량적 예측

28. 다음 중 야생동물(wild life)의 서식처(분포)와 가장 밀접한 관련이 있는 인자는?

① 지형의 변화   ② 식생분포
③ 토양분포   ④ 인공구조물 분포

29. 교통 동선계획은 교통량을 파악하고 적절한 교통량과 방향을 설정하는 계획이다. 주거지, 공원, 어린이놀이터 등에 적합한 도로형태에 가장 적합한 것은?

① 위계형   ② 격자형
③ 미로형   ④ 환상형

해설 교통동선계획의 도로체계
  1. 격자형 : 기본적으로는 균일한 분포 - 도시지와 같이 고밀도의 토지이용이 이루어지는 곳
  2. 위계형 : 일정한 체계적 질서를 갖는 패턴 - 주거지, 공원, 어린이놀이터 등과 같이 모임과 분산의 체계적 활동이 이루어지는 곳

30. 다음 중 아파트 단지 내 울타리 조성 방법 중 자연스러운 경관, 둔덕과 조화된 추가된 높이, 한 번 설치 후 유지관리비용 절감의 이점이 있는 방법은?

① 벽돌쌓기
② 수목으로 식재하기
③ 목재울타리 만들기
④ 콘크리트 울타리 만들기

31. 다음 중 레크리에이션 계획의 접근 방법 분류에 해당하지 않는 것은?

① 자원형   ② 심리형
③ 행태형   ④ 혼합형

해설) 레크리에이션 계획의 접근 방법
자원형, 활동형, 경제형, 행태형, 혼합형

32. 다음 자연공원법 상의 해안지역의 범위에 맞는 것은?

해안 : 「연안관리법」 제2조 제2호에 따른 연안해역의 육지쪽 경계선으로부터 (   )미터까지의 육지지역

① 500   ② 1000
③ 3000   ④ 5000

해설) 「자연공원법」 제14조(해안 및 섬지역의 범위)
1. 해안 : 「연안관리법」 제2조제2호에 따른 연안해역의 육지쪽 경계선으로부터 1천미터까지의 육지지역
2. 섬 : 만조 시 4면이 바다로 둘러싸인 지역. 다만, 방파제 또는 교량으로 육지와 연결된 경우는 제외한다.

33. 인간 행동의 움직임을 부호화한 표시법(motation symbols)을 창안하여 설계에 응용한 사람은?

① Ian L. McHarg
② Philip Thiel
③ Laurence Halprin
④ Christopher J. Jones

해설) ① Ian L. McHarg : 경관의 생태학적 분석
② Philip Thiel : 시각적 효과 분석
③ Laurence Halprin : 인간 행동의 움직임을 부호화한 표시법

34. 「도시공원 및 녹지 등에 관한 법률」 시행규칙 중 도시공원별 유치거리(A) 및 규모(B)의 기준이 맞는 것은?

① 소공원 : (A) 150m 이하, (B) 5백m² 이상
② 어린이공원 : (A) 200m 이하, (B) 1천m² 이상
③ 도보권근린공원 : (A) 1천m 이하, (B) 3만m² 이상
④ 도시지역권근린공원 : (A) 2천m 이하, (B) 100만m² 이상

해설) 도시공원 설치 및 규모의 기준

공원구분	유치거리	규모
1. 생활권 공원		
가. 소공원	제한 없음	제한 없음
나. 어린이공원	250m 이하	1천5백m² 이상
다. 근린공원		
(1) 근린생활권 근린공원	500m 이하	1만m² 이상
(2) 도보권 근린공원	1천 이하	3만m² 이상
(3) 도시지역권 근린공원	제한 없음	10만m² 이상
(4) 광역권 근린공원	제한 없음	100만m² 이상
2. 주제공원		
가. 역사공원	제한 없음	제한 없음
나. 문화공원	제한 없음	제한 없음
다. 수변공원	제한 없음	제한 없음
라. 묘지공원	제한 없음	10만m² 이상
마. 체육공원	제한 없음	1만m² 이상
바. 도시농업공원	제한 없음	1만m² 이상

35. 이용 후 평가가 도입된 이후 설계 방법론에 대한 설명으로 옳은 것은?

① 생태계의 원리를 이해함을 말한다.
② 자연 및 인문환경의 철저한 분석을 의미한다.
③ 기본계획 보고서 제작을 통해 바람직한 미래상의 청사진적 제시를 말한다.
④ 계획수립, 집행, 결과물 평가를 토대로 한 환류(Feedback)를 포함한 전과정을 말한다.

36. 자연과학적 근거에서 인간의 환경적응의 문제를 파악하여 새로운 환경의 창조에 기여하고자 하는 조경계획의 접근 방법은?

① 생태학적 접근   ② 형식미학적 접근
③ 기호학적 접근   ④ 현상학적 접근

해설 ① 생태학적 접근 : 자연과학적 근거에서 인간의 환경적응의 문제를 파악하여 새로운 환경의 창조에 기여하고자 하는 접근 방법
② 형식미학적 접근 : 대상과 주체 중에서 대상의 외형적 속성에 보다 비중을 두고 법칙성을 연구하는 방법
③ 기호학적 접근 : 모든 문화현상을 하나의 의미체계로 보고, 그 의미체계를 구성하는 기호들을 추출해내어, 기호들 간의 관계를 규정하고, 전체 의미체계를 설명하는 접근방법
④ 현상학적 접근 : 경관의 체험을 통한 경관과 인간의 일체화를 연구하고 장소 만들기를 통한 경관의 인간화 접근 방법

37. 생태연못 및 습지의 계획지침으로 적절하지 않은 것은?

① 되도록 장축 방향은 동서방향으로 배치한다.
② 호안 모양은 내부면적대비 주연길이가 큰 형태로 조성한다.
③ 소형의 다수보다는 대형의 소수가 바람직하다.
④ 호안 사면은 1 : 3~1 : 5 이하의 완경사를 이루도록 한다.

38. GIS의 자료처리 및 구축을 위한 전반적인 작업과정으로 옳은 것은?

① 자료입력 → 자료수집 → 자료조작 및 분석 → 자료처리 → 출력
② 자료수집 → 자료입력 → 자료처리 → 자료조작 및 분석 → 출력
③ 자료수집 → 자료입력 → 출력 → 자료처리 → 자료조작 및 분석
④ 자료수집 → 자료조작 및 분석 → 자료처리 → 자료입력 → 출력

39. 동선계획에서 고려되어야 할 내용과 거리가 먼 것은?

① 부지 내 전체적인 동선은 가능한 한 막힘이 없도록 계획한다.
② 주변 토지이용에서 이루어지는 행위의 특성 및 거리를 고려하여 적절하게 통행량을 배분한다.
③ 기본적인 동선 체계로 균일한 분포를 갖는 격자형과 체계적 질서를 가지는 위계형으로 구분할 수 있다.
④ 도심지와 같이 고밀도의 토지이용이 이루어지는 곳은 위계형 동선이 효율적이다.

해설 ④ 도심지와 같이 고밀도의 토지이용이 이루어지는 곳은 격자형 동선이 효율적이다.

40. 주차장의 주차구획 기준은 평행주차형식과 그 외의 경우로 구분된다. 평행주차형식 외의 경우 주차장의 주차구획 최소 기준이 맞는 것은? (단, 규격 표현은 너비×길이로 나타낸다.)

① 일반형 : 2.5m×5.0m
② 장애인전용 : 3.3m×5.0m
③ 확장형 : 2.8m×5.0m
④ 경형 : 2.1m×3.5m

해설 주차장의 주차구획
1. 평행주차형식의 경우

구분	너비	길이
경형	1.7m 이상	4.5m 이상
일반형	2.0m 이상	6.0m 이상
보도와 차도의 구분이 없는 주거지역의 도로	2.0m 이상	5.0m 이상
이륜자동차 전용	1.0m 이상	2.3m 이상

2. 평행주차형식 외의 경우

구분	너비	길이
경형	2.0m 이상	3.6m 이상
일반형	2.5m 이상	5.0m 이상
확장형	2.6m 이상	5.2m 이상
장애인 전용	3.3m 이상	5.0m 이상
이륜자동차 전용	1.0m 이상	2.3m 이상

조경설계

41. 할프린(Halprin, 1965)에 의해서 수행된 연속적 경관구성에 관한 연구의 내용이라고 볼 수 없는 것은?

① 건물, 수목, 지형 등의 환경적 요소를 부호화하여 기록
② 공간형태보다는 시계에 보이는 사물의 상대적 위치를 기록
③ 장소 중심적인 기록 방법이며, 시각적 요소가 첨가
④ 폐쇄성이 비교적 낮은 교외지역이나 캠퍼스 등에 적용이 용이

42. 다음 중 조경설계기준상의 "조경석 놓기"에 대한 설명이 틀린 것은?

① 돌을 묻는 깊이는 조경석 높이의 1/4이 지표선 아래로 묻히도록 한다.
② 단독으로 배치할 경우에는 돌이 지닌 특징을 잘 나타낼 수 있도록 관상위치를 고려하여 배치한다.
③ 3석을 조합하는 경우에는 삼재미(천지인)의 원리를 적용하여 중앙에 천(중심석), 좌우에 각각 지, 인을 배치한다.
④ 5석 이상을 배치하는 경우에는 삼재미의 원리 외에 음양 또는 오행의 원리를 적용하여 각각의 돌에 의미를 부여한다.

[해설] ① 돌을 묻는 깊이는 조경석 높이의 1/3 이상이 지표선 아래로 묻히도록 한다.

43. 다음 기하학적 형태 주제 중 그 상징성과 의미가 부드러움, 혼합, 연결, 조화를 나타내는 것은?

① 45°/90°각의 형태   ② 원 위의 원형
③ 호와 접선형   ④ 원의 분할형

44. 경관분석 시 경관 통제점의 선정 기준에 적합하지 않은 것은?

① 주요 도로 및 산책로
② 이용밀도가 높은 장소
③ 주변지형 중 가장 표고가 높은 곳
④ 특별한 가치가 있는 경관을 조망하는 장소

[해설] 경관통제점 선정 기준
① 주요 도로 및 산책로
② 이용밀도가 높은 장소
③ 특별한 가치가 있는 경관을 조망하는 장소
④ 가장 좋은 조망기회를 제공하는 장소

45. 조경공간의 보도에 포장면 기울기 설명 중 ( ) 안에 알맞은 것은?

- 보도용 포장면의 종단기울기가 ( )% 이상인 구간의 포장은 미끄럼방지를 위하여 거친 면으로 마무리된 포장재료를 사용하거나 거친 면으로 마감처리한다.
- 투수성 포장인 경우에는 횡단경사를 주지 않을 수 있다.

① 2   ② 3
③ 4   ④ 5

[해설] 보도 포장면 기울기
(1) 보도용 포장면의 종단기울기는 1/12 이하가 되도록 하되, 휠체어 이용자를 고려하는 경우에는 1/18 이하로 한다.
(2) 보도용 포장면의 종단기울기가 5% 이상인 구간의 포장은 미끄럼방지를 위하여 거친 면으로 마무리된 포장재료를 사용하거나 거친 면으로 마감처리한다.
(3) 보도용 포장면의 횡단경사는 배수처리가 가능한 방향으로 2%를 표준으로 하되, 포장재료에 따라 최대 5%까지 할 수 있다. 광장의 기울기는 3% 이내로 하는 것이 일반적이며, 운동장의 기울기는 외곽방향으로 0.5~1%를 표준으로 한다.
(4) 투수성 포장인 경우에는 횡단경사를 주지 않을 수 있다.

Answer   41. ③   42. ①   43. ③   44. ③   45. ④

46. 인간 척도(human scale)에 관한 설명으로 틀린 것은?

① 인간을 기준으로 대상을 측정하는 경우를 말한다.
② 주위에 인간 척도를 가진 대상이 없는 경관은 불안감을 준다.
③ 관찰자의 속도가 빠르면 세밀한 경관요소는 보이지 않는다.
④ 인간보다 작은 척도가 많은 공간은 웅장해 보인다.

47. 다음 중 유희시설 설계 시 고려할 사항이 아닌 것은?

① 평탄지, 경사지 등의 지형특성에 맞는 이용을 고려한다.
② 편리성, 예술성보다 안전성을 더욱 고려해야 한다.
③ 놀이기구는 가능한 한 다양하게 많은 기구를 배치하도록 한다.
④ 이용계층(유아, 소년 등)에 맞는 놀이시설을 배치하도록 한다.

48. 다음 설명에 적합한 혼색 방법은?

> 팽이나 레코드판과 같은 회전원판을 일정 면적비의 부채꼴로 나누어 칠해 회전시키면, 표면의 색들은 혼색되어 하나의 새로운 색이 보이게 되며, 이 색은 밝기와 색에 있어서 원래 각 색지각의 평균값으로 나타난다.

① 색광혼색　　② 감법혼색
③ 중간혼색　　④ 병치가법혼색

49. 조경설계기준상의 쓰레기통 설치 기준에 대한 설명으로 옳지 않은 것은?

① 내구성 있는 재질을 사용하거나 내구성 있는 표면마감 방법으로 설계한다.
② 각 단위공간마다 배치할 필요는 없고, 단위공간 몇 개를 조합하여 그 중간에 1개소 설치한다.
③ 각 단위공간의 의자 등 휴게시설에 근접시키되, 보행에 방해가 되지 않도록 하고 수거하기 쉽게 배치한다.
④ 설계 대상공간의 휴게공간·운동공간·놀이공간·보행공간과 산책로 등 보행동선의 결절점, 관리사무소·상점 등의 건물과 같이 이용량이 많은 지점의 적정 위치에 배치한다.

해설 쓰레기통

1. 배치
   (1) 설계대상공간의 휴게공간·운동공간·놀이공간·보행공간과 산책로 등 보행동선의 결절점, 관리사무소·상점 등의 건물과 같이 이용량이 많은 지점의 적정 위치에 배치한다.
   (2) 각 단위공간의 의자 등 휴게시설에 근접시키되, 보행에 방해가 되지 않도록 하고 수거하기 쉽게 배치한다.
   (3) 단위공간마다 1개소 이상 배치한다.
2. 구조 및 규격
   (1) 이용하거나 수거하기에 적합한 구조 및 규격으로 설계한다.
   (2) 내구성 있는 재질을 사용하거나 내구성 있는 표면마감방법으로 설계한다.
   (3) 분리수거가 편리한 쓰레기통을 설치한다.

50. 형광등 아래서 물건을 고를 때 외부로 나가면 어떤 색으로 보일까 망설이게 된다. 이처럼 조명광에 의하여 물체의 색을 결정하는 광원의 성질은?

① 색온도　　② 발광성
③ 연색성　　④ 색순응

51. 다음 환경미학과 관련된 설명 중 틀린 것은?

① 주로 예술작품을 연구한다고 볼 수 있다.
② 미학과 환경미학의 관계는 예술가와 환경설계가의 관계로써 설명될 수 있다.
③ 종합적으로 미적인 지각과 인지 및 반응에 관계되는 이론 및 응용을 종합적으로 연구한다.
④ 환경미학에서도 보다 종합적인 미적 경험과 반응에 관심을 두며, 현실적인 환경문제 해결을 지향한다.

Answer　46. ④　47. ③　48. ③　49. ②　50. ③　51. ①

52. 다음 투상도의 평면도로 가장 적합한 것은? (단, 제3각법으로 도시하였다.)

정면도 우측면도

① 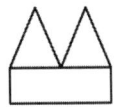 ②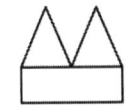
③ 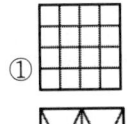 ④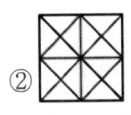

53. 조경설계기준상 "경사로" 설계 내용으로 옳은 것은?

① 휠체어 사용자가 통행할 수 있는 경사로의 유효폭은 100cm가 적당하다.
② 바닥표면은 휠체어가 잘 미끄러질 재료를 선택하고, 울퉁불퉁하게 마감한다.
③ 연속경사로의 길이 50m마다 1.2m×3m 이상의 수평면으로 된 참을 설치하여야 한다.
④ 지형조건이 합당한 경우 장애인 등의 통행이 가능한 경사로의 종단기울기는 1/18 이하로 한다.

해설 경사로
1. 배치
  (1) 평지가 아닌 곳에 보행로를 설치할 경우에는 「장애인·노인·임산부의 편의 증진보장에 관한 법률」 등의 관련 법규에 적합한 경사로를 설계하여 장애인 등의 이용자가 안전하게 이용할 수 있도록 한다.
2. 구조 및 규격
  (1) 바닥표면은 미끄럽지 않은 재료를 선택하고 평탄한 마감으로 설계한다.
  (2) 장애인 등의 통행이 가능한 경사로의 종단기울기는 1/18 이하로 한다. 다만, 지형조건이 합당하지 않을 경우에는 종단기울기를 1/12까지 완화할 수 있다.
  (3) 휠체어사용자가 통행할 수 있는 경사로의 유효폭은 120cm 이상으로 한다.
  (4) 연속 경사로의 길이가 30m마다 1.5m×1.5m 이상의 수평면으로 된 참을 설치할 수 있다.

54. 인공지반에 자연토양 사용 시 식재된 식물에 필요한 최소 생육 토심이 틀린 것은? (단, 배수경사는 1.5~2.0%로 한다.)

① 교목 : 70cm 이상
② 소관목 : 30cm 이상
③ 대관목 : 45cm 이상
④ 잔디 및 초화류 : 10cm 이상

해설 인공지반에 식재된 식물과 생육에 필요한 식재토심
(배수구배 : 1.5~2.0%)

형태상 분류	자연토양 사용 시 (cm 이상)	인공토양 사용 시 (cm 이상)
잔디/초본류	15	10
소관목	30	20
대관목	45	30
교목	70	60

55. 다음 색에 관한 설명 중 옳은 것은?

① 파랑 계통은 한색이고, 진출색·팽창색이다.
② 파랑 계통은 난색이고, 후퇴색·팽창색이다.
③ 빨강 계통은 난색이고, 진출색·팽창색이다.
④ 빨강 계통은 한색이고, 후퇴색·팽창색이다.

해설 ⊙ 파랑 계통 : 한색, 후퇴색·축소색
   ⓒ 빨강 계통 : 난색, 진출색·팽창색

56. 다음 중 시각적 선호를 결정짓는 변수에 해당하지 않는 것은?

① 물리적 변수   ② 사회적 변수
③ 상징적 변수   ④ 추상적 변수

해설 시각적 선호 변수
   물리적, 추상적, 상징적, 개인적

Answer 52. ② 53. ④ 54. ④ 55. ③ 56. ②

57. 다음 중 경관구성상 랜드마크(landmark)적 성격에 해당하지 않는 것은?

① 에펠탑　　　② 어린이대공원
③ 남대문　　　④ 피라미드

58. 다음 중 자연의 이미지를 형태화하기 위한 방법에 해당하는 것은?

① 직해　　　② 위트
③ 유사성　　　④ 표절

59. 황금분할(golden section)에 관한 설명으로 옳지 않은 것은?

① 피보나치(Fibonacci) 급수와는 유사하다.
② 황금비의 항수는 1+√5 또는 √5 구형으로 작도할 수 있다.
③ 황금분할 비율의 응용으로 달팽이 등의 성장곡선을 작도할 수 있다.
④ 하나의 선분을 대소 두 개의 선으로 나눌 때 큰 것과 작은 것의 길이의 비가 전체와 큰 것의 길이 비와 동일하다.

→해설 ② 황금비의 항수는 1 : 1.618로 작도할 수 있다.

60. 독립식재의 평면적인 구성에 대한 설명 중 틀린 것은?

① 수목의 전체적인 형태가 아름답고 수피, 잎, 꽃의 색깔이나 질감이 우수하고 무게감이 있는 수목을 독립적으로 식재하는 방법을 독립식재라 한다.
② 지그재그식으로 어긋나게 식재하는 교호식재와 반원형 식재, 원형 식재는 열식의 응용형태로 식재 폭을 넓히기 위해 변화를 주기 위함이다.
③ 군식은 식재기능에 따라 규칙적으로 수목을 배열하는 정형식 군식과 자연스런 모습의 군락을 형성하게 하는 자연형 군식을 나누어 생각할 수 있다.
④ 자연형 군식의 기법은 양적인 식재공간을 조성하면서 엄숙하고 질서정연한 분위기를 조성할 때에 사용하는 수법으로 식재수종, 간격에 따라 군식된 공간의 느낌이 달라질 수 있다.

4과목　조경식재

61. 식물명명의 기본 원칙과 관련된 설명으로 옳지 않은 것은?

① 분류군의 학명은 선취권에 따른다.
② 학명은 라틴어화하여 표기한다.
③ 분류군의 명명은 표본이 명명기본이 된다.
④ 식물의 학명은 동물의 학명과 관계가 있다.

62. 수목의 이식 적기는 수종에 따라 약간의 차이가 있을 수 있다. 다음 중 이식 시기와 관련된 설명으로 부적합한 것은?

① 낙엽활엽수 중 이른봄에 개화하는 종류는 전년도의 11~12월 중에 이식을 끝마쳐야 한다.
② 가을 이식의 경우 낙엽이 진 후 아직 토양이 얼기 전의 기간을 이용할 수 있다.
③ 상록활엽수는 한국과 같이 겨울이 추울 경우 휴면을 고려할 때 봄 이식보다는 가을 이식이 유리하다.
④ 가을철 낙엽이 지기 시작하는 늦가을부터 봄철 새싹이 나오는 이른봄까지를 휴면기라고 하며, 이때가 이식 적기이다.

→해설 ③ 상록활엽수는 한국과 같이 겨울이 추울 경우 휴면을 고려할 때 가을 이식보다는 봄 이식이 유리하다.

63. 다음 벤트그래스(Bentgrasses)에 관한 설명이 틀린 것은?

① 불완전 포복형이지만 포복력이 강한 포복경을 지표면으로 강하게 뻗는다.

Answer　57. ②　58. ③　59. ②　60. ④　61. ④　62. ③　63. ②

② 다른 잔디류에 비하여 답압에 매우 강하여, 많이 이용될지라도 그 피해가 적은 편이다.
③ 호광성 잔디로 그늘에서는 자랄 수 없으며 특히 건조한 지역에서는 자주 관수를 해 주어야 한다.
④ 한지형 잔디로 여름철에는 잘 자라지 못하며 병해가 많이 발생하나 서늘할 때는 그 생육이 왕성한 편이다.

해설 ② 다른 잔디류에 비하여 답압에 약하여, 많이 이용될지라도 그 피해가 많은 편이다.

64. 다음 중 생리적 기작에서 광보상점(혹은 광포화점)이 가장 낮은 수종은?

① 버드나무 ② 금송
③ 무궁화   ④ 소나무

해설 광보상점(혹은 광포화점)이 가장 낮은 수종 = 음수

65. 옥상정원(屋上庭園)의 계획 시 우선적으로 고려해야 할 내용이 아닌 것은?

① 토양, 수목의 무게 등 하중의 계산
② 관수와 배수 그리고 방수관계
③ 전체 건물의 건축계획, 구조계획, 기계설비계획과의 상호 연관성
④ 도시환경 및 기후조절 문제에의 기여성

66. 거친 돌 조각물을 더욱 돋보이게 하기 위한 배경식재로 가장 적합한 것은?

① 큰 잎이 넓은 간격으로 소생하는 수종
② 작은 잎이 넓은 간격으로 소생하는 수종
③ 작은 잎이 조밀하게 밀생하는 수종
④ 잎이 크고 가시가 있는 수종

67. 다음 중 여름(6~9월)에 꽃의 향기를 맡을 수 없는 식물은?

① 치자나무(Gardenia jasminoides)
② 함박꽃나무(Magnolia sieboldii)
③ 인동덩굴(Lonicera japonica)
④ 서향(Daphne odora)

해설 ④ 서향(Daphne odora) : 봄, 3~4월 개화

68. 식물의 줄기는 단독 또는 잎과 함께 그 모양이 달라지는 경우가 있는데, 다음 설명은 어떤 형태인가?

잎이 육질화되어 짧은 줄기의 주위에 밀생하는 것으로서 육질의 인편이 기왓장처럼 포개진 것과 바깥쪽의 넓은 인편이 속의 것을 둘러싸고 있는 것으로 되어 있다.

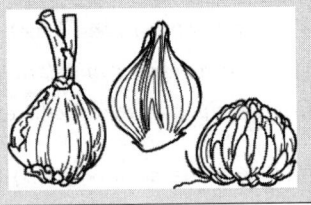

① 지하경(rhizome)   ② 인경(bulb)
③ 구경(corm)   ④ 괴경(tuber)

69. 카탈라아제(catalase)에 대한 설명으로 옳은 것은?

① 탄수화물을 환원시키는 효소이다.
② 활동이 클수록 영양생장이 활발해진다.
③ 세포 내 호흡작용을 억제하는 작용을 한다.
④ 전자(electron)의 수용체 역할을 하는 특수효소이다.

70. 첨가제에 의한 토양 개량공법 중 물리성의 개량 방법이 아닌 것은?

① 펄라이트 첨가   ② 이탄이끼 첨가
③ 수피, 톱밥 첨가 ④ 석회 첨가

해설 ④ 석회 첨가 : 화학적 개량방법

Answer 64.② 65.④ 66.③ 67.④ 68.② 69.④ 70.④

71. 다음 중 자연풍경식 식재 수법으로 많이 이용되는 형식은?

① 정삼각형식
② 이등변삼각형식
③ 일직선의 3본형 형식
④ 부등변삼각형식

72. 다음 중 꽃 색이 다른 수종으로 연결된 것은?

① 백목련(*Magnolia denudata* Desr)
   때죽나무(*Styrax japonicus* Siebold & Zucc.)
② 미선나무(*Abeliophyllum distichum* Nakai)
   마가목(*Sorbus commixta* Hedl.)
③ 풍년화(*Hamamelis japonica* Siebold & Zucc.)
   생강나무(*Lindera obtusiloba* Blume)
④ 모감주나무(*Koelreuteria paniculata* Laxmann)
   채진목(*Amelanchier asiatica* Endl. ex Walp.)

해설 ① 백목련(*Magnolia denudata* Desr) : 흰색
      때죽나무(*Styrax japonicus* Siebold & Zucc.) : 흰색
    ② 미선나무(*Abeliophyllum distichum* Nakai) : 흰색
      마가목(*Sorbus commixta* Hedl.) : 흰색
    ③ 풍년화(*Hamamelis japonica* Siebold & Zucc.) : 노란색
      생강나무(*Lindera obtusiloba* Blume) : 노란색
    ④ 모감주나무(*Koelreuteria paniculata* Laxmann) : 노란색
      채진목(*Amelanchier asiatica* Endl. ex Walp.) : 흰색

73. 다음 참나무속(屬) 중 잎 뒷면에 성모(星毛)가 밀생하고, 잎이 대형이며 시원하고, 야성적인 미가 있어 자연풍치림 조성에 적당한 수종은?

① 굴참나무(*Quercus variabilis*)
② 상수리나무(*Quercus acutissima*)
③ 졸참나무(*Quercus serrata*)
④ 떡갈나무(*Quercus dentata*)

74. 벽면녹화 설계의 일반사항으로 적합하지 않은 것은?

① 벽면녹화 방법은 등반형, 하수형, 기반조성형 등으로 구분할 수 있다.
② 에너지 절약, 구조물 보호, 반사광 방지 등의 기능적 효과도 기대할 수 있다.
③ 식물의 생육은 벽면의 방위(방향)에 따라 영향을 받는다.
④ 기반조성형은 식재기반으로부터 식물을 늘어뜨려 피복하는 방법이다.

해설 ④ 하수형은 식재기반으로부터 식물을 늘어뜨려 피복하는 방법이다.

75. 목본식물에 기생하는 외생균근을 형성하는 수목이 아닌 것은?

① 일본잎갈나무(*Larix kaempferi*)
② 고로쇠나무(*Acer pictum*)
③ 자작나무(*Betula platyphylla*)
④ 너도밤나무(*Fagus engleriana*)

해설 외생균근 형성 수목
     소나무과, 버드나무과, 자작나무과, 참나무과, 피나무과 등
     ① 일본잎갈나무(*Larix kaempferi*) : 소나무과
     ② 고로쇠나무(*Acer pictum*) : 단풍나무과
     ③ 자작나무(*Betula platyphylla*) : 자작나무과
     ④ 너도밤나무(*Fagus engleriana*) : 참나무과

76. 사고방지를 위한 식재 중 "명암순응식재"의 설명으로 부적합한 것은?

① 중앙분리대가 넓을 경우 교목의 식재도 가능하다.
② 터널 주위의 명암을 서서히 바꿀 목적으로 식재한 것이다.
③ 터널 입구로부터 200~300m 구간의 노견과 중앙분리대에 낙엽교목을 식재한다.
④ 터널에서의 거리에 따라 밝기를 조절하기 위해 식재밀도의 변화를 주는 것이 바람직하다.

Answer 71. ④ 72. ④ 73. ④ 74. ④ 75. ② 76. ③

[해설] ③ 터널 입구를 기점으로 200~300m 구간의 노견과 중앙분리대에 상록교목을 식재한다.

77. 환경영향평가 항목 중 식생 조사를 할 때 위성 데이터를 활용하면 얻을 수 있는 유리한 점이 아닌 것은?

① 광역성
② 동시성
③ 사실성
④ 주기성

78. 은행나무(*Ginkgo biloba* L.)의 특징으로 틀린 것은?

① 은행나무과(科)이다.
② 낙엽침엽교목이다.
③ 암수한그루이고 꽃은 5월경에 핀다.
④ 회백색의 나무껍질은 세로로 깊이 갈라진다.

[해설] ③ 암수딴그루이고 꽃은 4~5월경에 핀다.

79. 다음 [보기]의 특징을 갖는 수종은?

- 침엽은 2개씩 나오고 길이 6~12cm이다.
- 수피는 붉은색이고, 뿌리는 심근성이다.
- 생장속도가 느린 관목성으로 악센트 식재나 유도식재 등으로 널리 사용된다.
- 학명 : *Pinus densiflora* for. *multicaulis*

① 곰솔
② 금송
③ 반송
④ 잣나무

80. 흉고 직경이 10cm인 나무의 근원 직경이 흉고 직경보다 2cm 더 컸다면 이 나무의 근원부 둘레는 얼마인가?

① 20.0cm
② 24.0cm
③ 31.4cm
④ 37.7cm

[해설] ㉠ 근원직경 = 10cm+2cm = 12cm
㉡ 근원부 둘레 = $2\pi r$ = 2×3.14×6cm
= 37.68cm ≒ 37.7cm

5과목 조경시공구조학

81. 건설공사의 시방서 기재사항으로 가장 거리가 먼 것은?

① 건물 인도의 시기
② 재료의 종류 및 품질
③ 재료에 필요한 시험
④ 시공방법의 정도 및 완성에 관한 사항

82. 미국 농무부 기준의 거친 모래(조사) 굵기는?

① 0.05~0.002mm
② 0.1~0.05mm
③ 1.0~0.5mm
④ 2.0~1.0mm

[해설] 미국 농무부 기준 토양입경
㉠ 왕모래 : 2.00 ~ 1.00mm
㉡ 거친모래 : 1.00 ~ 0.50mm
㉢ 중모래 : 0.5 ~ 0.25mm
㉣ 가는모래 : 0.25 ~ 0.10mm
㉤ 고운모래 : 0.10 ~ 0.05mm
㉥ 가루모래 : 0.05 ~ 0.002mm
㉦ 찰흙 < 0.002mm

83. 벽돌 외벽 시공 시 고려해야 할 사항으로 가장 거리가 먼 것은?

① 가로줄눈의 충전도
② 모르타르의 접착강도
③ 세로줄눈의 충전도
④ 벽체의 수직·수평도

84. 배수관망의 부설방법 중 적합하지 않은 것은?

① 배수관 내의 마찰저항을 줄이기 위해 가급적 등고선과 직교하지 않게 부설한다.
② 배수지역이 광대하여 배수관망을 한 곳으로 집중시키기 곤란할 경우 방사식 관망부설법을 사용한다.

Answer
77. ③ 78. ③ 79. ③ 80. ④ 81. ① 82. ③ 83. ③ 84. ③

③ 지선을 다수 배치하여 처리하는 것보다 간선을 많이 배치하는 것이 더 효율적이다.
④ 지형에 순응하여 자연 유하선을 따라 관을 부설한다.

85. 모멘트(moment)에 대한 설명으로 옳지 않은 것은?

① 모멘트란 힘의 어느 한 점에 대한 회전 능률이다.
② 모멘트 작용점으로부터 힘까지의 수선거리를 모멘트 팔이라 한다.
③ 회전방향이 시계방향일 때의 모멘트 부호는 정(+)으로 한다.
④ 크기와 방향이 같고 작용선이 평행한 한 쌍의 힘을 우력이라 한다.

[해설] ④ 크기는 같고, 방향이 반대이고 작용선이 평행한 한 쌍의 힘을 우력이라 한다.

86. 토지이용도별 기초유출계수의 표준값 중 표면형태가 "잔디, 수목이 많은 공원"에 해당하는 계수값은?

① 0.10~0.30
② 0.05~0.25
③ 0.20~0.40
④ 0.40~0.60

[해설] 유출계수

지역	기존지역		
	공원, 광장	잔디, 정원	삼림
유출계수	0.1~0.3	0.05~0.25	0.01~0.2

지역	도시계획의 용도지역별			
	상업지역	주거지역	공업지역	공원지역
유출계수	0.6~0.7	0.3~0.5	0.4~0.6	0.1~0.2

87. 수목 식재공사에서 지주목을 설치하지 않는 기계시공은 식재품의 몇 %를 감하는가?

① 10%
② 20%
③ 25%
④ 30%

88. 한중콘크리트에 대한 설명으로 옳은 것은?

① 저열시멘트를 사용하는 것을 표준으로 한다.
② 재료를 가열할 경우, 물 또는 시멘트를 가열하는 것으로 한다.
③ 물-시멘트비가 작아지기 때문에, AE감수제 사용을 가급적 피해야 한다.
④ 타설할 때의 콘크리트 온도는 구조물의 단면치수, 기상조건 등을 고려하여 5~20℃의 범위에서 정한다.

89. 일반적으로 강은 탄소함유량이 증가함에 따라 비중, 열팽창 계수, 열전도율, 비열, 전기저항 등에 영향을 미친다. 다음 설명 중 틀린 것은?

① 압축강도는 거의 같다.
② 굴곡성은 탄소량이 적을수록 작아진다.
③ 탄소량의 증가에 따라 인장강도, 경도는 증가한다.
④ 탄소량의 증가에 따라 신율, 수축률은 감소한다.

90. 건설공사에서 사용되는 "선급금"에 대한 설명으로 옳은 것은?

① 공사가 완공되어 계약한 공사대금을 발주자가 지불하는 금액이다.
② 정해진 공사기간 내에 공사를 완성하지 못했을 때 도급자가 발주자에게 납부하는 금액이다.
③ 공사가 진행되면서 시공이 완성된 부분에 대해 도급자에게 주기적으로 지급하는 대금이다.
④ 공사계약이 체결되었을 때 시공 준비를 위해 계약금액의 일정률을 발주자로부터 지급받는 금액이다.

[해설] ① 공사가 완공되어 계약한 공사대금을 발주자가 지불하는 금액이다. : 준공금
③ 공사가 진행되면서 시공이 완성된 부분에 대해 도급자에게 주기적으로 지급하는 대금이다. : 기성금(중간 기성금)
④ 공사계약이 체결되었을 때 시공 준비를 위해 계약금액의 일정률을 발주자로부터 지급받는 금액이다. : 선급금

Answer 85. ④ 86. ② 87. ② 88. ④ 89. ② 90. ④

91. 등고선에 대한 설명으로 맞는 것은?

① 강우 시 배수방향은 등고선에 수직방향이다.
② 기존등고선은 실선, 계획등고선은 점선으로 표시한다.
③ 완경사지에서는 등고선 사이의 수평거리가 일정하다.
④ 요(凹, Concave) 경사지에서는 높은 쪽으로 갈수록 등고선 사이의 수평거리가 더 넓다.

해설 ② 기존등고선은 점선, 계획등고선은 실선으로 표시한다.
③ 등경사지에서는 등고선 사이의 수평거리가 일정하다.
④ 요(凹, Concave) 경사지에서는 높은 쪽으로 갈수록 등고선 사이의 수평거리가 더 좁다.

92. 어느 토양 구조의 양 단면적이 $A_1=100m^2$, $A_2=200m^2$이고, 중앙단면적은 $120m^2$이다. 양 단면 간의 거리 L=10m일 때, 양 단면적 평균법(Q), 중앙단면적법(W), 각주공식(E)에 의한 토적(m^3)의 조합으로 옳은 것은?

① Q : 1200, W : 1300, E : 1400
② Q : 1300, W : 1400, E : 1500
③ Q : 1400, W : 1300, E : 1600
④ Q : 1500, W : 1200, E : 1300

해설 * 양 단면적 평균법 $V = \left(\dfrac{A_1 + A_2}{2}\right) \times L$

$V = \left(\dfrac{100m^2 + 200m^2}{2}\right) \times 10m = 1,500m^3$

* 중앙단면적법 $V = A_m \times L$

$V = 120m^2 \times 10m = 1,200m^3$

* 각주공식 $V = \dfrac{L}{6} \times (A_1 + 4A_m + A_2)$

$V = \dfrac{10m}{6} \times \{100m^2 + (4 \times 120m^2) + 200m^2\}$
$= 1,300m^3$

93. 포졸란(pozzolan) 반응의 특징이 아닌 것은?

① 블리딩이 감소한다.
② 작업성이 좋아진다.
③ 초기 강도와 장기 강도가 증가한다.
④ 발열량이 적어 단면이 큰 대형 구조물에 적합하다.

해설 ③ 초기 강도는 감소하고, 장기 강도는 증가한다.

94. 그림과 같이 외팔보에 하중이 작용할 때 전단력선도로 옳은 것은?

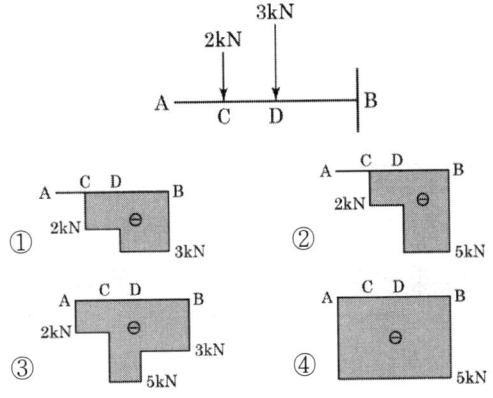

95. 조경공사 현장에서 공정관리를 위해 사용되는 기성고 공정곡선에서 A, B, C, D의 공정현황에 대한 설명으로 틀린 것은?

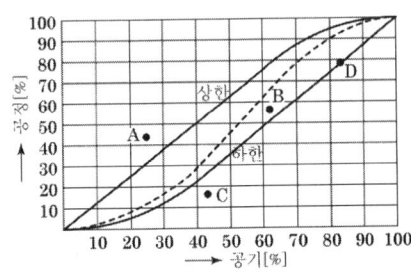

① A : 예정공정보다 실적공정이 훨씬 진척되어 있으나 공정관리의 문제점을 재검토할 필요가 있다.
② B : 예정공정보다 실적공정이 다소 낮으나 허용한계 하한 이내이므로 정상적인 범위에 해당한다.
③ C : 예정공정보다 실적공정이 훨씬 낮아 허용한계 하한을 벗어나므로 공정관리의 위기상황이다.
④ D : 예정공정보다 실적공정이 낮으나 허용한계 하한에 있으므로 공정관리에 최적화되어 있다.

Answer 91. ① 92. ④ 93. ③ 94. ② 95. ④

해설 ④ D : 허용한계선상에 있으나 중점관리하여 공사 촉진 필요

96. 다음 그림에서와 같은 평행력에 있어서 P_1, P_2, P_3, P_4의 합력의 위치는 O점에서의 몇 m 거리에 있겠는가?

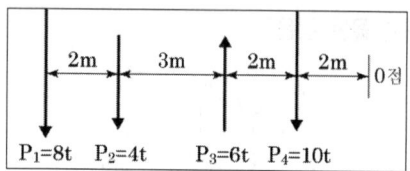

① 5.4m ② 5.7m
③ 6.0m ④ 6.4m

97. 표준길이보다 3mm 늘어난 50m 테이프로 정사각형의 어떤 지역을 측량하였더니, 면적이 250000m²이었다. 이때의 실제면적은 얼마인가?

① 250030m² ② 260040m²
③ 270050m² ④ 280040m²

해설 실제면적 = $\dfrac{\text{부정길이}^2}{\text{표준길이}^2} \times \text{관측면적}$

실제면적 = $\dfrac{50.003m \times 50.003m}{50m \times 50m} \times 250,000m^2$

= 250,030.0009m² ≒ 250,030m²

98. 정지설계에서 가장 불필요한 도면은?

① 기본도 ② 개념도
③ 경사분석도 ④ 지질도와 토양도

해설 정지설계 시 필요한 도면
기본도, 경사분석도, 지질도, 토양도, 배수도, 식생현황도, 인문환경도

99. 면적을 계산하는 구적기(Planimeter)의 사용 방법으로 틀린 것은?

① 구적계의 상수를 미리 계산하는 것이 좋다.

② 상하좌우의 이동이 비슷하게 평면을 잡는 것이 좋다.
③ 이론적으로 많은 횟수의 측정을 할수록 계산이 정확해진다.
④ 정방형보다는 세장한 곡선부의 측정에서 정밀도가 높아진다.

해설 ④ 세장한 곡선부보다는 정방형의 측정에서 정밀도가 높아진다.

100. 어느 지역 토양의 공극률(porosity) 측정을 위해 토양 60cm³을 채취하여 고형입자 부피와 수분 부피를 측정하였더니 각각 36cm³와 12cm³였다. 이 지역 토양의 공극률(%)은?

① 10% ② 20%
③ 30% ④ 40%

해설 * 실적률 = $\dfrac{36m^3}{60m^3} \times 100 = 60\%$
* 공극률 = 100% − 60% = 40%

6과목 조경관리론

101. 화학적 반응 및 현상에 의한 토양질소의 변동과정에 해당되지 않는 것은?

① 탈질작용(denitrification)
② 부동화작용(immobilization)
③ 질산화작용(nitrification)
④ 세탈작용(washing-out)

해설 ④ 세탈작용 : 미립의 토양성분들이 씻겨지는 작용

102. 다음 중 유희시설과 관련된 설명으로 가장 부적합한 것은?

① 이용자를 고려하여 정적인 놀이시설과 동적인 놀이시설은 함께 배치하여 관리한다.
② 유희시설의 면모서리, 구석모서리는 둥글게 처리하거나 모따기를 한다.
③ 그네, 회전무대 등 충돌의 위험이 많은 시설은 보행동선과 놀이동선이 상충되거나 가로지르지 않도록 배치한다.
④ 시설조립에 사용되는 긴결재는 규정된 도구로만 해체가 가능해야 한다.

103. 주민참가에 의한 공원관리 활동 내용으로 적합하지 않은 것은?

① 제초, 청소작업
② 사고, 고장 등을 관리주체에 통보
③ 레크리에이션 행사의 개최
④ 전정, 간벌작업

해설   주민참가에 의한 공원관리 활동 내용
청소, 제초, 관수, 시비, 잔디 깎기, 제초, 병충해 방제, 화단식재, 놀이기구 점검, 이용 규칙 만들기, 레크리에이션 행사 개최, 관리 제안, 어린이 지도, 놀이지도, 주의 주기, 사고·고장 통보, 열쇠보관, 시설기구 대출, 공원 홍보

104. 옥외 레크리에이션 관리체계에서 주요 기능의 부체계 관리요소가 될 수 없는 것은?

① 시설관리(facility management)
② 자원관리(resource management)
③ 이용자관리(visitor management)
④ 서비스관리(service management)

105. 수목관리를 할 때에 수형의 전체 모양을 일정한 양식에 따라 다듬는 작업은?

① 정자(整姿, trimming)
② 정지(整枝, training)
③ 전제(剪除, trailing)
④ 전정(剪定, pruning)

106. 다음 중 회양목명나방의 설명이 틀린 것은?

① 유충이 거미줄을 토하여 잎을 묶고 그 속에서 잎을 식해한다.
② 포식성 천적인 무당벌레류, 풀잠자리류, 거미류 등을 보호한다.
③ 연 2회 발생하나 3회 발생하기도 하며, 유충으로 월동한다.
④ 대개 10월 상순경부터 피해가 심하게 나타나며 가해부위에서 번데기가 된다.

해설   ④ 대개 6월 상순경부터 피해가 심하게 나타나며 가해부위에서 번데기가 된다.

107. 다음 특징의 병해가 주로 발생하는 수목은?

- 병에 걸린 잎 모습이 마치 불에 구워 부풀어오른 찰떡과 같다고 해서 '떡병'이라 한다.
- 나무의 건강에 피해 주기보다 주로 미관에 해를 주어 미관훼손 식물병이다.
- 5월 초순경부터 어린잎, 새순, 꽃망울의 일부 또는 전체가 두껍게 부풀어오르면서 부드러운 다육질 혹을 만드는데, 그 모양은 불규칙하며 일정하지 않다.

① 철쭉   ② 개나리
③ 사철나무   ④ 느티나무

108. 주요 조경시설의 대표적인 중요 관리항목과 보수방법으로 가장 부적합한 것은?

① 표지판 - 도장의 퇴색 - 재도장
② 음수전 - 배수구의 막힘 - 이물질 제거
③ 휴지통 - 수거 횟수 및 수거차량의 선정 - 수거계획의 수립
④ 벤치, 야외탁자 - 주변의 물고임 방지 - 포장 재료의 교체

Answer   102. ①   103. ④   104. ①   105. ①   106. ④   107. ①   108. ④

109. 지주목 관리에 관한 설명 중 옳지 않은 것은?

① 결속 끈은 탄력성이 있는 것으로 하고, 일정한 주기로 고쳐 묶기를 해야 한다.
② 가로수 지주목의 횡목(橫木)은 차도와 평행하게 설치하는 것이 좋다.
③ 지주목 자체도 통일미와 반복미를 가지므로 재료와 규격을 통일하는 것이 좋다.
④ 인공지반에 식재하는 수고 1.2m 이상의 수목은 활착 및 지반의 안정을 위해 1년 후 지지시설을 철거하여야 한다.

→해설 ④ 인공지반에 식재하는 수고 1.2m 이상의 수목은 바람의 피해를 고려하여 지지시설을 하여야 한다.

110. 다음 설명의 ( ) 안에 적합한 용어는?

> 잡초 개개종의 ( )는 상대적 개체수와 상대적 건물중을 합하여 2로 나눈 값이다.

① 우점도
② 다양도
③ 유사도
④ 비유사성계수

111. 잔디 녹병(Rust)의 방제대책으로 가장 거리가 먼 것은?

① 토양 산성화를 방지할 것
② Rough지역에 잔디의 적정예초 높이를 지킬 것
③ 배수를 개선하고 질소질 비료를 균형 시비하도록 할 것
④ 예초된 잔디와 장비(mower) 등을 통한 전염을 예방할 것

112. 공사 현장에서의 부주의에 의한 사고방지대책 중 정신적 대책과 가장 거리가 먼 것은?

① 적성 배치
② 스트레스 해소 대책
③ 주의력 집중훈련
④ 표준작업의 습관화

113. 수목의 병해에 대한 설명 중 옳지 않은 것은?

① 자낭균에 의한 빗자루병은 벚나무류는 걸리지 않는다.
② 그을음병은 진딧물이나 깍지벌레의 배설물에 곰팡이가 기생하여 생긴다.
③ 포플러 잎 녹병은 5~6월에 여름포자가 발생하여 8월 말까지 계속 반복 전염된다.
④ 잣나무털녹병은 병든 가지나 줄기 수피는 노란색 또는 갈색으로 변하면서 부푼다.

→해설 ① 진균(자낭균)에 의한 빗자루병은 벚나무류는 걸린다.

114. 조경운영 관리방식 중 직영방식과 비교한 도급방식의 단점에 해당하는 것은?

① 인사정체가 되기 쉽다.
② 전문가를 합리적으로 이용할 수 있다.
③ 인건비가 필요 이상으로 들게 된다.
④ 책임의 소재나 권한의 범위가 불명확하게 된다.

→해설 ① 인사정체가 되기 쉽다. : 직영방식의 단점
② 전문가를 합리적으로 이용할 수 있다. : 도급방식의 장점
③ 인건비가 필요 이상으로 들게 된다. : 직영방식의 단점
④ 책임의 소재나 권한의 범위가 불명확하게 된다. : 도급방식의 단점

115. 미끄럼판에 사용되는 F.R.P 제품의 일반적 성질 중 물리적 성질이 아닌 것은?

① 내열성
② 압축강도
③ 인장강도
④ 내약품성

116. 다음 중 조경작업장에서 기계사용 관련 재해 발생 시 조치 순서 중 긴급처리의 내용으로 볼 수 없는 것은?

① 현장보존
② 잠재위험요인 적출

Answer 109. ④ 110. ① 111. ① 112. ④ 113. ① 114. ④ 115. ④ 116. ②

③ 재해자의 응급조치　　④ 관련 기계의 정지

117. 토양의 질산화작용(nitrification)에 대한 설명으로 옳지 않은 것은?

① 토양 중에서 주로 미생물이나 고등식물에 의하여 일어난다.
② 광질산화작용은 미생물에 의한 작용 없이 화학적 작용에 의한 것이다.
③ 질산화작용은 수분함량이 과도할 때 왕성하며, 공기의 유통이 좋을 때 저해된다.
④ 토양 중 또는 비료로서 토양에 사용되는 암모늄태질소가 산화되어 질산태질소로 변하는 것이다.

118. 다음 설명하는 파손의 형태는?

> 아스팔트량의 과잉이나 골재의 입도불량, 즉 아스팔트 침입도가 부적합한 역청재료를 사용하였을 때 나타나며 연질의 아스팔트 사용 및 택 코트의 과잉 사용 때 발생한다.

① 균열　　　　② 국부적 침하
③ 박리　　　　④ 표면연화

119. 농약의 사용법에 의한 약해로 가장 거리가 먼 것은?

① 근접살포에 의한 약해
② 동시 사용으로 인한 약해
③ 불순물 혼합에 의한 약해
④ 섞어 쓰기 때문에 일어나는 약해

→해설　③ 불순물 혼합에 의한 약해 : 농약 자체 원인 약해

120. 질산태질소 화합물에 산성비료를 배합하면 이때의 반응은?

① 질산으로 휘발된다.
② 조해성이 증가된다.
③ 암모니아로 휘발된다.
④ 암모니아로 환원된다.

Answer　117. ③　118. ④　119. ③　120. ①

2019년 조경기사 최근기출문제 (2019. 3. 3)

1과목 조경사

01. 서방사경원(西芳寺景園) 못 속에 같은 크기와 모양의 암석을 배치하여 보물을 실어 나가거나, 싣고 들어오는 선박을 상징하는 것은?

① 쓰꾸바이
② 야리미즈
③ 비석
④ 야박석

【해설】 ① 쓰꾸바이 : 물통 - 다정원
② 야리미즈 : 물도랑
③ 비석(도비이시) : 디딤돌, 띔돌 - 다정원

02. 센트럴파크에 낭만주의적 풍경식 정원수법을 옮기는 교량적 역할을 한 작품은?

① 스투어헤드(Stourhead) 정원
② 몽소(Monceau) 공원
③ 모르퐁테느(Morfontaine) 정원
④ 무스코(Muskau) 정원

【해설】 ① 스투어헤드 정원 : 영국
② 몽소 공원 : 프랑스
③ 모르퐁테느 정원 : 프랑스
④ 무스코 정원 : 독일

03. 동서양 정원에 있어서 문학작품, 전설, 신화 등의 영향에 관한 설명으로 옳지 않은 것은?

① 영국의 스투어헤드(Stourhead)에서는 버질(Virgil)의 서사시 「아이네이아스(Aeneid)」를 물리적으로 표현하였다.
② 이슬람 정원은 코란에 묘사된 파라다이스를 표현한 바, 이는 구약성경 「창세기」에 묘사된 에덴동산과 일맥상통하며 대체적으로 방형 정원에 십자형 수로를 가진다.
③ 고대 그리스의 아도니스 원(Adonis Garden)은 아도니스 신을 제사하기 위한 신원적 성격의 광장이다.
④ 영주, 봉래, 방장 등의 이름을 붙인 연못 속의 섬이나 석가산 등은 고대 중국에서 구전되어온 신선사상에서 유래한다.

【해설】 ③ 고대 그리스의 아도니스 원(Adonis Garden)은 아도니스 신을 제사하기 위한 주택정원

04. 윤선도의 보길도 부용동 원림과 관련이 없는 것은?

① 세연정
② 낭음계
③ 수선루
④ 동천석실

【해설】 윤선도 보길도 부용동 원림 : 세연정, 낙서재, 곡수당, 동천석실, 낭음계 등
③ 수선루
- 전라북도 진안군에 있는 2층 목조 건축물
- 조선 숙종 12년(1686) 때 우애가 돈독하고 학문이 높은 연안 송씨 4형제가 조상의 덕을 기리고 도의를 연마하기 위해 건립한 건축물
- 자연 상태의 암굴을 적절히 이용하여 2층으로 건립

05. 고려시대 격구(擊毬)를 즐겨, 북원(北園)에 격구장(擊毬場)을 설치한 왕은?

① 예종
② 의종
③ 인종
④ 명종

Answer 01. ④ 02. ④ 03. ③ 04. ③ 05. ②

06. 소정원 운동(영국)의 내용과 맞는 것은?

① Charles Barry에 의해 주도되었다.
② Knot 기법 등 기하학적 형태를 응용하였다.
③ 귀화식물의 사용을 배제하였다.
④ 풍경식 정원의 비합리성에 대한 지적에서 시작되었다.

해설 ② Knot 기법 등 기하학적 형태를 응용하였다. : 성관정원

07. 일본의 조경사에 나오는 석립승(石立僧)에 대한 설명이 옳은 것은?

① 연못에 놓여진 입석군을 지칭한다.
② 가마쿠라시대 정원조영을 담당한 스님을 지칭한다.
③ 정치사적으로 무사계급 중 하나이다.
④ 정토사상과 같은 사상적 배경에 의해 헤이안(平安)시대부터 나온 정원시설의 일종이다.

08. 임원경제지에 의하면 지당(池塘)은 수심양성(修心養性)의 장(場)이 되었음을 기록하고 있다. 다음의 설명 중 기록된 내용이 아닌 것은?

① 물놀이를 할 수 있다.
② 고기를 기르면서 감상할 수 있다.
③ 논밭에 물을 공급할 수 있다.
④ 사람의 마음을 깨끗하게 할 수 있다.

해설 「임원경제지」의 연못
① 남쪽을 넓게 하여 지당을 만든다.
② 작은 연못에는 연을 심는다.
③ 큰 지당에는 고기를 기른다.
④ 물이 맑으면 물고기를 기르고, 탁하면 연꽃을 키운다.

09. 조선 태종 때 도입된 후자(堠子)의 설명과 관련이 없는 것은?

① 경복궁 앞을 원표로 하였다.
② 10리마다 소후, 30리마다 대후를 두었다.
③ 이정표의 일종으로 흙을 쌓아올린 돈대이다.
④ 10리마다 정자를 세우고, 30리마다 느티나무를 식재하였다.

10. 중국 소주(蘇州)지방의 명원 조성시대 순서가 맞게 연결된 것은? (단, 사자림(獅子林), 졸정원(拙政園), 창랑정(滄浪亭)을 대상으로 한다.)

① 사자림 → 창랑정 → 졸정원
② 사자림 → 졸정원 → 창랑정
③ 졸정원 → 사자림 → 창랑정
④ 창랑정 → 사자림 → 졸정원

해설 창랑정 : 북송 , 사자림 : 원, 졸정원 : 명

11. 발굴조사를 통해 밝혀진 경주 동궁과 월지(안압지)의 조경 기법으로 맞는 것은?

① 좌우대칭이 기하학적인 구성으로 되어 있다.
② 연못의 큰 섬에는 모래를 사용한 평정고산 수법으로 꾸몄다.
③ 넓은 바다를 연상할 수 있도록 조성하였고, 수위(水位)를 조절하였다.
④ 회유식(回遊式) 정원의 수법을 도입하여 산책로의 기능을 강화하였다.

12. 서원의 자연환경은 주로 전면에 계류를 끼고 구릉지에 위치하는 것이 많다. 다음의 사례 가운데 서원 전면에 계류가 없는 곳은?

① 도산서원   ② 돈암서원
③ 소수서원   ④ 옥산서원

해설 ② 돈암서원 : 충남 논산, 지대가 낮아 홍수 때 물이 잠기는 지역에 위치하였다가 고종 18년(1881) 현재의 위치로 이동

13. 조선시대 옥사[교도소] 주변에 다섯 줄의 녹음수를 심어 옥사의 환경개선을 도모한 왕은?

Answer
06. ④ 07. ② 08. ① 09. ④ 10. ④ 11. ③ 12. ② 13. ④

① 인조 ② 세조
③ 태조 ④ 세종

해설 조선왕조실록 세종 21년 2월(신해)
모든 옥사의 외벽은 토벽(土壁)으로 쌓되, 그 주위에는 벽을 가리는 장목(長木)을 다섯 줄로 심어 나무가 무성해지면 문을 만들어 여닫을 수 있게 하고, 무성해지기 전에는 임시로 나무나 대나무로 사슴뿔처럼 얽어 짜서 세운다. 평안도나 함경도는 장목을 심기에는 적당치 않으므로, 가시나무 따위의 잡목을 심도록 한다.

14. 중국 청나라 시대에 조영된 북경의 북서부에 위치한 삼산오원(三山五園) 중 규모가 가장 큰 정원은?

① 명원 ② 정명원
③ 원명원 ④ 이화원

해설 건륭시대 삼산오원(三山五園)
만수산 청의원(이화원), 옥천산 정명원, 향산 정의원, 원명원, 창춘원

15. 정절의 꽃이란 상징성과 서향(西向)하는 성질 때문에 동쪽 울타리 밑에 심어 '동리가색(東籬佳色)'이란 별칭을 얻은 정원 식물은?

① 매화 ② 국화
③ 작약 ④ 원추리꽃

16. 독일의 풍경식 정원과 관계없는 것은?

① 데시테트(Destedt)는 외래수종을 배제하여 조성한 풍경식 정원의 전형이다.
② 퓌클러 무스카우(Puckler-Muskau) 정원은 후기 독일의 풍경식 정원이다.
③ 독일의 풍경식 정원은 자연경관의 재생을 주요 과제로 삼고 있다.
④ 식물생태학과 식물지리학에 기초를 두고 있다.

해설 ① 데시테트(Destedt) 정원 : 임원에 지리 및 생육상태 등 과학적인 배려를 하여 조성

17. 이탈리아 르네상스의 정원에 있어서 건물과 정원의 배치방식에 해당되지 않는 것은?

① 직렬형 ② 병렬형
③ 직렬·병렬 혼합형 ④ 방사형

18. 원명원을 복원하는 데 매우 중요한 자료로 평가되는 견문기를 편지로 쓴 사람은?

① William Chambers ② William Temple
③ Harry Beaumont ④ Jean Denis Attiret

해설 ② William Temple : 영국의 종교 철학가, 저서 「자연, 인간 및 신」에서 최고 가치이자 궁극적 실재인 신을 제시, 플라톤의 영향을 받은 그의 사상은 만년에 스콜라주의로 기울어졌음

19. "국가 - 저자 - 저술서"의 연결이 틀린 것은?

① 진 - 주밀 - 오흥원림기
② 당 - 백거이 - 동파종화
③ 송 - 이격비 - 낙양명원기
④ 명 - 계성 - 원야

해설 ① 남송 - 주밀 - 오흥원림기

20. 고대인도(무굴제국)의 정원 요소가 아닌 것은?

① 물 ② 녹음수
③ 연꽃 ④ 마운딩

2과목 조경계획

21. 도시공원의 종류별 유치거리(A)-면적규모(B)에 대한 기준이 틀린 것은? (단, 도시공원 및 녹지 등에 관한 법률 시행규칙 적용)

14. ④ 15. ② 16. ① 17. ④ 18. ④ 19. ① 20. ④ 21. ④

① 소공원, 제한 없음, 제한 없음
② 어린이공원, 250m 이하, 1500m² 이상
③ 근린생활권근린공원, 500m 이하, 10000m² 이상
④ 역사공원, 1000m 이하, 30000m² 이상

해설

공원구분	유치거리	규모
1. 생활권 공원		
가. 소공원	제한 없음	제한 없음
나. 어린이공원	250m 이하	1천5백m² 이상
다. 근린공원		
(1) 근린생활권 근린 공원	500m 이하	1만m² 이상
(2) 도보권 근린공원	1천m 이하	3만m² 이상
(3) 도시지역권 근린공원	제한 없음	10만m² 이상
(4) 광역권 근린공원	제한 없음	100만m² 이상
2. 주제공원		
가. 역사공원	제한 없음	제한 없음
나. 문화공원	제한 없음	제한 없음
다. 수변공원	제한 없음	제한 없음
라. 묘지공원	제한 없음	10만m² 이상
마. 체육공원	제한 없음	1만m² 이상
바. 도시농업공원	제한 없음	1만m² 이상
사. 법 제15조제1항 제3호 사목에 따른 공원	제한 없음	제한 없음

22. 다음 ( ) 안에 들어갈 내용으로 바르게 연결된 것은?

(A)은 환경부장관이 (B)년마다 국립공원위원회의 심의를 거쳐 수립하여야 하며, 도립공원에 관한 공원계획은 시·도지사가 결정한다.

① A : 공원기본계획, B : 10
② A : 공원관리계획, B : 10
③ A : 공원기본계획, B : 5
④ A : 공원관리계획, B : 5

해설 「자연공원법」 – 공원기본계획

1. 자연공원을 보전·이용·관리하기 위하여 장기적인 발전방향을 제시하는 종합계획으로서 공원계획과 공원별 보전·관리계획의 지침이 되는 계획
2. 환경부장관은 10년마다 국립공원위원회의 심의를 거쳐 공원기본계획을 수립하여야 한다.
3. 국립공원에 관한 공원계획은 환경부장관이 결정한다.
4. 도립공원에 관한 공원계획은 시·도지사가 결정한다.
5. 군립공원에 관한 공원계획은 군수가 결정한다.

23. 지형 및 지질조사에 대한 설명 중 옳지 않은 것은?

① 토양구(soil type) 확인을 위해 이용할 수 있는 도면은 개략토양도이다.
② 간이산림토양도는 잠재생산 능력급수를 5등급으로 나누어 표현한다.
③ 경사분석도의 간격은 목적에 따라 구분하여 사용할 수 있다.
④ 지형도를 통해 분수선, 계곡선, 지세 등을 분석한다.

24. 「주차장법 시행규칙」상 "노상주차장의 구조·설비기준" 내용으로 ㉠~㉣에 들어간 수치가 틀린 것은?

– 너비 (㉠ 6)미터 미만의 도로에 설치하여서는 아니 된다. 다만, 보행자의 통행이나 연도(沿道)의 이용에 지장이 없는 경우로서 해당 지방자치단체의 조례로 따로 정하는 경우에는 그러하지 아니하다.
– 종단경사도가 (㉡ 4)퍼센트를 초과하는 도로에 설치하여서는 아니 된다. 다만, 다음 각 목의 경우에는 그러하지 아니하다.
  가. 종단경사도가 6퍼센트 이하인 도로로서 보도와 차도가 구별되어 있고, 그 차도의 너비가 (㉢ 13)미터 이상인 도로에 설치하는 경우
– 노상주차장에서 주차대수 규모가 (㉣ 30)대 이상 50대 미만인 경우에는 장애인 전용 주차구획을 한 면 이상 설치하여야 한다.

Answer 22. ① 23. ① 24. ④

① ㉠ ② ㉡
③ ㉢ ④ ㉣

해설 「주차장법 시행규칙」(노상주차장의 구조·설비기준)
1. 노상주차장을 설치하려는 지역에서의 주차수요와 노외주차장 또는 그 밖에 자동차의 주차에 사용되는 시설 또는 장소와의 연관성을 고려하여 유기적으로 대응할 수 있도록 적정하게 분포되어야 한다.
2. 주간선도로에 설치하여서는 아니 된다. 다만, 분리대나 그 밖에 도로의 부분으로서 도로교통에 크게 지장을 주지 아니하는 부분에 대해서는 그러하지 아니하다.
3. 너비 6미터 미만의 도로에 설치하여서는 아니 된다. 다만, 보행자의 통행이나 연도(沿道)의 이용에 지장이 없는 경우로서 해당 지방자치단체의 조례로 따로 정하는 경우에는 그러하지 아니하다.
4. 종단경사도(자동차 진행방향의 기울기를 말한다. 이하 같다)가 4퍼센트를 초과하는 도로에 설치하여서는 아니 된다. 다만, 다음 각 목의 경우에는 그러하지 아니하다.
   가. 종단경사도가 6퍼센트 이하인 도로로서 보도와 차도가 구별되어 있고, 그 차도의 너비가 13미터 이상인 도로에 설치하는 경우
   나. 종단경사도가 6퍼센트 이하인 도로로서 해당 시장·군수 또는 구청장이 안전에 지장이 없다고 인정하는 도로에 제6조의2제1항제1호에 해당하는 노상주차장을 설치하는 경우
5. 고속도로, 자동차전용도로 또는 고가도로에 설치하여서는 아니 된다.
6. 「도로교통법」 제32조 각 호의 어느 하나에 해당하는 도로의 부분 및 같은 법 제33조 각 호의 어느 하나에 해당하는 도로의 부분에 설치하여서는 아니 된다.
7. 도로의 너비 또는 교통 상황 등을 고려하여 그 도로를 이용하는 자동차의 통행에 지장이 없도록 설치하여야 한다.
8. 노상주차장에는 다음 각 목의 구분에 따라 장애인 전용주차구획을 설치하여야 한다.
   가. 주차대수 규모가 20대 이상 50대 미만인 경우 : 한 면 이상
   나. 주차대수 규모가 50대 이상인 경우 : 주차대수의 2퍼센트부터 4퍼센트까지의 범위에서 장애인의 주차수요를 고려하여 해당 지방자치단체의 조례로 정하는 비율 이상

25. 다음 중 종합분석 중 "규모분석"과 상관이 가장 먼 것은?

① 공간량 분석 ② 시간적 분석
③ 예산규모분석 ④ 구조 및 형태분석

26. 다음 중 고속도로 조경의 특징으로 옳지 않은 것은?

① 조경설계에 있어서 소규모 공간을 강조하는 경향이 있다.
② 연속적이며 대규모의 경관이 시각적으로 중요한 요소로 작용한다.
③ 배수, 경사, 안전, 식생 등 다양한 관련 학문이 연관되어 종합적으로 진행한다.
④ 휴게소, 교차로, 정류장 등 다양한 도로상의 시설이 경관조성에 영향을 끼친다.

27. 맥하그(Ian McHarg)가 주장한 생태적 결정론(ecological determinism)을 가장 올바르게 설명한 것은?

① 인간행태는 생태적 질서의 지배를 받는다는 이론이다.
② 생태계의 원리는 조경설계의 대안결정을 지배해야 한다는 이론이다.
③ 인간환경은 생태계의 원리로 구성되어 있으며, 따라서 인간사회는 생태적 진화를 이루어왔다는 이론이다.
④ 자연계는 생태계의 원리에 의해 구성되어 있으며, 따라서 생태적 질서가 인간환경의 물리적 형태를 지배한다는 이론이다.

Answer 25. ④ 26. ① 27. ④

28. 「국토의 계획 및 이용에 관한 법률」상에서 정의된 ( ) 안의 용어는?

( )이란 도시·군계획 수립 대상지역의 일부에 대하여 토지 이용을 합리화하고 그 기능을 증진시키며 미관을 개선하고 양호한 환경을 확보하며, 그 지역을 체계적·계획적으로 관리하기 위하여 수립하는 도시·군관리계획을 말한다.

① 지구단위계획
② 개발실시계획
③ 개발단위계획
④ 도시기반계획

29. 다음 중 조경공사 시행을 위한 구체적이고 상세한 도면을 무엇이라 하는가?

① 기본계획도면
② 계획설계도면
③ 기본설계도면
④ 실시설계도면

30. 근린주구이론에 따라 1개의 근린생활권을 구성하려고 한다. 어린이공원은 몇 개소가 적정한가?

① 1개소
② 2개소
③ 3개소
④ 4개소

31. 바람의 영향을 받지 않는 지역의 수경관 연출을 위해 폭 6m의 수조를 설치하려 한다. 다음 중 가장 적절한 분수의 분출 높이는?

① 1m 이하
② 2m 이하
③ 4m 이하
④ 6m 이하

32. 환경영향평가(environmental impact assessment)와 이용 후 평가(post occupancy evaluation)의 비교 설명 중 옳지 않은 것은?

① 두 가지 모두 환경설계 평가의 범주에 속한다.
② 환경영향 평가는 개발 전에, 이용 후 평가는 개발 후에 실시한다.
③ 두 가지 모두 미국의 국가환경정책법(NEPA)에 의해 처음 시작되었다.
④ 우리나라의 환경영향평가법은 환경영향평가의 대상 사업을 규정하고 있다.

→해설 환경영향평가 : 미국은 국가환경정책법(NEPA) 제102조(1969년)에 최초 도입

33. 다음 중 국립공원 내 공원자연보존지구에서 할 수 있는 행위가 아닌 것은?

① 학술연구로서 필요하다고 인정되는 최소한의 행위
② 해당 지역이 아니면 설치할 수 없다고 인정되는 통신시설로서 대통령령으로 정하는 기준에 따른 최소한의 시설 설치
③ 산불진화 등 불가피한 경우의 임도 설치 사업
④ 사방사업법에 따른 사방사업으로서 자연 상태로 두면 심각하게 훼손될 우려가 있는 경우에 이를 막기 위하여 실시되는 최소한의 사업

→해설 공원자연보존지구에서의 행위기준
1. 연구기관이 학술연구를 위하여 조사하는 행위
2. 산림유전자원보호구역에서 산림유전자원의 보호·관리를 위하여 필요한 행위
3. 국가지정문화재, 시·도지정문화재 및 문화재자료의 현상, 관리, 전승(傳乘) 실태, 그 밖의 환경보전 상황 등의 조사·재조사 행위
4. 그 밖에 학술연구, 자연보호 또는 문화재의 보존·관리를 위하여 관계 법령에 따라 해당 행정기관의 장이 이 지역이 아니고는 시행할 수 없다고 인정하여 요청하는 행위
5. 군사시설·통신시설·항로표지시설·수원보호시설·산불방지시설 등으로 이 지역이 아니고는 설치할 수 없다고 인정하여 해당 행정기관의 장이 요청하는 최소한의 시설 설치

34. 다음에 해당하는 공원·녹지체계 유형은?

- 일정한 폭의 녹지가 직선적으로 길게 조성되었을 경우
- 정형적으로 배치된 단지에서 볼 수 있음
- 샹디가르(Chandigarh)에 적용된 유형

① 집중(集中)형
② 분산(分散)형
③ 대상(帶狀)형
④ 격자(格子)형

Answer   28. ①   29. ④   30. ④   31. ②   32. ③   33. ③   34. ③

해설 공원・녹지체계 유형
1. 집중형
   - 도시 내의 녹지를 한 곳에 모으는 경우
   - 녹지가 대형화됨으로써 생태적으로는 안정성이 높아지나 녹지로의 도달 거리가 길어져 접근성이 낮아짐
   - 도시 규모가 작거나 전체 녹지 면적이 좁은 경우
   - 단지 외곽에 클러스터형의 주택을 배치하고 그 내부에 녹지를 형성하는 주거단지개발에서 많이 볼 수 있는 유형
2. 분산형
   - 녹지를 도시 전체에 고르게 분포시키는 경우
   - 녹지로의 접근성 측면에서는 유리하나 단위녹지의 규모가 작아져서 생태적 안정성 측면에서는 불리
   - 규모가 크거나 전체 녹지 면적이 넓은 경우에는 단위녹지의 최소한의 면적을 유지하는 범위 내에서 분산시켜 접근성을 높여주는 것이 바람직
3. 대상형
   - 일정 폭의 녹지가 직선적으로 길게 조성되었을 경우
   - 정형적으로 배치된 도시에서 주로 볼 수 있음
   - 공업단지에서의 완충녹지
   - 미국의 수도 워싱턴의 페더럴몰(Federal Mall)
4. 격자형
   - 대상형을 가로 세로로 겹쳐 놓은 형태
   - 녹지의 연결성과 접근성 측면에서 매우 바람직
   - 한정된 녹지가 넓은 면적에 분포하게 되므로 녹지의 폭이 좁아지는 단점
   - 주거단지에서 단지 중앙에 근린공원을 조성하고 이웃 단지의 근린공원과 가로 세로로 연결하여 격자형의 녹지체계
   - 미국의 캔자스시(Kansas)
5. 원호형
   - 일정 폭의 녹지가 곡선으로 길게 연결된 경우
   - 비정형적인 형태의 단지에서 많이 볼 수 있음
   - 완충녹지가 비정형적인 도시에 조성되는 경우와 하천을 따라 녹지를 조성할 경우
   - 도시의 지형을 살리면서 녹지를 배치할 수 있는 장점
   - 녹지가 도시의 한쪽에 치우치게 되므로 균형 잡힌 녹지체계의 구성이 어렵다는 단점
6. 환상형
   - 원호형을 연장하여 양끝을 이어서 녹지가 도시 외곽을 둘러싸거나 도시 한가운데를 순환한 유형
   - 접근성이 좋은 장점이 있으나 상대적으로 넓은 녹지 면적을 필요로 하며 넓은 녹지 면적의 확보가 어려울 경우에는 녹지의 폭이 좁아져서 녹지의 생태적・기능적 역할을 충분히 달성하기 어려운 점이 있음
   - 그린벨트로 둘러싸인 대부분의 도시들
7. 방사형
   - 녹지가 도시 중심으로부터 외곽으로 방사상으로 뻗어 나가는 형태
   - 녹지로의 접근성이 좋고 도시 내부에 차량통행과 마찰이 없는 보행자 전용의 녹지를 확보할 수 있는 장점
   - 도시 내 자동차의 통행이 불편한 단점
   - 미국의 래드번(Radburn) 주거단지계획
8. 쐐기형
   - 삼각형의 녹지가 도시 외곽으로부터 안쪽으로 파고드는 형태
   - 도시 내에 방사형의 녹지를 두게 되면 방사형 녹지체계가 형성되고 반대로 방사형의 개발을 하게 되면 쐐기형의 녹지체계 형성
9. 거미줄형
   - 방사형과 동심원형이 중복된 유형
   - 녹지로의 이용적 접근성 및 연결성이 극대화되어 바람직한 체계
   - 사람이 많이 다니는 간선도로상에서 녹지에 대한 시각적 접근성이 낮아지는 단점

35. 만약 어떤 사람이 공원을 방문해 잔디밭에 앉으려고 돗자리를 깔았다면 돗자리에 의해 새로이 만들어진 공간은 공간 한정 요소 중 어느 것에 속하는가?

① 바닥면　　② 벽면
③ 천정면　　④ 관개면

36. 자전거 도로와 관련된 기준으로 틀린 것은?

① 종단경사가 있는 자전거도로의 경우 종단 경사도에 따라 연속적으로 이어지는 도로의 최소 길이를 "제

한길이"라 한다.
② 자전거도로의 통행용량은 자전거의 주행속도 및 자전거 통행 장애 요소 등을 고려하여 산정한다.
③ 자전거전용도로의 설계속도는 시속 30킬로미터 이상으로 한다.
④ 자전거도로의 폭은 하나의 차로를 기준으로 1.5미터 이상으로 한다.

해설 ① "제한길이" : 종단경사가 있는 자전거도로의 경우 종단경사도에 따라 연속적으로 이어지는 도로의 최대 길이

37. 다음 「자연공원법 시행규칙」의 점용료 또는 사용료 요율기준으로 ( ) 안에 알맞은 것은?

- 건축물 기타 공작물의 신축·증축·이축이나 물건의 야적 및 계류 : 인근 토지 임대료 추정액의 (㉠) 이상
- 토지의 개간 : 수확예상액의 (㉡) 이상

① ㉠ 100분의 20, ㉡ 100분의 10
② ㉠ 100분의 20, ㉡ 100분의 50
③ ㉠ 100분의 50, ㉡ 100분의 25
④ ㉠ 100분의 50, ㉡ 100분의 50

해설 「자연공원법 시행규칙」(점용료 또는 사용료 요율 기준)

점용 또는 사용의 종류	기준 요율
1. 건축물 기타 공작물의 신축·증축·이축이나 물건의 야적 및 계류	인근 토지 임대료 추정액의 100분의 50 이상
2. 토지의 개간	수확예상액의 100분의 25 이상
3. 법 제20조의 규정에 의한 허가를 받아 공원시설을 관리하는 경우	법 제37조제3항의 규정에 의한 예상징수금액의 100분의 10 이상

38. 레크리에이션 대상지의 수요를 크게 좌우하는 3요인은 이용자들의 변수, 대상지 자체의 변수, 접근성의 변수이다. 다음 중 접근성의 변수에 해당되지 않는 것은?

① 여행시간, 거리
② 준비 비용
③ 정보
④ 여가습관

해설 레크리에이션 대상지 수요를 결정짓는 요인
- 이용자 변수 : 인구수, 인구 특성, 지리적 위치 및 밀도, 여가시간, 인구 구성, 경험 수준, 이용자 수입, 교육정도
- 대상지 변수 : 자연환경, 수용능력, 미기후, 관리 수준, 매력도, 경쟁적 후보지
- 접근성 변수 : 비용, 정보, 여행시간·거리, 질적 수준, 이미지, 준비 비용, 여행 수단

39. 하천복원 및 습지복원에서 복원(restoration)의 의미로 가장 적합한 것은?

① 현재의 상태를 개선한다.
② 현재의 상태를 완화시킨다.
③ 훼손되기 이전의 상태나 위치로 되돌린다.
④ 훼손되기 전의 원래의 상태에 근접되게 향상시킨다.

해설 ④ 복구 : 훼손되기 전의 원래의 상태에 근접되게 향상시킨다.

40. 미끄럼대 놀이시설에 대한 계획·설계 기준 설명이 틀린 것은?

① 미끄럼판은 높이 1.2~2.2m의 규격을 기준으로 한다.
② 미끄럼판의 높이가 90cm 이상인 경우에는 미끄럼판 아래 끝부분에 감속용 착지판을 설치한다.
③ 1인용 미끄럼판의 폭은 40~50cm를 기준으로 한다.
④ 되도록 남향 또는 서향으로 배치한다.

해설 미끄럼대 놀이시설 계획·설계 기준
1. 배치
   (1) 되도록 북향 또는 동향으로 배치한다.
   (2) 오르는 동작과 미끄러져 내리는 동작이 반복되므로 미끄럼판의 끝에서 계단까지는 최단거리로 움직일 수 있도록 하고, 이 동선에는 다른 시설물이 설치되지 않도록 빈 공간으로 설계한다.
   (3) 주동에 인접한 놀이터는 미끄럼대 위에서의 조

망 등으로 인근 세대의 사생활이 침해되지 않도록 설치한다.
2. 미끄럼판
   (1) 미끄럼판은 높이 1.2(유아용)~2.2m(어린이용)의 규격을 기준으로 한다.
   (2) 미끄럼판의 기울기는 30~35°로 재질을 고려하여 설계한다.
   (3) 1인용 미끄럼판의 폭은 40~50cm를 기준으로 한다.
   (4) 미끄럼판과 상계판의 연결부는 틈이 생기지 않도록 밀착 또는 연속되어야 한다.
   (5) 미끄럼판 출입구의 폭은 미끄럼판의 폭과 같은 크기로 한다.
3. 착지판
   (1) 미끄럼판의 높이가 90cm 이상인 경우에는 미끄럼판의 아래끝부분에 감속용 착지판을 설계하여야 하며, 착지판의 길이는 50cm 이상으로 하고, 물이 고이지 않도록 수평면에서 바깥쪽으로 2~4°의 기울기를 주어 설계한다.
   (2) 미끄럼판 출구에서 직립자세로 전환하기 쉽도록 착지판에서 놀이터 바닥의 답면까지의 높이는 10cm 이하로 설계한다.
   (3) 급속한 감속으로 몸이 넘어가지 않도록 착지판과 미끄럼판의 연결부는 곡면으로 설계한다.
4. 날개벽
   미끄럼판의 높이가 1.2m 이상인 경우에는 미끄럼판의 양옆으로 높이 15cm 이상의 날개벽을 전구간에 걸쳐 연속으로 설치한다.
5. 안전손잡이
   미끄럼판의 높이가 1.2m 이상인 경우에는 미끄럼판과 상계판 사이에 균형유지를 위한 안전손잡이를 설치하되 높이 15cm를 기준으로 한다.

3과목 조경설계

41. 색채계획 단계에 있어 사용 목적과 면적에 따라 적용할 색을 3종류로 분류한 것 중 맞는 것은?

① 주조색, 보강색, 강조색
② 주조색, 보조색, 강조색
③ 주요색, 보조색, 강한색
④ 주조색, 보강색, 강한색

42. 다음 그림은 무엇을 설명하려는 것인가?

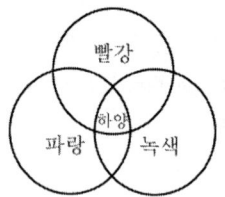

① 색광혼합　② 색료혼합
③ 중간혼합　④ 병치혼합

해설 색의 혼합
1. 색광혼합(가산혼합)
   ① 색광의 3원색인 빨강(red), 녹색(green), 파랑(blue)을 모두 섞으면 흰색(백색광)이 된다.
   ② 무대의 조명, 색유리 등을 통한 빛을 스크린 등에 동시에 비췄을 때, 즉 색깔이 있는 빛을 두 가지 이상 혼합시킨 경우
2. 색료혼합(감산혼합)
   ① 색료의 3원색인 자줏빛 빨강(magenta), 노랑(yellow), 청록빛 파랑(cyan)을 모두 섞으면 검정에 가까운 어둡고 탁한 회색이 된다.
   ② 색료는 혼합할수록 명도가 낮아진다. 즉, 혼합하는 색이 많을수록 어두워지며 채도도 훨씬 낮아진다.
3. 중간혼합
   ① 색의 직접적인 혼합이 아니고, 외부의 조건에 의해서 혼색된 것처럼 보이는 경우
   ② 명도, 채도는 혼합되는 색의 평균 명도, 채도와 같다.
4. 병치혼합
   ① 직물, 모자이크 등과 같이 색을 교대로 놓고 멀리서 보았을 때 혼합된 것처럼 보이는 현상
   ② 색점이 작을수록 혼색되는 거리가 짧아, 혼색이 잘 되어 보임
   ③ 예: TV, 컴퓨터의 모니터
5. 회전혼합

Answer 41. ② 42. ①

① 몇 가지 색이 칠해진 색팽이를 회전 속도 1/12 초로 유지해서 돌리면 혼합된 두 색은 평균 명도가 된다.
② 예 : 색팽이, 바람개비 등
6. 보색혼합
① 보색의 혼합 : 무채색
② 색광의 보색 혼합 : 흰색
③ 색료의 보색 혼합 : 검정
④ 중간 혼합 : 회색

43. 다음 재료의 단면 표시가 의미하는 것은?

① 야석
② 벽돌
③ 인조석
④ 연마석

44. 그림과 같은 물체의 제 1각법의 평면도에 해당하는 것은? (단, 화살표 방향이 정면임)

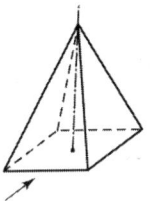

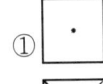 ①
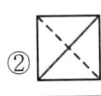 ②
  ③
  ④

45. 색상환에 대한 설명으로 틀린 것은?

① 먼셀표색계는 색의 3속성인 색상, 명도, 채도로 색을 기술하는 방식이다.
② 색상환은 색상에 따라 계통적으로 색을 둥글게 배열한 것이다.
③ 색상의 분할은 빨강, 노랑, 초록, 파랑, 보라의 5가지 주요색상에 중간색을 삽입한 10색상을 고리모양

으로 배치한다.
④ 오스트발트 표색계에서는 빨강, 노랑, 초록, 파랑, 자주의 다섯 가지를 기본으로 하고 있다.

해설 ④ 오스트발트 표색계 : 빨강, 노랑, 주황, 청록, 황록, 파랑, 남색, 보라를 기본으로 하고 있음

46. 조경설계기준상 옹벽(콘크리트)과 식생벽(벽면녹화)의 설명으로 틀린 것은?

① 옹벽배면의 뒤채움 설계 시 토압은 물론, 토압보다도 큰 수압이 작용하지 않도록 배수기능을 고려해야 한다.
② 옹벽의 전도에 대한 안전율은 1.5 이상이어야 한다.
③ 활동에 대한 효과적인 저항을 위하여 저판에 활동방지벽을 적용하는 경우 저판과 일체로 설치해야 한다.
④ 식생벽은 용도와 경관·시각적·경제적 기대효과에 따라 와이어, 메시, Pot, 식생보드형 등이 지속가능한 공법을 적용하여 사용한다.

해설 ② 옹벽의 전도에 대한 안전율은 2.0 이상이어야 한다.

47. 조경설계 과정 중 주로 시설의 배치계획 및 공사별 개략설계를 작성하여 사업실시에 관계되는 각종 사항의 판단에 도움을 주기 위해 진행되는 과정은?

① 기본계획
② 기본설계
③ 실시설계
④ 현장설계

48. 도로설계 제도에서 축척이 1 : 25,000인 경우 등고선의 주곡선 간격은 몇 m마다 가는 실선으로 기입하는가?

① 5m
② 10m
③ 20m
④ 40m

해설 등고선 간격

등고선의 종류 축척	주곡선 가는 실선	계곡선 굵은 실선	간곡선 가는 파선	조곡선 가는 점선
1/50,000	20	100	10	5
1/25,000	10	50	5	2.5
1/5,000 1/10,000	5	25	2.5	1.25
1/500 1/1,000	1	5	0.5	0.25

(단위 : m)

49. 투시도에 사용되는 용어의 설명 중 틀린 것은?

① 기선(GL, Ground line) : 화면상의 눈의 중심을 통한 선이다.
② 족선(FL, Foot line) : 물체의 평면도의 각 점과 정점을 이은 직선이다.
③ 소점(VP, Vanishing point) : 선분의 무한 원점이 만나는 점이다.
④ 시점(PS, Point of sight) : 기준면상에 보는 사람의 위치를 말한다.

→해설 ① 기선(GL) : 화면과 지반면과의 교선을 말한다.

50. 국토교통부고시 조경기준의 식재수량 및 규격에 관한 설명 중 ( ) 안에 들어갈 수 없는 것은?

식재하여야 할 교목은 흉고직경 ( )센티미터 이상이거나 근원직경 ( )센티미터 이상 또는 수관 폭 ( )미터 이상으로서 수고 ( )미터 이상이어야 한다.

① 0.8
② 1.0
③ 5.0
④ 6.0

→해설 조경기준
식재하여야 할 교목은 흉고직경 5센티미터 이상이거나 근원직경 6센티미터 이상 또는 수관폭 0.8미터 이상으로서 수고 1.5미터 이상이어야 한다.

51. Altman의 영역성 중 서로 성격이 다른 것은?

① 해변
② 교실
③ 기숙사식당
④ 교회

→해설 Altman의 영역성
① 1차적 영역 : 일상생활의 중심이 되며, 반영구적으로 점유되는 공간으로 높은 privacy를 요구하며, 외부에 대한 배타성이 높다. → 가정, 사무실 등
② 2차적 영역 : 사회적 특정 그룹 소속들이 점유하는 공간으로 어느 정도 공간을 개인화시킬 수 있고, 1차 영역보다는 덜 영구적 → 교실, 기숙사, 교회 등
③ 공적 영역 : 일정시간 이용자는 잠재적인 여러 이용자 가운데 한 사람일뿐 모든 사람의 접근이 허용, privacy 유지도 가장 낮다. → 광장, 해변 등

52. 시각 디자인상 방향감(方向感)에 관한 설명으로 적합하지 않은 것은?

① 수직과 수평방향만으로도 시각적 만족과 경험을 준다.
② 대각선 방향은 안정을 깨뜨리고 자극을 준다.
③ 엄숙과 위엄을 강조할 때에는 수직방향의 강조가 필요하다.
④ 우리 눈은 수직 길이 방향보다 수평 길이 방향을 판단하는 데 더 노력을 필요로 한다.

53. 다음 중 연두(GY)의 보색으로 맞는 것은?

① 자주(RP)
② 주황(YR)
③ 보라(P)
④ 파랑(B)

→해설 보색
① 자주(RP) – 녹색(G)
② 주황(YR) – 파랑(B)
③ 연두(GY) – 보라(P)
④ 빨강(R) – 청록(BG)
⑤ 노랑(Y) – 남색(PB)

54. 다음의 자연적 형태주제 중 그 상징성과 의미가 부드러움, 흐름, 신비감, 움직임, 파동, 흥미, 리듬, 이완, 편안함, 비정형성을 나타내는 것은 무엇인가?

Answer 49. ① 50. ② 51. ① 52. ④ 53. ③ 54. ①

① 구불구불한 형태
② 불규칙 다각형
③ 집합과 분열형
④ 유기체적 가장자리형

55. 파노라마(panorama)의 우리말 표현으로 옳은 것은?

① 무아경
② 만화경
③ 요지경
④ 주마등

56. '한가한 일요일 A씨는 무료하여 신문을 읽다가 원색으로 인쇄된 특정 광고가 눈에 띄었다. 그 광고를 읽어보니 B지역(레크리에이션을 위한 장소)에 관한 것이었다.' 이 설명 중 "광고가 눈에 띄었다."라는 부분은 Berlyne이 제시한 미적 반응과정 중 개념적으로 어디에 속하는가?

① 자극탐구
② 자극선택
③ 자극해석
④ 자극에 대한 반응

해설 Berlyne의 4단계 구분

57. LCP(Landscape Control Point)의 의미로 가장 적합한 것은?

① 시각 구역을 전망할 수 있는 경관 탐사용 고정 관찰 점이다.
② 경관 탐사 시에 초점경관을 이루는 관찰 대상물을 가리킨다.
③ 불량 경관을 개선하기 위한 차폐 시설물의 설치 지점을 말한다.
④ 우수 경관을 선택적으로 조망할 수 있도록 만든 방향 표지판의 지점을 말한다.

58. 린치(K. Lynch)가 주장하는 도시경관의 구성 요소가 아닌 것은?

① 매스(mass)
② 통로(paths)
③ 모서리(edge)
④ 랜드마크(landmark)

해설 케빈 린치(K. Lynch)가 주장하는 도시경관의 구성 요소 통로(paths), 모서리(edge), 지역(district), 결절점(node), 랜드마크(landmark)

59. 미적 구성 원리 중 다양성의 원리와 가장 거리가 먼 것은?

① 조화(harmony)
② 변화(change)
③ 리듬(rhythm)
④ 대비(contrast)

해설 미적 구성 원리
① 통일성 : 단순, 균형, 강조, 연속, 비례, 조화, 반복
② 다양성 : 변화, 대비, 리듬

60. 다음 중 치수선을 표시하는 방법이 틀린 것은?

① 치수의 단위는 원칙적으로 mm이다.
② 치수의 기입은 치수선에 평행하게 기입한다.
③ 협소한 간격이 연속될 때에는 치수선에 겹쳐 치수를 쓸 수 있다.
④ 치수는 특별히 명시하지 않는 한 마무리 치수로 표시한다.

해설 치수선 표시 방법
① 치수의 단위는 mm로 한다.
② 치수의 기입에는 치수선 및 치수보조선을 사용, 화살표나 점으로 경계를 명확히 표시한다.
③ 치수의 기입은 치수선에 평행하게 기입한다.
④ 치수선이 수평일 경우 치수선 상단에 왼쪽에서 오른쪽으로 긋는다.

Answer 55. ④ 56. ② 57. ① 58. ① 59. ① 60. ③

⑤ 치수선이 수직일 경우 치수선 왼쪽 아래부터 위로 긋는다.
⑥ 마무리 치수로 표시한다.
⑦ 가는 실선으로 표시(0.2mm 정도)한다.

4과목 조경식재

61. 우리나라 중부지방을 기준으로, 꽃피는 시기가 이른 봄부터 순서대로 옳게 배열된 것은?

① 산수유 → 배롱나무 → 모란
② 산딸나무 → 생강나무 → 무궁화
③ 박태기 → 산철쭉 → 풍년화
④ 왕벚나무 → 이팝나무 → 능소화

해설 꽃피는 순서
① 산수유 → 모란 → 배롱나무
② 생강나무 → 산딸나무 → 무궁화
③ 풍년화 → 산철쭉 → 박태기
④ 왕벚나무 → 이팝나무 → 능소화

62. 다음 중 9~10월에 적색의 원형 육질종의(fleshy aril)로 성숙하는 수종은?

① 주목　　　　　　② 후박나무
③ 곰솔　　　　　　④ 개잎갈나무

해설 육질종의 : 종피가 다육성인 것

63. 수형(樹形)이 원추형(圓錐形)인 수종은?

① 전나무　　　　　② 호랑가시나무
③ 후박나무　　　　④ 산딸나무

해설 수형
① 전나무 : 원추형
② 호랑가시나무 : 타원형
③ 후박나무 : 원정형
④ 산딸나무 : 평정형

64. 극상에 대한 설명으로 틀린 것은?

① 극상 군집은 환경과의 평형을 이루고 있다.
② 토지극상은 변질된 기후 및 배수와 같은 여러 조합과 결부되어 나타난다.
③ 기후극상은 대기후 아래에서 여러 가지 극상으로 수렴된다는 것이다.
④ 극상은 천이계열의 최종적인 안정된 군집이다.

해설 ③ 기후극상 : 안정된 극상은 기후 조건에 의해서 결정되며 기후조건이 같은 곳에서는 같은 극상이 성립한다는 것

65. 수종과 학명의 연결이 틀린 것은?

① 은행나무 : *Ginkgo biloba*
② 느티나무 : *Liriodendron tulipifera*
③ 신갈나무 : *Quercus mongolica*
④ 소나무 : *Pinus densiflora*

해설 ① 은행나무 : *Ginkgo biloba*
② 느티나무 : *Zelkova serrata*
　튤립나무(백합나무) : *Liriodendron tulipifera*
③ 신갈나무 : *Quercus mongolica*
④ 소나무 : *Pinus densiflora*

66. 군집의 생태와 관련하여 종의 풍부도 경향을 설명한 것으로 틀린 것은?

① 종의 풍부도는 고위도에서 증가한다.
② 종의 풍부도는 지역의 규모에 따라 증가한다.
③ 종의 풍부도는 서식처의 복잡한 정도에 따라 증가

Answer　61. ④　62. ①　63. ①　64. ③　65. ②　66. ①

한다.
④ 한 지역에서 종의 풍부도는 종의 지리적 근원지에 가까울수록 증가한다.

해설 ① 종의 풍부도는 저위도에서 증가한다.

67. 기린초(*Sedum kamtschaticum*)의 과명(科名)은?

① 범의귀과　　② 국화과
③ 장미과　　　④ 돌나물과

68. 경량재 토양에 대한 설명으로 틀린 것은?

① Perlite는 진주암을 고온으로 소성한 것이다.
② Vermiculite는 다공질(多孔質)로서 나쁜 균이 없다.
③ Peat는 고온의 늪지에서 생성되며, 산도가 낮고 보비성이 작다.
④ Hydroball은 점질토를 고온으로 발포시키면서 구워 돌처럼 만든 것이다.

해설 ③ Peat는 고온의 늪지에서 생성되며, 산도가 높고 보비성이 크다.

69. *Firmiana simplex*의 성상은?

① 낙엽활엽교목　　② 낙엽활엽관목
③ 상록활엽교목　　④ 상록활엽관목

해설 *Firmiana simplex* : 벽오동

70. 조경면적은 식재된 부분의 면적과 조경시설공간의 면적을 합한 면적으로 산정된다. 식재면적은 당해 지방자치단체의 조례에서 정하는 조경의무면적의 얼마 이상으로 하여야 하는가? (단, 국토교통부의 조경기준 적용)

① 100분의 20　　② 100분의 30
③ 100분의 40　　④ 100분의 50

71. 가을에 붉은색 단풍이 아름다운 관목은?

① 쉬나무(*Euodia daniellii*)
② 네군도단풍(*Acer negundo*)
③ 화살나무(*Euonymus alatus*)
④ 칠엽수(*Aesculus turbinata*)

해설 ① 쉬나무(*Euodia daniellii*) : 황색
② 네군도단풍(*Acer negundo*) : 황색
③ 화살나무(*Euonymus alatus*) : 붉은색
④ 칠엽수(*Aesculus turbinata*) : 황색

72. 다음과 같은 열매 특징을 가진 수종은?

> 열매는 골돌과로 원통형이며 길이 5~7cm로서 곧거나 구부러지고, 종자는 타원형이며 12~13mm이고, 외피는 적색을 띠며 9~10월에 익는다.

① 불두화(*Viburnum opulus* for. *hydrangeoides*)
② 좀작살나무(*Callicarpa dichotoma*)
③ 산사나무(*Crataegus pinnatilida*)
④ 목련(*Magnolia kobus*)

73. 일본잎갈나무·소나무류·삼나무·편백 등의 저장 종자에 효과가 있는 종자 발아 촉진법은?

① 고온처리법
② 냉수처리법
③ 황산처리법
④ 종피의 기계적 가상

74. 다음 중 음수(陰樹)의 특성에 해당하는 것은?

① 햇볕이 닿는 쪽으로 자라는 습성이 있다.
② 유묘 시에는 생장속도가 느리지만 자라면서 빨라진다.
③ 가지가 드물게 나고 수관이 개방적이다.
④ 생육상 많은 빛을 필요로 하며 건조에 적응성이 강하다.

해설 양수와 음수는 그늘에서 견딜 수 있는 내음성의 정도

Answer 67.④ 68.③ 69.① 70.④ 71.③ 72.④ 73.② 74.②

에 따라 구분되는데 음수도 어릴 때에만 그늘을 선호하며 유묘 시기를 지나면 햇빛에서 더 잘 자란다. 따라서, 모든 수목은 성목이 되면 햇빛을 좋아한다고 할 수 있다.

75. 수목 굴취 시 뿌리분의 크기는 대체로 무엇을 기준으로 정하는가?

① 지하고   ② 수관폭
③ 흉고직경   ④ 근원직경

76. 다음 중 조릿대(Sasa borealis)의 특징으로 틀린 것은?

① 양수이고 내건성이 강하며, 생장속도가 늦다.
② 꽃은 4월경에 개화하며, 열매는 5~6월에 결실한다.
③ 잎 길이는 10~30cm로 타원상 피침형이다.
④ 전국 산지에 자생하며, 내한성이 강하다.

해설 ① 음수이고 내건성이 강하며, 생장속도가 늦다.

77. 다음 중 식생 천이(遷移)의 과정을 순서대로 옳게 나열한 것은?

① 나지 → 초생지 → 지의류 → 관목지 → 교목지 → 극상
② 지의류 → 나지 → 초생지 → 관목지 → 교목지 → 극상
③ 나지 → 지의류 → 초생지 → 관목지 → 교목지 → 극상
④ 초생지 → 나지 → 지의류 → 교목지 → 관목지 → 극상

78. 수목과 열매 종류가 잘못 연결된 것은?

① 사철나무-삭과(튀는 열매)
② 복자기-시과(날개 열매)
③ 상수리나무-핵과(굳은씨 열매)
④ 자귀나무-협과(콩깍지 열매)

해설 ③ 상수리나무-견과

79. 축의 좌우에 동형 동종의 수목을 한 쌍으로 식재하는 수법은?

① 열식   ② 집단식재
③ 교호식재   ④ 대식

해설 ① 열식 : 동형동종(同形同種)을 일정한 간격으로 줄을 이루도록 식재
② 집단식재 : 일정한 면적에 수목을 집단적으로 식재하여 정해진 땅을 완전히 덮는 식재
③ 교호식재 : 같은 간격으로 어긋나게 식재
④ 대식 : 축의 좌우에 동형 동종의 수목을 한 쌍으로 식재

80. 다음 중 방화용(防火用) 수종으로 내화력(耐火力)이 가장 강한 것은?

① 아왜나무   ② 삼나무
③ 비자나무   ④ 구실잣밤나무

해설 방화용 수종
1. 적합한 수종 : 가시나무, 후박나무, 아왜나무, 동백나무, 굴거리나무, 후피향나무, 사스레피나무, 식나무, 사철나무, 광나무, 은행나무 등
2. 부적합한 수종 : 침엽수류, 구실잣밤나무, 모밀잣밤나무, 삼나무, 녹나무, 금목서, 은목서, 태산목, 비자나무, 자작나무 등

5과목 조경시공구조학

81. 등고선의 성질이 옳지 않은 것은?

① 동일한 등고선상에 있는 모든 점은 같은 높이이다.
② 산정과 요지(오목한 곳)에서는 등고선이 폐합된다.
③ 급경사지는 간격이 좁고, 완경사지는 간격이 넓다.
④ 높은 쪽의 등고선 간격이 넓으면 요사면이다.

해설 ④ 높은 쪽의 등고선 간격이 넓으면 철(凸)사면이다.

82. 비탈면의 잔디식재 공사에 대한 표준시방서 내용으로 틀린 것은?

① 잔디생육에 적합한 토양의 비탈면 기울기가 1 : 1보다 완만할 때에는 비탈면을 일시에 녹화하기 위해서 흙이 붙어 있는 재배된 잔디를 사용하여 붙인다.
② 잔디고정은 떼꽂이를 사용하여 잔디 1매당 2개 이상 견실하게 고정하며, 시공 후에는 모래나 흙으로 잔디붙임면을 얇게 덮은 후 고루 두들겨 다져준다.
③ 비탈면 줄떼다지기는 잔디폭이 0.1m 이상 되도록 하고, 비탈면에 0.1m 이내 간격으로 수평골을 파서 수평으로 심고 다짐을 철저히 한다.
④ 비탈면 전면(평떼)붙이기는 줄눈을 틈새 없이 붙이고 십자줄이 형성되도록 붙이며, 잔디 소요면적은 비탈면면적의 10%를 추가 적용한다.

해설 비탈면의 잔디식재 공사
1. 잔디생육에 적합한 토양의 비탈면 기울기가 1 : 1보다 완만할 때에는 비탈면을 일시에 녹화하기 위해서 흙이 붙어 있는 재배된 잔디를 사용하여 붙인다.
2. 비탈면 전면(평떼)붙이기는 줄눈을 틈새없이 붙이고 십자줄이 형성되지 않도록 어긋나게 붙이며, 잔디 소요면적은 비탈면면적과 동일하게 적용한다.
3. 비탈면 줄떼다지기는 잔디폭이 0.1m 이상 되도록 하고, 비탈면에 0.1m 이내 간격으로 수평골을 파서 수평으로 심고 다짐을 철저히 한다.
4. 선떼붙이기는 비탈면에 일정 높이마다 수평으로 단끊기 후 되메우기한 앞면에 떼를 세워 붙이되, 흙층에 완전히 밀착되도록 다지기를 잘하고 줄눈이 수평이 되도록 시공하며, 침하율을 감안하여 계획높이보다 덧쌓기를 하고, 부위별 떼의 규격은 설계도서 및 감독자의 지시에 따라 정한다.
5. 잔디고정은 떼꽂이를 사용하여 잔디 1매당 2개 이상 견실하게 고정하며, 시공 후에는 모래나 흙으로 잔디붙임면을 얇게 덮은 후 고루 두들겨 다져준다.
6. 잔디판붙이기는 비탈면의 침식방지 및 활착이 용이하도록 잔디판을 비탈면에 밀착·고정한다.

83. 네트워크 공정표 작성 시 공정계산에 관한 설명으로 옳은 것은?

① 복수의 작업에 선행되는 작업의 LFT는 후속작업의 LST 중 최대값으로 한다.
② 복수의 작업에 후속되는 작업의 EST는 선행작업의 EST 중 최소값으로 한다.
③ 전체여유(TF)는 작업을 EST로 시작하고 LFT로 완료할 때 생기는 여유시간이다.
④ 종속여유(DF)는 후속작업의 EST에 영향을 주지 않는 범위 내에서 한 작업이 가질 수 있는 여유시간이다.

84. 공사 원가계산 산정식이 옳지 않은 것은?

① 산업재해 보상보험료=노무비×산업재해 보상보험료율
② 총공사원가=순공사원가+일반관리비+이윤
③ 이윤=(순공사원가+일반관리비)×이윤율
④ 순공사원가=재료비+노무비+경비

해설 ③ 이윤=(순공사원가+일반관리비−재료비)×이윤율

85. 다음 중 품셈을 가장 잘 설명한 것은?

① 물체를 만드는 데 필요한 노력과 물질의 수량이다.
② 시공현장에서 소요되는 재료의 물량을 집계한 것이다.
③ 건설공사에 소요되는 공사비를 산정하는 과정을 말한다.
④ 공사에 소요되는 노무량만을 수량으로 표시하여 금액을 산출할 수 있게 한 것이다.

86. 조명시설의 용어 중 단위면에 수직으로 투하된 광속밀도를 무엇이라 하는가?

① 광도(luminous intensity)
② 조도(illumination)
③ 휘도(brightness)
④ 배광곡선

Answer 82. ④ 83. ③ 84. ③ 85. ① 86. ②

87. 다음 그림에서 No.2의 지반고는?

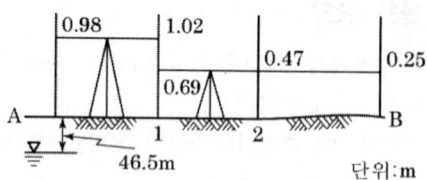

① 47.48m ② 46.46m
③ 46.68m ④ 47.44m

해설: 미지점 GH=기지점 GH+∑BS−∑FS
GH=46.5m+(0.98m+0.69m)−(1.02m+0.47m)
=46.68m

88. 구조물의 종류별 콘크리트 타설 시 사용되는 굵은 골재의 최대치수(mm)로 가장 적합한 것은? (단, 구조물의 종류는 단면이 큰 경우로 제한한다.)

① 20 ② 25
③ 40 ④ 50

89. 다음 그림과 같은 도로의 수평노선에서 곡선장(L)과 접선장(T)의 길이는 약 얼마인가?

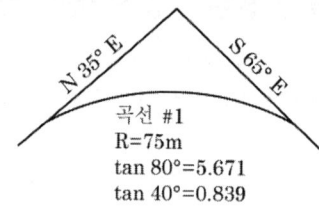

① L : 104.7m, T : 62.9m
② L : 104.7m, T : 25.3m
③ L : 52.5m, T : 62.9m
④ L : 425.3m, T : 104.7m

90. 다음 설명에 적합한 품질관리의 도구는?

모집단에 대한 품질특성을 알기 위하여 모집단의 분포상태, 분포의 중심위치, 분포의 산포 등을 쉽게 파악할 수 있도록 막대그래프 형식으로 작성한 도수 분포도를 말한다.

① 특성요인도 ② 파레토도
③ 체크시트   ④ 히스토그램

91. 다음 중 시공·관리 분야에서 일반경쟁 입찰을 바르게 설명한 것은?

① 계약의 목적, 성질 등에 필요하다고 인정될 경우 참가자의 자격을 제한할 수 있도록 한 제도
② 관보, 신문, 게시 등을 통하여 일정한 자격을 가진 불특정다수의 희망자를 경쟁에 참가하도록 하여 가장 유리한 조건을 제시한 자를 선정하는 방법
③ 예산가격 10억원 미만의 공사 낙찰자 결정 방법으로 예정가격의 85% 이상의 금액으로 입찰한 자를 계약하는 방법
④ 설계서상의 공종 중 대체가 가능한 공종의 방법

해설: ① 계약의 목적, 성질 등에 필요하다고 인정될 경우 참가자의 자격을 제한할 수 있도록 한 제도 : 제한경쟁입찰
② 관보, 신문, 게시 등을 통하여 일정한 자격을 가진 불특정다수의 희망자를 경쟁에 참가하도록 하여 가장 유리한 조건을 제시한 자를 선정하는 방법 : 일반경쟁입찰
③ 예산가격 10억원 미만의 공사 낙찰자 결정 방법으로 예정가격의 85% 이상의 금액으로 입찰한 자를 계약하는 방법 : 제한적 평균가 낙찰제
④ 설계서상의 공종 중 대체가 가능한 공종의 방법 : 대안입찰

92. 강우강도가 100mm/h인 지역에 있는 유출계수 0.95인 포장된 주차장 900m²에서 발생하는 초당 유출량은 얼마인가? (단, 소수점 3째자리 이하는 버림한다.)

① 0.237m³/sec ② 0.423m³/sec
③ 0.023m³/sec ④ 0.042m³/sec

해설: $Q = \dfrac{1}{360} \times C \times I \times A$

$Q = \dfrac{1}{360} \times 0.95 \times 100mm/hr \times \dfrac{900m^2}{10,000m^2/ha}$

=0.023m³/sec

Answer 87. ③ 88. ③ 89. ① 90. ④ 91. ② 92. ③

93. 다음 설명에 적합한 건설용 석재는?

- 화성암 중에서도 심성암에 속한다.
- 강도가 가장 크다.
- 대재(大材)를 얻기 쉽고 외관이 미려하고 내산성이 커서 구조재로서 사용한다.

① 대리석 ② 화강암
③ 석회암 ④ 혈암(頁岩)

94. 다음 중 철제 조경시설 관리에서 도장의 목적이 아닌 것은?

① 물체표면의 보호 ② 부식 및 노화의 방지
③ 미관의 증진 ④ 방충성 증진

→해설 ④ 방충성 증진 : 목재 관리

95. 캔틸레버 보(Cantilever beam)에 해당하는 설명은?

① 보의 양단(兩端)을 메워 넣어서 고정시킨 것
② 일단(一端)이 회전점, 타단(他端)이 이동 지점인 것
③ 일단(一端)이 고정지점이고 타단(他端)에는 지점이 없는 자유단인 것
④ 3개 이상의 지점으로 지지하고 있는 보로서 단순보와 내다지보를 조합한 것

→해설 ① 보의 양단을 메워 넣어서 고정시킨 것 : 고정보
② 일단이 회전점, 타단이 이동 지점인 것 : 단순보
③ 일단이 고정지점이고 타단에는 지점이 없는 자유단인 것 : 캔틸레버 보
④ 3개 이상의 지점으로 지지하고 있는 보로서 단순보와 내다지보를 조합한 것 : 게르버보

96. 돌 공사의 특수 마무리 방법에 해당되지 않는 것은?

① 분사식(sand blasting method)
② 화염분사식(burner finish)
③ chiseled boasted work
④ coloured stone finish

→해설 ④ chiseled boasted work : 정다듬 - 석재 인력다듬

97. 흙의 성질에 관한 산출식으로 틀린 것은?

① 간극비 = $\dfrac{\text{간극의 용적}}{\text{토립자의 용적}}$

② 예민비 = $\dfrac{\text{이긴시료의 강도}}{\text{자연시료의 강도}}$

③ 포화도 = $\dfrac{\text{물의 용적}}{\text{간극의 용적}} \times 100(\%)$

④ 함수율 = $\dfrac{\text{젖은 흙의 물의 중량}}{\text{건조한 흙의 중량}} \times 100(\%)$

→해설 ② 예민비 : 흙의 이김에 의해서 약해지는 정도
예민비 = $\dfrac{\text{자연시료의 강도}}{\text{이긴시료의 강도}}$

98. 공사 진행이 공정표보다 늦어진 경우 공사현장 관리자로서 즉시 취해야 할 조치로 가장 적합한 것은?

① 노무자를 증원한다.
② 건축자재 반입을 서두른다.
③ 공사가 지연된 원인을 규명한다.
④ 새로운 공정표를 작성한다.

99. 그림과 같은 내민보의 점 A에 모멘트가, 점 C에 집중하중이 작용한다. 지점 A에서 3m 떨어진 단면에 작용하는 전단력의 크기는 몇 kN인가?

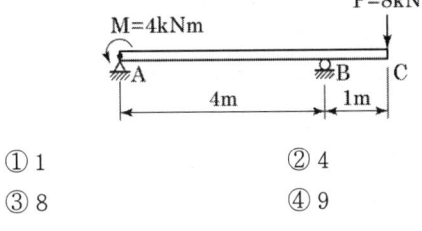

① 1 ② 4
③ 8 ④ 9

100. 그림과 같이 85m에서부터 5m 간격으로 증가하는 등고선이 삽입된 지형도에서 85m 이상의 체적을

구한다면 약 얼마인가? (단, 정상의 높이는 108m이고, 마지막 1구간은 원추공식으로 구한다.)

등고선의 면적
105m : 30.5m²
100m : 290m²
95m : 545m²
90m : 950m²
85m : 1525.5m²

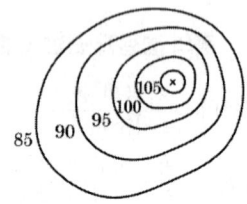

① 12677m³ ② 12707m³
③ 12894m³ ④ 12516m³

해설
$V = \dfrac{h}{3}\{A_1 + (4 \times \Sigma 짝수단면적) + (2 \times \Sigma 홀수단면적) + A_n\}$

$V_1 = \dfrac{5m}{3} \times [1,525.5m^2 + \{4 \times (950m^2 + 290m^2)\} + (2 \times 545m^2) + 30.5m^2]$

$= 12,676.666 m^3$

$V = \dfrac{1}{3}\pi r^2 h = \dfrac{1}{3} \times A_1 \times h'$

$V_2 = \dfrac{1}{3} \times 30.5m^2 \times 3m = 30.5 m^3$

$V_1 + V_2 = 12,707.166 m^3 ≒ 12,707 m^2$

6과목 조경관리론

101. 공사현장의 안전대책으로 가장 거리가 먼 것은?

① 작업장 내는 관계자 이외의 사람이 출입하지 못하도록 방지책 등으로 봉쇄한다.
② 공사용 차량의 출입구는 표지판을 설치하고 필요에 따라 교통 유도원을 배치한다.
③ 휴일 및 작업이 행해지지 않을 때에는 작업장 출입구를 완전히 봉쇄한다.
④ 작업장 주위의 조명설비는 야간에 꺼두어 불필요한 전기 소모를 막는다.

102. 다음 중 질소(N)를 가장 많이 함유하고 있는 비료는?

① 요소 ② 황산암모늄
③ 질산암모늄 ④ 염화암모늄

103. 조경관리에 있어 각종 하자·부주의에 대한 대책으로 옳지 않은 것은?

① 사전에 점검을 통하여 위험장소 여부에 대한 판단을 한다.
② 유희시설과 같은 위험유발시설은 안내판, 방송 등을 통해 이용지도를 해야 한다.
③ 각 시설에 대한 안전기준을 세우고 점검 계획을 세운다.
④ 시설물이나 재료의 내구년수는 시방서를 기준으로 하여 연한 경과 후부터 점검한다.

104. 레크리에이션 이용의 특성과 강도를 조절하는 관리기법에 대한 설명으로 옳지 않은 것은?

① 이용자를 유도하는 방법은 부지관리기법에 해당되지 않는다.
② 부지관리기법은 부지설계, 조성 및 조경적 측면에 중점을 두는 방법이다.
③ 간접적 이용제한은 이용행태를 조절하되 개인의 선택권을 존중하는 방법이다.
④ 직접적 이용제한 관리기법은 정책 강화, 구역별 이용, 이용강도 및 활동의 제한 등이 있다.

해설 레크리에이션 부지관리기법
부지 강화, 이용 유도, 시설 개발

105. 목재보존제의 성능 항목에 해당하지 않는 것은?

① 항온성 ② 철부식성
③ 흡습성 ④ 침투성

해설 목재보존제 성능 항목
: 철부식성, 흡습성, 침투성, 방부성능

106. 다음 작물보호제 중 비선택성 제초제에 해당하는 것은?

① 디캄바액제
② 이사-디액제
③ 베노밀수화제
④ 글리포세이트암모늄액제

> 해설 ① 디캄바제(반벨) : 선택성 제초제
> ② 이사-디액제(이사디아민염) : 선택성 제초제
> ③ 베노밀수화제(벤레이트) : 살균제
> ④ 글리포세이트암모늄액제(근사미) : 비선택성 제초제

107. 뿌리혹선충(*Meloidogyne* spp.)에 대한 설명으로 틀린 것은?

① 세계적으로 광범위하게 분포하는 대표적인 식물기생선충이다.
② 토양 속에서 유충이나 알 상태로 월동한다.
③ 대부분 침엽수 묘목을 주로 가해한다.
④ 자웅이형이며 감염세포는 거대세포가 된다.

108. 부지관리에 있어서 이용자에 의해 생태적 악영향을 미치는 주된 원인으로 가장 거리가 먼 것은?

① 반달리즘(Vandalism)
② 요구도(Needs)
③ 무지(Ignorance)
④ 과밀이용(Over-Use)

109. 다음 목재로 만들어진 벤치에 대한 특징으로 가장 거리가 먼 것은?

① 내화력이 작다.
② 병해충의 피해를 받기 쉽다.
③ 습기에 약하며 썩기 쉽다.
④ 파손되면 보수가 곤란하다.

> 해설 ④ 파손되면 보수가 가능하다.

110. 다음 해충 관련 설명 중 틀린 것은?

① 버즘나무방패벌레 : 성충으로 월동한다.
② 미국흰불나방 : 1년에 1회 발생한다.
③ 잣나무넓적잎벌 : 알 시기의 기생성 천적으로는 알좀벌류가 있다.
④ 느티나무알락진딧물 : 가해 수종은 오리나무, 개암나무, 느릅나무 등이다.

> 해설 ② 미국흰불나방 : 1년에 2회 발생한다.

111. 메프로닐 원제 0.4kg으로 2% 분제를 만들려고 할 때 소요되는 증량제의 양은? (단, 원제의 함량은 80%이다.)

① 1.84kg
② 4.60kg
③ 15.6kg
④ 46.0kg

> 해설 희석하고자 하는 물의 양
> $= 원액용량 \times \left(\dfrac{원액농도}{희석할 농도} - 1\right)$
> $= 0.4kg \times \left(\dfrac{80\%}{2\%} - 1\right) = 15.6kg$

112. 소나무 잎녹병에 있어서 여름포자(하포자)의 중간숙주가 되는 것은?

① 까치밥나무
② 황벽나무
③ 잎갈나무
④ 참나무류

> 해설 ① 까치밥나무 : 잣나무 털녹병

113. 수목의 유지관리와 관련된 설명으로 옳지 않은 것은?

① 전정은 수목의 활착과 녹화량의 증가를 목적으로 수목의 미관, 수목생리, 생육 등을 고려하면서 가지치기와 수형을 정리하는 작업이다.
② 제초는 식재지 내에서 번성하고 있는 수목들 중 가장 유리한 수종 외에 골라 제거하는 작업이다.
③ 수목시비는 수목의 성장을 촉진하고 쇠약한 수목에 활력을 주기 위하여 퇴비 등 유기질비료와 화학비료

를 주는 것이다.
④ 월동작업은 이식수목 및 초화류가 겨울철 환경에 적응할 수 있도록 하기 위하여 월동에 필요한 제반조치를 시행하는 것이다.

114. 다음 중 조경석 등 중량물을 운반할 때의 바른 자세는?

① 길이가 긴 물건은 앞쪽을 높게 하여 운반한다.
② 허리를 구부리고, 양손으로 들어올린다.
③ 중량은 보통 체중의 60%가 적당하다.
④ 물건은 최대한 몸에서 멀리 떼어서 들어올린다.

[해설] ② 허리를 바르게 유지하고, 양손으로 들어올린다.
④ 물건은 최대한 몸에서 가깝게 붙여서 들어올린다.

115. 농약 중에서 분제의 물리적 성질에 해당하는 것으로만 나열된 것은?

① 현수성, 유화성
② 수화성, 접촉각
③ 용적비중, 비산성
④ 습전성, 표면장력

116. 식물에 침입한 병원체가 그 내부에 정착하여 기주관계가 성립되었을 때의 단계는 무엇인가?

① 감염
② 발병
③ 병징
④ 표징

117. 배수시설의 점검사항으로 가장 거리가 먼 것은?

① 배수시설 주변의 돌쌓기 현황
② 각 배수시설의 파손 및 결함 상태
③ 지하배수시설, 유출구의 물 빠지는 상태
④ 비탈면 배수시설의 배수상태 및 주위로부터 유입하는 지표수나 토사 유출 상황

[해설] 배수시설 점검사항
① 부지 배수시설의 배수상황 및 측구, 집수구, 맨홀 등의 토사 퇴적상태
② 노면 및 노단부 배수시설의 상황
③ 배수시설의 내부 및 유수구의 토사, 먼지, 오니, 잡석 등의 퇴적상태
④ 지하 배수시설, 유출구의 물빠지는 상태
⑤ 비탈면 배수시설의 배수상태 및 주위로부터 유입하는 지표수나 토사유출 상황
⑥ 각 배수시설의 파손 및 결함 상태

118. 동력예취기의 안전점검 및 보관관리에 대한 설명으로 틀린 것은?

① 엔진, 배터리, 연료탱크 주변을 청소한다.
② 급유는 엔진이 식었을 때 실시해야 한다.
③ 야간작업 시 예취기 본체의 라이트를 켜고 작업해야 한다.
④ 오일류의 폐기는 폐기설비를 갖춘 곳에서만 처리한다.

119. 토양에 직접 비료를 주는 것보다 엽면살포가 유리한 경우가 아닌 것은?

① 뿌리가 장해를 입어 정상적인 양분흡수 기능이 저하될 때
② 토양 중 미량원소가 불용성으로 되어 흡수가 불량할 때
③ 지온이 낮은 지역에서 양분흡수를 저하시키려고 할 때
④ 뿌리를 통한 양분흡수보다 빨리 양분을 공급하고자 할 때

120. 습지나 늪지에서 생성되는 부식은?

① 모어(mor)
② 멀(mull)
③ 니탄(peat)
④ 모더(moder)

[해설] ① 모어(mor) : 토양발달이 덜 된 통기성 토양에 존재하는 탄질비가 25 이상인 약간 변형된 유기물로 가볍게 혼합되거나 덮여 있는 산림 부식
② 멀(mull) : 생물체의 유해가 썩어서 형성되는 부식물질
③ 니탄(peat) : 습지나 늪지에서 생성되는 부식
④ 모더(moder) : 육성 부식 중 육지에서 집적된 부식

Answer 114. ① 115. ③ 116. ① 117. ① 118. ③ 119. ③ 120. ③

2019년 조경기사 최근기출문제 (2019. 4. 27)

1과목 조경사

01. 다음 중 중세 수도원의 회랑식 중정(Cloister Garden)에 대한 설명으로 옳지 않은 것은?

① 4부분으로 구획되어진 중정이 있다.
② 분수는 중정의 중앙에 설치되어 있다.
③ 페리스틸리움(peristylium)의 구조와 동일하게 흉벽을 두지 않았다.
④ 수도원 내의 다른 건물들에 의하여 둘러싸여 있는 공간을 의미한다.

 ③ 페리스틸리움(peristylium)의 구조와는 다르게 가슴높이의 흉벽을 두었다.

02. 고려시대부터 많이 사용된 정원 용어인 화오(花塢)에 대한 설명과 거리가 먼 것은?

① 오늘날 화단과 같은 역할을 한 정원 수식 공간이다.
② 지형의 변화를 얻기 위해 인공의 구릉지를 만들었다.
③ 화초류나 화목류를 많이 군식하였다.
④ 사용된 재료에 따라 매오(梅塢), 도오(桃塢), 죽오(竹塢) 등으로 불렸다.

 화오 : 낮은 둔덕의 꽃밭

03. 조선시대 조경 관련 고문헌의 저자와 저술서가 일치하는 것은?

① 강희안 - 택리지
② 홍만선 - 유원총보
③ 신경준 - 순원화훼잡설
④ 이수광 - 임원경제지

해설 ① 강희안 - 양화소록, 이중환 - 택리지
② 홍만선 - 산림경제, 김육 - 유원총보
③ 신경준 - 순원화훼잡설
④ 이수광 - 지봉유설, 서유구 - 임원경제지

04. 일본 용안사 석정과 관련이 없는 것은?

① 암석
② 장방형
③ 추상적 고산수
④ 침전조

해설 용안사 석정 : 평정 고산수

05. 중국 진시왕 31년에 새로이 왕궁을 축조하고, 그 안에 큰 연못을 조성한 후 그 속에 봉래산을 만들었다는 연못의 명칭은?

① 곤명호(昆明湖)
② 태액지(太液池)
③ 난지(蘭池)
④ 서호(西湖)

06. 명나라 때 별서정원의 성격으로 꾸며진 소주 지방의 명원은?

① 기창원
② 이화원
③ 졸정원
④ 작원

07. 스페인의 알함브라 궁전의 4개 중정 가운데 이슬람 양식을 부분적으로 보이면서도 기독교적인 색채가 강하게 가미되어 있는 중정은?

① 알베르카 중정(Patio de la Alberca), 사자의 중정(Patio de los Leons)
② 사자의 중정(Patio de los Leons), 다라하 중정(Patio de Daraxa)

Answer 01. ③ 02. ② 03. ③ 04. ④ 05. ③ 06. ③ 07. ③

③ 린다라야 중정(Lindaraja),
창격자 중정(Patio de la Reja)
④ 창격자 중정(Patio de la Reja),
알베르카 중정(Patio de la Alberca)

08. 중국 유원(留園)의 설명 중 맞는 것은?

① 소주의 정원 중 가장 소박한 정원이다.
② 처음 조성은 청대 말기 관료의 정원으로서였다.
③ 「홍루몽」의 대관원 경치를 묘사하였다.
④ 변화있는 공간 처리와 유기적 건축배치의 수법을 갖는다.

> 해설 유원(留園)
> 1. 조성 시기 : 명
> 2. 특징
>   ① 광대하고 화려한 정원 건축물은 소주의 원림 중 가장 많음
>   ② '허와 실', '명과 암'의 효과
>   ③ 변화있는 공간처리와 유기적인 건축배치 기법
>   ③ 「홍루몽」의 대관원 경치를 묘사하였다. : 졸정원

09. 정원에 많은 관심을 가졌던 백거이(白居易)와 관련 없는 것은?

① 유명한 장한가(長恨歌)를 지었다.
② 진나라 사람으로 유명한 시인이다.
③ 관사(官舍)에 화원을 만들고 동파종화(東坡種花)라는 시를 지었다.
④ 공무를 마치고 낙향할 때 천축석(天竺石)과 학(鶴)을 가지고 갔다.

> 해설 백거이 : 당나라 사람으로 유명한 시인이다.

10. 창덕궁 후원 조경의 특징은 17개소에 정자를 건립함으로써 공간을 특화하였다. 이 공간 가운데 연못의 이름과 정자(亭子)의 연결이 바르지 않은 것은?

① 존덕지 - 존덕정
② 반도지 - 취한정
③ 몽답지 - 몽답정
④ 빙옥지 - 청심정

> 해설 ② 반도지 - 관람정

11. 정원에 처음으로 도입된 것들과 밀접한 관계가 있는 조경가들의 연결이 잘못된 것은?

① 물 화단(parterres d'eau) : 르 노트르(Andre Le Notre)
② 수정궁(crystal palace) : 팩스턴(Samuel Paxton)
③ 큐 가든의 중국식 탑 : 챔버(Sir William Chambers)
④ 하-하(Ha-ha) : 렙턴(Humphry Repton)

> 해설 ④ 하-하(Ha-ha) : 찰스 브리지맨
> 렙턴(Humphry Repton) : Landscape Gardener 용어 처음 도입

12. 사찰에서 구도자가 제석천왕이 다스리는 도리천에 올라 마지막으로 해탈을 추구하는 것을 상징하는 최종적인 문의 이름은?

① 일주문
② 사천왕문
③ 금강문
④ 불이문

13. 담양 소쇄원에 관한 설명 중 옳지 않은 것은?

① 소쇄원 48영시에는 목본 16종, 초본 5종의 식물이 나타난다.
② 광풍, 제월의 당호는 이덕유의 평천장고사에서 인용한 것이다.
③ 조담에서 떨어지는 물은 홈통을 통해 방지로 유입된다.
④ 매대라고 불리는 화계는 자연석을 2단으로 쌓아 만든 구조물이다.

> 해설 ② 광풍, 제월의 당호는 주돈이에서 인용한 것이다.

14. 일본의 전통정원 오행석조방식에서 주석(主石)이 되는 바위의 명칭은?

① 기각석
② 심체석
③ 영상석
④ 체동석

Answer 08. ④ 09. ② 10. ② 11. ④ 12. ④ 13. ② 14. ③

15. 이집트 피라미드에 대한 설명 중 가장 거리가 먼 것은?

① 분묘건축의 일종으로서 마스타바(Mastaba)도 여기에 포함된다.
② 선(善)의 혼(Ka)을 통해 태양신(Ra)에게 접근하려는 탑이다.
③ 인간이 세운 가장 거대한 상징으로 볼 수 있다.
④ 신전은 강의 서쪽에 배치하고, 분묘는 강의 동쪽에 배치하였다.

해설 ④ 장제신전은 나일강의 서쪽에 배치하고, 예배신전은 나일강의 동쪽에 배치하였다.

16. 1893년 시카고에서 열린 세계 콜롬비아 박람회가 여러 방면에 미친 영향이라 볼 수 없는 것은?

① 도시미화운동이 활발해졌다.
② 로마에 아메리칸 아카데미를 설립하였다.
③ 박람회장 내 건축은 유럽고전주의 답습으로부터 완전히 탈피하였다.
④ 조경계획의 수립 시 타 분야와의 공동 작업이 활발해졌다.

17. 다음 중 프랑스의 영향을 받은 영국 내 조경 작품이 아닌 것은?

① 멜버른 홀(Melbourne Hall)
② 브라함 파크(Bramham Park)
③ 햄프턴 코트(Hampton Court)
④ 버컨헤드 공원(Birkenhead Park)

해설 ④ 버컨헤드 공원(Birkenhead Park) : 영국 리젠트 파크 영향

18. 다음 중 회교식 정원양식으로 보기 어려운 것은?

① 이탈리아 – 사라센
② 페르시아 – 사라센
③ 스페인 – 사라센
④ 인도 – 사라센

19. 조선시대에 조영된 별서정원 작정자의 연결이 틀린 것은?

① 옥호정 – 김조순
② 남간정사 – 송시열
③ 소쇄원 – 양산보
④ 명옥헌 – 정영방

해설 ④ 명옥헌 – 오희도, 서석지원 – 정영방

20. 고려시대 궁궐 정원에 대한 내용이 처음 기록된 시기는?

① 태조 5년(942년)
② 경종 2년(977년)
③ 성종 12년(994년)
④ 문종 5년(1052년)

2과목 조경계획

21. 용적률에 대한 설명으로 알맞은 것은?

① 건축물의 일조, 채광, 통풍의 확보와 관련된 개념이다.
② 화재 시 연소의 차단, 소화 작업, 피난처 역할을 확보할 수 있게 한다.
③ 식목 공간을 확보하기 위한 방법이다.
④ 입체적인 건축 밀도의 개념이다.

22. 휴게시설 중 벤치의 배치는 소시오페탈(sociopetal)한 형태를 취하여야 하는데, 그것은 다음 인간의 욕구 중 어디에 해당하는가?

① 개인적인 욕구
② 사회적인 욕구
③ 안정에 대한 욕구
④ 장식에 대한 욕구

해설 Osmond 개인적 욕구 공간디자인
1. 소시오페탈(sociopetal) : 마주 보거나 90도 각도로 배치하여 자연스러운 대화가 이루어지도록 한 디자인
   예) 벤치 배치

Answer 15. ④ 16. ③ 17. ④ 18. ① 19. ④ 20. ② 21. ④ 22. ②

2. 소시오푸갈(sociofugal) : 사람들의 교류를 최소화한 디자인
예) 지하철 내 의자

23. 주거지역 주변의 경관에 대한 시각적 선호를 예측하는 것으로서 다음 [보기]의 가설과, 계량적 예측모델의 효시라고 볼 수 있는 것은?

[보기]
기본적인 가설은 경관에 대한 시각적 선호의 정도는 선호에 영향을 미치는 각 인자(독립변수)들의 영향의 합으로서 나타내진다는 것이다.

① 프라이버시 모델 ② 쉐이퍼 모델
③ 중정 모델 ④ 피터슨 모델

24. 「국토기본법」에 대한 설명이 틀린 것은?

① 국토종합계획은 10년을 단위로 수립한다.
② 국토종합계획은 5년을 단위로 전반적으로 재검토하고 실천계획을 수립한다.
③ 국토계획의 유형에는 국토종합계획, 도종합계획, 시·군종합계획, 지역계획 및 부문별계획으로 구분한다.
④ 중앙행정기관의 장은 지역 특성에 맞는 정비나 개발을 위하여 관계 중앙행정기관의 장과 협의하여 관계 법률에 따라 지역계획을 수립할 수 있다.

해설 ① 국토종합계획은 20년을 단위로 수립한다.

25. 공장조경계획의 기본원칙으로 가장 거리가 먼 것은?

① 환경개선 효과가 큰 수종을 선정한다.
② 공장의 차폐를 위한 부분적 식재에 중점을 둔다.
③ 임해공장의 경우 내조성을, 공장녹화용수로는 내연성을 고려한다.
④ 공장의 성격과 입지적 특성에 따라 개성적인 계획이 이루어져야 한다.

26. 미적 반응(aesthetic response) 과정이 올바른 것은?

① 자극 → 자극선택 → 자극탐구 → 반응 → 자극해석
② 자극 → 자극선택 → 자극탐구 → 자극해석 → 반응
③ 자극 → 자극탐구 → 자극선택 → 반응 → 자극해석
④ 자극 → 자극탐구 → 자극선택 → 자극해석 → 반응

27. 공동 주거 공간 계획 시 주거의 쾌적성 및 안전성 확보 노력과 관련이 가장 먼 것은?

① 인동 간격의 유지
② 완충 공간의 확보
③ 도로 위계에 따른 영역성 확보
④ 자투리땅을 이용한 녹지 확보

28. 주택단지 배치 계획 시 주거군(住居群)의 조망이 양호하도록 배치하는 방법으로 적합하지 못한 것은?

① 단지의 지형조건을 고려하여 최적 위치 및 적정 높이를 결정하여 배치한다.
② 각 방향의 경관을 조망할 수 있는 위치에 주택을 배치한다.
③ 밑에서 올려다보는 것보다 위에서 내려다 볼 수 있도록 배치한다.
④ 높은 지역에는 저층건물, 낮은 지역에는 고층건물을 배치한다.

29. 다음 설명에 해당하는 레크리에이션 계획의 접근 방법은?

- 잠재적인 수요까지도 파악하여 관련시킴
- 다른 방법보다 더 복잡하고, 논쟁의 여지도 있으나 미시적 접근이라는 면에서 매우 중요성이 인식됨
- 일반 대중이 여가 시간에 언제 어디서 무엇을 하는가를 상세히 파악하여 그들의 구체적인 행동 패턴에 맞추어 계획하려는 방법

① 자원접근법 ② 활동접근법
③ 경제접근법 ④ 행태접근법

Answer 23. ④ 24. ① 25. ② 26. ④ 27. ④ 28. ④ 29. ④

30. 「환경영향평가법 시행령」에서 규정한 "전략환경영향평가서"의 내용으로 틀린 것은?

① 대상사업이 실시되는 지역의 경관 및 방재가 포함되어야 한다.
② 전략환경영향평가 항목 등의 결정내용 및 조치 내용이 포함되어야 한다.
③ 개발기본계획의 전략환경영향평가서 초안에 대한 주민, 관계 행정기관의 의견 및 이에 대한 반영 여부가 포함되어야 한다.
④ 전략환경영향평가서에 포함되어야 하는 구체적인 내용과 작성방법 등에 관하여 필요한 세부사항은 관계 중앙행정기관의 장과 협의를 거쳐 환경부장관이 정하여 고시한다.

31. 조망(眺望, The vista)의 설계적 처리 방법이 아닌 것은?

① 부분적으로 나눌 수 있다.
② 경관특성과 조화되게 한다.
③ 시각적 관심이 분할되지 않게 한다.
④ 시작지점에서 한 눈에 전체가 보이게 한다.

해설 ④ 시작지점에서 한 눈에 전체가 보이게 한다. : view

32. 「도시공원 및 녹지 등에 관한 법률 시행규칙」에 의한 "녹지의 설치·관리 기준"으로 틀린 것은?

① 전용주거지역에 인접하여 설치·관리하는 녹지는 그 녹화면적률이 50퍼센트 이상이 되도록 할 것
② 재해발생 시의 피난을 위해 설치·관리하는 녹지는 녹화면적률이 50퍼센트 이상이 되도록 할 것
③ 원인시설에 대한 보안대책을 위해 설치·관리하는 녹지는 녹화면적률이 80퍼센트 이상이 되도록 할 것
④ 완충녹지의 폭은 원인시설에 접한 부분부터 최소 10미터 이상이 되도록 할 것

해설 ② 재해발생 시의 피난 그 밖에 이와 유사한 경우를 위하여 설치·관리하는 녹지에는 관목 또는 잔디 그 밖의 지피식물을 심으며, 그 녹화면적률이 70퍼센트 이상이 되도록 할 것

33. 「자연환경보전법」에 의해 자연생태·자연경관을 특별히 보전할 필요가 있는 지역을 "생태·경관보전지역"으로 지정할 수 있다. 다음 중 이에 해당되지 않는 것은?

① 자연경관의 훼손이 심각하게 우려되는 지역
② 다양한 생태계를 대표할 수 있는 지역 또는 생태계의 표본지역
③ 지형 또는 지질이 특이하여 학술적 연구 또는 자연경관의 유지를 위하여 보전이 필요한 지역
④ 자연 상태가 원시성을 유지하고 있거나 생물다양성이 풍부하여 보전 및 학술적 연구 가치가 큰 지역

34. 레크리에이션 계획 시 반영되는 표준치(standard)의 설명으로 옳지 않은 것은?

① 방법론적으로 우수하며, 확실성이 있다.
② 목표의 달성 정도를 평가하는 데 도움이 된다.
③ 계획이나 의사결정 과정에서 지침 또는 기준이 된다.
④ 여가시설의 효과도(effectiveness)를 판단하는 데 도움이 된다.

해설 표준치(standard)의 문제점
① 역사적 전례
② 전문가·정치가의 편의
③ 방법론의 애매성

35. 우리나라의 스키장 계획 관련 설명으로 가장 부적합한 것은?

① 남서향 사면에 계획
② 정상부는 급경사, 하부는 완경사로 계획
③ 관련 시설을 포함하여 최소 10ha 이상의 면적이 바람직함
④ 동계기간에 강설량이 많고, 적설기의 우천일수가 적은 곳

Answer 30.① 31.④ 32.② 33.① 34.① 35.①

해설 ① 북동향 사면에 계획

36. 골프장 코스 계획 시 잔디가 가장 잘 다듬어진 지역의 명칭은?
① 그린(green) ② 러프(rough)
③ 페어웨이(fairway) ④ 벙커(bunker)

37. 오픈 스페이스를 형질, 기능, 소유의 기준으로 공공녹지, 자연녹지 및 공개녹지로 분류할 때 "공개녹지"에 해당하는 것은?
① 도로용지 ② 개인정원
③ 학교운동장 ④ 공익시설 부속원지

해설 오픈 스페이스의 형질, 기능, 소유를 기준으로 한 분류체계
1. 공공녹지
   ① 공원녹지, 운동장, 공원도로, 보행자 전용도로, 자전거도로
   ② 광장
   ③ 공원묘지
2. 자연녹지
   ① 하천, 호수, 수로
   ② 해변, 하안, 호반
   ③ 산림, 들판, 농지
3. 공개녹지
   ① 사찰경내, 묘지 등과 그 부속지
   ② 공익시설 부속원지
   ③ 민영 공공시설원지

38. 각각의 운동시설 계획 시 고려할 사항으로 옳은 것은?
① 농구코트의 장축 방위는 남-북 축을 기준으로 하고, 가까이에 건축물이 있는 경우에는 사이드라인을 건축물과 직각 혹은 평행하게 배치 계획한다.
② 배구장의 코트는 장축을 동-서로 설치하고, 주풍 방향에 수목을 설치하지 않고, 환기를 원활하게 계획한다.
③ 야구장의 방위는 내·외야수의 플레이를 고려하여, 홈 플레이트를 서쪽과 남동쪽 사이에 자리잡게 계획한다.
④ 테니스 코트 장축의 방위는 정동-서를 기준으로 남서 5~15° 편차 내의 범위로 하며, 가능하면 코트의 장축 방향과 주 풍향의 방향이 다르도록 계획한다.

해설 ② 배구장의 코트는 장축을 남-북으로 설치하고, 주풍 방향에 수목 등의 방풍시설을 마련한다.
③ 야구장의 방위는 내·외야수가 오후의 태양을 등지고 경기할 수 있도록 홈플레이트를 동쪽과 북서쪽 사이에 자리잡게 계획한다.
④ 테니스 코트 장축의 방위는 정남-북을 기준으로 동서 5~15° 편차 내의 범위로 하며, 가능하면 코트의 장축 방향과 주 풍향의 방향이 일치하도록 한다.

39. 의자의 계획·설계기준으로 부적합한 것은?
① 등받이 각도는 수평면을 기준으로 95~110°를 기준으로 한다.
② 앉음판의 높이는 34~46cm를 기준으로 하되 어린이를 위한 의자는 낮게 할 수 있다.
③ 앉음판의 폭은 38~45cm를 기준으로 한다.
④ 의자의 길이는 1인당 최소 70cm를 기준으로 한다.

해설 ④ 의자의 길이는 1인당 최소 45cm를 기준으로 한다.

40. 자연지역에서 그 보호와 이용을 합리적으로 하는데 적정수용력의 개념이 사용된다. 이용자가 만족스럽게 공원경험(park experience)을 만끽하는 데는 일정지역에 어느 정도의 인원을 수용하는 것이 적정할 것인가를 기준으로 설정하는 적정 수용력은?
① 물리적 수용력 ② 심리적 수용력
③ 위락적 수용력 ④ 사회적 수용력

Answer 36. ① 37. ④ 38. ① 39. ④ 40. ②

3과목 조경설계

41. 시각적 환경의 질을 표현하는 특성과 거리가 먼 것은?

① 친근성(familiarity)
② 복잡성(complexity)
③ 새로움(novelty)
④ 의미성(meaning)

42. 먼셀의 색입체를 수평으로 잘랐을 때 나타나는 특징을 표현한 용어는?

① 등색상면 ② 등명도면
③ 등채도면 ④ 등대비면

43. 조경설계기준상의 미끄럼대의 설계에 대한 설명이 옳지 않은 것은?

① 미끄럼판의 끝에서 계단까지는 최단거리로 움직일 수 있도록 한다.
② 미끄럼판(면)과 지면이 이루는 각(기울기)은 20~25°로 재질을 고려하여 설계한다.
③ 착지판에서 놀이터 바닥의 답면까지 높이는 10cm 이하로 설계한다.
④ 착지판의 길이는 50cm 이상으로 하고, 물이 고이지 않도록 수평면에서 바깥쪽으로 2~4°의 기울기를 이룰 수 있도록 설계한다.

44. Gordon Cullen이 도시경관 분석 시 이용했던 분석 개념에 해당되지 않는 것은?

① 장소(Place)
② 내용(Content)
③ 동일성(Identity)
④ 연속적 경관(Serial Vision)

45. 시몬즈(J. O. Simonds)가 말하는 외부공간을 형성하는 요소 중 평면적 요소(base plane)의 특징으로 적합하지 않은 것은?

① 모든 생명체의 근원을 이룬다.
② 대지 내의 토지이용 상황에 직접 관련된다.
③ 우리 자신의 동선(動線)이 이 위에 존재한다.
④ 수직적 요소보다 통제(control)가 용이하다.

46. 다음 제도용구 중 곡선을 그리는 데 사용하기 가장 부적합한 도구는?

① 운형자 ② 템플릿
③ 자유곡선자 ④ 팬터그래프

> [해설] 팬터그래프
> ① 다각형의 작도법과 같은 원리로 도형을 축소하거나 확대하는 도구
> ② 4개의 막대로 되어 있음
> ③ 특정한 점에서 회전할 수 있게 되어 있고, 조립하게끔 되어 있어, 원하는 배로 축소 또는 확대된 모양으로 그리는 데 사용

47. 뱀이나, 무서운 개 따위는 상당한 거리를 두어도 기분이 나쁘다. 이러한 의식은 다음 항목에서 어느 공간 의식에 해당하는가?

① 시각적 ② 촉각적
③ 운동적 ④ 심리적

48. 다음 그림과 같은 재료 단면표시가 나타내는 것은?

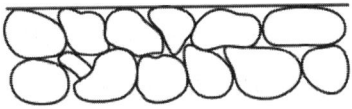

① 일반 흙 ② 바위
③ 잡석 ④ 호박돌

49. 다음 중 일반적으로 길이를 재거나 줄이는 데 사용하는 축척이 아닌 것은?

① 1/100 ② 1/700
③ 1/200 ④ 1/300

해설 일반적인 축척 : 1/100, 1/200, 1/300, 1/400, 1/500, 1/600

50. 자연석 및 조경석을 활용한 설계 내용 중 틀린 것은?

① 하천에 있는 둥근 형태의 돌로서 지름 20cm 내외의 크기를 가지는 자연석을 호박돌이라 한다.
② 조형성이 강조되는 자연석을 사용할 때는 상세도면을 추가로 작성한다.
③ 조경석 놓기는 조경석 높이의 1/3 이하가 지표선 아래로 묻히도록 설계한다.
④ 디딤돌(징검돌) 놓기는 2연석, 3연석, 2·3연석, 3·4연석 놓기를 기본으로 설계한다.

해설 ③ 조경석 놓기는 조경석 높이의 1/3 이상이 지표선 아래로 묻히도록 설계한다.

51. 도면에서 2종류 이상의 선이 같은 곳에서 겹치게 될 때 표시하는 선의 우선순위가 옳게 나타난 것은?

① 외형선-절단선-중심선-숨은선
② 중심선-외형선-절단선-치수선
③ 무게중심선-절단선-외형선-숨은선
④ 외형선-숨은선-절단선-중심선

52. 평행주차형식의 경우 일반형 주차구획 규격의 기준은? (단, 규격은 너비×길이 순서임)

① 1.7미터 이상×4.5미터 이상
② 2.0미터 이상×3.6미터 이상
③ 2.5미터 이상×5.0미터 이상
④ 2.0미터 이상×6.0미터 이상

해설 주차장 주차구획-평행주차형식

구분	너비	길이
경형	1.7m 이상	4.5m 이상
일반형	2.0m 이상	6.0m 이상
보도와 차도의 구분이 없는 주거지역의 도로	2.0m 이상	5.0m 이상
이륜자동차 전용	1.0m 이상	2.3m 이상

53. 시인성(color visibility)에 관한 설명이 틀린 것은?

① 색채마다 고유한 시인성이 있다.
② 다른 용어로 명시성(明視性)이라고도 한다.
③ 검정보다 하양의 바탕이 시인성이 더 높다.
④ 위험 등을 알리는 교통표지판이나 안내물 등에는 시인성을 이용하는 것이 좋다.

54. 경관요소가 시각에 대한 상대적 강도에 따라 경관의 표현이 달라지는 것을 우세요소(dominance elements)라 하는데, 다음 중 우세요소에 해당하는 것은?

① 대비, 시간, 연속, 축
② 선, 색채, 질감, 형태
③ 대비, 리듬, 반복, 연속
④ 리듬, 색채, 질감, 형태

해설 *경관의 우세요소 : 형태, 질감, 색채, 선
*경과의 우세원칙 : 대조, 연속성, 축, 집중, 상대성, 조형

55. 시각적 복잡성과 시각적 선호도와의 관계를 나타낸 설명 중 옳지 않은 것은?

① 일반적으로 중간 정도의 복잡성에 대한 시각적 선호도가 가장 높다.
② 복잡성이 아주 낮은 경우에 시각적 선호도가 낮아진다.
③ 시각적 복잡성이 아주 높은 경우에 시각적 선호도가

Answer 49.② 50.③ 51.④ 52.④ 53.③ 54.② 55.③

가장 높다.
④ 시장은 학교보다 훨씬 높은 정도의 복잡성이 요구된다.

56. 표지판 등 안내시설의 배치 시 고려할 사항으로 옳지 않은 것은?

① 종합안내표지판은 이용자가 가능한 한 적은 장소 등 인지도와 식별성이 낮은 지역에 배치한다.
② 표지판의 설치로 인하여 시선에 방해가 되어서는 아니 된다.
③ CIP(Corporate Identity Program) 개념을 도입하여 시설들이 통일성을 가질 수 있도록 한다.
④ 보행동선이나 차량의 움직임을 고려한 배치 계획으로 가독성과 시인성을 확보한다.

해설 ① 종합안내표지판은 이용자가 많이 모이는 장소 등 인지도와 식별성이 높은 지역에 배치한다.

57. 다음 그림은 제3각법으로 제도한 것이다. 이 물체의 등각 투상도로 알맞은 것은?

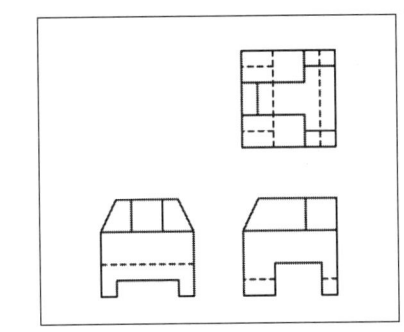

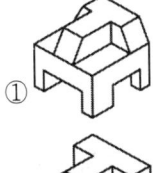 ①

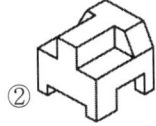 ②

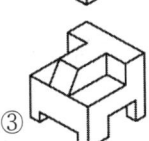 ③

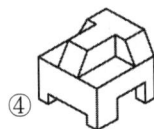 ④

58. 도시공간의 분류방법 중 틸(thiel)에 의한 분류방법이 아닌 것은?

① 모호한 공간(vagues)
② 한정된 공간(spaces)
③ 닫혀진 공간(volumes)
④ 정적 공간(negative spaces)

59. 자전거도로에서 해당 자전거 설계속도가 시속 35km의 경우 최소 얼마 이상의 곡선반경(m)을 확보하여야 하는가? (단, 자전거 이용시설의 구조·시설 기준에 관한 규칙을 적용한다.)

① 12
② 17
③ 27
④ 35

해설 자전거도로의 곡선반경

설계속도	곡선반경
시속 30km 이상	27m
시속 20km 이상 30km 미만	12m
시속 10km 이상 20km 미만	5m

60. A, B 두 점의 표고가 각각 318m, 345m이고, 수평거리가 280m인 등경사일 때 A점에서 330m 등고선이 지나는 점까지의 거리는?

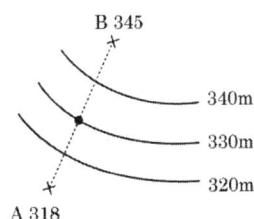

① 80m
② 100.5m
③ 124.4m
④ 145.2m

해설 $\dfrac{X}{H_C - H_A} = \dfrac{D}{H_B - H_A}$
(여기서, H_A : A지점 표고, H_B : B지점 표고, H_C : AB 두 지점 사이 C지점 표고, D : 수평거리, AB 간 지표경사 균일)

$$\frac{X}{330m-318m} = \frac{280m}{345m-318m}$$

$$\frac{X}{12m} = \frac{280m}{27m}$$

$$\therefore X = 124.4m$$

4과목 조경식재

61. 일반적인 조경 수목의 형태 및 분류학적인 특징 연결로 가장 거리가 먼 것은?

① 침엽수 - 풍매화
② 나자식물 - 구과
③ 쌍자엽식물 - 은화식물
④ 현화식물 - 종자식물

62. "소사나무(Carpinus turczaninowii)"의 특징으로 틀린 것은?

① 한국이 원산지이다.
② 낙엽활엽 수목이다.
③ 4~5월에 개화한다.
④ 잎은 마주 난다.

63. 생울타리용 수종들의 특성으로 옳은 것은?

①「Juniperus chinensis 'Kaizuka'」는 조해, 염해에 약하고 내한, 내서성이 있으며 건습에도 잘 자라나 이식은 어려운 편이다.
②「Ligustrum obtusifolium」는 염해에 강하며 조해에도 비교적 강하고 토질은 가리지 않으며, 강한 전정에 잘 견딘다.
③「Euonymus japonicus」는 이식이 쉽고 생장이 어느 수종보다도 빠르나 조해, 염해에는 약하다.
④「Chamaecyparis obtusa」은 조해, 염해에 강하고 이식도 다른 수종에 비해 잘 되나 삽목에 의한 번식

은 어렵다.

→해설 ①「Juniperus chinensis 'Kaizuka'」(가이즈까향나무)는 조해, 염해에 강하고 내한, 내서성이 있으며 건습에도 잘 자라나 이식도 쉬운 편이다.
②「Ligustrum obtusifolium」(쥐똥나무)는 염해에 강하며 조해에도 비교적 강하고 토질은 가리지 않으며, 강한 전정에 잘 견딘다.
③「Euonymus japonicus」(사철나무)는 이식이 쉽고 생장이 어느 수종보다도 빠르고 조해, 염해에 강하다.
④「Chamaecyparis obtusa」(편백)은 조해, 염해에 강하고 이식도 다른 수종에 비해 잘 되나 삽목에 의한 번식도 잘 된다.

64. 생태적 천이(ecological succession)에 대한 설명으로 틀린 것은?

① 내적공생 정도는 성숙 단계에 가까울수록 발달된다.
② 생활 사이클은 성숙 단계에 가까울수록 길고 복잡하다.
③ 생물과 환경과의 영양물 교환 속도는 성숙 단계에 가까울수록 빨라진다.
④ 영양물질의 보존은 성숙 단계에 가까울수록 충분하게 된다.

65. 배경식재에 관한 설명으로 가장 거리가 먼 것은?

① 주경관의 배경을 구성하기 위한 식재
② 시각적으로 두드러지지 말아야 할 것
③ 대상 수목은 암록색, 암회색 등의 수관 및 수피를 가질 것
④ 대상 수목은 시선을 끄는 웅장한 수형을 가질 것

66. 방풍림(防風林, wind shelter) 조성 등에 관한 설명으로 틀린 것은?

① 식물은 공기의 이동을 방해하거나 유도하고, 굴절시키며 여과시키는 기능을 한다.

Answer 61. ③ 62. ④ 63. ② 64. ③ 65. ④ 66. ②

② 수림의 밀폐도가 90% 이상이 되면 풍하 쪽의 흡인 선풍과 난기류는 줄어든다.
③ 수림대의 길이는 수고의 12배 이상이 필요하다.
④ 주풍과 직각이 되는 방향으로 정삼각형 식재의 수림을 조성한다.

67. 수종별 특징이 옳지 않은 것은?

① 후박나무(Machilus thunbergii)는 상록성 수종이다.
② 백송(Pinus bungeana)의 잎은 3엽 속생이다.
③ 병꽃나무(Weigela subsessilis)는 경계식재용으로 많이 쓰인다.
④ 상수리나무(Quercus acutissima)의 잎은 거치 끝에 엽록소가 존재한다.

> 해설 ① 후박나무(Machilus thunbergii)는 상록성 수종이다.-상록활엽교목
> ② 백송(Pinus bungeana)의 잎은 3엽 속생이다.
> ③ 병꽃나무(Weigela subsessilis)는 경계식재용으로 많이 쓰인다.-낙엽활엽관목
> ④ 상수리나무(Quercus acutissima)의 잎은 거치 끝에 엽록소가 존재하지 않는다.

68. 시기적으로 꽃이 가장 먼저 피는 수목은?

① 풍년화(Hamamelis japonica)
② 무궁화(Hibiscus syriacus)
③ 모란(Paeonia suffruticosa)
④ 나무수국(Hydrangea paniculata)

> 해설 ① 풍년화(Hamamelis japonica) : 2월
> ② 무궁화(Hibiscus syriacus) : 7~8월
> ③ 모란(Paeonia suffruticosa) : 5월
> ④ 나무수국(Hydrangea paniculata) : 7~8월

69. 시야를 방해하지 않으면서 공간을 분할 및 한정하는 데 이용할 수 있는 수종으로만 구성된 것은?

① 백합나무, 맥문동
② 회화나무, 가죽나무
③ 느티나무, 수수꽃다리
④ 화살나무, 병아리꽃나무

> 해설 시야를 방해하지 않으면서 공간을 분할 및 한정하는 데 이용할 수 있는 수종=관목
> ① 백합나무-낙엽활엽교목, 맥문동-초본
> ② 회화나무-낙엽활엽교목, 가죽나무-낙엽활엽교목
> ③ 느티나무-낙엽활엽교목, 수수꽃다리-낙엽활엽관목
> ④ 화살나무-낙엽활엽관목, 병아리꽃나무-낙엽활엽관목

70. 계절의 변화를 가장 확실하게 보여 주는 수종은?

① 주목(Taxus cuspidata)
② 동백나무(Camellia japonica)
③ 산벚나무(Prunus sargentii)
④ 태산목(Magnolia grandiflora)

> 해설 ① 주목(Taxus cuspidata) : 상록침엽교목
> ② 동백나무(Camellia japonica) : 상록활엽교목
> ③ 산벚나무(Prunus sargentii) : 낙엽활엽교목
> ④ 태산목(Magnolia grandiflora) : 상록활엽교목

71. 자연풍경식 식재 양식에 속하지 않는 것은?

① 배경식재
② 부등변 삼각형식재
③ 임의식재
④ 표본식재

72. 서울 등의 도심지역에 가로수를 식재할 때 고려해야 할 사항으로 가장 거리가 먼 것은?

① 지하고(枝下高)를 고려한다.
② 수고(樹高)를 고려한다.
③ 심근성(深根性) 여부를 고려한다.
④ 내염성(耐鹽性)을 고려한다.

Answer 67. ④ 68. ① 69. ④ 70. ③ 71. ④ 72. ④

73. 정원공간의 안쪽을 멀고, 깊게 보이게 하는 방법으로서 적합하지 않은 것은?

① 뒤쪽에 황록색(GY), 앞쪽에 청자색(PB)의 식물을 심는다.
② 뒤쪽에 후퇴색, 앞쪽에 진출색의 식물을 심는다.
③ 뒤쪽에 질감(Texture)이 부드러운 수목을 앞쪽에 질감이 거친 것을 심는다.
④ 뒤쪽에 키가 작은 나무를, 앞쪽에 키가 큰 나무를 심는다.

74. 화서(花序 : inflorescence) 종류 중 "무한화서(총상화서)"에 해당하는 것은?

① 수수꽃다리(Syringa oblata)
② 때죽나무(Styrax japonicus)
③ 목련(Magnolia kobus)
④ 작살나무(Callicarpa japonica)

해설 무한화서 : 총상화서, 산방화서, 수상화서, 유이화서, 두상화서, 산형화서, 원추화서
① 수수꽃다리(Syringa oblata) : 원추화서
② 때죽나무(Styrax japonicus) : 총상화서
③ 목련(Magnolia kobus) : 단정화서
④ 작살나무(Callicarpa japonica) : 취산화서

75. 생물종 다양성에 관한 설명으로 옳은 것은?

① 생물종 다양성의 이론은 열대지방에서만 적용되는 것이므로 온대지방에서는 문제가 없음
② 일반적으로 생태적 천이단계에서 극상림은 생물종 다양성이 발전단계보다 낮아짐
③ 도시지역에서는 인위적으로 생물종 다양성을 높일 수 없음
④ 엔트로피가 증가되면 생물종 다양성은 반드시 증가함

76. 두 그루의 수목을 근접 위치에 식재하면, 관련(關聯) 및 대립(對立)으로서의 구성을 보인다. 다음 중 "관련의 구성"에 해당되지 않는 것은?

① 두 그루가 한 시야(약 60° 각도)에 들어오게 배식한다.
② 수고보다 수관폭이 큰 경우, 두 그루의 거리를 두 수관폭의 $\frac{1}{2}$씩의 합계보다 좁게 유지한다.
③ 두 그루의 수고 합계보다 식재거리를 좁게 배식한다.
④ 두 그루의 거리가 두 그루의 수관폭 합계보다 좁게 유지한다.

77. 다음 설명에 적합한 한국의 수평적 삼림대는?

- 고유상록활엽수림상은 거의 파괴되고 낙엽활엽수, 침엽혼효림, 소나무림화된 곳이 많다.
- 붉가시나무, 감탕나무, 후박나무, 녹나무 등이 향토 수종이다.

① 한대림   ② 온대북부
③ 온대남부   ④ 난대림

78. 방음식재의 효과를 높이기 위한 유의사항으로 가장 거리가 먼 것은?

① 소음원에 접근해서 식재하는 것이 효과가 높다.
② 경관을 고려하여 지하고가 높은 교목을 선정하고, 식재대는 10m 이하가 적합하다.
③ 수종은 가급적 지하고가 낮은 상록교목을 사용하는 것이 감쇄효과가 높다.
④ 자동차도로 소음 감쇄용 방음식재의 수림대는 높이가 13.5m 이상이 되도록 한다.

79. 다음 설명하는 종자 활력검정방법은?

- 발아력의 간접측정
- 결과를 1~3일 내 도출 가능
- 단단한 종피를 가지고 있어 발아촉진 기간이 긴 휴면성이 깊은 목본류 식물종자에 유용한 검정방법
- 효소반응을 방해하는 물질을 함유하고 있는 일부 종에는 적용 불가

① 발아검정
② X-ray 검사
③ 배 추출검정(EE 검정)
④ 테트라졸리움 검정(TTC 검정)

80. 산림생태계 복원 시 자생종으로 활용할 수 있는 수종으로만 조합된 것은?

① 가죽나무(*Ailanthus altissima*)
　자귀나무(*Albizia julibrissin*)
② 감나무(*Diospyros kaki*)
　버즘나무(*Platanus orientalis*)
③ 모과나무(*Chaenomeles sinensis*)
　메타세콰이아(*Metasequoia glyptostroboides*)
④ 상수리나무(*Quercus acutissima*)
　때죽나무(*Styrax japonicus*)

해설　원산지
① 가죽나무(*Ailanthus altissima*) – 중국
　자귀나무(*Albizia julibrissin*) – 한국, 중국, 일본
② 감나무(*Diospyros kaki*) – 한국, 중국, 일본
　버즘나무(*Platanus orientalis*) – 한국, 중국, 일본
③ 모과나무(*Chaenomeles sinensis*) – 중국
　메타세콰이아(*Metasequoia glyptostroboides*)
　– 중국
④ 상수리나무(*Quercus acutissima*) – 한국
　때죽나무(*Styrax japonicus*) – 한국

5과목　조경시공구조학

81. 다음은 콘크리트 구조물의 동해에 의한 피해 현상을 나타낸 것이다. 어느 현상을 설명한 것인가?

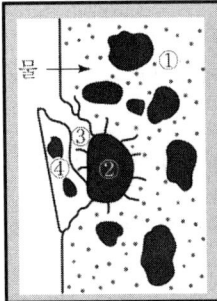

[보기]
① 콘크리트가 흡수
② 흡수율이 큰 쇄석이 흡수, 포화상태가 됨
③ 빙결하여 체적 팽창압력
④ 표면부분 박리

① Pop Out　　　② 폭렬 현상
③ Laitance　　　④ 알칼리 골재반응

해설　② 폭렬 현상 : 고강도 콘크리트에서 공극이 없어서 화재가 발생하면 안에 있는 재료들이 팽창하여 터지는 현상

82. 다음 설명하는 배수 계통의 종류는?

- 하수처리장이 많아지고 부지경계를 벗어난 곳에 시설을 설치해야 하는 부담이 있다.
- 배수지역이 광대해서 배수를 한 곳으로 모으기 곤란할 때 여러 개로 구분해서 배수계통을 만드는 방식이다.
- 관로의 길이가 짧고 작은 관경을 사용할 수 있기 때문에 공사비를 절감할 수 있다.

① 직각식(直角式)　② 차집식(遮集式)
③ 선형식(扇形式)　④ 방사식(放射式)

83. 축척 1 : 1,500 지도상의 면적을 잘못하여 축척 1 : 1,000으로 측정하였더니 10,000m²이 나왔다면 실제의 면적은?

① 15,000m²　　② 18,700m²
③ 22,500m²　　④ 24,300m²

해설　$\left(\dfrac{1}{1,500}\right)^2 : \left(\dfrac{1}{1,000}\right)^2 = 10,000\text{m}^2 : x$
∴ x=22,500m²

84. 회전입상 살수기(回轉立上撒水器, rotary pop-up head)의 설명으로 옳은 것은?

① 고정된 동체와 분사공만으로 된 살수기
② 특수한 경우에 사용되는 분류 살수기
③ 회전하며 한 개 또는 여러 개의 분무공을 갖는 살수기
④ 동체로부터 분무공이 올라와서 회전하는 살수기

[해설] ① 고정된 동체와 분사공만으로 된 살수기 : 분무살수기
③ 회전하며 한 개 또는 여러 개의 분무공을 갖는 살수기 : 회전살수기
④ 동체로부터 분무공이 올라와서 회전하는 살수기 : 회전입상살수기

85. 합성수지 중 건축물의 천장재, 블라인드 등을 만드는 열가소성 수지는?

① 요소 수지　　　② 실리콘 수지
③ 알키드 수지　　④ 폴리스티렌 수지

[해설] ① 요소 수지 - 열경화성 수지
② 실리콘 수지 - 열경화성 수지
③ 알키드 수지 - 열경화성 수지
④ 폴리스티렌 수지 - 열가소성 수지

86. 공사내역서 작성 시 순공사 원가가 해당되는 항목이 아닌 것은?

① 경비　　　　　② 노무비
③ 재료비　　　　④ 일반관리비

87. 시방서 작성에 포함되는 내용이 아닌 것은?

① 시공에 대한 주의사항
② 재료의 수량 및 가격
③ 시공에 필요한 각종 설비
④ 재료 및 시공에 관한 검사

88. 평판 측량에서 평판을 세울 때 발생하는 오차 중 다른 오차에 비하여 그 영향이 매우 큰 오차는?

① 거리 오차　　　② 기울기 오차
③ 방향 맞추기 오차　④ 중심 맞추기 오차

89. 지오이드(Geoid)에 관한 설명으로 틀린 것은?

① 하나의 물리적 가상면이다.
② 평균 해수면과 일치하는 등포텐셜면이다.
③ 지오이드면과 기준 타원체면과는 일치한다.
④ 지오이드상의 어느 점에서나 중력 방향에 연직이다.

90. 다음 그림과 같이 벽돌을 활용한 내력벽 쌓기의 명칭은?

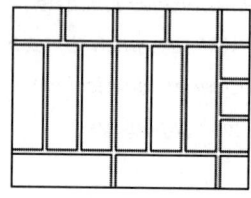

① 길이 쌓기　　　② 옆세워 쌓기
③ 마구리 쌓기　　④ 길이세워 쌓기

91. 다음 중 표준품셈의 재료별 할증률이 가장 큰 것은?

① 이형철근　　　② 붉은 벽돌
③ 조경용 수목　　④ 마름돌용 원석

[해설] ① 이형철근 : 3%
② 붉은 벽돌 : 3%
③ 조경용 수목 : 10%
④ 마름돌용 원석 : 30%

92. 강우유역 면적이 28ha이고, 평균 우수유출계수가 C=0.15인 도시공원에 강우강도가 I=15mm/hr일 때 공원의 우수 유출량(m³/sec)은?

① 0.175　　　② 0.635
③ 1.035　　　④ 3.015

[해설] $Q = \dfrac{1}{360} \times C \times I \times A$

Answer 85.④ 86.④ 87.② 88.③ 89.③ 90.④ 91.④ 92.①

(Q : 우수유출량(m³/sec), C : 유출계수, I : 강우강도 (mm/hr), A : 배수면적(ha))

$Q = \frac{1}{360} \times 0.15 \times 15mm/hr \times 28ha$
$= 0.175m^3/sec$

93. 0.7m³ 용량의 유압식 백호우를 이용하여 작업상태가 양호한 자연상태의 사질토를 굴착 후 선회각도 90°로 덤프트럭에 적재하려 할 때 시간당 굴착작업량은? (단, 버킷 계수는 1.1, L은 1.25, 1회 사이클 시간은 16초, 토질별 작업효율은 0.85이다.)

① 1.79m³   ② 3.07m³
③ 117.81m³   ④ 184.08m³

[해설] $Q = \frac{3600 \times q \times f \times E \times k}{C_m}$

여기서, Q : 시간당 작업량(m³/hr)
q : 버킷용량(m³)
f : 토량환산계수
E : 작업효율
k : 버킷계수
C_m : 1회 사이클 시간(초)

$Q = \frac{3600 \times 0.7m^2 \times \frac{1}{1.25} \times 0.85 \times 1.1}{16초} = 117.8m^3$

94. □단면 90×90mm의 미송목재 단주(短柱)에 3톤의 고정하중이 축방향 압축력으로 작용한다면 압축 응력은?

① 32kgf/cm²   ② 37kgf/cm²
③ 42kgf/cm²   ④ 47kgf/cm²

[해설] 압축응력 $= \frac{P}{A}$

압축응력 $= \frac{3,000kg}{9cm \times 9cm} = 37kgf/cm^2$

95. 다음과 같이 평탄지를 조성하는 방법은 어떤 수법에 의한 것인가?

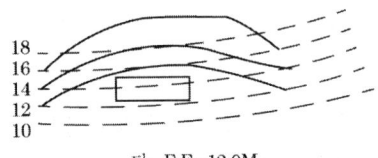
단, F.E=12.0M

① 성토에 의한 방법
② 절토에 의한 방법
③ 옹벽에 의한 방법
④ 혼합(절토와 성토) 방법

96. 네트워크 공정표 작성에 대한 설명으로 옳지 않은 것은?

① ○표는 결합점(Event, node)이라 한다.
② 작업(activity)은 화살표로 표시하고 화살표에는 시종으로 동그라미를 표시한다.
③ 동일 네트워크에 있어서 동일 번호가 2개 이상 있어서는 아니 된다.
④ 화살표의 윗부분에 소요시간을, 밑부분에 작업명을 표기한다.

97. 흙의 함수율, 함수비, 공극률, 공극비에 대한 설명으로 틀린 것은?

① 함수율은 공극수 중량과 흙 전체 중량의 백분율이다.
② 공극률은 흙 전체 용적에 대한 공극의 체적 백분율이다.
③ 공극비는 고체부분의 체적에 대한 공극의 체적비이다.
④ 함수비는 토양에 존재하는 수분의 무게를 흙의 체적으로 나눈 백분율이다.

[해설] ④ 함수비는 흙입자 중량에 대한 함유수분의 중량비

98. 광원에 의해 빛을 받는 장소의 밝기를 뜻하는 조도의 단위는?

① 럭스(lx)   ② 암페어(A)

Answer
93. ③ 94. ② 95. ② 96. ④ 97. ④ 98. ①

③ 칸델라(cd)   ④ 스틸브(sb)

99. 구조물에 작용하는 하중의 유형과 그에 대한 설명이 옳지 않은 것은?

① 고정하중 : 구조물과 같이 항상 일정한 위치에서 작용하는 하중이며, 구조체나 벽 등의 체적에 재료의 단위용적 중량을 곱하여 구한다.
② 집중하중 : 하중이 구조물에 얹혀 있는 면적이 아주 좁아 한 점으로 생각되는 경우의 하중이다.
③ 눈하중 : 구조물에 쌓이는 눈의 중량을 말하며, 지붕의 경사각이 30°를 넘는 경우 눈하중을 경감할 수 있다.
④ 풍하중 : 구조물에 재난을 주는 빈도가 높은 하중이며, 특히 내륙지방에서는 20%를 증가시켜 적용한다.

100. 물의 흐름과 관련한 설명 중 등류(等流)에 해당하는 것은?

① 유속과 유적이 변하지 않는 흐름
② 물 분자가 흩어지지 않고 질서정연하게 흐르는 흐름
③ 한 단면에서 유적과 유속이 시간에 따라 변하는 흐름
④ 일정한 단면을 지나는 유량이 시간에 따라 변하지 않는 흐름

6과목 조경관리론

101. 농약 중 분제(粉劑)에 대한 설명으로 옳은 것은?

① 분제에 대한 검사 항목으로는 주성분과 분말도이다.
② 분제는 유제에 비하여 수목에 고착성이 우수하다.
③ 분제의 물리성 중에서 중요한 것은 입자의 크기와 현수성이다.
④ 주제에 Kaoline 등의 점토광물과 계면활성제 및 분산제를 넣어 제제화한 것이다.

102. 다음 중 식물체 내의 질소고정작용에 가장 필요한 원소는?

① Mo   ② Si
③ Mn   ④ Zn

103. 부식이 토양의 pH 완충력을 증가시킬 수 있는 이유로 가장 적절한 것은?

① carboxyl기를 많이 가지고 있으므로
② 석회를 많이 흡착 보유할 수 있으므로
③ 미생물의 활성을 증가시키므로
④ 질산화 작용을 억제하므로

104. 멀칭(mulching)의 효과가 아닌 것은?

① 토양수분이 유지된다.
② 토양의 비옥도를 증진시킨다.
③ 염분농도를 증진시킨다.
④ 점토질 토양의 경우 갈라짐을 방지한다.

105. 수림지의 하예작업 관리계획 수립 시의 검토 사항으로 가장 거리가 먼 것은?

① 계속 연수   ② 연간 횟수
③ 작업시기   ④ 현존량

106. 농약의 살포방법 중 유제, 수화제, 수용제 등에서 조제한 살포액을 분무기를 사용하여 무기분무(airless spray)에 의하여 안개모양으로 살포하는 방법은?

① 분무법   ② 미스트법
③ 폼스프레이법   ④ 스프링클러법

Answer 99. ④ 100. ① 101. ① 102. ① 103. ① 104. ③ 105. ④ 106. ①

107. 레크리에이션 시설의 서비스 관리를 위해서는 제한 인자들에 대한 이해가 필요하며 그것들을 극복할 수 있어야만 한다. 다음 중 그 제한 인자에 속하지 않는 것은?

① 관련법규 ② 특별 서비스
③ 이용자 태도 ④ 관리자의 목표

해설 레크리에이션 시설의 서비스 관리-제한 인자
: 관련법규, 관리자 목표, 전문가적 능력, 이용자 태도

108. 각종 운동경기장, 골프장의 Green, Tee 및 Fairway 등과 같이 집중적인 재배를 요하는 잔디 초지는 답압의 내구력과 피해로부터 빨리 회복되는 능력 등이 매우 중요하다. 다음 중 잔디 초지류의 내구성에 대한 저항력이 가장 강한 것은?

① Perennial ryegrass
② Creeping bentgrass
③ Kentucky bluegrass
④ Tall fescue

109. 토사로 포장한 원로의 보수 관리 설명으로 틀린 것은?

① 먼지 발생을 억제하기 위해 물을 뿌리거나 염화칼슘을 살포한다.
② 측구나 암거 등 배수시설을 정비하고 제초를 한다.
③ 요철부는 같은 비율로 배합된 재료로 채우고 다진다.
④ 표면배수를 위하여 노면횡단경사를 8~10% 이상으로 유지한다.

해설 ④ 표면배수를 위하여 노면횡단경사를 3~5% 이상으로 유지한다.

110. 토양 전염을 하지 않는 것은?

① 뿌리혹병 ② 모잘록병
③ 오동나무 탄저병 ④ 자주빛날개무늬병

111. 하천 생태복원관리의 설명으로 틀린 것은?

① 조성된 생태하천을 효율적으로 관리하기 위해서는 생태적 천이에 교란을 주지 않는 범위 내에서 최소한의 관리를 해주어야 한다.
② 생태하천에서의 비점오염원의 유입차단 및 수질정화효과를 극대화시키기 위해서는 초본의 경우 연 1회(늦가을) 제초를 해주어야 하며 제거된 초본은 하천부지 밖으로 유출하여야 한다.
③ 다년생 초본류와 같은 식생대를 유지하기 위해서는 환삼덩굴과 같은 덩굴성식물이나 단풍잎돼지풀과 같은 외래식물은 지속적으로 구제해주어야 한다.
④ 하천 내에서는 생태하천조성 당시의 원하지 않았던 식물이 도입될 경우, 식물을 조기에 제거하기 위하여 제초제를 사용한다.

해설 하천 생태복원관리-유지관리 일반
1. 조성된 생태하천을 효율적으로 관리하기 위해서는 생태적 천이에 교란을 주지 않는 범위 내에서 최소한의 관리를 해주어야 한다.
2. 생태하천에서의 비점오염원의 유입차단 및 수질정화효과를 극대화시키기 위해서는 초본의 경우 연 1회(늦가을) 제초를 해주어야 하며 제거된 초본은 하천 부지 밖으로 유출하여야 한다.
3. 다년생 초본류와 같은 식생대를 유지하기 위해서는 환삼덩굴과 같은 덩굴성식물이나 단풍잎돼지풀과 같은 외래식물은 지속적으로 구제해주어야 한다.
4. 하천 내에서는 생태하천조성 당시의 원하지 않았던 식물이 도입될 경우, 이러한 식물을 제거하기 위하여 제초제를 사용하여서는 안 된다.
5. 홍수 후에는 상류로부터 떠내려 온 부유물질이나 쓰레기 등이 수목에 걸리게 되므로 이를 제거해주어야 한다.
6. 생태하천의 수림대 조성은 하천경관에도 영향을 미치므로 하천부지의 허용하는 범위 내에서 다양한 수종을 선택하는 것이 바람직하다.
7. 생태하천조성을 위하여 식재한 수림대는 상류로부터 공급되어온 토사를 퇴적시키게 되므로 장기적으로 수림화가 진행될 가능성이 있으며, 치수안전성 확보를 위하여 3~5년에 1회 이상 전정을 통하여 수목을 관리해주어야 한다.
8. 생태하천조성 후, 조성된 생물서식처의 기능을 주

Answer 107. ② 108. ④ 109. ④ 110. ③ 111. ④

기적으로 점검하여 그 기능이 향상되도록 유기적으로 운영한다.

112. 아스팔트 콘크리트 도로 포장의 균열 파손을 보수하는 방법으로 사용할 수 없는 것은?

① 표면처리 공법　　② 덧씌우기 공법
③ 모르타르 주입공법　④ 패칭공법

해설　③ 모르타르 주입공법 : 시멘트 콘크리트 포장 보수 방법

113. 소나무좀은 유충과 성충이 모두 소나무에 피해를 가하는데, 신성충이 주로 가해하는 곳은?

① 소나무 잎　　② 소나무 뿌리
③ 수간 밑부분　④ 소나무 새 가지

114. 다음 중 근로재해의 도수율(度數率)을 가장 잘 설명한 것은?

① 근로자 1000명당 1년간에 발생하는 사상자 수
② 재적근로자 1000명당 년간 근로 재해 수
③ 재적근로자의 근로 시간당의 사상자 수
④ 연 근로시간 합계 100만 시간당의 재해 발생 건수

115. 조경공간에서 잡초가 발아하여 지표면 위로 출현하는 과정에 관여하는 요인과 가장 관련이 적은 것은?

① 토양심도　　② 토양강도
③ 토양수분　　④ 토양온도

116. 시공자를 대신하여 공사의 모든 시공관리, 공사업무 및 안전관리업무를 행사하는 사람은?

① 감독관　　② 작업반장
③ 현장대리인　④ 공사감리자

117. 다음 설명의 ( ) 안에 들어갈 용어는?

토양의 사상균(곰팡이)은 ( )을/를 형성하여 토양의 입단화를 촉진한다.

① 균사　　② 포자
③ 항생물질　④ 뿌리혹박테리아

118. 다음 중 조경관리를 위한 동력예취기, 농약살포 연무기, 사다리 등의 장비관리 내용이 틀린 것은?

① 연무기 몸체는 열기를 식힐 수 있도록 주기적으로 물을 뿌려 적셔주도록 한다.
② 가급적 예취기의 날은 작업에 맞도록 사용하며, 일자날 사용은 하지 않도록 한다.
③ 사다리 작업 시 손, 발, 무릎 등 신체의 일부를 사용하여 3점을 사다리에 접촉·유지한다.
④ 예취작업은 오른쪽에서 왼쪽 방향으로 하며, 운전 중 항상 기계의 작업범위 내에 사람이 접근하지 못하도록 한다.

119. 미국흰불나방의 생태적 특성을 설명한 것으로 틀린 것은?

① 주로 활엽수를 가해한다.
② 성충은 1년에 1회만 발생한다.
③ 수피 사이, 판자 틈, 나무의 빈 공간에 형성한 고치를 수시로 채집하여 소각한다.
④ 8월 상순부터 유충이 부화하여 10월 상순까지 가해한 후 번데기가 되어 월동에 들어간다.

해설　② 성충은 1년에 2회 발생한다.

120. 수목생장에 영향을 끼치는 저해 요인들 중 상대적 비율이 가장 높은 것은?

① 충해　　② 병해
③ 기상피해　④ 산불피해

Answer　112. ③　113. ④　114. ④　115. ②　116. ③　117. ①　118. ①　119. ②　120. ②

2019년 조경기사 최근기출문제 (2019. 9. 21)

1과목 조경사

01. 다음 중 동양사상의 일반적인 특정으로 가장 거리가 먼 것은?

① 천지인의 조화를 꾀하였다.
② 자연과 인간이 융합적이다.
③ 분석적이며 물질 중심적이다.
④ 전체주의적이며 정신주의적이다.

[해설] 동양사상의 일반적인 특징
① 예술적·정적
② 자연과 인간의 융합
③ 관용과 조화의 정신
④ 일체 존재에 대해 근원적으로 신뢰
⑤ 천지인의 조화 꾀함

02. 다음 설명에 적합한 대상은?

- 1661년에 조성되어 르 노트르(Le Notre)의 이름을 알리게 된 정원
- 기하학, 원근법, 광학의 법칙이 적용
- 중심축을 따라 시선은 정원으로부터 점차 멀리 수평선을 바라보게 처리

① 보볼리원   ② 벨베데레원
③ 보르 뷔 콩트   ④ 베르사이유 정원

[해설] 작품 - 설계자
② 벨베데레원 - 브라만테
③ 보르 뷔 콩트 - 앙드레 르 노트르
④ 베르사이유 정원 - 앙드레 르 노트르

03. 일본의 헤이안, 가마쿠라 시대 때 조영된 대상과 연못의 명칭 연결이 틀린 것은?

① 대각사 - 대택지   ② 모월사 - 대천지
③ 금각사 - 황금지   ④ 평등원 - 아(阿)자지

[해설] ① 대각사 - 대택지 : 헤이안
② 모월사 - 대천지 : 헤이안
③ 금각사 - 경호지 : 무로마치
    서방사 - 황금지 : 가마쿠라
④ 평등원 - 아(阿)자지 : 헤이안

04. 영국 자연풍경식 조경가 중 "자연은 직선을 싫어한다."라는 말을 신조로 삼고 있었던 사람은?

① 켄트(Kent)
② 스위쳐(Switcher)
③ 브라운(Brown)
④ 브리지맨(Bridgeman)

05. 동양정원과 관련된 저서에 대한 설명으로 옳은 것은?

① 계성은 원야에서 주인(조영자)보다 장인들의 중요성을 주장하였다.
② 산림경제 복거(卜居)편에는 수목 식재방법이 소개된다.
③ 양화소록에는 조선시대 정원식물의 특성과 번식법, 화분의 관리법 등이 소개된다.
④ 홍만선(1643~1715)은 임원경제지라는 농가 생활에 필요한 백과전서를 소개했다.

[해설] ① 계성은 원야에서 장인들보다 주인(조영자)의 중요성을 주장하였다.
② 산림경제 복거(卜居)편에는 주택의 선정과 건축이 소개된다.
③ 양화소록에는 조선시대 정원식물의 특성과 번식

Answer 01. ③ 02. ③ 03. ③ 04. ① 05. ③

법, 화분의 관리법 등이 소개된다.
④ 홍만선(1643~1715)은 산림경제에서 농서 겸 가정생활서 저술
서유구는 임원경제지라는 농가 생활에 필요한 백과전서를 소개했다.

06. 근대 조경의 아버지라고 불리는 옴스테드(F. L. Olmsted)의 작품 및 프로젝트가 아닌 것은?

① Greensward Plan
② Birkenhead Park
③ Back Bay Fens Plan
④ World's Columbian Exposition

07. 한국정원에 관한 옛 기록 「대동사강」에 나오는 고조선 시대 노을왕(魯乙王)과 관련된 내용은?

① 유(囿)
② 누대(樓臺)
③ 도리(桃李)
④ 신산(神山)

▶해설 ① 유(囿) : '짐승을 키웠다'

08. 메가론(Megaron)이라 불리는 중정 형태가 등장한 시대는?

① 고대 로마
② 고대 이집트
③ 고대 그리스
④ 고대 메소포타미아

09. 다음 중 세부적 기교, 강렬한 대비효과, 호화로움 그리고 역동성 등의 특성이 나타난 조경 양식은?

① 로코코(rococo) 조경
② 바로크(baroque) 조경
③ 낭만주의(romanticism) 조경
④ 노단건축식(terrace-dominant architectural style) 조경

10. 자연사면을 수평면으로 처리한 것이 아니라 인공적인 성토작업을 통하여 축조한 계단식 후원은?

① 경복궁의 교태전 후원
② 창덕궁의 낙선재 후원
③ 전라남도 담양군의 소쇄원
④ 창덕궁의 연경당 선향재 후원

11. 다음 중 중국 진(秦)나라 시대의 정원은?

① 난지궁
② 서효원
③ 어숙원
④ 태액지원

▶해설 ① 난지궁 : 진, 시황제
④ 태액지원 : 한, 무제

12. 조선시대 읍성의 공간 구조적 구성 요소들 가운데 제례공간이 아닌 곳은?

① 여단
② 향청
③ 사직단
④ 성황사

▶해설 ①여단, ③사직단, ④성황사 : 삼단이라고 하며, 제례공간
② 향청 : 통치공간

13. 고대 로마 개인주택에서 5점형 식재나 실용원이 꾸며진 장소는?

① 아트리움(Atrium)
② 지스터스(Xystus)
③ 페리스틸리움(Peristylium)
④ 클로이스터 가든(Cloister Garden)

▶해설 ① 아트리움(Atrium) : 고대 로마 - 제1중정
② 지스터스(Xystus) : 고대 로마 - 후원
③ 페리스틸리움(Peristylium) : 고대 로마 - 제2중정
④ 클로이스터 가든(Cloister Garden) : 중세 서구

14. 영국 르네상스 시대의 튜더 스튜어트 왕조 때 정형식 정원의 특징이라고 볼 수 없는 것은?

① 축산(mounding)
② 노트(knot)의 도입

Answer 06. ② 07. ① 08. ③ 09. ② 10. ① 11. ① 12. ② 13. ② 14. ③

③ 몰(mall)과 대로(grand avenue)
④ 정방형 테라스의 설치

> 해설 영국 정형식 정원의 특징
>   ① 축산(mounding)
>   ② 노트(knot)의 도입
>   ③ 정방형 테라스의 설치
>   ④ 주축(포스라이트)
>   ⑤ 볼링그린
>   ※ ③ 몰과 대로 : 미국, 센트럴파크

15. 이도헌추리(離島軒推理)의 축산정조전(築山庭造傳)에서 정원(庭園)의 종류로 구분한 것이 아닌 것은?

① 진(眞) ② 초(草)
③ 원(園) ④ 행(行)

16. 일본 다정(茶庭)양식의 전형적 특징이 아닌 것은?

① 심신을 정화하기 위해 준거(蹲踞 : 쓰꾸바이)를 배치하였다.
② 조명과 장식의 목적으로 석등(石燈)을 설치하였다.
③ 연못과 섬을 조성하여 다실(茶室)과 연결하였다.
④ 다실에 이르는 통로인 노지(露地)는 다실과 일체된 공간으로 구성되었다.

17. '거울의 방 → 물 화단 → Latona 분수 → 타피 베르 → 아폴로 분천'으로 이어지도록 조성된 공간 특성을 보이는 곳은?

① 데스테장(Villa d'Este)
② 알함브라(Alhambra)궁
③ 베르사이유(Versailles)궁
④ 퐁텐블로우(Fontainebleau)성

18. 주렴계의 애련설에 서술된 연꽃의 의미는?

① 은일자(隱逸者)를 상징

② 부귀자(富貴者)를 상징
③ 군자(君子)를 상징
④ 극락의 세계를 상징

> 해설 ① 은일자(隱逸者)를 상징 : 국화
>   ② 부귀자(富貴者)를 상징 : 모란

19. 다음 중 사찰에 1탑 3금당식 유형이 나타나지 않는 것은?

① 신라 분황사
② 신라 황룡사지
③ 고구려 청암리 절터(금강사)
④ 백제 익산 미륵사지

> 해설 ① 신라 분황사 : 1탑 3금당식
>   ② 신라 황룡사지 : 1탑 3금당식
>   ③ 고구려 청암리 절터(금강사) : 1탑 3금당식
>   ④ 백제 익산 미륵사지 : 3탑 3금당식

20. 제1노단의 정방형 못 가운데 몬탈토(Montalto) 분수가 있는 곳은?

① 란테장(Villa Lante)
② 데스테장(Villa d'Este)
③ 파르네제장(Villa Farnese)
④ 피렌체의 보볼리원(Giardino Boboli)

2과목 조경계획

21. 경사도별 지형 특성(시각적 느낌, 용도, 공사의 난이도 등)을 설명한 것으로 적합하지 않은 것은?

① 4% 이하 : 활발한 활동, 별도의 절·성토 없이 건물 배치 가능
② 4~10% : 평탄하고, 소극적인 행위와 활동, 절·성

Answer 15. ③ 16. ③ 17. ③ 18. ③ 19. ④ 20. ① 21. ②

토 작업을 통한 건물과 도로의 배치 가능
③ 10~20% : 가파르고, 언덕을 이용한 운동과 놀이에 적극 이용, 편익시설 배치 곤란
④ 20~50% : 테라스 하우스, 새로운 형태의 건물과 도로의 배치 기법이 요구됨

해설 경사도별 지형 특성

경사도	시각적 느낌	용도	공사의 난이도
4% 이하	평탄함	활발한 활동	별도의 절·성토 없이 건물 배치 가능
4~10%	완만함	일상적인 행위와 활동	
10~20%	가파름	언덕을 이용한 운동과 놀이에 적극 이용	약간의 절토작업으로 건물과 도로를 전통적인 방법으로 배치 가능, 편익시설 배치 곤란
20~50%	매우 가파름	테라스 하우스	새로운 형태의 건물과 도로의 배치 기법이 요구

22. 공공디자인으로서 가로시설물을 계획할 때 고려할 요소가 아닌 것은?

① 형태와 이미지의 통합
② 재료와 규격의 통합
③ 내용 및 콘텐츠의 통합
④ 시설과 단위공간의 통합

23. 「도시·군계획시설의 결정·구조 및 설치기준에 관한 규칙」에 의한 도시·군계획시설 중 분류가 '공간시설'에 포함되지 않는 것은?

① 광장   ② 공원
③ 유원지   ④ 주차장

해설 「도시·군계획시설의 결정·구조 및 설치기준에 관한 규칙」 – 공간시설
① 광장 ② 공원 ③ 녹지
④ 유원지 ⑤ 공공공지

24. 단지설계 및 주택설계를 함에 있어서 에너지를 절약할 수 있는 설계안이 많이 제시되고 있는데, 여기서의 주요한 고려 사항으로 가장 거리가 먼 것은?

① 태양열의 최대한 이용
② 실내식물의 도입
③ 겨울바람의 차단
④ 여름바람의 통과

25. 다음 중 「자연환경보전법」에 대한 설명으로 틀린 것은?

① 환경부장관은 전국의 자연환경보전을 위한 자연환경보전기본계획을 10년마다 수립하여야 한다.
② 환경부장관은 관계 중앙행정기관의 장과 협조하여 생태·자연도에서 1등급 권역으로 분류된 지역과 자연상태의 변화를 특별히 파악할 필요가 있다고 인정되는 지역에 대하여 2년마다 자연환경을 조사할 수 있다.
③ 환경부장관은 자연생태·경관을 특별히 보전할 필요가 있는 지역을 생태·경관 보전지역으로 지정할 수 있다.
④ 생태·자연도는 5만분의 1 이상의 지도에 실선으로 표시하여야 한다.

해설 ④ 생태·자연도는 2만5천분의 1 이상의 지도에 실선으로 표시하여야 한다.

26. 개인적 공간(personal space)의 기능과 가장 거리가 먼 것은?

① 방어(protection)
② 공공영역의 확보
③ 정보교환(communication)
④ 프라이버시(privacy) 조절

27. 조경계획 과정에서 동선계획은 토지이용 상호 간의 이동을 다루는 중요한 계획요소이다. 이에 대한 계획기준으로 적절한 것은?

22. ④ 23. ④ 24. ② 25. ④ 26. ② 27. ①

① 통행량이 많은 곳은 짧은 거리를 직선으로 연결하는 것이 바람직하다.
② 주거지와 공원 등에서는 격자형 패턴이 효과적이다.
③ 쿨데삭(Cul-de-sac)은 통과교통 구간에 적합하다.
④ 다양한 행위가 발생하는 곳은 복잡한 동선 체계로 한다.

해설 ② 주거지와 공원 등에서는 위계형 패턴이 효과적이다.
③ 쿨데삭(Cul-de-sac)은 통과교통이 없는 공간에 적합하다.
④ 다양한 행위가 발생하는 곳은 단순한 동선 체계로 한다.

28. 주택정원의 기능 분할(zoning)은 크게 전정(前庭), 주정(主庭), 후정(後庭) 및 작업(作業) 공간으로 나눌 수 있다. 다음 중 후정을 설명하고 있는 것은?

① 가족의 휴식이 단란하게 이루어지는 곳이며, 가장 특색 있게 꾸밀 수 있는 장소이다.
② 장독대, 빨래터, 건조장, 채소밭, 가구집기, 수리 및 보관 장소 등이 포함될 수 있다.
③ 실내 공간의 침실과 같은 휴양공간과 연결되어 조용하고 정숙한 분위기를 갖는 공간이다.
④ 바깥의 공적(公的)인 분위기에서 주택이라는 사적(私的)인 분위기로 들어오는 전이공간이다.

해설 ① 가족의 휴식이 단란하게 이루어지는 곳이며, 가장 특색 있게 꾸밀 수 있는 장소이다. : 주정
② 장독대, 빨래터, 건조장, 채소밭, 가구집기, 수리 및 보관 장소 등이 포함될 수 있다. : 작업정
③ 실내 공간의 침실과 같은 휴양공간과 연결되어 조용하고 정숙한 분위기를 갖는 공간이다. : 후정
④ 바깥의 공적(公的)인 분위기에서 주택이라는 사적(私的)인 분위기로 들어오는 전이공간이다. : 전정

29. 관련 규정에 따라 '명예습지생태안내인'의 위촉기간은 얼마로 하는가?

① 1년
② 2년
③ 3년
④ 5년

해설 명예습지생태안내인의 활동범위
1. 습지보전을 위한 홍보 및 계도
2. 습지의 훼손행위에 대한 지도 및 관계기관에의 통보
3. 습지보호지역 등의 보전 및 습지보전·이용시설의 운영에 대한 건의
4. 습지보호지역 등에서의 생태관광안내

30. 토양에 대한 설명으로 틀린 것은?

① 토성(soil texture)은 토양의 개략적인 성질을 나타내는 것이다.
② 직경이 0.05~0.002mm인 토양입자는 미사로 구분한다.
③ 토성분류는 자갈, 미사, 점토의 구성비로 나타낸다.
④ 토양단면은 유기물층, 용탈층, 집적층, 무기물층, 암반 등으로 구분한다.

해설 ③ 토성분류는 모래, 미사, 점토의 구성비로 나타낸다.

31. 조경가의 역할이 주어진 장소의 단순한 미화 작업이 아니라 생존을 위한 설계, 지구의 파수꾼이라는 측면의 영역으로 확대한 생태적 계획방법을 수립한 사람은?

① 에크보(G. Eckbo)
② 헬프린(L. Halprin)
③ 맥하그(I. McHarg)
④ 옴스테드(F. Olmsted)

32. 「도시공원 및 녹지 등에 관한 법률」에서 구분하는 녹지의 유형이 아닌 것은?

① 경관녹지
② 생산녹지
③ 완충녹지
④ 연결녹지

33. 어린이놀이터의 놀이시설 배치 시 고려할 사항으로 거리가 먼 것은?

① 인접 놀이터와 기능을 달리하여 장소별 다양성을 부

여한다.
② 놀이시설은 어린이의 안전성을 먼저 고려하여야 하며, 높이가 급격하게 변화하지 않게 설계한다.
③ 놀이시설은 지역여건과 주변환경을 고려하여 놀이터에 따라 단위놀이시설·복합놀이시설 등을 조화되게 구분하여 설치한다.
④ 놀이공간 안에서 어린이의 놀이와 보행동선의 연계를 위해 주보행동선 주변에 가급적 시설물을 배치한다.

해설 ④ 놀이공간 안에서 어린이의 놀이와 보행동선의 연계를 위해 주보행동선 주변에 가급적 시설물을 배치하지 않도록 한다.

34. 「도시공원 및 녹지 등에 관한 법률」 시행규칙상 면적 12,000m²의 도심 공지에 체육공원을 조성하려 한다. 최대 공원시설면적에 설치할 수 있는 운동시설 최소 면적은 얼마인가?

① 7,200m² ② 6,000m²
③ 4,300m² ④ 3,600m²

해설 「도시공원 및 녹지 등에 관한 법률」 시행규칙 제11조(공원시설의 설치면적 등)
도시공원 안에 설치할 수 있는 공원시설의 부지면적은 다음의 각 호의 기준에 의한다.
1. 하나의 도시공원 안에 설치할 수 있는 공원시설 부지면적의 합계는 해당 도시공원의 면적에 대하여 아래 표의 비율에 적합할 것
2. 체육공원에 설치되는 운동시설은 공원시설 부지면적의 60퍼센트 이상일 것
3. 골프연습장의 부지 면적 중 시설물의 설치 면적은 도시공원면적의 5퍼센트 미만일 것. 체육공원에 설치되는 운동시설은 공원시설 부지면적의 60퍼센트 이상일 것

〈 표. 도시공원 안 공원시설 부지면적〉

공원구분		공원면적	공원시설 부지면적
1. 생활권 공원			
	가. 소공원	전부 해당	100분의 20 이하
	나. 어린이공원	전부 해당	100분의 60 이하
	다. 근린공원	(1) 3만m² 미만	100분의 40 이하
		(2) 3만m² 이상 10만m² 미만	100분의 40 이하
		(3) 10만m² 이상	100분의 40 이하
2. 주제공원			
	가. 역사공원	전부 해당	제한 없음
	나. 문화공원	전부 해당	제한 없음
	다. 수변공원	전부 해당	100분의 40 이하
	라. 묘지공원	전부 해당	100분의 20 이상
	마. 체육공원	(1) 3만m² 미만	100분의 50 이하
		(2) 3만m² 이상 10만m² 미만	100분의 50 이하
		(3) 10만m² 이상	100분의 50 이하
	바. 도시농업공원	전부 해당	100분의 40 이하
	사. 법 제15조제1항 제3호사목에 따른 공원	전부 해당	제한 없음

체육공원 운동시설 최소면적
=(12,000m²×50%)×60%=3,600m²

35. 「국토의 계획 및 이용에 관한 법률」 시행령에 따른 '경관지구'의 분류에 해당되지 않는 것은?

① 자연경관지구 ② 특화경관지구
③ 생태경관지구 ④ 시가지경관지구

36. 다음 그림과 같은 대지에 건축물을 건축하고자 한다. 층수는 지하는 1층(200m²), 지상은 5층으로 하고

자 할 경우 최대한 건축할 수 있는 연면적은? (단, 건폐율은 50%, 용적률은 200%이다.)

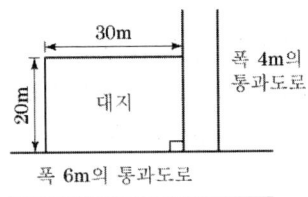

① 1,196m²
② 1,200m²
③ 1,396m²
④ 1,695m²

해설 대지면적 = (20m×30m) − (2m×2m×$\frac{1}{2}$) = 598m²
용적률에 의한 지상층 바닥면적 합
=598m²×200% = 1,196m²
최대한 건축할 수 있는 연면적
=지상층 바닥면적+지하층 바닥면적
=1,196m²+200m²=1,396m²

37. 인간행태 연구를 위한 현장관찰 방법의 설명으로 틀린 것은?

① 행위자의 의도를 인터뷰 없이 정확하게 알 수 있다.
② 시간의 흐름에 따라 변하는 연속적인 행태를 연구할 수 있다.
③ 연구자의 출현이 피관찰자의 행태에 영향을 미칠 수 있다.
④ 환경적 상황에 따른 행태의 해석이 용이하다.

38. 조경계획을 할 경우 지형도에서 파악이 곤란한 것은?

① 자연배수로
② 경사도
③ 유역(流域)
④ 식생현황상태

39. 고속도로 조경 시 명암순응식재가 가장 필요한 곳은?

① 휴게소
② 인터체인지
③ 교량
④ 터널 입구

해설 고속도로 명암순응식재
터널 입구를 기점으로 약 200~300m 구간

40. 식재계획에 대한 설명으로 옳지 않은 것은?

① 식재계획은 구역 내 식생의 보호, 관리, 이용 및 배식에 관한 것을 포함한다.
② 계획구역의 기후적 여건에서 생장이 가능한지를 검토한 후 수종을 선택한다.
③ 생태적 측면뿐만 아니라 기능적 측면도 고려하여 수종을 선택한다.
④ 정형식 패턴은 기념성이 높은 장소에 부적합하다.

해설 ④ 정형식 패턴은 기념성이 높은 장소에 적합하다.

3과목 조경설계

41. 포장설계를 하는 데 있어서 고려해야 할 바람직한 설계 기준에 해당되는 것은?

① 시선유도에는 넓은 스케일의 포장패턴을 사용한다.
② 포장의 변화를 이용하여 도로의 속도감을 표현한다.
③ 편의성, 내구성, 경제성, 재생성을 기준으로 한다.
④ 교통하중, 동결심도, 토질 등의 사항을 고려해야 한다.

42. 조경설계기준상의 환경조경시설 관련 배치 설계 등에 관한 설명으로 틀린 것은?

① 조형물 전체를 감상하기 위해서는 최소 시설물 높이의 2~3배의 관람 거리를 확보한다.
② 기념비형 조형물은 설계대상 공간의 어귀 중앙의 광장과 같이 넓은 휴게공간의 포장 부위 또는 녹지에 배치한다.
③ 인지도와 식별성이 낮은 곳을 선정하여 조형 시설의 도입에 따른 이미지가 부각되지 않도록 배치한다.

④ 환경조형시설은 인간성 회복에 기여하고 주변 환경의 지속성을 높일 수 있도록 설계한다.

해설 ③ 인지도와 식별성이 높은 곳을 선정하여 조형시설의 도입에 따른 이미지 개선효과가 극대화되는 곳에 배치한다.

43. 다음 입체도를 제3각법으로 나타낸 3면도 중 옳게 투상한 것은?

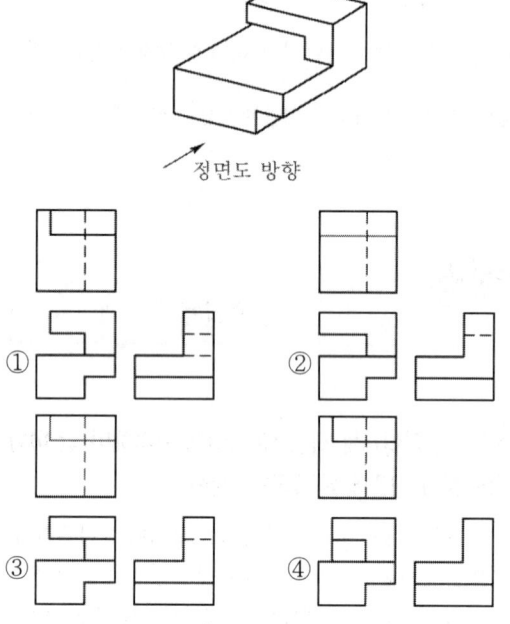

44. 다음 경관분석을 위한 기초자료 종합 시 가중치(加重値) 적용 방법 중 가장 객관적이라고 볼 수 있는 것은?

① 회귀분석법(回歸分析法)
② 도면결합법(圖面結合法)
③ 여러 명의 전문가 의견을 평균하는 방법
④ 모든 요소에 동일한 가중치를 적용하는 방법

45. 흰색 배경의 회색보다 검은색 배경의 회색이 더 밝게 보이는 것은?

① 보색대비　　　② 명도대비
③ 색상대비　　　④ 채도대비

46. 산림경관 중 인상적이고 명확한 형태의 경관으로 관찰자나 시행자에게 중요한 안내자가 되는 동시에 경관의 지표(指標)가 되는 경관은?

① 전경관　　　② 지형경관
③ 위요경관　　④ 초점경관

47. 조경공간에서 휴게시설의 퍼걸러(pergola) 설계기준이 옳지 않은 것은?

① 기둥과 들보와 보로 구성되며, 햇빛을 막아 그늘을 제공하는 구조물로서 그늘시렁이라고도 한다.
② 평면 형태는 직사각형 및 정사각형을 기본으로 하며, 공간성격에 따라 원형·아치형·부정형으로 할 수 있다.
③ 조형성이 뛰어난 그늘시렁은 시각적으로 넓게 조망할 수 있는 곳이나 통경선(vista)이 끝나는 곳에 초점요소로서 배치할 수 있다.
④ 규격은 공간규모와 이용자의 시각적 반응을 고려하여 결정하며, 일반적으로 길이보다 높이가 길도록 한다.

해설 ④ 규격은 공간규모와 이용자의 시각적 반응을 고려하여 결정하되 균형감과 안정감이 있도록 하며, 일반적으로 높이에 비해 길이가 길도록 한다.

48. 설계자의 창의성을 사고(思考)의 창의성과 표현(表現)의 창의성으로 구분한다면 사고의 창의성과 가장 관계가 깊은 것은?

① 프로그램 작성　　② 기본계획 작성
③ 기본설계 작성　　④ 실시설계 작성

49. 기본적인 슈(手)작업 제도상의 주의사항으로 틀린 것은?

① 축척자는 선을 그릴 때 사용하지 않는다.

② T자를 제도판으로부터 들어낼 때는 머리 부분을 눌러 옮긴다.
③ 제도용 연필은 그리는 방향으로 당기듯이 회전하면서 그려 나간다.
④ 삼각자를 활용해서 수직선을 그릴 때는 위에서 아래로 그려 나간다.

해설 ④ 삼각자를 활용해서 수직선을 그릴 때는 아래에서 위로 그려 나간다.

50. 존 딕슨 헌트(John Dixon Hunt)가 자연을 분류한 3가지 유형에 포함되지 않는 것은?

① 정원(garden)
② 이상향(utopia)
③ 원생자연(wild nature)
④ 문화자연(cultural nature)

51. 다음 그림을 서로 다른 모양과 크기의 체크무늬로 이루어진 사다리꼴 그림으로 받아들이지 않고 같은 크기의 정방형 체크무늬 타일바닥이 비스듬하게 기울어진 것으로 받아들이려는 경향이 있다. 이를 형태주의 심리학(Gestalt Psychology)에서는 무슨 원리로 설명하는가?

① 단순성의 원리
② 교차조합의 원리
③ 모호성의 원리
④ 전경배경의 원리

52. 입체의 각 방향의 면에 화면을 두어 투영된 면을 전개하는 투상도법은?

① 사투상
② 정투상
③ 투시투상
④ 축측투상

53. 다음 중 질감(texture)의 설명으로 적합하지 않은 것은?

① 수목의 질감은 잎의 특성과 구성에 있다.
② 옷감의 질감은 실의 특성과 직조 방법에 있다.
③ 거친 질감은 관찰자에게 접근하는 느낌을 주기 때문에 실제거리보다 가깝게 보인다.
④ 질감은 주로 촉각에 의해서 지각되며 자세히 보면 형태의 집합보다는 부분적 느낌의 종합이다.

해설 ④ 질감은 주로 촉각 또는 시각에 의해서 지각

54. 다음 색입체에서 가장 채도가 높은 빨강의 순색은?

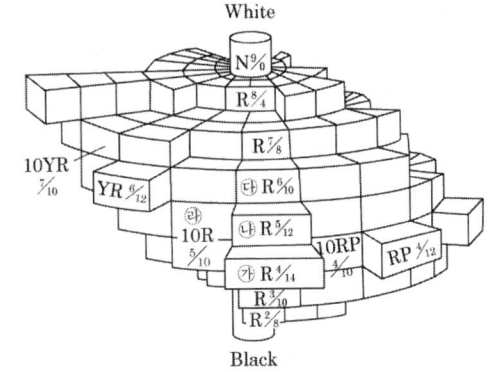

① ㉮ R 4/14
② ㉯ R 5/12
③ ㉰ R 6/10
④ ㉱ 10R 5/10

55. 조경에서 배수시설 설계와 관련된 설명으로 옳지 않은 것은? (단, 조경설계기준을 적용한다.)

① 배수 계통은 직각식, 차집식, 선형식, 방사식, 집중식 등이 있다.
② 배수의 계통 및 방식은 최소 우수배수량을 합류식으로 산출하여 정한다.
③ 개거는 토사의 침전을 줄이기 위해서 배수 기울기를 1/300 이상으로 한다.
④ 하수도에 방류하는 경우에는 빗물과 오수를 동일 관거로 배제하는 합류식과 분리하는 분류식으로 나눈다.

해설 ② 배수의 계통 및 방식은 최대 우수배수량을 합류식으로 산출하여 정한다.

Answer 50. ② 51. ① 52. ② 53. ④ 54. ① 55. ②

56. 축척이 1/500인 도면에서 길이가 3cm 되는 선은 실제로는 얼마가 되는가?

① 3cm÷500 ② 500÷3cm
③ 500×3cm ④ 1÷(500×3cm)

→해설 축척 = $\dfrac{\text{도면상거리}}{\text{실제거리}} = \dfrac{1}{m}$

57. 일소점 투시도상에서 사람의 눈높이에 위치하며, 선들이 모이는 점은?

① V.P(Vanishing Point)
② P.S(Point of Sight)
③ S.P(Stand Point)
④ F.P(Foot Point)

58. 다음 그림에서 각 선의 명칭으로 옳은 것은?

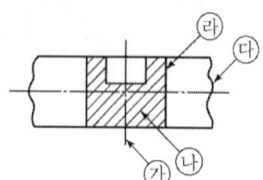

① ㉮ 경계선   ② ㉯ 파단선
③ ㉰ 가상선   ④ ㉱ 외형선

→해설 ㉮ 중심선   ㉯ 해칭선
　　　 ㉰ 파단선   ㉱ 외형선

59. "교목들을 건물의 서편에 배치시켜 늦은 오후의 강한 햇살이 실내로 들어오는 것을 차단하였다."는 물리·생태적 분석 요소 중 어느 것이 설계에 반영된 결과인가?

① 지형   ② 기후
③ 토양   ④ 식생

60. 물리적 공간을 한정하여 공간규모를 결정하는 옥외 공간 한정 요소로 적당하지 않은 것은?

① 천장면   ② 장식면
③ 바닥면   ④ 벽면

→해설 공간 한정 3요소 : 바닥, 벽, 천정

4과목 조경식재

61. 수목이식을 위한 굴취공사 때 필요로 하는 재료와 가장 거리가 먼 것은?

① 식물생장조절제   ② 결속·완충재
③ 가지주재   ④ 증산촉진제

→해설 ④ 증산억제제

62. 다음은 온대중부지역의 천이단계를 나타낸 것이다. (A) 안의 단계에 해당하는 수종으로 적합한 것은?

나지 → 1·2년생 초본기 → 다년생 초본기 → 관목 식생기 → 양수성 교목림기 → (A) → 극상림기

① 신갈나무   ② 곰솔
③ 때죽나무   ④ 능수버들

→해설 나지 → 망초, 개망초(1, 2년생 초본) → 쑥, 쑥부쟁이, 억새(다년생 초본) → 싸리, 붉나무, 찔레(양수관목) → 소나무(양수교목) → 참나무류(양수교목) → 서어나무(음수교목)

63. 다음 중 생태학에서 분류하는 천이에 해당되지 않는 것은?

① 1차 천이   ② 퇴행 천이
③ 2차 천이   ④ 3차 천이

→해설 천이 분류
식생유무 : 1차 천이, 2차 천이
방향 : 진행 천이, 퇴행 천이

Answer 56. ③ 57. ① 58. ④ 59. ② 60. ② 61. ④ 62. ① 63. ④

64. 인공지반(옥상 등)의 식재 환경에 대한 설명으로 옳지 않은 것은?

① 지하 모관수의 상승작용이 없다.
② 잉여수 때문에 양분 유실 속도가 빠르다.
③ 토양 미생물의 활동이 미약하다.
④ 토양 온도의 변화가 거의 없다.

→ 해설 ④ 토양 온도의 변화가 심하다.

65. 군집의 발전 과정에서 나타나는 여러 현상에 관한 설명으로 틀린 것은?

① 비생물적 유기물질은 증가한다.
② 개체의 크기는 점점 커지는 경향이 있다.
③ 물리적 환경과의 평형상태를 극상이라고 한다.
④ 천이는 군집 변화 과정을 내포한 방향성 없는 변화이다.

66. 다음 중 이식이 어려운 수종으로 구성된 것은?

① 은행나무, 사철나무
② 버드나무, 계수나무
③ 느티나무, 명자나무
④ 자작나무, 호두나무

67. 지피식물의 이용 목적과 거리가 가장 먼 것은?

① 토양의 침식 방지
② 공간의 장식적 역할
③ 미기후의 완화, 조절
④ 정원수 생육 촉진

68. 우리나라 산림의 수직분포 중 한대림의 자생 수종에 해당되지 않는 것은?

① 분비나무(*Abies nephrolepis*)
② 개서어나무(*Carpinus tschonoskii*)
③ 눈잣나무(*Pinus pumila*)
④ 잎갈나무(*Larix olgensis*)

→ 해설 ② 개서어나무(*Carpinus tschonoskii*) : 온대림

69. 서양 잔디 중 난지형 잔디로 종자 번식이 비교적 잘 되어 운동장에 주로 이용하는 것은?

① Bent grass
② Fescue grass
③ Bermuda grass
④ Kentucky bluegrass

70. 임해 매립지 위의 식재기반과 관련된 설명으로 옳지 않은 것은?

① 바람의 피해를 받을 우려가 있는 식재지에는 방풍림 또는 방풍망 등을 설계한다.
② 바람에 날리는 모래로 수목의 생육 장애가 우려되는 지역에는 방사망 설계를 적용한다.
③ 지하에서 염분이 상승하여 수목의 생장에 피해를 줄 우려가 있는 식재지에는 관수시설을 도입한다.
④ 준설토로부터의 염분 확산이 우려되는 곳에서는 준설토보다 작은 입자의 토양을 객토용으로 채택한다.

→ 해설 ④ 준설토로부터의 염분 확산이 우려되는 곳에서는 준설토보다 입자크기가 큰 토양을 객토용으로 채택한다.

71. 우리나라의 경토(耕土)와 산림 토양의 일반적인 산도(pH) 범위는?

① 4.5 미만
② 4.5~6.5
③ 6.6~8.0
④ 8.1~9.0

72. 다음 특징에 해당하는 수종은?

- 5월에 개화하고 연한 홍색의 꽃이 핀다.
- 줄기는 홍갈색과 녹색의 얼룩무늬가 있다.
- 9월에 익은 노란 열매는 향기가 매우 좋다.

① 호두나무(*Juglans regia* Dode)
② 명자나무(*Chaenomeles speciosa* Nakai)
③ 산딸나무(*Berberis koreana* Palib.)
④ 모과나무(*Chaenomeles sinensis* Koehne)

73. 다음 수목 중 꽃의 색이 다른 하나는?

① *Cornus controversa*
② *Cornus walteri*
③ *Cornus officinalis*
④ *Cornus kousa*

해설 ① *Cornus controversa* : 층층나무 – 흰색
② *Cornus walteri* : 말채나무 – 흰색
③ *Cornus officinalis* : 산수유나무 – 노란색
④ *Cornus kousa* : 산딸나무 – 흰색

74. 종 다양성에 대한 설명으로 옳지 않은 것은?

① 종 이질성을 나타낸다.
② 종들의 생태적 지위가 중복된 군집일수록 종 다양도는 높다.
③ 낮은 종 다양도는 매우 복잡한 군락을 나타낸다.
④ 종 다양도는 천이 초기에 증가하는 경향이 있다.

75. 인동덩굴(*Lonicera japonica* Thunb)의 특성에 대한 설명으로 틀린 것은?

① 반상록 활엽 덩굴성 관목이다.
② 잎은 마주나기하며 타원형이고 예두 또는 끝이 둔한 예두이다.
③ 열매는 둥글고 지름이 7~8mm로 검은색이고 9~10월에 성숙한다.
④ 줄기는 덩굴손을 이용하여 올라가고, 1년생 가지는 녹색이다.

76. 유전자급원(遺傳子給源)으로서의 모수(母樹)를 선정할 경우 유의해야 할 사항에 해당되는 것은?

① 열세목 중에서 선택한다.
② 유전적 형질과는 무관하다.
③ 적은 양의 종자를 생산하는 개체를 남긴다.
④ 바람에 의한 넘어짐에 대한 저항력이 높아야 한다.

77. 라운키에르(Raunkier)에 의한 식물의 생활양식의 유형이 아닌 것은?

① 다육(多肉)식물
② 초본(草本)식물
③ 반지중(半地中)식물
④ 일년생(一年生)식물

해설 라운키에르(Raunkier)에 의한 식물의 생활양식의 유형
– Th : 1, 2년생 식물
– G : 지중식물
– H : 반지중식물
– Ch : 지표식물
– N : 관목
– M : 소관목
– MM : 교목
– HH : 수생식물
– S : 다육식물
– E : 착생식물
– Ph : 지상식물

78. 양버즘나무의 특징으로 옳은 것은?

① 학명은 *Platanus orientalis* L.이다.
② 암수한그루로 꽃은 3월 말~5월에 핀다.
③ 열매는 둥글고 털이 없으며, 직경이 1cm로 6월에 2개가 성숙하여 그해 가을에 모두 탈락한다.
④ 토심이 얕고 배수가 불량한 점질토양에서도 생육이 양호하며, 각종 공해에 약하고 충해에는 강하다.

해설 양버즘나무
① 학명은 *Platanus occidentalis*이다.
버즘나무 : *Platanus orientalis* L.
② 암수한그루로 꽃은 5월에 핀다.
③ 열매는 둥글고 털이 있으며, 직경이 1cm로 6월에 1개가 성숙하여 그해 가을에 모두 탈락한다.
④ 토심이 얕고 배수가 불량한 점질토양에서도 생육이 양호하며, 각종 공해에 강하고 충해에는 강하다.

Answer 73. ③ 74. ③ 75. ④ 76. ④ 77. ② 78. ②

79. 하천의 저습지 설계와 관련된 설명으로 틀린 것은?

① 저습지에는 외래식물 중 발아 및 초기생육이 우수한 초본식물을 우선 도입한다.
② 저습지는 침수빈도와 정도를 고려하여 조성하고, 식재하는 식물종을 선정한다.
③ 배수가 불량하거나 물이 많이 고이는 곳에 습초지(濕草地)를 조성하여 조류 서식처가 되도록 한다.
④ 도입 가능한 부유식물(free-floating plants)로는 좀개구리밥, 생이가래 등이 있다.

해설 저습지 설계
(1) 저습지 환경에 적합한 식물종과 이들을 생육기반으로 하는 다양한 생물종의 서식환경을 고려하여 설계한다.
(2) 저습지를 설계할 때에는 인근부지의 모든 표면유거수가 집중되는 장소를 택하고, 하천 본류(저수로)와 연결되는 생태환경기반을 조성한다.
(3) 저습지에는 자생식물 중 정수기능이 우수한 습지성 식물을 우선 도입하고, 수생식물과 구분하여 식재위치를 결정한다.
(4) 저습지 주변부의 처리는 식생호안을 조성하여 인접한 토양층에 지하수의 수직적 변동이 원활히 일어나도록 하여 다양한 식물군락 발생의 기반을 확보하며, 오수가 직접적으로 유입되지 않도록 대책을 마련하여 적정수질을 유지할 수 있게 한다.
(5) 저습지는 침수빈도와 침수정도를 고려하여 조성하고 식재하는 식물종을 선정한다.
(6) 배수가 불량하거나 물이 많이 고이는 곳에 습초지(濕草地)를 조성하여 조류서식처가 되도록 한다.
(7) 유공관 등을 설치하여 하천 본류의 물을 저습지로 유입시키고, 수질정화능력이 뛰어난 추수식물을 식재한 수로를 조성하여 하류 쪽으로 유출시킴으로써 수질정화로 인한 본류의 수환경 개선효과를 도모한다.
(8) 수위는 하천 본류와 같게 하여 유지용수를 안정적으로 확보한다.

80. 식물이 생육하는 토양에서 답압에 의한 영향으로 옳은 것은?

① 토양이 입단(粒團)구조가 된다.
② 용적 비중이 낮아진다.
③ 통수성이 낮아진다.
④ 토양 통수가 빠르다.

5과목 조경시공구조학

81. 다음 중 측량의 3대 요소가 아닌 것은?

① 각측량
② 면적측량
③ 고저측량
④ 거리측량

82. 건설공사표준품셈 기준에 의한 공사비 예산 내역서 작성 시 일반적인 설계서의 총액 원 단위표준 지위 규칙으로 옳은 것은? (단, 지위 이하는 버린다.)

① 지위 1원
② 지위 10원
③ 지위 100원
④ 지위 1,000원

해설 금액의 단위

종목	단위	지위	비고
설계서의 총계	원	1,000	이하 버림(단, 만원 이하일 때 100원까지)
설계서의 소계	원	1	미만 버림
설계서의 금액	원	1	미만 버림
일위대가표의 총계	원	1	미만 버림
일위대가표의 금액	원	0.1	미만 버림

83. 토적 계산법에 대한 설명으로 틀린 것은?

① 점고법은 단면법의 일종이다.
② 등고선법은 각주공식을 응용하여 계산한다.

③ 중앙단면법은 양단면평균법보다 토량이 적게 계산된다.
④ 사각형분할법보다 삼각형분할법에서 더 정확한 토량이 계산된다.

▶해설 토량 계산 결과
　　　　중앙단면법 < 각주공식 < 양단면평균법

84. 살수관개시설의 설계 시 고려사항에 해당되지 않는 것은?

① 관수량 급수원의 흐름 및 압력에 의해 살수기를 선정한다.
② 어느 동일한 구역에서 살수지관의 압력 변화는 살수기에서 필요한 압력의 20%보다는 크지 않도록 한다.
③ 살수기 배치는 정삼각형보다 정사각형의 경우가 살수 효율이 좋다.
④ 살수지관의 압력손실은 주관 압력의 10% 이내가 되도록 한다.

85. 공사 발주자가 공사발주를 위한 예정 가격을 책정하기 위한 것으로 공사비 산정의 일반적인 과정이 올바르게 연결된 것은?

〈보기〉
㉠ 수량산출   ㉡ 현장조사
㉢ 단위품셈결정   ㉣ 직접공사비 산출
㉤ 발주시공   ㉥ 기획 및 예산책정

① ㉥ → ㉡ → ㉢ → ㉠ → ㉣ → ㉤
② ㉤ → ㉥ → ㉡ → ㉢ → ㉠ → ㉣
③ ㉥ → ㉡ → ㉠ → ㉢ → ㉣ → ㉤
④ ㉡ → ㉥ → ㉠ → ㉢ → ㉣ → ㉤

86. 목재의 섬유포화점(fiber saturation point)에서의 함수율은?

① 약 15%   ② 약 30%
③ 약 40%   ④ 약 50%

87. 식재지반 조성에 필요한 자연 상태의 사질 양토 10,000m³를 현장에서 10km 떨어진 곳에서 버킷용량 0.7m³의 유압식 백호우를 이용하여 굴착하고 덤프트럭에 적재하여 운반하고자 한다. 백호우의 시간당 작업량(m³/h)은?

- C : 0.85, L : 1.25, 버킷계수 : 1.1
- 백호우의 작업효율 : 0.85
- 백호우의 1회 사이클 시간 : 21초

① 89.76   ② 112.2
③ 140.25   ④ 165.0

▶해설 $Q = \dfrac{3600 \times q \times f \times E \times k}{C_m}$

Q : 시간당 작업량(m³/hr)
q : 버킷용량(m³)
f : 토량환산계수
E : 작업효율
k : 버킷계수
C_m : 1회 사이클 시간(초)

$Q = \dfrac{3600 \times 0.7m^2 \times \dfrac{1}{1.25} \times 0.85 \times 1.1}{21초} = 89.76 m^3/h$

88. 배수지역이 광대해서 하수를 한 곳으로 모으기가 곤란할 때, 배수 지역을 여러 개로 구분하여 배수 구역별로 외부로 배관하고 집수된 하수는 각 구역별로 별도로 처리하는 배수 방식은?

① 직각식   ② 선형식
③ 집중식   ④ 방사식

89. 시멘트의 분말도에 관한 설명으로 틀린 것은?

① 시멘트의 분말이 미세할수록 수화반응이 느리게 진행하여 강도의 발현이 느리다.
② 분말이 과도하게 미세하면 풍화되기 쉽거나 사용 후 균열이 발생하기 쉽다.

Answer   84. ③   85. ③   86. ②   87. ①   88. ④   89. ①

③ 시멘트의 분말도 시험으로는 체분석법, 피크노메타법, 브레인법 등이 있다.
④ 분말도는 시멘트의 성능 중 수화반응, 블리딩, 초기강도 등에 크게 영향을 준다.

90. 다음 그림에서 같은 두 힘에 의한 A점의 모멘트 크기는?

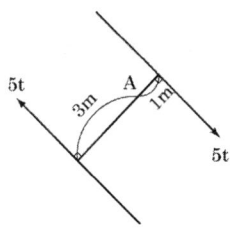

① 5t·m
② 10t·m
③ 15t·m
④ 20t·m

해설 M=P×a
M=5t×(3m+1m)=20t·m

91. 그림과 같은 보에서 A점의 수직반력은?

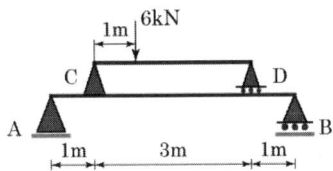

① 2.4kN
② 3.6kN
③ 4.8kN
④ 6.0kN

해설 $R_A = \dfrac{3m}{5m} \times 6kN = 3.6kN$

92. 관습적으로 정지계획 설계도 작성 시 고려할 사항으로 틀린 것은?

① 제안하는 등고선은 파선으로 표시한다.
② 계단, 광장, 도로 등의 꼭대기와 바닥의 고저를 표기하도록 한다.
③ 폐합된 등고선은 정상을 표시하기 위해 점고저(spot elevation)를 적는다.
④ 등고선의 수직노선 조작은 성토의 경우 높은 방향(위)에서 시작하여 내려온다.

해설 ① 제안하는 등고선은 실선으로 표시한다.
기존의 등고선은 파선으로 표시한다.

93. 다음 옹벽 설계조건의 ( ) 안에 가장 적합한 것은?

활동력이 저항력보다 커지면 옹벽은 활동하게 되고, 반대인 경우에 옹벽은 활동에 대해 안전하다고 볼 수 있다. 일반적으로 활동(sliding)에 대한 안전율은 ( )을/를 적용한다.

① 1.0~1.5
② 1.5~2.0
③ 2.0~2.5
④ 2.5~3.0

94. 수목식재 장소가 경관상 매우 중요한 위치일 때 사용하는 방법으로 통나무를 땅에 깊숙이 묻고 와이어로프 등으로 수목이 흔들리지 않도록 하는 수목지주법은?

① 강관지주
② 당김줄형 지주
③ 매몰형 지주
④ 연계형 지주

95. 다음 평판측량과 관련된 용어는?

평판상의 점과 지상의 측점을 일치시키는 것

① 정준
② 표정
③ 치심
④ 폐합

96. 쇠메로 쳐서 요철이 없게 대충 다듬는 정도의 돌 표면 마무리는 무엇인가?

① 정다듬
② 잔다듬
③ 도두락다듬
④ 흑두기

Answer 90. ④ 91. ② 92. ① 93. ② 94. ③ 95. ③ 96. ④

97. 비탈면 구축 시 대상(帶狀) 인공뗏장을 수평방향에 줄 모양으로 삽입하는 식생공법(植生工法)을 무엇이라고 하는가?

① 식생조공(植生條工)　② 식생대공(植生袋工)
③ 식생반공(植生般工)　④ 식생혈공(植生穴工)

98. 골재의 함수상태에 따른 중량이 다음과 같을 경우 표면수율은?

- 절대건조상태 : 400g
- 표면건조상태 : 440g
- 습윤상태 : 550g

① 2%　② 10%
③ 25%　④ 37%

[해설] 표면수율 = $\dfrac{\text{습윤상태중량} - \text{표건상태중량}}{\text{표건상태중량}} \times 100(\%)$

표면수율 = $\dfrac{550g - 440g}{440g} \times 100 = 25\%$

99. 도로의 곡선부분에 곡선장(曲線長)을 짧게 할 때 발생하는 현상으로 거리가 먼 것은?

① 도로가 절곡되어 있는 것처럼 보이므로 속도가 증가된다.
② 운전자가 핸들 조작에 불편을 느낀다.
③ 곡선반경이 실제보다 작게 보여 운전상 착각을 느낀다.
④ 원심 가속도의 증가로 운전경로를 이탈하기 쉽다.

100. 다음 중 네트워크식 공정표의 계산에 관한 설명으로 적합하지 않은 것은?

① EFT는 EST보다 크다.
② FF는 TF보다 작다.
③ DF는 TF보다 크다.
④ 최초작업의 EST는 0으로 한다.

6과목 조경관리론

101. 솔잎혹파리가 겨울을 나는 형태는?

① 알　② 성충
③ 유충　④ 번데기

102. 공정표의 종류 중 횡선식 공정표(Gantt Chart)에서 가장 정확히 보여 주는 특성은?

① 작업 진행도
② 공종별 상호관계
③ 공종별 작업의 순서
④ 공기에 영향을 주는 작업

103. 잡초 중에서 가장 많이 분포하며, 잎집과 잎몸의 이음새에는 막이 있고, 털이 밖으로 생장한 모습의 잎혀가 있으며, 잎맥이 평행한 특성을 가지는 것은?

① 화본과　② 명아주과
③ 사초과　④ 마디풀과

104. 멀칭의 효과로 가장 거리가 먼 것은?

① 토양 수분 유지　② 잡초 발생 억제
③ 토양 침식 방지　④ 토양 고결 조장

[해설] 멀칭의 효과
① 토양수분 유지
② 토양침식과 수분손실 방지
③ 토양 비옥도 증진
④ 잡초발생 억제
⑤ 토양 구조 개선
⑥ 토양 굳어짐 방지
⑦ 통행을 위한 지표면 개선
⑧ 갈라짐 방지
⑨ 토양 염분농도 조절
⑩ 토양온도 조절

Answer　97. ①　98. ③　99. ①　100. ③　101. ③　102. ①　103. ①　104. ④

⑪ 태양열 복사와 반사율 감소
⑫ 병충해 발생 억제
⑬ 겨울철 지표면 동결방지

105. 재해·안전대책의 설명으로 가장 거리가 먼 것은?

① 각종 재해의 복구는 재산 가치가 높은 것부터 복구한다.
② 각종 시설물은 정기적인 점검과 보수를 한다.
③ 위험한 곳은 사고 방지를 위한 시설을 설치한다.
④ 이용자 부주의에 의한 빈번한 사고라도 안내판 설치 등 이용지도가 필요하다.

106. 공원녹지 내에서 행사를 기획할 때 유의해야 할 사항이 아닌 것은?

① 행사 시설이 설치 목적에 맞을 것
② 관계 법령을 준수할 것
③ 대안을 만들어 놓을 것
④ 통상 이용자를 통제할 것

해설) 행사 기획 시 유의사항
① 행사 시설이 설치 목적에 맞을 것
② 관계 법령을 준수할 것
③ 행사는 가능한 한 풍부한 내용을 갖도록 할 것
④ 계절·일시를 고려하여 행사계획을 세울 것
⑤ 예산에 맞는 내용을 정할 것
⑥ 대안을 만들어 놓을 것
⑦ 통상 이용자에 대해 배려할 것

107. 가수분해의 우려가 없는 경우에 농약 원제를 물에 녹이고 동결방지제를 가하여 제제화한 제형은?

① 유제(乳劑)
② 액제(液劑)
③ 수화제(水和劑)
④ 수용제(水溶劑)

108. 이용률이 80인 조건에서 요소(N 46%) 10kg 중 유효질소의 양은?

① 약 2.7kg
② 약 3.7kg
③ 약 4.7kg
④ 약 5.7kg

해설) 10kg×0.8×0.46=3.68kg

109. 공원 내 이용지도는 목적에 따라 3가지(공원녹지의 보전, 안전·쾌적이용, 유효이용)로 구분할 수 있다. 다음 중 「공원녹지의 보전」을 위한 이용지도의 대상이 되는 행위 시설은?

① 공원녹지의 손상·오손
② 공원 내의 루트, 시설의 유무 소개
③ 식물·조류관찰·오리엔터링 등의 지도
④ 유치원, 학교 등의 단체에 대한 활동 프로그램의 조언

해설) ① 공원녹지의 손상·오손 : 공원녹지의 보전
② 공원 내의 루트, 시설의 유무 소개 : 유효이용
③ 식물·조류관찰·오리엔터링 등의 지도 : 유효이용
④ 유치원, 학교 등의 단체에 대한 활동 프로그램의 조언 : 유효이용

110. 다음 설명의 ( ) 안에 적합한 용어는?

수직깎기인 ( )은/는 수직으로 향한 칼날을 이용해서 수평의 날을 바르게 회전시켜 지나치게 뻗은 포복경이나 옆으로 누운 잎을 잘라 내며, 에어레이션(Aeration) 후의 얕은 ( )은/는 코어(Core)를 깨뜨려서 토양의 재형성을 돕는 효과가 있기도 하고 그렇지 않은 경우도 있다. 이 ( ) 작업은 종종 북더기 잔디인 태치(Thatch)가 극심한 경우에 한하여 각종 경기장에서 사용이 제한되기도 하는데 이는 특히 잔디초지를 재조성하는 동안에는 금지되고 있다.

① Rolling
② Slicing
③ Spiking
④ Vertical mowing

111. 질소기아(nitrogen starvation) 현상에 대한 설명으로 틀린 것은?

① 토양으로부터 질소의 유실이 촉진된다.
② 탄질률이 높은 유기물이 토양에 가해질 경우 일시적

으로 발생한다.
③ 미생물 상호간은 물론 미생물과 고등식물 사이에 질소 경쟁이 일어난다.
④ 미생물이 토양 중의 질소를 먼저 이용하므로 배수나 휘산에 의한 질소 손실을 막을 수 있다.

112. 콘크리트 옹벽이 앞으로 넘어질 우려가 있을 때 일반적으로 시행하는 공법이 아닌 것은?

① P·C 앵커 공법
② 압성토 공법
③ 전면 부벽식 옹벽 공법
④ 실링 공법

[해설] ① P·C 앵커 공법 : P·C 앵커로 넘어짐 방지
② 압성토 공법 : 옹벽 전면에 수평으로 암을 따서 압성토
③ 전면 부벽식 옹벽 공법 : 옹벽 전면에 부벽식 콘크리트 옹벽 설치

113. 일반적으로 조경분야의 연간 유지관리 계획에 포함하는 것은?

① 건물의 도색
② 건물의 갱신
③ 공원 지역 내의 순찰
④ 수목의 전정 및 잔디 깎기

114. 아스팔트 포장의 파손 부분을 사각형 수직으로 따내고 보수하는 공법으로, 포장이 균열되었거나 국부적 침하, 부분적 박리가 있을 때 적용하는 공법은?

① 패칭 공법
② 표면처리 공법
③ 덧씌우기 공법
④ 혈매 공법

115. 조경건설 현장의 근로재해 강도율(强度率)을 나타내는 식은?

① $\dfrac{\text{근로재해에 의한 사상자수}}{\text{근로총시간수}} \times 1{,}000$

② $\dfrac{\text{근로손실일수}}{\text{근로총시간수}} \times 1{,}000$

③ $\dfrac{\text{연간근로재해에 의한 사상자수}}{\text{재적근로자수}} \times 1{,}000$

④ $\dfrac{\text{근로손실일수}}{\text{재적근로자수}} \times 1{,}000$

116. 파이토플라스마(phytoplasma)에 의한 수병(樹病)은?

① 포플러 모자이크병
② 벚나무 빗자루병
③ 대추나무 빗자루병
④ 장미 흰가루병

[해설] ① 포플러 모자이크병-바이러스
② 벚나무 빗자루병-진균
③ 대추나무 빗자루병-파이토플라스마
④ 장미 흰가루병-진균

117. 잎과 뿌리가 없는 기생식물로서 다른 식물의 잎과 줄기를 감고 자라며 바이러스를 매개하는 것은?

① 새삼
② 으름덩굴
③ 겨우살이
④ 청미래덩굴

[해설] 새삼
줄기가 다른 식물에 달라붙어 영양분을 빨아먹는 덩굴성 기생식물이다.

118. 해충의 가해 형태별 분류에서 흡즙성 해충에 해당되는 것은?

① 점박이응애
② 호두나무잎벌레
③ 개나리잎벌
④ 솔알락명나방

[해설] ① 점박이응애-흡즙성 해충
② 호두나무잎벌레-식엽성 해충
③ 개나리잎벌-식엽성 해충
④ 솔알락명나방-종실 해충

Answer 112. ④ 113. ④ 114. ① 115. ② 116. ③ 117. ① 118. ①

119. 시설 및 수목관리의 목적으로 활용되는 이동식 사다리의 안전기준으로 틀린 것은?

① 안정성이 확보되면 사다리의 길이는 제한이 없다.
② 발판의 수직간격은 25~35cm 사이, 사다리의 폭은 30cm 이상인 것을 사용한다.
③ 사다리의 발판에는 물결모양 등 미끄럼방지 처리가 된 것을 사용한다.
④ 사다리의 상부 3개 발판 미만에서만 작업하며, 최상부 발판에서는 작업하지 않는다.

120. 토양을 100℃로 가열해도 분리되지 않으며, pF 7 이상인 수분은?

① 흡습수 ② 결합수
③ 모세관수 ④ 유리수

> **해설** 결합수(結合水, combined water)
> ① 토양 중의 화합물의 한 성분으로 되어 있는 수분
> ② 화합수라고도 한다.
> ③ 토양을 100~110℃로 가열해도 분리되지 않는다.
> ④ pF가 7.0 이상인 수분이다.
> ⑤ 식물에는 흡수되지 않으나 화합물의 성질에 영향을 준다.

Answer 119. ① 120. ②

2020년 조경기사 최근기출문제 (2020. 6. 7) 1회, 2회 통합

1과목 조경사

01. 정원에서의 생활을 중요시하여 생전에는 정원에 정자 등 화려한 건물을 지어 친구들과 즐기다가 사후에는 그곳을 그대로 묘소나 기념관으로 사용하였던 국가는?
① 무굴인도 ② 페르시아
③ 이탈리아 ④ 스페인

02. 다음 설명에 적합한 형태의 대상지는?

- 궁 내 방지원도의 형태를 취한다.
- 주변으로 사정기비각, 영화당, 어수문, 주합루 등이 있다.
- 전통정원 구성기법 중 인공미와 자연미가 상생하는 곳이다.

① 창경궁 통명전 옆의 연지
② 경복궁 후원의 향원지
③ 창덕궁 후원의 부용지
④ 창경궁 후원의 춘당지

03. 고려시대의 의종(毅宗)이 민가 50여구를 헐어 터를 다듬고 여기에 많은 정자를 세워 명화이과(名花異果)를 심었으며, 괴석으로 가산을 꾸미고 인공폭포를 만들었는데, 그 원림은 치려(侈麗)하기 그지없었다고 하였다. 이와 관련된 정자는?
① 만수정(萬壽亭) ② 양성정(養性亭)
③ 중미정(衆美亭) ④ 태평정(太平亭)

해설 ① 만수정(萬壽亭) : 의종이 수창궁 북원에 괴석을 쌓아 가산을 꾸미고 그 옆에 만수정 조성

② 양성정(養性亭) : 의종이 양성정 옆에 괴석을 쌓아 올려 가산을 만들고 화훼 식재
③ 중미정(衆美亭) : 의종이 중미정을 짓고 남쪽에 흙과 돌을 쌓아 물을 모으고 배를 띄워 노를 저으며 노래를 부르게 하였음

04. 중국의 청(淸)나라 때 조성된 이름난 정원은?
① 앵도원(櫻桃園) ② 평천장(平泉莊)
③ 온천궁(溫泉宮) ④ 이화원(頤和園)

해설 ① 앵도원(櫻桃園) : 당
② 평천장(平泉莊) : 당
③ 온천궁(溫泉宮) : 당
④ 이화원(頤和園) : 청

05. 다음 설명에 적합한 용어는?

해인사, 불영사, 청평사 등에는 (　)이/가 조성되어 있다고 전해지고 있다. 이 (　)은/는 불교에서 가장 성스럽게 여기는 부처님, 탑 그리고 산의 그림자를 수면에 비추기 위해 조성된 것이다.

① 영지(影池) ② 연지(蓮池)
③ 계담(溪潭) ④ 귀루(晷漏)

해설 ② 연지(蓮池) : 연꽃을 심은 연못
③ 계담(溪潭) : 자연계류를 막아서 만든 담
④ 귀루(晷漏) : 해시계와 물시계

06. 고대 로마시대의 정원인 호르투스(hortus)의 초기 구성 요소가 아닌 것은?
① 약초밭 ② 분수
③ 과수원 ④ 채전

Answer 01. ① 02. ③ 03. ④ 04. ④ 05. ① 06. ②

07. 고려시대 정원조영의 특징으로 가장 부적합한 것은?

① 격구장을 축조하였다.
② 별서정원(別墅庭園)이 유행하였다.
③ 곡연(曲宴)을 위한 대사누각(臺榭樓閣)이 지어졌다.
④ 송나라의 정원을 모방하여 호화롭고 이국적인 화원이 만들어졌다.

> 해설 ② 별서정원(別墅庭園)이 유행하였다. : 조선시대

08. 고대 각 국가의 정원 특징으로 볼 수 없는 것은?

① 이집트 – 신원(Shrine garden)
② 바빌로니아 – 공중(Hanging)공원
③ 그리스 – 아카데미(academy)
④ 로마 – 페리스타일(peristyle) 가든

09. 불국사의 구품연지를 지나 대웅전으로 올라가는 청운교와 백운교에 33계단이 조성되었는데, 이 "33계단"의 상징적 의미는?

① 한국 사람이 좋아하는 행운의 숫자
② 입신공명과 부귀영화를 뛰어넘는 해탈
③ 세속의 번뇌로 부산히 흩어진 마음을 하나로 모아두는 시간
④ 불교의 우주관인 수미산에서 33천(天)을 뛰어 넘어 부처의 세계로 나아감

10. 영국의 공원 중 최초로 시민의 힘에 의해서 만들어진 공원은?

① 리젠트 파크(Regent Park)
② 그린 파크(Green Park)
③ 하이드 파크(Hyde Park)
④ 버켄헤드 파크(Birkenhead Park)

11. 화목부(花木部)에 식물 특성과 함께 배식법을 다루고 있는 중국 명나라 때의 저술서는?

① 계성의 원야(園冶)
② 문진향의 장물지(長物志)
③ 주밀의 오흥원림기(吳興園林記)
④ 이도헌추리의 축산정조전(築山庭造傳)

> 해설 ① 계성의 원야(園冶) : 명-건축물이나 첨경물, 축산 등을 그림으로 그리고, 설명을 붙인 문헌
> ② 문진향의 장물지(長物志) : 명
> ③ 주밀의 오흥원림기(吳興園林記) : 남송
> ④ 이도헌추리의 축산정조전(築山庭造傳) : 일본 강호(에도)

12. 문헌상 우리나라의 정원에 식물인 연(蓮)이 최초로 나타난 시기는?

① 기원전 16년경　　② 서기 123년경
③ 서기 372년경　　④ 서기 600년경

13. 르 노트르 양식의 영향을 받은 오스트리아 정원 유적으로 옳은 것은?

① 쉰브룬성
② 샤블롱 정원
③ 님펜부르크 성관
④ 페트로드보레츠 궁전

> 해설 ① 쉰브룬성 : 오스트리아
> ② 샤블롱 정원 : 벨기에
> ③ 님펜부르크 성관 : 독일
> ④ 페트로드보레츠 궁전 : 러시아

14. Radburn 계획의 개념과 관계가 먼 것은?

① 쿨데삭(cul-de-sac)
② 보행자도로(pedestrian road)
③ 슈퍼블럭(super block)
④ 격자 가로망(grid system)

15. 알베르티의 저서 「데 레 아에디피카토레(De re Aedificatoria)」에서 제시한 정원의 입지 조건이 아닌 것은?

① 수원의 적절성을 확인한다.
② 배수가 잘 되는 견고한 부지가 좋다.
③ 부지의 향방은 태양과 이루는 수평·수직 각도를 고려한다.
④ 도시로부터 조망이 좋고 시장이 형성되는 곳이 좋다.

> 해설 알베르티의 「데 레 아에디피카토레(De re Aedificatoria)」
> – 정원의 입지조건
> ① 배수가 잘 되는 견고한 부지를 선택할 것
> ② 부지의 방향은 태양이 이루는 수평·수직 각도를 고려할 것
> ③ 여름에는 시원한 바람이 불어오고, 겨울에는 찬 바람을 막을 수 있게 풍향과 부지와의 관계를 고려할 것
> ④ 수원(水原)의 적절성을 확인할 것
> ⑤ 환경에 어울릴 수 있게 구조물은 그 지방산 재료를 택할 것

16. 창경궁과 관련된 설명으로 틀린 것은?

① 낙선재 지역은 후궁들의 침전이었다.
② 동명전 옆에는 장대석을 쌓아올린 원형 지당과 중앙에 부정형의 섬을 만들었다.
③ 동궐도에 보면 큰 황새 같은 조류나 동물 해시계, 풍기(風旗) 등의 기물을 대석 뒤에 설치한 것이 보인다.
④ 홍화문에서 명정문에 이르는 보도는 삼도로 중앙을 높게 해 단을 두고 박석을 깔았다.

17. 다음 설명 중 「도산서원」과 가장 거리가 먼 것은?

① 사산오대(四山五臺)
② 연(蓮)을 식재한 애련설(愛蓮說)
③ 매(梅), 죽(竹), 송(松), 국(菊)
④ 정우당(淨友塘)과 몽천(夢泉)을 축조

> 해설 ① 사산오대(四山五臺) : 옥산서원
> ② 연(蓮)을 식재한 애련설(愛蓮說) : 도산서원-정우당
> ③ 매(梅), 죽(竹), 송(松), 국(菊) : 사절우, 도산서원-절우사
> ④ 정우당(淨友塘)과 몽천(夢泉)을 축조 : 도산서원

18. 이슬람권의 정원은 파라다이스(Paradise)의 개념을 갖는 정원이 대부분이다. 다음 이와 같은 성격으로 분류하기 어려운 정원은?

① 이졸라 벨라(Isola Bella)
② 샬리마르-바그(Shalimar Bagh)
③ 헤네랄리페(Generalife)
④ 타지마할(Taj Mahal)

> 해설 ① 이졸라 벨라(Isola Bella) : 이탈리아 르네상스
> ② 샬리마르-바그(Shalimar Bagh) : 인도
> ③ 헤네랄리페(Generalife) : 스페인
> ④ 타지마할(Taj Mahal) : 인도

19. 다음 정원에 관한 설명에 적합한 일본시대는?

> 거대한 정원석, 호화로운 석조(石組), 명목(名木) 등을 사용한 화려한 색조 정원이 성행했으며 삼보원(三寶院) 정원이 그 대표적 사례이다.

① 실정(室町, 무로마치)
② 도산(桃山, 모모야마)
③ 강호(江戶, 에도)
④ 겸창(鎌倉, 가마쿠라)

20. 한국의 별서 양식의 발달에 배경이 되지 못하는 것은?

① 신라시대의 사절유택
② 조선시대 사화와 당쟁의 심화
③ 우리나라의 아름다운 자연환경
④ 무역을 통한 문물 교류의 확대

2과목 조경계획

21. 산악형 국립공원지역 내 입지한 고찰(古刹) 지역을 관광지로 개발할 때 가장 중요하게 고려하여야 할 것은?

① 등산로와 종교 참배 동선의 연결
② 종교시설의 집단 설치를 위한 이주
③ 관광객과 종교인들 간의 보행동선 공유
④ 종교 및 문화재 보존과 관광 레크리에이션 시설 사이에 완충지대 형성

22. 대상 부지 분석의 목적이 아닌 것은?

① 부지계획의 목표 수립
② 부지의 문제점 도출
③ 부지의 잠재력 파악
④ 부지의 특성을 이해

23. 자연공원의 각 지구별 자연보존 요구도의 크기 순서를 옳게 나타낸 것은?

| ㉠ 공원자연보존지구 |
| ㉡ 공원마을지구 |
| ㉢ 공원자연환경지구 |

① ㉠>㉡>㉢
② ㉠>㉢>㉡
③ ㉢>㉠>㉡
④ ㉢>㉡>㉠

 자연공원의 용도지구

1. 공원자연보존지구 : 다음 각 목의 어느 하나에 해당하는 곳으로서 특별히 보호할 필요가 있는 지역
   가. 생물다양성이 특히 풍부한 곳
   나. 자연생태계가 원시성을 지니고 있는 곳
   다. 특별히 보호할 가치가 높은 야생 동식물이 살고 있는 곳
   라. 경관이 특히 아름다운 곳
2. 공원자연환경지구 : 공원자연보존지구의 완충공간(緩衝空間)으로 보전할 필요가 있는 지역
3. 공원마을지구 : 마을이 형성된 지역으로서 주민생활을 유지하는 데에 필요한 지역
4. 공원문화유산지구 : 「문화재보호법」에 따른 지정문화재를 보유한 사찰(寺刹)과 전통사찰보존지 중 문화재의 보전에 필요하거나 불사(佛事)에 필요한 시설을 설치하고자 하는 지역

24. 자연공원법의 "공원별 보전·관리계획의 수립 등"에 대한 설명 중 A, B에 적합한 값은?

공원관리청은 관련 규정에 따라 결정된 공원계획에 연계하여 (A)년마다 공원별 보전·관리계획을 수립하여야 한다. 다만, 자연환경보전 여건 변화 등으로 인하여 계획을 변경할 필요가 있다고 인정되는 경우에는 그 계획을 (B)년마다 변경할 수 있다.

① A : 10, B : 5
② A : 10, B : 7
③ A : 15, B : 5
④ A : 15, B : 7

25. 「체육시설의 설치·이용에 관한 법률」에서 공공체육시설로 분류되지 않는 것은?

① 생활체육시설
② 대중체육시설
③ 전문체육시설
④ 직장체육시설

26. 도로를 기능적으로 구분할 때 다음 설명에 해당되는 것은?

도시·군계획시설의 결정·구조 및 설치기준에 관한 규칙에서 설명하는 가구(街區 : 도로로 둘러싸인 일단의 지역을 말한다.)를 구획하는 도로

① 주간선도로
② 보조간선도로
③ 집산도로
④ 국지도로

 ① 주간선도로 : 시·군 내 주요지역을 연결하거나 시·군 상호간을 연결하여 대량통과교통을 처리하는 도로로서 시·군의 골격을 형성하는 도로
② 보조간선도로 : 주간선도로를 집산도로 또는 주요교통발생원과 연결하여 시·군 교통이 모였다 흩어지도록 하는 도로로서 근린주거구역의 외곽을 형성하는 도로

Answer 21. ④ 22. ① 23. ② 24. ① 25. ② 26. ④

③ 집산도로(集散道路) : 근린주거구역의 교통을 보조간선도로에 연결하여 근린주거구역 내 교통이 모였다 흩어지도록 하는 도로로서 근린주거구역의 내부를 구획하는 도로
④ 국지도로 : 가구(街區 : 도로로 둘러싸인 일단의 지역을 말한다. 이하 같다)를 구획하는 도로
⑤ 특수도로 : 보행자전용도로・자전거전용도로 등 자동차 외의 교통에 전용되는 도로

27. 환경계획이나 설계의 패러다임 중 자연과 인간의 조화, 유기적이고 체계적 접근, 상호 의존성, 직관적 통찰력 등을 특징으로 하는 패러다임은?

① 직관적 패러다임
② 데카르트적 패러다임
③ 전체론적 패러다임
④ 뉴어버니즘 패러다임

28. 다음 중 놀이시설 계획과 관련된 용어 설명이 부적합한 것은?

① 「개구부」란 시설물의 일부분이 구조체의 모서리나 면으로 둘러싸인 공간을 말한다.
② 「안전거리」란 놀이시설 이용에 필요한 시설 주위의 보호자 관찰거리를 말한다.
③ 「최고 접근높이」란 정상적 또는 비정상적인 방법으로 어린이가 오를 수 있는 놀이시설의 가장 높은 높이를 말한다.
④ 「놀이공간」이란 어린이들의 신체단련 및 정신수양을 목적으로 설치하는 어린이놀이터・유아놀이터 등의 공간을 말한다.

해설 ② 「안전거리」란 놀이시설 이용에 필요한 시설 주위의 이격거리

29. 다음 설명에 가장 적합한 용어는?

"과거 우리 민족의 정치・문화의 중심지로서 역사상 중요한 의미를 지닌 경주・부여・공주・익산, 그 밖에 관련 절차를 거쳐 대통령령으로 정하는 지역"

① 고도(古都)
② 침상원
③ 비오톱(Biotop)
④ 계획지역

30. 대상지역의 기후에 관한 조사는 계획구역이 속한 지역의 전반적인 기후에 관한 조사와 계획구역 내에 국한된 미기후에 관한 조사로 나누어진다. 다음 중 미기후에 관한 조사 사항이 아닌 것은?

① 강우량
② 태양열
③ 공기유통
④ 안개・서리 피해지역

해설 ① 강우량 : 기후조사 사항

31. 주차장법상 주차장의 종류에 해당되지 않는 것은?

① 노상주차장
② 부설주차장
③ 노외주차장
④ 지하주차장

해설 「주차장법」- 주차장의 종류
① 노상주차장 : 도로의 노면 또는 교통광장(교차점광장)의 일정한 구역에 설치된 주차장으로서 일반의 이용에 제공되는 것
② 노외주차장 : 도로의 노면 및 교통광장 외의 장소에 설치된 주차장으로서 일반의 이용에 제공되는 것
③ 부설주차장 : 건축물, 골프연습장, 그 밖에 주차수요를 유발하는 시설에 부대하여 설치된 주차장으로서 해당 건축물・시설의 이용자 또는 일반의 이용에 제공되는 것

32. 다음 설명에 적합한 계약은?

특별시장 등은 도시녹화를 위하여 필요한 경우에는 도시지역의 일정 지역의 토지 소유자와 "수림대 등의 보호 조치"를 하는 것을 조건으로 묘목의 제공 등 그 조치에 필요한 지원을 하는 것을 내용으로 하는 계약을 체결할 수 있다.

① 녹지계약
② 공지계약
③ 생태공간계약
④ 원상회복계약

Answer 27. ③ 28. ② 29. ① 30. ① 31. ④ 32. ①

해설 「도시공원 및 녹지 등에 관한 법률」-녹화계약
① 녹화계약 : 특별시장·광역시장·특별자치시장·특별자치도지사·시장 또는 군수는 도시녹화를 위하여 필요한 경우에는 도시지역의 일정 지역의 토지 소유자 또는 거주자와 다음 각 호의 어느 하나에 해당하는 조치를 하는 것을 조건으로 묘목의 제공 등 그 조치에 필요한 지원을 하는 것을 내용으로 하는 계약을 체결할 수 있다.
② 녹화계약의 조치
  - 수림대 등의 보호
  - 해당 지역의 면적 대비 식생 비율의 증가
  - 해당 지역을 대표하는 식생의 증대

33. 도시 오픈 스페이스의 주요 기능으로 거리가 먼 것은?

① 재해의 방지 ② 미기후의 조절
③ 도시 확산의 억제 ④ 토지이용률의 제고

34. 배수시설 계획 중 다음 설명의 배수는?

- 지하수위가 높은 곳, 배수 불량 지반의 지하수위를 낮추기 위한 지하수 배수
- 맹암거, 개거 등을 이용한 배수
- 완화배수 및 수목주위 배수암거 등 고려

① 개거 배수 ② 표면 배수
③ 지표 배수 ④ 심토층 배수

해설 ① 개거 배수
  - 지표수의 배수가 주목적
  - 지표저류수, 암거로의 배수, 일부의 지하수 및 용수 등도 모아서 배수
② 표면 배수
  - 지표면의 빗물 정체를 방지하기 위해 지표면의 기울기는 2% 이상
  - 지표면 기울기가 10% 이상일 경우에는 지표면의 침식을 방지하기 위한 시설 필요

35. 건물의 실내정원 배치계획 수립에서 고려해야 할 사항으로 옳지 않은 것은?

① 제한된 환경조건을 갖게 되며, 건물 내부의 환경 및 구조적 조건을 고려해야 한다.
② 일반적으로 식물의 생장에 필요한 습도의 제공 및 관수에 의한 수분공급이 필요하다.
③ 위치 및 조경요소의 배치는 건물 내부의 전체적인 동선 흐름, 이용패턴, 내부공간의 성격 등을 고려한다.
④ 정창(top-light)을 통한 실내 자연광 유입을 위해 남향에 배치하고, 빛을 좋아하고, 생장속도가 빠른 키 큰 식물을 식재한다.

36. 축척이 1/50000인 지형도의 어떤 사면경사를 알기 위해 측정한 계곡선 간의 도상 수평 최단 거리가 1.4cm이었을 때 이 두 점의 사면 경사도는 약 얼마인가?

① 8% ② 10%
③ 14% ④ 20%

해설 축척 = $\frac{도상거리}{실제거리}$

$\frac{1}{50,000} = \frac{1.4cm}{실제거리}$

실제거리=70,000cm=700m

경사도 = $\frac{수직거리}{수평거리} \times 100(\%)$

1/50,000 지형도에서 계곡선 간격은 100m

경사도 = $\frac{100m}{700m} \times 100(\%) = 14.285\% ≒ 14\%$

37. 설문 조사의 특성이 아닌 것은?

① 설문 작성을 위한 예비조사를 실시함이 바람직하다.
② 앞부분의 질문이 나중의 질문에 영향을 줄 수 있다.
③ 표준화된 설문지를 여러 응답자에게 반복적으로 사용함으로써 여러 사람의 응답을 비교할 수 있다.
④ 통계적 처리를 통하여 계량적 결론을 낼 수는 있으나 비계량적 결과보다 연구결과의 설득력이 약하다.

해설 ④ 통계적 처리를 통하여 계량적 결론을 낼 수 있고, 비계량적 결과보다 연구결과의 설득력이 강하다.

Answer 33. ④ 34. ④ 35. ④ 36. ③ 37. ④

38. 생태관광의 범위로 옳지 않은 것은?
① 지속 가능한 환경친화적인 관광
② 농촌보다는 도시를 소규모 그룹으로 관광
③ 관광지의 경관, 동식물, 문화유산을 고려하는 관광
④ 훼손이 덜 된 자연지역을 소규모 그룹으로 관광

39. 주택건설기준 등에 관한 규정상 "근린생활시설"의 설명 중 ( ) 안에 알맞은 기준값은?

하나의 건축물에 설치하는 근린생활시설 및 소매시장·상점을 합한 면적이 ( )m²를 넘는 경우에는 주차 또는 물품의 하역 등에 필요한 공터를 설치하여야 하고, 그 주변에는 소음·악취의 차단과 조경을 위한 식재 그 밖에 필요한 조치를 취하여야 한다.

① 500　　　　② 1000
③ 2000　　　　④ 2500

40. 다음의 설명에 해당하는 계획은?

"I. McHarg가 시도한 바와 같이 지도를 중첩하여 보다 효율적으로 토지이용의 적정성을 평가하여 개발지구에 대한 대안을 선정"
"지역의 생태계를 보존하면서 인간의 주거나 활동장소를 선택해 가기 위한 계획"

① 환경시설계획　　② 심미적 환경계획
③ 생태환경계획　　④ 환경자원관리계획

3과목　조경설계

41. 장애인 등의 통행이 가능한 계단 그림에서 A와 B의 값이 모두 옳은 것은? (단, 장애인·노인·임산부 등의 편의증진 보장에 관한 법률 시행규칙을 적용한다.)

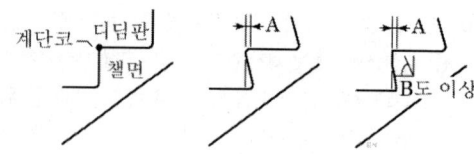

① A : 3cm, B : 45　　② A : 3cm, B : 60
③ A : 5cm, B : 50　　④ A : 5cm, B : 60

해설 「장애인·노인·임산부 등의 편의증진 보장에 관한 법률 시행규칙」

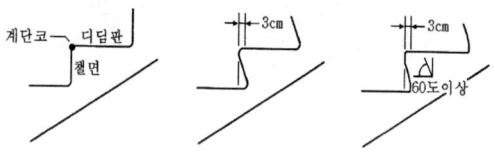

42. 사람이 눈을 통하여 외계의 사물을 볼 때 그 사물을 구성하고 있는 다음 시각요소들 중에서 어떤 것이 가장 빨리 지각되는가?
① 색채　　　　② 형태
③ 공간　　　　④ 질감

43. 다음 중 제도용 삼각자에 관한 설명으로 옳지 않은 것은?
① 조경 제도에는 30cm가 적합하다.
② 삼각자는 15° 증가되어 여러 각도를 얻을 수 있다.
③ 자의 길이는 45° 빗변과 60°의 수선길이를 말한다.
④ 삼각자는 30°와 60° 2가지가 한 세트로 되어 있다.

해설 ④ 삼각자 : 밑각이 60°와 30°의 직각 삼각자와 45°의 이등변 삼각자가 한 세트

44. 주차장법 시행규칙상의 "장애인전용" 주차단위 구획 기준은? (단, 평행주차형식 외의 경우를 적용한다.)
① 2.0m 이상×6.0m 이상
② 2.0m 이상×5.0m 이상
③ 2.6m 이상×5.2m 이상
④ 3.3m 이상×5.0m 이상

Answer　38. ②　39. ②　40. ③　41. ②　42. ①　43. ④　44. ④

해설 〈주차장법 시행규칙〉 주차단위 구획

1. 평행주차형식의 경우

구분	너비	길이
경형	1.7m 이상	4.5m 이상
일반형	2.0m 이상	6.0m 이상
보도와 차도의 구분이 없는 주거지역의 도로	2.0m 이상	5.0m 이상
이륜자동차 전용	1.0m 이상	2.3m 이상

2. 평행주차형식 외의 경우

구분	너비	길이
경형	2.0m 이상	3.6m 이상
일반형	2.5m 이상	5.0m 이상
확장형	2.6m 이상	5.2m 이상
장애인 전용	3.3m 이상	5.0m 이상
이륜자동차 전용	1.0m 이상	2.3m 이상

45. 조경설계기준에서 정한 의자(벤치) 설계에 관한 설명으로 틀린 것은?

① 지면으로부터 등받이 끝까지 전체 높이는 80~100cm를 기준으로 한다.
② 의자의 길이는 1인당 최소 45cm를 기준으로 하되, 팔걸이 부분의 폭은 제외한다.
③ 앉음판의 높이는 약 34~46cm를 기준으로 하되 어린이용 의자는 낮게 할 수 있다.
④ 등받이 각도는 수평면을 기준으로 95~110°를 기준으로 하고, 휴식시간이 길어질수록 등받이 각도를 크게 한다.

해설 의자(벤치) 설계

(1) 의자는 크기에 따라 1인용·2인용·3인용·4인용 등으로, 조합형태에 따라 일렬형·병렬형·ㄱ형·ㄷ형·사각형·원형·자연형·시설연계형으로, 집합도에 따라 단식·연식형, 이동성에 따라 고정식·이동식으로, 등받이 유무에 따라 등의자·평의자로 구분한다.
(2) 체류시간을 고려하여 설계하며, 긴 휴식에 이용되는 의자는 앉음판의 높이가 낮고 등받이를 길게 설계한다.
(3) 등받이 각도는 수평면을 기준으로 95~110°를 기준으로 하고, 휴식시간이 길어질수록 등받이 각도를 크게 한다.
(4) 앉음판의 높이는 34~46cm를 기준으로 하되 어린이를 위한 의자는 낮게 할 수 있다.
(5) 앉음판의 폭은 38~45cm를 기준으로 한다.
(6) 앉음판에는 물이 고이지 않도록 설계한다.
(7) 팔걸이의 높이는 앉음판으로부터 18~25cm를 기준으로 하고, 팔걸이의 폭은 3cm 이상으로 하며, 부착각도는 수평면을 기준으로 등받이 쪽으로 10~20° 낮게 설계한다.
(8) 의자의 길이는 1인당 최소 45cm를 기준으로 하되, 팔걸이부분의 폭은 제외한다.
(9) 지면으로부터 등받이 끝까지 전체높이는 75~85cm를 기준으로 한다.
(10) 등의자의 곡률반경은 앉음판의 오금부위는 15~16cm, 엉덩이부위는 7~8cm, 등받이 상단은 15~16cm를 기준으로 한다.

46. 도면에 사용하는 인출선에 대한 설명으로 틀린 것은?

① 치수선의 보조선이다.
② 가는 실선을 사용한다.
③ 도면 내용물의 대상 자체에 기입할 수 없을 때 사용한다.
④ 식재설계 시 수목명, 수량, 규격을 기입하기 위해 사용한다.

47. 다음 재료 구조 표시 시호(단면용)에 해당되는 것은?

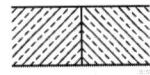

① 지반
② 석재
③ 인조석
④ 잡석다짐

Answer 45. ① 46. ① 47. ②

48. 제도 용지의 나비와 길이의 비가 옳은 것은?
① 1 : 1
② 1 : $\sqrt{2}$
③ 1 : $\sqrt{3}$
④ 1 : 2

49. 가법혼합(Additive mixture)의 3색광에 대한 설명으로 틀린 것은?
① 빨간색광과 녹색광을 흰 스크린에 투영하여 혼합하면 밝은 노랑이 된다.
② 가법혼합은 가산혼합, 가법혼색, 색광혼합이라고 한다.
③ 3색광 모두를 혼합하면 암회색(暗灰色)이 된다.
④ 가법혼색의 방법에는 동시, 계시, 병치 3가지가 있다.

해설 ③ 3색광 모두를 혼합하면 백색광이 된다.

50. 조경공간에서 경관조명시설의 설계 검토 사항으로 옳지 않은 것은?
① 하나의 설계대상 공간에 설치하는 경관조명시설은 종류별로 규격·형태·재료에서 체계화를 꾀한다.
② 특정 집단의 집중적인 이용에 대비해 유지관리가 전문화될 수 있도록 회로구성 등의 설계에 고려한다.
③ 광장과 같은 공간의 어귀는 밝고 따뜻하면서 눈부심이 적은 조명으로 설계한다.
④ 야간 이용의 활성화를 목적으로 설계하는 공원과 같은 공간에서는 야간 이용자들의 흥미유발이 중요하다.

해설 ② 불특정 다수의 집중적인 이용에 대비하여 청소나 보수 등의 유지관리에 편리하도록 회로구성 등의 설계에 고려한다.

경관조명시설 설계 검토 사항
(1) 설계대상 공간의 환경·경관·지형·풍토·전통·규모·용도 및 야간의 이용형태 등을 검토한다.
(2) 설계대상 공간의 조명개념을 먼저 설정하고 그에 어울리는 경관조명시설의 종류, 조명방식, 등주의 규격·재료·형태·배치 위치, 등의 종류, 광원의 색상, 배광방법 등을 검토한다.
(3) 하나의 설계대상 공간 또는 동일 지역에 설치하는 경관조명시설은 종류별로 규격·형태·재료에서 체계화를 꾀한다.
(4) 용도별, 지역별 특성에 따라 조명의 기능적인 면과 시각적인 효과를 최대한 발휘할 수 있도록 설계한다.
(5) 경관조명시설의 종류를 결정할 때에는 시설의 설치장소·시설의 기능·이용 시기·야간의 이용량 또는 요구도·이용자의 편익성·친환경성·관리운영방법 등을 고려한다.
(6) 안전성·기능성·쾌적성·조형성·유지관리 등을 충분히 고려한다.
(7) 경관조명시설의 설계는 인간척도에 적합해야 한다.
(8) 구조·규격·조도 등 관련 법규의 기준에 적합해야 한다.
(9) 에너지 저감과 유지관리에 따른 비용 감소에 효율적인 태양광 전력, 연료전지, 풍력, 지열발전 등 신재생 에너지 사용을 고려한다.
(10) LED 조명을 사용하여 높은 광효율과 에너지가 새어나가는 것을 방지할 수 있도록 설계한다.

51. 제이콥스와 웨이(Jacobs & Way)는 경관의 시각적 흡수력(Visual absorption)은 경관의 투과(Transparency)와 복잡도(Complexity)에 의해 좌우된다고 하였다. 시각적 흡수력이 가장 높은 것은?
① 투과성이 높고, 복잡도가 낮은 경우
② 투과성이 높고, 복잡도가 높은 경우
③ 투과성이 낮고, 복잡도가 낮은 경우
④ 투과성이 낮고, 복잡도가 높은 경우

52. 다음 그림은 도형조직의 원리 가운데에서 어느 것에 가장 적당한가?

][ ][ ][ ][ ][

① 근접성
② 방향성
③ 유사성
④ 완결성

→해설 도형조직의 원리
① 근접성(근거리의 원리) : 가까운 것은 지각하기 쉬움
② 방향성(방향과 간격의 원리) : 동일한 방향성과 간격
③ 유사성(유사의 원리) : 형태와 색채의 유사
④ 대칭성(대칭의 원리) : 반대방향일 때 대비효과
⑤ 완결성(폐쇄성, 폐합의 원리) : 막힌 것의 지각
⑥ 연속성(연속의 원리) : 연속된 움직임
⑦ 단순성(최소의 원리, 의미의 원리) : 표현된 상징의 의미(통합)

53. 도시경관과 자연경관에 대한 설명 중 틀린 것은?
① 일반적으로 자연경관이 도시경관에 비해 선호도가 높다.
② 도시경관의 복잡성은 자연경관의 복잡성보다 상대적으로 낮다.
③ 자연경관이 도시경관에 비해 색채대비가 낮다.
④ 자연경관은 도시경관에 비해 부드러운 질감을 가진다.

54. 다음 입체도를 3각법에 의해 3면도로 옳게 투상한 것은? (단, 화살표 방향을 정면으로 한다.)

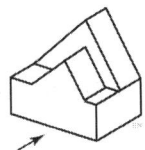

①  ②

③  ④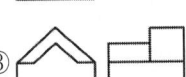

55. 해가 지면서 주위가 어두워지는 해 질 무렵 낮에 화사하게 보이던 빨간색 꽃은 어둡고 탁해 보이고, 연한 파란색 꽃들과 초록색의 잎들은 밝게 보이는 현상은 무엇인가?
① 푸르킨예 현상
② 컬러드 섀도우 현상
③ 베졸트-브뤼케 현상
④ 헬슨-저드 효과

→해설 ② 컬러드 섀도우 현상=색음 현상
주위색의 보색이 중심에 있는 색에 겹쳐져 보이는 현상. 작은 면적의 회색이 채도가 높은 유채색으로 둘러싸일 때 회색이 유채색의 보색의 색조를 띠어 보이는 현상
③ 베졸트-브뤼케 현상
광휘도가 높아지면 색상이 황색 또는 청색 계통으로 편이하는 현상
④ 헬슨-저드 효과
무채색계열의 색을 하양, 회색, 검정을 배경으로 색광 아래에서 볼 때, 대상색이 배경색보다 밝은 무채색은 조명광과 같은 색조로, 배경색보다 어두운 무채색은 조명광의 보색으로 보이는 현상

56. 다음 중 운율미(韻律美)의 표현과 가장 관계가 먼 것은?
① 변화되는 색채
② 수관의 율동적인 선(線)
③ 편평한 벽에 생긴 갈라진 틈
④ 일정한 간격을 두고 들려오는 소리

57. 다음 중 균형과 관계있는 용어로 가장 거리가 먼 것은?
① 대칭 ② 점증
③ 비대칭 ④ 주도와 종속

→해설 ② 점증 : 점점 증가함

Answer 53. ② 54. ③ 55. ① 56. ③ 57. ②

58. 비탈면 녹화의 설계 시 고려사항으로 옳지 않은 것은?

① 비탈면 녹화는 인위적으로 깎기, 쌓기된 비탈면과 자연침식으로 이루어진 비탈면을 생태적, 시각적으로 녹화하기 위한 일련의 행위를 말한다.
② 초본류 식재 방법에는 차폐수벽공법, 식생상심기, 새집공법, 새심기가 있다.
③ 소단배수구를 계획하는 소단부에는 횡단구배를 두고, 배수구 쪽으로 편구배를 두어 물이 비탈면으로 넘치지 못하도록 설계한다.
④ 비탈면의 조사에서 토사 비탈면의 토양경도가 27mm 이상이면 암반 비탈면과 같이 취급한다.

해설 ② 수목류 식재 방법에는 차폐수벽공법, 식생상심기, 새집공법, 새심기가 있다.

59. 다음 중 속도감이 가장 둔한 느낌의 색상은?

① 노랑 ② 빨강
③ 주황 ④ 청록

해설 색의 속도감
① 속도감에는 색상보다도 배경과의 명도차에 의해 영향을 크게 받아 명도차가 작으면 작을수록 빠르게 느껴짐
② 일반적으로 한색계의 명도가 높은 맑은 색이 빠르게 느껴짐
③ 빨강, 노랑 등 장파장계열의 시감도가 높은 색, 고명도가 속도감 증가
④ 둔한 느낌을 주는 색상은 청록색

60. 좋은 디자인이 되기 위해 요구되는 조건으로 가장 거리가 먼 것은?

① 합목적성 ② 대중성
③ 심미성 ④ 경제성

해설 좋은 디자인 요구 조건
: 합목적성, 독창성, 심미성, 경제성

4과목 조경식재

61. 다음 중 비료목(肥料木)으로 분류하기 가장 어려운 수종은?

① 소나무 ② 오리나무
③ 싸리나무 ④ 아까시나무

해설 비료목
콩과식물, 오리나무류, 보리수나무과

62. 영국 윌리엄 로빈슨이 제창한 야생원과 같은 목가적인 전원풍경을 그대로 재현시키는 식재 기법은?

① 무늬식재 ② 군락식재
③ 자유식재 ④ 자연풍경식 식재

63. 자연식생의 군락조사 방법으로 가장 부적합한 것은?

① 모든 방형구의 크기는 5×5m 정도가 일반적이다.
② 방위·경사 등의 입지조건을 기재한다.
③ 식생계층은 교목층, 아교목층, 관목층, 초본층으로 구분하여 기록한다.
④ 각 계층별로 모든 출현종의 우점도와 군도를 기록한다.

64. 다음 특징에 해당하는 수종은?

- 콩과(科) 수종이다.
- 성상은 낙엽활엽교목이다.
- 여름 8월경에 황백색의 꽃이 아름답다.
- 나무껍질은 세로로 갈라진다.
- 건조, 공해에 강하여 전통적으로 정자목으로 이용했다.

① 쥐똥나무(*Ligustrum obtusifolium*)
② 귀룽나무(*Prunus padus*)
③ 능수버들(*Salix pseudolasiogyne*)
④ 회화나무(*Sophora japonica*)

Answer
58. ② 59. ④ 60. ② 61. ① 62. ④ 63. ① 64. ④

해설 ① 쥐똥나무(*Ligustrum obtusifolium*) : 물푸레나무과, 낙엽활엽관목
② 귀룽나무(*Prunus padus*) : 장미과, 낙엽활엽교목
③ 능수버들(*Salix pseudolasiogyne*) : 버드나무과, 낙엽활엽교목
④ 회화나무(*Sophora japonica*) : 콩과, 낙엽활엽교목

65. 조경설계기준에 제시된 비탈 경사면(法面) 피복용 식물이 갖추어야 할 조건으로 가장 거리가 먼 것은?

① 비탈면의 자연식생 천이 방해
② 주변 식생과의 생태적·경관적 조화
③ 우수한 종자발아율과 폭넓은 생육 적응성
④ 목본류는 내건성, 내열성, 내한성 조건을 고루 만족

해설 비탈경사면 피복용 식물 재료 선정기준
(1) 비탈면의 토질과 환경조건에 적응하여 생존할 수 있는 식물이어야 한다.
(2) 주변식생과 생태적·경관적으로 조화될 수 있는 것이어야 한다.
(3) 초기에 정착시킨 식물이 비탈면의 자연식생천이를 방해하지 않고 촉진시킬 수 있어야 한다.
(4) 조기녹화용, 경관녹화용, 조기수림화용, 생태복원용 등의 사용 목적이 뚜렷해야 한다.
(5) 우수한 종자발아율과 폭넓은 생육 적응성을 갖추어야 한다.
(6) 재래초본류는 내건성이 강하고, 뿌리발달이 좋으며, 지표면을 빠르게 피복하는 것으로서 종자발아력이 우수하다.
(7) 외래도입 초본류는 발아율, 초기생육 등이 우수하고 초장이 짧으며, 국내환경에 적응성이 높은 것을 선정하되 도입비율을 최소화해야 한다.
(8) 목본류는 내건성, 내열성, 내척박성, 내한성을 고루 갖춘 것이어야 하며, 종자파종 또는 묘목에 의한 조성이 용이하고, 가급적 빠른 생장률로 조기 수림화가 가능한 것이어야 한다.
(9) 생태복원용 목본류는 지역고유수종을 사용함을 원칙으로 하고, 종자파종 혹은 묘목식재에 의한 조성이 가능해야 한다.
(10) 멀칭재로는 부식이 되는 식물원료로 가공한 섬유류의 네트류, 매트류, 부직포, PVC망 등을 사용한다.
(11) 멀칭재 선정 시 경제성과 보온성, 흡수성, 침식방지 효과 등을 고려하고, 종자발아에 도움을 줄 수 있는지를 우선적으로 검토한다.

66. 식재로 얻을 수 있는 대표적인 기능 중 "공학적 이용"을 통해서 얻을 수 있는 식물의 효과에 해당하는 것은?

① 대기의 정화작용
② 사생활 보호
③ 조류 및 소동물 유인
④ 구조물의 유화

해설 ① 대기의 정화작용 : 공학적 기능
② 사생활 보호 : 건축적 기능
③ 조류 및 소동물 유인 : 미적 기능
④ 구조물의 유화 : 미적 기능

67. 다음 중 황색 열매가 익어 달리는 수종은?

① 치자나무(*Gardenia jasminoides* Ellis)
② 매자나무(*Berberis koreana* Palib)
③ 식나무(*Aucuba japonica* Thunb)
④ 작살나무(*Callicarpa japonica* Thunb)

해설 열매 색상
① 치자나무(*Gardenia jasminoides* Ellis) : 황색
② 매자나무(*Berberis koreana* Palib) : 적색
③ 식나무(*Aucuba japonica* Thunb) : 적색
④ 작살나무(*Callicarpa japonica* Thunb) : 보라색

68. 조경 식재 설계에서 질감(texture)의 설명으로 옳지 않은 것은?

① 거친 질감에서 부드러운 질감으로의 점진적인 사용은 식재설계에서 바람직하지 않다.
② 떨어진 거리에서 보았을 때 질감은 식물 전체에 대한 빛과 음영의 효과로 나타난다.

③ 가까이에서 보았을 때 질감은 계절을 통하여 잎, 가지의 크기와 표면, 밀도 등에 따라서 결정된다.
④ 식물개체의 물리적 특성과 빛이 식물에 비추는 상태, 식물이 보이는 거리 등은 식물개체의 질감을 결정한다.

69. 다음 중 생태계 교란 생물(식물)이 아닌 것은?

① 갯줄풀(Spartina alterniflora)
② 단풍잎돼지풀(Ambrosia trifida)
③ 양미역취(Solidago altissima)
④ 환삼덩굴(Humulus japonicus)

해설 생태계 교란 생물(식물)
돼지풀, 단풍잎돼지풀, 서양등골나물, 털물참새피, 물참새피, 도깨비가지, 애기수영, 가시박, 서양금혼초, 미국쑥부쟁이, 양미역취, 가시상추, 갯줄풀, 영국갯끈풀, 환삼덩굴, 마늘냉이

70. 다음 중 자생지가 우리나라에서는 울릉도로 한정된 수종은?

① 무화과나무(Ficus carica L.)
② 신갈나무(Quercus mongolica Fisch. ex Ledeb.)
③ 당단풍나무(Acer pseudosieboldianum Kom.)
④ 너도밤나무(Fagus engleriana Seemen ex Diels)

71. 다음 중 같은 속(屬)에 속하는 수종으로만 구성된 것은?

① 밤나무, 너도밤나무, 나도밤나무
② 상수리나무, 신갈나무, 굴참나무
③ 족제비싸리, 조록싸리, 꽃싸리
④ 오동나무, 벽오동, 개오동

해설 ② 상수리나무, 신갈나무, 굴참나무 : Quercus

72. 다음 식물 중 상록활엽수에 해당되는 것은?

① 목련(Magnolia kobus)
② 함박꽃나무(Magnolia sieboldii)
③ 태산목(Magnolia grandiflora)
④ 일본목련(Magnolia obovata)

해설 ① 목련(Magnolia kobus) : 낙엽활엽교목
② 함박꽃나무(Magnolia sieboldii) : 낙엽활엽관목
③ 태산목(Magnolia grandiflora) : 상록활엽교목
④ 일본목련(Magnolia obovata) : 낙엽활엽교목

73. 개체군 분포에서 Allee의 원리가 뜻하는 것은?

① 어떤 개체군은 불규칙적으로 분포한다.
② 어떤 개체군 분포는 집단화가 유리하다.
③ 어떤 개체군은 개체 내 경쟁이 개체 간보다 치열하다.
④ 어떤 개체군은 미환경의 특성에 따라 분포한다.

74. 다음 중 협죽도과(科, Apocynaceae)의 수종은?

① 목서(Osmanthus fragrans)
② 좀작살나무(Callicarpa dichotoma)
③ 마삭줄(Trachelospermum asiaticum)
④ 치자나무(Gardenia jasminoides)

해설 ① 목서(Osmanthus fragrans) : 물푸레나무과
② 좀작살나무(Callicarpa dichotoma) : 마편초과
③ 마삭줄(Trachelospermum asiaticum) : 협죽도과
④ 치자나무(Gardenia jasminoides) : 꼭두서니과

75. 식재방법을 기능별로 분류하면 공간조절, 경관조절, 환경조절로 구분할 수 있다. 이 중 공간을 조절하기 위한 식재방법은?

① 지표식재
② 경관식재
③ 녹음식재
④ 경계식재

Answer 69. 전항 70. ④ 71. ② 72. ③ 73. ② 74. ③ 75. ④

76. 수목이식 시 표준 뿌리분의 크기를 결정하는 일반적 기준은?

① 근원직경×3
② 근원직경×4
③ 근원직경×5
④ 근원직경×6

77. 다음 중 자웅이주이기 때문에 암그루와 숫그루를 함께 심어야 열매를 볼 수 있는 수종으로만 나열된 것은?

① 계수나무, 해당화
② 먼나무, 산딸나무
③ 낙상홍, 보리수나무
④ 소철, 은행나무

> 해설 ① 계수나무-자웅이주
> ② 먼나무-자웅이주
> ③ 낙상홍-자웅이주
> ④ 소철-자웅이주, 은행나무-자웅이주

78. 식물체를 지탱시키며, 뿌리에 산소를 공급하는 토양단면상의 집적층을 나타내는 기호는?

① A층
② B층
③ C층
④ D층

> 해설 ① A층=용탈층
> ② B층=집적층
> ③ C층=모재층
> ④ D층=모반층

79. 다음 중 무궁화의 학명으로 맞는 것은?

① *Lagerstroemia indica*
② *Cornus controversa*
③ *Cedrus deodara*
④ *Hibiscus syriacus*

> 해설 ① *Lagerstroemia indica* : 배롱나무
> ② *Cornus controversa* : 층층나무
> ③ *Cedrus deodara* : 히말라야시다
> ④ *Hibiscus syriacus* : 무궁화

80. 아황산가스에 약한 수종은?

① 은행나무
② 가이즈까향나무
③ 독일가문비
④ 동백나무

5과목 조경시공구조학

81. 다음 중 고사식물의 하자보수 면제 대상에 해당되지 않는 것은?

① 폭풍 등에 준하는 사태
② 천재지변과 이의 여파에 의한 경우
③ 인위적인 원인(생활 활동에 의한 손상 등)으로 인한 고사
④ 유지관리비용을 지급받은 준공 후 상태에서 가뭄 등에 의한 고사

> 해설 고사식물의 하자보수 면제
> ① 전쟁, 내란, 폭풍 등에 준하는 사태
> ② 천재지변(폭풍, 홍수, 지진 등)과 이의 여파에 의한 경우
> ③ 화재, 낙뢰, 파열, 폭발 등에 의한 고사
> ④ 준공 후 유지관리비용을 지급하지 않은 상태에서 혹한, 혹서, 가뭄, 염해(염화칼슘) 등에 의한 고사
> ⑤ 인위적인 원인으로 인한 고사(교통사고, 생활활동에 의한 손상 등)

82. 콘크리트 타설 시 거푸집에 작용하는 측압이 큰 경우에 해당되지 않는 것은?

① 거푸집 부재단면이 클수록
② 콘크리트의 비중이 작을수록
③ 콘크리트의 슬럼프가 클수록
④ 외기온도가 낮을수록

Answer 76. ② 77. ④ 78. ② 79. ④ 80. ③ 81. ④ 82. ②

83. 다음 네트워크 공정표에서 전체 공정을 마치는 데 소요되는 최장 기간(CP)은?

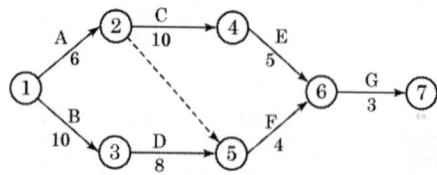

① 23일 ② 24일
③ 25일 ④ 26일

해설 CP
①→③→⑤→⑥→⑦
10+8+4+3=25일

84. 감리원에 대한 설명이 틀린 것은?

① 현장대리인이 감리원을 선정한다.
② 그 공사에 대하여 전문적인 기술자를 선정한다.
③ 감리원은 설계도대로 시공되지 않았을 때는 수급인에게 시정을 요구한다.
④ 감리원은 발주자의 자문에 응하고 기술적으로 설계서대로의 시공여부를 확인한다.

해설 감리원
발주자의 위촉을 받아 공사의 시공과정에서 발주자의 자문에 응하고 설계도서대로의 시공 여부를 확인하는 등의 감리를 행하는 자

85. 다음 건설재료 중 단위 m^3 당 중량(重量)이 가장 큰 것은?

① 철근콘크리트   ② 화강암
③ 자갈(건조)   ④ 목재(생송재)

해설 단위 중량
① 철근콘크리트 : 2,400kg/m^3
② 화강암 : 2,600~2,700kg/m^3
③ 자갈(건조) : 1,600~1,800kg/m^3
④ 목재(생송재) : 800kg/m^3

86. 조경시공분야와 관련된 POE(Post Occupancy Evaluation)란?

① 품질관리기법의 일종으로 불량품처리와 재발을 방지하는 것
② 시공으로 인한 환경적 영향을 사전에 평가하는 기법
③ 설계자가 시공자의 입장을 충분히 고려하여 설계하는 기법
④ 시공 후 평가 또는 이용 후 평가

87. 다음에 설명하는 특징을 갖는 조명등은?

- 조명등 중 전기효율이 높은 편이다.
- 빛이 먼 거리까지 잘 비춰 가로등이나 각종 시설조명으로 사용된다.
- 발광색은 노란색이어서 매우 특징적이므로 미적 효과를 연출하기 용이하다.
- 곤충들이 모여 들지 않는 특징이 있다.

① 할로겐등   ② 크세논램프
③ 고압나트륨등   ④ 메탈할라이드등

88. 다음 그림에 관한 설명 중 틀린 것은?

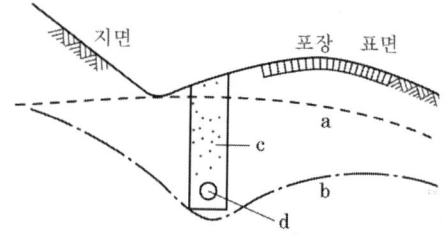

① 차단배수시설이다.
② d는 콘크리트 무공관이다.
③ a는 초기, b는 변경된 지하수위이다.
④ c는 굵은 모래나 모래가 섞인 강자갈이 좋다.

해설 차단배수시설
a : 초기 지하수위
b : 변경 지하수위
c : 다공성 재료
d : 유공관

Answer
83. ③ 84. ① 85. ② 86. ④ 87. ③ 88. ②

89. 다음 중 구조물을 역학적으로 해석하고 설계하는 데 있어, 우선적으로 산정해야 하는 것은?

① 구조물에 작용하는 하중 산정
② 구조물에 작용하는 외응력 산정
③ 구조물에 발생하는 반력 산정
④ 구조물 단면에 발생하는 내응력 산정

[해설] 구조계산의 순서
하중산정 → 반력산정 → 외응력산정 → 내응력산정
→ 내응력과 재료의 허용강도 비교

90. 건물 외벽에 그림과 같은 철봉을 박고 그 끝에 화분을 걸었다. 이때 발생하는 휨모멘트의 해석도는?

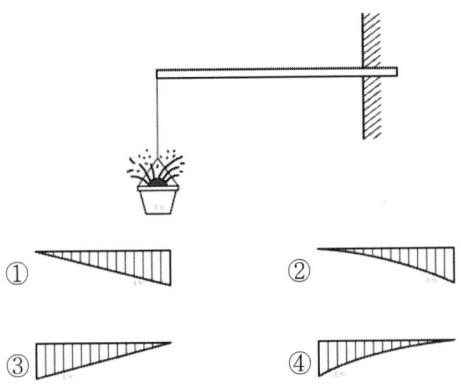

91. 소운반(小運搬)에 대한 설명으로 옳은 것은? (단, 건설공사 표준품셈의 기준을 적용한다.)

① 인력을 이용하는 목도운반을 소운반이라 한다.
② 소운반의 거리는 50m 이내의 거리를 말한다.
③ 경사면의 소운반 거리는 수직고 1m를 수평 거리 6m의 비율로 계상한다.
④ 소운반로가 비포장일 경우 비용을 50% 할증 계상한다.

[해설] 소운반
① 소운반 거리는 20m 이내의 거리
② 소운반이 포함된 품에 있어서 소운반 거리가 20m를 초과할 경우에는 초과분에 대하여 이를 별도 계상
③ 경사면의 소운반 거리는 직고 1m를 수평거리 6m의 비율로 계상

92. 보통 포틀랜드 시멘트(평균기온 20℃ 이상)를 사용한 경우 거푸집널의 해체 시기(기초, 보, 기둥 및 벽의 측면)로 옳은 것은? (단, 압축강도를 시험하지 않을 경우)

① 1일
② 2일
③ 3일
④ 4일

[해설] 콘크리트의 압축강도를 시험하지 않을 경우 거푸집널 해체 시기
(기초, 보, 기둥 및 벽의 측면)

시멘트의 종류 \ 평균기온	20℃ 이상	20℃ 미만 10℃ 이상
조강포틀랜드시멘트	2일	3일
보통포틀랜드시멘트 고로슬래그시멘트(1종) 포틀랜드포졸란시멘트(A종) 플라이애시시멘트(1종)	3일	4일
고로슬래그시멘트(2종) 포틀랜드포졸란시멘트(B종) 플라이애시시멘트(2종)	4일	6일

93. 다음 공식에서 A가 의미하는 것은?

$$A = \frac{흐트러지지\ 않은\ 천연시료의\ 강도}{흐트러진\ 시료의\ 강도}$$

① 예민비
② 간극비
③ 함수비
④ 포화도

94. 다음 중 금속부식을 최소화하기 위한 방법에 대한 설명 중 옳지 않은 것은?

① 부분적으로 녹이 나면 즉시 제거한다.
② 표면을 평활하고 깨끗이 하며 가능한 한 건조한 상태를 유지한다.
③ 가능한 한 이종금속을 인접 또는 접촉시키지 않는다.
④ 큰 변형을 준 것은 가능한 한 담금질을 하여 사용한다.

Answer 89. ① 90. ① 91. ③ 92. ③ 93. ① 94. ④

해설 ④ 큰 변형을 준 것은 가능한 한 열처리(풀림, 뜨임)를 하여 사용한다.

95. 토압에 대한 설명 중 틀린 것은?
① 토압이 작용하지 않는 옹벽은 구조적으로 담과 같은 구조물이다.
② 옹벽의 뒷채움 흙을 다지더라도 토압은 크게 변화하지 않는다.
③ 토압의 크기는 토질, 함수량 등에 따라 달라지게 된다.
④ 옹벽과 같은 구조물에 작용하는 흙의 압력이 토압이다.

96. 다음 중 순공사비의 구성 항목이 아닌 것은?
① 경비 ② 재료비
③ 노무비 ④ 일반관리비

97. 다음의 단순보에서 A점의 반력이 B점의 반력의 3배가 되기 위한 거리 x는 얼마인가?

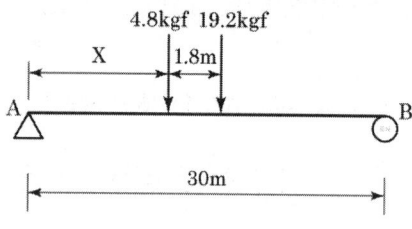

① 3.75m ② 5.04m
③ 6.06m ④ 6.66m

해설 $R_A = \left(4.8 \times \dfrac{30-x}{30}\right) + \left(19.2 \times \dfrac{30-1.8-x}{30}\right)$

∴ $R_A = \dfrac{685.44 - 24x}{30}$

$R_B = \left(4.8 \times \dfrac{x}{30}\right) + \left(19.2 \times \dfrac{x+1.8}{30}\right)$

∴ $R_B = \dfrac{24x + 34.56}{30}$

$R_A = 3 \times R_B$ 이므로

$\dfrac{685.44 - 24x}{30} = 3 \times \left(\dfrac{24x + 34.56}{30}\right)$

∴ x=6.06m

98. 그림과 같을 때 B점의 표고 H_b는? (단, n=11.5, D=40m, S=1.50m, I=1.10m, H_a=25.85)

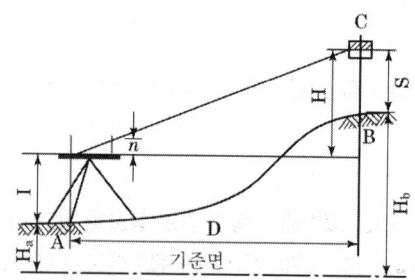

① 31.20m ② 32.20m
③ 30.05m ④ 31.05m

해설 $H_b = H_a + I + \left(\dfrac{n \times D}{100}\right) - S$

H_b : 기지점 높이 H_a : 미지점 높이
I : 기계 높이   n : 앨리데이드 눈금
D : H_a와 H_b의 거리
S : B점과 앨리데이드 측량값 차이

$H_b = 25.85m + 1.10m + \left(\dfrac{11.5 \times 40m}{100}\right) - 1.50m$

= 30.05m

99. 15분 동안에 15mm의 비가 내렸을 때, 이것을 평균강우강도(mm/hr)로 환산할 경우 맞는 것은?
① 1 ② 30
③ 60 ④ 90

해설 15분 : 15mm = 60분 : x   ∴ x=60mm

100. 15ton 차륜식 불도저를 이용하여 60m 지점에 굴착토를 운반하여 사토하려 할 때 1회 왕복시간은 얼마인가? (단, 전진속도 80m/분, 후진속도 100m/분, 기어변속시간 0.25분이다.)

① 3.24분 ② 2.95분
③ 1.60분 ④ 0.91분

> 해설 $C_m = \dfrac{L}{V_1} + \dfrac{L}{V_2} + t$
>
> C_m : 1회 사이클 시간 L : 운반거리
> V_1 : 전진속도 V_2 : 후진속도
> t : 기어변속시간
>
> $C_m = \dfrac{60m}{80m/분} + \dfrac{60m}{100m/분} + 0.25분 = 1.60분$

6과목 조경관리론

101. 다음 [보기]에서 설명하는 제초제는?

- 유기인계 비선택성 제초제이다.
- 작용기작은 아미노산의 생합성 저해이다.
- 원제는 백색, 무취의 결정으로서 분자량이 약 1690이다.

① 파라코(Paraquat)
② 글리포세이트(Glyphosate)
③ 시노설푸론(Cinosulfuron)
④ 프레틸라클로르(Pretilachlor)

> 해설 ① 파라코(Paraquat) : 그라목손
>   ② 글리포세이트(Glyphosate) : 근사미

102. 공원관리에 있어서 안전대책에 관한 사항으로 틀린 것은?

① 사고 후의 처리 문제는 안전대책에서 제외시킨다.
② 시설의 설치 시 시설의 구조, 재질 배치 등이 안전한가에 주의해야 한다.
③ 시설을 설치한 후에도 이용방법, 이용빈도 등 이용상황을 관찰하도록 한다.
④ 이용자, 보호자의 부주의에서 생기는 사고의 경우에는 시설의 개량, 안내판에 의한 지도가 필요하다.

103. 비료의 화학적 반응에 관한 설명으로 틀린 것은?

① 과인산석회는 산성비료이다.
② 비료의 수용액 고유의 반응을 말한다.
③ 화학적으로 중성인 비료는 사용 후 식물의 흡수 후에도 그 반응은 변화되지 않는다.
④ 식물이 뿌리로부터 양분을 흡수하는 것은 그 양분이 가용성(可溶性)이어야 한다.

104. 토양 부식(腐植, humus)의 기능으로 틀린 것은?

① 지온을 상승시킨다.
② 공극률을 증가시킨다.
③ 유효인산의 고정을 증가시킨다.
④ 양이온 치환용량을 증가시킨다.

105. 실내조경용 식물의 인공토양에 해당되지 않는 것은?

① 질석 ② 펄라이트
③ 피트모스 ④ 사질양토

> 해설 ① 질석=버미큘라이트

106. 공정관리 곡선 작성 중 아래 표에서와 같이 실시 공정 곡선이 예정 공정 곡선에 대해 항상 안전범위 안에 있도록 예정곡선(계획선)의 상하에 그리는 허용한계선을 일컫는 명칭은?

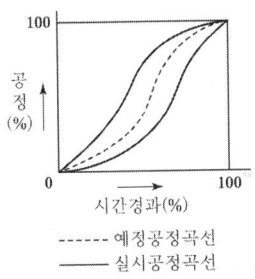

① S-curve ② progressive curve

③ banana curve   ④ net curve

107. 조경관리에 활용되는 사다리의 넘어짐(전도) 방지에 대한 설명으로 틀린 것은?

① 이동식 사다리의 길이가 6m를 초과하는 것을 사용하지 않도록 한다.
② 기대는 사다리의 설치각도는 수평면에 대하여 75° 이하를 유지해야 한다.
③ 계단식 사다리(A자형)는 잠금장치를 확실하게 사용하고, 접은 채로 사용하지 않도록 한다.
④ 기대는 사다리(일자형)를 설치할 때는 사다리의 상단이 걸쳐 놓은 지점으로 부터 30cm 정도 올라가게 설치한다.

[해설] ④ 기대는 사다리(일자형)를 설치할 때는 사다리의 상단이 걸쳐 놓은 지점으로부터 60cm 정도 올라가게 설치한다.

108. 콘크리트 재료 시설물의 균열을 줄이기 위한 대책으로 적당하지 않은 것은?

① 양생방법에 주의한다.
② 수축 이음부를 설치한다.
③ 단위 시멘트량을 적게 한다.
④ 수화열이 높은 시멘트를 선택한다.

[해설] 콘크리트의 균열에 대한 대책
① 단위 시멘트량을 적게 할 것
② 수화열이 낮은 시멘트를 사용
③ 재료를 사용하기 전에 미리 온도를 낮추어 사용
④ 물시멘트비 작게 하기
⑤ 양생 방법 주의
⑥ 1회 타설 높이를 줄임
⑦ 수축 이음부를 설치하고 파이프를 이용하여 콘크리트 내부 온도를 낮추어 사용

109. 관리업무 중에 위탁하는 것이 유리한 것은?

① 긴급한 대응이 필요한 업무
② 정량적이고 정기적인 관리업무
③ 관리취지가 명확해야 하는 업무
④ 이용자에게 양질의 서비스가 가능한 업무

110. 포플러류 잎의 뒷면에 초여름부터 오렌지색의 작은 가루덩이가 생기고, 정상적인 나무보다 먼저 낙엽이 지는 현상이 나타나는 병은?

① 갈반병   ② 잎녹병
③ 잎마름병   ④ 점무늬잎떨림병

111. 미국흰불나방은 북아메리카가 원산지이다. 우리나라에 최초로 피해를 나타낸 시기는?

① 1948년 전후   ② 1958년 전후
③ 1968년 전후   ④ 1978년 전후

112. 수목의 수간 외과수술의 과정이 옳은 것은?

A : 부패부 제거	B : 형성층 노출
C : 소독 및 방부	D : 공동충전
E : 방수처리	F : 표면경화처리
G : 인공수피처리	

① A → B → C → D → E → F → G
② A → F → E → D → C → B → G
③ A → F → B → C → E → D → G
④ A → D → C → E → B → F → G

113. 다음 설명의 A와 B에 들어갈 적합한 용어는?

지하수는 작은 공극으로 이루어지는 모세관을 따라 위로 이동하게 되며, 이동되는 높이는 모세관의 지름에 (A)한다. 그러나 모세관작용에 의하여 이동하는 물의 속도는 모세관의 지름이 (B) 빠르다.

① A : 비례   B : 클수록
② A : 반비례   B : 클수록
③ A : 비례   B : 작을수록
④ A : 반비례   B : 작을수록

114. 살분법(撒粉法)에 이용되는 분제가 갖추어야 할 물리적 성질로서 가장 거리가 먼 것은?

① 분산성　　　　② 비산성
③ 안정성　　　　④ 현수성

[해설] ④ 현수성 : 액제의 물리적 성질

115. 횡선식 공정표로서 각 작업의 완료시점을 100%로 하여 가로축에 그 진행도를 표현하는 것은?

① GANTT Chart　　② PERT 기법
③ CPM 기법　　　　④ 기열식 공정표

[해설] ② PERT 기법 : 네트워크식 공정표
　　　③ CPM 기법 : 네트워크식 공정표

116. 토양 과정과 관계가 없는 것은?

① 삼각도표법
② 스토크(Stokes) 법칙
③ 토양의 양이온 치환용량
④ Sodium hexametaphosphate

[해설] 토양의 양이온 치환용량은 보통 토양 비옥도의 정도를 말한다. 토양이 양이온을 흡수할 수 있는 능력을 말한다.

117. 곤충의 외분비물질로 특히 개척자가 새로운 기주를 찾았다고 동족을 불러들이는 데 사용되는 종내 통신물질로 나무좀류에서 발달되어 있는 물질은?

① 집합 페로몬　　　② 경보 페로몬
③ 길잡이 페로몬　　④ 성 페로몬

[해설] ① 집합 페로몬 : 동물 집단의 형성과 유지를 위하여 동물의 몸 안에서 생산하여 분비하는 페로몬. 다른 개체를 유인하는 작용
② 경보 페로몬 : 곤충이 분비, 방출하여 냄새로 의사를 전달해 어떤 행동을 일으키게 하는 신호 물질. 개미, 흰개미, 꿀벌 따위의 곤충 집에 침입자가 침범하면, 경보를 전하기 위한 페로몬
③ 길잡이 페로몬 : 개미나 꿀벌 따위의 사회성 곤충이 자기 집에서 나와 활동을 하고 난 후 집을 찾아 되돌아가는 길에 이정표로 묻히는 분비물
④ 성 페로몬 : 같은 종의 다른 성에 특이한 반응이나 행동을 유발시키는 물질

118. 비탈면의 풍화 및 침식 등의 방지를 주목적으로 하며, 1 : 1.0 이상의 완구배로서 접착력이 없는 토양, 식생이 곤란한 풍화토, 점토 등의 경우에 실시하는 비탈면의 보호공은?

① 콘크리트판 설치공
② 돌붙임 및 블록붙임공
③ 콘크리트 격자형 블록 및 심줄박기공
④ 시멘트 모르타르 및 콘크리트 뿜어붙이기공

119. 네트워크에 의한 공정계획 수법 중 자원의 평준화의 목적에 해당하지 않는 것은?

① 유휴시간을 줄일 것
② 일일 동원자원을 최대로 할 것
③ 공기 내에 자원을 균등하게 할 것
④ 소요자원의 급격한 변동을 줄일 것

[해설] ② 일일 동원자원을 최소로 할 것

120. 과석, 중과석과 같은 가용성 인산비료에 석회질 비료를 함께 배합할 경우 비효가 감소하는 원인 물질에 해당되는 것은?

① 규산석회　　　　② 인산3칼슘
③ 질소　　　　　　④ 염화칼륨

Answer　114. ④　115. ①　116. ③　117. ①　118. ②　119. ②　120. ②

2020년 조경기사 최근기출문제 (2020. 8. 22)

1과목 조경사

01. 이탈리아의 벨베데레원(Belvedere Garden)에 대한 설명으로 틀린 것은?

① 16세기 초 브라망테가 설계하였다.
② 최고 높이의 노단은 장식원으로 꾸몄다.
③ 건물과 공지를 조화시키어 건축적인 중정을 만들었다.
④ 축선을 강조한 캐널과 대분천으로 워터 가든을 조성하였다.

02. 다음 중 왕도(王都)에 배나무가 연이어져 심겨 있었던 기록이 있는 국가는?

① 고구려   ② 신라
③ 백제   ④ 발해

03. 오늘날 옥상정원(Roof Garden)의 효시로 볼 수 있는 고대의 정원은?

① 이집트의 룩소르(Luxor)신전
② 그리스의 아도니스(Adonis)정원
③ 로마의 아드리아나(Adriana)별장
④ 페르시아의 파라다이스(Paradises)

04. 보르비콩트(Vaux-Le-Vicomte)의 설명으로 맞지 않는 것은?

① 기하학, 원근법, 광학의 법칙을 적용하였다.
② 루이 14세에 의해 만들어졌다.
③ 비스타 가든(Vista garden)의 특징을 잘 보여준다.
④ 프랑스 조경의 평면기하학 양식을 대표하는 정원의 하나이다.

→ 해설 ② 루이 14세 때 니콜라스 푸케 소유

05. 조선시대 기관 중 원포(園圃)와 소채(蔬菜)에 관한 업무를 맡던 곳은?

① 영조사   ② 장원서
③ 산택사   ④ 사포서

06. 20세기 초 건축, 조경, 공예 부문에 실용적이고 장식이 별로 가해지지 않는 것이 요구되어 생겨난 미학 용어는?

① 회화미   ② 고전미
③ 복합미   ④ 기능미

07. 일본의 정토정원이 아닌 것은?

① 정유리사 ② 영구사
③ 장안사   ④ 중존사

08. 경복궁 경회루에 대한 내용으로 틀린 것은?

① 외국사신의 영접과 왕이 조정의 군신에게 베풀었던 연회장소로서의 기능
② 유생들에게 왕이 친히 시험을 치르던 공간으로 사용
③ 조선시대의 전형적인 방지원도형 지원으로 2개의 원도를 설치
④ 서쪽에서 볼 때 두 개의 섬은 양분되어 좌우대칭의 기하학적 형태

→ 해설 ③ 조선시대, 방지방도형 지원으로 3개의 방도를 설치

Answer 01.④ 02.① 03.② 04.② 05.④ 06.④ 07.③ 08.③

09. 중국의 사가정원 가운데 "해당화가 심겨져 있는 봄 언덕(해당춘오 : 海棠春塢)"이라는 정원이 그림과 같이 꾸며진 곳은?

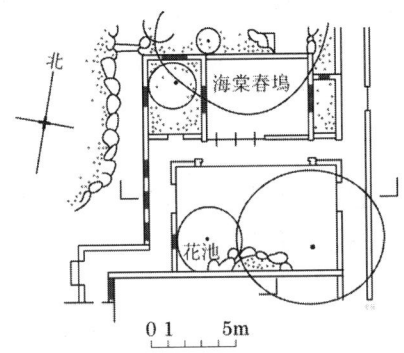

① 유원
② 사자림
③ 창랑정
④ 졸정원

10. 안동 하회마을과 관련이 없는 것은?

① 화산서원
② 이화촌
③ 겸암정사
④ 하당

> 해설 안동 하회마을
> ① 집단 취락지 : 양진당, 충효당, 북촌댁, 남촌댁, 빈연정사, 원지정사 등
> ② 강학처 : 겸암정사, 옥연정사, 화천서원, 병산서원
> ③ 이화촌 : 배나무가 많다고 하여 이름 붙음
> ④ 하당 : 농경신을 위한 제의처

11. 다음 중 중국 전통정원에 영향을 끼친 문인으로 보기 어려운 인물은?

① 백거이(伯居易)
② 도연명(陶淵明)
③ 계성(計成)
④ 귤준강(橘俊綱)

> 해설 ④ 귤준강(橘俊綱) : 일본

12. 각 나라 정원의 연결이 올바른 것은?

① 에카테리나 궁 - 오스트리아
② 바벨성 - 헝가리
③ 엑홀름 - 러시아
④ 돌마바체 - 터키

> 해설 ① 에카테리나 궁 - 러시아
> ② 바벨성 - 폴란드

13. 19세기 초 미국문화와 기후에 따라 부지에 적합하게 설계해야 된다는 점을 깊이 인식한 조경가는?

① 앙드레 파르망티에
② 앤드류 잭슨 다우닝
③ 프레드릭 로 옴스테드
④ 찰스 엘리어트

14. 청평사 선원(문수원 정원)에 관한 내용 중 틀린 것은?

① 청평사 문수원 정원은 고려 중기 이자현이 조성한 것이다.
② 청평사는 사다리꼴 형태의 영지가 경외에 있다.
③ 청평사는 자연동화적 수행 공간으로 조성되었다.
④ 청평사는 축을 강조한 전형적 전통사찰공간 배치형식을 따른다.

15. 스페인의 무어양식의 특징은 중정(patio)에 있다. 알함브라 궁의 파티오와 헤네랄리페 이궁의 파티오 가운데 같은 이름으로 불렸던 곳은?

① 사이프러스의 중정
② 사자의 중정
③ 연못의 중정
④ 커넬의 중정

> 해설 ② 사자의 중정 : 알함브라 궁전
> ④ 커넬의 중정 : 헤네랄리페 이궁

16. 통일신라시대의 대표적인 조경유적이 아닌 것은?

① 임류각
② 안압지
③ 포석정
④ 불국사

해설 ① 임류각 : 백제

17. 조선시대 중기에 조영된 품(品)자형 상류주택으로 풍수지리사상과 방지원도형 연못이 조영된 다음 가도(家圖)의 사례지는?

① 구례 운조루   ② 강릉 선교장
③ 논산 윤증고택   ④ 함양 정여창 고택

18. 고대 이집트 주택정원의 연못가에 세운 정자는?

① Pylon   ② Kiosk
③ Obelisk   ④ Sycamore

해설 ① Pylon : 입구 탑문
② Kiosk : 연못가에 세운 정자
③ Obelisk : 기념비
④ Sycamore : 고대 이집트인들이 신성시하여 사자(死者)를 이 나무 그늘 아래 쉬게 하는 풍습이 있었음

19. 다음 보기의 단면도와 같은 배치를 보이는 르네상스 시대의 별장 정원은?

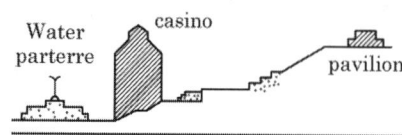

① 란셀로티장(Villa Lancelotti)
② 란테장(Villa Lante)
③ 에스테장(Villa d'Este)
④ 카스텔로장(Villa Castello)

해설 란테장
쌍둥이 카지노 : 제1테라스와 제2테라스 사이, 2채의 카지노 위치

20. 초암풍(草庵風)의 정원조성으로 다정원(茶庭園) 양식을 창출한 사람은?

① 풍신수길(豊臣秀吉)   ② 몽창국사(夢窓國師)
③ 천리휴(千利休)   ④ 등원양방(藤原良房)

2과목 조경계획

21. 자연공원에서 하여서는 아니 되는 금지행위에 해당하지 않는 것은?

① 지정된 장소 안에서의 취사와 흡연행위
② 자연공원의 형상을 해치거나 공원시설을 훼손하는 행위
③ 대피소 등 대통령령으로 정하는 장소·시설에서 음주행위
④ 야생동물을 잡기 위하여 화약류·덫·올무 또는 함정을 설치하거나 유독물·농약을 뿌리는 행위

해설 「자연공원법」-금지행위
① 자연공원의 형상을 해치거나 공원시설을 훼손하는 행위
② 나무를 말라죽게 하는 행위
③ 야생동물을 잡기 위하여 화약류·덫·올무 또는 함정을 설치하거나 유독물·농약을 뿌리는 행위
④ 야생동물의 포획허가를 받지 아니하고 총 또는 석궁을 휴대하거나 그물을 설치하는 행위
⑤ 지정된 장소 밖에서의 상행위
⑥ 지정된 장소 밖에서의 야영행위

Answer 17. ① 18. ② 19. ② 20. ③ 21. ①

⑦ 지정된 장소 밖에서의 주차행위
⑧ 지정된 장소 밖에서의 취사행위
⑨ 지정된 장소 밖에서 흡연행위
⑩ 대피소 등 대통령령으로 정하는 장소·시설에서 음주행위
⑪ 오물이나 폐기물을 함부로 버리거나 심한 악취가 나게 하는 등 다른 사람에게 혐오감을 일으키게 하는 행위
⑫ 그 밖에 일반인의 자연공원 이용이나 자연공원의 보전에 현저하게 지장을 주는 행위로서 대통령령으로 정하는 행위

22. 자연공원법상 공원계획으로 지정할 수 있는 용도지구 중에서 공원자연보존지구의 완충공간(緩衝空間)으로 보전할 필요가 있는 지역을 지칭하는 용어는?

① 공원자연보존지구　　② 공원자연환경지구
③ 공원문화유산지구　　④ 공원마을지구

해설 자연공원의 용도지구
1. 공원자연보존지구 : 다음 각 목의 어느 하나에 해당하는 곳으로서 특별히 보호할 필요가 있는 지역
   가. 생물다양성이 특히 풍부한 곳
   나. 자연생태계가 원시성을 지니고 있는 곳
   다. 특별히 보호할 가치가 높은 야생 동식물이 살고 있는 곳
   라. 경관이 특히 아름다운 곳
2. 공원자연환경지구 : 공원자연보존지구의 완충공간(緩衝空間)으로 보전할 필요가 있는 지역
3. 공원마을지구 : 마을이 형성된 지역으로서 주민생활을 유지하는 데에 필요한 지역
4. 공원문화유산지구 : 「문화재보호법」에 따른 지정문화재를 보유한 사찰(寺刹)과 전통사찰보존지 중 문화재의 보전에 필요하거나 불사(佛事)에 필요한 시설을 설치하고자 하는 지역

23. 조경계획 과정에서 필요한 인문·사회환경 분석에 대한 설명으로 틀린 것은?

① 조망점은 조망빈도가 낮고, 조망량이 적어 원상태 유지가 잘 된 곳으로 정한다.

② 토지 소유권의 특징과 토지취득의 조건을 세밀히 조사해야 한다.
③ 교통은 계획부지 내의 교통체계를 조사하고 계획 대상지에 접근할 수 있는 교통수단과 동선배치 상태를 조사한다.
④ 행태분석의 방법은 실제 이용자를 대상으로 하거나 또는 이와 유사한 계층의 사람들을 대상으로 조사한다.

24. 다음 설명의 밑줄에 해당되지 않는 것은?

> 공원녹지기본계획 수립자는 공원녹지기본계획을 수립하거나 변경하려면 미리 인구, 경제, 사회, 문화, 토지이용, 공원녹지, 환경, 기후, 그 밖에 <u>대통령령으로 정하는 사항</u> 중 해당 공원녹지기본계획의 수립 또는 변경에 필요한 사항을 대통령령으로 정하는 바에 따라 조사하거나 측량하여야 한다.

① 경관 및 방재
② 상위계획 등 관련 계획
③ 환경부장관이 정하는 조사방법 및 등급분류 기준에 따른 녹지등급
④ 지형·생태자원·지질·토양·수계 및 소규모 생물서식공간 등 자연적 여건

해설 「도시공원 및 녹지 등에 관한 법률」-공원녹지기본계획의 수립을 위한 기초 조사
1. 경관 및 방재
2. 상위계획 등 관련 계획
3. 지형·생태자원·지질·토양·수계 및 소규모 생물서식공간 등 자연적 여건
4. 그 밖에 공원녹지기본계획수립권자가 공원녹지기본계획의 수립 또는 변경을 위하여 필요하다고 인정하는 사항

25. 대지면적이 500m²인 필지에서 기준층 건축면적이 200m²이고, 5층 건물이라고 할 때에 건폐율(A)과 용적률(B)을 맞게 계산한 것은? (단, 모든 층의 면적은 기준층의 면적과 같음)

① A : 20%, B : 100%

Answer 22. ② 23. ① 24. ③ 25. ③

② A : 20%, B : 200%
③ A : 40%, B : 200%
④ A : 40%, B : 400%

해설 건폐율 A = $\frac{1층 면적(m^2)}{대지면적(m^2)} \times 100(\%)$

∴ 건폐율 A = $\frac{200m^2}{500m^2} \times 100 = 40\%$

용적율 B = $\frac{연면적(m^2)}{대지면적(m^2)} \times 100(\%)$

∴ 용적율 B = $\frac{200m^2 \times 5층}{500m^2} \times 100 = 200\%$

26. 다음 중 시간 혹은 비용의 제약 등을 고려해 볼 때 주어진 시간 및 비용의 범위 내에서 얻을 수 있는 최선의 안을 말하는 것은?

① 최적안(optimal solution)
② 규범적인 안(normative solution)
③ 만족스런 안(satisficing solution)
④ 혁신적인 안(innovative solution)

해설 대안의 종류
① 최적안 : 설계자가 추구해야 하는 것. 분석종류도 많고 시간과 비용도 많이 소요
② 규범적인 안 : 가장 이상적인 안으로 권위주의적이며 현재를 고려하지 않음
③ 만족스러운 안 : 시간, 비용, 범위 내에서 내놓는 안
④ 혁신적인 안 : 주어진 프로그램 안에서 변경하는 대안

27. 환경영향평가와 관련된 설명이 틀린 것은?

① 제안된 사업이 환경에 미치는 영향을 파악하는 과정이다.
② 제안된 사업의 파급 영향에 대한 정보를 정책 결정자에게 제공한다.
③ 사업이 수행되지 않을 때와 사업이 수행될 때의 환경변화의 차이가 환경영향이다.
④ "환경영향평가 등"이란 사전환경영향평가, 환경영향평가 및 집약적 환경영향평가를 말한다.

해설 ④ "환경영향평가 등"이란 전략환경영향평가, 환경영향평가 및 소규모 환경영향평가를 말한다.

28. 지질도가 다음 그림과 같이 나타났을 경우 암석층 A의 경사각 표현으로 가장 적합한 것은?

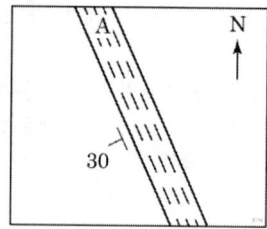

① 수평면으로부터 30° 기울어졌다.
② 지표면으로부터 30° 기울어졌다.
③ 수직면으로부터 좌측으로 30° 기울어졌다.
④ 정북(北)으로부터 좌측으로 30° 기울어졌다.

29. 이용자수 추정 시 활용되는 "최대일률(피크율)"에 대한 설명 중 옳은 것은?

① 경제적인 측면에서 볼 때 최대일률이 높을수록 좋다.
② 최대일 이용자 수에 대한 최대 시 이용자수의 비율이다.
③ 연간 이용자 수에 대한 최대일 이용자 수의 비율이다.
④ 최대일률은 계절형과 관계없이 일정하다.

해설 최대일률과 계절형

계절형 최대일률	I 계절형	II 계절형	III 계절형	IV 계절형
최대일률	1/30	1/40	1/60	1/100

30. 미기후 조사 항목 중 '안개' 및 '서리'는 주로 어느 지역에서 발생하는가?

① 경사가 완만하고 수목이 밀생한 지역
② 지하수위가 낮고 사질양토인 지역

Answer 26. ③ 27. ④ 28. ① 29. ③ 30. ④

③ 수목이 없고 겨울철 북서풍에 노출되는 지역
④ 지형이 낮고 배수가 불량한 지역

31. GIS에서 사용되는 벡터 모델의 기본 요소가 아닌 것은?

① Grid
② Line
③ Point
④ Polygon

32. 다음 중 기능적 위계가 큰 도로의 순서대로 바르게 나열한 것은?

① 집산도로 > 주간선도로 > 국지도로 > 보조간선도로
② 주간선도로 > 보조간선도로 > 국지도로 > 집산도로
③ 주간선도로 > 집산도로 > 보조간선도로 > 국지도로
④ 주간선도로 > 보조간선도로 > 집산도로 > 국지도로

33. 도로설계 시 '최소곡선장'이 기준치보다 짧을 때 발생되는 문제로 옳지 않은 것은?

① 운전 시 핸들조작이 불편하여 안전성을 저하시킨다.
② 원심 가속도 변화율의 증가로 운전에 방해가 될 수 있다.
③ 현재까지 안전상의 문제 해결을 위해 도로 설계 시 최소 원곡선의 길이 규정은 마련되어 있지 않다.
④ 곡선반경이 실제보다 작게 보여 운전 시 착각을 일으키므로 다른 차선을 침범할 수 있다.

34. 「도시·군계획시설의 결정·구조 및 설치 기준에 관한 규칙」에 명시된 보행자 전용도로의 구조 및 설치 기준으로 옳은 것은?

① 소규모광장·공연장·휴식공간·학교·공공청사·문화시설 등이 보행자전용도로와 연접된 경우에는 이들 공간과 보행자전용도로를 분리하여 위요된 보행공간을 조성할 것
② 보행자전용도로와 주간선도로가 교차하는 곳에는 평면교차시설을 설치하고 보행자 우선구조로 할 것
③ 포장을 하는 경우에는 빗물이 일정한 장소로 집수될 수 있도록 불투수성 재료를 사용할 것
④ 차량의 진입 및 주정차를 억제하기 위하여 차단시설을 설치할 것

해설 「도시·군계획시설의 결정·구조 및 설치기준에 관한 규칙」–보행자전용도로의 구조 및 설치기준

① 차도와 접하거나 해변·절벽 등 위험성이 있는 지역에 위치하는 경우에는 안전보호시설을 설치할 것
② 보행자전용도로의 위치, 폭, 통행량, 주변지역의 용도 등을 고려하여 주변의 경관과 조화를 이루도록 다양하게 설치할 것
③ 적정한 위치에 화장실·공중전화·우편함·긴 의자·차양시설·녹지 등 보행자의 다양한 욕구를 충족시킬 수 있는 시설을 설치하고, 그 미관이 주변지역과 조화를 이루도록 할 것
④ 소규모광장·공연장·휴식공간·학교·공공청사·문화시설 등이 보행자전용도로와 연접된 경우에는 이들 공간과 보행자전용도로를 연계시켜 일체화된 보행공간이 조성되도록 할 것
⑤ 보행의 안전성과 편리성을 확보하고 보행이 중단되지 아니하도록 하기 위하여 보행자전용도로와 주간선도로가 교차하는 곳에는 입체교차시설을 설치하고, 보행자우선구조로 할 것
⑥ 필요 시에는 보행자전용도로와 자전거도로를 함께 설치하여 보행과 자전거통행을 병행할 수 있도록 할 것
⑦ 점자표시를 하거나 경사로를 설치하는 등 장애인·노인·임산부·어린이 등의 이용에 불편이 없도록 할 것
⑧ 포장을 하는 경우에는 빗물이 땅에 잘 스며들 수 있도록 투수성재료를 사용하고, 나무나 화초를 심는 경우에는 그 식재면의 높이를 보행자전용도로의 바닥 높이와 같게 하거나 낮게 할 것
⑨ 역사문화유적의 주변과 통로, 교차로 부근, 조형물이 있는 광장 등에 설치하는 경우에는 포장형태·재료 또는 색상을 달리하거나 로고·문양 등을 설치하는 등 당해 지역의 특성을 잘 나타내도록 할 것
⑩ 경사로는 「장애인·노인·임산부 등의 편의증진 보장에 관한 법률 시행규칙」에 의할 것. 다만, 계단의 경우에는 그러하지 아니하다.
⑪ 차량의 진입 및 주정차를 억제하기 위하여 차단시

설을 설치할 것

35. 개인적 공간(personal space)을 설명한 것 중 옳지 않은 것은?

① 개인이 이동함에 따라 같이 움직이는 구역
② 사회적 거리(홀, Hall)는 보통 1.2m~3.6m
③ 상황과 상관없이 일정한 크기를 유지
④ 인체를 둘러싼 보이지 않는 경계를 가진 구역

36. 조경계획 과정 중 공간배분 계획에 대한 설명으로 옳지 않은 것은?

① 공공성이 높을수록 수목이나 시설물의 높이를 낮게 하여야 한다.
② 유사시설 간 연계성을 높이고 집단화를 통하여 토지이용의 효율성을 높여야 한다.
③ 공간축의 성격에 따라 대칭형 공간과 균제형 대칭공간을 형성하게 된다.
④ 휴게공간은 운동공간이나 놀이공간에 비하여 상대적으로 공공성이 높으므로 측면부에 배치하여야 한다.

37. 일반적으로 "장애인 등의 통행이 가능한 접근로"에 대한 설명 중 ( ) 안에 적합한 값은? (단, 관련 규정을 적용, 지형상 곤란한 경우는 고려하지 않는다.)

나. 기울기
(1) 접근로의 기울기는 ( )분의 1 이하로 하여야 한다.
(2) 대지 내를 연결하는 주접근로에 단차가 있을 경우 그 높이 차이는 2센티미터 이하로 하여야 한다.

① 8
② 10
③ 12
④ 18

38. 수중등에 관한 배치 및 시설기준에 관한 설명이 틀린 것은?

① 여러 종류의 색필터를 사용하여 야간의 극적인 분위기를 연출한다.
② 관리의 효율성을 위해 전구는 수면 위로 노출시키며, 고전압으로 설계한다.
③ 규정된 용기 속에 조명등을 넣어야 하며, 용기에 따라 정해진 최대수심을 넘지 않도록 한다.
④ 폭포·연못 등과 같은 대상공간의 수조나 폭포의 벽면에 조명의 기능을 구현할 수 있는 곳에 배치한다.

해설 수중등에 관한 배치 및 시설기준
1. 배치 : 폭포·연못·개울·분수 등 대상공간의 수조나 폭포의 벽면 등 조명의 기능 구현에 적합한 곳에 배치한다.
2. 시설기준
   (1) 조명등에 여러 종류의 색필터를 사용하여 야간의 극적인 분위기를 연출한다.
   (2) 규정된 용기 속에 조명등을 넣어야 하며, 용기에 따라 정해진 최대 수심을 넘지 않도록 하고 규정에 맞는 용량의 전구를 사용해야 한다.
   (3) 전구는 수면 위로 노출되지 않도록 하여야 하며, 저전압으로 설계하고 이동전선 $0.75m^2$ 이상의 방수전선을 채용한다. 감전 등에 대비하여 광섬유 조명방식을 적용할 수 있다.
   (4) 전선에 접속점을 만들지 않아야 한다.
   (5) 오염원이 될 수 있는 요소는 배제하되 친환경적인 재료와 요소를 적극 검토한다.

39. 습지보호지역에서 습지보전·이용을 위해 설치·운영할 수 없는 시설은?

① 습지를 보호하기 위한 시설
② 습지를 연구하기 위한 시설
③ 습지를 인공적으로 조성하기 위한 시설
④ 습지생태를 관찰하기 위한 시설

해설 「습지보전법」-습지보전·이용시설
① 습지를 보호하기 위한 시설
② 습지를 연구하기 위한 시설
③ 나무로 만든 다리, 교육·홍보 시설 및 안내·관리 시설 등으로서 습지보전에 지장을 주지 아니하는 시설
④ 그 밖에 습지보전을 위한 시설로서 대통령령으로 정하는 시설
   - 습지오염을 방지하기 위한 시설

Answer 35. ③ 36. ④ 37. ④ 38. ② 39. ③

- 습지생태를 관찰하기 위한 시설

40. 일반적인 토지이용계획의 순서에 포함되지 않는 것은?

① 적지분석
② 종합배분
③ 토지이용분류
④ 지하매설 공동구 설치

해설 토지이용계획
토지이용분류 → 적지분석 → 종합배분

3과목 조경설계

41. 다음 설명에 알맞은 형태의 지각심리는?

- 공동운명의 법칙이라고도 한다.
- 유사한 배열로 구성된 형들이 방향성을 지니고 연속되어 보이는 하나의 그룹으로 지각되는 법칙을 말한다.

① 근접성
② 연속성
③ 대칭성
④ 폐쇄성

42. 도면결합법(overlay method)을 주로 사용하여 경관의 생태적 목록을 종합하여 분석에 활용한 사람은?

① Lynch
② McHarg
③ Litton
④ Leopold

43. 시각적 선호도 측정방법 중 정신생리 측정법에 대한 설명으로 옳은 것은?

① 주로 오스굳(Osgood)의 어의구별 척도를 사용한다.
② 심리적 상태에 따라 나타나는 생리적 현상을 측정하는

것이다.
③ 여러 대상물을 2개씩 맞추어 서로 비교하는 방식을 사용한다.
④ 이용자의 관찰시간 측정에 의한 주의집중 밀도 파악이 가능하다.

44. 디자인의 요소에 대한 설명으로 옳지 않은 것은?

① 적극적 입체는 확실히 지각되는 형, 현실적 형을 말한다.
② 소극적인 면은 점의 확대, 선의 이동, 너비의 확대 등에 의해 성립된다.
③ 기하 곡면은 이지적 이미지를 상징하고, 자유 곡면은 분방함과 풍부한 감정을 나타낸다.
④ 점이 일정한 방향으로 진행할 때는 직선이 생기며, 점의 방향이 끊임없이 변할 때는 곡선이 생긴다.

45. 다음 중 경관을 변화시키는 요인에 해당하지 않는 것은?

① 대비
② 거리
③ 관찰점
④ 시간

해설 경관 변화 요인
거리, 관찰점, 시간, 운동, 빛, 기후, 계절, 규모

46. 한 도면 내에서 굵은 선의 굵기 기준을 0.8mm로 하였다면 레터링 보조선이나 치수선의 적절한 굵기에 해당되는 것은?

① 0.2mm
② 0.3mm
③ 0.4mm
④ 0.5mm

47. 주차장의 설계 시 이용할 주차단위구획(너비×길이)이 3.3m 이상×5.0m 이상의 기준에 해당되는 형식은? (단, 주차장법 시행규칙을 적용한다)

① 일반형(평행주차형식)

Answer 40. ④ 41. ② 42. ② 43. ② 44. ② 45. ① 46. ① 47. ④

② 보도와 차도의 구분이 없는 주거지역의 도로(평행주차형식)
③ 확장형(평행주차형식 외의 경우)
④ 장애인전용(평행주차형식 외의 경우)

→해설 〈주차장법 시행규칙〉 주차단위 구획

1. 평행주차형식의 경우

구분	너비	길이
경형	1.7m 이상	4.5m 이상
일반형	2.0m 이상	6.0m 이상
보도와 차도의 구분이 없는 주거지역의 도로	2.0m 이상	5.0m 이상
이륜자동차 전용	1.0m 이상	2.3m 이상

2. 평행주차형식 외의 경우

구분	너비	길이
경형	2.0m 이상	3.6m 이상
일반형	2.5m 이상	5.0m 이상
확장형	2.6m 이상	5.2m 이상
장애인 전용	3.3m 이상	5.0m 이상
이륜자동차 전용	1.0m 이상	2.3m 이상

48. 조경공간에서 배수설계 관련 설명이 옳지 않은 것은?

① 배수시설의 기울기는 지표기울기에 따른다.
② 최대 우수배수량을 합류식으로 산출하여 정한다.
③ 관거 이외의 배수시설의 기울기는 0.5% 이하로 하는 것이 바람직하다.
④ 배수계통은 직각식·차집식·선형식·방사식·집중식 등의 방식 중 배수구역의 지형·배수방식·방류조건·인접시설 그리고 기존의 배수시설과 같은 요소들을 고려하여 결정한다.

→해설 ③ 관거 이외의 배수시설의 기울기는 0.5% 이상으로 하는 것이 바람직하다.

49. 다음 [보기]의 설명 중 ㉠, ㉡에 적합한 것은? (단, 도시공원 및 녹지 등에 관한 법률 시행규칙을 적용한다.)

하나의 도시지역 안에 있어서의 도시공원의 확보 기준은 해당도시지역 안에 거주하는 주민 1인당 (㉠)제곱미터 이상으로 하고, 개발제한구역 및 녹지지역을 제외한 도시지역 안에 있어서의 도시공원의 확보기준은 해당 도시지역 안에 주거하는 주민 1인당 (㉡)제곱미터 이상으로 한다.

① ㉠ 2, ㉡ 4
② ㉠ 3, ㉡ 6
③ ㉠ 4, ㉡ 2
④ ㉠ 6, ㉡ 3

50. 조경설계기준상 조경구조물의 계획·설계 설명이 옳지 않은 것은?

① 앉음벽은 휴게공간이나 보행공간의 가운데에 배치할 때는 주보행동선과 교차하게 배치한다.
② 앉음벽은 짧은 휴식에 적합한 재질과 마감 방법으로 설계하며, 앉음벽의 높이는 34~46cm로 한다.
③ 장식벽은 경관적 목적을 위하여 수식이나 장식이 필요한 석축, 옹벽, 담장 등의 수직적 구조물의 표면에 부가·설치한다.
④ 울타리 및 담장은 단순한 경계표시 기능이 필요한 곳은 0.5m 이하의 높이로 설계한다.

→해설 ① 앉음벽은 휴게공간이나 보행공간의 가운데에 배치할 때는 주보행동선과 평행하게 배치한다.

51. 프로젝트의 계획방향이 설정되면 조사 분석을 거쳐 계획·설계로 진행된다. 다음 중 설계과정의 설명으로 옳은 것은?

① 분석단계에는 부지의 조건을 고려하여 평면 배치를 위한 땅가름 등의 분석 및 구상을 하게 된다.
② 분석내용을 종합하여 기본 구상을 하게 되며 이 경우 아이디어의 상징적·추상적 표현을 위하여 도식화된 다이어그램이 많이 사용된다.
③ 기본계획에서는 토지이용계획을 하게 되며, 동선계획과 녹지계획 등은 실시설계 단계에서 구체화하여 간다.
④ 시공을 위한 실시설계는 분석단계 이전에 충분히 고려되어 있어야 한다.

52. 설계대안의 작성에 관한 설명으로 옳은 것은?

① 대안은 많을수록 좋은 안을 선택할 수 있는 가능성이 높다.
② 대안 작성의 목적은 대안 중에서 반드시 최종안을 결정하는 데 있다.
③ 대안 작성은 문제해결을 보다 합리적이고 객관적으로 수행하기 위한 방법이다.
④ 대안의 평가는 정책적인 요소가 많이 게재되므로 실질적인 의의는 없다.

53. 조경설계기준상의 "옥외계단" 설계로 옳지 않은 것은?

① 계단의 경사는 최대 30~35°가 넘지 않도록 한다.
② 옥외에 설치하는 계단은 최소 2단 이상을 설치하여야 한다.
③ 경사가 18%를 초과하는 경우에는 보행에 어려움이 발생되지 않도록 계단을 설치한다.
④ 높이가 1.5m를 넘을 경우 1.5m 이내마다 계단의 유효 폭 이상의 폭으로 너비 100cm 이상인 참을 둔다.

해설 ④ 높이가 2m를 넘을 경우 2m 이내마다 계단의 유효 폭 이상의 폭으로 너비 120cm 이상인 참을 둔다.

54. 투시도 작성 시 소점(消點, Vanish Point)을 설명한 것은?

① 화면과 지면이 만나는 선
② 물체와 시점 간의 연결선
③ 물체의 각 점이 수평선상에 모이는 점
④ 정육면체의 측면 깊이를 구하기 위한 점

55. 인체의 치수를 기본으로 하여 전체를 황금비 관계로 잡아가는 독자적인 조화 척도는?

① 스케일(scale)
② 모듈러(modulor)
③ 비례(proportion)
④ 피보나치 급수(fibonacci series)

56. 색채이론의 내용이 틀린 것은?

① 고채도의 색은 강한 느낌을 준다.
② 장파장역의 빨강은 팽창색이다.
③ 한색, 암색은 진출색이다.
④ 명도가 높은 색과 한색보다 난색은 주목성이 높다.

해설 ③ 한색, 암색은 수축색이다.

57. 다음 설명의 (　)에 가장 부적합한 것은?

> 「도시·군계획시설의 결정·구조 및 설치기준에 관한 규칙」에 의해 도로에는 (　) 등을 고려하여 차도와 분리된 보도를 설치하는 것을 고려하여야 한다.

① 도로 폭
② 보행자의 통행량
③ 주변 토지이용계획
④ 대중교통의 통행량

58. 다음 입체도를 제3각법 정투상도로 옳게 나타낸 것은?

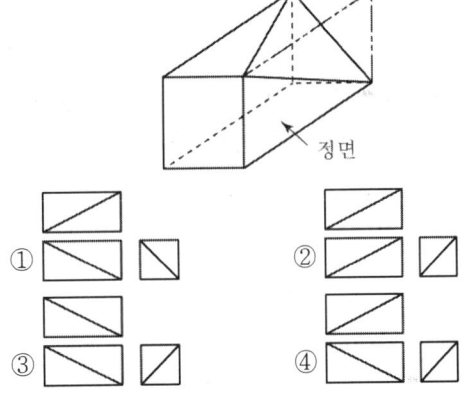

59. 조경설계 기준상의 「축구장」의 배치 및 규격 기준으로 가장 거리가 먼 것은?

① 장축을 동–서로 배치한다.
② 경기장 크기는 길이 90~120m, 폭 45~90m이어야 하며, 길이는 폭보다 길어야 한다.
③ 경기장 라인은 12cm 이하의 명확한 선으로 긋되, V자형의 홈을 파서 그으면 아니 된다.

Answer 52. ③ 53. ④ 54. ③ 55. ② 56. ③ 57. ④ 58. ④ 59. ①

④ 잔디가 아닐 경우 스파이크가 들어갈 수 있을 정도의 경도로 슬라이딩에 의한 찰과상을 방지할 수 있는 포장으로 한다.

해설 ① 장축을 남-북으로 배치한다.

60. 아치(arch)에 대한 설명으로 거리가 먼 것은?

① 동·서양에서 공통적으로 사용된 구조물이다.
② 아치의 기술은 B.C 2세기경 로마인에 의해 크게 발전하였다.
③ 구조적으로 압축력을 인장력으로 전환하여 지반에 전달하는 구조이다.
④ 아치를 이용하면 기둥(post)과 인방(lintel) 구조에서 경간이 짧은 단점을 극복할 수 있다.

4과목 조경식재

61. 중부 임해공업지대에서 공해와 한해의 피해를 가장 적게 받고 생육할 수 있는 수종은?

① 사철나무(Euonymus japonicus)
② 광나무(Ligustrum japonicum)
③ 개비자나무(Cephalotaxus koreana)
④ 일본잎갈나무(Larix kaempferi)

62. 조경설계기준에서 제시한 표 중 "H"에 해당하는 수치는?

식물의 종류	생육 최소 토심(cm)		배수층 두께
	토양등급 중급 이상	토양등급 상급 이상	
잔디, 초화류	A	B	C
소관목	D	E	F
대관목	G	H	I
천근성 교목	J	K	L
심근성 교목	M	N	O

① 15 ② 30
③ 50 ④ 90

해설 식물의 생육 토심

식물의 종류	생육 최소 토심(cm)		배수층 두께
	토양등급 중급 이상	토양등급 상급 이상	
잔디, 초화류	30	25	10
소관목	45	40	15
대관목	60	50	20
천근성 교목	90	70	30
심근성 교목	150	100	30

63. 쌍자엽식물(A)과 단자엽식물(B)의 일반적인 특징 비교 중 틀린 것은?

① 잎맥 : A(대개 망상맥), B(대개 평행맥)
② 뿌리계 : A(1차근과 부정근), B(부정근)
③ 부름켜 : A(있음), B(없음)
④ 1차 관다발 : A(산재 또는 2~다환배열), B(환상배열)

해설 ④ 1차 관다발 : A(환상배열), B(산재배열)

64. 다음 중 같은 속(屬)에 속하는 식물들로만 구성된 것은?

① 곰솔, 일본잎갈나무, 백송
② 사시나무, 은백양, 황철나무
③ 소나무, 리기다소나무, 낙우송
④ 자작나무, 개박달나무, 물오리나무

해설 ① 곰솔-Pinus, 일본잎갈나무-Larix, 백송-Pinus
② 사시나무, 은백양, 황철나무-Populus
③ 소나무-Pinus, 리기다소나무-Pinus, 낙우송-Taxodium
④ 자작나무-Betula, 개박달나무-Betula, 물오리나무-Alnus

Answer 60. ③ 61. ① 62. ③ 63. ④ 64. ②

65. 일반적으로 우리나라의 4계절 구분 중 개화시기가 다른 수종은?

① 무궁화(Hibiscus syriacus)
② 능소화(Campsis glandiflora)
③ 배롱나무(Lagerstroemia indica)
④ 병꽃나무(Weigela subsessilis)

해설 ① 무궁화(Hibiscus syriacus) : 여름 개화
② 능소화(Campsis glandiflora) : 여름 개화
③ 배롱나무(Lagerstroemia indica) : 여름 개화
④ 병꽃나무(Weigela subsessilis) : 봄 개화

66. 붉은(赤)색 계통의 단풍이 들지 않는 수종은?

① 고로쇠나무(Acer pictum subsp. mono Ohashi)
② 신나무(Acer tataricum subsp. ginnala)
③ 화살나무(Euonymus alatus)
④ 당단풍나무(Acer pseudosieboldianum)

해설 ① 고로쇠나무(Acer pictum subsp. mono Ohashi) : 노란색 단풍
② 신나무(Acer tataricum subsp. ginnala) : 붉은색 단풍
③ 화살나무(Euonymus alatus) : 붉은색 단풍
④ 당단풍나무(Acer pseudosieboldianum) : 붉은색 단풍

67. 침식지 및 사면녹화에 적합하지 않은 수종은?

① 족제비싸리(Amorpha fruticosa)
② 물오리나무(Alnus sibirica)
③ 등(Wisteria floribunda)
④ 노각나무(Stewartia pseudocamellia)

해설 ① 족제비싸리(Amorpha fruticosa) : 콩과 – 비료목
② 물오리나무(Alnus sibirica) : 오리나무과 – 비료목
③ 등(Wisteria floribunda) : 콩과 – 비료목
④ 노각나무(Stewartia pseudocamellia) : 차나무과

68. 다음 조경식물의 규격에 관한 설명에 적합한 용어는?

> 교목의 줄기를 측정하는 방법, 지면에서 1.2m 높이에서 측정, 기호는 B이고 단위는 cm이다.

① 근원직경　　② 흉고직경
③ 지상직경　　④ 수관직경

69. 다음 중 실내정원 식물인 "페페로미아"의 특징으로 틀린 것은?

① 쥐꼬리망초과(Geraniaceae)이다.
② 줄기삽과 엽삽으로 번식하며 쉽게 뿌리가 내리는 편이다.
③ 배양토의 적정 pH는 5.5~6.0이고 EC는 1.0mS이다.
④ 높은 공중습도를 좋아하며, 토양수분이 적고 광도가 낮은 환경에서 잘 자란다.

해설 ① 후추과

70. 생태적 천이의 과정이 순서대로 나열된 것은?

① 나지 → 개망초 → 참억새 → 참싸리 → 소나무 → 신갈나무
② 나지 → 망초 → 억새 → 소나무 → 상수리나무 → 붉나무
③ 나지 → 쑥부쟁이 → 찔레꽃 → 망초 → 소나무 → 졸참나무
④ 나지 → 쑥 → 억새 → 소나무 → 옻나무 → 굴참나무

71. 가을에 개화하여 꽃을 감상할 수 있는 지피식물은?

① 노루귀　　② 피나물
③ 꽃향유　　④ 원추리

Answer　65. ④　66. ①　67. ④　68. ②　69. ①　70. ①　71. ③

72. 다음 중 덧파종에 대한 설명으로 옳은 것은?

① 난지형 잔디밭 위에 한지형 잔디를 파종하여 겨울철 녹색의 잔디밭을 만드는 것
② 사전에 종피 처리를 한 잔디종자를 파종하여 대규모로 잔디밭을 만드는 것
③ 잔디 뗏장을 부지 전면에 이식하여 조기에 잔디밭을 만드는 것
④ 잔디 뗏장을 잘라서 일정 간격을 떼고 심어 잔디밭을 만드는 것

73. 나자식물 중 상록침엽수가 아닌 것은?

① 개잎갈나무(*Cedrus deodara*)
② 구상나무(*Abies koreana*)
③ 일본잎갈나무(*Larix kaempferi*)
④ 독일가문비(*Picea abies*)

해설 ① 개잎갈나무(*Cedrus deodara*) : 상록침엽교목
② 구상나무(*Abies koreana*) : 상록침엽교목
③ 일본잎갈나무(*Larix kaempferi*) : 낙엽침엽교목
④ 독일가문비(*Picea abies*) : 상록침엽교목

74. 다음 수목 중 생울타리용으로 양지 바른 곳에 가장 적합한 것은?

① 광나무(*Ligustrum japonicum*)
② 감탕나무(*Ilex integra*)
③ 삼나무(*Cryptomeria japonica*)
④ 주목(*Taxus cuspidata*)

75. 「*Euonymus japonicus* Thunb.」의 식재기능으로 가장 거리가 먼 것은?

① 경계식재
② 경관식재
③ 녹음식재
④ 차폐식재

해설 *Euonymus japonicus* : 사철나무

76. 조경 식재도면의 식물 리스트 작성 시 이용하기에 가장 편리한 순서는?

① 교목, 관목, 덩굴식물, 화초의 순서
② 한국 식물 명칭의 가, 나, 다 순서
③ 학명의 A, B, C 순서
④ 상록활엽수, 낙엽활엽수의 순서

77. 페튜니아(*Petunia hybrida*)의 설명이 틀린 것은?

① 여러해살이풀이다.
② 높이 15~25(60)cm 정도로 자란다.
③ 잎에 샘털이 밀생하여 점성을 띠고 냄새가 고약하다.
④ 온실에서 가꾼 꽃은 일찍 피며, 모양, 크기 및 색이 품종에 따라서 다르다.

해설 ① 1년생 초화류이다.

78. 조경기준(국토교통부)상에 "대지 안의 식재 기준" 중 ㉠~㉣의 내용이 틀린 것은?

• 조경면적의 배치

– 대지면적 중 조경의무면적의 (㉠)% 이상에 해당하는 면적은 자연지반이어야 하며, 그 표면을 토양이나 식재된 토양 또는 투수성 포장구조로 하여야 한다.
– 너비 (㉡)m 이상의 도로에 접하고 (㉢)m² 이상인 대지 안에 설치하는 조경은 조경의무면적의 (㉣)% 이상을 가로변에 연접하게 설치하여야 한다.

① ㉠ 10
② ㉡ 20
③ ㉢ 2000
④ ㉣ 30

해설 조경기준 – 대지 안의 식재 기준
• 조경면적의 배치
– 대지면적 중 조경의무면적의 10% 이상에 해당하는 면적은 자연지반이어야 하며, 그 표면을 토양이나 식재된 토양 또는 투수성 포장구조로 하여야 한다.
– 너비 20m 이상의 도로에 접하고 2,000m² 이상인 대지 안에 설치하는 조경은 조경의무면적의 20% 이상을 가로변에 연접하게 설치하여야 한다.

79. 여의도공원 내 생태적인 공간에 식재할 수 있는 교목성상의 수목으로 부적합한 것은?

① 느티나무(*Zelkova serrata*)
② 상수리나무(*Quercus acutissima*)
③ 물푸레나무(*Fraxinus rhynchophylla*)
④ 구실잣밤나무(*Castanopsis sieboldii*)

해설 ① 느티나무(*Zelkova serrata*) : 낙엽활엽교목
　　　② 상수리나무(*Quercus acutissima*) : 낙엽활엽교목
　　　③ 물푸레나무(*Fraxinus rhynchophylla*) : 낙엽활엽교목
　　　④ 구실잣밤나무(*Castanopsis sieboldii*) : 상록활엽교목(남부수종)

80. 식물의 질감과 관계되는 설명 중 옳지 않은 것은?

① 질감은 식물을 바라보는 거리에 따라 결정된다.
② 두껍고 촘촘하게 붙은 잎은 고운 질감을 나타낸다.
③ 부드러운 질감을 가진 식물에 의해서 생긴 그림자는 더욱 짙게 보인다.
④ 어린식물들은 잎이 크고, 무성하게 성장하기 때문에 성목보다 거친 질감을 갖는다.

해설 ③ 부드러운 질감을 가진 식물에 의해서 생긴 그림자는 더욱 옅게 보인다.

5과목 조경시공구조학

81. 콘크리트의 블리딩(Bleeding) 현상에 의한 성능 저하와 가장 거리가 먼 것은?

① 콘크리트의 응결성 저하
② 콘크리트의 수밀성 저하
③ 철근과 페이스트의 부착력 저하
④ 골재와 페이스트의 부착력 저하

82. 배수계획에서 다음 그림을 설명한 사항 중 옳은 것은?

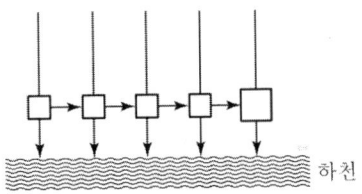

① 배수가 가장 신속하다.
② 수질오염 방지에 적합하다.
③ 평행식(parallel system)이다.
④ 지형의 고저차가 심할 때 유리하다.

해설 ① 배수가 가장 신속하다. : 직각식
　　　② 수질오염 방지에 적합하다. : 차집식
　　　④ 지형의 고저차가 심할 때 유리하다. : 평행식

83. 조경용 합성수지재는 열경화성수지와 열가소성수지로 구별된다. 다음 중 열경화성수지에 해당되지 않는 것은?

① 폴리에틸렌수지　　② 페놀수지
③ 우레탄수지　　　　④ 폴리에스테르 수지

84. 도로와 하수도의 중심선과 같은 선형 구조물의 위치를 평면적으로 표시하는 데 가장 적합한 방법은?

① 좌표에 의한 방법
② 단면에 의한 방법
③ 입면에 의한 방법
④ 측점에 의한 방법

85. 다음 중 목재와 관련된 설명으로 틀린 것은?

① 목재의 건조방법은 자연건조와 인공건조로 구분된다.

② 목재방부제는 열화방지 효과 및 내구성이 크고 침투성이 양호해야 한다.
③ 목재는 함수율의 증가에 따라 팽윤하기도 하고, 함수율의 감소와 함께 수축하기도 한다.
④ 목재의 강도 중 섬유와 직각방향의 인장 강도가 가장 크다.

해설 ④ 목재의 섬유방향(섬유에 평행방향)의 강도가 섬유의 직각방향의 강도보다 인장 강도가 크다.

86. 수준측량의 야장 기입법 중 중간점(I.P)이 많은 경우 가장 편리한 방법은?

① 승강식 ② 기고식
③ 횡단식 ④ 고차식

87. 구조부재에 작용하는 축직교 하중은 부재상의 각 점에서 부재를 자르려고 하는데 이 외력의 세력을 무엇이라 하는가?

① 수직반력 ② 전단력
③ 압축응력 ④ 축력

88. 다음 그림은 기둥을 도해한 것이다. 단면이 같고 하중의 크기가 동일할 때 좌굴장에 대한 설명 중 옳은 것은?

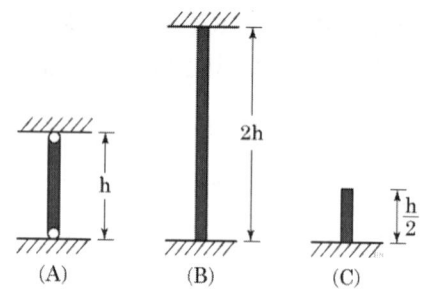

① A, B, C 모두 같다.
② A가 최대이고 C가 최소이다.
③ B가 최대이고 A가 최소이다.
④ B가 최대이고 C가 최소이다.

해설 좌굴장
① 1단 고정, 타단 자유부재의 좌굴장 : $\ell_k = 2\ell$
② 양단 회전부재의 좌굴장 : $\ell_k = \ell$
③ 1단 고정, 타단 회전부재의 좌굴장 : $\ell_k = 0.7\ell$
④ 양단 고정부재의 좌굴장 : $\ell_k = 0.5\ell$
[그림 해설]
(A) 양단 회전 : $\ell_k = \ell$, 좌굴장=h
(B) 양단 고정 : $\ell_k = 0.5\ell$, 좌굴장=0.5×2h=h
(C) 1단 고정, 타단 자유 : $\ell_k = 2\ell$, 좌굴장=$2 \times \frac{h}{2}$=h

89. 횡선식 공정표와 비교한 네트워크 공정표의 설명이 틀린 것은?

① 복잡한 공사, 대형공사, 중요한 공사에 사용된다.
② 최장경로와 여유 공정에 의해 공사의 통제가 가능하다.
③ 네트워크에 의한 종합관리로 작업 선·후 관계가 명확하다.
④ 공정표 작성이 용이하나 문제점의 사전예측이 어렵다.

해설 ④ 공정표 작성이 용이하나 문제점의 사전예측이 어렵다. : 횡선식 공정표

90. 단면의 형상에 따라 역T형, L형으로 나누어지며, 옹벽 자체 중량과 기초 저판 위 흙의 중량에 의하여 배면토압을 지탱하게 한 형식은?

① 조적식 ② 중력식
③ 부벽식 ④ 캔틸레버식

91. 다음 중 조경시설물 재료에 대한 일반적인 요구 성능이 아닌 것은?

① 가연성 ② 내구성
③ 보존성 ④ 운반가능성

92. 등고선이 높아질수록 밀집하여 있으며, 반대로 낮은 등고선에서는 간격이 멀어져 있는 경우는 다음 중 지형도의 어느 것에 해당하는가?

① 현애 ② 凹경사
③ 급경사 ④ 평사면

93. 거푸집에 가해지는 콘크리트의 측압이 크게 작용하는 경우에 해당하지 않는 것은?

① 철근량이 많을수록
② 특히 유의하여 다질수록
③ 부재의 수평단면이 클수록
④ 콘크리트의 부어넣기 속도가 빠를수록

해설 ① 철근량이 적을수록

94. 그림과 같이 한쪽은 깎기이고, 한쪽은 쌓기일 경우에 쓰이는 방법으로 매립에 이용되는 절토와 성토 방법은?

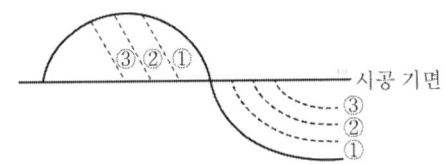

① 비계층쌓기 ② 층따기
③ 전방층쌓기 ④ 수평층쌓기

95. 고사식물의 하자보수 면제 항목에 해당되지 않는 것은?

① 전쟁, 내란, 폭풍 등에 준하는 사태
② 준공 후 유지관리비용을 지급받은 상태에서 혹한, 혹서, 가뭄, 염해(염화칼슘) 등에 의한 고사
③ 천재지변(폭풍, 홍수, 지진 등)과 이의 여파에 의한 경우
④ 인위적인 원인으로 인한 고사(교통사고, 생활 활동에 의한 손상 등)

해설 고사식물의 하자보수 면제

(1) 전쟁, 내란, 폭풍 등에 준하는 사태
(2) 천재지변(폭풍, 홍수, 지진 등)과 이의 여파에 의한 경우
(3) 화재, 낙뢰, 파열, 폭발 등에 의한 고사
(4) 준공 후 유지관리비용을 지급하지 않은 상태에서 혹한, 혹서, 가뭄, 염해(염화칼슘) 등에 의한 고사
(5) 인위적인 원인으로 인한 고사(교통사고, 생활활동에 의한 손상 등)

96. 다음 사다리꼴(균등측면) 개수로의 관련 식으로 옳은 것은?

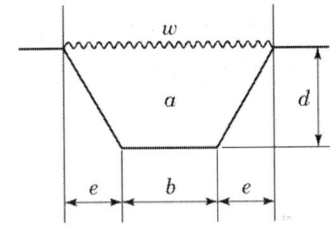

① 유적 : $b + 2\sqrt{e^2 + d^2}$
② 윤변 : $\dfrac{d(b+e)}{b + 2\sqrt{e^2 + d^2}}$
③ 경심 : $d(b+e)$
④ 폭 : $b + 2e$

97. 공동도급(joint venture) 방식의 장점에 대한 설명으로 옳지 않은 것은?

① 2개 이상의 사업자가 공동으로 도급하므로 자금 부담이 경감된다.
② 대규모 공사를 단독으로 도급하는 것보다 적자 등 위험 부담의 분산이 가능하다.
③ 공동도급 구성원 상호간의 이해충돌이 없고 현장 관리가 용이하다.
④ 각 구성원이 공사에 대하여 연대책임을 지므로, 단독도급에 비해 발주자는 더 큰 안정성을 기대할 수 있다.

Answer 92. ② 93. ① 94. ④ 95. ② 96. ④ 97. ③

98. 그림에서 B점의 반력(V_B)값은?

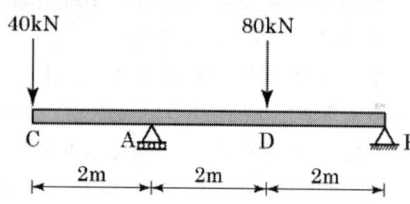

① 0kN ② 20kN
③ 40kN ④ 60kN

해설 $R_B = \left(80kN \times \dfrac{2m}{4m}\right) - \left(40kN \times \dfrac{2m}{4m}\right) = 20kN$

99. 건설 표준품셈에서 다음의 종목(A) 중 설계서의 단위(B) 및 단위 수량 소수위 기준(C)이 틀리게 구성된 것은? (단, 나열순은 A-B-C의 순서임)

① 공사폭원 – m – 1위
② 직공인부 – 인 – 2위
③ 공사면적 – m^2 – 2위
④ 토적(체적) – m^3 – 2위

해설 ③ 공사면적 – m^2 – 1위

100. TQC(Total Quality Control)를 위한 도구 중 다음 설명에 적합한 것은?

> 모집단에 대한 품질특성을 알기 위하여 모집단의 분포 상태, 분포의 중심위치 및 산포 등을 쉽게 파악할 수 있도록 막대그래프 형식으로 작성한 도수분포도를 말한다.

① 체크 시트 ② 파레토도
③ 히스토그램 ④ 특성요인도

6과목 조경관리론

101. 조경시설물 중 낙석방지망에 관한 설명이 틀린 것은?

① 낙석방지망은 암반과 밀착시킨 후 견고하게 설치하여야 한다.
② 앵커볼트는 암반의 절리를 점검하여 천공 깊이와 간격을 결정한 후 천공한다.
③ 암반비탈면의 굴곡부보다 평탄부에 가능한 한 밀착시켜 표면층의 퇴적이 이루어지도록 한다.
④ 수급인은 반드시 설치위치, 범위를 현장실정에 적합하도록 검토하며, 공사감독과 사전협의 후 설치하여야 한다.

해설 낙석방지망
(1) 낙석방지망 설치 시에 낙석방지망은 암반과 밀착시킨 후 견고하게 설치하여야 한다.
(2) 앵커볼트는 암반의 절리를 점검하여 천공깊이와 간격을 결정한 후 천공하고 천공구멍 내 앵커볼트를 삽입한 후 선단 및 충전용 수지를 주입하여야 하며 수지 주입 후 24시간 이상 양생한 다음 작업을 하여야 한다. 이때 천공구멍 내 잔류 분진은 앵커볼트와 수지 간 부착에 영향이 없도록 에어 호스를 사용하여 청소하여야 한다.
(3) 선단 및 충전용 수지 주입 후 앵커볼트와 암반이 일체가 되도록 시공한 후 조립구와 와이어로프를 설치하여야 한다.
(4) 와이어로프는 팽팽하게 당겨 견고하게 설치하여야 한다.
(5) 수급인은 반드시 낙석방지망의 설치 위치와 범위를 현장실정에 적합하도록 검토하여 감독자와 사전협의를 거친 후 낙석방지망을 설치하여야 한다.
(6) 낙석방지망은 보호시설로서 낙석의 위치에너지에 필요한 힘을 견딜 수 있어야 한다.
(7) 암비탈면의 굴곡부에 가능한 한 밀착시켜 침식층의 퇴적이 이루어지도록 한다.
(8) 식생기반재 뿜어붙이기와 병행할 때에는 식생기반재를 충분히 지탱할 수 있는 깊이로 앵커를 박아야 한다.

102. 다음 중 실내식물의 인공조명에서 가장 경제적이면서 좋은 것은?

① 백열등　　　② 형광등
③ 나트륨등　　④ 수은등

103. 토성의 분류 방법 중 자갈의 크기는 입경이 몇 mm 이상인가?

① 0.2mm　　　② 1mm
③ 2mm　　　　④ 3mm

104. 살충제의 설명으로 옳지 않은 것은?

① 직접접촉제는 해충의 몸에 약제를 직접 뿌렸을 때에만 살충력이 기대된다.
② 훈증제는 시안화수소 약제의 유효성분을 연기의 상태로 하여 해충을 죽이는 데 쓰인다.
③ 기피제는 수목 또는 저장물에 해충이 모이는 것을 막기 위해 쓰인다.
④ 잔효성 접촉제는 대부분의 살충제가 해당된다.

105. 잔디를 정기적으로 적당한 높이에서 예초할 때의 효과로 거리가 먼 것은?

① 잡초 방제 효과
② 깎인 경엽은 거름으로 제공
③ 잔디분얼 촉진과 밀도를 높임
④ 미관을 증진시켜 휴식처의 이용에 적합

106. 지오릭스 15%, 분제 10kg을 2.5%의 분제로 만들려면 몇 kg의 증량제가 필요한가?

① 40kg　　　② 50kg
③ 60kg　　　④ 70kg

해설　증량제의 양=원제량×$\left(\dfrac{원제함량}{원하는\ 함량}-1\right)$

∴ 증량제의 양=10kg×$\left(\dfrac{15\%}{2.5\%}-1\right)$=50kg

107. 잔디종자는 땅을 잘 갈아서 고른 뒤에 파종한다. 파종 시 주의할 사항으로 옳은 것은?

① 잔디종자는 호암성이므로 복토를 할 때 깊이 묻히도록 해야 한다.
② 잔디종자는 호광성이므로 복토 시 반드시 깊게 묻히도록 해야 한다.
③ 잔디종자는 호암성이므로 복토 시 얕게 묻히도록 해야 한다.
④ 잔디종자는 호광성이므로 복토를 할 때 깊게 묻히지 않도록 해야 한다.

108. 고속도로의 녹지관리상 기본적 입장으로 볼 수 없는 것은?

① 대부분 가늘고 긴 대상(帶狀)의 벨트로 되어 있다.
② 대부분의 이용자는 도로녹지를 이용하는 것이 주목적이다.
③ 미적인 식재관리보다 교통의 안정성과 쾌적성을 중요시한다.
④ 이용자가 불특정 다수이기 때문에 서비스 수준을 정하기가 어렵다.

109. 요소의 질소함유량을 50%라고 할 때 30kg의 요소 비료 중에 함유된 질소의 성분 함량은?

① 10.5kg　　　② 11.5kg
③ 15.0kg　　　④ 20.0kg

해설　30kg×50%=15kg

110. 농약 혼용 시 주의하여야 할 사항으로 틀린 것은?

① 유기인계와 알칼리성 농약은 혼용하지 않는다.
② 되도록 농약과 비료는 혼합하여 살포하지 않는다.
③ 혼용가부표를 반드시 확인하여 혼용여부를 결정한다.
④ 성분특성과 농도유지를 위해 약효가 다른 많은 종류의 약제를 한 번에 다량 혼용한다.

Answer　102. ②　103. ③　104. ②　105. ②　106. ②　107. ④　108. ②　109. ③　110. ④

111. 조경수목에 발생하는 생육장해의 설명이 틀린 것은?

① 만상(晩霜)은 봄의 생장 개시 후에 내리는 서리에 의해 어린가지 및 잎의 고사를 초래한다.
② 저온에 의한 수목의 원형질 분리는 저온이 계속 유지되면 큰 문제가 발생되지 않는다.
③ 수목이 가을에 단계적으로 저온에 순화(acclimation)된 이후에는 동해를 잘 입지 않는다.
④ 건조로 고사를 당하는 대부분의 수목들은 천근성과 토심이 낮은 곳에서 자라는 개체이다.

112. 조경관리의 특성으로 옳지 않은 것은?

① 조경관리의 규격화, 표준화가 가능하다.
② 관리대상의 기능이 유동성과 다양성을 지닌다.
③ 관리대상은 시간 경과에 따라 성장하고 자연에 적응한다.
④ 조경관리란 경관과 경관을 이루는 모든 경관 구성요소에 대한 관리 개념까지 포함된다.

→해설 ① 조경관리의 규격화, 표준화가 불가능하다.

113. 안전관리 사고 중 관리하자에 의한 사고는?

① 그네에서 뛰어내리는 곳에 벤치가 설치되어 팔이 부러진 사고
② 그네를 잘못 타서 떨어지거나, 미끄럼틀에서 거꾸로 떨어진 사고
③ 유아가 방호책을 기어 넘어가서 연못에 빠지는 사고
④ 연못가에 설치된 목재 펜스가 부패되어 부서져 물에 빠진 사고

→해설 ① 그네에서 뛰어내리는 곳에 벤치가 설치되어 팔이 부러진 사고 : 설치자에 의한 사고
② 그네를 잘못 타서 떨어지거나, 미끄럼틀에서 거꾸로 떨어진 사고 : 이용자·보호자·행사 개최자에 의한 사고
③ 유아가 방호책을 기어 넘어가서 연못에 빠지는 사고 : 이용자·보호자·행사 개최자에 의한 사고

④ 연못가에 설치된 목재 펜스가 부패되어 부서져 물에 빠진 사고 : 관리하자에 의한 사고

114. 토양의 양이온 교환용량(CEC)에 대한 설명으로 옳은 것은?

① 토양이 전하성질과는 무관하게 양이온을 함유할 수 있는 능력이며, 단위는 me/100g이다.
② 토양이 음전하에 의하여 양이온을 함유할 수 있는 능력이며, 단위는 mg/kg이다.
③ 토양이 음전하에 의하여 양이온을 흡착할 수 있는 능력이며, 단위는 $cmol_c$/kg이다.
④ 토양이 양전하에 의하여 염기성 이온을 흡착할 수 있는 능력이며, 단위는 %이다.

115. 수목관리의 설명이 옳지 않은 것은?

① 지주목 결속 끈의 보수는 1년 동안 수시로 점검·정비한다.
② 철쭉, 개나리 등의 낙엽화목류 전정은 휴면기인 동계에 실시한다.
③ 거적감기는 가을(10~11월)에 실시하는 것이 병해충 방제에 효과가 있다.
④ 생장이 왕성한 어린 유목(幼木)에는 강전정, 오래된 노목(老木)에는 약전정을 실시한다.

→해설 ② 철쭉, 개나리 등의 낙엽화목류 전정은 꽃이 진 후 즉시 실시한다.

116. 고속도로 주변 녹지관리를 위해 등짐형 동력 예초기로 제초작업을 하는 경우 착용해야 하는 개인보호구로 적절하지 않은 것은?

① 보안경　　　　② 안전화
③ 방진 장갑　　　④ 방독마스크

→해설 ④ 방독마스크 : 작업장에 발생하는 유해가스, 증기 및 공기 중에 부유하는 미세한 입자물질을 흡입해서 인체에 장해를 유발할 우려가 있는 경우에 사용하는 호흡보호구

111. ② 112. ① 113. ④ 114. ③ 115. ② 116. ④

117. 병원체가 다른 지역이나 식물체에 전반(傳搬)되는 방법 중 주로 바람에 의해 이루어지는 것은?

① 잣나무 털녹병균
② 참나무 시들음병균
③ 밤나무 뿌리혹병균
④ 대추나무 빗자루병균

해설 ① 잣나무 털녹병균 : 바람에 의한 전반
② 참나무 시들음병균 : 곤충 및 소동물에 의한 전반
③ 밤나무 뿌리혹병균 : 토양에 의한 전반
④ 대추나무 빗자루병균 : 곤충 및 소동물에 의한 전반, 식물체 영양번식기관에 의한 전반

118. 다음의 특징을 갖는 해충에 대한 방제약제는?

- 온도조건에 따라 8~10회(1년) 발생한다.
- 기온이 높고 건조할 때 피해가 심하다.
- 가해식물의 범위가 넓다.
- 밀도가 높으면 잎 주위를 거미줄처럼 뒤덮고 피해 잎은 갈색으로 변색되면서 일찍 떨어진다.

① 글리포세이트암모늄
② 에마멕틴벤조에이트 유제
③ 결정석회황합제
④ 디플루벤주론 액상수화제

해설 ① 글리포세이트암모늄 : 제초제
② 에마멕틴벤조에이트 유제 : 살충제
③ 결정석회황합제 : 살균제, 살충제
④ 디플루벤주론 액상수화제 : 살충제

119. 지주목 관리에 대한 설명이 옳지 않은 것은?

① 결속 끈의 관리는 지속적으로 해야 한다.
② 지주목 자체의 통일미와 반복미도 중요하다.
③ 이식 수목의 활착과 풍해 등으로부터 보호 역할을 한다.
④ 보행 및 미관에 지장이 되므로 2년 이내에 모두 제거하도록 한다.

120. 석회석(limestone)을 태워 CO_2를 제거시켜 제조하는 석회질 비료는?

① 소석회
② 생석회
③ 탄산석회
④ 탄산마그네슘

Answer 117. ① 118. ② 119. ④ 120. ②

2020년 조경기사 최근기출문제 (2020. 9. 27)

1과목 조경사

01. 클로이스터 가든(Cloister Garden)에 대한 설명이 아닌 것은?

① 흙벽이 있는 중정
② 원로의 중심에는 커넬 배치
③ 교회건물의 남쪽에 위치한 네모난 공지
④ 두 개의 직교하는 원로에 의한 4분할

02. 다음 중 고대 로마의 주택 정원에서 나타나지 않는 것은?

① 메갈론(Megalon)
② 아트리움(Atrium)
③ 페리스틸리움(Peristylium)
④ 지스터스(Xystus)

03. 고려시대 경남 합천군의 옥류동 계곡에 위치한 정자로 전면 2칸, 측면 2칸의 팔작지붕의 건물은?

① 거연정(居然亭)   ② 초간정(草澗亭)
③ 사륜정(四輪亭)   ④ 농산정(籠山亭)

04. 다음 중 소쇄원과 관련된 설명으로 틀린 것은?

① 소쇄원을 경관유형(임수형, 내륙형)으로 분류할 때 산지 내륙형에 해당된다.
② 정자 방의 위치에 따른 유형(중심, 편심, 분리, 배면) 구분 중 광풍각은 배면형에 해당된다.
③ 구성 요소 중 경물은 작은 못, 비구, 물방아, 유수구, 석가산, 긴 담이 등장한다.
④ 소쇄원의 정원 요소는 '소쇄원 48영시'에 잘 나타나 있다.

해설 ② 정자 방의 위치에 따른 유형(중심, 편심, 분리, 배면) 구분 중 광풍각은 중심형에 해당된다.

05. 다음 백제의 궁남지(宮南池)에 대한 설명으로 맞지 않는 것은?

① 사비궁 남쪽에 못(池)을 파고, 20여리 밖에서 물을 끌어들였다.
② 못 가운데에는 무산십이봉(巫山十二峰)을 상징하는 섬을 만들었다.
③ 못(池) 주변에는 능수버들을 심었다.
④ 634년(무왕 35년)에 조영하였다.

해설 ② 못 가운데에는 방장선도를 만들었다.

06. 서양도시에서 발생한 "광장"의 변천과정을 고대에서부터 순서대로 올바르게 나열한 것은?

① Agora → Forum → Square → Piazza → Place
② Agora → Forum → Piazza → Place → Square
③ Forum → Piazza → Agora → Place → Square
④ Forum → Agora → Piazza → Place → Square

07. 프랑스에서 르 노트르(Le Notre)의 조경양식이 이탈리아와 다르게 발전한 가장 큰 요인은?

① 기온   ② 역사성
③ 국민성   ④ 지형

Answer 01. ② 02. ① 03. ④ 04. ② 05. ② 06. ② 07. ④

08. 프랑스에 있는 보르비콩트(Vaux-Le-Vicomte) 원에 대한 설명으로 적합하지 않은 것은?

① 건축이 조경에 종속됨으로써 이전의 공간 계획과는 차이가 있다.
② 앙드레 르 노트르(Andre Le Notre)의 출세작이다.
③ 강한 중심축선을 사용하여 공간을 하나로 조직화하고 있다.
④ 앙드레 르 노트르가 조경을, 라퐁테느가 건축을, 몰리에르는 실내장식을 맡아 완성시켰다.

→해설 ④ 앙드레 르 노트르가 조경을, 루이르보가 건축을, 샤를르 르 브렁은 실내장식을 맡아 완성시켰다.

09. 하워드(Ebenezer Howard)의 전원도시 사상과 이념은 후에 현대 도시환경개념에 많은 영향을 미쳤다. 하워드의 전원도시 개념과 거리가 먼 것은?

① 도시인구를 3~5만 명 정도로 제한할 것
② 주민의 자유결합의 권리를 최대한으로 향유할 수 있을 것
③ 중심도시와 주위를 둘러싼 전원도시와의 기능적 연관성 분석
④ 세부적으로 물리적 계획이나 적정인구 규모에 관한 이론 제시

10. 조지 런던과 헨리 와이즈의 협력작품으로, 설계는 방사형의 소로와 중심축선의 강조를 통한 바로크적인 새로운 지면분할의 방식을 취하면서 프랑스 왕궁과 경쟁한 저명한 영국의 정원은?

① 스토우원
② 햄프턴 코트
③ 에르메농빌르
④ 말메종

11. 다음에 설명하는 중국의 정원 유적은?

- 북경의 서북쪽 10km에 위치한 3.4km² 규모의 황가원림으로 물과 산이 어우러진 원림이다.
- 공간은 크게 만수산 공간과 곤명호 공간으로 나뉜다.

① 이화원
② 원명원
③ 장춘원
④ 졸정원

12. 서원에서 춘추제향 시 제물로 쓰이는 짐승을 세워놓고 품평을 하기 위해 만든 곳은?

① 관세대(盥洗臺)
② 정료대(庭燎臺)
③ 사대(社臺)
④ 생단(牲壇)

→해설 ① 관세대(盥洗臺) : 제향 시 사당에 들어가기 전 손을 씻기 위한 시설
② 정료대(庭燎臺) : 야간에 서원 내부를 밝히는 시설
④ 생단(牲壇) : 서원에서 춘추제향 시 제물로 쓰이는 짐승을 세워놓고 품평을 하기 위해 만든 곳

13. 영양의 서석지(瑞石池) 관련 설명이 틀린 것은?

① 정영방이 축조
② 지당은 중도가 없는 방지
③ 대나무, 소나무, 국화, 매화의 사우단
④ 대지 내 식물은 대부분 외부에서 옮겨 식재

14. 다음 설명에 적합한 통일신라의 유적은?

- 다음은 돌로 축조된 전복과 비슷한 모양을 하고 있는 수로
- 수로 폭의 변화와 경사로의 변화에 따라 술잔이 불규칙적으로 흐르도록 설계
- 유상곡수연을 즐기던 곳

① 동지
② 안압지
③ 포석정
④ 태액지

15. 신라 의상대사의 "화엄일승법계도"에 근거하여 동심원적 공간구성체계로 조영된 사찰 명칭은?

① 양산 통도사
② 경주 불국사
③ 순천 송광사
④ 합천 해인사

Answer 08. ④ 09. ④ 10. ② 11. ① 12. ④ 13. ④ 14. ③ 15. ③

조경 기사·산업기사 필기

16. 비놀라(Vignola)가 설계한 것으로 몬탈토(Montalto) 분수가 있는 정원은?

① 빌라 란테(Villa Lante)
② 빌라 에스테(Villa d'Este)
③ 빌라 마다마(Villa Madama)
④ 빌라 감베라이아(Villa Gamberaia)

해설 ① 빌라 란테(Villa Lante) : 비놀라 설계
② 빌라 에스테(Villa d'Este) : 리고리오 설계
③ 빌라 마다마(Villa Madama) : 라파엘로 최초 설계, 사후 상갈로와 로마노가 완성

17. 범세계적인 뉴타운 건설 붐을 일으켰고 새로운 도시공간을 창조하는 데 조경가의 적극적인 참여 계기가 된 것은?

① 전원도시론
② 도시미화운동
③ 시카고 대박람회
④ 그린스워드(Greensward)안

해설 ④ 그린스워드(Greensward)안 : 센트럴 파크

18. 다음의 빌라 중 로마의 하드리아누스 빌라의 영감을 받아 "피로 리고리오"가 설계한 것은?

① 에스테 빌라
② 무티빌라
③ 몬드라고네 빌라
④ 알도브란디니 빌라

19. 다음 중 향원지(香遠池)가 있는 후원을 가지고 있는 궁은?

① 경복궁
② 창덕궁
③ 창경궁
④ 덕수궁

20. 다음 중 일본에서 가장 먼저 발생한 정원 양식은?

① 다정식(茶庭式)
② 축경식(縮景式)
③ 회유임천식(回遊林泉式)
④ 원주파 임천식(遠州派林泉式)

해설 ③ 회유임천식 → ① 다정식 → ④ 원주파 임천식 → ② 축경식

2과목 조경계획

21. 「자연공원법」상 용도지구의 분류에 해당하지 않는 것은?

① 공원밀집마을지구
② 공원마을지구
③ 공원자연환경지구
④ 공원자연보존지구

해설 자연공원의 용도지구
1. 공원자연보존지구 : 다음 각 목의 어느 하나에 해당하는 곳으로서 특별히 보호할 필요가 있는 지역
   가. 생물다양성이 특히 풍부한 곳
   나. 자연생태계가 원시성을 지니고 있는 곳
   다. 특별히 보호할 가치가 높은 야생 동식물이 살고 있는 곳
   라. 경관이 특히 아름다운 곳
2. 공원자연환경지구 : 공원자연보존지구의 완충공간(緩衝空間)으로 보전할 필요가 있는 지역
3. 공원마을지구 : 마을이 형성된 지역으로서 주민생활을 유지하는 데에 필요한 지역
4. 공원문화유산지구 : 「문화재보호법」에 따른 지정문화재를 보유한 사찰(寺刹)과 전통사찰보존지 중 문화재의 보전에 필요하거나 불사(佛事)에 필요한 시설을 설치하고자 하는 지역

22. 환경계획의 차원을 부문별 환경계획, 행정 및 정책구조, 사회기반형성으로 분류할 때 다음 중 사회기반형성 차원의 내용으로 가장 거리가 먼 것은?

① 소음방지

Answer 16. ① 17. ① 18. ① 19. ① 20. ③ 21. ① 22. ①

② 에너지계획
③ 환경교육 및 환경감시
④ 시민참여의 제도적 장치

23. Berlyne의 미적 반응과정을 순서대로 옳게 나열한 것은?

① 환경적 자극→자극선택→자극해석→자극탐구→반응
② 환경적 자극→자극탐구→자극해석→자극선택→반응
③ 환경적 자극→자극선택→자극탐구→자극해석→반응
④ 환경적 자극→자극탐구→자극선택→자극해석→반응

24. 다음 중 개인적 공간 및 개인적 거리에 대한 설명으로 옳지 않은 것은?

① 위협을 느낄 때 개인적 거리는 좁아질 수 있다.
② 홀(Hall)은 친밀한 거리, 개인적 거리, 사회적 거리, 공적 거리 등으로 세분하였다.
③ 개인적 공간은 방어 기능 및 정보교환 기능의 2가지 측면에서 설명될 수 있다.
④ 온순한 수감자보다 난폭한 수감자에 대해서 개인적 공간이 더 크게 설정되는 경향이 있다.

해설 ① 위협을 느낄 때 개인적 거리는 넓어질 수 있다.

25. 경관조명시설의 계획·설계 시 고려해야 할 사항으로 가장 거리가 먼 것은?

① 경관조명시설은 야간 이용 시 안전과 방범을 확보하도록 효과적으로 배치한다.
② 안전성, 기능성, 쾌적성, 조형성, 유지관리 등을 충분히 고려하여 계획한다.
③ 계단이나 기복이 있는 곳에는 안전한 보행을 위하여 간접 조명방식을 계획한다.
④ 정원등의 광원은 이용자의 눈에 띄지 않는 곳에 배치한다.

해설 ③ 계단이나 기복이 있는 곳에는 안전한 보행을 위하여 직접 조명방식을 계획한다.

26. 시설물의 배치 계획으로 가장 거리가 먼 것은?

① 시설물의 형태, 재료, 색채는 주변경관과 조화를 이루도록 한다.
② 구조물의 배치는 전체적인 패턴이 일정한 질서를 갖도록 한다.
③ 구조물의 평면이 장방형인 경우 짧은 변이 등고선에 평행하도록 배치 계획한다.
④ 여러 기능이 공존할 경우 유사한 기능의 구조물들은 한데 모아 집단별로 배치 계획한다.

27. 일반적인 조경계획의 과정으로 가장 적합한 것은?

① 분석→기본 전제→기본 계획→설계
② 기본 전제→분석→설계→기본 계획
③ 분석→기본 전제→설계→기본 계획
④ 기본 전제→분석→기본 계획→설계

28. 휴양림 지역대 진입(進入)도로의 종점(終點)에 설치된 주차장으로부터 휴양림의 주요시설 입구를 순환, 연결하는 기능을 담당하는 도로를 가리키는 용어는?

① 임도   ② 목도
③ 벌도   ④ 녹도

29. 다음 중 공원의 최대일(最大日) 이용객 수 산정방법으로 옳은 것은?

① 연간 이용객수÷365
② 연간 이용객수×최대일률
③ 연간 이용객수×서비스율
④ 연간 이용객수×회전율×최대일률

Answer 23. ④ 24. ① 25. ③ 26. ③ 27. ④ 28. ① 29. ②

30. 설문지(questionnaire) 작성 시 폐쇄형 질문의 장점에 해당되지 않는 것은?
① 민감한 주제에 보다 적합하다.
② 부호화와 분석이 용이하여 시간과 경비를 절약할 수 있다.
③ 설문지에 열거하기에는 응답의 범주가 너무 클 경우에 사용하면 좋다.
④ 질문에 대한 대답이 표준화되어 있기 때문에 비교가 가능하다.

31. 도시지역과 그 주변지역의 무질서한 시가화를 방지하고 계획적·단계적인 개발을 도모하기 위하여 대통령령으로 정하는 일정기간 동안 시가화를 유보할 필요가 있다고 인정하여 지정하는 구역은?
① 시가화 유보구역
② 시가화 관리구역
③ 시가화 조정구역
④ 시가화 예정구역

32. 집수(集水) 구역을 결정하는 가장 중요한 요소는?
① 식생
② 지형
③ 경관
④ 강우량

33. 도시공원 중 묘지공원의 경우 적당한 공원면적의 규모 기준은? (단, 정숙한 장소로 장래 시가화가 예상되지 아니하는 자연녹지지역에 설치한다.)
① 100,000m² 이상
② 300,000m² 이상
③ 500,000m² 이상
④ 700,000m² 이상

해설 도시공원의 설치 및 규모 기준

공원구분			유치거리	규모
1. 생활권 공원				
	가. 소공원		제한 없음	제한 없음
	나. 어린이공원		250m 이하	1천5백m² 이상
	다. 근린공원			
		(1) 근린생활권 근린공원	500m 이하	1만m² 이상
		(2) 도보권 근린공원	1천m 이하	3만m² 이상
		(3) 도시지역권 근린공원	제한 없음	10만m² 이상
		(4) 광역권 근린공원	제한 없음	100만m² 이상
2. 주제공원				
	가. 역사공원		제한 없음	제한 없음
	나. 문화공원		제한 없음	제한 없음
	다. 수변공원		제한 없음	제한 없음
	라. 묘지공원		제한 없음	10만m² 이상
	마. 체육공원		제한 없음	1만m² 이상
	바. 도시농업공원		제한 없음	1만m² 이상
	사. 특별시·광역시·특별자치시·도·특별자치도 또는 서울특별시·광역시 및 특별자치시를 제외한 인구 50만 이상 대도시의 조례로 정하는 공원		제한 없음	제한 없음

34. 계획안을 작성할 때 주어진 시간 및 비용의 범위 내에서 얻을 수 있는 최선의 안(案)을 가리키는 것은?
① 최적안(Optimal Solution)
② 창조적인 안(Creative Solution)
③ 규범적인 안(Normative Solution)
④ 만족스러운 안(Satisficing Solution)

35. 도시 및 지역차원의 환경계획으로 생태 네트워크의 개념에 해당되지 않는 것은?
① 공간계획이나 물리적 계획을 위한 모델링 도구이다.
② 기본적으로 개별적인 서식처와 생물종의 보전을 목표로 한다.
③ 지역적 맥락에서 보전가치가 있는 서식처와 생물종의 보전을 목적으로 한다.
④ 전체적인 맥락이나 구조측면에서 어떻게 생물종과 서식처를 보전할 것인가에 중점을 둔다.

36. 「국토의 계획 및 이용에 관한 법률」시행령에 따라 국토교통부장관이 도시 관리계획결정으로 용도지역 중 "녹지지역"을 세분할 때의 분류 형태에 해당되지 않는 것은?
① 보전녹지지역
② 전용녹지지역
③ 생산녹지지역
④ 자연녹지지역

Answer 30. ③ 31. ③ 32. ② 33. ① 34. ④ 35. ② 36. ②

> **해설** 「국토의 계획 및 이용에 관한 법률」 시행령-용도지역
> 1. 주거지역
>   가. 전용주거지역 : 양호한 주거환경을 보호하기 위하여 필요한 지역
>   (1) 제1종전용주거지역 : 단독주택 중심의 양호한 주거환경을 보호하기 위하여 필요한 지역
>   (2) 제2종전용주거지역 : 공동주택 중심의 양호한 주거환경을 보호하기 위하여 필요한 지역
>   나. 일반주거지역 : 편리한 주거환경을 조성하기 위하여 필요한 지역
>   (1) 제1종일반주거지역 : 저층주택을 중심으로 편리한 주거환경을 조성하기 위하여 필요한 지역
>   (2) 제2종일반주거지역 : 중층주택을 중심으로 편리한 주거환경을 조성하기 위하여 필요한 지역
>   (3) 제3종일반주거지역 : 중고층주택을 중심으로 편리한 주거환경을 조성하기 위하여 필요한 지역
>   다. 준주거지역 : 주거기능을 위주로 이를 지원하는 일부 상업기능 및 업무기능을 보완하기 위하여 필요한 지역
> 2. 상업지역
>   가. 중심상업지역 : 도심·부도심의 상업기능 및 업무기능의 확충을 위하여 필요한 지역
>   나. 일반상업지역 : 일반적인 상업기능 및 업무기능을 담당하게 하기 위하여 필요한 지역
>   다. 근린상업지역 : 근린지역에서의 일용품 및 서비스의 공급을 위하여 필요한 지역
>   라. 유통상업지역 : 도시 내 및 지역 간 유통기능의 증진을 위하여 필요한 지역
> 3. 공업지역
>   가. 전용공업지역 : 주로 중화학공업, 공해성 공업 등을 수용하기 위하여 필요한 지역
>   나. 일반공업지역 : 환경을 저해하지 아니하는 공업의 배치를 위하여 필요한 지역
>   다. 준공업지역 : 경공업 그 밖의 공업을 수용하되, 주거기능·상업기능 및 업무기능의 보완이 필요한 지역
> 4. 녹지지역
>   가. 보전녹지지역 : 도시의 자연환경·경관·산림 및 녹지공간을 보전할 필요가 있는 지역
>   나. 생산녹지지역 : 주로 농업적 생산을 위하여 개발을 유보할 필요가 있는 지역
>   다. 자연녹지지역 : 도시의 녹지공간의 확보, 도시확산의 방지, 장래 도시용지의 공급 등을 위하여 보전할 필요가 있는 지역으로서 불가피한 경우에 한하여 제한적인 개발이 허용되는 지역

37. 골프장 계획 시 구성 요소 중 홀의 처음 샷을 해서 출발하는 곳으로 주변보다 약간 높으며, 사각형 혹은 원형인 곳을 무엇이라 하는가?

① 그린(Green)
② 러프(Rough)
③ 벙커(Bunker)
④ 티잉 그라운드(Teeing ground)

38. 자연형성 요소의 상호 관련성은 '매우 밀접한', '밀접한', '간접적인'으로 관계가 분류된다. 다음 중 '매우 밀접한 관계'를 가지는 요소들의 조합은?

① 지형 – 기후
② 지질 – 기후
③ 지질 – 식생
④ 토양 – 야생동물

39. 도시지역 안에서 도시자연경관의 보호와 시민의 건강·휴양 및 정서생활을 향상시키는 데에 기여하기 위하여 도시관리계획 수립 절차에 의해 조성되는 공원의 유형으로 가장 거리가 먼 것은?

① 근린공원
② 자연공원
③ 묘지공원
④ 어린이공원

40. 만조 때 수위선과 지면의 경계선으로부터 간조 때 수위선과 지면이 접하는 경계선까지의 지역을 지칭하는 용어는?

① 비오톱
② 습지 훼손
③ 연안습지
④ 유비쿼터스

3과목 조경설계

41. 직육면체의 직각으로 만나는 3개의 모서리가 모두 120°를 이루는 투상도는?

① 사투상도
② 정투상도
③ 등각투상도
④ 부등각투상도

42. 도면에서 치수의 표시와 기입방법이 틀린 것은?

① 전체의 치수는 가장 바깥에 나타낸다.
② 치수선과 치수는 도형 안에 나타내지 않는다.
③ 한 도면에서 치수선의 굵기는 동일하게 한다.
④ 치수선의 외형선이나 중심선을 대신해서 사용하지 않는다.

43. 야외공연장(야외무대 및 스탠드)의 설계기준으로 틀린 것은? (단, 조경설계기준을 적용한다.)

① 객석의 전후영역은 표정이나 세밀한 몸짓을 감상할 수 있는 15cm 이내로 한다.
② 평면적으로 무대가 보이는 각도(객석의 좌우영역)는 90° 이내로 설정한다.
③ 객석에서의 부각은 15° 이하가 바람직하며 최대 30°까지 허용된다.
④ 객석의 바닥기울기는 후열객의 무대방향 시선이 전열객의 머리 끝 위로 가도록 결정한다.

→해설 야외공연장(야외무대 및 스탠드)의 설계기준
  (1) 객석의 전후영역은 표정이나 세밀한 몸짓을 이상적으로 감상할 수 있는 생리적 한계인 15cm 이내로 함을 원칙으로 한다.
  (2) 평면적으로 무대가 보이는 각도(객석의 좌우영역)는 101~108° 이내로 설정한다.
  (3) 객석의 바닥의 기울기는 후열객의 무대방향 시선이 전열객의 머리끝 위로 가도록 결정한다.
  (4) 객석에서의 부각은 15° 이하가 바람직하며 최대 30°까지 허용된다.

44. 다음 중 설계도의 종류에 속하지 않는 것은?

① 구상도(diagram)
② 단면도(section)
③ 입면도(elevation)
④ 조감도(birds-eye view)

45. 디자인 요소 중 조경에 표현되는 면적인 요소와 가장 거리가 먼 것은?

① 호수면
② district
③ 수목의 군식
④ node

→해설 ① 호수면 : 면적인 요소
  ② district : 지역- 면적인 요소
  ③ 수목의 군식 : 면적인 요소
  ④ node : 결절점 - 점적인 요소

46. 조경용 제도용지 중 A2용지의 표준 규격은?

① 297mm×420mm
② 420mm×594mm
③ 594mm×841mm
④ 841mm×1189mm

→해설 ① 297mm×420mm : A3 용지
  ② 420mm×594mm : A2 용지
  ③ 594mm×841mm : A1 용지
  ④ 841mm×1189mm : A0 용지

47. 한국의 오방색(五方色)과 방향의 연결 중 "동쪽"에 해당하는 색상은?

① 백색
② 적색
③ 청색
④ 황색

→해설 오방색과 방위
  ① 백색-서
  ② 적색-남
  ③ 청색-동
  ④ 황색-중앙
  ⑤ 검정색-북

48. 먼셀의 색입체 관련 설명으로 틀린 것은?
① 수직축은 맨 위에 명도가 가장 높은 하양을 배치한다.
② 색입체는 전 세계적으로 가장 널리 쓰이는 혼색계 체계이다.
③ 색상 배열 시 보색관계를 중시하여 파랑과 자주가 감각적으로 균등하지 못하다.
④ 색입체의 적도 부근인 원에는 중간 밝기의 색상을 배열한 색상환을 만든다.

49. K. Lynch가 도시경관 분석에 사용한 도시구성요소에 해당하는 것은?
① District   ② Form
③ Building   ④ Road

해설 K. Lynch의 도시 이미지 형성에 기여하는 물리적 요소 : 통로(Path), 모서리(Edges), 지역(District), 결절점(Node), 랜드마크(Landmark)

50. 다음 중 조형예술 측면에서 최초의 요소로 규정 지을 수 있고, 기하학 측면에서 위치를 결정하는 것은?
① 면   ② 선
③ 점   ④ 입체

51. 다음 중 통경선(vista)의 예로 볼 수 없는 것은?
① 창문을 통해 보이는 바깥 경치
② 경회루 석주 사이로 보이는 수면
③ 숲 속 나무 사이로 보이는 경치
④ 옥상 전망대에서 보이는 경치

해설 ④ 옥상 전망대에서 보이는 경치 : 전망(view)

52. 제도 시 사용하는 선의 종류 중 1점쇄선을 사용하는 경우에 해당되는 것은?
① 외형선   ② 치수선
③ 치수보조선 ④ 중심선

해설 ① 외형선 : 실선
② 치수선 : 실선
③ 치수보조선 : 실선
④ 중심선 : 1점 쇄선

53. 고속도로 식재 설계 중 "사고방지기능"의 식재에 해당되지 않는 것은?
① 완충식재   ② 차폐식재
③ 차광식재   ④ 명암순응식재

해설 ① 완충식재 : 사고방지기능
② 차폐식재 : 경관기능
③ 차광식재 : 사고방지기능
④ 명암순응식재 : 사고방지기능

54. 경사지에 휴게소를 설계하고자 한다. 절·성토면에 대한 지형설계를 하여 이용자들에게 편리한 공간을 조성하고자 도면을 작성하려 할 때, 다음 중 잘못된 것은?
① 계획이나 설계를 하기 위해 기존의 등고선을 실선으로 그리고, 기본 지형도를 만들며, 변경된 등고선은 파선으로 그린다.
② 경사도 조작에 있어 일반토사의 성토는 1 : 2, 절토는 1 : 1의 경사를 유지한다.
③ 배수를 고려하기 위해 잔디로 마감할 경우 1%, 인공적인 재료로 마감할 경우 0.5~1%의 경사를 최소한 유지하도록 한다.
④ 동선을 위한 경사면을 조작할 경우 이용자들의 양과 속도의 관점에서 계획하며, 장애인을 위한 동선일 경우 일반인보다 구배를 완만히 유지하도록 한다.

해설 ① 계획이나 설계를 하기 위해 기존의 등고선을 파선으로 그리고, 기본 지형도를 만들며, 변경된 등고선은 실선으로 그린다.

Answer 48. ② 49. ① 50. ③ 51. ④ 52. ④ 53. ② 54. ①

55. 도시 내 콘크리트 하천을 자연형 하천으로 복원하는 설계를 계획하고자 할 때의 설명으로 가장 부적합한 것은?

① 흐르는 하천의 가운데에 섬을 조성하여 서식환경을 다양하게 만든다.
② 안정된 서식환경이 조성될 수 있도록 급류나 웅덩이가 조성되지 않도록 한다.
③ 수심에 맞는 식물을 선정하여 식재하고, 수변·수중 생물의 서식환경을 조성해준다.
④ 직선 수로를 곡선화하여 자연하천의 흐름과 유사하게 만들어 하천의 자정기능을 높인다.

56. 관찰자가 느끼는 폐쇄성은 관찰자의 위치에서 수직면까지의 거리에 관계되며, 건물 높이(H), 관찰자와 건물의 거리(D)라 할 때, 폐쇄감을 완전히 상실하기 시작하는 시점(H : D)은? (단, P.D. Spreiregen의 이론을 적용한다.)

① 1 : 2 ② 1 : 3
③ 1 : 4 ④ 1 : 5

57. 비례(比例)에 대한 설명 중 적합하지 않은 것은?

① 치수의 계획적인 관계이다.
② 가장 친근하고 구체적인 구성 형식이다.
③ 모든 단위의 크기와 대소의 상대적인 비교이다.
④ 황금비(黃金比)는 동서고금을 통해 절대적인 유일한 비례 기준으로 적용된다.

58. 인공지반 식재기반 조성과 관련된 설명이 옳지 않은 것은?

① 건축 및 토목구조물 등의 불투수층 구조물 위에 조성되는 식재지반을 인공지반이라 한다.
② 버드나무, 아까시나무 등은 바람에 쓰러지거나 줄기가 꺾어지기 쉬우므로 설계 시 고려한다.
③ 인공지반의 건조현상을 방지하기 위해 토성적으로 보수성이 좋은 토양재료를 사용한다.
④ 인공지반조경의 옥상조경에서, 옥상면의 배수구배는 최대 1.0% 이하로, 배수구 부분의 배수구배는 최대 1.5% 이하로 설치한다.

→해설 ④ 인공지반조경의 옥상조경에서, 옥상면의 배수구배는 최저 1.3% 이상으로 하고 배수구 부분의 배수구배는 최저 2% 이상으로 설치한다.

59. 그림과 같은 입체도에서 화살표 방향이 정면일 때 평면도로 가장 적합한 것은?

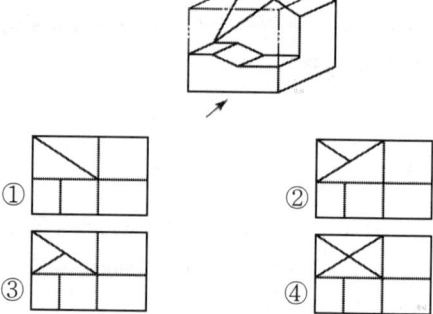

60. 장애인 등의 통행이 가능한 계단의 설계기준에 맞는 것은? (단, 장애인·노인·임산부 등의 편의증진 보장에 관한 법률 시행규칙을 적용한다.)

① 계단에는 챌면을 설치하지 아니할 수 있다.
② 계단은 직선 또는 꺾임형태로 설치할 수 있다.
③ 계단 및 참의 유효폭은 0.8미터 이상으로 하여야 한다.
④ 계단은 바닥면으로부터 높이 2.4미터 이내마다 휴식을 할 수 있도록 수평면으로 된 참을 설치할 수 있다.

→해설 「장애인·노인·임산부 등의 편의증진 보장에 관한 법률 시행규칙」―장애인 등의 통행이 가능한 계단
1. 계단의 형태
  (1) 계단은 직선 또는 꺾임형태로 설치할 수 있다.
  (2) 바닥면으로부터 높이 1.8미터 이내마다 휴식을 할 수 있도록 수평면으로 된 참을 설치할 수 있다.
2. 유효폭

계단 및 참의 유효폭은 1.2미터 이상으로 하여야 한다. 다만, 건축물의 옥외피난계단은 0.9미터 이상으로 할 수 있다.
3. 디딤판과 챌면
   (1) 계단에는 챌면을 반드시 설치하여야 한다.
   (2) 디딤판의 너비는 0.28미터 이상, 챌면의 높이는 0.18미터 이하로 하되, 동일한 계단(참을 설치하는 경우에는 참까지의 계단을 말한다)에서 디딤판의 너비와 챌면의 높이는 균일하게 하여야 한다.
   (3) 디딤판의 끝부분에 아래의 그림과 같이 발끝이나 목발의 끝이 걸리지 아니하도록 챌면의 기울기는 디딤판의 수평면으로부터 60도 이상으로 하여야 하며, 계단코는 3센티미터 이상 돌출하여서는 아니된다.

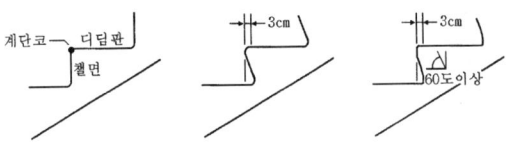

4. 손잡이 및 점자표지판
   (1) 계단의 양측면에는 손잡이를 연속하여 설치하여야 한다. 다만, 방화문 등의 설치로 손잡이를 연속하여 설치할 수 없는 경우에는 방화문 등의 설치에 소요되는 부분에 한하여 손잡이를 설치하지 아니할 수 있다.
   (2) 경사면에 설치된 손잡이의 끝부분에는 0.3미터 이상의 수평손잡이를 설치하여야 한다.
   (3) 손잡이의 양끝부분 및 굴절부분에는 층수·위치 등을 나타내는 점자표지판을 부착하여야 한다.
   (4) 손잡이에 관한 기타 세부기준은 제7호의 복도의 손잡이에 관한 규정을 적용한다.
5. 재질과 마감
   (1) 계단의 바닥표면은 미끄러지지 아니하는 재질로 평탄하게 마감할 수 있다.
   (2) 계단코에는 줄눈넣기를 하거나 경질고무류 등의 미끄럼방지재로 마감하여야 한다. 다만, 바닥표면 전체를 미끄러지지 아니하는 재질로 마감한 경우에는 그러하지 아니하다.
   (3) 계단이 시작되는 지점과 끝나는 지점의 0.3미터 전면에는 계단의 폭만큼 점형 블록을 설치하거나 시각장애인이 감지할 수 있도록 바닥재의 질감 등을 달리하여야 한다.

6. 기타 설비
   (1) 계단의 측면에 난간을 설치하는 경우에는 난간 하부에 바닥면으로부터 높이 2센티미터 이상의 추락방지턱을 설치할 수 있다.
   (2) 계단코의 색상은 계단의 바닥재 색상과 달리 할 수 있다.

4과목 조경식재

61. 느티나무(*Zelkova serrata* Makino)의 특징에 대한 설명이 틀린 것은?

① 독립수 및 분재로 활용된다.
② 꽃은 일가화로 5월에 잎과 함께 핀다.
③ '*serrata*'는 삼각상 첨두모양을 뜻한다.
④ 수피는 짙은 회색으로 갈라지지 않고 오래되면 비늘 조각으로 떨어진다.

 ③ '*serrata*'는 톱니가 있다는 뜻이다.

62. 방화용(防火用)으로 적합하지 않은 수종은?

① 소나무　　　　② 가시나무
③ 후박나무　　　④ 동백나무

해설 방화용 수종
1. 적합한 수종 : 가시나무, 후박나무, 아왜나무, 동백나무, 굴거리나무, 후피향나무, 사스레피나무, 식나무, 사철나무, 광나무, 은행나무 등
2. 부적합한 수종
   (1) 연소하기 쉬운 수종, 잎에 수지(樹脂)를 함유하고 있는 수종
   (2) 침엽수류, 구실잣밤나무, 모밀잣밤나무, 삼나무, 녹나무, 금목서, 은목서, 태산목, 비자나무, 자작나무 등

Answer　61. ③　62. ①

63. 백합나무(*Liriodendron tulipifera*)의 특징으로 틀린 것은?

① 실생 번식률이 좋아 가을에 결실하는 열매를 바로 파종한다.
② 양지에서 잘 자라고 내건성과 내공해성은 강하다.
③ 꽃은 5~6월에 피며 녹황색이고 가지 끝에 튤립 같은 꽃이 1송이씩 달린다.
④ 병충해가 거의 없고 수명이 긴 편이며 내한성이 강하므로 우리나라 전역에 식재가 가능하다.

64. 식물의 질감은 잎의 크기, 모양, 시각, 촉각 등으로 특징지어지는데, 다음의 실내조경용 식물 중 잎의 크기가 가장 작아 고운 질감을 나타내는 수종은?

① 벤자민고무나무(*Ficus benjamina*)
② 행운목(*Dracaena fragrans*)
③ 떡갈나무잎 고무나무(*Ficus lyrata*)
④ 몬스테라(*Monstera deliciosa*)

65. 다음 중 조경과 관련된 용어의 설명이 틀린 것은?

① "자연지반"이라 함은 하부에 투수가능 시설물이 포함되어 있거나 자연상태의 지층 그대로인 지반으로 공기, 물, 생물 등의 인공순환이 가능한 지반을 말한다.
② "식재"라 함은 조경면적에 수목이나 잔디·초화류 등의 식물을 배치하여 심는 것을 말한다.
③ "조경면적"이라 함은 조경기준에서 정하고 있는 조경의 조치를 한 부분의 면적을 말한다.
④ "옥상조경"이라 함은 인공지반조경 중 지표면에서 높이가 2미터 이상인 곳에 설치한 조경을 말한다. (다만, 발코니에 설치하는 화훼시설은 제외한다.)

해설 ① "자연지반"이라 함은 하부에 인공구조물이 없는 자연상태의 지층 그대로인 지반으로서 공기, 물, 생물 등의 자연순환이 가능한 지반을 말한다.

66. 다음 중 가시가 없는 수종은?

① *Forsythia koreana*
② *Berberis koreana*
③ *Kalopanax pictus*
④ *Acanthopanax sieboldianum*

해설 ① *Forsythia koreana* : 개나리-가시 없음
② *Berberis koreana* : 매자나무-가시 있음
③ *Kalopanax pictus* : 음나무-가시 있음
④ *Acanthopanax sieboldianum* : 오가나무(당오갈피나무)-가시 있음

67. 우리나라에 자생하는 후박나무의 학명은?

① *Magnolia liliiflora*
② *Magnolia obovata*
③ *Magnolia grandiflora*
④ *Machilus thunbergii*

해설 ① *Magnolia liliiflora* : 자목련
② *Magnolia obovata* : 일본목련
③ *Magnolia grandiflora* : 태산목
④ *Machilus thunbergii* : 후박나무

68. 식생에 대한 인간의 영향을 설명한 것으로 옳지 않은 것은?

① 인간에 의해 영향을 받기 이전의 식생을 원식생(原植生)이라 한다.
② 인간에 의해 영향을 받지 않고 자연 상태 그대로의 식생을 자연 식생이라 한다.
③ 인간에 의한 영향을 받음으로써 대치된 식생을 보상 식생이라 한다.
④ 인간의 영향이 제거되었을 때 성립할 수 있는 자연 식생을 잠재 자연 식생이라 한다.

해설 ③ 인간에 의한 영향을 받음으로써 대치된 식생을 대상 식생이라 한다.

69. 정수식물(emerged plant)이 아닌 것은?
① 물질경이
② 애기부들
③ 세모고랭이
④ 매자기

70. 생태적 도시를 설계하는 데 고려해야 할 기본 원리로 옳지 않은 것은?
① 한 가지 토지 이용 패턴이 지속되어 온 공간을 우선적으로 보호한다.
② 토지 이용 시 전체 토지에 대한 균일한 이용성을 갖도록 하는 것이 바람직하다.
③ 동·식물 개체군의 고립 효과를 줄이기 위하여 추가적인 녹지 공간 확보를 통하여 연결성을 증대시킨다.
④ 고밀도 개발 지역에서는 벽면녹화 및 옥상녹화를 통하여 동·식물 서식공간으로 조성하여 이를 기능적으로 연결한다.

71. 우리나라 서울 인근지역에서 교목 – 소교목(아교목) – 관목의 순으로 식재를 할 경우 식재 가능한 수종으로 가장 잘 짝지어진 것은?
① 수수꽃다리 – 때죽나무 – 조팝나무
② 느티나무 – 화살나무 – 철쭉
③ 단풍나무 – 붉나무 – 귀룽나무
④ 신갈나무 – 산사나무 – 생강나무

[해설] ① 수수꽃다리(관목) – 때죽나무(교목) – 조팝나무(관목)
② 느티나무(교목) – 화살나무(관목) – 철쭉(관목)
③ 단풍나무(소교목) – 붉나무(소교목) – 귀룽나무(교목)
④ 신갈나무(교목) – 산사나무(소교목) – 생강나무(관목)

72. 잔디관리 작업 중 토양의 단립(單粒)구조를 입단(粒團) 구조로 바꾸기 위한 작업으로 가장 적합한 것은?
① 잔디깎기
② 시비작업
③ 관수작업
④ 통기작업

73. 잎 종류와 수종의 연결이 옳지 않은 것은?
① 3출엽 : 복자기
② 5출엽 : 으름덩굴
③ 단엽 : 중국단풍
④ 기수1회우상복엽 : 피나무

[해설] ④ 피나무 : 단엽, 호생

74. 옥상 녹화용 경량토 중 다음과 같은 특징이 있는 것은?

- pH가 낮으나 안정
- 분해에 안정성이 높음
- 보수성 및 통기성 양호
- 이끼 및 갈대류가 수천~수만년 동안 분해되어 형성
- 양이온 치환용량(CEC)이 크고, 무기이온 함량 적음

① 화산모래
② 피트모스
③ 펄라이트
④ 질석(버미큘라이트)

75. 다음 ( )에 들어갈 적합한 용어는?

가을철에 잎이 갈색으로 변하는 상수리나무, 느티나무 등의 경우에는 안토시안계 색소 대신에 다량의 ( )계 물질이 생성되기 때문이다.

① 타닌(tannin)
② 크산토필(xanthophyll)
③ 카로티노이드(carotinoid)
④ 크리산테민(chrysanthemin)

76. 조경 식물의 일반적인 선정 기준과 가장 거리가 먼 것은?
① 이식과 관리가 용이한 식물
② 희소하여 경제성이 높은 식물
③ 미적, 실용적 가치가 있는 식물
④ 식재지역 환경에 적응력이 큰 식물

[해설] 조경수목의 구비 조건

Answer
69. ① 70. ② 71. ④ 72. ④ 73. ④ 74. ② 75. ① 76. ②

① 실용적 가치와 형태미가 뛰어나서 관상가치가 높을 것
② 식재지의 불리한 환경이나 병충해에 대한 저항력과 적응성이 강할 것
③ 이식이 용이하여 이식 후 활착이 잘 되는 것
④ 번식재배가 잘 되고 관리가 용이할 것
⑤ 구입이 용이할 것

77. 늦가을부터 초겨울까지 도시의 광장이나 가로변의 플랜터나 화분에 적당한 식물은?

① 과꽃   ② 꽃양배추
③ 분꽃   ④ 제라늄

78. Berberis속에 관한 설명으로 틀린 것은?

① 수형, 열매, 단풍을 감상함
② 생울타리로 활용 가능함
③ 산성 토양을 좋아함
④ 해충이 별로 없음

해설 Berberis속(매자나무속)
③ 중성~약알카리성 토양을 좋아함

79. 식물 생육을 저해하는 토양 환경압의 요인에 해당되지 않는 것은?

① 토양의 과습 또는 과다 건조
② 토양의 입단화 및 낮은 토양경도
③ 유효토층의 부족과 토양공기의 부족
④ 식물양분의 결핍과 유해물질의 존재

80. 단조롭고 지루한 경관을 질감, 식재, 형태 등의 요소를 통해 시각적인 변화를 유도하는 식재 기법은?

① 강조식재   ② 군집식재
③ 차폐식재   ④ 배경식재

5과목 조경시공구조학

81. 합성수지는 열가소성, 열경화성, 탄성중합체로 분류된다. 다음 중 탄성중합체에 해당되는 것은?

① 폴리에틸렌 수지   ② 에폭시 수지
③ 클로로프렌 고무   ④ 페놀 수지

해설 ① 폴리에틸렌 수지 : 열가소성
② 에폭시 수지 : 열경화성
③ 클로로프렌 고무 : 탄성중합체
④ 페놀 수지 : 열경화성

82. 골재에 대한 설명으로 틀린 것은?

① 골재란 모래, 자갈, 깬 자갈, 부순 자갈, 기타 이와 유사한 재료의 총칭이다.
② 바다 자갈의 염분함량은 절대건조중량의 1% 이하이면 부식의 우려가 없다.
③ 재료에 따라 천연골재와 인공골재로 나눈다.
④ 중량에 따라 보통골재, 경량골재, 중량골재로 나눈다.

83. 직접노무비에 대한 설명으로 적합한 것은?

① 공사현장 사무소에서 근무하는 직원에 대한 임금
② 공사현장에서 직접 작업에 종사하는 노무자에게 지급하는 임금
③ 작업현장에서 보조적인 작업에 종사하는 노무자에 대한 임금
④ 본사에서 근무하는 직원에 대한 임금

84. 각종 조경용 재료의 일반사항에 대한 설명 중 틀린 것은?

① 석재는 휨강도가 약하므로 들보나 가로대의 재료로는 채택하지 않는다.

Answer 77. ② 78. ③ 79. ② 80. ① 81. ③ 82. ② 83. ② 84. ②

② 와이어 메시 보강의 주목적은 콘크리트의 압축강도를 높이기 위해서이다.
③ 구조체에 사용하는 석재는 압축강도 49MPa 이상, 흡수율 5% 이하이어야 한다.
④ 콘크리트 및 모르타르 등의 무기질계 소재의 도장은 함수율 9% 이하, pH 9 이하가 되어야 한다.

해설 ② 와이어 메시 보강의 주목적은 콘크리트의 균열을 방지하기 위해서이다.

85. 다음 도로설계와 관련된 설명의 ( )에 적합하지 않은 것은?

> 설계속도를 높게 하면 ( ).

① 차도의 폭원이 넓다.
② 곡선반경이 커진다.
③ 완경사 도로가 된다.
④ 건설비가 적게 든다.

86. 종단구배가 변하는 곳에서 사고의 위험 및 차량성능 저하 등의 문제를 예방하기 위하여 설계 시 주의해야 할 사항으로 가장 거리가 먼 것은?

① 종단선형은 지형에 적합하여야 하며, 짧은 구간에서 오르내림이 많지 않도록 한다.
② 길이가 긴 경사 구간에는 상향경사가 끝나는 정상 부근에 완만한 기울기의 구간을 둔다.
③ 같은 방향으로 굴곡하는 두 종단곡선 사이에 짧은 직선구간을 반드시 두도록 한다.
④ 교량이 있는 곳 전방에는 종단구배를 주지 않도록 한다.

87. 재료의 성질에 대한 설명으로 옳은 것은?

① 탄성은 재료에 작용하는 외력이 어느 한도에 이르러 외력의 증가없이도 변형이 증대하는 성질을 말한다.
② 강성은 재료의 단단한 정도로서 마감재의 내마모성 등에 영향을 끼치는 요인이 된다.
③ 인성은 재료가 외력으로 변형을 일으키면서도 파괴되지 않고 견딜 수 있는 성질이다.
④ 연성은 재료가 압력이나 타격에 의하여 파괴 없이 판상으로 펼쳐지는 성질이다.

해설 ① 크리프는 재료에 작용하는 외력이 어느 한도에 이르러 외력의 증가없이도 변형이 증대하는 성질을 말한다.
② 경도는 재료의 단단한 정도로서 마감재의 내마모성 등에 영향을 끼치는 요인이 된다.
③ 인성은 재료가 외력으로 변형을 일으키면서도 파괴되지 않고 견딜 수 있는 성질이다.
④ 전성은 재료가 압력이나 타격에 의하여 파괴 없이 판상으로 펼쳐지는 성질이다.

88. 조명시설의 용어 중 단위 면에 수직으로 투하된 광속밀도를 가리키는 용어는?

① 배광곡선
② 휘도(brightness)
③ 조도(illumination)
④ 광도(luminous intensity)

89. 절·성토 공사구간에서 $5000m^3$의 성토량이 필요하다. 절토할 자연상태의 토량은 얼마인가? (단, L=1.1, C=0.8이다.)

① $4000m^3$
② $5500m^3$
③ $6250m^3$
④ $7500m^3$

해설 $x \times 0.8 = 5,000m^3$
∴ $x = 6,250m^3$

90. 목재를 방부처리하는 방법으로 가장 거리가 먼 것은?

① 표면탄화법
② 약제도포법
③ 관입법
④ 약제주입법

91. 다음 설명에 해당하는 공사 계약방식은?

> 민간도급자가 사회간접시설에 대하여 자금을 대고 설계, 시공을 하여 시설물을 완성한 후 일정기간 동안 시설물을 운영하여 투자금을 회수한 후 발주자에게 소유권을 양도 하는 공사계약제도 방식

① B.O.T(Build-Operate-Transfer)
② C.M(Construction Management)
③ E.C(Engineering Construction)
④ 파트너링(Partnering) 방식

92. 아스팔트 및 콘크리트 포장 시 부등침하나 온도 변화로 수축, 팽창에 의한 파손을 막기 위해 일정 간격으로 설치하여야 하는 것은?

① 줄눈   ② 맹암거
③ 암거   ④ 물빼기공

93. 다음 돌쌓기의 설명 중 틀린 것은?

① 찰쌓기의 물빼기 구멍의 배치는 서로 어긋나게 하고, 2~3m² 간격마다 1개소를 계획하는 것을 표준으로 한다.
② 메쌓기는 뒷채움 등에 콘크리트를 사용하고 줄눈에 모르타르를 사용하는 것을 말한다.
③ 메쌓기는 규격이 일정한 석재의 켜쌓기(수평축)를 원칙으로 한다.
④ 높은 돌쌓기는 밑으로 내려옴에 따라 뒷길이를 길게 하는 것이 원칙이다.

→[해설] ② 찰쌓기는 뒷채움 등에 콘크리트를 사용하고 줄눈에 모르타르를 사용하는 것을 말한다.

94. 시방서(specification)에 대한 설명 중 틀린 것은?

① 사용재료의 품질, 규격 조건, 시공방법, 완성 후의 마감 등이 수록된다.
② 일반시방서와 특별시방서, 설계설명서로 구분된다.
③ 공사의 수행과 관리방법에 대해 계약자에게 내용을 알려준다.
④ 설계자는 시방서를 통하여 시공방법을 구체적으로 기술하여야 한다.

95. 다음 그림과 같은 단순보에서 하중 P의 값으로 옳은 것은?

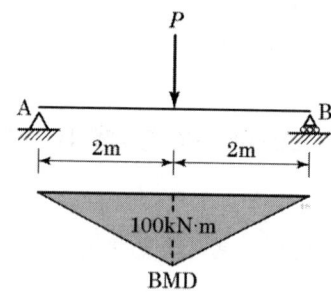

① 50kN   ② 100kN
③ 150kN   ④ 200kN

→[해설] $M_c = P \times \dfrac{\ell}{4}$

$100kN \cdot m = P \times \dfrac{4m}{4}$

∴ P=100kN

96. 다음 등고선에 관한 설명 중 옳지 않은 것은?

① 지표면의 경사가 같을 때는 등고선의 간격은 같고 평행하다.
② 등고선은 동굴이나 낭떠러지 이외에는 서로 겹치지 않는다.
③ 등고선은 급경사지에서는 간격이 넓어지며, 완경사지에서는 간격이 좁아진다.
④ 등고선 간의 최단거리 방향은 최급경사 방향을 나타낸다.

→[해설] ③ 등고선은 급경사지에서는 간격이 좁아지며, 완경사지에서는 간격이 넓어진다.

97. 다음과 같은 지형의 기반에 성토하였을 때 포화 점토사면의 파괴에 대한 안전율은 얼마인가? (단, 토

양의 포화 단위중량은 2.0tf/m³, ϕ=0, 흙의 전단강도정수 C=6.5tf/m², 안정계수 N_s=5.55이다.)

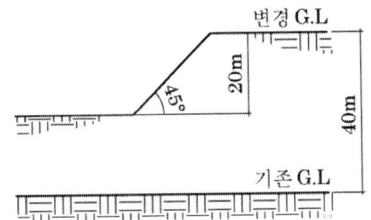

① 0.4509 ② 0.9018
③ 1.2525 ④ 1.9018

→해설 안전계수= $\dfrac{한계고 \times 포화단위중량}{점착력}$

$5.55 = \dfrac{20m \times 2.0tf/m^3}{x}$

∴ x=7.2072tf/m³

안전율= $\dfrac{저항력}{구동력}$

∴ 안전율= $\dfrac{6.5tf/m^2}{7.2072tf/m^2}$ =0.901875

98. 다음 중 소운반 및 인력운반 공사에 대한 표준품셈 관련 설명으로 틀린 것은? (단, V : 평균왕복속도, T : 1일 실작업시간, L : 운반거리, t : 적재적하 시간)

① 1일 운반 실작업시간은 8시간을 기준으로 480분을 적용한다.
② 지게운반의 1회 운반량은 보통토사의 경우 25kg을 기준으로 산정한다.
③ 1일 운반횟수를 구하는 식은 $\dfrac{VT}{120L+Vt}$ 이다.
④ 지게운반 경로가 고갯길인 경우에는 수직높이 1m는 수평거리 6m의 비율로 적용한다.

→해설 ① 1일 운반 실작업시간은 8시간을 기준으로 450분을 적용한다.

99. 살수 관개시설 설치 시 고려할 사항으로 가장 거리가 먼 것은?

① 관수량과 급수원의 흐름과 작동압력에 의해 살수기를 선정한다.
② 살수기의 간격은 보통 살수작동 지름의 60~65%로 추정한다.
③ 살수구역에서 첫 번째와 마지막 살수기에 작동하는 압력의 차는 10% 이내이어야 한다.
④ 살수기의 배치는 정사각형의 배치가 정삼각형의 배치보다 균등한 살수를 한다.

→해설 ④ 살수기의 배치는 정삼각형의 배치가 정사각형의 배치보다 균등한 살수를 한다.

100. 콘크리트의 워커빌리티(workability)를 알아보기 위한 시험방법이 아닌 것은?

① 플로우 테스트 ② 표준관입시험
③ 슬럼프 테스트 ④ 다짐계수시험

→해설 ② 표준관입시험 : 지반조사방법

조경관리론

101. 다음 중 유기물 사용의 효과에 해당되지 않는 것은?

① 토양 온도를 낮춤
② 토양의 구조 개량
③ 토양 중의 양분 저장
④ 토양의 완충작용을 증진

102. 재료별 유희시설의 관리에 대한 설명으로 옳지 않은 것은?

① 목재시설 기초부분은 조기에 부패하기 쉬우므로 항상 점검하며, 상태가 불량한 부분은 교체하거나 콘크리트 두르기 등의 보수를 한다.
② 철재시설은 회전부분의 축부에 기름이 떨어지면 동

Answer 98. ① 99. ④ 100. ② 101. ① 102. ②

요나 잡음이 생기지만 계속 사용하면 마모되어 소음이 줄어든다.
③ 콘크리트시설은 콘크리트 기초가 노출되면 위험하므로 성토, 모래 채움 등의 보수를 한다.
④ 합성수지시설에 벌어진 금이 생긴 경우에는 보수가 곤란하고, 이용자가 상처를 입기 쉬우므로 전면 교체한다.

103. 토양의 형태론적 분류체계 단위의 순서가 옳은 것은?

① 목→아목→대군→아군→계→통
② 목→아목→대토양군→계→통→구
③ 목→대토양군→아목→통→계
④ 목→대군→아군→아목→계→통

104. 대규모 녹지공간의 풀베기를 위한 일반적인 동력예취기 사용 시 안전사항으로 거리가 먼 것은?

① 예취 작업할 곳에 빈병이나, 깡통, 돌 등 위험요인을 제거한다.
② 예취 칼날이 있는 동력예취기 작업 시 왼쪽에서 오른쪽 방향으로 작업한다.
③ 예취 칼날 교체를 위한 해체 시 볼트를 오른쪽에서 왼쪽 방향으로 돌린다.
④ 예취작업 시에는 안전모, 보호안경, 무릎보호대, 안전화 등 보호구를 착용한다.

해설 ② 예취 칼날이 있는 동력예취기 작업 시 오른쪽에서 왼쪽 방향으로 작업한다.

[동력예취기 사용시 안전사항]
① 작업 전 풀 속에 있는 병, 돌 등을 제거할 것
② 경사지에서는 낮은 곳에서 높은 쪽으로 작업할 것
③ 핸들은 양손으로 잡고 예취작업은 오른쪽에서 왼쪽으로 작업할 것
④ 작업반경 15m 이내에 접근 금지할 것
⑤ 작업자 후방에서 접근할 때에는 긴 막대 등을 이용할 것
⑥ 예취날을 톱 대용으로 사용하지 않을 것

105. 다음 [보기]에서 설명하는 해충은?

- 약충은 매우 가는 철사모양의 입을 나뭇가지 인피부에 꽂고 즙액을 흡수한다.
- 정착한 1령 약충은 여름에 긴 휴면을 가진 후 10월경에 생장하기 시작하고, 11월경에 탈피하여 2령 약충이 된다. 2령 약충은 생장이 활발한 11월~이듬해 3월에 수목피해를 가장 많이 주고, 수컷은 3월 상순 전후에 탈피하여 3령 약충이 된다.

① 도토리거위벌레   ② 솔껍질깍지벌레
③ 참나무재주나방   ④ 호두나무잎벌레

106. 어떤 물질이 농약으로 사용되기 위하여 구비하여야 할 조건으로 가장 거리가 먼 것은?

① 살포 시 수목에 대한 약해가 없어야 한다.
② 병해충을 방제하는 약효가 뛰어나야 한다.
③ 수목재배 전체기간 중 잔효성이 유지되어야 한다.
④ 사용하는 작업자에 대하여 독성이 낮아야 한다.

107. 나무의 정지, 전정 요령으로 가장 거리가 먼 것은?

① 도장한 가지는 제거한다.
② 병충해의 피해를 입은 가지는 제거한다.
③ 얽힌 가지와 교차한 가지는 제거한다.
④ 같은 부위, 같은 방향으로 평행한 두 가지 모두 제거한다.

해설 ④ 같은 부위, 같은 방향으로 평행한 두 가지는 서로 어긋나게 한다.

108. 배수시설의 관리에 의한 효용으로 가장 거리가 먼 것은?

① 강우 및 강설량의 조절
② 유속 및 유량감소로 토양침식 방지
③ 토양의 포화상태를 감소시켜 지내력 확보
④ 해충의 번식원인이 될 수 있는 고여 있는 물을 제거

Answer 103. ① 104. ② 105. ② 106. ③ 107. ④ 108. ①

109. 병균이 식물체에 침투하는 것을 방지하기 위해 쓰이는 약제로, 예방을 목적으로 사용되며 약효시간이 긴 특징을 갖고 있는 것은?

① 토양살균제   ② 직접살균제
③ 종자소독제   ④ 보호살균제

110. 옥외레크리에이션 이용자 관리체계는 관리 프로그램적 측면과 이용자의 제특성에 대한 이해 부분으로 구분된다. 이 중 "이용자 관리 프로그램"에 속하는 것은?

① 참가 유형
② 이용의 분포
③ 이용자 요구도 위계
④ 이용자의 지각 특성

> 해설) 이용자 제특성에 대한 이해
> ① 참가 유형
> ② 이용자 요구도 위계
> ③ 이용자의 지각 특성

111. 화단의 비배관리에 효과적인 방법이 아닌 것은?

① 봄에 파종이나 이식이 끝난 후에 퇴비를 섞어준다.
② 복합비료 입제는 꽃을 식재하기 일주일 정도 전에 뿌려준다.
③ 가을이나 겨울에 토성을 개량하기 위하여 퇴비를 넣고 땅을 일구어서 섞어 준다.
④ 꽃을 피우기 시작할 때 액제의 비료를 잎이나 줄기기부에 일주일에 한두 번씩 뿌려준다.

112. 식재공사 후 장기간의 가뭄으로부터 수목을 보호하기 위해 실시하는 관수(灌水)의 요령으로 가장 거리가 먼 것은?

① 물을 줄 때 수관폭의 1/3 정도 또는 뿌리분 크기보다 약간 넓게, 높이 0.1m 정도의 물받이를 만든다.
② 관수량은 물분(깊이 5~10cm)에 반 정도 차게 물을 붓는다.
③ 거목의 경우에는 근부(根部)뿐만 아니라 줄기 전체에도 물을 끼얹어 준다.
④ 매일 관수를 계속할 경우 하층에 뿌리가 부패하는 것을 주의한다.

> 해설) 관수
> (1) 수관폭의 1/3 정도 또는 뿌리분 크기보다 약간 넓게 높이 0.1m 정도의 물받이를 흙으로 만들어 물을 줄 때 물이 다른 곳으로 흐르지 않도록 한다.
> (2) 관수는 지표면과 엽면관수로 구분하여 실시하되 토양의 건조 시나 한발 시에는 이식목에 계속하여 수분을 유지하여야 하며, 관수는 일출·일몰 시를 원칙으로 한다.
> (3) 유지관리계획서에 따라 관수하며 장기가뭄 시에는 추가 조치한다.

113. 토양의 입경조성(粒徑組成)과 가장 밀접한 관련이 있는 것은?

① 토성(土性)
② 토양통(土壤統)
③ 토양의 구조(構造)
④ 토양반응(土壤反應)

114. 생울타리의 관리 방법이 옳지 않은 것은?

① 맹아력이 약한 수종은 자주 강하게 다듬면 잔가지 형성에 도움을 준다.
② 전정은 목적에 맞게 보통 1년에 2~3회 실시한다.
③ 주요 수종으로는 쥐똥나무, 무궁화 등이 적합하다.
④ 다듬는 시기는 새잎이 나올 때부터 6월 중순경까지와 9월이 적기이다.

115. 진딧물이나 깍지벌레 등이 기생하는 나무에서 흔히 관찰되는 수목병은?

① 그을음병   ② 빗자루병
③ 흰가루병   ④ 줄기마름병

Answer 109. ④ 110. ② 111. ① 112. ② 113. ① 114. ① 115. ①

116. 다음 설명은 어떤 양분이 결핍된 증상인가?

- 활엽수는 성숙엽을 관찰하며, 엽맥, 엽병 및 잎 뒷면이 동색~보라색으로 변한다.
- 조기낙엽 현상이 생긴다.
- 꽃의 수는 적게 맺힌다.
- 열매는 크기가 작아진다.

① Mg ② K
③ N ④ P

117. 식물병을 예방하기 위한 방법은 여러 가지가 있다. 다음 중 잣나무 털녹병을 예방하기 위한 가장 효과 있는 방법은?

① 비배 관리 ② 윤작 실시
③ 깍지벌레의 방제 ④ 중간기주의 제거

해설) 잣나무 털녹병
④ 중간기주의 제거 : 송이풀, 까치밥나무

118. 다음 공원 녹지 내에서의 행사 개최에 대한 설명으로 옳지 않은 것은?

① 공원 내에서의 행사 시 목적에 따라 참가 대상에 대한 고려를 하여야 한다.
② 행사의 프로그램은 가능한 한 풍부한 내용을 가지도록 한다.
③ 행사는 보통 「제작→기획→실시→평가」의 단계를 거치도록 한다.
④ 「도시공원 및 녹지 등에 관한 법률」에서는 행사 개최 시 일시적인 공원의 점용에 대한 기준을 정하고 있다.

해설) ③ 행사는 보통 「기획→ 홍보→섭외→행사장 운영 → 연출진행 → 행사장 정리 → 회계」의 단계를 거치도록 한다.

119. 종자에 낙하산모양의 깃털이나 솜털이 부착되어 있어서 바람에 의하여 전파가 되는 잡초로만 나열된 것은?

① 민들레, 망초 ② 어저귀, 쇠비름
③ 박주가리, 환삼덩굴 ④ 명아주, 방동사니

120. 80%의 메치온 유제 원액이 있다. 이것의 사용농도를 20%로 하여 100L의 용액을 만들려면 메치온 유제의 원액량은 얼마인가?

① 1.25L ② 2.50L
③ 12.50L ④ 25.00L

해설) $\dfrac{80\%}{20\%} \times x = 100L$

∴ x=25L

2021년 조경기사 최근기출문제 (2021. 3. 7)

1과목 조경사

01. 다음 중 이탈리아 르네상스 시대의 정원으로서 10개의 노단(Ten Terraces)으로 이루어진 바로크식 정원은?

① Villa Lante
② Isola Bella
③ Villa Farnese
④ Villa Petraia

해설 ① Villa Lante : 4개의 노단
③ Villa Farnese : 4개의 노단

02. 질 클레망이 자연, 운동, 건축, 기교의 원리로 개조한 것은?

① 시트로엥 공원
② 라빌레뜨 공원
③ 발비 공원
④ 루소 공원

해설 ① 시트로엥 공원 : 질 클레망과 알랭 프로보 설계
② 라빌레뜨 공원 : 베르나미 추미 설계

03. 중국 청조(淸朝)의 원림 중 3산5원에 해당하지 않는 것은?

① 만수산 소원(小園)
② 옥천산 정명원(靜明園)
③ 만수산 창춘원(暢春園)
④ 만수산 원명원(圓明園)

해설 3산 5원
: 만수산 청의원, 만수산 원명원, 만수산 창춘원, 옥천산 정명원, 향산 정의원

04. 중국의 사자림(獅子林)에는 「견산루(見山樓)」의 편액을 볼 수 있는데, 그 이름은 누구의 문장에서 나왔는가?

① 왕희지(王羲之)
② 주돈이(周敦頤)
③ 도연명(陶淵明)
④ 황정견(黃庭堅)

05. 르네상스 시기 이탈리아의 조경 발달 과정에 대한 설명으로 옳지 않은 것은?

① 16세기 건축가 브라망테(Bramante)가 설계한 벨베데레(Belvedere)원은 이탈리아 빌라를 건축적 노단 양식으로 만든 계기가 된다.
② 16세기에는 메디치가가 가장 번성하여 플로렌스는 후기 르네상스의 중심지가 되었다.
③ 15세기 중서부 터스카니 지방을 중심으로 발달한 초기 르네상스의 빌라들은 원근법, 수학적 단계 등을 중요시하였고, 미켈로지(M.Michelozzi)는 당대의 대표적 조경가이다.
④ 소 필리니(Pliny the Younger)의 빌라에 대한 연구, 비트리비우스의 「De Architecture」 등이 빌라 조경에 영향을 주었다.

해설 ② 메디치가 : 15세기

06. 일본 침전조 정원 양식과 관련된 저서는?

① 해유록
② 송고집
③ 작정기
④ 벽암록

07. 정자에 만들어진 방의 형태가 "중심형"에 해당하지 않는 것은?

① 소쇄원 광풍각
② 담양 명옥헌
③ 예천 초간정
④ 화순 임대정

Answer 01.② 02.① 03.① 04.③ 05.② 06.③ 07.③

해설 조선시대 정자 유형 – 방의 위치에 따른 분류

중심형	광풍각, 임대정, 명옥헌, 세연정
편심형	남간정사, 옥류각, 암서재, 초간정, 제월당
분리형	경정, 다산초당
배면형	부암정, 거연정

08. 정약용이 조성한 다산초당(茶山草堂)에 관한 설명으로 옳은 것은?

① 신선사상을 배경으로 한 전통적인 중도형 방지이다.
② 풍수지리설을 배경으로 한 전통적인 화계수법의 정원이다.
③ 유교사상을 배경으로 한 전통적인 중도형 방지이다.
④ 임천을 배경으로 한 전통적인 화계수법의 정원이다.

09. 옴스테드(Frederick Law Olmsted)에 의한 센트럴파크(Central Park)의 설계 특징이 아닌 것은?

① 자연경관의 뷰(view) 및 비스타(vista)
② 정형적인 몰(mall) 및 대로
③ 입체적 동선 체계
④ 넓은 커낼(grand canal)

해설 센트럴파크 설계안-그린스워드 안(Greensward Plan)의 특징
① 입체적 동선체계
② 차음·차폐를 위한 외주부 식재(주변 식재)
③ 아름다운 자연경관의 view 및 vista 조성
④ 드라이브 코스 설정 : 건강, 위락, 운동
⑤ 전형적인 산책용 몰과 대로 : 산책, 대담, 만남
⑥ 넓고 쾌적한 마차 드라이브 코스
⑦ 산책로
⑧ 넓은 평탄한 평지의 잘 가꾸어진 잔디밭 : 퍼레이드 위한 장소
⑨ 동적 놀이를 위한 경기장(운동장)
⑩ 보트 타기와 스케이팅을 위한 넓은 호수
⑪ 교육적 효과를 위한 화단과 수목원

10. 고려시대 궁궐정원을 맡아보던 관서는?

① 내원서   ② 상림원
③ 장원서   ④ 사복시

해설 ② 상림원 : 조선시대
③ 장원서 : 조선시대

11. 다음의 사찰 배치도는 1탑1금 당식의 전형적인 배치를 보여주고 있다. 연지가 있고 중문, 5층 석탑, 금당, 강당이 차례로 놓여져 있으며 회랑으로 둘러져 있는 사찰의 명칭은?

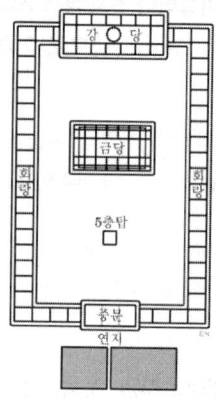

① 미륵사   ② 황룡사
③ 정릉사   ④ 정림사

12. 경상북도 봉화군에 있는 권씨가의 청암정 지원(靑岩亭 池園)에서 볼 수 있는 못의 형태는?

① ⊔   ② ⊂⊃
③ ⊜   ④ ◯

13. 네덜란드 르네상스의 정원과 관련된 설명 중 ( ) 안에 적합한 것은?

> 과수원(果樹園), 소채원(蔬菜園), 약초원(藥草園), 화단(花壇)을 가진 정원은 ( )로 구획 지어진 작은 섬의 형태를 이루고, 서로 다리에 의해서 이어진다.

① 커낼   ② 캐스케이드
③ 폭포   ④ 창살울타리

Answer 08. ① 09. ④ 10. ① 11. ④ 12. ④ 13. ①

14. 서양의 중세 수도원 정원에 나타난 사항이 아닌 것은?

① 채소원   ② 약초원
③ 과수원   ④ 자수원

> 해설 중세 수도원 정원의 구성
> ① 실용원 : 채소원, 약초원, 과수원
> ② 장식원 : 클로이스터 가든(Cloister garden)

15. 고구려의 안학궁원(安鶴宮苑)에 대한 설명으로 옳은 것은?

① 수구문은 동쪽과 서쪽에 설치되어 있었다.
② 궁의 북서쪽 모서리에 태자궁이 있었다.
③ 정원 터는 서문과 외전 사이와 북문과 침전 사이에 있었다.
④ 가장 큰 규모의 정원 터는 동문과 내전 사이이다.

16. 일본 강호(江戶)시대는 여러 정원의 형식들을 종합하여 회유식(回遊式) 정원이 완성된 시기였다. 이 시대의 대표적인 정원은?

① 계리궁(桂離宮), 수학원이궁(修學院離宮)
② 대덕사(大德寺), 후락원(後樂園)
③ 대선원(大仙院), 영보사(永保寺)
④ 서방사(西芳寺), 서천사(瑞泉寺)

> 해설 ① 계리궁-강호(에도), 수학원이궁-강호(에도)
> ② 대덕사-실정(무로마치), 후락원-강호(에도)
> ③ 대선원-실정(무로마치), 영보사-겸창(가마쿠라)
> ④ 서방사-겸창(가마쿠라), 서천사-겸창(가마쿠라)

17. 다음 중 창덕궁에 속한 지당(池塘)의 형태가 나머지와 다른 것은?

① 빙옥지   ② 부용지
③ 존덕지   ④ 애련지

> 해설 ① 빙옥지-방형   ② 부용지-방형
> ③ 존덕지-반월형   ④ 애련지-방형

18. 최저 노단 내 연못들 뒤 감탕나무 총림이 위치하고 서쪽에 물 풍금(Water Organ)이 유명한 로마 근교의 빌라는?

① 빌라 마다마(Villa Madama)
② 빌라 에스테(Villa d'Este)
③ 빌라 랑테(Villa Lante)
④ 빌라 페트라리아(Villa Petraia)

19. 다음 서원에 관한 설명 중 옳지 않은 것은?

① 무성서원은 최초의 가사문학 「상춘곡」이 저술된 곳이다.
② 도동서원은 서원철폐령 때 훼철되지 않은 서원 중 하나이다.
③ 도산서원에는 절우사 축조 후 매, 죽, 송, 국이 식재되었다.
④ 병산서원의 광영지(光影池)는 자연석 지안에 방지방도형의 연못이다.

> 해설 ④ 병산서원의 광영지는 물길을 끌여들여 축조한 방지원도형 연못

20. 이집트인은 종교관에 따라 거대한 예배신전이나 장제신전을 건설하고, 그 주위에 신원(神苑)을 설치하였다. 그 중 현존하는 최고(最古)의 것으로 대표적인 조경 유적이 있는 신전은?

① Thutmois 3세의 신전
② Menes왕의 장제신전
③ Amenophis 3세의 장제신전
④ Hatshepsut여왕의 장제신전

2과목 조경계획

21. 시설물 배치계획에 관한 설명으로 옳지 않은 것은?

① 여러 기능이 공존하는 경우, 유사기능의 구조물들은 모아서 집단별로 배치한다.
② 다른 시설물들과 인접할 경우, 구조물들로 형성되는 옥외공간의 구성에 유의해야 한다.
③ 구조물의 평면이 장방형일 때는 긴 변이 등고선에 수직이 되도록 배치한다.
④ 시설물이 랜드마크적 성격을 갖고 있지 않다면, 주변경관과 조화되는 형태, 색채 등을 사용하는 것이 좋다.

→해설 ③ 구조물의 평면이 장방형일 때는 긴 변이 등고선에 평행이 되도록 배치한다.

22. 다음 중 미기후(microclimate)가 가장 안정된 상태는?

① 지표면의 알베도가 낮고, 전도율이 낮은 경우
② 지표면의 알베도가 낮고, 전도율이 높은 경우
③ 지표면의 알베도가 높고, 전도율이 높은 경우
④ 지표면의 알베도가 높고, 전도율이 낮은 경우

23. 다음 중 공장조경계획 시 고려할 사항으로 가장 거리가 먼 것은?

① 효율적인 공간구성   ② 쾌적한 환경 조성
③ 부가적인 효과 창출   ④ 신기술 적용

24. 공원관리청이 공원구역 중 일정한 지역을 자연공원특별보호구역으로 지정하여 일정 기간 사람의 출입 또는 차량의 통행을 금지·제한하거나, 일정한 지역을 탐방예약구간으로 지정하여 탐방객 수를 제한할 수 있는 경우에 해당되지 않는 것은?

① 자연생태계와 자연경관 등 자연공원의 보호를 위한 경우
② 인위적인 요인으로 훼손되어 자연회복이 불가능한 경우
③ 자연공원에 들어가는 자의 안전을 위한 경우
④ 자연공원의 체계적인 보전관리를 위하여 필요한 경우

→해설 「자연공원법」
공원관리청이 공원구역 중 일정한 지역을 자연공원특별보호구역 또는 임시출입통제구역으로 지정하여 일정 기간 사람의 출입 또는 차량의 통행을 금지·제한하거나, 일정한 지역을 탐방예약구간으로 지정하여 탐방객 수를 제한하는 경우
① 자연생태계와 자연경관 등 자연공원의 보호를 위한 경우
② 자연적 또는 인위적인 요인으로 훼손된 자연의 회복을 위한 경우
③ 자연공원에 들어가는 자의 안전을 위한 경우
④ 자연공원의 체계적인 보전관리를 위하여 필요한 경우
⑤ 그 밖에 공원관리청이 공익을 위하여 필요하다고 인정하는 경우

25. 근린공원 계획 시에는 근린공원의 개념과 성격에 대한 명확한 이해가 선행되어야 한다. 다음 중 근린공원의 개념 정의에 적합하지 않은 것은?

① 일상 생활권 내에 거주하는 시민을 위한 공원
② 연령, 성별 구분 없이 누구나 이용 가능한 공원
③ 주민의 규모, 구성 및 행태를 비교적 정확하게 파악하여 조성될 수 있는 공원
④ 도보접근 내에 있는 여러 계층의 주민들에게 필요한 시설과 환경을 갖추어주는 공원

26. 옥상정원 계획 시 건물, 주변현황 이용측면을 고려하여야 하는데, 그 설명이 옳지 않은 것은?

① 지반의 구조 및 강도가 흙을 놓고 수목 식재 및 야외

Answer 21. ③ 22. ② 23. ④ 24. ② 25. 전항 26. ④

조각물 설치에 견딜 정도가 되어야 한다.
② 수목의 생육 상 관수를 해야 하므로 구조체가 우수한 방수성능과 배수 계통도 양호해야 한다.
③ 측면에 담장, 차폐식재로 프라이버시를 지키고, 녹음수, 정자, 퍼골라 등을 설치하여 위로부터의 보호조치가 필요하다.
④ 수종 선정이나 부재 선정에 있어서 미기후의 변화에 대응해야 하며, 교목식재는 40cm 정도의 최소유효토심을 확보해야 한다.

27. 정밀토양도에서 토양의 명칭을 "Mn C2"라고 명명하였을 경우 '2'가 의미하는 것은?

① 침식정도
② 경사도
③ 비옥도
④ 배수정도

28. 도시 오픈스페이스의 효용성에 해당하지 않는 것은?

① 도시개발의 조절
② 도시환경의 질 개선
③ 시민생활의 질 개선
④ 개발 유보지의 조절

29. 연결녹지를 설치할 때 고려하여야 할 기준이나 기능이 틀린 것은?(단, 도시공원 및 녹지 등에 관한 법률 시행 규칙을 적용한다.)

① 산책 및 휴식을 위한 소규모 가로(街路)공원이 되도록 할 것
② 비교적 규모가 큰 숲으로 이어지거나 하천을 따라 조성되는 상징적인 녹지축 혹은 생태통로가 되도록 할 것
③ 도시 내 주요 공원 및 녹지는 주거지역·상업지역·학교 그 밖에 공공시설과 연결하는 망이 형성되도록 할 것
④ 녹지율(도시·군계획시설 면적분의 녹지면적을 말한다)은 60퍼센트 이하로 할 것

해설 「도시공원 및 녹지 등에 관한 법률 시행규칙」
- 연결녹지를 설치할 때 고려하여야 할 기준이나 기능
① 비교적 규모가 큰 숲으로 이어지거나 하천을 따라 조성되는 상징적인 녹지축 혹은 생태통로가 되도록 할 것
② 도시 내 주요 공원 및 녹지는 주거지역·상업지역·학교 그 밖에 공공시설과 연결하는 망이 형성되도록 할 것
③ 산책 및 휴식을 위한 소규모 가로(街路)공원이 되도록 할 것
④ 연결녹지의 폭 : 녹지로서의 기능을 고려하여 최소 10미터 이상으로 할 것
⑤ 녹지율(도시·군계획시설 면적분의 녹지면적을 말한다)은 70퍼센트 이상으로 할 것

30. 래드번(Radburn) 택지계획의 개념과 가장 관계 깊은 것은?

① 차도와 보도의 분리
② 개발제한구역(Green Belt) 지정
③ 자동차 전용 도로망을 최초로 도입
④ 고밀도 주거지와 그 사이 넓은 녹지공간의 조화

31. 조경계획에서 환경심리학적 접근방법에 속하지 않는 것은?

① 도시경관의 이미지에 관한 연구
② 공원 이용자의 수를 추정하여 이를 설계에 반영하는 연구
③ 공원에 있어서 이용자의 프라이버시에 관한 연구
④ 주민의 사회문화적 특성을 계획에 반영하는 연구

32. 체계화된 공원녹지의 기본 목적이 아닌 것은?

① 접근성과 개방성의 증대
② 경제성과 효율성 증대
③ 포괄성과 연속성의 증대
④ 상징성과 식별성의 증대

33. 다음 사후환경 영향조사의 대상사업 중 조사 기간이 다른 것은?

① 도시의 개발사업 부문의 주택건설사업 및 대지조성사업
② 도시의 개발사업 부문의 마을정비구역의 조성사업
③ 항만의 건설사업 부문의 항만재개발사업
④ 공항의 건설사업 부문의 비행장

[해설] 사후환경영향조사의 대상사업 중 조사 기간
① 도시의 개발사업 부문의 주택건설사업 및 대지조성사업 : 사업 착공 시부터 사업 준공 후 3년까지
② 도시의 개발사업 부문의 마을정비구역의 조성사업 : 사업 착공 시부터 사업 준공 후 3년까지
③ 항만의 건설사업 부문의 항만재개발사업 : 사업 착공 시부터 사업 준공 후 3년까지
④ 공항의 건설사업 부문의 비행장 : 사업 착공 시부터 사업 준공 후 5년까지

34. 문화재로서 해당 문화재가 역사적·학술적 가치가 크다고 인정되며, 기타의 조건을 만족할 때 「문화재보호법」에 의해 사적(국가지정문화재)으로 지정될 수 없는 유형은?

① 사당 등의 제사·장례에 관한 유적
② 우물 등의 산업·교통·주거생활에 관한 유적
③ 서원 등의 교육·의료·종교에 관한 유적
④ 「세계문화유산 및 자연유산의 보호에 관한 협약」에 따른 자연유산에 해당하는 곳 중 다연의 미관적으로 현저한 가치를 갖는 것

[해설] ④ 「세계문화유산 및 자연유산의 보호에 관한 협약」에 따른 자연유산에 해당하는 곳 중 자연의 미관적으로 현저한 가치를 갖는 것 : 명승 지정기준

※ 「문화재보호법」 - 사적 지정기준
1. 어느 하나에 해당하는 문화재로서 해당 문화재가 역사적·학술적 가치가 크고 다음 각 목의 이상을 충족하는 것
  가. 선사시대 또는 역사시대의 사회·문화생활을 이해하는 데 중요한 정보를 가질 것
  나. 정치·경제·사회·문화·종교·생활 등 각 분야에서 그 시대를 대표하거나 희소성과 상징성이 뛰어날 것
  다. 국가의 중대한 역사적 사건과 깊은 연관성을 가지고 있을 것
  라. 국가에 역사적·문화적으로 큰 영향을 미친 저명한 인물의 삶과 깊은 연관성이 있을 것
2. 해당 문화재의 유형별 분류 기준
  가. 조개무덤, 주거지, 취락지 등의 선사시대 유적
  나. 궁터, 관아, 성터, 성터시설물, 병영, 전적지 등의 정치·국방에 관한 유적
  다. 역사, 교량, 제방, 가마터, 원지(園池), 우물, 수중유적 등의 산업·교통·주거생활에 관한 유적
  라. 서원, 향교, 학교, 병원, 절터, 교회, 성당 등의 교육·의료·종교에 관한 유적
  마. 제단, 고인돌, 옛무덤(군), 사당 등의 제사·장례에 관한 유적
  바. 인물유적, 사건유적 등 역사적 사건이나 인물의 기념과 관련된 유적

35. 다음 중 조경과 관련한 타분야에 대한 설명으로 가장 부적절한 것은?

① 건축은 주로 환경 속에 실체로 나타난 건물의 계획이나 설계에 관련된 분야이다.
② 토목은 주로 도로, 교량, 지형변화, 댐, 상하수도설비 등의 설계와 공법에 관심이 있다.
③ 도시계획은 도시 혹은 어느 대단위지역에 관한 사회적, 물리적 계획에 관련한다.
④ 도시설계는 자연과 도시의 조화를 유도하기 위하여 자연생태계의 이해가 가장 중요하다.

36. 제1종 지구단위계획으로 차 없는 거리(보행자 전용도로를 지정, 차량의 출입을 금지)를 조성하고자 하는 경우 「주차장법」 규정에 의한 주차장 설치 기준을 얼마까지 완화하여 적용할 수 있는가?

① 100%
② 105%
③ 110%
④ 120%

> **해설** 지구단위계획구역의 지정목적이 다음에 해당하는 경우에는 「주차장법」 규정에 의한 주차장 설치 기준을 100%까지 완화하여 적용할 수 있음
> ① 한옥마을을 보존하고자 하는 경우
> ② 차 없는 거리를 조성하고자 하는 경우(지구단위계획으로 보행자전용도로를 지정하거나 차량의 출입을 금지한 경우를 포함)
> ③ 그 밖에 국토교통부령이 정하는 경우

37. 근린생활권근린공원의 설명으로 맞는 것은? (단, 도시공원 및 녹지 등에 관한 법률 시행 규칙을 적용한다.)

① 유치거리는 500m 이하
② 1개소의 면적은 1500m² 이상
③ 공원시설 부지면적은 전체의 60% 이하
④ 하나의 도시지역을 초과하는 광역적인 이용에 제공할 것을 목적으로 하는 근린공원

> **해설** 근린생활권 근린공원
> ① 유치거리 : 500m 이하
> ② 1개소 면적 : 10,000m² 이상
> ③ 공원시설 부지면적 : 전체의 40% 이하
> ④ 주로 인근에 거주하는 자의 이용에 제공할 것을 목적으로 하는 근린공원
>
> ※ 근린공원의 종류
> (1) 근린생활권 근린공원 : 주로 인근에 거주하는 자의 이용에 제공할 것을 목적으로 하는 근린공원
> (2) 도보권 근린공원 : 주로 도보권 안에 거주하는 자의 이용에 제공할 것을 목적으로 하는 근린공원
> (3) 도시지역권 근린공원 : 도시지역 안에 거주하는 전체 주민의 종합적인 이용에 제공할 것을 목적으로 하는 근린공원
> (4) 광역권 근린공원 : 하나의 도시지역을 초과하는 광역적인 이용에 제공할 것을 목적으로 하는 근린공원

38. 다음 조경 접근방법 중 이용자들이 공유하는 경험과 체험의 중요성을 강조하는 것은?

① 기호학적 접근
② 미학적 접근
③ 환경심리적 접근
④ 현상학적 접근

39. Mitsch와 Gosselink가 제시한 습지생태계 복원을 위한 일반적인 원리와 가장 거리가 먼 것은?

① 습지 주변에 완충지대를 배치하라
② 범람, 가뭄, 폭풍 등으로부터 피해를 받지 않도록 주변에 제방을 계획하라
③ 식물, 동물, 미생물, 토양, 물은 스스로 분포하고 유지될 수 있도록 계획하라
④ 적어도 하나의 주목표와 여러 개의 부수적 목표를 설정하라

40. 다음 설명에 해당하는 계획은?

> 자연공원을 보전·이용·관리하기 위하여 장기적인 발전방향을 제시하는 종합계획으로서 공원계획과 공원별 보전·관리계획의 지침이 되는 계획

① 공원기본계획
② 공원조성계획
③ 공원녹지기본계획
④ 공원별 보전·관리계획

3과목 조경설계

41. 「주택건설기준 등에 관한 규정」에서 규정하고 있는 "부대시설"에 해당하는 것은?

① 안내표지판
② 주민공동시설
③ 근린생활시설
④ 유치원

> **해설** 「주택건설기준 등에 관한 규정」 - 부대시설
> ① 진입도로
> ② 주택단지 안의 도로
> ③ 주차장

Answer 37. ① 38. ④ 39. ② 40. ① 41. ①

④ 관리사무소
⑤ 수해방지
⑥ 안내표지판
⑦ 통신시설
⑧ 지능형 홈네트워크 설비
⑨ 보안등
⑩ 가스공급시설
⑪ 비상급수시설
⑫ 난방설비
⑬ 폐기물보관시설
⑭ 영상정보처리기기의 설치
⑮ 전기시설
⑯ 방송수신을 위한 공동수신설비의 설치
⑰ 급·배수시설
⑱ 배기설비

42. 다음 설명 중 ( )에 알맞은 것은?

자전거 이용시설의 구조·시설 기준에 관한 규칙에서 자전거도로의 폭은 하나의 차로를 기준으로 ( )미터 이상으로 한다. (다만, 지역 상황 등에 따라 부득이하다고 인정되는 경우는 고려하지 않는다.)

① 0.6
② 0.9
③ 1.2
④ 1.5

43. 그림과 같은 등각투상도에서 화살표 방향이 정면일 때 우측면도로 가장 적합한 것은?

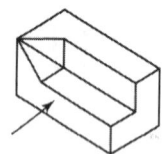

①
②
③
④

44. 보도용 포장면의 설계와 관련된 설명 중 ㉠~㉣의 내용이 틀린 것은?

(1) 종단기울기는 휠체어 이용자를 고려하는 경우에는 (㉠) 이하로 한다.
(2) 종단기울기가 (㉡)% 이상인 구간의 포장은 미끄럼방지를 위하여 거친 면으로 마감처리한다.
(3) 횡단경사는 배수처리가 가능한 방향으로 (㉢)를 표준으로 한다.
(4) 투수성 포장인 경우에는 (㉣)경사를 주지 않을 수 있다.

① ㉠ 1/12
② ㉡ 5
③ ㉢ 2%
④ ㉣ 횡단

→ 해설 ① ㉠ 1/18

45. 설계과정을 암상자(black box), 유리상자(glass box), 자유적 조직(self-organizing system)의 세 유형으로 구분한 사람은?

① Jones
② Halprin
③ Broadbent
④ Alexander

46. 설계과정에서 기본구상이 이루어진 다음 구체적인 세부설계에 도달하는데 이때 현실의 제약조건 때문에 기본구상과 계획이 또 다시 재검토되고 수정되면서 원래의 구상이 점차로 구체화되는 과정을 무엇이라고 하는가?

① 구상계획
② 실시계획
③ 계획의 평가
④ 설계에서의 환류(Feed-back)

47. 다음 중 3차원적인(입체적인) 그림이 아닌 것은?

① 입단면도
② 1소점 투시도
③ 엑소노메트릭
④ 아이소메트릭

48. 린치(Lynch, 1979)가 제안한 도시 구성 요소에 속하지 않는 것은?

Answer 42.④ 43.① 44.① 45.① 46.④ 47.① 48.③

① 지역(districts)
② 통로(paths)
③ 경관(views)
④ 랜드마크(landmarks)

> 해설 린치(K. Lynch) 도시 이미지 형성 요소
> : 통로(Path), 모서리(Edge), 지역(District), 결절점(Node), 랜드마크(Landmark)

49. 색에도 무거워 보이는 색과 가벼워 보이는 색이 있다. 다음 중 가장 무겁게 느껴지는 색은?

① 노랑 ② 주황
③ 초록 ④ 회색

50. 다음 중 시각적 밸런스(balance)를 결정짓는 요소가 아닌 것은?

① 색채 ② 통일
③ 질감 ④ 형태의 크기

51. 조경설계에 활용되는 2개의 삼각자(1조)를 이용하여 그릴 수 없는 각은?

① 15° ② 30°
③ 65° ④ 75°

52. 투시도에서 실물 크기를 어림잡을 수 있도록 할 수 있는 방법은?

① 사람을 그려 넣는다.
② 정확한 축척을 표시한다.
③ 집의 높이를 잘 그려 넣는다.
④ 나무를 잘 배열하여 그려 넣는다.

53. 다음의 노외주차장의 설치에 대한 계획기준 내용 중 ( ) 안에 알맞은 것은?

> 특별시장·광역시장, 시장·군수 또는 구청장이 설치하는 노외주차장의 주차대수 규모가 ( )대 이상인 경우에는 주차대수의 2퍼센트부터 4퍼센트까지의 범위에서 장애인의 주차수요를 고려하여 지방자치단체의 조례로 정하는 비율 이상의 장애인 전용주차구획을 설치하여야 한다.

① 30 ② 50
③ 100 ④ 200

54. 다음 중 파노라믹 경관(panoramic landscape)의 설명으로 옳은 것은?

① 수림이나 계곡이 보이는 자연경관
② 원거리의 물체들을 시선이 가로막는 장해물 없이 조망할 수 있는 경관
③ 아침 안개 또는 저녁 노을과 같이 기상조건에 따라 단시간 동안만 나타나는 경관
④ 원거리의 물체들이 가까이 접근해 있는 물체의 일부에 가려 액자(額子)에 넣어진 듯 보이는 경관

55. 조경설계기준상의 보행등의 배치 및 시설기준으로 옳지 않은 것은?

① 소로·계단·구석진 길·출입구·장식벽에 설치한다.
② 보행등 1회로는 보행등·10개 이하로 구성하고, 보행등의 공용접지는 5기 이하로 한다.
③ 보행인의 이용에 불편함이 없는 밝기를 확보하며, 보행로의 경우 3lx 이상의 밝기를 적용한다.
④ 배치 간격은 설치 높이의 8배 이하 거리로 하되, 등주의 높이와 연출할 공간의 분위기를 고려한다.

> 해설 보행등
> 1. 설치 목적 : 밤에 이용하는 보행인의 안전과 보안을 위하여 설치
> 2. 배치
>   (1) 설계대상공간의 진입로·광장·산책로 또는 도로나 주차장과 만나는 보행공간·놀이공간·휴게공간·운동공간 등의 옥외공간
>   (2) 소로·산책로·계단·구석진 길·출입구·장식벽 등에 설치
>   (3) 배치 간격은 설치 높이의 5배 이하 거리로 하되, 등주의 높이와 연출할 공간의 분위기를 고려

Answer 49. ④ 50. ② 51. ③ 52. ① 53. ② 54. ② 55. ④

(다만, 포장면 내부에 설치할 경우에는 보행의 연속성이 끊어지지 않도록 배치)
(4) 이용자에게 불쾌한 눈부심이 발생하지 않도록 등주의 배치·기구의 배광을 고려하여 적용
(5) 보행로 경계에서 50cm 정도의 거리에 배치

3. 시설 기준
(1) 설치되는 공간의 분위기에 어울리는 형태로 하되, 보행인의 안전이용을 방해해서는 안 됨
(2) 보행인의 이용에 불편함이 없는 밝기를 확보하며, 보행로의 경우 3lx 이상의 밝기 적용
(3) 산책로 등의 보행공간만을 비추고자 할 경우에는 포장면 속에 배치하거나 등주의 높이를 50~100cm로 설계
(4) 보행등 1회로 : 보행등 10개 이하로 구성
(5) 보행등의 공용접지 : 5기 이하

56. 밝은 태양 아래 있는 석탄은 어두운 곳에 있는 백지보다 빛을 많이 반사하고 있는데도 불구하고 석탄은 검게, 백지는 희게 보이는 현상은?

① 항상성
② 명암순응
③ 비시감도
④ 시감 반사율

57. 설계에 자주 이용되는 기준적 비례(proportion)가 아닌 것은?

① 황금비
② 정사각형의 비례
③ Fibonacci 수열의 비례
④ 인체 비례 척도(Le Modulor)

58. 분광반사율이 분포가 서로 다른 두 개의 색자극이 광원의 종류와 관찰자 등의 관찰조건을 일정하게 할 때에만 같은 색으로 보이는 경우는?

① 연색성
② 발광성
③ 조건등색
④ 색각이상

해설 ② 발광성 : 빛을 낼 수 있는 성질
④ 색각이상 : 시력의 이상으로 인해 색상을 정상적으로 구분하지 못하는 증상, 흔히 색맹 또는 색약

(色弱)이라고도 부름

59. 오른손잡이 설계자의 일반적인 실선 제도 방법으로 틀린 것은?

① 눈금자, 삼각자 등은 오른쪽에 가깝게 놓는다.
② 선을 그을 때는 심을 자의 아랫변에 꼭 대고 연필을 오른쪽으로 30~40° 뉘어 사용한다.
③ 연필심이 고르게 묻도록 연필을 돌리면서 빠르고 강하게 단번에 긋는다.
④ 사선은 삼각자의 방향에 따라 아래에서 위로 또는 위에서 아래로 긋는다.

해설 ① 눈금자, 삼각자 등은 왼쪽에 가깝게 놓는다.

60. 조경설계기준상의 수경시설의 설계에 대한 설명으로 옳지 않은 것은?

① 수경시설은 적설, 동결, 바람 등 지역의 기후적 특성을 고려하여 설계한다.
② 물놀이를 전제로 한 수변공간(도섭지 등) 시설의 1일 용수 순환 횟수는 2회를 기준으로 한다.
③ 장애물이 없는 개수로의 유량산출은 프란시스의 공식, 바진의 공식을 적용한다.
④ 분수의 경우 수조의 너비는 분수 높이의 2배, 바람의 영향을 크게 받는 지역은 분수 높이의 4배를 기준으로 한다.

해설 ③ 장애물이 없는 개수로의 유량산출은 매닝의 공식을 적용한다.

[폭포의 유량산출]
프란시스의 공식, 바진의 공식, 오끼의 공식, 프레지의 공식 등을 적용

Answer 56. ① 57. ② 58. ③ 59. ① 60. ③

4과목 조경식재

61. 주요 잔디 초지류의 회복력이 가장 강한 것은?

① Timothy
② Tall fescue
③ Perennial ryegrass
④ Bermudagrass

62. 다음 특징에 해당되는 수종은?

- 꽃은 5~6월에 백색 계열로 개화한다.
- 생울타리용으로 이용하기 적합하다.
- 열매가 불처럼 붉고, 가지에 가시모양의 단지가 있음

① 녹나무(Cinnamomum camphora)
② 피라칸다(Pyracantha angustifolia)
③ 층층나무(Cornus controversa)
④ 단풍나무(Acer palmatum)

63. 식재 설계의 물리적 요소인 질감에 관한 설명이 틀린 것은?

① 거친 텍스처에서 부드러운 텍스처로 점진적인 사용은 흥미로운 식재구성을 할 수 있다.
② 가장자리에 결각이 많은 수종은 그렇지 않는 것보다 거친 질감을 나타낸다.
③ 식재를 보는 사람의 눈은 거친 곳에서 가장 고운 곳으로 이동되도록 해야 한다.
④ 중간지점이나 모퉁이는 제일 부드러운 질감을 갖는 수목을 배치한다.

64. 실내조경은 실외조경에 비해 많은 제약을 받는데, 다음 중 실내식물의 환경조건의 설명으로 가장 거리가 먼 것은?

① 광선은 제일 중요한 환경요인으로 광도, 광질, 광선의 공급시간 등에 대하여 검토해야 한다.
② 온도는 식물의 생리적 과정에 작용하는데 아열대 원산 식물의 생육최적온도는 20℃~25℃이다.
③ 물의 공급량은 빛의 공급량과 직접적인 관계가 있는데, 큰 식물에는 자체 급수용기를 사용한다.
④ 식물에 있어서 최적습도는 70~90%이며, 상대습도 30% 이상이면 대부분의 식물은 적응할 수 있다.

65. 다음 중 상록활엽수에 해당되는 식물은?

① 화살나무(Euonymus alatus)
② 회목나무(Euonymus pauciflorus)
③ 사철나무(Euonymus japonicus)
④ 참빗살나무(Euonymus hamiltonianus)

> 해설 ① 화살나무(Euonymus alatus) : 낙엽활엽관목
> ② 회목나무(Euonymus pauciflorus) : 낙엽활엽관목
> ③ 사철나무(Euonymus japonicus) : 상록활엽관목
> ④ 참빗살나무(Euonymus hamiltonianus) : 낙엽활엽교목

66. 보리수나무(Elaeagnus umbellata)에 대한 설명으로 잘못된 것은?

① 키가 작은 상록활엽수이다.
② 붉은 열매는 식용이 가능하다.
③ 온대 중부 이남의 산지에서 자생한다.
④ 꽃은 5~6월에 피며, 백색에서 연황색으로 변한다.

> 해설 ① 낙엽활엽관목

67. 하천의 공간별 녹화에 관한 설명과 식재하기에 적합한 수종의 연결이 옳지 않은 것은?

① 하천 저수부는 평상시에는 유수의 영향을 받지 않는 고수부와 저수로 사이의 하안평탄지 : 물억새, 꽃창포
② 하천 둔치는 홍수 시 침수되는 공간이므로 토양유실을 방지하는 식물의 식재가 좋음 : 갯버들, 찔레꽃
③ 제방사면부는 홍수 시 물의 흐름을 방해하지 않는 범위 내에서 수목식재가 가능 : 조팝나무, 싸리류

Answer 61. ④ 62. ② 63. ② 64. ③ 65. ③ 66. ① 67. ①

④ 하안부는 물과 직접적으로 맞닿는 부분으로 유속에 영향을 받음 : 갈대, 달뿌리풀

68. 생물군집의 특성에 미치는 영향이 아닌 것은?
① 비중
② 우점도
③ 종의 다양성
④ 개체군의 밀도

69. 생태 천이의 설명으로 옳은 것은?
① 천이의 순서는 나지→1년생 초본→다년생 초본→양수관목→음수교목→양수교목 순이다.
② 시간의 경과에 따른 군집변화 과정으로서 군집발전의 규칙적인 과정을 나타낸다.
③ 천이의 과정을 주도하는 것은 인간이다.
④ 천이는 반드시 1000년 이내에 이루어진다.

70. 생물종 보호를 위한 자연보호지구 설계의 설명 중 옳지 않은 것은?
① 대형포유동물의 종 보전을 위해서는, 면적이 큰 녹지공간이 작은 것보다 효과적이다.
② 여러 개의 녹지공간이 있을 경우, 원형으로 모여 있는 것보다 직선적으로 배열되는 것이 종의 재정착에 용이하다.
③ 서로 떨어진 녹지공간 사이에 종이 이동할 수 있는 통로를 만들 경우, 종의 이입 증가와 멸종의 방지에 도움을 줄 수 있다.
④ 인접한 녹지공간이 서로 가까울수록 종 보전에 효과가 높다.

71. 다음 형태 특성 중 수형이 다른 것은?
① Larix kaempferi
② Celtis sinensis
③ Picea abies
④ Taxodium distichum

해설 ① Larix kaempferi - 일본잎갈나무 : 원추형
② Celtis sinensis - 팽나무 : 평정형
③ Picea abies - 독일가문비 : 원추형
④ Taxodium distichum - 낙우송 : 원추형

72. 다음 중 개화 시기가 가장 빠른 수종은?
① 배롱나무(Lagerstroemia indica)
② 무궁화(Hibiscus syriacus)
③ 치자나무(Gardenia jasminoides)
④ 명자나무(Chaenomeles speciosa)

73. 척박하고 건조한 토양에 잘 견디는 수종으로만 바르게 짝지어진 것은?
① 칠엽수, 일본목련, 단풍나무
② 자작나무, 물오리나무, 자귀나무
③ 느티나무, 이팝나무, 왕벚나무
④ 메타세쿼이아, 백합나무, 함박꽃나무

74. 다음 설명에 적합한 수종은?

열매는 핵과로 둥글고 지름은 5~8mm로 붉은색이며, 10월에 성숙하는데 겨울동안에 매달려 있다.

① 먼나무(Ilex rotunda)
② 머루(Vitis coignetiae)
③ 멀구슬나무(Melia azedarach)
④ 병아리꽃나무(Rhodotypos scandens)

75. 다음 설명은 식재설계의 미적 요소 중 어느 것에 해당되는가?

연속되거나 형태를 이룬 식물재료들 가운데 일어나는 시각적 분기점으로 질감, 색채, 높이 등을 통하여 그 효과를 높일 수 있다.

① 통일
② 강조
③ 스케일
④ 균형

76. 일반적인 구근화훼류의 분류는 춘식과 추식으로 구분한다. 다음 중 춘식(봄 심기) 구근에 해당하지 않는 것은?

① 칸나 ② 달리아
③ 글라디올러스 ④ 구근 아이리스

해설 ④ 구근 아이리스 : 추식구근

77. 나자식물과 피자식물의 특징 설명으로 옳지 않은 것은?

① 나자식물은 단일수정을 한다.
② 은행나무는 나자식물에 속한다.
③ 종자가 자방 속에 감추어져 있는 식물을 피자식물이라 한다.
④ 초본류는 나자와 피자식물 모두에 들어 있다.

78. 효과적인 교통통제를 위해 위요공간의 경우 수목의 어떤 특징을 중요시해야 하는가?

① 폭 ② 높이
③ 색채 ④ 질감

79. [보기]는 고속도로식재의 기능과 종류를 연결한 것이다. ( )에 적합한 용어는?

( )기능 – 차폐식재, 수경식재, 조화식재

① 휴식 ② 사고방지
③ 경관 ④ 주행

해설 고속도로 식재의 기능과 분류

기능	식재의 종류
주행	시선유도식재, 지표식재
사고방지	차광식재, 명암순응식재, 진입방지식재, 완충식재
방재	비탈면식재, 방풍식재, 방설식재, 비사방지식재
휴식	녹음식재, 지피식재
경관	차폐식재, 수경식재, 조화식재
환경보존	방음식재, 임연보호식재

80. 수목의 색채와 관련된 특징이 틀린 것은?

① 열매가 가을에 붉은색 계열 : 마가목
② 단풍이 홍색(紅色) 계열 : 때죽나무
③ 꽃이 황색 계열 : 매자나무
④ 수피가 회색 계열 : 서어나무

해설 ② 단풍 : 황색

5과목 조경시공구조학

81. 지상고도 3000m의 비행기 위에서 초점거리 15cm인 촬영기로 촬영한 수직 공중사진에서 50m의 교량의 크기는?

① 2.0mm ② 2.5mm
③ 3.0mm ④ 3.5mm

해설 사진축척 = $\dfrac{초점거리}{촬영고도} = \dfrac{1}{m}$

$\dfrac{15cm}{300,000cm} = \dfrac{1}{20,000}$

$\dfrac{1}{20,000} = \dfrac{x}{50,000mm}$

∴ $x = 2.5mm$

82. 배수(排水)의 지선망계통(枝線網系統)을 효율적으로 결정하는 방법이 틀린 것은?

① 우회곡절(迂廻曲折)을 피한다.
② 배수상의 분수령을 중요시한다.
③ 경사가 급한 고개에는 구배가 급한 대관거를 매설하지 않는다.
④ 교통이 빈번한 가로나 지하 매설물이 많은 가로에는 대관거(大菅渠)를 매설한다.

해설 ④ 교통이 빈번한 가로나 지하 매설물이 많은 가로에는 대관거 매설을 피할 것

Answer 76. ④ 77. ④ 78. ② 79. ③ 80. ② 81. ② 82. ④

83. 표준품셈에서 수량에 대한 환산의 설명이 틀린 것은?

① 절토량은 자연상태의 설계도의 양으로 한다.
② 수량의 단위 및 소수위는 표준 품셈의 단위표준에 의한다.
③ 구적기로 면적을 구할 때는 2회 측정하여 평균값으로 한다.
④ 수량의 계산은 지정 소수위 이하 1위까지 구하고 끝수는 4사5입한다.

해설 ③ 구적기로 면적을 구할 때는 3회 측정하여 평균값으로 한다.

84. 재료의 역학적(力學的) 성질에 대한 설명 중 응력(應力, Stress)에 관한 정의는?

① 구조물에 작용하는 외력(外力)
② 외력에 대하여 견디는 성질
③ 구조물에 작용하는 외력에 대응하려는 내력(內力)의 크기
④ 구조물에 하중이 작용할 때 저항하는 재료의 능력

85. 조경공사를 위한 수량산출시 주요 자재(시멘트, 철근 등)를 관급으로 하지 않아도 좋은 경우에 해당되지 않는 것은?

① 공사현장의 사정으로 인하여 관급함이 국가에 불리할 때
② 관급할 자재가 품귀현상으로 조달이 매우 어려울 때
③ 조달청이 사실상 관급할 수 없거나 적기 공급이 어려울 때
④ 소량이거나 긴급사업 등으로 행정에 소요되는 시간과 경비가 과도하게 요구될 때

86. 목재를 구조재료로 쓸 경우 다른 재료(강철 등)의 재료)보다 가장 떨어지는 강도는? (단, 가력방향은 섬유에 평행하다.)

① 인장강도
② 압축강도
③ 전단강도
④ 휨강도

해설 목재의 강도
: 인장강도 > 휨강도 > 압축강도 > 전단강도

87. 그림과 같은 수준측량에서 B점의 표고는? (단, H_A =50.0m)

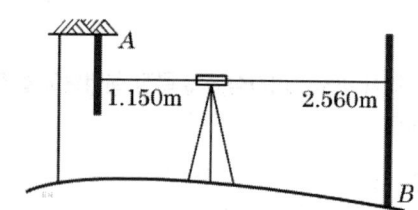

① 42.590m
② 46.290m
③ 48.590m
④ 51.410m

해설 미지점 GH = 기지점 GH + ΣBS - ΣFS
미지점 GH = 50.0m - 1.150m - 2.560m = 46.290m

88. 굳지 않은 콘크리트의 성질로서 주로 물의 양이 많고 적음에 따른 반죽의 되고 진 정도를 나타내는 용어는?

① 컨시스턴시(Consistency)
② 펌퍼빌리티(Pumpability)
③ 피니셔빌리티(Finishability)
④ 플라스티시티(Plasticity)

89. 콘크리트 타설 후의 재료 분리현상에 대한 설명이 틀린 것은?

① AE제를 사용하면 억제할 수 있다.
② 단위수량이 너무 많은 경우 발생한다.
③ 물시멘트비를 크게 하면 억제할 수 있다.
④ 굵은 골재의 최대치수가 지나치게 클 경우 발생한다.

90. 덤프트럭의 기계경비 산정에 있어 1회 사이클 시간(Cm)에 포함되지 않는 것은?

① 적재시간   ② 왕복시간
③ 정비시간   ④ 적하시간

해설 $Cm = t_1 + t_2 + t_3 + t_4 + t_5$
　　Cm : 1회 사이클 시간(분)
　　t_1 : 적재시간(분/m³)
　　t_2 : 왕복시간(분)
　　t_3 : 적하시간(분)
　　t_4 : 대기시간(분)
　　t_5 : 적재함 덮개 설치 및 해체시간(분)

91. 다음 그림과 같이 하중점 C점에 P의 하중으로 외력이 작용하였을 때 휨 모멘트의 최대값은 얼마인가?

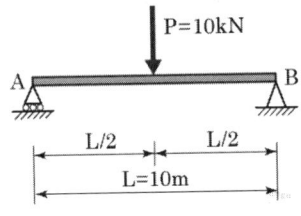

① 100kN·m   ② 75kN·m
③ 50kN·m   ④ 25kN·m

해설 $M = 10kN \times \dfrac{10m}{4} = 25kN \cdot m$

92. 슬럼프 시험에 대한 설명으로 틀린 것은?

① 슬럼프 콘의 높이는 25cm이다.
② 슬럼프 콘의 지름은 위쪽이 10cm, 아래쪽이 20cm이다.
③ 시공연도(workability)의 좋고 나쁨을 판단하기 위한 실험이다.
④ 슬럼프 콘 높이에서 무너져 내린 높이까지의 거리를 cm로 표시한다.

해설 ① 슬럼프 콘의 높이는 30cm이다.

93. 석축 옹벽시공에 대한 설명이 틀린 것은?

① 찰쌓기는 메쌓기보다 비탈면에서 용수가 심하고 뒷면토압이 적을 때 설치한다.
② 신축줄눈은 찰쌓기의 높이가 변하는 곳이나 곡선부의 시점과 종점에 설치한다.
③ 찰쌓기의 1일 쌓기 높이는 1.2m를 표준으로 하며, 이어쌓기 부분은 계단형으로 마감한다.
④ 호박돌쌓기는 줄쌓기를 원칙으로 하고 튀어나오거나 들어가지 않도록 면을 맞추고 양옆의 돌과도 이가 맞도록 하여야 한다.

94. 트래버스 측량 중 정확도가 가장 높으나 조정이 복잡하고 시간과 비용이 많이 요구되는 삼각망은?

① 개방형 삼각망   ② 단열 삼각망
③ 유심 삼각망   ④ 사변형 삼각망

95. 인공지반의 식재 시 사용되는 토양의 보수성, 투수성 및 통기성을 향상시키기 위한 인공적인 다공질 경량토에 해당되지 않는 것은?

① 표토(topsoil)
② 피트모스(peat moss)
③ 펄라이트(perlite)
④ 버미큘라이트(vermiculite)

96. 어떤 부지 내 잔디지역의 면적 0.23ha(유출계수 0.25), 아스팔트포장 지역의 면적 0.15ha(유출계수 0.9)이며, 강우강도는 20mm/hr일 때 합리식을 이용한 총 우수유출량(m³/sec)은?

① 0.0032   ② 0.0075
③ 0.0107   ④ 0.017

해설 $Q = \dfrac{1}{360} \times C \times I \times A$
　　Q : 우수유출량(m³/sec)   C : 유출계수
　　I : 강우강도(mm/hr)   A : 배수면적(ha)
　　$Q = \left(\dfrac{1}{360} \times 0.25 \times 20mm/hr \times 0.23ha\right) +$
　　　　$\left(\dfrac{1}{360} \times 0.9 \times 20mm/hr \times 0.15ha\right)$

Answer 90. ③ 91. ④ 92. ① 93. ① 94. ④ 95. ① 96. ③

= 0.01069 ≒ 0.0107m³/sec

97. 표면유입시간 계산도표를 이용하여 우수의 유입시간을 계산하고자 한다. 다음 중 계산 시 고려요소로 가장 거리가 먼 것은?

① 토성
② 경사도
③ 최대흐름거리
④ 지표면 토지이용

98. 지형도 등고선의 종류와 간격의 설명이 옳은 것은?

① 지형도가 1 : 5000일 때 계곡선은 25m이다.
② 지형도의 표시의 기본이 되는 선이 계곡선이다.
③ 간곡선의 평면간격이 클 때 주곡선의 1/2 간격으로 조곡선을 넣는다.
④ 간곡선은 주곡선의 간격이 클 때 실선으로 나타낸다.

99. 옹벽의 안정에 관한 사항 중 적합하지 않은 것은?

① 옹벽자체 단면의 안정은 허용응력에 관계한다.
② 옹벽의 미끄러짐(滑動)은 토압과 허용지내력에 관련이 깊다.
③ 옹벽의 전도(顚倒)에서 저항모멘트가 회전모멘트보다 커야만 옹벽이 안전하다.
④ 옹벽의 침하(沈下)는 외력의 합력에 의하여 기초지반에 생기는 최대압축응력이 지반의 지지력보다 작으면 기초지반은 안정하다.

100. 살수관개(撒水灌漑)를 설계할 때 살수기의 균등계수는 어느 정도가 효과적인가?

① 60~65%
② 75~85%
③ 85~95%
④ 95% 이상

6과목 조경관리론

101. 다음 중 전염성병으로 분류되지 않는 것은?

① 진균에 의한 병
② 바이러스에 의한 병
③ 종자식물에 의한 병
④ 토양 중의 유독물질에 의한 병

→해설 ④ 토양 중의 유독물질에 의한 병 : 비전염성

102. 굵은 골재 가운데 질석을 800~1000℃의 고온에서 튀긴 것으로 일반적으로 비료 성분을 가지고 있지 않으며, 경량으로 흡수율이 높아 파종이나 삽목용 토양으로 사용되는 것은?

① 소성점토
② 피트 모스(peat moss)
③ 펄라이트(perlite)
④ 버미큘라이트(vermiculite)

103. 안전대책 중 사고처리의 일반적인 순서로서 옳은 것은?

① 사고자의 구호→관계자에게 통보→사고 상황의 기록→사고 책임의 명확화
② 관계자에게 통보→사고자의 구호→사고 책임의 명확화→사고 상황의 기록
③ 사고자의 구호→사고 상황의 기록→사고 책임의 명확화→관계자에게 통보
④ 사고자의 구호→사고 책임의 명확화→사고 상황의 기록→관계자에게 통보

Answer 97. ① 98. ① 99. ② 100. ③ 101. ④ 102. ④ 103. ①

104. 레크리에이션 수용능력의 결정인자는 고정인자와 가변인자로 구분되는데 다음 중 고정적 결정인자가 아닌 것은?

① 특정 활동에 필요한 사람의 수
② 특정 활동에 대한 참여자의 반응정도
③ 특정 활동에 필요한 공간의 최소면적
④ 특정 활동에 의한 이용의 영향에 대한 회복능력

해설 레크리에이션 수용능력의 결정인자
  1. 고정적 결정인자 : 공간·활동의 표준
    ⓐ 특정 활동에 대한 참여자 반응정도(활동 특성)
    ⓑ 특정 활동에 필요한 사람 수
    ⓒ 특정 활동에 필요한 공간의 최소면적
  2. 가변적 결정인자 : 물리적 조건 및 참여자의 상황
    ⓐ 대상지의 성격
    ⓑ 대상지의 크기와 형태
    ⓒ 대상지 이용의 영향에 대한 회복능력
    ⓓ 기술과 시설의 도입으로 인한 수용능력 자체의 확장 가능성

105. 탄소와 화합한 질소화합물로서 물에 녹아 비교적 빨리 비효를 나타내지만 그 자체로는 유해하며 함유하는 비료로는 석회질소가 대표적인 질소 형태는?

① 요소태 질소
② 질산태 질소
③ 암모니아태 질소
④ 시안아미드태 질소

106. 병든 식물의 표면에 병원체의 영양기관이나 번식기관이 나타나 육안으로 식별되는 것을 가리키는 것은?

① 병징   ② 병반
③ 표징   ④ 병폐

107. 60kg 잔디 종자에 살충제 이피엔 50% 유제를 8ppm이 되도록 처리하려고 할 때의 소요 약량(mL)은 약 얼마인가? (단, 약제의 비중 : 1.07)

① 0.5   ② 0.7
③ 0.9   ④ 1.2

해설 소요약량(ℓ)
$= \dfrac{\text{추천농도(ppm)} \times \text{피처리물의 양(kg)} \times 100}{1{,}000{,}000 \times \text{비중} \times \text{원액농도(\%)}}$
$= \dfrac{8\text{ppm} \times 60\text{kg} \times 100}{1{,}000{,}000 \times 1.07 \times 50\%}$
$= 0.0008971963\ell = 0.897\text{m}\ell ≒ 0.9\text{m}\ell$

108. 낙엽수는 낙엽 후부터 다음해 새로운 눈이 싹트기 전, 상록수는 싹트기 시작하는 전후의 시기에 실시하는 전정은?

① 동기전정   ② 기본전정
③ 솎음전정   ④ 하기전정

109. 참나무류에 발생하는 참나무시들음병의 병균을 매개하는 곤충은?

① 참나무방패벌레   ② 참나무하늘소
③ 광릉긴나무좀   ④ 갈참나무비단벌레

110. 산성에 대한 저항력이 강하여 산성토양에서도 활동이 강한 미생물은?

① 세균   ② 조류
③ 방선균   ④ 사상균

111. 조경시설물 보관 창고에 전기화재가 발생하였을 때, 사용하는 소화기로 가장 적합한 것은?

① A급 소화기   ② B급 소화기
③ C급 소화기   ④ D급 소화기

해설 ① A급 소화기 : 일반 화재
      ② B급 소화기 : 유류·가스화재
      ③ C급 소화기 : 전기 화재
      ④ D급 소화기 : 금속 화재

Answer 104. ④ 105. ④ 106. ③ 107. ③ 108. ① 109. ③ 110. ④ 111. ③

112. 제초제의 선택성에 관여하는 생물적 요인이 아닌 것은?

① 잎의 각도
② 제초제 처리량
③ 잎의 표면조직
④ 생장점의 위치

113. 수목의 아황산가스 피해에 대한 설명 중 잘못된 것은?

① 공중습도가 높고, 토양수분이 많을 때에 피해가 줄어든다.
② 기온이 낮은 봄철보다 여름철에 더욱 큰 피해를 입는다.
③ 아황산가스는 석탄이나 중유 또는 광석 속의 유황이 연소하는 과정에서 발생한다.
④ 토양 속으로도 흡수되어 토양의 산성을 높임으로써 뿌리에 피해를 주고 지력을 감퇴시키기도 한다.

114. 소나무 혹병의 중간 기주에 해당되는 것은?

① 송이풀
② 졸참나무
③ 까치밥나무
④ 향나무

115. 다음 토양 중 침식(erosion)을 받을 소지가 가장 작은 것은?

① 투수력이 큰 토양
② 팽창성이 큰 토양
③ 가소성이 큰 토양
④ Na-교질이 많은 토양

116. 공사원가 구성항목에 포함되는 일반관리비의 계상 설명으로 맞는 것은?

① 순공사비 합계액의 6%를 초과하여 계상할 수 없다.
② 현장사무소의 유지관리를 위하여 사용되는 비용이다.
③ 관급자재에 대한 관리비 계상은 일반관리비 요율에 준하여 계상한다.
④ 가설사무소, 창고, 숙소, 화장실 설치비용을 포함해서 계상한다.

117. 사다리 이용과 관련한 안전 조치로 적절한 것은?

① 사다리의 상부 3개 발판 이상에서 작업한다.
② 사다리를 기대 세울 때는 가능한 한 나무나 전주 등에 세워 작업한다.
③ 사다리에서 작업할 때 신체의 일부를 사용하여 3점을 사다리에 접촉·유지한다.
④ 기대는 사다리의 설치각도는 수평면에 대하여 80도 이상을 유지하여 넘어짐을 예방한다.

118. 일반적인 조건하에서 조경 시설물(철제 그네)의 도장, 도색은 몇 년 주기로 보수하는가?

① 1년
② 3년
③ 5년
④ 10년

119. 공원 관리업무 수행 시 도급방식 관리에 대한 설명 중 틀린 것은?

① 관리비가 싸다.
② 임기응변적 조처가 가능하다.
③ 관리주체가 보유한 설비로는 불가능한 업무에 적합하다.
④ 전문적 지식, 기능을 가진 전문가를 통한 양질의 서비스를 기할 수 있다.

120. 식물 방제용 농약의 보관방법으로 틀린 것은?

① 농약은 직사광선을 피하고 통풍이 잘 되는 곳에 보관한다.
② 농약은 잠금장치가 있는 전용 보관함에 보관한다.
③ 사용하고 남은 농약은 다른 용기에 담아 보관한다.
④ 농약 빈병과 농약 폐기물은 분리해서 처리한다.

Answer
112. ② 113. ① 114. ② 115. ① 116. ① 117. ③ 118. ② 119. ② 120. ③

과년도 기출문제 및 문제 해설

2021년 조경기사 최근기출문제 (2021. 5. 15)

1과목 조경사

01. 미국 도시계획사에서 격자형 가로망을 벗어나서 자연스러운 가로 계획으로 시카고에 리버사이드 주택단지를 최초로 시도한 사람은?

① 찰스 엘리어트(Charles Eliot)
② 엔드류 다우닝(Andrew J. Downing)
③ 캘버트 보(Calvert Vaux)
④ 프레드릭 로 옴스테드(Frederick L. Olmsted)

02. 고대 로마 소 플리니의 별장정원으로 전망이 좋은 터에 다양한 종류의 과일나무와 여러 가지 모양으로 다듬어진 회양목 토피아리를 장식한 곳은?

① 아드리아나장(Villa Adriana)
② 라우렌틴장(Villa Laurentiana)
③ 디오메데장(Villa Diomede)
④ 토스카나장(Villa Toscana)

03. 이탈리아 바로크 양식의 대표적인 작품은?

① 에스테장(Villa d'Este)
② 랑테장(Villa Lante)
③ 이졸라 벨라(Isola Bella)
④ 보볼리 가든(Boboli garden)

 ① 에스테장(Villa d'Este) : 16세기 이탈리아
② 랑테장(Villa Lante) : 16세기 이탈리아
③ 이졸라 벨라(Isola Bella) : 17세기 이탈리아 – 바로크양식

04. 뉴욕 센트럴 파크의 설명으로 옳지 않은 것은?

① 옴스테드의 단독 설계안을 두어 보우(Vaux)가 시공하였다.
② 장방형의 공원부지 내 도로망은 대부분 자유 곡선에 의하여 처리되고 있다.
③ 4개의 횡단도로는 지하도(地下道)로서 소통하고 있다.
④ 현대 공원으로서의 기본적 요소를 갖춘 최초의 공원이다.

해설 ① 옴스테드와 캘버트 보우의 공동작품

05. 별장생활이 발달하게 됨에 따라 정원에 Topiary가 다양한 형태(글자, 인간이나 동물, 사냥이나 선대(船隊)의 항해 장면 등)로 등장하여 발달된 시기는?

① 고대 로마   ② 고대 그리스
③ 고대 이집트   ④ 고대 메소포타미아

06. 17세기 프랑스의 르 노트르의 정원 구성 특징으로 옳지 않은 것은?

① 비스타를 형성한다.
② 탑과 녹정을 배치한다.
③ 정원은 광대한 면적의 대지 구성 요소의 하나로 보고 있다.
④ 대지의 기복에 조화시키되 축에 기초를 둔 2차원적 기하학을 구성한다.

해설 앙드레 르 노트르의 정원 구성 원칙
① 정원은 주택의 연장이 아니라 광대한 면적의 대지 구성 요소의 하나
② 대지의 기복에 조화시키되 축에 기초를 둔 2차원

Answer 01. ④ 02. ④ 03. ③ 04. ① 05. ① 06. ②

적 기하학식 구성
③ 단정하게 깎은 생울타리로 총림과 기타 공간을 명확하게 구분
④ 바로크적 특징의 하나인 유니티(unity)는 하늘이나 기타 정원 구성 요소들이 넓은 수면에 반영되게 함으로써 형성되게 하고, 소로(allee)는 끝없이 외부로 확산하게 함
⑤ 조각・분수 등 예술작품을 공간구성에 있어 리듬 또는 강조 요소로 사용
⑥ 장엄한 스케일의 도입으로 인간의 위엄과 권위 고양
⑦ 비스타 형성
⑧ 주축선을 중심으로 정원을 대칭적으로 배치하여 통일성 부여

07. 신라 포석정은 곡수거를 만들어 곡수연을 하였다는데 이것은 중국 진시대의 누구의 영향인가?
① 주돈이의 애연설
② 왕희지의 난정고사
③ 도연명의 귀거래사
④ 중장통의 락지론

08. 다음 중 창덕궁 후원의 기능에 부합되지 않는 것은?
① 왕과 그의 가족을 위한 휴식의 공간이다.
② 학업을 수학(修學)하여 사물의 통찰력을 기른다.
③ 자연 속에 둘러 싸여 현실의 속박에서 벗어나 안식을 얻는다.
④ 상징적 선산(仙山)을 조산(造山)하여 축경(縮景)적 조망(眺望)을 한다.

09. 이탈리아의 노단식(露壇式) 정원과 프랑스의 평면기하학식 정원이 성립되는데 결정적 역할을 한 시대사조 및 배경은?
① 국민성의 차이
② 지형적 조건의 차이
③ 정원 소유주(所有主)의 권위 정도
④ 천재적(天才的)인 조경가의 역할 유무

→해설 ② 지형적 조건의 차이 : 구릉지

10. 하하(Ha-ha wall) 수법이란?
① 담장을 관목류의 생울타리로 조성하여 자연과 조화되게 구성하는 수법
② 담장의 형태나 색채를 주변 자연과 조화되게끔 만드는 수법
③ 담장의 높이를 낮게 하여 외부경관을 차경(借景)으로 이용하는 수법
④ 담장 대신 정원대지의 경계선에 도랑을 파서 외부로부터의 침입을 막도록 한 수법

11. 고려시대에 궁궐과 관가의 정원을 관장하던 관서명은?
① 다방(茶房)
② 상림원(上林園)
③ 장원서(掌苑署)
④ 내원서(內園署)

→해설 ③ 장원서(掌苑署) : 조선시대, 조경 관리서

12. 백제시대 방장선산(方丈仙山)을 상징하여 꾸며 놓은 신선 정원은?
① 임류각(臨流閣)
② 월지(月池)
③ 궁남지(宮南池)
④ 임해전지(臨海殿址)

→해설 ① 임류각(臨流閣) : 백제 – 「삼국사기」, 「동국통감」 : '임류각을 세우고 연못을 파고 진기한 새를 길렀다'
② 월지(月池)=④ 임해전지(臨海殿址) : 통일신라
③ 궁남지(宮南池) : 백제 – 연못 안 : 방장선도(方丈仙島) 조성 – 우리나라 최초로 신선사상 도입

13. 일본의 비조(아스카 AD 503~709)시대에 백제 사람 노자공이 이룩한 조경에 관한 설명으로 틀린 것은?
① 일본서기의 추고 천왕 20년조의 기록에서 볼 수 있다.
② 남쪽 뜰에 봉래섬과 수루를 만들었다.
③ 수미산은 중국의 불교적 세계관을 배경으로 하고 있다.
④ 지기마려(芝耆磨呂)는 노자공의 다른 이름이다.

07. ② 08. ④ 09. ② 10. ④ 11. ④ 12. ③ 13. ②

해설 ② 남쪽 뜰에 수미산과 오교를 만들었다.

14. 백제 정림사지(址)에 관한 설명 중 가장 관계가 먼 것은?

① 1탑 1금당식
② 5층 석탑 배치
③ 원내 방지의 도입
④ 구릉지 남사면에 위치

15. 중국 조경사에 있어서 유럽식 정원이 축조되었던 곳은 어느 곳인가?

① 이화원
② 사자림
③ 유원
④ 원명원

16. 중국정원의 조형적 특성에 대한 설명으로 옳지 않은 것은?

① 주택 건물 사이에 중정을 조성했다.
② 사실주의에 의한 풍경식이 나타나고 있다.
③ 주거용으로 쓰이는 건물의 뒤나 좌우 공지에 축조했다.
④ 자연경관을 주 구성용으로 삼고 있기는 하나 경관의 조화보다는 대비에 중점을 두었다.

해설 ② 상징주의에 의한 풍경식이 나타나고 있다.

17. 이집트의 사상은 자연숭배사상과 내세관의 깊은 영향이 반영되어 건축물이 표출되었다. 선(善)의 혼(Ka)을 통해 태양신(Ra)에 접근하려는 기하학적 형태로 인간의 동경과 열망을 대지에 세운 거대한 상징물은?

① 마스타바(mastaba)
② 피라미드(pyramid)
③ 스핑크스(sphinx)
④ 오벨리스크(obelisk)

18. 다음의 주택정원 중 정원 내 연못 수(水)경관이 없는 곳은?

① 구례 운조루
② 괴산 김기응 가옥
③ 강릉 선교장
④ 달성 박황 가옥

해설 ① 구례 운조루 : 방지원도
② 괴산 김기응 가옥 : 연못 없음
③ 강릉 선교장 : 방지방도
④ 달성 박황 가옥 : 방지원도

19. 데르 엘 바하리(Deir-el Bahari)의 신원에서 나타나는 특징이 아닌 것은?

① Punt 보랑의 부조
② 인공과 자연의 조화
③ 직교축에 의한 공간구성
④ 주랑 건축 전면에 파진 식재용 돌구멍

20. 다음 중 고대 로마의 지스터스(Xystus)에 관한 설명으로 옳지 않은 것은?

① 유보(遊步)하는 자리라는 의미를 나타낸다.
② 주택 부지의 끝부분에 높은 담장과 건물에 둘러싸인 공간이다.
③ 내방객과의 상담이나 업무를 위한 기능 공간이다.
④ 세탁물 건조장 또는 채원(菜園)으로도 활용된다.

해설 고대 로마의 지스터스(Xystus) : 후원

2과목 조경계획

21. 기본계획의 설명으로 옳은 것은?

① 토지이용계획 : 현재의 토지이용에 따라 계획을 수립한다.
② 교통·동선계획 : 주 이용 시기에 발생되는 통행량을 반영한다.
③ 시설물 배치계획 : 재료나 구조를 구체적으로 명시한다.
④ 식재계획 : 보식계획은 실시설계 단계에서 반영한다.

Answer 14. ④ 15. ④ 16. ② 17. ② 18. ② 19. ③ 20. ③ 21. ②

[해설] ① 토지이용계획 : 토지의 잠재력과 이용행위의 관련성에 따라 계획을 수립한다.
② 교통·동선계획 : 주 이용 시기에 발생되는 통행량을 반영한다.
③ 시설물 배치계획 : 재료나 구조, 위치, 면적 등에 관한 개요만을 명시한다.
  ※ 실시설계 : 재료나 구조를 구체적으로 명시한다.
④ 식재계획 : 수종선택, 배식계획, 녹지체계 등의 계획을 수립한다.

22. 도심 공원 이용객의 이용행태 조사를 위한 '질문의 순서 결정' 시 고려해야 할 사항이 아닌 것은?

① 질문 항목 간의 관계를 고려하여야 한다.
② 첫 번째 질문은 흥미를 유발할 수 있게 인적사항 질문으로 배치하여야 한다.
③ 응답자가 심각하게 고려하여 응답해야 하는 질문은 위치 선정에 주의하여야 한다.
④ 조사 주제와 관련된 기본적인 질문들을 우선적으로 배치하여야 한다.

23. 「도시·군계획시설의 결정·구조 및 설치 기준에 관한 규칙」에 의한 광장의 분류에 포함되지 않는 것은?

① 역전광장 ② 중심대광장
③ 경관광장 ④ 옥상광장

[해설] 광장의 분류 – 「도시·군계획시설의 결정·구조 및 설치 기준에 관한 규칙」
 1. 교통광장 : 교차점광장, 역전광장, 주요 시설광장
 2. 일반광장 : 중심대광장, 근린광장
 3. 경관광장
 4. 지하광장
 5. 건축물 부설광장

24. 자연공원법에 의한 자연공원의 분류에 해당되지 않는 것은?

① 지질공원 ② 도립공원
③ 수변공원 ④ 군립(郡立)공원

[해설] 자연공원 – 「자연공원법」
 1. 국립공원
 2. 도립공원
 3. 군립공원
 4. 지질공원

25. 다음 중 환경영향평가 항목 중 '생활환경분야'에 포함되지 않는 것은?

① 인구
② 위락·경관
③ 위생·공중보건
④ 친환경적 자원 순환

[해설] 환경영향평가 항목
 1. 자연생태환경 분야 : 동·식물상, 자연환경자산
 2. 대기환경 분야 : 기상, 대기질, 악취, 온실가스
 3. 수환경 분야 : 수질, 수리·수문, 해양환경
 4. 토지환경 분야 : 토지이용, 토양, 지형·지질
 5. 생활환경 분야 : 친환경적 자원 순환, 소음·진동, 위락·경관, 위생·공중보건, 전파장해, 일조장해
 6. 사회환경·경제환경 분야 : 인구, 주거, 산업

26. 지구단위계획 수립 시 환경관리를 계획에 포함하는 사업은 무엇인가?

① 신시가지의 개발
② 기존시가지의 정비
③ 기존시가지의 관리
④ 기존시가지의 보존

[해설] 지구단위계획
 도시·군계획 수립 대상지역의 일부에 대하여 토지이용을 합리화하고 그 기능을 증진시키며 미관을 개선하고 양호한 환경을 확보하며, 그 지역을 체계적·계획적으로 관리하기 위하여 수립하는 도시·군관리계획

27. 「국토의 계획 및 이용에 관한 법률」에 명시된

Answer 22. ② 23. ④ 24. ③ 25. ① 26. ① 27. ④

도시기반시설 중 교통시설에 해당하지 않는 것은?

① 공항 ② 항만
③ 주차장 ④ 광장

해설 ① 공항 : 교통시설
② 항만 : 교통시설
③ 주차장 : 교통시설
④ 광장 : 공간시설

※ 기반시설 - 「국토의 계획 및 이용에 관한 법률」
1. 교통시설 : 도로, 철도, 항만, 공항, 주차장, 자동차정류장, 궤도, 차량 검사 및 면허시설
2. 공간시설 : 광장, 공원, 녹지, 유원지, 공공공지
3. 유통·공급시설 : 유통업무설비, 수도·전기·가스·열공급설비, 방송·통신시설, 공동구·시장, 유류저장 및 송유설비
4. 공공·문화체육시설 : 학교, 공공청사, 문화시설, 공공필요성이 인정되는 체육시설·연구시설·사회복지시설·공공직업훈련시설·청소년수련시설
5. 방재시설 : 하천, 유수지, 저수지, 방화설비, 방풍설비, 방수설비, 사방설비, 방조설비
6. 보건위생시설 : 장사시설, 도축장, 종합의료시설
7. 환경기초시설 : 하수도·폐기물처리 및 재활용시설, 빗물저장 및 이용시설, 수질오염방지시설, 폐차장

28.
자연환경·농지 및 산림의 보호, 보건위생, 보안과 도시의 무질서한 확산을 방지하기 위하여 녹지의 보전이 필요한 녹지지역을 지정할 수 있게 규정한 법은?

① 자연공원법
② 환경영향평가법
③ 국토의 계획 및 이용에 관한 법률
④ 도시공원 및 녹지 등에 관한 법률

해설 ① 자연공원법 : 자연공원의 지정·보전 및 관리에 관한 사항을 규정함으로써 자연생태계와 자연 및 문화경관 등을 보전하고 지속 가능한 이용을 도모하기 위한 법
② 환경영향평가법 : 환경에 영향을 미치는 계획 또는 사업을 수립·시행할 때에 해당 계획과 사업이 환경에 미치는 영향을 미리 예측·평가하고 환경보전방안 등을 마련하도록 하여 친환경적이고 지속 가능한 발전과 건강하고 쾌적한 국민생활을 도모하기 위한 법
③ 국토의 계획 및 이용에 관한 법률 : 국토의 이용·개발과 보전을 위한 계획의 수립 및 집행 등에 필요한 사항을 정하여 공공복리를 증진시키고 국민의 삶의 질을 향상시키기 위한 법
④ 도시공원 및 녹지 등에 관한 법률 : 도시에서의 공원녹지의 확충·관리·이용 및 도시녹화 등에 필요한 사항을 규정함으로써 쾌적한 도시환경을 조성하여 건전하고 문화적인 도시생활을 확보하고 공공의 복리를 증진시키는 데에 이바지하기 위한 법

29.
공장의 조경계획 시 고려사항으로 적합하지 않은 것은?

① 운영관리적 측면을 배려한다.
② 식재계획은 필요한 곳에 국지적으로 처리한다.
③ 성장속도가 빠르며 병해충이 적으면서 관리가 쉬운 수종을 선택한다.
④ 공장의 성격과 입지적 특성에 따라 개성적인 식재계획이 이루어져야 한다.

30.
공원 내에 휴게시설인 벤치(의자)에 대한 계획 기준으로 틀린 것은?

① 앉음판에는 물이 고이지 않도록 계획·설계한다.
② 장시간 휴식을 목적으로 한 벤치는 좌면을 높게 만든다.
③ 의자의 길이는 1인당 최소 45cm를 기준으로 하되, 팔걸이부분의 폭은 제외한다.
④ 휴지통과의 이격거리는 0.9m, 음수전과의 이격거리는 1.5m 이상의 공간을 확보한다.

해설 ② 장시간 휴식을 목적으로 한 벤치는 좌면을 낮게 만든다.

Answer 28. ③ 29. ② 30. ②

31. 고속도로 조경계획 시 가능노선 선정의 고려사항을 도로 이용도와 경제적 측면, 기술적 측면으로 구분할 수 있는데, 다음 중 기술적 측면의 조건에 포함되지 않는 것은?

① 직선도로를 유지하도록 노선을 선정한다.
② 운수속도(運輸速度)가 가장 빠른 노선을 선정한다.
③ 토량 이동(절·성토)이 균형을 이루는 노선을 선정한다.
④ 오르막 구배가 너무 급하게 되면 우회노선을 선정한다.

해설 ② 운수속도(運輸速度)가 가장 빠른 노선을 선정한다. : 경제적 측면

32. 미기후(Microclimate)에 대한 설명 중 틀린 것은?

① 건축물은 미기후에 영향을 미친다.
② 지형, 수륙(해안, 호반, 하안)의 분포, 식생의 유무와 종류는 미기후의 변화 요소이다.
③ 현지에서 장기간 거주한 주민과 대화를 통해서도 파악이 가능하다.
④ 미기후 요소는 대기요소와 동일하며 서리, 안개, 자외선 등의 양은 제외한다.

해설 ④ 미기후 요소는 대기요소와 서리, 안개, 자외선 등의 양을 포함한다.
※ 미기후 요소 : 대기요소 + 서리, 안개, 시정거리, 자외선, 이산화황, 이산화탄소 등

33. 자연공원법에 관한 설명이 옳은 것은?

① 자연공원법은 20년마다 공원구역을 재조정하도록 되어 있다.
② 공원사업의 시행 및 공원시설의 관리는 별도의 예외 없이 환경청이 한다.
③ 자연공원의 지정기준은 자연생태계, 경관 등을 고려하여 환경부령으로 정한다.
④ 용도지구는 공원자연보존지구, 공원자연환경지구, 공원마을지구, 공원문화유산지구로 구분한다.

해설 ① 자연공원법은 10년마다 공원구역을 재조정하도록 되어 있다.
② 공원사업의 시행 및 공원시설의 관리는 특별한 규정이 있는 경우를 제외하고는 공원관리청이 한다.
③ 자연공원의 지정기준은 자연생태계, 경관 등을 고려하여 대통령령으로 정한다.
④ 용도지구는 공원자연보존지구, 공원자연환경지구, 공원마을지구, 공원문화유산지구로 구분한다.

34. 「도시공원 및 녹지 등에 관한 법률」 시행규칙의 도시공원 유형 중 규모의 제한이 있는 것은?

① 소공원   ② 체육공원
③ 문화공원   ④ 역사공원

해설 ① 소공원 : 제한없음
② 체육공원 : 10,000m^2
③ 문화공원 : 제한없음
④ 역사공원 : 제한없음

35. 조경학의 학문적 정의와 가장 거리가 먼 것은?

① 인공 환경의 미적특성을 다루는 전문 분야
② 외부공간을 취급하는 계획 및 설계 전문 분야
③ 인공 환경의 구조적 특성을 다루는 전문 분야
④ 토지를 미적·경제적으로 조성하는 데 필요한 기술과 예술이 종합된 실천과학

36. 도시 스카이라인 고려 요소가 아닌 것은?

① 하천의 형태 고려
② 구릉지 높이의 고려
③ 조망점과의 관계 고려
④ 고층건물의 클러스터(집합형태) 고려

해설 스카이라인(sky line) : 건물 및 구조물과 하늘이 만나는 지점을 연결한 선

37. 생태학자인 오덤(Odum)이 제안한 개념 중 개체 혹은 개체군의 생존이나 성장을 멈추도록 하는 요인으로, 인내의 한계를 넘거나 이 한계에 가까운 모든 조건을 지칭하는 용어는?

① 엔트로피(entropy)
② 제한인자(limiting factor)
③ 시각적 투과성(visual transparency)
④ 생태적 결정론(ecological determinism)

38. 조경계획의 한 과정인 '기본구상'의 설명이 옳지 않은 것은?

① 추상적이며 계량적인 자료가 공간적 형태로 전이되는 중간 과정이다.
② 서술적 또는 다이어그램으로 표현하는 것은 의뢰인의 이해를 돕는데 바람직하지 못하다.
③ 자료의 종합분석을 기초로 하고 프로그램에서 제시된 계획방향에 의거하여 계획안의 개념을 정립하는 과정이다.
④ 자료 분석과정에서 제기된 프로젝트의 주요 문제점을 명확히 부각시키고 이에 대한 해결방안을 제시하는 과정이다.

→해설 ② 서술적 또는 다이어그램으로 표현하는 것은 의뢰인의 이해를 돕는데 바람직하다.

39. 생태적 조경계획에 관한 설명이 옳지 않은 것은?

① Ian McHarg에 의해 주장되었다.
② 생태적 결정론이 하나의 이론적 기초가 된다.
③ 생태적 조경계획은 생태전문가에 의해 수행되어야 한다.
④ 어떤 지역의 자연적·사회적 잠재력이 조경계획을 위해 어떤 기회성과 제한성이 있는가를 판정해야 한다.

40. 다음 설명의 ( )에 적합한 수치는?

> 환경부장관 또는 승인기관의 장은 관련 조항에 따라 원상복구할 것을 명령하여야 하는 경우에 해당하나, 그 원상복구가 주민의 생활, 국민경제, 그 밖에 공익에 현저한 지장을 초래하여 현실적으로 불가능할 경우에는 원상복구를 갈음하여 총 공사비의 ( )퍼센트 이하의 범위에서 과징금을 부과할 수 있다.

① 3
② 5
③ 8
④ 15

3과목 조경설계

41. 기본설계(Preliminary design)에 대한 설명으로 옳지 않은 것은?

① 실시설계의 이전 단계이다.
② 소규모 프로젝트에서는 생략될 수 있다.
③ 프로젝트의 토지이용과 동선체계를 정하는 단계이다.
④ 설계개요서와 공사비 계산서 등의 서류를 만든다.

→해설 ③ 프로젝트의 토지이용과 동선체계를 정하는 단계이다. : 기본계획

42. 옥상조경에 대한 설명으로 틀린 것은?

① 건조에 강한 나무를 선택하는 것이 좋다.
② 식물을 식재할 면적은 전체 옥상면적의 1/2 정도가 적합하다.
③ 지반의 구조체에 따른 하중의 위치와 구조골격의 관계를 검토한다.
④ 사용 조합토는 부엽토와 양토 및 모래를 섞고 약간의 유기질 비료를 넣어도 좋다.

43. 조경설계기준의 각종 관리시설 설계 시 고려해야 할 사항으로 가장 거리가 먼 것은?

① 단주(볼라드)의 배치 간격은 1.5m 정도로 설계한다.
② 자전거 보관시설은 비·햇볕·대기오염으로부터 자

Answer 37. ② 38. ② 39. ③ 40. ① 41. ③ 42. ② 43. ④

전거를 보호할 수 있도록 지붕과 같은 시설을 갖추어야 한다.
③ 공중화장실은 장애인의 진입이 가능하도록 경사로를 설치하며, 경사로 폭은 휠체어의 통행이 가능한 120cm 이상으로 한다.
④ 플랜터(식수대)는 배식하는 수목의 규격에 대응하는 생존 최소 토심을 확보한다.

해설 ④ 플랜터(식수대)는 배식하는 수목의 규격에 대응하는 최소 생육토심을 확보한다.

44. 벤치의 배치 계획 시 sociopetal 형태로 했다면 인간의 심리적 요소 중 어느 욕구에 해당하는가?

① 사회적 접촉에 대한 욕구
② 안정에 대한 욕구
③ 프라이버시에 대한 욕구
④ 장식에 대한 욕구

해설 sociopetal 형태 : 구심적 형태, 친숙하게 서로 모이기 쉬운 형태

45. 대당 주차 면적이 가장 적게 소요되는 주차형식은? (단, 형식별 주차 대수는 모두 동일함)

① 30° 주차
② 45° 주차
③ 60° 주차
④ 90° 주차

46. 조경설계기준상의 디딤돌(징검돌) 놓기 설계 시 옳지 않은 것은?

① 보행에 적합하도록 지면과 수평으로 배치한다.
② 디딤돌 및 징검돌의 장축은 진행방향에 평행이 되도록 배치한다.
③ 디딤돌은 2연석, 3연석, 2·3연석, 3·4연석 놓기를 기본으로 설계한다.
④ 정원을 제외한 배치 간격은 어린이와 어른의 보폭을 고려하여 결정하되, 일반적으로 40~70cm로 하며 돌과 돌 사이의 간격이 8~10cm 정도가 되도록 배치한다.

해설 디딤돌(징검돌) 놓기
1. 보행자를 위해 공원, 정원, 계류, 연못, 보행자 공간, 기타 녹지 등에 적절한 간격과 형식으로 배치한다.
2. 보행에 적합하도록 지면과 수평으로 배치한다.
3. 징검돌의 상단은 수면보다 15cm 정도 높게 배치하고 한 면의 길이가 30~60cm 정도로 되게 한다. 요소(시점, 종점, 분기점)에 대형이며 모양이 좋은 것을 선별하여 배치하고 디딤 시작과 마침돌은 절반 이상 물가에 걸치게 한다.
4. 배치 간격은 어린이와 어른의 보폭을 고려하여 결정하되, 일반적으로 40~70cm로 하며 돌과 돌 사이의 간격이 8~10cm 정도가 되도록 배치한다. 정원에서는 배치 간격을 20~30% 줄인다.
5. 양발이 각각의 디딤돌을 교대로 디딜 수 있도록 배치하며, 부득이 한 발이 한 면에 2회 이상 닿을 경우는 3, 5, 7… 등 홀수 회가 닿을 수 있도록 한다.
6. 디딤돌은 크기가 30cm 내외인 경우에는 디딤돌의 상면이 지표면보다 3cm 정도 높게 배치하고 50~60cm인 경우에는 지표면보다 6cm 정도 높게 배치한다.
7. 디딤돌 및 징검돌의 장축은 진행방향에 직각이 되도록 배치한다.
8. 디딤돌은 2연석, 3연석, 2·3연석, 3·4연석 놓기를 기본으로 한다.
9. 디딤돌로 인한 답압에 의하여 자연지형이나 생태적 지속성이 파괴될 수 있는 위치는 피한다.
10. 물순환 및 생태적 환경을 조성하기 위하여 투수지역에서는 무거운 디딤돌을 피한다.
11. 급류 발생이 가능한 여울기능을 겸하도록 한다.

47. 다음 먼셀 색상기호 중 채도가 가장 높은 색은?

① 5BG
② 5R
③ 5B
④ 5P

48. 다음 설명에 적합한 형식미의 원리는?

- 자연경관에서 일정한 간격을 두고 변화되는 형태, 색채, 선, 소리 등
- 다른 조화에 비하면 이해하기 어렵고 질서를 잡기도 간

Answer 44. ① 45. ④ 46. ② 47. ② 48. ③

단하지 않으나 생명감과 존재감이 가장 강하게 나타남

① 비례미(proportion) ② 통일미(unity)
③ 운율미(rhythm) ④ 변화미(variety)

49. 어린이공원은 어린이라는 특정 연령층을 대상으로 조성되는 목적 공원이다. 설계 시 고려사항으로 가장 거리가 먼 것은?

① 의자, 평상, 파고라 등 휴식시설은 가급적 한 곳으로 모은다.
② 부모, 노인 등 보호자 및 청소년을 위한 공간도 고려해야 한다.
③ 미끄럼대는 가급적 북향으로 하며, 그네는 태양과 맞보지 않도록 한다.
④ 지형은 단순화시키고 안전을 위하여 주변과 격리되도록 구성한다.

50. 아파트 외곽 담장은 Altman이 구분한 인간의 영역 중에 어느 영역을 구분하고 있는가?

① 1차 영역과 2차 영역
② 2차 영역과 공적 영역
③ 1차 영역과 공적 영역
④ 해당되는 영역이 없다.

51. 경관을 사진, 슬라이드 등의 방법을 통하여 평가자에게 보여주고 양극으로 표현되는 형용사 목록을 제시하여 경관을 측정하는 방법은?

① 순위 조사(rank-ordering)
② 리커트 척도(likert scale)
③ 쌍체 비교법(paired comparison)
④ 어의구별척(semantic differential scale)

해설 ① 순위 조사 : 여러 경관의 상대적 비교에 이용
② 리커트 척도 : 일정한 상황·사람·사물·환경에 대한 응답자의 태도를 조사하는 데 이용, 보통 다섯 개의 구간으로 구분
③ 쌍체 비교법 : 일정 표본을 대상으로 실험을 전후로 두 번 시행하여 얻은 값들의 유의한 차이가 있는지 분석
④ 어의 구별척 : 경관의 특성 또는 의미를 밝히기 위해 이용. 형용사의 양 극 사이를 7단계로 나누고 평가자가 느끼는 정도를 표시

52. 연극무대에서 주인공을 향해 녹색과 빨간색 조명을 각각 다른 방향에서 비추었다. 주인공에게는 어떤 색의 조명으로 비추어질까?

① Cyan ② Gray
③ Magenta ④ Yellow

53. 그림과 같이 도형의 한쪽이 튀어나와 보여서 입체로 지각되는 착시 현상은?

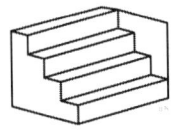

① 대비의 착시
② 반전 실체의 착시
③ 착시의 분할
④ 방향의 착시

54. 조경설계기준상의 「생태못 및 인공습지」 설계와 관련된 설명으로 옳지 않은 것은?

① 일반적으로 종다양성을 높이기 위해 관목숲, 다공질 공간과 같은 다른 소생물권과 연계되도록 한다.
② 야생동물 서식처 목적을 위해 최소 폭은 5m 이상 확보하고 주변 식재를 위해 공간을 확보한다.
③ 수질정화 목적의 못은 수질정화 시설의 유출부에 설치하여 2차 처리된 방류수(방류수 10ppm)를 수원으로 한다.
④ 수질정화 목적의 못 안에 붕어와 같은 물고기를 도입하고, 부레옥잠, 달개비, 미나리와 같은 수질정화 기능이 있는 식물을 배식한다.

해설 생태못 및 인공습지

1. 일반사항
   ① 종다양성을 높이기 위해 관목숲, 다공질 공간 등 다른 소생물권과 연계되도록 한다.
   ② 입수구의 물의 유속과 수심, 바닥형상에 변화를 주어 다양한 서식환경을 조성하며, 물은 순환시키고 물순환 과정에서 자연적으로 정화되도록 한다. 단, 비상용 급수를 위해 상수원과 연결한 급수체계를 확보한다.
   ③ 흙, 섶단, 자연석 등 자연재료를 도입하고 주변에 향토수종을 배식하여 자연스런 경관을 형성한다.
   ④ 조류, 어류, 기타 곤충류 등을 유인하기 위하여 못 안과 못 가에 수생식물을 배식한다.
   ⑤ 바닥의 물순환을 위하여 바닥물길을 설계한다.
   ⑥ 넓은 가장자리에 식생선을 확보한다.
   ⑦ 개천, 경계 풀밭, 생울타리와 연결하여 망을 형성한다.
   ⑧ 쓰레기 적치장이나 사토장 등은 제거하고 가축 방목으로 인한 훼손으로부터 보호한다.

2. 야생동물 서식처 목적의 생태연못
   ① 생물서식공간의 보전, 복원, 창출에 의해 이익을 받는 종이 있는 반면 불이익을 입는 종도 있으므로 생물서식공간을 조성하는 경우 입지 선정과 규모, 성격 등에 따라 각 종의 생태학적 분석을 통해 계획을 수립하고 실시하는 것이 바람직하다.
   ② 못의 내부에 섬을 만들어 식생기반을 조성하고 야생동물을 유인하여 종다양성을 확보한다.
   ③ 최소 폭은 5m 이상 확보하고 주변 식재를 위해 공간을 확보한다.
   ④ 호안은 곡선으로 처리하고, 바닥에 적정한 기울기를 두어 다양한 생물서식공간으로 설계한다.
   ⑤ 오염되지 않은 물을 수원으로 확보한다.
   ⑥ 못에는 다양한 서식환경의 조성을 위한 배식을 한다.

3. 수질정화 목적의 못
   ① 수질정화 시설의 유출부에 설치하여 1차 처리된 방류수(방류수 20ppm)를 수원으로 한다.
   ② 못 안에 붕어 등의 물고기를 도입하고, 부레옥잠, 달개비, 미나리 등 수질정화 기능이 있는 식물을 배식한다.
   ③ 다양한 식생을 도입하며, 생물서식공간으로서의 기능을 함께 고려한다.
   ④ 유기·무기물질 제거, 재생이용 및 재순환이 가능하도록 한다.
   ⑤ 유독성물질(살충제), 중금속(Cd, Pb, Hg, Zn 등) 등의 제거도 부수적으로 고려한다.

55. 우리나라의 제도통칙에서는 투상도의 배치는 몇 각법으로 작도함을 원칙으로 하고 있는가?

① 제1각법
② 제2각법
③ 제3각법
④ 제4각법

56. 다음 설명의 (　) 안에 적합한 값은?

경사가 (　)%를 초과하는 경우는 보행에 어려움이 발생되지 않도록 옥외계단을 설치한다.

① 12
② 14
③ 16
④ 18

57. 조경제도에서 치수기입에 대한 설명으로 옳은 것은?

① 치수의 단위는 cm를 원칙으로 한다.
② 치수보조선은 치수선과 직교하는 것이 원칙이다.
③ 치수선은 주로 조감도, 시설물상세도, 투시도 등 다양한 도면에 사용된다.
④ 일반적인 방법으로 수치 치수를 기입하기에는 치수선이 너무 짧을 경우, 수치를 세로로 기입할 수 있다.

해설 ① 치수의 단위는 mm를 원칙으로 한다.
② 치수보조선은 치수선과 직교하는 것이 원칙이다.
③ 치수선은 주로 평면도, 시설물상세도 등 다양한 도면에 사용된다.
④ 일반적인 방법으로 수치 치수를 기입하기에는 치수선이 너무 짧을 경우, 인출선을 사용한다.

Answer 55. ③　56. ④　57. ②

58. 다음 그림과 같은 도형에서 화살표 방향에서 본 투상을 정면으로 할 경우 우측면도로 올바른 것은?

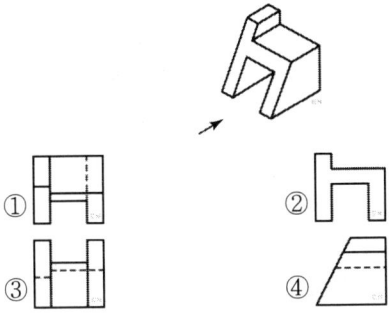

59. 표제란에 대한 설명으로 옳은 것은?
① 도면명은 표제란에 기입하지 않는다.
② 도면 제작에 필요한 지침을 기록한다.
③ 범례는 표제란 안에 반드시 기입해야 한다.
④ 도면번호, 작성자명, 작성일자 등에 관한 사항을 기입한다.

60. 한 도면에서 2종류 이상의 선이 같은 장소에 겹치게 될 때 우선순위(큰 것→…→작은 것)로 옳은 것은?

| A. 숨은선 | B. 중심선 |
| C. 외형선 | D. 절단선 |

① C → A → D → B
② C → A → B → D
③ D → A → C → B
④ A → B → C → D

4과목 조경식재

61. 수목의 전정에 관한 설명이 옳은 것은?
① 전체적인 수형의 균형에 중점을 두어 수시로 잘라준다.
② 개화습성을 감안한 화아분화가 형성되는데 차질이 없도록 한다.
③ 철쭉류는 1년 내내 언제든지 가능하다.
④ 내한성이 없는 수목이라도 강전정을 하여 신초가 도장하도록 유도하는 것이 좋다.

⇨해설 ③ 철쭉류는 꽃이 진후 즉시 가능하다.

62. 다음 설명과 가장 관련이 깊은 용어는?

> 수분퍼텐셜 -0.033MPa과 -1.5MPa 사이의 수분을 말한다. 이 수분량은 모래, 미사 및 점토가 적절하게 혼합된 양토, 미사질양토, 식양토 등에서 많다.

① 흡습수　　　② 유효수분
③ 중력수　　　④ 포장용수량

63. 식재기능별 수종의 요구 특성에 대한 설명이 옳지 않은 것은?
① 방화식재는 잎이 두텁고, 함수량이 많은 수종이어야 한다.
② 지표식재는 수형이 단정하고 아름다운 수종이어야 한다.
③ 방풍·방설식재는 지하고가 높은 천근성 교목이어야 한다.
④ 유도식재는 수관이 커서 캐노피를 이루거나 원추형이어야 한다.

⇨해설 ③ 방풍·방설식재는 지하고가 낮은 심근성 교목이어야 한다.

64. 산울타리에 적합한 수종으로 가장 거리가 먼 것은?
① 꽝꽝나무(Ilex crenata)
② 돈나무(Pittosporum tobira)
③ 탱자나무(Poncirus trifoliata)
④ 졸참나무(Quercus serrata)

⇨해설 ① 꽝꽝나무(Ilex crenata) : 상록활엽관목

② 돈나무(Pittosporum tobira) : 상록활엽관목
③ 탱자나무(Poncirus trifoliata) : 상록활엽관목
④ 졸참나무(Quercus serrata) : 낙엽활엽교목

65. 척박한 토양에 잘 견디는 수종으로만 이루어진 것은?

① 오동나무(Poulownia tomentosa),
   서어나무(Carpinus laxiflora)
② 단풍나무(Acer palmatum),
   자작나무(Betula platyphylla var. japonica)
③ 자귀나무(Albizia julibrissin),
   향나무(Juniperus chinensis)
④ 은행나무(Ginkgo biloba),
   왕벚나무(Prunus yedoensis)

해설 내척박성 강한 수종 : 소나무, 곰솔, 노간주나무, 향나무, 인동덩굴 등+비료목
③ 자귀나무(Albizia julibrissin) : 향나무(Juniperus chinensis), 비료목

66. 다음 중 6~7월에 피고, 꽃이 백색으로 피었다가 황색으로 변하는 수종은?

① 나무수국(Hydrangea paniculata)
② 등(Wisteria floribunda)
③ 미선나무(Abeliophyllum distichum)
④ 인동덩굴(Lonicera japonica)

해설 ① 나무수국(Hydrangea paniculata) : 흰색 꽃
② 등(Wisteria floribunda) : 보라색 꽃
③ 미선나무(Abeliophyllum distichum) : 흰색 꽃
④ 인동덩굴(Lonicera japonica) : 흰색 꽃 → 노란색 꽃

67. 화살나무(Euonymus alatus Siebold)의 특징 설명이 틀린 것은?

① 노박덩굴과(科)이다.
② 생장속도가 느리며, 병해충에 약하다.
③ 어린가지에 2~4줄의 코르크질 날개가 있다.
④ 보통 3개의 꽃이 달리며, 5월에 피고 지름 10mm로

서 황록색이다.

해설 ② 생장속도가 느린 편이며, 병해충에 강하다.

68. 관목(shrub, 작은 키 나무)의 분류로 가장 거리가 먼 것은?

① 병아리꽃나무(Rhodotypos scandens)
② 금송(Sciadopitys verticillata)
③ 황매화(Kerria japonica)
④ 눈측백(Thuja koraiensis)

해설 ① 병아리꽃나무(Rhodotypos scandens) : 낙엽활엽관목
② 금송(Sciadopitys verticillata) : 상록침엽교목
③ 황매화(Kerria japonica) : 낙엽활엽관목
④ 눈측백(Thuja koraiensis) : 상록침엽관목

69. 식재기능을 공간조절, 경관조절, 환경조절 기능으로 나눌 경우 공간조절 식재 기능은?

① 지표식재   ② 녹음식재
③ 유도식재   ④ 방풍식재

해설 식재의 기능별 구분
① 공간조절기능 : 경계 식재, 유도 식재
② 경관조절기능 : 지표 식재, 경관 식재, 차폐 식재
③ 환경조절기능 : 녹음 식재, 방풍 식재, 방설 식재, 방화 식재, 지피 식재

70. 다음 식물의 특성 설명이 옳지 않은 것은?

① 모란은 목본식물이고 작약은 초본식물이다.
② 붓꽃과(科)의 식물에는 창포와 꽃창포가 있다.
③ 얼레지, 처녀치마는 우리나라 전국 각지에 자생하는 숙근성 여러해살이풀이다.
④ 부들은 연못가와 습지에서 자라는 다년초로서 근경은 옆으로 뻗고 수염뿌리가 있다.

해설 ① 창포 : 천남성과
② 꽃창포 : 붓꽃과

71. 일반적인 음수(陰樹)의 설명으로 옳지 않은 것은?

① 음수는 양수보다 광보상점이 낮다.
② 일반적으로 음수는 양수에 비해 어릴 때의 생장이 왕성하다.
③ 음수가 생장할 수 있는 광량은 전수광량의 50% 내외이다.
④ 양수와 음수의 구분은 그늘에서 견딜 수 있는 내음성의 정도로 구분한다.

해설 ② 일반적으로 양수는 음수에 비해 어릴 때의 생장이 왕성하다.

72. 다음 중 속명(屬名)이 Abies가 아닌 것은?

① 구상나무 ② 분비나무
③ 종비나무 ④ 전나무

해설 ① 구상나무 : Abies koreana
② 분비나무 : Abies nephrolepis
③ 종비나무 : Picea koraiensis
④ 전나무 : Abies holophylla

73. 다음 설명과 같은 활용성이 높은 번식방법은?

특이하게 붉은색 열매가 많이 달리는 먼나무(*Ilex rotunda*)를 생산·재배하여, 초기에 붉은색 열매를 관상하려고 한다.

① 파종 ② 접목
③ 분주 ④ 삽목

74. 다음에 설명하는 수종은?

- 상록활엽교목이다.
- 수형은 원추형이다.
- 뿌리는 심근성이다.
- 꽃은 백색으로 방향성, 지름 15~20cm, 화피편은 9~12개, 두꺼운 육질로 5~6월에 개화한다.

① 서어나무(Carpinus laxiflora)
② 버즘나무(Platanus orientalis)
③ 버드나무(Salix koreensis)
④ 태산목(Magnolia grandiflora)

해설 ① 서어나무(Carpinus laxiflora) : 낙엽활엽교목
② 버즘나무(Platanus orientalis) : 낙엽활엽교목
③ 버드나무(Salix koreensis) : 낙엽활엽교목
④ 태산목(Magnolia grandiflora) : 상록활엽교목

75. Allee 성장형으로 본 식물종의 성장률 설명으로 옳은 것은?

① 중간밀도에서 다른 경우보다 더 크다.
② 낮은 밀도에서 다른 경우보다 더 크다.
③ 높은 밀도에서 다른 경우보다 더 크다.
④ 항상 동등하게 성장한다.

76. 고속도로 식재의 기능과 종류의 연결이 옳지 않은 것은?

① 휴식 – 녹음식재
② 주행 – 시선유도식재
③ 방재 – 임연보호식재
④ 사고방지 – 완충식재

해설 고속도로 식재의 기능과 종류
1. 주행기능 : 시선유도식재, 지표식재
2. 사고방지기능 : 차광식재, 명암순응식재, 진입방지식재, 완충식재
3. 방재기능 : 비탈면식재, 방풍식재, 방설식재, 비사방지식재
4. 휴식기능 : 녹음식재, 지피식재
5. 경관기능 : 차폐식재, 수경식재, 조화식재
6. 환경보존기능 : 방음식재, 임연보호식재

77. 양버들(Populus nigra var. italica Koehne)에 관한 설명으로 틀린 것은?

① 버드나무과(科) 수종이다.
② 수형은 원주형으로 빗자루처럼 좁은 형태이다.

Answer 71. ② 72. ③ 73. ② 74. ④ 75. ① 76. ③ 77. ④

③ 성상은 낙엽활엽교목이고 뿌리는 천근성이다.
④ 우리나라 자생수종으로 가을에 붉은 단풍이 아름답다.

→해설 ④ 유럽 원산으로 가을에 노란 단풍이 아름답다.

78. 조경 식물의 일반적인 선정 기준으로 가장 거리가 먼 것은?

① 미적(美的)·실용적 가치가 있는 식물
② 식재지역 환경에 적응성이 큰 식물
③ 야생동물의 먹이가 풍부한 식물
④ 시장이나 묘포(苗圃)에서 입수하기 용이한 식물

79. 토양의 물리적 성질로 옳지 않은 것은?

① 배수 불량지는 양질의 토양으로 객토해야 한다.
② 수목 생육에는 일반적으로 양토나 사양토가 적합하다.
③ 입단(粒團, aggregated) 구조의 토양은 딱딱하고 통기성이 불량하여 수목생육에 좋지 않게 된다.
④ 토양입자의 거침에 따라 사토, 사양토, 양토, 식토로 구분되며, 후자로 갈수록 점토의 함량이 많아진다.

→해설 ③ 입단(粒團, aggregated) 구조의 토양은 수목생육에 좋다.

80. 우리나라 수생식물은 정수, 부엽, 침수, 부유의 4가지 유형으로 구분된다. 다음 중 부유식물에 해당되는 것은?

① 창포
② 수련
③ 나사말
④ 생이가래

→해설 수생식물
① 정수식물(추수식물) : 갈대, 부들류, 줄, 창포, 벗풀, 큰고랭이, 연꽃, 개구리연
② 부엽식물 : 마름류, 노랑어리연꽃, 수련, 순채, 가래, 자라풀
③ 부유식물 : 개구리밥, 생이가래, 부레옥잠, 물옥잠, 물상추

④ 침수식물 : 말즘, 말(검정말, 나사말), 통발류, 물수세미

5과목 조경시공구조학

81. 공사현장 관리조직을 구성하는데 가장 부적합한 것은?

① 직책과 권한의 위임을 분명히 한다.
② 공사착수 후에 현장관리 조직을 편성한다.
③ 각 부분의 관계를 고려하여 규칙을 마련한다.
④ 일의 성격을 명확히 해서 분류, 통합한다.

82. 콘크리트의 표준배합 설계요소에 포함되지 않는 것은?

① 슬럼프값 결정
② 물-시멘트비 결정
③ 단위수량의 결정
④ 굵은 골재의 최소 치수 결정

→해설 콘크리트의 표준배합 설계요소
: 슬럼프값, 물시멘트비, 단위수량, 단위시멘트량, 굵은 골재의 최대 치수, 잔골재율, 공기량, 수밀성, 내동해성

83. 다음 중 수해에 접하는 구조물에 가장 적합한 시멘트는?

① 고로 시멘트
② 보통 포틀랜드 시멘트
③ 조강 포틀랜드 시멘트
④ 중용열 포틀랜드 시멘트

Answer 78. ③ 79. ③ 80. ④ 81. ② 82. ④ 83. ①

84. 그림과 같은 동질(同質), 동단면(同斷面)의 장주(長柱) 압축재로 축방향 하중에 대한 강도의 상호관계로서 옳은 것은?

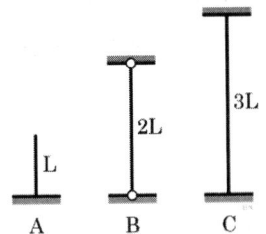

① A>B>C
② A>B=C
③ A=B=C
④ A=B<C

─ 해설 ─ 좌굴장 : A=2L, B=2L, C=1.5L
※ 하중에 강한 순서 : A=B<C

85. 대기 중의 탄산가스의 작용으로 콘크리트 내 수산화칼슘이 탄산칼슘으로 변하면서 알칼리성을 상실하는 현상은?

① 레이턴스
② 크리프
③ 슬럼프
④ 중성화

─ 해설 ─ 중성화 : $Ca(OH)_2 + CO_2 \rightarrow CaCO_3 + H_2O$

86. 다음 중 돌공사에 대한 설명이 틀린 것은?

① 석재는 인장력에 약하다.
② 대리석은 내구성이 약하고, 내화성이 떨어진다.
③ 구조용 석재는 흡수율 30% 이하의 것을 사용한다.
④ 돌쌓기 공사에 사용되는 긴결재로는 철재를 사용한다.

87. 다음 중 시방서에 포함될 내용이 아닌 것은?

① 사용재료의 종류와 품질
② 단위공사의 공사량
③ 시공상의 일반적인 주의사항
④ 도면에 기재할 수 없는 공사내용

─ 해설 ─ 시방서 포함 내용
① 도면에 기재할 수 없는 공사 내용
② 공사 개요
③ 적용 범위에 관한 사항
④ 시공 상 일반적인 주의사항
⑤ 검사 결과의 보고에 관한 사항
⑥ 시공 완료 후 뒤처리에 관한 사항
⑦ 재료의 종류와 품질
⑧ 재료에 필요한 시험
⑨ 시공방법 정도·완성에 관한 사항

88. 구조 관련 용어에 대한 설명으로 틀린 것은?

① 모멘트(moment) : 어느 한 점에 대한 회전능률이다.
② 모멘트(moment) : 거리에 반비례한다.
③ 지점(support) : 구조물의 전체가 지지 또는 연결된 지점이다.
④ 힌지(hinge) : 회전은 가능하지만 어느 방향으로도 이동될 수 없다.

─ 해설 ─ ② 모멘트(moment) : 거리에 비례한다.

89. 다음 중 다짐작업을 효과적으로 수행할 수 없는 건설기계의 종류는?

① 탬핑 롤러
② 불도저
③ 래머
④ 스크레이퍼

90. 건설공사의 시공 시 작성하는 공정표 중 공사 비용 절감을 목적으로 개발된 공정표는?

① 바 차트(Bar Chart)
② 칸트 차트(Gantt Chart)
③ CPM(Critical Path Method)
④ PERT(Program Evaluation and Review Technique)

─ 해설 ─ ④ PERT(Program Evaluation and Review Technique) : 공사기간 단축

Answer   84. ④   85. ④   86. ④   87. ②   88. ②   89. ④   90. ③

91. 목재의 강도에 관한 설명 중 옳지 않은 것은?

① 벌목의 계절은 목재강도에 영향을 끼친다.
② 일반적으로 응력의 방향이 섬유방향에 평행인 경우 압축강도가 인장강도보다 작다.
③ 목재의 건조는 중량을 경감시키지만 강도에는 영향을 끼치지 않는다.
④ 섬유포화점 이하에서는 함수율 감소에 따라 강도가 증대한다.

92. A점과 B점의 표고는 각각 125m, 150m이고, 수평거리는 200m이다. AB 간은 등경사라고 가정할 때, AB 선상에 표고가 140m가 되는 점의 A점으로부터 수평거리는?

① 40m ② 80m
③ 120m ④ 160m

→해설 (150m−125m) : 200m=(140m−125m) : x
∴ x=120m

93. 합판거푸집의 설치 및 해체에 관한 건설표준품셈에서 대상 구조물이 측구, 수로, 우물통 등 비교적 간단한 벽체 구조, 교량 및 건축 슬래브인 경우에는 몇 회 사용하는 것이 가장 합당한가? (단, 유형은 보통으로 한다.)

① 2회 ② 3회
③ 4회 ④ 6회

→해설 합판거푸집 설치 및 해체 시 사용횟수
① 1~2회 : 제물치장 콘크리트
② 2회 : T형보, 난간, 복잡한 구조의 교각, 교대, 수문관의 본체 등 매우 복잡한 구조
 소규모 : 조적턱, 창호턱 등 소규모로 산재되어 있는 구조물
③ 3회 : 교대, 교각, 파라펫트, 날개벽 등 복잡한 벽체 구조, 건축 라멘구조의 보, 기둥
④ 4회 : 측구, 수로, 우물통 등 비교적 간단한 벽체 구조, 교량 및 건축 슬래브
⑤ 6회 : 수문 또는 관의 기초, 호안 및 보호공의 기초 등 간단한 구조

94. 그림과 같이 사각형 분할로 구분되는 지역에서 정지 공사를 위해 각 지점의 계획절토고를 측정하였다. 점고법에 의한 계획지반고에 준거하여 절토할 토공량은? (단, F.L±0)

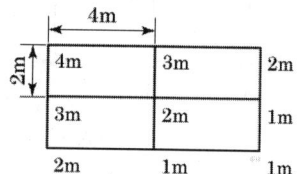

① 38m³ ② 40m³
③ 66m³ ④ 68m³

→해설 $V = \dfrac{A}{4} \times (\sum h_1 + 2\sum h_2 + 3\sum h_3 + 4\sum h_4)$
$\sum h_1 = 4m+2m+1m+2m = 9m$
$\sum h_2 = 3m+1m+1m+3m = 8m$
$\sum h_4 = 2m$
$V = \left(\dfrac{4m \times 2m}{4}\right) \times \{9m+(2\times 8m)+(4\times 2m)\} = 66m^2$

95. 배수지역 내 우수의 유출을 환경 친화적으로 조절하기 위한 방법이 아닌 것은?

① 투수성 포장을 한다.
② 체수지나 연못을 만든다.
③ 지하 배수관로를 많이 만든다.
④ 주차장이나 공원하부에 저수조를 만든다.

96. 0.4m³ 용량의 유압식 백호(Back-Hoe)를 이용하여 작업상태가 양호한 자연상태의 사질토를 굴착 후 덤프트럭에 적재하려할 때, 시간당 굴착 작업량(m³)은?

- 버킷계수 : 1.1
- 1회 사이클시간 : 19초
- 사질토의 토량변화율 : 1.25
- 작업효율(점성토 : 0.75, 사질토 : 0.85)

Answer 91. ③ 92. ③ 93. ③ 94. ③ 95. ③ 96. ②

① 50.02　　② 56.69
③ 78.16　　④ 192.79

해설　$Q = \dfrac{3600 \times q \times f \times E \times k}{Cm}$

$Q = \dfrac{3600 \times 0.4m^3 \times \dfrac{1}{1.25} \times 0.85 \times 1.1}{19초} = 56.69 m^3/hr$

97. 인공살수(人工撒水) 시설의 설계를 위한 관개강도(灌漑强度) 결정에 영향을 미치는 요인이 아닌 것은?

① 작업시간
② 가압기의 능력
③ 토양의 종류, 경사도
④ 지피식물의 피복도(被覆度)

98. 도로설계의 수직노선 설정 시 종단곡선으로 사용되는 곡선은?

① 클로소이드 곡선
② 렘니스케이트 곡선
③ 2차 포물선
④ 3차 포물선

해설　④ 3차 포물선 : 완화곡선
　　　③ 2차 포물선 : 종단곡선

99. 캔틸레버보에 집중하중을 받고 있을 때 작용하는 힘에 대한 설명이 옳은 것은?

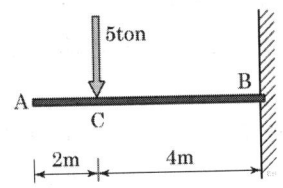

① A~C 구간의 전단력이 0이며, B~C 구간의 전단력은 -5ton이다.
② B지점의 반력은 수직, 수평반력과 휨모멘트 반력이 작용한다.
③ 휨모멘트의 크기는 10t·m이다.
④ B점의 반력의 크기는 -50ton이다.

100. 다음 건설재료 중 할증률이 가장 큰 것은?

① 각재　　② 일반용 합판
③ 잔디　　④ 경계블록

해설　할증률
① 각재 : 5%　② 일반용 합판 : 3%
③ 잔디 : 10%　④ 경계블록 : 3%

6과목　조경관리론

101. 수목 유지관리 중 정자(training)·전정(pruning)의 목적에 따른 분류가 가장 부적합한 것은?

① 갱신을 위한 전정 : 소나무
② 조형을 위한 전정 : 향나무
③ 생장조정을 위한 전정 : 묘목
④ 개화결실의 촉진을 위한 전정 : 매화나무

해설　① 갱신을 위한 전정 : 팽나무

102. 조경현장의 근로자가 경련(발작)을 할 때 응급처치 방법으로 옳지 않은 것은?

① 발작이 멈출 때까지 환자를 안전하게 보호해야 한다.
② 환자의 치아 사이로 어떠한 물체도 끼우면 아니 된다.
③ 우선 환자를 붙잡아 2차 상해방지와 경련(발작)이 조기에 진정될 수 있도록 한다.
④ 환자에게 먹을 거나 마실 것을 줘서는 안 되지만 환자가 당뇨병 환자라면 환자의 혀 아래 각설탕을 넣는 것은 가능하다.

Answer　97. ②　98. ③　99. ①　100. ③　101. ①　102. ③

103. 다음 식물의 병·충해 방제 방법이 생태계에 가장 치명적인 해를 주는 것은?

① 기계적 방법에 의한 방제
② 생물적 방법에 의한 방제
③ 재배적 방법에 의한 방제
④ 화학적 방법에 의한 방제

해설 ④ 화학적 방법에 의한 방제 : 농약 사용

104. 이식에 적합한 조경수의 상태로 가장 거리가 먼 것은?

① 뿌리가 되도록 무성하게 많이 꼬인 수목
② 겨울철에 동아가 가지마다 뚜렷한 수목
③ 성숙 잎의 색이 짙은 녹색이며, 크고 촘촘히 달린 수목
④ 골격지가 적절한 간격의 4방향으로 균형 있게 뻗은 수목

105. 다음 중 미량원소(micro element)로만 구성된 것은?

① Fe, Mg, S, Mo, Cl
② Fe, B, Zn, Mo, Mn
③ Fe, Si, Cu, S, Cl
④ Fe, Ca, Cu, Mo, B

해설 식물 생육에 필요한 원소
- 다량원소 : N, P, K, Ca, Mg, S
- 미량원소 : Mn, Zn, B, Cu, Fe, Mo, Cl

106. 공정관리를 위한 횡선식 공정표 중 현장 기사들이 주로 사용하고 있으면서 작업소요일수가 명확하게 표시되어 있는 공정표는?

① 절선공정표
② 열기식 공정표
③ 바 차트(Bar Chart)
④ 네트워크 공정표

107. 시설물에 따른 점검 빈도가 적합하지 않은 것은?

① 많은 비가 내린 후 유입토사에 의해 우수배수관의 막힘, 배수 불량 부분의 점검 : 필요 시마다
② 관 내에 지하수, 오수 등 침입의 유무 및 관내의 흐름 상태를 점검 : 1회/2년
③ U형 측구, V형 배수로 등의 지반 침하가 현저하거나 역구배 및 파손된 장소의 유무 점검 : 1회/6개월
④ 운동장 표층의 파손상태, 물웅덩이, 표층의 안정 상태 점검 : 1회/6개월

108. 잡초가 발아하기 전에 지표면에 약제를 살포하여 잡초종자를 발아하지 못하게 하거나 발아 직후 어린식물의 생육을 멈추게 하는 제초제를 무엇이라 하는가?

① 선택성 제초제
② 토양처리 제초제
③ 경엽처리 제초제
④ 비선택성 제초제

109. 다음 중 토성별 단위 g당 토양의 공극량(%)이 가장 큰 것은?

① 사토
② 사양토
③ 미사질 양토
④ 식토

110. 토양 pH가 높을 때 식물에 의한 흡수가 가장 어려운 성분은?

① Mo
② Fe
③ Ca
④ S

111. 작업자가 업무에 기인하여 사망, 부상 또는 질병에 이환되지 않는 "무재해" 이념의 3원칙에 해당하지 않는 것은?

① 무(Zero)의 원칙
② 선취의 원칙
③ 관리의 원칙
④ 참가의 원칙

Answer 103. ④ 104. ① 105. ② 106. ③ 107. ② 108. ② 109. ④ 110. ② 111. ③

112. 골프장 잔디의 관수와 관련된 설명이 옳은 것은?

① 가능한 한 심층관수 하되 자주하지 않는다.
② 기상조건에 관계없이 관개계획을 수립한다.
③ 관수 소모량의 120%를 관수하여 위조를 막는다.
④ 실린지(Syringe) 효과를 위해 잔디와 토양이 모두 충분히 젖도록 살수한다.

113. 도시공원녹지(U)와 자연공원(N) 관리특성상 가장 큰 차이점은?

① U는 자원의 보전보다는 이용자의 레크리에이션 요구도에 집착한다.
② U는 이용관리적 측면이, N은 시설관리적 측면이 우선된다.
③ U는 안전하고 쾌적한 이용의 극대화를 목표로 하며 N은 상대적으로 자연자원의 보존이 고려되어야 한다.
④ 레크리에이션 경험의 창출을 위해 U와 N은 모두 서비스(service) 관리에 주력해야 한다.

114. 운영관리 계획에서 양적(量的)인 변화에 적합하지 않은 것은?

① 간이화장실의 증설량
② 고사목, 밀식지의 수목 제거
③ 이용자 증가에 따른 출입구의 임시 개설
④ 잔디블럭으로 포장된 주차공간의 도입

→해설 운영관리 계획-양적(量的)인 변화
ⓐ 부족이 예측되는 시설의 증설 : 출입구, 매점, 화장실, 음수대, 휴게시설 등
ⓑ 이용에 의한 손상이 생기는 시설의 보충 : 잔디, 벤치, 음수대, 울타리 등
ⓒ 내구연한이 된 각종 시설물
ⓓ 군식지의 생태적 조건변화에 따른 갱신

115. 품질관리(QC)의 목표로 가장 거리가 먼 것은?

① 자기개발
② 불량률의 감소
③ 고급품의 생산
④ 생산능률의 향상

116. 기주 범위가 가장 넓은 다범성 병균은?

① 녹병균
② 잎마름병균
③ 버즘나무 탄저병균
④ 아밀라리아뿌리썩음병균

→해설 다범성(polyxenic) 병균
① 기주범위가 넓어서 많은 종류의 식물을 침해하는 병원체
② 아밀라리아뿌리움병균, 근두암종병균, 흰빛날개무늬병균, 자주빛날개무늬병균, 잿빛곰팡이병균, 모잘록병균, 뿌리썩이선충 등

※ 단범성(한정성, monoxenic) 병균
① 특정한 식물만을 침해하는 병원체
② 잣나무털녹병균, 낙엽송잎떨림병균, 밤나무줄기마름병균 등

117. 탄질비가 20인 유기물의 탄소함량이 60%이면 질소함량은?

① 1.2%
② 3.0%
③ 8.0%
④ 12%

→해설 탄질율 = $\dfrac{C}{N} = \dfrac{60\%}{N} = 20$
∴ N=3.0%

118. 해충의 주화성(走化性)을 이용하는 약제는?

① 유인제
② 해독제
③ 훈연제
④ 생물농약

→해설 주화성 : 화학물질의 농도차가 자극이 되어 일어나는 주성으로 유기체가 화학적 자극에 반응해 일어나는

움직임을 말한다.
※ 유인제 : 해충 따위를 끌어들여 잡는데 쓰는 약제로, 곤충이 화학물질로 향하는 성질을 이용한 것

119. 조경 수목의 재해방지 대책을 위한 관리 작업에 해당하지 않는 것은?

① 침수 상습 지대는 수목 주위에 배수로를 설치해 준다.
② 태풍에 쓰러진(도복) 수목은 뿌리를 보호한 후 재활용을 위해 가을까지 그대로 둔다.
③ 강설 중이나 직후에는 수관에 쌓인 눈을 즉시 제거해 줌으로서 가지를 보호한다.
④ 태풍, 강풍의 예상시기에는 수목에 지주목이나 철선 등을 묶어 도복을 방지한다.

120. 멀칭(Mulching)의 효과에 해당되지 않는 것은?

① 토양수분 유지 ② 토양비옥도 증진
③ 토양구조 개선 ④ 토양 고결화 촉진

해설 멀칭의 효과
㉠ 토양수분 유지
㉡ 토양침식과 수분손실 방지
㉢ 토양 비옥도 증진
㉣ 잡초발생 억제
㉤ 토양 구조 개선
㉥ 토양 굳어짐 방지
㉦ 통행을 위한 지표면 개선
㉧ 갈라짐 방지
㉨ 토양 염분농도 조절
㉩ 토양온도 조절
㉪ 태양열 복사와 반사율 감소
㉫ 병충해 발생 억제
㉬ 겨울철 지표면 동결방지

Answer 119. ② 120. ④

2021년 조경기사 최근기출문제 (2021. 9. 12)

1과목 조경사

01. 브라질 리우데자네이루 코파카바나 해변의 프로메나드를 남미의 문양으로 조성한 조경가는?

① 프레데릭 로우 옴스테드(F. L. Olmsted)
② 카일리(Daniel urban Kiley)
③ 벌 막스(Roberto Burle Marx)
④ 바라간(Luis Barragan)

02. 영국 풍경식 정원 양식의 대표적인 정원인 Stowe Garden과 가장 거리가 먼 사람은?

① Charles Bridgeman
② William Kent
③ Humphry Repton
④ Lancelot Brown

 스토우가든(Stowe Garden)
: 찰스 브릿지맨(정원설계)·반브로프(반브러프, 건축) 설계 → 윌리엄 켄트·란셀롯 브라운 공동 수정 → 란셀롯 브라운 개조
③ Humphry Repton : 풍경식 정원의 완성

03. 다음 중 바로크식의 탄생에 가장 큰 영향력을 미친 수법은?

① Raffaelo의 수법
② Michelangelo의 수법
③ Medici家의 인본주의 수법
④ Bramante의 노단 건축식 수법

 ② Michelangelo의 Piazza Campidoglio 광장 – 바로크 양식 시작

04. 삼국시대의 대표적인 궁궐을 올바르게 연결한 것은?

① 고구려–국내성
② 백제–안학궁
③ 신라–한산성
④ 백제–월성

해설 ① 고구려–국내성
② 고구려–안학궁
③ 백제–한산성
④ 신라–월성

05. 한국의 거석문화를 설명한 것 가운데 적절하지 못한 것은?

① 선돌은 전국적으로 분포한다.
② 고인돌은 신석기시대 때 발달한 분묘이다.
③ 고인돌의 양식은 북방식과 남방식이 있다.
④ 선돌은 종교적 의미를 가진 원시 기념물이다.

해설 ② 고인돌은 청동기시대 때 발달한 분묘이다.

※ 선돌(멘히르, menhir)
  ① 청동기 시대
  ② 거대한 자연력의 체현물로 여겨온 암석·바위 등을 숭배해서 세운 일종의 종교적 의미를 가진 원시 기념구조물
  ③ 땅 위에 세운 굵은 돌기둥과 같이 생김
  ④ 높이는 수십 cm에서 수십 m에 이르기까지 다양, 하나씩 또는 수십 개를 줄지워 세움
  ⑤ 우리나라에 널리 분포

※ 고인돌(지석묘, 돌멘, dolmen)
  ① 청동기 시대
  ② 우리나라 동북부 일부를 제외한 전역에 걸쳐 분포
  ③ 형식 : 북방식, 남방식
  ④ 북방식 : 형체가 크며, 4개의 두꺼운 판돌을 세워 돌방을 만들고, 그 위에 넓고 두꺼운 돌을 덮어 완성한 무덤

Answer 01. ③ 02. ③ 03. ② 04. ① 05. ②

06. 아고라(Agora)의 기능과 가장 거리가 먼 것은?

① 토론　　　② 시장
③ 선거　　　④ 전시회

> 해설　아고라(Agora) : 고대 그리스, 최초의 도시 광장

07. 르네상스 시대의 조경양식에 영향을 미친 예술사조의 순서가 맞게 기술된 것은?

① 매너리즘 → 바로크 → 고전주의
② 바로크 → 고전주의 → 매너리즘
③ 고전주의 → 매너리즘 → 바로크
④ 바로크 → 매너리즘 → 고전주의

08. 세계에서 가장 오래된 조경유적이라고 하는 델엘바하리 신전과 관계없는 것은?

① 핫셉수트 여왕　　　② 태양신 아몬
③ 향목(insence tree)　　　④ 시누헤 이야기

> 해설　④ 시누헤 이야기 : 고대 그리스, 사자의 정원
> ※ 델엘바하리 신전 : 핫셉수트 여왕의 장제신전으로 현존하는 세계 최고의 정원유적이다. 태양신인 아몬 신전으로 건축가 센누트가 설계하였다. 아몬의 계시에 의해 향목을 수입하여 식재하였다.

09. 문헌상에 기록으로 나타난 고려 예종 때 궁궐에 설치된 화원(花園)에 대한 설명으로 틀린 것은?

① 송나라 상인으로부터 화훼를 구입하였다.
② 궁의 남, 서쪽 2군데 설치하였다.
③ 담장으로 둘러싸인 공간이다.
④ 누각과 연못을 만들어 감상하였다.

10. 다음 조경가와 작품의 연결이 옳은 것은?

① 조셉 펙스톤 – 버컨헤드 공원
② 몽빌남작 – 히드 코트 영지
③ 메이저 로렌스 존스톤 – 레츠 광야
④ 윌리엄 챔버 – 테라스 가든

> 해설　① 조셉 펙스톤 – 버컨헤드 공원
> ② 몽빌남작 – 레츠 광야
> ③ 메이저 로렌스 존스톤 – 히드 코트 영지
> ④ 윌리엄 챔버 – 큐 가든

11. 고려시대의 조경에 관한 설명으로 옳지 않은 것은?

① 수창궁 북원에는 내시 윤언문이 괴석으로 쌓은 가산과 만수정이 있었다.
② 태평정경원에는 옥돌로 쌓아 올린 환희대와 미성대가 있고, 괴석으로 쌓은 가산이 있었다.
③ 기홍수의 퇴식재경원에는 방지인 연의지가 있고 척서정과 녹균헌과 같은 건축물이 있었다.
④ 수다사의 하지나 문수원(청평사)의 남지(영지)는 모두 네모 형태이다.

> 해설　문수원의 남지는 사다리꼴의 장방형지이다.

12. 강한 축선은 없으나 노단과 캐스케이드 등이 이탈리아 르네상스 시대의 빌라정원에 영향을 준 것은?

① 타지마할　　　② 알카자르
③ 알함브라　　　④ 헤네랄리페

13. 건륭화원(乾隆花園)의 설명으로 맞는 것은?

① 3개의 단으로 이루어진 전통적 계단식 경원이다.
② 제1단은 석가산을 이용하여 자연의 웅장함을 갖게 하였다.
③ 제2단은 인공 연못을 조성하여 심산유곡을 상징화 하였다.
④ 제3단은 석가산위에 팔각문이 달린 죽향관을 세웠다.

> 해설　건륭화원 – 계단식 경원 : 5개의 단
> ① 제1단 : 석가산, 5개의 정재(힐방정, 유제, 구정, 계

상정, 육휘정) 배치
② 제2단 : 수초당(遂初當) 중심, 삼합원(三合院), 회랑 안에 꽃나무 배치
③ 제3단 : 산석을 배치하여 심산(深山)의 느낌, 췌상루(萃賞樓)
④ 제4단 : 2층 건물인 부망각(符望閣)
⑤ 제5단 : 석가산 위 팔각문이 달린 죽향관(竹香館)

③ 조경직과 도시계획 전문직 분리
④ 도시계획·지역계획에 대한 조경의 영향 감소
⑤ 도시를 외견상 아름답게 갖추기 위해 중산층 표준에 맞춰 시각적 취향을 통일시키고 일반화시키려 함
⑥ 유럽 도시사례에 너무 의존
⑦ 영향력 있는 부유층 주관에 좌우

14. 도시조경과 여가활동을 목적으로 독일의 "루드비히 레서"가 제안한 것은?

① 폴크스파르크
② 분구원
③ 도시림
④ 전원풍경

해설
① 폴크스파르크 : 루드비히 레서
② 분구원 : 슈레베르
③ 도시림 : 후생복지 기능

17. 다음 설명과 일치하는 일본정원의 양식은?

불교 선종의 수행방법 중의 하나인 차를 마시는 법의 영향을 받았으며, 제한된 공간 속에 산골의 정서를 담고자 하여 비석(飛石), 수통(水樋), 마른 소나무 잎, 석등·석탑이 구성 요소이다.

① 다정(茶庭) 양식
② 고산수(枯山水) 양식
③ 침전조(寢殿造) 양식
④ 회유식(回遊式) 양식

15. 지형의 고저차를 이용하여 옹벽 겸 화단을 겸하게 한 한국 전통 조경의 대표적 구조물은?

① 취병
② 화오
③ 화계
④ 절화

해설
① 취병 : 꽃나무를 심고 가지를 틀어 올려서 문이나 병풍처럼 꾸민 것으로 시선을 가리거나 공간의 깊이를 더하는 요소
② 화오 : 낮은 둔덕의 꽃밭

18. 강호(에도)시대 이도헌추리의 "축산정조전 후편"에서 밝힌 정원 형식이 아닌 것은?

① 축산
② 계간
③ 평정
④ 노지정

19. 우리나라 최초의 정원에 관한 기록이 실린 서적 명칭은?

① 대동사강
② 삼국사기
③ 삼국유사
④ 산림경제

16. 도시미화운동(City Beautiful Movement)이 부진했던 가장 큰 이유는?

① 많은 도심 축과 녹음도로의 설치
② 지나치게 웅장하고 고전적인 건물군 계획
③ 도심지 재개발에 대한 주민의 반발
④ 장식수단에 의존한 획일화된 연출

해설 도시미화운동의 문제점
① 미에 대한 인식의 오류 : 도시 미화운동이 도시 개선과 장식의 수단으로 사용
② 절충식 디자인 지배적

20. 석재 점경물의 명칭과 용도가 틀린 것은?

① 석분(石盆) - 괴석을 받치는 작은 돌그릇
② 석가산(石假山) - 인공석을 쌓아 산을 표현
③ 대석(臺石) - 해시계, 화분 등의 받침돌
④ 석연지(石蓮池) - 넓고 두터운 돌을 큰 수조처럼 다듬어 작은 연지, 어항으로 사용

Answer 14. ① 15. ③ 16. ④ 17. ① 18. ② 19. ① 20. ②

2과목 조경계획

21. 다음에 해당하는 용도지역의 녹지지역은?

> 도시의 녹지공간의 확보, 도시확산의 방지, 장래 도시용지의 공급 등을 위하여 보전할 필요가 있는 지역으로서 불가피한 경우에 한하여 제한적인 개발이 허용되는 지역

① 공원녹지지역 ② 보전녹지지역
③ 생산녹지지역 ④ 자연녹지지역

해설 ② 보전녹지지역 : 도시의 자연환경·경관·산림 및 녹지공간을 보전할 필요가 있는 지역
③ 생산녹지지역 : 주로 농업적 생산을 위하여 개발을 유보할 필요가 있는 지역

22. 조경계획, 생태계획, 환경계획의 과정에서 생태학적 원리와 생태계의 이론을 응용하고, 생태적 관심을 정책결정에 반영할 수 있는 접근방법이 아닌 것은?

① 환경영향평가
② 토지가격의 분석
③ 생태계 구성 요소 간 상호관계 파악
④ 환경의 기능과 서비스의 화폐가치 환산

23. 뉴먼(Newman)은 주거단지 계획에서 환경심리학적 연구를 응용하여 범죄 발생률을 줄이고자 하였다. 뉴먼이 적용한 가장 중요한 개념은?

① 혼잡성(crowding)
② 프라이버시(privacy)
③ 영역성(territoriality)
④ 개인적 공간(personal space)

해설 뉴먼(Newman)의 영역성
㉠ 영역의 개념을 옥외 공간 설계에 응용
㉡ 아파트에서 범죄 발생률이 높은 이유 : 1차 영역만 존재하고 2차 영역이 없기에 중정, 문주, 벽, 담장을 만들었음

24. 다음 중 조경계획 진행시 인문·사회환경 조사항목이 아닌 것은?

① 식생 ② 교통
③ 토지이용 ④ 역사적 유물

해설 ① 식생 : 자연환경조사 항목
※ 조경계획 시 인문·사회환경 조사 항목
: 인구, 토지이용, 교통, 시설물, 역사적 유물, 인간행태

25. E. Howard에 의해 창안된 전원도시의 구성 조건이 아닌 것은?

① 도시의 계획인구는 3~5만 정도로 제한
② 주변 도시와 연계한 전기, 철도 등의 기반시설을 유입하여 공유자원으로 활용
③ 도시의 주위에 넓은 농업지대를 포함하여 도시의 물리적 확장을 방지하고 중심지역은 충분한 공지를 보유
④ 도시성장과 번영에 의한 개발이익의 일부는 환수하며 계획의 철저한 보존을 위해 토지를 영구히 공유화

26. 경부고속도로와 중앙고속도로가 서로 교차하는 고속도로 분기점에 가장 이상적인 형태는?

① 클로버형 ② 트럼펫형
③ 다이아몬드형 ④ 직결 Y형

27. 「도시공원 및 녹지 등에 관한 법률」상 녹지를 그 기능에 따라 세분하고 있는데, 그 분류에 해당하지 않는 것은?

① 완충녹지 ② 연결녹지
③ 경관녹지 ④ 보완녹지

해설 녹지의 세분
① 완충녹지 : 대기오염, 소음, 진동, 악취, 그 밖에 이에 준하는 공해와 각종 사고나 자연재해, 그 밖에 이에 준하는 재해 등의 방지를 위하여 설치하는 녹

Answer 21. ④ 22. ② 23. ③ 24. ① 25. ② 26. ① 27. ④

지
② 연결녹지 : 도시 안의 공원, 하천, 산지 등을 유기적으로 연결하고 도시민에게 산책공간의 역할을 하는 등 여가·휴식을 제공하는 선형의 녹지
③ 경관녹지 : 도시의 자연적 환경을 보전하거나 이를 개선하고 이미 자연이 훼손된 지역을 복원·개선함으로써 도시경관을 향상시키기 위하여 설치하는 녹지

28. 다음 설명에 해당하는 표지판의 종류는?

- 공원 내 시야가 막히거나 동선이 급변하는 지점에 설치하고 세계적 공용문자를 사용
- 개별단위의 시설물이나 목표물의 방향 또는 위치에 관한 정보를 제공하여 목적하는 시설 또는 방향으로 안내하는 시설

① 안내표지   ② 해설표지
③ 유도표지   ④ 주의표지

해설 표지판의 유형
① 유도표지 : 대상지 및 시설물이 위치한 장소의 방향·거리
② 안내표지 : 대상지에 대한 관광·이용시설 및 이용방법
③ 해설표지 : 문화재 설명
④ 도로표지 : 도로 설명

29. 「도시 및 주거환경정비법」에서 정비사업으로 포함되지 않는 것은?

① 재개발사업   ② 재건축사업
③ 주거환경개선사업   ④ 공공시설정비사업

해설 정비사업 - 「도시 및 주거환경정비법」
도시기능을 회복하기 위하여 정비구역에서 정비기반시설을 정비하거나 주택 등 건축물을 개량 또는 건설하는 다음 각 목의 사업
① 주거환경개선사업 : 도시저소득 주민이 집단거주하는 지역으로서 정비기반시설이 극히 열악하고 노후·불량건축물이 과도하게 밀집한 지역의 주거환경을 개선하거나 단독주택 및 다세대주택이 밀집한 지역에서 정비기반시설과 공동이용시설 확충을 통하여 주거환경을 보전·정비·개량하기 위한 사업
② 재개발사업 : 정비기반시설이 열악하고 노후·불량건축물이 밀집한 지역에서 주거환경을 개선하거나 상업지역·공업지역 등에서 도시기능의 회복 및 상권활성화 등을 위하여 도시환경을 개선하기 위한 사업
③ 재건축사업 : 정비기반시설은 양호하나 노후·불량건축물에 해당하는 공동주택이 밀집한 지역에서 주거환경을 개선하기 위한 사업

30. 환경용량(Environmental Capacity)의 개념을 설명한 것 중 가장 거리가 먼 것은?

① 성장의 한계를 우선적으로 전제한다.
② 재생가능한 자연자원이 지탱할 수 있는 유기체의 최대 규모를 말한다.
③ 비가역적인 손상을 자연시스템에게 가하는 인간 활동의 한계를 의미한다.
④ 다른 조건이 동일하다면 더 넓고 자연자원이 적을수록 더 큰 환경용량을 가진다.

31. 주택의 배치 시 쿨데삭(Cul-de-sac) 도로에 의해 나타나는 특징이 아닌 것은?

① 주택이 마당과 같은 공간을 둘러싸는 형태로 배치된다.
② 주민들 간의 사회적인 친밀성을 높일 수 있다.
③ 통과교통이 출입하지 않으므로 안전하고 조용한 분위기를 만들 수 있다.
④ 보행 동선의 확보가 어렵고, 연속된 녹지를 확보하기 어려운 단점이 있다.

32. 「도시공원 및 녹지 등에 관한 법률」상 도시공원 안에 설치할 수 있는 공원시설의 부지면적은 당해 도시공원의 면적에 대한 비율로 규정하고 있는데 그 기준이 틀린 것은?

① 어린이공원 : 100분의 60 이하

Answer 28. ③ 29. ④ 30. ④ 31. ④ 32. ②

② 근린공원 : 100분의 30 이하
③ 묘지공원 : 100분의 20 이상
④ 체육공원 : 100분의 50 이하

해설 도시공원 안 공원시설 부지면적기준

공원구분		공원 시설 부지 면적
생활권 공원	소공원	20% 이하
	어린이공원	60% 이하
	근린공원	40% 이하
주제 공원	역사공원	제한없음
	문화공원	제한없음
	수변공원	40% 이하
	묘지공원	20% 이상
	체육공원	50% 이하
	도시농업공원	40% 이하
	특별시·광역시 또는 도의 조례가 정하는 공원	제한없음

33. 테니스장 계획 설계의 내용 중 ( ) 안에 적합한 것은?

> 테니스장의 코트 장축의 방위는 ( ) 방향을 기준으로 5~15° 편차 내의 범위로 하며, 가능하면 코트의 장축 방향과 주 풍향의 방향이 일치하도록 계획한다.

① 정동-서
② 남동-남서
③ 북서-남동
④ 정남-북

34. 생태 네트워크 계획에서 고려할 주요 사항과 가장 거리가 먼 것은?

① 환경학습의 장으로서 녹지 활용
② 경제효과를 기대할 수 있는 녹지 공간 구상
③ 생물의 생식·생육공간이 되는 녹지의 확보
④ 생물의 생식·생육공간이 되는 녹지의 생태적 기능의 향상

35. 「자연공원법」상 용도지구를 자연보존 요구도의 크기로 구분할 때 공원자연보존지구와 공원마을지구의 중간에 위치하는 지구는?

① 공원특별보호지역
② 공원자연환경지구
③ 공원자생생태지구
④ 공원자연경관지구

해설 자연공원의 용도지구
① 공원자연보존지구 : 특별히 보호할 필요가 있는 지역
  가. 생물다양성이 특히 풍부한 곳
  나. 자연생태계가 원시성을 지니고 있는 곳
  다. 특별히 보호할 가치가 높은 야생 동식물이 살고 있는 곳
  라. 경관이 특히 아름다운 곳
② 공원자연환경지구 : 공원자연보존지구의 완충공간으로 보전할 필요가 있는 지역
③ 공원마을지구 : 마을이 형성된 지역으로서 주민생활을 유지하는 데에 필요한 지역
④ 공원문화유산지구 : 「문화재보호법」에 따른 지정문화재를 보유한 사찰과 전통사찰보존지 중 문화재의 보전에 필요하거나 불사에 필요한 시설을 설치하고자 하는 지역

36. 다음 중 옥상조경 계획 시 반드시 고려해야 할 사항이라고 볼 수 없는 것은?

① 미기후의 변화
② 유출토사 퇴적량
③ 지반의 구조 및 강도
④ 구조체의 방수 및 배수

37. 조경계획의 설명으로 옳지 않은 것은?

① 부지 이용의 경제적 측면을 주로 강조한다.
② 도면중첩법을 활용하여 토지 적합성을 판단한다.
③ 계획부지의 적절한 이용을 제시하거나, 계획된 이용에 적합한 부지를 판단한다.
④ 대단위 부지를 체계적으로 연구하며, 자연과학적, 생태학적 측면을 강조하고, 시각적 쾌적성을 고려한다.

Answer 33. ④ 34. ② 35. ② 36. ② 37. ①

38. 이용 후 평가(post occupancy evaluation)의 설명으로 옳지 않은 것은?

① 대상지의 시공 전 환경영향 분석에 관한 설명이다.
② 설계프로그램을 위한 과학적 자료를 제공한다.
③ 과거의 경험을 새로운 프로젝트에 반영시키기 위한 방법이다.
④ 주로 이용자의 행태에 적합하게 설계되었는가를 분석한다.

해설 ① 대상지의 시공 후 분석에 관한 설명이다.

39. 「자연공원법」상 "공원자연보존지구"를 지정하는 이유가 되지 못하는 것은?

① 경관이 특히 아름다운 곳
② 생물다양성이 특히 풍부한 곳
③ 특별히 보호할 가치가 높은 야생 동식물이 살고 있는 곳
④ 보존대상 주변에 완충공간으로 보전할 필요가 있는 곳

해설 자연공원의 공원자연보존지구
① 생물다양성이 특히 풍부한
② 자연생태계가 원시성을 지니고 있는 곳
③ 특별히 보호할 가치가 높은 야생 동식물이 살고 있는 곳
④ 경관이 특히 아름다운 곳

40. 도시계획시설로 분류되지 않는 것은? (단, 도시·군계획시설의 결정·구조 및 설치기준에 관한 규칙을 적용한다.)

① 교통시설   ② 방재시설
③ 주거시설   ④ 공공·문화체육시설

해설 도시계획시설의 분류 – 「도시·군계획시설의 결정·구조 및 설치기준에 관한 규칙」
: 교통시설, 공간시설, 유통 및 공급시설, 공공·문화체육시설, 방재시설, 보건위생시설, 환경기초시설

3과목 조경설계

41. 장애인 등의 통행이 가능한 접근로를 설계하고자 할 때 기준으로 틀린 것은? (단, 장애인·노인·임산부 등의 편의증진 보장에 관한 법률 시행규칙을 적용한다.)

① 보행장애물인 가로수는 지면에서 2.1m까지 가지치기를 하여야 한다.
② 접근로의 기울기는 10분의 1 이하로 하여야 한다.
③ 휠체어사용자가 통행할 수 있도록 접근로의 유효폭은 1.2m 이상으로 하여야 한다.
④ 접근로와 차도의 경계부분에는 연석·울타리 기타 차도와 분리할 수 있는 공작물을 설치하여야 한다.

해설 ② 접근로의 기울기는 18분의 1 이하로 하여야 한다.

42. 해가 지고 주위가 어둑어둑 해질 무렵 낮에 화사하게 보이던 빨간 꽃은 거무스름해져 어둡게 보이고, 그 대신 연한 파랑이나 초록의 물체들이 밝게 보이는 현상을 무엇이라고 하는가?

① 푸르킨예 현상   ② 하만그리드 현상
③ 애브니 효과 현상   ④ 베졸드 브뤼케 현상

43. 조경설계기준상의 "놀이시설" 설계로 옳지 않은 것은?

① 안전거리는 놀이시설 이용에 필요한 시설 주위 이격거리를 말한다.
② 안전접근 높이는 어린이가 비정상적인 방법으로만 오를 수 있는 가장 높은 위치를 말한다.
③ 놀이공간 안에서 어린이의 놀이와 보행동선이 충돌하지 않도록 주보행동선에는 시설물을 배치하지 않는다.
④ 그네 등 동적인 놀이시설 주위로 3.0m 이상, 시소 등의 정적인 놀이시설 주위로 2.0m 이상의 이용공간을

Answer   38. ①   39. ④   40. ③   41. ②   42. ①   43. ②

확보하며, 시설물의 이용 공간은 서로 겹치지 않도록 한다.

해설 최고 접근높이 : 정상적 또는 비정상적인 방법으로 어린이가 오를 수 있는 놀이시설의 가장 높은 높이

44. 미기후(micro climate)의 설명으로 옳지 않은 것은?

① 도심은 교외보다 기온이 높다.
② 우리나라는 여름에 남풍이 주로 분다.
③ 북사면은 남사면보다 눈이 오래 남는다.
④ 남향건물의 뒤쪽은 그림자 때문에 일조량이 적다.

45. 심근성 교목의 A~E 중 B에 해당하는 값은?

식물종류 토심	심근성 교목	
생존최소 토심(cm)	인공토	A
	자연토	B
	혼합토(인공토 50% 기준)	C
생육최소 토심(cm)	토양등급 중급 이상	D
	토양등급 상급 이상	E

① 45 ② 60
③ 90 ④ 150

해설 식물의 생육토심

식물의 종류	생존 최소 토심(cm)			생육 최소 토심(cm)		배수층 두께 (cm)
	인공토	자연토	혼합토 (인공토 50%기준)	토양등급 중급이상	토양등급 상급이상	
잔디, 초화류	10	15	13	30	25	10
소관목	20	30	25	45	40	15
대관목	30	45	38	60	50	20
천근성 교목	40	60	50	90	70	30
심근성 교목	60	90	75	150	100	30

46. 조경설계기준상 게이트볼장의 설계와 관련된 내용 중 거리가 먼 것은?

① 경기라인 밖으로 2m의 규제라인을 긋는다.
② 라인이란 경계를 표시한 실선의 바깥쪽을 말한다.
③ 게이트는 코트 안의 세 곳에 설치하되 높이는 지면에서 20cm로 한다.
④ 코트의 면은 평활하고 균일한 면을 가지고 있어야 하나, 옥외 코트는 0.5%까지의 기울기를 둔다.

해설 ① 경기라인 밖으로 1m의 규제라인을 긋는다.

47. 그림과 같이 3각법으로 정투상한 도면에서 A에 해당하는 수치는?

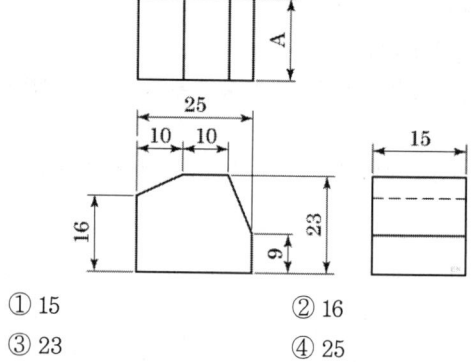

① 15 ② 16
③ 23 ④ 25

48. 「생태숲」이란 자생식물의 현지 내 보전기능을 강화하고, 특산식물의 자원화 촉진과 숲 복원기법 개발 등 산림생태계에 대한 연구를 위하여 생태적으로 안정된 숲을 말한다. 다음 중 생태숲은 얼마 이상인 산림을 대상으로 지정할 수 있는가? (단, 예외 사항은 적용하지 않는다.)

① 30만 제곱미터 ② 50만 제곱미터
③ 80만 제곱미터 ④ 100만 제곱미터

49. 다음의 설명에 적합한 용어는?

자연지역에 형성되는 경관으로서 자연적 요소를 배경으로 인공적 요소가 침입하는 경관이다. 인공적 요소의 규모 및

형태에 따라 경관훼손 정도가 결정되며 대부분의 경우 인공구조물의 침입은 경관의 질을 저하시킨다. 따라서 자연경관 보전노력이 가장 많이 필요하다.

① 순수한 자연경관   ② 반자연경관
③ 반인공경관   ④ 인공경관

50. 도면을 제도할 때 2종류 이상의 선이 같은 장소에 겹치게 될 경우 우선 순위로 먼저 그려야 되는 선의 종류는?

① 중심선   ② 치수보조선
③ 절단선   ④ 외형선

해설) 우선 순위로 먼저 그려야 되는 선
: 외형선-숨은선-절단선-중심선

51. 다음 중 치수의 기입, 가공 방법 및 기타의 주의사항 등을 기입하기 위하여 도면의 도형에서 빼내 표시하는 선은?

① 치수선   ② 절단선
③ 가상선   ④ 지시선

52. 그림과 같은 정투상도(정면도와 평면도)를 보고 우측면도로 가장 적합한 것은?

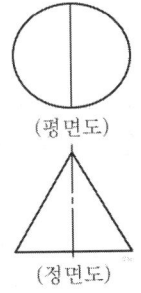

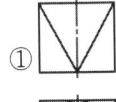 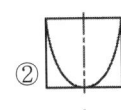
 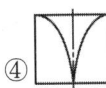

53. 전항에 전전항을 더하여 가는 수열(sequence)로서 황금비를 설명하는 것은?

① 조화수열   ② 등비수열
③ 펠의 수열   ④ 피보나치 수열

해설) ① 조화수열 : 각 항의 역수가 등차수열을 이루는 수열
예) 1, 1/2, 1/3, 1/4… 또는 1, 1/3, 1/5, 1/7, 1/9…
② 등비수열 : 첫 번째 항에 차례로 일정한 값을 곱하여 만들어진 수열
예) 1 : 2 : 4 : 8 : 16
④ 피보나치 수열 : 각각의 항이 그전 2항의 합과 같은 수열
예) 1, 2, 3, 5, 8, 13, 21…

54. 주택단지·공공건물·사적지·명승지·호텔 등의 정원에 설치하며, 정원의 아름다움을 밤에 선명하게 보여줌으로써 매력적인 분위기를 연출하는 「정원등」의 세부시설기준으로 틀린 것은?

① 광원이 노출될 때는 휘도를 낮춘다.
② 등주의 높이는 2m 이하로 설계·선정한다.
③ 숲이나 키 큰 식물을 비추고자 할 때에는 아래 방향으로 배광한다.
④ 야경의 중심이 되는 대상물의 조명은 주위보다 몇 배 높은 조도기준을 적용하여 중심감을 부여한다.

해설) ③ 숲이나 키 큰 식물을 비추고자 할 때에는 위 방향으로 배광한다.

55. 렐프(Relph)는 장소성을 설명하는 개념으로 내부성과 외부성을 거론한 바 있다. 다음 중 내부성과 관련하여 렐프가 제시한 유형에 해당하지 않는 것은?

① 직접적 내부성   ② 존재적 내부성
③ 감정적 내부성   ④ 행동적 내부성

해설) 렐프(Relph)의 장소성-내부성의 유형
: 간접적 내부성, 존재적 내부성, 감정적 내부성, 행동적 내부성

56. A2(420×594)제도 용지 도면을 묶지 않을 경우 도면에 테두리의 여백은 최소 얼마나 두어야 하는가?

① 5mm
② 10mm
③ 15mm
④ 20mm

57. 색의 3속성을 나타내는 색입체 표현이 맞는 그림은?

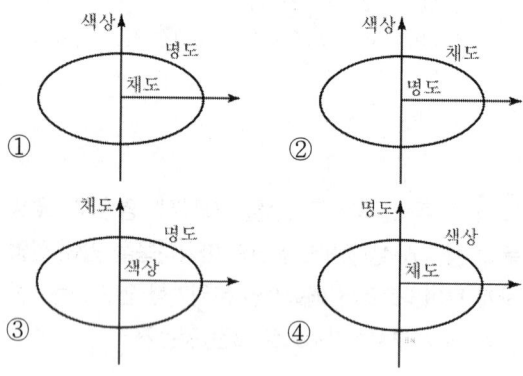

→해설 색의 3속성 : 색상, 명도, 채도

58. 다양한 구성 요소끼리 하나의 규칙으로 단일화시키는 원리는?

① 대비
② 통일
③ 연속
④ 반복

59. 경계석 설치 시 다음 중 그 기능이 가장 약한 것은?

① 차도와 보도 사이
② 차도와 식재지 사이
③ 자연석 디딤돌의 경계부
④ 유동성 포장재의 경계부

60. 자갈을 나타내는 재료 단면의 표시는?

→해설 ① 지면
② 물
④ 자갈

4과목 조경식재

61. 식생과 토양 간의 관계를 설명한 것 중 옳지 않은 것은?

① 배수불량의 원인은 주로 이층토의 접합부위에서 나타난다.
② 산중식(山中式) 토양경도계로 측정하여 토양경도지수가 18~23mm까지는 식물의 근계생장에 가장 적당하다.
③ 우리나라의 산림토양은 일반적으로 알칼리성에 해당하며, 식물의 생육에 적합한 토양산도는 pH 7.6~8.8의 범위이다.
④ 일반적으로 도시지역에 조성되는 식재지반의 경우 투수성이 나쁜 경우가 많다.

→해설 ③ 우리나라의 산림토양은 일반적으로 산성에 해당

62. 일반적인 방풍림에 있어서 방풍효과가 미치는 범위는 바람 아래쪽일 경우 수고(樹高)의 몇 배 거리 정도인가?

① 5~10배
② 15~20배
③ 25~30배
④ 35~40배

→해설 방풍효과가 미치는 범위
- 바람 위쪽 : 수고의 6~10배
- 바람 아래쪽 : 수고의 25~30배

63. 배롱나무(Lagerstroemia indica L.)의 특징으로 옳지 않은 것은?

① 두릅나무과(科)이다.
② 성상은 낙엽활엽교목이다.
③ 줄기는 매끈하고 무늬가 발달하였다.
④ 꽃은 원추화서로 8월 중순에서 9월 중순에 개화한다.

해설 ① 부처꽃과(科)이다.

64. 남부 해안지역에 식재할 수 있는 수종으로 가장 거리가 먼 것은?

① 곰솔(Pinus thunbergii)
② 동백나무(Camellia japonica)
③ 산수유(Cornus officinalis)
④ 후박나무(Machilus thunbergii)

해설 ③ 산수유(Cornus officinalis) : 중부지방 식재 수종

65. 온대지방 식생분포의 대국(大局)을 결정하는 데 가장 큰 영향을 미치는 환경 요인은?

① 기후요인과 최저온도
② 지형요인과 풍향
③ 토지요인과 강우량
④ 생물요인과 최고온도

66. 다음 중 낙엽활엽관목에 해당되는 수종은?

① 황매화(Kerria japonica)
② 송악(Hedera rhombea)
③ 모람(Ficus oxyphylla)
④ 남오미자(Kadsura japonica)

해설 ① 황매화(Kerria japonica) : 낙엽활엽관목
② 송악(Hedera rhombea) : 상록활엽만경목
③ 모람(Ficus oxyphylla) : 상록활엽만경목
④ 남오미자(Kadsura japonica) : 상록활엽만경목

67. 가로수의 목적 및 갖추어야 할 조건으로 옳지 않은 것은?

① 병·해충에 잘 견디고 쾌적감을 줄 것
② 도로의 미화를 위해 상록수일 것
③ 이식과 전지에 강한 수종일 것
④ 지역적, 역사적 특성과 향토성을 풍기고 공해에 잘 견딜 것

해설 ② 도로의 미화를 위해 낙엽수일 것

68. 아조변이 된 식물, 반입식물을 번식시키는 방법으로 적당하지 못한 것은?

① 삽목   ② 실생
③ 접목   ④ 취목

69. 그림과 같은 식재설계 시 경관목(景觀木)의 위치로 가장 적합한 것은?

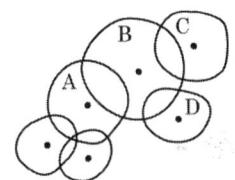

① A   ② B
③ C   ④ D

70. 다음 중 양수들로만 짝지어진 수목은?

① 낙엽송, 소나무, 자작나무
② 태산목, 구상나무, 꽝꽝나무
③ 개비자나무, 회양목, 팔손이
④ 독일가문비나무, 아왜나무, 미선나무

Answer 63. ① 64. ③ 65. ① 66. ① 67. ② 68. ② 69. ② 70. ①

71. 식생조사 및 분석에서 두 종의 종간관계를 유추하기 위하여 종간결합을 조사하는 과정을 순서에 맞게 나열한 것은?

A. x^2값을 계산한다.
B. 2×2분할표를 작성한다.
C. 양성, 음성 혹은 기회 결합인지 판단한다.
D. 알맞은 크기의 방형구를 100개 이상 설치하여 두 종의 존재 여부를 기록한다.

① B → A → D → C
② B → D → A → C
③ D → B → A → C
④ D → A → B → C

72. 다음 중 화재의 방지 또는 확산을 막거나 지연시킬 목적으로 식재하는 방화수종으로 가장 부적합한 것은?

① 동백나무(Camellia japonica)
② 굴거리나무(Daphniphyllum macropodum)
③ 사철나무(Euonymus japonicus)
④ 댕강나무(Abelia mosanensis)

해설 ① 동백나무(Camellia japonica) : 상록활엽교목
② 굴거리나무(Daphniphyllum macropodum) : 상록활엽교목
③ 사철나무(Euonymus japonicus) : 상록활엽관목
④ 댕강나무(Abelia mosanensis) : 낙엽활엽관목

73. 다음 중 과(family)가 다른 수종은?

① 금송
② 측백나무
③ 향나무
④ 노간주나무

해설 ① 금송 : 낙우송과
② 측백나무 : 측백나무과
③ 향나무 : 측백나무과
④ 노간주나무 : 측백나무과

74. 다음 특징에 해당하는 수종은?

- 전정을 싫어함
- 여름에 백색의 꽃이 핌
- 수피가 벗겨져 적갈색 얼룩무늬의 특색이 있음

① 노각나무(Stewartia pseudocamellia)
② 모과나무(Chaenomeles sinensis)
③ 채진목(Amelanchier asiatica)
④ 느릅나무(Ulmus davidiana var. japonica)

75. 다음 중 수도(數度, abundance)를 나타내는 식으로 옳은 것은?

① 조사한 총 면적 / 어떤 종의 총 개체수
② 어떤 종이 출현한 방형구 / 조사한 총 방형구 수
③ 어떤 종의 총 개체수 / 조사한 총 면적
④ 어떤 종의 총 개체수 / 어떤 종이 출현한 방형구 수

76. 다음 중 우리나라 특산수종이 아닌 것은?

① 구상나무
② 미선나무
③ 개느삼
④ 계수나무

해설 ① 구상나무 : 우리나라 특산수종
② 미선나무 : 우리나라 특산수종
③ 개느삼 : 우리나라 특산수종
④ 계수나무 : 일본 원산

77. 다음 특징에 해당되는 식물은?

- 잎이 장상복엽이다.
- 그늘시렁에 올려 사계절 녹음을 볼 수 있음

① 덩굴장미(Rosa multiflora var. platyphylla)
② 멀꿀(Stauntonia hexaphylla)
③ 등(Wisteria floribunda)
④ 으름덩굴(Akebia quinata)

해설 ① 덩굴장미(Rosa multiflora var. platyphylla) : 낙엽활엽만경목
② 멀꿀(Stauntonia hexaphylla) : 상록활엽만경목
③ 등(Wisteria floribunda) : 낙엽활엽만경목, 기수우상복엽

Answer 71. ③ 72. ④ 73. ① 74. ① 75. ④ 76. ④ 77. ②

④ 으름덩굴(Akebia quinata) : 낙엽활엽만경목, 장상복엽

78. 온대성 화목류의 개화에 대한 설명 중 틀린 것은?

① 꽃눈(화아, 花芽)은 보통 개화 전년에 형성된다.
② 대체로 단일이 되면 생장이 중지되었다가 장일이 되면서 생육하며 개화한다.
③ 꽃눈(화아, 花芽)이 저온에 노출되면 정상적으로 생육하지 못한다.
④ 생육과 개화는 auxin이나 gibberellin 물질의 증가 및 활성화와 밀접하다.

79. 3그루 나무를 배식 단위로 식재할 때 가장 자연스러운 처리 방법은?

① 동일한 선상(線上)에 놓여야 한다.
② 3그루 수목은 수종과 형태가 동일해야 한다.
③ 식재지점을 연결한 형태가 정삼각형이 되어야 한다.
④ 식재지점을 연결했을 때 부등변삼각형이 되어야 한다.

80. 목련(Magnolia kobus)의 특징으로 옳은 것은?

① 중국이 원산임
② 꽃이 밑으로 향함
③ 꽃잎은 6~9장임
④ 꽃보다 잎이 먼저 나옴

해설 목련(Magnolia kobus)
① 원산지 : 한국
② 꽃이 위를 향함
③ 꽃잎 : 6~9장
④ 잎보다 꽃이 먼저 나옴

5과목 조경시공구조학

81. 벽돌 담장 시공의 주의사항으로 틀린 것은?

① 하루쌓기 높이는 1.2m(18켜 정도)를 표준으로 한다.
② 세로 줄눈은 특별히 정한 바가 없는 한 신속한 시공을 위해 통줄눈이 되도록 한다.
③ 모르타르는 사용할 때 마다 물을 부어 반죽하여 곧 쓰도록 하고, 경화되기 시작한 것은 사용하지 않는다.
④ 줄눈은 가로는 벽돌담장 규준틀에 수평실을 치고, 세로는 다림추로 일직선상에 오도록 한다.

해설 ② 세로 줄눈은 특별히 정한 바가 없는 한 막힌줄눈이 되도록 한다.

82. 다음 그림의 면적을 심프슨(simpson) 제1법칙을 이용하여 구하면 얼마인가?

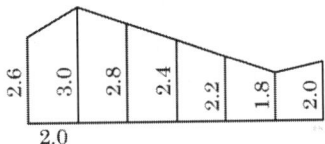

① 28.93m²
② 29.00m²
③ 29.10m²
④ 29.17m²

해설 심프슨 제1법칙

$$V = \frac{d}{3} \times \{y_1 + (4 \times \Sigma \text{짝수면 높이}) + (2 \times \Sigma \text{홀수면 높이}) + y_n\}$$

$$V = \frac{2.0m}{3} \times [2.6m + \{4 \times (3.0m + 2.4m + 1.8m)\} + \{2 \times (2.8m + 2.2m)\} + 2.0m]$$

$$= 28.93m^2$$

Answer 78. ③ 79. ④ 80. ③ 81. ② 82. ①

83. 평탄면의 마감높이를 평탄면이 지나지 않는 가장 높은 등고선보다 조금 높게 정하여 평탄면을 통과하는 등고선보다 낮은 방향으로 그 지역을 둘러싸도록 등고선을 조작하는 평탄면 조성 방법은?

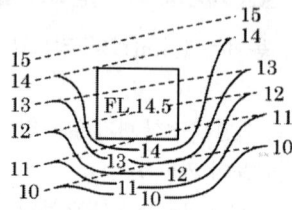

① 절토에 의한 방법
② 성토에 의한 방법
③ 성·절토에 의한 방법
④ 옹벽에 의한 방법

→해설 ① 절토에 의한 방법 : 평탄면을 통과하는 등고선보다 높은 방향으로 그 지역을 둘러싸도록 등고선을 조작하는 평탄면 조성 방법

84. 적산 시 적용하는 품셈의 금액의 단위 표준에 관한 내용으로 잘못 표기된 것은?

① '설계서의 총액'은 1000원 이하는 버린다.
② '설계서의 소계'는 100원 이하는 버린다.
③ '설계서의 금액란'에서는 1원 미만은 버린다.
④ '일위대가표의 금액란'은 0.1원 미만은 버린다.

→해설 품셈의 금액 단위표준

종목	단위	지위	비고
설계서의 총계	원	1,000	이하 버림(단, 만원 이하일 때 100원까지)
설계서의 소계	원	1	미만 버림
설계서의 금액	원	1	미만 버림
일위대가표의 총계	원	1	미만 버림
일위대가표의 금액	원	0.1	미만 버림

85. 원형지하 배수관의 굵기를 결정하기 위한 평균 유속(流速) 산출 공식은?

V=평균유속	C=평균유속계수
R=경심	I=수면경사

① $V = CRI$
② $V = \sqrt{CRI}$
③ $V = \dfrac{\sqrt{RI}}{C}$
④ $V = C\sqrt{RI}$

86. 공사발주를 위해 발주자가 작성하는 서류가 아닌 것은?

① 수량산출서　② 내역서
③ 시방서　　　④ 견적서

87. 다음 수문 방정식(유입량=유출량+저류량)에서 유출량에 해당하지 않은 것은?

① 강수량　　　② 증발량
③ 지표유출량　④ 지하유출량

88. 다음의 ( ) 안에 적당한 ㉠, ㉡의 용어는?

(㉠)란 콘크리트의 (㉡)와 동등 이상의 강도를 발현하도록 배합을 정할 때 품질의 편차 및 양생온도 등을 고려하여 (㉡)에 할증한 압축강도이다.

① ㉠ 배합강도, ㉡ 설계기준강도
② ㉠ 배합강도, ㉡ 호칭강도
③ ㉠ 호칭강도, ㉡ 배합강도
④ ㉠ 설계기준강도, ㉡ 배합강도

→해설 호칭강도
: 레디믹스트 콘크리트에 있어 콘크리트의 강도구분

89. 힘(force)에 대한 설명이 옳지 않은 것은?

① 힘은 작용점, 방향, 크기로 나타낸다.
② 힘의 크기는 표시된 길이에 반비례한다.
③ 일반적으로 힘의 기호는 P 또는 W로 표시한다.

④ 2개의 힘이 1개 힘으로 대치된 경우 이를 합력이라 한다.

90. 축척 1 : 25000의 지형도에서 963m의 산 정상으로부터 423m의 산 밑까지 거리가 95mm이었다면 사면의 경사는?

① $\dfrac{1}{7.4}$ ② $\dfrac{1}{6.4}$

③ $\dfrac{1}{5.4}$ ④ $\dfrac{1}{4.4}$

해설 축척= $\dfrac{도면상 길이}{실제길이}$ 이므로 $\dfrac{1}{25,000} = \dfrac{95mm}{x}$
$x = 2,375,000mm = 2,375m$
경사도 = $\dfrac{수직거리}{수평거리}$
경사도 = $\dfrac{963m - 423m}{2,375m} = \dfrac{1}{4.3981} ≒ \dfrac{1}{4.4}$

91. 석재(石材)의 특징으로 틀린 것은?

① 불연성이고 압축강도가 크다.
② 비중이 작고 가공성이 좋다.
③ 내수성, 내구성, 내화학성이 풍부하다.
④ 조직이 치밀하고 고유의 색조를 갖고 있다.

92. 정지(整地, grading)에 대한 설명으로 틀린 것은?

① 표토는 보존하는 것이 바람직하다.
② 성토와 절토에 균형이 이루어져야 한다.
③ 건설기계에 의해 흙이 과도하게 다져지는 것을 피한다.
④ 실선은 기존 등고선, 파선은 제안된 등고선을 나타낸다.

해설 ④ 파선은 기존 등고선, 실선은 제안된 등고선을 나타낸다.

93. 시방서에 대한 설명 중 옳지 않은 것은?

① 공사 수량 산출서
② 공사시행 관계 내용 기록 서류
③ 재료, 공법을 정확하게 지시하고 도면과 상이하지 않게 기록
④ 시방서의 종류에는 공사시방서, 전문시방서, 표준시방서가 있음

94. 100ha의 배수면적인 지역에 강우강도 50mm/hr의 비가 내렸을 때 우수유출량(m^3/sec)은?

- 배수면적 토지이용 : 잔디(30ha), 숲(50ha), 아스팔트 포장(20ha)
- 유출계수 : 잔디(0.20), 숲(0.15), 아스팔트 포장(0.90)

① 4.375   ② 5.792
③ 6.474   ④ 7.583

해설 우수유출량

$Q = \dfrac{1}{360} \times C \times I \times A$

(Q : 우수유출량(m^3/sec), C : 유출계수, I : 강우강도(mm/hr), A : 배수면적(ha))

※ 잔디 우수유출량
$Q_1 = \dfrac{1}{360} \times 0.20 \times 50mm/hr \times 30ha$
$= 0.8333 m^3/sec$

※ 숲 우수유출량
$Q_2 = \dfrac{1}{360} \times 0.15 \times 50mm/hr \times 50ha$
$= 1.0416 m^3/sec$

※ 아스팔트포장 우수유출량
$Q_3 = \dfrac{1}{360} \times 0.90 \times 50mm/hr \times 20ha$
$= 2.5 m^3/sec$

∴ Q = $4.3749 m^3/sec ≒ 4.375 m^3/sec$

95. 옹벽이 횡방향의 압력으로 반시계 방향으로 회전하거나 벽체의 외측으로 움직일 때 뒤채움 흙은 팽창할 것이다. 이 팽창이 증가하여 파괴가 일어날 때의 토압을 무엇이라 하는가?

Answer 90. ④ 91. ② 92. ④ 93. ① 94. ① 95. ①

① 주동토압　② 이동토압
③ 수동토압　④ 정지토압

96. 도로의 단곡선을 설치할 때 곡선의 시점(B.C) 위치를 구하기 위해서 필요한 요소가 아닌 것은?

① 반경(R)
② 접선장(T.L)
③ 곡선장(C.L)
④ 교점(IP)까지의 추가거리

97. 부지의 직접 수준측량 시행에 대한 설명으로 맞지 않는 것은?

① 제일 먼저 고저기준점을 선정한 후 영구 표식을 매설한다.
② 1/1200~1/2400 사이의 적합한 축척을 결정한 후 수준측량을 시행한다.
③ 수준측량의 내용은 부지조건이나 설계자의 요구에 따라 달라질 수 있다.
④ 일반적으로 부지 외부와 부지 내부의 주요지점과 부지의 전반적인 높이를 대상으로 측량한다.

98. 구조물에 하중이 작용하면, 부재의 각 지점(支点)에는 무엇이 생기는가?

① 응력　② 합력
③ 전단력　④ 반력

해설 합력 : 여러 개의 힘을 1개로 대치된 힘으로 합성한 것
※ 분력 : 1개의 힘이 2개 이상의 힘으로 나누어지는 것

99. 다음의 설명에 해당하는 용어는?

시멘트에 물을 첨가한 후 화학반응이 발생하여 굳어져 가는 상태를 말하며 또한 강도가 증진되는 과정을 의미한다.

① 경화　② 수화
③ 연화　④ 풍화

100. 원가계산에 의한 공사비 구성 중 "직접경비"에 해당되지 않는 것은?

① 특허권 사용료　② 가설비
③ 전력비　④ 폐기물 처리비

6과목 조경관리론

101. 상수리좀벌, 중국긴꼬리좀벌, 노랑꼬리좀벌, 큰다리남색좀벌 등이 천적인 해충은?

① 밤나무혹벌　② 소나무좀
③ 아까시잎혹파리　④ 측백하늘소

102. 병원균은 Cronartium ribicola이며, 북아메리카 대륙에서는 까치밥나무류, 우리나라에서는 주로 송이풀과 기주교대를 하는 이종기생균은?

① 묘목의 입고병균
② 근두암종병균
③ 잣나무 털녹병균
④ 낙엽송 잎떨림병균

103. 탄저병 예방약제인 Mancozeb는 어떤 계통의 약제인가?

① 구리 화합물계 농약
② 유기 유황계 농약
③ 무기 유황계 농약
④ 유기 수은제 농약

104. 토양 공기 중에서 토양미생물의 활동이 활발할수록 그 농도가 증가되는 성분은?

① 산소　② 질소

③ 이산화탄소　　　　④ 일산화탄소

105. 토양의 양이온 치환용량(Cation Exchange Capacity)과 관계가 없는 것은?

① 염기치환용량과 같은 의미이다.
② 점토와 부식 같은 교질물의 종류와 양에 좌우된다.
③ 주요 토양교질물 중 음전하의 생성량이 많은 것일수록 양이온치환용량이 작다.
④ 보통 토양이나 교질물 1kg이 갖고 있는 치환성양이온의 총량으로 나타낸다.

106. 분제(粉劑)의 물리적 성질인 토분성(吐粉性, dustability)에 대한 설명으로 옳은 것은?

① 살분 시 분제의 입자가 풍압에 의하여 목적하는 장소까지 날아가는 성질을 말한다.
② 살분 시 분제의 입자가 살분기의 분출구로 잘 미끄러져 가는 성질을 말한다.
③ 분제가 입자의 크기와 보조제의 성질에 따라 작물해충 등에 잘 달라붙는 성질을 말한다.
④ 분제농약의 저장 시 주성분의 분해 및 응집 등 물리적 변화가 일어나지 않은 성질을 말한다.

> 해설
> ① 살분 시 분제의 입자가 풍압에 의하여 목적하는 장소까지 날아가는 성질을 말한다. : 비산성
> ② 살분 시 분제의 입자가 살분기의 분출구로 잘 미끄러져 가는 성질을 말한다. : 토분성
> ③ 분제가 입자의 크기와 보조제의 성질에 따라 작물해충 등에 잘 달라붙는 성질을 말한다. : 부착성
> ④ 분제농약의 저장 시 주성분의 분해 및 응집 등 물리적 변화가 일어나지 않은 성질을 말한다. : 안전성

107. 겨울철 작업현장에서의 동상(Frostbite) 환자에 대한 응급처치 요령으로 옳은 것은?

① 동상부위를 약간 높게 해서 부종을 줄여준다.
② 동상부위를 모닥불 등에 쬐어 동결조직을 신속하게 녹인다.
③ 조직손상을 최소화하기 위해 동상부위를 뜨거운 물에 담근다.
④ 야외에서 적당한 온열장비가 없는 경우, 동결부위를 마찰시켜 열을 발생시킨다.

> 해설 겨울철 작업현장에서의 동상(Frostbite) 환자에 대한 응급처치 요령
> 1. 동상이 발생하면 추운 환경에서 벗어나 따뜻한 곳으로 이동
> 2. 옷이 젖었다면 마른 옷으로 갈아입고, 몸 전체를 담요로 감싸고, 동상 부위를 따뜻한 물(38~42℃ 정도)에 담가두는 것이 좋음
> 3. 귀나 얼굴에 동상이 생겼을 때는 따뜻한 물수건을 자주 갈아가며 대주기, 손가락이나 발가락에 동상이 발생했다면 사이사이에 마른 거즈를 끼워 습기를 제거하고 서로 달라붙지 않도록 하기
> 4. 병원에 이송해야 한다면, 환자는 들것으로 운반. 다리에 동상이 생겼을 때는 동상 부위가 녹고 난 다음에도 일정 시간 동안 걸으면 안 됨
> ※ 주의사항 : 동상 부위는 조직이 약해져 있기 때문에 눈이나 얼음으로 동상을 입은 부위를 자극하면 추가적인 손상이 발생할 수 있음

108. 인산 20%를 함유한 용성인비 25kg의 유효인산의 함량은 몇 kg인가?

① 3　　　　② 5
③ 7　　　　④ 9

> 해설 25kg×0.2=5kg

109. 잔디의 이용 및 관리체계에서 다음 설명에 해당하는 작업은?

- 토양표면까지 잔디만 주로 잘라주는 작업
- 태치(thatch)를 제거하고 밀도를 높여주는 효과를 기대
- 표토층이 건조할 때 시행함은 필요 이상의 상처를 줄 수 있어 작업에 주의가 필요

① Slicing　　　　② Vertical Mowing
③ Topdressing　　④ Spiking

Answer　105. ③　106. ②　107. ①　108. ②　109. ②

110. 조경 시설물의 유지관리에 대한 설명으로 옳지 않은 것은?

① 시설물의 내구년한까지는 보수점검 관리 계획을 수립하지 않는다.
② 기능성과 안전성이 도모되도록 유지관리해야 한다.
③ 주변환경과 조화를 이루는 가운데 경관성과 기능성이 유지되어야 한다.
④ 시설물의 기능 저하에는 이용빈도나 고의적인 파손 등의 인위적 원인이 많다.

→해설 ① 시설물의 내구년한 내에도 보수점검 관리 계획을 수립한다.

111. 직영관리 방식의 단점에 해당되는 것은?

① 업무가 타성화하기 쉽다.
② 긴급한 대응이 불가능하다.
③ 관리 실태를 정확히 파악할 수 없다.
④ 관리책임이나 권한의 범위가 불명확하다.

→해설 1. 직영방식
　① 적용업무
　　• 재빠른 대응이 필요한 경우
　　• 연속해서 행할 수 없는 업무
　　• 진척상황이 명확치 않고, 검사하기 어려운 업무
　　• 금액이 적고, 간편한 업무
　　• 자세한 서비를 요하는 업무
　② 장점
　　• 관리책임 · 책임소재 명확
　　• 긴급한 대응 가능
　　• 관리실태 정확히 파악 가능
　　• 임기응변 조치 가능(유연성)
　　• 양질의 서비스 제공 가능
　　• 애착심을 가지므로 관리효율 향상
　③ 단점
　　• 업무가 타성화되기 쉬움
　　• 관리직원의 배치 전환 어려움
　　• 필요 이상 인건비 지출로 관리비 상승 우려
　　• 인사 정체
　2. 도급방식
　　① 적용업무
　　　• 장기에 걸쳐 단순작업을 행하는 업무
　　　• 전문지식, 기능, 자격을 요하는 업무
　　　• 규모가 크고 노력, 재료 등을 포함하는 업무
　　　• 관리 주체가 보유한 설비로는 불가능한 업무
　　　• 관리주체의 관리인원으로는 부족한 업무
　　② 장점
　　　• 큰 규모의 시설관리 기능
　　　• 전문가의 합리적 이용(전문가의 적극 활용)
　　　• 관리의 단순화
　　　• 전문적 지식, 기능, 자격에 의한 양질의 서비스 제공
　　　• 관리비 저렴하고, 장기적으로 안정될 수 있음
　　③ 단점
　　　• 책임소재나 권한의 범위 불명확
　　　• 전문업자를 충분하게 활용치 못할 수 있음
　　　• 이윤추구의 극대화를 인한 유지관리의 신뢰성 저하

112. 토양 중에서 인산질비료의 비효를 증진시키는 방법이 아닌 것은?

① 식물의 뿌리가 많이 분포하는 부분에 시비한다.
② 유기물 사용으로 토양의 인산 고정력을 감소시킨다.
③ 입상보다는 분상을 퇴비와 혼합하여 사용한다.
④ 퇴비나 혼합하거나 국부적 사용으로 토양과의 접촉을 적게 한다.

113. 옥외 레크리에이션 관리체계의 기본 요소가 아닌 것은?

① 예산(Budgets)
② 이용자(Visitor)
③ 관리(Management)
④ 자연자원기반(Natural resource)

114. 일반적으로 동일한 금속 재료로 만들어진 시설물의 부식이 가장 늦게 나타나는 지역은?

① 해안별장지대
② 전원주택지
③ 시가지나 공업지대
④ 산악지의 스키장

해설 금속재 부식환경
- 온도 높을수록
- 염분 높을수록
- 습도 70% 이상
- 대기오염 심할수록

115. 공사기간에 따른 공사의 진척 상황을 그래프로 표시할 때 다음 중 가장 양호한 것은?

① 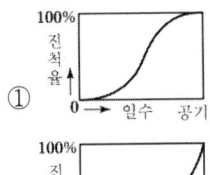 ②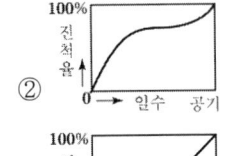

③ 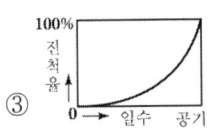 ④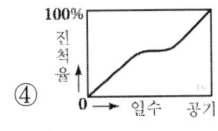

해설 공사예정곡선 : S커브

116. 자연 레크레이션지역 조경관리의 가장 중요한 현실적 목표라고 인식되는 사항은?

① 자연환경의 보전
② 하자(瑕疵)의 최소화
③ 수목 및 시설물의 지속적 이용촉진
④ 지속가능한 관리를 통한 이용효과의 증진

117. 다음 중 솔나방에 관한 설명으로 틀린 것은?

① 식엽성 해충으로 1년에 1회 발생한다.
② 주로 소나무, 해송, 리기다소나무 등을 가해한다.
③ 6~7월 사이에 지오판수화제를 살포하여 방제한다.
④ 지표부근의 나무껍질 사이, 돌, 낙엽 밑에서 월동한다.

해설 솔나방 방제
: 말라티온, 수미티온, NAC분제, 비티쿠르스타키 수화제(슈리사이드)

118. 일시에 큰 면적을 동시에 관수할 수 있으며, 노동력이 절감되고 비교적 균일한 상태로 관수할 수 있는 방법은?

① 방사식 관수
② 침수식(basin) 관수
③ 도랑식(furrow) 관수법
④ 스프링클러식(sprinkler) 관수

119. 다음 식물의 병 중 병원체가 세균인 것은?

① 버즘나무 탄저병
② 포플러류 줄기마름병
③ 대추나무 빗자루병
④ 벚나무 불마름병

해설 ① 버즘나무 탄저병 : 진균
② 포플러류 줄기마름병 : 진균
③ 대추나무 빗자루병 : 파이토플라즈마
④ 벚나무 불마름병 : 세균

120. 난지형 잔디(금잔디, 들잔디 등)의 뗏밥주기 시기로 가장 적당한 것은?

① 12~1월
② 2~3월
③ 5~6월
④ 9~10월

Answer 115. ① 116. ④ 117. ③ 118. ④ 119. ④ 120. ③

2022년 조경기사 최근기출문제 (2022. 03. 05)

1과목 조경사

01. 다음 조선시대 사직단(社稷壇)에 관한 설명 중 틀린 것은?

① 동양의 우주관에 의해 궁궐 왼쪽에 사직단을 두었다.
② 토신에 제사지내는 사단(社壇)을 사직단에서 동쪽에 두었다.
③ 곡식의 신에 제사지내는 직단(稷壇)을 사직단에서 서쪽에 두었다.
④ 두 사직의 외각 기단부 사방에 홍살문을 두었다.

해설 ① 궁궐 왼쪽 : 종묘, 궁궐 오른쪽 : 사직단

02. 중국 조경의 특징 중 태호석을 고를 때 주요 고려 요소가 아닌 것은?

① 누(漏) ② 경(景)
③ 수(瘦) ④ 추(皺)

해설 최고의 태호석 4가지 조건
추(皺), 누(漏), 투(透), 수(瘦)

03. 르네상스 시대 바로크식 정원의 특징과 가장 관계가 먼 것은?

① 동굴(grotto)
② 토피어리(topiary)
③ 격자울타리(trellis)
④ 비밀분천(secret fountain)

해설 르네상스 시대 바로크식 정원의 특징
동굴(grotto), 토피어리, 미원, 비밀분천, 경악분천, 물극장, 물풍금

04. 인도의 타지마할(Taj-mahal)은 어떤 목적으로 만든 건축물인가?

① 왕궁(王宮) ② 분묘건축(墳墓建築)
③ 서민의 주택(住宅) ④ 귀족의 별장(別莊)

해설 타지마할 : 샤 자한 왕의 왕비 뭄타즈 마할을 추념하여 세운 분묘건축

05. 다음 중 스페인 알함브라 궁전의 「사자의 중정(court of lions)」과 같이 4등분한 수로가 의미하는 바는?

① 동서남북을 의미
② 수로의 편리성을 의미
③ 동일한 모양의 땅 가름을 의미
④ 파라다이스 가든의 네 강을 의미

06. 동사강목(東史綱目)에 "궁성의 남쪽에 못을 파고 20여리 밖에서 물을 끌어 들이고 사방의 언덕에 버드나무를 심고, 못 속에 섬을 만들었다."는 기록이 나타난 시기는?

① 백제의 진시왕 ② 백제의 무왕
③ 신라의 경덕왕 ④ 신라의 문무왕

해설 궁남지 : 백제 무왕 35년(634)

07. 일본 교토에 위치한 실정(室町, 무로마치) 시대의 전통정원 가운데 은사탄(銀砂攤, 인공모래펄), 향월대(向月臺) 등의 경물이 있는 곳은?

① 금각사 ② 은각사
③ 대선원 ④ 용안사

해설 ① 금각사 : 실정(무로마치) 시대, 구산팔해석(야박석)

Answer 01.① 02.② 03.③ 04.② 05.④ 06.② 07.②

08. 한국정원의 특징 중 가장 대표적인 것은?

① 산수경관의 축경화와 조화미
② 산수경관의 실경화(實景化)와 조화미
③ 산수경관의 모조화와 강한 대비성
④ 산수경관의 축의화(縮意化)와 대칭성

09. 일반적인 조선시대 상류주택의 정원 중 바깥주인의 거처 및 접객공간이며, 조경수식이 가장 화려한 공간은?

① 안마당
② 별당마당
③ 사랑마당
④ 사당마당

10. 한국조경에는 석교(石橋), 목교(木橋), 징검다리, 외나무다리 등 다양한 형태가 설치되었는데, 이 중 외나무다리가 설치된 조경 유적은?

① 경주 안압지(雁鴨池)
② 경복궁 향원지(香遠池)
③ 남원 광한루지(廣寒樓池)
④ 전남 담양의 소쇄원(瀟灑園)

11. 다음 중 일본조경의 시초라 할 수 있는 사실과 가장 거리가 먼 것은?

① 일본서기(日本書紀)
② 용안사 석정(龍安寺 石庭)
③ 수미산(須彌山)과 오교(吳橋)
④ 백제인 노자공(路子工)

→해설 ② 용안사 석정 : 실정(무로마치) 시대, 평정고산수식 정원

12. 서양조경사를 통시적으로 보아 역사적으로 나타난 정원양식의 발달 순서로 적합한 것은?

① 자연풍경식 → 노단건축식 → 평면기하학식
② 노단건축식 → 평면기하학식 → 자연풍경식
③ 평면기하학식 → 노단건축식 → 자연풍경식
④ 노단건축식 → 자연풍경식 → 평면기하학식

→해설 노단건축식 : 이탈리아(15~17세기) → 평면기하학식 : 프랑스(17세기) → 자연풍경식 : 영국(18세기)

13. 프랑스 베르사유 궁전에서 사용된 "파르테르(Parterre)"란 명칭으로 가장 적당한 것은?

① 분수
② 화단
③ 연못
④ 산책로

→해설 파르테르(parterre) : 자수 화단(刺繡花壇)

14. 영국에 프랑스식 정원 양식을 도입하는데 공헌한 사람들 중 관계없는 인물은?

① 르 노트르(Andre Le Notre)
② 로즈(John Rose)
③ 페로(Claude Perrault)
④ 포프(Alexander Pope)

15. T.V.A(Tenessee Valley Authority)에 대한 설명 중 옳지 않은 것은?

① 최초의 광역공원계통
② 미국 최초의 광역지역계획
③ 계획·설계 과정에 조경가들이 대거 참여
④ 수자원 개발의 효시이자 지역개발의 효시

→해설 ① 최초의 광역공원계통 : 보스톤 공원계통

16. 다산초당(茶山草堂) 연못 조성과 관련된 글인 "中起三峯 石假山"에서 삼봉의 의미는?

① 금강산, 지리산과 한라산의 산악신앙에 의한 명산을 상징한다.
② 봉래, 방장과 영주의 신선사상에 의한 삼신산을 상징한다.
③ 돌의 배석기법인 불교에 의한 삼존석불을 상징한다.
④ 천·지·인의 우주근원을 나타낸 삼재사상을 상징한다.

17. 서양에서 낭만주의 시대 자연풍경식 정원이 제일 먼저 발달한 국가는?

① 프랑스   ② 독일
③ 영국   ④ 이탈리아

[해설] ① 프랑스 풍경식 정원 : 18세기
② 독일 풍경식 정원 : 19세기
③ 영국 풍경식 정원 : 18세기
※ 영국 풍경식 정원 → 프랑스 풍경식 정원 → 독일 풍경식 정원

18. 이탈리아 조경요소는 점, 선, 면적 요소로 나누어 볼 수 있는데, 다음 중 점적 요소에 해당되지 않는 것은?

① 분수   ② 원정(園亭)
③ 조각상   ④ 연못

[해설] 이탈리아의 조경 요소
- 면적 요소 : 화단, 테라스, 잔디밭, 연못, 총림
- 선적 요소 : 원로, 계단, 캐스케이드
- 점적 요소 : 분수, 조각상, 원정

19. 조선시대 궁궐 조경에 곡수거 형태가 남아 있는 곳은?

① 창덕궁 후원 옥류천 공간
② 경복궁 후원 향원정 공간
③ 창경궁 통명전 공간
④ 경복궁 교태전 후원 공간

20. 다음 중 고려시대(A)와 조선시대(B) 정원을 관장하던 행정부서의 명칭이 옳은 것은?

① A : 식대부, B : 장원서
② A : 내원서, B : 식대부
③ A : 장원서, B : 상림원
④ A : 내원서, B : 장원서

2과목 조경계획

21. 비교적 큰 규모의 프로젝트(예 : 유원지, 국립공원)를 수행할 때 기본 구상의 단계에서 가장 중요한 항목은?

① 토지이용 및 식재
② 토지이용 및 동선
③ 동선 및 하부구조
④ 시설물 배치 및 식재

[해설] ② 토지이용 및 동선 : 기본 구상 시 제일 먼저 고려하는 사항

22. 설문지 작성의 원칙과 거리가 먼 것은?

① 직접적, 간접적 질문을 혼용하여 작성한다.
② 조사목적 이외에도 기타 문항을 삽입하여 응답자를 지루하지 않게 배려한다.
③ 편견 또는 편의가 발생하지 않도록 작성한다.
④ 유도질문을 회피하고 객관적인 시각에서 문항을 작성한다.

[해설] 설문지 작성의 기본 원리 : 초점, 간결성, 명확성

23. 1875년 영국에서 불결한 도시주거환경을 제거하기 위해 새로이 건설되는 주택의 상하수도 시설과 정원 크기 및 주변 도로의 폭 등 주거환경기준을 규제하는 목적으로 제정된 법은?

① 건축법(building act)
② 공중위생법(public health act)
③ 단지조성법(site planning act)
④ 미관지구에 관한 법(law of beautification district)

24. 인간행태 관찰방법 중 시간차 촬영(Time-Lapse Camera)에 이용될 수 있는 가장 적절한 조사

Answer 17. ③ 18. ④ 19. ① 20. ④ 21. ② 22. ② 23. ② 24. ③

내용은?

① 국립공원의 보행패턴 및 이용 장소 조사
② 대규모 아파트단지의 자동차 통행 패턴 조사
③ 광장 이용자의 하루 중 보행통로 및 머무는 장소 조사
④ 초등학교 어린이가 집에서부터 학교에 도달하는 보행통로 조사

25. 자연공원체험사업 중 「자연생태 체험사업」의 범위에 해당하지 않는 것은?

① 생태체험사업을 위한 주민지원
② 공원 내 갯벌, 모래 언덕, 연안습지, 섬 등 해양생태계 관찰 활동
③ 자연공원특별보호구역 탐방 및 멸종위기 동식물의 보전·복원 현장 탐방
④ 우수 경관지역, 식물군락지, 아고산대, 하천, 계곡, 내륙습지 등 육상생태계 관찰 활동

26. 출입구가 2개 이상일 때 차로의 너비가 가장 큰 주차형식은? (단, 이륜자동차전용 노외주차장 이외의 노외주차장으로 제한)

① 평행주차
② 직각주차
③ 교차주차
④ 60° 대향주차

해설 ① 평행주차 : 3.3m   ② 직각주차 : 6.0m
③ 교차주차 : 3.5m   ④ 60° 대향주차 : 4.5m

노외주차장 차로 너비

주차형식	차로의 너비	
	출입구 2개 이상	출입구 1개
평행주차	3.3m	5.0m
직각주차	6.0m	6.0m
60도 대향주차	4.5m	5.5m
45도 대향주차	3.5m	5.0m
교차주차	3.5m	5.0m

27. 「자연환경보전법 시행규칙」상 시·도지사 또는 지방 환경관서의 장이 환경부장관에게 보고해야 할 위임업무 보고사항 중 "생태·경관보전지역 등의 토지매수 실적" 보고는 연 몇 회를 기준으로 하는가?

① 수시   ② 1회
③ 2회   ④ 4회

해설 「자연환경보전법 시행규칙」 - 위임 업무 보고사항

업무내용	보고 횟수	보고기일
1. 생태·경관보전지역 안에서의 행위중지·원상회복 또는 대체자연의 조성 등의 명령 실적	수시	사유 발생 시
2. 생태·경관보전지역 등의 토지매수 실적	연 1회	매년 종료 후 15일 이내
3. 과태료의 부과·징수 실적	연 2회	매반기 종료 후 15일 이내
4. 생태계보전부담금의 부과·징수 실적 및 체납처분 현황	연 2회	매반기 종료 후 15일 이내
5. 생태마을의 지정 및 해제 실적	지정 : 연 1회 해제 : 수시	매년 종료 후 15일 이내 해제 : 사유 발생 시

28. 주택단지의 밀도 중 주거목적의 주택용지만을 기준으로 한 것을 무엇이라 하는가?

① 총밀도   ② 순밀도
③ 용지밀도   ④ 근린밀도

해설 ① 총밀도 : 대상지역 전체구역을 대상으로 한 것으로 주로 큰 규모에서 사용
② 순밀도 : 주거목적의 순수한 주택용지만을 기준으로 한 것

29. 인근 거주자의 이용을 대상으로 하여 유치거리 500m 이하로 규모가 1만제곱미터 이상의 기준에 해당하는 공원은?

① 체육공원   ② 어린이공원

Answer   25. ①   26. ②   27. ②   28. ②   29. ④

③ 도보권근린공원   ④ 근린생활권근린공원

해설 도시공원의 설치 및 규모의 기준

구분			유치거리	규모
생활권공원	소공원		제한없음	제한없음
	어린이공원		250m 이하	1,500m² 이상
	근린공원	근린생활권 근린공원	500m 이하	1만m² 이상
		도보권 근린공원	1,000m 이하	3만m² 이상
		도시지역권 근린공원	제한없음	10만m² 이상
		광역권 근린공원	제한없음	100만m² 이상
주제공원	역사공원		제한없음	제한없음
	문화공원		제한없음	제한없음
	수변공원		제한없음	제한없음
	묘지공원		제한없음	10만m² 이상
	체육공원		제한없음	1만m² 이상
	도시농업공원		제한없음	1만m² 이상
	특별시·광역시 또는 도의 조례가 정하는 공원		제한없음	제한없음

30. 다음 중 우수유량을 결정하는데 영향력이 가장 적은 요소는?

① 지표면의 경사방향
② 강우시간 및 강우강도
③ 지표면에 형성된 식생의 종류
④ 지표면을 형성하는 토양의 종류

31. 도시공원 안의 공원시설 부지면적 기준이 상이한 곳은? (단, 도시공원 및 녹지 등에 관한 법률 시행규칙을 적용한다.)

① 근린공원(3만m² 미만)
② 수변공원
③ 도시농업공원
④ 묘지공원

해설 도시공원 안의 공원시설 부지 면적

공원구분		공원면적	공원 시설 부지 면적
생활권공원	소공원	전부 해당	20% 이하
	어린이공원	전부 해당	60% 이하
	근린공원	- 3만m² 미만 - 3만m² ~10만m² - 10만m² 이상	40% 이하 40% 이하 40% 이하
주제공원	역사공원	전부 해당	제한없음
	문화공원	전부 해당	제한없음
	수변공원	전부 해당	40% 이하
	묘지공원	전부 해당	20% 이상
	체육공원	- 3만m² 미만 - 3만m² ~10만m² - 10만m² 이상	50% 이하 50% 이하 50% 이하
	도시농업공원	전부 해당	40% 이하
	특별시·광역시 또는 도의 조례가 정하는 공원	전부 해당	제한없음

32. 다음과 같은 행위기준이 적용되는 자연공원의 용도지구는?

- 공원자연환경지구에서 허용되는 행위
- 대통령령으로 정하는 규모 이하의 주거용 건축물의 설치 및 생활환경 기반시설의 설치
- 지구의 자체 기능상 필요한 시설로서 대통령령으로 정하는 시설의 설치
- 환경오염을 일으키지 아니하는 가내공업(家內工業)

① 공원마을지구   ② 공원자연환경지구
③ 공원자연보존지구   ④ 공원문화유산지구

해설 자연공원의 용도지구 - 「자연공원법」

1. 공원자연보존지구 : 다음 각 목의 어느 하나에 해당하는 곳으로서 특별히 보호할 필요가 있는 지역
   가. 생물다양성이 특히 풍부한 곳
   나. 자연생태계가 원시성을 지니고 있는 곳
   다. 특별히 보호할 가치가 높은 야생 동식물이 살고 있는 곳
   라. 경관이 특히 아름다운 곳
2. 공원자연환경지구 : 공원자연보존지구의 완충공간으로 보전할 필요가 있는 지역

Answer 30. ① 31. ④ 32. ①

3. 공원마을지구 : 마을이 형성된 지역으로서 주민생활을 유지하는 데 필요한 지역
4. 공원문화유산지구 : 「문화재보호법」에 따른 지정문화재를 보유한 사찰과 전통사찰보존지 중 문화재의 보전에 필요하거나 불사에 필요한 시설을 설치하고자 하는 지역

자연공원의 용도지구에서 허용되는 행위의 기준

1. 공원자연보존지구
    - 가. 학술연구, 자연보호 또는 문화재의 보존·관리를 위하여 필요하다고 인정되는 최소의 행위
    - 나. 대통령령으로 정하는 기준에 따른 최소한의 공원시설의 설치 및 공원사업
    - 다. 해당 지역이 아니면 설치할 수 없다고 인정되는 군사시설·통신시설·항로표지시설·수원보호시설·산불방지시설 등으로서 대통령령으로 정하는 기준에 따른 최소한의 시설의 설치
    - 라. 대통령령으로 정하는 고증 절차를 거친 사찰의 복원과 전통사찰보존지에서의 불사를 위한 시설 및 그 부대시설의 설치. 다만, 부대시설 중 찻집·매점 등 영업시설의 설치는 사찰 소유의 건조물이 정착되어 있는 토지 및 이에 연결되어 있는 그 부속 토지로 한정한다.
    - 마. 문화체육관광부장관이 종교법인으로 허가한 종교단체의 시설물 중 자연공원으로 지정되기 전의 기존 건축물에 대한 개축·재축, 대통령령으로 정하는 고증 절차를 거친 시설물의 복원 및 대통령령으로 정하는 규모 이하의 부대시설의 설치
    - 바. 「사방사업법」에 따른 사방사업으로서 자연상태로 그냥 두면 자연이 심각하게 훼손될 우려가 있는 경우에 이를 막기 위하여 실시되는 최소한의 사업
    - 사. 공원자연환경지구에서 공원자연보존지구로 변경된 지역 중 대통령령으로 정하는 대상지역 및 허용기준에 따라 공원관리청과 주민(공원구역에 거주하는 사람으로서 주민등록이 되어 있는 사람을 말한다) 간에 자발적 협약을 체결하여 하는 임산물의 채취행위
2. 공원자연환경지구
    - 가. 공원자연보존지구에서 허용되는 행위
    - 나. 대통령령으로 정하는 기준에 따른 공원시설의 설치 및 공원사업
    - 다. 대통령령으로 정하는 허용기준 범위에서의 농지 또는 초지(草地) 조성행위 및 그 부대시설의 설치
    - 라. 농업·축산업 등 1차산업행위 및 대통령령으로 정하는 기준에 따른 국민경제상 필요한 시설의 설치
    - 마. 임도의 설치(산불 진화 등 불가피한 경우로 한정한다), 조림, 육림, 벌채, 생태계 복원 및 「사방사업법」에 따른 사방사업
    - 바. 자연공원으로 지정되기 전의 기존 건축물에 대하여 주위 경관과 조화를 이루도록 하는 범위에서 대통령령으로 정하는 규모 이하의 증축·개축·재축 및 그 부대시설의 설치와 천재지변이나 공원사업으로 이전이 불가피한 건축물의 이축(移築)
    - 사. 자연공원을 보호하고 자연공원에 들어가는 자의 안전을 지키기 위한 사방·호안·방화·방책 및 보호시설 등의 설치
    - 아. 군사훈련 및 농로·제방의 설치 등 대통령령으로 정하는 기준에 따른 국방상·공익상 필요한 최소한의 행위 또는 시설의 설치
    - 자. 「장사 등에 관한 법률」에 따른 개인묘지의 설치(대통령령으로 정하는 섬지역에 거주하는 주민이 사망한 경우만 해당한다)
    - 차. 제20조 또는 제23조에 따라 허가받은 사업을 시행하기 위하여 대통령령으로 정하는 기간의 범위에서 사업부지 외의 지역에 물건을 쌓아두거나 가설건축물을 설치하는 행위
    - 카. 해안 및 섬지역에서 탐방객에게 편의를 제공하기 위하여 대통령령으로 정하는 기간의 범위에서 관리사무소, 진료시설, 탈의시설 등 그 밖의 대통령령으로 정하는 시설을 설치하는 행위
3. 공원마을지구
    - 가. 공원자연환경지구에서 허용되는 행위
    - 나. 대통령령으로 정하는 규모 이하의 주거용 건축물의 설치 및 생활환경 기반시설의 설치
    - 다. 공원마을지구의 자체 기능을 위하여 필요한 시설로서 대통령령으로 정하는 시설의 설치
    - 라. 공원마을지구의 자체 기능을 위하여 필요한 행위로서 대통령령으로 정하는 행위
    - 마. 환경오염을 일으키지 아니하는 가내공업
4. 공원문화유산지구

가. 공원자연환경지구에서 허용되는 행위
나. 불교의 의식, 승려의 수행 및 생활과 신도의 교화를 위하여 설치하는 시설 및 그 부대시설의 신축·증축·개축·재축 및 이축 행위
다. 그 밖의 행위로서 사찰의 보전·관리를 위하여 대통령령으로 정하는 행위

33. 집을 출발하여 목적지에 도착한 후 그 곳에서 2~3개소의 시설을 광범위하게 구경하고 집으로 직접 돌아오는 관광행위의 유형은?

① 옷핀(pin)형
② 스푼(spoon)형
③ 피스톤(piston)형
④ 탬버린(tambourine)형

[해설] 이동행태에 따른 관광 코스
① 피스톤형 : 거주지를 출발하여 관광지에 직행하고, 관광 후 곧장 돌아오는 형태. 당일 여행
② 스푼형 : 거주지를 출발하여 관광지에 도착하여 관광 후 주변 2~3곳 관광지 관광하고 돌아오는 형태. 활동범위가 옷핀형보다 많다.
③ 옷핀형(안전핀형) : 거주지를 출발하여 관광지에 직행하고, 목적지 및 인접지역을 관광하고 돌아오는 형태
④ 탬버린형(순환형) : 거주지를 출발하여 관광지에 직행하고, 미리 선정한 4~5개의 목적지로 이동하여 관광하고 돌아오는 형태. 원형

34. 공원녹지 체계를 설명한 것 중 가장 거리가 먼 것은?

① 체계를 구성하는 요소는 하나의 큰 공원이다.
② 가로수나 하천을 공원의 연계요소로 이용한다.
③ 다수의 공원을 연계하여 상호간의 관계를 만든다.
④ 공원을 보완하는 점적·면적 요소들로서는 호수, 운동장, 광장 등이 있다.

35. 수요량 예측이 공간의 규모를 결정짓게 되는데, 반대로 계획의 규모가 수용량의 한계를 결정짓기도 한

다. 일반적으로 수요량 산출 공식에 해당하지 않는 것은?

① 시계열 모델
② 중력 모델
③ 요인분석 모델
④ 혼합형 모델

[해설] ① 시계열 모델 : 과거 자료를 바탕으로 경향을 파악하여 미래의 수요를 예측하는 모델
② 중력 모델 : 관광지와의 거리 및 인구를 고려하여 대단지에 단기적으로 예측하는데 사용하는 모델
③ 요인분석 모델 : 연간수요량에 영향이 있다고 생각되는 사항을 요인으로 보고 분석하는 모델
④ 혼합형 모델 : 통계학에서 전체 집단 안의 하위 집단의 존재를 나타내기 위한 확률 모델

36. 동질적인 성격을 가진 비교적 큰 규모의 경관을 구분하는 것으로 주로 지형 및 지표 상태에 따라 구분하는 것을 무엇이라고 하는가?

① 경관요소
② 경관유형
③ 토지형태
④ 경관단위

37. 도시조경의 목표로서 가장 거리가 먼 것은?

① 친환경적 도시건설
② 친인간적 도시건설
③ 아름다운 도시건설
④ 교통 편의적 도시건설

38. 환경심리학에 관한 설명으로 옳지 않은 것은?

① 환경과 인간행위 상호간의 관계성을 연구한다.
② 사회심리학과 공동의 관심분야를 많이 지니고 있다.
③ 이론적이고 기초적인 연구에만 관심을 둔다.
④ 다소 정밀하지 않더라도 문제해결에 도움이 되는 가능한 모든 연구방법을 사용한다.

[해설] 환경심리학
① 환경과 행태의 관계성을 종합된 하나의 단위로 연구
② 환경과 행태의 상호간의 영향을 주고받는 상호작용 연구

Answer 33. ② 34. ① 35. ④ 36. ④ 37. ④ 38. ③

③ 이론적이고 기초적인 연구에만 관심을 두지 않고, 형식적인 문제를 해결하기 위한 이론 및 그 응용 연구
④ 조경, 건축, 도시계획, 사회학 등의 여러 분야에 관계가 깊은 종합과학으로 연구
⑤ 사회심리학과 많은 공동 관심분야 지님
⑥ 모든 연구방법 사용

39. 환경영향평가의 어려움에 관한 설명으로 옳지 않은 것은?

① 쾌적함, 아름다움 등의 추상적 가치에 관한 정량적 분석이 어렵다.
② 건설 후에 평가를 하게 되므로 완화대책을 시행하는 데 비용이 많이 든다.
③ 일정행위로 인해 초래되는 환경적 영향에 대한 과학적 자료가 미흡하다.
④ 환경적 영향을 충분히 분석하기 위하여 어느 정도의 자료가 수집되어야 하는가에 대한 지식이 부족하다.

해설 ② 환경영향평가 : 건설 전 평가

40. 세계 최초로 지정된 국립공원과 한국 최초로 지정된 국립공원이 바르게 짝지어진 것은?

① 요세미티(yosemite) - 오대산
② 요세미티(yosemite) - 속리산
③ 옐로우스톤(yellow stone) - 설악산
④ 옐로우스톤(yellow stone) - 지리산

3과목 조경설계

41. 균형(Balance)의 원리에 관한 설명으로 옳지 않은 것은?

① 크기가 큰 것은 작은 것보다 시각적 중량감이 크다.
② 거친 질감은 부드러운 질감보다 시각적 중량감이 크다.
③ 불규칙적인 형태는 기하학적인 형태보다 시각적 중량감이 크다.
④ 밝은 색상이 어두운 색상보다 시각적 중량감이 크다.

해설 큰 시각적 중량감
- 크기 : 큰 것 > 작은 것
- 색상 : 어두운 색상 > 밝은 색상
- 질감 : 거칠고 복잡 > 부드럽고 단순
- 형태 : 불규칙 > 기하학적
- 선 : 사선이나 톱니모양 > 수직선이나 수평선

42. 다음 먼셀 기호에 대한 설명이 틀린 것은?

5R 4/10

① 명도는 4이다.
② 색상은 5R이다.
③ 채도는 4/10이다.
④ 5R 4의 10이라고 읽는다.

해설 ③ 채도는 10이다.
먼셀표색계 : H V/C(색상 명도/채도)

43. 자전거도로의 설계에서 "종단경사가 있는 자전거도로의 경우 종단경사도에 따라 연속적으로 이어지는 도로의 최대 길이"를 무엇이라 하는가?

① 편경사   ② 정지시거
③ 횡단경사   ④ 제한길이

해설 자전거도로 용어 정의
㉠ 설계속도 : 자전거도로 설계의 기초가 되는 자전거의 속도
㉡ 정지시거 : 자전거 운전자가 같은 자전거도로 위에 있는 장애물을 인지하고 안전하게 정지하기 위하여 필요한 거리
㉢ 종단경사 : 자전거도로의 진행방향 중심선의 길이에 대한 높이의 변화 비율
㉣ 편경사 : 평면곡선부에서 자전거가 원심력에 저항할 수 있도록 하기 위하여 설치하는 횡단경사

Answer 39. ② 40. ④ 41. ④ 42. ③ 43. ④

㉥ 횡단경사 : 자전거도로의 진행방향에 직각으로 설치하는 경사, 자전거도로의 배수를 원활하게 하기 위하여 설치하는 경사와 평면곡선부에 설치하는 편경사

㉦ 제한길이 : 종단경사가 있는 자전거도로의 경우 종단경사도에 따라 연속적으로 이어지는 도로의 최대 길이

㉧ 시설한계 : 자전거도로 위에서 차량이나 보행자의 교통안전을 위하여 일정한 폭과 일정한 높이의 범위 내에는 장애가 될 만한 시설물을 설치하지 못하게 하는 자전거도로 위 공간 확보의 한계

44. 다음 색에 관한 설명 중 옳은 것은?

① 파랑 계통은 한색이고, 진출색·팽창색이다.
② 파랑 계통은 난색이고, 후퇴색·팽창색이다.
③ 빨강 계통은 난색이고, 진출색·팽창색이다.
④ 빨강 계통은 한색이고, 후퇴색·팽창색이다.

해설 진출과 후퇴, 팽창과 수축
㉠ 진출, 팽창 : 난색, 고명도, 고채도
㉡ 후퇴, 수축 : 한색, 저명도, 저채도

45. 가시광선이 주는 밝기의 감각이 파장에 따라 달라지는 정도를 나타내는 것은?

① 명시도   ② 시감도
③ 암시도   ④ 비시감도

46. 공공을 위한 공원 조성 시 보행동선 계획·설계에 관한 설명으로 틀린 것은?

① 동선은 가급적 단순하고 명쾌해야 한다.
② 상이한 성격의 동선은 가급적 분리시켜야 한다.
③ 이용도가 높은 동선은 가급적 길게 해야 한다.
④ 동선이 교차할 때에는 가급적 직각으로 교차해야 한다.

해설 ③ 이용도가 높은 동선은 가급적 짧게 해야 한다.

47. 인간 척도의 측면에서 외부공간에서 리듬감을 주고자 할 때 바닥의 재질변화나 고저차는 어느 정도 간격으로 하는 것이 가장 효과적인가?

① 10~15m   ② 15~20m
③ 20~25m   ④ 25~30m

48. 위요된 공간에서 혼잡하다고 느낄 때, 이를 완화시키기 위한 공간의 구성으로 틀린 것은?

① 천정을 높인다.
② 적절한 칸막이를 만들어 준다.
③ 외부공간으로 시선을 열어준다.
④ 장방형의 공간을 정방형으로 만든다.

49. 조경구성에 있어서 질감(texture)의 특성에 대한 설명으로 옳지 않은 것은?

① 질감은 물체의 부분의 형과 크기의 결과이다.
② 수목의 질감은 주로 잎의 특성과 크기 및 배치에 달려 있다.
③ 질감은 관찰자의 떨어진 거리가 영향을 미치지 않는다.
④ 질감의 효과는 매끄럽다, 거칠다 등 경험적 촉각에 의하여 감지된다.

50. 다음 중 "자연적인 형태" 주제에 해당하지 않는 것은?

① 나선형(spiral)
② 유기체적 모서리형(organic edge)
③ 불규칙 다각형(irregular polygon)
④ 집합과 분열형(clustering and fragmentation)

51. 다음 중 교차점광장의 결정 기준에 해당하지 않는 것은? (단, 도시·군계획시설의 결정·구조 및 설치기준에 관한 규칙을 적용한다.)

① 자동차전용도로의 교차지점인 경우에는 입체교차방

Answer   44. ③   45. ②   46. ③   47. ③   48. ④   49. ③   50. ①   51. ②

식으로 할 것
② 주민의 사교, 오락, 휴식 및 공동체 활성화 등을 위하여 근린주거구역별로 설치할 것
③ 혼잡한 주요도로의 교차점에서 각종 차량과 보행자를 원활히 소통시키기 위하여 필요한 곳에 설치할 것
④ 주간선도로의 교차지점인 경우에는 접속도로의 기능에 따라 입체교차방식으로 하거나 교통섬·변속차로 등에 의한 평면교차방식으로 할 것

해설 광장의 결정 기준
1. 교통광장
  가. 교차점광장
    1) 혼잡한 주요도로의 교차지점에서 각종 차량과 보행자를 원활히 소통시키기 위하여 필요한 곳에 설치할 것
    2) 자동차전용도로의 교차지점인 경우에는 입체교차방식으로 할 것
    3) 주간선도로의 교차지점인 경우에는 접속도로의 기능에 따라 입체교차방식으로 하거나 교통섬·변속차로 등에 의한 평면교차방식으로 할 것. 다만, 도심부나 지형여건상 광장의 설치가 부적합한 경우에는 그러하지 아니하다.
  나. 역전광장
    1) 역전에서의 교통혼잡을 방지하고 이용자의 편의를 도모하기 위하여 철도역 앞에 설치할 것
    2) 철도교통과 도로교통의 효율적인 변환을 가능하게 하기 위하여 도로와의 연결이 쉽도록 할 것
    3) 대중교통수단 및 주차시설과 원활히 연계되도록 할 것
  다. 주요시설광장
    1) 항만·공항 등 일반교통의 혼잡요인이 있는 주요시설에 대한 원활한 교통처리를 위하여 당해 시설과 접하는 부분에 설치할 것
    2) 주요시설의 설치계획에 교통광장의 기능을 갖는 시설계획이 포함된 때에는 그 계획에 의할 것
2. 일반광장
  가. 중심대광장
    1) 다수인의 집회·행사·사교 등을 위하여 필요한 경우에 설치할 것
    2) 전체 주민이 쉽게 이용할 수 있도록 교통중심지에 설치할 것
    3) 일시에 다수인이 모였다 흩어지는 경우의 교통량을 고려할 것
  나. 근린광장
    1) 주민의 사교, 오락, 휴식 및 공동체 활성화 등을 위하여 근린주거구역별로 설치할 것
    2) 시장·학교 등 다수인이 모였다 흩어지는 시설과 연계되도록 인근의 토지이용현황을 고려할 것
    3) 시·군 전반에 걸쳐 계통적으로 균형을 이루도록 할 것
3. 경관광장
  가. 주민의 휴식·오락 및 경관·환경의 보전을 위하여 필요한 경우에 하천, 호수, 사적지, 보존가치가 있는 산림이나 역사적·문화적·향토적 의의가 있는 장소에 설치할 것
  나. 경관물에 대한 경관유지에 지장이 없도록 인근의 토지이용현황을 고려할 것
  다. 주민이 쉽게 접근할 수 있도록 하기 위하여 도로와 연결시킬 것
4. 지하광장
  가. 철도의 지하정거장, 지하도 또는 지하상가와 연결하여 교통처리를 원활히 하고 이용자에게 휴식을 제공하기 위하여 필요한 곳에 설치할 것
  나. 광장의 출입구는 쉽게 출입할 수 있도록 도로와 연결시킬 것
5. 건축물 부설광장
  가. 건축물의 이용효과를 높이기 위하여 건축물의 내부 또는 그 주위에 설치할 것
  나. 건축물과 광장 상호간의 기능이 저해되지 아니하도록 할 것
  다. 일반인이 접근하기 용이한 접근로를 확보할 것

52. 설계 도면의 치수를 나타낸 그림 중 가장 나쁘게 표현한 것은?

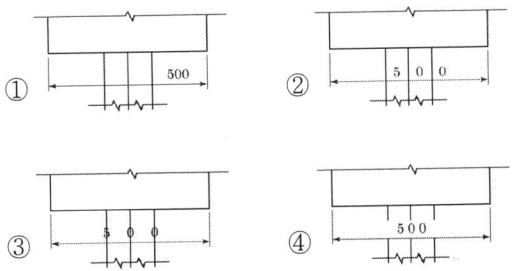

Answer
52. ③

53. 건축물의 피난·방화구조 등의 기준에 관한 규칙상 다음 설명의 ( ) 안에 적합한 수치는?

> 건축물의 바깥쪽으로 나가는 출구를 설치하는 경우 관람실 바닥면적의 합계가 ( )m² 이상인 집회장 또는 공연장은 주된 출구 외에 보조출구 또는 비상구를 2개소 이상 설치하여야 한다.

① 250　　　　　　② 300
③ 500　　　　　　④ 600

해설　건축물의 바깥쪽으로의 출구의 설치 기준
1. 피난층의 계단으로부터 건축물의 바깥쪽으로의 출구에 이르는 보행거리(가장 가까운 출구와의 보행거리)는 규정에 의한 거리 이하로 하여야 하며, 거실(피난에 지장이 없는 출입구가 있는 것을 제외)의 각 부분으로부터 건축물의 바깥쪽으로의 출구에 이르는 보행거리는 규정에 의한 거리의 2배 이하로 하여야 한다.
2. 건축물의 바깥쪽으로 나가는 출구를 설치하는 건축물 중 문화 및 집회시설(전시장 및 동·식물원을 제외), 종교시설, 장례식장 또는 위락시설의 용도에 쓰이는 건축물의 바깥쪽으로의 출구로 쓰이는 문은 안여닫이로 하여서는 아니된다.
3. 건축물의 바깥쪽으로 나가는 출구를 설치하는 경우 관람실의 바닥면적의 합계가 300m² 이상인 집회장 또는 공연장은 주된 출구 외에 보조출구 또는 비상구를 2개소 이상 설치해야 한다.
4. 판매시설의 용도에 쓰이는 피난층에 설치하는 건축물의 바깥쪽으로의 출구의 유효너비의 합계는 해당 용도에 쓰이는 바닥면적이 최대인 층에 있어서의 해당 용도의 바닥면적 100m²마다 0.6m의 비율로 산정한 너비 이상으로 하여야 한다.
5. 다음 각 호의 어느 하나에 해당하는 건축물의 피난층 또는 피난층의 승강장으로부터 건축물의 바깥쪽에 이르는 통로에는 경사로를 설치하여야 한다.
   ① 제1종 근린생활시설 중 지역자치센터·파출소·지구대·소방서·우체국·방송국·보건소·공공도서관·지역건강보험조합 기타 이와 유사한 것으로서 동일한 건축물 안에서 당해 용도에 쓰이는 바닥면적의 합계가 1,000m² 미만인 것
   ② 제1종 근린생활시설 중 마을회관·마을공동작업소·마을공동구판장·변전소·양수장·정수장·대피소·공중화장실 기타 이와 유사한 것
   ③ 연면적이 5,000m² 이상인 판매시설, 운수시설
   ④ 교육연구시설 중 학교
   ⑤ 업무시설 중 국가 또는 지방자치단체의 청사와 외국공관의 건축물로서 제1종 근린생활시설에 해당하지 아니하는 것
   ⑥ 승강기를 설치하여야 하는 건축물
6. 「건축법」에 따라 어느 하나에 해당하는 건축물의 바깥쪽으로 나가는 출입문에 유리를 사용하는 경우에는 안전유리를 사용하여야 한다.

54. 다음 중 일반적인 조경설계 과정에 포함되는 사항이 아닌 것은?

① 프로그램 개발　　② 조사와 분석
③ 개념적인 설계　　④ 모니터링 설계

55. 전망대 설치 시 고려사항으로 틀린 것은?

① 전망대의 면적은 1인당 보통 5~7m²가 적당하다.
② 위치는 조망에 유리한 방향을 향하도록 하는 것이 좋다.
③ 보안상 안전하고 이용자가 사용하기 좋은 곳을 고려해야 한다.
④ 전망대 위치는 능선이나 산 정상보다는 진입로 근처가 바람직하다.

56. 최근의 환경설계분야에서는 과학적 설계에 대한 관심이 높아지고 있다. 과학적 설계에 관한 설명으로 틀린 것은?

① 과학적 설계 연구 자료에 근거하여 설계한다.
② 이용자의 형태, 선호 및 가치를 최대한 고려한다.
③ 설계자의 창의력은 임의성이 많으므로 과학적 방법으로 완전히 대체하고자 하는 것이다.
④ 설계자의 직관 및 경험에만 의존하지 않고 합리적 접근이 가능한 분야는 과학적 방법을 이용한다.

Answer　53. ②　54. ④　55. ④　56. ③

57. 다음 그림과 같이 투상하는 방법은?

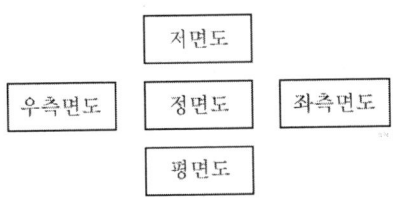

① 제1각법　　② 제2각법
③ 제3각법　　④ 제4각법

58. 설계 시 사용되는 1점 쇄선의 용도가 아닌 것은? (단, 한국산업표준(KS)을 적용한다.)

① 중심선　　② 절단선
③ 경계선　　④ 가상선

해설 ④ 가상선 : 이점쇄선

59. 어린이 미끄럼틀의 미끄럼대에 있어서 일반적인 미끄럼판의 기울기 각도와 폭이 가장 적합하게 짝지어진 것은? (단, 폭은 1인용 미끄럼판을 기준으로 한다.)

① 각도 : 20~30°, 폭 : 20~30cm
② 각도 : 30~35°, 폭 : 40~50cm
③ 각도 : 20~30°, 폭 : 40~50cm
④ 각도 : 30~40°, 폭 : 20~30cm

60. 환경색채디자인에서 주의할 점이 아닌 것은?

① 인공시설물의 색채는 제외시킨다.
② 자연환경과 인공환경의 조화를 고려해야 한다.
③ 대상 지역 전체의 색채 이미지와 부분의 색채 이미지가 잘 조화될 수 있도록 계획한다.
④ 외부 환경색채 디자인의 경우 광, 온도, 기후 등 대상 지역에 대한 정확한 조사를 바탕으로 색채계획이 이루어져야 한다.

4과목 조경식재

61. 다음 중 천근성(淺根性)으로 분류되는 수종은?

① 느티나무(*Zelkova serrata*)
② 전나무(*Abies holophylla*)
③ 상수리나무(*Quercus acutissima*)
④ 이태리포푸라(*Populus davidiana*)

해설 ① 느티나무(*Zelkova serrata*) : 심근성 수종
② 전나무(*Abies holophylla*) : 심근성 수종
③ 상수리나무(*Quercus acutissima*) : 심근성 수종
④ 이태리포푸라(*Populus davidiana*) : 천근성 수종

62. 천이(Succession)의 순서가 옳은 것은?

① 나지→1년생 초본→다년생 초본→음수교목림→양수관목림→양수교목림
② 나지→1년생 초본→다년생 초본→양수관목림→양수교목림→음수교목림
③ 나지→1년생 초본→다년생 초본→양수관목림→양수교목림→음수교목림
④ 나지→다년생 초본→1년생 초본→양수관목림→양수교목림→음수교목림

63. '개체군 내에는 최적의 생장과 생존을 보장하는 밀도가 있다. 과소 및 과밀은 제한 요인으로 작용한다.'가 설명하고 있는 원리는?

① Gause의 원리　　② Allee의 원리
③ 적자생존의 원리　　④ 항상성의 원리

해설 ① Gause의 원리=경쟁배타의 원리 : 동일한 자원에 대해 경쟁하는 두 종은 동일 장소에서 생존할 수 없다.
② Allee의 원리 : 개체군의 과소 및 과밀은 제한 요인으로 작용한다.
③ 적자생존의 원리 : 최후에 살아남는 종은 변화에

Answer　57. ①　58. ④　59. ②　60. ①　61. ④　62. ③　63. ②

가장 잘 적응하는 종이다.
④ 항상성의 원리 : 항상성은 무한히 성장하지 않고, 항상 안정된 평형 상태로 유지하려는 것이다.

64. 포장지역에 식재한 독립 교목은 태양열 및 인적 피해로부터의 보호와 미관을 고려하여 수간에 매년 새끼 등 수간보호재 감기를 실시하여야 한다. 이 경우 지표로부터 약 몇 m 높이까지 감아야 하는가?

① 1.0m
② 1.5m
③ 2.0m
④ 2.6m

65. 가로수의 식재 방법으로 옳지 않은 것은?

① 식재구덩이의 크기는 너비를 뿌리분 크기의 1.5배 이상으로 한다.
② 분의 지름은 근원경의 2~3배로 해서 분뜨기를 한다.
③ 지주 설치 기간은 뿌리 발육이 양호해질 때까지 약 1~2년간 설치해 둔다.
④ 식재지의 일정 용량 중 토양입자 50%, 수분 25%, 공기 25%의 구성비를 표준으로 한다.

[해설] ② 분의 지름은 근원경의 4~6배로 해서 분뜨기를 한다.

66. 추식구근(秋植球根)에 해당하지 않는 것은?

① 아마릴리스(Amaryllis)
② 아네모네(Anemone)
③ 히아신스(hyacinth)
④ 라넌큘러스(Ranunculus)

[해설] ① 아마릴리스(Amaryllis) : 춘식구근
② 아네모네(Anemone) : 추식구근
③ 히아신스(hyacinth) : 추식구근
④ 라넌큘러스(Ranunculus) : 추식구근
※ 구근류 식재
① 춘식구근 : 칸나, 다알리아, 글라디올러스, 아마릴리스, 상사화
② 추식구근 : 아네모네, 크로커스, 히아신스, 구근아이리스, 수선화, 튤립, 백합

67. 다음 설명에 적합한 수종은?

- 백색수피가 특이하다.
- 극양수로서 도시공해 및 전지전정에 약하다.
- 종이처럼 벗겨지며 봄의 신록과 가을 황색단풍이 아름다워 현대 감각에 알맞은 조경수이다.

① 서어나무(Carpinus laxiflora)
② 박달나무(Betula schmidtii)
③ 개암나무(Corylus heterophylla)
④ 자작나무(Betula platyphylla var. japonica)

68. 사실적(寫實的) 식재와 가장 관련이 없는 것은?

① 다수의 수목을 규칙적으로 배식
② 실제로 존재하는 자연경관을 묘사
③ 고산식물을 주종으로 하는 암석원(rock garden)
④ 윌리엄 로빈슨이 제창한 야생원(wild garden)

[해설] ① 다수의 수목을 규칙적으로 배식 : 정형식 식재

69. 개울가, 연못 가장자리 등 습윤지에서 잘 자라는 수종이 아닌 것은?

① 낙우송(Taxodium distichum)
② 능수버들(Salix pseudolasiogyne)
③ 오리나무(Alnus japonica)
④ 향나무(Juniperus chinensis)

[해설] 수목과 수분
① 내건성이 강한 수종 : 소나무, 노간주나무, 향나무, 아까시나무, 배롱나무, 오리나무, 자작나무, 녹나무, 싸리나무, 팥배나무 등
② 호습성 수종 : 메타세쿼이아, 낙우송, 삼나무, 태산목, 동백나무, 물푸레나무, 오리나무, 버드나무류, 위성류, 층층나무, 풍년화, 병꽃나무 등

70. 숲의 층위에 해당하지 않는 것은?

① 만경류층
② 초본층
③ 관목층
④ 아교목층

[해설] ① 교목층 : 높이가 10m 이상인 큰키나무 층
② 아교목층 : 사람 키의 2~3배로 자라는 나무 층
③ 관목층 : 사람 키 정도로 밑둥에서 여러 개의 줄기가 갈려져 자라는 나무 층
④ 초본층 : 풀이나 어린 나무 층
⑤ 만경류층 : 줄기를 감고 오르는 덩굴식물로 이루어진 층

71. 다음 중 자동차 배기가스에 가장 강한 수종은?

① 은행나무(Ginkgo biloba)
② 전나무(Abies holophylla)
③ 자귀나무(Albizia julibrissin)
④ 금목서(Osmanthus fragrans var. aurantiacus)

72. 식재 구성에서 색채와 관련된 이론으로서 옳지 않은 것은?

① 경관마다 우세한 것과 종속적인 요소를 결정하여 조성하여야 한다.
② 색의 변화는 연속성을 파괴하지 않도록 점진적인 단계를 두어야 한다.
③ 밝고 선명한 색채는 희미하고 연한 색채에 비하여 고운 질감을 지닌다.
④ 정원에서 휴식과 평화로운 분위기를 주도록 잎의 녹색은 관목의 꽃보다 더욱 중요하게 취급된다.

[해설] 색채와 질감
 - 밝고 선명한 색채 : 거친 질감
 - 희미하고 연한 색채 : 고운 질감

73. 장미과 식물 중 속(Genus) 분류가 다른 것은?

① 산돌배   ② 콩배나무
③ 아그배나무   ④ 위봉배나무

[해설] ① 산돌배 : Pyrus
② 콩배나무 : Pyrus
③ 아그배나무 : Malus
④ 위봉배나무 : Pyrus

74. 중앙분리대 식재 시 차광효과가 가장 큰 수종으로만 나열된 것은?

① 아왜나무, 돈나무
② 광나무, 소사나무
③ 사철나무, 쉬땅나무
④ 생강나무, 병아리꽃나무

[해설] 중앙분리대 식재 수종
 - 차광률 90% 이상 : 향나무, 가이즈까향나무, 졸가시나무, 아왜나무, 진달래, 돈나무
 - 차광률 70~90% : 광나무, 늦동백, 다정큼나무
 - 차광률 70% 이상 : 사철나무, 협죽도

75. 다음 설명에 해당되는 수목은?

- 수형은 원추형
- 내음성과 내조성이 강한 상록침엽수
- 큰 나무는 이식이 곤란하나 전정에 잘 견디며 경계식재나 기초 식재에 이용

① 개잎갈나무(Cedrus deodara)
② 자목련(Magnolia liliiflora)
③ 주목(Taxus cuspidata)
④ 단풍나무(Acer palmatum)

76. 기수 1회 우상복엽의 잎 특성을 가진 수종이 아닌 것은?

① 물푸레나무(Fraxinus rhynchophylla)
② 아카시나무(Robinia pseudoacacia)
③ 자귀나무(Albizia julibrissin)
④ 쉬나무(Rutaceae daniellii)

[해설] ③ 자귀나무(Albizia julibrissin) : 우수우상복엽

77. 식물의 화아분화가 가장 잘 될 수 있는 조건은?

① 식물체 내의 N 성분이 많을 때
② 식물체 내의 K 성분이 많을 때

Answer 71. ① 72. ③ 73. ③ 74. ① 75. ③ 76. ③ 77. ④

③ 식물체 내의 P 성분이 많을 때
④ 식물체 내의 C/N율이 높을 때

78. 토양을 개선하기 위해 사용되는 부식(humus)의 특성으로 옳지 않은 것은?

① 토양의 용수량을 증대시키고 한발을 경감시킨다.
② 보비력이 강하고 배수력과 보수력이 강하다.
③ 미생물의 활동을 활발하게 하며 유기물의 분해를 촉진시킨다.
④ 토양을 단립(單粒) 구조로 만들고, 토양의 물리적 성질을 약화시킨다.

79. 흰말채나무(*Cornus alba* L.)의 특징으로 틀린 것은?

① 노란색의 열매가 특징적이다.
② 층층나무과(科)로 낙엽활엽관목이다.
③ 수피가 여름에는 녹색이나 가을, 겨울철의 붉은 줄기가 아름답다.
④ 잎은 대생하며 타원형 또는 난상타원형이고, 표면에 작은 털, 뒷면은 흰색의 특징을 갖는다.

[해설] ① 흰색의 열매가 특징적이다.

80. 팥배나무의 종명에 해당하는 것은?

① *myrsinaefolia*　② *Alnus*
③ *Sorbus*　④ *alnifolia*

[해설] 팥배나무 : *Sorbus alnifolia*
　　① 속명 - *Sorbus*　② 종명 - *alnifolia*

5과목　조경시공구조학

81. 다음 중 콘크리트의 혼화재료에 속하지 않는 것은?

① 타르　② AE제
③ 포졸란　④ 염화칼슘

[해설] 콘크리트 혼화재료 : 포졸란, 플라이애쉬, AE제, 감수제, AE감수제, 응결경화 촉진제, 응결지연제, 급결제, 방수제(염화칼슘, 규산소다, 실리카 분말, 지르코늄 화합물, 실리콘, 파라핀, 아스팔트, 수지에멀젼, 고무라텍스, 폴리비닐알코올), 방청재

82. 그림과 같은 지형을 평탄하게 정지작업을 하였을 때 평균 표고는?

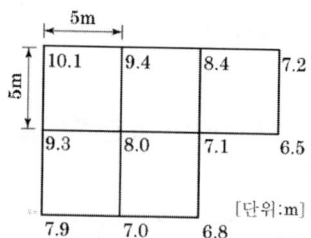

① 7.973m　② 8.000m
③ 8.027m　④ 8.104m

[해설] 10.1m+9.4m+8.4m+7.2m+6.5m+7.1m+8.0m+9.3m+7.9m+7.0m+6.8m = 87.7m
∴ 87.7m÷11개=7.97272m≒8.000m

83. 관거의 유속과 유량에 대한 설명이 틀린 것은?

| Q : 유량 | V : 유속 | A : 유수단면적 | R : 경심 |
| I : 수면구배 | C : 평균유속계수 | n : 조도계수 | |

① $V=C\sqrt{RI}$ 가 성립된다.
② $Q=A \cdot C\sqrt{RI}$ 가 성립된다.
③ $C = \dfrac{23+\dfrac{1}{n}+\dfrac{0.00155}{I}}{1+(23+\dfrac{0.00155}{I}) \times \dfrac{n}{\sqrt{R}}}$ 가 성립된다.
④ A · C · I가 일정하면 경심이 최대일 때 유량은 최대가 될 수 없다.

84. 도면에서 곡선으로 된 자연지형 부분의 면적을 구하기에 가장 적합한 방법은?

① 모눈종이법에 의한 방법
② 배횡거법에 의한 방법
③ 지거법에 의한 방법
④ 구적기에 의한 방법

해설 ④ 구적기 = 플래니미터(planimeter)
: 불규칙한 경계선을 갖는 도상 면적을 측정하는 데 사용되는 기계

85. 다음 시공관리에 대한 설명이 틀린 것은?

① 시공관리의 3대 목표는 공정관리, 품질관리, 원가관리이다.
② 발주자는 최소의 비용으로 최대의 생산을 올리고자 한다.
③ 품질과 원가와의 관계는 품질을 좋게 하면 원가는 높아지는 경향이 있다.
④ 공사의 품질 및 공기에 대해 계약조건을 만족하면서 능률적이고 경제적 시공을 위한 것이다.

86. 다음 설명에 적합한 도로의 폭원 요소는?

- 다른 용어로 갓길 또는 노견이라 함
- 도로를 보호하고 비상시에 이용하기 위하여 차로에 접속하여 설치하는 도로의 부분 도로의 주요 구조부의 보호, 고장차 대피 등에 이용

① 길어깨(shoulder)
② 보도(pedestrian way)
③ 중앙분리대(median strip)
④ 노상시설대(street strip)

87. 네트워크 공정표 특징으로 가장 거리가 먼 것은?

① 작성 및 검사에 특별한 기능이 요구된다.
② 작업순서와 상호관계의 파악이 용이하다.
③ 계획의 단계에서 만든 여러 데이터의 수집이 가능하다.
④ 변경에 대해 전체적인 영향을 받지 않아 공정표의 수정이 대단히 용이하다.

88. 시공도면 작성 시 아래와 같은 표시는 일반적으로 무엇을 의미하는가?

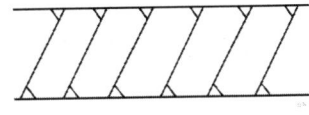

① 지반
② 잡석다짐
③ 석재
④ 벽돌벽

89. 비탈면에 잔디를 식재하는 방법이 틀린 것은?

① 비탈면에 줄떼다지기는 잔디폭 0.1m 이상 되도록 한다.
② 잔디고정은 떼꽂이를 사용하여 잔디 1매당 2개 이상 견실하게 고정한다.
③ 비탈면 전면(평떼)붙이기는 줄눈을 일정한 틈을 벌려 십자줄이 되도록 붙인다.
④ 잔디시공 후에는 모래나 흙으로 잔디붙임면을 얇게 덮은 후 고루 두들겨 다져준다.

해설 비탈면 잔디식재
① 잔디생육에 적합한 토양의 비탈면 기울기가 1:1 보다 완만할 때에는 비탈면을 일시에 녹화하기 위해서 흙이 붙어있는 재배된 잔디를 사용하여 붙인다.
② 비탈면 전면(평떼)붙이기는 줄눈을 틈새 없이 붙이고 십자줄이 형성되지 않도록 어긋나게 붙이며, 잔디 소요면적은 비탈면 면적과 동일하게 적용한다.
③ 비탈면 줄떼다지기는 잔디폭이 0.1m 이상 되도록 하고, 비탈면에 0.1m 이내 간격으로 수평골을 파서 수평으로 심고 다짐을 철저히 한다.
④ 선떼붙이기는 비탈면에 일정 높이마다 수평으로 단끊기 후 되메우기한 앞면에 떼를 세워 붙이되 흙층에 완전히 밀착되도록 다지기를 잘하고 줄눈이 수평이 되도록 시공하며, 침하율을 감안하여 계획높이보다 덧쌓기를 하고 부위별 떼의 규격은

설계도서 및 감독자의 지시에 따라 정한다.
⑤ 잔디고정은 떼꽂이를 사용하여 잔디 1매당 2개 이상 견실하게 고정하며, 시공 후에는 모래나 흙으로 잔디붙임면을 얇게 덮은 후 고루 두들겨 다져준다.
⑥ 잔디판붙이기는 비탈면의 침식방지 및 활착이 용이하도록 잔디판을 비탈면에 밀착·고정한다.

90. 콘크리트의 크리프(creep)에 대한 설명으로 틀린 것은?

① 작용 응력이 클수록 크리프는 크다.
② 재하재령이 빠를수록 크리프는 크다.
③ 물시멘트비가 작을수록 크리프는 크다.
④ 시멘트 페이스트가 많을수록 크리프는 크다.

▶해설 콘크리트 크리프 증가 원인
① 재령 짧을수록
② 강도 낮을수록
③ W/C 클수록
④ 건조할수록
⑤ 양생 나쁠수록
⑥ 온도 높을수록
⑦ 골재치수 작을수록
⑧ 시멘트 페이스트 많을수록
⑨ 작용 응력 클수록
⑩ 재하 하중 클수록
⑪ 중용열시멘트 사용할수록
⑫ 부재 건조할수록

91. 다음 중 점토의 특성으로 옳지 않은 것은?

① 주성분은 규산 50~70%, 알루미나 15~35%, 기타 MgO, K_2O, Na_2O_3가 포함되어 있다.
② 암석이 풍화된 세립(細粒)으로 습한 상태에서 소성이 크다.
③ 비중은 3.0~3.5 정도이고 알루미나 성분이 많은 점토의 비중은 3.0 내외이다.
④ 양질의 점토일수록 가소성이 좋다.

92. 비탈면 안정자재에 대한 설명이 틀린 것은?

① 부착망은 체인링크철선과 염화비닐피복철선의 기준에 합당한 제품을 사용해야 한다.
② 낙석방지철망은 부식성이 있고 충격이나 식물뿌리의 번성에 따라 자연 변형되는 강도를 갖춘 것을 채택한다.
③ 격자틀 및 블록제품은 접합구가 일체식으로 연결될 수 있어야 하며, 녹화식물의 생육 최소심도 이상의 토심이 확보될 수 있도록 설계한다.
④ 비탈안정녹화공사용 격자틀 등의 합성 수지 제품은 내부식성이 있고 변형 및 탈색이 되지 않으며 자연미가 나도록 제작된 것을 채택한다.

▶해설 비탈면 안정자재
① 비탈안정녹화공사용 격자틀 등의 합성수지제품은 내부식성이 있고 변형 및 탈색이 되지 않으며 자연미가 나도록 제작된 것을 채택한다.
② 격자틀 및 블록제품은 접합구가 일체식으로 연결될 수 있어야 하며 녹화식물의 생육 최소심도 이상의 토심이 확보될 수 있도록 설계한다.
③ 낙석방지철망은 내부식성이 있고 낙석에 견딜 수 있는 충분한 강도를 갖춘 것을 채택한다.
④ 부착망은 체인링크철선과 염화비닐피복철선의 기준에 합당한 제품을 사용해야 한다.
⑤ 앵커핀 및 착지핀의 경우는 설계에 맞는 규격제품을 사용하였는지 확인하여야 한다.
⑥ 천연섬유 매트류(황마재〈jute〉, 야자섬유재〈coir〉, 볏짚 등), 기타 합성매트 재료의 굵기 및 두께, 격자망의 크기, 고정핀의 규격은 설계도서를 따르도록 하고, 반영 시 감독자와 협의하여 현장여건에 적합한 것을 사용하도록 한다.

93. 8ton 덤프트럭에 자연상태의 사질양토를 굴착 후 적재하려 한다. 덤프트럭의 1회 적재량은? (단, 사질양토 단위중량 : 1700kg/m^3, L=1.25, C=0.85, 소수 2째 자리에서 반올림한다.)

① $5.9m^3$ ② $4.7m^3$
③ $4.0m^3$ ④ $5.0m^3$

Answer 90. ③ 91. ③ 92. ② 93. ①

해설 $q = \dfrac{T}{r^t} \times L$

q : 흐트러진 상태의 덤프트럭 1회 적재량(m^3)
T : 덤프트럭의 적재중량(ton)
r^t : 자연상태에서의 토석의 단위중량(ton/m^3)
L : 체적환산계수에서의 체적변화율

∴ $q = \dfrac{8ton}{1.7ton/m^3} \times 1.25 = 5.88 ≒ 5.9m^3$

94. 다음 설명에 적합한 심토층 배수의 유형은?

- 식재지역에 부분적으로 지하수위를 낮추기 위한 방법
- 경사면의 내부에 불투수층이 형성되어 있어 지하로 유입된 우수가 원활하게 배출되지 못하거나 사면에서 용출되는 물을 제거하기 위하여 사용되는 방법
- 보통 도로의 사면에 많이 적용되며, 도로를 따라 수로가 만들어짐

① 차단법(intercepting system)
② 자연형(natural type) 배치
③ 완화 배수(relief drainage)
④ 즐치형(gridiron type) 배치

95. 다음 조경재료의 역학적 성질 중 "단단한 정도"를 나타내는 용어는?

① 연성(ductility)
② 인성(toughness)
③ 취성(brittleness)
④ 경도(hardness)

96. 계획오수량 산정 시 고려사항으로 틀린 것은?

① 지하수량은 1인1일 최대 오수량의 10~20%로 한다.
② 계획 1일 평균 오수량은 계획 1일 최대 오수량의 70~80%를 표준으로 한다.
③ 계획 시간 최대 오수량은 계획 1일 최대 오수량의 1시간당 수량의 1.3~1.8배를 표준으로 한다.
④ 합류식에서 우천 시 계획 오수량은 원칙적으로 계획 시간 최대 오수량의 3배 이하로 한다.

해설 ④ 합류식에서 우천 시 계획 오수량은 원칙적으로 계획시간 최대 오수량의 3배 이상으로 한다.

97. P가 그림과 같이 AB부재에 작용할 때 A, B점에 발생하는 반력(R_A, R_B)은 각각 얼마인가?

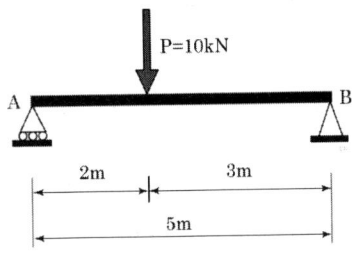

① R_A : 6kN, R_B : 4kN
② R_A : 4kN, R_B : 6kN
③ R_A : 2kN, R_B : 8kN
④ R_A : 8kN, R_B : 2kN

해설 $R_A = 10kN \times \dfrac{3m}{5m} = 6kN$

$R_B = 10kN \times \dfrac{2m}{5m} = 4kN$

98. 노외주차장 또는 노상주차장의 구조·설비 기준이 틀린 것은?

① 노상주차장은 너비 6미터 미만의 도로에 설치하여서는 아니 된다.
② 노외주차장에는 주차구획선의 긴 변과 짧은 변 중 한 변 이상이 차로에 접하여야 한다.
③ 노외주차장의 출구와 입구에서 자동차의 회전을 쉽게 하기 위하여 필요한 경우에는 차로와 도로가 접하는 부분을 곡선형으로 하여야 한다.
④ 노외 및 노상 주차장에서 60° 주차방식이 동일 면적에 토지이용의 효율성이 가장 높다.

해설 ④ 노외 및 노상 주차장에서 45° 주차방식이 동일 면적에 토지이용의 효율성이 가장 높다.

99. 콘크리트 배합(mix proportion) 중 실제 현장 골재의 표면수·흡수량 및 입도상태를 고려하여 시방배합을 현장상태에 적합하게 보정하는 배합은?

① 현장 배합(job mix)

② 용적 배합(volume mix)
③ 중량 배합(weight mix)
④ 계획 배합(specified mix)

100. 건설공사 표준품셈의 수량 계산 기준이 틀린 것은?

① 절토(切土)량은 자연상태의 설계도의 양으로 한다.
② 수량의 계산은 지정 소수 이하 1위까지 구하고, 끝수는 4사5입 한다.
③ 철근 콘크리트의 경우 철근 양만큼 콘크리트 양을 공제한다.
④ 곱하거나 나눗셈에 있어서는 기재된 순서에 의하여 계산하고, 분수는 약분법을 쓰지 않는다.

> 해설 ③ 철근 콘크리트의 경우 철근 양만큼 콘크리트 양을 공제하지 않는다.

6과목 조경관리론

101. 유효 인산과 결합하여 식물에 대한 인산의 유효도를 떨어뜨리는 원소는?

① K   ② Mg
③ Fe ④ Cu

102. 농약을 안전하게 사용하도록 용기색으로 농약의 종류를 구분한다. 농약 종류에 따른 지정색의 연결이 틀린 것은?

① 살충제 - 녹색
② 살균제 - 분홍색
③ 생장조정제 - 청색
④ 비선택성 제초제 - 노란색

> 해설 ④ 비선택성 제초제 - 적색

103. 다음 중 유기물의 탄소와 질소 함량을 비교해 볼 때 가장 빨리 분해가 될 수 있는 것은?

① 탄소 : 50.7%, 질소 : 2.20%
② 탄소 : 50.0%, 질소 : 0.30%
③ 탄소 : 44.0%, 질소 : 1.50%
④ 탄소 : 50.0%, 질소 : 5.00%

> 해설 탄질율(C/N율)이 클 때 분해가 느림
> ① 탄소 : 50.7%, 질소 : 2.20% → C/N율=23.05
> ② 탄소 : 50.0%, 질소 : 0.30% → C/N율=166.67
> ③ 탄소 : 44.0%, 질소 : 1.50% → C/N율=29.33
> ④ 탄소 : 50.0%, 질소 : 5.00% → C/N율=10
> 분해속도 빠른 순서 : ④ > ① > ③ > ②

104. 조경수목 유지관리 작업 계획 시 정기적인 작업으로 분류하기 가장 어려운 것은?

① 전정   ② 시비
③ 병해충 방제 ④ 관수

> 해설 ④ 관수 : 수시작업

105. 천공성 해충인 소나무좀의 월동 충태는?

① 알   ② 유충
③ 번데기 ④ 성충

106. 생태연못의 유지관리 사항으로 옳지 않은 것은?

① 모니터링은 최소 조성 10년 후부터 3개년 주기로 실시한다.
② 모니터링은 가급적 지역주민, NGO, 전문가 등이 함께 참여하도록 한다.
③ 물순환 시스템이 지속적으로 유지될 수 있도록 유입구와 유출구를 주기적으로 청소한다.
④ 습지식물이 지나치게 번성하였을 경우에는 부수식물이 차지하는 면적이 수면적의 1/3 이하가 되도록 식물 하단부(뿌리 부근)에 차단막을 설치하거나 수시로 제거해 준다.

Answer 100. ③ 101. ③ 102. ④ 103. ④ 104. ④ 105. ④ 106. ①

해설 생태연못 유지관리
1. 모니터링
① 조성된 생태연못의 생태환경과 생물종의 변화 추이를 관찰, 기록하여 자연천이의 과정을 살피고 생태적으로 바람직한 관리방향을 제시하여 시행하는 데 도움을 주도록 한다.
② 모니터링은 조성 직후부터 1년, 2년, 3년, 5년, 10년 등의 주기로 한다.
③ 모니터링은 물리적 환경과 생물적 요소를 모두 하며, 외래종 등 관리대상종에 특히 주의를 기울여야 한다.
④ 모니터링은 가급적 지역주민, NGO, 전문가 등이 함께 참여하도록 한다.

2. 유지관리
  1) 수질 및 수량
  ① 물순환 시스템이 지속적으로 유지될 수 있도록 유입구와 유출구를 주기적으로 청소한다.
  ② 유입수에 포함된 이물질을 제거하기 위하여 설치한 침전조는 주기적으로 청소해준다.
  ③ 연못 내의 수질을 주기적으로 점검하여 수질이 나빠지고 있을 경우에는 물순환의 양과 횟수를 늘려준다.
  ④ 생태연못의 부영양화를 제어하기 위해서는 부영양화의 원인 물질인 영양염류의 유입원을 차단한다.

  2) 식물상
  ① 여름철에 성장한 수초는 겨울철에 말라서 연못 내에 잔존하게 되는데, 부영양화를 가져올 우려가 있을 경우에는 적절한 시기에 제거하도록 한다.
  ② 습지식물이 지나치게 번성하였을 경우에는 부수식물이 차지하는 면적이 수면적의 1/3 이하가 되도록 식물 하단부(뿌리 부근)에 차단막을 설치하거나 수시로 제거해준다.
  ③ 개망초, 환삼덩굴 등 귀화식물이 확산되어 우점종이 된 경우에는 인위적으로 제거한다.
  ④ 생태연못에 조성된 교목림에 의해서 수면에 지나치게 그늘이 질 경우에는 가지치기를 해주어야 한다.
  ⑤ 우점종이 출현하여 식물종이 단순화될 우려가 있을 때에는 우점종의 수를 줄여주고 우점종 확산을 방지할 대책을 세운다.

  3) 동물상
  ① 인공습지의 목표종에 따른 개방수면의 면적 비율은 공사시방서 또는 감독자의 협의에 의해 정한다.
  ② 모기 등 위생에 문제가 되는 생물종이 급증할 때에는 적절한 관리대책을 마련한다.
  ③ 수중 생물종을 위하여 항상 적절한 수질과 수온을 유지하도록 한다.
  ④ 붉은귀거북, 블루길, 베스, 비단잉어 등의 외래종은 제거하도록 한다.

  4) 이용자 : 출입이 제한된 생태연못 내로의 진입 등을 하지 못하도록 펜스, 안내판 등 설치하여 출입자를 관리한다.

107. 수목의 병해충 구제 방법이 아닌 것은?

① 기계적 방법
② 화학적 방법
③ 식생적 방법
④ 생물학적 방법

108. 요소의 성질을 나타낸 설명이 옳은 것은?

① 분자식은 $CO(NH_4)_2$이다.
② 타 질소질 비료에 비해 고온에서 흡습성이 높다.
③ 산(acid)과 함께 가열하면 우레탄이 만들어진다.
④ 알칼리와 함께 가열하면 완전히 분해되어 암모늄염과 이산화탄소가 된다.

해설 요소 : $CO(NH_2)_2$

109. 수목병과 매개충의 연결이 옳지 않은 것은?

① 느릅나무 시들음병 – 나무좀
② 쥐똥나무 빗자루병 – 마름무늬매미충
③ 오동나무 빗자루병 – 담배장님노린재
④ 대추나무 빗자루병 – 담배장님노린재

해설 ④ 대추나무 빗자루병 – 마름무늬매미충

110. 식물관리비의 산정식으로 옳은 것은?

① 식물의 수량×작업률×작업횟수×작업단가
② (식물의 수량×작업률)÷(작업횟수×작업단가)

Answer 107. ③ 108. ② 109. ④ 110. ①

③ (식물의 수량×작업률×작업횟수)÷작업단가
④ 식물의 수량÷(작업률×작업횟수×작업단가)

111. 목재에 사용되는 방부제의 성능 기준의 항목으로 가장 거리가 먼 것은?

① 휘산성　　② 흡습성
③ 철부식성　④ 침투성

해설 목재 방부제의 성능 기준의 항목 : 흡습성, 철부식성, 침투성, 방부성능

112. 토양수를 흡습수, 모세관수, 중력수로 구분하는 기준은?

① 토양 중의 수분함량
② 대기로의 수분증발력
③ 토양입자와 수분의 장력
④ 토양수분이 중력에 견디는 힘

113. 콘크리트 포장의 부분 보수를 위한 콘크리트 포설작업이 불가능한 기온은 몇 ℃ 이하인가? (단, 감독자가 승인한 경우 이외에는 공사를 진행하여서는 안 된다.)

① 10℃　　② 8℃
③ 6℃　　　④ 4℃

해설 아스팔트 및 콘크리트 혼합물의 포설작업 중 비가 올 경우에는 즉시 작업을 중단하여야 하며, 외기온도 4℃ 이하인 경우와 30℃ 이상인 경우 감독자가 승인한 경우 이외에는 공사를 진행하여서는 안 된다.

114. 다음 중 공원이용 관리시의 주민참가를 위한 조건으로 볼 수 없는 것은?

① 이해의 조정과 공평성을 가질 것
② 주민참가 결과의 효과가 기대될 것
③ 행정당국의 지침에 수동적으로 참여할 것
④ 규모 및 전문성이 주민의 수탁능력을 넘지 않을 것

해설 ③ 운영상 주민의 자발적 참가 및 협력을 필요 요건으로 할 것

115. 조경관리 계획 수립 시 작업별 1일당 소요인원을 산출할 경우 기초 자료로 활용될 수 있는 내용으로만 구성된 것은?

① 단위작업률, 미래의 예상실적, 작업능률
② 연간작업량, 단위작업률, 과거의 실적
③ 연간작업량, 미래의 예상실적, 작업능률
④ 연간작업량, 단위작업률, 작업능률

116. 녹지(綠地) 표면에 물이 고여 정체하고 있어 식물생육에 피해를 주고 있을 경우 대처해야 할 관리방법으로 가장 부적합한 것은?

① 암거(暗渠)를 매설한다.
② 지하수위를 높여 준다.
③ 표토를 그레이딩(Grading)한다.
④ 표토의 토성(土性) 및 구조(構造)를 개량한다.

117. 수목 병의 주요한 표징 중 영양기관에 의한 것은?

① 포자(胞子)
② 균핵(菌核)
③ 자낭각(子囊殼)
④ 분생자병(分生子柄)

해설 표징
- 병원체의 영양기관에 의한 것 : 균사, 근상균사속, 우상균사, 균핵, 자좌 등
- 병원체의 번식기관에 의한 것 : 포자, 분생자병, 분생자퇴, 분생자좌, 포자퇴, 포자낭, 병자각, 자낭각, 자낭구, 자낭반, 세균점괴, 포자각, 버섯 등

118. 병원체의 월동방법 중 기주(寄主)의 체 내에 잠재하여 월동하는 것은?

Answer
111. ①　112. ③　113. ④　114. ③　115. ②　116. ②　117. ②　118. ①

① 잣나무 털녹병균
② 오리나무 갈색무늬병
③ 묘목의 모잘록병[苗立枯病]균
④ 밤나무 뿌리혹병[根頭癌腫病]균

119. 다음 중 암발아 잡초에 해당하는 것은?

① 광대나물　　② 바랭이
③ 쇠비름　　　④ 향부자

해설 암발아 잡초 : 광대나물, 냉이, 별꽃

120. 교차보호(cross protection)란 무엇인가?

① 살균제를 이용하여 해충을 방제하는 것
② 살균제와 살충제를 혼용하여 병과 해충을 동시에 방제하는 것
③ 동일한 영농집단 내에서 병방제, 해충방제 등으로 업무를 분담하는 것
④ 약독 계통의 바이러스를 이용하여 강독 계통의 바이러스 감염을 예방하는 것

Answer　119. ①　120. ④

2022년 조경기사 최근기출문제(2022. 04. 24)

1과목 조경사

01. 한옥은 주택공간상 사랑채의 분리로 사랑마당 공간이 생겼는데, 이 사랑마당 공간의 분할에 가장 많은 영향을 미친 사상은?

① 불교사상　　② 유교사상
③ 풍수지리설　④ 도교사상

02. 조선시대 상류 주택에 조영된 연못 중 방지원도(方池圓島) 형태가 아닌 곳은?

① 논산 명재(舊 윤증) 고택
② 정읍 김명관(舊 김동수) 가옥
③ 구례 운조루 고택
④ 달성 박황 가옥

해설 ② 정읍 김명관(舊 김동수) 가옥 : 집 앞에 폭이 좁고 길이가 긴 지렁이 모양의 연못이 있었다고 하나 지금은 텃밭으로 변함

03. 서원에서 제사에 쓰일 제물(짐승)들을 세워놓고 품평하기 위해 만든 것은?

① 생단(牲壇)　　② 사직단(社稷壇)
③ 관세대(冠洗臺)　④ 정료대(庭燎臺)

해설 ① 생단(牲壇) = 성생단 : 서원에서 제사에 쓰일 제물(짐승)들을 세워놓고 품평하기 위해 만든 것
② 사직단(社稷壇) : 흙의 신과 곡식의 신에게 제사를 지냈던 곳
③ 관세대(冠洗臺) : 서원에서 춘추 제향 시 사당에 들어가기 전 손을 씻기 위한 석물
④ 정료대(庭燎臺) : 서원의 강당 앞, 야간에 서원 내부를 밝히는 시설

04. 이탈리아 빌라에서 조영자 가족이나 방문객을 위한 거주·휴식의 기능을 하는 곳은?

① 카지노(Casino)
② 카펠라(Cappella)
③ 테라자(Terrazza)
④ 템피에트(Tempietto)

해설 ① 카지노(Casino) : 조영자 가족이나 방문객을 위한 거주·휴식의 기능을 하는 곳
② 카펠라(Cappella) : 조영자 및 가족들이 예배를 보았던 장소
③ 테라자(Terrazza) : 사면을 절·성토하여 만든 계단 모양의 평탄지를 옹벽으로 받친 부분
④ 템피에트(Tempietto) : 조영자 및 가족들이 예배를 보았던 장소

05. 정영방(조선시대 중기)이 경북 영양에 조영한 서석지와 가장 관련이 있는 것은?

① 곡수당과 곡수대　② 경정과 사우단
③ 제월당과 매대　　④ 정우당과 몽천

해설 ① 곡수당과 곡수대 : 보길도 부용동 원림
② 경정과 사우단 : 서석지원
③ 제월당과 매대 : 소쇄원
④ 정우당과 몽천 : 도산서원

06. 보길도 윤선도 원림과 가장 관련이 먼 것은?

① 세연정　　② 낭음계
③ 수선루　　④ 동천석실천

해설 수선루 : 연안 송씨 4형제 진유, 명유, 철유, 서유가

Answer　01. ②　02. ②　03. ①　04. ①　05. ②　06. ③

선대의 덕을 추모하고 도의를 연마하기 위하여 건립

07. 다음 중 고대 신(神)을 위해 조성한 시설에 해당하지 않는 것은?

① Hanging Garden
② Obelisk
③ Ziggurat
④ Funerary Temple of Hat-shepsut

> 해설 ① Hanging Garden : 네부카드네자르 2세가 왕비 아미티스를 위해 건설

08. 고려시대 궁원에 관한 기록에서 동지(東池)에 대한 설명으로 옳지 않은 것은?

① 정전(政殿)인 회경전 동쪽에 위치
② 연꽃을 감상하기 위한 정적인 소규모 연못
③ 연못 주변과 언덕에 누각 조성
④ 학, 거위, 산양 등을 길렀던 유원 조성

09. 렙턴이 완성시켜 놓은 영국 풍경식 조경수법은 자연을 어떤 비율로 묘사해 놓았는가?

① 1 : 1   ② 1 : 2
③ 1 : 10   ④ 2 : 1

10. 수도원 정원이 자세히 그려진 평면도가 발견된 중세 수도원은?

① San Lorenzo 수도원
② St. Gall 수도원
③ Canterbury 수도원
④ Santa Maria Grazie 수도원

11. 중국 평천산장(平泉山莊)에 대한 설명으로 옳은 것은?

① 이덕유가 조성한 정원이다.
② 연못은 태호를 상징하였다.
③ 송나라 때 축조된 정원이다.
④ 소주의 명원으로 유명하다.

> 해설 평천산장
> ① 이덕유가 조성한 정원이다.
> ② 괴석을 쌓아 무산12봉 상징
> ③ 당나라 때 축조된 정원이다.
> ④ 중국 낙양의 교외 평천에 위치

12. 일본의 작정기(作庭記)에 대한 설명으로 옳지 않은 것은?

① 회유식 정원의 형태와 의장에 관한 것이다.
② 일본에서 정원 축조에 관한 가장 오랜 비전서이다.
③ 이론적인 것에서부터 시공 면까지 상세하게 기록되어 있다.
④ 정원 전체의 땅기름, 연못, 섬, 입석, 작천(作泉) 등 정원에 관한 내용이다.

13. 브라질 조경가 벌 막스(Roberto Burle Marx) 작품의 특징으로 옳은 것은?

① 남미 향토식물의 적극 활용
② 20세기의 바로크 양식
③ 캘리포니아 양식
④ 기하학적 정원

14. 일본 도산(모모야마) 시대를 대표하는 정원으로 풍신수길이 등호석이라는 유명한 돌을 운반하여 조성한 정원이 있는 곳은?

① 이조성   ② 삼보원
③ 계리궁   ④ 육의원

15. 소정원 운동(영국)의 설명으로 옳은 것은?

① Charles Barry에 의해 주도되었다.
② Knot 기법 등 기하학적 형태를 응용하였다.
③ 귀화식물의 사용을 배제하였다.
④ 풍경식 정원의 비합리성에 대한 지적에서 시작되었다.

Answer 07. ① 08. ② 09. ① 10. ② 11. ① 12. ① 13. ① 14. ② 15. ④

해설 ④ 풍경식 정원의 비합리성에 대한 지적에서 시작되었다. : 브롬필트

16. 조선의 능(陵)은 자연의 자세와 규모에 따라 봉분의 형태가 다른데 가장 관계가 먼 것은?

① 우왕좌비 ② 상왕하비
③ 국조오례의 ④ 향궐망배

해설 ④ 향궐망배 : 임금이 계신 궁궐을 향해 절을 하는 것

17. 고려시대부터 사용된 정원 용어인 화오(花塢)에 대한 설명으로 가장 거리가 먼 것은?

① 화초류나 화목류를 군식하였다.
② 지형의 변화를 얻기 위해 인공의 구릉지를 만들었다.
③ 오늘날 화단과 같은 역할을 한 정원 수식 공간이다.
④ 사용된 식물 재료에 따라 매오(梅塢), 도오(挑塢), 죽오(竹塢) 등으로 불렸다.

18. 통일신라시대 경주의 도시구획 패턴으로 가장 적합한 것은?

① 직선형 ② 격자형
③ 방사형 ④ 동심원형

19. 영국 비컨헤드 파크(Birkenhead Park)에 대한 설명으로 옳지 않은 것은?

① 역사상 최초로 시민의 힘과 재정으로 조성된 공원이다.
② 수정궁을 설계한 조셉 팩스턴(Joseph Paxton)이 설계하였다.
③ 그린스워드(Greensward) 안(案)에 의하여 조성된 공원이다.
④ 넓은 초원, 마찻길, 연못, 산책로 등이 조성되었다.

해설 ③ 그린스워드(Greensward) 안(案)에 의하여 조성된 공원이다. : 미국 센트럴파크

20. 다음 중 전북 남원에 있는 광한루원에 대한 설명으로 옳지 않은 것은?

① 황희(黃喜)가 세운 광통루(廣通樓)가 그 전신이다.
② 광한루(廣寒樓)라는 이름은 전라감사 정철(鄭澈)이 지은 것이다.
③ 오작교는 장의국(張義國)이 남원부사로 있을 때 만든 것이다.
④ 광한루 앞의 큰 못에는 3개의 섬이 있고 오작교 서쪽의 작은 못에는 1개의 섬이 있다.

해설 광한루라는 이름은 전라감사 정인지가 지은 것이다.

2과목 조경계획

21. 관광지의 수요예측 모형 중 방문자 수를 피설명변수(dependent variable)로 그리고 방문자 수에 영향을 미치는 변수들을 설명변수(independent variables)로 설정하여 방문자 수를 선형적으로 예측하는 통계적 방법을 무엇이라 하는가?

① Gravity Model
② Delphi Technique
③ Regression Analysis
④ Judgement Aided Models

해설 ③ Regression Analysis = 회귀분석

22. 다음 중 조경계획의 기초 자료 분석에서 인문·사회환경 분석 요소에 해당하지 않는 것은?

① 인구 ② 교통
③ 식생 ④ 토지이용

해설 ③ 식생 : 자연환경 분석 요소
※ 인문·사회환경 분석 요소 : 토지이용, 인구 및 산업

Answer 16. ④ 17. ② 18. ② 19. ③ 20. ② 21. ③ 22. ③

역사 및 문화유적, 교통 및 동선 시설물, 수요자 요구조사

23. 다음 중 조경과 타 분야와의 관계에 대한 설명으로 가장 거리가 먼 것은?

① 조경이 건축과의 가장 큰 차이는 외부공간을 다룬다는 측면이다.
② 물리적 환경을 다룬다는 점에서 건축, 토목, 도시계획 등의 분야와 밀접한 관계가 있다.
③ 조경계획은 도시계획과 건축의 중간단계로서 도시의 물리적 형태와 골격에 관심을 갖는다.
④ 조경학이 미적인 측면을 강조하면서 계획과 설계의 중점을 둔다는 면에서 토목이나 도시계획과 구분된다.

24. 다음 도시공원 중 관련 법상 설치할 수 있는 공원시설 부지 면적의 적용 비율이 가장 큰 곳은?

① 소공원
② 어린이공원
③ 근린공원(3만m² 미만)
④ 체육공원(3만m² 미만)

해설 ① 20% 이하 ② 60% 이하
③ 40% 이하 ④ 50% 이하

※ 도시공원 안의 공원시설 부지 면적

	공원구분	공원면적	공원 시설 부지 면적
생활권공원	소공원	전부 해당	20% 이하
	어린이공원	전부 해당	60% 이하
	근린공원	– 3만m² 미만	40% 이하
		– 3만m² ~10만m²	40% 이하
		– 10만m² 이상	40% 이하
주제공원	역사공원	전부 해당	제한없음
	문화공원	전부 해당	제한없음
	수변공원	전부 해당	40% 이하
	묘지공원	전부 해당	20% 이상
	체육공원	– 3만m² 미만	50% 이하
		– 3만m² ~10만m²	50% 이하
		– 10만m² 이상	50% 이하
	도시농업공원	전부 해당	40% 이하
	특별시·광역시 또는 도의 조례가 정하는 공원	전부 해당	제한없음

25. 다음 중 자연공원의 지정 해제 또는 구역 변경 사유가 아닌 것은?

① 천재지변으로 인해 자연공원으로 사용할 수 없게 된 경우
② 정부출연기관의 기술개발에 중요한 영향을 미치는 연구를 위하여 불가피한 경우
③ 군사목적 또는 공익을 위하여 불가피한 경우로서 대통령령으로 정하는 경우
④ 공원구역의 타당성을 검토한 결과 자연공원의 지정 기준에서 현저히 벗어나서 자연공원으로 존치시킬 필요가 없다고 인정되는 경우

해설 「자연공원법」 – 자연공원의 지정 해제 또는 구역 변경 사유
1. 군사목적 또는 공익을 위하여 불가피한 경우로서 대통령령으로 정하는 경우
   ① 군작전·군시설 또는 군기밀보호를 위하여 불가피하다고 인정되는 경우
   ② 하천·간척·개간·항만(어항 포함)·발전·철도·통신·방송·측후·농업용수 또는 항공에 관한 사업을 위하여 불가피하다고 인정되는 경우
   ③ 국가경제에 중대한 영향을 미치는 자원의 개발을 위하여 불가피하다고 인정되는 경우
   ④ 「국토기본법」에 의한 국토종합계획, 지역계획 및 부문별계획의 결정이나 변경을 위하여 불가피하다고 인정되는 경우
   ⑤ 공원구역의 경계 또는 그 인접에 집단마을이 형성되어 있거나, 화장장·사격장 등 자연공원으로 사용할 수 없는 시설이 설치되어 있어 공원 구역으로 존치시킬 필요가 없게 된 경우
2. 천재지변이나 그 밖의 사유로 자연공원으로 사용할 수 없게 된 경우
3. 공원구역의 타당성을 검토한 결과 자연공원의 지정기준에서 현저히 벗어나서 자연공원으로 존치시킬 필요가 없다고 인정되는 경우

26. 아파트 단지의 경계를 나타내는 담장은 주민들에게 상징적으로 소유 의식을 주는 방법의 하나라 볼 수 있다. 이는 환경심리학의 어떤 연구 결과가 응용된 예인가?

① 혼잡(Crowding)
② 반달리즘(Vandalism)
③ 영역성(Territoriality)
④ 개인적 공간(Personal Space)

27. 조경계획에서 지속가능한 개발의 개념을 응용하고 있다. 지속가능한 개발의 개념이 아닌 것은?

① 개발과 환경보전은 공존할 수 없다는 사고이며, 생태적 측면을 강조한다.
② 현 세대가 물려받은 생태자본의 양과 같은 양의 생태자본을 다음 세대에게 물려준다.
③ 장기적인 관점에서 개발을 판단하며, 개인 간, 그룹 간의 자원접근에 있어 형평성을 고려한다.
④ 환경의 기능과 서비스를 화폐가치로 환산하여 환경손실 비용을 개발계획의 비용 편익 분석에 반영시킨다.

28. 다음 중 야생동물(wild life)의 서식처(분포)와 가장 밀접한 관련이 있는 인자는?

① 지형의 변화   ② 식생분포
③ 토양분포   ④ 인공구조물 분포

29. 다음 중 조경계획 및 설계의 3대 분석 과정에 해당하지 않는 것은?

① 물리·생태적 분석   ② 사회·행태적 분석
③ 시각·미학적 분석   ④ 환경영향평가적 분석

30. 국토의 계획 및 이용에 관한 법률상의 지형 도면에 대한 설명으로 ( ) 안에 적합한 것은?

> 지역·지구 등의 지형도면 작성에 관한 지침에서는 다음을 정하고 있다.
> – 토지이용규제정보시스템(LURIS) 등재 시에는 JPG 파일 형식을 원칙으로 한다.
> – 지형도면 등이 2매 이상인 경우에는 축적 ( )의 총괄도를 따로 첨부할 수 있다.

① 5백분의 1 이상 1천5백분의 1 이하
② 2천5백분의 1 이상 1만분의 1 이하
③ 1천5백분의 1 이상 2천5백분의 1 이하
④ 5천분의 1 이상 5만분의 1 이하

31. 공원시설의 종류에 해당되지 않는 것은? (단, 도시공원 및 녹지 등에 관한 법률을 적용한다.)

① 편익시설   ② 운동시설
③ 교양시설   ④ 보호 및 안전시설

> **해설** 「도시공원 및 녹지 등에 관한 법률」 – 공원시설
> : 조경시설, 휴양시설, 유희시설, 운동시설, 교양시설, 편익시설, 공원관리시설, 도시농업시설, 그 밖의 시설

32. 공원 내에 축구공사를 계획할 때 우선적으로 고려 사항으로 가장 거리가 먼 것은?

① 지형 조건   ② 강우 조건
③ 토질 조건   ④ 식생 조건

33. 특이성 비를 이용한 Leopold의 주된 접근 방법은?

① 현상학적 접근방법
② 경관자원적 접근방법
③ 인간행태적 접근방법
④ 경제학적 접근방법

34. 환경자극에 대한 반응과정의 순서가 올바르게 배열된 것은?

① 자극 → 지각 → 태도 → 인지 → 반응
② 자극 → 인지 → 지각 → 감지 → 반응
③ 자극 → 지각 → 인지 → 태도 → 반응
④ 자극 → 감지 → 지각 → 태도 → 반응

Answer 27. ① 28. ② 29. ④ 30. ④ 31. ④ 32. ④ 33. ② 34. ③

35. 특정 대상이 지닌 의미를 파악하고자 할 때 여러 단어로 구성된 목록을 통해 자신들이 느끼는 감정의 정도를 측정하는 방법은?

① 직접 관찰
② 물리적 흔적 관찰
③ 어의 구분 척도
④ 리커드 태도 척도

36. 자연공원에서 오물처리 문제의 일반적인 특징에 대한 설명으로 옳지 않은 것은?

① 발생하는 쓰레기는 대부분 소각하기 쉬운 것이다.
② 타 지역에서 일시적으로 방문한 사람들에 의해 초래된다.
③ 방문하는 이용자 수에 의해 발생 쓰레기의 양이 좌우된다.
④ 통제를 하지 않으면 인간의 행위에 따라서 쓰레기의 산재(散在)하는 범위가 광범위하다.

해설 ① 발생하는 쓰레기는 대부분 소각하기 어려운 것이다.

37. 다음 중 특정연구에 대한 사전 지식이 부족할 때 예비조사(pilot test)에서 사용하기 가장 적합한 질문 유형은?

① 개방형 질문
② 폐쇄형 질문
③ 유도성 질문
④ 가치중립적 질문

38. 다음 중 공원계획 시 입지선정의 주요 기준 요소로서 가장 거리가 먼 것은?

① 생산성
② 접근성
③ 안전성
④ 시설적지성

39. 공원녹지 관련 법 체계가 상위법에서 하위법으로의 흐름에 바르게 나타낸 것은?

A : 국토기본법
B : 도시공원 및 녹지 등에 관한 법률
C : 국토의 계획 및 이용에 관한 법률

① A→B→C
② B→C→A
③ C→A→B
④ A→C→B

40. 옴부즈만(ombudsman) 제도의 기능과 거리가 먼 것은?

① 갈등 해결 기능
② 국가재정확보 기능
③ 국민의 권리구제 기능
④ 사회적 이슈의 제기 및 행정정보 공개 기능

3과목 조경설계

41. 다음 중 평면도의 표제란에 포함되지 않는 것은?

① 도면명칭
② 설계자
③ 시공자
④ 도면번호

해설 표제란
공사명, 도면명, 축척, 설계자, 제조일자, 도면번호, 도면정보, 기관정보, 기업체명

42. 다음 중 단면도와 투시도에 사용되는 일반적인 그래픽 심벌에 해당되는 것은?

① 수직면의 요소
② 빛과 바람의 요소
③ 이동과 소리의 요소
④ 원경(배경)적인 요소

43. 조경설계기준의 각종 포장재에 대한 설명으로 옳지 않은 것은?

① 투수성 아스팔트 혼합물은 공극률 9~12%, 투수계수 10^{-2}cm/sec 이상을 기준으로 한다.

Answer 35.③ 36.① 37.① 38.① 39.④ 40.② 41.③ 42.① 43.④

② 포장용 석재는 흡수율 5% 이내, 압축강도 49MPa 이상의 것으로 한다.
③ 콘크리트 블록 포장재의 포설용 모래의 투수계수는 기준 이상으로 No.200체 통과량이 6% 이하이어야 한다.
④ 포장용 콘크리트의 재령 28일 압축강도 15.4MPa 이상, 굵은 골재 최대치수는 30mm 이하로 한다.

해설 ④ 포장용 콘크리트의 재령 28일 압축강도 17.64MPa 이상, 굵은 골재 최대치수는 40mm 이하로 한다.

44. 근린공원 내 조명에 의하여 물체의 색을 결정하는 광원의 성질은?

① 기능성
② 연색성
③ 조명성
④ 조색성

해설 연색성 : 조명에 의하여 물체의 색을 결정하는 광원의 성질을 말한다. 백열등 아래의 물체는 따뜻한 색으로, 형광등 아래의 물체는 차가운 색으로 보이게 된다.

45. 다음 중 디자인에서 형태의 부분과 부분, 부분과 전체 사이의 크기, 모양 등의 시각적 질서, 균형을 결정하는 데 가장 효과적으로 사용되는 디자인 원리는?

① 강조
② 비례
③ 리듬
④ 통일

46. 다음 설명의 ( ) 안에 적합한 수치는? (단, 자전거 이용시설의 구조·시설 기준에 관한 규칙을 적용한다.)

자전거도로의 시설한계는 자전거의 원활한 주행을 위하여 폭은 ( )미터 이상으로 하고, 높이는 2.5미터 이상으로 한다. 다만, 지형 상황 등으로 인하여 부득이하다고 인정되는 경우에는 시설한계 높이를 축소할 수 있다.

① 0.8
② 1.0
③ 1.5
④ 2.0

47. 경관의 시각적 선호를 결정짓는 변수가 아닌 것은?

① 사회적 변수
② 물리적 변수
③ 개인적 변수
④ 추상적 변수

해설 시각적 선호를 결정하는 변수
① 물리적 변수 : 식생, 물, 지형 등
② 상징적 변수 : 일반적 환경에 함축된 상징성을 매개적인 변수로 나타낸 것
③ 개인적 변수 : 개인의 연령, 성별, 학력, 성격, 순간적 심리 상태 등
④ 추상적 변수 : 복잡성, 조화성, 새로움

48. Kevin Lynch가 제시한 도시 이미지 형성에 기여하는 물리적 요소 개념에 속하지 않는 것은?

① 통로(paths)
② 모서리(edges)
③ 연결(links)
④ 결절점(node)

해설 케빈 린치(K. Lynch) - 도시 이미지 형성 요소 : 통로, 모서리, 지역, 결절점, 랜드마크

49. 단위놀이시설로서 모래밭의 깊이는 놀이의 안전을 고려하여 얼마 이상으로 설계하는가?

① 10cm
② 15cm
③ 20cm
④ 30cm

50. 빛의 반사율(%) 공식으로 맞는 것은?

① $\dfrac{조도}{거리^2} \times 100$
② $\dfrac{광도}{조명} \times 100$
③ $\dfrac{조도발산도}{조명} \times 100$
④ $\dfrac{광속발산도}{거리^2} \times 100$

51. 황금비(golden section, 황금분할)에 대한 설명으로 가장 거리가 먼 것은?

① 1 : 1.618의 비율이다.
② 고대 로마인들이 창안했다.

Answer 44. ② 45. ② 46. ③ 47. ① 48. ③ 49. ④ 50. ② 51. ②

③ 몬드리안의 작품에서 예를 들 수 있다.
④ 건축물과 조각 등에 이용된 기하학적 분할 방식이다.

> 해설 ② 고대 그리스인들이 창안했다.

52. 다음 설명에 가장 적합한 배수 방법은?

- 지표수의 배수가 주목적이다.
- U형 측구, 떼수로 등을 설치한다.
- 식재지에 설치하는 경우에는 식재계획 및 맹암거 배수계통을 고려하여 설계한다.
- 토사의 침전을 줄이기 위해서 배수기울기를 1/300 이상으로 한다.

① 심토층배수 ② 개거배수
③ 암거배수   ④ 사구법

> 해설 개거배수
> 1. 개거는 유량이 많으면 큰 단면을 필요로 하는 배수로와 지표면의 유하수를 배제하는 배수구로 나누어 적용하며, 단면이 큰 배수로는 환경부 제정 「하수도시설기준」에 따른다.
> 2. 개거배수는 지표수의 배수가 주목적이지만 지표 저류수, 암거로의 배수, 일부의 지하수 및 용수 등도 모아서 배수한다.
> 3. 식재지에 개거를 설치하는 경우에는 식재계획 및 맹암거 배수계통을 고려하여 설계한다.
> 4. 개거는 토사의 침전을 줄이기 위해서 배수기울기를 1/300 이상으로 한다.
> 5. 개거의 보호를 위한 시설을 설치한다.
> 6. 비탈면의 하부와 잔디밭 등 녹지에 설치하는 측구·개거 등 지표면 배수시설은 투수가 가능한 구조로 설계하여 지하수를 함양시키고 인접 녹지의 지하수를 배수시킬 수 있도록 해야 한다.

53. 척도에 대한 설명으로 옳지 않은 것은?

① 현척은 실제 크기를 의미한다.
② 배척은 실제보다 큰 크기를 의미한다.
③ 축척은 실제보다 작은 크기를 의미한다.
④ 그림의 크기가 치수와 비례하지 않으면 NP를 기입한다.

> 해설 ④ 그림의 크기가 치수와 비례하지 않으면 NS를 기입한다.

54. 다음 정면도와 우측면도에 알맞은 평면도로 ( ) 안에 가장 적합한 것은?

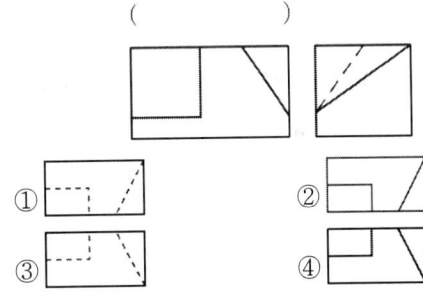

55. 다음 배색에서 명도차가 가장 큰 배색은?

① 빨강 – 파랑   ② 노랑 – 검정
③ 빨강 – 녹색   ④ 노랑 – 주황

56. 다음 설명은 형태심리학(Gestalt psychology)의 지각이론 중 어느 것에 해당하는가?

정원에서는 무리를 지어 있는 꽃이 한 송이의 꽃보다 더 우리의 시선을 끈다.

① 폐쇄(Ceosare)
② 근접성(Proximity)
③ 유사성(Similarity)
④ 지속성(Continuance)

57. 조경설계기준에 따른 경기장 배치에 대한 설명으로 옳지 않은 것은?

① 축구장 : 장축은 가능한 한 동–서로 주풍 방향과 직교시킨다.
② 테니스장 : 코트 장축의 방위는 정남–북을 기준으로 동서 5~15° 편차 내의 범위로 하며, 가능하면 코트의 장축 방향과 주풍 방향이 일치하도록 한다.

Answer 52. ② 53. ④ 54. ② 55. ② 56. ② 57. ①

③ 배구장 : 장축을 남-북 방향으로 배치하며, 바람의 영향을 받기 때문에 주풍 방향에 수목 등의 방풍시설을 마련한다.
④ 농구장 : 농구코트의 방위는 남-북축을 기준으로 하고, 가까이에 건축물이 있는 경우에는 사이드라인을 건축물과 직각 혹은 평행하게 배치다.

[해설] ① 축구장 : 장축을 남-북으로 배치한다.

58. 조경설계의 접근측면 중 거리가 먼 것은?

① 장소의 생태적 측면
② 설계자의 의식적 측면
③ 토지이용의 기능적 측면
④ 이용자의 인간 행태적 측면

59. 분수 설계에서 주로 고려해야 하는 사항으로 가장 거리가 먼 것은?

① 바닥포장형 분수는 랜드마크성이 강한 곳에 주로 설치한다.
② 동절기 분수 설비의 노출로 인한 미관 저해, 안전 문제를 고려한다.
③ 바람에 의한 흩어짐을 고려하여 주변에 분출 높이의 3배 이상의 공간을 확보한다.
④ 바닥분수는 주변 빗물이나 오염수가 유입되지 않도록 바닥분수 외곽으로 경사가 완만하게 낮아지도록 조성한다.

60. 어떤 색을 보고 난 후 다른 색을 볼 때 먼저 본 색의 영향으로 뒤에 본 색이 다르게 보이는 현상은?

① 계시대비
② 동시대비
③ 면적대비
④ 연변대비

4과목 조경식재

61. 수관(樹冠)의 질감(texture)을 고려할 때 소규모 정원에 가장 어울리지 않는 수종은?

① 영산홍(Rhododendron indicum)
② 벚나무(Prunus serrulata var. spontanea)
③ 편백(Chamaecyparis obtusa)
④ 칠엽수(Aesculus turbinata)

[해설] ④ 칠엽수(Aesculus turbinata) : 대규모 공간에 어울리는 수종

62. 봄철에 노란색 꽃을 볼 수 없는 식물은?

① 산수유(Cornus officinalis)
② 개나리(Forsythia koreana)
③ 생강나무(Lindera obtusiloba)
④ 해당화(Rosa rugosa)

[해설] ④ 해당화(Rosa rugosa) : 여름, 분홍색 꽃

63. 다음의 그림의 표현하고 있는 식재의 미적 원리는?

① 반복성(repetition)
② 다양성(variety)
③ 강조성(emphasis)
④ 방향성(sequence)

64. 다음 설명의 특징에 가장 적합한 잔디는?

- 한지형 잔디로 여름철에는 잘 자라지 못하며 병해가 많이 발생하나 서늘할 때는 그 생육이 왕성한 편이다.
- 일반적으로 답압에 약하지만 재생력이 강하므로 답압의 피해는 그리 크게 발생하지 않는다.
- 아황산가스에 대한 내성이 약하다.
- 불완전 포복형이지만 포복이 강한 포복경을 지표면으로 강하게 뻗는다.

Answer 58. ② 59. ① 60. ① 61. ④ 62. ④ 63. ① 64. ③

① 들잔디
② 라이 그라스
③ 벤트 그라스
④ 켄터키블루 그라스

65. 다음 특징 설명에 적합한 것은?

- 장미과(科)이다.
- 가을의 단풍이 아름답다.
- 5~6월에 황백색의 꽃이 개화한다.
- 주연부 식재, 경계식재, 지피식재에 적합하다.

① 국수나무(*Stephanandra incisa*)
② 때죽나무(*Styrax japonicus*)
③ 팥배나무(*Sorbus alnifolia*)
④ 협죽도(*Nerium indicum*)

해설 ② 때죽나무 : 때죽나무과, 백색 꽃
③ 팥배나무 : 장미과, 백색 꽃
④ 협죽도 : 협죽도과, 분홍색 꽃

66. 소나무 및 전나무 등에서 균사가 뿌리피층의 세포간극에 균사망을 형성하는 균근은?

① 의균근
② 외생균근
③ 내생균근
④ 내외생균근

67. 식재계획 및 설계에 있어서 식물을 시각적 요소로 활용하고자 할 때 중요하게 고려되어야 할 점이 아닌 것은?

① 색채
② 질감
③ 형태
④ 향기

68. 수목의 이용상 분류 중 방화용에 대한 내용에 해당되는 것은?

① 방화용 수목은 잎이 얇으면서 치밀한 수종이어야 한다.
② 수목의 방화력은 수관직경과 수관길이에 좌우되며, 지하고율이 클수록 증대된다.
③ 방화용 수목으로는 가시나무류, 녹나무, 아왜나무 등이 포함된다.
④ 방화용 수목은 그늘을 형성하는 낙엽수이다.

69. 수목의 시비에 대한 설명으로 옳은 것은?

① C/N 비율이 20 이상인 완숙비료를 토양에 시비한다.
② 엽면시비의 효과를 높이려면 미량원소와 계면활성제를 함께 사용한다.
③ 토양관주는 완효성 비료를 시비할 때 효과적이다.
④ 일반적으로 유실수 < 활엽수 < 침엽수 < 소나무류 순으로 양분요구도가 높다.

해설 ① C/N 비율이 30 이상인 완숙비료를 토양에 시비
③ 토양관주는 지효성 비료를 시비할 때 효과적
④ 일반적으로 유실수 > 활엽수 > 침엽수 > 소나무류 순으로 양분요구도가 높다.

70. 하목식재(下木植栽)로 차폐(遮蔽)의 기능이 강하고, 척박한 토양에서도 잘 자라기 때문에 토양안정을 위한 사방녹화로 이용되는 속성 수종은?

① 자귀나무(*Albizia julibrissin*)
② 배롱나무(*Lagerstroemia indica*)
③ 족제비싸리(*Amorpha fruticosa*)
④ 수수꽃다리(*Syringa oblata* var. *dilatata*)

71. 다음 설명의 ( ) 안에 적합한 용어는?

- 생강나무(*Lindera obtusiloba* Blume)의 꽃은 이가화이며, 3월에 잎보다 먼저 피고 황색으로 화경이 없는 ( )화서에 많이 달린다. 소화경은 짧으며 털이 있다.
- 꽃받침 잎은 깊게 6개로 갈라진다.

① 산형
② 산방
③ 원추
④ 총상

72. 지피식물(地被植物)로 이용하기에 적합한 상록다년초는?

① 자금우(Ardisia japonica)
② 골담초(Caragana sinica)
③ 수호초(Pachysandra terminalis)
④ 협죽도(Nerium indicum)

해설 ① 자금우(Ardisia japonica) : 상록활엽관목
② 골담초(Caragana sinica) : 낙엽활엽관목
③ 수호초(Pachysandra terminalis) : 상록다년초
④ 협죽도(Nerium indicum) : 상록활엽관목

73. 종자 발아능력 검사방법 중 생리적인 면을 다룰 수 없는 것은?

① 발아시험 ② X선 사진법
③ 배추출시험 ④ 테트라졸리움 시험

해설 X선 사진법 : 충실종자, 비립종자, 손상종자 감별

74. 다음 중 과(科) 분류가 다른 것은?

① 개맥문동 ② 곰취
③ 구절초 ④ 털머위

해설 ① 개맥문동 : 백합과
② 곰취, ③ 구절초, ④ 털머위 : 국화과

75. 다음 수종의 공통점에 해당되는 것은?

- 물푸레나무(Fraxinus rhynchophylla)
- 가죽나무(Ailanthus altissima)
- 느릅나무(Ulmus davidiana var. japonica)
- 계수나무(Cercidiphyllum japonicum)

① 암수 한그루이다.
② 우리나라 자생종이다.
③ 잎은 기수 1회 우상복엽이다.
④ 종자에는 날개가 달려 있다.

76. 야생 조류를 보호하기 위한 자연보호지구를 설정할 때 고려할 사항이 아닌 것은?

① 자연보호지구에 대한 목표 설정이 명확해야 한다.
② 생물자원에 대한 목록이 우선적으로 작성되어야 한다.
③ 자연환경의 변화를 지속적으로 모니터링 할 수 있는 장소에 설치되어야 한다.
④ 생태이동 통로 내 여과기능을 높이기 위해서 다양한 수종을 촘촘히 식재 계획한다.

77. 식재양식을 정형식과 자연풍경식으로 구분할 때 정형식 식재의 기본양식이 아닌 것은?

① 단식 ② 열식
③ 집단식재 ④ 임의식재

해설
- 정형식 식재 : 단식, 대식, 열식, 교호식재, 집단식재, 요점식재, 기하학적 식재
- 자연풍경식 식재 : 부등변삼각형 식재, 임의식재, 모아심기, 군식, 산재식재, 배경식재, 주목

78. 다음 중 습지를 좋아하는 식물들로만 구성된 것은?

① 팥배나무(Sorbus alnifolia)
   느릅나무(Ulmus davidiana var. japonica)
② 왕버들(Salix chaenomeloides)
   낙우송(Taxodium distichum)
③ 상수리나무(Quercus acutissima)
   소나무(Pinus densiflora)
④ 팽나무(Celtis sinensis)
   향나무(Juniperus chinensis)

해설 수목과 수분
① 내건성이 강한 수종 : 소나무, 노간주나무, 향나무, 아까시나무, 배롱나무, 오리나무, 자작나무, 녹나무, 싸리나무, 팥배나무 등
② 호습성 수종 : 메타세쿼이아, 낙우송, 삼나무, 태산목, 동백나무, 물푸레나무, 오리나무, 버드나무류, 위성류, 층층나무, 풍년화, 병꽃나무 등

79. 다음 설명의 ( ) 안에 가장 적합한 용어는?

Answer 73. ② 74. ① 75. ④ 76. ④ 77. ④ 78. ② 79. ①

( )은/는 나타니엘 워드(Dr. Nathaniel Ward)가 유리용기 안에서 양치식물을 재배하는 방법을 소개하면서 시작되었으며, 광선 이외에는 물·비료 등이 거의 차단된 채 생육된다.

① 테라리움(Terrarium)
② 디쉬가든(Dish Garden)
③ 토피아리(Topiary)
④ 트렐리스(Trellis)

80. 잎 차례가 대생(對生)인 수종은?

① 박태기나무(Cercis chinensis)
② 느티나무(Zelkova serrata)
③ 때죽나무(Styrax japonicus)
④ 수수꽃다리(Syringa oblata var. dilatata)

5과목 조경시공구조학

81. 다음 중 표준시방서의 설명으로 옳지 않은 것은?

① 공사의 마무리, 공법, 규격, 기준 등을 나타낸 것
② 설계도 및 기타서류에 없는 사항을 자세히 명시한 것
③ 공사에 대한 공통적인 협의와 현장관리의 방법을 명시한 것
④ 각 공사마다 제출되며 현장에 알맞은 공법 등 설계자의 특별한 지시를 명시한 것

82. 암절토 비탈면 등 환경조건이 극히 불량한 지역의 녹화공법으로 가장 적합한 것은?

① 식생매트공
② 잔디떼심기공
③ 일반묘식재공
④ 식생기반재뿜어붙이기공

83. 공사수량 산출 시 운반, 저장, 가공 및 시공과정에서 발생되는 손실량을 사전에 예측하여 산정하는 것은?

① 계획수량
② 법정수량
③ 설계수량
④ 할증수량

84. 다음 중 시멘트 창고 설치 시 유의사항으로 옳지 않은 것은?

① 시멘트를 쌓을 때 최대 20포대까지 한다.
② 시멘트의 사용은 먼저 반입한 것부터 사용하도록 한다.
③ 창고 주변에 배수도랑을 두어 우수의 침투를 방지한다.
④ 바닥은 지면에서 30cm 이상 높게 하여 깔판을 깔고 쌓는다.

해설 ① 시멘트를 쌓을 때 최대 13포대까지 한다.

85. 다음 중 열경화성 수지에 속하지 않는 것은?

① 실리콘 수지
② 폴리에틸렌 수지
③ 멜라민 수지
④ 요소 수지

해설
• 열경화성 수지 : 페놀 수지, 요소 수지, 실리콘 수지, 에폭시 수지, 우레탄 수지, 푸란 수지, 멜라민 수지, 폴리에스테르 수지, 불포화 폴리에스테르 수지
• 열가소성 수지 : 아크릴 수지, 염화비닐 수지 (PVC), 초산비닐 수지 (PVAC), 폴리에틸렌 수지 (PE), 폴리아미드 수지, 폴리스틸렌 수지 (PS), 불소 수지, 메타크릴수지, 비닐아세틸 수지, 셀룰로이드 수지

86. 다음 보도의 설계는 어떤 방법으로 정지 계획 되었는가?

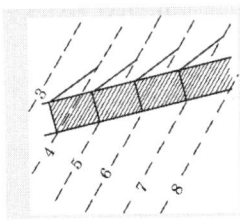

- 점선 : 기존 등고선
- 실선 : 변경 등고선

① 절토에 의한 방법
② 성토에 의한 방법
③ 옹벽에 의한 방법
④ 절토와 성토에 의한 방법

87. B.M 표고가 98.760m일 때, C점의 지반고는? (단, 단위는 m이고, 지형은 참고 사항임)

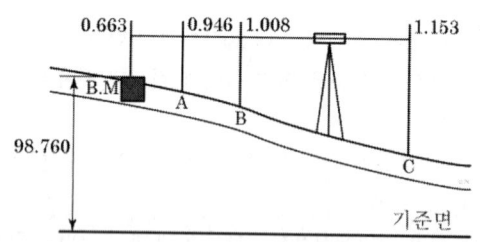

측점	관측값	측점	관측값
B.M	0.663	B	1.008
A	0.946	C	1.153

① 98.270m ② 98.415m
③ 98.477m ④ 99.768m

해설 IH(기계고)=GH+BS
=98.760m+0.663m=99.423m
GH(지반고)=IH−FS
=99.423m−1.153m=98.270m

88. 목재의 실질률을 구하는 공식으로 옳은 것은?

① $\dfrac{전건비중}{진비중}\times 100(\%)$ ② $\dfrac{전건비중}{가비중}\times 100(\%)$

③ $\dfrac{생재비중}{진비중}\times 100(\%)$ ④ $\dfrac{생재비중}{가비중}\times 100(\%)$

89. 재료를 사용하여 동일한 규격의 시설물을 축조하였을 경우, 고정하중(固定荷重)이 가장 큰 구조체는?

① 점토 ② 목재
③ 화강석 ④ 철근콘크리트

90. 다음 설명에 해당하는 수준측량의 용어는?

> 기준 원점으로부터 표고를 정확하게 측량하여 표시해 둔 점으로 그 지역의 수준측량의 기준이 된다.

① 수평선 ② 기준면
③ 수준선 ④ 수준점

91. 평판측량의 방법에 대한 설명으로 옳지 않은 것은?

① 방사법은 골목길이 많은 주택지의 세부측량에 적합하다.
② 교회법에서는 미지점까지의 거리관측이 필요하지 않다.
③ 현장에서는 방사법, 전진법, 교회법 중 몇 가지를 병용하여 작업하는 것이 능률적이다.
④ 전진법은 평판을 옮겨 차례로 전진하면서 최종 측점에 도착하거나 출발점으로 다시 돌아오게 된다.

해설 ① 방사법은 장애물이 없는 넓은 부지에 적합하다.

92. 자연상태의 1500m³ 모래질흙을 6m³ 적재 덤프트럭으로 운반하여, 성토하여 다지고자 한다. 트럭의 총 소요대수와 다짐 성토량은 각각 얼마인가? (단, 모래질흙의 토양환산계수는 L=1.2, C=0.9이다.)

① 250대, 1350m³ ② 250대, 1620m³
③ 300대, 1350m³ ④ 300대, 1620m³

해설 1. 트럭 총 소요대수
1500m³×1.2=1800m³
1800m³÷6m³/대=300대
2. 다짐 성토량
1500m³×0.9=1350m³

93. 다음 중 경비의 세비목에 해당하지 않는 것은?

① 기계정비 ② 보험료
③ 외주가공비 ④ 작업부산물

Answer 87.① 88.① 89.③ 90.④ 91.① 92.③ 93.④

> 해설 ④ 작업부산물 : 재료비

94. 물의 흐름과 관련한 설명 중 등류(等流)에 해당하는 것은?

① 유속과 유적이 변하지 않는 흐름
② 물 분자가 흩어지지 않고 질서정연하게 흐르는 흐름
③ 한 단면에서 유적과 유속이 시간에 따라 변하는 흐름
④ 일정한 단면을 지나는 유량이 시간에 따라 변하지 않는 흐름

95. 목재의 사용환경 범주인 해저드 클래스(Hazard class)에 대한 설명으로 틀린 것은?

① 모두 10단계로 구성되어 있다.
② H1은 외기에 접하지 않는 실내의 건조한 곳에 해당된다.
③ 파고라 상부, 야외용 의자 등 야외용 목재시설은 H3에 해당하는 방부처리방법을 사용한다.
④ 토양과 담수에 접하는 곳에서 높은 내구성을 요구할 때는 H4이다.

> 해설 ① 모두 5단계로 구성되어 있다.

96. 건설공사의 관리 중 시공계획의 검토 과정에 있어 조달계획에 해당하는 것은?

① 계약서 검토
② 애정공정표 작성
③ 하도급 발주계획
④ 실행예산서 작성

> 해설 시공계획의 검토 과정
> 1. 사전 조사 : 계약서, 설계도서, 계약조건 검토, 현장조건 답사
> 2. 시공기술계획
>   ㉠ 시공 순서·시공 방법의 기본 방침 결정
>   ㉡ 공기와 작업량, 공사비 검토
>   ㉢ 예정공정표 작성
>   ㉣ 작업기계의 선정과 운영계획 결정
>   ㉤ 가설설비계획과 운영계획 결정
>   ㉥ 품질관리계획 결정
> 3. 조달계획 : 하도급 발주계획, 노무계획, 재료계획, 수송계획
> 4. 관리계획 : 현장관리조직 편성, 시행예산서 작성, 자금수지계획, 안전관리계획, 보고 및 검사용 서류정비(사진 첨부 필수)

97. 암석이 가장 쪼개지기 쉬운 면을 말하며 절리보다 불분명하지만 방향이 대체로 일치되어 있는 것은?

① 석리 ② 입상조직
③ 석목 ④ 선상조직

98. 다음 그림과 같은 양단고정보에 하중(P)을 가할 때 휨모멘트 값은? (단, 보의 휨강도 EI는 일정하다.)

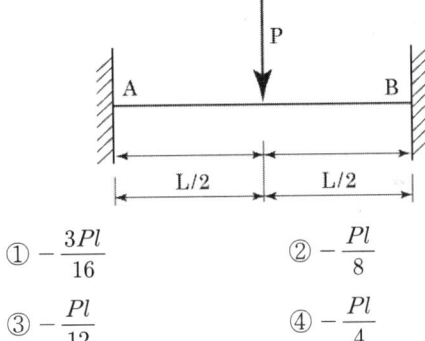

① $-\dfrac{3Pl}{16}$ ② $-\dfrac{Pl}{8}$
③ $-\dfrac{Pl}{12}$ ④ $-\dfrac{Pl}{4}$

99. 도로의 수평노선 곡선부에서 반경이 30m, 교각(交角)을 15°로 한다면 이 수평노선의 곡선장은 약 얼마인가? (단, 소수점 둘째 자리까지 구한다.)

① 1.25m ② 2.50m
③ 7.85m ④ 8.50m

> 해설 $L = \dfrac{RI}{57.3} = \dfrac{30m \times 15°}{57.3} = 7.85m$

100. 대규모 자동 살수 관개 시설에 많이 사용되는 것은?

① 회전 살수기 ② 분무입상 살수기
③ 분무 살수기 ④ 회전입상 살수기

해설 ① 회전 살수기 : 넓은 지역 관수에 적합
② 분무입상 살수기 : 수압을 이용해 동체를 지표 위로 올려 살수
③ 분무 살수기 : 낮은 수압으로 좁은 잔디지역과 관목 등 소규모 식재지역에 살수

103. 다음 [표]와 같이 배치하는 시험구 배치법을 무엇이라고 하는가?

E	C	A	D	B
B	E	D	A	C
C	A	E	B	D

① 완전난괴법 ② 포트 시험법
③ 사경법 ④ 토경법

6과목 조경관리론

101. 화장실 옥상 슬라브의 보호 콘크리트층에 표면 균열이 발생하여 누수현상이 발생하였다. 원인으로 볼 수 없는 것은?

① 동파현상
② 백화현상
③ 줄눈의 미 시공
④ 시멘트 입자의 재료 분리 현상

해설 ② 백화현상
㉠ 벽돌벽 표면에 흰가루가 돋아나는 현상
㉡ 벽돌벽 표면에 침투하는 빗물에 의해 모르타르 중 석회가 유출되어 공기 중의 탄산가스와 결합하여 백색의 미세한 물질이 생기는 현상

104. 다음 어린이놀이시설의 설치 검사 관련 내용 중 밑줄 친 내용에 해당하는 것은?

관리주체는 관련 조항에 따라 설치 검사를 받은 어린이놀이시설에 대하여 대통령령으로 정하는 방법 및 절차에 따라 안전검사기관으로부터 (　)에 (　)회 이상 정기검사를 받아야 한다.

① 1개월에 1회 ② 6개월에 1회
③ 1년에 1회 ④ 2년에 1회

105. 동일 분자 내에 친수기와 소수기를 갖는 화합물로 제재의 물리화학적 성질을 좌우하는 역할을 하는 것은?

① 용제 ② 고착제
③ 계면활성제 ④ 고체회석제

102. 화목류의 개화 상태를 향상시키기 위한 방법이 아닌 것은?

① 환상박피를 한다.
② 단근조치를 한다.
③ C/N율을 어느 정도 높여준다.
④ 인산과 칼륨질 비료를 줄인다.

해설 ④ 인산질 비료를 늘린다.

106. 파라치온 유제 50%를 0.08%로 희석하여 10a당 100L를 살포하려고 할 때 소요약량은 약 mL인가? (단, 비중은 1.008, 계산 결과 소수점은 절사)

① 148mL ② 158mL
③ 168mL ④ 178mL

해설 소요약량 = $\dfrac{\text{사용할 농도(\%)} \times \text{살포량(cc)}}{\text{원액농도(\%)}}$

소요약량 = $\dfrac{0.08\% \times 100,000\text{mL}}{50\%} = 160\text{mL}$

$\dfrac{160\text{mL}}{1.008} ≒ 158.73\text{mL}$

107. 공원관리에 인근 주거지 내 주민단체가 참가할 경우 효율적으로 수행할 수 없는 작업은?

① 시비 ② 제초
③ 관수 ④ 피압목 벌채

해설 피압목 : 상층목의 압박으로 성장하지 못한 열세목

108. 다음 중 잎을 가해하는 해충(식엽성 해충)의 피해도 결정인자가 아닌 것은?

① 입목(立木)의 굵기 ② 입목(立木)의 밀도
③ 수령 ④ 초살도

해설 ④ 초살도 : 수간 하부와 상부의 직경 차이

109. 조경시설물의 유지 관리에 대한 내용으로 틀린 것은?

① 내구연한까지는 별다른 보수점검을 생략해도 좋다.
② 기능성과 안전성이 확보되도록 유지 관리한다.
③ 주변환경과 조화를 이루며, 경관성과 기능성이 있도록 관리한다.
④ 기능 저하에는 이용빈도나 고의적인 파손 등의 인위적인 원인이 많다.

110. 질소고정에 관여하는 균 중 콩과식물과 공생에 의하여 질소를 고정하는 미생물은?

① 리조비움(Rhizobium)
② 아조토박터(Azotobacter)
③ 베제린크키아(Beijerinckia)
④ 클로스트리디움(Clostridium)

해설 질소고정 : 공기 중 질소를 환원하여 암모니아로 만드는 대사 과정으로 토양 세균인 리조비움과 다른 질소고정 미생물에 의해 수행되는 과정

111. 조경관리 중 운영관리 체계화의 부정적 요인으로 작용하는 것이 아닌 것은?

① 직원의 사기
② 규격화의 곤란성
③ 이용주체의 다양화에 따른 예측의 의외성
④ 조경공간의 주요 대상이 자연이라는 특성

해설 운영관리 체계화의 부정적 요인
① 조경공간 대상은 자연
② 예측의 의외성 : 이용주체의 다양화 및 사회환경 다변화
③ 규격화의 곤란성
④ 지방성

112. 중량법(gravimetry)에 의한 토양수분측정 과정에서 젖은 토양시료의 중량이 200g, 110℃ 건조기에서 24시간 건조시킨 토양의 중량이 160g이면 이 토양의 질량기준 수분함량은?

① 15% ② 20%
③ 25% ④ 80%

해설 함수율 = $\dfrac{건조\ 전\ 중량 - 건조\ 후\ 중량}{건조\ 후\ 중량} \times 100(\%)$

함수율 = $\dfrac{200g - 160g}{160g} \times 100 = 25\%$

113. 합성 페로몬을 이용한 해충 방제에 있어서 고려해야 할 것은?

① 환경에 대한 오염
② 식물에 대한 약해
③ 저항성 개체의 발현
④ 천적 및 인축에 대한 독성

114. 어린이 활동공간의 환경안전관리기준에 따른 모래놀이터의 토양검사 항목이 아닌 것은?

① 염소 ② 수은
③ 카드뮴 ④ 6가크롬

해설 어린이 활동공간의 환경안전관리기준에 따른 모래놀이터의 토양검사 항목
: 수은, 카드뮴, 6가크롬, 납, 비소

Answer 107. ④ 108. ④ 109. ① 110. ① 111. ① 112. ③ 113. ③ 114. ①

115. 토양광물은 여러 가지 무기화합물로 구성되어 있다. 일반적으로 토양을 구성하는 성분 중 제일 많이 존재하는 것은?

① CaO
② SiO_2
③ Fe_2O_3
④ Al_2O_3

[해설] 토양성분 : SiO_2 > Al_2O_3 > Fe_2O_3 > CaO

116. 다음 중 표징(sign)이 나타나지 않는 병은?

① 잣나무 털녹병
② 대추나무 빗자루병
③ 단풍나무 타르점무늬병
④ 소나무류 피목가지마름병

[해설] 비전염성병, 바이러스병, 파이토플라즈마에 의한 병 : 표징 나타나지 않음

117. 수목병의 원인 중 뿌리혹병, 불마름병 등의 원인이 되는 생물적 원인은?

① 세균
② 선충
③ 곰팡이
④ 바이러스

118. 참나무류에 치명적인 피해를 주는 참나무 시들음병을 매개하는 곤충은?

① 광릉긴나무좀
② 솔수염하늘소
③ 참나무재주나방
④ 도토리거위벌레

119. 농약살포 작업 시 안전수칙으로 옳은 것은?

① 농약 희석 작업 시에는 개인보호구를 착용하지 않아도 된다.
② 농약 살포 시 바람을 등지고 살포한다.
③ 농약은 습기가 마른 한낮에 단기간 살포하며, 흡연자는 주기적인 흡연으로 휴식한다.
④ 농약 방제복 세탁 시 중성세제를 넣으면 일반 세탁물과 함께 세탁하여도 영향이 없다.

120. 레크리에이션 수용능력의 결정인자는 고정인자와 가변인자로 구분된다. 다음 중 고정적 결정인자에 속하는 것은?

① 대상지의 크기와 형태
② 특정 활동에 대한 참여자의 반응 정도
③ 대상지 이용의 영향에 대한 회복능력
④ 기술과 시설의 도입으로 인한 수용능력 자체의 확장 가능성

[해설] 레크리에이션 수용능력의 결정인자
1. 고정적 결정인자 : 공간·활동의 표준
   ⓐ 특정 활동에 대한 참여자 반응정도(활동 특성)
   ⓑ 특정 활동에 필요한 사람 수
   ⓒ 특정 활동에 필요한 공간의 최소면적
2. 가변적 결정인자 : 물리적 조건 및 참여자의 상황
   ⓐ 대상지의 성격
   ⓑ 대상지의 크기와 형태
   ⓒ 대상지 이용의 영향에 대한 회복능력
   ⓓ 기술과 시설의 도입으로 인한 수용능력 자체의 확장 가능성

Answer 115. ② 116. ② 117. ① 118. ① 119. ② 120. ②

조경기사 · 산업기사 필기

부록

조경산업기사
과년도 기출문제 및 해설

2016년 조경산업기사 최근기출문제 (2016. 3. 6)

1과목 조경계획 및 설계

01. 팩스턴(Paxton)의 이름을 높여 준 작품은?

① 시뵈베르원 ② 수정궁
③ 큐 가든 ④ 켄싱턴원

해설 조셉 팩스턴
- 정원사, 생물학자
- 작품 : 비큰히드 파크(버켄헤드 공원), 수정궁, 리버풀의 프린세스 공원
② 수정궁 : 조셉 팩스턴
③ 큐 가든 : 윌리엄 체임버스

02. 일본정원 중 선종(禪宗)의 영향을 가장 크게 받은 시대는?

① 아스까(비조)시대 ② 무로마찌(실정)시대
③ 에도(강호)시대 ④ 모모야마(도산)시대

03. 조선시대 민가정원의 지당형태를 잘못 설명한 것은?

① 지당 내 섬에는 목본식물이 식재된다.
② 지당의 윤곽선은 직선적으로 처리된다.
③ 지당 가운데는 1~3개의 섬이 조성된다.
④ 지당 내부의 섬을 연결하는 곡교(曲橋)가 조성된다.

해설 ④ 지당 내부의 섬을 연결하는 곡교(曲橋)가 조성된다. : 일본

04. 조선시대 궁궐정원 시설이 아닌 곳은?

① 통명전 ② 향원정
③ 교태전 ④ 연복정

해설 ① 통명전 : 조선시대, 창경궁
② 향원정 : 조선시대, 경복궁
③ 교태전 : 조선시대, 창덕궁
④ 연복정 : 고려시대, 의종

05. 고대 메소포타미아 지방에 만들어졌던 파크(Park)에 관한 설명으로 가장 적합한 것은?

① 사막지대에 정형식으로 조성된 궁원이다.
② 신전을 중심으로 하여 조성한 신림(神林)이다.
③ 왕의 수렵(狩獵)놀이를 주목적으로 하여 조성한 숲이다.
④ 왕의 소유이지만 일반사람들에게도 공개되는 오늘날의 공원과 같은 것이다.

해설 고대 메소포타미아의 파크(park) : 왕가의 수렵원
④ 왕의 소유로서 일반인들에게 공개되지 않음

06. 조선 왕릉의 공간은 능침, 제향, 진입공간으로 구성되어 있다. 다음 중 제향공간에 속하지 않는 것은?

① 곡장 ② 정자각
③ 수라간 ④ 수복방

해설 ① 곡장 : 왕릉 주위에 쌓은 나지막한 담 → 능침공간

07. 다음 중 불바르(boulevard)가 의미하는 것은?

① 어린이 놀이터
② 산림욕을 할 수 있는 숲
③ 나무가 줄지어 심어진 유보도(遊步道)
④ 도시 가운데에 있는 벤치가 놓인 공원(公園)

Answer 1.② 2.② 3.④ 4.④ 5.③ 6.① 7.③

08. 다음 제시된 평면기하학식 정원의 조성 시기가 가장 빠른 정원은?

① 베르사이유(Versailles) 궁원
② 카르스루헤(Karsruhe) 성
③ 보르비콩트(Vaux-le-Vicomte)
④ 헤렌하우젠(Herrenhauzen) 궁

→해설 ① 베르사이유 궁원 : 17세기 후기, 프랑스
② 카르스루헤 성 : 18세기, 독일
③ 보르비콩트 : 17세기 전기, 프랑스
④ 헤렌하우젠 궁 : 18세기, 독일

09. Litton의 삼림경관의 유형과 그 설명이 틀린 것은?

① 관개경관 : 터널적 경관이라고도 불리며 수관 아래나 임내의 경관
② 파노라믹 경관 : 시선을 가로막는 장애물이 없이 풍경을 조망할 수 있는 경관
③ 위요경관 : 기준면(바닥)을 지면 또는 수평이나 초원으로 하여 주위의 경관요소들이 울타리처럼 자연스럽게 싸고 있는 국소적 경관
④ 세부경관 : 평행선의 연속이나 경관요소들이 직선상으로 연결됨으로써 시선은 어느 점을 따라 유도되는 현상의 경관

→해설 세부경관 : 관찰자가 근접 접근하여 나무의 모양, 잎, 열매 등을 상세히 보는 경관을 말한다.

10. 프로그램이란 설계 시 필요한 요소와 요인들에 대한 목록과 표를 말하는데, 이 프로그램의 구성은 세 가지로 이루어진다. 다음 중 구성 요소로 가장 보기 어려운 것은?

① 설계 비용
② 설계 목적과 목표
③ 설계상의 특별한 요구사항
④ 설계에 포함되어야 할 요소들의 목록

→해설 설계비용은 프로그램 설계 시 우선순위 구성 요소로 보기는 어렵다.

11. 우리나라 「도시·군계획시설의 결정·구조 및 설치기준에 관한 규칙」상의 「교통광장」의 분류에 해당하지 않는 것은?

① 교차점광장
② 중심대광장
③ 주요시설광장
④ 역전광장

→해설 「도시·군계획시설의 결정·구조 및 설치기준에 관한 규칙」상의 「교통광장」이라 함은 다음과 같다.
1. 교통광장
   가. 교차점광장
      (1) 혼잡한 주요도로의 교차지점에서 각종 차량과 보행자를 원활히 소통시키기 위하여 필요한 곳에 설치할 것
      (2) 자동차전용도로의 교차지점인 경우에는 입체교차방식으로 할 것
      (3) 주간선도로의 교차지점인 경우에는 접속도로의 기능에 따라 입체교차방식으로 하거나 교통섬·변속차로 등에 의한 평면교차방식으로 할 것. 다만, 도심부나 지형여건상 광장의 설치가 부적합한 경우에는 그러하지 아니하다.
   나. 역전광장
      (1) 역전에서의 교통혼잡을 방지하고 이용자의 편의를 도모하기 위하여 철도역 앞에 설치할 것
      (2) 철도교통과 도로교통의 효율적인 변환을 가능하게 하기 위하여 도로와의 연결이 쉽도록 할 것
      (3) 대중교통수단 및 주차시설과 원활히 연계되도록 할 것
   다. 주요시설광장
      (1) 항만·공항 등 일반교통의 혼잡요인이 있는 주요시설에 대한 원활한 교통처리를 위하여 당해 시설과 접하는 부분에 설치할 것
      (2) 주요시설의 설치계획에 교통광장의 기능을 갖는 시설계획이 포함된 때에는 그 계획에 의할 것

Answer 8. ③ 9. ④ 10. ① 11. ②

12. 다음 중 생태숲 계획 시 고려할 사항으로 가장 부적합한 것은?

① 건설사업으로 인한 산림의 훼손지복원이나 이용객들의 치유목적 및 자연학습장으로 이용 가능한 숲의 조성에 적용한다.
② 오염되거나 훼손된 도시산업화 지역에서 환경보전 및 자연성 증진 기능을 수행할 수 있도록 조성하는 다층복합구조의 숲 조성에 적용한다.
③ 생태라는 개념을 도입하여 자연이 갖는 생태적 기능을 강조함과 동시에 일반인의 관심과 흥미를 유도할 수 있는 숲을 말한다.
④ 50만 제곱미터 이상(자연휴양·도시숲 등과 연접하여 교육·탐방·체험 등의 기능을 높일 수 있는 경우에는 30만 제곱미터 이상)인 산림을 대상으로 지정할 수 있다.

해설 생태숲
생태숲은 산림생태계의 안정과 산림생물의 다양성을 유지·증진하고 연구·교육·탐방·체험 등을 위하여 필요한 산림으로서 30만㎡ 이상(자연휴양림, 도시림 등과 잇닿아 있어 교육·탐방·체험 등의 기능을 높일 수 있는 경우에는 20만㎡ 이상)인 지역을 대상으로 지방자치단체의 장이나 지방산림청장의 신청을 받아 산림청장이 지정한다.

13. 아파트 단지계획에 있어서 다음 그림은 무엇을 가장 잘 표현한 것인가?

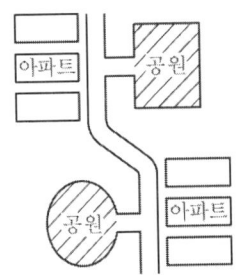

① 녹지 속에 아파트가 파묻혀 있도록 계획한 것
② 완충녹지를 조성하여 그 곳에 공원을 계획한 것
③ 주거동으로 포위된 넓은 공간을 공원적 성격을 지닌 다목적인 자리로 계획한 것
④ 동선의 흐름에 따라 성격을 달리한 공원을 계획하여 공간이용의 다양화를 도모한 것

해설 아파트 단지계획의 동선의 흐름에 따라 성격을 달리한 공원을 계획하여 공간이용의 다양화를 도모한 그림이다.

14. 대지(垈地)조건에 가장 적합한 토지의 용도를 찾고 정지 작업하기 위한 절·성토량을 계산하여 적절한 사면 처리 방법을 강구하기 위한 대지조사 작업은?

① 토지이용 조사
② 경사도 분석
③ 토양조사
④ 인공구조물 조사

해설 대지(垈地)조건에 가장 적합한 토지의 용도를 찾고 정지 작업하기 위한 절·성토량을 계산하여 적절한 사면 처리 방법을 강구하기 위한 대지조사 작업은 경사도 분석이다.

15. 다음 중 조경설계기준상의 「보행등」에 관한 설명으로 틀린 것은?

① 보행로 경계에서 1000mm 정도의 거리에 배치한다.
② 소로·산책로·계단·구석진 길·출입구·장식벽 등에 설치한다.
③ 보행인의 이용에 불편함이 없는 밝기를 확보하며, 보행로의 경우 3lx 이상의 밝기를 적용한다.
④ 산책로 등의 보행공간만을 비추고자 할 경우에는 포장면 속에 배치하거나 등주의 높이를 50~100cm로 설계한다.

해설 조경설계기준상의 「보행등」은 보행로 경계에서 50cm 정도의 거리에 배치한다.

16. 정투상도에 의한 제1각법으로 도면을 그릴 때 도면 위치로 맞는 것은?

① 정면도를 중심으로 평면도가 위에, 우측면도는 정면도의 왼쪽에 위치한다.
② 정면도를 중심으로 평면도가 위에, 우측면도는 정면도의 오른쪽에 위치한다.
③ 정면도를 중심으로 평면도가 아래에, 우측면도는 정면도의 오른쪽에 위치한다.
④ 정면도를 중심으로 평면도가 아래에, 우측면도는 정면도의 왼쪽에 위치한다.

17. 다음 색채의 일반적인 성질 중에서 보색 관계는?

① 한색과 난색   ② 청색과 탁색
③ 유채색과 무채색   ④ 고명도와 저명도

해설 보색이란 색상환에서 서로 반대되는 색으로 혼합하는 경우 무채색이 되는 색을 의미한다.

18. 다음 도시공원 및 녹지 등에 관한 법률 시행규칙의 도시공원의 면적기준 설명의 "B"에 적합한 수치는?

> 하나의 도시지역 안에 있어서의 도시공원의 확보 기준은 해당도시지역 안에 거주하는 주민 1인당 (A)제곱미터 이상으로 하고, 개발제한구역 및 녹지지역을 제외한 도시지역 안에 있어서의 도시공원의 확보기준은 해당도시지역 안에 거주하는 주민 1인당 (B)제곱미터 이상으로 한다.

① 2   ② 3
③ 6   ④ 10

해설 도시공원 및 녹지 등에 관한 법률 시행규칙의 도시공원의 면적기준은 다음과 같다.
제4조(도시공원의 면적기준) 법 제14조제1항의 규정에 의하여 하나의 도시지역 안에 있어서의 도시공원의 확보기준은 해당도시지역 안에 거주하는 주민 1인당 6제곱미터 이상으로 하고, 개발제한구역 및 녹지지역을 제외한 도시지역 안에 있어서의 도시공원의 확보기준은 해당도시지역 안에 거주하는 주민 1인당 3제곱미터 이상으로 한다.

19. 다음 수종 중 멀리서 조망하였을 때 잎이 주는 질감이 가장 부드러운 것은?

① 버즘나무   ② 상수리나무
③ 해송   ④ 낙우송

해설 ① 버즘나무 : 멀리서 조망하였을 때 잎이 주는 질감이 가장 거친 것

20. 조경제도에서 불규칙한 곡선을 그릴 때 사용하기 가장 적합한 제도 용구는?

① 삼각자   ② 스케일
③ 자유곡선자   ④ 만능제도기

해설 조경제도에서 불규칙한 곡선을 도구로 그릴 때는 자유곡선자를 이용한다.

2과목 조경식재

21. 다음 중 초화류의 식재간격(cm)이 가장 큰 것은?

① 팬지   ② 맨드라미
③ 샐비어   ④ 꽃양배추

22. 받침줄(guy, 당김줄)을 사용해 지주할 때 주의사항으로 틀린 것은?

① 나무가지를 감쌀 때 고무호스를 사용해야 한다.
② 받침줄은 가급적 금속재 앵커로 지지되어야 한다.
③ 받침줄에 의해 힘이 분산될 때 평형상태가 되어야 한다.

Answer 16. ④ 17. ① 18. ② 19. ④ 20. ③ 21. ④ 22. ④

④ 받침줄은 조이기 위하여 가급적 턴버클을 사용하지 않는 것이 효과적이다.

해설 ④ 받침줄은 조이기 위하여 턴버클을 사용하여야 한다.

23. 뿌리돌림 분의 크기를 정할 때 고려해야 할 조건으로 틀린 것은?

① 귀중한 수목은 크게 작업한다.
② 뿌리 발생력이 강한 수종은 작게 작업한다.
③ 심근성 수종은 천근성보다 좁고 깊게 잡는다.
④ 뿌리발생에 불리한 지형과 토양에서는 작게 작업한다.

해설 ④ 뿌리발생에 불리한 지형과 토양에서는 크게 작업한다.

24. 수(水) 처리에 이용되는 습지식물의 분류 중 침수식물에 해당하는 것은?

① 부들　　　　　② 가래
③ 골풀　　　　　④ 사초

해설 ① 부들 : 정수식물
② 가래 : 부엽식물
③ 골풀 : 정수식물
④ 사초 : 정수식물

25. 자귀나무의 학명으로 맞는 것은?

① Amorpha fruticosa　② Albizzia julibrissin
③ Caragana sinica　　④ Cercis chinensis

해설 ① Amorpha fruticosa : 족제비싸리
② Albizzia julibrissin : 자귀나무
③ Caragana sinica : 골담초
④ Cercis chinensis : 박태기나무

26. 다음 중 같은 색의 꽃이 피는 수목으로 맞게 짝지어진 것은?

① Cornus controversa, Aesculus turbinata
② Cornus kousa, Lagerstroemia indica
③ Cercis chinensis, Cornus officinalis
④ Albizzia julibrissin, Chionanthus retusus

해설 ① Cornus controversa : 층층나무-흰색, Aesculus turbinata : 칠엽수-흰색
② Cornus kousa : 산딸나무-흰색, Lagerstroemia indica : 배롱나무-홍색
③ Cercis chinensis : 박태기나무-자홍색, Cornus officinalis : 산수유-황색
④ Albizzia julibrissin : 자귀나무-연분홍색, Chionanthus retusus : 이팝나무-흰색

27. 다음 중 한 마디에 잎이 2개씩 달리는 대생(對生)하는 식물이 아닌 종은?

① 쥐똥나무　　　② 굴참나무
③ 수수꽃다리　　④ 고로쇠나무

해설 ② 굴참나무 : 호생(互生)

28. 훼손된 비탈면의 자연환경과 생태계를 복원하기 위한 성능 목표로 틀린 것은?

① 비탈침식의 조장　　② 비탈면의 경관 향상
③ 종 다양성의 확보　　④ 주변 지역과의 조화

해설 ① 비탈침식의 방지

29. 다음 중 개화의 순서가 바르게 된 것은?

① 쥐똥나무 → 산수유 → 풍년화 → 금목서
② 풍년화 → 산수유 → 쥐똥나무 → 금목서
③ 금목서 → 쥐똥나무 → 풍년화 → 산수유
④ 풍년화 → 쥐똥나무 → 금목서 → 산수유

해설 풍년화, 산수유 : 이른 봄 개화
쥐똥나무 : 5월경 개화
금목서 : 가을(10월경) 개화

Answer　23. ④　24. 전항　25. ②　26. ①　27. ②　28. ①　29. ②

30. 다음 자연생육에서도 비교적 정형을 유지하는 수종들 중 전정으로써만 정형을 유지할 수 있는 수종은?

① 개잎갈나무 ② 가이즈까향나무
③ 낙우송 ④ 낙엽송

31. 단풍나무과(科)의 식물은 아름다운 단풍으로 계절감을 제공하는 대표적인 수종이다. 다음 중 단풍나무과 식물이 아닌 것은?

① 신나무 ② 미국풍나무
③ 중국단풍 ④ 네군도단풍

해설 ② 미국풍나무(Liquidambar styraciflua) : 조록나무과

32. 수목식재 시 자연토의 생존최소토심과 토양등급 중급 이상의 생육최소토심을 순서대로 열거한 것 중 틀린 것은?

① 심근성 교목 : 90cm, 150cm
② 천근성 교목 : 60cm, 90cm
③ 소관목 : 45cm, 60cm
④ 잔디·초화류 : 15cm, 30cm

해설

식물 종류	생존 최소심도 (cm)	생장 최소심도 (cm)
잔디 및 초본류	15	30
소관목	30	45
대관목	45	60
천근성 교목	60	90
심근성 교목	90	150

33. 일반적인 식재지역의 토양조건 중 수목생육에 가장 좋은 토양 조건은?

① 산성 토양
② 풍화암 토양
③ 점질 토양
④ 중성이나 약산성 토양

34. 다음 방풍림 구조의 설명으로 가장 거리가 먼 것은?

① 1.5~2.0m 간격의 정삼각형 식재가 바람직하다.
② 수림대의 길이는 수고의 12배 이상이 필요하다.
③ 지형과의 관계에서는 능선 또는 법견에 설치함이 좋다.
④ 수림의 밀폐도는 90~95% 정도 유지되도록 하는 것이 좋다.

해설 방풍림의 밀폐도
  ㉠ 수림 : 50~70%
  ㉡ 산울타리 : 45~55%

35. 다음 식물에 관한 설명으로 틀린 것은?

① 건생식물에는 바위솔, 세덤류가 속한다.
② 소택식물에 있어 마름, 가래, 줄 등의 정수식물이 속한다.
③ 중생식물은 적윤지 식물에 잘 자라는 식물로 온대낙엽활엽수가 속한다.
④ 토양수분이 부족하여 잎의 원형질 분리가 일어나 시들기 시작하는 때를 초기위조점이라 한다.

해설 소택식물 : 물가의 습지나 얕은 물속에 살고 있는 식물군, 갈대가 대표적인 식물
  ② 마름, 가래 : 부엽식물

36. 낙엽송은 개화가 매우 힘든 수종으로 알려져 있다. 개화결실을 촉진하기 위한 기술이 아닌 것은?

① 접목법 ② 환상박피
③ 조직배양법 ④ 지베렐린처리법

해설 ③ 조직배양법 : 난류 번식방법

37. 다음 중 학명에 품종이 표기되지 않는 식물은?

① 반송 ② 불두화
③ 용버들 ④ 화살나무

해설 ① 반송 : Pinus densiflora for. multicaulis
② 불두화 : Viburnum sargentii for. sterile
③ 용버들 : Salix matsudana for. tortuosa
④ 화살나무 : Euonymus alatus

38. 바람에 쓰러지기 쉬운 수종이 아닌 것은?

① 미루나무 ② 아까시나무
③ 갈참나무 ④ 양버즘나무

해설 ③ 갈참나무 : 심근성 수종

39. 조경수목 종자의 품질을 나타내는 기준인 순량률이 50%, 실중이 60g, 발아율이 90%라고 할 때, 종자의 효율은?

① 27% ② 30%
③ 45% ④ 54%

해설 종자효율(%) = $\dfrac{\text{순량률} \times \text{발아율}}{100}$

종자효율(%) = $\dfrac{50\% \times 90\%}{100}$ = 45%

40. 다음 중 낙상홍에 대한 설명이 아닌 것은?

① 과명은 감탕나무과이다.
② 학명은 Ilex cornuta이다.
③ 암수딴그루이다.
④ 열매는 붉은색이다.

해설 낙상홍 : Ilex serrata
호랑가시나무 : Ilex cornuta

3과목 조경시공

41. 다음 1/50,000 도면상에서 AB 간의 도상수평거리가 10cm일 때 AB 간의 실 수평거리와 AB선의 경사를 구한 값은?

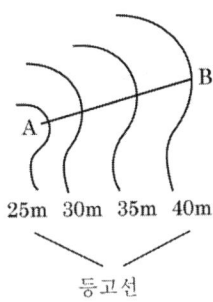

등고선

실수평거리	경사
① 50m	1/3.3
② 500m	1/33.3
③ 5000m	1/333
④ 50000m	1/3333

해설 축척 = $\dfrac{\text{도상거리}}{\text{실제거리}}$

축척 = $\dfrac{1}{50,000} = \dfrac{10cm}{x}$

x = 500,000cm = 5,000m

경사 = $\dfrac{\text{수직거리}}{\text{수평거리}}$

경사 = $\dfrac{40m - 25m}{5,000m} = \dfrac{1}{333}$

42. 그림과 같은 외팔보에 등분포하중이 작용한다. 지점 C에서의 굽힘모멘트의 크기는 얼마인가?

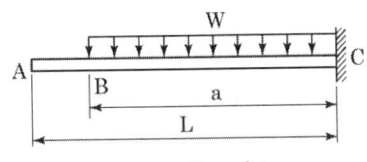

① $wa^2/4$ ② $wa^2/2$
③ wa^2 ④ $2wa^2$

Answer 38. ③ 39. ③ 40. ② 41. ③ 42. ②

43. 기본벽돌을 사용하여 2.0B의 두께로 벽을 만들었을 때 벽 두께(mm)는? (단, 줄눈 두께는 1cm로 한다.)

① 190 ② 200
③ 380 ④ 390

해설) 표준형 벽돌 : 190×90×57mm
2.0B쌓기=190mm+10mm+190mm=390mm

44. 다음 설명에 적합한 콘크리트의 종류는?

- 동일 슬럼프를 얻기 위한 단위수량이 많아진다.
- 콜드 조인트(cold joint)가 발생하기 쉽다.
- 초기강도 발현은 빠른 반면에 장기강도가 저하될 수 있다.
- 기온이 높아 콘크리트의 슬럼프 저하나 수분의 급격한 증발 등의 위험이 있는 경우 시공된다.

① 서중 콘크리트 ② 매스 콘크리트
③ 팽창 콘크리트 ④ 한중 콘크리트

45. 배수지역의 표면 종류에 따른 유출계수가 가장 큰 곳은?

① 공원 ② 상업지역
③ 학교운동장 ④ 저밀도주거지역

해설) 유출계수

기존지역		도시계획의 용도지역별			
공원, 광장	잔디, 정원	삼림	상업지역	주거지역	공업지역	공원지역
0.1~0.3	0.05~0.25	0.01~0.2	0.6~0.7	0.3~0.5	0.4~0.6	0.1~0.2

46. 다음 설명하는 건설 장비는?

- 흙을 굴착, 적재, 운반, 버리기, 고르기 작업을 비교적 고르게 할 수 있다.
- 기계가 서 있는 지반보다 낮은 곳의 굴착에 좋다.
- 파는 힘이 강력하고 비교적 경질지반에도 적응한다.

① Bulldozer ② Back Hoe
③ Grader ④ Drag line

47. 흙을 100m 거리로 리어카를 이용하여 운반하려 한다. 운반로의 상태가 보통일 때 하루에 운반하는 흙은 몇 m^3인가? (단, 흙 $1m^3$은 1800kg, 하루작업시간은 450분, 리어카의 1회 적재량은 250kg이고, 적재적하시간과 평균왕복운반속도는 다음 표와 같다.)

구분 종류	적재적하 시간(t)	평균왕복 운반속도(V, m/hr)		
		양호	보통	불량
토사류	4분	3000	2500	2000
석재류	5분			

① 4.268 ② 5.342
③ 7.102 ④ 9.678

해설) $Q = N \times q = \left(\dfrac{VT}{120L + Vt}\right) \times q$

$Q = \dfrac{2500 \text{m/hr} \times 450분}{(120 \times 100\text{m}) + (2500\text{m/hr} \times 4분)} \times 250\text{kg/회}$

$= 12784\text{kg} \div 1800\text{kg/}m^3 = 7.102 m^3$

48. 다음 네트워크 공정표와 관련된 설명 중 틀린 것은?

① 작업을 나타내며 시간과 자원을 필요로 하는 부분을 Activity(작업, 활동)라고 한다.
② 작업의 종료, 개시 또는 작업과 작업 간의 연결점을 Event(결합점)라 한다.
③ 작업을 나타내는 실선 화살선으로 작업이나 시간의 값을 나타내는 것을 Dummy(더미)라 한다.
④ 최초작업의 개시에서 최종작업의 완료에 이르는 경로 중 소요일수가 가장 긴 경로를 Critical Path(주공정선)이라고 한다.

해설) ③ 작업 : 실선 화살선 표시
Dummy(더미) : 명목상의 작업, 작업의 선후관계 표시

Answer
43. ④ 44. ① 45. ② 46. ② 47. ③ 48. ③

49. 다음 [보기]에서 설명하는 시멘트는?

- 응결·경화과정에서 발열량이 적어 건조 수축으로 인한 균열이 적게 발생
- 콘크리트의 장기 강도가 우수
- 주로 매스콘크리트용으로 사용되고, 도로의 포장용으로 적합

① 실리카시멘트
② 알루미나시멘트
③ 고로시멘트
④ 중용열 포틀랜드시멘트

50. CPM과 비교한 PERT의 특성으로 부적합한 것은?

① PERT는 최소비용에 대한 도입이론이 없다.
② CPM과 PERT 모두 공사 전체의 파악을 용이하게 한다.
③ PERT는 소요시간 추정을 위하여 1점 추정을 한다.
④ PERT는 경험이 없는 건설공사나 비반복사업에 유리하다.

해설 ③ PERT : 3점 추정시간, CPM : 1점 추정시간

51. 어떤 배수구역의 면적 비율이 주거지 40%, 도로 30%, 녹지 30%라고 가정하고 그 유출계수를 각각 순서대로 0.90, 0.80, 0.10이라 한다면, 이 구역의 합리적인 평균 유출계수는?

① 0.60
② 0.63
③ 0.80
④ 0.83

해설 (0.4×0.90)+(0.3×0.80)+(0.3×0.10)
=0.36+0.24+0.03=0.63

52. 콘크리트 시공에서 골재의 습윤상태에 관한 것으로 콘크리트 반죽 시 물량(水量)이 골재에 의해 증감되지 않는 이상적인 상태 또는 골재입자의 표면에 물은 없으나 내부의 공극에는 물이 꽉 차 있는 상태는?

① 절대건조상태
② 습윤상태
③ 노건상태(爐乾狀態)
④ 표면건조 포화상태

53. 다음 중 일반적인 옹벽의 설계과정에서 고려해야 되는 사항이 아닌 것은?

① 옹벽 각 부재의 구조체를 설계한다.
② 지형의 조사, 지반의 토질조사 및 시험을 한다.
③ 뒷채움 흙의 경우 배수시설은 고려하지 않고 구조물에서 결정한다.
④ 옹벽의 자중, 옹벽에 작용하는 토압 및 뒷채움 흙의 재하중을 계산한다.

해설 ③ 뒷채움 흙의 경우, 배수시설을 고려하여야 한다.

54. 옹벽의 종류 중 옹벽배면 기초저판 위의 흙 무게를 보강하여 안정성을 높인 옹벽의 구조에 해당하지 않는 것은?

① 캔틸레버 옹벽
② 역T형 옹벽
③ L형 옹벽
④ 중력식 옹벽

55. 다음의 도형과 같은 현장토공에서 절토량은 얼마인가? (단, 각 점의 숫자는 절토 깊이를 나타내며, 토량계산은 구형(矩形)단면법에 의한다.)

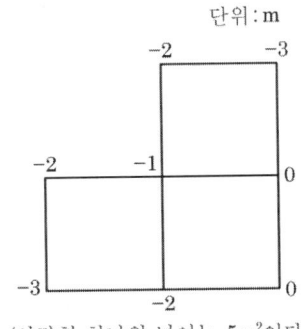

〈사각형 하나의 넓이는 5m²이다.〉

① 11.25m³
② 17m³
③ 21.25m³
④ 85m³

해설 $V = \dfrac{A}{4}(\sum h_1 + 2\sum h_2 + 3\sum h_3 + 4\sum h_4)$

$\sum h_1 = (-2m)+(-3m)+0m+(-3m)+(-2m)$
      $= -10m$

$\sum h_2 = 0m+(-2m) = -2m$

$\sum h_3 = -1m$

$V = \dfrac{5m^2}{4} \times \{(-10m)+(2\times -2m)+(3\times -1m)\}$

  $= 21.25m^2$

56. 콘크리트의 특징에 관한 설명 중 옳지 않은 것은?

① 보강이 어렵고 철거하기 힘들다.
② 임의의 크기의 구조물을 형성할 수 있다.
③ 압축강도에 비해 인장강도와 휨강도가 비교적 크다.
④ 유지비가 목재 등에 비해 상대적으로 저렴하다.

해설 ③ 콘크리트는 인장강도나 휨강도에 비해 압축강도가 크다.

57. 흙의 다짐효과에 대한 설명 중 틀린 것은?

① 흙을 다지면 공극이 작아지고 투수성이 저하된다.
② 다짐건조밀도는 전압횟수에 따라 증가하지만 한계에 도달하면 거의 증가가 없다.
③ 입도배합이 좋은 흙에서는 높은 건조밀도를 얻을 수 있다.
④ 최대건조밀도는 모래질 흙일수록 낮고 점토일수록 높다.

해설 최대건조밀도 : 건조에 따라 밀도가 증가될 때 가장 높은 값을 나타내는 밀도
④ 최대건조밀도는 모래질 흙일수록 높고 점토일수록 낮다.

58. 강(鋼)과 비교한 알루미늄의 특징에 대한 내용 중 옳지 않은 것은?

① 강도가 작다.
② 비중이 작다.
③ 열팽창률이 작다.
④ 전기 전도율이 높다.

해설 ③ 알루미늄 : 열팽창률이 크다.

59. 포틀랜드시멘트의 화학성분 중 가장 많은 부분을 차지하는 것은?

① 실리카(SiO_2) ② 산화철(Fe_2O_3)
③ 알루미나(Al_2O_3) ④ 석회(CaO)

60. 유기질계 토양개량제로서 부적합한 것은?

① 토탄 ② 피트모스
③ 바크퇴비 ④ 벤토나이트

해설 ④ 벤토나이트 : 무기질계 토양개량제

61. 강도율이 1.98인 조경시설물 생산 사업장에서 한 근로자가 평생 근무한다면 이 근로자는 재해로 인해 며칠의 근로손실일수가 발생하겠는가? (단, 근로자의 평생근무시간은 100,000시간이라 한다.)

① 198일 ② 216일
③ 254일 ④ 300일

해설 강도율 $= \dfrac{\text{근로손실일수}}{\text{연근로시간수}} \times 1,000$

$1.98 = \dfrac{\text{근로손실일수}}{100,000} \times 1,000$

근로손실일수 = 198일

62. 다음 중 하천 생태복원 관리와 관련된 설명 중 ( ) 안에 들어갈 수 없는 것은?

- 조성된 생태하천을 효율적으로 관리하기 위해서는 생태적 천이에 ( )을 주지 않는 범위 내에서 최소한의 관리를 해주어야 한다.
- 생태하천에서의 ( )의 유입차단 및 수질정화효과를 극대화시키기 위해서는 초본의 경우 연 1회(늦가을) 제초를 해주어야 하며, 제거된 초본은 하천부지 밖으로 유출하여야 한다.
- 다년생 초본류와 같은 식생대를 유지하기 위해서는 ( )과 같은 덩굴성식물이나 외래식물은 지속적으로 구제해 주어야 한다.

① 환삼덩굴 ② 교란
③ 비점오염원 ④ 치수안정성

해설 - 조성된 생태하천을 효율적으로 관리하기 위해서는 생태적 천이에 (교란)을 주지 않는 범위 내에서 최소한의 관리를 해주어야 한다.
- 생태하천에서의 (비점오염원)의 유입차단 및 수질정화효과를 극대화시키기 위해서는 초본의 경우 연 1회(늦가을) 제초를 해주어야 하며, 제거된 초본은 하천부지 밖으로 유출하여야 한다.
- 다년생 초본류와 같은 식생대를 유지하기 위해서는 (환삼덩굴)과 같은 덩굴성식물이나 외래식물은 지속적으로 구제해 주어야 한다.

63. 수목의 생장이 왕성할 때 하계전정(하기전정, 夏期剪定)을 설명한 것 중 옳지 않은 것은?

① 밀생된 부분을 솎아낸다.
② 굵은 가지 1~2개 솎아낸다.
③ 도장지를 잘라 내는 정도로 한다.
④ 목적대로 가벼운 전정을 2~3회 나누어 실시한다.

해설 ② 굵은 가지 1~2개 솎아낸다. : 겨울전정(동계전정)

64. 분제의 물리적인 성질로서 가장 거리가 먼 것은?

① 고착성(Tenacity)
② 토분성(Dustibility)
③ 부착성(Adhesiveness)
④ 현수성(Suspensibility)

해설 분제의 물리적 성질
: 분말도, 입도, 용적비중, 응집력, 토분성, 분산성, 비산성, 부착성 및 고착성, 안전성, 경도, 수중붕괴성
④ 현수성 : 수화제의 특성 중 약액 내에 골고루 퍼져 있게 하는 성질

65. 잔디깎기를 실시하는 목적으로 가장 거리가 먼 것은?

① 잔디의 생육면을 평탄하게 한다.
② 통풍이 잘 되므로 병해충을 방제한다.
③ 잔디의 분얼이 억제되며 생장이 정지된다.
④ 정기적으로 깎으므로 잡초발생이 억제된다.

해설 ③ 잔디의 분얼 증가

66. 토사포장 방법에 대한 설명 중 맞지 않는 것은?

① 지반 위에 자갈, 모래, 점토를 섞은 혼합물(노면자갈)을 30~50cm 깔고 다진다.
② 노면자갈의 최대 굵기가 30~50mm일 때 55~75%의 혼합비율로 한다.
③ 점토질은 10% 이하이고, 모래질은 30% 이하이면 좋다.
④ 노면자갈의 두께는 노면 총 두께의 1/5 이하이다.

해설 ④ 노면자갈의 두께는 노면 총 두께의 1/3 이하이다.

67. 수목을 식재한 후 일반적으로 지주목을 설치한다. 다음 중 지주목의 필요성에 대한 설명으로 옳지 않은 것은?

① 수고 생장에 도움을 준다.
② 도시미관을 위해 필수적이다.
③ 바람에 의한 피해를 줄일 수 있다.
④ 수간의 굵기가 균일하게 생육할 수 있도록 해준다.

Answer 62. ④ 63. ② 64. ④ 65. ③ 66. ④ 67. ②

68. 다음 중 "설치 하자"에 의한 사고로 볼 수 없는 것은?

① 시설의 구조 자체의 결함에 의한 사고
② 시설 설치의 미비에 의한 사고
③ 시설 배치의 미비에 의한 사고
④ 시설의 노후, 파손에 의한 사고

해설 ④ 시설의 노후, 파손에 의한 사고 : 관리 하자

69. 주민참가에 의하여 행하여질 수 있는 공원관리 활동 내용이 아닌 것은?

① 청소
② 기술자문
③ 공원관리에 대한 제안
④ 어린이의 놀이지도

해설 주민참가에 의한 공원관리활동 내용
 : 청소, 제초, 관수, 시비, 잔디 깎기, 병충해 방제, 화단 식재, 놀이기구 점검, 이용 규칙 만들기, 레크리에이션 행사 개최, 관리 제안, 어린이 지도, 놀이 지도, 주의 주기, 사고·고장 통보, 열쇠보관, 시설 기구 대출, 공원 홍보

70. 다음 중 이용관리의 방법이 아닌 것은?

① 이용지도
② 토양시비관리
③ 안전관리
④ 팸플릿 작성 및 포스터의 이용

해설 ② 토양시비관리 : 유지관리

71. 방동사니류 잡초에 해당하지 않는 것은?

① 올미   ② 올방개
③ 올챙이고랭이   ④ 바람하늘지기

해설 방동사니류 : 사초과
 ① 올미 : 택사과

72. 수목에 비료를 주는 방법 중 작업방법이 비교적 신속하고, 비료의 유실량(流失量)이 많다. 특히 토양 내로의 이동속도가 비교적 느린 양분에 적용하지 않는 것이 좋다. 즉 질소시비의 경우에는 이 방법이 좋으나, 인(P)이나 칼륨(K)에는 좋지 않은 시비방법은?

① 표토시비법   ② 천공시비법
③ 엽면시비법   ④ 수간주사법

해설 ① 표토시비법 : 질소(N)에 좋은 시비방법

73. 일반적으로 시설물별 내용년수로 옳은 것은?

① 벤치(플라스틱) : 5년
② 시계탑 : 10년
③ 담장(로프 울타리) : 20년
④ 테니스 코트(클레이코트) : 10년

해설 ① 벤치(플라스틱) : 7년
 ② 시계탑 : 15년
 ③ 담장(로프 울타리) : 5년
 ④ 테니스 코트(클레이코트) : 10년

74. 아스팔트 포장의 보수 및 시공 공법이 아닌 것은?

① 패칭공법   ② 표면충전처리공법
③ 표면실링공법   ④ 덧씌우기공법

해설 ③ 표면실링공법 : 석재, 균열폭이 작은 경우 보수방법

75. 다음 중 잎을 가해하는 식엽성 해충으로 분류되는 것은?

① 박쥐나방   ② 도토리거위벌레
③ 솔수염하늘소   ④ 대벌레

해설 ① 박쥐나방 : 천공성 해충
 ② 도토리거위벌레 : 천공성 해충
 ③ 솔수염하늘소 : 천공성 해충
 ④ 대벌레 : 식엽성 해충

Answer 68. ④ 69. ② 70. ② 71. ① 72. ① 73. ④ 74. ③ 75. ④

76. 공사 기성고(既成高) 곡선 중 원활하게 진행하고자 할 때는 어느 곡선이 가장 적절한가?

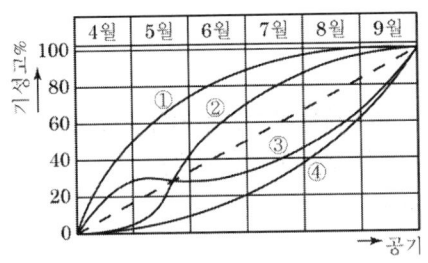

① 1 ② 2
③ 3 ④ 4

해설 기성고 공정곡선 = S커브

77. 비탈면 보호공의 유지관리 항목 중에서 특히 방책기둥의 굴곡, 낙석 또는 토사의 퇴적, 기초보의 풍화 또는 붕괴 등을 주로 점검해야 하는 비탈면 보호공은?

① 편책공 ② 비탈면돌망태공
③ 낙석방지망공 ④ 낙석방지책공

78. 목재시설물의 관리 지침 중 적당하지 않은 것은?

① 원목은 옹이가 없는 것이 좋다.
② 썩는 것을 방지하기 위해 방부처리를 한다.
③ 표면 방부처리 후 대패질로 부드럽게 만든다.
④ 수축 및 균열을 방지하기 위해 충분히 건조시킨다.

해설 ③ 대패질로 부드럽게 만든 후 표면 방부처리

79. 운영관리 고유의 업무 영역으로 분류하기 어려운 것은?

① 예산・재무 제도 ② 조직관리
③ 월동관리 ④ 재산관리

해설 ③ 월동관리 : 유지관리

80. 수병치료를 위한 수간주사법에 대한 설명이 옳은 것은?

① 청명한 날의 낮 시간에 실시한다.
② 수간주사액은 주로 살균제 성분이다.
③ 빗자루병의 치료에는 효과가 없다.
④ 수피 두께 정도까지 바늘을 찌른다.

해설 수간주사법
① 청명한 날의 낮 시간에 실시한다. : 5~9월
② 수간주사액 : 살균제, 살충제, 영양제 성분
③ 빗자루병의 치료 : 옥시테트라사이클린 수화제
④ 구멍 깊이 : 3~4cm

Answer 76. ② 77. ④ 78. ③ 79. ③ 80. ①

2016년 조경산업기사 최근기출문제 (2016. 5. 8)

1과목 조경계획 및 설계

01. 중국 원대(元代)의 예찬(倪瓚)과 화가 주덕윤(朱德潤)에 의해 설계된 정원은?

① 졸정원
② 사자림
③ 수지정원
④ 대자사(大字寺)의 정원

[해설] 정원과 설계자
① 졸정원 : 왕헌신
② 사자림 : 주덕윤, 예찬

02. 다음 중 인위적으로 흙을 쌓아서 만든 계단식 후원은?

① 덕수궁의 함녕전 후원
② 경복궁의 교태전 후원
③ 창덕궁 낙선재의 후원
④ 창덕궁 연경당 선향제 후원

03. 낙양명원기(洛陽名園記)에 관한 설명으로 옳지 않은 것은?

① 작자는 북송(北宋)의 이격비로 알려져 있다.
② 당나라의 원림에 관한 것도 기술하고 있다.
③ 석가산 조영수법에 대해 자세히 설명되어 있다.
④ 아취(雅趣)를 중히 여기는 사대부의 정원들이 소개되었다.

[해설] 낙양명원기의 정원요소 : 동산(山), 지(池), 정(亭), 사(榭), 누(樓), 대(臺), 화(花), 죽(竹), 목(木)

04. 고려 예종 때 창건된 국립 숙박시설로 왕의 행차에 대비한 별원이 있던 곳은?

① 순천관
② 중미정
③ 만춘정
④ 혜음원

[해설]
① 순천관 : 고려시대, 객관
② 중미정 : 고려시대 의종, 정자
③ 만춘정 : 고려시대 의종, 정자
④ 혜음원지 : 고려 예종, 별원이 있던 건물터, 행궁유구와 연못·조경시설 발견

05. 백제 동성왕(東城王)이 서기 500년에 궁 안에 누(樓)를 짓고 원지(苑池)를 파고 기이한 짐승을 기른 기록이 있는데, 이때의 누의 명칭은?

① 망해루(望海樓)
② 임해전(臨海殿)
③ 임류각(臨流閣)
④ 세연정(洗然亭)

[해설]
① 망해루(望海樓) : 백제 의자왕
② 임해전(臨海殿) : 통일신라 문무왕
③ 임류각(臨流閣) : 백제 동성왕
④ 세연정(洗然亭) : 조선 윤선도 보길도 정원

06. 중세 서양의 도시광장이라고 불리던 것의 명칭은?

① 플레이스(place)
② 아고라(agora)
③ 포룸(forum)
④ 플라자(plaza)

[해설]
② 아고라(agora) : 고대 그리스-광장
③ 포룸(forum) : 고대 로마-광장

Answer 1.② 2.② 3.③ 4.④ 5.③ 6.①

07. 다음 중 경복궁의 어원(御苑)과 관계없는 것은?

① 부용정 ② 경회루
③ 아미산후원 ④ 향원정

해설 ① 부용정 : 창덕궁 어원

08. 다음 중 계리궁 정원과 가장 관계가 먼 것은?

① 연양정 ② 천교립
③ 송금정 ④ 백낙천

해설 계리궁 : 강호(에도) 시대
① 연양정 : 강산후락원
② 천교립 : 고서원은 일본의 삼경 중 하나인 천교립을 본보기로 조성
③ 송금정 : 계리궁의 다실
④ 백낙천 : 정원의 구성은 백낙천이 꿈꾸었던 이상향을 의미

09. 다음 [보기]는 계획·설계과정 중 어느 단계에 해당하는가?

[보기]
- 법규 검토
- 단지 분석
- 제한요소 검토
- 잠재요소 검토

① 용역발주 ② 조사
③ 분석 ④ 종합

해설 계획·설계과정 중 분석에 해당하는 내용이다.

10. 사람들이 공간을 어떻게 인지하는가라는 문제를 분석하기 위해 린치(Kevin Lynch)가 사람들이 그린 지도를 통해 분류한 공간인지방법에 해당하지 않는 것은?

① 우선 결정점부터 그리는 방법
② 경계선을 그리고 세부적인 것을 보는 방법
③ 상징물을 지정하고 상징물 사이를 연결하여 구역으로 나누는 방법
④ 통로를 그리고 그 통로를 따라 주변요소들을 지적하는 방법

해설 사람들이 공간을 어떻게 인지하는가라는 문제를 분석하기 위해 린치(Kevin Lynch)가 사람들이 그린 지도를 통해 분류한 공간인지방법은 통로, 결절점, 랜드마크, 모서리, 지역으로 구분한다.

11. 옥외휴양 행동을 좌우하는 지배인자로서 영향력이 가장 약한 기상 조사 항목은?

① 강우 일수
② 연평균 강설량
③ 기온의 변동량(최고 최저 기온)
④ 생물 기후의 각종 데이터(벚꽃의 개화일 등)

해설 옥외휴양 행동을 좌우하는 지배인자로서 연평균 강설량은 가장 약한 조사항목이다.

12. 경관을 디자인하는 데 있어서 개념을 형태로 발전시키는 주제로서 크게 기하학적인 형태의 주제와 자연적인 형태의 주제로 나눌 수 있는데 다음 중 자연적인 형태인 것은?

① 원 위의 원 ② 90° 직각 주제
③ 불규칙한 다각형 ④ 동심원과 반지름

해설 경관을 디자인하는 데 있어서 개념을 형태로 발전하는 경우 불규칙한 다각형이 가장 어울리는 주제가 된다.

13. 다음 중 환경영향평가법 시행령에 규정된 환경 분야별 환경영향평가 세부항목과 항목수가 맞지 않는 것은?

① 대기환경 분야(3가지) : 소음·진동, 일조장해, 위생·공중보건
② 수환경 분야(3가지) : 수질(지표·지하), 수리·수

Answer 7. ① 8. ① 9. ③ 10. ③ 11. ② 12. ③ 13. ①

문, 해양환경
③ 토지환경 분야(3가지) : 토지이용, 토양, 지형·지질
④ 자연생태환경 분야(2가지) : 동·식물상, 자연환경자산

> **해설** 환경영향평가법 시행령에 규정된 환경 분야별 환경영향평가 세부항목과 항목 수 중 대기환경분야는 기상, 대기질, 악취, 온실가스로 4가지로 구분한다.

14. 다음 용도지역별 용적률의 최대한도가 다른 하나는?

① 녹지지역　　　　② 농림지역
③ 생산관리지역　　④ 자연환경보전지역

15. 다음 중 조경설계기준상의 「문화재 및 사적지」에 관한 설명으로 틀린 것은?

① 사적지는 자연지형의 변화 및 훼손이 없는 범위 내에서 설계하며, 재료는 사적지 주변의 지역에서 활용되도록 고려한다.
② 사적지는 사적의 복원 및 재현은 역사성에 맞게 하되 주변지역도 역사성에 맞게 식재하고 시설물들이 조화롭게 설계되어야 한다.
③ 전적지는 관리자가 별도로 상주하므로 관리 측면을 관리자 중심의 설계를 기본으로 한다.
④ 민속촌 내의 수목은 그 지방의 낙엽화목류와 과일나무를 주종으로 하는 향토수종을 사용하며 전통적 식재기법에 어긋나지 않도록 유의한다.

> **해설** 조경설계기준상의 「문화재 및 사적지」에서 전적지는 관리자가 별도로 상주하지 않는 점을 고려하여 관리 측면을 고려한다.

16. 「장애인·노인·임산부 등의 편의증진보장에 관한 법률 시행규칙」상의 장애인 등의 통행이 가능한 접근로의 기준 중 A에 해당하는 값은?

- 접근로의 기울기는 (A) 이하로 하여야 한다. 다만, 지형상 곤란한 경우에는 (B)까지 완화할 수 있다.
- 대지 내를 연결하는 주접근로에 단차가 있을 경우 그 높이 차이는 2센티미터 이하로 하여야 한다.

① 10분의 1　　　② 16분의 1
③ 18분의 1　　　④ 20분의 1

> **해설** 「장애인·노인·임산부 등의 편의증진보장에 관한 법률 시행규칙」상의 장애인 등의 통행이 가능한 접근로의 기준은 다음과 같다.
> 1. 장애인 등의 통행이 가능한 접근로
> 　가. 유효폭 및 활동공간
> 　　(1) 휠체어사용자가 통행할 수 있도록 접근로의 유효폭은 1.2미터 이상으로 하여야 한다.
> 　　(2) 휠체어사용자가 다른 휠체어 또는 유모차 등과 교행할 수 있도록 50미터마다 1.5미터×1.5미터 이상의 교행구역을 설치할 수 있다.
> 　　(3) 경사진 접근로가 연속될 경우에는 휠체어사용자가 휴식할 수 있도록 30미터마다 1.5미터×1.5미터 이상의 수평면으로 된 참을 설치할 수 있다.
> 　나. 기울기 등
> 　　(1) 접근로의 기울기는 18분의 1 이하로 하여야 한다. 다만, 지형상 곤란한 경우에는 12분의 1까지 완화할 수 있다.
> 　　(2) 대지 내를 연결하는 주접근로에 단차가 있을 경우 그 높이 차이는 2센티미터 이하로 하여야 한다.
> 　다. 경계
> 　　(1) 접근로와 차도의 경계부분에는 연석·울타리 기타 차도와 분리할 수 있는 공작물을 설치하여야 한다. 다만, 차도와 구별하기 위한 공작물을 설치하기 곤란한 경우에는 시각장애인이 감지할 수 있도록 바닥재의 질감을 달리하여야 한다.
> 　　(2) 연석의 높이는 6센티미터 이상 15센티미터 이하로 할 수 있으며, 색상은 접근로의 바닥재색상과 달리 설치할 수 있다.
> 　라. 재질과 마감
> 　　(1) 접근로의 바닥표면은 장애인 등이 넘어지지 아니하도록 잘 미끄러지지 아니하는 재질로 평탄하게 마감하여야 한다.
> 　　(2) 블록 등으로 접근로를 포장하는 경우에는

Answer 14. ①　15. ③　16. ③

이음새의 틈이 벌어지지 아니하도록 하고, 면이 평탄하게 시공하여야 한다.
  (3) 장애인 등이 빠질 위험이 있는 곳에는 덮개를 설치하되, 그 표면은 접근로와 동일한 높이가 되도록 하고 덮개에 격자구멍 또는 틈새가 있는 경우에는 그 간격이 2센티미터 이하가 되도록 하여야 한다.
 마. 보행장애물
  (1) 접근로에 가로등·전주·간판 등을 설치하는 경우에는 장애인 등의 통행에 지장을 주지 아니하도록 설치하여야 한다.
  (2) 가로수는 지면에서 2.1미터까지 가지치기를 하여야 한다.

17. 경사가 있는 지반에서 도면에 1 : 0.03으로 표시할 수 있는 경우는?

① 연직거리 1m일 때 수평거리 8mm 경사
② 연직거리 4m일 때 수평거리 12mm 경사
③ 연직거리 1m일 때 수평거리 80mm 경사
④ 연직거리 4m일 때 수평거리 120mm 경사

→해설 1 : X의 경사표시 방법은 수직 : 수평의 비율이다.

18. 그림과 같이 문자, 숫자, 상징 등이 비슷한 것들끼리 그룹지어 보이는 지각 원리는?

```
A B C
1 2 3
@ % &
```

① 근접성의 원리   ② 유사성의 원리
③ 연속성의 원리   ④ 공동운명의 원리

→해설 서로 비슷한 성질을 유사성이라 한다.

19. 그림은 어떤 건설 재료의 단면 표시인가?

① 석재   ② 강재
③ 목재   ④ 콘크리트

20. 다음 중 미적 원리에 대한 설명으로 틀린 것은?

① 균형은 안정성은 있지만 단조로움이 있다.
② 동세는 공간에 운동감을 주므로 여백에 생명감을 준다.
③ 율동의 효과적 사용은 작품에 약동감을 주며 여백을 충실히 표현하게 된다.
④ 반복은 공간 예술에서 거리, 형태 등의 본질이며 그것은 동양식 정원에서 많이 볼 수 있다.

2과목 조경식재

21. 척박한 급경사지에 생육이 적합하며 지면을 피복하는 수목은?

① 싸리   ② 주목
③ 철쭉   ④ 병아리꽃나무

→해설 ① 싸리 : 콩과 - 척박지 식재 가능

22. 다음 설명에 적합한 수종은?

- 낙엽활엽교목이다.
- 서북향이 막힌 양지바른 곳이면 서울을 비롯한 중부지방 어디에서나 잘 자라나 내염성이 약한 편이어서 해안지방에서는 잘 자라지 못한다.
- 꽃은 백색 또는 담홍색으로 4월에 잎보다 먼저 피고 전년도 잎겨드랑이에 1~3개씩 달리며 화경이 거의 없다.

① 매실나무   ② 리기다소나무
③ 이태리포플러   ④ 삼나무

→해설 ① 매실나무 : 낙엽활엽교목

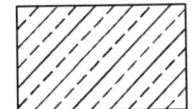

② 리기다소나무 : 상록침엽교목
③ 이태리포플러 : 낙엽활엽교목
④ 삼나무 : 상록활엽교목

23. 다음 식재와 관련된 설명 중 옳지 않은 것은?

① 식재로 얻을 수 있는 공학적 효과로서 섬광 조절기능이 있다.
② 일반적으로 음수는 양수에 비해 어릴 때 생장이 왕성하다.
③ 식물은 토양수분이 pF 4.2에 도달되면 고사하며, 이 점을 영구위조점이라 한다.
④ 내염성이 크다고 알려진 수종이라도 내륙지방에서 자란 것은 해안지방에서 자란 것보다 내염성이 약하다.

해설 ② 일반적으로 음수는 양수에 비해 어릴 때 생장이 느리다.

24. 다음 중 조경식재의 효과에 대한 설명으로 틀린 것은?

① 조밀한 방풍림은 풍속을 75~85%까지 감소시킨다.
② 180m 정도의 넓은 식재대는 대기 중의 먼지를 75% 감소시킨다.
③ 5~10m 폭의 식재대는 저주파 소음을 10~20dB까지 감소시킨다.
④ 식재높이가 90~180cm가 되면 통행이 매우 효과적으로 조절된다.

해설 폭 10~15m의 식재대 : 고주파 소음 10~20dB 감소

25. 토양환경에 있어 표층토(표토, surface soil)에 관한 설명으로 틀린 것은?

① 토양색은 암흑색을 띠고 있다.
② 낙엽, 낙지가 분해되어 부식질을 포함하고 있다.
③ 표토의 토심은 토양의 생산성과 밀접한 관계가 있다.
④ B층이라고도 하며 깊은 토층이 수목의 생육에 바람직하다.

해설 ④ A층(용탈층)이라고도 하며 깊은 토층이 수목의 생육에 바람직하다.

26. 자연풍경 식재의 기본 패턴에 속하지 않는 것은?

① 교호식재   ② 랜덤식재
③ 배경식재   ④ 부등변삼각형식재

해설 ① 교호식재 : 정형식 식재

27. 파종잔디 조성에 관한 설명으로 옳은 것은?

① 한지형 잔디는 9~10월경 파종한다.
② 파종지는 깊이 10cm 이하로 부드럽게 간다.
③ 파종 후 종자가 흙 속에 박히지 않도록 주의한다.
④ 파종 직후에는 통풍과 곰팡이 발생을 억제하기 위해 피복하지 않는다.

해설 파종잔디 조성
① 파종시기는 난지형 잔디는 5~6월 초순, 한지형 잔디는 9~10월 또는 3~5월을 적기로 하되, 잔디품종의 특성을 고려하며, 공기 및 현장여건에 따라 감독자와 협의하여 결정한다.
② 잡초의 발생이 우려되는 곳은 대상지 전면에 제초제를 살포하고 일정기간 경과하여야 한다.
③ 파종지는 인력 또는 경운기로 깊이 0.2m 이상 부드럽게 간다.
④ 비료를 뿌리고 흙을 곱게 부수어 고른 후 롤러로 가볍게 다진다.
⑤ 모래와 섞어 파종량의 1/2을 종으로 파종하고 나머지 1/2을 횡으로 파종한다. 파종량은 50~150kg/ha를 기준으로 하되 잔디의 종류에 따라 감독자와 협의하여 조정할 수 있다.
⑥ 파종 후 롤러로 가볍게 눌러서 종자가 흙속에 박히도록 한다.
⑦ 파종지가 충분히 젖도록 관수하되 흙이 흘러내리지 않을 정도로 물을 뿌려야 한다.
⑧ 발아를 위한 적절한 수분과 토양온도유지를 위하여 폴리에틸렌필름(두께 0.03mm)이나 볏짚, 황마천, 차광막 등으로 피복하고 바람에 날리지 않도록 고정한다.

⑨ 시드 벨트(seed belt)로 파종할 때에는 정지된 지면에 종자가 닿도록 벨트를 깔고 충분히 관수한 다음, 고운 흙을 1mm 내외 배토하고 다시 관수한 후 폴리에틸렌 필름을 덮어 준다.

28. 식재로 얻을 수 있는 기능에는 건축적 이용, 공학적 이용, 기상학적 이용, 미적 이용이 있다. 다음 중 식재기능과 관계 없는 것은?

① 통행의 조절   ② 점진적 이해
③ 건축물의 구조재   ④ 섬세한 선형미

해설 식재의 기능
1. 식재의 건축적 기능
   ① 사생활 보호
   ② 차폐 및 은폐
   ③ 공간 분할
   ④ 공간의 점진적 이해
2. 식재의 공학적 기능
   ① 토양침식 조절
   ② 음향 조절
   ③ 대기정화
   ④ 섬광 조절
   ⑤ 반사 조절
   ⑥ 통행 조절
3. 식재의 기상학적 기능
   ① 태양복사열 조절
   ② 바람의 조절
   ③ 습도 조절
   ④ 온도 조절
4. 식재의 미적 기능
   ① 조각물로서의 이용
   ② 반사
   ③ 영상
   ④ 섬세한 선형미
   ⑤ 장식적 수벽
   ⑥ 조류 및 소동물 유인
   ⑦ 배경용
   ⑧ 구조물의 유화

29. 고속도로 식재수법이 보행관련 식재, 사고방지 식재, 경관을 위한 식재, 기타 식재로 구분될 때 다음 중 "경관을 조성"하는 데 목적이 있는 식재수법은?

① 시선유도식재   ② 차광식재
③ 진입방지식재   ④ 조망식재

해설 고속도로 식재의 기능

기 능	식재의 종류
주 행	시선유도식재, 지표식재
사고방지	차광식재, 명암순응식재, 진입방지식재, 완충식재
방 재	비탈면식재, 방풍식재, 방설식재, 비사방지식재
휴 식	녹음식재, 지피식재
경 관	차폐식재, 수경식재, 조화식재
환경보존	방음식재, 임연보호식재

30. 멸종위기 야생생물 I급에 해당하는 식물종은? (단, 야생생물 보호 및 관리에 관한 법률 시행규칙을 적용한다.)

① 죽백란   ② 가시연꽃
③ 각시수련   ④ 노란만병초

해설 멸종위기 야생생물 Ⅰ급 - 육상식물
광릉요강꽃, 나도풍란, 만년콩, 섬개야광나무, 암매, 죽백란, 털복주머니란, 풍란, 한란
② 가시연꽃, ③ 각시수련, ④ 노란만병초 : 멸종위기 야생생물 Ⅱ급 - 육상식물

31. 다음 설명에 해당하는 수종은?

> 가지가 많이 갈라지고 일년생 가지에는 구(溝)가 있으며 마디마다 1~3개의 날카로운 가시가 나 있다. 2년지는 적색 또는 암갈색으로 되고 가시는 길이 6~12mm이다.

① 호랑가시나무   ② 살구나무
③ 노린재나무   ④ 매자나무

32. 다음 중 뿌리돌림과 관련된 설명으로 옳지 않은 것은?

① 뿌리돌림의 대상은 수세회복이 필요한 노거수이다.
② 분의 크기는 뿌리 발생력이 강한 수종은 작게 한다.
③ 뿌리에 V자 모양의 깊은 홈이 파지도록 한 바퀴 빙 돌아가며 파준다.
④ 도랑파기식은 분 형태로 도랑을 파 잔뿌리와 직근은 박피 후 남겨 새 뿌리를 발생시키고 굵은 측근은 모두 제거한다.

해설 굵은 뿌리 : 네 방향으로 1개씩 남기고 환상 박피

33. 가로수 식재 시 차량주행에 따른 섬광 차폐를 위하여 식재간격을 결정하는 공식(s)은? (단, s : 가로수의 간격, d : 수관의 직경, r : 수관의 반경, α : 주행방향에 대한 시각)

① $\dfrac{2r}{\sin\alpha}$ ② $\dfrac{2d}{\sin\alpha}$
③ $\dfrac{d}{\tan\alpha}$ ④ $\dfrac{2d}{\tan\alpha}$

34. 한대성 수종으로 줄기가 백색으로 아름다운 수종은?

① Abies holophylla
② Betula schmidtii
③ Alnus japonica
④ Betula platyphylla var. japonica

해설 ① Abies holophylla : 젓나무 - 회갈색 수피
② Betula schmidtii : 박달나무 - 흑회색 수피
③ Alnus japonica : 오리나무 - 갈색 수피
④ Betula platyphylla var. japonica : 자작나무 - 백색 수피

35. 영명으로 tree of heaven이라고 불리며, 공해에 강하고 수관이 우선을 펴든 모양으로 열대 수목 같은 모양의 잎을 가진 수종은?

① Wisteria floribunda
② Melia azedarach
③ Ailanthus altissima
④ Sophora japonica

해설 ① Wisteria floribunda : 등나무 - Japanese Wisteria
② Melia azedarach : 멀구슬나무 - Persian Lilac
③ Ailanthus altissima : 가중나무 - Tree of Heaven
④ Sophora japonica : 회화나무 - Chinese Scholar Tree

36. 수수꽃다리(Syringa oblata var. dilatata Rehder)의 설명으로 틀린 것은?

① 낙엽활엽 소교목 또는 관목이다.
② 생육환경은 산기슭 양지(석회암지대)이다.
③ 열매는 삭과로 타원형이며 첨두이고 길이 9~15mm로 9~10월에 성숙한다.
④ 꽃은 8월에 피고 지름 2cm로 연한 노란색이며, 원뿔모양꽃차례로 전년지 끝에 마주난다.

해설 ④ 꽃은 4~5월에 피고 지름 2cm로 담자색이며, 원뿔모양꽃차례로 전년지 끝에 마주난다.

37. 줄기가 회백색 계열이며, 밋밋하고, 큰 비늘처럼 벗겨지기 때문에 얼룩져 보이는 수종은?

① 백송(Pinus bungeana)
② 분비나무(Abies nephrolepis)
③ 서어나무(Carpinus laxiflora)
④ 식나무(Aucuba japonica)

해설 ① 백송(Pinus bungeana) : 수피 회백색, 얼룩
② 분비나무(Abies nephrolepis) : 수피 흰색
③ 서어나무(Carpinus laxiflora) : 수피 회색
④ 식나무(Aucuba japonica) : 수피 녹색

Answer 32. ④ 33. ① 34. ④ 35. ③ 36. ④ 37. ①

38. 다음 중 한 해 동안 잎의 녹색을 가장 오랫동안 볼 수 있는 것은?

① 능수버들　　② 회화나무
③ 느티나무　　④ 은행나무

39. 다음에서 설명하는 삽목법은?

- 당년에 자란 가지로서 어느 정도 탄력이 있고 경화되지 않은 상태의 것을 잘라 꽂는 방식으로서 이는 생육이 중지된 새가지(신초; 新梢)를 사용
- 동백나무, 치자나무, 서향, 철쭉 등에 적용

① 지삽(枝揷)　　② 녹지삽(綠枝揷)
③ 할삽(割揷)　　④ 엽삽(葉揷)

40. 잔디는 지면의 피복식물로서 효과적이다. 잔디밭 조성에 있어서 우선적으로 고려되어야 할 사항은?

① 상토와 배수성
② 병충해 예방 및 관리
③ 전질소량
④ 대기오염

3과목 조경시공

41. 시멘트에 대한 일반적인 내용으로 옳지 않은 것은?

① 시멘트는 풍화되면 비중이 작아진다.
② 시멘트가 풍화되면 수화열이 감소된다.
③ 시멘트의 분말도가 클수록 수화작용이 빠르다.
④ 시멘트의 수화반응에서 경화 이후의 과정을 응결이라 한다.

[해설] ④ 시멘트의 수화반응에서 응결 이후의 과정을 경화라 한다.

42. 그림과 같은 평행력 2t과 6t을 P_1=3t, P_2=5t 으로 분해한다면 P_2의 거리 X는?

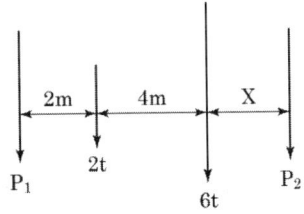

① 1m　　② 2m
③ 3m　　④ 4m

43. 다음에서 설명하는 토공 기계는?

- 굴착, 적재, 운반, 버리기, 고르기 작업을 겸할 수 있다.
- 작업거리는 100~1500m 정도의 중장거리용이다.

① 앵글도저　　② 그레이더
③ 드래그라인　　④ 스크레이퍼

44. 종자뿜어붙이기 시공과 관련된 설명 중 옳지 않은 것은?

① 네트+종자분사파종은 시공이 간편하여 단기간에 많은 면적을 녹화하는 데 적합하다.
② 한 종류의 발생기대본수는 가급적 총 발생기대본수의 80% 이하로 내려가지 않도록 한다.
③ 사용식생의 종자발아에 필요한 온도, 수분이 적당한 범위 내에서 정하되 가능한 한 봄철로 한다.
④ 초본류만을 사용하면 근계층이 얇기 때문에 비탈면이 박리(剝離)되기 쉬우므로 필요 시 목본류와 혼파한다.

[해설] ② 한 종류의 발생기대본수는 가급적 총 발생기대본수의 10% 이하로 내려가지 않도록 한다.

45. 다음 [보기] 중 ( ) 안에 알맞은 용어는?

[보기]
수의계약이라 하더라도 계약 상대방과 임의로 가격을 협의하여 계약을 체결하는 것이 아니라, ( )를/을 공개하지 아니한 가운데 견적서를 제출케 함으로써 경쟁입찰에 단독으로 참가하는 방식으로 이루어진다.

① 설계도면 ② 공사시방서
③ 공사예정가격 ④ 공사예정기일

46. 시멘트의 분말도에 대한 설명으로 옳지 않은 것은?

① 분말도가 가는 것일수록 수화작용이 빠르다.
② 분말도가 가는 것일수록 조기강도는 떨어진다.
③ 분말도가 가는 것일수록 워커빌리티가 좋다.
④ 분말도가 지나치게 가는 것일수록 건조수축, 균열이 발생하기 쉽다.

→해설 ② 분말도가 가는 것일수록 조기강도가 높아진다.

47. 자연상태에서 화강암의 정원석 1m³의 일반적인 추정 단위중량으로 가장 적당한 것은?

① 1800~2000kg ② 2600~2700kg
③ 2700~3700kg ④ 3500~4000kg

48. 자연상태에서 100m³의 흙을 8ton 트럭 1대로 옮기려고 한다. 몇 회 운반하면 되는가? (단, 토량 변화율(L)=1.1이고, 흐트러진 상태의 흙 단위중량은 1500kg/m³이며, $q = \dfrac{T}{r_t} \times L$이다.)

① 약 12회 ② 약 13회
③ 약 17회 ④ 약 21회

→해설 $q = \dfrac{8}{1.5} \times 1.1 = 5.86$

$\dfrac{100\text{m}^3}{5.86\text{m}^3/\text{회}} = 17.064$

49. 목재는 같은 재료일지라도 탈습과 흡습에 따라 평형함수율이 달라지며 평형함수율은 탈습에 의한 경우보다 흡습에 의한 경우가 낮다. 이러한 현상을 무엇이라 하는가?

① 기건수축 ② 동적 평형
③ 이력현상 ④ 목재의 이방성

→해설 이방성 : 물체의 물리적 성질이 방향에 따라 다른 성질

50. 공사기간 중 설치되었다가 공사 완공 후 철거되는 것을 가시설이라 한다. 다음 중 가시설이 아닌 것은?

① 토류벽 ② 옹벽구조물
③ 비계 ④ 가설사무소

51. 인공위성을 이용한 범세계적 위치 결정의 체계로 정확한 위치를 알고 있는 위성에서 발사한 전파를 수신하여 관측점까지의 소요시간을 측정함으로써 관측점의 3차원 위치를 구하는 측량은?

① 원격탐측 ② GPS 측량
③ 스타디아측량 ④ 전자파 거리측량

52. 감람석이 변질된 것으로 암녹색 바탕에 아름다운 무늬를 갖고 있으나 풍화성이 있어 실내장식용으로 사용되는 것은?

① 사문암 ② 안산암
③ 응회암 ④ 현무암

53. 강의 탄소함유량이 증가함에 따른 성질 변화에 관한 설명으로 옳지 않은 것은?

① 경도가 높아진다.
② 신장률은 떨어진다.
③ 충격값은 감소한다.
④ 용접성이 좋아진다.

Answer 45. ③ 46. ② 47. ② 48. ③ 49. ③ 50. ② 51. ② 52. ① 53. ④

54. 벽돌쌓기에 관한 일반적인 설명으로 옳지 않은 것은?

① 균일한 높이로 쌓아 올라간다.
② 모르타르는 배합하여 1시간 이내에 사용한다.
③ 벽돌에 충분한 습기가 있도록 사전에 조치한다.
④ 하루에 쌓는 표준 높이는 2.0m까지이다.

[해설] ④ 하루에 쌓는 표준 높이는 1.2m 이하

55. 중용열 포틀랜드시멘트의 일반적인 특징 중 옳지 않은 것은?

① 초기강도가 크다.   ② 건조수축이 적다.
③ 수화발열량이 적다.   ④ 내구성이 우수하다.

[해설] ① 초기강도가 작다.

56. 금속부식을 최소화하기 위한 방법에 대한 설명 중 옳지 않은 것은?

① 부분적으로 녹이 나면 즉시 제거한다.
② 가능한 한 이종 금속을 인접 또는 접촉시키지 않는다.
③ 큰 변형을 준 것은 가능한 한 담금질을 하여 사용한다.
④ 표면을 평활하고 깨끗이 하며 가능한 한 건조 상태를 유지한다.

[해설] ③ 큰 변형을 준 것은 가능한 한 열처리(풀림, 뜨임)하여 사용한다.

57. 그림과 같은 단순보에 집중하중이 작용할 때 최대 굽힘 모멘트가 발생하는 구간은?

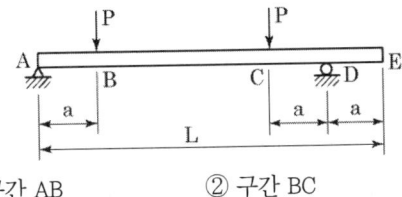

① 구간 AB   ② 구간 BC
③ 구간 CD   ④ 구간 DE

58. 다음의 정원석 석축공의 품셈기준과 인부품을 참조하여 정원석 쌓기 10t, 놓기 20t에 대한 노임 합계는?

구분	조경공 (인)	보통인부 (인)	비고(ton당)
쌓기	2.5	2.5	조경공 10,000원/일
놓기	2.0	2.0	보통인부 5,000원/일

① 625,000원   ② 825,000원
③ 975,000원   ④ 1,250,000원

[해설] 쌓기 = 10ton×{(2.5인×10,000원/일/ton)+
(2.5인×5,000원/일/ton)} = 375,000원
놓기 = 20ton×{(2.0인×10,000원/일/ton)+
(2.0인×5,000원/일/ton)} = 600,000원
쌓기+놓기=975,000원

59. 옹벽의 구조설계 시 역학적 필수 검토 사항으로만 조합된 것은?

① 모멘트, 미끄러짐, 처짐
② 처짐, 뒤틀림, 휨
③ 지지력, 모멘트, 미끄러짐
④ 재료의 내구성, 시공방법, 시공기한

60. 네트워크 공정표의 크리티컬 패스(critical path)에 대한 설명으로 맞지 않는 것은?

① 공기는 크리티컬 패스에 의해 결정된다.
② 크리티컬 패스는 일의 개시시점을 말한다.
③ 크리티컬 패스상의 공종은 중점 관리대상이 된다.
④ 여러 경로 중 가장 시간이 긴 경로를 말한다.

[해설] ② 크리티컬 패스 : 가장 긴 경로
결합점 : 일의 개시시점

4과목 조경관리

61. 다음 중 재해의 발생 원인에 있어 인적원인에 해당하는 것은?

① 방호설비에 결함이 있었다.
② 작업자와의 연락이 불충분하였다.
③ 작업장의 조명이 부적절하였다.
④ 작업장 주위가 정리정돈되어 있지 않았다.

해설 ① 방호설비에 결함이 있었다. : 물적 원인
② 작업자와의 연락이 불충분하였다. : 인적 원인
③ 작업장의 조명이 부적절하였다. : 물적 원인
④ 작업장 주위가 정리정돈되어 있지 않았다. : 물적 원인

62. 아밀라리아(Armillaria) 뿌리썩음병균에 의해 나타나는 증상이 아닌 것은?

① 균핵
② 자실체(버섯)
③ 부채꼴 모양의 흰색 균사매트
④ 근상균사속(뿌리모양의 균사다발)

해설 아밀라리아(Armillaria) 뿌리썩음병균
1. 피해 : 지제부의 수피가 쉽게 벗겨지며 목질부와 수피 사이에 흰 균사층이 나타남. 감염수목은 소생시킬 수 없음
2. 특징
   ① 봄에 잎이 잘 나오다가 6월부터 가을에 걸쳐 잎 전체가 갈색으로 변하면서 말라 죽음
   ② 줄기 밑동이나 굵은 뿌리에서 송진이 유출되며, 수피를 벗기면 그 아래에 버섯 냄새가 나는 흰색 균사층이 형성되고, 목질부와 감염된 뿌리에는 흑갈색 실 모양의 근사균사다발이 있음
   ③ 초가을에는 병든 나무의 뿌리나 줄기 밑동에 자실체인 뽕나무버섯이 무리지어 형성
3. 병원균 : 담자포자
4. 방제법
① 토양훈증제 사용
② 자실체 및 병든 뿌리는 발견 즉시 제거
③ 주변에 깊은 도랑을 파서 석회처리 후 균사확산저지대 조성

63. 다음 병명 중 한지형 잔디에 발생되는 병으로 여름 우기에 크게 문제되며 병에 걸린 잎은 물에 잠긴 것처럼 땅에 누우며 미끈한 촉감을 주는 증상을 보이는 것은?

① 녹병(Rust)
② 설부병(Snow molds)
③ 갈색엽부병(Brown patch)
④ 면부병(Pythium blight)

64. 비탈면의 풍화, 침식 등의 방지를 위하여 시행하는 공법으로서 1:1 이상의 완구배로서 접착력이 없는 토양, 식생이 곤란한 풍화토, 점토 등의 경우에 주로 사용되는 보호 공법은?

① 돌붙임 및 블록 붙임공
② 콘크리트판 설치공
③ 콘크리트 격자형 블록 및 심줄박기공
④ 시멘트 모르타르 뿜어붙이기공

65. 다음 중 조경공간의 관수(灌水)관리를 위한 설명으로 가장 적합한 것은?

① 봄철 하루 중 관수의 시기는 식물의 생육이 왕성한 정오에 하는 것이 바람직하다.
② 스프링클러에서 물이 흐르는 파이프는 헤드의 원활한 작동을 위해 가능하면 큰 직경에 유속은 변화를 주어 빨리 공급되어야 한다.
③ 관의 토양 중 깊이는 다른 관리 작업에 의해 파손되지 않도록 충분히 깊어야 하며, 겨울철에는 물을 빼서 동파의 가능성을 줄여야 한다.
④ 점적관수(drip irrigation)는 개별 식물체에 연결된 호스의 작은 구멍을 통해 소량의 물이 나오는 것으로서 많은 수분이 일시에 대기 중에 배출된다.

Answer 61. ② 62. ① 63. ④ 64. ① 65. ③

해설 ① 봄철 하루 중 관수의 시기는 오전에 하는 것이 바람직하다.
③ 관의 토양 중 깊이는 다른 관리 작업에 의해 파손되지 않도록 충분히 깊어야 하며, 겨울철에는 물을 빼서 동파의 가능성을 줄여야 한다.
④ 점적관수(drip irrigation)는 개별 식물체에 연결된 호스의 작은 구멍을 통해 소량의 물이 나오는 것으로서 소량의 수분이 대기 중에 배출된다.

66. 조경재료 중 목재 부분이 해충에 의해 손상을 입었을 때 보수방법에 해당하는 것은?

① 실(seal)재료(에폭시계)를 도포하여 잘 봉한다.
② 해충을 구제하고 나무 망치로 원상 복구한다.
③ 유기인계 및 유기염소계통의 방충제를 살포하고 부패된 부분은 제거 후 퍼티를 충전한다.
④ 에틸알코올로 깨끗이 세척한 후 접착제(에폭시계), 아크릴 계통 등으로 경화될 때까지 도포한다.

해설 ④ 에틸알코올로 깨끗이 세척한 후 접착제(에폭시계), 아크릴 계통 등으로 경화될 때까지 도포한다. : 석재 보수방법

67. 30% 메프(MEP)유제 100cc로 0.05%의 살포액을 만들려고 한다. 이때 소요되는 물의 양은? (단, 비중은 1.0으로 한다.)

① 59900cc
② 69900cc
③ 79900cc
④ 89900cc

해설 소요되는 물의 양 $= 100cc \times \left(\dfrac{30\%}{0.05\%} - 1\right) \times 1$
$= 59900cc$

68. 차량통행이 적고 균열 정도와 범위가 심각하지 않은 훼손포장 부위를 아스팔트와 골재 또는 아스팔트만으로 메우거나 덮어 씌우는 임시적 포장 재생방법은?

① 표면처리공법
② 덧씌우기공법
③ 패칭공법
④ 치환공법

69. 다음 중 솔잎혹파리에 관한 설명으로 틀린 것은?

① 매개충은 솔수염하늘소에 의해서 이동한다.
② 기생성 천적으로 솔잎혹파리먹좀벌, 혹파리등뿔먹좀벌 등이 있다.
③ 벌레가 외부로 노출되는 시기가 극히 제한적이기 때문에 침투성 약제 나무주사가 가장 효율적인 방제법이다.
④ 유충은 9월 하순~다음해 1월에 낙하(비오는 날이 가장 많음)하여 지피물 밑 또는 흙속으로 들어가 월동한다.

해설 ① 매개충은 솔수염하늘소에 의해서 이동한다. : 소나무 재선충병
② 솔잎혹파리 천적 : 산솔새, 거미, 먹좀벌(혹파리살이먹좀벌, 혹파리등뿔먹좀벌, 혹파리반뿔먹좀벌, 솔잎혹파리먹좀벌)

70. 농약의 살포방법 중 유제, 수화제, 수용제 등에서 조제한 살포액을 분무기를 사용하여 무기분무(airless spray)에 의하여 안개모양으로 살포하는 방법은?

① 분무법(method of spray)
② 미스트법(mist spray method)
③ 스프링클러법(sprinkler method)
④ 폼스프레이법(foam spray method)

71. 다음 [보기]에서 설명하는 비료는?

[보기]
- 주성분은 인산1칼슘과 황산칼슘이다.
- 회백색 또는 담갈색의 분말이다.
- 강산성이고 특유의 냄새가 있다.
  염기성비료와 배합하면 좋지 않다.

① 용성인비
② 질산칼슘
③ 토머스인비
④ 과린산석회

72. 병원의 분류 중 비전염성병에 속하지 않는 것은?

① 대기오염에 의한 병
② 종자식물에 의한 병
③ 토양산도의 부적합에 의한 병
④ 토양 중의 양분 결핍 및 과잉에 의한 병

[해설] 병해의 분류
1. 생물성 원인(전염성 원인, 기생성 원인)
   ① 바이러스
   ② 파이토플라즈마(마이코플라즈마)
   ③ 세균
   ④ 진균
   ⑤ 선충
   ⑥ 기생성 종자식물
2. 비생물성 원인(비전염성 원인, 비기생성 원인, 환경요인)
   ① 부적당한 토양조건
   ② 부적당한 기상조건
   ③ 유기물질
   ④ 농기구 등에 의한 기계적 상해

73. 수목관리에서는 잡초방제가 중요하다. 다음 중 잡초의 정의에 가장 적당한 것은?

① 수목의 성장에 방해되는 식물을 말한다.
② 수목의 관리에 방해되는 식물을 말한다.
③ 계획에 의하여 식재되지 않은 식물을 말한다.
④ 이용자가 원하지 않는 장소에 원하지 않는 식물이 생육하고 있을 것을 말한다.

74. 다음 수목의 수형관리와 관련된 설명 중 옳지 않은 것은?

① 무궁화는 1년생 가지에 꽃이 많이 달리므로 개화 후 낙화할 무렵에 전지한다.
② 벚나무류는 전지한 곳에서 썩기 쉬우므로 병해충의 피해를 입지 않도록 주의한다.
③ 나무 밑둥의 뿌리에서 돋아나는 곁움은 모두 베어버려야 한다.
④ 박달나무, 자작나무 등은 지피융기선과 지륭이 잘 발달하여 뚜렷이 나타나 가지치기 시 그 안쪽을 잘라야 한다.

75. 철제면 도장공사의 작업순서로 가장 적합한 것은?

① 도장물체 표면 쇠솔→녹 제거(샌드페이퍼)→광명단→밑칠→마른 후 재도장
② 광명단→도장물체 표면 쇠솔→녹 제거(샌드페이퍼)→밑칠→마른 후 재도장
③ 도장물체 표면 쇠솔→녹 제거(샌드페이퍼)→광명단→마른 후 재도장→밑칠
④ 광명단→도장물체 표면 쇠솔→녹 제거(샌드페이퍼)→마른 후 재도장→밑칠

76. 용적밀도(bulk density)가 1.44g/cm³인 토양의 공극률이 0.4일 때, 이 토양의 입자비중(particle density)은 몇 g/cm³인가?

① 2.20   ② 2.30
③ 2.40   ④ 2.65

[해설] 공극률 = $1 - \dfrac{\text{용적밀도}}{\text{입자비중}}$

$0.4 = 1 - \dfrac{1.44}{x}$

∴ $x = 2.4 \text{g/cm}^3$

77. 조경관리 중 시설구조 자체의 결함이나 시설 설치 및 배치의 미비에 의한 사고의 종류는?

① 자연재해 등에 의한 사고
② 관리 하자에 의한 사고
③ 설치 하자에 의한 사고
④ 이용자, 보호자의 부주의에 의한 사고

78. 조경관리 업무를 위탁(도급)방식으로 할 때의 장점에 해당하는 것은?

① 긴급한 대응이 가능하다.
② 관리실태가 정확히 파악된다.
③ 임기응변적 조치가 가능하다.
④ 관리비가 싸게 되고 정기적으로 안정할 수 있다.

79. 시멘트, 모르타르 뿜어붙이기에 앞서 철망을 비탈면에 잘 붙이고 철근앵커를 고정하는데 1m²당 몇 본을 표준으로 실시하는가?

① 1~2본
② 3~5본
③ 5~10본
④ 10~15본

80. 다음 중 조팝나무진딧물과 관련된 설명으로 틀린 것은?

① 오래된 잎에 모여 식엽 가해한다.
② 가해 수종으로는 조팝나무, 모과나무, 명자나무 등이 있다.
③ 무시생태 암컷 성충의 몸길이는 2mm 내외이며 타원형으로 녹황색을 띤다.
④ 생물적 방제를 위해 포식성 천적인 무당벌레류, 풀잠자리류, 거미류 등을 보호한다.

해설 ① 신초와 어린 잎 뒷면에 모여 흡즙한다.

2016년 조경산업기사 최근기출문제 (2016. 10. 1)

1과목 조경계획 및 설계

01. 다음 중 향원지원, 교태전 후원 등과 가장 관계가 깊은 곳은?
① 창덕궁　② 경복궁
③ 덕수궁　④ 창경궁

02. 조선후기 궁궐에서 정원 관리를 담당하던 관서는?
① 내원서　② 장원서
③ 상림원　④ 사선서

해설 ① 내원서 : 고려, 궁궐 정원관리 담당
② 장원서 : 조선후기, 궁궐 정원관리 담당
③ 상림원 : 조선초기, 궁궐 정원관리 담당
④ 사선서 : 조선, 궁궐 음식을 공급하는 일을 맡은 곳

03. 일본의 회유식 임천정원(廻遊式 林泉庭園)에 관한 설명으로 옳지 않은 것은?
① 산책하면서 감상하도록 설계되어 있기 때문에 못(池)에는 다리가 없다.
② 교토(京都) 계리궁(桂離宮, 가츠라리큐)의 정원은 그 대표적인 한 예이다.
③ 그 근원을 중세 말에 두고 있으나 양식으로 정착한 것은 강호(江戸, 에도)시대이다.
④ 중국적인 조경요소가 도입되어 있는 도쿄(東京)의 소석천후락원(小石川後樂園)도 이 양식에 속한다.

해설 ① 회유식 임천정원 : 정원 중심에 연못을 파고, 섬을 조성해 다리를 놓고 산책하면서 감상하도록 설계

04. 아도니스원(Adonis Garden)에 대한 설명으로 옳지 않은 것은?
① 포트 가든(Pot Garden)의 발달에 기여하였다.
② 고대 그리스에서 발달된 일종의 옥상정원이다.
③ 고대 이집트에서 발달된 일종의 사자(死者)의 정원이다.
④ 고대 그리스에서 부인들에 의해 가꾸어진 정원으로 초화류를 분(盆)에 심어 장식했다.

05. 중국 송나라의 휘종(徽宗) 때에 주민이 설계한 정원으로서 항주의 봉황산을 닮게 하였다고 하는 정원은?
① 경산(景山)　② 만세산(萬歲山)
③ 만수산(萬壽山)　④ 아미산(峨眉山)

06. 탑골(파고다)공원 내에 있는 「앙부일구(仰釜日晷)」는 무엇과 관련 있는가?
① 사리탑　② 불상
③ 해시계　④ 천제단

07. 도산서원에 퇴계선생이 지당을 파고 연꽃을 심었던 유적은?
① 정우당　② 절우사
③ 몽천　④ 세연지

08. 다음 중 아크로폴리스(Acropolis)와 관계없는 것은?
① 니케 신전　② 파르테논 신전
③ 프로필레아 신전　④ 폼페이 신전

Answer　1.②　2.②　3.①　4.③　5.②　6.③　7.①　8.④

해설 아크로폴리스(Acropolis)
① 도시의 수호신 아테나 여신을 위해 조성
② 성벽으로 둘러싸인 바위 언덕 위에 만든 요새화된 지역
③ 니케 신전, 파르테논 신전, 프로필레아, 에렉테이온

09. 광장에 대한 설명으로 옳지 않은 것은?

① 광장은 휴식과 대화의 자리가 된다.
② 광장은 주변에 있는 건물이나 각종 시설물에 큰 영향을 준다.
③ 광장의 성격은 자연 지향적이고 레크리에이션 지향형이다.
④ 광장의 입지조건은 상업, 문화, 행정 등의 기능을 지닌 공간과 관련성이 있는 자리가 좋다.

해설 광장은 주로 휴식과 대화를 나누는 것을 목적으로 하고, 주변의 시설에 영향을 주는 장소로서 주변의 공간과 관련성을 가질수 있는 자리가 좋다.

10. 조경을 계획과 설계의 개념으로 구분한 것 중 설계(design)의 개념에 가장 가까운 접근방법은?

① 매우 체계적이며 일반론적임
② 논리적이고 객관성 있게 접근
③ 어떤 지침서나 분석결과를 서술형식으로 표현
④ 주관적·직관적이며, 창의성과 예술성을 크게 강조

해설 설계(design)의 개념에 가장 가까운 접근은 일반론적이기보다는 주관적·직관적이며, 창의성과 예술성을 크게 강조한다.

11. 다음 중 대상물의 표면이 거칠거나 섬세한 상태에 의하여 판단되는 경관 인지 요소는?

① 질감　　　② 형태
③ 크기　　　④ 색

해설 대상물의 표면이 거칠거나 섬세한 상태에 의하여 판단되는 경관 인지 요소는 질감에 해당되는 설명이다.

12. 레크리에이션 계획을 '여가 시간에 행하는 사람들의 레크리에이션 활동을 그에 적합한 공간 및 시설에 관련시키는 계획'이라고 정의하였으며, 이를 토대로 레크리에이션의 접근방법을 자원접근방법, 활동접근법, 경제접근법, 행태접근방법, 종합접근방법 등 5가지로 분류한 사람은?

① 케빈 린치(Kevin Lynch)
② 이안 맥하그(Ian McHarg)
③ 가렛 에크보(Garrett Eckbo)
④ 세이머 골드(Seymour M. Gold)

해설 '여가 시간에 행하는 사람들의 레크리에이션 활동을 그에 적합한 공간 및 시설에 관련시키는 계획'이라고 정의한 사람으로 레크리에이션의 접근방법을 자원접근방법, 활동접근법, 경제접근법, 행태접근방법, 종합접근방법 등 5가지로 분류한 사람은 세이머 골드(Seymour M. Gold)이다.

13. 다음 중 주차장법상 주차장의 종류에 해당하지 않는 것은?

① 노변주차장　　　② 노상주차장
③ 노외주차장　　　④ 부설주차장

해설 주차장법상 주차장의 종류에 해당되는 주차장은 노상주차장, 노외주차장, 부설주차장이 해당된다.

14. 광역도시계획의 수립을 위한 공청회 개최에 관련된 설명 중 틀린 것은? (단, 국토의 계획 및 이용에 관한 법률을 적용한다.)

① 공청회는 국토교통부장관, 시·도지사, 시장 또는 군수가 지명하는 사람이 주재한다.
② 공청회개최예정일 20일 전까지 관계행정기관의 관보에 공고하여야 한다.
③ 공청회는 광역계획권 단위로 개최하되, 필요한 경우에는 광역계획권을 수개의 지역으로 구분하여 개최할 수 있다.
④ 공고 시 주요사항으로는 개최목적, 개최예정일시 및

장소, 수립 또는 변경하고자 하는 광역도시계획의 개요, 기타 필요한 사항으로 한다.

해설 「국토의 계획 및 이용에 관한 법률」을 적용한 광역 도시계획의 수립을 위한 공청회 개최에 관련된 내용은 다음과 같다.
제12조(광역도시계획의 수립을 위한 공청회) ① 국토교통부장관, 시·도지사, 시장 또는 군수는 법 제14조 제1항에 따라 공청회를 개최하려면 다음 각 호의 사항을 해당 광역계획권에 속하는 특별시·광역시·특별자치시·특별자치도·시 또는 군의 지역을 주된 보급지역으로 하는 일간신문에 공청회 개최예정일 14일전까지 1회 이상 공고하여야 한다.
1. 공청회의 개최 목적
2. 공청회의 개최 예정일시 및 장소
3. 수립 또는 변경하고자 하는 광역도시계획의 개요
4. 그 밖에 필요한 사항
② 법 제14조제1항의 규정에 의한 공청회는 광역계획권 단위로 개최하되, 필요한 경우에는 광역계획권을 수개의 지역으로 구분하여 개최할 수 있다.
③ 법 제14조제1항에 따른 공청회는 국토교통부장관, 시·도지사, 시장 또는 군수가 지명하는 사람이 주재한다.
④ 제1항부터 제3항까지에서 규정한 사항 외에 공청회의 개최에 관하여 필요한 사항은 그 공청회를 개최하는 주체에 따라 국토교통부장관이 정하거나 특별시·광역시·특별자치시·도·특별자치도(이하 "시·도"라 한다), 시 또는 군의 도시·군계획에 관한 조례(이하 "도시·군계획조례"라 한다)로 정할 수 있다.

15. 다음 중 조경설계기준상의 계단돌 쌓기(자연석 층계)의 설명이 틀린 것은?

① 계단의 최고 기울기는 40~45° 정도로 한다.
② 한 단의 높이는 15~18cm, 단의 폭은 25~30cm 정도로 한다.
③ 보행에 적합하도록 비탈면에 일정한 간격과 형식으로 지면과 수평이 되게 한다.
④ 돌계단의 높이가 2m를 초과할 경우 또는 방향이 급변하는 경우에는 안전을 위해 너비 120cm 이상의 계단참을 설치한다.

해설 조경설계기준상의 계단돌 쌓기(자연석 층계)의 계단의 최고 기울기는 30~35° 정도로 한다

16. 다음 그림에서 치수 기입 방법이 잘못된 것은?

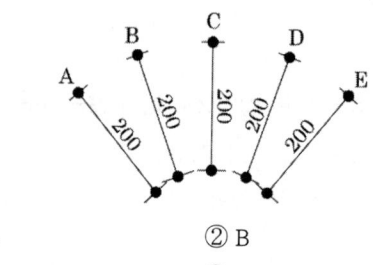

① A
② B
③ C
④ D

17. 문화재에 대한 조경 대상으로서 비교적 거리가 먼 것은?

① 무형문화재
② 사적
③ 명승
④ 천연기념물

해설 문화재에 대한 조경대상은 눈에 보여지는 요소를 우선시한다.

18. 환경색채에 대한 설명으로 틀린 것은?

① 환경색채 디자인은 자연적인 특징과 인공적인 특징을 조화롭게 계획하여 지역 거주자들에게 좋은 영향을 줄 수 있도록 해야 한다.
② 인간에게 관계되는 환경색채로서 경관색채의 의미로 인간에게 심리적, 물리적인 영향을 준다.
③ 자연과 친화된 환경일수록 풍토성이 강해지고, 지역이 고립되고 차단될수록 지역색의 특성이 강해진다.
④ 자연기후의 영향을 받지 않아 계절색의 이미지를 고려하지 않아도 되며 주변 동·식물계의 생태학적 색채 또한 요소적 특징에 포함되지 않는다.

해설 환경색채는 자연기후의 영향을 받아 계절색의 이미지를 고려하며 주변 동·식물계의 생태학적 색채 또한 요소적 특징에 포함한다.

19. **체육공원의 계획 및 설계 시 고려해야 할 사항으로 옳지 않은 것은?**

① 휴게센터는 출입구에서 먼 곳에 배치시킨다.
② 공원면적의 5~10%는 다목적 광장, 시설 전 면적의 50~60%는 각종 경기장으로 배치한다.
③ 야구장, 궁도장 및 사격장 등의 위험시설은 정적 휴게공간 등의 다른 공간과 격리하거나 지형, 식재 또는 인공구조물로 차단한다.
④ 운동시설은 공원 전 면적의 50% 이내의 면적을 차지하도록 하며, 주축을 남-북방향으로 배치한다.

해설 체육공원의 계획 및 설계 시 휴게센터는 출입구와 멀지 않은 곳에 배치한다.

20. **수목의 종류, 배치 및 기타 횡단 구성요소와 균형 및 장래에 추가 차선을 목적으로 할 경우나 경관지 식수대의 경우는 그 폭을 몇 미터까지 할 수 있는가?**

① 1.5m ② 2.0m
③ 3.0m ④ 4.5m

해설 장래에 추가 차선을 목적으로 식수대를 설치하는 경우 차선폭만큼 설치 가능하다.

2과목 조경식재

21. **다음 그림 중 식재를 통한 비대칭적 균형에 의한 공간감을 조성한 것이 아닌 것은?**

①
②
③
④

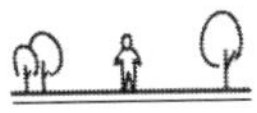

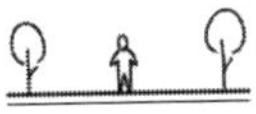

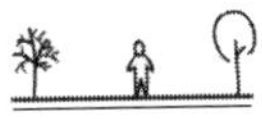

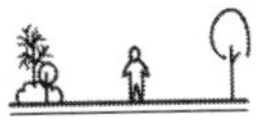

해설 ② 대칭적 균형

22. **다음 중 피자식물에 속하는 종이 아닌 것은?**

① 은행나무 ② 뽕나무
③ 신갈나무 ④ 단풍나무

해설 나자식물(겉씨식물) : 소철, 은행나무, 소나무류

23. **일반적인 식재설계과정이 올바르게 연결된 것은?**

① 예비계획단계 → 기본구상 → 식재설계 → 시공
② 식재 기본구상 → 관련법규 검토 → 식재설계 → 시공
③ 식재 기본구상 → 식재평면도 작성 → 유지관리 → 관련 법규검토
④ 예비계획단계 → 시공상세도 작성 → 사용 수종 선정 → 관련법규 검토

24. **토양의 화학적 성질 중 양이온치환에 관한 설명으로 틀린 것은?**

① 양이온치환능력은 토양 표면으로부터 깊이가 깊어질수록 증가한다.
② 강우가 거의 없는 지역의 따뜻하고 건조한 토양은 칼슘, 나트륨, 칼륨의 흡착이 많다.
③ 석회석 모재로부터 생성된 습윤한 온대지역의 토양은 칼슘과 마그네슘의 함량이 높다.
④ 양이온치환능력은 완충능력을 결정하기 때문에 안정된 토양산도를 유지하는 데 중요한 역할을 한다.

해설 ① 양이온치환능력은 토양 표면으로부터 깊이가 낮을수록 증가한다.

25. **수목식재에 있어서 색채(color)는 중요한 디자인요소이다. 이러한 디자인요소를 부각시키기 위해서 사용되는 각 수종의 기관별 특징이 되는 색채가 바르게 설명된 것은?**

① 자작나무-꽃-흰색
② 흰말채나무-수피-흰색
③ 홍가시나무-꽃-홍색

Answer 19. ① 20. ③ 21. ② 22. ① 23. ① 24. ① 25. ④

④ 벽오동-수피-녹색

[해설] ① 자작나무-수피-흰색
② 흰말채나무-수피-붉은색
③ 홍가시나무-신초-홍색
④ 벽오동-수피-녹색

26. 무궁화의 설명으로 틀린 것은?

① 아욱과(科)에 속하는 식물이다.
② 꽃이 개량되어 담홍, 자색, 백색, 홑꽃, 겹꽃이 다양하다.
③ 열매는 삭과로서 장타원형이고 약간의 털이 있는데 10월경에 성숙한다.
④ 잎은 대생으로 3개로 갈라지나 윗부분의 잎은 갈라지지 않는 것도 있다.

[해설] ④ 무궁화 잎 : 호생, 3개로 갈라짐

27. 다음 수종 중 잎의 특징이 복엽인 것은?

① Albizia julibrissin
② Sorbus alnifolia
③ Cercis chinensis
④ Crataegus pinnatifida

[해설] ① Albizia julibrissin : 자귀나무 – 우수우상복엽
② Sorbus alnifolia : 팥배나무 – 단엽
③ Cercis chinensis : 박태기나무 – 단엽
④ Crataegus pinnatifida : 산사나무 – 단엽

28. 고속도로 중앙분리대 녹지에서 생육이 불량한 수종은?

① 금목서　　　② 아왜나무
③ 광나무　　　④ 꽝꽝나무

[해설] 고속도로 중앙분리대용 수종
교목 : 향나무, 가이즈까향나무, 졸가시나무
관목 : 꽝꽝나무, 다정큼나무, 돈나무, 광나무, 아왜나무

29. 다음 중 멸종가능성이 상대적으로 낮은 종은?

① 몸체가 작은 종
② 유전적 변이가 낮은 종
③ 지리적 분포 범위가 좁은 종
④ 개체군의 크기가 감소하고 있는 종

30. 식물체 기공에 관한 설명으로 틀린 것은?

① 10개의 공변세포로 이루어졌다.
② 증산과 이산화탄소가 유입되는 통로의 역할을 한다.
③ 부유식물은 잎의 표면에, 건생식물은 함몰된 기공을 가진다.
④ 주로 잎에 많이 존재하지만 광합성을 수행하는 녹색 줄기에도 약간 존재한다.

[해설] 기공
① 2개의 공변세포로 이루어졌다.

31. 다음 중 장미과(Rosaceae)에 속하지 않는 것은?

① 오미자　　　② 명자나무
③ 죽단화　　　④ 옥매

[해설] ① 오미자 : 목련과

32. 보통명(common name)은 습성, 특징, 산지, 용도, 전설, 외래어 등에서 유래되어 비롯된다. 다음 중 이름이 나무의 특징을 반영한 것이 아닌 것은?

① 생강나무　　　② 주목
③ 물푸레나무　　④ 너도밤나무

[해설] ① 생강나무 : 잎을 찢으면 생강냄새
② 주목 : 수피의 색이 붉은 색
③ 물푸레나무 : 가지를 잘라 물에 넣으면 물이 파랗게 되는 특징

Answer 26. ④ 27. ① 28. ① 29. ① 30. ① 31. ① 32. ④

33. 다음 지피식물 중 백색계의 꽃을 볼 수 있는 식물로 모두 해당되는 것은?

① 할미꽃, 동자꽃, 금낭화
② 복수초, 피나물, 원추리
③ 바람꽃, 물매화, 남산제비꽃
④ 용담, 투구꽃, 용머리

해설 꽃 색
① 할미꽃-보라색, 동자꽃-주황색, 금낭화-분홍색
② 복수초-노란색, 피나물-노란색, 원추리-주황색
③ 바람꽃-흰색, 물매화-흰색, 남산제비꽃-흰색
④ 용담-청보라색, 투구꽃-보라색, 용머리-보라색

34. 서어나무에 대한 설명으로 틀린 것은?

① 꽃은 잎보다 먼저 핀다.
② 자작나무과(科) 식물로 잎은 호생이다.
③ 우리나라 온대림의 극상림 우점종이다.
④ 수피는 부분적으로 떨어지고 가로형의 피목이 발달한다.

35. 조경공사 시 표토 모으기 및 활용에 관한 설명으로 틀린 것은?

① 지하수위가 높은 평탄지에서는 가능한 한 채취를 피한다.
② 채집대상 표토의 토양산도(pH)가 5.6~7.4가 되도록 하여 사용한다.
③ 보관 시 가적치의 최적두께는 2.0m를 기준으로 하며 최대 5.0m를 초과하지 않는다.
④ 식재공사 시 표토 소요량과 활용 가능한 표토량을 비교하여 적절한 채취계획을 수립한다.

해설 ③ 보관 시 가적치의 최적두께는 1.5m를 기준으로 하며 최대 3.0m를 초과하지 않는다.

조경공사 시 표토모으기 및 활용
1. 조경공사 시 수목식재 및 생태복원녹화에 알맞은 토양의 채취, 운반, 포설, 보관 등에 적용한다.
2. 식물생장에 적합한 표토의 구분은 유기물, 무기물, 유해한 물질의 존재여부 및 총량 등으로 결정한다.
3. 표토채집은 분포현황을 사전에 조사하여 위치도, 현황사진, 채집예정일, 예상물량, 채집방법 등을 기록한 보고서를 감독자에게 제출하여 승인받아야 한다.
4. 채집대상 표토의 토양산도(pH)가 5.6~7.4가 되도록 하여 사용한다.
5. 강우로 인하여 표토가 습윤상태인 경우 채취작업을 피하여야 하며 재작업은 감독자와 협의한 후 시행한다.
6. 먼지가 날 정도의 이상조건일 경우에는 감독자와 작업시행 여부에 대하여 협의한다.
7. 지하수위가 높은 평탄지에서는 가능한 한 채취를 피한다.
8. 표토의 채취두께는 사용기계의 작업능력 및 안전을 고려하여 정한다.
9. 토사유출에 따른 재해방재상 문제가 없는 구역이어야 한다.
10. 가적치 기간 중에는 표토의 성질변화, 바람에 의한 비산, 적치표토의 우수에 의한 유출, 양분의 유실 등에 유의하여 식물로 피복하거나 비닐 등으로 덮어 주어야 한다.
11. 가적치 장소는 배수가 양호하고 평탄하며 바람의 영향이 적은 장소를 선택한다.
12. 적절한 장소의 선정이 곤란한 경우에는 방재나 배수처리 대책을 강구한 후 가적치한다.
13. 가적치의 최적두께는 1.5m를 기준으로 하며 최대 3.0m를 초과하지 않는다.
14. 운반거리를 최소로 하고 운반량은 최대로 한다.
15. 토양이 중기사용에 의하여 식재에 부적당한 토양으로 변화되지 않도록 채취, 운반, 적치 등의 적절한 작업순서를 정한다.
16. 동일한 토양이라도 습윤상태에 따라 악화정도가 다르므로 악화되기 쉬운 표토의 운반은 건조기에 시행한다.
17. 수목식재 시 식재수목의 종류에 따라 적정한 두께로 펴준다.
18. 하층토와 복원표토와의 조화를 위하여 최소한 깊이 0.2m 이상의 지반을 경운한 후 그 위에 표토를 포설한다.
19. 표토의 다짐은 수목의 생육에 지장이 없는 정도로 시행한다.

Answer 33. ③ 34. ④ 35. ③

36. 줄기 싸주기(나무감기)를 하는 이유로 가장 거리가 먼 것은?

① 병해충 방제
② 잡목 침해 방지
③ 수피 일소현상 보호
④ 수목의 수분증산 억제

37. 흰색의 꽃(5~7월)과 붉은색의 열매(9~10월)를 감상할 수 있으며, 녹음수 또는 독립수로 적합한 수종은?

① 박태기나무   ② 이팝나무
③ 마가목   ④ 광나무

해설 ① 박태기나무 : 꽃-자홍색(4~5월), 열매-갈색(9~10월)
② 이팝나무 : 꽃-흰색(5월), 열매-검은색(9~10월)
③ 마가목 : 꽃-흰색(5~7월), 열매-붉은색(9~10월)
④ 광나무 : 꽃-흰색(5월), 열매-검은색(9~10월)

38. 수목의 번식과 관련된 잡종강세(雜種强勢)의 설명으로 가장 적합한 것은?

① 잡종이 양친수보다 우수할 때
② 잡종보다 양친수가 우수할 때
③ 양친수의 어느 한쪽이 잡종보다 우수할 때
④ 도입수종이 자생지보다 우수한 생장을 보일 때

해설 잡종강세(Heterosis)
① 멘델의 유전 법칙에 따르면, 이형질이 섞인 잡종 1세대에는 우성 형질이 나타남.
② 순종인 부모에 비해 잡종인 자손이 크기나 생산량 같은 특징이 더 우수하다는 것

39. 다음 특징 설명은 어떤 종에 가장 적합한가?

- Magnoliaceae과에 속하는 식물이다.
- 산골짜기 숲 속에 자라는 자생하는 낙엽활엽 소교목이다.
- 꽃은 5~6월에 잎이 핀 다음 나와서 밑을 향해 핀다.
- 잎은 도란상 긴 타원형으로 어긋나기 한다.
- 높이가 7m에 달하고 가지는 잿빛이 도는 황갈색이며 속은 백색이고 일년생 가지 및 동아에 복모가 있다.

① Magnolia kobus
② Magnolia sieboldii
③ Magnolia obovata
④ Magnolia grandiflora

해설 Magnoliaceae과(목련과)
① Magnolia kobus : 목련
② Magnolia sieboldii : 함박꽃나무
③ Magnolia obovata : 일본목련
④ Magnolia grandiflora : 태산목

40. 토양 산성화의 영향으로 틀린 것은?

① 토양의 떼알구조 형성이 활성화된다.
② 식물체에 인(P) 결핍현상이 일어난다.
③ 토질이 노후화되어 뿌리균과 질소고정균과 같은 유용한 미생물의 활동이 저하된다.
④ 식물체 내의 단백질을 응고시키거나 용해시켜 직접적 피해를 준다.

해설 ① 토양의 떼알구조 형성 활성화가 저해된다.

3과목 조경시공

41. 순공사원가(순공사비) 항목에 해당되지 않는 것은?

① 경비   ② 재료비
③ 노무비   ④ 일반관리비

해설 순공사원가(순공사비)=재료비+노무비+경비

Answer 36. ② 37. ③ 38. ① 39. ② 40. ① 41. ④

42. 다음 네트워크 공정표에서 작업 ②→④의 총 여유시간(T.F)은? (단, 단위는 일이다.)

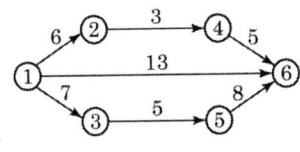

① 0일 ② 3일
③ 5일 ④ 6일

43. 열가소성 수지에 해당되지 않는 것은?

① 아크릴 수지 ② 염화비닐 수지
③ 폴리에틸렌 수지 ④ 우레탄 수지

해설 합성수지
① 열경화성 수지 : 페놀 수지, 요소 수지, 실리콘 수지, 에폭시 수지, 폴리우레탄 수지, 푸란 수지, 멜라민 수지, 폴리에스테르 수지, 불포화 폴리에스테르 수지
② 열가소성 수지 : 아크릴 수지, 염화비닐 수지, 초산비닐 수지, 폴리에틸렌 수지, 폴리아미드 수지, 폴리스티렌 수지, 불소 수지, 메타크릴 수지, 비닐 아세틸 수지, 셀룰로이드 수지

44. 건축부문에서 일위대가표를 작성할 때 일위대가표의 계금 단위표준은 어떻게 적용시키는가?

① 0.1원까지는 쓰고, 그 이하는 버린다.
② 1원까지는 쓰고, 그 미만은 버린다.
③ 1원까지는 쓰고, 소수위 1위에서 사사오입한다.
④ 0.1원까지는 쓰고, 소수위 2위에서 사사오입한다.

해설

종목	단위	지위	비고
설계서의 총계	원	1,000	이하 버림 (단, 만원 이하일 때 100원까지)
설계서의 소계	원	1	미만 버림
설계서의 금액	원	1	미만 버림
일위대가표의 총계	원	1	미만 버림
일위대가표의 금액	원	0.1	미만 버림

45. 공원부지 분할에 있어서 그림과 같은 삼각형 ABC의 변 BC상의 점 D와 AC상의 점 E를 연결하여 DE로 삼각형 ABC의 면적을 2등분하려고 할 때 적당한 CE의 길이는?

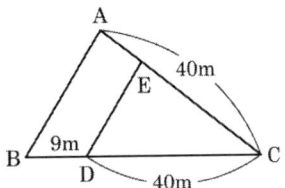

① 14.99m ② 18.49m
③ 24.50m ④ 32.50m

46. 그림과 같은 외팔보의 지점 A에서 발생하는 굽힘 모멘트의 크기는 몇 kNm인가?

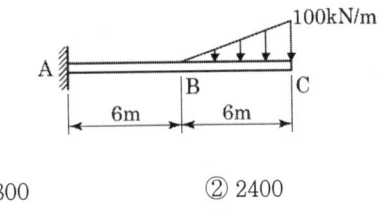

① 1800 ② 2400
③ 3000 ④ 3600

47. 목재의 수축과 팽윤에 직접 관여하지 않는 수분은?

① 결합수 ② 자유수
③ 흡착수 ④ 일시적 모관수

48. 조경공사에서 사용되는 목재의 장점에 해당하지 않은 것은?

① 비중에 비하여 강도·탄성·인성이 작고, 열·소리·전기 등의 전도성이 크다.
② 온도에 대한 팽창·수축이 비교적 작으며, 충격·진동의 흡수성이 크다.
③ 외관이 아름답고 가격이 저렴하며, 생산량이 많아 구입이 용이하다.

④ 적당한 경도와 연도로 가공이 쉽고 못질·접착이음 등의 접착성이 좋다.

49. 철근과 콘크리트의 부착력 성질로 옳지 않은 것은?

① 콘크리트 압축강도가 클수록 철근의 부착력은 커진다.
② 콘크리트는 철근과 부착력으로 철근의 좌굴을 방지한다.
③ 콘크리트의 부착력은 철근의 주장과 길이에 반비례하여 커진다.
④ 철근의 단면 모양과 표면의 녹 상태에 따라 부착력이 달라진다.

해설 ③ 콘크리트의 부착력 : 철근의 주장과 길이에 비례

50. 조적(벽돌)쌓기 시 일반적인 줄눈나비는 얼마를 기준으로 하는가?

① 5mm   ② 10mm
③ 15mm   ④ 20mm

51. 다음 중 재료의 물리적 성질에 대한 설명이 옳지 않은 것은?

① 비중(比重)이란 동일한 체적을 10℃ 물을 중량으로 나눈 값이다.
② 함수율(含水率)이란 재료 속에 포함된 수분의 중량을 건조 시 중량으로 나눈 값이다.
③ 연화점(軟化點)이란 재료에 열을 가했을 때 액체로 변하는 상태에 달하는 온도이다.
④ 반사율(反射率)이란 재료에의 입사 광속에너지에 대한 반사백분율로서 %로 표시한다.

해설 ① 비중 : 어떤 물체의 단위중량과 순수한 물 4℃일 때 단위중량의 비. 순수한 물 4℃일 때 물의 비중은 1.0

52. 경량골재 콘크리트의 시공에 대한 설명으로 틀린 것은?

① 운반은 하차가 쉽고 재료 분리가 적은 운반차를 사용하여야 한다.
② 타설 시 모르타르가 침하하고, 굵은 골재가 떠오르는 경향이 적게 일어나도록 하여야 한다.
③ 보통 콘크리트에 비해 진동기를 찔러 넣는 간격을 크게 하거나 진동시간을 약간 짧게 해 느슨하게 다져야 한다.
④ 표면을 마무리한 지 1시간 정도 경과한 후에는 다짐기 등으로 표면을 가볍게 두드려서 균열을 없애야 한다.

해설 ③ 보통 콘크리트에 비해 진동기를 찔러 넣는 간격을 작게 하거나 진동시간을 약간 길게 해 느슨하게 다져야 한다.

53. 어떤 지역에 20분 동안 15mm의 강우가 있다면 평균 강우강도(mm/h)는?

① 15   ② 20
③ 30   ④ 45

해설 20분 : 15mm = 60분 : x
∴ x=45mm

54. 다음 설명에 해당하는 거푸집의 종류는?

- 내수코팅합판과 경량 Frame으로 기성품 제작
- 몇 가지 형태의 기본 panel로 벽, slab, 기둥의 조입이 가능
- 못을 사용 안하며 간단하게 조립·해체가 가능
- system거푸집의 초기단계로 모듈화된 판넬을 사용

① 합판 거푸집   ② 원형 거푸집
③ 문양 거푸집   ④ 유로폼

해설 유로폼 : 시스템 거푸집으로 특별한 장비없이 조립 및 해체가 가능하여 인건비 및 경비 절감

55. 지형의 기복이 심한 소규모 공간에 물이 정체되는 곳이나 평탄면에 배수가 원활하지 못한 곳의 배수를 촉진시키기 위해 설치되는 심토층 배수방식은?

① 직각식(直角式)   ② 차집식(遮集式)
③ 선형식(扇形式)   ④ 자연식(自然式)

[해설] 심토층 배수방식 : 어골형, 즐치형, 자연형, 선형, 차단형

56. 네트워크 공정표를 작성하는 주요 목적이 아닌 것은?

① 전체작업의 진행을 관리하기 위한 것이다.
② 각 공종의 소요일수를 파악 후 간단히 수정하기 위한 것이다.
③ 전체 작업의 시간적 계획을 수립하기 위한 것이다.
④ 복잡한 공종 간의 연결 관계를 파악하기 위한 것이다.

57. 곡선부에서 발생하는 원심력을 방지하기 위한 편구배(i)를 구하는 공식은?

I : 편구배
f : 횡활동 미끄럼마찰계수
V : 설계속도
R : 곡선반경

① $\dfrac{R^2}{127f} - V$ ② $\dfrac{f}{127R} - R$

③ $\dfrac{V^2}{127R} - f$ ④ $\dfrac{V^2}{127R^2} - f$

58. 항공사진의 판독 순서로 가장 적합한 것은?

Ⓐ 촬영계획
Ⓑ 촬영과 사진작성
Ⓒ 판독
Ⓓ 판독기준의 작성
Ⓔ 정리
Ⓕ 지리조사

① Ⓐ→Ⓑ→Ⓒ→Ⓓ→Ⓔ→Ⓕ
② Ⓐ→Ⓑ→Ⓓ→Ⓒ→Ⓔ→Ⓕ
③ Ⓐ→Ⓑ→Ⓒ→Ⓓ→Ⓕ→Ⓔ
④ Ⓐ→Ⓑ→Ⓓ→Ⓒ→Ⓕ→Ⓔ

59. 다음 중 맨홀 배치가 필요 없는 경우는?

① 관거의 기점
② 단차가 발생하는 곳
③ 관로의 경사가 완만할 때
④ 관거의 유지관리가 필요한 곳

60. 큰 나무를 싣거나 옮기거나 또는 식재할 때 사용하기 가장 부적합한 것은?

① 레커(wrecker)차
② 체인블록(chain block)
③ 크레인(crane)차
④ 스캐리파이어(scarifier)

[해설] ④ 스캐리파이어(scarifier) : 주로 도로공사에 쓰이는 굴착기계로 사용하는 그레이더의 부분. 그레이더의 주요부는 땅을 깎거나 고르는 블레이드(blade:날)와 땅을 파 일구는 스캐리파이어(scarifier)로 구성

4과목 조경관리

61. 조경의 유지관리 기본목적에 속하지 않는 것은?

① 신속성   ② 기능성
③ 안정성   ④ 관리성

[해설] 조경관리 목적 : 기능성, 안전성, 쾌적성, 관리성

62. 주로 상처가 나지 않도록 주의함으로써 병을 예방할 수 있는 것은?

① 근두암종병 ② 녹병
③ 흰가루병 ④ 털녹병

해설 병원체의 침입
1. 각피침입
   ① 잎과 줄기 표면으로 침입
   ② 녹병균의 소생자, 잿빛곰팡이균, 뽕나무 뿌리썩음병균, 묘목의 입고병균
2. 자연개구를 통한 침입
   ① 기공, 피목으로 침입
   ② 기공감염 : 녹병균의 녹포자·여름포자, 삼나무 붉은마름병균, 소나무류 잎떨림병균
   ③ 피목침입 : 포플러 줄기마름병균, 뽕나무 줄기마름병균
3. 상처를 통한 침입
   ① 세균과 바이러스에 의한 병
   ② 밤나무 줄기마름병균, 근두암종병균, 낙엽송 끝마름병균, 목재부후균, 모잘록병균

63. 다음 비탈면 보호공의 유지관리 항목의 연결 내용이 가장 부적합한 것은?

① 콘크리트 붙임공 - 균열
② 편책공 - 퇴적토사의 중량에 의한 손상
③ 낙석방지망공 - 망이나 로프(rope)의 절단
④ 돌붙임공, 블록붙임공 - 앵커(anchor) 일부의 헐거움

해설 구조물에 의한 비탈면 보호공의 유지관리
1. 돌붙임공, 블록붙임공
   ① 호박돌이나 잡석의 국부적 빠짐
   ② 지진, 풍화에 의한 돌붙임 전체의 파손
   ③ 뒷채움 토사의 유실, 보호공의 무너져 꺼짐
   ④ 보호공의 삐져나옴, 균열
   ⑤ 용수의 상황 및 처리
2. 콘크리트 붙임공
   ① 균열
   ② 미끄러져 움직임(유동)
   ③ 침하
3. 콘크리트 블록격자 및 힘줄박기공
   ① 격자 내의 연결부가 헐거워지거나 내려앉음
   ② 격자 뒷면의 토사 유실
   ③ 격자의 삐져나옴
4. 현장 타설 콘크리트 격자 및 힘줄박기공
   ① 격자 내의 연결부가 헐거워지거나 내려앉음
   ② 격자의 균열
5. 모르타르 및 콘크리트 뿜어붙이기공
   ① 균열
   ② 용수나 침투수의 상황 및 처리
   ③ 삐져나온 것 또는 마모 손상
6. 편책공
   ① 퇴적 토사의 중량에 의한 손상
   ② 말뚝이나 편책의 부식과 빗물 유입에 의한 무너짐
7. 비탈면 돌망태공
   ① 토사에 의해 돌망태의 막힘
   ② 철선의 부식
8. 낙석방지망공
   ① 망이나 로프의 절단
   ② 낙석 또는 토사의 퇴적
   ③ 앵커 일부의 헐거움
9. 낙석방지책공
   ① 방책기둥의 굴곡
   ② 낙석 또는 토사의 퇴적
   ③ 기초부의 풍화 또는 붕괴

64. 시설물 보수 사이클과 내용 연수의 연결이 잘못된 것은?

시설물	내용 연수	보수 사이클
① 파골라(목재)	10년	3~4년
② 벤치(목재)	7년	5~6년
③ 그네(철재)	15년	2~3년
④ 안내판(철재)	10년	3~4년

해설 ② 벤치(목재) - 7년 - 2~3년

Answer 62. ① 63. ④ 64. ②

65. 수피(樹皮)에 구멍을 내어 비료성분을 주입하는 시비법에 해당하는 것은?

① 수간주사법 ② 엽면시비법
③ 방사상 시비법 ④ 표토시비법

66. 운영관리계획은 양의 변화와 질의 변화로 분류한다. 다음 중 질(質)의 변화에 해당하는 것은?

① 양호한 식생의 확보
② 내구년한이 된 시설물
③ 부족이 예측되는 시설의 증설
④ 이용에 의한 손상이 생기는 시설의 보충

→해설 운영관리계획 – 양의 변화에 대한 관리
① 부족이 예측되는 시설의 증설
② 이용에 의한 손상이 생기는 시설의 보충
③ 내구년한이 된 각종 시설물
④ 군식지의 생태적 조건변화에 따른 갱신

67. 잔디밭에서의 재배적 잡초방제법에 대한 설명으로 부적당한 것은?

① 잔디를 자주 깎아 준다.
② 통기 작업으로 토양 조건을 개선한다.
③ 토양에 수분이 과잉되지 않도록 한다.
④ 잡초의 생육이 왕성할 시기에는 비료를 주지 않는다.

68. 가을에 수목들의 줄기 중간부분에 짚이나 거적을 감아두는 이유로 가장 적합한 것은?

① 운전자로 하여금 나무의 위치를 명확히 하여 가로수를 보호하기 위해
② 지주목을 묶어야 할 나무줄기의 부위를 감아 나무껍질을 보호하기 위해
③ 겨울철에 동해를 예방하기 위해 추위에 취약한 부분을 감싸주는 효과를 위해
④ 겨울을 나기 위해 내려오는 벌레들을 속에 숨어들게 하였다가 봄에 태워 죽이기 위해

→해설 잠복소 : 가을에 수목들의 줄기 중간부분에 짚이나 거적을 감아두는 것

69. 비탈면의 경사가 1 : 1.0 이상의 완구배로서 점착력이 없는 토양식생이 곤란한 풍화토, 점토 등의 경우에 비탈면의 풍화 및 침식 등의 방지를 주목적으로 사용되는 비탈면 보호공으로 가장 적당한 것은?

① 식생매트공 ② 블록붙임공
③ 낙석방지공 ④ 종자뿜어붙이기공

70. 1년간 연 근로시간이 240,000시간의 조경시설물 제조공장에서 4건의 휴업재해가 발생하여 100일의 휴업일수를 기록했다. 강도율은 얼마인가? (단, 연간 근로일수는 300일이다.)

① 0.34 ② 34.0
③ 0.75 ④ 0.075

→해설 강도율 = $\frac{\text{근로손실일수}}{\text{연근로시간수}} \times 1,000$

강도율 = $\frac{100 \times \frac{300}{365}}{240,000} \times 1,000 = 0.3424 ≒ 0.34$

71. 수목 관리 시 목재 부산물을 이용한 멀칭(mulching)의 기대 효과가 아닌 것은?

① 토양수분이 유지된다.
② 토양의 비옥도를 증진시킨다.
③ 지온상승으로 잡초발생이 왕성해진다.
④ 토양침식과 수분의 손실을 방지한다.

→해설 멀칭의 효과
① 토양수분 유지
② 토양 침식과 수분 손실 방지
③ 토양 비옥도 증진
④ 잡초 발생 억제
⑤ 토양 구조 개선
⑥ 토양 굳어짐 방지
⑦ 통행을 위한 지표면 개선
⑧ 갈라짐 방지

Answer 65. ① 66. ① 67. ④ 68. ④ 69. ② 70. ① 71. ③

⑨ 토양 염분농도 조절
⑩ 토양온도 조절
⑪ 태양열 복사와 반사 감소
⑫ 병충해 발생 억제
⑬ 겨울철 지표면 동결 방지
⑭ 유익한 토양미생물 생장 촉진

72. 활엽수의 질소(N)결핍 현상으로 옳은 것은?

① 잎의 끝이 마르거나 뒤틀린다.
② 잎은 짧고 소형이 되며 엽색은 황화한다.
③ 엽맥 간의 황백화현상이 나타나고 심하면 피해부와 건전부위와의 경계가 뚜렷해진다.
④ 어린나무의 경우 수관하부의 성숙엽에서 자줏빛으로 변색되기 시작하여 점차 안쪽과 위쪽의 잎으로 진행한다.

73. 다음 수목관리 계획 중 정기적으로 수행하는 작업이 아닌 것은?

① 토양 개량　　② 전정
③ 병해충 방제　④ 지주목 보수

해설 수목관리 계획
1. 정기 작업 : 전정, 시비, 병충해 관리, 지주목 보수
2. 수시 작업 : 관수, 고사목 제거

74. 콘크리트재 유희시설의 콘크리트나 모르타르에 미관을 위한 재도장은 얼마의 기간을 두고 하는 것이 적당한가?

① 1년　　② 3년
③ 5년　　④ 8년

75. 다음 중 시설물의 안전관리에 관한 특별법상 안전점검의 종류가 아닌 것은?

① 정기점검　② 긴급점검
③ 정밀점검　④ 임시점검

76. 간척지의 다년생 우점잡초에 해당하는 것은?

① 새섬매자기　② 올챙이고랭이
③ 물달개비　　④ 뚝새풀

77. 다음 중 토양 내에 과량 함유되어 있는 경우에는 중금속 오염의 피해를 주지만 미량 함유되어 있으면 필수미량원소 비료가 되는 것은?

① Cd　　② Zn
③ Pb　　④ Cr

해설 식물 생육에 필요한 원소
1. 다량원소 : N, P, K, Ca, Mg, S
2. 미량원소 : Mn, Zn, B, Cu, Fe, Mo, Cl

78. 작물보호제(농약)의 사용방법에 관한 주의사항으로 틀린 것은?

① 입제농약은 원칙적으로 물에 희석하여 사용방법 및 사용량에 따라 사용한다.
② 포장지의 표기사항이 이해가 되지 않거나 의문사항이 있을 경우에는 해당회사에 문의한다.
③ 수화제 및 입상수화제 등 희석제농약은 사용약량을 지켜 물에 희석한 후 분무기를 이용하여 작물에 충분히 묻도록 뿌린다.
④ '사용적기 및 방법'란에 경엽처리 등 살포방법이 특별히 명시되지 아니한 것은 반드시 농약 포장지를 확인 후 사용한다.

79. 레크리에이션 분야에 수용능력(carrying capacity)이란 용어를 처음 사용한 사람은?

① Wagar　　② Lapage
③ Lucas　　④ Ashton

해설 ② Lapage : 최초의 수용능력 분류, 심미적 수용능력/생물적 수용능력
③ Lucas : 사회심리적 수용력

Answer 72. ②　73. ①　74. ②　75. ④　76. ①　77. ②　78. ①　79. ①

80. 다음 중 잔디의 피티움마름병에 방제 효과가 가장 나쁜 것은?

① 메탈락실-엠(수)
② 하이멕사졸(액)
③ 만코제브·메탈락실(수)
④ 다이아지논·에토펜프록스(수)

해설 ④ 다이아지논·에토펜프록스(수) : 살충제

Answer
80. ④

2017년 조경산업기사 최근기출문제 (2017. 3. 5)

1과목 조경계획 및 설계

01. 인도의 타지마할(Taj mahal)은 어떤 목적으로 만든 공간인가?

① 왕궁(王宮)
② 분묘(墳墓)
③ 귀족 별장(別莊)
④ 상류주택정원

→ 해설 타지마할
: 샤 자한 왕의 왕비 뭄타즈 마할을 추념하여 세운 묘

02. 백제 무왕이 궁궐 남쪽에 지원(池園)을 꾸민 기록과 거리가 먼 것은?

① 음양석 배치
② 연못에 섬 축조
③ 물을 끌어들여 활용
④ 연못 주위에 버드나무 식재

→ 해설 궁남지(宮南池)(무왕 35년, 634)
1. 위치 : 사비궁 남쪽
2. 「삼국사기」 – 백제본기, 「동사강목」
3. '연못을 파고 20여 리나 되는 먼 곳으로부터 물을 끌어들였다.'
4. 연못 안 : 방장선도(方丈仙島) 조성 – 우리나라 최초로 신선사상 도입
5. 주변 물가 : 능수버들 식재

03. 곡수로를 만들고 그곳에서 유상곡수연을 펼치던 문화와 관계가 있는 기록은?

① 창랑정기
② 난정기
③ 청연각연기
④ 오흥원림기

→ 해설 왕희지의 「난정기(蘭亭記)」〈난정고사〉
1. 곡수 돌리는 수법
2. 곡수연(曲水宴)
3. 곡수거(曲水渠) : 물 도랑

04. 통일신라의 동궁과 월지(안압지) 관련 문헌으로 가장 거리가 먼 것은?

① 삼국사기
② 동경잡기
③ 양화소록
④ 동국여지승람

05. 고대 서부 아시아의 공중정원(Hanging Garden)에 대한 설명으로 옳지 않은 것은?

① 이슬람시대 4분원의 효시가 되었다.
② 지구라트에 연속된 계단식 테라스로 구성되었다.
③ 네부카드네자르 왕이 왕비를 위해서 축조하였다.
④ 벽체의 구조는 벽돌에 아스팔트를 발라 굳혀서 만들었다.

→ 해설 ① 이슬람시대 4분원의 효시가 되었다. : 고대 서부 아시아(페르시아) 파라다이스 가든

06. 한나라의 태액지에 대한 설명으로 틀린 것은?

① 태호석을 채취했었다.
② 봉래, 영주, 방장의 세 섬이 있었다.
③ 신선사상을 반영한 정원양식이었다.
④ 연못 가장자리에는 대리석이나 청동으로 만든 조각물을 배치하였다.

Answer 01. ② 02. ① 03. ② 04. ③ 05. ① 06. ①

07. 로마시대의 주택에서 아트리움(atrium)의 설명으로 틀린 것은?

① 모양은 사각형이었다.
② 바닥은 돌로 포장되어 있었다.
③ 사적(私的)인 공간인 제2중정이라고도 한다.
④ 폼페이(Pompeii) 주택의 내정(內庭)을 말한다.

해설
* 제1중정, 아트리움(Atrium) : 손님맞이용 공적 공간 기능
* 제2중정, 페리스틸리움(Peristylium) : 가족들의 사적 공간, 제2의 거실공간

08. 상류주택에 모란(牡丹)이 대규모로 심어졌던 국가는?

① 발해
② 신라
③ 고구려
④ 백제

09. 조경계획의 조사 분석 항목인자는 7가지로 구분되는데, 이 중 지권(地圈)과 관련성이 가장 먼 것은?

① 토양
② 지하수
③ 지질
④ 경사도

해설 토지이용계획에 필요한 항목과 가장 먼 것이다.

10. 조경과 관련된 학문영역의 설명으로 틀린 것은?

① 사회적 요소에는 인간의 행태, 사회적 가치, 규범 등이 있다.
② 표현기법에는 표현 방법, 표현 기술 등 미적 훈련을 위한 분야가 있다.
③ 자연적 요소에는 지질, 토양, 수문, 지형, 기후, 식생, 야생동물 등이 있다.
④ 설계방법론에는 식재공법, 우수배수, 포장기술, 구조학, 재료학 등이 있다.

11. 조경계획의 사회 행태적 분석 중 인간행태 관찰의 특성이라 볼 수 없는 것은?

① 정적(靜的)인 행태를 관찰하는 것이다.
② 행태가 일어나는 상황을 보다 절실하게 파악할 수 있다.
③ 인터뷰를 하는 경우에는 얻지 못하는 내용을 직접 관찰 시에는 수집이 가능하다.
④ 관찰자는 행위자들이 관찰자 자신을 어느 정도 인식하도록 할 것인가를 결정해야 한다.

해설 사회 행태적 분석은 정적(靜的) 행태를 관찰하는 것과는 거리가 멀다.

12. 다음 중 체육시설업의 분류 방법이 다른 것은?

① 스키장업
② 태권도장업
③ 무도학원업
④ 빙상장업

해설 「체육시설의 설치·이용에 관한 법률」에서 정한 체육시설업의 분류는 다음과 같다.
1. 스키장업
2. 썰매장업
3. 요트장업
4. 빙상장업
5. 종합 체육시설업
6. 체육도장업
7. 무도학원업
8. 무도장업

13. 조경계획을 위한 물리적 분석 중에서 지역성 분석에 포함되는 항목으로서 거시적 분석 항목이 아닌 것은?

① 주변 지형과의 관계
② 주변 지역과의 연관성
③ 접근로 및 위치
④ 경사 분석도

해설 물리적 분석 중에서 지역성 분석에 포함되는 항목으로서 거시적 분석에 경사분석은 포함되지 않는다.

14. 도시의 자연적 환경을 보전하거나 이를 개선하고 이미 자연이 훼손된 지역을 복원·개선함으로써 도시경관을 향상시키기 위하여 설치하는 녹지를 무엇이라 하는가? (단, 도시공원 및 녹지 등에 관한 법률을 적용한다.)

① 생산녹지 ② 완충녹지
③ 연결녹지 ④ 경관녹지

해설) 도시의 자연적 환경을 보전하거나 이를 개선하고 이미 자연이 훼손된 지역을 복원·개선함으로써 도시경관을 향상시키기 위하여 설치하는 녹지는 경관향상의 목적을 동시에 충족할 수 있다.

15. 그림에서 제3각법에 따라 도면을 작성할 때 평면도는?

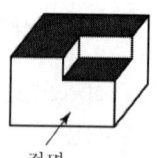

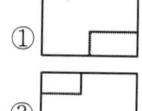

16. 평행주차형식 외의 경우에 일반형(A)과 장애인 전용(B) 주차단위구획의 최소 규모 기준이 모두 맞는 것은? (단, 단위는 m, 표시는 너비×길이로 한다.)

① A : 2.0×5.0, B : 3.3×6.0
② A : 2.0×6.0, B : 3.3×6.0
③ A : 2.3×5.0, B : 3.3×5.0
④ A : 2.3×6.0, B : 3.3×5.0

해설) 일반형 주차단위 구획의 기준은 2.3m×5.0m 장애인 전용 주차단위 구획의 기준은 3.3m×5.0m로 기준한다.

17. 주택정원의 공간 중 가장 이용이 많이 이루어지며, 우리나라의 전통마당에 해당되는 공간은?

① 후정 ② 전정
③ 작업정 ④ 주정

해설) 우리나라 주택정원에서 가장 이용이 많이 되는 마당은 주정이다.

18. 다음 선과 관련된 설명 중 틀린 것은?

① 강의 흐름은 S커브의 한 형태라 할 수 있다.
② 방향은 수직, 수평 및 좌우 사방향(斜方向)이 있다.
③ 선은 점보다 훨씬 강력한 심리적 효과를 가지고 있다.
④ 곡선 중에서 기하곡선은 가장 여성적인 아름다움을 준다.

해설) 여성적인 아름다움을 나타내는 곡선은 S자 곡선이다.

19. 색의 감정적인 효과 설명으로 옳지 않은 것은?

① 고채도, 고명도의 색은 화려하다.
② 색의 중량감은 채도에 의한 영향이 가장 크다.
③ 색의 온도감은 색상에 의한 효과가 가장 크다.
④ 채도가 낮고 명도가 높은 색은 부드러워 보인다.

해설) 색의 중량감은 명도에 의한 영향이 가장 크다.

20. 다음 공장정원의 설계 시 (   ) 안에 해당하는 것은?

- 공장정원의 바닥은 나지로 남겨두어서는 안 된다.
- 공해물질에 내성이 강하고 먼지의 흡착력이 강한 활엽수의 식재면적을 전체 수목식재 면적(수관부 면적)의 (   )% 이상으로 정한다.

① 40 ② 50
③ 60 ④ 70

2과목 조경식재

21. 다음 중 자생종이면서 상록수가 아닌 수종은?

① 붓순나무   ② 미선나무
③ 죽절초   ④ 비쭈기나무

해설 ① 붓순나무 : 상록활엽관목
② 미선나무 : 낙엽활엽관목
③ 죽절초 : 상록활엽관목
④ 비쭈기나무 : 상록활엽관목

22. 조경수목을 식재할 때 가장 이상적인 지하수위(地下水位)는 얼마인가? (단, 주로 토양단면의 상태를 조사할 경우)

① 0.5m 이하   ② 0.5~1.0m
③ 1.0~1.5m   ④ 2.0m 이상

23. 수피에 얼룩무늬가 있어 감상가치가 높은 수종이 아닌 것은?

① *Stewartia pseudocamellia*
② *Crataegus pinnatifida*
③ *Pinus bungeana*
④ *Chaenomeles sinensis*

해설 ① *Stewartia pseudocamellia* : 노각나무
② *Crataegus pinnatifida* : 산사나무
③ *Pinus bungeana* : 백송
④ *Chaenomeles sinensis* : 모과나무

24. "*Zelkova serrata*"의 수관 기본형으로 적당한 것은?

① 원통형(圓桶形)

② 배형(盃形)

③ 수지형(垂枝形)

④ 구형(球形)

해설 *Zelkova serrata* : 느티나무

25. 다음 [보기] 중 ( ) 안에 적합한 용어는?

[보기]
식물체 표면의 표피세포의 표면무늬는 식물군이나 종에 따라 다르다.
쌍자엽식물은 (㉠), 단자엽식물은 (㉡)을 가지고 있다.

① ㉠ : 평행맥, ㉡ : 장상맥
② ㉠ : 그물맥, ㉡ : 부정맥
③ ㉠ : 망상맥, ㉡ : 평행맥
④ ㉠ : 격자맥, ㉡ : 원형맥

26. 학명의 종명(種名) 중 잎의 모양(leaf form)을 표현한 것은?

① *stellata*   ② *parviflora*
③ *glabra*   ④ *umbellata*

27. '산목련'이라고 불리고 있는 수종으로 순백색의 청순한 꽃과 아취형 수형을 가진 수종은?

① *Magnolia sieboldii*
② *Magnolia obovata*
③ *Magnolia denudata*
④ *Magnolia kobus*

해설 ① *Magnolia sieboldii* : 함박꽃나무(산목련)
② *Magnolia obovata* : 일본목련
③ *Magnolia denudata* : 백목련
④ *Magnolia kobus* : 목련

Answer 21. ② 22. ④ 23. ② 24. ② 25. ③ 26. ③ 27. ①

28. 하부식재(지피, 地被)용 식물의 조건으로 맞는 것은?

① 1년생 자생식물
② 내음성이 약한 식물
③ 피복속도가 빠른 식물
④ 꽃과 잎이 관상가치가 없는 식물

→해설 지피식물 조건
① 식물의 높이가 낮은 것 : 30cm 이하
② 상록다년생 식물
③ 생장속도 빠르고, 번식력 왕성할 것
④ 지표를 치밀하게 피복하여 나지를 만들지 않는 식물
⑤ 관리가 쉬운 식물
⑥ 답압에 강한 식물
⑦ 잎과 꽃이 아름답고, 가시가 없으며 즙이 비교적 적은 식물

29. 굴취된 수목을 차량으로 운반 시 유의하여야 할 사항으로 틀린 것은?

① 수목의 호흡작용을 위하여 시트(천막)를 덮지 않도록 한다.
② 진동을 방지하기 위하여 차량 바닥에 흙이나 거적을 깐다.
③ 부피를 작게 하기 위하여 가지를 죄어 맨다.
④ 운반 시는 땅바닥에 끌어대는 일이 없도록 한다.

→해설 운반 시 뿌리분 덮어주기
1. 재료 : 물에 적신 거적, 가마니
2. 목적 : 뿌리분 수분 증발 방지

30. 잔디 종자의 수명을 연장하는 방법으로 틀린 것은?

① 저온저장
② 충분한 건조
③ 수분의 공급
④ 산소의 제약(制約)

→해설 종자 발아 조건 : 수분, 온도, 산소/광

31. 실내의 내음성 식물이 빛의 광도가 너무 강한 때의 현상은?

① 잎이 황색으로 변한다.
② 점차적으로 잎이 떨어진다.
③ 잎의 두께가 얇아지고 줄기가 가늘어진다.
④ 잎이 마르고 희게 되며 나중에는 죽게 된다.

→해설 빛의 광도가 너무 약할 때 현상
① 잎이 황색으로 변한다.
② 점차적으로 잎이 떨어진다.
③ 잎의 두께가 얇아지고 줄기가 가늘어진다.

32. 옥상녹화 시 식재할 때 가장 고려해야 할 것은?

① 식재의 간격
② 식재의 형태
③ 병충해관리
④ 관수와 배수

→해설 옥상녹화 시 식재할 때 가장 고려해야 할 것 : 하중, 방수, 관수, 배수, 바람

33. 다음은 온대중부지역의 천이단계를 나타낸 것이다. ( ) 안의 단계에 들어갈 적합한 수종은?

나지 → 일·이년생 초본기 → 다년생 초본기 → ( ) → 양수성교목림기 → 음수성교목림기 → 극상림기

① 찔레나무
② 신갈나무
③ 소나무
④ 서어나무

→해설 천이 단계
: 나지 → 망초, 개망초(1, 2년생 초본) → 쑥, 쑥부쟁이, 억새(다년생 초본) → 싸리, 붉나무, 찔레(양수관목) → 소나무(양수교목) → 참나무류(양수교목) → 서어나무(음수교목)
① 찔레나무 : 양수관목
② 신갈나무 : 양수교목
③ 소나무 : 양수교목
④ 서어나무 : 음수교목

34. 일반적으로 수목의 거친 질감을 구성하는 것으로 틀린 것은?

① 커다란 잎
② 굵고 큰 가지
③ 산만하게 형성된 수관형
④ 밀집된 잔가지

해설 ④ 밀집된 잔가지 : 부드러운(고운) 질감

35. 다음 [보기]에서 설명하고 있는 식물은?

[보기]
- 남부유럽 원산의 국화과 추파 일년초로서 비교적 내한성이 강하다.
- 식물체 전체에 솜털이 있고 재배식물의 초장은 30~60cm 정도, 분지하는 습성이 있다.
- pH는 7.0 정도가 적당하며 배수가 잘되는 곳이라면 직사광선에서 잘 자란다.
- 절화 및 화단·분화용이 있으며 꽃색은 보통 노란색, 오렌지색 및 살구색이고 대부분 겹꽃이다.

① 금어초
② 천일홍
③ 글록시니아
④ 금잔화

36. 다음 수종 중 잎의 질감이 고운 것은?

① 자귀나무
② 오동나무
③ 벽오동
④ 일본목련

해설 질감 구분
1. 거친 질감 : 잎이 크고, 잎색이 진하며, 광택이 없고, 그림자가 진한 경우
2. 부드러운 질감 : 잎이 작고, 잎색이 옅으며, 광택이 있고, 그림자가 연한 경우

37. 바람이 강한 지방에서 방풍을 겸해서 택지 주위에 산울타리를 조성할 때 그 높이는 어느 정도가 가장 알맞은가?

① 1~2m
② 3~5m
③ 5~8m
④ 8m 이상

38. 학명이 이명법(binomials)이라고 불리는 이유는?

① 속명+명명자로 구성
② 보통명+종명으로 구성
③ 속명+종명으로 구성
④ 종명+명명자로 구성

해설 학명 : 속명+종명+(명명자명)

39. 수목의 뿌리분포를 가정(假定)하는 가장 적당한 기준은?

① 수고(樹高)
② 수관폭(樹冠幅)
③ 분지수(分枝數)
④ 수간(樹幹)의 굵기

40. 예로부터 마을의 정자목으로 이용된 수종은?

① $Paeonia\ suffruticosa$
② $Lonicera\ japonica$
③ $Acuba\ japonica$
④ $Zelkova\ serrata$

해설 ① $Paeonia\ suffruticosa$: 모란
② $Lonicera\ japonica$: 인동덩굴
③ $Acuba\ japonica$: 식나무
④ $Zelkova\ serrata$: 느티나무
* 정자목 : 느티나무, 팽나무, 회화나무, 은행나무

3과목 조경시공

41. 비탈면녹화와 관련된 설명 중 틀린 것은?
① 녹화공법의 안정성 및 경제성은 물론 선정된 녹화식물의 생육과 식물군락 형성에 가장 적합한 공법을 선정하되, 동일 비탈면에서는 동일 공법의 적용을 원칙으로 한다.
② 토양의 비탈면 기울기가 1 : 1보다 완만할 때에는 급할 때보다 비탈면을 단계적으로 녹화하기 위해서 잔디종자를 사용하여 발아시킨다.
③ 피복도와 생육상태를 감안한 일반적인 파종적기는 4~6월 또는 9~10월이며, 파종시기에 따라 종자배합을 적절히 조정하여야 한다.
④ 비탈면 줄떼다지기는 잔디폭이 0.1m 이상 되도록 하고, 비탈면에 0.1m 이내 간격으로 수평골을 파서 수평으로 심고 다짐을 철저히 한다.

[해설] ② 잔디생육에 적합한 토양의 비탈면 기울기가 1 : 1 보다 완만할 때에는 비탈면을 일시에 녹화하기 위해서 흙이 붙어 있는 재배된 잔디를 사용하여 붙인다.

42. 조적용 모르타르의 강도 중 가장 중요한 것은?
① 압축강도 ② 전단강도
③ 접착강도 ④ 인장강도

43. 실개울의 수경연출 시 흐르는 물에서 음향효과와 동시에 수포를 발생시키기 위해서는 매닝공식(Manning Formula)을 기준으로 할 경우 일반적인 유속(A)과 경사(B)는 얼마를 유지하여야 하는가?
① A : 0.5~1.0m/s, B : 10~11%
② A : 1.0~1.5m/s, B : 12~15%
③ A : 1.7~1.8m/s, B : 16~17%
④ A : 2.0~2.5m/s, B : 18~20%

44. 도로계획의 종단면도에서 알 수 없는 것은?
① 계획고 ② 지반고
③ 성토고 ④ 면적

45. 혼화재료 중 사용량이 비교적 많아서 그 자체의 부피가 콘크리트 비비기 용적에 계산되는 혼화재에 해당되지 않는 것은?
① 팽창재
② 플라이애시
③ 고성능 AE감수제
④ 고로슬래그 미분말

[해설] 혼화제 : AE제(공기연행제), 감수제, AE감수제, 응결경화촉진제, 응결지연제, 급결제, 방수제, 방청제

46. 조경공사 시 시공에 있어서 수급인을 대신하여 공사현장에 관한 일체의 사항을 처리하는 권한을 갖는 자를 말한다. 일반적으로 현장소장 등이라고 불리고 있는 자는?
① 감독자 ② 감리자
③ 시공주 ④ 현장대리인

47. 수고 2.0m인 주목 15주를 인력시공으로 식재할 때의 공사비는?

- 주목 1주당 가격 : 200,000원
- 수고 2.0m 1주 식재하는 데 필요한 인부수 : 조경공 0.2인
- 조경공의 일일 노임 : 100,000원
- 재료비와 노임은 할증률을 적용하지 않음

① 220,000원 ② 330,000원
③ 3,300,000원 ④ 4,500,000원

[해설]
* 재료비=200,000원/주×15주=3,000,000원
* 노무비=0.2인/주×15주×100,000원=300,000원
* 재료비+노무비=3,300,000원

Answer 41. ② 42. ③ 43. ③ 44. ④ 45. ③ 46. ④ 47. ③

48. 지표의 임의의 한 점에서 그 경사가 최대로 되는 방향을 표시하는 선을 말하며 등고선에 직각으로 교차하는 것을 무엇이라 하는가?
① 분수선 ② 유하선
③ 합수선 ④ 경사변환선

해설
① 분수선 : 빗물이 능선을 경계로 좌우로 흐를 때의 능선
② 유하선 : 지표 경사면의 최대 경사각 방향을 보여 주는 선. 빗물은 이 선에 따라 흘러감
③ 합수선 : 지표면의 낮은 곳을 연결한 선으로 물이 흐르는 선
④ 경사변환선 : 동일방향의 경사면에서 경사의 크기가 서로 다른 두 면이 접합할 때 이 접합선

49. 표준품셈에 대한 설명 중 틀린 것은?
① 공사의 예정가격 산정 시 활용할 수 있다.
② 표준품셈에서 제시된 품은 일일 작업시간 8시간을 기준한 것이다.
③ 재료비, 노무비, 직접경비가 포함된 공종별 단가를 계약단가에서 추출하여 유사 공사의 예정가격 산정에 활용하는 방식이다.
④ 건설공사의 예정가격 산정 시 공사규모, 공사기간 및 현장조건 등을 감안하여 가장 합리적인 공법을 채택 적용한다.

50. 콘크리트의 워커빌리티(Workability)와 관련된 설명으로 틀린 것은?
① 타설할 때 공기연행제(AE제)를 첨가하면 워커빌리티가 크게 개선된다.
② 타설할 때 콘크리트에 단위수량이 많으면 워커빌리티가 좋아진다.
③ 타설할 때 충분히 잘 비비면 워커빌리티가 좋아진다.
④ 적정한 배합을 갖지 못하면 워커빌리티가 좋지 않다.

해설
② 타설할 때 콘크리트에 단위수량이 적으면 워커빌리티가 좋아진다.

51. 임해매립지 식재기반 조성 시 흙쌓기의 설명 중 ( ) 안에 알맞은 것은?

흙쌓기 가능지역의 경우 매립흙쌓기로 인한 침하를 고려하여 흙쌓기 소요 높이의 15~20%를 가산하여 매립흙쌓기하며 최소 흙쌓기 높이는 ( )m로 한다.

① 1.0 ② 1.5
③ 2.0 ④ 2.5

52. 다음 수준측량의 야장에서 측점 3의 지반고는 얼마인가?

(단위 : m)

측점	후시	전시 T.P	전시 I.P	승강	지반고
A	2.216				50.000
1	3.713	0.906		1.310	51.310
2			2.821	0.892	52.202
3	4.603	1.377		2.336	( )
B		0.522		4.081	57.727

① 53.646m ② 52.620m
③ 52.336m ④ 51.202m

53. 체적환산에 적용되는 토양 변화율과 관련된 설명으로 옳은 것은?
① 경암과 풍화암의 C값은 1이 넘는다.
② 절토 토량의 운반비 산정을 위해 적용한다.
③ 흐트러진 상태의 체적을 자연상태의 체적으로 나눈 값이다.
④ 토양의 체적환산계수 f값 산정 시에는 적용하지 않는다.

해설 토량변화율

종별	L	C
경암	1.70~2.00	1.30~1.50
모래질흙	1.20~1.30	0.85~0.90

Answer 48. ② 49. ③ 50. ② 51. ② 52. ① 53. ①

종별	L	C
보통경암	1.55~1.70	1.20~1.40
연암	1.30~1.50	1.00~1.30
점질토	1.25~1.35	0.85~1.95
호박돌	1.10~1.15	0.95~1.05
자갈이 섞인 점질토	1.35~1.40	1.90~1.00
자갈	1.10~1.20	1.10~1.05
암괴/호박돌 섞인 모래질흙	1.40~1.45	0.90~0.95
암괴/호박돌 섞인 점질토	1.40~1.45	1.90~0.95
역질토	1.15~1.20	0.90~1.00
고결된 역질토	1.25~1.45	1.10~1.30
점토	1.20~1.45	1.85~0.95
모래	1.10~1.20	0.85~0.95
자갈 섞인 점질토	1.30~1.40	1.90~0.95
암괴/호박돌 섞인 모래	1.15~1.2	0.90~1.00
암괴/호박돌 섞인 점토	1.40~1.50	1.90~0.95

1) L=흐트러진 상태의 토량/자연 상태의 토량
2) C=다져진 상태의 토량/자연 상태의 토량

54. 목재 방부제에 관한 설명으로 틀린 것은?

① 방부제는 침투성이 있어야 한다.
② 크레오소트는 80~90℃로 가열 후 도포한다.
③ 유성방부제에는 염화아연 4%용액, 황산구리 등이 있다.
④ 방부제의 조건으로는 사람과 가축에 해가 없는 것이어야 한다.

▶해설 ③ 수성방부제에는 염화아연 4%용액, 황산구리 등이 있다.

55. 어느 공사현장에서 사토장까지의 거리가 12km라고 한다. 덤프트럭을 이용하여 적재한 토사를 사토하고 적재 장소까지 돌아오는 데 소요되는 왕복시간은? (단, 적재 시 평균주행속도는 50km/h이며, 공차 시의 평균주행속도는 적재 시보다 20% 증가한다.)

① 28.8분 ② 26.4분
③ 24.0분 ④ 20.0분

▶해설
왕복시간
$$= \left(\frac{운반거리(km)}{적재시\ 평균주행속도(km/hr)} + \frac{운반거리(km)}{공차시\ 평균주행속도(km/hr)} \right) \times 60$$
$$= \left\{ \frac{12km}{50km/hr} + \frac{12km}{50 \times (1+0.2)km/hr} \right\} \times 60 = 26.4분$$

56. 살수기(撒水器)에 관한 설명으로 옳지 않은 것은?

① 분무살수기는 고정된 동체와 분사공만으로 된 가장 간단한 살수기이다.
② 분무입상살수기는 살수 시 긴 잔디에 의해 방해를 받지 않는다.
③ 분류살수기는 바람의 영향을 적게 받으며, 낮은 압력하에서도 작동한다.
④ 회전입상살수기는 낮은 압력에서도 작동되며, 소규모 관개지역에서 사용한다.

▶해설 회전입상살수기
1. 물이 흐르면 동체로부터 분무공 올라옴
2. 가장 효과적인 살수방법
3. 대규모의 자동살수 관개조직에서 이용, 오늘날 가장 많이 사용
* 분무살수기
1. 모든 형태의 관개시설에 이용 가능
2. 고정된 동체와 분사공으로 구성
3. 낮은 수압으로 작동
4. 가격 저렴, 가장 간단
5. 살포범위 : 6~12m, 시간당 : 25~50mm/hr
6. 좁은 잔디지역과 불규칙한 지형 사용 가능

57. 플라스틱 재료에 관한 설명으로 옳지 않은 것은?

① 아크릴 수지는 투명도가 높아 유기유리로 불린다.
② 멜라민 수지는 내수, 내약품성은 우수하나 표면경도가 낮다.
③ 불포화 폴리에스테르 수지는 유리섬유로 보강하여 사용되는 경우가 많다.

④ 실리콘 수지는 내열성, 내한성이 우수한 수지로 콘크리트의 발수성 방수도료에 적당하다.

→해설 멜라민 수지
1. 무색투명, 착색 자유로움, 내수성, 내약품성, 강도, 내용제성, 내열성 강
2. 도료, 내수베니어합판 접착제

58. 다음 모멘트의 설명 중 옳지 않은 것은?

① 모멘트의 단위는 kg·m, t·m이다.
② 힘의 크기는 중량단위로 표시한다.
③ 모멘트는 모멘트 팔과 힘의 크기 곱으로 구한다.
④ 모멘트 부호는 회전방향이 시계방향일 때 (-)로 표시한다.

→해설 모멘트 부호
시계방향 : +, 반시계방향 : -

59. 다음과 같은 네트워크 공정표에서 한계경로는?

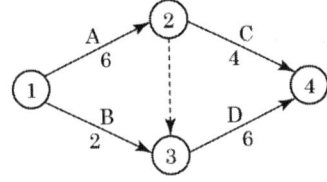

① ① → ② → ④
② ① → ③ → ④
③ ① → ② → ③ → ④
④ ① → ③ → ② → ④

→해설 한계경로=최장경로=Critical Path(CP)
1. 소요시간 합계가 가장 긴 경로
2. 여유가 없는 작업경로
① ① → ② → ④=6+4=10
② ① → ③ → ④=2+6=8
③ ① → ② → ③ → ④=6+0+6=12
④ ① → ③ → ② → ④ : 논리적으로 성립하지 않음

60. 수량산출 시 체적 혹은 면적을 구조물의 수량에서 공제하여야 되는 것은?

① 목재 각재의 모따기 체적
② 철근 콘크리트 중의 철근
③ 포장공사 이음줄눈의 간격
④ 보도블록 포장 공종의 1개소당 면적이 1m² 되는 맨홀 면적

→해설 수량산출 시 체적 혹은 면적을 수량에서 공제하지 않는 내용
: 볼트 구멍, 모따기, 물구멍, 이음줄눈 간격, 포장공종의 1개소당 0.1m² 이하의 구조물 자리, 철근 콘크리트 중의 철근, 콘크리트 구조물의 말뚝머리는 공제하지 않음

4과목　조경관리

61. 벤치, 야외탁자의 관리에 관한 설명으로 옳은 것은?

① 바닥지면에 물이 고이는 곳은 자연적인 현상으로 큰 문제가 되지 않는다.
② 노인, 주부 등이 장시간 머무르는 곳의 목재 벤치는 내구성이 강한 석재나 콘크리트재로 교체한다.
③ 이용자의 수가 설계 시의 추정치보다 많은 경우에는 이용실태를 고려하여 개소를 증설하여 이용자 편의를 도모한다.
④ 여름철 녹음 부족, 겨울철 햇빛이 잘 들지 않는 곳의 시설에는 차광시설, 녹음수 등은 식재하거나 설치할 수 없다.

→해설 벤치, 야외탁자, 휴지통의 유지관리
1. 이용자 수가 설계 시의 추정치보다 많은 경우에는 이용실태를 고려하여 개소를 증설한다.
2. 그늘이나 습기가 많은 장소에는 목재벤치를 콘크리트재나 석재로 교체한다.
3. 바닥의 지면에 물이 고인 경우에는 배수시설을 설

치한 후 흙을 넣고 충분히 다지거나 지면을 포장한다.
4. 이용자의 사용빈도가 높은 경우 접합 부분의 볼트, 너트가 이완된 곳은 충분히 조이거나 되풀림 방지 용접을 한다.
5. 기초의 노출 부분은 흙을 놓고 다지며, 담뱃불이나 화재 등으로 그을음 부분은 보수를 하고 재도장한다.
6. 벤치나 야외탁자 등의 주변은 쓰레기나 담배꽁초가 많이 발생하므로 설치 개수나 설치 장소를 재검토하고 청결한 환경을 유지한다.

62. 병원체의 활동과 병의 진행을 알려주는 일련의 과정을 지칭하는 용어는?

① 병환
② 병삼각형
③ 코흐의 원칙
④ 미생물병원설

[해설] 로버트 코흐의 4원칙 : 어떤 병이 특정 미생물에 의해 일어난다는 것을 입증
1. 미생물은 반드시 환부에 존재해야 함
2. 미생물은 분리되어 배지상에서 순수배양되어야 함
3. 순수배양된 미생물은 접종하여 동일한 병 발생
4. 발병한 피해부에서 접종에 사용한 미생물과 동일한 성질을 가진 미생물이 재분리되어야 함

63. 유지관리 계획에 영향을 미치는 요인으로 가장 거리가 먼 것은?

① 시공방법
② 계획이나 설계 목적
③ 관리대상의 질과 양
④ 이용빈도와 이용실태

64. 건조 목재벤치를 가해하는 충류에 해당하지 않는 것은?

① 솔수염하늘소
② 가루나무좀
③ 개나무좀
④ 빗살수염벌레

[해설] ① 솔수염하늘소 : 소나무 재선충병 매개충

65. 유기물이 토양에 첨가되면 일반적으로 식물의 생장에 유리해지는데, 이러한 근거는 유기물이 토양의 물리적, 화학적 성질을 개선해주기 때문이다. 유기물의 토양 개선내용으로 적합하지 않은 것은?

① 토양공극과 통기성을 증가시켜 준다.
② 토양온도의 변화 폭을 크게 해 준다.
③ 토양미생물이 필요로 하는 에너지를 제공한다.
④ 토양의 무기양료에 대한 흡착능력(보존능력)을 향상시킨다.

66. 역T형 옹벽과 비슷하지만 안정성이 더 요구되거나 높은 옹벽에 적용되며 저판이 길기 때문에 저판상의 성토가 자중으로 간주되므로 안정되며 경제성이 높은 옹벽은?

① L형 옹벽
② 중력식 옹벽
③ 부벽식 옹벽
④ 지지벽 옹벽

67. 24%의 A유제 100mL를 0.03%로 희석하여 진딧물에 살포하려 한다. 물의 양은 얼마로 하여야 하는가? (단, A유제 비중은 1로 한다.)

① 18000mL
② 24000mL
③ 47120mL
④ 79900mL

[해설] 희석하고자 하는 물의 양
$= 원액용량 \times \left(\dfrac{원액농도}{희석할 농도} - 1 \right) \times 비중$
$= 100ml \times \left(\dfrac{24\%}{0.03\%} - 1 \right) \times 1 = 79,900ml$

68. 도시공원대장에 기입해야 할 사항이 아닌 것은?

① 공원의 관리방법
② 공원의 연혁
③ 지구단위계획 사항
④ 공원시설에 관한 사항

[해설] 도시공원대장에 포함되어야 할 사항

① 도시공원의 종류 및 명칭
② 도시공원의 위치
③ 공원관리청 또는 공원관리자의 성명 및 주소
④ 도시공원의 관리방법
⑤ 도시공원의 연혁
⑥ 도시공원부지에 대한 토지소유자별 명세와 사유지에 대하여 공원관리청(공원관리자 포함)이 보유하고 있는 소유권 외의 권리의 명세
⑦ 공원시설에 관한 내용
⑧ 건폐율 합계
⑨ 공원시설의 부지면적의 합계와 해당도시공원의 부지면적에 대한 비율

69. 응애류(mite)에 관한 설명 중 틀린 것은?

① 잎의 즙액을 빨아 먹는다.
② 침엽수에도 폭넓게 피해를 준다.
③ 천적으로 바구미, 사슴벌레 등이 있다.
④ 수관에서 불규칙하게 피해증상(황화현상)이 나타난다.

해설 응애류
천적 : 무당벌레, 풀잠자리, 거미, 포식성 응애, 애꽃노린재 등

70. 소나무나 섬잣나무 등의 높은 부분을 사다리를 사용하지 않고, 끝가지를 전정하거나 열매를 채취 시 사용하기 적합한 가위의 종류는?

① 적과가위
② 순치기가위
③ 대형전정가위
④ 갈고리전정가위

71. 옥외 레크리에이션 관리체계의 3가지 기본요소와 가장 거리가 먼 것은?

① 이용자(Visitor)
② 계획가(Planner)
③ 관리(Management)
④ 자연자원기반(Natural Resource Base)

72. 노거수(老巨樹) 관리에 있어서 공동(空洞)의 처리 과정 중 D에 해당하는 것은?

부패한 목질부 제거 → (A) → (B) → (C) → (D) → 마감처리

① 버팀대 박기
② 살균 및 치료하기
③ 공동 내부 다듬기
④ 공동충전재료 메우기

해설 부패한 목질부 제거 → (③ 공동 내부 다듬기) → (① 버팀대 박기) → (② 살균 및 치료하기) → (④ 공동충전재료 메우기) → 마감처리

73. 점토광물이 형태상의 변화 없이, 내·외부의 이온이 치환되어 점토광물 표면에 음전하를 갖게 하는 현상을 무엇이라 하는가?

① 동형치환
② pH 의존전하
③ 변두리 전하
④ 잠시적 전하

해설 ② pH 의존전하 : 토양콜로이드가 갖는 전하 중 외액의 pH에 의존하여 변하는 전하
③ 변두리 전하 : 점토광물의 표면에 존재하는 음전하
④ 잠시적 전하 : 점토 광물이 주위의 환경이 달라짐에 따라 pH 변동을 가져오는 전하

74. 골프장의 잔디를 낮은 잔디깎기하였을 때 효과로 틀린 것은?

① 엽폭을 감소시켜서 보다 재질감이 좋은 잔디를 만들 수 있다.
② 식물조직이 단단해지므로 병이나 해충에 대하여 강해지게 된다.
③ 엽면적의 감소로 광합성량이 떨어지므로 탄수화물의 저장량이 감소된다.
④ 분얼경의 형성을 촉진시키므로 결국 줄기밀도가 증가하여 지표면을 조밀하게 해준다.

75. 잔디에 잘 발생되는 녹병의 재배적(화학적) 방제법에 해당되지 않는 것은?

① 충분한 양으로 오전에 관수한다.
② 질소질 비료를 살포하여 시비로 생육을 도모한다.
③ 메프로닐 수화제를 발병 초부터 7일 간격으로 3회 살포한다.
④ 조경수의 전정이나 차폐수 등을 잘 관리하여 공기의 흐름을 원활히 한다.

해설 메프로닐 수화제
　1. 잔디 설부소립균핵병 : 10월 말부터 10일 간격, 토양관주
　2. 잔디 갈색잎마름병 : 발병 직전부터 7일 간격, 토양관주
　3. 국화 흰녹병 : 발병 초 10일 간격, 경엽살포
　4. 카네이션 녹병 : 발병 초 10일 간격, 경엽살포
　5. 감자 검은무늬썩음병 : 파종 전 20초간 침지
　※ 잔디 녹병 방제법
　　: 만코지 수화제(다이센 M-45), 마네브 수화제, 지네브 수화제

76. 유희시설물 목재부분의 이상 유무를 점검하는 데 가장 거리가 먼 것은?

① 갈라진 부분이나 뒤틀린 부분
② 축 및 축수의 마모나 이완상태
③ 부패되거나 충해에 의한 손상 여부
④ 충격에 의한 파손이나 이용에 의한 마모상태

해설 유희시설물 목재부분 이상유무 점검사항
　1. 충격에 의한 파손, 사용에 의한 마모상태
　2. 갈라진 부분, 뒤틀린 부분
　3. 부패된 부분, 충해에 의해 손상된 부분
　4. 부재의 절단 부분, 부재의 부식, 도장 상태
　※ 유희시설물 철재부분 이상유무 점검사항
　　1. 곡선부의 상태, 충격에 의해 비틀린 곳, 충격에 의한 파손상태, 사용에 의한 마모상태, 체인의 곡선부 상태
　　2. 접합부분(앵커볼트, 볼트, 리벳, 엘보, 티, 용접 등)의 상태
　　3. 지면과 접한 곳, 지상부 등의 부식상태
　　4. 축 및 축수의 베어링 마모상태, 이완상태

77. 벚나무 빗자루병의 병원체는 무엇인가?

① 세균　　　　② 담자균
③ 자낭균　　　④ virus

해설 벚나무 빗자루병 : 진균(자낭균)

78. 두 제초제를 혼합 시 나타내는 길항작용(拮抗作用, antagonism)의 정의로 가장 적합한 것은?

① 혼합 시의 처리 효과가 단독처리 시의 효과보다 큰 것을 의미
② 혼합 시의 효과가 단독처리 시의 효과와 같은 것을 의미
③ 혼합 시의 처리 효과가 활성이 높은 물질의 단독효과보다 작은 것을 의미
④ 혼합 시의 처리 효과가 단독처리 시의 효과보다 크지도 작지도 않은 것을 의미

해설 ① 혼합 시의 처리 효과가 단독처리 시의 효과보다 큰 것을 의미 : 상승작용

79. 훈증제가 갖추어야 할 조건으로 틀린 것은?

① 비인화성이어야 한다.
② 휘발성이 크고 농도가 균일하여야 한다.
③ 침투성이 커서 약제가 쉽게 도달하여야 한다.
④ 훈증할 목적물에 이화학적으로 변화를 주어야 한다.

80. 종자 비료 그리고 흙을 혼합하여 망(net)에 넣고 비탈면의 수평으로 판 골(滑) 속에 넣어 붙이는 공법으로 유실이 적으며, 유연성이 있기 때문에 지반에 밀착하기 쉬운 것은?

① 식생띠(帶)공　　　② 식생판(板)공
③ 식생자루(袋)공　　④ 식생구멍(穴)공

2017년 조경기사 최근기출문제 (2017. 5. 7)

1과목 조경계획 및 설계

01. 일본에서 대표적인 평정고산수 수법의 정원이 있는 곳은?

① 서방사 ② 용안사
③ 금각사 ④ 평등원

해설 ① 서방사 : 선종정원
* 축산고산수 : 대덕사 대선원

02. 당(唐)나라 시기의 정원을 알 수 있는 문헌은?

① 시경 ② 동파종화
③ 춘추좌씨전 ④ 낙양명원기

해설 ① 시경 : 공자
② 동파종화 : 백거이
③ 춘추좌씨전 : 공자
④ 낙양명원기 : 이격비, 북송

03. 프랑스 보르 비 콩트(Vaux-le-Vicomte)는 어느 정원 양식에 속하는가?

① 중정식(中庭式)
② 노단건축식(露壇建築式)
③ 자연풍경식(自然風景式)
④ 평면기하학식(平面幾何學式)

해설 ② 노단건축식 : 이탈리아
③ 자연풍경식 : 영국

04. 조성 시기가 가장 빠른 르네상스(Renaissance) 시대의 정원은?

① 메디치장(Villa Medici)
② 토스카나장(Villa Toscana)
③ 아드리아나장(Villa Adriana)
④ 로렌티아나장(Villa Laurentiana)

해설 ① 메디치장(Villa Medici) : 15세기

05. 우리나라 민가정원에서 일반적으로 안뜰에 정심수(庭心樹)를 심지 않았던 이유로 전해오는 것은?

① 자손이 귀해진다.
② 집안이 빈곤해진다.
③ 마당에 그늘이 든다.
④ 보기가 싫기 때문이다.

06. 다음 작자와 저서의 연결이 잘못된 것은?

① 계성 : 난정기(蘭亭記)
② 굴준망 : 작정기(作庭記)
③ 백거이 : 동파종화(東坡種花)
④ 이격비 : 낙양명원기(洛陽名園記)

해설 ① 계성 : 원야(園冶)/왕희지 : 난정기(蘭亭記)

07. 고려시대 궁궐조경의 설명으로 옳은 것은?

① 첩석성산을 만들고 아름다운 화목으로 화려하게 꾸몄다.
② 공간배치는 불교의 영향으로 풍수설을 배척하였다.
③ 만월대 궁원의 공간배치는 동서축을 기본으로 한다.
④ 고려시대 화원은 궁궐의 조경을 관리하던 곳이다.

해설 ③ 만월대 궁원의 공간배치는 남북축을 기본으로 한다.

Answer 01. ② 02. ② 03. ④ 04. ① 05. ② 06. ① 07. ①

④ 고려시대 내원서는 궁궐의 조경을 관리하던 곳이다.

08. 고정원 및 동천(洞天)의 유적과 가장 가까운 개념은?

① 사찰(寺刹) ② 염승(厭勝)
③ 원림(園林) ④ 수림지(樹林地)

09. 기본 설계(preliminary design)에서 행할 사항이 아닌 것은?

① 정지계획 ② 배수설계
③ 식재계획 ④ 공정표

→해설 기본 설계(preliminary design)에서는 정지계획, 배수설계, 식재계획 등을 행한다.

10. 국립공원의 지정 시 거쳐야 할 지정 절차를 순서대로 맞게 나열한 것은?

① 관할 시·도지사 및 군수의 의견 청취 → 주민설명회 및 공청회의 개최 → 관계 중앙행정기관장과의 협의 → 국립공원위원회의 심의
② 관계 중앙행정기관장과의 협의 → 관할 시·도지사 및 군수의 의견 청취 → 주민설명회 및 공청회의 개최 → 국립공원위원회의 심의
③ 주민설명회 및 공청회의 개최 → 관할 시·도지사 및 군수의 의견 청취 → 관계 중앙행정기관장과의 협의 → 국립공원위원회의 심의
④ 관할 시·도지사 및 군수의 의견 청취 → 관계 중앙행정기관장과의 협의 → 국립공원위원회의 심의 → 주민설명회 및 공청회의 개최

→해설 지정절차의 순서는 다음과 같은 순으로 진행된다.
주민설명회 및 공청회의 개최 → 관할 시·도지사 및 군수의 의견 청취 → 관계 중앙행정기관장과의 협의 → 국립공원위원회의 심의

11. 야외음악당의 바닥에 다음 중 어느 색을 주조(主調)로 처리하면 청중의 감정효과가 가장 크게 되겠는가?

① 주황색 ② 연두색
③ 파랑색 ④ 남색

→해설 감정효과를 크게 하기 위해서는 난색을 이용하는 것이 좋으며, 감정을 자유롭게 표현할 수 있는 주황색이 좋다.

12. 「국토의 계획 및 이용에 관한 법률」의 도시·군 기본계획의 수립권자가 될 수 없는 사람은?

① 군수 ② 시장
③ 광역시장 ④ 환경부장관

→해설 「국토의 계획 및 이용에 관한 법률」의 도시·군 기본계획의 수립권자에 환경부장관은 해당하지 않는다.

13. 주택단지 쿨데삭 도로의 일반적 기능별 구분을 나타낸 것으로 옳은 것은?

① 길이 : 240m(최대), 회전반경 : 12m
② 길이 : 15~18m(최대), 회전반경 : 9m
③ 길이 : 18~24m(최대), 회전반경 : 12m
④ 폭 : 24m

→해설 주택단지 쿨데삭 도로의 일반길이는 240m(최대), 회전반경 : 12m로 정한다.

14. 환경분석 시 사용하는 지리정보체계라고 부르는 프로그램은?

① GIS ② IMGRID
③ SYMAP ④ CAD

15. 조경설계의 방위표시 방법에 대한 설명 중 틀린 것은?

① 단순하고 알아보기 쉬워야 한다.
② 확실하고 직선적인 화살표로 한다.
③ 항상 도면의 위쪽이나 오른쪽에 두고 때로는 도면에서 생략한다.
④ 가능하면 수직으로 세워 끝이 위로 가게 하고, 수평선에서 위쪽으로 약간의 각을 준다.

[해설] 조경설계의 방위표시는 항상 도면의 우측 하단에 두고, 생략하지 않는다.

16. 다음 중 조경설계기준상의 운동시설에 대한 설명으로 틀린 것은?

① 육상경기장 코스의 폭은 0.8m를 표준으로 한다.
② 배구장은 바람의 영향을 받기 때문에 주풍 방향에 수목 등의 방풍시설을 마련한다.
③ 농구코트의 방위는 남-북 축을 기준으로 하고, 가까이에 건축물이 있는 경우에는 사이드라인을 건축물과 직각 혹은 평행하게 배치한다.
④ 축구장의 표면은 잔디로 하며, 잔디가 아닐 경우는 스파이크가 들어갈 수 있을 정도의 경도로 슬라이딩에 의한 찰과상을 방지할 수 있는 포장으로 한다.

[해설] 조경설계기준상의 운동시설 중 육상경기장 코스의 폭은 1.25m를 표준으로 한다.

17. 일반적인 조경포장의 설명 중 ( ) 안에 적합한 것은?

- 포장지역의 표면은 배수구나 배수로 방향으로 최소 (A)% 이상의 기울기로 설계한다.
- 산책로 등 선형 구간에는 적정거리마다 (B)나 횡단배수구를 설계하고, 광장 등 넓은 면적의 구간에는 외곽으로 뚜껑 있는 (C)를 두도록 하며, 비탈면 아래의 포장 경계부에는 측구나 수로를 설치한다.

① A : 0.03   B : 종단배수구   C : 측구
② A : 0.1   B : 측구   C : 빗물받이
③ A : 0.3   B : 종단배수구   C : 맹암거
④ A : 0.5   B : 빗물받이   C : 측구

18. 기계적 효능과 미적 질서를 통일시킴으로써 보다 완벽한 공간의 창조를 위한 선구적 디자인 교육기관이었던 것은?

① 에콜 드 보자르   ② 바우하우스
③ 하버드   ④ 로얄 아카데미

[해설] 기계적 효능과 미적 질서를 통일시킴으로써 보다 완벽한 공간의 창조를 위한 선구적 디자인 교육기관은 바우하우스이다.

19. 다음 설명의 ( ) 안에 적합한 것은?

색의 맑고 탁함, 색의 순수한 정도, 혹은 색의 강약을 나타내는 성질이다. 진한 색과 연한 색, 흐린 색과 맑은 색 등은 모두 ( )의 높고 낮음을 가리키는 용어다.

① 색상   ② 명도
③ 조도   ④ 채도

[해설] 채도 : 색의 맑고 탁함, 색의 순수한 정도, 혹은 색의 강약을 나타내는 성질이다. 진한 색과 연한 색, 흐린 색과 맑은 색 등으로 나뉜다.

20. 축(axis)에 대한 설명으로 옳지 못한 것은?

① 지향적(指向的)   ② 자연적(自然的)
③ 질서적(秩序的)   ④ 우세적(優勢的)

2과목 조경식재

21. 다음 식물 중 진달래과(Ericaceae)에 해당하지 않는 것은?

① 만병초   ② 영산홍
③ 철쭉   ④ 죽단화

[해설] ④ 죽단화 : 장미과

Answer 16. ① 17. ④ 18. ② 19. ④ 20. ② 21. ④

22. 다음 식물의 생육환경에 대한 설명 중 적합하지 않은 것은?

① 토질은 배수성과 통기성이 좋은 사질양토를 표준으로 한다.
② 단립(團粒)구조로서 일정용량 중 토양입자 50%, 수분 25%, 공기 25%의 구성비를 표준으로 한다.
③ 지하수위(地下水位)는 잔디의 경우 -30~-20cm 정도 되는 것이 수분흡수가 용이하여 가장 좋다.
④ 식물의 생육에 알맞은 입단의 굵기는 1~5mm이고 근모는 0.001mm 이하의 공극으로는 침입할 수 없다.

[해설] ③ 지하수위(地下水位)는 잔디의 경우 -1.0~-0.6cm 정도 되는 것이 수분흡수가 용이하여 가장 좋다.

23. 조경수목별 월별 개화기의 연결이 맞지 않은 것은?

① 2, 3월 : 호랑가시나무, 목서
② 3, 4월 : 물오리나무, 회양목
③ 4, 5월 : 모과나무, 서어나무
④ 6, 7월 : 치자나무, 자귀나무

[해설] 호랑가시나무 : 4~5월, 목서 : 9월

24. 리조트 단지 입구에 대형 수목을 식재하여 랜드마크(Landmark)를 형성하려고 한다. 식재기법으로 맞는 것은?

① 지표식재   ② 경계식재
③ 차폐식재   ④ 지피식재

25. 토양의 부식질 함량이 어느 정도 함유되어야 수목의 생장에 가장 좋은가?

① 0.5~5%   ② 5~20%
③ 20~30%   ④ 30~40%

26. 다음 중 내한성이 가장 약한 수종은?

① 구상나무   ② 자작나무
③ 전나무   ④ 개잎갈나무

[해설] ④ 개잎갈나무=일본잎갈나무

27. 양수로서 물속에서도 생육이 가능할 정도로 수분을 좋아하고 뿌리의 호흡을 위해 지상으로 울퉁불퉁하게 나온 천근성 기근(aerial root)이 발달한 수종은?

① 낙우송   ② 일본잎갈나무
③ 삼나무   ④ 거제수나무

28. 소나무과(科) 식물의 잎 특성 중 엽속(needle fascicle) 내 잎의 수가 다른 것은?

① 소나무   ② 곰솔
③ 리기다소나무   ④ 방크스소나무

[해설] 소나무류 엽수
① 소나무 : 2엽
② 곰솔 : 2엽
③ 리기다소나무 : 3엽
④ 방크스소나무 : 2엽

29. 양버즘나무(*Platanus occidentalis* L.)의 특징으로 옳은 것은?

① 원산지는 한국이다.
② 꽃은 이가화이며 암꽃은 붉은색이다.
③ 공해에 약하여 가로수로 부적합하다.
④ 열매는 지름이 3cm 정도로 둥글게 1개씩 달린다.

[해설] 양버즘나무
① 원산지는 미국이다.
② 꽃은 일가화이며 암꽃은 붉은색이다. / 수꽃은 검은빛 도는 적색
③ 공해에 강하여 가로수로 적합하다.
④ 열매는 지름이 3cm 정도로 둥글게 1개씩 달린다.

Answer 22. ③ 23. ① 24. ① 25. ② 26. ④ 27. ① 28. ③ 29. ④

30. 일반적으로 교목 식재작업에 대한 설명이 옳지 못한 것은?

① 식재 후 멀칭을 해준다.
② 나무의 정부(頂部)가 수직이 되도록 한다.
③ 구덩이 속에 흙을 50% 정도 넣은 후 물조임(물반죽)을 한다.
④ 가로수 식재의 마감면은 보도 연석면보다 3cm 이하로 끝마무리한다.

31. 식재형식은 정형식, 자연풍경식, 자유식으로 분류한다. 다음 중 자연풍경식(自然風景式) 식재의 기본패턴에 해당하지 않는 것은?

① 임의(랜덤)식재   ② 배경식재
③ 무늬식재   ④ 부등변삼각형식재

→해설 ③ 무늬식재 : 정형식 식재

32. 다음 중 미적 효과와 관련된 식재형식이 아닌 것은?

① 표본식재   ② 강조식재
③ 군집식재   ④ 초점식재

33. 다음 [보기]의 설명에 해당하는 초화류는?

[보기]
- 두해살이풀로 전국 각처에 분포한다.
- 높이가 2.5m에 달하고 원줄기는 녹색이며, 털이 있고 원주형이다.
- 꽃을 촉규화(蜀葵花)라 한다.
- 종자 번식하고 열매는 접시 모양의 삭과이다.

① 꽃양배추   ② 매리골드
③ 접시꽃   ④ 천일홍

34. 잔디의 일반적인 특성 중 밟힘에 견디는 힘(내답압성, 耐踏壓性)이 가장 약(弱)한 것은?

① 한국잔디
② bermuda grass
③ bentgrass
④ kentyucky bluegrass

35. 다음 수목 중 학명이 틀린 것은?

① 수양버들 : *Salix koreensis*
② 계수나무 : *Cercidiphyllum japonicum*
③ 함박꽃나무 : *Magnolia sieboldii*
④ 조팝나무 : *Spiraea prunifolia for. simpliciflora*

→해설 ① 수양버들 : *Salix babylonica*
        버드나무 : *Salix koreensis*

36. 종자 채집 후 정선을 위해 풍선법을 활용하기 가장 적합한 수종은?

① 옻나무   ② 가문비나무
③ 주목   ④ 목련

→해설 종자 채집 후 정선을 위해 풍선법을 활용
: 소나무, 곰솔, 일본잎갈나무, 자작나무, 가문비나무

37. 차량이 주행할 때 측방차폐 효과를 얻기 위한 열식수(列植樹)의 수고가 4m, 수관반경이 2m인 경우에 가로수의 식재거리는 얼마를 유지해야 하는가? (단, 진행방향에 대한 시각은 30°이다.)

① 4m   ② 6m
③ 8m   ④ 12m

→해설 주행 시 측방차폐 수목 간의 간격
: 수관폭의 2배
(2m×2)×2=8m

38. 조경수 배식에서 실용적인 목적을 위해서 식재되는 녹음수 선정 시 가장 부적합한 수종은?

① 위성류   ② 느티나무
③ 팽나무   ④ 벽오동

39. 다음 중 인동덩굴에 대한 설명으로 틀린 것은?

① 반상록 활엽덩굴성 관목이다.
② 번식은 분근이 가장 용이하다.
③ 꽃은 6~7월에 백색으로 피었다가 후에 황색으로 변한다.
④ 줄기는 왼쪽으로 감아 올라가고, 1년생 가지는 청록색으로 속이 비어 있으며, 털이 밀생한다.

[해설] ④ 줄기는 오른쪽으로 감아 올라가고, 1년생 가지는 적갈색으로 속이 비어 있으며, 털이 밀생한다.

40. 다음 식물 중 부유식물이 아닌 것은?

① 부레옥잠 ② 생이가래
③ 개구리밥 ④ 붕어마름

[해설] ① 부레옥잠, ② 생이가래, ③ 개구리밥 : 부유식물

3과목 조경시공

41. 비탈면 보호용 격자블록 시공과 관련된 설명으로 틀린 것은?

① 비탈면에 용수가 있을 때에는 배수로를 설치하여 시공면에 물이 흘러들지 않도록 하여야 한다.
② 앵커봉을 비탈면에 박을 때에는 연결판(조립판)이 파손되지 않도록 지면에 45° 각도로 찔러 고정시켜야 한다.
③ 비탈면 보호용 격자블록의 설치는 비탈 끝 아래쪽에서부터 위쪽으로 시공하게 되므로 격자블록의 속채움 흙을 확보할 수 있도록 여유 공간을 확보하여야 한다.
④ 격자블록 내에 식재하기 위해서는 도입식물의 원활한 생육을 위하여 채집표토를 채워서 충분히 다진 후 식재하며, 채집표토가 없을 때에는 생육기반재를 채우도록 한다.

[해설] 비탈면 보호용 격자블록
(1) 소형의 수로를 격자상으로 구획하여 지표수를 분산 집배수함으로써 지표면 침식을 억제하고 공사 전 채집된 표토 및 생육기반재를 채워 녹화되도록 시공한다.
(2) 비탈면 보호용 격자블록의 설치는 비탈 끝 아래쪽에서부터 위쪽으로 시공하게 되므로 격자블록의 속채움 흙을 확보할 수 있도록 여유공간을 확보하여야 한다.
(3) 비탈면에 용수가 있을 때에는 배수로를 설치하여 시공면에 물이 흘러들지 않도록 하여야 한다.
(4) 비탈면의 붕괴 등이 예상되거나 비탈면에 있는 수목을 보호하여야 할 경우에는 감독자와 협의하여 붕괴방지시설 또는 수목보호를 위한 조치를 취하여야 한다.
(5) 보호블록의 연결 및 조립방법은 설계도서에 따라 보호블록을 접합시킨 다음 앵커봉을 비탈면에 설계깊이까지 고정시켜야 한다.
(6) 앵커봉을 비탈면에 박을 때에는 연결판(조립판)이 파손되지 않도록 지면에 직각으로 고정시켜야 한다.
(7) 종·횡 방향으로 격자블록의 완전조립 배열이 끝나면 보호블록 내면에 복토를 시행하여야 한다. 이때에는 식생의 발육을 위하여 부식된 비옥한 흙을 비탈면 보호블록 내에 가득히 채우고 나무방망이 등을 사용하여 균등하게 다짐을 하여야 한다.
(8) 잔디공사는 풍화암 및 화강풍화토(마사토) 지역인 경우 흙이 많이 붙은 평떼로 블록 내 전체를 조밀하게 떼붙임하여야 한다.
(9) 흙을 다질 때에는 약간 젖은 상태로 다져야 하며 폐자재나 나무뿌리, 큰 암석 및 기타 불순물을 골라내며 다져야 한다.
(10) 보호블록의 설치위치 및 형태는 현장여건에 따라 변경할 수 있으나 공사착수 전에 감독자의 승인을 받아야 한다.
(11) 격자블록 내에 식재하기 위해서는 도입식물의 원활한 생육을 위하여 채집표토를 채워서 충분히 다진 후 식재하며, 채집표토가 없을 때에는 생육기반재를 채우도록 한다.

Answer 39. ④ 40. ④ 41. ②

42. 경량(輕量) 콘크리트의 설명으로 옳은 것은?
① 직접 흙에 접하는 부분에는 사용하지 않는다.
② 흡수율이 크므로 골재를 완전히 건조시켜서 사용한다.
③ 시공이 용이하여 사전 재료의 처리가 필요 없다.
④ 철근의 이음길이와 정착 길이는 보통 콘크리트보다 짧게 한다.

43. 생태호안 복구공사용 재료로 사용하기 가장 부적합한 것은?
① 섶단 ② 돌망태
③ 격자블록 ④ 갈대떼장

44. 다음 「자전거 이용시설의 구조·시설 기준에 관한 규칙」 설명 중 A와 B에 적합한 값은?

- 자전거전용도로 : 시속 (A)킬로미터
- 자전거도로의 폭은 하나의 차로를 기준으로 (B)미터 이상으로 한다.

① A : 25, B : 1.0 ② A : 30, B : 1.5
③ A : 25, B : 1.2 ④ A : 30, B : 1.2

[해설] 자전거도로의 설계속도
1. 자전거전용도로 : 시속 30킬로미터
2. 자전거보행자겸용도로 : 시속 20킬로미터
3. 자전거전용차로 : 시속 20킬로미터
* 자전거도로의 폭 : 자전거도로의 폭은 하나의 차로를 기준으로 1.5미터 이상으로 한다.

45. 재료의 할증률이 나머지 재료와 다른 것은?
① 목재(각재) ② 일반볼트
③ 이형철근 ④ 시멘트벽돌

[해설] ① 목재(각재) : 5%
② 일반볼트 : 5%
③ 이형철근 : 3%
④ 시멘트벽돌 : 5%

46. 건물, 주차장, 운동장 등은 평탄한 지반이 요구된다. 평탄한 지역을 조성하는 방법에 속하지 않는 것은?
① 절토에 의한 방법
② 성토에 의한 방법
③ 옹벽에 의한 방법
④ 배수구 처리에 의한 방법

[해설] 평탄한 지역을 조성하는 방법
① 절토에 의한 방법
② 성토에 의한 방법
③ 옹벽에 의한 방법
④ 성토와 절토에 의한 방법
⑤ 순환로 조성에 의한 방법

47. 타일의 소지(素地) 중 규산을 화학성분으로 한 석영·수정 등의 광물로서 도자기 속에 넣으면 점성을 제거하는 효과가 있으며, 소지 속에서 미분화하는 것은?
① 납석 ② 규석
③ 점토 ④ 고령토

48. 녹지부지의 면적 측량에서 평판측량의 방법에 해당하지 않는 것은?
① 방위각법(方位角法) ② 방사법(放射法)
③ 교회법(交會法) ④ 전진법(前進法)

49. Manning 등류경험식(평균유속공식)에 대한 설명 중 틀린 것은?

$$V = \frac{1}{n} R^{2/3} I^{1/2}$$

① 유속은 경사가 급할수록 빨라진다.
② 배수로 표면이 거칠수록 유속은 느려진다.
③ 동수반경(경심)이 크면 유속이 빨라진다.
④ 윤변(물이 닿는 면의 길이)이 길어지면 유속이 빨라진다.

해설 $V = \dfrac{1}{n} R^{2/3} I^{1/2}$

V : 평균유속
n : 수로의 조도계수
R : 경심
I : 유역의 평균경사

50. 다음 석재 중 수성암(퇴적암)에 속하며 준경석 또는 대부분 연석으로 내화성이 강하나, 흡수성이 크기 때문에 한랭지에서 풍화되기 쉬운 결점이 있는 것은?

① 대리석　　　　② 화강암
③ 응회암　　　　④ 점판암

51. 공사의 발주방법 중 자금력과 신용 등에서 적합하다고 인정되는 특정 다수의 경쟁 참가자가 입찰하는 방법은?

① 대안입찰　　　　② 공개경쟁입찰
③ 지명경쟁입찰　　④ 제한적평균가낙찰제

52. 가로 5m, 세로 3m인 벽을 1.0B 기본벽돌(190×90×57)로 쌓으려 한다. 개구부가 2m²이고, 할증률을 3% 적용할 때 필요한 벽돌 매수는? (단, 매수는 소수 첫째자리에서 반올림한다.)

① 1004매　　　　② 1159매
③ 1995매　　　　④ 2302매

해설 {(5m×3m)−2m²}×149매/m²×(1+0.03)
= 1,995.11매

53. 건설공사 표준품셈에 따른 운반공사에 대한 설명 중 틀린 것은?

① 인력 1회 운반량은 보통토사 25kg이다.
② 1일 실작업시간은 360분을 적용한다.
③ 고갯길인 경우 수직거리 1m를 수평거리 6m의 비율로 적용한다.
④ 품에서 규정된 소운반 거리는 20m 이내의 거리를 말한다.

해설 ② 1일 실작업시간은 450분을 적용한다.

54. 다음 [보기]의 설명은 품질관리를 위한 어떤 도구 특징에 해당하는가?

[보기]
가로축에 시공불량의 내용이나 원인을 분류해서 크기순으로 나열하고 세로축에 불량도를 잡아 막대그래프를 작성하고, 누적비율을 꺾은 선으로 표시한 것이다.

① 체크시트　　　　② 파레토도
③ 히스토그램　　　④ 산점도

55. 목재의 열에 관한 성질 중 옳지 않은 것은?

① 가벼운 목재일수록 착화되기 쉽다.
② 겉보기 비중이 작은 목재일수록 열전도율은 작다.
③ 섬유에 평행한 방향의 열전도율이 섬유 직각 방향의 열전도율보다 작다.
④ 목재는 불에 타는 단점이 있으나 열전도율이 낮아 여러 가지 용도로 사용되고 있다.

56. 항공사진에서 수목의 종류를 판독하는 데 가장 중요한 것은?

① 음영　　　　② 색조
③ 형태 및 배치　　④ 촬영조건

57. 표면건조 포화상태의 잔골재 500g을 건조시켜 기건 상태에서 측정한 결과 460g, 절대건조상태에서 측정한 결과 440g이었다. 이때 흡수율은?

① 8%　　　　② 8.7%
③ 12%　　　　④ 13.6%

해설 잔골재 흡수율(%) = $\dfrac{500-A}{A} \times 100$
(A : 절건중량)

= $\dfrac{500-440}{440} \times 100 = 13.6\%$

Answer
50. ③　51. ③　52. ③　53. ②　54. ②　55. ③　56. ②　57. ④

58. 다음 그림에서 각주공식을 이용한 토량은? (단, 단위는 m이다.)

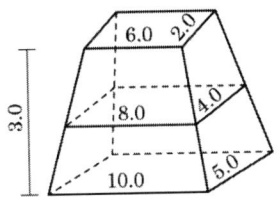

① 47.0m³ ② 95.0m³
③ 141.0m³ ④ 282.0m³

[해설] $V = \dfrac{h}{6} \times (A_1 + 4A_m + A_2)$

$= \dfrac{3m}{6} \times [(6m \times 2m) + \{4 \times (8m \times 4m)\} + (10m \times 5m)]$

$= 95 m^3$

59. 8ton 덤프트럭에 자연상태의 사질양토를 굴착하여 적재하려 한다. 흐트러진 상태의 덤프트럭 1회 적재량은 얼마인가? (단, 사질양토 단위중량 : 1800 kg/m³, L=1.20, C=0.85)

① 4.33m³ ② 4.80m³
③ 5.00m³ ④ 5.33m³

[해설] $q = \dfrac{T}{r^t} \times L$

$q = \dfrac{8}{1.8} \times 1.20 = 5.33 m^3$

60. 표준품셈의 적용기준 중 수량의 계산에 관한 설명으로 적합하지 않은 것은?

① 절토(切土)량은 원지반을 절토한 후 흐트러진 상태의 양으로 계산한다.
② 수량의 계산은 지정 소수 이하 1위까지 구하고, 끝수는 4사5입한다.
③ 분수는 약분법을 쓰지 않으며, 각 분수마다 그의 값을 구한 다음 전부의 계산을 한다.
④ 면적의 계산은 보통 수학공식에 의하는 외에 삼사법(三斜法)이나 구적기(Planimeter)로 한다.

[해설] ① 절토(切土)량은 원지반을 절토한 후 자연 상태의 양으로 계산한다.

4과목 조경관리

61. 다음 중 성토비탈면의 점검사항으로 가장 관계가 먼 것은?

① 비탈면의 침식 유무
② 비탈면의 균열 유무
③ 암석의 풍화 정도
④ 보호공의 변화상태

[해설] 성토비탈면의 점검 사항
1. 식생번식 상황
2. 비탈면의 침식 유무
3. 비탈면·비탈 어깨 부분의 티끌, 토사 퇴적 상태
4. 비탈면의 균열 유무
5. 비탈면이 삐져나오는 것의 유무
6. 비탈면 어깨의 균열
7. 보호공의 변화 상태 유무
8. 비탈면 배수공의 변화상태의 유무, 기능상태

62. 솔잎혹파리의 천적으로 생물적 방제를 위해 방사하는 것은?

① 상수리좀벌
② 노란꼬리좀벌
③ 솔잎혹파리먹좀벌
④ 남색긴꼬리좀벌

[해설] 솔잎혹파리 천적 : 산솔새, 거미, 먹좀벌(혹파리살이먹좀벌, 혹파리등뿔먹좀벌, 혹파리반뿔먹좀벌, 솔잎혹파리먹좀벌)
① 상수리좀벌 ② 노란꼬리좀벌 : 밤나무혹벌 천적

Answer 58. ② 59. ④ 60. ① 61. ③ 62. ③

63. 레크리에이션 수용 능력 개념의 설정에 있어서 총 만족량(total satisfaction) 개념을 도입한 사람은?

① O'Riordan   ② Rodgers
③ Lucas   ④ Reiner

해설 Lucas : 이용만족도에 근거한 사회 심리적 수용력

64. 잔디에 뗏밥주기를 하는 이유로 적당하지 않은 것은?

① 잔디면을 평탄하게 하며 잔디깎기를 용이하게 한다.
② 호광성(好光性) 잡초종의 발아율을 낮춘다.
③ 지상부 잔디생장점의 동결을 방지한다.
④ 토양 멀칭(mulching) 효과로 건조를 방지한다.

해설 뗏밥주기(배토작업) 효과
1. 노출된 지하경 보호(건조 및 동해의 위험 줄임)
2. 표토층을 고르게 하여 기계작업을 용이하게 함
3. 태치의 분해 촉진
4. 답압에 의한 잔디의 피해를 줄임
5. 토양 구조와 토성 개량

65. 곤충의 채집법 가운데 비행하는 곤충을 채집하기에 가장 부적당한 방법은?

① 말레이즈 트랩(Malaise trap)
② 함정 트랩(pitfall trap)
③ 페로몬 트랩(pheromone trap)
④ 유아등(light trap)

해설 ① 말레이즈 트랩(Malaise trap) : 바람에 날려 비상하는 곤충을 채집하는 방법
② 함정 트랩(pitfall trap) : 지표면에 함정(구멍)을 파놓고 동물을 유인하는 방법
③ 페로몬 트랩(pheromone trap) : 유인물질인 페로몬을 이용하여 곤충을 유인해 채집하는 방법
④ 유아등(light trap) : 야간에 유아등을 사용하여 야간 비행 곤충을 유인해 채집하는 방법

66. 다음 중 사용환경 범주 H1 "건재해충 피해환경 및 실내사용 목재"에 사용 가능한 방부제는?

① AAC   ② ACQ
③ ACC   ④ CuAz

해설 목재 방부제 사용 환경 범주 : H5(Hazard class) – 5등급
1. H1 : 외기에 접하지 않는 실내 건조한 곳, 건재해충 피해 – BB, IPBC, AAC
2. H2 : 실내 결로 예상지, 저온 – CCA, AAC, ACQ, CCFZ, ACC, CCB, NCV, NZV, IPBCP
3. H3 : 야외사용 목재, 흰개미 피해 환경, 담장, 방음벽, 퍼골라, 놀이시설, 야외용 의자 – CCA, AAC, ACQ, CCFZ, ACC, CCB, NCU, NZU
4. H4 : 땅과 접하고 땅에 묻히는 목재, 지주목, 펜스 – CCA, ACQ, CCFZ, ACC, CCB, A
5. H5 : 수면접촉 교각용재, 땅, 물, 바다와 접하는 목재, 공업용재 – CCA, A

67. 옹벽의 유지관리에 대한 설명으로 틀린 것은?

① 옹벽이 파손되어 보수가 불가능할 경우 재시공 설치한다.
② 옹벽의 경사를 확인하여 변화 상태를 점검한다.
③ 옹벽이 전도위험이 있을 때는 P·C 앵커공법을 사용한다.
④ 깬 돌 메쌓기 옹벽은 배수관의 설치 및 관리가 찰쌓기보다 중요하다.

68. 다음 설명하는 잔디 관리 기계는?

- 밀생한 잔디 깎기용, 잡초 예초용
- 잔디밭 150m² 이상의 면적에 곱게 깎지 않아도 되는 골프장
- 어떤 장소에서도 손쉬운 방향 전환과 경쾌한 후진이 가능
- 안전한 작업이 가능

① 자동 스위퍼   ② 스파이크 에어
③ 로터리모어   ④ 3연갱모어

해설 잔디 깎기 기계의 종류
1. 핸드모어 : 150m²(50평) 미만의 잔디밭
2. 그린모어 : 골프장 그린, 테니스 코트, 섬세한 곳 깎을 때 사용
3. 로터리모어 : 150m²(50평) 이상의 골프장 러프, 공원의 수목 아래, 다소 거침
4. 어프로치모어 : 잔디면적이 넓고 품질이 좋아야 하는 지역
5. 갱모어 : 골프장, 운동장, 경기장 등 15,000m²(5,000평) 이상인 지역

69. 피레트린(Pyrethrin) 살충제는 충제의 어느 부분에 작용하여 효과를 내는가?

① 원형질독
② 신경독
③ 근육독
④ 피부독

70. 비탈면을 식생공법으로 시공할 때 식생공사를 선상(線狀) 혹은 대상(帶狀)으로 시공하는 시공법을 선적녹화방식(線的綠化方式) 또는 선적녹화공법(線的綠化工法)이라고 한다. 선적 녹화방식에 해당되는 것은?

① 식생구멍심기
② 종자뿜어붙이기공법
③ 식생자루심기공법
④ 거적덮기공법

71. 다음 [보기]의 설명에 해당되는 시민참여의 형태는?

[보기]
시민참여를 안시타인의 이론에 따라 크게 3유형으로 구분했을 때 실질적인 주민참여 단계인 시민권력의 단계에 해당 정부, 일반시민, 시민단체, 학생, 기업, 기타 이해당사자(stakeholder)가 고루 참여

① 시민자치(citizen control)
② 파트너십(partnership)
③ 상담자문(consultation)
④ 조작(manipulation)

72. 다음은 전정 및 정지에 대한 요령이다. 이 중 적당하지 않은 것은?

① 길게 자란 가는가지를 다듬을 때에는 옆눈이 있는 곳의 위에서 가지터기를 6~7mm 가량 남겨 두어야 한다.
② 굵고 큰 가지의 전정은 지피융기선을 기준으로 하여 수간의 지륭을 그대로 남겨 둘 수 있는 각도를 유지하여 바짝 자른다.
③ 중간 정도의 가지는 10cm 정도 남겨 놓고 자르는 것이 병해충의 침입 방지에 좋다.
④ 소나무류의 순따기는 생장력이 너무 강하다고 생각될 때에는 $\frac{1}{3} \sim \frac{1}{2}$만 남기고 꺾어 버린다.

73. 건물의 청소를 위해 적절한 청소 요원의 수를 결정하는 방법이 아닌 것은?

① 면적에 의한 방법
② 특정지역별 측정에 의한 방법
③ 계량적 분석 방법에 의한 방법
④ 이용자수의 측정에 의한 방법

74. 수목의 뿌리수술에 가장 적당한 시기는?

① 봄
② 여름
③ 가을
④ 겨울

75. 다음 설명에 해당하는 살충제는?

– 식물의 뿌리나 잎, 줄기 등으로 약제를 흡수시켜 식물체 내의 각 부분에 도달하게 하고, 해충이 식물체를 섭식함으로써 사망하는 것으로, 가축의 먹이에 혼합하거나 주사하여 기생하는 해충을 방제하기도 한다.
– 식물체 내에 약제가 흡수되어버리므로 천적이 직접적으로 피해를 받지 않고 식물의 줄기나 잎 내부에 서식하는 해충에도 효과가 있다.

① 소화중독제
② 화학불임제
③ 접촉살충제
④ 침투성살충제

Answer 69. ② 70. ③ 71. ② 72. ③ 73. ④ 74. ① 75. ④

76. 수목시비에 관한 설명 중 옳지 않은 것은?

① 시비 시에 비료가 뿌리에 직접 닿지 않도록 주의한다.
② 화목류의 시비는 잎이 떨어진 후에 효과가 빠른 비료를 준다.
③ 환상시비는 뿌리분 둘레를 깊이 0.3m, 가로 0.3m, 세로 0.5m 정도로 흙을 파내고 소요량의 부숙된 유기질비료를 넣은 후 복토한다.
④ 지효성의 유기질 비료는 덧거름으로 황산암모늄과 같은 속효성 거름을 밑거름으로 주는 것이 좋다.

해설 ④ 지효성의 유기질 비료는 밑거름(기비)으로 황산암모늄과 같은 속효성 거름을 덧거름(웃거름, 추비)으로 주는 것이 좋다.

77. 잣나무 털녹병균의 침입부위(A)와 시기(B)가 맞는 것은?

① A : 잎   B : 3월~4월
② A : 줄기 B : 3월~4월
③ A : 잎   B : 9월~10월
④ A : 줄기 B : 9월~10월

78. 수목 생장시기인 봄에 늦게 내린 서리에 의한 피해는?

① 만상   ② 춘상
③ 조상   ④ 추상

해설 ① 만상(늦서리) : 봄에 늦게 내린 서리에 의한 피해
③ 조상(이른서리) : 초가을에 내린 서리에 의한 피해

79. 건축물 관리는 예방보전과 사후보전으로 구분되는데, 이 중 사후보전에 해당되는 작업은?

① 청소   ② 도장
③ 일상·정기점검   ④ 보수

해설 건축물 예방보전 : ① 청소, ② 도장, ③ 일상·정기점검

80. 다음에서 설명하는 ( ) 안에 해당되는 작용은?

산이나 알칼리성 물질을 물에 가했을 때보다 동물의 혈액, 식물의 즙액에 가했을 때가 수소이온 농도의 변화가 훨씬 적다. 이와 같이 토양에서도 pH의 변화에 확실하게 작용하는 저항력이 있으며 이것을 토양의 ( )이라 한다.

① 완충작용   ② 길항작용
③ 수용작용   ④ 흡수작용

2017년 조경기사 최근기출문제 (2017. 9. 23)

1과목 조경계획 및 설계

01. 「낙양명원기」란 조경관련 서적을 집필한 사람은?

① 이어(李漁) ② 계성(計成)
③ 송만종(宋萬鍾) ④ 이격비(李格非)

→ 해설 ② 계성(計成) : 「원야」
　　　　④ 이격비(李格非) : 「낙양명원기」

02. 다음 중 장식화단인 파트레(Parterre)와 소로(allee)를 가장 많이 이용한 정원은?

① 그리스 정원 ② 영국 정원
③ 프랑스 정원 ④ 이탈리아 정원

03. 다음 중 고려시대에 성행하다가 조선시대에 잘 사용되지 않은 정원 시설은?

① 정자
② 석가산
③ 연못
④ 화오(花塢) 또는 화계(花階)

→ 해설 ② 석가산 : 고려시대 의종

04. 조선시대 정원에 사용되었던 괴석은 무엇을 가리키는 말인가?

① 괴이한 생김새의 자연석
② 물건에 앉기 위해 네모나게 다듬은 돌
③ 시간을 확인하기 위해 석재로 만든 장식물
④ 돌 화분을 올려놓기 위해 아름답게 조각해 놓은 돌

05. 19세기 영국에서 왕가 소유의 영지를 일반대중에게 개방했던 공원이 아닌 것은?

① 비큰헤드 파크 ② 하이드 파크
③ 그린 파크 ④ 캔싱턴 가든

→ 해설 왕가의 수렵장을 일반 대중에게 개방한 공원
1. 영국 : 성 제임스 공원(St. James Park), 그린 파크(Green Park), 하이드 파크(Hyde Park), 켄싱턴 가든(Kensington Garden), 리젠트 파크(Regent Park)
2. 프랑스 : 파리의 볼로뉴 숲(Boid de Boulogne)
3. 독일 : 티에르가르텐(Tiergarten)

06. 조경사(造景史)를 연구하는 목적으로 가장 부적합한 것은?

① 세계 조경의 역사의 흐름을 파악하기 위하여
② 조경설계의 원류를 파악하여 현대에 접목시키기 위하여
③ 고유한 조경양식에 대한 국가 간 상호영향을 최소화하기 위해서
④ 여러 가지 인자에 의해 영향을 받은 조경양식의 특징을 연구하기 위하여

07. 경복궁의 후원에 위치하며 주렴계(周濂溪)의 애련설(愛蓮說) 구절에서 명칭을 따온 곳은?

① 대조전(大造殿)
② 낙선재(樂善齋)
③ 교태전(交泰殿) 후원
④ 향원정(香遠亭)과 연지(蓮池)

→ 해설 ④ 향원정(香遠亭)과 연지(蓮池) : '향원익청'

Answer 01. ④ 02. ③ 03. ② 04. ① 05. ① 06. ③ 07. ④

08. 고대 중국의 정원 가운데 봉래산을 쌓고 가장 먼저 신선사상을 반영한 정원은?

① 진시황의 난지궁과 난지
② 송 휘종의 경림원(瓊林苑)
③ 청 건륭제의 원명원(圓明園)
④ 당 현종의 화청궁 정원(華淸宮 庭園)

[해설] ① 진시황의 난지궁과 난지 : 난지 내 섬을 쌓아 봉래산 조성(신선사상 반영)

09. 도시공원 중 생활권공원의 유형에 해당하지 않는 것은? (단, 도시공원 및 녹지 등에 관한 법률을 적용)

① 소공원
② 어린이공원
③ 근린공원
④ 체육공원

[해설]「도시공원 및 녹지 등에 관한 법률」에서 규정하는 도시공원의 생활권 공원의 종류에는 소공원, 어린이 공원, 근린공원이 해당된다.

10. 도시·군관리계획 설계도면에서 도시계획 지역의 구분과 지역 표현색의 연결이 틀린 것은?

① 관리지역-무색
② 도시지역-빨강
③ 상업지역-보라
④ 주거지역-노랑

11. 조경계획을 계획의 과정에 의해 분류할 때 구체적인 시설물의 지정과 공간분할이 토지상에 정확하게 3차원적으로 표현되며, 시공을 위한 재료와 수량, 시행방법을 표현한 실질적인 계획은?

① 구상계획
② 기본계획
③ 실시계획
④ 관리·운영계획

[해설] 구체적인 시설물의 지정과 공간분할이 토지상에 정확하게 3차원적으로 표현되는 실질적 계획은 실시계획에 해당한다.

12. 공원관리청은 자연공원을 효과적으로 보전하고 이용할 수 있도록 하기 위하여 용도지구를 공원계획으로 결정할 수 있다. 다음 중 용도지구에 해당되지 않는 것은?

① 공원자연보존지구
② 공원자연경관지구
③ 공원마을지구
④ 공원문화유산지구

[해설]「자연공원법」에서 용도지구는 다음과 같이 구분한다.
① 공원관리청은 자연공원을 효과적으로 보전하고 이용할 수 있도록 하기 위하여 다음 각 호의 용도지구를 공원계획으로 결정한다. 〈개정 2011.4.5., 2016.5.29.〉
  1. 공원자연보존지구 : 다음 각 목의 어느 하나에 해당하는 곳으로서 특별히 보호할 필요가 있는 지역
    가. 생물다양성이 특히 풍부한 곳
    나. 자연생태계가 원시성을 지니고 있는 곳
    다. 특별히 보호할 가치가 높은 야생 동식물이 살고 있는 곳
    라. 경관이 특히 아름다운 곳
  2. 공원자연환경지구 : 공원자연보존지구의 완충공간(緩衝空間)으로 보전할 필요가 있는 지역
  3. 공원마을지구 : 마을이 형성된 지역으로서 주민생활을 유지하는 데에 필요한 지역
  4. 삭제 〈2011.4.5.〉
  5. 삭제 〈2011.4.5.〉
  6. 공원문화유산지구 :「문화재보호법」제2조제2항에 따른 지정문화재를 보유한 사찰(寺刹)과 전통사찰보존지 중 문화재의 보전에 필요하거나 불사(佛事)에 필요한 시설을 설치하고자 하는 지역
② 제1항에 따른 용도지구에서 허용되는 행위의 기준은 다음 각 호와 같다. 다만, 대통령령으로 정하는 해안 및 섬지역에서 허용되는 행위의 기준은 다음 각 호의 행위기준 범위에서 대통령령으로 다르게 정할 수 있다. 〈개정 2011.4.5., 2016.5.29.〉
  1. 공원자연보존지구
    가. 학술연구, 자연보호 또는 문화재의 보전·관리를 위하여 필요하다고 인정되는 최소한의 행위
    나. 대통령령으로 정하는 기준에 따른 최소한의 공원시설의 설치 및 공원사업

Answer 08. ① 09. ④ 10. ③ 11. ③ 12. ②

다. 해당 지역이 아니면 설치할 수 없다고 인정되는 군사시설·통신시설·항로표지시설·수원(水源)보호시설·산불방지시설 등으로서 대통령령으로 정하는 기준에 따른 최소한의 시설의 설치
라. 대통령령으로 정하는 고증 절차를 거친 사찰의 복원과 전통사찰보존지에서의 불사(佛事)를 위한 시설 및 그 부대시설의 설치. 다만, 부대시설 중 찻집·매점 등 영업시설의 설치는 사찰 소유의 건조물이 정착되어 있는 토지 및 이에 연결되어 있는 그 부속 토지로 한정한다.
마. 문화체육관광부장관이 종교법인으로 허가한 종교단체의 시설물 중 자연공원으로 지정되기 전의 기존 건축물에 대한 개축·재축(再築), 대통령령으로 정하는 고증 절차를 거친 시설물의 복원 및 대통령령으로 정하는 규모 이하의 부대시설의 설치
바. 「사방사업법」에 따른 사방사업으로서 자연 상태로 그냥 두면 자연이 심각하게 훼손될 우려가 있는 경우에 이를 막기 위하여 실시되는 최소한의 사업
사. 공원자연환경지구에서 공원자연보존지구로 변경된 지역 중 대통령령으로 정하는 대상지역 및 허용기준에 따라 공원관리청과 주민(공원구역에 거주하는 자로서 주민등록이 되어 있는 자를 말한다) 간에 자발적 협약을 체결하여 하는 임산물의 채취행위

2. 공원자연환경지구
가. 공원자연보존지구에서 허용되는 행위
나. 대통령령으로 정하는 기준에 따른 공원시설의 설치 및 공원사업
다. 대통령령으로 정하는 허용기준 범위에서의 농지 또는 초지(草地) 조성행위 및 그 부대시설의 설치
라. 농업·축산업 등 1차 산업행위 및 대통령령으로 정하는 기준에 따른 국민경제상 필요한 시설의 설치
마. 임도(林道)의 설치(산불 진화 등 불가피한 경우로 한정한다), 조림(造林), 육림(育林), 벌채, 생태계 복원 및 「사방사업법」에 따른 사방사업
바. 자연공원으로 지정되기 전의 기존 건축물에 대하여 주위 경관과 조화를 이루도록 하는 범위에서 대통령령으로 정하는 규모 이하의 증축·개축·재축 및 그 부대시설의 설치와 천재지변이나 공원사업으로 이전이 불가피한 건축물의 이축(移築)
사. 자연공원을 보호하고 자연공원에 들어가는 자의 안전을 지키기 위한 사방(砂防)·호안(護岸)·방화(防火)·방책(防柵) 및 보호시설 등의 설치
아. 군사훈련 및 농로·제방의 설치 등 대통령령으로 정하는 기준에 따른 국방상·공익상 필요한 최소한의 행위 또는 시설의 설치
자. 「장사 등에 관한 법률」에 따른 개인묘지의 설치(대통령령으로 정하는 섬지역에 거주하는 주민이 사망한 경우만 해당한다)
차. 제20조 또는 제23조에 따라 허가받은 사업을 시행하기 위하여 대통령령으로 정하는 기간의 범위에서 사업부지 외의 지역에 물건을 쌓아두거나 가설건축물을 설치하는 행위
카. 해안 및 섬지역에서 탐방객에게 편의를 제공하기 위하여 대통령령으로 정하는 기간의 범위에서 관리사무소, 진료시설, 탈의시설 등 그 밖의 대통령령으로 정하는 시설을 설치하는 행위

3. 공원마을지구
가. 공원자연환경지구에서 허용되는 행위
나. 대통령령으로 정하는 규모 이하의 주거용 건축물의 설치 및 생활환경 기반시설의 설치
다. 공원마을지구의 자체 기능상 필요한 시설로서 대통령령으로 정하는 시설의 설치
라. 공원마을지구의 자체 기능상 필요한 행위로서 대통령령으로 정하는 행위
마. 환경오염을 일으키지 아니하는 가내공업(家內工業)

4. 삭제 〈2011.4.5.〉
5. 삭제 〈2011.4.5.〉
6. 공원문화유산지구
가. 공원자연환경지구에서 허용되는 행위
나. 불교의 의식(儀式), 승려의 수행 및 생활과 신도의 교화를 위하여 설치하는 시설 및 그 부대시설의 신축·증축·개축·재축 및 이축 행위
다. 그 밖의 행위로서 사찰의 보전·관리를 위하여

대통령령으로 정하는 행위
③ 삭제 〈2011.4.5.〉
④ 용도지구의 지정·변경에 관한 공원계획을 결정·고시할 당시 제20조 또는 제23조에 따른 허가를 받은 자는 그 허가 사항이 새로운 용도지구에서 허용되는 행위에 해당되지 아니하는 경우에도 허가에 따른 공사 또는 사업 등을 계속할 수 있다.
⑤ 공원마을지구를 공원자연환경지구 또는 공원자연보존지구로 변경하는 공원계획을 결정·고시할 당시 해당 지역에 설치된 건축물은 대통령령으로 정하는 규모 이하의 증축·개축 및 재축과 자체 기능상 필요한 시설로 용도 변경을 할 수 있다. 〈개정 2011.4.5.〉
<전문개정 2008.12.31.>

13. 다음 중 지형경관(Feature landscape)을 구성하는 경관 요소가 될 수 있는 것은?

① 높은 절벽
② 숲속의 호수
③ 계곡 끝에 있는 폭포
④ 고속도로

14. 경관생태학에서 의미하는 패치(patch)의 예로 가장 적합하지 않은 것은?

① 초원의 동물 이동로
② 농경지의 잔여 산림지역
③ 산림 내의 소규모 초지
④ 사막의 오아시스

▶해설 경관생태학에서 의미하는 패치(patch)는 면적 요소의 이미지가 비슷한 의미를 가진다.

15. 옥상정원 설계 시 중점 주의사항으로 가장 거리가 먼 것은?

① 오염물질의 정화
② 식재토양층의 깊이
③ 수목 및 토양의 하중
④ 옥상 바닥의 보호 및 방수

▶해설 옥상정원 설계 시 식재토양층의 깊이, 수목 및 토양의 하중, 옥상 바닥의 보호 및 방수는 항상 고려해야 하는 사항이다.

16. 토양의 단면에 대한 설명으로 틀린 것은?

① A층은 기후, 식생, 생물 등이 영향을 가장 강하게 받는 층이다.
② B층은 황갈색 내지 적갈색이며, 표층에 비해 부식 함량이 적은 층이다.
③ H층은 분해가 진행되어 육안으로 낙엽의 기원을 전혀 알 수 없는 유기물층이다.
④ L층은 낙엽이 분해되었지만 원형을 다소 유지하고 있어 식물조직을 육안으로 알 수 있다.

▶해설 L층은 A_0층의 세분화된 층의 구분이다.

17. 다음 설명하는 선의 종류는?

- 조경설계에서 도면의 내용물 자체에 수목명, 본수, 규격 등의 설명을 기입할 때 사용하는 가는 실선
- 치수, 가공법, 주의사항 등을 넣기 위하여 가로에 대하여 45°의 직선을 긋고 문자 또는 숫자를 기입하는 선

① 인출선
② 중심선
③ 치수선
④ 치수 보조선

▶해설 치수 보조선은 조경설계에서 도면의 내용물 자체에 수목명, 본수, 규격 등의 설명을 기입할 때 사용하는 가는 실선으로 치수, 가공법, 주의사항 등을 넣기 위하여 가로에 대하여 45°의 직선을 긋고 문자 또는 숫자를 기입하기도 한다.

18. 도심에 위치한 건축물들 사이에 작은 쌈지공원을 조성하고자 한다. 다음 중 가장 필요한 조사항목은 무엇인가?

① 미기후 조사
② 가시권 분석
③ 지질 구조 조사
④ 이용객 행태 조사

Answer 13. ① 14. ① 15. ① 16. ④ 17. ① 18. ④

19. 경사로 및 계단의 설계 내용으로 틀린 것은?

① 휠체어사용자가 통행할 수 있는 경사로의 유효폭은 120cm 이상으로 한다.
② 연속 경사로의 길이 20m마다 1.2m×1.2m 이상의 수평면으로 된 참을 설치할 수 있다.
③ 옥외에 설치하는 계단의 단수는 최소 2단 이상으로 하며 계단바닥은 미끄러움을 방지할 수 있는 구조로 설계한다.
④ 높이 2m를 넘는 계단에는 2m 이내마다 당해 계단의 유효폭 이상의 폭으로 너비 120cm 이상인 참을 둔다.

해설 「건축물의 피난·방화구조 등의 기준에 관한 규칙」에서 정하는 계단의 설치 기준은 다음과 같다.
① 영 제48조의 규정에 의하여 건축물에 설치하는 계단은 다음 각 호의 기준에 적합하여야 한다. 〈개정 2010.4.7., 2015.4.6.〉
  1. 높이가 3미터를 넘는 계단에는 높이 3미터 이내마다 유효너비 120센티미터 이상의 계단참을 설치할 것
  2. 높이가 1미터를 넘는 계단 및 계단참의 양옆에는 난간(벽 또는 이에 대치되는 것을 포함한다)을 설치할 것
  3. 너비가 3미터를 넘는 계단에는 계단의 중간에 너비 3미터 이내마다 난간을 설치할 것. 다만, 계단의 단높이가 15센티미터 이하이고, 계단의 단너비가 30센티미터 이상인 경우에는 그러하지 아니하다.
  4. 계단의 유효 높이(계단의 바닥 마감면부터 상부 구조체의 하부 마감면까지의 연직방향의 높이를 말한다)는 2.1미터 이상으로 할 것
② 제1항에 따라 계단을 설치하는 경우 계단 및 계단참의 너비(옥내계단에 한한다), 계단의 단높이 및 단너비의 치수는 다음 각 호의 기준에 적합하여야 한다. 이 경우 돌음계단의 단너비는 그 좁은 너비의 끝부분으로부터 30센티미터의 위치에서 측정한다. 〈개정 2003.1.6., 2005.7.22., 2010.4.7., 2015.4.6.〉
  1. 초등학교의 계단인 경우에는 계단 및 계단참의 유효너비는 150센티미터 이상, 단높이는 16센티미터 이하, 단너비는 26센티미터 이상으로 할 것
  2. 중·고등학교의 계단인 경우에는 계단 및 계단참의 유효너비는 150센티미터 이상, 단높이는 18센티미터 이하, 단너비는 26센티미터 이상으로 할 것
  3. 문화 및 집회시설(공연장·집회장 및 관람장에 한한다)·판매시설 기타 이와 유사한 용도에 쓰이는 건축물의 계단인 경우에는 계단 및 계단참의 유효너비를 120센티미터 이상으로 할 것
  4. 윗층의 거실의 바닥면적의 합계가 200제곱미터 이상이거나 거실의 바닥면적의 합계가 100제곱미터 이상인 지하층의 계단인 경우에는 계단 및 계단참의 유효너비를 120센티미터 이상으로 할 것
  5. 기타의 계단인 경우에는 계단 및 계단참의 유효너비를 60센티미터 이상으로 할 것
  6. 「산업안전보건법」에 의한 작업장에 설치하는 계단인 경우에는 「산업안전 기준에 관한 규칙」에서 정한 구조로 할 것
③ 공동주택(기숙사를 제외한다)·제1종 근린생활시설·제2종 근린생활시설·문화 및 집회시설·종교시설·판매시설·운수시설·의료시설·노유자시설·업무시설·숙박시설·위락시설 또는 관광휴게시설의 용도에 쓰이는 건축물의 주계단·피난계단 또는 특별피난계단에 설치하는 난간 및 바닥은 아동의 이용에 안전하고 노약자 및 신체장애인의 이용에 편리한 구조로 하여야 하며, 양쪽에 벽등이 있어 난간이 없는 경우에는 손잡이를 설치하여야 한다. 〈개정 2010.4.7.〉
④ 제3항의 규정에 의한 난간·벽 등의 손잡이와 바닥마감은 다음 각 호의 기준에 적합하게 설치하여야 한다.
  1. 손잡이는 최대지름이 3.2센티미터 이상 3.8센티미터 이하인 원형 또는 타원형의 단면으로 할 것
  2. 손잡이는 벽 등으로부터 5센티미터 이상 떨어지도록 하고, 계단으로부터의 높이는 85센티미터가 되도록 할 것
  3. 계단이 끝나는 수평부분에서의 손잡이는 바깥쪽으로 30센티미터 이상 나오도록 설치할 것
⑤ 계단을 대체하여 설치하는 경사로는 다음 각 호의 기준에 적합하게 설치하여야 한다. 〈개정 2010.4.7.〉
  1. 경사도는 1 : 8을 넘지 아니할 것
  2. 표면을 거친 면으로 하거나 미끄러지지 아니하는 재료로 마감할 것

Answer 19. ②

3. 경사로의 직선 및 굴절부분의 유효너비는 「장애인·노인·임산부 등의 편의증진보장에 관한 법률」이 정하는 기준에 적합할 것
⑥ 제1항 각 호의 규정은 제5항의 규정에 의한 경사로의 설치 기준에 관하여 이를 준용한다.
⑦ 제1항 및 제2항에도 불구하고 영 제34조제4항 단서에 따라 피난층 또는 지상으로 통하는 직통계단을 설치하는 경우 계단 및 계단참의 유효너비는 다음 각 호의 구분에 따른 기준에 적합하여야 한다. 〈신설 2012.1.6., 2015.4.6.〉
  1. 공동주택 : 120센티미터 이상
  2. 공동주택이 아닌 건축물 : 150센티미터 이상
⑧ 승강기계실용 계단, 망루용 계단 등 특수한 용도에만 쓰이는 계단에 대해서는 제1항부터 제7항까지의 규정을 적용하지 아니한다. 〈개정 2012. 1.6.〉

20. 색의 대비현상에 관한 설명으로 틀린 것은?

① 색차가 클수록 대비현상이 강해진다.
② 대비되는 부분을 계속해서 보면 대비효과가 적어진다.
③ 두 색 사이에 무채색 테두리를 두르면 대비효과가 커진다.
④ 자극과 자극 사이의 거리가 멀어질수록 대비현상이 약해진다.

2과목 조경식재

21. 다음 그림과 같이 잔디를 줄떼심기할 경우 심는 간격을 줄때 잔디의 폭과 동일하게 하면 잔디는 전체 면적의 얼마 정도가 필요한가?

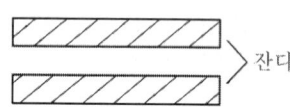

① 25% ② 50%
③ 75% ④ 100%

22. 토양의 이학적 성질에서 식물생육에 알맞은 흙의 용적비율(容積比率) 중 무기물의 비율로 적합한 것은? (단, 조성은 무기물, 공기, 물, 유기물로 구성)

① 5%   ② 20%
③ 25% ④ 45%

해설) 식물생육에 알맞은 흙의 용적비율
  무기물 : 45%, 유기물 : 5%, 수분 : 25%, 공기 25%

23. 다음 중 우리나라 중부지방의 월별 개화 수종에 대한 연결 중 틀린 것은?

① 2~3월 : 싸리   ② 4~5월 : 모란
③ 6~7월 : 자귀나무 ④ 7~8월 : 능소화

해설) 싸리 : 꽃 7~8월, 붉은 자줏빛

24. 수목의 속명(屬名)이 옳지 않게 연결된 것은?

① 벚나무 - *Prunus*   ② 소나무 - *Pinus*
③ 솔송나무 - *Tsuga* ④ 전나무 - *Larix*

해설) ④ 전나무 - *Abies holophylla*

25. 덩굴성으로 분류할 수 없는 수종은?

① 송악   ② 줄사철나무
③ 멀꿀   ④ 담팔수

해설) ① 송악, ② 줄사철나무, ③ 멀꿀 : 상록활엽만경목
     ④ 담팔수 : 상록활엽교목

26. 임해매립지에서는 특히 내조성, 내염성을 고려한 수종의 선택이 필요한데 우리나라에서 해안림을 조성할 때 방풍림으로 사용할 수 있는 상록활엽교목은?

① 멀구슬나무 ② 사철나무
③ 구실잣밤나무 ④ 후피향나무

해설 ① 멀구슬나무 : 낙엽활엽교목
② 사철나무 : 상록활엽관목
③ 구실잣밤나무 : 상록활엽교목
④ 후피향나무 : 상록활엽교목 – 내염성 약

27. 수목의 수피 색깔이 틀린 것은?
① 자작나무 : 백색　② 곰솔 : 황색
③ 벽오동 : 녹색　④ 낙우송 : 적갈색

해설 ② 곰솔 : 검은색

28. 낙엽 속의 유기질 질소가 곰팡이나 박테리아에 의해 분해되면 발생하는 것은?
① NH_4^+　② NH_3
③ CH_4　④ N_2

29. 다음 중 능소화과(科)에 속하는 수종은?
① 벽오동　② 꽃개오동
③ 오동나무　④ 참오동나무

해설 ① 벽오동 : 벽오동과
② 꽃개오동 : 능소화과
③ 오동나무 : 현삼과
④ 참오동나무 : 현삼과

30. 고광나무(*Philadelphus schrenkii*)의 꽃 색깔로 가장 적합한 것은?
① 적색　② 황색
③ 백색　④ 자주색

31. 상록활엽교목에 해당되지 않는 수종은?
① 녹나무　② 구실잣밤나무
③ 돈나무　④ 참식나무

해설 ① 녹나무 : 상록활엽교목
② 구실잣밤나무 : 상록활엽교목
③ 돈나무 : 상록활엽관목
④ 참식나무 : 상록활엽교목

32. 다음 산수유와 생강나무에 대한 설명 중 틀린 것은?
① 둘 다 잎의 배열은 대생이다.
② 둘 다 이른 봄에 노란색 꽃이 핀다.
③ 생강나무는 녹나무과, 산수유는 층층나무과이다.
④ 생강나무는 낙엽활엽관목이고, 산수유는 낙엽활엽소교목이다.

해설 ① 잎의 배열
산수유 : 대생, 생강나무 : 호생

33. 다음 중 수피에 가시가 없는 수종은?
① 산초나무　② 해당화
③ 산사나무　④ 가시나무

34. 광선과 식물의 관계에 대한 설명으로 틀린 것은?
① 식물이 광합성에 이용할 수 있는 가시광선 영역을 광합성 보상광이라 한다.
② 자외선의 경우, 잎 각피층에 의해 거의 흡수된다.
③ 활엽수는 침엽수에 비해 700~1000nm 파장의 근적외선을 더 많이 반사시킨다.
④ 광량은 일반적으로 광도(light intensity)로 표시하며 사용하는 단위는 촉광(foot candle) 또는 럭스(lux) 등이 있다.

35. 우리나라 문화재 보호구역을 식재보수 계획하고자 할 때 고려해야 할 사항이 아닌 것은?
① 가능한 한 희귀수종으로 한다.
② 그 지역에 자라는 향토수종으로 한다.
③ 주변 환경과 어울리는 수종으로 한다.
④ 이식이 용이하고 관리가 쉬운 수종으로 한다.

Answer　27. ②　28. ①　29. ②　30. ③　31. ③　32. ①　33. ④　34. ①　35. ①

36. 고속도로의 사고방지를 위한 조경 식재방법으로 거리가 먼 것은?

① 지표식재 ② 차광식재
③ 명암순응식재 ④ 완충식재

▶해설 고속도로 식재 기능

기능	식재의 종류
주행	시선유도식재, 지표식재
사고방지	차광식재, 명암순응식재, 진입방지식재, 완충식재
방재	비탈면식재, 방풍식재, 방설식재, 비사방지식재
휴식	녹음식재, 지피식재
경관	차폐식재, 수경식재, 조화식재
환경보존	방음식재, 임연보호식재

37. 식재로 얻을 수 있는 "건축적 기능"이라고 볼 수 없는 것은?

① 공간 분할 ② 대기 정화작용
③ 사생활의 보호 ④ 차단 및 은폐

▶해설 식재의 기능
1. 식재의 건축적 기능
 ① 사생활 보호
 ② 차폐 및 은폐
 ③ 공간 분할
 ④ 공간의 점진적 이해
2. 식재의 공학적 기능
 ① 토양침식 조절
 ② 음향 조절
 ③ 대기정화
 ④ 섬광 조절
 ⑤ 반사 조절
 ⑥ 통행 조절
3. 식재의 기상학적 기능
 ① 태양복사열 조절
 ② 바람의 조절
 ③ 습도 조절
 ④ 온도 조절
4. 식재의 미적 기능
 ① 조각물로서의 이용
 ② 반사

③ 영상
④ 섬세한 선형미
⑤ 장식적 수벽
⑥ 조류 및 소동물 유인
⑦ 배경용
⑧ 구조물의 유화

38. 비탈면의 안정을 위해 잔디식재를 할 때 그 설명이 틀린 것은?

① 잔디 1매당 적어도 2개의 떼꽂이로 잔디가 움직이지 않도록 고정한다.
② 비탈면 전면(평떼)붙이기는 줄눈에 십자줄이 형성되도록 틈새를 만들며, 잔디 소요면적은 비탈면면적보다 조금 적게 적용한다.
③ 비탈면 줄떼다지기는 잔디폭이 10cm 이상 되도록 하고, 비탈면에 10cm 이내 간격으로 수평골을 파서 수평으로 심고 다짐을 철저히 한다.
④ 잔디생육에 적합한 토양의 비탈면경사가 1 : 1보다 완만할 때에는 비탈면을 일시에 녹화하기 위해서 흙이 붙어 있는 재배된 잔디를 사용하여 붙인다.

▶해설 ② 비탈면 전면(평떼)붙이기는 줄눈에 십자줄이 형성되지 않도록 틈새를 만들며, 잔디 소요면적은 비탈면 면적과 같게 적용한다.

39. 한국(울릉도), 중국, 일본이 원산지인 수목은?

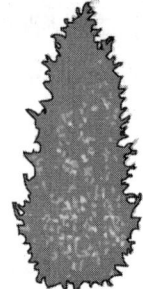

① *Aesculus turbinata Blume*
② *Cedrus deodara Loudon*
③ *Juniperus chinensis L.*
④ *Prunus yedoensis Matsum.*

Answer 36. ① 37. ② 38. ② 39. ③

해설
① *Aesculus turbinata* Blume : 칠엽수 – 낙엽활엽교목
② *Cedrus deodara* Loudon : 히말라야시다 – 낙엽침엽교목
③ *Juniperus chinensis* L. : 향나무 – 상록침엽교목
④ *Prunus yedoensis* Matsum. : 왕벚나무 – 낙엽활엽교목

40. 가로수로서 능수버들(Salix pseudolasiogyne)의 단점에 해당하는 것은?
① 수형(樹形)
② 생장력(生長力)
③ 토양 적응성
④ 병해충(病害蟲)

3과목 조경시공

41. 평떼붙임을 하여야 할 녹지 면적을 AutoCAD로 측정하였더니 328.5472m² 가 나왔다. 실제 설계서에서 적용해야 할 면적은 몇 m² 로 표기해야 하는가? (단, 건설공사 표준품셈을 적용한다.)
① 330m²
② 329m²
③ 328.5m²
④ 328.55m²

해설 재료의 단위
떼 – 단위수량 : m², 1위

42. 구조계산의 첫 번째 단계에 대한 설명으로 옳은 것은?
① 구조물에 생기는 외응력을 계산한다.
② 구조물에 작용하는 하중을 산정한다.
③ 구조물의 각 지점에 생기는 반력을 계산한다.
④ 재료의 허용강도와 내응력의 크기를 서로 비교한다.

해설 구조 계산 단계
 : 하중산정 → 반력산정 → 외응력산정 → 내응력산

정 → 내응력과 재료의 허용강도 비교

43. 흙의 성토작업에서 아래 그림과 같은 쌓기 방법은?

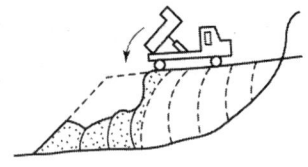

① 물다짐 공법
② 비계층 쌓기
③ 수평층 쌓기
④ 전방층 쌓기

44. 대형 수목과 자연석의 적재 및 장거리 운반, 쌓기, 놓기 등에 효과적으로 사용되는 장비는?
① 크레인
② 로드롤러
③ 콤팩터
④ 로더

45. 다음 중 시공계획의 내용을 순서대로 옳게 나열한 것은?

㉠ 계약조건, 현장조건을 이해하기 위해 사전조사를 한다.
㉡ 시공순서, 방법을 검토하여 방침을 결정한다.
㉢ 기계 및 인원의 설정 및 공정에 따른 작업계획을 수립한다.
㉣ 노무·재료 등의 조달·수송계획을 수립한다.

① ㉠→㉢→㉣→㉡
② ㉠→㉡→㉢→㉣
③ ㉠→㉡→㉣→㉢
④ ㉠→㉢→㉡→㉣

46. 다음 중 옥상녹화에 대한 설명으로 가장 부적합한 것은?
① 건축으로 훼손된 도심지의 녹지 및 토양생태계를 인공지반 위에 복원하는 의미로서 도시의 열섬현상을 완화하고 건축물의 냉난방에 소요되는 에너지를 절약하는 효과가 있다.
② 창으로 자연광이 유입되거나 인공광의 도입이 가능한 지하, 발코니, 베란다 등에 식물의 생장을 위한 기반조성과 식재 등으로 기후조절 및 환경미화의 효

Answer 40.④ 41.③ 42.② 43.④ 44.① 45.② 46.②

과가 있다.
③ 옥상조경과 옥상녹화는 건축물의 중량허용에 따른 토심과 교목의 식재여부로 구분하며, 옥상녹화는 최소한의 토심으로 지피식물이나 관목류를 피복하는 형태이다.
④ 여름철의 경우 옥상녹화를 도입한 건물의 표면온도는 일반적인 옥상보다 낮아 에너지를 절감할 수 있다.

47. 다음 중 우수 시 우수관으로 흘러 들어가기 직전에 우수받이(Catch basin)를 설치하는 주된 목적은?

① 유속을 줄이기 위해
② 하수냄새가 발생하는 것을 방지하기 위하여
③ 우수로부터 모래나 침전성 물질을 제거시키기 위하여
④ 우수관의 용량 이상으로 유입되는 것을 방지하기 위한 유량조절을 위하여

48. 단독도급과 비교하여 공동도급(joint venture) 방식의 특징으로 거리가 먼 것은?

① 2 이상의 업자가 공동으로 도급함으로써 자금 부담이 경감된다.
② 공동도급을 구성한 상호간의 이해 충돌이 없고 현장 관리가 용이하다.
③ 대규모 공사를 단독으로 도급하는 것보다 적자 등의 위험 부담이 분담된다.
④ 고도의 기술을 필요로 하는 공사일 경우, 경험기술이 부족한 업자도 특히 그 공사에 능숙한 업자를 구성원으로 참여시켜 안전하게 대처할 수 있다.

49. 다음 중 계획우수량과 관련된 용어 설명 중 틀린 것은?

① 유출계수 : 유출계수는 토지이용도별 기초유출계수로부터 총괄유출계수를 구하는 것을 원칙으로 한다.
② 우수유출량의 산정식 : 최소계획우수유출량의 산정은 합리식에 의하는 것을 원칙으로 한다.
③ 확률년수 : 하수관거의 확률년수는 10~30년, 빗물펌프장의 확률년수는 30~50년을 원칙으로 한다.
④ 유달시간 : 유입시간과 유하시간을 합한 것으로서 전자는 최소단위배수구의 지표면특성을 고려하여 구하며, 후자는 최상류관거의 끝으로부터 하류관거의 어떤 지점까지의 거리를 계획유량에 대응한 유속으로 나누어 구하는 것을 원칙으로 한다.

해설 ② 우수유출량의 산정식 : 최대계획우수유출량의 산정은 합리식에 의하는 것을 원칙으로 하되, 필요에 의해서 다양한 우수유출산정 방법들이 사용 가능하다.

50. 콘크리트 혼화제 중 경화(硬化) 시 응결촉진제의 주성분으로 사용되며 조기강도를 크게 하는 것은?

① 산화크롬
② 이산화망간
③ 염화칼슘
④ 소석회

51. 다음 재료 중 건설공사 표준품셈에 따른 할증률이 적합하지 않은 것은?

① 붉은 벽돌 : 3%
② 조경용 수목 : 10%
③ 목재(판재) : 5%
④ 석재판 붙임용재(부정형 돌) : 30%

해설 ③ 목재(판재) : 10%

52. 보통 토사 200m³, 경질 토사 100m³의 터파기에 필요한 노무비는 얼마인가? (단, 보통토사 터파기에는 1m³당 보통인부 0.2인, 경질토사 터파기에는 1m³당 보통인부 0.26인의 품이 소요되며, 보통인부의 노임은 50,000원/일이다.)

① 1,000,000원
② 2,300,000원
③ 3,000,000원
④ 3,300,000원

해설 $\{(200m^3 \times 0.2인/m^3) + (100m^3 \times 0.26인/m^3)\}$

×50,000원=3,300,000원

53. 리어카로 토사를 운반하려 한다. 총 운반거리는 50m인데, 이 중 30m가 10%의 경사로이다. 총 운반수평거리는 얼마로 계산하여야 하는가?

표1. 경사 및 운반방법에 따른 계수의 값

	8%	9%	10%	12%	14%	16%
리어카	1.67	1.82	2.00	–	–	–
트롤리	15.6	17.1	1.85	2.04	2.24	2.50

① 60m ② 80m
③ 100m ④ 120m

해설 (30m×2.00)+20m=80m

54. A점과 B점의 표고는 각각 145m, 170m이고 수평거리는 100m이다. AB 선상에 표고가 160m 되는 점의 A점으로부터 수평거리는 얼마인가?

① 20m ② 40m
③ 60m ④ 80m

해설 (170m−145m) : 100m=(160m−145m) : x
x=60m

55. 품의 할증에 관한 설명이 틀린 것은?

① 도서지구, 공항 등에서는 인력품을 50%까지 가산할 수 있다.
② 굴취 시 야생일 경우에는 굴취품의 20%까지 가산할 수 있다.
③ 관목류 식재 시 지주목을 설치하지 않을 때는 식재품을 20%까지 감할 수 있다.
④ 군작전 지구 내에서는 작업능률에 현저한 저하를 가져올 때는 작업할증률을 20%까지 가산할 수 있다.

56. 목재에 대한 설명으로 옳지 않은 것은?

① 비중에 비하여 강도가 크다.
② 온도에 대하여 팽창, 수축성이 비교적 작다.
③ 함수량의 증감에 따라 팽창, 수축성이 크다.
④ 재질이나 강도가 균일하고 알칼리에 견디는 힘이 크다.

해설 목재 : 재질 및 섬유방향에 따른 강도의 차이가 있음

57. 단위시멘트량이 300kg, 단위수량(水量)이 180kg일 때 물시멘트비(W/C)는 몇 %인가?

① 30% ② 60%
③ 80% ④ 160%

해설 $\frac{W}{C} = \frac{물\ 중량}{시멘트\ 중량} \times 100(\%)$
$= \frac{180kg}{300kg} \times 100 = 60\%$

58. 콘크리트에 사용되는 골재의 품질 요구 조건으로 틀린 것은?

① 실적률이 클 것
② 표면이 거칠고 둥근 것
③ 시멘트 강도 이상의 견고한 것
④ 석회석, 운모 함유량이 클 것

해설 골재의 품질 요구 조건
① 모양 : 구형에 가까운 것
② 강도 단단한 것, 경화 시멘트풀 최대강도 이상일 것
③ 거친 표면일 것
④ 잔 것·굵은 것 골고루 혼합된 것
⑤ 유해량 이상 염분 및 유해물을 포함하지 않을 것
⑥ 내마모성 강할 것, 내화성 강할 것, 내구성 강할 것

59. 건설공사를 건설업자에게 도급한 자로서 해당 공사의 시행주체이며 공사를 시행하기 위하여 입찰을 부여하거나 공사를 발주하고 계약을 체결하여 이를 집행하는 자를 무엇이라 하는가?

① 발주자 ② 수급인
③ 감리원 ④ 현장대리인

Answer 53. ② 54. ③ 55. ③ 56. ④ 57. ② 58. ④ 59. ①

60. 맨홀의 배수 관거내경이 100cm 이하일 때 맨홀의 최대 설치 간격은?

① 50m ② 75m
③ 100m ④ 150m

해설 맨홀 최대 설치 간격

관거내경	60cm 이하	60~100cm 이하	100~150cm 이하	165cm 이하
최대 간격	75m	100m	150m	200m

4과목 조경관리

61. 절토 비탈면에 대한 일상적 점검 이외에 상세점검을 실시하기에 가장 적당한 시기는?

① 봄의 신초 발생 후 ② 여름의 우기 전
③ 여름의 우기 후 ④ 가을의 낙엽 전

62. 다음의 연중 식물관리 항목 중 작업 개시 시기가 가장 빠른 것은? (단, 3월부터 이듬해 2월까지 중 시기적으로 처음 개시 작업을 기준으로 한다.)

A : 생울타리(관목)의 전정
B : 잔디의 시비작업
C : 수목의 지주 결속
D : 수목의 줄기감기(피소방지)

① A ② B
③ C ④ D

63. 시멘트 콘크리트 포장의 파손 원인이 콘크리트 슬래브 자체의 결함으로 볼 수 없는 것은?

① 줄눈 시공 불량으로 인한 균열
② 동결 융해로 인한 지지력 결함
③ 다짐 및 양생의 불량으로 인한 결함
④ 슬립바(slipbar)의 미사용으로 인한 균열

해설 시멘트 콘크리트 포장 파손 원인
1. 콘크리트 슬래브 자체의 결함
   (1) 슬립바(slipbar), 타이바(tiebar)를 사용하지 않았기 때문에 생기는 균열
   (2) 세로 줄눈과 가로 줄눈 설계나 시공이 부적합하여 수축에 의한 균열이나 융기현상
   (3) 시공 시 물시멘트비, 다짐, 양생 등의 결함
2. 노상 또는 보조기층의 결함
   (1) 노상 또는 보조기층의 지지력 부족에 의한 균열 및 침하
   (2) 배수시설 불충분으로 노상의 연약화
   (3) 동결융해로 인한 지지력 부족

64. 유희시설의 재료별 유지관리에 관한 설명 중 옳지 않은 것은?

① 목재시설의 도장이 벗겨진 부분은 즉시 방부 처리하여 부패를 방지한다.
② 합성수지제에 균열이 생긴 경우는 전면 교체하는 것이 효과적이다.
③ 해안의 염분, 대기오염이 심한 지역에서는 철재에 강력한 방청처리가 반드시 필요하다.
④ 콘크리트 부위의 보수는 파손부분을 평평히 매끄럽게 깎아내고 그곳에 콘크리트를 재타설한다.

65. 동물(곤충)의 몸 속에서 생산되고, 몸 밖으로 분비, 배출되어 같은 종의 다른 개체에 특이적인 생리작용을 나타내는 물질은?

① 알로몬(allomone)
② 호르몬(hormone)
③ 페로몬(pheromone)
④ 카이로몬(kairomone)

66. 시설물 유지관리의 연간작업 계획 중 정기적으로 하는 작업으로 분류하기 가장 부적합한 것은?

① 점검 ② 청소
③ 계획수선 ④ 하자 처리

Answer 60. ③ 61. ② 62. ② 63. ② 64. ④ 65. ③ 66. ④

67. 환경조건에 따른 제초제의 살초효과에 대한 설명으로 틀린 것은?

① 습도는 높을수록 약효는 빨리 나타난다.
② 살초효과는 대체로 저온보다 고온일 때 높다.
③ 사질토나 저습지에서는 약해가 생기고, 약효는 떨어진다.
④ 약물의 감수성은 노화부분이 연약부분보다 민감하다.

→해설 ④ 약물의 감수성은 연약부분이 노화부분보다 민감하다.

68. 목재시설물의 균류에 의한 부패를 막을 수 있는 방부제로 가장 거리가 먼 것은?

① 크레오소트유
② 나프텐산구리
③ 산화크롬 · 구리화합물
④ 지방산 금속염계

69. 수목의 그을음병을 방제하는 데 가장 적합한 것은?

① 방풍시설을 설치한다.
② 중간 기주를 제거한다.
③ 해가림시설을 설치한다.
④ 흡즙성 곤충을 방제한다.

70. 절토비탈면에 상단의 외부로부터 빗물이 흘러 비탈면의 내부로 넘쳐흐르고 있다. 다음 중 어느 배수시설을 주로 보수하는 것이 효과적인가?

① 산마루도수로
② 비탈면도수로
③ 소단배수구
④ 하단배수로

71. 수목의 월동작업 시 동해의 우려가 있는 수종과 온난한 지역에서 생육 성장한 수목을 한랭한 지역에 시공하였거나 지형 · 지세로 보아 동해가 예상되는 장소에 식재한 수목은 일반적으로 기온이 몇 ℃ 이하로 하강하면 방한조치를 하여야 하는가?

① 10
② 7
③ 5
④ 0

72. 수목전정의 원칙과 가장 거리가 먼 것은?

① 수목의 역지는 제거한다.
② 수목의 굵은 주지는 제거한다.
③ 무성하게 자란 가지는 제거한다.
④ 수형이 균형을 잃을 정도의 도장지는 제거한다.

→해설 ② 수목의 굵은 주지는 하나로 한다.

73. 깍지벌레 방제를 위하여 B유제 40%를 0.01%로 하여 ha당 500L를 살포하려면 ha당 소요되는 원액량(cc)은? (단, 비중은 1로 한다.)

① 100cc
② 125cc
③ 250cc
④ 500cc

→해설 ha당 소요약량 = $\dfrac{\text{사용할 농도(\%)} \times \text{ha당 살포량(cc)}}{\text{원액농도(\%)}}$

ha당 소요약량 = $\dfrac{0.01\% \times 500{,}000cc}{40\%}$ = 125cc

74. 조경시설물의 효율적인 유지관리를 위하여 필요한 항목으로서 가장 관계가 적은 것은?

① 시간절약
② 인력의 절약
③ 고가 재료의 채택
④ 장비의 효율적 이용

75. 일반적인 식재 후 관리방법으로 맞지 않는 것은?

① 연 1회 정기적으로 병충해 발생 시에는 만성 시에 효과적으로 대처한다.
② 겨울의 추위나 건조한 강풍에 피해가 예상되는 수목은 11월 중에 지표로부터 1.5m 높이까지의 수간에

Answer 67. ④ 68. ② 69. ④ 70. ① 71. ③ 72. ② 73. ② 74. ③ 75. ①

모양을 내어 짚 또는 녹화마대로 감싸준다.
③ 교목과 관목은 연 2회 이상 수세와 수형을 고려하여 정지·전정하며 형태를 유지시킨다.
④ 숙근지피류는 필요한 경우 하절기 직사광노출 등에 의한 생육장애가 발생하지 않도록 차광막 등을 설치한다.

76. 다음 중 가해 수종이 주로 침엽수가 아닌 해충은?

① 버들바구미 ② 솔거품벌레
③ 소나무좀 ④ 북방수염하늘소

→해설 버들바구미 가해 수종 : 포플러류, 버드나무류 - 낙엽활엽수

77. 연간평균근로자수가 400명인 사업장에서 연간 2건의 재해로 인하여 2명의 재해자가 발생하였다. 근로자가 1일 9시간씩 연간 300일을 근무하였을 때 이 사업장의 연천인율은 약 얼마인가?

① 1.85 ② 4.44
③ 5.00 ④ 10.00

→해설 연천인율 = $\frac{연간 재해자 수}{연평균 근로자 수} \times 1,000$

연천인율 = $\frac{2명}{400명} \times 1,000 = 5\%$

78. 다음 잔디관리와 관련된 설명 중 옳지 않은 것은?

① 뗏밥은 잔디의 생육이 불량할 때 두껍게 3회 정도 구분하여 준다.
② 시비는 가능하면 제초작업 후 비오기 직전에 실시하며 불가능 시에는 시비 후 관수한다.
③ 잔디시비는 질소, 인산, 칼리성분이 복합된 비료를 1회에 m²당 30g씩 살포한다.
④ 잔디깎기 횟수는 사용 목적에 부합되도록 실시하되 난지형 잔디는 생육이 왕성한 6~9월에 집중적으로 실시한다.

→해설 ① 뗏밥은 잔디의 생육이 왕성할 때 2회 정도 구분하여 준다.

79. 다음 부식성분 중 알칼리에 불용성인 성분은?

① humin
② humic acid
③ fulvice acid
④ hymatomelanic acid

→해설 ① humin(부식탄) : 산, 알칼리에 불용성
② humic acid(부식산) : 산에는 불용성, 알칼리에는 가용성
③ fulvice acid(풀스산) : 산, 알칼리에 가용성
④ hymatomelanic acid : 부식산의 알코올 용해 부분

80. 다음 초화류의 관수(灌水, irrigation) 요령으로 틀린 것은?

① 겨울철에는 이른 아침에 충분히 관수하여야 한다.
② 식물이 활착을 한 후에는 자주 관수할 필요가 없다.
③ 어린 모종일 때는 건조하지 않을 정도로 관수해야 한다.
④ 파종 후에는 씨가 이동하지 않도록 고운 물뿌리개나 분무기로 관수한다.

Answer 76. ① 77. ③ 78. ① 79. ① 80. ①

2018년 조경산업기사 최근기출문제 (2018. 3. 4)

1과목 조경계획 및 설계

01. 인도 무굴정원의 가장 중요한 정원 요소는?

① 물 ② 원정(園亭)
③ 녹음수 ④ 화훼(花卉)

02. 중국 서호(西湖) 10경의 무대가 되는 곳과 거리가 먼 것은?

① 소주지방 ② 백제(白堤)
③ 소제(蘇堤) ④ 소영주(小瀛洲)

해설 서호(西湖)
① 항주지방
② 천연적으로 만들어진 호수
③ 서호 안 : 소동파의 소제(蘇堤), 백락천의 백제(白堤) 있음
④ 3개의 섬 : 소영주(小瀛洲), 호심정(湖心亭), 완공돈(阮公墩)

03. 15세기 후반부터 일본정원에서 바다 풍경을 상징적으로 묘사하기 위해 평면(平面)에 모래를 깔고 돌을 짜 맞추어(石組) 구성된 양식은?

① 축산식(築山式)
② 임천식(林泉式)
③ 평정고산수(平庭枯山水)
④ 축산고산수(築山枯山水)

해설 ③ 평정고산수(平庭枯山水) : 용안사 방장정원

04. 옥상정원의 기원이라고 할 수 있는 것은?

① 김나지움 ② 아도니스 가든
③ 페리스틸리움 ④ 파라디소

해설 ① 김나지움(Gymnasium, 짐나지움) : 체육 활동 하는 곳
② 아도니스 가든 : 아도니스를 경배하기 위해 부인들의 손에 의해 지붕이나 창가를 밀, 보리 등의 화분으로 장식
③ 페리스틸리움 : 고대 로마 주택의 제 2중정
④ 파라디소 : 중세 원로의 교차점에 큰 나무 한 그루 식재한 것

05. 다음 일본의 정원양식 중 가장 늦게 나타난 양식은?

① 다정식 ② 침전임천식
③ 회유임천식 ④ 축산고산수식

해설 ② 침전임천식 : 평안(헤이안) → ③ 회유임천식 : 평안(헤이안) → ④ 축산고산수식 : 실정(무로마치) → ① 다정식 : 도산(모모야마)

06. 르네상스 시대의 이탈리아 정원(庭園) 의장의 가장 큰 특징은?

① 축경식(縮景式)
② 노단건축식(露壇建築式)
③ 평면기하학식(平面幾何學式)
④ 사실주의 풍경식(寫實主義 風景式)

해설 ① 축경식(縮景式) : 동양
② 노단건축식(露壇建築式) : 르네상스 이탈리아
③ 평면기하학식(平面幾何學式) : 18세기 프랑스
④ 사실주의 풍경식(寫實主義 風景式) : 18세기 영국

Answer 01. ① 02. ① 03. ③ 04. ② 05. ① 06. ②

07. 아시리아 제국에 조성된 사르곤 2세의 궁전 수렵원과 거리가 먼 것은?

① 인공호수 ② 입구의 탑문(pylon)
③ 인공언덕 ④ 향기나는 수목

해설 ② 입구의 탑문(pylon) : 고대 이집트, 주택정원

08. 창덕궁 후원의 정자(亭子) 중 물에 뜬 것과 같은 부채꼴 모양으로 된 것은?

① 관람정 ② 부용정
③ 애련정 ④ 청의정

해설 부채꼴 모양 정자 : 창덕궁 후원의 관람정, 졸정원의 여수동좌헌, 사자림의 선자정

09. 다음 중 대지의 조경과 관련한 설명 중 틀린 것은?

① 면적이 200제곱미터 이상인 대지에 건축을 하는 건축주는 해당 지방자치단체의 조례로 정하는 기준에 따라 조경이나 그 밖에 필요한 조치를 하여야 한다.
② 건축물의 옥상에 조경이나 그 밖에 필요한 조치를 하는 경우에는 옥상부분 조경면적의 3분의 2에 해당하는 면적을 조경면적으로 산정할 수 있다.
③ 옥상조경의 경우 전체 조경면적의 100분의 50을 초과할 수 없다.
④ 조경면적은 공개공지 면적으로 합산할 수 없다.

10. 다음 현황 종합 분석도에서 화살표의 방향이 의미하는 것으로 가장 적합한 것은?

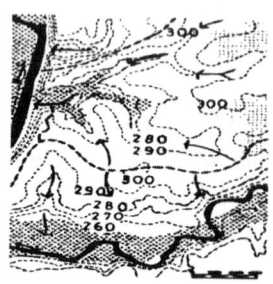

① 능선 ② 스카이라인
③ 물의 흐름 ④ 풍향

11. 비용편익분석(Cost-Benefit Analysis)과 관련이 없는 용어는?

① 소비자 잉여(Consumer's Surplus)
② 비용-편익비(B/C Ratio)
③ 순현재가치(Net Present Value)
④ 수입(revenue)

해설 비용편익분석
1. 정책 대안을 선택하는 데 비용과 편익을 계량적 비교를 통해 평가하는 분석 수단
2. 사회 전체의 관점에서 비용(기회 비용)과 편익(소비자 잉여)을 화폐적 가치로 표현
3. 비교 평가항목
   ① 순현재가치(NPV) : 편익의 현재 가치에서 비용의 현재 가치를 뺀 가치
   ② 편익비용비율(비용-편익비, B/C Ratio) : 비용의 현재 가치와 편익의 현재 가치의 비율
   ③ 내부수익률(IRR) : 비용의 총 현재 가치와 편익의 총 현재 가치를 일치시키는 할인율
   ④ 자본회수기간 : 투자비용을 회수하는 데 소요되는 시간을 기준으로 대안을 선택하는 기준

12. 동선계획을 구체화하는 과정에서 공간의 경험과 체험이 연속되도록 기능과 시설을 배치하고자 하는 것을 무엇이라 하는가?

① scale ② sequence
③ contrast ④ context

13. 도시의 "오픈 스페이스"의 기능으로 가장 거리가 먼 것은?

① 미기후 조절
② 도시확산의 억제
③ 재해의 방지
④ 토지이용의 제고

Answer 07. ② 08. ① 09. ④ 10. ③ 11. ④ 12. ② 13. ④

해설 오픈 스페이스의 기능
  ⊙ 도시개발의 조절 : 도시개발형태의 조절, 도시확산 및 연담 방지, 도시개발 촉진
  ⊙ 도시환경의 질 개선 : 도시생태계 기반조성, 환경조절(화재방지 및 완화, 공해방지 및 완화, 미기후 조절)
  ⊙ 시민생활의 질 개선 : 창조적 생활의 기틀 제공, 도시경관의 질 고양

구분	기능	식재
안전 주행	유도기능	시선유도식재, 선형예고식재
	재해방지기능	방재식재, 법면보호식재
	사고방지기능	명암순응식재, 차광식재, 침입방지식재, 완충식재
경관 조성	휴식조성기능	녹음식재, 휴게식재
	경관조성기능	차폐식재, 경관조화식재
	경관연출기능	강조식재, 조망식재, 지표식재

14. 계획 설계 과정 중 법규 검토, 제한성, 가능성, 프로그램 개발 등을 검토하고 결정하는 단계는 어느 단계인가?

① 용역발주
② 조사
③ 분석
④ 프로젝트 정의

15. 다음 중 케빈 린치(Kevin Lynch)가 주장하는 도시경관의 요소는 무엇인가?

① 자연(natures), 통로(paths), 지구(districts), 결절점(nodes), 랜드마크(landmarks)
② 경계(edges), 통로(paths), 지구(districts), 결절점(nodes), 랜드마크(landmarks)
③ 경계(edges), 연못(ponds), 지구(districts), 결절점(nodes), 랜드마크(landmarks)
④ 경계(edges), 통로(paths), 지구(districts), 울타리(walls), 랜드마크(landmarks)

16. 고속도로 조경에서 안전운행을 위한 기능에 포함되지 않는 식재 유형은?

① 완충식재
② 지표식재
③ 차광식재
④ 시선유도식재

해설 고속도로 목적별 식재의 종류와 기능

17. 그림과 같은 평면도에 대한 정면도로 가장 옳은 것은?

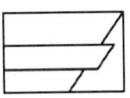

18. 다음 중 보색관계로 옳은 것은?

① 빨강 - 청록
② 노랑 - 보라
③ 녹색 - 주황
④ 파랑 - 연두

해설 보색(補色) : 혼합했을 때 무채색이 되는 두 색. 색상환에서 반대편의 색
  1. 빨강 - 청록   2. 노랑 - 남색
  3. 녹색 - 자주   4. 파랑 - 주황
  5. 보라 - 연두

19. 제도용지 A3의 크기가 297mm×420mm이다. A2용지의 긴 변의 길이는 얼마인가?

① 420mm
② 594mm
③ 841mm
④ 1089mm

해설 제도용지 크기(단위 mm)
  A0 : 841×1189   A1 : 594×841
  A2 : 420×594   A3 : 297×420
  A4 : 210×297

20. 다음 중 건축물의 특정한 층이 계획에서 정한 선의 수직면을 넘어 돌출하여 건축할 수 없는 것으로, 보행공간이나 공동주차통로 등의 확보가 필요한 곳에 지정하는 것은?

① 건축지정선   ② 건축한계선
③ 벽면지정선   ④ 벽면한계선

┌해설┐ ① 건축지정선 : 건축물의 전층 또는 저층부의 외벽면이 일정 비율 이상 접해야 하는 선. 가로경관의 연속적 형태를 유지하거나 상업지역에서 중요 가로변의 건물을 가지런하게 할 필요가 있는 경우 지정
② 건축한계선 : 도로의 개방감 확보를 위해 건축물 도로에서 일정 거리 후퇴시켜 그 선의 수직면을 넘어서 건축물 및 부대시설의 지상부분이 돌출하여서는 안되는 선
③ 벽면지정선 : 건축물 특정 층의 외벽면이 계획에서 정한 선의 수직면에 일정 비율 이상 접해야 하는 선. 상점가의 1층 벽면을 가지런하게 할 필요가 있는 경우 지정

2과목 조경식재

21. 하천 내 조사한 식물종 리스트 중 자생종인 것은?

① 호밀풀   ② 말냉이
③ 개망초   ④ 마디꽃

22. 건물, 담장, 울타리를 배경으로 하여 앞쪽에 장방형으로 길게 만들어져 한쪽에서만 바라볼 수 있는 화단은?

① 경재화단(border flower bed)
② 리본화단(ribbon flower bed)
③ 포석화단(paved flower bed)
④ 카펫화단(carpet flower bed)

23. 다음 중 꽃 색깔이 다른 수종은?

① 조팝나무   ② 국수나무
③ 층층나무   ④ 생강나무

┌해설┐ 꽃 색
① 조팝나무, ② 국수나무, ③ 층층나무 : 흰색
④ 생강나무 : 노란색

24. 수목의 식재로 얻을 수 있는 기능 중 기상학적 효과는?

① 반사조절   ② 대기정화 작용
③ 토양 침식조절   ④ 태양 복사열 조절

┌해설┐ 식재의 기능
1. 식재의 건축적 기능
   ① 사생활 보호   ② 차폐 및 은폐
   ③ 공간 분할   ④ 공간의 점진적 이해
2. 식재의 공학적 기능
   ① 토양침식 조절   ② 음향 조절
   ③ 대기정화   ④ 섬광 조절
   ⑤ 반사 조절   ⑥ 통행 조절
3. 식재의 기상학적 기능
   ① 태양복사열 조절 ② 바람의 조절
   ③ 습도 조절   ④ 온도 조절
4. 식재의 미적 기능
   ① 조각물로서의 이용 ② 반사
   ③ 영상   ④ 섬세한 선형미
   ⑤ 장식적 수벽   ⑥ 조류 및 소 동물 유인
   ⑦ 배경용   ⑧ 구조물의 유화

25. 서울 숲을 생태공원으로 재조성하고자 할 때 동해를 받을 우려가 있어 식재가 힘든 수종은?

① 소나무   ② 서어나무
③ 종가시나무 ④ 갈참나무

┌해설┐ ③ 종가시나무 : 상록활엽교목, 남부수종

26. 다음 설명의 ㉠, ㉡에 적합한 용어는?

식물은 암흑 상태에서는 광합성 대신 호흡 작용만하기 때문에 (㉠)를 방출한다. 또한, 식물이 살아가기 위해서는 광도가 최소한 (㉡) 이상으로 유지되어야만 한다.

① ㉠ : O_2, ㉡ : 광포화점
② ㉠ : O_2, ㉡ : 광보상점
③ ㉠ : CO_2, ㉡ : 광보상점
④ ㉠ : CO_2, ㉡ : 광포화점

27. 다음 설명의 ㉮, ㉯에 알맞은 용어는?

종의 (㉮)은 섬과 육지의 떨어진 거리와 상관성이 있고, 종의 (㉯)은 섬의 크기와 상관성이 있다.

① ㉮ 사멸률, ㉯ 생존율
② ㉮ 생존율, ㉯ 사멸률
③ ㉮ 유출률, ㉯ 유입률
④ ㉮ 유입률, ㉯ 유출률

28. 으름덩굴(Akebia quinata)의 설명으로 틀린 것은?

① 개화 시기는 7월이다.
② 가지에 털이 없으며 갈색이다.
③ 음수이나 양지에서도 잘 자란다.
④ 형태는 낙엽활엽덩굴식물이다.

해설 ① 개화 시기는 4~5월이다.

29. 녹도(green way)에 대한 설명으로 틀린 것은?

① 자전거 통행을 고려하여 안전시거를 확보한다.
② 수목의 지하고는 2.5m 이상이 되도록 한다.
③ 향토수종을 식재하고, 기존 수목을 최대한 활용하며 식생구조는 다층형으로 식재한다.
④ 보행녹도의 폭은 최소 4m 이상의 폭원을 확보하며 수목식재 및 휴게공간을 설치한다.

해설 녹도
1. 녹도설치의 일반원칙
   (1) 보행자의 안전, 쾌적성 확보 등을 위해 곡선형으로 설계하고, 자전거 통행을 고려하여 안전시거를 확보하며 지형과 조화를 고려한다.
   (2) 여유폭원을 확보하여 수목 등이 식재될 수 있는 양호한 식생공간을 계획하여 녹화밀도를 높여준다.
   (3) 보행 및 자전거 통행의 결절지에는 다양한 성격의 휴식공간 등을 설치해 준다.
   (4) 보행 중 휴식을 취할 수 있도록 휴식 및 편익시설을 설치해 준다.
   (5) 공간별로 특색 있는 수목과 연계된 시설물, 포장, 조명 등을 도입하여 다른 공간으로 자연스러운 흐름이 유발될 수 있도록 한다.
2. 녹도의 구조
   (1) 보행녹도의 폭은 최소 6m 이상의 폭원을 확보하며 수목식재 및 휴게공간을 설치한다.
   (2) 가로수는 3열 식재를 한다.
   (3) 수목의 지하고는 2.5m 이상이 되도록 한다.
   (4) 보행로는 2인 통행을 기준으로 하여 최소한 1.5m 이상 확보하며 대체적으로 3m 정도는 확보한다.
   (5) 녹도의 기울기는 종단기울기 8%, 횡단기울기 1~2%를 표준으로 한다.
3. 녹도의 형태
   (1) 자유롭고 아름다운 곡선으로 설계하며, 자연스러운 분위기를 연출한다.
   (2) 자전거 통행을 고려하여 안전시거를 확보한다.
   (3) 주변 지형과 일치될 수 있도록 도로의 형태를 결정한다.
   (4) 굴곡, 광장 등 시각적 변화나 초점을 형성한다.
4. 녹도의 식재
   (1) 향토수종을 식재하고, 기존 수목을 최대한 활용한다.
   (2) 식생구조는 지피, 관목, 교목 등을 다층형으로 식재한다.
   (3) 자연적 수형과 크기를 가진 수종을 식재하여 친근감 및 쾌적성을 제공한다.

Answer 26. ③ 27. ④ 28. ① 29. ④

30. 우리나라 온대지방의 계절 특성상 녹음수로 가장 적합한 것은?

① *Forsythia koreana* ② *Celtis sinensis*
③ *Pinus koraiensis* ④ *Photinia glabra*

해설 ① *Forsythia koreana* : 개나리 – 낙엽활엽관목
② *Celtis sinensis* : 팽나무 – 낙엽활엽교목
③ *Pinus koraiensis* : 잣나무 – 상록침엽교목
④ *Photinia glabra* : 홍가시나무 – 상록활엽소교목

31. 겨울에 낙엽이 지는 수종은?

① 광나무(*Ligustrum japonicum*)
② 가시나무(*Quercus myrsinaefolia*)
③ 낙우송(*Taxodium distichum*)
④ 굴거리나무(*Daphniphyllum macropodum*)

해설 ① 광나무(*Ligustrum japonicum*) : 상록활엽관목
② 가시나무(*Quercus myrsinaefolia*) : 상록활엽교목
③ 낙우송(*Taxodium distichum*) : 낙엽침엽교목
④ 굴거리나무(*Daphniphyllum macropodum*) : 상록활엽교목

32. 미루나무(*Populus deltoides*)의 특성으로 틀린 것은?

① 수고 30m, 지름 1m 정도로 자란다.
② 종자로 번식시키고 있으나 대부분 삽목에 의한다.
③ 하천변이나 습윤 비옥한 계곡지역이 식재 적지이다.
④ 꽃은 6~7월에 피고 꼬리모양꽃차례로서 암수한그루이다.

해설 ④ 꽃은 3~4월에 피고 꼬리모양꽃차례로서 암수딴그루이다. 꽃은 잎이 피기 전에 핀다.

33. 다음 [보기]가 설명하는 수종은?

[보기]
열매는 둥글고 지름 1cm 정도로서 9~10월에 적색으로 성숙하며 명감 또는 망개라고 한다. 종자는 황갈색이며 5개 정도이다.

① 인동덩굴   ② 광나무
③ 청미래덩굴 ④ 송악

34. 비탈면 녹화(잔디, 수목식재)에 관한 설명으로 틀린 것은?

① 덩굴식재 시 식혈의 크기는 직경 30cm, 깊이 30cm로 한다.
② 잔디 고정은 떼꽂이를 사용하여 잔디 1매당 2개 이상 견실하게 고정한다.
③ 잔디생육에 적합한 토양의 비탈면경사가 1 : 1보다 완만할 때에는 흙이 붙어 있는 재배된 잔디를 사용한다.
④ 비탈면 줄떼다지기는 잔디폭이 10cm 이상으로 하고, 비탈면에 25cm 이내 간격으로 수평골을 파서 수평으로 심고 다짐을 철저히 한다.

해설 ④ 비탈면 줄떼다지기는 잔디폭이 0.1m 이상 되도록 하고 비탈면에 0.1m 이내 간격으로 수평골을 파서 수평으로 심고 다짐을 철저히 한다.

35. 식물 명명의 기본 원칙에 해당되지 않은 것은?

① 분류군의 학명은 선취권에 따른다.
② 규약은 대부분 소급 적용할 수 없다.
③ 분류군의 학명은 표본의 명명기본이 된다.
④ 각 분류군은 오직 하나의 이름만을 가진다.

해설 국제식물명명규약 6가지 기본 원칙
1. 식물명명규약은 동물명명규약과 독립적이다.
2. 특정한 분류군을 명명하는 것은 명명상의 기준표본이라는 수단을 통해서 이루어진다.
3. 분류군의 명명은 출판의 선취권에 기초한다.
4. 각 분류군은 규칙에 의해 가정 먼저 정해진 단 하나의 정명을 가진다.
5. 학명은 라틴어화되어야 한다.
6. 식물명명규약은 특별한 제한이 없는 한 소급력이 있다.

Answer 30. ② 31. ③ 32. ④ 33. ③ 34. ④ 35. ②

36. 다음 중 자유식재의 패턴에 해당되지 않는 것은?

① 루버형　　② 번개형
③ 선형　　　④ 절선형

[해설] 자유식재의 패턴
루버형, 번개형, 아메바형, 절선형, 소반경의 원호형, 대반경의 원호형, 대반경의 원호형과 직선형

37. 조경설계기준상 산업단지 및 공업지역의 완충녹지 설명 중 틀린 것은?

① 주택지와 접한 공업지역의 경우 완충녹지의 폭은 30m 이상이어야 한다.
② 공업지역과 주택지역 사이에 설치되는 완충녹지의 폭은 100m 정도로 한다.
③ 경관조경수를 주 수종으로 도입하며, 대기오염에 강한 낙엽수를 수림지대 주변부에 두고, 그 중심에 속성 녹화 경관수목을 배식한다.
④ 녹지의 폭원은 최소 50~200m 정도를 표준으로 하되 당해 지역의 특성과 인접 토지이용과의 관계, 풍향, 기후, 사회적·자연적 조건 등을 고려하여 적절한 폭과 길이를 결정한다.

[해설] 산업단지 및 공업지역 완충녹지
(1) 주거전용지역이나 교육 및 연구시설 등 조용한 환경으로부터 녹지설치의 원인시설이 은폐될 수 있는 형태로 한다. 이때 수고가 4m 이상으로 성장할 수 있는 수목의 녹화면적이 50% 이상 되도록 한다.
(2) 녹지의 폭원은 최소 50~200m 정도를 표준으로 하되 당해 지역의 특성과 인접 토지이용과의 관계, 풍향, 기후, 사회적·자연적 조건 등을 고려하여 적절한 폭과 길이를 결정한다. - 주택지와 접한 공업지역의 경우 그 폭이 30m 이상이어야 한다.
- 공업지역과 주택지역 사이에 설치되는 완충녹지의 폭은 100m 정도로 한다.
- 산업단지와 배후도시 간의 거리가 적정거리에 미치지 못할 경우의 녹지폭은 1km 이상을 유지해야 하며 적정거리 이상일 경우에는 설치목적에 따라 1km 이내로 조정할 수 있다.
(3) 환경정화수를 주 수종으로 도입하며, 대기오염에 강한 상록수를 수림지대 중심부에 주목으로 두고, 그 주변에 속성 녹화 수목과 관목을 배식한다.
(4) 완충녹지의 기능을 촉진하기 위하여 속성수와 완충기능 수종을 식물사회학적인 관계를 고려하여 군식 또는 군락식재를 한다.
(5) 상록수와 낙엽수를 적절히 혼합하여 조성한다.

38. 녹음용 수목의 조건으로 적합하지 않은 것은?

① 낙엽활엽수가 바람직하다.
② 수관폭이 가능한 한 넓어야 한다.
③ 답압에 견딜 수 있어야 한다.
④ 지하고가 낮은 종을 우선으로 한다.

39. 원형 또는 타원형의 수형을 갖는 수종은?

① 동백나무　　② 느티나무
③ 배롱나무　　④ 삼나무

[해설] 수형
① 동백나무 : 원형, 타원형
② 느티나무 : 평정형
③ 배롱나무 : 평정형
④ 삼나무 : 원추형

40. 다음 중 다공질 경량토(多孔質輕量土)에 해당하지 않는 것은?

① 펄라이트(pearlite)
② 화산(火山) 모래
③ 생명토(生命土)
④ 버미큘라이트(vermiculite)

[해설] 다공질 경량토
펄라이트, 버미큘라이트, 화산자갈, 화산모래

Answer 36. ③　37. ③　38. ④　39. ①　40. ③

3과목 조경시공

41. 골재의 단위용적 중량을 계산할 때 골재는 어느 상태를 기준으로 하는가? (단, 굵은 골재가 아닌 경우이다.)

① 습윤상태
② 기건상태
③ 절대건조상태
④ 표면건조내부포화상태

42. 다음 조경공사의 표준품셈 설명 중 ( ) 안에 알맞은 수치는?

> 근원(흉고)직경에 의한 조경수목의 굴취 시 야생일 경우에는 굴취품의 ( )%까지 가산할 수 있다.

① 3
② 5
③ 10
④ 20

43. 지상에 있는 임의 점의 표고를 숫자로 도상에 나타내는 지형의 표시방법은?

① 점고법
② 등고선법
③ 채색법
④ 우모법

44. 주차공간의 폭이 넓어 충분한 여유가 있을 경우 설치가 가능하며, 동일 면적에 가장 많은 주차를 할 수 있는 주차배치 방법은?

① 30° 주차
② 45° 주차
③ 60° 주차
④ 90° 주차

45. 보행자 전용도로의 설명 중 ( ) 안에 알맞은 숫자는?

> 보행자 전용도로의 너비는 ( )m 이상으로 하고, 필요한 경우 경사로나 계단을 설치하며, 경사로는 어린이나 노약자, 신체 장애인이 스스로 오를 수 있는 기울기로서 최대 ( )%를 초과하지 않도록 한다.

① 1.0, 10
② 1.5, 8
③ 2.0, 10
④ 2.5, 8

46. 다음 공정표의 전체 소요 공기(工期)는?

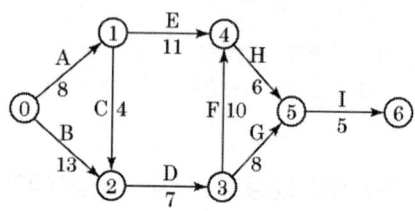

① 30일
② 40일
③ 41일
④ 42일

> **해설** 전체 소요공기 = 주공정선 = C.P.
> B → D → F → H → I
> 13일+7일+10일+6일+5일 = 41일

47. 건설공사의 입찰방식에 따른 분류에 해당하지 않는 것은?

① 공개경쟁입찰
② 제한경쟁입찰
③ 공동입찰
④ 특명입찰

48. 주요 조경자재 중 굳지 않은 콘크리트(레디믹스트 콘크리트)의 품질관리시험 항목으로 옳은 것은?

① 흡수율
② 휨강도
③ 인장강도
④ 압축강도

49. 다음 대표적인 범주의 표준화(산업규격) 예로 틀린 것은?

① 영국 - ES(England standards)
② 일본 - JIS(Japan Industrial Standards)
③ 국제표준화규격 - ISO(International Standard Organization)
④ 유럽연합 - EN(European Norm)

> **해설** 영국 - BSI

Answer 41.③ 42.④ 43.① 44.④ 45.② 46.③ 47.③ 48.④ 49.①

50. 입찰·견적·계약용 적산의 올바른 진행과정은?

㉠ 수량 산출	㉡ 단가 결정
㉢ 직접공사비 결정	㉣ 간접공사비 결정
㉤ 공사비 집계 검토	㉥ 견적서 제출
㉦ 시공계획 수립	㉧ 설계도서 검토·작성
㉨ 현장 설명	㉩ 입찰참가·지명

① ㉨→㉩→㉧→㉣→㉤→㉡→㉠→㉦→㉥
② ㉨→㉩→㉧→㉠→㉦→㉡→㉢→㉣→㉤→㉥
③ ㉨→㉩→㉧→㉣→㉠→㉦→㉢→㉤→㉥
④ ㉨→㉩→㉧→㉦→㉠→㉡→㉢→㉣→㉤→㉥

51. 플라스틱의 특성에 관한 설명 중 옳지 않은 것은?

① 내식성이 우수하다.
② 약알칼리에 약하다.
③ 일반적으로 비흡수성이다.
④ 화학약품에 대한 저항성은 열경화성 수지와 열가소성 수지가 다른 특성을 갖고 있다.

52. 안전율을 고려하여 허용응력을 구조재의 최고 강도보다 상당히 적게 하는 이유로 틀린 것은?

① 재료가 부식하거나 풍화하여 부재단면이 감소할 수 있다.
② 구조계산과정에서 발생하는 계산 착오를 고려한 것이다.
③ 구조재료의 성질이 반드시 같지 않으며, 내부결함이 있을 수 있다.
④ 구조재료의 강도는 하중이 정적 또는 동적으로 작용하는가에 따라 큰 차이가 있다.

53. 조경공사의 견적 시 수량계산에 관한 사항 중 틀린 것은?

① 절토량은 자연상태의 설계도의 양으로 한다.
② 수량은 C.G.S 단위와 척, 관 단위를 병행함을 원칙으로 한다.
③ 볼트의 구멍부분은 구조물의 수량계산에서 공제하지 아니한다.
④ 면적의 계산 중 구적기(Planimeter)를 사용하는 경우 3회 이상 측정하여 그 중 정확하다고 생각되는 평균값으로 정한다.

→해설 ② 수량은 C.G.S 단위를 원칙으로 한다.

54. 경사면에 따라 거리를 측정하여 다음 그림과 같았다. 이때의 AC의 수평거리를 구한 값은?

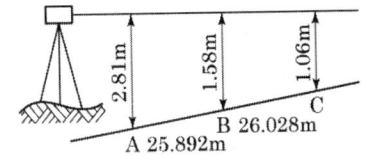

① 50.590m ② 51.890m
③ 50.188m ④ 51.188m

→해설 $AC = \sqrt{(25.892m + 26.028m)^2 + (2.81m - 1.06m)^2}$
$AC = 51.890m$

55. 흙의 수분함량에 따른 상태변화에 대한 설명 중 틀린 것은?

① 수분함량에 따라 유동성, 가소성, 이쇄성, 강성을 갖는다.
② 소성상한과 소성하한 사이의 차를 소성지수라고 한다.
③ 수분함량에 따른 토양의 상태변화를 견지성이라 한다.
④ 가소성을 나타내는 최대 수분을 소성하한, 최소 수분을 소성상한이라 한다.

→해설 ④ 가소성을 나타내는 최대 수분을 소성상한, 최소 수분을 소성하한이라 한다.

56. 건설부문의 재료 중 일반적인 추정 단위중량이 틀린 것은? (단, 건설공사 표준품셈상의 조건은 자연상태 또는 건재 등을 알맞게 적용)

① 암석(화강암) : 2600~2700kg/m³
② 자갈(건조) : 1600~1800kg/m³
③ 모래(습기) : 1700~1800kg/m³
④ 소나무(적송) : 1800~2400kg/m³

→해설 ④ 소나무(적송) : 590kg/m³

57. 다음 중 조경공사 표준시방서상의 설계변경 조건에 해당되는 것은?

① 가식장 이동 시
② 현장 사무실 위치 이동 시
③ 공사시행 중 발주자의 방침 변경 시
④ 재료보관 창고 설치 방법 변경 시

58. 공사비의 산출 시 금액의 단위표준이 맞는 것은?

① 설계서의 총액 : 100원 이하 버림
② 설계서의 소계 : 10원 미만 버림
③ 설계서의 금액란 : 1원 미만 버림
④ 일위대가표의 금액란 : 0.1원 단위 반올림

→해설 금액의 단위표준

종목	단위	지위	비고
설계서의 총계	원	1,000	이하 버림(단, 만원 이하일 때 100원까지)
설계서의 소계	원	1	미만 버림
설계서의 금액	원	1	미만 버림
일위대가표의 총계	원	1	미만 버림
일위대가표의 금액	원	0.1	미만 버림

59. 하수도 배수체계에서 합류식의 장점이 아닌 것은?

① 비용이 적게 든다.
② 침전물이 생기지 않는다.
③ 관리가 용이하다.
④ 관 내부의 환기가 용이하다.

→해설 ② 유속이 느려 침전물이 생긴다.

60. 축척 1 : 200과 축척 1 : 600에서 1변이 3cm인 정사각형의 실제 면적 비는?

① 1 : 3 ② 1 : 6
③ 1 : 9 ④ 1 : 12

4과목 조경관리

61. 80%의 A수화제 원액을 0.02%로 희석하여 20L의 용액을 만들려면 A수화제의 원액은 얼마가 필요한가?

① 2cc ② 4cc
③ 5cc ④ 8cc

→해설 희석하고자 하는 물의 양
$$= 원액 용량 \times \left(\frac{원액농도}{희석할 농도} - 1\right) \times 비중$$
$$20 \times 1,000 = 원액 용량 \times \left(\frac{80\%}{0.02\%} - 1\right)$$
∴ 원액용량 = 5.001cc ≒ 5cc

62. 진딧물의 천적에 속하지 않는 것은?

① 기생벌류 ② 나방류
③ 무당벌레류 ④ 풀잠자리류

→해설 진딧물 천적
무당벌레, 풀잠자리, 기생벌, 꽃등애류

Answer 56. ④ 57. ③ 58. ③ 59. ② 60. ③ 61. ③ 62. ②

63. 식물(기주)이 병에 견디는 힘이 약해 병에 쉽게 걸리는 성질을 나타내는 용어는?

① 내병성
② 이병성
③ 면역성
④ 비기주 저항성

64. 유희시설의 유지관리에 관한 설명으로 틀린 것은?

① 철재 유희시설은 방청처리를 해야 하며 가급적 스테인리스를 사용한다.
② 파손시설은 보호조치를 취하고 이용할 수 없는 시설을 방치해서는 아니 된다.
③ 바닥모래는 어린이의 안전을 위하여 최대한 가는 모래를 사용한다.
④ 놀이터 내에는 물이 고이지 않게 하고 항상 모래면을 평탄하게 한다.

해설 ③ 바닥모래는 어린이의 안전을 위하여 굵은 모래를 사용한다.

65. 질소(N) 성분의 결핍현상 설명으로 가장 거리가 먼 것은?

① 활엽수의 경우 황록색으로 변색된다.
② 침엽수의 경우 잎이 짧고 황색을 띤다.
③ 눈(shoot)의 크기는 지름이 다소 짧아지고 작아진다.
④ 조기에 낙엽이 되거나 잎이 부서지기 쉽다.

해설 ④ 조기에 낙엽이 되거나 잎이 두꺼워짐

66. 다음 설명과 같이 식재 선정 및 관리에 주의해야 하는 수종은?

- 수술에는 갈고리가 있어 어린이가 주로 이용하는 조경시설 주위에는 실명(失明)할 위험이 있어 주위 식재하지 않는다.
- 8~9월에 피는 나팔모양의 황색꽃은 개화 기간이 길고 아름다워 관상가치가 높다.
- 줄기에 흡반이 발달하여 죽은 나무, 벽 등에 미관 보완 목적으로 식재한다.

① 마삭줄
② 등수국
③ 인동덩굴
④ 능소화

67. 가로수에 유공관(有孔管, perforated pipe)을 설치하여 얻고자 하는 효과로 옳은 것은?

① 통기성 및 관수의 효율성을 높인다.
② 다양한 디자인으로 경관을 개선한다.
③ 통행인으로 인한 답압을 줄인다.
④ 가로변 쓰레기와 먼지를 흘려보낸다.

68. 적심(摘芯)에 관한 설명으로 가장 적합한 것은?

① 상록성 관목류의 전정을 통칭하는 뜻이다.
② 토피아리 전정의 한 방법이다.
③ 꽃눈 조절을 위한 과수의 전정방법이다.
④ 새로 나온 연한 순을 자르는 것이다.

해설 적심 : 지나치게 자라나는 가지의 신장을 억제하기 위해서 발아 후 신초의 선단부를 따주는 작업

69. 다음은 포장의 결함에 의해 발생되는 파손 형태 모식도이다. 침하(沈下)현상의 모식도를 표현한 것은?

① ② ③ ④

해설
①  : 융기
②  : 단차
③  : 박리
④  : 침하

Answer 63. ② 64. ③ 65. ④ 66. ④ 67. ① 68. ④ 69. ④

70. 관리예산 책정 시 작업률이 1/4이라면 이것이 의미하는 것은?

① 4년에 1회 작업을 한다.
② 분기별로 1회 작업을 한다.
③ 작업 시 1/4명이 참가한다.
④ 작업당 소요시간이 1/4이다.

71. 초화류 관수(灌水)시 일반적으로 유의하여야 할 점으로 틀린 것은?

① 여름의 관수는 직사일광이 강한 정오 전후의 시간대는 가능한 한 피한다.
② 관수는 충분한 양의 물을 주되 겉흙이 말랐을 때 하는 것이 좋다.
③ 관수는 소량의 물을 매일 주는 것이 가장 효과적이다.
④ 관수는 시간을 두고 토양 깊숙이 침투할 정도로 실시하고, 지표면에 물이 고이지 않을 정도로 하여야 한다.

해설 ③ 관수는 한 번에 다량의 물을 주는 것이 가장 효과적이다.

72. 참나무 시들음병의 매개충은?

① 바구미 ② 광릉긴나무좀
③ 솔수염하늘소 ④ 오리나무잎벌레

해설 ③ 솔수염하늘소 : 소나무 재선충병 매개충

73. 종자와 비료, 흙을 혼합하여 네트(Net)에 넣고 비탈면의 수평으로 판 골 속에 넣어 붙이는 공법은?

① 식생구멍공 ② 식생판공
③ 식생자루공 ④ 식생매트(mat)공

74. 조경시설의 유지관리에 있어서 행정사항으로 가장 거리가 먼 것은?

① 안전교육의 실시 여부
② 공정진행 사항의 기록 보존 여부
③ 반입자재에 대한 품질의 적합 여부
④ 기술지도 및 기타 지시사항 이행 상태

75. 레크리에이션 공간의 관리에 있어서 가장 이상적인 관리전략은?

① 폐쇄 후 육성관리
② 폐쇄 후 자연회복형
③ 순환식 개방에 의한 휴식기간 확보
④ 계속적인 개방·이용상태하에서 육성관리

76. 목재의 벤치나 야외탁자에서 재료의 단점이 아닌 것은?

① 파손되기 쉽다.
② 기온에 민감하다.
③ 습기에 약하며 썩기 쉽다.
④ 병해충의 피해를 받기 쉽다.

해설 목재 장점 : 열전도율이 낮아 사계절 이용 가능

77. 수중펌프 및 수중등을 연못에 설치하고 관리 시의 보완 대책으로 적당하지 않은 것은?

① 누전차단기를 반드시 설치한다.
② 과부하 보호장치를 설치한다.
③ 연못 물을 항상 일정하게 유지하기 위해 수위 조절기를 설치한다.
④ 간단한 조작을 위하여 커버 나이프 스위치에 직렬로 연결 사용한다.

78. 잡초의 종합적 방제법(integrated control)에 대한 설명으로 틀린 것은?

① 제초제 약해와 환경오염을 줄일 수 있다.
② 여러 가지 다른 방제법을 상호 협력적으로 적용하는 방식이다.
③ 잡초군락의 크기는 감소하고, 작물의 생산력이 증대되는 효과가 있다.

④ 화학적 방제를 배제하고 생태적 방제와 예방적 방제를 주로 사용한다.

79. 일반적인 잔디 깎기 요령에 관한 설명으로 가장 올바른 것은?

① 버뮤다 그래스는 여름보다는 가을에 집중적으로 깎아 준다.
② 벤트 그래스는 봄보다 여름에 자주 깎는다.
③ 잔디의 맹아성을 고려하여 키가 큰 잔디는 한 번에 원하는 위치까지 깎는 것이 효과적이다.
④ 잔디깎는 횟수와 높이를 규칙적으로 일정하게 하는 것이 좋다.

> 해설 ① 버뮤다 그래스는 가을보다는 여름에 집중적으로 깎아 준다.
> ② 벤트 그래스는 여름보다 봄에 자주 깎는다.
> ③ 잔디의 맹아성을 고려하여 키가 큰 잔디는 한 번에 깎지 말고 처음에는 높게 깎아 주고 상태를 보아가면서 서서히 낮게 깎아 준다.

80. 식재한 수목의 뿌리분 위쪽 둘레에 짚, 낙엽 등의 피복 목적으로 가장 거리가 먼 것은?

① 유기질 비료 제공
② 병해충 발생
③ 표토의 굳어짐을 방지
④ 잡초 발생 억제

> 해설 멀칭 : 식재한 수목의 뿌리분 위쪽 둘레에 짚, 낙엽 등의 피복
> - 멀칭의 효과
>   ㉠ 토양수분 유지
>   ㉡ 토양 침식과 수분 손실 방지
>   ㉢ 토양 비옥도 증진
>   ㉣ 잡초 발생 억제
>   ㉤ 토양 구조 개선
>   ㉥ 토양 굳어짐 방지
>   ㉦ 통행을 위한 지표면 개선
>   ㉧ 갈라짐 방지
>   ㉨ 토양 염분농도 조절
>   ㉩ 토양온도 조절
>   ㉪ 태양열 복사와 반사 감소
>   ㉫ 병충해 발생 억제
>   ㉬ 겨울철 지표면 동결 방지
>   ㉭ 유익한 토양 미생물 생장 촉진

Answer 79. ④ 80. ②

2018년 조경산업기사 최근기출문제 (2018. 4. 28)

1과목 조경계획 및 설계

01. 고대 로마 폼페이 주택의 제1중정으로서 바닥이 돌로 포장되어 있었던 중정은?

① 아트리움　　② 페리스틸리움
③ 지스터스　　④ 파티오

[해설] ① 아트리움 : 제1중정, 바닥 돌로 포장
② 페리스틸리움 : 제2중정, 바닥 포장되어 있지 않음
③ 지스터스 : 담으로 둘러싸인 정원
④ 파티오 : 중세 스페인의 중정

02. 마당 중앙에는 수반형의 둥근 분수대를 세웠고, 사방 주위에는 관목이나 초화류를 식재한 정형식 정원이 있는 곳은?

① 덕수궁 석조전　　② 창덕궁 주합루
③ 경복궁 교태전　　④ 경복궁 향원정

03. 태호석(太湖石)에 대한 설명으로 거리가 먼 것은?

① 한나라 때 태호석의 이용이 성행하였다.
② 석가산 수법의 재료나 경석으로 사용되었다.
③ 태호의 물속에서 채집하여 정원석으로 사용하였다.
④ 북방지역은 화석강이라는 운반선으로 운하를 통해 운반하였다.

[해설] ① 송나라 때 태호석의 이용이 성행하였다.

04. 일본의 평안(헤이안)시대 나타난 침전조(寢殿造) 정원양식의 전형을 보여주는 대표적인 사례로 꼽을 수 있는 것은?

① 계리궁　　② 동삼조전
③ 삼보원　　④ 이조성

[해설] ① 계리궁 : 강호(에도)
② 동삼조전 : 평안(헤이안)
③ 삼보원 : 도산(모모야마)
④ 이조성 : 도산(모모야마)

05. 토피어리(topiary)의 역사적 유래가 시작된 나라는?

① 고대 서부아시아　　② 로마
③ 인도　　　　　　　④ 프랑스

06. 전라남도 담양군 남면에 있는 양산보가 조성한 정원은?

① 선교장 정원　　② 다산초당
③ 소쇄원　　　　④ 부용동 정원

[해설] ① 선교장 정원 : 강원도 강릉, 이내번 조성
② 다산초당 : 전남 강진, 정약용 조성
③ 소쇄원 : 전남 담양, 양산보 조성
④ 부용동 정원 : 전남 보길도, 윤선도 조성

07. 조선시대 아미산원에 대한 설명으로 옳지 않은 것은?

① 계단식으로 다듬어 놓은 화계를 이용한 정원 공간이다.
② 화목 사이로 괴석과 세심석이 놓여 있다.
③ 창덕궁 후원으로 사적인 성격의 공간이다.
④ 온돌의 굴뚝을 화계 위로 뽑아 점경물로 삼았다.

[해설] ③ 경복궁 후원으로 사적인 성격의 공간이다.

Answer　01.①　02.①　03.①　04.②　05.②　06.③　07.③

08. 분구원(分區園)을 제창한 사람은?

① 슈레버(Schreber)
② 하워드(E. Howard)
③ 루드비히 레서(L. Lesser)
④ 존 러스킨(J. Ruskin)

해설 ② 하워드(E. Howard) : 전원도시
      ③ 루드비히 레서(L. Lesser) : 폴크스파르크

09. 생물다양성 관리계약 체결 가능 지역으로 명시되지 않은 지역은?

① 멸종위기 야생생물의 보호를 위하여 필요한 지역
② 생물다양성의 증진이 필요한 지역
③ 생물다양성의 복구가 필요한 지역
④ 생물다양성이 독특하거나 우수한 지역

10. 보행자도로와 차도를 동일한 공간에 설치하고 보행자의 안전성을 향상하는 동시에 주거환경을 개선하기 위하여 차량통행을 억제하는 여러 가지 기법을 도입하는 방식은?

① 보차혼용방식
② 보차병행방식
③ 보차공존방식
④ 보차분리방식

11. 시점(A)에서 포장면(P)을 지각할 때 공간적 깊이감을 가장 잘 줄 수 있는 포장 패턴은?

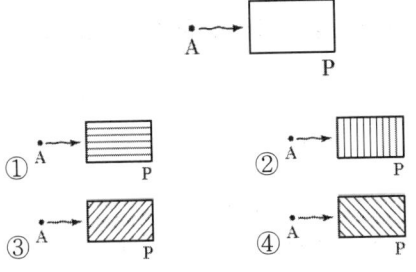

12. 행태 조사 방법 중 물리적 흔적(physical traces)의 관찰 방법으로 부적합한 것은?

① 일정 장소의 의자 배치, 낙서, 잔디마모 등의 물리적 흔적을 관찰하는 것이다.
② 연구하고자 하는 인간행태에 영향을 미치지 않는다.
③ 일반적으로 정보를 얻는 데 시간이 많이 걸려 비용이 많이 든다.
④ 대부분의 물리적 흔적은 비교적 장시간 변형되지 않으므로 반복적인 관찰이 가능하다.

13. 경관의 우세요소(A), 우세원칙(B), 변화요인(C)을 순서대로 짝지은 것 중 틀린 것은?

① A : 형태, B : 집중, C : 규모
② A : 색채, B : 대조, C : 광선(light)
③ A : 선, B : 축, C : 거리
④ A : 질감, B : 방향, C : 연속성

해설 1. 경관의 우세요소 : 형태, 선, 색채, 질감
      2. 경관의 우세원칙 : 대조, 연속성, 축, 집중, 상대성, 조형
      3. 경관의 변화요인 : 운동, 빛, 기후조건, 계절, 거리, 관찰위치, 규모, 시간

14. 옥상정원에 관한 설명 중 틀린 것은?

① 건물 전체의 건축구조설계 등 타 분야와 상호 연관성을 고려한다.
② 하중을 줄이기 위하여 경량골재 등 가벼운 재료를 사용하는 것이 바람직하다.
③ 이용의 측면에서 볼 때 프라이버시 보호가 설계의 중점 사항이다.
④ 옥상은 태양 복사열을 잘 받고 미기후가 수목의 생장에 유리한 조건을 갖는다.

15. 다음 중 그늘시렁(파골라)의 배치, 형태 및 규격의 설명으로 틀린 것은?

① 태양의 고도 및 방위각을 고려하여 부재의 규격을 결정하며, 해가림 덮개의 투영 밀폐도는 50%를 기준으로 한다.

② 공간규모와 이용자의 시각적 반응을 고려하여 규격을 결정하되 일반적으로 높이에 비해 길이가 길도록 한다.
③ 의자를 설치할 수 있으며, 의자는 하지의 12~14시를 기준으로 사람의 앉은 목 높이 이상 광선이 비추지 않도록 배치한다.
④ 조형성이 뛰어난 그늘시렁은 시각적으로 넓게 조망할 수 있는 곳이나 통경선(vista)이 끝나는 곳에 초점요소로서 배치할 수 있다.

[해설] 그늘시렁(파골라)
1. 배치
   (1) 휴게공간과 건물·보행로·운동장·놀이터 등에 배치하며, 보행동선과의 마찰을 피한다.
   (2) 조형성이 뛰어난 그늘시렁은 시각적으로 넓게 조망할 수 있는 곳이나 통경선(vista)이 끝나는 곳에 초점요소로서 배치할 수 있다.
   (3) 여름에는 그늘을 제공하고 겨울에는 햇빛이 잘 들도록 대지의 조건·방위·태양의 고도를 고려하여 배치한다.
   (4) 화장실·급한 비탈면·연약지반·고압철탑이나 전선 밑의 위험지역·외진 곳 및 불결한 곳을 피하여 배치한다.
   (5) 비교적 긴 휴식에 이용되므로 휴지통·공중전화부스·음수대 등의 관리시설을 배치한다.
2. 형태 및 규격
   (1) 그늘시렁의 형태는 설치 목적과 장소에 따라 달리 적용하며 기둥단면과 들보 및 도리의 배열·각 부재의 형태·부재 간의 균형 및 사용재료 등을 고려하여 설계한다.
   (2) 평면형태는 직사각형 및 정사각형을 기본으로 하며, 공간성격에 따라 원형·아치형·부정형으로 할 수 있다.
   (3) 규격은 공간규모와 이용자의 시각적 반응을 고려하여 결정하되 균형감과 안정감이 있도록 하며, 일반적으로 높이에 비해 길이가 길도록 한다.
   (4) 그늘시렁의 높이는 팔 뻗은 높이나 신장 등 인간척도와 사용재료·주변경관·태양의 고도 및 방위각 및 다른 시설과의 관계를 고려하여 결정하되, 높이는 220~260cm를 기준으로 하며, 그늘시렁의 면적이 넓거나 조형상의 이유로 높이를 키울 경우에는 300cm까지 가능하다.

(5) 태양의 고도 및 방위각을 고려하여 부재의 규격을 결정하며, 해가림 덮개의 투영 밀폐도는 70%를 기준으로 하고, 그늘만들기용 대나무발을 설치하거나 수목을 배식할 수 있다.
(6) 휴게기능을 보완하기 위하여 의자를 설치할 수 있으며, 의자는 하지의 12~14시를 기준으로 사람의 앉은 목높이 이상(88~105cm) 광선이 비추지 않도록 배치한다.
(7) 의자의 배치는 이용자 특성에 따라 내부지향형·외부지향형·단일방향 지향형·의자 및 야외탁자 조합형으로 나누어 공간의 성격에 맞게 배치한다.
(8) 사용 재료는 제작 시나 폐기 시 오염물질이 발생되지 않는 친환경 재료를 사용하도록 하고, 구조를 가급적 단순하게 처리하여 불필요한 재료가 사용되지 않도록 한다.

16. 설계 시 활용되는 "척도"의 종류에 해당되지 않는 것은?
① 배척
② 축척
③ 현척
④ 외척

17. 일반적으로 어느 색이 다른 색의 영향을 받아 단독으로 볼 때와는 달라져 보이는 현상을 무엇이라 하는가?
① 색의 조화
② 색의 대비
③ 색의 잔상
④ 푸르킨예 현상

18. 현대 디자인용 척도인 모듈러(Modulor)의 확립자는?
① 라이트(Wright)
② 그로피우스(Gropius)
③ 르 코르뷔지에(Le Corbusier)
④ 미스 반 데어 로에(Mies van der Rohe)

16. ④ 17. ② 18. ③

19. 그림과 같이 어떤 물체를 제 3각법으로 투상한 투상도의 입체도로 가장 적합한 것은?

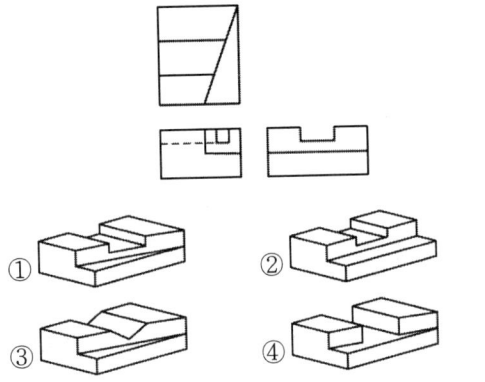

20. 먼셀(A.H. Munsell)의 표색계(表色系)를 설명한 것 중 옳은 것은?

① 주요 5색은 R, Y, G, B, P이다.
② 채도 단계에서 빨강은 8단계이고, 녹색은 14단계이다.
③ 명도축에는 1에서 14까지 번호가 붙여지고 있다.
④ 헤링(E. Hering)의 4원색설을 기본으로 하고 있다.

해설 먼셀 표색계
① 주요 5색 : R, Y, G, B, P
② 채도축 : 0~14단계에서 빨강은 14단계(5R/14)이고, 녹색은 10단계(5G5/10)이다.
③ 명도축 : 0~10단계
④ 헤링(E. Hering)의 4원색설을 기본으로 하고 있는 것 : 오스트발트 표색계

2과목 조경식재

21. 물푸레나무(*Fraxinus rhynchophylla* Hance)에 관한 설명이 틀린 것은?

① 낙엽활엽교목이다.
② 나무껍질은 세로로 갈라지고, 흰색의 가로 무늬가 있다.
③ 열매는 길이 2~4cm되는 시과로서 날개는 피침형으로 9월에 익는다.
④ 꽃은 암수한그루로만 존재하며 3월 중~4월 초에 핀다.

해설 ④ 꽃은 암수딴그루로 존재하며 5월에 핀다.

22. 선화후엽(先花後葉) 식물 중 꽃은 황색이고, 열매가 검은색으로 익는 식물은?

① 생강나무(*Lindera obtusiloba*)
② 미선나무(*Abeliophyllum distichum*)
③ 왕벚나무(*Prunus yedoensis*)
④ 진달래(*Rhododendron mucronulatum*)

해설 선화후엽
① 생강나무(*Lindera obtusiloba*)
② 미선나무(*Abeliophyllum distichum*)
③ 왕벚나무(*Prunus yedoensis*)
④ 진달래(*Rhododendron mucronulatum*)

23. 일반적으로 천근성 수종 이식 시 사용되는 뿌리분의 종류와 기준 깊이는? (단, 뿌리분의 지름을 A라고 가정함)

① 접시분, A/3   ② 보통분, A/2
③ 조개분, A/3   ④ 접시분, A/2

해설 뿌리분 종류와 기준 깊이(뿌리분의 지름을 A라고 가정 함)

접시분, $\dfrac{A}{2}$ - 천근성

보통분, $\dfrac{3A}{4}$ - 일반적인 수목

조개분, A - 심근성

Answer 19. ① 20. ① 21. ④ 22. ① 23. ④

24. 비탈면[斜面] 식재 수종 선정에 우선적으로 고려할 조건으로 가장 거리가 먼 것은?

① 열매에 향기가 있는 수종
② 척박토에 강한 수종
③ 토양 고정력이 있는 수종
④ 환경 적응성이 우수한 수종

25. 식물의 생태적 천이에 관한 설명으로 틀린 것은?

① 질서 있게 변화하는 진화과정으로 예측이 가능하다.
② 식물종다양성은 천이 후기단계에 최대화되는 경향이 있다.
③ 천이는 초본식물 및 외래식물의 침입으로부터 시작된다.
④ 식물군집이 성숙되어 안정된 상태를 이룰 때 극상에 도달하게 된다.

26. 고속도로 중앙분리대의 식재방식 중 랜덤식 식재법은?

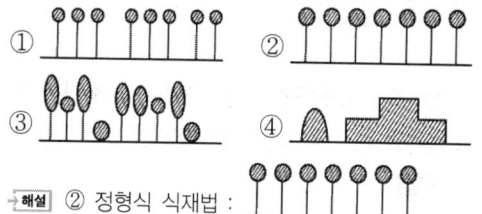

→해설 ② 정형식 식재법 :

27. 실내조경의 식물 선정에 있어서 가장 거리가 먼 것은?

① 실내에 식재될 수목은 낙엽현상방지를 위해 반그늘에서 약 2개월 전 식재 적응기간을 둔다.
② 실내조경에는 아열대성과 난온대성 관엽식물이 잘 자랄 수 있으므로 많이 사용되고 있다.
③ 실내조경에는 추위에 강한 한대성 침엽수가 적당하다.
④ 실내에서는 광 조건이 제한되므로 양수보다 음수를 선택하는 것이 좋다.

28. 수목을 식재한 후 지주목 설치의 가장 중요한 목적은?

① 지주목의 설치 그 자체가 관상의 주 대상이 된다.
② 철사로 설치함이 지주목의 기능으로서 효과가 가장 크다.
③ 바람에 의한 피해를 줄이고 뿌리의 활착을 돕는 역할을 한다.
④ 지주목은 가급적 가장 저렴한 재료를 이용하므로 경제상 유리하다.

29. 잎보다 꽃이 먼저 피는 식물이 아닌 것은?

① 진달래   ② 복사나무
③ 모과나무 ④ 박태기나무

→해설 ③ 모과나무 : 잎이 먼저 나오는 식물

30. 식물군락에 대한 설명으로 옳은 것은?

① 우점종은 군락에 공통적으로 나타나는 종
② 추이대는 두 개 이상의 이질적인 군집 사이에서 보이는 이행부
③ 극상은 나지에 처음 들어오는 식물들의 외부 형태를 말함
④ 1차 천이는 번식기관이 남아 있는 장소에서의 천이

→해설 ① 우점종 : 식물 군집의 성격을 결정하고, 군집을 대표하는 종류
③ 극상 : 천이의 가장 마지막 단계
   선구식생 : 나지에 처음 들어오는 식물들의 외부 형태를 말함
④ 2차 천이 : 번식기관이 남아 있는 장소에서의 천이

31. 다음은 어떤 식물에 대한 설명인가?

> 황색의 꽃이 4~5월에 피고 겨울철에 녹색의 줄기가 관상 가치가 있으며, 원산지는 일본이다.

① 야광나무(*Malus baccata* Borkh)
② 황매화(*Kerria japonica* DC)

Answer 24.① 25.② 26.③ 27.③ 28.③ 29.③ 30.② 31.②

③ 조팝나무(*Spiraea prunifolia* f. *simpliciflora* Nakai)
④ 쉬땅나무(*Sorbaria sorbifolia* var. *stellipila* Maxim.)

32. 벽오동의 분류군으로 맞는 것은?

① 피나무과(Tilliacae)
② 차나무과(Theaceae)
③ 소태나무과(Simaroubaceae)
④ 벽오동과(Sterculiaceae)

33. 다음 ( ) 안에 공통으로 들어갈 매립지 복원 공법은?

- ( )은 산흙 식재 기반 조성 시 하부층이 세립 미사질토인 경우 적용하는 공법이다.
- ( )은 세립 미사질토가 가장 많은 중심부에서 외곽부로 모래 배수구를 만들어 준 후, 그 위에 산흙을 넣어 수목을 식재하는 방법이다.

① 성토법
② 사공법
③ 사토객토법
④ 사구법

34. 종합경기장에 식재계획을 할 경우 주차장에 심어야 할 가장 적합한 녹음 수종으로만 짝지어진 것은?

① 느티나무, 이팝나무
② 주목, 비자나무
③ 회양목, 식나무
④ 팔손이나무, 녹나무

35. 방화용 식재 수종으로만 구성된 것은?

① 녹나무, 삼나무
② 비자나무, 소나무
③ 은목서, 구실잣밤나무
④ 후피향나무, 아왜나무

【해설】 방화식재로 부적합한 수종
① 연소하기 쉬운 수종, 잎에 수지(樹脂)를 함유하고 있는 수종
② 침엽수류, 구실잣밤나무, 모밀잣밤나무, 삼나무, 녹나무, 금목서, 은목서, 태산목, 비자나무, 자작나무 등

36. 꽃 색깔이 다른 수종은?

① 채진목(*Amelanchier asiatica* Endl. ex Walp.)
② 함박꽃나무(*Magnolia sieboldii* K.Koch)
③ 옥매(*Prunus glandulosa* for. *albiplena* Koehne)
④ 모과나무(*Chaenomeles sinensis* Koehne)

【해설】 ① 채진목(*Amelanchier asiatica* Endl. ex Walp.) : 흰색
② 함박꽃나무(*Magnolia sieboldii* K.Koch) : 흰색
③ 옥매(*Prunus glandulosa* for. *albiplena* Koehne) : 흰색
④ 모과나무(*Chaenomeles sinensis* Koehne) : 분홍색

37. 조경수목의 부분별 특성을 살펴보면 뿌리[根], 줄기[莖], 잎[葉]의 영양기관과 꽃, 열매, 씨 등의 생식기관으로 구성되어 있다. 겨울의 꽃눈[花芽]이 필봉(筆鋒)같다 하여 경관적 가치가 있는 수목은?

① 때죽나무
② 백목련
③ 수수꽃다리
④ 무궁화

38. 장미과(科)의 벚나무속(屬)에 해당되지 않은 것은?

① 매실나무
② 살구나무
③ 자두나무
④ 모과나무

【해설】 장미과(科)의 벚나무속(屬) : *Prunus*
① 매실나무 *Prunus mume*
② 살구나무 *Prunus armeniaca* var. *ansu*
③ 자두나무 *Prunus salicina*
④ 모과나무 *Chaenomeles sinensis*

Answer 32. ④ 33. ④ 34. ① 35. ④ 36. ④ 37. ② 38. ④

39. 돈나무의 학명으로 맞는 것은?

① *Pittosporum tobira*
② *Chaenomeles speciosa*
③ *Lespedeza maximowiczii*
④ *Rhus javanica*

> 해설 ① *Pittosporum tobira* : 돈나무
> ② *Chaenomeles speciosa* : 명자나무
> ③ *Lespedeza maximowiczii* : 조록싸리
> ④ *Rhus javanica* : 붉나무

40. 잎의 질감(texture)이 가장 거친 수종으로만 구성된 것은?

① 칠엽수, 양버즘나무
② 편백, 화백
③ 산철쭉, 삼나무
④ 회양목, 꽝꽝나무

3과목 **조경시공**

---

41. 잔디 운동장 정지작업 중 경사도의 표준으로 적당한 것은?

① 1~2%   ② 3~4%
③ 5~6%   ④ 7~10%

42. 다음과 같은 특징을 갖는 합성수지는?

- 내열성이 우수하다.
- 내수성이 대단히 우수하여 Seal재의 원료로 쓰인다.
- 유리섬유를 보강하면 500℃ 이상 고열에도 수 시간을 견딜 수 있다.

① 에폭시 수지   ② 실리콘 수지
③ 페놀 수지   ④ 멜라민 수지

43. 다음 공정표에 관한 설명으로 틀린 것은?

① 좌표식 공정표는 예정공정에 쉽게 대비할 수 있는 장점이 있다.
② 네트워크 공정표는 각 공종 간의 관계를 명확하게 하여 보다 세심한 관리가 가능하다.
③ 막대공정표는 막대그래프를 이용하여 작업의 특정 시점과 기간을 표시하여 공종별 공사일정을 파악하기가 쉽다.
④ 네트워크의 주공정선(critical path)은 전체 공사과정 중 가장 짧은 일정이 소요되는 과정으로 전체 공사의 소요기간을 산정할 수 있다.

> 해설 ④ 네트워크의 주공정선(critical path)은 전체 공사 과정 중 가장 긴 일정이 소요되는 과정으로 전체 공사의 소요기간을 산정할 수 있다.

44. "석재판붙임용재(부정형 돌)"의 할증률은?

① 3%   ② 5%
③ 10%   ④ 30%

45. 다음 중 건설표준품셈의 조경공사의 유지관리를 위한 "일반전정" 관련 설명으로 틀린 것은?

① 본 품은 준비, 소운반, 전정, 뒷정리를 포함한다.
② 전정 후 외부 운반 및 폐기물처리비를 포함한다.
③ 공구손료 및 경장비(전정기 등)의 기계경비는 인력품의 2.5%를 계상한다.
④ 수목의 정상적인 생육장애요인의 제거 및 외관적인 수형을 다듬기 위해 실시하는 전정작업을 기준한 품이다.

> 해설 건설표준품셈의 조경공사의 유지관리 – "일반전정"
> ① 본 품은 수목의 정상적인 생육장애요인의 제거 및 외관적인 수형을 다듬기 위해 실시하는 전정 작업을 기준한 품이다.
> ② 본 품은 준비, 소운반, 전정, 뒷정리를 포함한다.

39. ① 40. ① 41. ① 42. ② 43. ④ 44. ④ 45. ②

③ 고소작업차는 트럭탑재형 크레인(5ton)을 적용한다.
④ 공구손료 및 경장비(전정기 등)의 기계경비는 인력품의 2.5%를 계상한다.
⑤ 전정 후 외부 운반 및 폐기물처리비는 별도 계상한다.

46. 시공 장비의 주요 사용 용도별 분류 중 "정지 또는 배토"를 위한 것은?

① 콤팩터
② 불도저
③ 전압식 롤러
④ 쇼벨

47. 공사감독자가 공사의 일시중지를 지시할 수 있는 경우에 해당되지 않는 것은?

① 수급인과 건축주로부터 공사대금의 선급금을 50% 미만으로 받은 경우
② 공사감독자나 감리원의 정당한 지시에 불응할 경우
③ 기후조건 또는 천재지변으로 인해 부실시공이 우려될 경우
④ 공사 종사원의 안전을 위하여 필요하다고 인정될 경우

→해설 감독자는 다음의 경우에 공사의 일시중지를 지시할 수 있다.
(1) 기후의 악조건으로 인하여 공사에 손상을 줄 우려가 있다고 인정될 때
(2) 수급인이 설계도서대로 시공하지 않거나 또는 감독자의 지시에 응하지 않을 때
(3) 공사 종사원의 안전을 위하여 필요하다고 인정될 때
(4) 수급인의 공사시공방법 또는 시공이 미숙하여 조잡한 공사가 우려될 때

48. 보도를 포장하려고 할 때 지반의 지지력 중 가장 높은 것은?

① 점질토
② 사질토
③ 잡석층
④ 자갈 섞인 흙

49. 30m의 테이프가 표준자보다 1cm 짧다고 할 때 이 테이프로 측정한 300m의 길이는 얼마인가?

① 289.9m
② 299.9m
③ 300.1m
④ 300.01m

→해설 누적오차 = 1회오차 × $\dfrac{측정거리}{줄자길이}$

누적오차 = $0.01m \times \dfrac{300m}{30m} = 0.1m$

실제길이 = 300m + 0.1m = 300.1m

50. 다음 그림과 같은 비탈면녹화 공법의 명칭은?

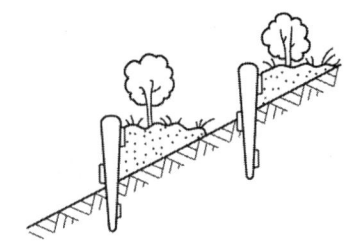

① 편책공
② 근지공
③ 식생반공
④ 종자뿜어붙이기

51. 다음 표의 점토질과 사질지반의 비교 내용 중 옳은 것은?

비교항목	사질	점토질
가. 투수계수	작다	크다
나. 가소성	크다	없다
다. 내부마찰각	크다	없다
라. 동결피해	크다	적다

① 가
② 나
③ 다
④ 라

→해설 점토질과 사질지반 비교

비교항목	사질	점토질
투수계수	없다	작다
가소성	없다	크다
내부마찰각	크다	없다

Answer 46. ② 47. ① 48. ③ 49. ③ 50. ① 51. ③

비교항목	사질	점토질
동결피해	적다	크다
건조수축량	작다	크다
압밀속도	빠르다	느리다
전단강도	크다	작다
불교란시료	채취가 어렵다.	채취가 쉽다.

52. 건설재료로서 목재의 특징이 옳은 것은?

① 열, 음, 전기 등의 전도성이 큰 전도체이다.
② 흡수 및 흡습성이 작으나 신축변형이 크다.
③ 종류가 다양하고 외관이 아름답다.
④ 비중에 비해 압축강도, 인장강도가 작으며 건축물의 자중이 크다.

53. 왕벚나무 100주를 기계시공으로 식재하는 데 필요한 노무비는 얼마인가?

- 조경공 노임 : 50,000원
- 보통인부 노임 : 30,000원
- 왕벚나무 1주당 식재품 : 조경공(1.0인), 보통인부(0.1인)
- 지주목은 설치하지 않는다.(감소요율은 인력 시공 시 인력품의 10%, 기계 시공 시 인력품의 20%를 적용)

① 4,240,000원
② 4,770,000원
③ 5,300,000원
④ 6,400,000원

해설 조경공=50,000원×1.0인/주×(1−0.2)×100주
=4,000,000원
보통인부=30,000원×0.1인/주×(1−0.2)×100주
=240,000원
노무비=4,000,000원+240,000원=4,240,000원

54. 목재의 변재와 심재에 대한 설명으로 맞는 것은?

① 변재는 심재에 비해 건조수축이 크다.
② 변재가 심재에 비해 강도가 높다.
③ 수심에 가까운 부위가 변재이다.
④ 심재는 수액의 수송 및 양분을 저장하는 부분이다.

해설 ① 변재는 심재에 비해 건조수축이 크다.
② 변재가 심재에 비해 강도가 낮다.
③ 수심에 가까운 부위가 심재이다.
④ 목질부는 수액의 수송 및 양분을 저장하는 부분이다.

55. 공원 등에 사용되는 우수의 배수관에 관한 설치 요령 중 옳지 않은 것은?

① 이상적인 유속은 1.0~1.8m/sec 정도로 한다.
② 일반적으로 동결심도 이하의 깊이로 매설하는 것이 원칙이다.
③ 관의 굵기는 계획 배수량을 정해진 유속으로 흘려보낼 수 있도록 정한다.
④ 평탄지에서는 유속을 될 수 있는 한 급구배로 하여 관의 굵기를 정한다.

56. 목재의 CCA 방부제는 유해성으로 인해 산업현장에서 사용을 금지하고 있는데, 그 구성 성분의 역할로 적합하지 않은 것은?

① As : 방충성(防蟲性)
② Cr : 정착성(定着性)
③ Cu : 방부성(防腐性)
④ Al : 지속성(持續性)

57. 강의 일반적인 성질로 옳지 않은 것은?

① 비례한계점까지는 응력도와 변형도는 비례한다.
② 비례한계점까지는 후크(Hook)의 법칙이 성립된다.
③ 탄성계수(영계수)는 변형도를 응력도로 나눈 값이다.
④ 탄성계수는 일정한 정수로 나타내며 금속의 기계적 성질을 나타내는 중요한 자료이다.

58. 다음 중 평판측량 관련 설명으로 틀린 것은?

① 평판의 세우기는 정준, 구심, 표정의 3조건을 만족시켜야 한다.

Answer 52. ③ 53. ① 54. ① 55. ④ 56. ④ 57. ③ 58. ②

② 측량 구역이 넓고 장애물이 있을 때는 후방 교회법으로 하는 것이 좋다.
③ 대표적인 평판측량 방법에는 방사법, 전진법, 교회법이 있다.
④ 측방교회법이라 함은 시준이 잘 되는 여러 목표물을 미리 정한 후 이 점들을 시준하여 다른 점을 구하는 방법이다.

해설 ② 측량 구역이 넓고 장애물이 있을 때는 전방 교회법으로 하는 것이 좋다.

59. 콘크리트 타설 작업 시 발생하는 블리딩(Bleeding) 현상의 설명으로 옳은 것은?

① 굳지 않은 상태에서 시멘트 입자의 점성에 의한 재료분리에 저항하는 성질
② 시멘트 입자의 비율이 높아 점성이 증가하므로 타설 작업에 지장을 초래하는 현상
③ 시멘트의 화학적 작용으로 인한 골재의 혼합 및 타설 작업에 지장을 초래하는 현상
④ 굳지 않은 상태에서 무거운 골재나 시멘트는 침하하고 비교적 가벼운 물이나 미세한 물질 등이 상승하는 현상

60. 콘크리트의 중성화와 가장 관계가 깊은 것은?

① 산소   ② 질소
③ 염분   ④ 이산화탄소

4과목 조경관리

61. 병 발생의 정도를 결정하는 요인으로 가장 거리가 먼 것은?

① 환경조건   ② 병원체의 병원성
③ 식물의 크기   ④ 기주식물의 감수성

62. 토양개량제 중 유기질 재료(organic matter)로 쓰이지 않는 것은?

① 왕모래   ② 피트(Peat)
③ 짚   ④ 퇴비

63. 레크리에이션 수용능력에 따른 관리방법 중 부지 관리 유형에 해당하는 것은?

① 이용강도의 제한
② 이용 유도
③ 이용자에게 정보 제공
④ 정책 강화

해설 ① 이용강도의 제한 : 직접적 이용 제한
② 이용 유도 : 부지관리
③ 이용자에게 정보 제공 : 간접적 이용 제한
④ 정책 강화 : 직접적 이용 제한

64. 저온에 의한 피해로 주로 열대나 아열대 식물에 발생하여 신진대사가 정지되고 세포질의 활성이 상실되는 생리 기능의 장해를 일으켜 고사하는 것은?

① 한상(chilling injury)   ② 상해(frost injury)
③ 동해(freezing injury)   ④ 열사(sun scald)

65. 백호우의 장비 규격 표시 방법으로 옳은 것은?

① 차체의 길이(m)   ② 차체의 무게(ton)
③ 표준 견인력(ton)   ④ 표준버킷 용량(m³)

66. 비탈면보호공의 적용은 현지실정에 맞추어 결정하는데, 주로 토양이나 풍화토(風化土) 등 붕괴우려가 적은 비탈면에 적합한 공법은?

① 배수공(排水工)
② 식생공(植生工)

Answer 59. ④ 60. ④ 61. ③ 62. ① 63. ② 64. ① 65. ④ 66. ②

③ 낙석방지공(落石防止工)
④ 구조물(構造物)에 의한 보호공(保護工)

③ 이용자를 제한할 수 있다.
④ 반달리즘을 높인다.

67. 목재 유희시설물을 보수할 때 방부, 방충효과를 알아보고자 함수율을 계산하면 얼마인가?

- 목재의 건조 전의 중량 : 120kg
- 건조 후의 중량 : 80kg

① 60% ② 50%
③ 30% ④ 20%

[해설] 목재함수율 = $\frac{건조전 중량 - 건조후 중량}{건조후 중량} \times 100(\%)$

목재함수율 = $\frac{120kg - 80kg}{80kg} \times 100(\%) = 50\%$

68. 식물 관리비의 계산 공식으로 맞는 것은?

① 식물의 종류×작업률×작업횟수×작업단가
② 식물의 종류×작업률×작업횟수×작업방법
③ 식물의 수량×작업장소×작업횟수×작업방법
④ 식물의 수량×작업률×작업횟수×작업단가

69. 토양입자의 침강속도를 측정하여 토양의 입경을 구분할 때 이용되는 Stokes식 내의 독립변수 중 침강속도에 영향을 주는 인자로 고려되지 않는 것은?

① 물의 점성계수   ② 물의 밀도
③ 입자의 반경   ④ 입자의 형태

70. 다음 중에서 천적류에 가장 큰 영향을 미치는 살충제의 종류는?

① 유인제   ② 접촉독제
③ 기피제   ④ 불임제

71. 공원관리에 긍정적인 주민참가 효과를 설명하고 있는 것은?

① 생태교육 효과를 높인다.
② 공원에 대한 애착심을 높인다.

72. 운영관리계획 중 양적인 변화로 관리계획에 필요한 것은?

① 군식지의 생태적 조건 변화에 따른 갱신
② 귀화 식물의 증대
③ 야간조명으로 인한 일장효과의 증대
④ 지표면의 폐쇄로 토양 조건 약화

[해설] ① 군식지의 생태적 조건 변화에 따른 갱신 : 양의 변화
② 귀화 식물의 증대 : 질의 변화
③ 야간조명으로 인한 일장효과의 증대 : 질의 변화
④ 지표면의 폐쇄로 토양 조건 약화 : 질의 변화

73. 조경 작업용 도구와 능률에 대한 설명으로 옳지 않은 것은?

① 도구의 자루 길이가 너무 길면 정확한 작업이 어렵다.
② 도구의 날이 너무 날카로운 것은 부러지기 쉽다.
③ 도구의 날은 날카로울수록 땅을 잘 파거나 나무를 잘 자를 수 있다.
④ 도구의 날 끝 각도가 작을수록 자를 나무가 잘 빠개진다.

74. 시멘트 콘크리트 포장 관리에 관한 사항 중 옳지 않은 것은?

① 줄눈시공이 부적합하면 수축에 의해 균열이 발생한다.
② 배수시설이 불충분하면 노상이 연약해진다.
③ 포장의 균열이 많은 경우 콘크리트로 덧씌우기한다.
④ 포장파손이 심한 경우 패칭공법으로 보수한다.

[해설] ③ 포장의 균열이 많은 경우 아스팔트 혼합물로 덧씌우기한다.

Answer: 67.② 68.④ 69.④ 70.② 71.② 72.① 73.④ 74.③

75. 도로변 녹지의 관리계획 일정을 세우고자 할 때 잔디 보식의 최적기는?

① 4월
② 7월
③ 8월
④ 11월

76. 조경석을 옮기거나 설치하기 위해 이용되는 이음매가 있는 권상용 와이어로프의 사용금지 규정이다. ( ) 안에 알맞은 수치는?

> 와이어로프의 한 꼬임에서 소선의 수가 ( )% 이상 절단된 것을 사용하면 안 된다.

① 5
② 7
③ 10
④ 15

해설) 와이어로프 사용금지
1. 이음매가 있는 것
2. 와이어로프의 한 꼬임(스트랜드를 의미)에서 끊어진 소선의 수가 10% 이상인 것(필러선은 제외)
3. 지름의 감소가 공칭지름의 7%를 초과한 것
4. 꼬인 것
5. 심하게 변형 또는 부식된 것

77. 다음 중 소나무 좀에 관한 설명으로 틀린 것은?

① 수세가 쇠약한 벌목, 고사목에 기생한다.
② 연 1회 발생하며, 유충으로 월동한다.
③ 월동성충이 수피를 뚫고 들어가 산란한 알이 부화한 유충이 수피 밑을 식해한다.
④ 생물학적 방제를 위해 기생성 천적인 좀벌류, 맵시벌류, 기생파리류 등을 보호한다.

해설) ② 연 1회 발생하며, 성충으로 월동한다.

78. 솔나방의 생태에 관한 설명으로 옳지 않은 것은?

① 연 1회 발생한다.
② 유충으로 월동한다.
③ 성충의 우화기간은 7월 하순~8월 중순이다.
④ 소나무껍질 틈에 알을 덩어리로 낳는다.

79. 잔디에 뗏밥주기를 실시하는 이유로 가장 거리가 먼 것은?

① 지하경과 토양의 분리를 막으며, 내한성을 증대시킨다.
② 잔디의 요철(凹凸) 부분을 평탄하게 하며, 잔디깎기를 용이하게 한다.
③ 잔디 식생층의 증가로 답압에 의한 잔디 피해를 적게 한다.
④ 새로운 지하경을 뗏밥 속에 묻고, 오래된 지하경의 생육을 촉진함으로써 병해충의 피해를 줄인다.

80. 교목 500주가 심어진 공원에 시비를 하고자 한다. 연 평균 수목 시비율을 20%로 할 때 다음 표를 참조하여 시비를 위한 당해 연도(1년간) 인건비를 산출하면 얼마인가?

□ 교목 시비 (100주당)

명 칭	단 위	수 량
조 경 공	인	0.3
보통인부	인	2.8

□ 건설인부 노임 단가

명 칭	금 액
조 경 공	50,000원
보통인부	40,000원

① 127,000원
② 279,000원
③ 635,000원
④ 1,270,000원

해설) 조경공 : 50,000원×0.3인/100주×500주×0.2
    =15,000원
보통인부 : 40,000원×2.8인/100주×500주×0.2
    =112,000원
인건비 : 15,000원+112,000원=127,000원

2018년 조경산업기사 최근기출문제 (2018. 9. 15)

1과목 조경계획 및 설계

01. 영국 풍경식 정원에서 대정원과 모든 시골풍경을 성공적으로 통합시킬 수 있는 방법을 제시한 '스펙테이터(The spectater)'의 저자는?

① 조셉 애디슨   ② 토마스 웨이틀리
③ 로버트 카스텔 ④ 존 제라드

02. 다음 중 한국 전통정원 양식 가운데 특히 별서의 특징이라고 할 수 있는 것은?

① 선택된 자연풍경을 이상화하여 독특한 축경법(縮景法)에 따른 상징화된 모습으로 정원을 표현하였다.
② 자연적인 경관을 주 구성 요소로 삼고 있기는 하나 경관의 조화에 주안을 두기보다는 대비에 중점을 두었다.
③ 자연의 아름다움이 건물의 내부에도 연결되어 하나의 특징적 정원을 이룬다.
④ 자연에 대한 선종적(禪宗的)인 해석을 바탕으로 한 상징과 많은 법칙들에 의하였다.

→해설 ② 자연적인 경관을 주 구성 요소로 삼고 있기는 하나 경관의 조화에 주안을 두기보다는 대비에 중점을 두었다. : 중국 조경의 특징

03. 고대 그리스 특수정원인 아도니스원의 성격이라고 볼 수 있는 것은?

① Megaron   ② Hanging garden
③ Roof garden ④ sunken garden

→해설 아도니스원 : Roof garden, Pot garden

04. 다음 중 아미산(峨嵋山) 조경 유적은 어느 곳에 있는가?

① 경주 안압지(雁鴨池)
② 경복궁 교태전(交泰殿) 후원
③ 창덕궁 대조전(大造殿) 후원
④ 경복궁 건청궁(乾淸宮) 후원

05. 조선시대 경승지에 세워진 누각들이다. 경기도 수원에 위치하고 있는 것은?

① 한벽루(寒碧樓)
② 사미정(四美亭)
③ 방화수류정(訪花隨柳亭)
④ 북수구문루(北水口門樓)

→해설 ① 한벽루(寒碧樓) : 충북 제천
② 사미정(四美亭) : 경북 봉화
③ 방화수류정(訪花隨柳亭) : 경기 수원
④ 북수구문루(北水口門樓) : 제주

06. 다음 중 계성의 원야(園冶)에 기술된 차경 기법이 아닌 것은?

① 대차   ② 원차
③ 앙차   ④ 부차

→해설 차경 기법
① 원차(遠借) : 원경을 빌리는 것
② 인차(隣借) : 가까운 곳의 경치를 빌리는 것
③ 앙차(仰借) : 눈 위에 전개되는 높은 산의 경치를 빌리는 것
④ 부차(俯借) : 눈 아래 전개되는 낮은 곳의 경치를 빌리는 것
⑤ 응시이차(應時而借) : 계절에 따른 경관을 경물(景物)로 차용하는 방법

Answer 01. ① 02. ③ 03. ③ 04. ② 05. ③ 06. ①

07. 다음과 같은 특징을 갖는 정원 유적은?

- 돌로 축조된 전복과 비슷한 모양의 수로로 유상곡수연의 유구로 추정되고 있다.
- 형태는 타원형을 이루며, 안쪽에 12개, 바깥쪽에 24개 다듬은 돌을 조립하였다.

① 계담(溪潭) ② 구품연지(九品蓮池)
③ 만월대(滿月臺) ④ 포석정(鮑石亭)

08. 파티오(Patio)는 어느 나라 정원의 형태에서 많이 볼 수 있는가?

① 로마 ② 프랑스
③ 스페인 ④ 이탈리아

09. 조경계획을 위한 기본도(base map) 중 대지 종·횡 단면도의 기초가 되는 도면은?

① 토양도 ② 식생도
③ 지형도 ④ 지질도

10. 환경적으로 건전하고 지속 가능한 개발(ESSD)에 대해서는 많은 해석이 있는데 다음 중 골자를 이루고 있는 개념이 아닌 것은?

① 자연자원의 절대 보존
② 세대 간의 형평성
③ 환경 용량 한계 내에서의 개발
④ 사회 정의적 관점에서의 개발

> **해설** 환경적으로 건전하고 지속 가능한 개발(ESSD)
> 미래 세대가 이용할 환경과 자연을 손상시키지 않고 현재 세대의 필요를 충족시켜야 한다는 '세대 간의 형평성'과, 자연 환경과 자원을 이용할 때는 자연의 정화 능력 안에서 오염 물질을 배출하여야 한다는 '환경 용량 내에서의 개발'

11. 개발 대상지에서는 벌채 등으로 대규모의 붕괴가 일어나기 쉬우므로 자연 상태로 적극 보존할 필요가 있는 경사도는 최소 몇 도(°) 이상인가?

① 15° 이상 ② 20° 이상
③ 25° 이상 ④ 30° 이상

12. 자연환경보전법상의 생태·경관보전지역 관리 기본계획에 포함되어야 할 사항이 아닌 것은?

① 지역 안의 녹지관리체계와 공원계획에 관한 사항
② 지역 안의 생태계 및 자연경관의 변화 관찰에 관한 사항
③ 지역 안의 오수 및 폐수의 처리방안
④ 환경친화적 영농 및 생태관광의 촉진 등 주민의 소득 증대 및 복지증진을 위한 지원방안에 관한 사항

> **해설** 자연환경보전법 제14조(생태·경관보전지역 관리 기본계획)
> 1. 자연생태·자연경관과 생물다양성의 보전·관리
> 2. 생태·경관보전지역 주민의 삶의 질 향상과 이해관계인의 이익 보호
> 3. 자연자산의 관리와 생태계의 보전을 통하여 지역사회의 발전에 이바지하도록 하는 사항
> 4. 그 밖에 생태·경관보전지역 관리 기본계획의 수립·시행에 필요한 사항으로서 대통령령이 정하는 사항
>
> ※ 대통령령이 정하는 사항
> ① 생태·경관보전지역 안의 생태계 및 자연경관의 변화 관찰에 관한 사항
> ② 생태·경관보전지역 안의 오수 및 폐수의 처리방안과 오수 및 폐수의 처리를 위한 지원방안에 관한 사항
> ③ 생태·경관보전 관리 기본계획에 포함된 사업의 시행에 소요되는 비용의 산정 및 재원의 조달방안에 관한 사항
> ④ 환경친화적 영농 및 생태관광의 촉진 등 주민의 소득증대 및 복지증진을 위한 지원방안에 관한 사항

13. 국토종합계획은 몇 년마다 수립하여야 하고, 몇 년마다 전반적으로 재검토 및 정비를 하여야 하는가?

① 20년, 10년 ② 20년, 5년
③ 10년, 5년 ④ 10년, 3년

Answer 07. ④ 08. ③ 09. ③ 10. ① 11. ③ 12. ① 13. ②

14. 당시의 사회적 가치는 경관과 도시형태에 중요한 역할을 한다. 다음 중 서로 관계가 먼 것은?

① 죽음의 문제 - 피라미드
② 종교 - 고딕 건축
③ 절대왕권 - 수직적인 거대도시
④ 환경 문제 - 지속 가능한 도시

해설 ③ 절대왕권 - 거대도시 / 종교 - 수직

15. 각종 선(線)의 형태에 대한 표현 설명으로 가장 거리가 먼 것은?

① 직선은 대담, 적극적, 긴장감 등을 준다.
② 곡선은 유연, 온건, 우아한 감을 준다.
③ 대각선은 수동적, 휴식상태의 감을 준다.
④ 지그재그(Zigzag)는 활동적, 대립, 방향제시를 한다.

해설 ③ 대각선은 변화, 역동적, 움직임을 연상
※ 수평선은 수동적, 휴식상태의 감을 준다.

16. 채도에 관한 설명 중 옳은 것은?

① 흰색을 섞으면 높아지고 검정색을 섞으면 낮아진다.
② 색의 선명도를 나타낸 것으로 무채색을 섞으면 낮아진다.
③ 색의 밝은 정도를 말하는 것이며 유채색끼리 섞으면 높아진다.
④ 그림물감을 칠했을 때 나타나는 효과이며 흰색을 섞으면 높아진다.

해설 채도
① 흰색을 섞으면 낮아지고 검정색을 섞어도 낮아진다.
② 색의 선명도를 나타낸 것으로 무채색을 섞으면 낮아진다. : 무채색-흰색, 검정색, 회색

17. 다음과 같이 3각법에 의한 투상도에서 누락된 정면도로 옳은 것은?

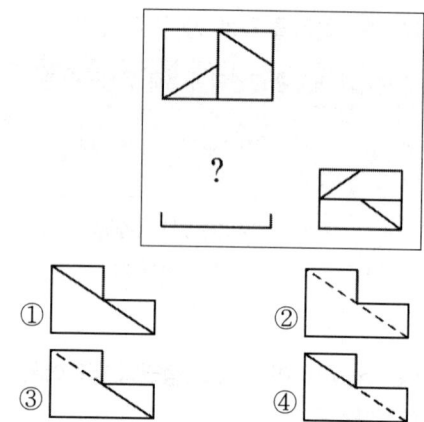

18. 자전거 도로 설계와 관련된 용어의 설명이 틀린 것은?

① 설계속도 : 자전거도로 설계의 기초가 되는 자전거의 속도
② 정지시거 : 자전거 운전자가 같은 자전거도로 위에 있는 장애물을 인지하고 안전하게 정지하기 위하여 필요한 거리
③ 제한길이 : 종단경사가 있는 자전거도로의 경우 종단경사도에 따라 연속적으로 이어지는 도로의 최소 길이
④ 편경사 : 평면곡선부에서 자전거가 원심력에 저항할 수 있도록 하기 위하여 설치하는 횡단경사

해설 ③ 제한길이 : 종단경사가 있는 자전거도로의 경우 종단경사도에 따라 연속적으로 이어지는 도로의 최대 길이

19. 주거단지 조경의 기본설계 내용으로 옳지 않은 것은?

① 지속 가능한 녹색 생태도시의 원리를 적용한다.
② 주택의 질과 양호한 거주성 확보를 위하여 영역성, 향, 사생활 보호, 독자성, 편의성, 접근성, 안전성 등을 고려하여 설계한다.
③ 단지가 갖고 있는 역사적·문화적 유산과 보호수, 수림대, 습지 등의 자연환경자원 등 고유의 여러 특성을 최대한 활용한다.

Answer 14. ③ 15. ③ 16. ② 17. ④ 18. ③ 19. ④

④ 주동의 향은 지형과 부지형태, 조망 등에 따라 조화를 이루도록 하고, 서향을 우선하되, 특별한 경우를 빼고는 남향을 피한다.

> 해설 ④ 주동의 향은 지형과 부지형태, 조망 등에 따라 조화를 이루도록 하고, 남향을 우선하되, 특별한 경우를 빼고는 서향을 피한다.

20. 조경설계기준상의 흙쌓기 식재지와 관련된 설계 내용 중 틀린 것은?

① 저습지의 토양 중 유기물질을 함유한 부분과 토양공극 내에 존재하는 수분은 흙쌓기에 앞서서 충분히 제거하도록 설계한다.
② 기존의 지반이 기울어진 경우에는 기존 지반과 흙쌓기층의 분리해 기존 지반을 평식으로 정리한 다음 흙쌓기 하도록 설계한다.
③ 식재지의 흙쌓기 깊이가 5m를 넘는 경우, 지반의 부등침하 및 미끄러짐이 우려되는 곳에서는 흙쌓기 높이 2m마다 2% 정도의 기울기로 부직포를 깔아 토양공극의 자유수가 쉽게 배수되도록 한다.
④ 기존의 땅 위에 기존 토양보다 투수계수가 큰 토양을 쌓을 경우에는 정체수의 배수가 용이하도록 기존 지반의 표면을 2% 이상 기울게 마무리하며, 정체수가 모이는 지점에 심토층 배수시설을 설치한다.

> 해설 ② 기존의 지반이 기울어진 경우에는 기존 지반과 흙쌓기층의 분리를 방지하기 위해 기존 지반을 계단식으로 정리한 다음 흙쌓기하도록 설계한다.

조경식재

21. 다음의 차폐대상과 차폐식재와의 관계를 나타내는 식과 관련이 없는 것은?

$$h = \frac{D}{d}(H-e)+e$$

① h : 차폐식재의 높이
② H : 차폐대상물의 높이
③ d : 시점과 차폐식재와의 수평거리
④ D : 눈과 차폐대상물의 최하부를 연결한 거리

> 해설 ④ D : 눈과 차폐대상물까지의 거리

22. 생태적 천이에 관한 설명으로 옳은 것은?

① 호수에서의 생태적 천이는 점진적으로 느리게 진행된다.
② 2차 천이 계열은 삼각주, 사구(sand dune) 등에서 볼 수 있다.
③ 1차 천이 계열은 토양이 이미 존재하므로 빠르게 진행된다.
④ 영양염류 공급과 생산력이 거의 없는 호수를 부영양호라 한다.

> 해설 ① 호수에서의 생태적 천이는 점진적으로 느리게 진행된다.
> ② 1차 천이 계열은 삼각주, 사구(sand dune) 등에서 볼 수 있다.
> ③ 2차 천이 계열은 토양이 이미 존재하므로 빠르게 진행된다.
> ④ 영양염류 공급과 생산력이 거의 없는 호수를 빈영양호라 한다.

23. 다음 중 가지에 예리한 가시와 같은 형태를 갖고 있는 수목은?

① 명자나무(Chaenomeles speciosa)
② 남천(Nandina domestica)
③ 호랑가시나무(Ilex cornuta)
④ 서어나무(Carpinus laxiflora)

24. 지상의 줄기가 일 년 넘게 생존을 지속하며 목질화되어 비대성장을 하는 만경목(蔓莖木)으로만 구성되지 않은 것은?

① 작약, 멀꿀
② 송악, 으름덩굴
③ 인동덩굴, 능소화
④ 마삭줄, 담쟁이덩굴

[해설] ① 작약-다년초, 멀꿀-만경목

25. 다음 설명에 적합한 표본추출 방법은?

> 일정한 형식에 따라 규칙적으로 표본을 추출하는 방법으로서 선상으로 길게 이어지는 도로의 절사면 식생을 일정한 간격으로 조사할 때 적합한 방법

① 계통추출법
② 무작위추출법
③ 전형 표본추출법
④ 벨트 트랜섹트법

[해설] 표본 추출법의 방법
1. 전형 표본추출법
   ① 대상 군락 안에서 가장 전형적이라고 생각되는 부분에 조사구 설정
   ② 산림식생 조사를 비롯하여 다양한 식생조사. 가장 많이 사용
2. 무작위추출법(랜덤 추출법)
   ① 조사 대상지 내 조사구를 격자 형태로 분할하고, 무작위로 추출하는 방법
   ② 초원과 같이 거의 균질한 식생이 광대한 면적 조사
3. 계통추출법
   ① 일정한 형식에 따라 규칙적으로 표본을 추출하는 방법
   ② 선상으로 길게 이어지는 도로의 절사면 식생을 일정한 간격으로 조사

26. 조경식재에 의한 기후조절기능을 설명한 것 중 맞는 것은?

① 식물은 아스팔트나 그 밖의 인공재료에 비하여 태양 복사를 반사시키는 효과가 크지만, 흡수한 열은 인공구조물보다 비교적 오랫동안 식물 내부에 가지고 있어 외부 기온을 떨어뜨리는 효과가 있다.
② 기온과 습도가 적당하더라도 바람이 지나치면 쾌적성이 떨어지는데 이 같은 바람을 차단하기 위해서는 고밀도로 식재하는 것이 바람 감소에 더욱 효과적이다.
③ 바람막이 역할을 하는 나무의 식재 폭(두께)은 방풍효과와는 무관하지만, 식재의 폭이 너무 좁으면 최소한의 필요한 방풍밀도를 확보하기 어려우므로 일정한 폭이 되도록 식재하여야 한다.
④ 식물은 주로 광합성작용에 의하여 체내 수분을 공기 중으로 방출하여 공중습도를 조절하는 기능을 가지고 있다.

27. 수생식물 분류와 해당 식물의 연결이 맞는 것은?

① 정수성 : 부들
② 부엽성 : 붕어마름
③ 부유성 : 고랭이
④ 침수성 : 가시연

[해설]
① 정수성 : 부들
② 침수성 : 붕어마름
③ 정수성 : 고랭이
④ 부엽성 : 가시연

28. 식물 분류학상 과(科)가 틀린 것은?

① 곰솔 : 소나무과
② 사철나무 : 노박덩굴과
③ 미루나무 : 버드나무과
④ 복자기 : 콩과

[해설] ④ 복자기 : 단풍나무과

29. 꽃이 잎보다 먼저 나오는 식물이 아닌 것은?

① 살구나무(*Prunus armeniaca* var. *ansu* Maxim)
② 올벚나무(*Prunus pendula* for. *ascendens* Ohwi)
③ 다정큼나무(*Raphiolepis indica* var. *umbellata* Ohashi)
④ 복사나무(*Prunus persica* Batsch for. *persica*)

Answer 24.① 25.① 26.③ 27.① 28.④ 29.③

30. 다음 중 측백나무과(Cupressaceae)에 해당하지 않는 수종은?

① 향나무(*Juniperus chinensis*)
② 편백(*Chamaecyparis obtusa*)
③ 측백나무(*Thuja orientalis*)
④ 독일가문비(*Picea abies*)

해설 ① 향나무(*Juniperus chinensis*) : 측백나무과
② 편백(*Chamaecyparis obtusa*) : 측백나무과
③ 측백나무(*Thuja orientalis*) : 측백나무과
④ 독일가문비(*Picea abies*) : 소나무과

31. 월동작업 중 줄기싸주기(나무감기)를 실시하여 주는 이유가 아닌 것은?

① 충해 잠복소 제공
② 수분 증산 감소
③ 잡목 침해 방지
④ 수피일소현상 억제

32. 가로변 녹음수의 일반조건에 맞는 것은?

① 지하고가 높은 수종
② 병충해에 약한 수종
③ 수간에 가시가 있는 수종
④ 잔가지가 많이 발생하고 고사지가 많은 수종

33. 다음 중 가장 먼저 꽃이 피는 것은?

① 철쭉(*Rhododendron schlippenbachii*)
② 산철쭉(*Rhododendron yedoense*)
③ 진달래(*Rhododendron mucronulatum*)
④ 풍년화(*Hamamelis japonica*)

34. 녹나무과(科) 식물 중 낙엽성인 것은?

① 녹나무(*Cinnamomum camphora*)
② 생강나무(*Lindera obtusiloba*)
③ 센달나무(*Machilus japonica*)
④ 후박나무(*Machilus thunbergii*)

35. 다음 중 잔디종자의 발아력(發芽力)이 감퇴되는 요인에 해당되지 않는 것은?

① 종자 내 효소활력이 감소되는 경우
② 종자 내 저장양분이 소모된 경우
③ 발아유도기구가 분해된 경우
④ 가수분해효소가 활성화된 경우

36. 꽃이나 잎의 형태와 같이 보다 작은 식물학적 차이점을 지닌 것으로 식물의 명명에서 "for."로 표기하는 것은?

① 품종
② 이명
③ 변종
④ 재배품종

37. 조경수목의 번식을 위해 다음과 같은 공정 순서를 갖는 번식법은?

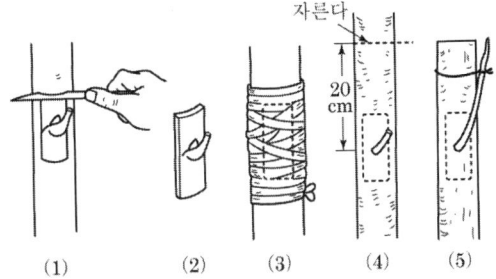

① 눈접(아접)
② 깎기접(절접)
③ 쪼개접(할접)
④ 꺾꽂이접(삽목접)

38. 다음 [보기]의 특징을 갖는 수종은?

[보기]
- 소태나무과(科)이다.
- 수피는 회갈색으로 얇게 갈라지며, 잎이나 꽃에서 강한 냄새가 난다.
- 중국 원산으로 우리나라에 귀화식물로 전국에 자생하며, 대기오염에 강하다.
- 생장이 빠르며 녹음기능이 우수하여 가로수 식재, 녹음식재, 완충식재에 적합하다.

① 가죽나무
② 메타세쿼이아
③ 은단풍
④ 회화나무

Answer 30. ④ 31. ③ 32. ① 33. ④ 34. ② 35. ④ 36. ① 37. ① 38. ①

39. 녹음수의 잎 1매에 의한 햇빛 투과량이 10%일 때 2매에 의한 반사흡수량은?

① 90% ② 93%
③ 96% ④ 99%

> 해설 1매 햇빛 투과량 10%
> 2매 투과량 10%×0.1=1%
> ∴ 2매에 의한 반사흡수량=100%-1%=99%

40. 다음 [보기]에서 설명하고 있는 식물은?

[보기]
- 여름철의 고온다습한 환경에서 한층 더 잘 자라고 계속 꽃 피우는 춘식구근이다.
- 생육적온은 25~28℃이며, 5℃ 이하에서는 생육이 중지되고 0℃ 이하에서는 죽어버린다.
- 양성식물로 생육 개화에는 충분한 일조를 필요로 하고, 개화하는 데 일장의 영향은 거의 받지 않으나 근경의 비대는 단일하에서 촉진된다.
- 개화기가 길고 강건하며 병해에 강하다.

① 달리아 ② 튤립
③ 칸나   ④ 히아신스

3과목 조경시공

41. 자연석을 다음의 조건으로 30m² 쌓을 때 자연석 쌓기 중량은 약 얼마인가? (단, 평균 뒷길이 0.7m, 단위중량 2.65ton/m³, 공극률 30%, 실적률 70%이다.)

① 2.38ton ② 5.65ton
③ 16.70ton ④ 38.96ton

> 해설 자연석 쌓기 중량
> =체적(m³)×단위중량(ton/m³)×실적률
> =(30m²×0.7m)×2.65ton/m³×0.7
> =38.96ton

42. 콘크리트용 골재로서 요구되는 성질에 대한 설명 중 틀린 것은?

① 골재의 입형은 가능한 한 편평, 세장하지 않을 것
② 골재의 강도는 경화시멘트페이스트의 강도를 초과하지 않을 것
③ 골재는 시멘트페이스트와의 부착이 강한 표면구조를 가져야 할 것
④ 골재의 입도는 조립에서 세립까지 연속적으로 균등히 혼합되어 있을 것

> 해설 ② 골재의 강도는 경화시멘트페이스트의 강도 이상일 것

43. 공사실시방식에 따른 계약 방법에 있어 전문공사별, 공정별, 공구별로 도급을 주는 방법은?

① 공동도급 ② 분할도급
③ 일식도급 ④ 직영도급

44. 재료의 성질에 관한 설명으로 틀린 것은?

① 경도는 재료의 단단한 정도를 말한다.
② 강성은 외력을 받아도 잘 변형되지 않는 성질이다.
③ 인성은 외력을 받으면 쉽게 파괴되는 성질이다.
④ 소성은 외력이 제거되어도 원형으로 돌아가지 않는 성질이다.

45. 목재의 건조방법은 크게 자연건조법과 인공건조법으로 나눌 수 있다. 다음 중 목재의 건조방법이 나머지 셋과 다른 것은?

① 훈연법 ② 자비법
③ 증기법 ④ 수침법

> 해설 목재 인공건조법
> 열기법, 자비법, 증기법, 훈연법, 전기법, 진공법, 고주파건조법

Answer 39. ④ 40. ③ 41. ④ 42. ② 43. ② 44. ③ 45. ④

46. 0.035~1.5%의 탄소를 함유하고 있어 담금질 등 열처리가 가능하며, 일반적인 철 제품에 사용하는 것은?

① 순철
② 탄소강
③ 주철
④ 공정주철

47. 식물 생육을 위해 토양생성작용을 받은 솔럼(SOLUM)층으로 근계 발달과 영양분을 제공할 수 있는 층으로 표토복원에 쓰일 토양층에 해당되지 않는 것은?

① 모재층
② 용탈층
③ 유기물층
④ 집적층

48. 합성수지(plastic)의 일반적인 성질로 틀린 것은?

① 가소성이 풍부하다.
② 전성, 연성이 작다.
③ 탄성계수가 강재보다 작다.
④ 연소할 때 유독가스를 방출한다.

49. 하천 양안에서 교호 수준측량을 실시하여 그림과 같은 결과를 얻었다. A점의 지반고가 50.250m일 때 B점의 지반고는?

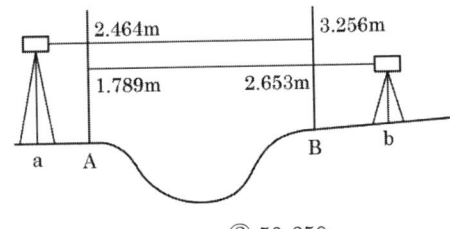

① 49.422m
② 50.250m
③ 51.082m
④ 51.768m

해설) 고저차
$$= \frac{1}{2} \times \{(1.789m - 2.653m) + (2.464m - 3.256m)\}$$
$$= -0.828m$$
지반고 $= 50.250m - 0.828m = 49.422m$

50. 조경식재공사 시 다음 조건을 참고하여 산출한 총공사비는?

- 재료비 : 5,000만원
- 직접노무비 : 1,000만원
- 간접노무비율 : 5%
- 산재보험료율 : 15/1,000
- 일반관리비율 : 5%
- 이윤 : 13%
- 총공사비는 천원 단위까지만 구하고, 미만은 버리며 부가가치세는 계상하지 않음

① 6,066만원
② 6,289만원
③ 6,547만원
④ 8,320만원

해설) 간접노무비 : 10,000,000원×5%=500,000원
노무비 : 10,000,000원+500,000원
=10,500,000원
산재보험료 : 10,500,000원×15/1,000
=157,500원
일반관리비 :
(50,000,000원+10,500,000원+157,500원)
×5%=3,032,875원
이윤 :
(10,500,000원+157,500원+3,032,875원)×13%
=1,779,749원
총공사비 :
50,000,000원+10,500,000원+157,500원
+3,032,875원+1,779,749원
=65,470,124원≒65,470,000원

51. 공원 조명에 관한 설명으로 틀린 것은?

① 조명용 각종 배선은 지하매설 방식이 바람직하다.
② 공원조명은 보안성, 효율성, 쾌적성 등을 고려해서 설치한다.
③ 발광색은 백색으로 연색성이 좋은 것은 고압나트륨 등이다.
④ 그림자 조명은 실루엣조명과 대조적인 조명방식으로 물체의 측면이나 하향으로 빛을 비춤으로써 이루어진다.

Answer 46. ② 47. ① 48. ② 49. ① 50. ③ 51. ③

52. 다음 조건으로 합리식을 이용한 우수유출량은?

- 배수면적 : 360ha
- 우수유출계수 : 0.4
- 유달시간(t) 내의 평균강우강도 : 120mm/h

① 24㎥/s ② 48㎥/s
③ 240㎥/s ④ 480㎥/s

해설 우수유출량

$$Q = \frac{1}{360} C \cdot I \cdot A$$

$$Q = \frac{1}{360} \times 0.4 \times 120mm/hr \times 360ha = 48m^3/s$$

53. 순공사원가에 해당되지 않는 항목은?

① 안전관리비 ② 간접노무비
③ 일반관리비 ④ 외주가공비

해설 순공사원가=재료비+노무비+경비
① 안전관리비 : 경비
② 간접노무비 : 노무비
④ 외주가공비 : 경비
※ 경비 항목
　안전관리비, 산재보험료, 기계경비(감가상각비, 정비비, 기계관리비), 운반비, 품질관리비, 수도·광열비, 폐기물 처리비, 인쇄비, 전력비, 소모품비, 통신비, 임차료, 가설비, 연구개발비, 기술료, 외주가공비, 특허사용료, 복리후생비 등

54. 벽돌쌓기에서 각 켜를 쌓는데, 벽 입면으로 보아 매켜에 길이와 마구리가 번갈아 나타나는 것은?

① 프랑스식 쌓기 ② 미식 쌓기
③ 영식 쌓기 ④ 네덜란드식 쌓기

55. 조경 옥외시설물 중 안내시설의 시공과 관련된 설명으로 틀린 것은?

① 아크릴판은 KS 규정에 적합한 일반용 메타크릴수지판으로 한다.
② 게시판의 경우 우천 시 게시물의 보호를 위하여 불투명한 합성수지의 보호덮개를 설치해야 녹슬음을 방지하고, 글씨 상태를 유지할 수 있다.
③ 글씨 및 문양표기 작업이 끝난 후에는 마감표면 상태를 정리하고 각 재료에 따른 적정한 보호양생조치를 해야 한다.
④ 석재바탕 글자새김의 경우 형태와 크기는 설계도면에 의하며, 글자의 깊이는 특별히 정하지 않는 한 글자 폭에 대하여 1/2 내지 같은 치수로 하고, 글자를 새기는 순서는 글자를 쓰는 순서와 동일하게 한다.

해설 ② 게시판의 경우 우천 시 게시물의 보호를 위하여 투명한 유리 또는 합성수지의 보호덮개를 설치해야 한다.

56. 그림과 같은 옹벽의 경우 토압이 작용하는 곳은 옹벽 하단점으로부터 어느 지점인가?

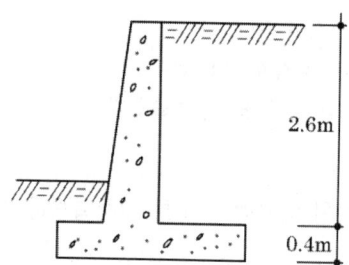

① 0.4m 지점 ② 1.0m 지점
③ 1.3m 지점 ④ 1.5m 지점

해설 배토 지표면이 옹벽과 평행일 경우 토압작용점 옹벽 높이의 1/3지점에 수평으로 작용

$$(2.6m+0.4m) \times \frac{1}{3} = 1m$$

57. 다음 중 지하수위를 낮추기 위한 심토층 배수용 암거의 설치에 대한 설명으로 옳은 것은?

① 일반적으로 주관은 150~200mm이고, 지관은 100mm인 유공관을 쓴다.
② 진흙질이 많은 곳은 관을 얕게 묻고 관의 설치 간격을 멀리한다.

③ 모래질이 많은 곳은 관을 깊게 묻고 관의 설치 간격을 좁게 한다.
④ 지하수위를 낮추기 위한 것이므로 관의 경사는 1%보다 작게 하고, 유속은 0.3m/sec보다 작게 한다.

[해설] ② 진흙질이 많은 곳은 관을 얕게 묻고 관의 설치 간격을 좁게 한다.
③ 모래질이 많은 곳은 관을 깊게 묻고 관의 설치 간격을 멀리한다.
④ 지하수위를 낮추기 위한 것이므로 관의 경사는 1%를 유지하고, 유속은 0.6m/sec를 유지한다.

58. 토공사용 기계로서 흙을 깎으면서 동시에 기체 내에 담아 운반하고 깔기 작업을 겸할 수 있으며, 작업거리는 100~1500m 정도의 중장거리용으로 쓰이는 것은?

① 트렌처
② 그레이더
③ 파워쇼벨
④ 스크레이퍼

59. 철골공사에서 크롬산아연을 안료로 하고, 알키드 수지를 전색료로 한 것으로서 알루미늄 녹막이 초벌칠에 적당한 것은?

① 광명단
② 그래파이트 도료
③ 알루미늄 도료
④ 징크로메이트 도료

60. 네트워크 관리공정에 관한 다음 설명에 적합한 용어는?

| 빠른 개시시각에 시작하여 후속하는 작업도 가장 빠른 개시시각에 시작하여도 존재하는 여유시간 |

① T.F
② CP
③ LST
④ FF

4과목 조경관리

61. 흡수율(이용률)이 가장 높으나 토양 중 유실되는 양도 많은 비료는?

① 칼륨질 비료(K_2O)
② 질소질 비료(N)
③ 고토질 비료(MgO)
④ 인산질 비료(P_2O_5)

62. 다음의 배수시설 중에서 원형의 유지를 위하여 관리에 가장 노력을 필요로 하는 시설은?

① 잔디측구
② 돌붙임측구
③ 블록쌓기측구
④ 콘크리트측구

63. 석회황합제의 특징 설명으로 틀린 것은?

① 산성비료 등과 섞어 써야 효과가 증대된다.
② 기온이 높고 볕쬐임이 강한 때와 수세가 약한 경우에는 약해의 우려가 있다.
③ 값이 저렴하고 살균력뿐만 아니라 살충력도 지니고 있다.
④ 공기와 접촉하게 되면 분해가 촉진되기 때문에 저장할 때에 용기의 밀봉이 중요하다.

[해설] ① 산성비료 등과 섞어 사용하지 않는다.

64. 관리유형에 따라 레크리에이션 이용의 강도와 특성의 조절을 위한 관리기법 중 "직접적 이용 제한"의 방법은?

① 이용 유도
② 시설 개발
③ 구역별 이용
④ 이용자에게 정보 제공

[해설] ① 이용 유도 : 부지 관리

Answer 58. ④ 59. ④ 60. ④ 61. ② 62. ① 63. ① 64. ③

② 시설 개발 : 간접적 이용 제한
③ 구역별 이용 : 직접적 이용 제한
④ 이용자에게 정보 제공 : 간접적 이용 제한

65. 토양에서 pF가 의미하는 것은?

① 흡습계수
② 산화환원전위
③ 토양의 보수력
④ 토양 수분의 장력

> [해설] 토양 수분의 장력 : pF, kPa, bar

66. 농약 저항성 해충의 가능한 저항성 기작 특성에 대한 설명으로 틀린 것은?

① 살충제의 피부투과성이 증대된다.
② 체내에서 흡수된 살충제의 해독작용이 증대된다.
③ 약제를 살포한 곳의 기피를 위한 식별능력이 증가된다.
④ 살충제의 충체 침투를 막기 위한 피부 두께가 증가한다.

67. 다음 해충 방제방법 중 기계적 방제법이 아닌 것은?

① 경운법
② 차단법
③ 소살법
④ 방사선이용법

68. 구조물에 의한 비탈면 표층부의 붕괴방지를 위한 공종이 아닌 것은?

① 콘크리트 격자공
② 덧씌우기공
③ 비탈면 앵커공
④ 콘크리트판 설치공

69. 다음 중 코흐(Koch's)의 원칙과 관계 없는 것은?

① 미생물이 병든 환부에 반드시 존재해야 한다.
② 미생물은 기주생물로부터 분리되고 배지에서 순수배양이 불가능해야 한다.
③ 순수배양한 미생물을 동일 기주에 접종하였을 때 동일한 병이 발생되어야 한다.
④ 병든 생물체로부터 접종할 때 사용하였던 미생물과 동일한 특성의 미생물이 재분리 배양되어야 한다.

> [해설] ② 미생물은 기주생물로부터 분리되고 배지에서 순수배양이 가능해야 한다.

70. 다음 포장 및 수목(잔디) 등의 설명으로 옳은 것은?

① 마른우물(dry well)은 수목이 성토로 인한 피해를 막기 위해 수목둘레를 두른 고랑이다.
② 매트(mat)는 잘라진 잔디 잎이나 말라죽은 잎이 썩지 않은 채 땅 위에 쌓여 있는 상태이다.
③ 대치(thatch)는 매트 밑에 썩은 잔디의 땅속 줄기와 같은 질긴 섬유질 물질이 쌓여 있는 상태이다.
④ 아스팔트포장 기층의 펌핑(Pumping)은 균열부로 유수가 들어가 기층이 질컥질컥해져서 슬래브 하중에 의해 큰 공극이 생기는 것이다.

71. 월별 수목관리 계획 중 시기와 작업 내용이 잘못 연결된 것은?

① 4월 : 향나무의 정지 및 조정
② 7월 : 수목 하부 제초
③ 8월 : 소나무 이식
④ 10월 : 모과나무 시비

72. 다음 중 통기효과를 기대하기 어려운 잔디 관리 작업은?

① 롤링(Rolling)
② 스파이킹(Spiking)
③ 코링(Coring)
④ 슬라이싱(Slicing)

> [해설] ① 롤링(Rolling) : 표면 정리작업
> ② 스파이킹(Spiking), ③ 코링(Coring), ④ 슬라이싱(Slicing) : 통기작업

Answer 65. ④ 66. ① 67. ④ 68. ② 69. ② 70. ① 71. ③ 72. ①

73. 바이러스 감염에 의한 수목병의 대표적인 병징으로 옳지 않은 것은?

① 위축　　② 그을음
③ 기형(잎말림)　　④ 얼룩무늬

74. 조경수의 식엽성 해충에 해당되는 것은?

① 잣나무넓적잎벌레　　② 솔껍질깍지벌레
③ 아까시잎흑파리　　④ 솔알락명나방

해설　① 잣나무넓적잎벌레 : 식엽성
　　　② 솔껍질깍지벌레 : 흡즙성
　　　③ 아까시잎흑파리 : 충영형성

75. 그네에서 뛰어 내리는 곳에 벤치가 배치되어 있어 충돌하는 사고가 발생하였다. 이것은 다음 중 어떤 사고의 종류에 해당하는가?

① 설치 하자에 의한 사고
② 관리 하자에 의한 사고
③ 이용자 부주의에 의한 사고
④ 자연재해 등에 의한 사고

해설　① 설치 하자에 의한 사고-시설배치 미비

76. 표면 배수시설인 집수구 및 맨홀의 유지관리 사항으로 틀린 것은?

① 정기적인 유지보수를 실시한다.
② 집수구의 높이를 주변보다 낮게 한다.
③ 원활한 배수를 위하여 뚜껑을 설치하지 않는다.
④ 주변의 재포장 시 집수구의 높이도 다시 조절한다.

77. 재배적 관리의 방법으로 잔디 표면에 배토작업을 실시하는데, 적절하게 처리된 토양을 잔디표면에 엷게 살포함으로써 얻을 수 있는 효과로 틀린 것은?

① 종자나 포복경의 피복을 통한 잔디생육 및 번식을 촉진한다.
② 잔디표면의 평탄화를 통해 경기와 사용하기에 좋게 한다.
③ 새로운 토양미생물을 유기물에 투입시켜 대취의 분해를 억제한다.
④ 겨울 동안의 낮은 온도와 건조에서 잔디를 보호할 수 있는 동해방지 효과가 있다.

해설　③ 새로운 토양미생물을 유기물에 투입시켜 대취의 분해를 촉진한다.

78. 다음 조경용 기계장비의 저장 요령으로 옳지 않은 것은?

① 장기간 보관할 경우 지면 위에 나무판자 등의 틀을 깔고 놓는다.
② 사용하지 않을 경우 회전하고 움직이는 각 부분에 그리스를 주입한다.
③ 엔진의 윤활과 유압부분을 위하여 1개월에 한 번씩 엔진을 가동시켜준다.
④ 사용하지 않을 경우 연료를 충분히 채워서 제 성능을 발휘하게 준비한다.

79. 식물에 피해를 주는 대기오염물질 중 대기에서의 반응에 의하여 생성되는 광화학 산화물은?

① SO_2　　② H_2S
③ PAN　　④ NO_X

80. 다음 중 지주목 설치의 장점이 아닌 것은?

① 수고(樹高) 생장에 도움을 준다.
② 수간(樹幹)의 굵기가 균일하게 생육할 수 있도록 해준다.
③ 지상부 생육과 비교하여 근부의 생육을 적절하게 해준다.
④ 지지부위가 바람에 의하여 피해가 발생된다.

Answer　73.② 74.① 75.① 76.③ 77.③ 78.④ 79.③ 80.④

2019년 조경산업기사 최근기출문제 (2019. 3. 3)

1과목 조경계획 및 설계

01. 중국 청조(淸朝)의 건륭(乾隆) 12년(1747년)에 대분천(大噴泉)을 중심으로 한 프랑스식 정원을 꾸밈으로써 동양에서는 최초의 서양식 정원으로 알려진 곳은?

① 원명원 이궁
② 만수산 이궁
③ 열하이궁
④ 이화원

해설 ② 만수산 이궁 : 이화원

02. 소(小) 플리니우스가 남긴 유명한 편지 속에 자세히 소개된 정원은?

① 로우렌티아나장, 토스카나장
② 메디치장, 카렛지오장
③ 아드리아나장, 카스텔로장
④ 이솔라벨라장, 카프아쥬올로장

해설 ① 로우렌티아나장, 토스카나장 : 고대 로마, 소(小) 플리니우스 소유

03. 다음 설명의 ( ) 안에 적합한 인물은?

다도의 창립자 촌전주광(村田珠光, 무라타슈코)이 시작한 사첩반(四疊半)은 ( )에 의해 차다(侘茶, 와비차)에 적합한 건축공간으로 완성된다. 다다미 4장 반의 규모인 사첩반의 다실과 다실에 부속된 넓은 의미의 정원공간인 '평지내(評之內, 쯔보노우치)'는 협지평지내(脇之評之內)와 면평지내(面平之內)로 구성된다.

① 소굴원주(小堀遠州)
② 천리휴(千利休)
③ 고전직부(古田織部)
④ 무야소구(武野紹鷗)

04. 클로드 몰레가 설계한 생제르맹앙레의 정원에서 최초로 사용한 정원세부 수법은?

① 하하(Ha-ha)
② 파르테르(parterre)
③ 토피아리(topiary)
④ 물 풍금(water organ)

해설 ① 하하(Ha-ha) : 찰스 브리지맨 - 스토우원

05. 다음 조선 왕릉 중 경기도 남양주시에 소재하고 있는 것은?

① 정릉
② 장릉
③ 의릉
④ 홍유릉

06. 김조순의 옥호정도(玉壺亭圖)에서 볼 수 없는 것은?

① 옥호동천 바위 글씨
② 별원의 유상곡수
③ 사랑마당의 분재
④ 사랑마당의 포도가(葡萄架)

07. 20세기 초 미국의 도시 미화 운동(City Beautiful Movement)과 관련이 없는 것은?

① 미국의 조경가 옴스테드(Frederick Law Olmsted)가 이론적 배경을 만들었다.
② 도시미술(civic art)을 통해 공공미술품의 도입을 추진하였다.
③ 전체 도시사회를 위한 단위로서 도시설계(civic design)를 추진하였다.
④ 도시개혁(civic reform)과 도시개량(civic improvement)을 추진하였다.

Answer 01.① 02.① 03.④ 04.② 05.④ 06.② 07.①

해설 도시미화운동(City Beautiful Movement)
① 시카고 박람회(콜롬비아 박람회)의 영향으로 발생
② 로빈슨(Charles Mulford Robinson)과 다니엘 번함에 의해 주도

08. 조선시대의 대표적 별서인 소쇄원(瀟灑園)에 대한 설명으로 옳지 않은 것은?

① 계곡에 흘러내리는 임천이 주된 경관자원이다.
② 앞뜰, 안뜰, 뒤뜰과 같은 명확한 공간구분은 없다.
③ 소쇄원 경치를 읊은 48영시에는 동물도 표현되었다.
④ 명칭은 '구슬과 같은 물소리가 들리는 곳'이란 의미를 갖는다.

해설 ④ 명칭은 '구슬과 같은 물소리가 들리는 곳'이란 의미를 갖는다. : 명옥헌

09. 다음 표는 조경계획의 일반과정을 나타낸 것이다. 빈칸 A에 가장 알맞은 것은?

```
목표와 목적의 설정
    ↓
기준 및 방침모색
    ↓
     A
    ↓
최종안 결정 및 시행
```

① 경관분석   ② 설계서 작성
③ 이용 후 평가   ④ 대안의 작성 및 평가

10. 아파트 단지 계획 중 질서 있는 공간 조형 요소로 가장 부적합한 것은?

① 연속성   ② 방향성
③ 개별성   ④ 통일감

11. 녹지자연도 등급에 따른 설명이 옳지 않은 것은?

① 1등급 : 해안, 암석 나출지
② 2등급 : 과수원, 묘포장
③ 8등급 : 원시림, 2차림
④ 10등급 : 고산지대 초원지구

해설 ② 3등급 : 과수원, 묘포장

12. 조경계획 시 기후는 중요한 요소 중 하나이다. 다음 중 기후가 영향을 주는 사회적 특성에 해당되지 않는 것은?

① 현존 식생   ② 전통적인 습관
③ 옷을 입는 습관   ④ 독특한 음식과 식사

13. 「도시공원 및 녹지 등에 관한 법률」에서 정하는 도시공원 중 어린이공원의 표준 규모는?

① $1000m^2$ 이상   ② $1500m^2$ 이상
③ $5000m^2$ 이상   ④ $10000m^2$ 이상

해설

공원구분		유치거리	규모
1. 생활권 공원			
가. 소공원		제한 없음	제한 없음
나. 어린이공원		250m 이하	1천5백m^2 이상
다. 근린공원			
	(1) 근린생활권 근린공원	500m 이하	1만m^2 이상
	(2) 도보권 근린공원	1천m 이하	3만m^2 이상
	(3) 도시지역권 근린공원	제한 없음	10만m^2 이상
	(4) 광역권 근린공원	제한 없음	100만m^2 이상
2. 주제공원			
가. 역사공원		제한 없음	제한 없음
나. 문화공원		제한 없음	제한 없음
다. 수변공원		제한 없음	제한 없음
라. 묘지공원		제한 없음	10만m^2 이상
마. 체육공원		제한 없음	1만m^2 이상
바. 도시농업공원		제한 없음	1만m^2 이상
사. 법 제15조제1항 제3호사목에 따른 공원		제한 없음	제한 없음

Answer 08. ④ 09. ④ 10. ③ 11. ② 12. ① 13. ②

14. 보도의 유효폭은 보행자의 통행량과 주변 토지 이용 상황을 고려하여 결정된다. 보도의 최소 유효폭 (A)과 불가피 시의 완화기준 적용에 따른 최소 폭(B)의 연결이 맞는 것은? (단, 도로의 구조·시설 기준에 관한 규칙 적용)

① A : 3.5m, B : 3.0m ② A : 3.0m, B : 2.5m
③ A : 2.5m, B : 2.0m ④ A : 2.0m, B : 1.5m

15. 지형의 높고 낮음을 지도 위에 표시하는 것과 같이 기준면을 정하고, 기준면에 평행한 평면을 같은 간격으로 잘라 평 화면상에 투상한 수직투상은?

① 정투상법 ② 표고 투상법
③ 축측 투상법 ④ 사투상법

16. 직선을 긋는 데 사용할 수 없는 제도 도구는?

① 평행자 ② 삼각자
③ T자 ④ 운형자

해설 ④ 운형자 : 곡선

17. 1943년 덴마크의 소렌슨(Sorensen) 박사에 의해 시작된 새로운 개념의 공원은?

① 모험공원 ② 교통공원
③ 장애자공원 ④ 특수공원

18. 색채지각에서 태양광선의 프리즘을 이용한 분광실험을 통해서 나타나는 여러 가지 색의 띠를 무엇이라 하는가?

① 전자기파 ② 자외선
③ 적외선 ④ 스펙트럼

19. 공원 내에 표지판을 설치할 때 고려할 필요가 없는 항목은?

① 재료의 선택 ② 장소 선정

③ 주변 환경 고려 ④ 미기후 고려

20. 질적 혹은 양적으로 심하게 다른 요소가 배열되었을 때 상호의 특질이 한층 강조되어 느껴지는 현상은 어떠한 효과인가?

① 대비 ② 대칭
③ 평형 ④ 조화

2과목 조경식재

21. 다음 설명에 해당되는 식물은?

높이가 3m에 달하고 가지가 밑에서부터 갈라지며, 줄기 색이 붉은 빛이 돌고 일년 생각지에 털이 없으며 열매는 흰색이다.

① 흰말채나무 ② 황매화
③ 쥐똥나무 ④ 앵도나무

22. 다음 중 느릅나무과(Ulmaceae)에 해당하지 않는 것은?

① 팽나무 ② 센달나무
③ 푸조나무 ④ 느티나무

해설 ① 팽나무 : 느릅나무과
② 센달나무 : 녹나무과
③ 푸조나무 : 느릅나무과
④ 느티나무 : 느릅나무과

23. 식물조직의 일부분을 떼어 무기염류 배지에서 인공적으로 배양하여 새로운 식물체로 증식시키는 번식방법은?

① 취목 ② 분구
③ 조직배양 ④ 삽목

Answer 14. ④ 15. ② 16. ④ 17. ① 18. ④ 19. ④ 20. ① 21. ① 22. ② 23. ③

24. 굴취된 수목을 운반할 때 주의사항에 대한 설명으로 틀린 것은?

① 수목과 접촉하는 고형부(固形部)에는 완충재를 삽입한다.
② 대량수송과 비용절감을 위해 가급적 이중적재 등을 통해 이동횟수를 줄인다.
③ 비포장도로로 운반할 때는 뿌리분이 충격을 받지 않도록 완충재로 가마니, 짚 등을 깐다.
④ 운반 중 바람에 의한 증산을 억제하며 강우로 인한 뿌리분의 토양유실을 방지하기 위하여 덮개를 씌우는 등 조치를 취한다.

[해설] 운반 시 이중적재는 피한다.

25. 다음 특징에 해당하는 수종은?

- 수형이 원추형인 낙엽침엽교목임
- 열매의 모양은 구형으로 길이 18~25mm임
- 잎은 선형이고 대생이며, 길이 10~25mm, 너비 1.5~2.0mm로 깃처럼 배열됨
- 가로수로도 많이 사용되고 있으나 식재공간의 문제나 떨어진 낙엽의 신속한 처리 등이 고려되어야 함

① 삼나무
② 분비나무
③ 일본잎갈나무
④ 메타세쿼이아

26. 중부지방에서 가로수로 사용하기 가장 적합한 수종은?

① 돈나무
② 구실잣밤나무
③ 산당화
④ 왕벚나무

[해설] ① 돈나무 : 상록활엽관목 - 남부지방
② 구실잣밤나무 : 상록활엽교목 - 남부지방
③ 산당화 : 낙엽활엽관목 - 중부지방
④ 왕벚나무 : 낙엽활엽교목 - 중부지방

27. 원산지는 북아메리카로 차폐식재용으로 적합한 수종으로 가지가 짧게 수평으로 퍼지며 잎에 향기가 있고 표면은 녹색, 뒷면은 황록색인 수종은?

① 서양측백나무(*Thuja occidentalis*)
② 편백(*Chamaecyparis obtusa*)
③ 화백(*Chamaecyparis pisifera*)
④ 실화백(*Chamaecyparis pisifera* var. *filifera*)

28. 대칭형이기는 하나 지나치게 면적이 광대한 프랑스식 정원에서는 보스케(Bosquet)가 존재함으로써 두드러지게 강조되는 것은?

① 방사축
② 측축
③ 통경축
④ 직교축

29. 다음 꽃피는 식물 중 잎보다 꽃이 먼저 피는 식물이 아닌 것은?

① 생강나무
② 자두나무
③ 박태기나무
④ 철쭉

[해설] ④ 철쭉 : 잎과 함께 개화

30. 다음 중 강조식재가 되지 않는 것은?

① 같은 수관형태의 수목들이 식재되어 있다.
② 단풍나무가 연속적으로 심겨진 가운데 홍단풍이 식재되어 있다.
③ 고운 질감의 식물로 식재되어 있는 가운데 거친 질감의 식물이 있다.
④ 같은 크기의 관목이 식재된 가운데 좀 더 큰 키의 침엽수가 식재되어 있다.

31. 식물생육지의 수분환경에 대한 설명과 그에 따른 식물의 연결이 옳은 것은?

① 부유식물(통발, 부처꽃) : 식물체 전체가 물에 떠 있는 식물
② 습생식물(부들, 갈대) : 얕은 물이나 물가에 생육하는 식물
③ 소택(추수)식물(고마리, 낙우송) : 주로 토양이 축축한 습지에서 생육하는 식물

④ 부엽식물(연꽃, 마름) : 물속을 중심으로 생활하는 식물로 뿌리는 물밑에 고착되어 있고 식물체의 잎은 수면에 떠 있는 식물

→해설 ① 통발 : 부유식물, 부처꽃 : 습생식물
② 부들, 갈대 : 정수식물(추수식물)
③ 고마리, 낙우송 : 습생식물

32. 소나무(*Pinus densiflora* Siebold & Zucc.)에 대한 설명으로 틀린 것은?

① 수꽃은 새 가지 밑부분에 달리며 타원형이다.
② 수피는 회색이고, 노목의 수피는 흑갈색이며, 세로로 길게 벗겨진다.
③ 가을에 종자를 기건 저장했다가 파종 1개월 전에 노천매장한 후 사용한다.
④ 곰솔 대목에 접을 붙이면 쉽게 많은 묘목을 얻을 수 있다.

→해설 ② 수피는 적갈색이고, 노목의 수피는 흑갈색이며, 세로로 길게 벗겨진다.

33. 다음 중 봄에 꽃이 피지 않는 수목은?

① 히어리   ② 산수유
③ 진달래   ④ 나무수국

→해설 ④ 나무수국 : 7~8월 개화

34. 지주세우기의 설치 요령 중 틀린 것은?

① 연계형은 교목 군식지에 적용한다.
② 단각(單脚)지주는 주간이 서지 못하는 묘목 또는 수고 1.2m 미만의 수목에 적용한다.
③ 매몰형은 경관상 중요하지 않은 곳이나 지주목이 통행에 지장을 주지 않는 곳에 적용한다.
④ 당김줄형은 거목이나 경관적 가치가 특히 요구되는 곳에 적용하고, 주간 결박지점의 높이는 수고의 2/3가 되도록 한다.

→해설 ③ 삼발이형 : 경관상 중요하지 않은 곳이나 지주목이 통행에 지장을 주지 않는 곳에 적용
※ 매몰형 : 경관상 매우 중요한 위치나 지주목이 통행에 지장을 많이 초래한다고 판단되는 경우 적용

35. 지피식물 중 황색계의 꽃을 피우는 식물은?

① 앵초   ② 복수초
③ 꽃향유   ④ 꿀풀

→해설 ① 앵초 : 분홍색
② 복수초 : 황색
③ 꽃향유 : 보라색
④ 꿀풀 : 보라색

36. 아황산가스에 견디는 힘이 가장 약한 수종은?

① 전나무   ② 회화나무
③ 양버즘나무   ④ 물푸레나무

37. 우리나라에 있어서 수평적 삼림분포를 기준으로 난대림, 온대림, 한대림으로 구분할 때, 난대림에 해당되는 수종은?

① 자작나무   ② 잎갈나무
③ 감탕나무   ④ 신갈나무

→해설 ③ 감탕나무 : 상록활엽교목 – 난대림

38. 각 수종에 대한 특징 설명으로 틀린 것은?

① 전나무 열매는 난상타원형이며, 거꾸로 매달린다.
② 독일가문비 열매는 긴 원주형 갈색이고, 아래로 달린다.
③ 주목은 컵모양의 붉은 종의 안에 종자가 들어 있다.
④ 구상나무의 열매는 원주형이고, 갈색, 검은색, 자주색, 녹색이 있다.

→해설 ① 전나무 열매 : 원통형이며 위를 향하여 달린다.

39. 자연풍경식 식재 중 강한 개성미는 없으나 대

Answer 32. ② 33. ④ 34. ③ 35. ② 36. ① 37. ③ 38. ① 39. ④

신 유연성이 있어 자연·인공과 같은 이질적인 요소를 조화시키는 데 매우 효과적인 식재법은?

① 자연풍경식재   ② 집단식재
③ 1본식재   ④ 비대칭적 균형식재

40. 벽면을 식물로 녹화시킴으로써 얻을 수 있는 효과로 가장 거리가 먼 것은?

① 도시경관의 향상
② 방음과 방진효과
③ 도심 열섬현상 완화
④ 여름철 건물 벽면의 복사열 증진효과

3과목 조경시공

41. 다음 식생대 호안의 식생매트 관련 설명이 틀린 것은?

① 식생매트 포설 후 현장여건을 검토하여 두께 0.5m 이내로 복토하여 관수한다.
② 비탈면을 평평하게 정지한 후, 하천에 어울리는 종자를 이식 및 파종하고 그 위에 매트를 설치한다.
③ 비탈기슭에는 비탈멈춤 및 유수에 의한 세골을 방지하기 위해 돌망태, 사석부설, 흙채움 등으로 조치한다.
④ 매트는 비탈 머리, 기슭에서 땅속으로 길이 0.3~0.5m, 폭 0.3m 이상 묻히도록 하고, 양단은 0.1m 이상 중첩하되, 겹치는 방향은 유수의 흐름과 동일하게 아래쪽으로 향하도록 한다.

해설 식생대 호안의 식생매트
① 호안침식방지용 식생매트는 개별 하천의 허용 소류력을 감안하여 적용하도록 하며, 일반 야자섬유 식생매트는 조성 후 조기에 발아되는 식생을 선정하여 발아시킴으로써 2차 침식을 유발시키지 않도록 한다.
② 비탈면을 평평하게 정지한 후, 하천에 어울리는 종자를 이식 및 파종하고 그 위에 매트를 설치한다.
③ 매트는 비탈 머리, 기슭에서 땅속으로 길이 0.3~0.5m, 폭 0.3m 이상 묻히도록 하고, 양단은 0.1m 이상 중첩하되 겹치는 방향은 유수의 흐름과 동일하게 아래쪽으로 향하도록 한다.
④ 비탈기슭에는 비탈멈춤 및 유수에 의한 세골을 방지하기 위해 돌망태, 사석부설, 흙채움 등으로 조치한다.
⑤ 홍수 시 유실을 방지하기 위하여 매트 설치 후 철근, 핀, 철선을 이용하여 고정시킨다.
⑥ 식생매트 포설 후 현장여건을 검토하여 두께 0.05m 이내로 복토하여 관수한다.

42. 일반 콘크리트의 슬럼프 시험 결과 중 균등한 슬럼프를 나타내는 가장 좋은 상태는?

① ② ③ ④

43. 플라스틱 재료의 일반적인 특징으로 옳지 않은 것은?

① 내수성(耐水性)과 내약품성이다.
② 내마모성이 크며, 접착성도 우수하다.
③ 착색이 용이하고, 투명성도 있다.
④ 내후성(耐候性)이 크며, 전기절연성이 양호하다.

44. 적산의 기준 설명으로 틀린 것은?

① 기본벽돌의 크기는 19cm×9cm×5.7cm이다.
② 1일 실작업시간은 360분(6시간)으로 한다.
③ 경사면의 소운반 거리는 수직높이 1m를 수평거리 6m의 비율로 한다.
④ 1회 지게 운반량은 보통토사 25kg으로 하고, 삽 작업이 가능한 토석재를 기준으로 한다.

해설 ② 1일 실작업시간 : 450분

Answer 40. ④ 41. ① 42. ③ 43. ④ 44. ②

45. 철골부재 간 사이를 트이게 한 홈인 개선부를 뜻하는 용어는?

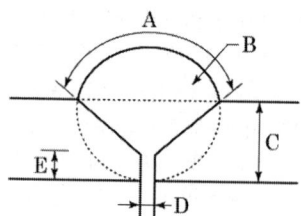

① 가우징(gouging)   ② 스패터(spatter)
③ 그루브(groove)   ④ 위핑(weeping)

해설 ① 가우징(gouging) : 용접부의 깊은 홈을 파는 방법
② 스패터(spatter) : 용접불꽃이 사방으로 비산하는 것
③ 그루브(groove) : 개선부
④ 위핑(weeping) : 용접봉의 조작

46. 다음 목재 사용에 대한 장·단점에 대한 설명 중 옳지 않은 것은?

① 목재는 팽창수축이 크다.
② 목재는 열, 음, 전기 등의 전도율이 작다.
③ 목재는 비중에 비해 압축 인장강도가 높다.
④ 목재는 무게에 비해 섬유질 직각방향에 대한 강도가 크다.

해설 ④ 목재는 무게에 비해 섬유질 방향에 대한 강도가 크다.

47. 건설시공(콘크리트, 벽돌, 용접 등) 관련 설명 중 옳지 않은 것은?

① 콘크리트 비비기는 미리 정해둔 비비기 시간의 3배 이상 계속하지 않아야 한다.
② 벽돌쌓기 시에는 붉은 벽돌에 물이 충분히 젖도록 하여 시공하는 것이 좋다.
③ 강우나 강설 시에는 용접작업을 습기가 침투할 수 없는 밀폐된 공간에서 실시한다.
④ 콘크리트를 타설한 후 일평균 10℃ 이상에서 보통 포틀랜드시멘트는 7일간을 습윤 양생 기간으로 정한다.

48. 다음 중 지형도의 이용법으로 가장 거리가 먼 것은?

① 저수량의 결정
② 노선의 도면상 선정
③ 노선의 거리 측정
④ 하천의 유역 면적 결정

49. 다음 중 조경공사의 품질관리 사이클 순서로 옳은 것은?

① 계획 → 검토 → 실시 → 조치
② 계획 → 검토 → 조치 → 실시
③ 계획 → 실시 → 조치 → 검토
④ 계획 → 실시 → 검토 → 조치

50. 암거 배열방식 중 집수 지거를 향하여 지형의 경사가 완만하고 같은 정도의 습윤상태인 곳에 적합하며 1개의 간선 집수지 또는 집수 지거로 가능한 많은 흡수거를 합류하도록 배열하는 방식은?

① 빗식(gridiron system)
② 자연식(natural system)
③ 집단식(grouping system)
④ 차단식(intercepting system)

51. 지상의 측점과 이에 대응하는 평판 위의 점을 같은 연직선이 되는 위치에 있게 하는 작업은?

① 정준   ② 구심
③ 표정   ④ 조정

52. 관목류 식재공사 품셈적용에 관한 기준으로 옳은 것은?

① 수목의 수관폭을 기준으로 하여 적용한다.

Answer 45. ③ 46. ④ 47. ③ 48. ③ 49. ④ 50. ① 51. ② 52. ③

② 나무높이가 수관폭보다 클 때에는 나무높이를 기준으로 한다.
③ 나무높이가 1.5m 이상일 때에는 나무높이에 비례하여 할증할 수 있다.
④ 식재품은 나무세우기, 물주기, 지주목세우기, 손질, 뒷정리 등의 공정을 별도 계상한다.

[해설] ① 수목의 수고를 기준으로 하여 적용한다.

53. 흙(토양)의 기본적인 구성 요소가 아닌 것은?

① 공기
② 물
③ 흙입자
④ 유기물

[해설] * 흙(토양)의 기본적인 구성 요소 : 고상, 액상, 기상

54. 공원의 울타리가 외부에 노출된 경우 다음 중 시각적으로 가장 부적당한 것은?

① 철책
② 목책
③ 콘크리트블록
④ 산울타리

55. 도장공사에 관한 주의사항으로 옳지 않은 것은?

① 도장 장소의 습도를 높게 유지시킬 것
② 직사일광을 가능한 한 피할 것
③ 도막의 건조는 매회 충분히 행할 것
④ 도막은 얇게 여러 번 도장할 것

56. 콘크리트 혼화제인 AE제의 사용 목적으로 가장 거리가 먼 것은?

① 시공연도의 증진 효과
② 응결시간의 조절 효과
③ 단위수량 감수 효과
④ 다량 사용으로 강도 증가 효과

[해설] ④ 다량 사용으로 강도 감소 효과

57. 모르타르 배합비(시멘트 : 모래)에 관한 설명이 옳지 않은 것은?

① 벽돌 및 블록의 쌓기용 배합은 1 : 3으로 한다.
② 타일공사의 붙임용 배합은 1 : 2로 한다.
③ 타일공사의 고름용 배합은 1 : 1로 한다.
④ 벽돌 및 블록의 줄눈용 배합은 1 : 2로 한다.

[해설] ③ 타일공사의 고름용 배합은 1 : 3

58. 다음 중 실내조경 공사용으로 사용되는 식재용토로 가장 거리가 먼 것은?

① 펄라이트
② 잡석
③ 피트모스
④ 질석

59. 다음과 같은 네트워크 공정표에서 한계경로의 공기는?

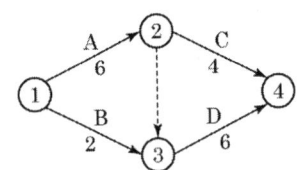

① 6일
② 8일
③ 10일
④ 12일

[해설] 한계경로 A → D : 6+6=12

60. 지피 및 초화류 식재 공사의 설명으로 틀린 것은?

① 식재 후 지반을 충분히 정지하고 낙엽, 잡초 등을 모아 뿌리 주변에 넣어 식재상을 조성한다.
② 객토는 사양토의 사용을 원칙으로 하나 지피류, 초화류의 종류와 상태에 따라 부식토, 부엽토, 이탄토 등의 유기질토양을 첨가할 수 있다.
③ 토심은 초장의 높이와 잎, 분얼의 상태에 따라 다르나 표토 최소토심은 0.3~0.4m 내외로 한다.
④ 덩굴성 식물은 식재 후 주요 장소를 대나무 또는 지정재료로 고정한다.

[해설] 지피 및 초화류 식재 공사
1. 식재에 앞서 지반을 충분히 정지하고 쓰레기, 낙엽, 잡초 등을 제거한 후 적정량을 관수하여 식재상을 조성한다.
2. 객토는 사양토의 사용을 원칙으로 하나 지피류, 초화류의 종류와 상태에 따라 부식토, 부엽토, 이탄토 등의 유기질토양을 첨가할 수 있다.
3. 토심은 초장의 높이와 잎, 분얼의 상태에 따라 다르나 표토 최소토심은 0.3~0.4m 내외로 한다.
4. 식재하기 전 생육에 해로운 불순물을 제거한 후 바닥을 부드럽게 파서 고른다. 뿌리가 상하지 않도록 주의하면서 근원부위를 잡고 약간 들어 올리는 듯하면서 재배용토가 뿌리 사이에 빈틈없이 채워지도록 심고 충분히 관수한다.
5. 왜성 대나무류 및 지피류 식재간격은 설계도서에 따른다.
6. 지피류 및 초화류를 뗏장 또는 기타의 방법으로 식재하는 경우에는 제조업체의 제품시방서에 따른다.
7. 덩굴성 식물은 식재 후 주요 장소를 대나무 또는 지정재료로 고정한다.
8. 종자의 파종은 재료별 파종방법에 따라 화단 전면에 걸쳐 균일하게 파종하며, 파종시기는 기후조건을 고려하여 파종 직후 강우에 의해 종자가 유출되지 않고 지나치게 건조하지 않도록 양생·관리하여 발아를 촉진시킨다.
9. 특수한 식물의 식재와 파종에 대해서는 각 식물별 재식 및 파종방법 또는 공사시방서를 따른다.
10. 지피류 및 초화류 식재 후에는 멀칭재를 사용하여 냉해나 건조피해를 막아주어야 한다.

4과목 조경관리

61. 다음 중 친환경적 수목 해충 방제방법이 아닌 것은?

① 미량접촉제에 의한 방제
② 성페로몬 물질에 의한 방제
③ 유아등 및 포충기를 이용한 방제
④ 솔잎혹파리의 유충낙하기에 박새 등 포식조류에 의한 방제

62. 다음 중 도로 등의 포장과 관련된 관리방법으로 옳은 것은?

① 흙 포장의 지반 토질이 점토나 이토인 경우 지지력이 약하므로 물을 충분히 부어 다져준다.
② 차량 통행이 적고 포장면의 균열 정도와 범위가 심각하지 않은 아스팔트 포장은 훼손부분을 4각형의 수직으로 절단한 후 프라임 코팅을 한다.
③ 콘크리트 슬래브면이 꺼졌을 때는 모르타르 주입이나 패칭공법으로는 보수가 곤란하므로 두껍게 덧씌우기를 실시한다.
④ 보도블록 포장의 보수공사에서는 모래층에 대한 충분한 다짐과 수평고르기가 중요하다.

63. 살포한 약제가 작물에 부착된 후 씻겨 내려가지 않고 표면에 붙어 있는 성질을 가장 잘 나타낸 것은?

① 고착성(tenacity)
② 현수성(suspensibility)
③ 비산성(floatability)
④ 안정성(stability)

64. 수간 주사(trunk injection)와 관련한 설명으로 옳지 않은 것은?

① 20~30°로 비스듬히 세워서 구멍을 뚫는다.
② 시기는 수액이 왕성하게 이동하는 4~9월이 좋다.
③ 솔잎혹파리를 방제하기 위하여 침투성이 좋은 포스파미돈 액제를 우화시기에 주사한다.
④ 줄기의 형성층 밖 사부에 영양제를 공급한다.

[해설] ④ 줄기의 형성층 안쪽 목부까지 구멍을 뚫고 약제 주사

Answer 61. ① 62. ④ 63. ① 64. ④

65. 우리나라의 농약의 독성 구분 기준이 아닌 것은?

① 고독성 ② 무독성
③ 저독성 ④ 보통독성

해설 우리나라의 농약의 독성 구분 기준

(단위 : 반수치사량 LD₅₀)

구분	경구독성(mg/kg체중)		경구독성(mg/kg체중)	
	고체	액체	고체	액체
맹독성	5 미만	20 미만	10 미만	40 미만
고독성	5~50	20~200	10~100	40~400
보통독성	50~500	200~2,000	100~1,000	400~4,000
저독성	500 이상	2,000 이상	1,000 이상	4,000 이상

66. 다음 설명의 ( )에 적합한 수치는?

> 기층은 보조기층 위에 있어 표층에 가하여지는 하중을 분산시켜 보조기층에 전달함과 동시에 교통 하중에 의한 전단에 저항하는 역할을 하여야 한다. 기층에는 입도조정, 시멘트 안정처리, 아스팔트 안정처리, 침투식 등의 공법을 사용할 수 있다. 침투식 공법을 제외하고는 재료의 최대입경은 ( )mm 이하이다.

① 40 ② 50
③ 60 ④ 100

67. 다음 중 1년을 1사이클로 하는 작업은?

① 청소 ② 순회점검
③ 전면적 도장 ④ 식물유지관리

68. 다음 중 건물의 예방보전을 위한 관리 방법으로 볼 수 없는 것은?

① 점검 ② 청소
③ 보수 ④ 도장

해설 ③ 보수 : 사후보전

69. 황(S) 성분이 들어 있는 비료는?

① 과린산석회 ② 중과린산석회
③ 인산암모늄 ④ 용성인비

70. 전문적인 관리능력을 가진 전문업체에 위탁하는 도급관리 방식의 대상으로 가장 적합한 것은?

① 금액이 적고 간편한 업무
② 연속해서 행할 수 없는 업무
③ 관리주체가 보유한 설비로는 불가능한 업무
④ 진척 상황이 명확하지 않고 검사하기가 어려운 업무

71. 시비의 효과를 좌우하는 것으로서 식물 자체의 흡수율에 영향을 주는 요인으로 볼 수 없는 것은?

① 비료 시용량 ② 식물의 종류
③ 토질 여건 ④ 수질 여건

72. 수목 생장에 영향을 끼치는 저해 요인들 중 상대적 비율이 가장 높은 것은?

① 병해 ② 충해
③ 불 피해 ④ 기상 피해

73. 관리 하자에 의한 사고 내용이 아닌 것은?

① 위험물 방치에 따른 사고
② 시설의 노후 및 파손에 의한 사고
③ 시설물의 배치 잘못에 의한 사고
④ 안전대책 미비로 인한 사고

해설 ③ 시설물의 배치 잘못에 의한 사고 : 설치하자

74. 토양의 고결이 잔디의 생육에 미치는 영향에 관한 설명으로 틀린 것은?

① 뿌리의 신장을 저해한다.
② 지하부 산소공급이 떨어진다.
③ 토양 고결은 잔디 생육에 악영향을 미친다.
④ 투수율과 보수율이 높아져 생육이 좋아진다.

Answer 65. ② 66. ① 67. ④ 68. ③ 69. ① 70. ③ 71. ④ 72. ① 73. ③ 74. ④

해설 ④ 투수율과 보수율이 낮아져 생육이 나빠진다.

75. 솔노랑잎벌의 월동 형태로 맞는 것은?
① 알
② 성충
③ 유충
④ 번데기

76. 다음 ( ) 안에 알맞은 것은?

"토양 중 유리된 수소이온 농도에 의한 산도를 (㉠)이라 하고 치환성 수소이온에 의한 산도를 (㉡)이라고 한다."

① ㉠ 활산성 ㉡ 치환산성
② ㉠ 잠산성 ㉡ 활산성
③ ㉠ 가수산성 ㉡ 잠산성
④ ㉠ 활산성 ㉡ 가수산성

77. 우리나라 수경시설물의 하자처리 발생률이 1년 중 가장 높은 기간은?
① 1~2월
② 3~4월
③ 7~8월
④ 10~11월

78. 대기오염물질로 볼 수 없는 것은?
① NO_X
② HF
③ SiO_2
④ SO_X

해설 대기오염물질은 상태에 따라 기체상 물질(일산화탄소(CO), 질소 산화물(NO_X), 황산화물(SO_X), 탄화 수소(C_xH_y) 등)과 입자상 물질(먼지, 매연, 연무, 검댕 등)로 구분된다.

79. 나무좀, 하늘소, 바구미 등은 쇠약목에 유인되므로 벌목한 통나무 등을 이용하여 이들을 구제하는 기계적 방법은?
① 식이유살법
② 등화유살법
③ 잠복소유살법
④ 번식처유살법

80. 평균 근로자 수가 50명인 조합놀이대 생산 공장에서 지난 한 해 동안 3명의 재해자가 발생하였다. 이 공장의 강도율이 1.5이었다면 총 근로손실일수는? (단, 근로자는 1일 8시간씩 연간 300일 근무)
① 180일
② 190일
③ 208일
④ 219일

해설 강도율 = $\dfrac{근로손실일수}{연근로시간수} \times 1,000$
= $\dfrac{근로손실일수}{8시간 \times 300일 \times 50명} \times 1,000 = 1.5$

근로손실일수 = 180일

2019년 조경산업기사 최근기출문제 (2019. 4. 27)

1과목 조경계획 및 설계

01. 우리나라에서 공공(公共)을 위해 만들어진 최초의 근대 공원은?

① 탑골공원 ② 사직공원
③ 장충단공원 ④ 남산공원

해설 ① 탑골공원(1897) : 우리나라 최초의 서양식 공원
② 사직공원(1921)
③ 장충단공원(1919)
④ 남산공원(1930)

02. 일본 정원에서 실용(實用)을 주목적으로 조성했던 정원은?

① 다정(茶庭)
② 축경식(縮景式) 정원
③ 고산수식(枯山水式) 정원
④ 회유임천형(回遊林泉形) 정원

03. 다음 중 계류가 건물 아래를 관류(貫流)하는 형태의 건물은?

① 대전 옥류각(玉溜閣)
② 괴산 암서재(巖棲齋)
③ 예천 초간정(草澗亭)
④ 영양 서석지(瑞石池)

04. 다음 중 이집트의 분묘건축에 속하는 것은?

① 지구라트(ziggurat) ② 지스터스(xystus)
③ 키오스크(kiosk) ④ 마스타바(mastaba)

해설 이집트 분묘건축 : 피라미드, 마스타바, 스핑크스, 암굴분묘
① 지구라트(ziggurat) : 고대 서부아시아
② 지스터스(xystus) : 고대 로마, 후원
③ 키오스크(kiosk) : 고대 이집트, 연못가에 세워진 원정
④ 마스터바(mastaba) : 고대 이집트, 분묘건축

05. 작정기에 쓰여진 "못(池)도 없고 유수(遺水)도 없는 곳에 돌(石)을 세우는 것"을 특징으로 하는 일본의 정원 수법은?

① 정토식 ② 수미산식
③ 곡수식 ④ 고산수식

06. 원야(園冶)는 누구의 저술서인가?

① 이격비(李格非) ② 계성(計成)
③ 문진향(文震亨) ④ 왕세정(王世貞)

해설 ① 이격비(李格非) : 「낙양명원기」
② 계성(計成) : 「원야」
③ 문진향(文震亨) : 「장물지」
④ 왕세정(王世貞) : 「유금릉제원기」

07. 알함브라 궁전에 조성된 "파티오"가 아닌 것은?

① 궁전(宮殿)의 파티오
② 천인화(天人花)의 파티오
③ 사자(獅子)의 파티오
④ 다라하(Daraja)의 파티오

해설 알함브라 궁전의 4개의 파티오(중정)
알베르카 파티오(천인화의 파티오), 사자의 파티오,

Answer 01. ① 02. ① 03. ① 04. ④ 05. ④ 06. ② 07. ①

다라하 파티오, 창격자 파티오

08. 우리나라 조경관련 문헌과 저자가 바르게 연결된 것은?

① 이중환(李重煥) – 임원경제지(林園經濟志)
② 이수광(李睟光) – 촬요신서(撮要新書)
③ 강희안(姜希顔) – 색경(穡經)
④ 홍만선(洪萬選) – 산림경제(山林經濟)

해설 ① 이중환(李重煥) – 택리지
　　　서유구 – 임원경제지(林園經濟志)
② 이수광(李睟光) – 지봉유설
　　　박흥생 – 촬요신서(撮要新書)
③ 강희안(姜希顔) – 양화소록
　　　박세당 – 색경(穡經)
④ 홍만선(洪萬選) – 산림경제(山林經濟)

09. 케빈 린치(Kevin Lynch)의 도시의 이미지 요소 중 점을 지칭하며 관찰자가 외부로부터 보는 것으로서 건물, 상징물, 산 등 확실하고 단순한 물리적 대상물은?

① 결절점(nodes)
② 지구(districts)
③ 랜드마크(landmarks)
④ 모서리(edges)

10. 오픈 스페이스의 기능에 대한 설명으로 옳지 않은 것은?

① 시냇물·연못·동산 등과 같은 자연 경관적 요소들을 제공한다.
② 기존의 자연환경을 보전·향상시켜 줄 수 있는 수단을 제공한다.
③ 공기정화를 위한 순환통로의 기능을 수행함으로써 미기후의 형성에 영향을 준다.
④ 오픈 스페이스의 적극적 확보를 위하여 수림이 양호한 자연녹지 지역을 우선 확보하여야 한다.

11. 도시공원과 관련된 설명으로 틀린 것은? (단, 도시공원 및 녹지 등에 관한 법률을 적용한다.)

① 도시공원의 설치기준, 관리기준 및 안전기준은 국토교통부령으로 정한다.
② 도시공원은 특별시장·광역시장·시장 또는 군수가 공원조성계획에 의하여 설치·관리한다.
③ 도시공원의 설치에 관한 도시·군관리계획결정은 그 고시일부터 10년이 되는 날의 다음 날에 그 효력을 상실한다.
④ 도시공원의 세분 중 생활권공원에는 역사공원, 문화공원, 수변공원, 묘지공원, 체육공원 등이 있다.

해설 「도시공원 및 녹지 등에 관한 법률」
도시공원의 세분 및 규모
1. 국가도시공원
2. 생활권공원 : 소공원, 어린이공원, 근린공원
3. 주제공원 : 역사공원, 문화공원, 수변공원, 묘지공원, 체육공원

12. 조경계획에서 골드(S. Gold)가 분류한 레크리에이션 계획의 접근방법에 해당되지 않는 것은?

① 생태접근법(ecological approach)
② 자원접근방법(resource approach)
③ 활동접근법(activity approach)
④ 행태접근법(behavioral approach)

13. 기후와 조경계획과의 관계를 설명한 내용 중 맞지 않는 것은?

① 인간 활동의 입지에 적합한 지역을 선정할 때 필히 고려해야 된다.
② 선정된 지역 내에서 가장 적합한 부지를 선정할 때 고려해야 한다.
③ 주어진 기후조건에 맞는 단지와 구조물을 어떻게 설계할 것인가는 고려할 필요가 없다.
④ 환경조건을 개선하기 위해 기후의 영향을 어떻게 조절할 것인가를 고려해야 한다.

Answer 08. ④ 09. ③ 10. ④ 11. ④ 12. ① 13. ③

14. 국립공원을 폐지하는 경우 관련 규정에 따른 조사 결과 등을 토대로 국립공원 지정에 필요한 서류를 작성하여 다음 4개의 절차를 차례대로 거쳐야 한다. 다음의 순서가 옳은 것은?

> A. 국립공원위원회의 심의
> B. 주민설명회 및 공청회의 개최
> C. 관할 시·도지사 및 군수의 의견 청취
> D. 관계 중앙행정기관의 장과의 협의

① A → B → C → D
② B → C → D → A
③ C → D → A → B
④ D → C → B → A

15. 그림은 건설재료에서 무엇을 나타내는 단면 표시인가?

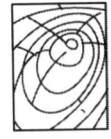

① 목재
② 구리
③ 유리
④ 강철

16. 다음의 투시도를 그리는 데 필요한 ℓ은 무엇을 나타내는가?

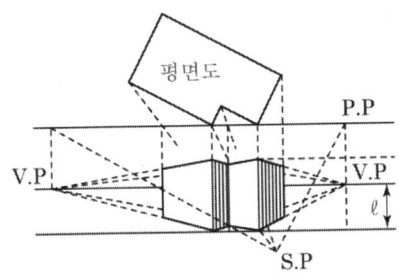

① 눈의 높이
② 물체의 높이
③ 소점(消點) 간의 거리
④ 물체가 화면(畵面)에 접하는 위치와 입점(立點) 간의 거리

17. 다음 중 초점경관에 해당하는 것은?

① 산속의 큰 암벽
② 광막한 바다
③ 끝없는 초원의 풍경
④ 길게 뻗은 도로

해설 ① 산속의 큰 암벽 : 지형경관
② 광막한 바다 : 전경관
③ 끝없는 초원의 풍경 : 전경관
④ 길게 뻗은 도로 : 초점경관

18. 치수와 치수선의 기입 방법에 대한 설명 중 옳지 않은 것은?

① 치수선은 표시할 치수의 방향에 평행하게 긋는다.
② 치수는 특별히 명시하지 않으면 마무리 치수로 표시한다.
③ 치수선은 될 수 있는 대로 물체를 표시하는 도면의 내부에 긋는다.
④ 치수선에는 분명한 단말 기호(화살표 또는 사선)를 표시한다.

19. 동물원의 주된 기능이라 볼 수 없는 것은?

① 학술연구
② 동물의 번식분양
③ 야생동물의 보호
④ 동물 전시에 의한 사회교육

20. 먼셀 색입체의 수직방향으로 중심축이 되는 것은?

① 채도
② 명도
③ 무채색
④ 유채색

2과목 조경식재

21. 수목식재가 경관상 매우 중요한 위치일 때의 지주목 설치 유형은?

① 단각형 ② 매몰형
③ 삼발이형 ④ 이각형

22. 두 종류 또는 그 이상의 오염물질이 동시에 작용하는 경우 발현되는 식물 피해현상 중 다음 설명하는 작용은?

> 2개의 독성물질의 성질이 정반대인 경우, 각 독성물질의 독성을 서로 상쇄해 버리는 경우를 말한다.

① 독립(獨立)작용 ② 상가(相加)작용
③ 상승(相乘)작용 ④ 길항(拮抗)작용

23. 잔디식재에 관한 설명으로 틀린 것은?

① 식재 전에 토양개량과 정지작업을 실시한다.
② 줄떼붙이기는 떼를 일정 크기로 잘라 쓴다.
③ 비탈면에 잔디를 붙일 때에는 잔디 1매당 2개의 떼꽂이로 잔디를 고정한다.
④ 전면붙이기(일반잔디)는 통일되게 1cm 틈새를 유지하며 붙인 후 모래나 사질토를 살포하고 충분히 관수한다.

해설 ④ 전면붙이기(일반잔디)는 토양개량과 정지작업이 이루어진 지면을 롤러나 인력으로 다진 후 잔디를 붙인다. 일반잔디는 서로 어긋나게 틈새 없이 붙인 후 모래나 사질토를 살포하고 다시 롤러나 인력으로 다진 후 충분히 관수하며, 롤형 잔디는 전체 지면에 틈새 없이 붙이고 모래나 사질토를 가볍게 살포한 후 롤러로 다지고 충분히 관수한다.

24. 다음 설명의 ( ) 안에 알맞은 것은?

> 삽수를 알맞은 환경하에 꽂아주면 하부 절단구에 대개는 ( )(이)가 발달한다. ( )(은)는 목화의 정도를 다르게 하는 각종 조직세포가 불규칙하게 배열된 것으로, 주로 유관속형성층과 그 부근에 있는 사부세포에서 발달된다.

① 피층 ② 클론
③ 키메라 ④ 캘러스

25. 수목의 이식 시기로 가장 적합한 것은?

① 근(根)계 활동 시작 직전
② 근(根)계 활동 시작 후
③ 발아 정지기
④ 새 잎이 나오는 시기

26. 방화식재에 사용할 수종을 선택할 때 주요 특징에 해당하지 않는 것은?

① 맹아력이 강한 수종
② 잎이 넓으며 밀생하는 수종
③ 배기가스 등의 공해에 강한 수종
④ 잎이 두텁고 함수량이 많은 수종

27. 잎이 황색 또는 갈색으로만 물드는 수목이 아닌 것은?

① 붉나무(Rhus javanica L.)
② 은행나무(Ginkgo biloba L.)
③ 양버즘나무(Platanus occidentalis L.)
④ 튤립나무(Liriodendron tulipifera L.)

해설 단풍색
① 붉나무(Rhus javanica L.) : 붉은색
② 은행나무(Ginkgo biloba L.) : 황색
③ 양버즘나무(Platanus occidentalis L.) : 갈색
④ 튤립나무(Liriodendron tulipifera L.) : 황색

Answer 21. ② 22. ④ 23. ④ 24. ④ 25. ① 26. ③ 27. ①

28. 다음 녹지자연도(DGN)에 대한 설명으로 틀린 것은?

① 식생에 대한 자연성 평가개념으로 도입된 용어이다.
② 1등급부터 10등급, 그리고 수역을 나타내는 0등급으로 구분된다.
③ 판정기준이 되는 계급의 숫자가 클수록 인간의 간섭을 강하게 받은 식생을 의미한다.
④ 법적인 토대가 없고, 하나의 격자면적에 실질적으로 여러 종류의 녹지자연도 등급이 혼재되어 있는 경우가 흔하다.

해설 ③ 판정기준이 되는 계급의 숫자가 작을수록 인간의 간섭을 강하게 받은 식생을 의미한다.

29. 다음 중 수목의 잎이 호생(互生)인 것은?

① 계수나무(Cercidiphyllum japonicum)
② 박태기나무(Cercis chinensis)
③ 쉬나무(Euodia daniellii)
④ 수수꽃다리(Syringa oblata)

30. 인공지반조경의 옥상조경 시 배수에 관한 설명이 틀린 것은?

① 옥상 1면에 최소 2개소의 배수공을 설치한다.
② 식재층에서 잉여수분은 빨리 배수시킬 필요가 있다.
③ 옥상면은 배수를 원활히 하기 위해 0.5%의 구배를 둔다.
④ 인공토양의 경우 식재기반의 조성유형에 적합한 배수성과 통기성을 확보하여야 한다.

해설 ③ 옥상면은 배수를 원활히 하기 위해 2%의 구배를 둔다.

31. 다음 중 우리나라에서 내동성이 가장 강한 것은?

① 감탕나무(Ilex integra Thunb)
② 녹나무(Cinnamomum camphora J.Presl)
③ 비자나무(Torreya nucifera Siebold & Zucc)
④ 자작나무(Betula platyphylla var. japonica Hara)

해설 ① 감탕나무(Ilex integra Thunb) : 상록활엽소교목 - 내동성 약
② 녹나무(Cinnamomum camphora J.Presl) : 상록활엽교목 - 내동성 약
③ 비자나무(Torreya nucifera Siebold & Zucc) : 상록침엽교목 - 내동성 약
④ 자작나무(Betula platyphylla var. japonica Hara) : 낙엽활엽교목 - 내동성 강

32. 아까시나무와 회화나무에 대한 설명으로 틀린 것은?

① 두 수종 모두 기수우상복엽이다.
② 두 수종 모두 꽃피는 시기는 5월 초이다.
③ 두 수종 모두 뿌리가 천근성이다.
④ 아까시나무에는 가시가 있으나 회화나무에는 없다.

해설 개화시기
아까시나무 : 5월
회화나무 : 7~8월

33. 수생식물의 분류 중 정수성 식물(emergent plants)에 해당하지 않는 것은?

① 갈대
② 생이가래
③ 부들
④ 골풀

해설 ② 생이가래 : 부엽식물

34. 다음 중 복합적 대기오염의 피해를 가장 받기 쉬운 수목은?

① 삼나무(Cryptomeria japonica)
② 양버즘나무(Platanus occidentalis)
③ 은행나무(Ginkgo biloba)
④ 아왜나무(Viburnum odoratissimum)

Answer 28. ③ 29. ② 30. ③ 31. ④ 32. ② 33. ② 34. ①

35. 실내공간의 식물기능과 역할 중 식물을 이용하여 어떤 특정한 곳을 주변으로부터 격리시키는 건축적 기능은?

① 사생활 보호 ② 동선의 유도
③ 공기의 정화 ④ 음향의 조절

36. 잎은 어긋나기하며 홀수 깃모양 겹잎이고, 열매는 협과, 원추형이고 염주상으로 10월경에 성숙, 8월경 황백색 꽃이 아름답고 꼬투리가 특이하다. 예로부터 정자목으로 이용되어 왔으며, 녹음식재, 완충식재, 가로수로도 이용되는 수종은?

① 가중나무 ② 왕벚나무
③ 참죽나무 ④ 회화나무

37. 다음 설명에 적합한 수종은?

- 늘 푸른 작은 키(관목) 나무이다.
- 꽃은 양성화로 이른 봄에 1~4개의 수꽃과 그 중앙부의 암꽃이 핀다.
- 국내 전역에 출현하나 강원도, 경북, 충북 중심 석회암지대의 지표식물이다.
- 잎은 마주나고 가장자리는 밋밋하다.
- 꽃받침 잎은 4장이고 열매는 삭과이다.

① *Buxus koreana*(회양목)
② *Euonymus japonicus*(사철나무)
③ *Ilex crenata*(꽝꽝나무)
④ *Thuja orientalis*(측백나무)

38. 다음 중 층층나무과(科)의 수종으로만 구성된 것은?

① 산딸나무, 산사나무
② 산수유, 흰말채나무
③ 노각나무, 곰의말채나무
④ 식나무, 쪽동백나무

해설 ① 산딸나무-층층나무과, 산사나무-장미과
② 산수유-층층나무과, 흰말채나무-층층나무과
③ 노각나무-차나무과, 곰의말채나무-층층나무과
④ 식나무-층층나무과, 쪽동백나무-때죽나무과

39. 다음 중 생장 후에도 껍질이 떨어지지 않고 부착되어 있으며, 지하경이 길게 자라는 조릿대류에 해당되지 않는 것은?

① 신이대 ② 이대
③ 오죽   ④ 한산죽

40. 실내식물의 환경 중 광선의 세기가 광보상점 이상 광포화점 이하일 때 식물이 건강하게 생육할 수 있다. 빛의 세기가 너무 약하면 나타나는 현상은?

① 잎이 황색으로 변한다.
② 잎이 마르고 희게 된다.
③ 잎의 두께가 굵어진다.
④ 잎의 가장자리가 마르게 된다.

3과목 조경시공

41. 목재의 섬유포화점에서의 함수율은 평균 얼마 정도인가?

① 10% ② 20%
③ 30% ④ 40%

42. 공정관리의 목표로서 맞지 않는 것은?

① 공사의 조기 준공
② 공사의 계약기간 준수
③ 공사조건의 검토
④ 공사수행 능력 확보

Answer 35.① 36.④ 37.① 38.② 39.③ 40.① 41.③ 42.①

43. 다음 그림에 나타난 지역의 저수량(m³)은?

- 40m 등고선 내의 면적 : 100m²
- 50m 등고선 내의 면적 : 500m²
- 60m 등고선 내의 면적 : 700m²
- 70m 등고선 내의 면적 : 900m²

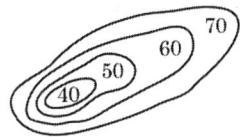

① 12636.5
② 14666.7
③ 15329.3
④ 15641.2

해설 등고선법

① 등고선법

$$V = \frac{h}{3}\{A_1 + 4\Sigma\text{짝수단면적} + 2\Sigma\text{홀수단면적} + A_n\}$$

(h : 등고선 간격, 높이차(m)

$A_1 \sim A_n$: 각 등고선 면적(m²))

② 양단면평균법

$$V = \frac{(A_1 + A_2)}{2} \times h$$

③ 원뿔공식 : 최정상부

$$V = \frac{1}{3}\pi r^2 h = \frac{1}{3} \times A_1 \times h'$$

$$V = \frac{10m}{3} \times$$
$$\{100m^2 + (4 \times 500m^2) + (2 \times 700m^2) + 900m^2\}$$
$$= 14,666.666m^3 ≒ 14,666.7m^3$$

44. 다음 설명에 적합한 콘크리트 이음의 종류는?

- 온도에 따른 콘크리트 구조물의 변형을 방지하기 위하여 설치한다.
- 응력해제, 변형흡수가 목적이다.
- 시공안전과 구조물의 안전을 우선 고려하여 결정한다.

① 콜드 조인트
② 익스팬션 조인트
③ 콘트롤 조인트
④ 콘스트럭션 조인트

45. 다음 그림에서 A는 무엇을 나타낸 것인가?

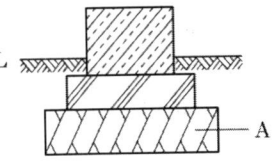

① 모래
② 잡석다짐
③ 콘크리트
④ 장대석

46. 지역이 광대하여 우수를 한 곳으로 모으기가 곤란할 때 배수지역을 분산시켜 처리하는 배수 계통은?

① 방사식
② 차집식
③ 선형식
④ 직각식

47. 다음의 인력운반 기본공식에 대한 세부설명으로 적당하지 않은 것은?

$$Q = N \times q \qquad N = \frac{V \times T}{(120 \times L) + (V \times t)}$$

① 1일 운반횟수(N) : 1일간 작업현장 소운반 거리 내에서의 작업 왕복횟수로서 경사로는 운반환산계수를 적용하거나 수직 1m를 수평 6m로 보정한다.
② 1일 실작업시간(T) : 1일 8시간은 기준 작업시간으로 하고, 여기에서 손실시간 30분을 제한 7시간 30분을 실 작업시간으로 적용한다.
③ 적재·적하시간(t) : 삽 작업의 경우 보통토사 1삽의 중량은 10kg을 기준하며, 적재횟수는 1분간 평균 10회를 기준으로 한다.
④ 평균왕복속도(V) : 운반로의 상태별 운반장비의 주행속도로서 운반로의 상태에 따라 양호, 보통, 불량의 3단계로 구분하여 적용한다.

48. 정지설계도 작성 원칙으로 옳지 않은 것은?

① 파선은 기존 등고선을 나타내며, 직선은 제안된 등고선을 나타낸다.
② 매 5번째 등고선은 읽기 편하게 약간 진하게 그려 넣

Answer 43. ② 44. ② 45. ② 46. ① 47. ③ 48. ④

는다.
③ 평탄지는 배수가 불량하므로 각 시설별로 경사도 최소 표준을 알아야 한다.
④ 경사지를 만들 때 등고선의 조작은 절토의 경우에는 위에서부터, 성토의 경우에는 밑에서부터 시작한다.

해설 경사지의 등고선은 절토는 아래부터, 성토는 위에서부터 한다.

49. 다음 중 땅깎기, 흙쌓기 및 터파기 관련 설명으로 틀린 것은?

① 젖은 땅을 깎아서 유용할 때에는 깎은 흙을 최적함수비가 되도록 조치한다.
② 흙쌓기 재료는 명시된 시공기준에 따라 연속된 층으로 깔아서 다져야 한다.
③ 구조물 기초의 가장자리에서 45° 지지각을 침범해서 터파기해서는 아니 된다.
④ 깎아낸 흙은 유용하지 않을 경우에는 현장에서 제거하거나 담당원이 지정하는 장소에 3.5m를 넘지 않는 높이로 임시쌓기를 하고, 세굴되지 않도록 보호한다.

해설 ④ 깎아낸 흙은 유용하지 않을 경우에는 현장에서 제거하거나 담당원이 지정하는 장소에 2.5m를 넘지 않는 높이로 임시쌓기를 하고, 세굴되지 않도록 보호한다.

50. 콘크리트의 타설 전이나 타설 시의 품질검사 항목이 아닌 것은?

① 비파괴시험   ② 슬럼프시험
③ 공기량시험   ④ 염분함유량시험

51. 순공사원가에 포함되지 않는 것은?

① 재료비   ② 노무비
③ 일반관리비   ④ 부가가치세

해설 순공사원가 : 재료비, 노무비, 경비

52. 다음 중 공사시방서를 작성할 때 참고나 지침서가 될 수 있는 시방서로 몇 가지를 첨부하거나 삭제하면 공사시방서가 될 수 있는 것은?

① 표준시방서   ② 공통시방서
③ 안내시방서   ④ 일반시방서

53. 강의 열처리 중에서 조직을 개선하고 결정을 미세화하기 위해 800~1000℃로 가열하여 소정의 시간까지 유지한 후에 대기 중에서 냉각시키는 처리는?

① 뜨임(Tempering)   ② 담금질(Quenching)
③ 불림(Normalizing)   ④ 풀림(Annealing)

54. 일위대가 작성 시 기본형 벽돌(190×90×57)을 이용하여 조적공사를 1.0B로 쌓을 때 1m²에 소요되는 벽돌의 양은 얼마인가?

① 75매   ② 149매
③ 185매   ④ 224매

55. 보도블럭 포장의 일반적인 구조는 그림과 같이 기층, 완충층, 표층의 3층으로 되어 있다. 이 중 완충층은 모래, 모르타르 등을 1~2cm 두께로 포설하는데 완충층의 기능에 해당되지 않는 것은?

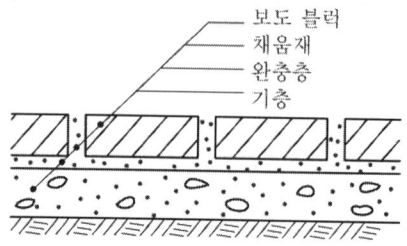

① 凸, 凹을 조절해 준다.
② 보도블럭면에 어느 정도 탄성을 준다.
③ 보도블럭의 높이를 같이 하는 데 편리하다.

④ 겨울에 동상(凍上, frost heaving)현상을 막아 준다.

56. [보기]의 구조계산 순서 중 "3번째 단계"에 해당되는 것은?

[보기]
- 하중 산정
- 내응력 산정
- 내응력과 재료 허용응력의 비교
- 반력 산정
- 외응력 산정

① 외응력 산정
② 반력 산정
③ 내응력 산정
④ 내응력과 재료 허용응력의 비교

해설 구조계산 순서
: 하중산정 → 반력산정 → 외응력산정 → 내응력산정 → 내응력과 재료의 허용강도 비교

57. 콘크리트의 양생에 대한 설명 중 가장 옳지 못한 것은?

① 적절한 온도를 유지시킨다.
② 경화할 때까지 충격을 받지 않도록 한다.
③ 가급적 재령 5일간은 건조 상태를 유지해 준다.
④ 양생기간 동안 직사광선이나 바람에 직접 노출되지 않도록 한다.

해설 ③ 가급적 재령 7일간은 습윤 상태를 유지해 준다.

58. 다음 중 건설재료로 이용되는 대리석의 특징 설명으로 옳지 않은 것은?

① 열에 약하다.
② 내산성이 강하다.
③ 내장용으로 많이 쓰인다.
④ 석질이 치밀하고 무늬가 아름답다.

59. 다음 설명의 ( ) 안에 적합한 용어는?

도로, 보도, 포장지역 등의 하부로 관로가 통과할 경우에 정확한 위치에 ( )을(를) 그 폭보다 양쪽으로 0.3m 이상 여유를 두어 설치한다.

① 트렌치
② 슬리브
③ 호안블럭
④ 경계석

60. 힘의 평형조건만으로 반력이나 내응력을 구할 수 있는 정정보에 해당하지 않는 것은?

① 캔틸레버보
② 고정보
③ 게르버보
④ 단순보

4과목 조경관리

61. 공원 내 가로 조명등주의 유지관리상 특징 설명으로 옳은 것은?

① 알루미늄은 부식에 강하고, 유지관리가 용이하며, 내구성도 크나 비용이 많이 든다.
② 콘크리트는 유지관리가 용이하고, 내구성도 강하지만 부식에는 약하다.
③ 철재는 합금강철 조명등주로 제조되어 내구성이 강하고, 페넌트 부착에 강하지만 부식이 용이하여 방부처리가 요구된다.
④ 나무는 미관적으로 좋고 초기에 유지관리하기도 좋아서 별다른 단점은 고려하지 않아도 좋다.

해설 ① 알루미늄은 부식에 강하고, 유지관리가 용이하며, 내구성은 약하나 비용이 적게 든다.
② 콘크리트는 유지관리가 용이하고, 내구성도 강하고 부식에도 강하다.
③ 철재는 합금강철 조명등주로 제조되어 내구성이 강하고, 페넌트 부착에 강하지만 부식이 용이하여 방부처리가 요구된다.
④ 나무는 미관적으로 좋고 초기에 유지관리하기도

줄다.

62. 소나무재선충을 매개하는 곤충은?
① 맵시벌   ② 솔수염하늘소
③ 솔곤봉하늘소   ④ 짚시벼룩좀벌

63. 다음 중 직영방식의 대상으로 가장 적합한 것은?
① 장기에 걸쳐 단순작업을 행하는 업무
② 일상적으로 행하는 유지관리적인 업무
③ 전문적 지식, 기능, 자격을 요하는 업무
④ 규모가 크고, 노력, 재료 등을 포함하는 업무

64. 토양고결(soil compaction)에 의해 발생되는 잔디식재 토양의 영향으로 틀린 것은?
① 토양경도 감소
② 토양의 투수성 감소
③ 토양의 통기성 저하
④ 토양의 물리성 악화

65. 초화류의 월동관리 요령 중 틀린 것은?
① 내한성이 강한 작물이나 품종을 선택한다.
② 노지상태의 경우, 식물체를 비닐이나 짚 등으로 감싸준다.
③ 화단부지의 경우, 지대가 낮고 움푹 들어간 곳을 선택한다.
④ 온실을 만들 경우, 가능하면 땅 속으로 깊게 들어가게 건설한다.

66. 멀칭(mulching)의 효과로 거리가 먼 것은?
① 토양침식과 수분의 손실을 방지한다.
② 토양구조를 개선하여 단단하게 한다.
③ 토양의 비옥도를 증진시키고 잡초의 발생이 억제된다.

④ 토양온도를 조절하고 태양열의 복사와 반사를 감소시킨다.

해설 멀칭의 효과
① 토양수분 유지
② 토양침식과 수분손실 방지
③ 토양 비옥도 증진
④ 잡초발생 억제
⑤ 토양 구조 개선
⑥ 토양 굳어짐 방지
⑦ 통행을 위한 지표면 개선
⑧ 갈라짐 방지
⑨ 토양 염분농도 조절
⑩ 토양온도 조절
⑪ 태양열 복사와 반사율 감소
⑫ 병충해 발생 억제
⑬ 겨울철 지표면 동결방지

67. 다음 중 다량원소에 속하는 것은?
① N   ② B
③ Fe   ④ Mo

해설 식물 생육에 필요한 원소
- 다량원소 : N, P, K, Ca, Mg, S
- 미량원소 : Mn, Zn, B, Cu, Fe, Mo, Cl

68. 소나무 잎떨림병균이 월동하는 곳은?
① 중간 기주
② 소나무 줄기
③ 소나무 뿌리
④ 땅 위에 떨어진 병든 잎

69. 넘어짐 사고와 떨어짐 사고의 예방방안으로 틀린 것은?
① 마찰력이 낮은 작업화를 착용한다.
② 어두운 공간에는 충분한 조명을 설치한다.
③ 사다리 작업 안전지침 및 기준을 준수한다.
④ 작업화 바닥, 사다리 발판의 흙을 털어 미끄러움을 예방한다.

Answer 62. ② 63. ② 64. ① 65. ③ 66. ② 67. ① 68. ④ 69. ①

70. 식물관리에는 식물의 생리, 생태적 특성을 잘 이해해야 한다. 식물이 갖는 특성에 해당하지 않는 것은?

① 동일한 모양의 동질성
② 생장, 번식 등을 계속하는 영속성
③ 생물로서 생명활동이 행해지는 자연성
④ 형태가 매우 다양하여 주변의 시설과의 조화성

71. A 토양의 진밀도가 $2.6 gcm^{-3}$, 가밀도 $1.2 gcm^{-3}$일 때 이 토양의 공극률은 얼마인가?

① 약 17%　　② 약 46%
③ 약 54%　　④ 약 83%

> 해설　공극률 = $\left(1 - \dfrac{가밀도}{진밀도}\right) \times 100(\%)$
> 공극률 = $\left(1 - \dfrac{1.2 gcm^{-3}}{2.6 gcm^{-3}}\right) \times 100 = 53.846\%$

72. 재해손실비의 평가방식 중 하인리히(Heinrich) 계산 방식으로 옳은 것은?

① 총재해비용=공동비용+개별비용
② 총재해비용=공보험비용+비보험비용
③ 총재해비용=직접손실비용+간접손실비용
④ 총재해비용=노동손실비용+설비손실비용

73. 공원녹지 내에서의 행사(event)개최를 통하여 얻고자 하는 주요한 효과가 아닌 것은?

① 행정홍보의 수단으로 행사를 개최함으로써 주민의 공감을 얻을 수 있다.
② 재정확보 차원에서 행사개최를 통해 공원유지관리를 위한 재정을 확충할 수 있다.
③ 커뮤니티활동의 일환으로 공원 등에서 행사를 통하여 지역주민의 커뮤니케이션(communication)을 도모할 수 있다.
④ 공원녹지이용의 다양화를 도모하는 수단으로서 시민들에게 다양한 프로그램을 제공하여 공원녹지이용의 폭을 넓힐 수 있다.

74. 콘크리트 포장도로 혹은 아스팔트 포장도로의 표면이 심하게 마모되었거나 박리되었을 때 주로 사용하는 보수공법은?

① 충전법　　② 패칭공법
③ 덧씌우기공법　　④ 주입공법

75. 엽면시비에 대한 설명으로 옳지 않은 것은?

① 엽면시비는 토양시비보다 비료성분의 흡수가 쉽고 빠르다.
② 광합성 작용이 왕성할 때 잘 흡수되며 잎의 뒷면보다 앞면에서 흡수가 잘 된다.
③ 주로 미량원소의 빠른 효과를 위해서 이용되는데 Fe은 대표적으로 많이 쓰이는 성분이다.
④ 동·상해, 풍·수해, 병해충 피해 등을 입어서 급속한 영양 공급이 요구될 경우에는 효과적이다.

76. 조경수목을 가해하는 식엽성 해충에 해당하는 것은?

① 진딧물　　② 솔껍질깍지벌레
③ 오리나무잎벌레　　④ 솔잎혹파리

> 해설　① 진딧물 - 흡즙성 해충
> ② 솔껍질깍지벌레 - 흡즙성 해충
> ③ 오리나무잎벌레 - 식엽성 해충
> ④ 솔잎혹파리 - 충영형성 해충

77. 중간 기주를 제거함으로써 병을 예방할 수 있는 것은?

① 오동나무 탄저병
② 각종 식물의 잿빛곰팡이병
③ 묘목의 입고병
④ 잣나무 털녹병

> 해설　④ 잣나무 털녹병 - 송이풀, 까치밥나무

Answer　70. ①　71. ③　72. ③　73. ②　74. ③　75. ②　76. ③　77. ④

78. 골프장 잔디초지 관리 중 10월에 실시되어야 할 관리 내용으로 부적합한 것은?

① 그린의 통기 및 배토작업 : 잔디생육이 왕성한 시기이므로 갱신작업 실시, 통기작업 1회 정도와 배토 1~2회 실시한다.
② 그린의 시비관리 : 잔디생육이 정지하는 시기이므로, 석회질 비료 위주로 공급한다.
③ 티의 예초 : 10월은 잔디 생장량이 낮아지고 휴면을 위해 저장양분을 축적하는 시기이므로 한국잔디의 예고를 25mm로 한다.
④ 조경수목의 병해충관리 : 깍지벌레류와 응애류의 방제를 실시한다.

79. 수목을 대기오염으로부터 보호하려면 어떤 약제를 뿌려야 가장 효과가 있는가?

① 증산억제제 ② 생장촉진제
③ 왜화제   ④ 발근촉진제

80. 농약 중 고체 사용제가 갖추어야 할 물리적 성질이 아닌 것은?

① 분말도 ② 토분성
③ 분산성 ④ 현수성

해설 고체 사용제의 물리적 성질
분말도, 입도, 분산성, 비산성, 부착성(고착성), 응집력, 토분성, 안정성, 경도, 용적비중(가비중), 수중붕괴성

Answer: 78. ② 79. ① 80. ④

2019년 조경산업기사 최근기출문제 (2019. 9. 21)

1과목 조경계획 및 설계

01. 미국 컬럼비아 건축미술 박람회의 영향을 받아 조직된 단체는?

① 후생협회(N.R.A)
② 도시계획협의회(N.C.C.P)
③ 운동장협회(N.P.F.A)
④ 미국조경가협회(A.S.L.A)

02. 조선 시대 다산초당(茶山草堂)과 가장 관련이 없는 것은?

① 단상(段狀)의 화계
② 방지원도(方池圓島)
③ 석가산
④ 풍수지리설

03. 16세기 이탈리아 빌라 정원의 주된 공간 배치 요소가 아닌 것은?

① 수림대(Bosco)
② 후정
③ 빌라(Villa)
④ 중정

04. 전통적인 중국조경의 특성에 해당하는 것은?

① 대비보다 조화에 중점을 두었다.
② 축경식으로 자연을 모방하여 일정한 비율로 균일하게 축조하였다.
③ 수려한 자연경관을 정원 내 사의적으로 묘사하였다.
④ 자연경관을 축소하지 않고 1 : 1 비율로 정원에 묘사하였다.

05. 고대 그리스 시대의 것으로 현대 도시광장의 기원이 되는 것은?

① 포럼(Forum)
② 아고라(Agora)
③ 아트리움(Atrium)
④ 페리스틸리움(Peristylium)

 ① 포럼(Forum) – 고대 로마 – 광장
② 아고라(Agora) – 고대 그리스 – 광장
③ 아트리움(Atrium) – 고대 로마 – 제1중정
④ 페리스틸리움(Peristylium) – 고대 로마 – 제2중정

06. 장소는 미적(美的)이거나 회화적이어야 한다고 주장한 루엘린 파크의 설계자는?

① 가렛 에크보
② 제임스 로즈
③ 앤드루 잭슨 다우닝
④ 프레드릭 로 옴스테드

07. 대추나무를 지칭하는 옛 한자명은?

① 이(李)
② 내(柰)
③ 백(柏)
④ 조(棗)

08. 도산(桃山, 모모야마) 시대에 석등, 세수통 등 점경물을 설치하고 소공간을 자연 그대로의 규모로 꾸민 정원 양식은?

① 다정(茶庭)
② 정토(淨土) 정원
③ 고산수(枯山水) 정원
④ 침전식(寢殿式) 정원

Answer 01.④ 02.④ 03.④ 04.③ 05.② 06.③ 07.④ 08.①

09. 이용 후 평가(post occupancy evaluation)에 대한 설명으로 틀린 것은?

① 이용자의 만족도를 제시한다.
② 시공 직후에 단기평가를 수행한다.
③ 설계과정을 일방향적 흐름으로부터 순환 과정으로 바꾸었다.
④ 기존 환경의 개선 및 새로운 환경의 창조를 위한 자료를 제공한다.

해설 이용 후 평가 : 별도로 정하지 않은 경우의 평가기간은 준공 후 5년간을 표준으로 한다.

10. 다음 설명에 해당하는 시각적 경관요소의 분류에 속하는 것은?

> 주위의 환경 요소와는 달리 특이한 성격을 띤 부분의 경관으로 지형적인 변화, 즉 산속의 높은 암벽과 같은 것을 말한다.

① 전(panoramic) 경관
② 지형(feature) 경관
③ 초점(focal) 경관
④ 세부(detail) 경관

11. 다음 중 계획용량을 결정하는 수용력(carrying capacity) 산출식으로 옳은 것은?

① 연간 이용자 수×(1-최대일률)÷회전율
② (연간 이용자 수+최대일률)×회전율
③ 연간 이용자 수÷최대일률×회전율
④ 연간 이용자 수×최대일률×회전율

12. 조경가를 세분된 분야로 구분할 때, 주로 대규모 프로젝트에 관여하며 종합적 사고력(합리성)을 필요로 하는 제너럴리스트(generalist)의 입장을 취하는 분야는?

① 조경계획가
② 조경설계가
③ 조경기술자
④ 조경원예가

해설 조경가의 세분화된 분류
① 조경 계획가(Planner) : 종합적 사고, 종합계획을 세움 → 자문(Consulting)
② 조경 설계가(Designer)
 ㉠ 기술적 지식에 예술적 감각을 더해 구체적 형태 표현
 ㉡ 재료마감, 구조물 계산, 도로선형, 배수망도, 경사도 등을 작성
③ 조경 기술자(Engineer)
 ㉠ 공학적 전문지식을 갖춘 시공업자
 ㉡ 스페셜 리스트의 입장
④ 조경 원예가(Horticulturist) : 식물, 수목생산, 공원 관리자

13. 다음 설명의 정책 방향이 포함된 계획은?

> - 관할구역에 대하여 기본적인 공간구조와 장기발전방향을 제시하는 종합계획
> - 지역적 특성 및 계획의 방향·목표에 관한 사항
> - 토지의 이용 및 개발에 관한 사항
> - 환경의 보전 및 관리에 관한 사항
> - 공원·녹지에 관한 사항
> - 경관에 관한 사항

① 광역도시계획
② 도시·군기본계획
③ 도시·군관리계획
④ 지구단위계획

14. 다음 도시공원 종류들 가운데 공원시설 부지면적 비율 기준이 '100분의 50 이하'에 해당하는 것은?

① 근린공원
② 체육공원
③ 어린이공원
④ 묘지공원

해설 도시공원 안 공원시설 부지면적

공원구분		공원면적	공원시설 부지면적
1. 생활권 공원			
가. 소공원		전부 해당	100분의 20 이하
나. 어린이 공원		전부 해당	100분의 60 이하
다. 근린공원	(1) 3만m² 미만		100분의 40 이하
	(2) 3만m² 이상 10만m² 미만		100분의 40 이하
	(3) 10만m² 이상		100분의 40 이하

공원구분		공원면적	공원시설 부지면적
2. 주제공원			
	가. 역사공원	전부 해당	제한 없음
	나. 문화공원	전부 해당	제한 없음
	다. 수변공원	전부 해당	100분의 40 이하
	라. 묘지공원	전부 해당	100분의 20 이상
	마. 체육공원	(1) 3만m² 미만	100분의 50 이하
		(2) 3만m² 이상 10만m² 미만	100분의 50 이하
		(3) 10만m² 이상	100분의 50 이하
	바. 도시농업공원	전부 해당	100분의 40 이하
	사. 법 제15조제1항 제3호사목에 따른 공원	전부 해당	제한 없음

15. 조경계획에서 사용되는 설문지 작성 시 주의사항을 설명한 것으로 틀린 것은?

① 설문을 배치할 때 긍정적인 질문과 부정적인 질문을 섞어서 나열하도록 한다.
② 자유응답설문보다 제한응답설문으로 구성하면 설문시간을 많이 줄일 수 있다.
③ 설문작성을 위해 인터뷰 혹은 현장방문을 통한 예비조사를 하는 것이 바람직하다.
④ 원활한 설문작성을 위해 세부적인 사항의 질문을 먼저 하고 그다음에 일반적인 사항으로 넘어가도록 한다.

→해설 일반적인 질문은 앞부분에, 복잡하고 특수한 질문은 뒷부분에 배치한다.

16. 우리나라 농촌마을에 남아 있는 마을숲의 기능 중 가장 많이 나타나는 기능은?

① 비보기능 ② 쉼터기능
③ 풍치기능 ④ 제사기능

→해설 비보 : 약하거나 모자란 것을 도와서 보태거나 채우는 것

17. 리조트(resort) 개발을 위한 입지 조건에서 기본적 요건으로 가장 거리가 먼 것은?

① 일상생활권과 인접할 것
② 공간(환경·시설)에 충분한 여유가 있을 것
③ 흥미 대상(본다, 먹는다, 한다)이 있을 것
④ 프라이버시나 자유로움이 확보되어 있을 것

→해설 리조트 기본 조건
① 사생활의 자유가 확보되어 있어야 한다.
② 교류나 교환할 기회와 장소가 있어야 한다.
③ 체재하는 데 필요한 흥미대상이 있어야 한다.
④ 쾌적한 생활을 유지하는 데 충분한 일정수준 이상의 생활 서비스와 편리성이 확보되어야 한다.
⑤ 리조트 토지형태는 숙박시설, 서비스시설 $\frac{1}{3}$, 원지 $\frac{1}{3}$, 완충녹지+도로 $\frac{1}{3}$ 정도로 한다.
⑥ 옥외공간을 여유있게 확보되어야 한다.

18. 관찰자가 물체를 보고 그 형상을 판별할 수 있는 범위는?

① 지선 ② 소점
③ 기간 ④ 시야

19. 그림과 같은 도면에서 평면도로 가장 적합한 것은?

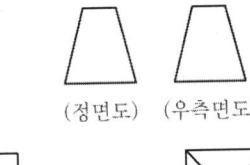
(정면도) (우측면도)

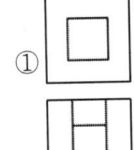
①
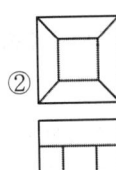
②
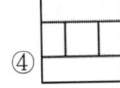
③ ④

20. 식물의 질감과 색채를 이용하여 공간감을 느끼게 할 수 있다. 다음 설명 중 틀린 것은?

① 중간 밝기의 녹색은 밝은 녹색과 어두운 녹색 사이의 점진적 요소 역할을 한다.
② 어두운 색채의 잎을 갖는 식물은 관찰자로부터 멀어지는 듯이 보이고, 밝은 색채의 잎을 갖는 식물은 관찰자에게 다가오는 듯이 보인다.
③ 고운 질감의 식물은 멀어져 가는 듯이 보이는 데 비해 거친 질감의 식물은 접근하는 것처럼 느껴진다.
④ 거친 질감은 큰 잎이나 두텁고 무거운 감이 있는 식물에서 나타나며 고운 질감은 많은 수의 작은 잎, 작고 얇은 가지가 있는 식물에서 나타난다.

2과목 조경식재

21. 다음 중 회색 또는 암갈색 나무껍질이 세로로 갈라지면서 떨어져 얼룩무늬를 형성하는 수종은?

① 소나무(*Pinus densiflora*)
② 벽오동(*Firmiana simplex*)
③ 자작나무(*Betula platyphylla*)
④ 양버즘나무(*Platanus occidentalis*)

→해설 수피의 색
① 소나무(*Pinus densiflora*) : 적색
② 벽오동(*Firmiana simplex*) : 녹색
③ 자작나무(*Betula platyphylla*) : 흰색
④ 양버즘나무(*Platanus occidentalis*) : 얼룩무늬

22. 버드나무과(科) 수종에 대한 설명으로 옳지 않은 것은?

① 이른 봄에 푸른 잎이 난다.
② 봄철 하얀 솜털은 암그루에서만 날리는 종모(씨털)이다.
③ 왕버들은 능수버들에 비해서 가지가 아래로 처지지 않는다.
④ 수양버들의 학명은 *Salix pseudolasiogyne*, 능수버들의 학명은 *Salix babylonica*이다.

→해설 ④ 수양버들의 학명은 *Salix babylonica*, 능수버들의 학명은 *Salix pseudolasiogyne*이다.

23. 다음 그림이 나타내는 중앙분리대의 식재형식은?

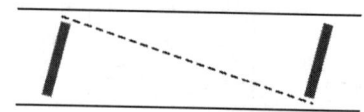

① 군식법   ② 무늬식
③ 평식법   ④ 루버식

24. 다음 중 추식(가을심기) 구근에 해당되지 않는 것은?

① 튤립   ② 달리아
③ 구근아이리스 ④ 히아신스

→해설 구근류
① 춘식 구근류 : 칸나, 달리아, 글라디올러스, 아마릴리스, 상사화
② 추식 구근류 : 아네모네, 크로커스, 히아신스, 구근아이리스, 수선화, 튤립, 백합

25. 다음 그림과 같은 형태를 갖는 수종은?

① 리기다소나무   ② 방크스소나무
③ 일본잎갈나무   ④ 독일가문비

26. 다음 설명의 ( ) 안에 들어갈 용어로 알맞은 것은?

( )은/는 꽃이나 잎의 형태와 같이 보다 작은 식물학적 차이점을 지닌다. ( )의 표기는 'for.'를 사용한다.

① 보통명 ② 변종
③ 품종   ④ 이명

27. 시야를 방해하지 않으면서 공간을 분할하거나 한정하는 데 이용할 수 있는 식물 재료는?

① 대교목 ② 소교목
③ 관목   ④ 지피류

28. 개체군 내의 개체가 주어진 공간에 퍼져 있는 형태를 개체군 분산형태라고 하는데, 다음 중 이에 해당되지 않는 것은?

① 괴상형 ② 중립형
③ 균일형 ④ 임의형

29. 다음 수목의 생장 및 생리에 관한 설명으로 틀린 것은?

① 대부분의 나자식물은 정아지가 측지보다 빨리 자람으로써 원추형의 수관형을 유지한다.
② 오동나무의 뿌리에서 나오는 근맹아(root sprout)는 부정아에서 생겨난 것이다.
③ 단풍나무는 늦여름에 일장이 길어지면 줄기생장이 촉진되고 동아 형성이 정지된다.
④ 양수는 음수보다 광포화점이 높다.

30. 일반적인 양수(陽樹)의 특징에 대한 설명으로 틀린 것은?

① 유묘 시에는 생장이 빠르나 나이가 많아짐에 따라 차차 느려진다.
② 지엽이 밀생하고 가지의 배열이 조밀하며 아래 가지가 내부로 향한다.
③ 가지는 소생하고 수관이 개방적이며, 아래 가지는 일찍 말라 떨어져 버린다.
④ 줄기의 선단부와 굵은 가지가 남쪽 또는 햇빛이 있는 쪽으로 자라는 습성이 있다.

→해설 ② 지엽이 밀생하고 가지의 배열이 조밀하며 아래 가지가 내부로 향한다. : 음수

31. 개잎갈나무(Cedrus deodara)의 생장 형태로 가장 적합한 것은?

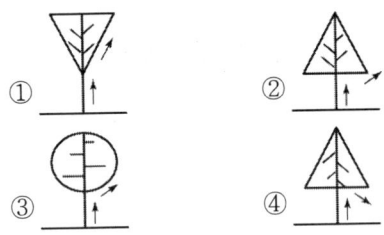

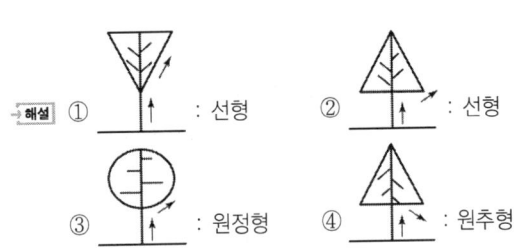

→해설 ① : 선형 ② : 선형
③ : 원정형 ④ : 원추형

32. 수고가 1.2m 이하인 수목에 지주를 할 필요가 있을 때 이용하기 적합한 지주의 설치형태는?

① 단각형(單脚形) ② 이각형(二脚形)
③ 삼각형(三脚形) ④ 사각형(四脚形)

33. 자유식재의 개념으로 옳지 않은 것은?

① 제2차 세계대전 이후 구미 각국에서 시작되었다.
② 풍토인 제약이나 전통적인 형식에 구속되지 않는다.
③ 기능성에 큰 비중을 두어 단순 명쾌하다.
④ 전체적인 형태는 자연풍경식인 경우가 많다.

→해설 자유식재의 개념
인공적이기는 하나 그 선이나 형태가 자유롭고 비대

칭적인 수법이 쓰인다. 기능성이 중요시 되고, 직선적인 형태를 갖추는 경우가 많아지고 단순명쾌한 형태를 나타낸다.

34. 토양 단면에서 바로 위에 있는 층보다 부식이 적어 갈색 또는 황갈색을 띠며, 가용성 염기류가 많고 비교적 견밀한 특징을 구비한 토양층은?

① 모재층 ② 용탈층
③ 집적층 ④ 유기물층

35. 식물의 분류 중 덩굴성 식물에 해당하는 것은?

① 산수국 ② 흰말채나무
③ 능소화 ④ 불두화

해설 ① 산수국, ② 흰말채나무, ④ 불두화 : 낙엽활엽관목
③ 능소화 : 낙엽활엽만경목

36. 우리나라에서 자생하는 참나무류는 성상에 따라 크게 2가지로 구분할 수 있다. 다음 중 성상이 다른 수종은?

① 붉가시나무(Quercus acuta)
② 떡갈나무(Quercus dentata)
③ 졸참나무(Quercus serrata)
④ 갈참나무(Quercus aliena)

해설 ① 붉가시나무(Quercus acuta) : 상록활엽교목
② 떡갈나무(Quercus dentata) : 낙엽활엽교목
③ 졸참나무(Quercus serrata) : 낙엽활엽교목
④ 갈참나무(Quercus aliena) : 낙엽활엽교목

37. 다음 중 벤트 그래스의 설명으로 틀린 것은?

① 일반적으로 가장 품질이 좋은 잔디이다.
② 재질이 매우 곱고, 잎의 폭이 3~4mm로 매우 짧은 다발형이다.
③ 질소질 비료 요구량이 높고, 세심한 관리와 주의가 요구된다.

④ 주로 골프장 그린이나 스포츠 경기장 등 집약적인 잔디 초지에 광범위하게 쓰인다.

38. 수목은 내한성에 따라 온난지와 한랭지로 구분할 수 있다. 다음 중 한랭지에 적합한 수종은?

① 굴거리나무 ② 동백나무
③ 후박나무 ④ 쥐똥나무

39. 공해에 약한 식물, 강한 산성에서 자라는 식물 등 그 식물이 자라고 있는 곳의 환경조건을 나타내는 식물을 무엇이라고 하는가?

① 식별식물 ② 지표식물
③ 기준식물 ④ 표식식물

40. 식재공사 시 뿌리돌림을 할 경우에 분의 크기는 근원직경의 몇 배로 작업하는 것이 가장 이상적인가?

① 2배 ② 4배
③ 8배 ④ 10배

3과목 조경시공

41. 횡선식 공정표에 대한 특징으로 옳은 것은?

① 네트워크 공정표에 비해 작성이 어렵다.
② 작업의 선후관계를 파악하기 어렵다.
③ 개략적인 공사내용을 파악하기 어렵다.
④ 대규모 공사의 공정관리에 적합하다.

해설 ③ 개략적인 공사내용을 파악하기 쉽다.

42. 다음 설명에 적합한 시멘트의 종류는?

- 수화열이 보통시멘트보다 적으므로 댐이나 방사선차폐용, 매시브한 콘크리트 등 단면이 큰 콘크리트용으로 적합하다.
- 조기강도는 보통시멘트에 비해 작으나 장기강도는 보통시멘트와 같거나 약간 크다.
- 건조수축은 포틀랜드시멘트 중에서 가장 작다.
- 화학저항성이 크고 내산성이 우수하다.

① 백색포틀랜드시멘트
② 조강포틀랜드시멘트
③ 중용열포틀랜드시멘트
④ 실리카시멘트

43. 합리식에서 강우강도의 특성에 대한 설명으로 틀린 것은?

① 강우강도의 단위는 mm/h이다.
② 강우강도는 지역에 따라 다르다.
③ 강우강도가 커지면 유출량은 작아진다.
④ 강우계속시간이 늘어나면 강우강도는 작아진다.

44. 시멘트의 저장과 관련된 설명으로 틀린 것은?

① 보관 후 사용할 시멘트는 일반적으로 50℃ 정도 이하의 온도에서 사용하는 것이 좋다.
② 시멘트를 저장하는 창고는 시멘트가 바닥에 쌓여서 나오지 않는 부분이 생기지 않도록 한다.
③ 3개월 이상 장기간 저장한 시멘트는 사용에 앞서 재시험을 실시하여 품질을 확인한다.
④ 현장에서 목조창고의 마룻바닥과 지면 사이의 거리는 0.1m를 표준으로 하면 좋다.

→해설 ④ 현장에서 목조창고의 마룻바닥과 지면 사이의 거리는 0.3m를 표준으로 하면 좋다.

45. 자연상태의 토량이 사질토는 1500m³, 점질토는 2000m³로 이루어져 있다. 이를 모두 굴착하여 다른 공사현장으로 이동 후 성토·다짐했다면 토량은 얼마인가? (단, 사질토의 L=1.2, C=0.9, 점질토의 L=1.3, C=0.9이다.)

① 3150m³   ② 3600m³
③ 3950m³   ④ 4400m³

→해설 사질토 : 1,500m³×0.9=1,350m³
점질토 : 2,000m³×0.9=1,800m³
총토량=1,350m³+1,800m³=3,150m³

46. 축척 1/1,000의 단위면적이 5m²일 때 1/3,000 축척에서 단위면적은?

① 0.6m²   ② 35m²
③ 40m²   ④ 45m²

→해설 1,000,000 : 9,000,000=5m² : x
x=45m²

47. 등고선의 성질에 관한 설명으로 틀린 것은?

① 같은 경사면에는 같은 간격의 평행선이 된다.
② 등고선은 배수방향과 반드시 직교한다.
③ 등고선은 절벽이나 동굴 등 특수한 지형 외에는 합치거나 교차하지 않는다.
④ 요(凹)선으로 표시한 곡선은 안부(鞍部) 가까이에서 곡률이 크고 계곡 밑으로 감에 따라 곡률이 작게 된다.

48. 다음 중 잔디깎기에 지장을 주지 않고 잔디밭에 사용하기 편리한 살수기(sprinkler head)는 어느 것인가?

① 분무 살수기(spray head)
② 분무입상 살수기(pop-up spray head)
③ 회전 살수기(rotary head)
④ 특수 살수기(specialty head)

49. 물 등의 유체 흐름을 매우 느리게 하여 이 시설물을 통과하면서 유기 및 무기성 고형물을 침강시켜 자정기능을 갖는 생태복원 시설은?

① 인공습지   ② 비탈면녹화

Answer   43.③   44.④   45.①   46.④   47.④   48.②   49.①

③ 옥상녹화　　　　④ 인공식물섬

50. 다음 도로의 횡단면도에서 AB의 수평거리는?

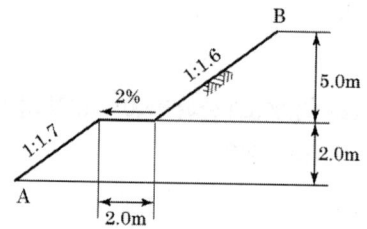

① 8.1m　　　　② 12.3m
③ 13.4m　　　② 18.5m

해설
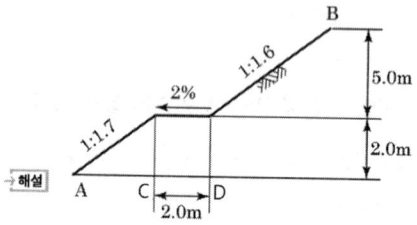

1 : 1.7=2m : A-C
A-C=3.4m
C-D=2m
1 : 1.6=5m : D-B
D-B=8m
A-B=3.4m+2m+8m=13.4m

51. 다음 중 목재를 건조하는 목적이 아닌 것은?

① 수축을 방지한다.　　② 부식을 방지한다.
③ 강도를 증진시킨다.　④ 비중을 증가시킨다.

52. 다음 특성을 갖는 열가소성 수지는?

- 강도가 크고 전기절연성 및 내약품성이 양호하다.
- 고온 및 저온에 약하며, 지수판이나 배수관으로 주로 사용한다.
- 경질 비중은 1.4 정도이다.

① 페놀 수지　　　　② 염화비닐 수지
③ 아크릴 수지　　　④ 폴리에스테르 수지

53. 콘크리트 시공에 관한 설명으로 틀린 것은?

① 거푸집의 내면에는 박리제를 발라야 한다.
② 콘크리트를 타설 후 양생할 때에는 충분한 수분이 공급되어야 한다.
③ 콘크리트를 칠 때 30℃ 이상이 되면 수화작용이 빨라 장기 강도가 증대된다.
④ 표준양생(standard curing)은 20±3℃로 유지하면서 수중 또는 습도 100퍼센트에 가까운 습윤상태에서 실시하는 양생이다.

54. 수목 굴취공사의 일위대가 작성에 대한 설명으로 틀린 것은?

① 분의 크기는 흉고직경 4~5배를 기준으로 한다.
② 뿌리 절단 부위의 보호를 위한 재료비는 별도 계상한다.
③ 교목류 수종의 굴취 시 분이 없는 경우에는 굴취품의 20%를 감한다.
④ 굴취 시 야생일 경우에는 굴취품의 20%를 가산한다.

해설 ① 분의 크기는 근원직경 4~6배를 기준으로 한다.

55. 다음 중 플라이애쉬를 콘크리트에 사용하여 얻을 수 있는 장점에 해당되지 않는 것은?

① 워커빌리티가 개선된다.
② 건조 수축이 적어진다.
③ 수화열이 낮아진다.
④ 초기강도가 높아진다.

56. 조경공사 중 돌쌓기에 관한 설명으로 틀린 것은?

① 찰쌓기의 높이는 1일 1.2m를 표준으로 한다.
② 메쌓기는 찰쌓기에 비하여 토압증대의 우려가 높다.
③ 찰쌓기의 전면 기울기는 높이 1.5m까지 1 : 0.25를 기준으로 한다.
④ 호박돌쌓기는 줄쌓기를 원칙으로 하고 튀어나오거나 들어가지 않도록 면을 맞춘다.

57. 금속의 부식방지에 관한 대책으로 옳지 않은 것은?

① 부분적으로 녹이 나면 즉시 제거할 것
② 아연 또는 주석용액에 담가서 도금할 것
③ 이종(異種) 금속을 인접 또는 접촉시킬 것
④ 표면을 평활하게 하고 가능한 한 건조상태로 유지할 것

58. 기본벽돌을 1.0B로 1000m² 의 담장을 치장쌓기 할 때 소요되는 노무비는? (단, 벽돌 10000매당 소요되는 치장벽돌공은 2.5인, 보통인부는 2.0인, 치장벽돌공 노임은 100000원, 보통인부 노임은 50000원이다.)

① 5,000,000원
② 5,215,000원
③ 5,250,000원
④ 5,500,000원

해설 치장벽돌공 :
(149매/m²×1,000m²)×(2.5인/10,000매)×100,000
=3,725,000원
보통인부 :
(149매/m²×1,000m²)×(2.0인/10,000매)×100,000
=1,490,000원
총 노무비=5,215,000원

59. 빗물이 제거되는 방법 중 배수계획에서 가장 고려해야 할 사항은?

① 증발작용에 의한 제거
② 증산작용에 의한 제거
③ 표면유출에 의한 제거
④ 식물체의 호흡 작용에 의한 제거

60. 일반조경공사의 특성이라고 볼 수 없는 것은?

① 공종의 다양성
② 공종의 소규모성
③ 규격화 및 표준화의 곤란성
④ 공사시기 및 자재구입의 용이성

4과목 조경관리

61. 다음 중 전지·전정 작업을 할 때 일반적으로 잘라야 하는 가지로 적합하지 않은 것은?

① 개화·결실 가지
② 안으로 향한 가지
③ 아래를 향한 가지
④ 줄기의 중간부에 돋아난 가지

62. 공원에서 사고가 발생하였을 때 사고처리 절차로 옳은 것은?

① 사고발생 통보 → 관계자 통보 → 사고자 응급처치 → 병원호송 → 사고 상황 파악
② 사고발생 통보 → 사고 상황 파악 → 사고자 응급처치 → 병원호송 → 관계자 통보
③ 사고발생 통보 → 사고 상황 파악 → 관계자 통보 → 사고자 응급처치 → 병원호송
④ 사고발생 통보 → 사고자 응급처치 → 병원호송 → 관계자 통보 → 사고 상황 파악

63. 농약 살포 방법으로 옳은 것은?

① 심한 태풍이나 비바람이 지나간 직후에 살포하는 것이 흡수 효과가 좋다.
② 살충제와 살균제를 혼합사용하며, 기온이 높을수록 효과가 좋다.
③ 살충제 중 독한 약제는 흐린 날 살포하는 것이 좋다.
④ 전착제를 완전히 용해시킨 뒤 살포액에 넣는 것이 좋다.

64. 다음 중 소나무재선충병의 감염 증세가 아닌 것은?

① 수지(송진) 유출의 감소
② 침엽에서 증산량의 감소

③ 침엽이 반 정도 자라면서 변색
④ 수체 함수율의 감소 및 목질부 건조

65. 아스팔트 및 골재가 떨어져 나가는 현상으로 아스팔트의 부족과 혼합물의 과열, 혼합불량 등이 주요 원인이 되어 나타나는 아스팔트 포장의 파손 현상은?

① 균열
② 침하
③ 파상요철
④ 박리

66. 조경수의 전정 작업을 목적별로 분류한 것에 해당되지 않는 것은?

① 조형을 위한 전정
② 생리조정을 위한 전정
③ 생장을 조정하기 위한 전정
④ 뿌리의 세근 발근촉진을 위한 단근 전정

67. 공원 내의 안내소, 전시관, 관리실 등 건축물의 유지관리비는 건물의 제비용 백분율로 나타낼 때 일반적으로 얼마 정도인가?

① 25%
② 50%
③ 75%
④ 90%

68. 농약의 효력을 충분히 발휘하도록 하기 위하여 첨가하는 물질을 일컫는 용어는?

① 기피제
② 훈증제
③ 유인제
④ 보조제

69. 조경의 관리 작업 항목 중 부정기적으로 작업이 이루어지는 것은?

① 점검
② 청소
③ 수목의 손질
④ 식물의 보식

70. 야영장에서 내부가 고사된 수목에 겉만 보고 텐트 줄을 지지하였는데, 폭풍으로 고사목이 쓰러져 야영객이 다쳤다면 다음 중 어떤 유형의 사고에 가장 근접한가?

① 설치하자에 의한 사고
② 관리하자에 의한 사고
③ 이용자 부주의에 의한 사고
④ 자연재해에 의한 사고

해설 ② 관리하자에 의한 사고 - 위험물 방치

71. 장미의 동기 전정시기로 가장 적합한 것은?

① 발아할 눈이 자랐을 때
② 발아할 눈이 트고 난 후
③ 발아할 눈이 휴면기일 때
④ 발아할 눈이 부풀어 오를 때

72. 테니스 클레이 코트에 뿌리는 소금과 염화칼슘의 역할이 아닌 것은?

① 응고작용
② 보습효과
③ 동결방지
④ 지력보강

73. 벤치·야외탁자의 전반적인 관리방안으로 적합하지 않은 것은?

① 이용자 수가 설계 시의 추정치보다 많은 경우에는 이용실태를 고려하여 개소를 증설하여 이용자의 편의를 도모한다.
② 노인, 주부 등이 장시간 머무르는 곳의 콘크리트재 벤치는 인체와 접촉부위가 차가워지기 쉬우므로 목재로 교체한다.
③ 바닥의 지면에 물이 고인 경우에는 배수 시설을 설치한 후 흙을 넣고 충분하게 다지거나 지면을 포장한다.
④ 그늘이나 습기가 많은 장소에는 목재벤치를 설치하도록 한다.

Answer 65. ④ 66. ④ 67. ③ 68. ④ 69. ④ 70. ② 71. ④ 72. ④ 73. ④

해설 벤치, 야외탁자, 휴지통의 유지관리
(1) 이용자 수가 설계 시의 추정치보다 많은 경우에는 이용실태를 고려하여 개소를 증설한다.
(2) 그늘이나 습기가 많은 장소에는 목재벤치를 콘크리트재나 석재로 교체한다.
(3) 바닥의 지면에 물이 고인 경우에는 배수시설을 설치한 후 흙을 넣고 충분히 다지거나 지면을 포장한다.
(4) 이용자의 사용빈도가 높은 경우 접합 부분의 볼트, 너트가 이완된 곳은 충분히 조이거나 되풀림 방지 용접을 한다.
(5) 기초의 노출 부분은 흙을 놓고 다지며, 담뱃불이나 화재 등으로 그을음 부분은 보수를 하고 재도장한다.
(6) 벤치나 야외탁자 등의 주변은 쓰레기나 담배꽁초가 많이 발생하므로 설치 개수나 설치 장소를 재검토하고 청결한 환경을 유지한다.

74. 다음 중 2년생 잡초에 대한 설명으로 틀린 것은?

① 지칭개, 망초 등이 속한다.
② 로제트(rosette) 형태로 월동한다.
③ 주로 온대지역에서 볼 수 있는 잡초이다.
④ 월동 이후 화아 분화하여 개화, 결실을 한 후 고사한다.

해설 2년생 잡초 : 1년 이상 2년 미만 생존하는 잡초로서 종자가 발아한 1년차에는 영양생장을 하고, 그 다음 해에는 개화하여 종자를 생산한 후 고사하는 잡초

75. 농약의 사용 목적에 따른 분류에 해당하는 것은?

① 유기인계 ② 살응애제
③ 호흡저해제 ④ 과립수화제

76. 다음 곤충 가운데 식엽성(植葉性) 해충이 아닌 것은?

① 미국흰불나방 ② 오리나무잎벌레
③ 천막벌레나방 ④ 밤나무혹벌

해설 ④ 밤나무혹벌 : 충영형성 해충

77. 다음 중 지하수위가 높은 저습지 또는 배수가 불량한 곳에서 주로 나타나는 주요한 토양 생성 작용은?

① 라테라이트화 작용(laterization)
② 글라이화 작용(gleization)
③ 포드졸화 작용(podzolization)
④ 석회화 작용(calcification)

78. 풀베기, 덩굴제거 등에 사용되는 무육톱의 삼각톱날 꼭지각은 몇 도(°)로 정비하여야 하는가?

① 12° ② 25°
③ 38° ④ 45°

79. 토사포장의 개량(改良) 방법으로 적합한 것은?

① 지반치환공법 ② 지하수상승법
③ 노면골재감소법 ④ 지반강하법

해설 토사포장의 개량 방법
지반치환공법, 노면치환공법, 배수처리공법

80. 조경업무의 성격상 관리계획을 체계적으로 수립하는 데 있어서 제한요인이라고 볼 수 없는 것은?

① 관리대상의 자연성
② 관리규모의 협소성
③ 이용자의 다양성
④ 규격화의 곤란성

Answer 74. ④ 75. ② 76. ④ 77. ② 78. ③ 79. ① 80. ②

2020년 조경산업기사 최근기출문제 (2020. 6. 7) 1, 2회 통합

1과목 조경계획 및 설계

01. 무굴인도의 샤-자한 시대에 조성된 작품은?
① 니샤트-바그(Nishat Bagh)
② 샬리마르-바그(Shalimar Bagh)
③ 아차발-바그(Achabal Bagh)
④ 체하르-바그(Tshehar Bagh)

해설 ① 니샤트-바그(Nishat Bagh) : 자한기르
② 샬리마르-바그(Shalimar Bagh) : 샤-자한
③ 아차발-바그(Achabal Bagh) : 자한기르
④ 체하르-바그(Tshehar Bagh) : 중세 이슬람 이란

02. 경주 황룡사를 중심으로 방위와 산의 연결이 틀린 것은?
① 동쪽 - 명활산
② 서쪽 - 선도산
③ 남쪽 - 황룡산
④ 북쪽 - 소금강산

해설 황룡사 입지성
① 동쪽 - 명활산(토함산)
② 서쪽 - 선도산
③ 남쪽 - 남산 칠불암
④ 북쪽 - 소금강산

03. 중국 정원에서 포지(鋪地)의 수법은 어느 때부터 전해져 내려오는가?
① 진나라
② 송나라
③ 당나라
④ 한나라

04. 남송(南宋)시대 30여 개소 명원(名園)을 소개한 정원서는?
① 원야
② 낙양명원기
③ 오흥원림기
④ 장물지

해설 ① 원야 : 명
② 낙양명원기 : 북송
③ 오흥원림기 : 남송
④ 장물지 : 명

05. 옥녀산발형(玉女散髮型)의 풍수 형국을 보이는 읍성은?
① 정의읍성
② 해미읍성
③ 고창읍성
④ 낙안읍성

해설 ① 정의읍성 : 장군대좌형
③ 고창읍성 : 성내마을-와호음수형
성외마을-행주형
④ 낙안읍성 : 옥녀산발형

06. 문헌에 나타난 고려시대 기홍수의 원림(園林)을 설명한 것으로 옳지 않은 것은?
① 이규보의 문집인 「동국이상국집」에 전한다.
② 곡지를 만들고 꽃을 심어 신선정원으로 조성했다.
③ 버드나무, 소나무, 자두나무, 모란 등의 목본식물과 창포를 식재했다.
④ 퇴식재 팔영의 제6영인 연의지(蓮漪池)는 장방지(長方池)이다.

해설 ③ 대나무, 버드나무, 소나무, 자두나무, 배나무, 모란 등의 목본식물과 창포를 식재
④ 퇴식재 팔영의 제6영인 연의지(蓮漪池)는 곡지로 조상해 연꽃을 심어 감상

Answer 01. ② 02. ③ 03. ④ 04. ③ 05. ④ 06. ④

07. 페르시아의 회교식 정원에서 도입되는 정원의 핵심시설이 아닌 것은?

① 커넬(Canal)   ② 토피어리
③ 분천(噴泉)   ④ 저수지

> 해설 회교식=이슬람 정원
> 모든 정원의 핵은 '물'

08. 일본 평성궁 동원의 곡수유구에 관한 설명으로 가장 거리가 먼 것은?

① 바닥에 목상을 묻고 계절 수초를 심어 꽃을 감상했다.
② 조영 시기는 나라시대 중기로 추정된다.
③ 자연석에 홈을 파서 유배거로 사용하였다.
④ 지중에는 경사가 있는 암도(岩島)를 배치한다.

09. 공원관리청이 아닌 자의 공원사업 시행 및 공원시설의 관리 중 (　)에 해당되는 것은?

> 공원사업의 허가를 받으려는 자는 공원사업의 대상이 되는 토지에 자기 소유가 아닌 토지가 있는 경우에는 그 토지 소유자의 사용 승낙을 받아야 한다. 다만, 규정에 따라 공원 마을지구에서 환지(換地)를 하려는 경우에는 토지면적과 사업대상 토지 소유자 총수의 각각 (　) 이상에 해당하는 소유자의 승낙을 받아야 한다.

① 2분의 1   ② 3분의 1
③ 3분의 2   ④ 4분의 3

10. 조경계획의 접근방법 중 물리적 자원 혹은 자연자원이 레크리에이션의 유형과 양을 결정하는 접근방법은?

① 경제 접근법(economic approach)
② 자원 접근법(resource approach)
③ 활동 접근법(activity approach)
④ 행태 접근법(behavioral approach)

> 해설 S. Gold의 레크리에이션 계획의 접근방법 5가지
> ① 자원접근방법(resource approach) : 생태학적 결정론
> - 공급이 수요를 제한 : 자원의 수용력과 그 한계가 중요한 인자로 인식
> - 자연환경에 대한 고려가 우선
> - 경관성이 뛰어난 지역의 조경계획에 유용한 접근 방법
> - 단점 : 새로운 레크리에이션 요구나 새로운 경향의 여가 형태가 계획에 반영되기 어렵다.
> ② 활동접근방법(activity approach)
> - 공급이 수요 창출 : 과거의 레크리에이션 참가 사례가 장래의 계획과 기회를 결정하도록 하는 방법
> - 대도시 내외의 레크리에이션 계획에 적합
> ③ 경제접근방법(economic approach)
> - 비용편익분석(cost-benefit-analysis)에 의하여 조절
> - 경제인자가 사회적 인자나 자연적 인자보다 우선
> ④ 행태접근방법(behavioral approach)
> - 이용자의 선호도와 만족도가 계획과정에 반영
> - 잠재적인 수요까지 파악하여 표현시키고자 한 것
> - 미시적 접근
> ⑤ 종합접근방법(combined approach)

11. 환경에 영향을 미치는 계획을 수립할 때에 환경보전계획과의 부합 여부 확인 및 대안의 설정·분석 등을 통하여 환경적 측면에서 해당 계획의 적정성 및 입지의 타당성 등을 검토하여 국토의 지속 가능한 발전을 도모하는 것은?

① 환경영향평가
② 토지적성평가
③ 전략환경영향평가
④ 소규모환경영향평가

> 해설 ① 환경영향평가 : 환경에 영향을 미치는 실시계획·시행계획 등의 허가·인가·승인·면허 또는 결정 등을 할 때에 해당 사업이 환경에 미치는 영향을 미리 조사·예측·평가하여 해로운 환경영향을 피하거나 제거 또는 감소시킬 수 있는 방안을 마련하는 것
> ② 토지적성평가 : 토지의 환경생태적·물리적·공간

Answer 07. ② 08. ③ 09. ③ 10. ② 11. ③

적 특성을 종합적으로 고려하여 개별토지가 갖는 환경적·사회적 가치를 과학적으로 평가함으로써 도시·군기본계획을 수립·변경하거나 도시·군관리계획을 입안하는 경우 정량적·체계적인 판단 근거를 제공하기 위하여 실시하는 기초 조사

④ 소규모환경영향평가 : 환경보전이 필요한 지역이나 난개발(亂開發)이 우려되어 계획적 개발이 필요한 지역에서 개발사업을 시행할 때에 입지의 타당성과 환경에 미치는 영향을 미리 조사·예측·평가하여 환경보전방안을 마련하는 것

12. 그리스인들이 일상 생활을 영위하는 도로와 생활 공간 등을 계획할 때, 효용과 기능의 측면에서 추구하였던 사항이 아닌 것은?

① 지형조건에 맞게
② 기능에 충실하게
③ 즐겁고 편안하게
④ 호화롭게

13. 다음 ( )에 포함되지 않는 것은?

기본계획안은 보통 ( ) 등의 부문별로 나누어서 별도의 도면에 표현한다.

① 식재계획
② 토지이용계획
③ 교통동선계획
④ 레크리에이션계획

[해설] 기본계획안
토지이용계획, 교통동선계획, 시설물 배치계획, 식재계획, 하부구조계획, 집행계획

14. 종래의 스타일과는 달리 녹음이 많은 우수한 환경 위에 인구가 모이고 산업이 성립되어 형성된 도시는?

① 메가로폴리스형 도시
② 메트로폴리스형 도시
③ 에페로폴리스형 도시
④ 리비에라형 도시

[해설] ① 메가로폴리스형 도시 : 초거대 도시. 인접해 있는 몇 개의 메트로폴리스형 도시가 서로 접촉 및 연결되어 국제적 기능을 함

② 메트로폴리스형 도시 : 거대 도시. 인구 100만 도시라고 하며 지방 중심지를 이룸

③ 에페로폴리스형 도시 : 자연재해 앞에 무력한 도시문명을 스테이플러 침으로 표현한 도시

15. 혼합되는 각각의 색 에너지(energy)가 합쳐져서 더 밝은 색을 나타내는 혼합은?

① 가산혼합
② 감산혼합
③ 중간혼합
④ 색료혼합

[해설] ② 감산혼합 : 혼합되는 각각의 색 에너지(energy)가 합쳐져서 더 어두운 색을 나타내는 혼합

16. 시각 디자인에 관련되는 착시(錯視)에 대한 다음의 설명 중 가장 거리가 먼 것은?

① 우리 눈은 예각은 크게, 둔각은 작게 보는 경향이 있다.
② 동일한 도형을 상하로 두면 위쪽이 아래쪽보다 커 보인다.
③ 피로하거나 시신경에 이상이 있을 때 눈의 착시 현상이 생긴다.
④ 눈의 착각 현상을 역이용하여 착각교정을 함으로써 시각적으로 훌륭한 구조물을 만들 수 있다.

17. 그림과 같이 화살표 방향이 정면일 경우 우측면도로 가장 적합한 투상도는?

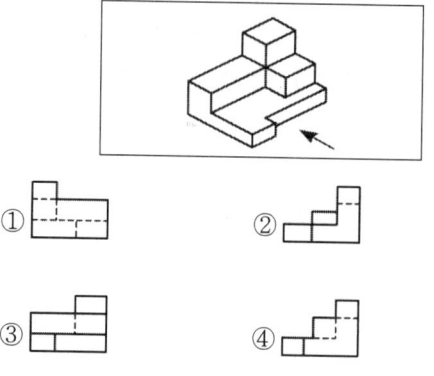

18. 가시도(可視度)가 가장 높은 배색(配色)은?

① 백색 바탕에 검정색 형상
② 황색 바탕에 녹색 형상
③ 황색 바탕에 청색 형상
④ 검정색 바탕에 황색 형상

19. 공장조경 계획 시 공장 부지나 건물에 다음 시설의 설치 목적은?

> 잔디밭, 수림, 운동장, 벤치, 퍼골라, 음수전, 조명시설, 휴게시설, 작업장, 경기장 등

① 환경개선   ② 환경미화
③ 환경보호   ④ 환경보존

20. 다음 중 조경설계기준상의 휴게시설 설계와 관련된 설명으로 가장 거리가 먼 것은?

① 휴게시설은 각 시설별로 본래의 설치 목적에 부합되도록 설계하며, 복합적인 기능을 갖는 경우 본래의 기능을 먼저 충족시키도록 한다.
② 시설의 형태는 표준화된 형태 또는 조형적인 형태로 할 수 있으며, 조형적인 형태로 설계할 경우 이 설계기준을 적용하지 아니할 수 있다.
③ 목재의 경우 보의 단면은 폭과 높이의 비를 1/3~1/5로 하고, 기둥은 좌굴현상을 고려하여 좌굴계수(재료의 허용압축응력×단면적÷압축력)는 4를 적용하며, 세장비(좌굴장/최소 단면 2차 반경)는 250 이하를 적용한다.
④ 휴게시설은 미학적 원리를 이용하여 개별시설·시설의 연속·시설 간의 조합에 의해 미적 효과를 얻을 수 있도록 하며, 통합 이미지를 연출하기 위하여 CI(Cooperation Identity)를 적용할 수 있다.

> 해설 ③ 목재의 경우 보의 단면은 폭과 높이의 비를 1/1.5~1/2로 하고, 기둥은 좌굴현상을 고려하여 좌굴계수(재료의 허용압축응력 × 단면적 ÷ 압축력)는 2를 적용하며, 세장비(좌굴장/최소단면 2차 반경)는 150 이하를 적용한다.

2과목 조경식재

21. 한국잔디의 일반적인 생육 특징이 틀린 것은?

① 최적의 pH는 5.5~6.5 정도이다.
② 난지형 잔디로 여름철에 잘 자란다.
③ 불완전 포복경이지만, 포복력이 강한 포복경을 지표면으로 강하게 뻗는다.
④ 호광성 잔디로 양지에서는 잘 생육되나 그늘에서는 생육이 매우 느린 단점이 있다.

22. 꽃이 무성화로만 이루어진 수종은?

① 수국(*Hydrangea macrophylla*)
② 돈나무(*Pittosporum tobira*)
③ 나무수국(*Hydrangea paniculata*)
④ 백당나무(*Viburnum opulus* var. *calvescens*)

> 해설 ① 수국(*Hydrangea macrophylla*) : 무성화
> ② 돈나무(*Pittosporum tobira*) : 유성화
> ③ 나무수국(*Hydrangea paniculata*) : 무성화+유성화
> ④ 백당나무(*Viburnum opulus* var. *calvescens*) : 무성화+유성화

23. 다음 [보기]의 식물 분류에 해당되는 것은?

[보기] 부들, 매자기, 줄, 갈대

① 부유식물   ② 정수식물
③ 침수식물   ④ 부엽식물

24. 다음 [보기]의 '이것'에 해당하는 것은?

[보기]
이것은 한 종에 속하는 표현형적으로 비슷한 집단들의 모임이며, 그 종의 지리적 분포구역의 한 부분에 살고 있고 또 그 종의 다른 지역 집단들과는 분류학적으로 차이가 있다.

① 변종   ② 아종

③ 지역종   ④ 단형종

해설 ① 변종 : 개체군 중에서 기본적으로는 명확하게 통일종임이 인정되지만 분명하게 차이가 있는 개체군, 같은 종이면서 기준 표본의 종과 형태의 일부분이나 생리적 성질이 다른 것
④ 단형종 : 어떤 종이 분포하는 모든 지역에 걸쳐서 개체군들 사이의 차이가 분류학적으로 두드러지지 않을 정도로 작을 경우의 종

25. 봄철 수목의 화아분화를 지배하는 가장 중요한 체내성분은 무엇인가?

① 질소화합물과 유기산의 비율
② 지질과 탄수화물의 비율
③ 질소화합물과 탄수화물의 비율
④ 유기산과 지질의 비율

해설 ③ 질소화합물과 탄수화물의 비율 : C/N율(탄질율)

26. 여름철 기식화단(assorted flower bed)에 적당한 초화류를 키가 큰 식물에서 작은 식물 순으로 나열된 것은?

① 채송화 → 해바라기 → 튤립
② 칸나 → 다알리아 → 글라디올러스
③ 나팔꽃 → 페튜니아 → 물망초
④ 백일홍 → 샐비어(조생종) → 페튜니아

27. 다음 중 비비추(*Hosta longipes*)의 특성으로 틀린 것은?

① 붓꽃과이다.
② 잎은 근생하며 두껍다.
③ 개화기는 7~8월에 연보라색 꽃이 핀다.
④ 열매는 삭과로 긴 타원형이며, 9월에 결실한다.

해설 비비추
① 백합과이다.

28. 다음 중 바람에 대한 저항성인 내풍력이 약한 수종은?

① 가시나무(*Quercus myrsinaefolia*)
② 느티나무(*Zelkova serrata*)
③ 아까시나무(*Robinia pseudoacacia*)
④ 졸참나무(*Quercus serrata*)

29. 다음 중 열매의 형태가 시과(samara : 翅果)에 해당되는 수종은?

① 참느릅나무(*Ulmus parvifolia*)
② 윤노리나무(*Pourthiaea villosa*)
③ 층층나무(*Cornus controversa*)
④ 산벚나무(*Prunus sargentii*)

해설 열매의 형태
① 참느릅나무(*Ulmus parvifolia*) : 시과
② 윤노리나무(*Pourthiaea villosa*) : 핵과
③ 층층나무(*Cornus controversa*) : 핵과
④ 산벚나무(*Prunus sargentii*) : 핵과

30. 식물의 식재 및 사후관리에 관한 설명으로 옳은 것은?

① 구덩이의 크기는 분크기의 1.5배 정도로 파고 밑바닥에는 부엽토 등을 적당량 섞고 넣어준다.
② 수목식재는 가능한 한 본래 식재되었던 방향의 반대 방향으로 원래 묻혔던 깊이보다 조금 높게 식재한다.
③ 이식하는 나무의 뿌리가 많이 잘렸을 경우에는 지상부의 가지와 잎은 가능한 한 떨어지지 않도록 주의한다.
④ 뿌리의 발생이 좋지 못한 나무들이나 노거수 등은 뿌리돌림을 할 경우 활착이 어려우므로 분을 떠서 이식하는 것이 좋다.

31. 어떤 수목을 이식하고자 다음 그림과 같이 분을 뜰 때 ㉠, ㉡, ㉢, ㉣에 맞는 항은 어떤 것인가? (단, 일반

Answer 25. ③   26. ④   27. ①   28. ③   29. ①   30. ①   31. ①

적 수종으로 보통분일 경우)

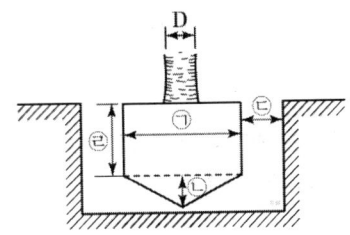

① ㉠ : 4D, ㉡ : D, ㉢ : 2D, ㉣ : 2D
② ㉠ : 5D, ㉡ : 2D, ㉢ : 2D, ㉣ : 3D
③ ㉠ : 4D, ㉡ : 2D, ㉢ : 3D, ㉣ : 2D
④ ㉠ : 6D, ㉡ : 3D, ㉢ : 3D, ㉣ : 4D

32. 식재계획의 배식원리 중 자유식재에 해당하는 것은?

① 비대칭적 균형식재, 사실적 식재가 기본형이다.
② 식재의 기본 양식은 교호식재, 집단식재, 열식 등이다.
③ 사례로는 아메바형, 절선형, 번개형 식재가 있다.
④ 자연풍경과 유사한 경관을 재현하는 식재 방법이다.

해설 ① 비대칭적 균형식재, 사실적 식재가 기본형이다. : 자연풍경식 식재
② 식재의 기본 양식은 교호식재, 집단식재, 열식 등이다. : 정형식 식재
③ 사례로는 아메바형, 절선형, 번개형 식재가 있다. : 자유식재
④ 자연풍경과 유사한 경관을 재현하는 식재 방법이다. : 자연풍경식 식재

33. 보통명(common name)은 습성, 특징, 산지, 용도, 전설, 외래어 등에서 유래되어 비롯된다. 다음 중 수목명이 나무의 특징을 반영한 것이 아닌 것은?

① 생강나무   ② 주목
③ 물푸레나무   ④ 너도밤나무

해설 ① 생강나무 : 나무의 특징
② 주목 : 나무의 특징
③ 물푸레나무 : 나무의 특징
④ 너도밤나무 : 나무의 전설

34. 군락(群落)식재를 실시할 때 가장 우선적으로 고려해야 할 사항은?

① 현존 모델 식생이 자연식생인지 대상식생인지를 파악한다.
② 모암이 무슨 토양인지 표층토의 상태를 파악한다.
③ 기후에 따라 미기후, 소기후, 중기후, 대기후로 나누어 파악한다.
④ 인간에 의한 벌목, 풀베기, 경작 등의 상태를 파악한다.

35. 임해매립지에서 바닷물이 튀어오르는 곳에 식재하기 알맞은 지피식물로 구성된 것은?

① 눈향나무, 다정큼나무
② 섬쥐똥나무, 유카
③ 버뮤다그래스, 잔디
④ 사철나무, 유엽도

해설 임해 매립지에 알맞은 수종
① 바닷물이 튀어오르는 곳의 지피 : 버뮤다그래스, 잔디
② 바닷바람을 받는 전방수림 : 눈향나무, 다정큼나무, 섬음나무, 섬쥐똥나무, 유카, 졸가시나무, 해송

36. 생태계의 공생과 관련된 설명이 틀린 것은?

① 중립 : 두 종 간에 어떠한 영향을 주지도 받지도 않는다.
② 종내경쟁 : 서로 다른 두 생물종이 서로에게 피해를 준다.
③ 상리공생 : 서로 또는 모두에게 유리하거나 도움이 된다.
④ 편리공생 : 한쪽은 분리하고 다른 쪽은 이해관계가 없다.

해설 ② 종내경쟁 : 같은 종 내부 또는 개체군에 속하는 개체끼리 싸우는 것

Answer 32. ③ 33. ④ 34. ① 35. ③ 36. ②

37. 다음 중 잎의 질감이 상대적으로 고운 수종은?

① 자귀나무(*Albizia julibrissin*)
② 오동나무(*Paulownia coreana*)
③ 벽오동(*Firmiana simplex*)
④ 일본목련(*Magnolia obovata*)

해설 ① 자귀나무(*Albizia julibrissin*) : 고운 질감
② 오동나무(*Paulownia coreana*) : 거친 질감
③ 벽오동(*Firmiana simplex*) : 거친 질감
④ 일본목련(*Magnolia obovata*) : 거친 질감

38. 다음 중 상록성인 식물은?

① 모과나무(*Chaenomeles sinensis*)
② 채진목(*Amelanchier asiatica*)
③ 산사나무(*Crataegus pinnatifida*)
④ 비파나무(*Eriobotrya japonica*)

해설 ① 모과나무(*Chaenomeles sinensis*) : 낙엽활엽교목
② 채진목(*Amelanchier asiatica*) : 낙엽활엽교목
③ 산사나무(*Crataegus pinnatifida*) : 낙엽활엽교목
④ 비파나무(*Eriobotrya japonica*) : 상록활엽교목

39. 연속된 형태를 이룬 식물재료들 가운데 갑작스러운 변화를 주어 관찰자의 시선을 집중시키는 식재 기법은?

① 강조   ② 균형
③ 연속   ④ 통일

40. 다음 중 능수버들, 은사시나무, 이태리포플러의 공통적인 특징은?

① 암수 딴그루이다.
② 충매화 수종이다.
③ 종모가 날린다.
④ 우리나라 자생종이다.

3과목 조경시공

41. 다음 건설 기계류 중 주작업 용도가 "운반용"인 기계로만 짝지어진 것은?

① 리퍼 – 램머
② 로더 – 백호우
③ 진동콤팩터 – 탬핑 롤러
④ 덤프트럭 – 벨트 컨베이어

해설 ① 리퍼 : 굴착용 – 램머 : 다짐용
② 로더 : 굴착적재용 – 백호우 : 굴착적재용
③ 진동콤팩터 : 다짐 – 탬핑 롤러 : 다짐
④ 덤프트럭 : 운반용 – 벨트 컨베이어 : 운반용

42. 실시설계 도면을 기준으로 1.0B 붉은 벽돌쌓기에 필요한 정미수량이 300장이라 한다. 이에 운반, 저장, 가공, 시공과정에서 발생하는 손실량을 예측하여 부가한다면 총 소요량은 몇 장인가?

① 330장   ② 315장
③ 309장   ④ 303장

해설 붉은 벽돌 할증률 : 3%
붉은 벽돌 총 소요량 : 300장×(1+0.03)=309장

43. 공원에서 클레이 코트 테니스장을 만들 때 표면에 소금을 뿌렸다. 그 이유는 무엇인가?

① 표면의 배수를 용이하게 하기 위해
② 흙이 뭉치는 것을 방지하기 위해
③ 테니스장의 답압에 견디는 강도를 높이기 위해
④ 테니스장의 기층과 표면층과의 분리를 방지하기 위해

44. 다음 힘과 모멘트에 대한 설명이 틀린 것은?

① 모멘트의 단위는 kg·m, t·m이며, 기호는 M이다.
② 모멘트의 크기는 힘의 크기(P)에 힘까지의 거리(a)를 곱한 것을 말한다.
③ 모멘트의 부호는 모멘트의 회전방향이 시계방향일 때는 (−), 반시계 방향일 때는 (+)로 한다.
④ 크기가 같고 작용선이 평행하며, 방향이 반대인 한 쌍의 힘을 우력(偶力)이라 한다.

[해설] ③ 모멘트의 부호는 모멘트의 회전방향이 시계방향일 때는 (+), 반시계 방향일 때는 (−)로 한다.

45. 옥외계단 설치 시 주의할 사항으로 가장 거리가 먼 것은?

① 계단의 재료 선택은 마모되지 않는 것이 유리하나 주위의 경관을 고려해야 한다.
② 화강석 계단은 고저차가 없고, 안쪽으로 경사지게 설치해야 한다.
③ 단 높이(R)와 너비(T)의 경우는 2R+T=60~65cm를 유지하되 전 구간에 걸쳐 동일하여야 한다.
④ 계단이 길 경우에는 반드시 참을 두어야 하며 참의 폭은 계단의 높이에 따라 설계하도록 한다.

[해설] ② 화강석 계단은 고저차가 없고, 턱지지 않게 설치하여 답면에 물이 고이지 않아야 한다.

46. 석재의 성질 중 장점에 해당하는 것은?

① 불연성이다.
② 일반적으로 가공이 곤란하다.
③ 화열에 닿으면 강도가 없어진다.
④ 인장강도가 압축강도의 1/10~1/20 정도이다.

[해설] 석재의 단점
② 일반적으로 가공이 곤란하다.
③ 화열에 닿으면 강도가 없어진다.
④ 인장강도가 압축강도의 1/10~1/20 정도이다.

47. 내열성이 크고 발수성을 나타내어 방수제로 쓰이며, 저온에서도 탄성이 있어 gasket, packing의 원료로 쓰이는 합성 수지는?

① 페놀 수지
② 실리콘 수지
③ 에폭시 수지
④ 폴리에스테르 수지

48. 축척 1 : 50,000 지형도에서 3% 기울기의 노선을 선정하려면 이 노선상의 주곡선 간 도상 거리는? (단, 주곡선 간격은 20m임)

① 7.5mm
② 10.6mm
③ 13.3mm
④ 20.4mm

[해설] 축척 = $\dfrac{\text{도상거리}}{\text{실제거리}}$

$\dfrac{1}{50,000} = \dfrac{\text{도상거리}}{20,000\text{mm}}$

∴ 도상거리 = 0.4mm

경사도 = $\dfrac{\text{수직거리}}{\text{수평거리}} \times 100(\%)$

$3\% = \dfrac{0.4\text{mm}}{x} \times 100$

∴ x = 13.3mm

49. 골재의 함수상태 중 기건상태를 나타내는 것은?

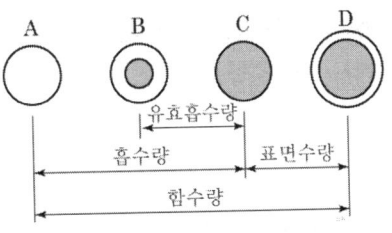

① A
② B
③ C
④ D

[해설] ① A : 절건상태
② B : 기건상태
③ C : 표건상태
④ D : 습윤상태

Answer 44. ③ 45. ② 46. ① 47. ② 48. ③ 49. ②

50. 그림과 같은 수준측량 결과에 따른 B점의 지반고는? (단, A점의 지반고는 30m이다.)

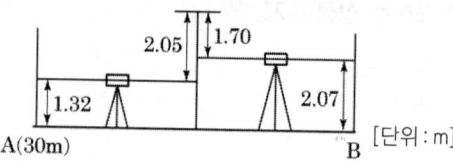

① 28.90m ② 29.60m
③ 33.74m ④ 37.14m

➡ 해설 미지점 GH = 기지점 GH+ΣBS−ΣFS
　　　　미지점 GH = 30m+(1.32m−1.7m)−(−2.05m+2.07m)
　　　　　　　　 = 29.60m

51. 다음의 설명에 적합한 공사계약 방식은?

- 발주자가 도급자의 신용, 기술, 시공능력, 보유기자재, 시공실적 등을 고려하여 그 공사에 가장 적합한 하나의 업체 선정
- 공사 기밀유지 가능
- 입찰수속 간단
- 공사비가 증가할 우려

① 지명경쟁입찰 ② 턴키입찰
③ 수의계약 ④ 대안입찰

52. 콘크리트 공사에서 사용되는 혼화재료 중 혼화제에 속하지 않는 것은?

① 방청제 ② 감수제
③ 플라이애시 ④ AE제(공기연행제)

➡ 해설 ③ 플라이애시 : 혼화재

53. 다음 중 공사현장에 항시 비치하고 있어야 하는 "해당공사에 관한 서류"에 해당되지 않는 것은?

① 천후표 ② 품셈표
③ 계약문서 ④ 공사예정공정표

54. 다음 중 체적계산에 대한 설명으로 가장 거리가 먼 것은?

① 단면이 불규칙할 때에는 플래니미터를 이용한다.
② 비교적 규칙적인 때에는 수치계산법을 활용한다.
③ 계산 방법에는 단면법, 점고법, 등고선법 등이 있다.
④ 단면이 규칙적인 때에는 도해법을 활용한다.

55. 어린이놀이터 등에 사용되는 금속의 부식을 최소화하기 위한 유의사항으로 가장 거리가 먼 것은?

① 부분적으로 녹이 나면 즉시 제거할 것
② 가능한 한 이종(異種) 금속을 인접 또는 접촉시켜 사용할 것
③ 균질한 것을 선택하고 사용 시 큰 변형을 주지 않도록 할 것
④ 큰 변형을 준 것은 가능한 한 풀림(燒純 : annealing)하여 사용할 것

➡ 해설 ② 가능한 한 이종(異種) 금속을 인접 또는 접촉시켜 사용하지 말 것

56. 조경시설의 내구성에 대한 설명으로 가장 거리가 먼 것은?

① 재료가 산, 알칼리, 염류, 기름 등의 작용에 저항하는 성질을 내구성이라고 한다.
② 비와 눈, 추위와 더위, 햇빛은 노후화의 원인이 된다.
③ 구조물의 내구성은 시간, 기능, 그리고 비용이 고려된 성능이다.
④ 조경시설물은 외부공간에 노출되므로 상대적으로 내구성능이 조기에 낮아질 우려가 있다.

57. 공사가격의 구성 요소 중 "직접공사비"를 계산하기 위해 필요한 세부항목에 해당되지 않는 것은?

① 일반관리비 ② 재료비
③ 경비 ④ 외주비

58. 경사도(gradient)에 대한 설명이 틀린 것은?

① 25%의 경사는 1 : 4이다.
② 100%의 경사도는 45°의 각을 갖는다.
③ 1:2의 경사는 수평거리 1m에 수직거리 2m이다.
④ 보통 토질에서 성토(盛土)의 경사는 1 : 1.5로 한다.

> 해설 ③ 1 : 2의 경사는 수직거리 1m에 수평거리 2m이다.

59. 벽에 침투하는 빗물에 의해서 모르타르 중의 석회분이 공기 중의 탄산가스와 결합하여 벽돌이나 조적 벽면에 흰가루가 돋는 현상은?

① 백화현상
② 레이턴스
③ 히빙현상
④ 수화열

60. 다음 중 한중콘크리트에 대한 설명으로 가장 거리가 먼 것은?

① 특별한 보온조치는 취하지 않아도 된다.
② 한중콘크리트에는 공기연행 콘크리트를 사용하는 것을 원칙으로 한다.
③ 하루의 평균기온이 4℃ 이하가 예상되는 조건일 때 한중콘크리트를 시공하여야 한다.
④ 양생종료 후 따뜻해질 때까지 받는 동결 융해 작용에 대하여 충분한 저항성을 가지게 한다.

4과목 조경관리

61. 도시공원에서 이용자의 요망·애로사항을 시설 요망, 관리, 공원녹지 주변 등으로 구분할 때 "관리에 관한 사항"에 해당하는 것은?

① 관람석 설치
② 수목 명찰
③ 자동 판매기
④ 연못 청소

> 해설 ① 관람석 설치 : 시설에 관한 사항
> ② 수목 명찰 : 시설에 관한 사항
> ③ 자동 판매기 : 시설에 관한 사항
> ④ 연못 청소 : 관리에 관한 사항

62. 엽면시비에 관한 설명 중 틀린 것은?

① 이식 후나 뿌리가 장해를 받았을 경우에 실시한다.
② 비료의 농도는 가급적 진하게 하고 한 번에 충분한 양이 효과적이다.
③ 약액이 고루 부착되도록 전착제를 사용함이 효과적이다.
④ 살포 시기는 한낮을 피해 맑은 날 아침이나 저녁때가 적합하다.

> 해설 ② 비료의 농도는 가급적 연하게 하고 여러 번 살포하는 것이 효과적이다.

63. 질병 가능성(disease potential)이 가장 높은 잔디의 종류는?

① Creeping bentgrass
② Fine fescue
③ Kentucky bluegrass
④ Tall fescue

64. 다음 설명에 해당되는 시민참여의 형태는?

> 시민참여를 안시타인의 이론에 따라 크게 3유형으로 구분했을 때 실질적인 주민참여 단계인 시민권력의 단계에 해당 정부, 일반시민, 시민단체, 학생, 기업, 기타 이해 당사자(stakeholder)가 고루 참여

① 시민자치(citizen control)
② 파트너십(partnership)
③ 상담자문(consultation)
④ 조작(manipulation)

Answer 58. ③ 59. ① 60. ① 61. ④ 62. ② 63. ① 64. ②

65. 조경공간에서 안전관리상 관리하자에 의한 사고는?

① 유아가 보호책을 넘어간 사고
② 시설물의 노후 파손에 의한 사고
③ 이용자 자신의 부주의에 의한 사고
④ 시설물의 구조상 접속부에 손이 낀 사고

해설 ① 유아가 보호책을 넘어간 사고 : 이용자·보호자·행사 개최자의 부주의에 의한 사고
② 시설물의 노후 파손에 의한 사고 : 관리하자에 의한 사고
③ 이용자 자신의 부주의에 의한 사고 : 이용자·보호자·행사 개최자의 부주의에 의한 사고
④ 시설물의 구조상 접속부에 손이 낀 사고 : 설치하자에 의한 사고

66. 가로수의 수목보호 홀 덮개의 기능이 아닌 것은?

① 병해충의 방지   ② 뿌리 보호
③ 토양 답압 방지   ④ 도시미관의 증진

67. 토양에서 일어나는 질소순환작용 중 가스형태로의 질소 손실과 관련 있는 것은?

① 탈질작용   ② 부동화작용
③ 질산화작용   ④ 암모니아화작용

68. 연평균 조경 작업자수가 10,000명인 어느 기업의 1년 동안의 작업 관련 재해 건수는 6건, 재해자 수는 12명, 총 근로손실일수는 30일로 나타났다. 이 기업의 지난 1년 동안의 연천인율은? (단, 하루 작업시간은 8시간, 한 달은 25일로 가정한다.)

① 0.25   ② 0.50
③ 0.60   ④ 1.20

해설 연천인율 = $\frac{\text{연간 재해자 수}}{\text{연평균 근로자 수}} \times 1,000$

연천인율 = $\frac{12명}{10,000명} \times 1,000 = 1.20$

69. 토양 중 유기물 함량이 3.40%, 질소 함량이 0.19%일 때 탄질비는 약 얼마인가? (단, 유기물의 탄소 함량은 58%이며, 최종 계산 결과 소수점 둘째자리에서 반올림)

① 12.0   ② 10.9
③ 10.4   ④ 9.8

해설 $\frac{C}{N} = \frac{58\%}{0.19\%} = 305.263 ≒ 305.3$
∴ $305.3 \times 3.4\% = 10.378 ≒ 10.4$

70. 시비와 관련된 설명 중 옳지 않은 것은?

① 조경수목의 시비는 수종과 크기를 고려하여 비료의 종류와 시비량 및 시비횟수를 결정한다.
② 잔디 초종을 고려하여 연간 시비량을 결정하며, 비료의 종류는 N : P_2O_5 : K_2O이 3 : 1 : 2 또는 2 : 1 : 1의 비율이 되도록 한다.
③ 화단 초화류는 집약적 관리가 요구되므로 가능한 한 무기질비료를 추비로서 연간 2~3회, 화학비료를 기비로서 연간 1회 시비한다.
④ 일반 조경수목류의 기비는 유기질 비료를 늦가을 낙엽 후 땅이 얼기 전 또는 2월 하순~3월 하순의 잎이 피기 전에 연 1회를 기준으로 시비한다.

해설 ③ 화단 초화류는 집약적 관리가 요구되므로 가능한 한 유기질비료를 기비로서 연간 1회, 화학비료를 추비로서 연간 2~3회 시비한다.

71. 농약의 독성 정도를 구분할 때 해당되지 않는 것은?

① 급독성   ② 고독성
③ 맹독성   ④ 저독성

72. 천막벌레나방(텐트나방)의 설명이 틀린 것은?

① 벚나무, 장미류, 버드나무 등 기주범위가 넓다.
② 애벌레는 이른 봄 실을 토해 만든 거미줄집 안에서 군집생활을 하고 잎을 갉아먹는다.

Answer 65. ② 66. ① 67. ① 68. ④ 69. ③ 70. ③ 71. ① 72. ③

③ 1년에 2회 발생하며, 노숙유충으로 땅속에서 고치 상태로 겨울을 난다.
④ 유충 발생 초(4월 하순)에 클로르플루아주론 유제 (5%) 2000배액을 수관 살포한다.

해설 ③ 1년에 1회 발생하며, 알로 겨울을 난다.

73. 포장공사에서 토사포장의 보수 및 시공방법 중 개량방법에 해당되지 않는 것은?
① 지반치환공법   ② 노면치환공법
③ 표면처리공법   ④ 배수처리공법

74. 설치비용은 비싸나 유지관리비가 저렴하며, 열효율이 높고, 투시성이 뛰어나 산악 도로나 터널 등에 가장 적합한 조명 램프는?
① 나트륨 램프   ② 크세논 램프
③ 수은 램프   ④ 형광 램프

75. 콘크리트 소재의 시설물 균열부에 대한 보수 방법으로 부적합한 것은?
① 표면실링(sealing) 공법
② V자형 절단 공법
③ 고무(gum)압식 공법
④ 그라우팅 공법

76. 다음 중 직영방식의 장점이 아닌 것은?
① 긴급한 대응이 가능하다.
② 관리책임이나 책임의 소재가 명확하다.
③ 이용자에게 양질의 서비스가 가능하다.
④ 규모가 큰 시설 등의 관리를 효율적으로 할 수 있다.

해설 ④ 규모가 큰 시설 등의 관리를 효율적으로 할 수 있다. : 도급방식

77. 노거 수목의 관리요령으로 틀린 것은?
① 유합조직(Callus tissue)의 형성과 보호를 위해 바세린을 발라 놓는다.
② 절토지역에 있어서의 뿌리보호 대책으로는 메담쌓기(Dry well)가 있다.
③ 부패된 줄기의 공동(Cavity)처리는 충전 재료의 선택이 중요하다.
④ 공동충전 재료는 에폭시수지 등의 합성수지가 널리 사용된다.

해설 ② 성토지역에 있어서의 뿌리보호 대책으로는 메담쌓기(Dry well)가 있다.

78. 동력예초기로 제초 작업을 하는 경우 개인보호구로 적절하지 않은 것은?
① 보안경   ② 안전화
③ 방독마스크   ④ 방진 장갑

해설 ③ 방독마스크 : 작업장에 발생하는 유해가스, 증기 및 공기 중에 부유하는 미세한 입자물질을 흡입해서 인체에 장해를 유발할 우려가 있는 경우에 사용하는 호흡보호구

79. 세균이 식물에 침입하는 방법이 아닌 것은?
① 각피 침입   ② 피목 침입
③ 밀선 침입   ④ 상처 침입

80. 다음 중 인공적 수형을 만들기 위하여 정지, 전정하는 수종으로 부적합한 것은?
① 회양목, 사철나무   ② 무궁화, 쥐똥나무
③ 벚나무, 단풍나무   ④ 향나무, 측백나무

2020년 조경산업기사 최근기출문제 (2020. 8. 22)

1과목 조경계획 및 설계

01. 18C 영국 조경의 특징이 옳지 않은 것은?
① 낭만주의 정원 양식이 시작되었다.
② 브리지맨(C. Bridgeman)이 스토우(Stowe) 가든을 설계했다.
③ 자연풍경식 정원 양식이 유행하였다.
④ 테라스와 마운드를 만드는 것이 성행하였다.

해설 ④ 테라스와 마운드를 만드는 것이 성행하였다. : 16~17세기 영국 정형식 정원의 특징

02. 다음 중 고려시대 수목관련 정책 중 시행시기가 가장 빠른 것은?
① 수양도감 설치
② 산불방지법 반포
③ 소나무 벌채금지법 반포
④ 산림벌채금지와 나무심기 장려

03. 인도(印度) 정원의 특징에 대한 설명으로 가장 거리가 먼 것은?
① 중국, 일본, 한국과 같은 자연풍경식 정원이다.
② 회교도들이 남부 스페인에 축조해 놓은 것과 흡사한 생김새를 갖고 있다.
③ 녹음수가 중요시되었고 온갖 화초로 화단을 만들었으며, 연못에는 연꽃을 식재했다.
④ 궁전이나 귀족의 별장을 중심으로 한 바그와 정원과 묘지(墓地)를 결합한 형태이다.

04. 백제 노자공(路子工)이 일본 궁궐에 오교(吳橋)와 함께 만든 것은?
① 방장산
② 봉황산
③ 수미산
④ 영주산

05. 장수를 기원하며 후원 담장과 같은 벽면에 십장생을 새겼던 궁궐 정원은?
① 창덕궁 대조원 후원
② 경복궁 사정전 후원
③ 경복궁 자경전 후원
④ 창덕궁 연경당 후원

06. 다음 중 자연풍경식 정원을 지향하며 '자연으로 돌아가자'고 주장한 사람은?
① 루소
② 데카르트
③ 르 노트르
④ 니콜라스 푸케

07. 일본의 대표적인 정원양식과 관련된 정원의 연결이 옳지 않은 것은?
① 다정(茶庭) - 고봉암(孤蓬庵)
② 고산수(枯山水) - 서천사(瑞泉寺)
③ 회유식(回遊式) - 계리궁(桂離宮)
④ 정토정원(淨土庭園) - 정유리사(淨留璃寺)

해설 ② 정토정원 - 서천사(瑞泉寺)

08. 과일을 심는 곳을 원(園), 채소를 심는 곳을 포(圃), 금수를 키우는 곳을 유(囿)로 풀이한 중국의 문헌은?
① 난정기
② 설문해자
③ 시경대아편
④ 춘추좌씨전

Answer 01.④ 02.② 03.① 04.③ 05.③ 06.① 07.② 08.②

09. 도시공원 및 녹지 등에 관한 법률에 따른 어린이 공원에 대한 기준이 옳지 않은 것은?

① 규모는 1,000m² 이하로 한다.
② 유치거리는 250m 이하이다.
③ 공원시설 부지면적은 100분의 60 이하로 한다.
④ 공원시설은 조경시설, 휴양시설(경로당 및 노인복지회관은 제외), 유희시설, 운동시설, 편익시설 중 화장실·음수장·공중전화실을 설치할 수 있다.

해설 「도시공원 및 녹지 등에 관한 법률」
① 어린이공원의 규모는 1,500m² 이하로 한다.
④ 공원시설
　가. 도로 또는 광장
　나. 화단, 분수, 조각 등 조경시설
　다. 휴게소, 긴 의자 등 휴양시설
　라. 그네, 미끄럼틀 등 유희시설
　마. 테니스장, 수영장, 궁도장 등 운동시설
　바. 식물원, 동물원, 수족관, 박물관, 야외음악당 등 교양시설
　사. 주차장, 매점, 화장실 등 이용자를 위한 편익시설
　아. 관리사무소, 출입문, 울타리, 담장 등 공원관리시설
　자. 실습장, 체험장, 학습장, 농자재 보관창고 등 도시농업을 위한 시설
　차. 내진성 저수조, 발전시설, 소화 및 급수시설, 비상용 화장실 등 재난관리시설
　카. 그 밖에 도시공원의 효용을 다하기 위한 시설로서 국토교통부령으로 정하는 시설

10. 그린벨트의 설치 목적 중 가장 중요한 것은?

① 도시를 일정 규모로 제한하기 위해
② 도시민에게 레크리에이션 장소를 제공하기 위해
③ 도시재해 발생을 막고, 또 발생 시에 피난처로 사용하기 위해
④ 도시민의 정서를 함양하고 식생활에 필요한 식품을 가까이에서 얻기 위해

11. 자동차와 보행자의 마찰을 피하고 안전하게 보행할 수 있도록 설치하는 것은?

① 몰(Mall)
② 패스(Path)
③ 결절점(Node)
④ 랜드마크(Landmark)

12. 정밀토양도에서 분류하는 토양명이 아닌 것은?

① 토양구(土壤區)
② 토양군(土壤群)
③ 토양통(土壤統)
④ 토양토(土壤土)

해설 정밀토양도에서 분류하는 토양명
토양구, 토양군, 토양통, 토양상

13. 순 인구밀도가 200인/ha이고, 주택 용지율이 60%일 때, 총 인구밀도는?

① 80인/ha
② 100인/ha
③ 110인/ha
④ 120인/ha

해설 총인구밀도=200인/ha×60%=120인/ha

14. 환경영향평가 제도는 1969년 어느 국가의 "국가환경정책법"이 제정되면서 시작되었나?

① 영국
② 미국
③ 프랑스
④ 일본

15. 그림과 같이 3각법으로 투상된 정면도와 좌측면도에 가장 적합한 평면도는?

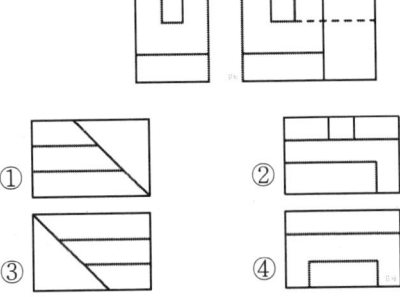

16. 다음 중 균형(Balance)에 관한 설명으로 가장 거리가 먼 것은?

① 균형에는 중심이 있다.
② 프랑스 정원에서 강조되었다.
③ 균형을 결정하는 인자는 무게와 방향성이다.
④ 대칭적 균형이란 고르게 정돈되지 않은 균형을 의미한다.

해설 ④ 비대칭적 균형이란 고르게 정돈되지 않은 균형을 의미한다.

17. 다음과 같은 특징을 갖는 식물 색소는?

수국의 색소로 많이 알려져 있으며, 종류에 따라 빨강, 주홍, 핑크, 파랑, 보라 등 다양한 색을 띤다. 특징은 산성이나 알칼리성에 의해 색이 변하는 것인데 산성에는 빨강으로, 중성에서는 보라, 알칼리성에서는 파랑을 띤다. 또, 물이나 산에 녹기 쉬운 성질을 가지고 있다.

① 카로틴　　② 클로로필
③ 안토시아닌　④ 플라보노이드

18. 표제란(Title Block)의 내부에 들어갈 요소로 가장 거리가 먼 것은?

① 스케일　　② 일위대가
③ 도면번호　④ 설계자 이름

19. 햇빛이 밝은 야외에서 어두운 실내로 이동할 때 빨간색은 점점 어둡게 사라져 보이고 파란색 계열이 밝게 보이는 시각현상은?

① 색순응　　② 메타메리즘 현상
③ 베너리 효과　④ 푸르키니에 현상

해설 ① 색순응 : 색광에 대하여 눈의 감수성이 순응하는 과정 또는 순응된 상태
② 메타메리즘 현상 : 어떤 광원하에서는 두 가지 색이 거의 같게 보이나 다른 광원하에서는 다르게 보이는 현상
③ 베너리 효과 : 검정 십자형의 도형 안쪽과 바깥쪽에 각각 동일한 밝기의 회색 삼각형을 배치하였을 때 보여지는 밝기가 검정 배경 안쪽에 있는 삼각형은 보다 밝게 보이고, 하양 배경 위에 삼각형은 보다 어둡게 보이는 현상

20. 다음 중 감법혼색에 대한 설명으로 옳지 않은 것은?

① 3원색은 시안(Cyan), 마젠타(Magenta), 옐로(Yellow)이다.
② 3원색 중 옐로는 스펙트럼의 녹색 영역의 빛을 흡수한다.
③ 3원색을 모두 혼색하면 검정에 가까운 암회색이 된다.
④ 감법혼색의 원리를 응용한 것으로는 컬러사진, 컬러복사, 컬러인쇄 등을 들 수 있다.

2과목　조경식재

21. 다음 그림과 같은 형태의 수종은?

① 호랑가시나무(*Ilex cornuta*)
② 박달나무(*Betula schmidtii*)
③ 칠엽수(*Aesculus turbinata*)
④ 양버들(*Populus nigra*)

22. 다음 중 정형식 식재의 설명으로 옳은 것은?

① 정형식 식재와 자유식재는 같은 양식이다.
② 자연의 풍경과 같은 비정형식인 선에 의한 식재를 말한다.

Answer 16.④ 17.③ 18.② 19.④ 20.② 21.③ 22.④

③ 정형식 식재의 기본 유형은 군식, 산재식재, 배경식재 등이 있다.
④ 열식은 동형, 동 수종을 직선상으로 일정한 간격에 식재하는 수법을 말한다.

해설 ② 자연의 풍경과 같은 비정형식인 선에 의한 식재를 말한다. : 자연풍경식 식재
③ 정형식 식재의 기본 유형은 군식, 산재식재, 배경식재 등이 있다. : 자연풍경식 식재
④ 열식은 동형, 동 수종을 직선상으로 일정한 간격에 식재하는 수법을 말한다. : 정형식 식재

23. 그림과 같이 2그루 심기로 배식설계를 할 때 가장 적합한 조합은? (단, 활엽수와 침엽수의 구분 없음, 보기는 A(관목) - B(교목)의 조합순서이다.)

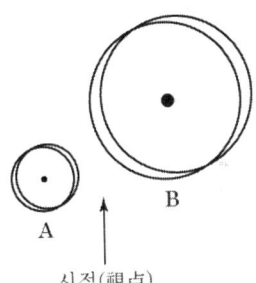

① 수양버들 - 은행나무
② 은행나무 - 전나무
③ 전나무 - 명자나무
④ 명자나무 - 서양측백

해설 ① 수양버들 : 교목 - 은행나무 : 교목
② 은행나무 : 교목 - 전나무 : 교목
③ 전나무 : 교목 - 명자나무 : 관목
④ 명자나무 : 관목 - 서양측백 : 교목

24. 다음 설명의 ( ) 안에 적합한 값은?

표준적인 뿌리분의 크기는 근원직경의 ( )를 기준으로 하되 수목의 이식력과 발근력을 적절히 고려하도록 하며, 분의 깊이는 세근의 밀도가 현저히 감소된 부위로 한다.

① 1배
② 2배
③ 4배
④ 8배

25. 수목의 생태 분류상 "음수"로 분류할 수 없는 것은?

① 사철나무(Euonymus japonicus)
② 전나무(Abies holophylla)
③ 자작나무(Betula platyphylla)
④ 솔송나무(Tsuga sieboldii)

해설 ③ 자작나무(Betula platyphylla) : 강양수

26. 무궁화(Hibiscus syriacus)의 특성에 대한 설명으로 옳은 것은?

① 수형은 평정형이다.
② 생태 특성상 음수이다.
③ 내한성과 내공해성이 약하다.
④ 품종이 많고, 여름에 개화한다.

해설 무궁화
① 수형은 부채꼴이다.
② 생태 특성상 양수이다.
③ 내한성과 내공해성이 강하다.
④ 품종이 많고, 여름에 개화한다.

27. 수고가 높은 교목을 열식하여 수직적 공간감을 느끼게 하려고 할 때 가장 적합한 수목은?

① 미선나무(Abeliophyllum distichum)
② 자귀나무(Albizia julibrissin)
③ 모감주나무(Koelreuteria paniculata)
④ 메타세쿼이아(Metasequoia glyptostroboides)

28. 토양 단면에 대한 설명으로 틀린 것은?

① 부식질은 홑알구조를 형성하므로 토양의 물리적 성질이 불량하다.
② 표층토인 A층은 낙엽, 낙지가 분해되어 있는 층으로 암흑색에 가깝다.
③ 부식은 미생물을 활기 있게 만들고, 유기물의 분해를 촉진한다.

④ 자연림에서는 교목류의 근계가 B층에도 분포하고 있다.

→해설 ① 부식질은 떼알구조를 형성하므로 토양의 물리적 성질이 양호하다.

29. 다음 설명에 적합한 식물은?

- 원산지는 지중해 연안으로서 제비꽃과(Violaceae)에 속하는 추파1년생초화이다.
- 원래 내한성이 강한 화초로서 품종에 따라 다르지만 -5℃까지도 충분히 견딜 수 있다.
- 초봄에 가장 일찍 도심 주변의 화단조성에 필요한 화종이나 조기 정식 시 동해율은 품종 및 육묘조건에 따라 차이가 많아 문제시되고 있다.

① 글라디올러스　② 채송화
③ 팬지　　　　　④ 페튜니아

30. 무성(영양)번식 중 삽목(Cutting)에 관한 설명으로 틀린 것은?

① 삽목의 발근촉진물질은 비나인(B-nain)이 대표적이다.
② 식물체의 재생능력을 이용하여 인위적으로 번식시킬 수 있는 방법이다.
③ 식물체의 일부를 상토에 꽂아 절단면으로부터 부정근을 발생시킨다.
④ 삽수의 제조는 식물의 종류에 따라 다르나 적어도 상하 2개의 눈을 부착하여 조제한다.

→해설 ① 삽목의 발근촉진물질은 옥신(Auxin)이 대표적이다.
비나인(B-nain) : 생장억제물질

31. 종-면적 곡선(Species-area Curve)으로 평가할 수 있는 것은?

① 종간경쟁　　　② 종 풍부도
③ 개체군 분포　　④ 개체군 증식

32. 여름철에 개화되는 수종은?

① 산수유(Cornus officinalis)
② 능소화(Campsis grandifolira)
③ 태산목(Magnolia grandiflora)
④ 금목서(Osmanthus fragrans)

→해설 ① 산수유(Cornus officinalis) : 봄 개화
② 능소화(Campsis grandifolira) : 여름 개화
③ 태산목(Magnolia grandiflora) : 봄 개화
④ 금목서(Osmanthus fragrans) : 가을 개화

33. 일반적으로 잔디 초지(피복) 조성 속도가 가장 빠른 종류는?

① 한국잔디
② 벤트(Bent) 그래스
③ 버뮤다(Bermuda) 그래스
④ 켄터키(Kentucky) 블루그래스

34. 다음 중 "좋은 식재"의 방향이라고 볼 수 없는 것은?

① 무조건 수고가 큰 나무를 심도록 한다.
② 필요 이상의 나무는 심지 않도록 한다.
③ 생태적으로 적합한 장소에 심도록 한다.
④ 시각적 특성을 충분히 고려하여 심도록 한다.

35. 개잎갈나무(Cedrus deodara)의 특징으로 옳지 않은 것은?

① 상록침엽교목
② Cedrus의 용어는 kedron(향나무)에서 유래
③ 원추형으로 직립하며, 밑가지가 아래로 처짐
④ 심근성 수종으로 바람에 강하며, 수관폭이 넓고 생장이 느림

→해설 ④ 천근성 수종으로 바람에 약하며, 수관폭이 넓고 생장이 빠름

Answer　29. ③　30. ①　31. ②　32. ②　33. ③　34. ①　35. ④

36. 조경식물의 성상에 대한 설명이 틀린 것은?

① 상록수와 낙엽수의 구분은 절대적이 아니며, 기후, 계절, 나무의 입지환경에 따라 상록수가 낙엽수가 되기도 한다.
② 식물학상 침엽수는 피자식물에, 활엽수는 나자식물에 포함된다.
③ 등, 마삭줄, 담쟁이덩굴 등 스스로 서지 못해 기거나 타고 오르는 나무를 만경목이라 한다.
④ 교목의 특징을 지니나 일반적으로 교목보다는 작고 관목보다는 큰 나무를 아교목이라 한다.

해설 ② 식물학상 침엽수는 나자식물에, 활엽수는 피자식물에 포함된다.

37. 다음과 같은 특징을 갖는 수종은?

- 콩과이다.
- 천근성 수종이다.
- 야합수(夜合樹)라고 불리기도 한다.
- 우리나라에는 전국에 식재가 가능하다.
- 여름에 피며, 꽃색은 분홍색이다.

① 박태기나무(*Cercis chinensis*)
② 자귀나무(*Albizia julibrissin*)
③ 회화나무(*Sophora japonica*)
④ 아까시나무(*Robinia pseudoacacia*)

38. 부들(*Typha orientalis*)의 특징으로 틀린 것은?

① 부들과(科)이다.
② 침수식물에 속한다.
③ 물가에 식재하고 분주로 번식한다.
④ 꽃은 황색이고, 열매는 원통형이다.

해설 부들 : 정수식물

39. 옥상녹화를 위해 구조적으로 가장 먼저 고려되어야 할 항목은?

① 방수
② 배수
③ 하중
④ 바람의 영향

40. 수목을 이식한 이후 실시하는 작업이 아닌 것은?

① 줄기 감기
② 비료주기
③ 지주 세우기
④ 뿌리돌리기

해설 ④ 뿌리돌리기 : 이식 1~2년 전

3과목 조경시공

41. 다음에서 설명하는 장비는?

- 굴착, 싣기, 운반, 하역 등의 일관작업을 하나의 기계로서 연속적으로 행할 수 있으므로 굴착기와 운반기를 조합한 토공 만능기라 할 수 있는 기계이다.
- 비행장이나 도로의 신설 등과 같은 대규모 정지작업에 적합하다.
- 얇게 깎으면서도 흙을 싣고 주어진 거리에서 높은 속도비로 하중의 중량물을 운반하거나 일정한 두께로 얇게 깔기도 한다.

① 파워쇼벨
② 드래그라인
③ 그레이더
④ 스크레이퍼

42. 다음 설명에 해당되는 콘크리트의 성질은?

거푸집에 쉽게 다져넣을 수 있고 제거하면 천천히 형상이 변화하지만 재료가 분리되거나 허물어지지 않는 굳지 않은 콘크리트의 성질

① 반죽질기(Consistency)
② 시공연도(Workability)
③ 마무리용이성(Finishability)
④ 성형성(Plasticity)

43. 각 변이 30cm 정도의 4각추형 네모뿔의 석재로서 석축공사에 사용되는 것은?

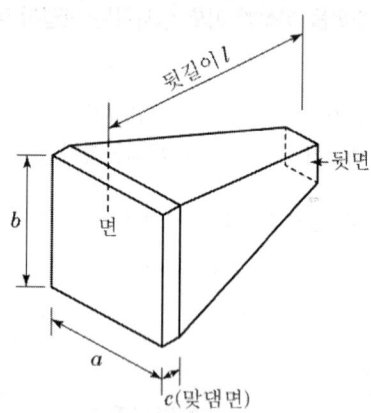

① 사석
② 전석
③ 야면석
④ 견치석

44. 그림과 같은 계획 표고의 토량을 구하는 데 적합한 공식은?

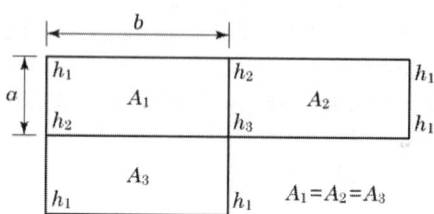

① $\dfrac{ab}{4}(\sum h_1 + 2\sum h_2 + \sum h_3 + 4\sum h_4)$

② $\dfrac{ab}{3}(\sum h_1 + 2\sum h_2 + \sum h_3 + 4\sum h_4)$

③ $\dfrac{1}{6}(A_1 + 4A_2 + A_3)$

④ $\dfrac{1}{2}(A_1 + 6A_2 + A_3)$

45. 훼손지의 보행로 정비 시 "목재 계단로" 시공과 관련된 설명으로 가장 거리가 먼 것은?

① 비탈면의 암석이나 돌 등을 제거하고 평탄하게 기반정지작업을 한다.

② 우수에 의한 침식방지, 식생의 보전, 이용자의 안전확보 측면에서 기울기 15% 이상의 비탈면에 설치한다.

③ 통나무 계단은 수직박기용 통나무를 항타하여 박은 후 수평깔기용 통나무를 1~2단으로 단단히 결속하고 흙을 뒷채움하여 다진다.

④ 계단 최상·최하단 경계부 밖의 노면은 자연스럽게 마감처리한다.

→해설 훼손지의 보행로 정비 시 "목재 계단로"
(1) 우수에 의한 침식방지, 식생의 보전, 이용자의 안전확보 측면에서 기울기 15% 이상의 비탈면에 설치하도록 하며, 그 이하라도 미끄러지기 쉬운 장소에 설치하도록 한다.
(2) 비탈면의 암석이나 돌 등을 제거하고 평탄하게 기반정지작업을 한다.
(3) 통나무 계단은 수직박기용 통나무를 항타하여 박은 후 수평깔기용 통나무를 1~2단으로 단단히 결속하고 흙을 뒤채움하여 다진다.
(4) 통나무원목계단은 직경 0.3m 내외의 방부처리된 통나무를 단 차이를 두어 가면서 지반다짐과 함께 꺾쇠로 결속하여 견고하게 설치한다.
(5) 침목계단은 설계도면에 맞는 높이와 너비로 켜를 쌓아가면서 측면을 결속하여 단단하게 설치한다.
(6) 계단 설치 최상단 경계부와 최하단 경계부 밖의 노면에는 길이 1m 이상 튼튼한 재료로 마감처리하여 계단 끝부분이 훼손되지 않도록 처리한다.

46. 재료의 기계적 성질 중 작은 변형에도 파괴되는 성질을 무엇이라 하는가?

① 강성
② 소성
③ 취성
④ 탄성

47. 다음과 같은 네트워크 공정표로 나타나는 공사의 공기를 1일 단축하고자 한다. 일정단축을 위하여 공정을 조정할 때 적절한 것은? (단, 모든 공정은 1일 단축 가능하다.)

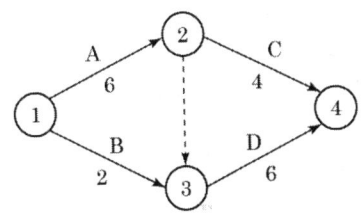

① A를 1일 줄인다.
② B를 1일 줄인다.
③ C를 1일 줄인다.
④ B, C를 각각 1일 줄인다.

48. 합성수지를 이용한 건설재료에 관한 설명으로 가장 거리가 먼 것은?

① 내수성이 양호하다.
② 열에 의한 팽창 및 수축이 크다.
③ 가공성이 크며 성형 가공이 용이하다.
④ 탄성계수가 금속재에 비해 매우 크다.

→해설 ④ 탄성계수가 금속재에 비해 작다.

49. 교호수준측량의 결과가 그림과 같을 때, A점의 표고가 55.423m라면 B점의 표고는?

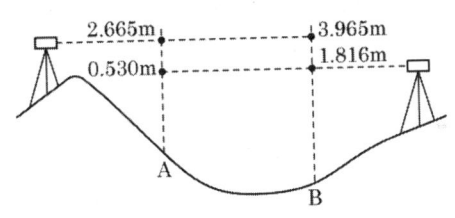

① 52.923m
② 53.281m
③ 54.130m
④ 54.137m

→해설 교호수준측량

$$GH_B = GH_A + \frac{(a_1 + a_2) - (b_1 + b_2)}{2}$$

$$GH_B = 55.423m + \frac{(0.530m + 2.665m) - (1.816m + 3.965m)}{2}$$

$$\therefore GH_B = 54.130m$$

50. 다음 설명의 ( ) 안에 적합한 것은?

거푸집의 높이가 높을 경우, 재료 분리를 막고 상부의 철근 또는 거푸집에 콘크리트가 부착하여 경화하는 것을 방지하기 위해 거푸집에 투입구를 설치하거나, 연직슈트 또는 펌프배관의 배출구를 타설하면 가까운 곳까지 내려서 콘크리트를 타설하여야 한다. 이 경우 슈트, 펌프배관, 버킷, 호퍼 등의 배출구와 타설면까지의 높이는 ( )m 이하를 원칙으로 한다.

① 1.5
② 1.8
③ 2.0
④ 2.5

51. 목재의 성질에 관련 설명으로 가장 거리가 먼 것은?

① 섬유포화점에서의 함수율은 10% 정도이다.
② 일반적으로 대부분의 침엽수재는 구조용재로 사용된다.
③ 목재의 비중이 증가함에 따라 강도는 증가한다.
④ 전건재의 비중은 목재의 공극률에 따라 달라지는데 실적률만의 진비중은 1.50 정도이다.

→해설 ① 섬유포화점에서의 함수율은 30% 정도이다.

52. 일반적으로 사면의 안정상 가장 위험한 경우는?

① 사면이 완전히 포화상태일 경우
② 사면이 완전 건조되었을 경우
③ 사면의 수위가 급격히 상승할 경우
④ 사면의 수위가 급격히 내려갈 경우

53. 계획대상지의 부지정지 및 다짐에 필요한 성토량이 1,000m³ 이다. 인접지역의 토양을 적재용량이 10m³ 인 덤프트럭으로 운반할 때 소요되는 덤프트럭은 모두 몇 대인가? (단, L=1.15, C=0.9인 경우)

① 100
② 111
③ 115
④ 128

→해설 $1,000m^3 = x \times 0.9$ ∴ $x = 1,111.111m^3$

$(1,111.111m^3 \times 1.15) \div 10m^3/대$
$= 127.777대 ≒ 128대$

Answer 48. ④ 49. ③ 50. ① 51. ① 52. ④ 53. ④

54. 구조물에 작용하는 하중(荷重)에 대한 설명으로 가장 거리가 먼 것은?

① 구조용 재료는 장기하중보다 단기하중에 좀 더 유리하게 적용하고, 재료의 설계용 허용강도는 경제적인 측면에서 단기하중 때 더 크게 취하도록 하고 있다.
② 풍하중은 구조물에 재난을 주는 빈도가 가장 많은 하중이며, 구조물의 역학적 해석에 있어 하중의 결정에 세심한 주의와 판단을 필요로 한다.
③ 이동하중은 구조물에 항상 작용하는 하중이 아니라 시간적으로 달라지는 하중을 말하며 활하중 또는 적재하중이라고도 한다.
④ 집중하중은 구조물의 자중이나 그 위에 높은 물체의 하중이 어떤 범위 내에 분포하여 작용하는 하중을 말한다.

55. 강재의 열처리 방법으로 가장 거리가 먼 것은?
① 단조   ② 불림
③ 담금질   ④ 뜨임

56. 조경공사 시공계약 방식 중 공동도급(Joint Venture Contract)에 대한 설명으로 가장 거리가 먼 것은?
① 융자력 증대   ② 위험의 분산
③ 이윤의 증대   ④ 시공의 확실성

57. 다음 그림과 같은 지역의 면적은?

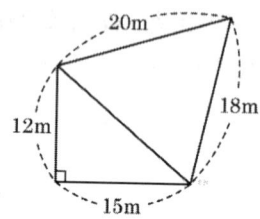

① 246.5m²   ② 268.4m²
③ 275.2m²   ④ 288.9m²

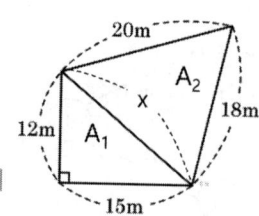

해설

$A_1 = 15m \times 12m \times \dfrac{1}{2} = 90m^2$

$x = \sqrt{(12m)^2 + (15m)^2} = 19.2m$

삼각형 세 변의 길이로 헤론의 공식 이용

$s = \dfrac{20m + 18m + 19.2m}{2} = 28.6m$

$A_2 = \sqrt{28.6m \times (28.6m - 20m) \times (28.6m - 18m) \times (28.6m - 19.2m)}$
$= 156.548m^2$

$\therefore A = A_1 + A_2 = 246.548m^2 ≒ 246.5m^2$

58. 공사원가를 계산할 때 수량의 계산 시 올바른 방법은?
① 지정 소수의 이하 2위까지 하고, 끝수는 4사5입한다.
② 지정 소수의 이하 1위까지 하고, 끝수는 4사5입한다.
③ 지정 소수의 이하 2위까지 하고, 끝수는 버린다.
④ 지정 소수의 이하 1위까지 하고, 끝수는 버린다.

59. 어린이 놀이시설에 다른 재료에 비해 목재를 많이 사용하는 이유로 가장 거리가 먼 것은?
① 경도와 강도가 크다.
② 취급, 가공이 쉽다.
③ 열의 전도율이 낮고 충격의 흡수력이 크다.
④ 온도에 대한 신축이 비교적 작다.

60. 지하 배수 관거에서 이상적인 유속의 범위는?
① 0.3~0.8m/s   ② 1.0~1.8m/s
③ 2.0~2.5m/s   ④ 2.6~3.5m/s

4과목 조경관리

61. 다음 중 수목과 주요 가해 해충의 연결이 틀린 것은?

① 잣나무, 소나무 – 솔나방
② 벚나무, 졸참나무 – 매미나방
③ 사과나무, 느티나무 – 독나방
④ 낙엽송, 섬잣나무 – 미국흰불나방

해설 미국흰불나방 : 활엽수 피해

62. 15,000㎡의 잔디밭과 수고 3m의 살구나무 150주가 식재되어 있는 곳에 약제를 살포하고자 한다. 아래 표를 참조할 때 총 소요인원은?

표 1. 수목류 약제살포 (주당)

나무높이	특별인부(인)	보통인부(인)
2m 미만	0.01	0.03
2m 이상	0.02	0.06

표 2. 잔디 약제살포 (100㎡)

품명	특별인부(인)	보통인부(인)
잔디	0.02	0.04

① 15명 ② 21명
③ 96명 ④ 102명

해설 수목 : (150주×0.02인/주)+(150주×0.06인/주)
           =12인
     잔디 : (15,000㎡×0.02인/100㎡)+(15,000㎡
           ×0.04인/100㎡)=9인
     ∴ 총 소요인원 = 21인

63. 수목식재 후 관리를 위해 지주목 설치를 통해 얻을 수 있는 특징에 해당하지 않는 것은?

① 수간의 굵기가 균일하게 생육할 수 있도록 해준다.
② 수고 생장에 도움을 주며 지지된 수목의 상부에 있어서 단위횡단면당 내인력(耐引力)이 증대된다.
③ 지상부의 생육에 있어서 흉고직경 생장을 비교적 작게 하는 동시에 상부의 지지된 부분의 생육을 증진시킨다.
④ 바람에 의한 피해를 줄일 수 있으나, 지상부의 생육에 비교하여 근부(根部)의 생육에는 영향을 주지 않는다.

64. 다음 설명에 해당하는 조명등은?

- 점등 중에 열을 내는 단점이 있으나 전구의 크기가 소형이다.
- 광속유지가 우수하고 색채연출이 가능하다.
- 수명이 짧고 효율이 낮다.

① 백열등 ② 수은등
③ 나트륨등 ④ 금속할로겐등

65. 솔나방의 발생 예찰을 하기 위한 방법 중 가장 좋은 것은?

① 산란수를 조사한다.
② 번데기의 수를 조사한다.
③ 산란기 기상 상태를 조사한다.
④ 월동하기 전 유충의 밀도를 조사한다.

66. 다음의 특징 설명에 해당하는 잔디병은?

- 대체로 타원형과 부정형을 이루면서 직경 10~15cm 정도의 황갈색의 병반이 나타난다.
- 잎이 고사(枯死)하는 색깔과 같이 보인다.
- 포복경과 직립경과의 사이에서 나타난다.
- 병이 발생한 잎(病葉)에서 화색의 고사와 때로는 흑갈색의 균핵이 생긴다.

① 설부병(Snow Mold)
② 라지 패치(Large Patch)
③ 브라운 패치(Brown Patch)
④ 춘계 황화병(Spring Dead Spot)

Answer 61. ④ 62. ② 63. ④ 64. ① 65. ④ 66. ③

67. 비탈면에서 토사의 유출과 무너짐을 방지하기 위해 옹벽을 설치하였다. 다음 옹벽의 시공과 관리에 대한 방법으로 가장 적합한 것은?

① 옹벽을 설치할 때는 일반적인 안정성과 함께 전도, 미끄럼, 침하에 대한 안정성 등을 사전에 검토한다.
② PC앵커공법은 콘크리트 옹벽 뒷면의 지하수를 배수구멍으로 유도시키고 토압을 경감시키는 방법이다.
③ 중력식은 옹벽 자체 무게로 토압에 저항하는 것으로, 다른 형태에 비해 높이가 높은 경우에 사용되며, 저판에 의해 안정성이 유지된다.
④ 옹벽의 보수·유지관리 방법은 다양하지만, 기능을 고려할 때 시간과 경비가 소요되더라도 새로 설치하는 것이 바람직하다.

해설 ② 그라우팅 공법은 콘크리트 옹벽 뒷면의 지하수를 배수 구멍으로 유도시키고 토압을 경감시키는 방법이다.
③ 중력식은 옹벽 자체 무게로 토압에 저항하는 것으로, 다른 형태에 비해 높이가 낮은 경우에 사용되며, 저판에 의해 안정성이 유지된다.

68. 식재한 수목의 뿌리분 위에 토양을 짚, 낙엽 등으로 멀칭(Mulching)함으로써 발생될 기대 효과에 해당되지 않는 것은?

① 잡초 발생이 억제된다.
② 병충해 발생이 많아진다.
③ 토양의 비옥도가 증진된다.
④ 토양표면의 경화를 방지한다.

해설 멀칭의 효과
㉠ 토양수분 유지
㉡ 토양침식과 수분손실 방지
㉢ 토양 비옥도 증진
㉣ 잡초발생 억제
㉤ 토양 구조 개선
㉥ 토양 굳어짐 방지
㉦ 통행을 위한 지표면 개선
㉧ 갈라짐 방지

㉠ 토양 염분농도 조절
㉡ 토양온도 조절
㉢ 태양열 복사와 반사율 감소
㉣ 병충해 발생 억제
㉤ 겨울철 지표면 동결방지

69. 화단용 식물의 정식으로 옳지 않은 것은?

① 대낮보다 저녁에 실시한다.
② 화단의 중앙보다 주변부를 밀식한다.
③ 잘 건조된 바닥에다 심은 후 관수한다.
④ 옮겨심기는 화단의 중앙부에서 시작한다.

70. 늦서리(晚霜)의 피해를 입기 쉬운 것은?

① 백목련의 꽃
② 소나무의 열매
③ 칠엽수의 동아(冬芽)
④ 은행나무의 단지(短枝)

해설 늦서리 : 이른 봄 피해

71. 조경수목의 전정 요령에서 정아우세성(정부우세성, 頂部優勢性)을 고려해야 한다. 다음 중 이 원칙을 올바르게 적용한 것은?

① 전정 시 수목의 정단부를 무성하게 하기 위해 윗가지는 되도록 자르지 않는다.
② 윗가지는 강하게 자라므로 윗가지는 짧게 남기고, 아랫가지는 길게 남긴다.
③ 대부분의 수목은 윗가지보다 아랫가지가 강하게 자라므로 아랫가지를 강전정한다.
④ 위-아랫가지 모두 생장이 균등하므로, 전정 작업은 공정상 아래부터 위로 진행한다.

72. 농약 중독 시 응급처치 방법으로 부적절한 것은?

① 물이나 식염수를 마시게 하고 손가락을 넣어서 토하게 한다.
② 농약이 장으로 흡수되지 않도록 흡착제(활성탄, 목초액 등)를 소량 복용한다.
③ 옷을 헐겁게 하고 심호흡을 시키되, 중독자가 움직이지 않도록 한다.
④ 피부에 묻었을 때 비누를 사용하지 않고 흐르는 물로만 깨끗이 씻어낸다.

73. 다음 중 잔디의 생육상태를 불량하게 만드는 원인은?

① 잔디깎기　　② 토양 경화
③ 배토작업　　④ 롤링(Rolling)

74. 블록포장 시 시공불량에 의한 파손 유형은?

① 블록 모서리 파손
② 블록 자체 부서지기
③ 블록포장 요철 파손
④ 블록 표면 시멘트 페이스트의 유실

75. 유희시설물의 점검주기로 가장 적당한 것은?

① 1개월　　② 6개월
③ 12개월　　④ 36개월

76. 시비 후 토양 속에서 용해되어 식물에 흡수되는 속도에 따라 속효성, 완효성, 지효성 비료로 분류될 때, 다음 중 지효성(遲效性) 비료에 해당하는 것은?

① 요소　　② 용성인비
③ 퇴비　　④ 석회

77. 토양의 부식에 대한 설명으로 틀린 것은?

① 토양의 완충능을 증대시킨다.
② 양이온 치환용량을 높인다.
③ 토양입자를 입단구조로 개선시킨다.
④ 미생물에 의하여 쉽게 분해되며, 유효인산의 고정을 촉진시킨다.

> 해설　④ 미생물에 의하여 쉽게 분해되며, 유효인산의 고정을 억제시킨다.

78. 다음 중 제초제에 의한 제초 효과가 가장 높은 경우는?

① 우기 시　　② 건조한 토양
③ 사질토의 토양　　④ 고온 다습한 기후

79. 다음 중 살충제의 장기간 사용에 의한 부작용으로 가장 중요한 것은?

① 약해　　② 기상변화
③ 식물병의 발생　　④ 저항성 해충의 출현

80. 수목의 피해원인을 규명하는 데 도움이 되는 조사항목으로 가장 거리가 먼 것은?

① 병징　　② 환경
③ 토양　　④ 관리장비

조경기사·산업기사 필기

부록

조경기사, 조경산업기사 CBT 복원문제 및 해설

2023년 1회 조경기사 CBT 복원문제

1과목 조경사

01. 니푸르(Nippur)시는 B.C 4500년경에 메소포타미아 지역에 건설된 도시로서 점토판에 새겨진 이 도시의 평면도는 세계 최초의 도시계획자료라고 알려져 있다. 이 점토판에서 볼 수 있는 니푸르시의 도시시설이 아닌 것은?

① 운하(Canal)　② 도시공원(City Park)
③ 신전(Temple)　④ 지구라트(Ziggurat)

 니푸르(Nippur)의 최초의 도시계획
- 도시시설: 운하, 신전, 도시공원
- [참고] ④ 지구라트(Ziggurat): 고대 서부아시아, 하늘에 있는 신을 지상으로 연결하기 위한 수메르인들의 신전

02. 브릿지맨(Bridgeman)에 대한 설명 중 맞지 않는 것은?

① 버킹검의 스토우(stowe)원을 설계하였다.
② 궁원(宮苑)의 관리를 담당하고 있던 사람이다.
③ 런던과 와이지의 정원조성 방식을 탈피하고자 했다.
④ 부지를 작게 구획짓는 수법을 구사하였다.

 찰스 브릿지맨(Bridgeman)
- 부지를 작게 구획짓는 수법 배제
- 하하(Ha-Ha) 기법 최초 도입: 스토우원

03. 범세계적인 뉴타운 건설 붐을 일으켰고 새로운 도시공간을 창조하는 데 조경가의 적극적인 참여 계기가 된 것은?

① 도시미화운동
② 시카고 대박람회
③ 전원도시론
④ 그린스워드(Green sward)안

 ① 도시미화운동: 시카고만국박람회 영향으로 대두
④ 그린스워드(Green sward)안: 옴스테드와 캘버트 보우의 센트럴파크 계획안

04. 통경선 정원(Vista Garden)을 주로 설계한 조경가는?

① William Kent　② William Robinson
③ Andre Le Notre　④ John Vanbrugh

05. 16세기 페르시아 압바스(Abbas)왕이 이스파한(Isfahan)에 만든 왕의 광장이라 불리는 옥외 공간은?

① 차하르 바그(Chahar-bagh)
② 마이단(Maidan)
③ 40주궁(Cheher Sutun)
④ 아차발 바그(Achabal-bagh)

 왕의 광장(마이단, Maidan)
- 이스파한의 가장 거대한 옥외공간(오픈 스페이스)
  - 규모: 380m×140m, 장방형 광장

06. 다음 중 고대 로마의 공공광장(公共廣場)인 포룸(Forum)에 대한 설명으로 옳지 않은 것은?

① 지배계급을 위한 상징적 공간이다.
② 사람들이 많이 모이기에 교역의 장소로 발달하였다.
③ 그리스의 아고라와 같은 대화의 광장이다.
④ 기념비적이고 초인간적 스케일을 적용하였다.

Answer　01. ④　02. ④　03. ③　04. ③　05. ②　06. ②

해설 **포룸(forum)**
- 그리스의 아고라와 같은 개념 : 대화의 광장
- 공공건물과 주랑으로 둘러싸인 다목적 열린 공간
- 바닥 : 포장
- 둘러싼 건축군 종류에 따른 구분
  ⓐ 일반광장 : 공공건물(의사당, 법원 등)로 둘러싸여 있는 기념비적·초인간적인 척도로 구성된 광장. 예) 로마광장
  ⓑ 시장광장
  ⓒ 황제광장 : 중앙신전이 열주 회랑으로 둘러싸여 있는 광장. 예) 카이사르 광장, 어거스투스 광장, 네르바 광장, 트리아누스 광장

07. 르네상스 시대의 프랑스와 이탈리아 조경의 차이점이 아닌 것은?

① 프랑스는 성관이 발달하였고, 이탈리아는 빌라의 큰 발달을 보게 되었다.
② 프랑스는 중세의 방어요소인 호를 호수와 같은 장식적 수경으로 전환시킨 반면에 이탈리아는 캐스케이드, 분수, 물풍금 등의 다이내믹한 수경을 나타내고 있었다.
③ 프랑스 정원은 이탈리아 정원보다 파르테르를 중요시하였다.
④ 프랑스 정원은 경사지 옹벽에 의해 지지된 테라스나 평탄한 지역들이 만들어졌으며, 다양한 형태의 계단 혹은 연속적인 계단 그리고 경사로로 연결되었다.

해설 ④는 이탈리아 정원의 특성이다.

08. 사방이 회랑으로 둘러싸이고 각 회랑 중앙에서 중정으로 향한 출입구가 열려 원로를 구성하는 한편 그 교차점인 중정의 중앙에 샘이나 수반, 분수가 있는 정원의 형태는?

① 고대 로마의 중정
② 스페인의 파라다이스 가든(paradise garden)
③ 중세의 클로이스터 가든(cloister garden)
④ 중세의 미로(maze)

해설 중세의 전형적인 클로이스터는 사각형 안뜰과 안뜰을 ㅁ자로 둘러싸고 있는 회랑과 회랑에 붙어있는 건물군으로 중세 수도원의 안뜰을 둘러싸고 있던 회랑을 말한다.

09. 고대 그리스 아도니스원(Adonis Garden)은 어느 정원 형태의 원형인가?

① 옥상정원
② 중세의 수도원 정원
③ 고대 로마의 페리스틸리움
④ 파티오(patio)식 정원

해설 **아도니스원**
- 고대 그리스
- 부인들의 손에 의해 발전된 정원
- pot에 식물을 심어 집안 내부, 외부에 배치하는 형태
- 옥상정원, 포트가든으로 발전
[참고]
③ 페리스틸리움 : 고대 로마 주택의 제2 중정
④ 파티오(patio)식 정원 : 스페인의 이슬람정원

10. 인도 무굴왕조 자한기르 시대에 조영되어 물의 약동성, 히말라야 산록의 조망, 비스타의 강조 그리고 단풍나무의 녹음과 가을풍경 등이 특징인 정원은?

① 샬리마르-바그
② 니샤트-바그
③ 아차발-바그
④ 이티맛드-우드-다우라묘

해설 **아차발 바그(Achabal Bagh)**
- 자한기르(Jajangir) 시대에 조성
- 위치 : 캐시미르
- 여름철 피서용 별장
- 물의 약동성 표현
- 히말라야 산록 조망하는 경승의 장소
- 많은 분수, 연못에서 넘친 물 : 캐스케이드
- 궁원 중앙 : 연못 사이에 7개의 아치로 구성된 회랑 건축물 배치
- 주축선 : vista 형성

• 단풍나무 : 여름철 녹음, 가을풍경 아름다움

11. 조경관련 고문헌을 저술한 인물 연결이 옳지 않은 것은?

① 서유거-임원경제지 ② 계성-원야
③ 왕세정-낙양명원기 ④ 굴준망-작정기

해설 • 왕세정 - 유금능제원기
• 이격비 - 낙양명원기

12. 중국 청조(淸朝)의 원림 중 3산5원에 해당하지 않는 것은?

① 만수산 소원(小園) ② 향산 정의원(靜宜園)
③ 옥천산 정명원(靜明園) ④ 원명원(圓明園)

해설 3산 5원
만수산 청의원, 옥천산 정명원, 향산 정의원, 원명원(장춘원, 만춘원 포함), 창춘원

13. 일본의 도산(모모야마) 시대 다정(茶庭)에서 발달한 일본의 주요 전통정원 요소와 관련있는 것은?

① 인공모래펄과 석등
② 석등과 수수분(水手盆)
③ 수수분(水手盆)과 학돌
④ 학돌과 석등

해설 다정(실용을 주목적으로 조성된 정원) 구성
다실, 대합, 석등, 비석, 준거(수수분, 수통), 식물

14. 고구려 장수왕 15년(427)에 평양으로 천도 후 궁을 축조하고 훌륭한 궁원(宮苑)을 조성하였다. 이 궁의 명칭은?

① 대성궁(大成宮) ② 안학궁(安鶴宮)
③ 동명궁(東明宮) ④ 대동궁(大東宮)

15. 한자로 된 식물명을 한글로 잘못 적은 것은?

① 槐(괴) : 회화나무 ② 紫薇(자미) : 장미화
③ 木槿(목근) : 무궁화 ④ 山茶(산다) : 동백

해설 ② 紫薇(자미) : 배롱나무

16. 중국의 전통적인 원림에서는 "나타내려 하여 숨기고(欲顯而隱), 노출하려 하여 감춘다(欲露而藏)."는 수법을 사용하고 있다. 원문(園門)을 통과했을 때 볼 수 있는 이 수법의 물리적인 요소는?

① 포지(鋪地) ② 영벽(影壁)
③ 석순(石筍) ④ 회랑(回廊)

해설 ① 포지 : 포장하는 방법
② 영벽 : 문 밖이나 안에 설치하는 고정된 가리개
③ 석순 : 동굴 바닥에 원주형으로 죽순처럼 위로 자란 돌출물
④ 회랑 : 폭이 좁고 길이가 긴 통로
※ 욕현이은(欲顯而隱), 욕로이장(欲露而藏) : 영벽이나 석가산(태호석)을 이용

17. 일본 서방사(西芳寺) 정원에 맞지 않는 것은?

① 고산수(枯山水)
② 구산팔해석(九山八海石)
③ 정토사상(淨土思想)
④ 황금지(黃金池)

해설 ② 구산팔해석 : 금각사(녹원사)

18. 도산서당 마당 동쪽 한구석의 못에 연(蓮)을 심고 정우당이라고 한 것은 중국 진시대에 무엇에 영향을 받았는가?

① 주렴계(周濂溪)의 애련설
② 왕희지(王羲之)의 난정고사
③ 도연명(陶淵明)의 귀거래사
④ 중장통(仲長統)의 락지론

해설 ② 왕희지의 난정고사 : 곡지(曲池)와 곡수연 유래

Answer 11. ③ 12. ① 13. ② 14. ② 15. ② 16. ② 17. ② 18. ①

19. 다음 중 우리나라 최초의 공원으로 맞는 것은?

① 남산공원　　② 장충단공원
③ 사직공원　　④ 파고다공원

>[해설] **우리나라 공원**
> - 파고다 공원, 탑골공원(1897) : 우리나라 최초의 서양식 공원
> - 장충단 공원(1919)　• 사직 공원(1921)
> - 효창 공원(1929)　• 남산 공원(1930)
> - 삼청 공원(1934)

20. 다음 [보기]에서 설명하는 정원으로 맞는 것은?

[보기]
- 중국 소주지방의 4대 명원 가운데 하나이다.
- 전체 면적의 5분의 3을 점하는 지당을 중심으로 구성되어 건물이 아름답다.
- 시정화의(詩情畵意)에 가득 차 있다.

① 졸정원　　② 유원
③ 사자림　　④ 창랑정

>[해설] **소주지방의 4대 명원**
> 창랑정, 사자림, 졸정원, 유원

2과목　조경계획

21. 다음 중 용도지역과 그 지정목적의 연결이 옳은 것은?

① 보전녹지지역 : 도시의 자연환경·경관·산림 및 녹지공간을 보전할 필요가 있는 지역
② 근린상업지역 : 일반적인 상업기능 및 업무기능을 담당하게 하기 위하여 필요한 지역
③ 준공업지역 : 환경을 저해하지 아니하는 공업의 배치를 위하여 필요한 지역
④ 제1종 전용주거지역 : 저층주택을 중심으로 편리한 주거환경을 조성하기 위하여 필요한 지역

>[해설] **용도지역의 세분**
> 1. 주거지역
>   가. 전용주거지역 : 양호한 주거환경을 보호하기 위하여 필요한 지역
>   ① 제1종전용주거지역 : 단독주택 중심의 양호한 주거환경을 보호하기 위하여 필요한 지역
>   ② 제2종전용주거지역 : 공동주택 중심의 양호한 주거환경을 보호하기 위하여 필요한 지역
>   나. 일반주거지역 : 편리한 주거환경을 조성하기 위하여 필요한 지역
>   ① 제1종일반주거지역 : 저층주택을 중심으로 편리한 주거환경을 조성하기 위하여 필요한 지역
>   ② 제2종일반주거지역 : 중층주택을 중심으로 편리한 주거환경을 조성하기 위하여 필요한 지역
>   ③ 제3종일반주거지역 : 중고층주택을 중심으로 편리한 주거환경을 조성하기 위하여 필요한 지역
>   다. 준주거지역 : 주거기능을 위주로 이를 지원하는 일부 상업기능 및 업무기능을 보완하기 위하여 필요한 지역
> 2. 상업지역
>   가. 중심상업지역 : 도심·부도심의 상업기능 및 업무기능의 확충을 위하여 필요한 지역
>   나. 일반상업지역 : 일반적인 상업기능 및 업무기능을 담당하게 하기 위하여 필요한 지역
>   다. 근린상업지역 : 근린지역에서의 일용품 및 서비스의 공급을 위하여 필요한 지역
>   라. 유통상업지역 : 도시내 및 지역간 유통기능의 증진을 위하여 필요한 지역
> 3. 공업지역
>   가. 전용공업지역 : 주로 중화학공업, 공해성 공업 등을 수용하기 위하여 필요한 지역
>   나. 일반공업지역 : 환경을 저해하지 아니하는 공업의 배치를 위하여 필요한 지역
>   다. 준공업지역 : 경공업 그 밖의 공업을 수용하되, 주거기능·상업기능 및 업무기능의 보완이 필요한 지역

Answer　19. ④　20. ①　21. ①

4. 녹지지역
   가. 보전녹지지역 : 도시의 자연환경·경관·산림 및 녹지공간을 보전할 필요가 있는 지역
   나. 생산녹지지역 : 주로 농업적 생산을 위하여 개발을 유보할 필요가 있는 지역
   다. 자연녹지지역 : 도시의 녹지공간의 확보, 도시 확산의 방지, 장래 도시용지의 공급 등을 위하여 보전할 필요가 있는 지역으로서 불가피한 경우에 한하여 제한적인 개발이 허용되는 지역

22. 공원녹지의 수요분석방법 중 양적 수요 산정 방법이 아닌 것은?
① 생태학적 방식
② 심리적 수요에 의한 방식
③ 공원이용률에 의한 방식
④ 생활권별 배분 방식

해설 공원녹지 양적 수요 분석
- 기능 배분 방식
- 생태학적 방식
- 인구기준 원단위 적용방식
- 공원이용률에 의한 방식
- 생활권별 배분방식

23. 다음 중 우리나라의 스키장 입지에 가장 좋지 못한 조건은?
① 정상부 급경사, 하부 완경사
② 500~1700m의 표고
③ 남서 사면
④ 관련시설을 포함하여 최소 10ha 이상

해설 스키장 입지 조건
- 북동향 사면의 취락에 접한 산록부나 굴곡이 있는 완사면
- 산정부에서 중복부에 걸쳐 급경사가 되며 산록 아래가 넓은 지형
- 적설량은 1m 이상, 눈은 적설량 → 적설기간 → 설질 순으로 중요
- 적설기에 비가 적게 오는 곳, 바람이 세거나 돌풍이 많은 지역은 부적합

- 면적 : 최소 10ha 이상
- 3계절 적설량 90일 이상
- 표고 : 500~1700m

24. 다음 보기에서 설명하는 조경가는?

> - 통상 고전적 근대주의자라고 불리며, 모더니즘 조경설계 최초의 주창자 중 한 사람이었으면서도 에크보와는 달리 축과 직각구성 등 정태적 형성이 그의 작품의 주조를 이루었다.
> - 그의 작품에 나타나는 정통기하학과 수평성은 고전적 균형감각과 고요한 명상적 분위기를 느끼게 해준다.

① 로렌스 할프린   ② 단 카일리
③ 루이스 바라간   ④ 로베르토 벌막스

25. 완충 녹지의 설치 목적으로 볼 수 없는 것은?
① 자연환경의 보전   ② 공해의 완화
③ 재해의 방지   ④ 사고의 방지

26. 이용 후 평가(Post Occupancy Evaluation)의 목적을 가장 올바르게 설명하고 있는 것은?
① 몇 개의 프로젝트 가운데서 가장 우수한 작품을 선정하기 위해
② 유사한 다음의 프로젝트에 장단점을 반영시키기 위해
③ 평가를 통하여 효율적인 시공 후 관리를 위해
④ 환경영향 평가자료로 이용하기 위해

해설 이용 후 평가(P.O.E)
- 프로젝트가 시행된 후 행태에 적합한 공간 구성이 이루어졌는지의 여부 평가
- 행태 과학자들의 환경설계에 관심을 가지면서 대두 : 환경설계평가
- 시공 후 3~5년 후 사후평가 시행
- 기본적 목표
  ⓐ 인간 행태 이해 증진
  ⓑ 기존 환경개선을 위한 평가자료 제공
  ⓒ 새로운 환경 창조를 위한 자료 제공
- 이용 후 평가 시 물리·사회적 환경요소
  ⓐ 이용자 만족도

Answer 22. ② 23. ③ 24. ② 25. ① 26. ③

ⓑ 관리의 양호도
ⓒ 이용재료의 특성

27. 조경가의 역할 설명으로 틀린 것은?

① 인간이 필요로 하는 여러 시설과 시설물을 만들어 제공하는 시설 제공자의 역할
② 각각의 경관요소를 조화롭게 구성하고 대규모 경관 형성에 기여하는 경관 형성자의 역할
③ 경관의 아름다움을 자연미와 인간미의 조화로 파악하고 종합적인 경관미를 추구하는 창작자의 역할
④ 대중의 미적 선호보다는 자신의 미적 상상력만을 중요시하는 예술가의 역할

[해설] 조경가는 자연에 관한 이해와 인간에 대한 관찰을 예술적, 기능적으로 자기의 아이디어를 표현하여 상대방에게 전달하고 설득시켜야 한다.

28. 환경설계에서 연속적 경험의 중요성에 대한 연구와 관련이 없는 사람은?

① 할프린(Halprin)
② 틸(Thiel)
③ 맥하그(McHarg)
④ 아버나티(Abernathy)

[해설] ③ 맥하그(McHarg) : 생태학적 분석기법 사용

29. 국립공원, 관광지 등의 계획을 위한 교통·동선 계획 시 가장 보편적으로 이용되는 순서는?

① 통행량 분석 → 통행로 선정 → 통행량 배분
② 통행량 분석 → 통행량 배분 → 통행로 선정
③ 통행로 선정 → 통행량 분석 → 통행량 배분
④ 통행로 선정 → 통행량 배분 → 통행량 분석

30. 다음 중 우리나라 공원녹지 정책의 기본전략이 될 수 없는 것은?

① 이용자 중심의 공원개발
② 대공원 위주의 양적 확보
③ 효율적·지속적 행정체제의 구축
④ 균형개발 및 자원의 효율적 이용

31. 계획과 설계에 관한 설명 중 옳지 않은 것은?

① 계획은 문제의 발견에 관련하고, 설계는 문제의 해결에 관련한다.
② 계획은 분석에 깊이 관련하고, 설계는 종합에 깊이 관련된다.
③ 계획은 논리적이고 객관적인 반면, 설계는 주관적이고 직관적이다.
④ 일반적으로 계획은 설계가 이루어진 다음 수행된다.

[해설] 계획과 설계의 비교

계획	설계
• 문제의 발견-분석에 관련 • 양방향 과정(feed back) • client 요구를 갖추어 주는 것 • 논리적이고 객관성 있게 접근 • 체계적이고 일반론적 • 논리성과 능력은 교육에 의해 숙달 가능 • 수요예측, 경제적 가치 평가에 따라 양적 표현 가능 • 지침, 분석결과를 서술 형식으로 표현	• 문제의 해결-종합에 관련 • 주관적, 직관적, 창의성, 예술성 강조 • 설계능력과 개인의 능력, 노력, 경험, 미적 감각에 의존 • 질적인 측면에서 관심 • 도면, 그림, 스케치로 결과물 도출

• 조경가 : 계획가로서의 합리적 사고와 설계가로서의 창조적 구상 필요

32. 조경계획의 과정에서 기초자료의 분석은 주로 자연환경, 인문사회환경, 시각미학환경 분석으로 대별할 수 있다. 다음 중 인문사회환경의 분석요소가 아닌 것은?

① 인구
② 교통
③ 식생
④ 토지이용

[해설] 분석요소

㉠ 자연환경 분석요소 : 지형, 지질, 기후, 토양, 수문, 식생, 생태, 경관
㉡ 인문사회환경 분석요소 : 토지이용, 인구, 산업,

Answer 27. ④ 28. ③ 29. ① 30. ② 31. ④ 32. ③

역사 및 문화유적, 교통 및 동선, 시설물, 수요자 요구
ⓒ 시각미학환경 분석요소 : 환경심리학, 환경지각 및 인지와 태도, 미적 지각 및 반응

33. 다음의 주차장법 시행규칙상 노외주차장의 설치에 대한 계획기준 설명 중 ( ) 안에 알맞은 것은?

> 특별시장·광역시장, 시장·군수 또는 구청장이 설치하는 노외주차장의 주차대수 규모가 ( )대 이상인 경우에는 주차대수의 2퍼센트부터 4퍼센트까지의 범위에서 장애인의 주차수요를 고려하여 지방자치단체의 조례로 정하는 비율 이상의 장애인 전용주차구획을 설치하여야 한다.

① 15 ② 25
③ 40 ④ 50

▶해설 노상주차장의 장애인 전용주차구획
① 주차대수 규모가 20대 이상 50대 미만인 경우 : 한 면 이상
② 주차대수 규모가 50대 이상인 경우 : 주차대수의 2%부터 4%까지의 범위에서 장애인의 주차수요을 고려하여 해당 지방자치단체의 조례로 정하는 비율 이상

34. 다음에서 설명하는 내용으로 적합한 것은?

> - 기존의 녹지자연도를 보완하여 식생보전등급의 정확한 기준과 평가지침을 제시하고자 환경부에서 제작한 도면
> - 산·하천·내륙습지·농지·도시 등에 대하여 자연환경을 생태적 가치, 자연성, 경관적 가치 등에 따라 등급화하여 작성한 지도

① 생태자연도 ② 녹지구분도
③ 식생분포도 ④ 경관가치도

35. 어느 도시의 인구가 100000인일 때 전 시민이 이용하는 근린공원의 소요면적을 산출하고자 한다. 근린공원의 이용률 1/50, 공원이용자 1인당 활동면적 50m², 유효면적률 50%일 때 소요면적은?

① 5ha ② 10ha
③ 15ha ④ 20ha

▶해설 $P = \sum \dfrac{N_I \times A_I \times S_I}{C_I}$

P : 전체공원 수요
N_I : 공원유형별 이용자수
A_I : 공원유형별 이용률
S_I : 공원이용자 1인당 활동 면적
C_I : 유효 면적률

$P = \dfrac{100,000인 \times \dfrac{1}{50} \times 50\text{m}^2/인}{50\%}$

$= 200,000\text{m}^2 \div 10,000\text{m}^2/\text{ha} = 20\text{ha}$

36. 다음 중 "생태·경관보전지역"에 대한 설명으로 옳은 것은?

① 생물 다양성을 높이고 야생 동·식물의 서식지 간의 이동 가능성 등 생태계의 연속성을 높이거나 특정한 생물종의 서식조건을 개선하기 위하여 조성하는 생물 서식공간
② 생물 다양성이 풍부하여 생태적으로 중요하거나 자연경관이 수려하여 특별히 보전할 가치가 큰 지역으로서 환경부장관이 지정·고시하는 지역
③ 야생 동·식물의 서식지가 단절되거나 훼손 또는 파괴되는 것을 방지하고 생태계의 연속성 유지를 위하여 설치하는 인공구조물·식생 등의 생태적 공간
④ 사람의 접근이 사실상 불가능하여 생태계의 훼손이 방지되고 있는 지역 중 군사상의 목적으로 이용되는 외에는 특별한 용도로 사용되지 아니하는 무인도

▶해설 「자연환경보전법」 용어의 정의
① 소(小)생태계 : 생물 다양성을 높이고 야생 동·물의 서식지 간의 이동 가능성 등 생태계의 연속성을 높이거나 특정한 생물종의 서식조건을 개선하기 위하여 조성하는 생물 서식공간
② 생태·경관보전지역 : 생물 다양성이 풍부하여 생태적으로 중요하거나 자연경관이 수려하여 특별히 보전할 가치가 큰 지역으로서 환경부장관이 지정·고시하는 지역
③ 생태통로 : 도로·댐·수중보(水中洑)·하굿둑 등으로 인하여 야생 동·식물의 서식지가 단절되거나 훼손 또는 파괴되는 것을 방지하고 야생 동·식

Answer 33. ④ 34. ① 35. ④ 36. ②

물의 이동 등 생태계의 연속성 유지를 위하여 설치하는 인공구조물·식생 등의 생태적 공간
④ 자연유보지역 : 사람의 접근이 사실상 불가능하여 생태계의 훼손이 방지되고 있는 지역 중 군사상의 목적으로 이용되는 외에는 특별한 용도로 사용되지 아니하는 무인도서 대통령으로 정하는 지역과 관할권이 대한민국에 속하는 날부터 2년간의 비무장지대

- 교양시설(옛무덤, 성터, 옛집, 그 밖의 유적 등을 복원한 것으로서 역사적·학술적 가치가 높은 시설, 공연장, 전시장, 과학관, 미술관, 박물관 및 문화예술회관으로 한정)
- 휴양시설(경로당 및 노인복지관은 제외)
- 동물놀이터(특별시·광역시·특별자치시·특별자치도·시 또는 군의 조례로 설치를 허용하는 경우로 한정) 등

37. 자전거 이용시설의 구조·시설 기준에 관한 규칙상의 자전거도로 설치에 관한 설명 중 옳지 않은 것은?

① 자전거도로의 폭은 하나의 차로를 기준으로 1.5m 이상으로 한다.(다만, 지역상황 등에 따라 부득이하다고 인정되는 경우에는 1.2m 이상으로 할 수 있다.)
② 2% 미만의 경사도에 설계속도 20~30km/h를 가진 도로에서의 하향경사 정지시거는 20m이다.
③ 시속 30km의 설계속도를 가진 도로에서의 곡선반경은 27m 이상 두어야 한다.
④ 7% 이상의 종단경사를 가진 도로는 제한길이를 170m 이하로 유지하여야 한다.

해설 ④ 7% 이상의 종단경사를 가진 도로는 제한길이를 120m 이하로 유지하여야 한다.
[참고] 자전거도로의 종단경사에 따른 제한길이

종단경사	제한길이
7% 이상	120m 이하
6% 이상 7% 미만	170m 이하
5% 이상 6% 미만	220m 이하
4% 이상 5% 미만	350m 이하
3% 이상 4% 미만	470m 이하

38. 도시공원 및 녹지 등에 관한 법률 시행규칙상 체육공원에 설치할 수 없는 공원시설은?

① 야영장   ② 경로당
③ 낚시터   ④ 폭포

해설 체육공원에 설치할 수 있는 공원시설
- 조경시설   · 편익시설
- 유희시설   · 운동시설

39. 샹디가르(Chandigarh)에 적용된 공원·녹지체계 유형은?

① 집중형   ② 분산형
③ 대상형   ④ 격자형

해설 인도의 샹디가르
전체 공원 및 녹지체계 유형이 대상형이다. 일정한 폭의 녹지가 직선적으로 길게 조성되어 있다.

40. 조사 및 분석 내용을 기본도에 표현하는 방법이 아닌 것은?

① 범례로 표현
② 다이어그램(diagram)으로 표현
③ 그래픽 심벌(graphic symbol)로 표현
④ 자세한 문장으로 표현

해설 기본도 : 쉽고 간단하게 나타냄

3과목 조경설계

41. 조경설계기준에 따른 경기장 배치에 관한 설명 중 틀린 것은?

① 축구장 : 장축은 가능한 한 동-서로 주풍향과 직교시킨다.
② 테니스장 : 코트 장축을 정남-북을 기준으로 동서 5~15도 편차 내의 범위로 하며 가능하면 코트의 장

Answer 37. ④ 38. ② 39. ③ 40. ④ 41. ①

축 방향과 주풍향 방향이 일치하도록 한다.
③ 배구장 : 장축을 남북방향으로 배치하며 바람의 영향을 받기 때문에 주풍방향에 수목 등의 방풍시설을 마련한다.
④ 농구장 : 농구코트의 방위는 남-북 축을 기준으로 하고, 가까이에 건축물이 있는 경우에는 사이드라인을 건축물과 직각 혹은 평행하게 배치한다.

해설 ① 축구장 : 장축을 남-북으로 배치한다.

42. 조경설계기준상의 야외공연장 설계와 관련된 설명으로 옳지 않은 것은?

① 공연 시 음압레벨의 영향에 민감한 시설로부터 이격시킨다.
② 객석의 전후영역은 표정이나 세밀한 몸짓을 이상적으로 감상할 수 있는 생리적 한계인 50m 이내로 하는 것을 원칙으로 한다.
③ 객석에서의 부각은 15도 이하가 바람직하며 최대 30도까지 허용된다.
④ 좌판 좌우 간격은 평의자의 경우 40~45cm 이상으로 하며, 등의자의 경우 45~50cm 이상으로 한다.

해설 ② 객석의 전후영역은 표정이나 세밀한 몸짓을 이상적으로 감상할 수 있는 생리적 한계인 15cm 이내로 함을 원칙으로 한다.

43. KS 표준에 의한 A0 용지의 크기에 해당하는 것은?

① 594×841mm
② 841×1189mm
③ 1189×1090mm
④ 1090×1200mm

해설 제도용지 크기
A0 : 1189×841mm   A1 : 841×594mm
A2 : 594×420mm   A3 : 420×297mm
A4 : 297×210mm

44. 다음 중 먼셀 색체계의 기본 10색상이 아닌 것은?

① 흰색(W)
② 보라(P)
③ 초록(G)
④ 주황(YR)

해설 먼셀 색체계
- 기본색 : 빨강(R), 노랑(Y), 파랑(B), 초록, 보라
- 중간색 : 주황(YR), 황록(GY), 청록(BG), 청자(PB), 적자(RP)

45. 조경설계기준상의 환경조형시설에 관한 설명으로 틀린 것은?

① 환경조형시설은 도시옥외공간 및 주택단지 등 공적 공간에 설치되는 예술작품으로서 미술장식품, 순수창작조형물, 기능성 환경조형물, 모뉴멘트 등을 말한다.
② 환경조형시설은 그 내용과 형식에 있어서 설치장소의 환경맥락과 지역주민의 정서에 적합하여야 하며, 공공성 있는 조형물로서 본래의 설치 목적과 취지를 반영하도록 한다.
③ 미술장식품은 문화예술진흥법에 따라 공동주택단지 등에 설치되는 조형예술품과 벽화, 분수대, 상징탑 등의 환경조형물로서 관련조례에 따라 심의 등의 절차를 필요로 하는 시설을 말한다.
④ 기능성 환경조형물은 시계탑, 조명기구, 문주 등 본래시설물이 지니는 기능을 충족시키면서 조형적 가치와 의미가 충분히 발휘되도록 설계한 환경조형물이며 관련조례에 따라 심의 등의 절차를 필요로 한다.

해설 ④ 기능성 환경조형물은 관련조례에 따른 심의 등의 절차를 필요로 하지 않는다.

46. 다음 중 Albedo값이 높은 것부터 낮은 것으로 옳게 나열한 것은?

① 눈 → 숲 → 바다 → 마른모래
② 마른모래 → 숲 → 눈 → 바다
③ 눈 → 마른모래 → 숲 → 바다
④ 숲 → 바다 → 마른모래 → 눈

[해설] **알베도(Albedo)**

바다	0.06~0.08	초지	0.15~0.25
검은 흙	0.05~0.15	마른 모래	0.25~0.45
젖은 모래	0.10~0.20	오래된 눈	0.40~0.70
산림	0.10~0.20	갓 내린 눈	0.80~0.95

47. 자갈을 나타내는 재료 단면의 경계 표시는?

① ② ③ ④

[해설] ① 지반, ② 물, ④ 자갈

48. 다음 중 평면도의 표제란에 포함되지 않는 것은?

① 도면명칭   ② 설계자
③ 공사자   ④ 도면번호

[해설] **표제란 포함사항**
공사명, 도면명, 축척, 설계자, 제조일자, 도면번호, 도면정보, 기관정보, 기업체명 등

49. 자연의 생물학적 형태요소가 조형요소를 만드는 데 응용한 사례가 아닌 것은?

① 솟대   ② 나선형 계단
③ 고린도식 기둥의 주두   ④ 사다리

[해설] 자연의 생물학적 형태요소에 사다리와 같이 생활에서 사용하는 디자인적 요소는 무관하다.

50. 자전거도로에서 해당 자전거의 설계속도가 30(킬로미터/시)일 경우 확보해야 할 최소 곡선반경(미터) 기준은? (단, 자전거 이용시설의 구조·시설 기준에 관한 규칙을 적용한다.)

① 15   ② 20
③ 27   ④ 35

[해설] **자전거 이용시설의 구조·시설 기준에 관한 규칙**

설계속도	곡선반경
시속 30km 이상	27m
시속 20km 이상 30km 미만	12m
시속 10km 이상 20km 미만	5m

51. 정원수의 60%까지를 소나무로 배치하거나 향나무를 심어 전체를 하나의 힘찬 형태나 색채 또는 선으로 일체감을 부여했을 때 나타나는 아름다움은?

① 단순미   ② 통일미
③ 점층미   ④ 균형미

52. 레크리에이션 계획에 있어서 과거의 참가 사례를 토대로 미래의 참여 기회를 유추하여 계획하는 접근 방법은?

① 자원접근방법   ② 활동접근방법
③ 경제접근방법   ④ 행태접근방법

[해설] **S. Gold의 레크리에이션 계획의 접근방법 5가지**
① 자원접근방법 : 물리적 자원이 레크리에이션의 유형의 양을 결정하는 방법
② 활동접근방법 : 과거 레크리에이션 참가사례가 장래의 계획과 기회를 결정하도록 하는 방법
③ 경제접근방법 : 지역사회의 경제적 규모가 레크리에이션의 양과 유형·입지 결정하는 방법
④ 행태접근방법 : 이용자의 선호도와 만족도가 계획 과정에 반영
⑤ 종합접근방법(combined approach) : 위 4가지 방법의 긍정적인 측면만 택하여 계획

53. 다음은 조경미의 설명이다. 틀린 것은?

① 질감이란 물체의 표면을 보거나 만지므로 느껴지는 감각을 말한다.
② 통일미란 개체가 특징있는 것으로 단순한 자태를 균형과 조화 속에 나타내는 미이다.
③ 운율미란 연속적으로 변화되는 색채, 형태, 선, 소리 등에서 찾아볼 수 있는 미이다.

Answer: 47.④ 48.③ 49.④ 50.③ 51.② 52.② 53.②

④ 균형미란 가정한 중심선을 기준으로 양쪽의 크기나 무게가 보는 사람에게 안정감을 줄 때를 말한다.

해설 통일미 : 전체의 구성이 잘 통일되어 이루어진 예술적인 아름다움

54. 고전주의로 대표되는 정형주의 정원의 기본적인 설계언어가 아닌 것은?

① 축(axis)
② 비스타(vista)
③ 그리드(grids)
④ 자수화단(parterre)

해설 비대칭형 기하학 양식은 그리드 패턴을 기본설계 언어로 사용하였다. 근대주의 기본도상인 그리드는 도시적 경관 조성에 쓰이고 있다.

55. 제도를 하는 순서가 올바른 것은?

| ㉠ 축척을 정한다. | ㉡ 도면의 윤곽을 정한다. |
| ㉢ 도면의 위치를 정한다. | ㉣ 제도를 한다. |

① ㉠ - ㉡ - ㉢ - ㉣
② ㉡ - ㉢ - ㉠ - ㉣
③ ㉡ - ㉠ - ㉢ - ㉣
④ ㉢ - ㉡ - ㉠ - ㉣

56. 주택의 대문에서 현관에 이르는 공간으로 명쾌하고 가장 밝은 공간이 되도록 할 곳은?

① 앞뜰
② 안뜰
③ 뒷뜰
④ 가운데 뜰

해설 앞뜰
집채의 앞에 있는 뜰을 말하며, 머무는 시간은 적지만, 이용 횟수가 잦은 곳으로 주택의 첫 인상을 보여주는 중요한 공간이다.

57. 다음 중 비대칭이 주는 효과가 아닌 것은?

① 단순하기 보다는 복잡성을 띠게 된다.
② 정돈성은 없으나 동적(動的)이다.
③ 무한한 양상(樣相)을 가질 수 있다.
④ 규칙적이고 통일감이 있다.

해설 ④ 규칙적이고 통일감이 있다. : 대칭의 효과

58. 건물의 남쪽면에 연못을 만들어 놓았을 때 고려해야 할 사항이 아닌 것은?

① 건물에서 연못이 잘 보이도록 건물과 연못 사이에는 나무를 전혀 심지 않는다.
② 건물에 붙어있는 작은 연못일 때에는 퍼걸러나 등나무 시렁으로 그늘을 만들어 준다.
③ 연못의 수면에서 생기는 빛의 반사를 고려해야 한다.
④ 수면이 잔잔할 때 연못에 비치는 건물의 투영 효과를 잘 살릴 수 있도록 한다.

해설 연못으로 인해 발생하는 반사광이 실내로 유입되어 불쾌감을 느낄 수 있기에 적당한 나무를 심어 반사광의 유입을 막는다.

59. 다음 중 공간색의 설명으로 가장 적합한 것은?

① 반사물체의 표면에 보이는 색
② 전구나 불꽃처럼 발광을 통해 보이는 색
③ 유리나 물의 색 등 일정한 부피가 쌓였을 때 보이는 색
④ 맑고 푸른 하늘과 같이 끝없이 들어갈 수 있게 보이는 색

해설 ① 표면색, ② 광원색, ③ 공간색, ④ 평면색

60. 환경(environment)과 인간의 환경에 대한 시각선호도(visual preference)의 관계를 설명하는 다음 모형 중 옳은 것은?

① 환경자극 → 지각 → 인지 → 태도
② 환경자극 → 인지 → 지각 → 태도
③ 환경자극 → 태도 → 지각 → 인지
④ 환경자극 → 인지 → 태도 → 지각

4과목 조경식재

61. 다음 중 내풍력이 커서 방풍림 조성에 가장 알맞은 수종은?

① *Quercus myrsinaefolia*
② *Cephalotaxus koreana*
③ *Robinia pseudoacacia*
④ *Populus nigra var. italica*

해설 ① 가시나무   ② 개비자나무
　　 ③ 아까시나무 ④ 양버들
[참고] 방풍식재용 수종 : 소나무, 잣나무, 향나무, 리기다소나무, 가시나무, 후박나무, 동백나무, 녹나무, 감탕나무, 삼나무, 서어나무, 상수리나무, 팽나무, 사철나무 등

62. 일본목련(*Magnolia obovata*)과 후박나무에 대한 설명 중 잘못된 것은?

① 일본목련은 목련과(科), 후박나무는 녹나무과(科)이다.
② 일본목련은 낙엽활엽교목이고 후박나무는 상록활엽교목이다.
③ 후박나무는 한국자생종이다.
④ 일본목련의 한자명은 목란(木蘭)이다.

해설 ④ 일본목련의 한자명 : 후박(厚朴)
　　 • 목련의 한자명 : 목란(木蘭)

63. 천이는 개시 시기의 환경조건에 의하여 천이를 구분할 수 있는데 육상의 암석지, 사지(砂地) 등과 같은 무기 환경조건에서 전개되는 천이는?

① 삼차천이   ② 이차천이
③ 건생천이   ④ 습생천이

해설 ② 이차천이 : 버려진 농경지, 벌목한 삼림

64. 다음 임해매립지(臨海埋立地)의 조경에 관한 설명으로 틀린 것은?

① 매립지에 맨 먼저 침입해 오는 선구식물은 쥐명아주, 명아주 등이다.
② 임해매립지는 산성이 너무 강하므로 내산성 식물을 선택해야 한다.
③ 염분의 농도를 낮추어 주기 위해서 사구(砂溝)를 만들거나, 물을 뿌려 염분을 제거시킨다.
④ 잘 견디어 살 수 있는 내조성(耐潮性) 수종은 사철나무, 식나무, 팽나무 등이다.

해설 임해매립지는 내염성 식물을 선택해야 한다.

65. 조경식물의 기능적 이용은 건축적, 공학적, 기상학적, 미적 이용으로 구분될 수 있다. 그 중 공학적 측면에서 얻을 수 있는 효과로 가장 적합한 것은?

① 토양 침식의 조절   ② 공간 분할
③ 장식적인 수벽   ④ 강수 조절 작용

해설 ① 공학적 이용   ② 건축적 이용
　　 ③ 미적 이용   ④ 기상학적 이용
[참고] 식재의 기능
1. 식재의 건축적 기능
　 ① 사생활 보호   ② 차폐 및 은폐
　 ③ 공간 분할   ④ 공간의 점진적 이해
2. 식재의 공학적 기능
　 ① 토양침식 조절 ② 음향 조절
　 ③ 대기정화   ④ 섬광 조절
　 ⑤ 반사 조절   ⑥ 통행 조절
3. 식재의 기상학적 기능
　 ① 태양복사열 조절 ② 바람의 조절
　 ③ 습도 조절   ④ 온도 조절
4. 식재의 미적 기능
　 ① 조각물로서의 이용 ② 반사
　 ③ 영상   ④ 섬세한 선형미
　 ⑤ 장식적 수벽   ⑥ 조류 및 소동물 유인
　 ⑦ 배경용   ⑧ 구조물의 유화

66. 대량번식이 가능하고, 교잡에 의해 새로운 식물체를 만들 수 있는 번식방법은?

① 삽목　　　② 취목
③ 접목　　　④ 실생

해설 ① 삽목 : 식물의 가지나 잎을 잘라낸 후 다시 심어 식물을 얻어내는 방식. 무성생식
② 취목 : 모식물의 줄기에서 뿌리가 나오는 것을 기다려 모식물에 떼어내는 방식. 무성생식
③ 접목 : 같은 개체나 이종 개체의 조직을 접착시켜 식물체로 가꾸는 방식
④ 실생 : 종자 번식

67. 다음 수목 중 내음성이 가장 강한 것은?

① Aucuba japonica Thunb
② Betula platyphylla var. japonica Hara
③ Populus nigra var. italica Koehne
④ Cornus officinalis Siebold & Zucc.

해설 ① 식나무-음수　　② 자작나무-극양수
③ 양버들-양수　　④ 산수유-양수

68. 다음 중 수목의 광합성 작용과 관련된 설명 중 옳은 것은?

① 수목의 생존가능조도는 광보상점과 광포화점 사이에 있다.
② 수목의 생존가능조도는 광보상점 이하이다.
③ 수목의 생존가능조도는 광포화점 이상이다.
④ 수목의 생존가능조도는 특정한 기준 없이 지속적으로 상승한다.

69. 효율적인 비오톱 배치 원칙으로 옳지 않은 것은?

① 비오톱은 가능한 한 넓은 것이 좋다.
② 분할하는 경우에는 분산시키지 않는 것이 좋다.
③ 불연속인 비오톱은 생태적 통로로 연결시키는 것이 좋다.
④ 비오톱의 형태는 가능한 한 선형이 좋다.

해설 ④ 비오톱의 형태는 가능한 한 둥근형이 좋다.

70. 가을이 되면 잎이 크산토필(xanthophyll) 등을 포함하는 카로티노이드(carotenoid)에 의하여 색깔이 변하는 수종은?

① 화살나무　　② 은행나무
③ 붉나무　　　④ 마가목

해설 ② 은행나무 : 노란 단풍
① 화살나무, ③ 붉나무, ④ 마가목 : 붉은 단풍
[참고] 크산토필, 카로티노이드 : 노란 단풍

71. 보행자로부터 5m 떨어진 장소에서 멈춰 서 있는 택시의 경적 소리가 60dB의 크기로 들린다고 가정할 때, 2배 멀어진 거리에서 들리는 경적 소리의 크기(dB)는 약 얼마인가?

① 57　　　② 54
③ 51　　　④ 48

해설 점음원 : 거리가 2배 떨어지면 6dB 감소
60dB - 6dB = 54dB

72. 다음 조경수 중 상록수끼리만 나열된 것은?

① 은행나무, 주목, 낙우송
② 측백나무, 자금우, 가시나무
③ 버드나무, 소귀나무, 가래나무
④ 태산목, 녹나무, 멀구슬나무

해설 ① 은행나무, 낙우송 : 낙엽수, 주목 : 상록수
② 측백나무, 자금우, 가시나무 : 상록수
③ 버드나무, 가래나무 : 낙엽수, 소귀나무 : 상록수
④ 태산목, 녹나무 : 상록수, 멀구슬나무 : 낙엽수

73. "보도에서 1m 정도 낮은 평면에 기하학적 모양으로 조성한 화단"은 무엇인가?

① 기식화단　　② 침상화단
③ 리본화단　　④ 카펫화단

Answer　66. ④　67. ①　68. ①　69. ④　70. ②　71. ②　72. ②　73. ②

해설 ① 기식화단 : 사방에서 관상할 수 있도록 가운데를 높인 화단
② 침상화단 : 기하학적 정형식 화단으로, 보도면이나 주변 지형보다 낮게 설치한 화단
③ 리본화단 : 보도의 양쪽에 리본을 깔아 놓은 것과 같이 좁은 폭으로 길게 설치한 화단
④ 카펫화단 : 뜰이나 공원에 키가 작은 꽃을 촘촘하게 심어 양탄자처럼 꽃색이 조화된 기하학적 무늬를 만드는 화단

74. 식생조사 시 조사구역 내의 개개의 식물 배분 상태(군도)는 보통 몇 단계로 나누어 판정하는가?

① 5단계 ② 6단계
③ 7단계 ④ 8단계

해설 **군도**
1단계 : 단생
2단계 : 소군상
3단계 : 소군상의 반점상
4단계 : 큰 반점상 또는 구멍이 뚫린 카펫 형태
5단계 : 카펫 상태

75. 퇴화종자(退化種子)에서 볼 수 있는 각종 증상이 아닌 것은?

① 효소활동 상실 ② 지방산 증가
③ 호흡 감소 ④ 종자 침출물 감소

해설 퇴화종자 증상 : 효소활동 상실, 호흡 감소, 종자 침출물 증가, 지방산 증가

76. 다음 장미과(科) 수목 중 *Malus*속에 해당되는 것은?

① 돌배나무 ② 아그배나무
③ 마가목 ④ 산사나무

해설 ① *Pyrus* ② *Malus*
③ *Sorbus* ④ *Crataegus*
[참고] 아그배나무 : 장미과 사과나무
*Malus*속 : 사과나무속

77. 다음 중 옥상정원 식재(roof planting) 시 가장 우선적으로 고려해야 할 것은?

① 식재간격 ② 식재형태
③ 토양산도 ④ 뿌리의 특징

해설 ④ 뿌리의 특징 : 천근성

78. 수림의 경우, 방풍 효과를 높일 수 있는 가장 적절한 밀폐도는?

① 15~30% ② 35~50%
③ 50~70% ④ 80~100%

해설 **방풍효과**
• 산림 밀폐도 : 50~70%
• 산울타리 밀폐도 : 45~55%

79. 다음 중 정형식 식재방법에 대한 설명으로 옳지 않은 것은?

① 잔디밭 중앙에 한 그루 식재
② 테라스 좌우에 같은 모양의 두 그루 식재
③ 미관상 좋지 못한 건물을 가리기 위해 일정하게 좁은 간격으로 식재
④ 하나의 패턴을 이루도록 한 그루씩 드물게 식재

해설 ① 잔디밭 중앙에 한 그루 식재 : 단식 - 정형식 식재
② 테라스 좌우에 같은 모양의 두 그루 식재 : 대식 - 정형식 식재
③ 미관상 좋지 못한 건물을 가리기 위해 일정하게 좁은 간격으로 식재 : 열식 - 정형식 식재
④ 하나의 패턴을 이루도록 한 그루씩 드물게 식재 : 자연풍경식 식재

80. 다음 중 방음(防音)식재에 관한 설명으로 옳지 않은 것은?

① 산울타리는 높은 주파수의 음향일수록 잘 흡수한다.
② 방음수벽과 가옥과의 거리는 30m 정도가 좋다.
③ 방음 식수대의 너비는 약 20~30m 유지되게 조성

④ 식수대는 소음원과 수음점의 중간 지점에 조성한다.

해설) 방음식재 식수대 : 소음원 가까이에 조성한다.

5과목 조경시공구조학

81. 축척 1 : 50,000 우리나라 지형도에서 990m의 산정과 510m의 산중턱 간에 들어가는 계곡선의 수는?

① 4개
② 5개
③ 20개
④ 24개

해설) 등고선 간격(m)

	주곡선	계곡선	간곡선	조곡선
1/50,000	20	100	10	5
1/25,000	10	50	5	2.5
1/5,000	5	25	2.5	1.25

등고선 수=(990m-510m)÷100m/개=4.8개≒4개

82. 다음 중 구조물 수량 산출 시 체적과 면적을 공제하여야 하는 항목은?

① 볼트의 구멍
② 철근콘크리트 중의 철근
③ 콘크리트 구조물 중의 말뚝머리
④ 포장공종의 1개소당 1m² 이하의 구조물 자리

해설) 구조물 수량 산출 시 공제하지 않는 항목
볼트의 구멍, 모따기, 물구멍, 이음줄눈 간격, 포장공종의 1개소당 0.1m² 이하의 구조물 자리, 철근 콘크리트 중의 철근, 콘크리트 구조물의 말뚝머리

83. 캔틸레버 보의 고정점에 대하여 보의 끝부분에 작용하는 회전능률은 무엇인가?

① 작용점
② 압축력
③ 모멘트
④ 인장력

해설) 모멘트
물체를 회전시키려고 하는 물리적인 힘의 작용

84. 전시와 후시의 거리를 같게 해도 소거되지 않는 오차는?

① 기차(氣差)에 의한 오차
② 시차(視差)에 의한 오차
③ 구차(球差)에 의한 오차
④ 레벨의 조정 불량에 따른 오차

해설) 시차(視差)에 의한 오차
전시와 후시의 거리를 같게 해도 소거되지 않음

85. 곡선반경이 R인 곡선부에서 차량이 미끄러지지 않도록 곡선반경(R)과 횡활동 미끄럼 마찰계수(f)를 이용해서 편구배를 계산할 때의 공식으로 옳은 것은? (단, 설계속도는 V이다.)

① $\dfrac{V^2}{150 \times R} - f$
② $\dfrac{V}{150 \times R} + f$
③ $\dfrac{V}{127 \times R} + f$
④ $\dfrac{V^2}{127 \times R} - f$

해설) 편구배 공식 : $i = \dfrac{V^2}{127 \times R} - f$

86. 콘크리트의 워커빌리티(workability)를 측정하는 방법이 아닌 것은?

① flow 시험
② 비비(vee-bee) 시험
③ 모듈러스(modulus) 시험
④ 리몰딩(remolding) 시험

해설) 콘크리트의 워커빌리티(workability) 측정법
슬럼프 시험(Slump Test), 리몰딩 시험(Remolding Test), 흐름 시험(Flow Test), 비비 시험(Vee-Bee Test), 다짐계수 시험(Compacting Factor test) 등

Answer 81. ① 82. ④ 83. ③ 84. ② 85. ④ 86. ③

87. 재료의 성질을 나타낸 용어에 대한 설명으로 옳지 않은 것은?

① 취성 : 작은 변형에도 파괴되는 성질
② 연성 : 재료를 두드릴 때 얇게 펴지는 성질
③ 강성 : 외력을 받았을 때 변형에 저항하는 성질
④ 소성 : 힘을 제거해도 본래 상태로 돌아가지 않고 영구 변형이 남는 성질

> 해설 **연성(ductility)**
> 힘을 가했을 때 물체가 파괴되지 않고 늘어나는 성질

88. 개수로(開水路)에 대한 설명으로 옳지 않은 것은?

① 개수로의 흐름은 압력에 의하여 흐르는 것이 아니다.
② 자연하천 및 배수로 등이 자유수면을 가질 때 개수로라 한다.
③ 흐름에 작용하는 중력이 수면방향의 분력에 의하여 자유수면을 가지는 흐름을 말한다.
④ 지하배수관거와 같이 뚜껑이 덮여 있는 암거는 물이 일부만 차 흘러가므로 개수로라 할 수 없다.

> 해설 지하배수관거와 같이 뚜껑이 덮여 있는 암거는 물이 일부만 차서 흘러가도 개수로라고 한다.

89. 일반적으로 석재의 흡수율이 큰 것부터 작은 순서로 옳게 나열한 것은?

① 안산암-사암-응회암-화강암-대리석
② 안산암-응회암-사암-화강암-대리석
③ 응회암-사암-화강암-안산암-대리석
④ 응회암-사암-안산암-화강암-대리석

90. 어떤 결과(특성)에 영향을 미치는 원인(요인)과 그 결과와의 관계를 한눈에 알아볼 수 있도록 정리한 그림을 무엇이라 하는가?

① 산점도   ② 상관도
③ 파레토도   ④ 특성요인도

> 해설 **특성요인도**
> 품질의 특성과 요인 사이의 관계를 나타내는 그림으로 생선뼈 모양으로 나타낸다.

91. 모래의 전단력 차이에 의해 모래의 불교란 시료를 채취하기 곤란한 경우 현지의 지반에서 직접 밀도를 측정하는 시험방법은?

① 전단시험   ② 지내력시험
③ 표준관입시험   ④ 베인테스트

> 해설 **표준관입시험(Standard Penetration Test)**
> 지반 내에서 직접 모래를 채취하여 밀도를 측정하는 것으로, 타격 횟수의 값이 클수록 밀실한 토질이 된다.

92. 다음 보에 대한 설명으로 옳지 않은 것은?

① 단순보는 일단이 회전지점이고 타단이 이동지점이다.
② 캔틸레버보는 일단이 고정지점이고 타단이 회전지점이다.
③ 게르버보는 3개 이상의 지점으로 지지된다.
④ 내민보는 지점의 구조는 단순보와 같으나 일단 또는 양단이 지점에서 밖으로 나와 있다.

> 해설 ② 캔틸레버보는 일단이 고정지점이고 타단이 자유단지점이다.

93. 다음 공사계약방식 중 공사수행방식에 따른 분류에 해당하지 않는 것은?

① 턴키계약
② 설계·시공 일괄계약
③ 설계·시공 분리계약
④ 실비정산보수가산계약

> 해설 **실비정산보수가산계약**
> • 공사의 실비를 시공주는 미리 정한 보수율에 따라 도급자에게 그 보수액을 지불하는 방식
> • 양심적인 공사를 할 수 있으나 공사비 절감노력이 없어짐

Answer 87. ② 88. ④ 89. ④ 90. ④ 91. ③ 92. ② 93. ④

• 공사기일이 연체되는 것을 막을 수 없음

94. 다음 중 철제 조경시설관리에서 도장의 목적이 아닌 것은?

① 물체표면의 보호
② 부식 및 노화의 방지
③ 미관의 증진
④ 방충성 증진

해설 ④ 방충성 증진 : 목재 조경시설관리에서 도장의 목적

95. 다음 중 품셈을 가장 잘 설명한 것은?

① 물체를 만드는 데 필요한 노력과 물질의 수량이다.
② 시공현장에서 소요되는 재료의 물량을 집계한 것이다.
③ 건설공사에 소요되는 공사비를 산정하는 과정을 말한다.
④ 공사에 소요되는 노무량만을 수량으로 표시하여 금액을 산출할 수 있게 한 것이다.

해설 품셈 : 단위당 시공능력과 소요수량을 표시한 것

96. 합성수지 중 무색 투명판으로 착색이 자유롭고 광선이나 자외선의 투과성이 크며, 유기유리로도 불리우는 것은?

① 멜라민 수지
② 초산비닐 수지
③ 아크릴 수지
④ 폴리에스테르 수지

해설 아크릴 수지
㉠ 석유계통의 합성수지로 투명도가 높아 유리대용품과 채광재로 이용되며, 무기질 유리와 비교하면 비중이 작으므로 가볍고 탄력성이 있어서 파손이 잘 안되며 착색이 자유롭고 절단·가공하기 쉬워 곡면·골판 등 자유로운 형태로 사용한다.
㉡ 내유·내약품성이 좋고 전기절연성이 있다.
㉢ 용도로는 창유리·문짝·스크린·칸막이판·조명기구 등에 이용된다.
㉣ 열가소성 합성수지의 하나이다.

97. 다음 중 빛과 관련된 용어 설명이 옳은 것은?

① 광속 : 광원의 세기를 표시하는 단위
② 광도 : 방사에너지 시간에 대한 비율
③ 조도 : 단위면에 수직으로 투하된 광속밀도
④ 휘도 : 빛의 세기를 표시하는 단위

해설 조명 용어

용어	단위	정의
조도	lux	• 단위면에 수직으로 투하된 광속밀도
광속	lum	• 방사속 중 육안으로 느끼는 부분
방사속	W	• 방사에너지의 시간에 대한 비율
광도	cd	• 광원의 세기를 표시하는 비율
휘도	sb	• 발광면 또는 조명면에 빛나는 율 • 시선에서 20° 이내에 광선이 놓이지 않도록 설치 • 도로 조명 : 차의 눈부심 감소를 위해 광원은 멀리 위치

98. 콘크리트 내구성에 영향을 주는 아래 화학반응식의 현상은?

$$Ca(OH)_2 + CO_2 \rightarrow CaCO_3 + H_2O \uparrow$$

① 콘크리트 염해
② 동결융해현상
③ 알칼리 골재반응
④ 콘크리트 중성화

해설 수산화칼슘+이산화탄소 → 탄산칼슘
콘크리트의 알칼리성 상실로 콘크리트의 중성화와 풍화가 진행되어 균열이 발생한다.

99. 생태복원공사에 사용되는 비점오염 저감시설에 대한 설명으로 옳지 않은 것은?

① 저류지는 농경배수지, 산업단지 등으로서 홍수유량의 조절이 가능한 형태의 저수지이다.
② 인공습지는 경관적으로도 활용되며 자연습지의 원리를 이용하여 오염된 물을 저류한다.
③ 식생여과대는 협소한 침투성 높은 토양지역에 도랑을 판 후 자갈, 모래 등을 채우는 시설이다.
④ 장치형 시설은 도시지역, 도로 등에 사용되며 시설 부지가 적은 지역에서 정화시설물을 이용한다.

Answer 94. ④ 95. ① 96. ③ 97. ③ 98. ④ 99. ③

[해설] ③ 식생여과대 : 식물군락에 의한 오염물질의 흡수, 분해 기능

100. 다음 중 굴취 시 흉고직경 기준에 의하여 품셈을 산정하는 수종은?

① 칠엽수
② 이팝나무
③ 대추나무
④ 모감주나무

[해설] 굴취 시 흉고직경 기준에 의하여 품셈을 산정하는 수종 : 가중나무, 계수나무, 메타세쿼이아, 벽오동, 산벚나무, 수양버들, 은단풍, 은행나무, 목백합, 자작나무, 층층나무, 칠엽수, 버즘나무 등

6과목 조경관리론

101. 다음 [보기]는 옥시테트라사이클린(17%)과 관련된 설명이다. ( ) 안에 적합한 것은?

[보기]
- 조제방법은 수돗물 또는 맑은 우물물 1ℓ에 옥시테트라사이클린 수화제 ( )g을 정량한 후 잘 저어서 녹인다.
- 옥시테트라사이클린 수화제는 기타 성분이 혼합되어 있기 때문에 찌꺼기를 가라앉혀 찌꺼기를 제외한 혼합된 물을 약통에 넣고 수간주입을 한다.
- 주입약량은 나무의 크기에 따라 다르지만 원줄기 직경 10cm 기준으로 1ℓ를 사용하고, 나무의 흉고 직경에 따라 달리한다.

① 30
② 20
③ 10
④ 5

[해설] 옥시테트라사이클린
파이토플라스마에 의한 병 치료(수간주사)

102. 수목 식재 후 설치하는 지주목의 장점이 아닌 것은?

① 수고생장에 도움을 준다.
② 수간의 굵기가 다양하게 생육하도록 해준다.
③ 지상부의 생육에 비교하여 근부의 생육을 적절하게 해준다.
④ 바람의 피해를 줄일 수 있다.

[해설] ② 수간의 굵기가 균일하게 생육하도록 해준다.

103. 다음 중 해충조사 방법이 아닌 것은?

① 수관부 조사
② 수간부 조사
③ 축차조사
④ 공간조사지

[해설] 축차조사
해충의 밀도를 연속적으로 조사하여 누적하면서 방제 여부를 판단하는 방법

104. 바이러스에 의하여 발생된 수목병을 진단하는 데 적용하기 어려운 방법은?

① 전자현미경을 이용한 진단
② 배지 배양에 의한 진단
③ 유전자를 이용한 진단
④ 지표식물을 이용한 진단

[해설] 바이러스는 인공 배지 배양이 안 된다.
[참고] 배지 배양 : 식물세포가 식물로 재생할 수 있는 능력을 이용해 씨앗이 없는 상황에서도 배양체와 같은 식물을 생산하기 위해 사용된다.

105. 이용관리 계획 중 주민참가의 발전 과정이 아닌 것은?

① 시민 권력의 단계
② 개인 참가의 단계
③ 비참가의 단계
④ 형식적 참가의 단계

[해설] 주민참가 발전 과정
비참가 단계 → 형식적 참가 단계 → 시민 권력의 단계

Answer 100. ① 101. ④ 102. ② 103. ③ 104. ② 105. ②

106. 풍화작용에 의해 규산염광물이나 산화광물로부터 용해된 철성분이 토양 내에서 산소 또는 물과 결합하여 토색에 영향을 미치는 작용은?

① 회색화 작용
② 갈색화 작용
③ 이탄화 작용
④ 포드졸화 작용

해설 ① 회색화 작용 : 지하수위가 높은 저습지 또는 배수가 불량한 곳은 산소공급이 불충분하므로 담청색, 녹청색 또는 청회색을 띠는 토층 분화작용
③ 이탄화 작용 : 식물체로부터 석탄이 생성되는 과정에 있어서 식물체가 지중에 매몰되기 이전에 지표 또는 지표 가까이에서 받는 석탄화의 초기 작용
④ 포드졸화 작용 : 토양표층의 철과 알루미늄 등이 용탈되어 생긴 회백색의 표백층과 그 밑에 철과 알루미늄이 집적되어 생긴 흑갈색 또는 적갈색의 집적층을 갖는 토양이 생성되는 토양생성작용

107. 다음 중 기주교대를 하지 않는 병원균은?

① 소나무 혹병균
② 잣나무 털녹병균
③ 소나무 잎떨림병균
④ 배나무 붉은별무늬병균

해설 기주교대
이종 기생균인 녹병균이 홀씨의 종류에 따라 기주를 바꾸는 현상
① 소나무 혹병 : 졸참나무, 신갈나무
② 잣나무 털녹병 : 송이풀, 까치밥나무
④ 배나무 붉은별무늬병 : 향나무

108. 금속제 시설물의 부식이 가장 늦은 곳은?

① 해안별장지대
② 전원주택지
③ 시가지나 공업지대
④ 산악지의 스키장

해설 부식의 원인이 되는 요소(습도, 열, 화학물질, 염해, 응력)들을 잘 관리해야 한다.

109. 조경공사 현장에서 다음과 같은 안전재해 사례가 발생하였다. 다음 분석 내용으로 옳은 것은?

작업자가 벽돌을 손으로 운반하던 중 떨어뜨려 벽돌이 발등에 부딪혀 발을 다쳤다.

① 가해물 : 벽돌, 기인물 : 벽돌, 사고유형 : 낙하
② 가해물 : 벽돌, 기인물 : 손, 사고유형 : 충돌
③ 가해물 : 벽돌, 기인물 : 손, 사고유형 : 추락
④ 가해물 : 벽돌, 기인물 : 사람, 사고유형 : 비래

110. 다음 중 잎을 가해하는 해충의 피해도 결정인자가 아닌 것은?

① 입목(立木)의 굵기
② 입목(立木)의 밀도
③ 수령
④ 수고

111. 다음 중 신경독 살충제는?

① 제충국제
② 기계유 유제
③ 유기수은제
④ 클로로피크린

해설 ① 제충국제 : 천연 식물성 살충제
② 기계유 유제 : 기계유에 유화제를 섞어 만든 약제
③ 유기수은제 : 수은을 함유한 살충제로 만성독성이 높으며 신경계에 대한 장애작용이 강하다.
④ 클로로피크린 : 토양소독제로 유독성분이 강한 유기화합물

112. 수목병과 매개충이 바르게 짝지어지지 않은 것은?

① 대추나무 빗자루병-담배장님노린재
② 오동나무 빗자루병-담배장님노린재
③ 쥐똥나무 빗자루병-마름무늬매미충
④ 느릅나무 시들음병-나무좀

해설 ① 대추나무 빗자루병-마름무늬매미충

113. 레크리에이션 이용의 특성과 강도를 조절하는 관리기법에 대한 설명 중 옳지 않은 것은?

① 이용자를 유도하는 방법은 부지관리기법이 아니다.
② 간접적 이용제한은 이용행태를 조절하되 개인의 선택권을 존중하는 방법이다.
③ 부지관리기법은 부지설계, 조성 및 조경적 측면에 중점을 두는 방법이다.
④ 직접적 이용제한 관리기법은 정책 강화, 구역별 이용, 이용강도 및 활동의 제한 등이 있다.

114. 유효질소 24kg이 필요하여 요소(N : 50%, 흡수율 : 80%)로 충당하려 한다. 이때 요소의 필요량은?

① 30kg
② 40kg
③ 60kg
④ 80kg

해설 $24kg = x \times 0.5 \times 0.8$ ∴ $x = 60kg$

115. 사과의 탄저병 등에 효과가 있는 카바메이트계 살균제는?

① 다조멧(dazomet) 입제
② 에토프로포스(ethoprophos) 입제
③ 포스티아제이트(fosthiazate) 액제
④ 티오파네이트메틸(thiophanate-methyl) 수화제

해설 ① 다조멧 입제 : 수박의 덩굴쪼김병·뿌리혹선충, 토마토의 시들음병·풋마름병·뿌리혹선충
② 에토프로포스 입제 : 유기인계 살충제-토양해충, 솔잎혹파리
③ 포스티아제이트 액제 : 유기인계 살충제-뿌리혹선충, 소나무 재선충
④ 티오파네이트메틸 수화제 : 카바메이트계 살균제-사과 탄저병·갈색무늬병, 배 흰가루병·검은별무늬병

116. 조경수의 해충방제를 위한 방법이 아닌 것은?

① 적절한 시비, 배수, 관수를 통하여 수목의 활력을 증진시킨다.
② 낙엽, 가지 등 지피물을 제거함으로써 해충의 월동 장소를 없앤다.
③ 조경설계 시 가급적 단일 수종을 선택하여 해충에 대한 내성을 증대시킨다.
④ 간벌 및 가지치기를 통해 병든 가지를 제거하고 천공충의 서식지를 제거한다.

해설 수종의 단순화는 단일 수종에 의한 환경저항이 약해진다. 단일 수종은 병해충이 가해할 수 있는 기주를 쉽게 발견하여 피해 규모가 커질 가능성이 높다.

117. 콘크리트재 부분을 보수할 때 사용하는 고무(gum)압식 주입공법의 설명으로 옳지 않은 것은?

① 주입재는 24시간 이상 양생시켜야 한다.
② 주입구와 주입파이프의 중간에 고무튜브를 설치하는 것이다.
③ 시멘트 반죽이나 고분자계 유제 혹은 고무유액을 혼입하는 것이 일반적이다.
④ 고무 튜브를 직경에 맞도록 팽창시키고 튜브 내 압력이 $3kg/cm^2$ 정도로 유지되도록 한다.

해설 ④ 고무 튜브를 직경의 2배까지 팽창시키고 튜브 내 압력이 $3kg/cm^2$ 정도로 유지되도록 한다.

118. 주요 잡초종 중 식물분류학적으로 분포비율이 높은 과(科)들로만 나열된 것은?

① 화본과, 콩과, 메꽃과
② 국화과, 방동사니과, 가지과
③ 국화과, 화본과, 방동사니과
④ 명아주과, 화본과, 십자화과

해설 화본과는 광합성 효율이 좋고 생육이 왕성하여 점유 분포가 높다. 국내의 경우 화본과, 방동사니과, 국화과가 대부분을 차지하고 있다.

119. 주로 유기물이 많은 표층토에서 발달하고 지렁이와 같은 토양동물의 활동이 많은 토양에서 발견되는 토양구조는?

① 판상(板狀)구조

② 각주상(角柱狀)구조
③ 괴상(塊狀)구조
④ 구상(球狀)구조

> 해설 ① 판상(板狀)구조 : 우리나라의 논 토양. 수분의 상하이동이 불가능하다. 물빠짐이 매우 나쁨
> ② 각주상(角柱狀)구조 : 건조하거나 반건조한 지역의 심층토에서 지표면과 수직한 형태로 발달. 논 토양의 하층토에서 많이 발생
> ③ 괴상(塊狀)구조 : 배수와 통기성이 양호하며 뿌리 발달이 원활한 심층토에서 주로 발달하며 점토가 많다.
> ④ 구상(球狀)구조 : 토양이 동심원상의 구를 이루는 구조로 유기물이 많은 표층부에서 발달. 초지나 토양동물의 활동이 많은 토양에서 발견

120. 수용능력(carrying capacity) 개념은 원래 어느 분야에서 비롯되었는가?

① 생태계 관리분야 ② 환경 계획분야
③ 환경 심리분야   ④ 레크리에이션 분야

> 해설 **수용능력(carrying capacity)**
> 기존 생태계가 안정성을 깨지 않고 환경의 변화없이 유지할 수 있는 범위에서 생물이 서식할 수 있는 최대 능력

Answer
120. ①

2023년 1회 조경산업기사 CBT 복원문제

1과목 조경계획 및 설계

01. 당(唐)의 백낙천(白樂天)이 장한가(長恨歌) 속에서 아름다움을 묘사한 이궁은?

① 화청궁(華淸宮)
② 아방궁(阿房宮)
③ 상림원(上林苑)
④ 건장궁(建章宮)

→해설 **온천궁(화청궁)**
• 조영 : 태종 18년(644) → 고종(온천궁 명명) → 현종(화청궁으로 개명)
• 위치 : 여산
• 현종이 양귀비를 총애하면서 호화로워짐
• 백거이(백낙천)의 〈장한가〉에 묘사되어 있음

02. 우리나라에서 최초의 유럽식 정원은?

① 덕수궁 석조전 앞 정원
② 파고다공원
③ 장충공원
④ 구 중앙청사 주위 정원

→해설 ① 덕수궁 석조전 앞 정원 : 침상원(sunken garden), 프랑스 정형식 정원(우리나라 최초 유럽식 정원)
② 파고다공원, 탑골공원(1897) : 우리나라 최초의 서양식 공원
③ 장충공원(1919) : 현재 운동공원 기능
④ 구 중앙청사 주위 정원

03. 한국 전통사찰의 공간구성 기본원칙이 아닌 것은?

① 자연과의 조화
② 인간척도의 유지
③ 공간 간의 연계성
④ 계층적 질서의 타파

→해설 **한국 전통사찰의 공간구성 기본원칙**
• 자연환경과의 조화 고려
• 계층적 질서 추구
• 공간 상호 간의 연계성 제고
• 인간 척도의 유지

04. 다음 그림들은 돌의 모양을 나타낸 것이다. 입석(立石)은?

①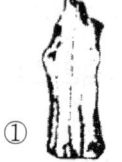
②
③
④

→해설 **조경석**
① 입석, ② 횡석, ③ 와석, ④ 괴석
• 입석 : 세워서 쓰는 돌. 전후좌우의 사방에서 관상할 수 있도록 배석
• 횡석 : 가로로 눕혀서 쓰는 돌. 입석에 의해 불안감을 주는 돌을 받쳐서 안정감을 주는 데 사용
• 평석 : 윗부분이 편평한 돌. 안정감이 요구되는 부분에 배치, 주로 앞부분에 배치
• 환석 : 둥근 돌, 무리로 배석할 때 많이 이용
• 각석 : 각이 진 돌, 삼각과 사각 형태로 다양하게 이용
• 사석 : 비스듬히 세워서 이용되는 돌. 해안절벽과 같은 풍경을 묘사할 때 주로 사용
• 와석 : 소가 누워 있는 것과 같은 돌
• 괴석 : 흔히 볼 수 없는 괴상한 모양의 돌. 단독 또는 조합하여 관상용으로 주로 이용

Answer 01. ① 02. ① 03. ④ 04. ①

05. 우리나라에서 대중을 위해 만들어진 최초의 공원은?

① 장충 공원 ② 파고다 공원
③ 사직 공원 ④ 남산 공원

06. 영국에서 가장 발달한 정원 양식은 다음 중 어느 것인가?

① 노단 건축식 ② 자연풍경식
③ 평면기하학식 ④ 임천회유식

> **해설** 정원양식
> ① 노단 건축식 : 이탈리아 ② 자연풍경식 : 영국
> ③ 평면기하학식 : 프랑스 ④ 임천회유식 : 일본

07. 정원 양식의 발생 요인 중 자연환경 요인이 아닌 것은?

① 기후 ② 지형
③ 식물 ④ 종교

> **해설** 조경양식의 발생 요인
> ㉠ 자연환경 요인 : 기후, 지형, 식물, 토질, 암석
> ㉡ 사회환경 요인 : 종교 및 사상, 역사성, 민족성, 정치, 경제, 건축, 예술, 과학기술 등

08. 다음 중 미국에 위치한 공원으로 옴스테드(Frederick Law Olmsted)가 설계한 공원이 아닌 것은?

① 센트럴 공원(Central Park)
② 버컨헤드 공원(Birkenhead Park)
③ 프로스펙트 공원(Prospect Park)
④ 프랭클린 공원(Franklin Park)

> **해설** ② 버컨헤드 공원(Birkenhead Park) 설계자 : 조셉 팩스턴(Joseph Paxton)

09. 다음 [보기]에서 설명하고 있는 단지계획 시 공원 녹지체계의 유형은?

[보기]
- 원호형을 연장하여 양끝을 이어서 녹지가 단지외곽을 둘러싸거나 단지 한가운데를 순환한다.
- 원호형에 비해 균형잡힌 녹지체계를 구성한다.
- 접근성이 좋은 장점이 있다.
- 상대적으로 넓은 녹지면적을 필요로 한다.

① 환상형(環狀型) ② 방사형(放射型)
③ 위성식(衛星式) ④ 점재형(點在型)

10. 도시계획시설의 결정·구조 및 설치기준에 관한 규칙에서 구분된 형태별 도로의 설명으로 틀린 것은?

① 일반도로 : 폭 4m 이상의 도로로서 통상의 교통소통을 위하여 설치되는 도로
② 자전거 전용도로 : 하나의 차로를 기준으로 폭 1.5m 이상의 도로로서 자전거의 통행을 위하여 설치하는 도로
③ 보행자 전용도로 : 폭 1.2m 이상의 도로로서 운전자의 안전하고 편리한 통행을 위하여 설치하는 도로
④ 고가도로 : 시·군 내 주요지역을 연결하거나 시·군 상호간을 연결하는 도로로서 지상교통의 원활한 소통을 위하여 공중에 설치하는 도로

> **해설** ③ 보행자 전용도로 : 폭 1.5m 이상의 도로로서 운전자의 안전하고 편리한 통행을 위해 설치하는 도로
> [참고] 도로의 구분 –〈도시계획시설의 결정·구조 및 설치기준에 관한 규칙〉
> 1. 사용 및 형태별 구분
>   가. 일반도로 : 폭 4미터 이상의 도로로서 통상의 교통소통을 위하여 설치되는 도로
>   나. 자동차전용도로 : 특별시·광역시·특별자치시·시 또는 군(이하 "시·군"이라 한다) 내 주요지역 간이나 시·군 상호 간에 발생하는 대량교통량을 처리하기 위한 도로로서 자동차만 통행할 수 있도록 하기 위하여 설치하는 도로
>   다. 보행자전용도로 : 폭 1.5미터 이상의 도로로서 보행자의 안전하고 편리한 통행을 위하

Answer 05. ② 06. ② 07. ④ 08. ② 09. ① 10. ③

여 설치하는 도로
라. 보행자우선도로 : 폭 20미터 미만의 도로로서 보행자와 차량이 혼합하여 이용하되 보행자의 안전과 편의를 우선적으로 고려하여 설치하는 도로
마. 자전거전용도로 : 하나의 차로를 기준으로 폭 1.5미터(지역 상황 등에 따라 부득이하다고 인정되는 경우에는 1.2미터) 이상의 도로로서 자전거의 통행을 위하여 설치하는 도로
바. 고가도로 : 시·군내 주요지역을 연결하거나 시·군 상호 간을 연결하는 도로로서 지상교통의 원활한 소통을 위하여 공중에 설치하는 도로
사. 지하도로 : 시·군내 주요지역을 연결하거나 시·군 상호 간을 연결하는 도로로서 지상교통의 원활한 소통을 위하여 지하에 설치하는 도로(도로·광장 등의 지하에 설치된 지하공공보도시설을 포함한다). 다만, 입체교차를 목적으로 지하에 도로를 설치하는 경우를 제외한다.

2. 규모별 구분
   가. 광로
      ① 1류 : 폭 70미터 이상인 도로
      ② 2류 : 폭 50미터 이상 70미터 미만인 도로
      ③ 3류 : 폭 40미터 이상 50미터 미만인 도로
   나. 대로
      ① 1류 : 폭 35미터 이상 40미터 미만인 도로
      ② 2류 : 폭 30미터 이상 35미터 미만인 도로
      ③ 3류 : 폭 25미터 이상 30미터 미만인 도로
   다. 중로
      ① 1류 : 폭 20미터 이상 25미터 미만인 도로
      ② 2류 : 폭 15미터 이상 20미터 미만인 도로
      ③ 3류 : 폭 12미터 이상 15미터 미만인 도로
   라. 소로
      ① 1류 : 폭 10미터 이상 12미터 미만인 도로
      ② 2류 : 폭 8미터 이상 10미터 미만인 도로
      ③ 3류 : 폭 8미터 미만인 도로

3. 기능별 구분
   가. 주간선도로 : 시·군내 주요지역을 연결하거나 시·군 상호간을 연결하여 대량통과교통을 처리하는 도로로서 시·군의 골격을 형성하는 도로
   나. 보조간선도로 : 주간선도로를 집산도로 또는 주요 교통발생원과 연결하여 시·군 교통이 모였다 흩어지도록 하는 도로로서 근린주거구역의 외곽을 형성하는 도로
   다. 집산도로(集散道路) : 근린주거구역의 교통을 보조간선도로에 연결하여 근린주거구역 내 교통이 모였다 흩어지도록 하는 도로로서 근린주거구역의 내부를 구획하는 도로
   라. 국지도로 : 가구(街區 : 도로로 둘러싸인 일단의 지역을 말한다. 이하 같다)를 구획하는 도로
   마. 특수도로 : 보행자전용도로·자전거전용도로 등 자동차 외의 교통에 전용되는 도로

11. 관광시설지의 소각로 위치 선정에 있어서 유의해야 할 사항으로 옳지 않은 것은?

① 이용자의 시선에 잘 띄는 곳을 선정한다.
② 가급적 교목으로 둘러싸여 있도록 한다.
③ 분진, 연기, 악취가 이용자에게 미치지 않도록 한다.
④ 쓰레기 운반 및 소각 후 재를 처리하기 용이한 곳을 선정한다.

해설 소각로와 같은 이용자에게 불쾌감을 줄 수 있는 곳은 되도록 보행 동선과 연결되지 않도록 한다.

12. 최대시의 이용자 수가 2000명, 주차장 이용률이 90%, 차량 1대당 수용인원 수는 20명, 1대당 주차면적은 40m²라면 주차장의 면적은?

① 360m² ② 1400m²
③ 3600m² ④ 4000m²

해설 주차장의 면적
= 최대시 이용자수×주차장 이용률
$\times \frac{1}{1대 승차 인원수} \times$ 단위 규모
= 2000명×0.9×$\frac{1}{20명}$×40m²/대=3600m²

13. 경관에 있어서 형태, 선, 색채, 질감 등에 영향을 미치는 6가지 기본원칙, 즉 대조(contrast),

Answer 11. ① 12. ③ 13. ④

연속(sequence), 축(axis), 집중(convergence), 대등(codominance), 조형(enframement)을 무엇이라 하는가?

① 조화의 원칙
② 변화 및 리듬(rhythm)의 원칙
③ 강조(强調)의 원칙
④ 우세(優勢)의 원칙

해설 **경관분석 요소**
㉠ 경관의 우세 요소 : 형태, 선, 색채, 질감
㉡ 경관의 우세 원칙 : 대조, 연속성, 축, 집중, 상대성, 조형
㉢ 경관의 변화 요인 : 운동, 빛, 기후조건, 계절, 거리, 관찰위치, 규모, 시간

14. 국토의 계획 및 이용에 관한 법률에 따라 개발 행위의 허가를 받아야 하는 경우에 해당하지 않는 것은?

① 도시계획사업에 의한 토지의 형질 변경
② 건축물의 건축 또는 공작물의 설치
③ 토지분할(건축법에 따른 건축물이 있는 대지는 제외)
④ 자연환경보전지역에 물건을 2개월 쌓아놓는 행위

해설 「국토의 계획 및 이용에 관한 법률」 제56조 (개발행위의 허가)
1. 건축물의 건축 또는 공작물의 설치
2. 토지의 형질 변경(경작을 위한 경우로서 대통령령으로 정하는 토지의 형질 변경은 제외한다)
3. 토석의 채취
4. 토지 분할(건축물이 있는 대지의 분할은 제외한다)
5. 녹지지역·관리지역 또는 자연환경보전지역에 물건을 1개월 이상 쌓아놓는 행위

15. 다음 중 용도지역과 그 지정목적의 연결이 옳은 것은?

① 보전녹지지역 : 도시의 자연환경·경관·산림 및 녹지공간을 보전할 필요가 있는 지역
② 근린상업지역 : 일반적인 상업기능 및 업무기능을 담당하게 하기 위하여 필요한 지역
③ 준공업지역 : 환경을 저해하지 아니하는 공업의 배치를 위하여 필요한 지역
④ 제1종 전용주거지역 : 저층주택을 중심으로 편리한 주거환경을 조성하기 위하여 필요한 지역

해설 **용도지역의 세분**
1. 주거지역
　가. 전용주거지역 : 양호한 주거환경을 보호하기 위하여 필요한 지역
　　① 제1종 전용주거지역 : 단독주택 중심의 양호한 주거환경을 보호하기 위하여 필요한 지역
　　② 제2종 전용주거지역 : 공동주택 중심의 양호한 주거환경을 보호하기 위하여 필요한 지역
　나. 일반주거지역 : 편리한 주거환경을 조성하기 위하여 필요한 지역
　　① 제1종 일반주거지역 : 저층주택을 중심으로 편리한 주거환경을 조성하기 위하여 필요한 지역
　　② 제2종 일반주거지역 : 중층주택을 중심으로 편리한 주거환경을 조성하기 위하여 필요한 지역
　　③ 제3종 일반주거지역 : 중고층주택을 중심으로 편리한 주거환경을 조성하기 위하여 필요한 지역
　다. 준주거지역 : 주거기능을 위주로 이를 지원하는 일부 상업기능 및 업무기능을 보완하기 위하여 필요한 지역
2. 상업지역
　가. 중심상업지역 : 도심·부도심의 상업기능 및 업무기능의 확충을 위하여 필요한 지역
　나. 일반상업지역 : 일반적인 상업기능 및 업무기능을 담당하게 하기 위하여 필요한 지역
　다. 근린상업지역 : 근린지역에서의 일용품 및 서비스의 공급을 위하여 필요한 지역
　라. 유통상업지역 : 도시 내 및 지역 간 유통기능의 증진을 위하여 필요한 지역
3. 공업지역
　가. 전용공업지역 : 주로 중화학공업, 공해성 공업 등을 수용하기 위하여 필요한 지역

Answer
14. ④ 15. ①

나. 일반공업지역 : 환경을 저해하지 아니하는 공업의 배치를 위하여 필요한 지역
다. 준공업지역 : 경공업 그 밖의 공업을 수용하되, 주거기능·상업기능 및 업무기능의 보완이 필요한 지역

4. 녹지지역
가. 보전녹지지역 : 도시의 자연환경·경관·산림 및 녹지공간을 보전할 필요가 있는 지역
나. 생산녹지지역 : 주로 농업적 생산을 위하여 개발을 유보할 필요가 있는 지역
다. 자연녹지지역 : 도시의 녹지공간의 확보, 도시확산의 방지, 장래 도시용지의 공급 등을 위하여 보전할 필요가 있는 지역으로서 불가피한 경우에 한하여 제한적인 개발이 허용되는 지역

16. 보행자도로와 차도를 동일한 공간에 설치하고 보행자의 안전성을 향상하는 동시에 주거환경을 개선하기 위하여 차량통행을 억제하는 여러 가지 기법을 도입하는 방식은?

① 보차혼용방식
② 보차병행방식
③ 보차공존방식
④ 보차분리방식

해설
① 보차혼용방식 : 우리나라의 10m 이하의 주거지역 구획도로에서 흔히 볼 수 있는 형태로 보행자와 차량 동선이 전혀 분리되지 않고 동일한 공간을 사용하는 것. 보행자 통행에 대한 계획적 개념이 도입되지 않은 최소한의 기능을 가진 도로
② 보차병행방식 : 보행자가 도로의 측면을 이용하도록 도로의 측면에 연석을 이용하여 보도를 설치하는 방법. 주거지역의 도로 중 차량통행이 많은 곳에 보행자의 안전을 위해서 사용
④ 보차분리방식 : 보행자도로체계를 차량을 위한 일반도로체계와 완전히 분리하여 설치하는 방식이다. 보행자전용도로를 주거단지 중앙부에 설치하여 보행동선과 차량동선을 완전히 분리하는 방식

17. 레크리에이션 계획으로서의 조경계획의 접근방법 중 어느 지역사회의 경제적 기반이나 예산 규모가 레크리에이션의 총량·유형·입지를 결정하는 방법은?

① 자원접근방법
② 활동접근방법
③ 경제접근방법
④ 행태접근방법

해설 S. Gold의 레크리에이션 계획의 접근방법
① 자원접근방법(resource approach) : 생태학적 결정론
  ㉠ 물리적 자원이 레크리에이션의 유형의 양을 결정하는 방법
  ㉡ 공급이 수요를 제한 : 자원의 수용력과 그 한계가 중요한 인자로 인식
  ㉢ 자연환경에 대한 고려가 우선
  ㉣ 경관성이 뛰어난 지역의 조경계획에 유용한 접근 방법
  ㉤ 단점 : 새로운 레크리에이션 요구나 새로운 경향의 여가 형태가 계획에 반영되기 어려움
② 활동접근방법(activity approach)
  ㉠ 과거 레크리에이션 참가사례가 장래의 계획과 기회를 결정하도록 하는 방법
  ㉡ 공급이 수요 창출 : 선호하는 유형 및 참여율 등의 사회적 인자 중요
  ㉢ 대도시 내외의 레크리에이션 계획에 적합
③ 경제접근방법(economic approach)
  ㉠ 지역사회의 경제적 규모가 레크리에이션의 양과 유형·입지를 결정하는 방법으로 경제인자가 사회적 인자나 자연적 인자보다 우선
  ㉡ 비용편익분석(cost-benefit-analysis)에 의하여 조절
④ 행태접근방법(behavioral approach)
  ㉠ 이용자의 선호도와 만족도가 계획과정에 반영
  ㉡ 잠재적인 수요까지 파악하여 표현시키고자 한 것 : 미시적 접근
⑤ 종합접근방법(combined approach)
  ㉠ 위 4가지 방법의 긍정측면만 택하여 계획

18. 정밀토양도에서 분류하는 토양명이 아닌 것은?

① 토양구(土壤區)
② 토양군(土壤群)
③ 토양통(土壤統)
④ 토양토(土壤土)

해설 정밀토양도의 토양 구분
㉠ 토양군(soil association) : 토양의 생성작용이 같고, 토양층의 배열과 성질이 비슷한 토양의 집단
㉡ 토양통(soil series) : 토양분류의 기본이 되는 단위

특성 및 배열이 유사한 토양을 묶은 것
ⓒ 토양구(soil type) : 같은 성질의 토양 모재로부터 발달한 것으로 토층의 특성과 배열이 유사한 토양
ⓔ 토양상(soil individual) : 토양구를 더 자세히 나눈 단위. 표토의 경사, 염분 농도, 자갈 함량 같은 토지이용관리에서 특징에 따라 구분

19. 동일한 색이라도 면적이 커지게 되면 어떤 현상이 발생하는가?

① 명도와 채도가 같아진다.
② 채도는 증가하고 명도는 감소한다.
③ 채도가 감소하고 명도도 감소한다.
④ 명도가 증가하고 채도도 증가한다.

해설 면적대비
같은 색이라도 면적의 크고 작음에 따라 명도와 채도가 다르게 보이는 현상으로 큰 면적의 색은 실제보다 명도와 채도가 높아 보인다.

20. "7가지의 경관의 유형을 기초로 산림경관을 분석하는 데 사용한 방법"과 관련된 항목은?

① 시각회랑에 의한 방법
② 기호화 방법
③ 계량화 방법
④ 메시 분석방법

해설 리튼의 산림경관분석법 : 시각회랑에 의한 방법

2과목 조경식재시공

21. 식재설계의 미적 요소에 관계없는 것은?

① 형태
② 공간
③ 질감
④ 색채

해설 식재설계의 미적 요소 : 형태, 질감, 색채

22. 이산화황에 견디는 힘이 가장 강한 수종은?

① 독일가문비
② 삼나무
③ 히말라야시다
④ 가시나무

해설 이산화황=아황산가스(SO_2)
ⓐ 아황산가스(SO_2)에 강한 수종 : 비자나무, 편백, 화백, 향나무, 가이즈끼향나무, 가시나무류, 태산목, 녹나무, 동백나무, 감탕나무, 아왜나무, 굴거리나무, 팔손이, 광나무, 식나무, 돈나무, 사철나무, 후피향나무, 은행나무, 칠엽수, 자귀나무, 가중나무, 플라타너스, 때죽나무, 일본목련, 층층나무, 무궁화, 쥐똥나무 등
ⓑ 아황산가스(SO_2)에 약한 수종 : 소나무, 섬잣나무, 가문비나무, 일본잎갈나무, 젓나무, 히말라야시다, 반송, 삼나무, 금목서, 은목서, 벚나무, 느티나무, 고로쇠나무, 튤립나무, 자작나무, 단풍나무, 매화나무 등

23. 잔가지 퍼짐이 가장 아름다운 나무는?

① 느티나무
② 위성류
③ 일본목련
④ 모과나무

24. 알뿌리가 아닌 초화는?

① 튤립
② 수선화
③ 금잔화
④ 칸나

해설 ③ 금잔화 : 1년생 초화류

25. 건조한 땅에 잘 견디는 나무는?

① 향나무
② 낙우송
③ 계수나무
④ 위성류

해설 수목과 수분
ⓐ 내건성이 강한 수종 : 소나무, 노간주나무, 향나무, 아까시나무, 배롱나무, 오리나무, 자작나무, 녹나무, 싸리나무, 팥배나무 등
ⓑ 호습성 수종 : 메타세쿼이아, 낙우송, 삼나무, 태산목, 동백나무, 물푸레나무, 오리나무, 버드나무류, 위성류, 층층나무, 풍년화, 병꽃나무 등

19. ④ 20. ① 21. ② 22. ④ 23. ① 24. ③ 25. ①

26. 남부지방에서 새가 좋아하는 열매를 맺어 들새들의 유치에 효과적인 나무는?

① 백합나무 ② 층층나무
③ 감탕나무 ④ 벽오동

해설 ① 백합나무 : 낙엽활엽교목-중부지방
② 층층나무 : 낙엽활엽교목-중부지방
③ 감탕나무 : 상록활엽교목-남부지방
④ 벽오동 : 낙엽활엽교목-중부지방

27. 활엽수이지만 잎의 형태가 침엽수와 같아서 조경적으로 침엽수로 이용하는 것은?

① 은행나무 ② 철쭉
③ 위성류   ④ 배롱나무

해설 ① 은행나무 : 낙엽침엽교목
② 철쭉 : 낙엽활엽관목
③ 위성류 : 낙엽활엽교목(잎모양이 침엽수와 비슷)
④ 배롱나무 : 낙엽활엽교목

28. 겨울 화단에 심을 수 있는 식물은?

① 팬지   ② 매리골드
③ 다알리아 ④ 꽃양배추

해설 ① 팬지 : 봄 화단
② 매리골드 : 봄과 여름 화단
③ 다알리아 : 여름 화단
④ 꽃양배추 : 겨울 화단

29. 겨울철 지상부의 잎이 말라 죽지 않는 지피식물은?

① 비비추   ② 맥문동
③ 옥잠화   ④ 들잔디

해설 ① 비비추 : 낙엽성   ② 맥문동 : 상록성
③ 옥잠화 : 낙엽성   ④ 들잔디 : 낙엽성

30. 고속도로 사고방지 기능의 식재방법에 속하지 않는 것은?

① 명암순응식재 ② 차광식재
③ 지표식재   ④ 완충식재

해설 고속도로 식재의 기능

기능	식재의 종류
주행	시선유도식재, 지표식재
사고방지	차광식재, 명암순응식재, 진입방지식재, 완충식재
방재	비탈면식재, 방풍식재, 방설식재, 비사방지식재
휴식	녹음식재, 지피식재
경관	차폐식재, 수경식재, 조화식재
환경보존	방음식재, 임연보호식재

31. 다음 중 표본식재(specimen planting)의 설명으로 옳지 않은 것은?

① 가장 단순한 식재 형식이다.
② 어느 방향에서 보더라도 좋은 모양이어야 한다.
③ 건축물의 기초 부분 가까운 지면에 식물을 식재한다.
④ 축선상의 끝에서 종점특질로 이용되기도 한다.

해설 표본식재
㉠ 가장 단순한 식재 형식
㉡ 독립수, 개체 수목의 미적 가치가 높은 시각적 특성을 지닌 수목 사용
㉢ 형태, 질감, 색채의 디자인 요소 중 1~2가지가 뛰어나야 함
㉣ 축선의 종점, 현관, 잔디밭, 중정 등의 적소에 식재

32. 다음 중 마가목의 학명으로 옳은 것은?

① *Prunus verecunda* Koidz
② *Sorbus commixta* Hedl
③ *Firmiana simplex* W. F. Wight
④ *Weigela subsessilis* L. H. Bailey

해설 ① 개벚나무   ② 마가목
③ 벽오동   ④ 병꽃나무

33. 다음 중 같은 과(科)에 해당되지 않는 것은?

① 개맥문동   ② 곰취

③ 구절초   ④ 털머위

> 해설 ① 개맥문동 : 백합과
> ② 곰취, ③ 구절초, ④ 털머위 : 국화과

34. 봄철에 꽃을 가장 빨리 보려면 어느 나무를 심어야 하는가?

① 말발도리   ② 자귀나무
③ 매화나무   ④ 배롱나무

> 해설 ① 말발도리 : 봄(5~6월)
> ② 자귀나무 : 여름(6~7월)
> ③ 매화나무 : 이른 봄(2~3월)
> ④ 배롱나무 : 여름(7~8월)

35. 생태연못이나 저습지 조성 시 도입되는 수생식물의 분류로 옳은 것은?

① 추수식물 – 갈대, 줄
② 부엽식물 – 수련, 생이가래
③ 침수식물 – 검정말, 꽃창포
④ 부유식물 – 개구리밥, 이삭물수세미

> 해설 ① 갈대, 줄-추수식물(정수식물)
> ② 수련-부엽식물, 생이가래-부유식물
> ③ 검정말-침수식물, 꽃창포-습지식물
> ④ 개구리밥-부유식물, 이삭물수세미-침수식물

36. 목본식물에 기생하는 외생균근을 형성하는 수목이 아닌 것은?

① *Larix kaempferi* Carriere
② *Acer pictum* subsp. *mono* Ohashi
③ *Betula platyphylla* var. *japonica* Hara
④ *Fagus engleriana* Seemen ex Diels

> 해설 외생균근 형성 수목 : 소나무과, 버드나무과, 자작나무과, 참나무과, 피나무과
> ① 일본잎갈나무-소나무과
> ② 우산고로쇠-단풍나무과
> ③ 자작나무-자작나무과
> ④ 너도밤나무-참나무과

37. 우성(영양)번식에 대한 설명으로 틀린 것은?

① 영양번식에 의한 식물체는 생장과 개화가 종자식물에 비해 빠르다.
② 영양번식에 의한 식물체는 종자번식에 비해 대량번식이 쉽다.
③ 접목은 분리된 두 식물체의 조직을 유합시켜 하나의 식물체를 만드는 방법이다.
④ 분구는 백합류, 칸나 등의 구근을 지니는 조경식물의 지하부 구근을 분주하여 번식하는 방법이다.

> 해설 ② 종자번식 : 대량번식이 쉽다.

38. 산울타리용 수종의 조건이라고 할 수 없는 것은?

① 성질이 강하고 아름다울 것
② 적당한 높이의 윗가지가 오래도록 말라 죽지 않을 것
③ 가급적 상록수로서 잎과 가지가 치밀할 것
④ 맹아력이 커서 다듬기 작업에 잘 견딜 것

> 해설 산울타리용 수종의 조건
> ㉠ 적당한 수고와 지엽 밀생
> ㉡ 건조와 공해에 강한 수종
> ㉢ 하지가 고사하지 않는 것
> ㉣ 맹아력이 강한 수종
> ㉤ 보호 및 관리가 용이한 수종, 상록수

39. 가로수로서 갖추어야 할 조건을 기술한 것 중 옳지 않은 것은?

① 강한 바람에도 잘 견딜 수 있는 것
② 사철 푸른 상록수 일 것
③ 각종 공해에 잘 견디는 것
④ 여름철 그늘을 만들고 병해충에 잘 견디는 것

> 해설 가로수용 수목 기준
> ① 정형적 수형, 직립, 미적 가치

② 심근성, 도복 방지
③ 내공해성 강한 수목
④ 향토수종, 속성수, 낙엽수
⑤ 답압에 강하고, 염화칼슘에도 강한 수목
⑥ 수관부와 지하고의 비율 6 : 4
⑦ 식재수목의 크기 : 수고 3.5m 이상, 흉고직경 6cm 이상, 지하고 1.8m 이상

40. 식재 계획 시 향토자생 수종을 이용하는 데 있어서 장점이 될 수 없는 것은?

① 주변지형 및 식생경관과 잘 조화된다.
② 대량구입이 용이하다.
③ 지역환경에 적응이 잘 된다.
④ 유지관리에 비용이 적게 든다.

해설 향토자생 수종
㉠ 식물이 어떤 지역에서 인공적 보호를 받지 않고 자연상태 그대로 그 지방을 특징 짓고 대표하는 식물
㉡ 특정지방에서 즐겨 식재해 온 종으로, 일부 종은 특정 기후대에만 분포
㉢ 각 지방의 기후대에 맞는 향토·자생종을 식재함으로써 지방의 향토경관을 창출할 수 있다.
㉣ 인공적 보호를 받지 않고 자연상태 그대로 생활하는 식물이다.

3과목 조경시설물시공

41. 공사원가에 포함되지 않는 것은?

① 부가가치세
② 직접 노무비
③ 운반비
④ 기계 경비

해설 순공사비(순공사원가, 공사원가)
재료비+직접 노무비+경비(기계 경비)

42. 다음 그림과 같은 마름돌은 무엇인가?

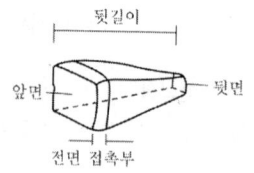

① 장대석
② 호박돌
③ 견치석
④ 사고석비

해설 견치석
㉠ 형태 : 마름모꼴, 정사각형꼴
㉡ 각 변 30cm 정도의 4각추형 네모뿔의 석재
㉢ 접촉면의 폭 : 한 변 평균길이의 1/10 이상
접촉면의 길이 : 한 변 평균길이의 1/2 이상
㉣ 4면을 쪼개어 면에 직각으로 잰 길이 : 최소변의 1.5배 이상
㉤ 석축공사용

43. 시멘트의 저장방법 중 적합하지 않은 것은?

① 13포대 이상으로 쌓지 않는다.
② 통풍이 잘 되도록 조치한다.
③ 지상에서 30cm 이상 떨어지도록 마루판을 설치한 후 적재한다.
④ 입하(入荷) 순서대로 사용한다.

해설 시멘트 저장방법
① 지상 30cm 이상 되는 마루 위에 적재
② 13포대 이상 쌓기 금지, 장기간 저장 : 7포대 이상 쌓기 금지
③ 우수 침투 방지 : 배수도랑 설치
④ 개구부를 최소화하여 공기의 유통 차단
⑤ 반입·반출구는 따로 두고, 먼저 반입된 것부터 사용
⑥ 3개월 이상 경과한 시멘트 : 반드시 사용 전에 재시험을 거친 후 사용

44. 풍경식 정원에서 요구되는 계단의 재료는 어느 것이 가장 적당한가?

① 벽돌계단
② 인조목계단
③ 콘크리트계단
④ 통나무계단

Answer 40. ② 41. ① 42. ③ 43. ② 44. ④

→해설 풍경식 정원은 자연재료를 사용하는 것이 적당하다.

45. 겨울철 또는 수중 공사 등 빠른 시일 내에 마무리해야 할 공사에 사용하기 편리한 시멘트는?

① 보통 포틀랜드 시멘트
② 중용열 포틀랜드 시멘트
③ 조강 포틀랜드 시멘트
④ 슬래그 시멘트

→해설 조강 포틀랜드 시멘트
보통 시멘트 28일 강도를 7일에 발휘한다. 분말도를 높인 고급품으로 급속공사, 겨울철 공사, 한지(寒地) 공사에 유리하다.

46. 다음 1/50,000 도면상에서 AB간의 도상수평거리가 10cm일 때 AB 간의 실 수평거리와 AB선의 경사를 구한 값은?

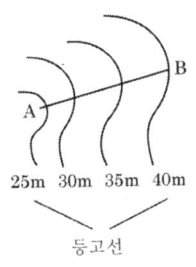

	실수평거리	경사
①	50m	1/3.3
②	500m	1/33.3
③	5000m	1/333
④	50000m	1/3333

→해설 ㉠ 축척 = $\dfrac{도상거리}{실제거리}$ → 축척 = $\dfrac{1}{50,000} = \dfrac{10cm}{x}$
∴ $x = 500,000cm = 5,000m$

㉡ 경사 = $\dfrac{수직거리}{수평거리}$ → 경사 = $\dfrac{40m - 25m}{5,000m} = \dfrac{1}{333}$

47. 다음의 합성수지 중 발포제품으로 만들어 단열재로 사용되는 것은?

① 멜라민 수지
② 폴리스틸렌 수지
③ 염화비닐 수지
④ 폴리아미드 수지

→해설 폴리스틸렌 수지
㉠ 무색투명
㉡ 기계적 강도, 내수성, 전기절연성 강
㉢ 내충격성 약
㉣ 이용 : 단열재, 건축벽 타일, 천장재, 전기용품, 블라인드, 발포제로 보드상 성형

48. PERT와 CPM 공정표의 차이점으로 옳은 것은?

① CPM은 신규 및 경험이 없는 건설공사에 이용되나, PERT는 경험이 있는 공사에 이용된다.
② CPM은 더미(Dummy)를 사용하나, PERT는 사용하지 않는다.
③ CPM은 화살선으로 작업을 표시하나, PERT는 원으로 작업을 표시한다.
④ CPM은 소요시간 추정에서 1점 추정인 반면, PERT는 3점 추정으로 한다.

→해설 1) PERT
㉠ PERT는 프로젝트의 달성에 필요한 작업을 관련내용과 순서를 기초로 하여 네트워크 형태로 파악하는 수법
㉡ 1958년 미 해군 폴라리스(Polaris) 핵잠수함 건조 계획 시 개발
㉢ PERT의 주목적 : 공사기간 단축
㉣ 신규 대형사업에 많이 이용
㉤ 일정계산이 복잡하고 결합점 중심의 일정계산이 이루어짐

2) CPM
㉠ 시간과 비용의 문제를 동시에 취급하는 선형계획법으로서 최장경로(Critical path)를 바탕으로 하여 표준시간, 표준비용, 한계시간, 한계비용의 4가지와 간접비 등을 고려하여 비용을 최소화하는 경제적인 일정계획을 추구
㉡ CPM의 주목적 : 공사비 절감
㉢ PM은 경험이 많은 반복작업 또는 작업 표준이 확립된 사업에 활용
㉣ CPM은 일정계산이 자세하고, 작업중심의 계산이며, 작업 간의 조정이 가능

49. 목재의 인장강도와 압축강도에 대한 설명으로 가장 적당한 것은?

① 압축강도가 더 크다.
② 인장강도가 더 크다.
③ 두개의 강도가 동일하다.
④ 휨강도와 두개의 강도가 모두 동일하다.

> **해설** 목재의 강도
> 인장강도 > 휨강도 > 압축강도 > 전단강도

50. 입찰과 관련된 용어의 설명 중 틀린 것은?

① 예정가격이란 발주자가 입찰 또는 계약체결 전에 입찰 및 도급계약금액의 결정기준으로 삼기 위하여 작성한 금액을 말한다.
② 덤핑(dumping)이란 공사의 수주를 위해 공사원가 이하로 입찰에 참여하여 저가도급을 맡는 부당행위를 말한다.
③ 담합이란 경쟁사들이 협의하여 적합한 낙찰자를 미리 선정할 수 있도록 하는 입찰방식이다.
④ 입찰보증금은 낙찰이 되어도 계약을 체결할 의지가 없는 건설업자의 입찰참가를 방지하기 위한 제도이다.

> **해설** ③ 담합 : 입찰(入札)을 함에 있어서 입찰가가 서로 상의하여 미리 입찰 가격을 협정하는 일

51. 비닐포, 비닐망 등은 어느 수지에 속하는가?

① 아크릴 수지
② 염화비닐 수지
③ 폴리에틸렌 수지
④ 멜라민 수지

> **해설** 염화비닐 수지 : 비닐포, 비닐망, 파이프, 튜브, 물받이통 등의 제품에 가장 많이 사용되는 수지

52. 일반 콘크리트 타설에 대한 설명으로 틀린 것은?

① 콘크리트의 타설 도중 블리딩에 의해 표면에 떠올라 있는 물은 제거한 후 타설하여야 한다.
② 타설한 콘크리트를 거푸집 안에서 횡방향으로 이동시켜서는 안 된다.
③ 콘크리트를 2층 이상으로 나누어 타설할 경우 상층의 콘크리트 타설은 하층의 콘크리트가 굳은 후 실시하여야 한다.
④ 한 구획 내의 콘크리트는 타설이 완료될 때까지 연속해서 타설해야 한다.

> **해설** ③ 콘크리트를 2층 이상으로 나누어 타설할 경우 상층의 콘크리트 타설은 하층의 콘크리트가 굳기 시작하기 전 타설할 것

53. 벽면적 $4.8m^2$ 크기에 1.5B 두께로 붉은 벽돌을 쌓고자 할 때 벽돌 소요 매수로 옳은 것은? (단, 표준형 벽돌을 사용하고, 할증은 3%로 한다.)

① 374
② 743
③ 1108
④ 1487

> **해설** 벽돌쌓기 기준량(m^2당)
>
> | 벽돌규격 (mm) | 0.5B (매) | 1.0B (매) | 1.5B (매) | 2.0B (매) | 2.5B (매) | 3.0B (매) |
> |---|---|---|---|---|---|---|
> | 190×90×57(표준형) | 75 | 149 | 224 | 298 | 373 | 447 |
> | 210×100×60(기존형) | 65 | 130 | 195 | 260 | 325 | 390 |
>
> 벽돌매수 = $(224매/m^2 \times 4.8m^2) \times (1+0.03)$
> $= 1,107.456매 ≒ 1,108매$

54. 담장의 측지 설계 시 속도압이 $196kg/cm^2$이고 1.0B가 되게 표준형 벽돌 담장을 쌓을 경우 최대 허용거리와 담장의 폭의 비를 12로 한다면 최대 몇 m마다 측지(側支)를 세워야 하는가?

① 1.6m
② 1.9m
③ 2.2m
④ 2.5m

> **해설** 측지의 비 = $\dfrac{L(측지\ 사이의\ 최대\ 허용거리)}{N(담장\ 폭)}$
> $\dfrac{x}{0.19} = 12$ ∴ $x = 2.28$

55. 섬유재에 관한 설명 중 틀린 것은?

① 볏짚은 줄기를 감싸 해충의 잠복소를 만드는데 쓰인다.
② 새끼줄은 뿌리분이 깨지지 않도록 감는데 사용한다.
③ 밧줄은 마 섬유로 만든 마 로프가 많이 쓰인다.
④ 새끼줄은 5타래를 1속이라 한다.

[해설] ④ 새끼줄은 10타래를 1속이라 한다.

56. 물에 대한 내용이 잘못된 것은?

① 물은 호수, 연못, 풀 등의 정적으로 이용된다.
② 물은 분수, 폭포, 벽천, 계단폭포 등 동적으로 이용된다.
③ 조경에서 물의 이용은 동, 서양 모두 즐겨 이용했다.
④ 수직의 벽에 설치된 수구로부터 물이 흐르도록 한 구조를 가진 벽천은 다른 수경에 비해 대규모 지역에 어울리는 방법이다.

[해설] 벽천
㉠ 벽에 붙인 수구 또는 조각물의 입에서 물이 나오도록 만든 분수로서 실용과 미를 겸비한 수경시설물
㉡ 넓은 면적을 필요로 하지 않기 때문에 작은 공원, 소광장, 공공정원 등에 사용

57. 분수에 관하여 바르게 설명한 것은?

① 단일 구경 노즐은 조명 효과가 크다.
② 살수식 노즐은 명확하고 힘찬 물줄기를 만드는 장점이 있다.
③ 공기흡인식 제트 노즐은 공기와 물이 섞여 있는 모습으로 보여 시각적 효과가 매우 크다.
④ 분수는 순환 펌프가 필요하지 않다.

[해설] ① 단일 구경 노즐 : 명확하고 힘찬 물줄기를 만든다.
② 살수식 노즐 : 조명효과가 크다.
④ 분수 : 순환 펌프가 필요하다.

58. 금속재료의 특성 중 장점이 아닌 것은?

① 인장강도가 크고 종류가 다양하다.
② 재료의 균일성이 높고 공급이 용이하다.
③ 강도에 비해 가볍고 불연재이다.
④ 내산성과 내알칼리성이 크다.

[해설] ④ 내산성과 내알칼리성이 약하다 : 금속재료의 단점

59. 석재 가공 순서별로 바르게 나열한 것은?

① 혹두기-정다듬-도두락 다듬-잔다듬
② 정다듬-혹두기-잔다듬-도두락 다듬
③ 혹두기-도두락 다듬-정다듬-잔다듬
④ 정다듬-잔다듬-혹두기-도두락 다듬

60. 콘크리트 공사 중 콘크리트 표면에 곰보가 생기거나 콘크리트 내부에 공극이 생기지 않도록 하는 방법은?

① 콘크리트 다지기   ② 콘크리트 비비기
③ 콘크리트 붓기   ④ 콘크리트 양생

[해설] ① 콘크리트 다지기 : 혼합한 콘크리트를 형틀이나 필요한 곳에 넣고 다지는 일

4과목 조경관리

61. 소나무 시들음병(재선충병)에 대한 설명이 아닌 것은?

① 잣나무에서도 발병한다.
② 병원선충은 *Belonolaimus* sp.이다.
③ 갑자기 침엽이 변색하며 나무 전체가 말라죽는다.
④ 감염된 나무를 베어내어 훈증하는 것은 매개충을 구제하기 위한 것이다.

[해설] 소나무 재선충병 : *Bursaphelenchus xylophilus*

Answer 55. ④ 56. ④ 57. ③ 58. ④ 59. ① 60. ① 61. ②

62. 개화 결실을 목적으로 실시하는 정지, 전정 방법 중 옳지 못한 것은?

① 약지는 길게, 강지는 짧게 전정하여야 한다.
② 묵은 가지나 병충해 가지는 수액유동 전에 전정한다.
③ 작은 가지나 내측으로 뻗은 가지는 제거한다.
④ 개화 결실을 촉진하기 위하여 가지를 유인하거나 단근 작업을 실시한다.

해설 ① 개화 결실 촉진을 위한 전정은 약지를 짧게 전정하야야 한다.

63. 다음 중 인공적 수형을 만드는데 적당한 수종이 아닌 것은?

① 꽝꽝나무   ② 아왜나무
③ 주목   ④ 벚나무

해설 ④ 벚나무 : 가급적 전정을 하지 않는 수종

64. 동계전정의 설명으로 틀린 것은?

① 낙엽수는 휴면기에 실시하므로 전정을 하여도 나무에 별 피해가 없다.
② 제거대상가지를 발견하기 쉽고 작업도 용이하다.
③ 12~3월에 실시한다.
④ 상록수는 동계에 강전정하는 것이 가장 좋다.

해설 ④ 상록수는 동계에 강전정하지 않는 것이 좋다.

65. 노목이나 쇠약해진 나무의 보호대책으로 가장 옳지 않은 것은?

① 말라죽은 가지는 밑동으로부터 잘라내어 불에 태워버린다.
② 바람맞이에 서 있는 노목은 받침대를 세워 흔들리는 것을 막아준다.
③ 유기질거름 보다는 무기질거름만을 수시로 나무에 준다.
④ 나무 주위의 흙을 자주 갈아 엎어 공기유통과 빗물이 잘 스며들게 한다.

66. 이식할 수목의 가식장소와 그 방법의 설명으로 잘못된 것은?

① 공사의 지장이 없는 곳에 감독관의 지시에 따라 가식장소를 정한다.
② 그늘지고 배수가 잘 되지 않는 곳을 선택한다.
③ 나무가 쓰러지지 않도록 세우고 뿌리분에 흙을 덮는다.
④ 필요한 경우 관수시설 및 수목 보양시설을 갖춘다.

해설 ② 그늘지고 배수가 잘 되는 곳을 선택한다.

67. 잔디에 관한 내용 중 틀린 것은?

① 잔디는 생육온도에 따라 난지형 잔디와 한지형 잔디로 구분된다.
② 잔디의 번식방법에는 종자파종과 영양번식이 있다.
③ 한국잔디는 일반적으로 종자번식이 잘 되기 때문에 건설현장에서 종자파종으로 잔디밭을 조성한다.
④ 종자파종은 뗏장심기에 비하여 균일하고 치밀한 잔디면을 만들 수 있다.

해설 ③ 한국잔디는 일반적으로 종자번식이 잘 되지 않기 때문에 영양번식으로 잔디밭을 조성한다.

68. 계면활성제를 구성하는 원자단 중 친유성(親油性)이 가장 강한 것은?

① $-CH_2OR$ ② $-COOH$
③ $-OH$ ④ $-SO_3H(Na)$

해설 계면활성제를 구성하는 친수성 원자단의 종류
$-OH$, $-COOH$, $-CONH_2$, $-CN$ 등

69. 레크리에이션 수용능력의 결정인자는 고정인자와 가변인자로 구분되는데 다음 중 고정적 결정인자가 아닌 것은?

① 특정활동에 대한 참여자의 반응정도
② 특정활동에 의한 이용의 영향에 대한 회복능력

③ 특정활동에 필요한 사람의 수
④ 특정활동에 필요한 공간의 최소면적

> 해설 레크리에이션 수용능력의 가변적 결정인자
> ㉠ 대상지의 성격
> ㉡ 대상지의 크기와 형태
> ㉢ 대상지 이용의 영향에 대한 회복능력
> ㉣ 기술과 시설의 도입으로 인한 수용능력 자체의 확장 가능성

70. 비탈면을 보호하기 위한 방법이 아닌 것은?

① 식생자루공법
② 콘크리트격자블럭공법
③ 비탈면 깎기공법
④ 식생매트공법

> 해설 비탈면 보호 방법
> 식생공, 블록붙임공, 콘크리트 뿜어붙이기, 콘크리트 격자공
> ※ 비탈면 깎기공법은 비탈면 보강공법이다.

71. 느티나무의 수고가 4m, 흉고 직경이 6cm, 근원직경이 10cm인 뿌리분의 지름 크기는 대략 얼마로 하는 것이 좋은가?

① 29cm
② 39cm
③ 59cm
④ 99cm

> 해설 뿌리분의 지름
> $A = 24 + (N-3)d$
> (N : 근원직경, d : 상수(상록수 : 4, 낙엽수 : 5))
> ∴ $A = 24 + \{(10cm - 3) \times 5\} = 59cm$

72. 시설물의 관리를 위한 방법으로 적당치 못한 것은?

① 콘크리트 포장의 갈라진 부분은 파손된 재료 및 이물질을 완전히 제거한 후 조치한다.
② 배수시설은 정기적인 점검을 실시하고 배수구의 잡물을 제거한다.
③ 벽돌 및 자연석 등의 원로포장의 파손 시는 모래를 당초 기본 높이만큼만 더 깔고 보수한다.
④ 유희시설물의 점검은 용접부분 및 움직임이 많은 부분을 철저히 조사한다.

> 해설 ③ 벽돌 및 자연석 등의 원로포장의 파손 시는 모래를 원래의 높이만큼만 깔고 보수한다.

73. 다음은 수목 인출선의 내용이다. 이에 대한 설명으로 잘못된 것은?

(3-소나무)/(H 3.0×W 2.5)

① 소나무를 3주 심는다는 뜻이다.
② H의 단위는 cm이다.
③ W는 수관폭을 의미한다.
④ 소나무의 수고는 300cm이다.

> 해설 ② H의 단위는 m이다.

74. 배롱나무, 장미 등과 같은 내한성이 약한 나무의 지상부를 보호하기 위하여 쓰이는 월동 방법으로 가장 적합한 것은?

① 흙묻기
② 뿌리돌림
③ 연기 씌우기
④ 짚싸기

> 해설 포장법(짚싸기)
> 내한성이 약한 나무(모과나무, 감나무, 벽오동, 배롱나무 등)를 짚 등으로 감싸주는 방법으로 나무가 숨을 쉬도록 너무 두텁게 하지 않아야 한다. 감싼 짚은 이른 봄 벗겨주어야 한다.

75. 곁눈 밑에 상처를 내어 놓으면 잎에서 만들어진 동화물질이 축적되어 잎눈이 꽃눈으로 변하는 일이 많다. 어떤 이유 때문인가?

① C/N율이 낮아지므로
② C/N율이 높아지므로
③ T/R율이 낮아지므로
④ T/R율이 높아지므로

[해설] C/N율이 높으면 개화를 유도하고, C/N율이 낮으면 영양생장이 계속된다.
- C/N율(탄질율) : 탄소와 질소의 비율
- T/R율 : 지하부와 지상부의 비율

76. 다음 중 잔디밭의 넓이가 150m² 이상으로 잔디의 품질이 아주 좋지 않아도 되는 골프장의 러프(rough)지역, 공원의 수목지역 등에 많이 사용하는 잔디깎는 기계는?

① 핸드 모어(hand mower)
② 그린 모어(green mower)
③ 로터리 모어(rotary mower)
④ 갱 모어(gang mower)

[해설] ① 핸드 모어 : 150m² 미만의 가정용 잔디깎기
② 그린 모어 : 골프장의 그린, 테니스 코트용 잔디깎기. 섬세한 곳 깎을 때 사용
③ 로터리 모어 : 150m² 이상의 골프장 러프나 학교, 공원 및 수목지역의 잔디깎기. 방향전환 및 후진이 가능
④ 갱 모어 : 15000m² 이상의 골프장, 운동장 등의 잔디깎기

77. 농약 살포시 주의할 점이 아닌 것은?

① 바람을 등지고 뿌린다.
② 정오부터 2시경까지는 뿌리지 않는 것이 좋다.
③ 마스크, 안경, 장갑을 착용한다.
④ 약효가 흐린 날에 좋으므로 흐린 날 뿌린다.

[해설] 기타 살포시 유의사항
㉠ 타농작물에 피해 안가도록 노즐을 낮추어 살포
㉡ 작업 중 음식 섭취를 삼간다.
㉢ 다른 농약과 섞어서 사용하지 않는다.

78. 공원에서 청소한 낙엽을 모아 소각 처리한 재가 잘못 묻어 어린이가 화상을 입었을 경우 어느 사고에 해당하는가?

① 관리하자
② 설치하자
③ 이용자 부주의
④ 보호자의 부주의

79. 우리나라 참나무류에 피해를 주고 있는 참나무시들음병에 대한 설명으로 잘못된 것은?

① 참나무류 중에서 신갈나무에 가장 피해가 심하다.
② 피해를 입은 나무는 7월 말경부터 빠르게 시들면서 빨갛게 말라죽는다.
③ 매개충의 암컷 등에는 포자를 저장할 수 있는 균낭(mycangia)이 존재한다.
④ 병원균은 *Raffaelea* sp이고 이것을 매개하는 매개충은 북방수염하늘소이다.

[해설] ④ 병원균－참나무시들음병(Raffaelea sp) : 광릉긴나무좀 매개
소나무재선충병 : 북방수염하늘소 매개

80. 관광지의 자원보호 차원에서 적정한 수용력에 합당한 이용 규제가 절대적으로 요구되고 있다. 다음 중 관광지의 이용 규제방법으로서 적합하지 못한 것은?

① 예약된 손님 이외에는 입장시키지 않는다.
② 도시형 관광지일 경우 진입도로를 일방적으로 규제한다.
③ 자가용차를 규제하고 버스만의 입장을 허용하여 관광객의 절대량을 감소시킨다.
④ 관광지 내의 편익시설, 특히 숙박시설을 일정 수용력 이하로 제한하여 수용인원을 한정한다.

자주 출제되는 학명

A

Abeliophyllum distichum Nakai(미선나무)
Abies holophylla Maxim.(전나무)
Abies koreana Wilson(구상나무)
Acer buergerianum Miq.(중국단풍(계조축))
Acer negundo L.(네군도단풍)
Acer palmatum thunb.(단풍나무)
Acer pictum L.
Acer pictum subsp. *mono*(Maxim.) Ohashi(우산고로쇠)
Acer saccharinum L.(은단풍)
Acer tataricum subsp. *ginnala* Wesm.(신나무)
Acer triflorum Kom(복자기나무)
Actinidia arguta (다래)
Ailanthus altissima (가죽나무)
Ailanthus altissima Swingle for. *altissima* (가죽나무)
Albizia julibrissin Durazz.(자귀나무)
Alnus japonica Steud.(오리나무)
Alnus sibirica Fisch. *ex* Turcz.(물오리나무)
Aster altaicus var. *uchiyamae* (단양쑥부쟁이)

B

Bacillus thuringiensis (투린지엔시스균)
Berberis koreana Palib.(매자나무)
Betula platyphylla var. *japonica* Hara(자작나무)
Buxus koreana Nakai ex Chung & al.(회양목)

C

Callicarpa dichotoma K.Koch(좀작살나무)
Camellia japonica L.(동백나무)

Carpinus cordata Blume(까치박달나무/자작나무과)
Carpinus laxiflora(Siebold & Zucc.) Blume(서어나무)
Castanea crenata Siebold & Zucc.(밤나무)
Castanopsis sieboldii(Makino) Hatus.(구실잣밤나무)
Catalpa ovata G. Don(개오동나무)
Celtis sinensis Pers.(팽나무)
Cercis chinensis Bunge(박태기나무)
Chaenomeles sinensis Koehne(모과나무)
Chaenomeles speciosa (Sweet) Nakai(산당화)
Chamaecyparis pisifera var. *filifera* (실편백)
Chionanthus retusus Lindl. & Paxton(이팝나무)
Cinnamomum camphora (L.) J.Presl(녹나무)
Cornus alba L.(흰말채나무)
Cornus kousa F.Buerger *ex* Miquel(산딸나무)
Corylopsis gotoana var. *coreana* (Uyeki) T.Yamaz(히어리)
Corylus heterophylla Fisch. *ex* Trautv. var. *heterophylla* (개암나무)
Crataegus pinnatifida Bunge(산사나무)
Cryptomeria japonica D.Don(삼나무)

Daphne odora Thunb.(서향나무)
Daphniphyllum macropodum Miq.(굴거리나무)

Elaeagnus umbellata Thunb.(보리수나무)
Equisetum hyemale L.(속새)
Euonymus alatus (화살나무)
Euonymus japonicus Thunb.(사철나무)
Euryale ferox(가시연)

Fatsia japonica Decne. & Planch.(팔손이)
Firmiana simplex (L) W.F.Wight(벽오동)
Forsythia koreana Nakai(개나리)

G

Gardenia jasminoides Ellis(치자나무)
Ginkgo biloba L.(은행나무)
Gleditsia japonica (주엽나무)

H

Hibiscus mutabilis L.(부용)
Hibiscus syriacus (무궁화)
Hosta minor Nakai(좀비비추)

I

Ilex crenata Thunb. var. *crenata*(꽝꽝나무)
Ilex integra Thunb.(감탕나무)

J

Juglans regia Dode(호두나무)
Juniperus chinensis 'Kaizuka'(가이즈까향나무)
Juniperus chinensis L.(향나무)
Juniperus chinensis Var. *sargentii* (눈향나무)

K

Kerria japonica DC. for. *japonica* (황매화)

L

Lagerstroemia indica L.(배롱나무)
Larix kaempferi Carriere(잎갈나무)
Lespedeza bicolor Turcz.(싸리나무)
Lespedeza maximowiczii C.K.Schneid.(조록싸리)
Ligustrum japonicum thunb. var. *japonicum* (광나무)
Ligustrum obtusifolium Siebold & Zucc.(쥐똥나무)
Lindera obtusiloba Blume(생강나무)
Liriodendron tulipifera L.(백합나무)
Lonicera japonica Thunb.(인동덩굴)

Machilus thunbergii Siebold & Zucc.(후박나무)
Magnolia denudata Desr.(백목련)
Magnolia grandiflora L.(태산목)
Magnolia liliiflora Desr.(자목련)
Magnolia obovata Thunb.(일본목련)
Magnolia sieboldii K.Koch(함박꽃나무)
Malus baccata Borkh(야광나무)
Melia azedarach L.(멀구슬나무)

Nandina domestica Thunb.(남천)

Osmanthus fragrans var. *aurantiacus* Makino(금목서)

Paeonia suffruticosa Andr.(모란)
Paulownia coreana Uyeki(오동나무)
Picea abies (L.) H.Karst.(독일가문비)
Pinus densiflora for. *erecta* Uyeki(강송 소나무과)
Pinus densiflora Siebold & Zucc.(소나무)
Pinus rigida Mill.(리기다소나무)
Pinus thunbergii Parl.(곰솔-소나무과)
Pittosporum tobira (Thunb.) W.T.Aiton(돈나무)
Platanus orientalis L.(버즘나무)
Poncirus trifoliata Raf.(탱자나무)
Populus alba L.(은백양-버드나무과)
Populus dilatata Aiton(양버들)
Populus euramericana Guinier(이태리포푸라)
Prunus mume Siebold & Zucc. for. *mume*(매실나무)
Prunus padus L. for. padus(귀룽나무)
Prunus salicina Lindl. var. *salicina* (자두나무)
Prunus sargentii Rehder(산벚나무)
Prunus verecunda var. *pendula* (처진개벚나무)

Prunus yedoensis Matsum.(왕벚나무)
Pueraria lobata Ohwi(콩과 칡속 칡)
Punica granatum L.(석류나무)
Pyracantha angustifolia (피라칸타-장미과)

Q

Quercus acutissima Carruth.(상수리나무)
Quercus aliena Blume(갈참나무)

R

Rhododendron yedoense for. *poukhanense*(산철쭉)
Rhus javanica L.(붉나무)
Robinia pseudoacacia L.(아까시나무)
Rosa multiflora var. *platyphylla* Thory(덩굴장미)
Rosa rugosa Thunb. var. *rugosa*(해당화)

S

Salix pseudolasiogyne H.Lev.(능수버들)
Sambucus williamsii var. *coreana* Nakai(딱총나무)
Sasa borealis Makino(조릿대)
Sophora japonica L.(회화나무)
Sorbaria sorbifolia var. *stellipila*(쉬땅나무꽃)
Sorbus alnifolia K.Koch(팥배나무)
Spiraea prunifolia var. *simpliciflora* (조팝나무)
Stephanandra incisa (Thunb.) Zabel var. *incisa* (국수나무)
Styrax japonicus Siebold & Zucc.(때죽나무)
Symplocos chinensis for. *pilosa* (Nakai) Ohwi(노린재나무)

T

Taxodium distichum Rich.(낙우송)
Taxus cuspidata Siebold & Zucc.(주목)
Ternstroemia gymnanthera (Wight & Arn.) Sprague(후피향나무)
Thuja orientalis L.(측백나무)
Trachelospermum Chinese Jasmine(마삭나무)

Ulmus davidiana var. *japonica* Nakai(느릅나무)
Ulmus parvifolia Jacq(참느릅나무)
Utricularia racemosa Wall(이삭귀개)

Viburnum opulus var. *calvescens*(Rehder) H.Hara(백당나무)
Viburnum opulus for. *hydrangeoides* Hara(불두화)

Wisteria floribunda DC. for. *floribunda*(등나무)

Zanthoxylum schinifolium Siebold & Zucc.(산초나무)
Zelkova serrata Makino(느티나무)

조경 기사·산업기사 필기

1판 1쇄 발행	2013년 01월 05일	2판 1쇄 발행	2014년 01월 05일
3판 1쇄 발행	2015년 01월 05일	3판 2쇄 발행	2015년 07월 05일
4판 1쇄 발행	2016년 01월 05일	5판 1쇄 발행	2017년 01월 05일
6판 1쇄 발행	2018년 01월 05일	7판 1쇄 발행	2019년 01월 05일
8판 1쇄 발행	2020년 01월 05일	9판 1쇄 발행	2021년 01월 05일
10판 1쇄 발행	2022년 01월 05일	11판 1쇄 발행	2023년 01월 05일
12판 1쇄 발행	2024년 01월 05일		

지은이 김여정, 이선아, 서울덕성기술학원
펴낸이 김주성
펴낸곳 도서출판 엔플북스
주 소 경기도 구리시 체육관로 113번길 45, 114-204(교문동, 두산아파트)
전 화 (031) 554-9334
F A X (031) 554-9335
등 록 2009. 6. 16 제398-2009-000006호

정 가 43,000원
ISBN 978 - 89 - 6813 - 407 - 4 13520

※ 파손된 책은 교환하여 드립니다.
본 도서의 내용 문의 및 궁금한 점은 저희 카페에 오셔서 글을 남겨주시면 성의껏 답변해 드리겠습니다.

http://cafe.daum.net/enplebooks